대중 과학의 모범적인 작품으로, 도전적이지만 쉽게 접근할 수 있다. —**『커커스리뷰』**

독자들을 서사시적인 여정으로 안내하는, 학문적 영역의 기적적인 종합. —**〈가디언〉**

과학 서적의 새로운 고전으로 불릴 만한 귀중한 작품. 앞으로 수년간 논쟁을 불러일으킬 것이 분명하다. —**〈미니애폴리스 스타 트리뷴〉**

우리의 행동이 어디에서 비롯되는지 이해할 수 있는 여정. 이 책을 읽는다면 다윈도 감격했을 것이다. —**〈뉴욕 타임스〉**

새폴스키는 심리학, 영장류학, 사회학, 신경생물학의 여러 세계를 넘나들며 우리가 왜 그렇게 행동하는지에 대한 매우 쉽고 유쾌한 모험을 선사한다. 몇 년 동안 읽은 책 중 단연 최고의 책이다. —**〈워싱턴 포스트〉**

책이 다루는 주제는 도덕철학에서 사회과학, 유전학뿐 아니라 뉴런과 호르몬에 이르기까지 매우 광범위하지만, 그 모든 것은 인간이 서로에게 왜 그렇게 끔찍한지에 대한 질문을 정확히 겨냥한다. —**〈벌처〉**

영장류학자이자 신경학자, 과학 커뮤니케이터인 그는 재치 있고 박식하며 명쾌한 소통에 열정적인 교사처럼 글을 쓴다. —**『네이처』**

외계인들이 지구를 방문한다면, 분명히 질문할 것이다. '구별하기 불가능할 정도로 비슷하게 생긴 인간들이 왜 이렇게 다양한 선택과 행동을 하는 걸까?' 행동은 뇌가 만들어내고, 뇌 활동은 신경세포들의 전기신호를 기반으로 한다. 신경세포들의 시냅스는 화학적 반응을 통해 작동하고, 이 모든 과정은 유전자들의 진화 절차 없이는 불가능하다. 동시에 인간의 행동은 환경, 교육, 습관, 문화적 기억을 통해서도 정해진다. 방대하고, 섬뜩한 인간의 행동에 대한 모든 이야기를 새폴스키는 이 책에서 들려준다. 이런 책은 본 적이 없다. 한번 읽기 시작하면 도저히 멈출 수 없는 책. —**김대식, KAIST 교수**

행동

B E H A V E

행동

인간의 최선의 행동과 최악의 행동에 관한 모든 것

로버트 M. 새폴스키 지음 김명남 옮김

문학동네

나를 가르친 멜 코너에게.

내게 영감을 준 존 뉴턴에게.

나를 구원한 리사에게.

일러두기

1. 본문 하단의 각주와 괄호 안에 있는 설명은 지은이의 것이며, 옮긴이 주는 괄호 안에 넣고 '-옮긴이'를 명기해 구분했다.
2. 원서에서 이탤릭체로 강조된 부분은 고딕체로 표기했다.
3. 단행본과 잡지 등은 『 』로, 논문 등은 「 」로, 신문, 영화 및 TV 프로그램 등은 〈 〉로 표기했다.
4. 본문의 용어는 '해부학용어'의 표기를 대부분 따랐다.

차례

서문

상상은 늘 이렇게 흘러간다. 우리 팀이 그의 비밀 벙커에 잠입하는 데 성공한다. 음, 말이 안 되는 건 나도 알지만, 어차피 상상이니까 끝까지 가보자. 내가 혼자서 그의 친위대를 제압한 뒤, 브라우닝 기관총을 앞세우고 그의 벙커에 뛰어든다. 그가 몸을 날려서 루거 권총을 잡지만, 내가 그의 손을 쳐서 총을 떨어뜨린다. 그는 다시 몸을 날려서 붙잡히느니 자살하겠다는 생각으로 간직해둔 청산가리 캡슐을 쥔다. 나는 그것도 쳐서 떨어뜨린다. 그가 분노로 으르렁거리면서 초인적인 힘으로 내게 덤벼든다. 우리는 몸싸움한다. 결국 내가 우위를 점하여 그를 찍어 누르고 수갑을 채운다. 나는 선언한다. "아돌프 히틀러. 인류에 대한 범죄를 저지른 죄로 너를 체포한다."

명예훈장감인 이야기는 여기서 끝나고, 이제 상상이 어두워진다. 나는 히틀러를 어떻게 처리해야 할까? 본능을 노골적으로 따르고픈 충동이 치미는 바람에, 나는 거리를 좀 두기 위해서 수동태로 생각해본다. 히틀러는 어떻게 처리되어야 할까? 선뜻 상상하기가 주저되어서 그렇지, 일단 상상하기로 하면 답은 간단하다. 목뼈를 끊어서, 그가 감각은 느끼되 몸은 마비되도록 만들자. 그의 두 눈을 둔기로 파내자. 고막을 찢고, 혀를 뽑자. 인공호흡기로 숨쉬고 관으로 영양을 섭취하는 상태로 살려두자. 움직이지 못하고, 말하지도 보지도 듣지도 못하고, 오직 느낄 수만 있게 하자. 그다음 모종의 발암물질을 주사로 주입하자. 암은 그의 몸 구석구석 퍼지며 창궐하고, 점점 커져서 온몸의 세포들로 하여금 고통의 비명을 지르게 하며, 그리하여 매 순간이 지옥불에서 보내는 영원처럼 느껴지게 만든다. 히틀러는 이렇게 되어야 한다. 나는 히틀러가 이렇게 되기를 바란다. 나는 히틀러에게 이렇게 할 것이다.

나는 어릴 때부터 이 상상을 해왔다. 요즘도 가끔 한다. 이 상상에 흠뻑 빠져 있을 때면 심장이 빨리 뛰고, 얼굴이 붉어지고, 주먹이 불끈 쥐인다. 역사상 최고의 악마, 벌받아 마땅한 영혼인 히틀러에 대한 계획을 세우느라고.

하지만 큰 문제가 하나 있다. 나는 영혼도 악마도 믿지 않고, '위키드(사악한)'라는 단어는 뮤지컬 제목이라고 생각하고, 처벌이 형법적 정의와 같은 것은 아니라고 생각한다. 하지만 이런 생각에도 문제가 있다. 나는 세상에는 사형에 처해져야 마땅한 사람이 있다고 느끼면서도 사형제도에 반대한다. 폭력적인 저질 영화를 엄청나게 즐겼지만, 엄격한 총기 규제를 지지한다. 어릴 때 친구들의 생일 파티에서는 레이저 서바이벌 게임을 즐겼고, 아직 덜 형성되긴 했지만 아무튼 내 내면에 있던 원칙을 어긴 채 숨어서 모르는 사람에게 레이저 총을 쏘면서 신나했다(정확히 말하자면 웬 여드름투성이 녀석이 대체 몇번째인지 모르게 나를 맞히고 낄낄거리는 바람에 불안감과 남자답지 못하다는 느낌이 엄습한 순간까지만 신났다). 나는 반전 가요였던 〈강가에 내 짐 벗으려네〉의 가사를 거의 다 외우고("더는 전쟁을 하지 않으려네"), 심지어 어느 대목에서 손뼉을 쳐야 하는지도 다 안다.

한마디로, 나는 폭력과 공격성과 경쟁에 대해서 복잡다단한 감정과 생각을 품고 있다. 대부분의 사람들이 그렇듯이.

하나마나 한 말이겠지만, 우리 인간 종은 폭력 면에서 문제가 있다. 우리는 수천 개의 버섯구름을 피워올릴 수 있는 핵무기를 갖고 있다. 샤워기와 지하철 환기 장치로 독가스를 살포한 적이 있고, 편지로 탄저균을 배달한 적도, 여객기를 무기로 쓴 적도 있다. 집단 강간을 전투 전략으로 쓰곤 한다. 시장에서 폭탄이 터지고, 총을 든 학생이 다른 학생들을 쏴 죽인다. 어떤 동네에선 피자 배달원에서 소방관까지 모두가 나다닐 때 안전을 염려한다. 이보다 더 미묘한 형태의 폭력도 있다. 가령 학대받으면서 자라는 아이들이 있고, 지배욕과 위협을 대놓고 드러내는 다수 집단의 상징이 도처에 널린 환경에서 살아가는 소수 집단이 있다. 인간은 나를 해치려는 다른 인간들의 위협에 늘 쫓기면서 사는 존재다.

만약 사태가 늘 이렇기만 하다면, 폭력은 지적으로 접근하기가 쉬운 문제일 것이다. 에이즈는 두말할 것 없이 나쁜 것이니 근절되어야 마땅하다. 알츠하이머병도 마찬가지다. 조현병, 암, 영양실조, 살을 파먹는 세균, 지구온난화, 지구에 부딪히려고 하는 혜성도 마찬가지다.

그러나 폭력은 저 목록에 들지 않는다는 게 문제다. 가끔 우리는 폭력을 아무런 문제 없이 받아들인다.

우리가 폭력을 싫어하지 않는다는 것, 이것이 이 책의 핵심 논점이다. 우리가 싫어하고 겁내는 것은 **잘못된** 종류의 폭력, 잘못된 맥락의 폭력이다. 옳은 맥락의 폭력은 다르기 때문이다. 우리는 그것을 보려고 적잖은 돈을 내면서까지 경기장에 가고, 아이들에게 맞서 싸우라고 가르치고, 온몸이 삐걱대는 중년의 나이에 주말 농구 경기에서 치사하게 엉덩이를 부딪쳐서 상대를 밀어내고는 자랑스러워한다. 대화에도 군사적 은유가 가득하다. 회사에서 우리 팀이 낸 아이디어가 격추당하면, 우리는 전군을 소집하여 전열을 가다듬는다. 스포츠팀의 이름은 폭력을 칭송한다. 워리어스, 바이킹스, 라이온스, 타이거스, 베어스. 심지어 체스처럼 이지적인 활동에 대해서도 이런 식으로 사고한다. "카스파로프는 살인적인 공격을 밀어붙였다. 종반으로 접어들자, 카르포프도 폭력의 위협에 맞서기 위해서 같은 전략을 쓸 수밖에 없었다."[1]

우리는 폭력을 중심에 둔 신학을 만들고, 폭력 사용에 탁월한 지도자를 뽑고, 많은 여성의 경우에 격투기 챔피언과 짝짓기를 선호한다. '옳은' 종류의 공격성일 때, 우리는 그것을 사랑한다.

총의 방아쇠를 당기는 행동이 악랄한 공격 행동일 수도 있고 자기희생적 사랑의 행동일 수도 있다는 이 모호함이야말로 폭력을 이해하기 어려운 이유다. 따라서 폭력은 이해하기가 너무나 어려운 인간 경험의 하나로 언제까지나 남아 있을 것이다.

이 책은 폭력, 공격성, 경쟁의 생물학을 살펴볼 것이다. 그런 현상 이면의 행동과 충동, 개인과 집단과 국가의 행위, 그리고 이런 행위들이 언제 나쁘고 좋은지를 살펴볼 것이다. 인간이 서로를 해치는 여러 방식을 살펴볼 것이다. 하지만 동시에 사람들이 그 반대로 행동하는 방식들도 살펴볼 것이다. 생물학은 협동, 제휴, 화해, 감정이입, 이타성에 대해서 무엇을 알려줄까?

이 책을 쓴 데에는 여러 가지 개인적 계기가 있었다. 그중 하나는 내가 운 좋게도 폭력에 거의 노출되지 않은 삶을 살아온 탓에 이런 현상을 식겁하리만치 무서워한다는 점이다. 책상물림 학자답게, 나는 무서운 주제에 대해서 충분히 많은 글을 쓰고 충분히 많은 강의를 한다면 그놈이 포기하고 조용히 사라질 것이라고 믿는다. 모두가 폭력의 생물학 강의를 충분히 듣고 열심히 공부한다면, 우리가 낮잠 자는 사자와 새끼 양 사이에서 단잠을 잘 수 있을 거라고 믿는다. 교수라는 자들이 자신의 능력에 대해서 품는 망상이란 이런 식이다.

또다른 개인적 계기도 있다. 나는 천성이 극도로 비관적이다. 내게 어떤 주제든 던져만 주면, 그 일이 어떻게 결딴나버릴지를 줄줄 늘어놓을 수 있다. 거꾸로, 일이 훌륭하게 진행됨에도 오히려 그 때문에 슬프고 씁쓸해지고야 마는 이야기도 줄줄 늘어놓을 수 있다. 이런 성향은 골칫거리다. 내 주변 사람들에게 특히 그렇다. 그러다가 내게 아이가 생겼을 때, 이 성향을 단단히 통제할 필요가 있다는 생각이 들었다. 그래서 세상이 그렇게까지 나쁘진 않음을 보여주는 증거를 찾아보았다. 작은 것부터 차근차근 연습했다. 울지

마라, 티라노사우루스가 널 잡아먹는 일은 없을 거야. 당연히 니모의 아빠가 니모를 찾아내지! 그리고 이 책의 주제에 대해서 공부하다보니, 뜻밖의 깨달음이 들었다. 인간이 서로를 해치는 현상은 보편적이지도 불가피하지도 않다는 깨달음, 어떻게 그런 일을 피할 수 있을까에 대해서 우리가 차츰 과학적 통찰을 쌓아가고 있다는 깨달음이었다. 내 비관적 자아가 받아들이기 쉽지는 않은 사실이지만, 우리에게는 분명 낙천적으로 생각할 여지가 있다.

이 책의 접근법

나는 뇌를 연구하는 사람인 신경생물학자 겸 원숭이와 유인원을 연구하는 사람인 영장류학자로서 생계를 꾸린다. 따라서 이 책은 과학에, 특히 생물학에 바탕을 둔 이야기가 될 것이다. 이 점에 따른 중요한 사실이 세 가지 있다. 첫째, 생물학을 알지 못하고서는 공격성, 경쟁, 협동, 감정이입 등등에 대해 온전히 이해하기를 손톱만큼도 기대할 수 없다. 굳이 이 말을 하는 것은, 인간의 사회적 행동을 논할 때 생물학을 끌어들이는 것이 부적절할뿐더러 이념적으로 수상쩍다고 여기는 일군의 사회과학자들이 있기 때문이다. 이 못지않게 중요한 점으로, 둘째, 오직 생물학에만 의존하더라도 똑같은 곤경에 처한다. 굳이 이 말을 하는 것은, 사회과학은 언젠가 '진짜' 과학에 흡수될 운명이라고 믿는 일군의 분자생물학 근본주의자들이 있기 때문이다. 그리고 셋째, 여러분이 이 책을 다 읽으면, 어떤 행동의 '생물학적' 측면과 이른바 '심리학적' 혹은 '문화적' 측면을 구별하는 것이 말이 안 되는 일임을 깨달을 것이다. 그 둘은 뗄 수 없이 얽혀 있다.

인간 행동의 생물학을 이해하는 것은 분명 중요한 일이다. 하지만 안타깝게도 이것은 끔찍하게 복잡한 일이다.[2] 만약에 우리가 궁금한 것이 가령 철새가 방향을 찾는 방법, 혹은 햄스터 암컷이 배란시에 보이는 짝짓기 반사 반응의 생물학이라면, 이것은 비교적 쉬운 작업에 속할 것이다. 하지만 우리가 궁금한 문제는 그게 아니다. 우리의 관심사는 인간의 행동, 인간의 사회적 행동, 많은 경우에 비정상적인 인간의 사회적 행동이다. 그리고 이것은 뇌화학, 호르몬, 감각 단서, 출생 전 환경, 유년기 경험, 유전자, 생물학적 진화와 문화적 진화, 생태적 압박, 기타 등등이 다 관여하는, 지독히 복잡한 주제다.

인간 행동을 살펴볼 때 이런 요인들을 모두 포함하려면 어떻게 해야 할까? 우리가 복잡하고 다면적인 현상을 다룰 때 흔히 쓰는 인지 전략은 그 측면들을 낱낱이 쪼개어 여러 가지 범주로, 즉 여러 가지 설명 단위로 나누는 것이다. 상상해보자. 내 옆에 수탉이 한 마리 있고, 길 건너편에 암탉이 있다. 수탉이 암탉에게 섹시하게 느껴지는 구애 몸짓을 했고, 암탉은 수탉과 짝짓기하려고 얼른 길을 건너온다(실제로 이런 식인지는 알 길이 없지만 대충 이렇다고 하자). 여기서 우리는 이 행동에 관한 중요한 생물학적 질문을 떠올린다. 암탉은 왜 길을 건넜을까? 정신신경내분비학자는 이렇게 답할 것이다. "왜냐하면 암탉의 몸속 에스트로겐이 뇌 특정 부위에 작용하여 수탉의 신호에 반응하도록 만들었기 때문에." 생물공학자는 이렇게 답할 것이다. "암탉 다리의 긴뼈가 골반뼈(대충 그런 것)의 받침점으로 기능하여 앞으로 빠르게 움직이도록 해주었기 때문에." 진화생물학자는 이렇게 답할 것이다. "과거 수백만 년 동안 가임기 중에 그런 몸짓에 반응한 암탉들이 더 많은 유전자를 남겼고 그래서 이제 그것이 암탉의 선천적 행동이 되었기 때문에." 이런 것은 특정 범주 내에서, 즉 서로 다른 과학 분과 내에서 하는 설명이다.

이 책의 목표는 그런 범주적 사고를 피하는 것이다. 사실들을 깔끔하고 깨끗하게 분리된 설명의 구획들에 나눠넣는 것은 이점이 있다. 예를 들어, 그러면 사실들을 기억하기가 더 쉬워진다. 하지만 그러면 그 사실들에 대해서 생각하는 능력이 망가질 수 있다. 범주 간의 경계가 종종 임의적이기 때문인데, 그렇지만 일단 임의적인 경계라도 세워지고 나면 우리는 임의성은 잊고 그 중요성만 기억한다. 예를 들어, 시각 스펙트럼은 보라색에서 빨간색까지 파장이 죽 이어진 연속체이고, 서로 다른 색깔 이름들을 가르는 경계는(가령 '파란색'에서 '초록색'으로 넘어가는 경계는) 임의적이다. 그 증거로, 서로 다른 언어들은 색깔 이름을 붙일 때 시각 스펙트럼에서 서로 다른 지점들을 경계로 나눈다. 어떤 사람에게 엇비슷한 두 색깔을 보여준다고 하자. 만약 그 사람의 모어에서 색깔 이름 경계가 그 두 색 사이에 놓인다면, 그는 두 색의 차이를 지나치게 강조하기 쉽다. 반면 두 색이 같은 범주에 포함된다면, 그는 반대로 생각한다. 한마디로, 범주적 사고는 어떤 두 대상이 서로 얼마나 비슷하거나 다른지 알아보는 데 걸림돌이 된다. 경계가 어디인지에 온통 주의를 쏟다보면, 전체 그림에 주의를 덜 쏟게 된다.

따라서 이 책의 공식적인 지적 목표는 인간의 가장 복잡한 행동들, 무려 암탉이 길을 건너는 것보다 더 복잡한 행동들의 생물학을 생각할 때 범주적 구획화를 피하자는 것이다.

대신 어떻게 해야 할까?

어떤 행동이 막 벌어졌다. 그 행동은 왜 벌어졌을까? 첫번째 설명 범주는 신경생물학적 범주다. 그 행동이 벌어지기 1초 전에 그 사람의 뇌에서 무슨 일이 있었을까? 이제 시야를 좀더 넓혀서, 그보다 시간상으로 약간 더 앞선 그다음 설명 범주를 보자. 이전 몇 초에서 몇 분 사이에 어떤 시각, 청각, 후각 신호가 신경계를 자극하여 그 행동을 일으켰을까? 그다음 설명 범주로 넘어가자. 이전 몇 시간에서 며칠 사이에 어떤 호르몬들이 작용하여 감각 자극에 대한 그 사람의 반응성을 바꾸고 그럼으로써 신경계로 하여금 그 행동을 일으키게 했을까? 이제 어떤 일이 벌어졌는지를 설명함에 있어서 우리 시야는 신경생물학과 주변 환경에 대한 감각 세계뿐 아니라 단기 내분비학까지 포함할 만큼 넓어졌다.

이렇게 계속 확장해보자. 이전 몇 주에서 몇 년 사이에 환경의 어떤 속성들이 그 사람의 뇌 구조와 기능을 바꾸고 그럼으로써 호르몬들과 환경 자극에 대한 뇌의 반응성을 바꾸었을까? 그다음에는 그 사람의 유년기, 태아였을 때의 환경, 유전자 조성까지 더 거슬러올라가자. 그다음에는 그 개인을 뛰어넘는 요인들을 포함할 만큼 시야를 넓혀보자. 문화는 그 개인이 속한 집단 사람들의 행동에 어떤 영향을 미쳐왔을까? 어떤 생태학적 요인들이 그 문화에 영향을 미쳤을까? 이렇게 자꾸 넓혀가면, 결국 까마득한 과거의 사건들과 그 행동의 진화 과정을 고려하게 된다.

그러니까 이것은 개선이다. 우리가 모든 행동을 하나의 분과로 설명하려고 시도하는 대신(가령 "이 특정 호르몬/유전자/유년기 사건[아무거나 하나를 골라라]에 대한 지식으로 모든 것을 설명할 수 있어") 여러 분과들을 함께 고려하겠다는 것이다. 그런데 사실은 그보다 더 미묘한 작업이 수행될 것이고, 이 점이야말로 이 책의 가장 중요한 논지다. 어떤 행동을 하나의 분과로 설명할 때, 우리는 사실 암묵적으로 모든 분과들을 환기하는 셈이다. 어떤 종류의 설명이든 그것은 그보다 앞섰던 설명들이 끼친 영향의 결과물이기 때문이다. 그럴 수밖에 없다. "그 행동이 벌어진 것은 뇌에서 신경화학물질 Y가 배출되었기 때문"이라고 말하는 것은 "그 행동이 벌어진 것은 오늘 아침 호르몬 X가 잔뜩 분비됨으로써 신경화학물질 Y의 농도를 증가시켰기 때문"이라고 말하는 셈이다. 또한 "그 행동이 벌어진 것은 그 사람이 자란 환경이 그의 뇌로 하여금 그런 자극에 반응하여 신경화학물질 Y를 쉽게 배출하도록 만들었기 때문"이라고 말하는 셈이다. 또한 "신경화학물질 Y의 특정 형태를 암호화한 유전자 때문"이라고 말하는 셈이다. 그리고 일단 '유전자'라는 말이 나오면, 그것은 또한 "그 특정 유전자가 진화하도록 만든 무수한 요인들 때문"이라고 말하는 셈이다. 이런 식으로 계속 이어진다.

서로 엄격히 구획된 설명들이란 존재하지 않는다. 대신 한 설명은 그에 앞섰던 여러 설명들의 영향이 낳은 결과물이고, 그 또한 이후에 올 설명들에 영향을 미칠 것이다. 따라서 어떤 행동이 한 유전자, 한 호르몬, 한 유년기 트라우마로 인해 벌어졌다고 결론짓기는 불가능하다. 한 종류의 설명을 입에 올리는 순간, 사실상 다른 모든 설명들도 끌어들이는 셈이기 때문이다. 구획은 없다. 어떤 행동에 대한 '신경생물학적' 혹은 '유전적' 혹은 '발달생물학적' 설명이라는 말은 수많은 요소들로 이뤄진 이야기를 순전히 설명의 편의를 위하여 당분간 특정 시각에서 접근하겠다는 말의 축약일 따름이다.

꽤 인상적이지 않은가? 사실 그렇지 않을지도 모른다. 어쩌면 나는 "복잡한 일은 복잡하게 생각해야지" 하는 말을 거창하게 한 것뿐인지도 모른다. 거참 대단한 통찰일세. 그리고 어쩌면 나는 "아, 우리는 섬세하게 생각할 거야. 저 '길을 건넌 암탉' 전문 신경화학자들이나 암탉 진화생물학자들이나 암탉 신경분석가들처럼 자신만의 제한된 범주에 갇혀서 지나치게 단순한 답에 빠지는 일은 없을 거야"라는 식의 허수아비를 암암리에 세운 것인지도 모른다.

물론 과학자들은 그렇지 않다. 과학자들은 똑똑하다. 과학자들은 여러 각도를 고려해야 한다는 것을 안다. 과학자들의 연구가 좁은 주제에 집중하는 것은 편의의 문제일 뿐이다. 한 인간이 집착할 수 있는 대상의 범위에는 한계가 있기 때문이다. 물론 과학자들은 자신이 선택한 범주가 이야기의 전체는 아니라는 것을 안다.

정말 알까? 그럴 수도 있지만 아닐 수도 있다. 어엿한 과학자들이 했던 말인 아래 인용문들을 읽어보자. 첫째,

> 내게 건강하게 잘 형성된 아기 십여 명과 그들을 내 뜻대로 키울 수 있는 환경을 달라. 장담하건대, 그러면 나는 그들 중 어느 누구라도 그 어떤 부류의 전문가로도 키워낼 수 있다. 의사, 변호사, 예술가, 뛰어난 상인, 심지어 비렁뱅이 도둑이라도. 아기의 재능, 기호, 성향, 능력, 소명, 조상의 인종이 어떻든지 상관없다.[3]

이것은 행동주의의 창시자인 존 왓슨이 1925년 무렵에 쓴 글이다. 행동이란 완벽하게 유연하다는 개념, 즉 적절한 환경에서는 어떤 행동이든 원하는 대로 빚어낼 수 있다고 보는 생각에 바탕을 둔 행동주의는 20세기 중반 미국 심리학계를 장악했었다. 행동주의의 주장과 그 적잖은 한계에 대해서는 뒤에서 다시 말하겠다. 요는 왓슨이 발달에 미치는 환경의 영향이라는 설명에 병적으로 갇혀 있었다는 점이다. "장담하건대 (…) 어떤 부류로도 키워낼 수 있다"라니. 어떻게 키워지든 간에, 인간은 다 같은 잠재력을 가지고 다 똑

같이 태어나는 게 아니다.*[4]

다음 인용문을 보자.

> 정신이 정상적으로 유지되려면 뇌 시냅스가 잘 기능해야 한다. 정신 장애는 시냅스 교란의 결과로 나타나는 듯하다. (···) 관련된 사상을 바꾸고 생각이 다른 경로로 흘러가도록 하려면, 시냅스 조정을 바꿔서 자극이 택하는 습관적 통로를 바꿔야만 한다.[5]

시냅스 조정을 바꾼다. 어렵게 들린다. 정말 그렇다. 이 말은 포르투갈 신경학자 에가스 모니스가 이마앞엽 백색질 절제술 개발로 1949년 노벨생리의학상을 받은 무렵에 했던 말이다. 그는 조악한 신경계 모형이라는 실명에 병적으로 빠져 있던 사람이었다. 그 미세한 시냅스를 간단히 얼음송곳으로 꼬집기만 하면 된다니(훗날 이마앞엽 절개술이라고 재명명된 백색질 절제술이 조립 라인 작업처럼 시행되던 때에 실제로 그렇게 했다).

마지막 인용문을 보자.

> 오랫동안 도덕적으로 박약한 이들이 엄청나게 높은 재생산율을 보여왔다. (···) 사회적으로 열등한 인간들이 (···) 건강한 국가에 침투하여 결국 소멸시킬지도 모르는 실정이다. 선택 인자가 없는 상황에서 교화가 불러온 퇴화로 말미암아 인류가 파멸하지 않으려면 (···) 강인함, 영웅심, 사회적 효용을 선택하는 모종의 인위적 제도가 있어야 한다. 우리 국가의 근간을 이루는 인종 개념은 이미 이 측면에서 많은 일을 해냈다. 우리는 최선의 건강한 감정에 의존하여, 그것에게 (···) 쓰레기가 가뜩 포함된 인구 집단들을 근절하는 일을 맡

---

* 이렇게 선언한 직후, 왓슨은 섹스 스캔들이 터져서 학계에서 도망쳤다. 나중에 그는 어느 홍보 회사의 부사장이 되어서 다시 나타났다. 우리가 사람들을 우리 뜻대로 철저히 형성할 수는 없겠지만, 최소한 쓸데없고 자질구레한 물건을 사도록 만드는 것은 종종 가능하다.

겨야 한다.[6]

이것은 동물행동학자이자 노벨상 수상자이자 동물행동학 분야의 공동 창시자(뒤에서 더 이야기하겠다), 그리고 자연 다큐 TV프로그램의 단골 등장인물인 콘라트 로렌츠의 말이었다.[7] 오스트리아 전통 반바지와 멜빵 차림을 한 채 그를 어미로 각인한 아기 거위들을 꽁무니에 매달고 다닌 푸근한 할아버지 콘라트는 광적인 나치 선전가이기도 했다. 로렌츠는 오스트리아인도 입당할 수 있게 되자마자 나치당에 가입했고, 당의 인종정책실에 합류하여 폴란드-독일 혼혈 폴란드인들 중 누가 죽음을 면할 만큼 충분히 게르만화했는지 평가하는 심리 검사 작업을 했다. 그는 유전자를 엄청나게 오해한 데 따른 상상의 설명에 병적으로 빠진 사람이었다.

이들은 어느 무명 대학에서 5류 과학을 수행하는 무명 과학자가 아니었다. 이들은 20세기에 가장 큰 영향력을 미친 과학자들이었다. 이들은 우리가 누구를 어떻게 교육시킬 것인가 하는 문제에 영향을 미쳤고, 사회악 중 어떤 것은 고칠 수 있고 어떤 것은 놔둬야 하는가 하는 문제에도 영향을 미쳤다. 환자들 본인의 의사를 무시한 채 그들의 뇌를 망가뜨리는 일이 가능하도록 만들었다. 존재하지도 않는 문제에 대해 최종적 해결책을 시행하도록 만들었다. 과학자가 인간 행동을 단 하나의 시각으로 완전히 설명할 수 있다고 생각하는 것은 그저 학문적인 문제만이 아닐 수도 있다. 훨씬 더 큰 문제일 수 있다.

동물로서의 인간, 공격성에서 다른 종의 추종을 불허하는 인간

자, 우리의 첫번째 지적 과제는 이처럼 늘 분과를 아울러서 생각하는 것이다. 두번째 과제는 인간을 유인원, 영장류, 포유류로서 이해하는 것이다. 당연히 그렇죠, 우리도 동물이죠. 그런데 인간이 어느 때 다른 동물과 같고 어느 때 전혀 다른지를 알아내는 것은 수월찮은 과제일 것이다.

어느 때 인간은 정말로 다른 동물과 같다. 인간이 겁먹을 때 분비하는 호르몬은 낮은 서열의 물고기가 괴롭힘을 당한 뒤 분비하는 호르몬과 같다. 쾌락의 생물학에서는 인간에게서나 카피바라에게서나 같은 뇌 화학물질이 관여한다. 인간의 뉴런과 아르테미아새우의 뉴런은 같은 방식으로 작동한다. 암컷 쥐 두 마리를 한 우리에 두면, 이후 몇 주 동안 두 쥐의 생식 주기가 동기화되어 결국 두 쥐가 몇 시간 간격으로 동시에 배란하게 된다. 인간 여성 두 명에게 같은 실험을 하면, 비슷한 결과가 나온다(전부는 아니지만 몇몇 연구에서는 그랬다). 웰즐리여대의 기숙사 거주자들에게서 처음 관찰되었다고 하여 웰즐리 효과라고 불리는 현상이다.[8] 폭력에서도, 인간은 다른 유인원들처럼 행동하곤 한다. 우리는 주먹으로 치고, 작대기로 때리고, 돌을 던지고, 맨손으로 죽인다.

그러니 가끔은 인간이 어떻게 다른 종들과 비슷한가를 이해하는 것이 우리의 지적 과제다. 그런데 다른 때는, 인간이 다른 종들과 비슷한 생리학을 갖고서도 그것을 새로운 방식으로 사용한다는 점을 이해하는 것이 우리의 과제다. 인간은 무서운 영화를 볼 때도 원래 무언가를 경계할 때 쓰는 생리 활동을 활성화한다. 우리의 필멸성을 생각할 때도 스트레스 반응을 활성화한다. 양육과 사회적 유대에 관여하는 호르몬들을 분비하되 그 대상이 귀여운 아기 판다일 때도 있다. 공격성에서도 분명 그렇다. 인간은 수컷 침팬지가 성적 경쟁자를 공격할 때 쓰는 근육과 같은 근육을, 상대를 이데올로기 때문에 해칠 때 쓴다.

마지막으로, 가끔은 오로지 인간만을 고려하는 것이 우리의 인간성을 이해하는 유일한 방법이다. 인간의 행동은 독특하기 때문이다. 다른 종 중에는 비생식적 섹스를 자주 하는 종이 드물지만, 인간만은 섹스 후에 좋았는지 어땠는지 이야기를 나눈다. 인간은 삶의 속성에 관련된 믿음들을 전제로 한 문화를 만들고, 그 믿음을 여러 세대까지 전수한다. 심지어 수천 년 간격을 둔 두 개인 사이에서도. 영원한 베스트셀러인 성서를 생각해보라. 비슷한 맥락에서, 인간은 유례없을 뿐 아니라 물리적으로는 거의 힘들지 않은 방식으로도 상대를 해칠 수 있다. 방아쇠를 당기거나, 고개를 끄덕여서 동의하거나, 눈길을 돌리는 방법으로도. 인간은 수동공격성을 보일 수도 있다. 칭찬하는 척 헐뜯고, 조롱으로 상처 내고, 내려다보는 듯한 걱정으로 업신여긴다. 모든 종은 저마다 독특하지만, 인간은 가끔 상당히 독특한 방식으로 독특하다.

여기, 인간이 얼마나 이상하고 독특한 방식으로 서로를 해치거나 돌보는지 잘 보여주는 두 사례가 있다. 첫번째는 음, 내 아내 이야기다. 우리가 미니밴을 타고 갈 때였다. 아이들은 뒤에 앉았고, 아내가 운전을 했다. 그때 웬 놈이 우리 앞으로 끼어들어서 사고가 날 뻔했는데, 그가 깜박 한눈판 탓이 아니라 이기적인 행동인 탓이 분명했다. 아내가 빵빵 경적을 울리자, 놈이 가운뎃손가락을 치들어 보였다. 우리는 격분했다. 경찰은 저런 개자식을 안 잡아가고 뭐 하는 거야, 어쩌고저쩌고. 갑자기 아내가 놈을 뒤따라가서 살짝 불안하게 만들어주겠다고 선언했다. 나는 여전히 분개한 상태였지만, 그것이 세상에서 제일 현명한 일이라는 생각은 들지 않았다. 그러거나 말거나, 아내는 벌써 그의 꽁무니를 바짝 쫓기 시작했다.

몇 분 동안 그가 우리를 떼어내려고 애썼으나, 결국 아내가 따라잡았다. 마침내 두 차가 빨간 신호에 걸려서 섰다. 우리가 알기로 한참 있어야 바뀌는 신호등이었다. 악당 앞에 다른 차가 서 있었다. 놈은 어디로도 빠져나갈 수 없었다. 갑자기 아내가 좌석 옆에서 뭔가를 집고는 차문을 열며 말했다. "이제 좀 후회되겠지." 나는 소심하게 이의를 제기했다. "어, 여보, 그러는 게 정말로 좋은 일일……" 하지만 아내는 벌써 밖으로 나가서 놈의 창문을 두드리고 있었다. 나는 얼른 몸을 일으켜서, 아내가 독기어린 목소리로 이렇게 말하는 것을 들었다. "남에게 그렇게 비열하게 구는 인간에게는 이게 필요할걸." 그러고서 아내는 무언가를 차창 안으로 던져넣었다. 아내는 의기양양 영광스럽게 돌아왔다.

"뭘 던졌어!?"

아내는 대답하지 않았다. 신호가 파란불로 바뀌었지만, 우리 뒤에 아무도 없었기 때문에 우리는 그냥 가만히 있었다. 무뢰한의 차는 현명하게도 깜박이를 켠 뒤 천천히 방향을 바꾸어, 시속 8킬로미터쯤 될 듯한 속도로 어두운 옆길로 사라졌다. 차가 창피해하는 것처럼 보일 수 있다면, 그 차가 그랬다.

"여보, 뭘 던져넣었어? 안 알려줄 거야?"

아내는 슬며시 사악한 미소를 지었다.

"포도맛 막대사탕." 나는 아내의 잔인한 수동공격성에 감탄했다. "이 비열하고 끔찍한 인간아, 넌 유년기에 뭔가 단단히 잘못됐던 게 분명해. 그러니까 이 사탕이나 빨면 조금은 행실이 고쳐질지도 모르겠네." 남자는 다시 우리를 골탕 먹일 생각은 하지 않을 것이다. 나는 자랑스러움과 사랑으로 가슴이 벅찼다.

두번째 사례. 1960년대 중반에 인도네시아에서 일어난 우익 군사 쿠데타로 향후 30년간 이어질 수하르토 독재체제, 이른바 신체제가 들어섰다. 쿠데타 직후, 정부가 뒤를 봐준 숙청이 진행되어 공산주의자, 좌파, 지식인, 노동운동가, 화교 50만 명이 학살당했다.[9] 집단 처형, 고문, 온 마을 주민들을 안에 가둬둔 채 마을 전체에 불 지르기. V. S. 나이폴은 『믿는 자들 사이에서: 이슬람 여행』이라는 책에 이런 이야기를 썼다. 나이폴이 인도네시아에 있을 때 한 소문을 들었다. 민병대가 마을을 몰살하러 갈 때, 어울리지 않게도 으레 전통 가믈란 악단을 대동했다는 것이다. 나중에 나이폴은 학살 행위를 뉘우치지 않는 전직 군인을 만나서 소문에 대해 물어보았다. 네, 사실입니다. 우리는 가믈란 악사들, 가수들, 피리, 징, 전부 다 동원해서 갔죠. 왜? 대체 왜 그랬습니까? 남자는 어리둥절한 표정으로 자신에게는 자명한 듯한 대답을 내놓았다. "그야 더 아름답게 만들기 위해서였죠."

대나무 피리, 불타는 마을, 모성애에서 비롯한 사탕 미사일. 우리 앞에는 힘든 과제가 놓였다. 인간이 얼마나 다재다능한 방식으로 서로를 해치거나 보살피는지 알아보고, 그 두 행위의 생물학이 얼마나 깊게 얽혀 있는지 알아보는 일이다.

1장

행동

우리는 전략을 정했다. 어떤 행동이 벌어졌다고 하자. 비난할 만한 행동일 수도 있고, 훌륭한 행동일 수도 있고, 그 사이 어디쯤 애매한 행동일 수도 있다. 그로부터 1초 전에 일어난 어떤 일이 그 행동을 촉발했을까? 이것은 신경계의 영역이다. 그로부터 몇 초에서 몇 분 전에 일어난 어떤 일이 신경계를 자극하여 그 행동을 일으키게 했을까? 이것은 대체로 무의식적으로 감지되는 감각 자극의 영역이다. 그로부터 몇 시간에서 며칠 전에 일어난 어떤 일이 그 자극에 대한 신경계의 반응성을 바꾸었을까? 호르몬의 급성 작용이다. 우리는 이런 식으로 이전 수백만 년 전에 처음 이 연쇄가 시작된 진화적 압력까지 거슬러올라가볼 것이다.

자, 준비는 됐다. 다만 하나 빠진 게 있다. 이처럼 크고 중구난방인 주제에 접근할 때는 먼저 용어를 정의하는 것이 일종의 의무다. 썩 달갑지 않은 의무다.

이 책의 핵심 단어들을 몇 나열하면 다음과 같다. 공격성, 폭력, 연민, 감정이입, 공감, 경쟁, 협동, 이타성, 질투, 샤덴프로이데, 앙심, 용서, 화해, 복수, 호혜성, 그리고 (왜 안 되겠는가?) 사랑. 우리는 정의의 수렁으로 빠져든다.

왜 어려울까? 서문에서 강조했듯이, 이런 용어 중 많은 수가 그 의미의 전유와 왜곡을 놓고 이데올로기 싸움이 벌어지는 대상이라는 것이 한 이유다.*[1] 단어에는 힘이 있고, 그 정의에는 종종 황당하리만치 개성적인 가치들이 담뿍 담겨 있다. 내가 '경쟁'이라는 단어를 생각하는 방식을 예로 들어보자. ⓐ'경쟁'—내 실험실이 케임브리지 실험실과 어떤 발견을 놓고 경주한다(짜릿하지만 그렇다고 말하기는 겸연쩍다). ⓑ'경쟁'—즉석 길거리 축구에 참가한다(좋다, 단 점수가 너무 일방적이라면 최고의 선수가 편을 바꾼다는 전제에서). ⓒ'경쟁'—아이의 선생님이 추수감사절 칠면조 그림 그리기 대회를 연다고 선언했다(한심하고 어쩌면 주의해야 할지도 모르는 것이, 계속 이런 대회가 이어지면 교장에게 알려야 할지도 모른다). ⓓ'경쟁'—누구의 신이 살인을 무릅쓰고 받들 가치가 있는가(피하고 싶다)?

하지만 정의가 어려운 이유로 첫손가락에 꼽히는 것은 따로 있다. 서문에서 말했던 문제로, 이런 용어가 서로 다른 분과에 속하는 과학자들에게 서로 다른 의미를 띤다는 점이다. '공격성'은 사고와 정서의 문제인가, 아니면 근육과 관련된 문제인가? '이타성'은 세균을 포함하여 다양한 종에서 수학적으로 연구될 수 있는 문제인가, 아니면 아이들의 도덕 발달의 문제인가? 서로 다른 시각이 암시하듯, 서로 다른 분과들은 묶고 나누는 작업도 서로 다른 방식으로 하는 편이다. 이 과학자들은 행동 X가 두 가지 하위 종류로 구성된다고 믿지만, 저 과학자들은 그것에 17가지 맛이 있다고 믿는다.

---

* 최근에 황당하리만치 비정통적인 용어 정의의 사례를 하나 알았다. 1978년에 이스라엘 총리로서 캠프데이비드평화협정의 놀라운 설계자로 참여했던 메나헴 베긴에 관한 이야기다. 1940년대 중반에 베긴은 이스라엘 국가 수립을 촉진할 요량으로 영국 위임통치령 팔레스타인에서 영국을 몰아내고자 활동했던 시오니즘 무장단체 이르군Irgun을 이끌었다. 이르군은 강탈과 강도로 무기 살 돈을 모았고, 포로로 잡은 영국 군인 두 명을 목매달아 죽인 뒤 그 시신으로 부비트랩을 설치했고, 일련의 폭탄 공격을 감행했다. 그중에서도 가장 악명 높은 사건은 당시 영국이 통치 본부로 쓰던 예루살렘의 다윗왕호텔을 공격하여 수십 명의 영국인 관료뿐 아니라 아랍인과 유대인 민간인 수십 명을 죽인 일이었다. 베긴은 이런 활동을 뭐라고 표현했을까? "역사적으로 우리는 '테러리스트'가 아니었다. 엄밀히 따지자면 우리는 **반反테러리스트**였다."(강조는 내가 했다.)

'공격성'의 여러 종류를 사례로 살펴보자.[2] 동물행동학자들은 공격을 공세적 공격과 방어적 공격으로, 즉 영역상 침입자의 공격성과 거주자의 공격성으로 이분한다. 두 형태의 바탕에 놓인 생물학은 서로 다르다. 그 과학자들은 또 동종(같은 종 구성원들 사이의) 공격과 포식자를 물리치기 위한 공격을 구분한다. 한편 범죄학자들은 충동적 공격과 계획적 공격을 구분한다. 인류학자들은 공격성의 조직화 수준에 관심을 두어, 전쟁과 종족 간 복수와 개인 간 살인을 구별한다.

게다가 여러 분과들은 반응적(도발에 대한 반응으로 일어난) 공격과 자발적 공격을 구분하고, 열혈의 감정적 공격과 냉혈의 도구적 공격(가령 "나는 네가 차지한 자리에 둥지를 짓고 싶어. 그러니까 썩 꺼져. 아니면 네 눈알을 쪼아버릴 테야. 하지만 네게 사적인 감정이 있는 건 아니란다")을 구분한다.[3] 그다음에는 "사적인 감정이 있는 건 아니란다"의 또다른 형태도 있다. 내가 좌절했거나, 스트레스를 받았거나, 아픔을 겪었기에 공격성을 누군가에게 퍼붓고 싶은데 마침 약한 상대가 눈앞에 있기 때문에 그를 표적으로 삼아야겠다는 공격성이다. 쥐에게 쇼크를 주면, 그 쥐는 가까이 있고 자신보다 덩치가 작은 쥐를 문다. 서열 2위 개코원숭이 수컷이 1위 수컷과 싸워서 지면, 녀석은 3위 수컷을 쫓는다.* 실업률이 높아지면, 가정폭력 발생률도 높아진다. 4장에서 더 살펴보겠지만, 우울하게도 이런 전위轉位 공격은 실제로 가해자의 스트레스 호르몬 수치를 낮춘다. 남에게 궤양을 안기면 내가 궤양을 얻지 않을 수 있는 것이다. 그리고 물론, 반응적이지도 도구적이지도 않고 순전히 쾌락을 위해서 자행되는 섬뜩한 공격성의 세계도 있다.

또 일종의 하위 종류로 전문화된 공격성이 있다. 가령 모성적 공격성은

---

* 나는 동아프리카에서 개코원숭이를 연구할 때 이와 관련된 놀라운 사례를 목격한 적 있다. 그곳에서 30년 남짓 녀석들을 관찰하는 동안, 언뜻 인간에게만 해당하는 용어로 보이는 '강간'이라고 부를 수밖에 없는 사건을 손에 꼽을 만큼 보았다. 수컷 개코원숭이가 암컷의 질에 억지로 삽입하는 것이었는데, 암컷이 발정기가 아니고, 성행위를 수용하는 태도가 아니고, 오히려 막으려고 애쓰고, 결국 겪게 될 때 완연한 스트레스와 고통의 징후를 드러내는데도 그랬다. 그리고 그런 사건은 한 번도 빠짐없이 이전에 알파 수컷이었던 개체가 그 지위에서 쫓겨난 후 몇 시간 안에 저질러진 것이었다.

종종 별도의 내분비학적 기원을 갖추고 있다. 공격과 공격의 위협을 드러내는 의례적 행동도 다르다. 많은 영장류는 실제 공격 행위보다 의례적 위협 행동(송곳니를 드러낸다거나 하는 행동)을 더 많이 한다. 샴싸움고기의 공격성도 대체로 의례적이다.*

보다 긍정적인 용어에 대한 정의도 어렵기는 매한가지다. 우리는 감정이입 대 공감, 화해 대 용서, 이타성 대 '병적 이타성'을 구별해야 한다.[4] 심리학자에게 '병적 이타성'은 파트너의 마약 사용을 돕는 사람이 보이는 감정이입적 상호의존성이라고 묘사될 수 있다. 신경과학자라면 이마엽 겉질 손상의 결과라고 묘사할 것이다. 그런 손상을 입은 사람은 전략이 바뀌는 경제 게임에서 상대로부터 거듭 배신을 당해도 덜 이타적인 전략으로 바꾸지 않는데, 설령 상대의 전략을 말로 설명할 수 있더라도 그렇다.

긍정적 행동에 관해서라면, 가장 흔한 문제는 궁극적으로 의미를 초월한 문제다. 가령, 순수한 이타성이란 것이 정말로 존재할까? 선행을 호혜성, 공개적 찬사, 자부심, 혹은 천국의 약속에 대한 기대와 분리하는 일이 가능할까?

이 문제가 흥미로운 영역에서 드러난 사례를 러리사 맥파커가 2009년 『뉴요커』에 「가장 친절한 절개The Kindest Cut」라는 기사로 보도한 적이 있다.[5] 가족이나 친한 친구가 아니라 모르는 이에게 제 장기를 준 기증자들에 관한

---

* 인간의 의례적 공격성을 잘 보여주는 동시대의 사례가 있다. 뉴질랜드 럭비팀이 의례적으로 추는 하카 춤이다. 경기 전에, 뉴질랜드 선수들은 중앙에 나란히 서서 마오리족의 전쟁 춤이었던 하카를 춘다. 리드미컬하게 발을 구르고, 위협적인 손짓을 하고, 쉰 목소리로 고함지르고, 역사적으로 위협적이라고 여겨진 표정을 짓는다. 유튜브로 멀리서 볼 때는 재밌지만(로빈 윌리엄스가 PBS 〈찰리 로즈 쇼〉에 나와서 하카를 흉내내는 걸 볼 때는 더 재밌다), 가까이에서 보면 상대팀에게 잔뜩 겁을 줄 만한 듯하다. 하지만 몇몇 상대 팀은 개코원숭이 전략집에서 빌려왔다고 해도 믿을 법한 의례적 반응을 떠올렸다. 하카를 추는 사람들의 얼굴에 제 얼굴을 들이대고 눈싸움을 하는 것이다. 또 어떤 팀은 순전히 인간만이 할 수 있을 듯한 의례적 반응을 보이는데, 태연하게 워밍업을 하면서 하카 춤을 무시하기도 하고, 스마트폰으로 그 모습을 촬영함으로써 어쩐지 관광객에게 선보이는 춤이 된 듯 무력하게 만들기도 하고, 춤이 끝난 뒤 수고했다는 듯이 시들하게 박수를 쳐주기도 한다. 한 반응은 언뜻 인간 고유의 방식처럼 보이지만 조금만 번역하면 다른 영장류들도 이해할 수 있을 법한 것이다. 오스트레일리아의 한 스포츠팀이 그들의 철천지원수인 뉴질랜드 팀이 하카를 추는 모습을 실은 뉴스레터를 보냈는데, 이때 사진을 포토숍으로 조작하여 선수들이 각자 여성용 핸드백을 끼고 있도록 만들었다.

기사였다. 이것은 순수한 이타성의 행위로 보인다. 하지만 사람들은 이 사마리아인들 때문에 혼란스러워했고, 의심과 회의를 품었다. 그는 자기 콩팥을 주고 은밀히 돈을 받기를 기대했을까? 관심에 목마른 종자인가? 수혜자의 인생에 끼어들어서 결국 수혜자의 삶을 망치려고 할까? 그가 얻는 대가는 무엇일까? 기사는 이런 극진한 선행이 그 초연함과 무정함 때문에 사람들을 불안하게 만든다는 것을 보여주었다.

여기에서 우리는 이 책을 관통하는 한 가지 중요한 논점을 알 수 있다. 앞서 말했듯, 우리는 열혈의 폭력과 냉혈의 폭력을 구분한다. 전자를 더 잘 이해하고, 그 변명이 되어줄 요인을 잘 찾아낸다. 자기 자식을 죽인 살인자에 대한 분노를 못 이겨서 그를 죽이고 만 남자의 애통함을 상상해보라. 거꾸로, 무정한 폭력은 무섭고 불가해하게 느껴진다. 그런 폭력은 심박수에 일말의 변화도 없이 사람을 죽이는 소시오패스적 청부 살인업자, 한니발 렉터 같은 인간의 폭력이다.*[6] **냉혈한** 살인이라는 표현이 고약한 뜻인 것은 이 때문이다.

같은 맥락에서, 우리는 인간의 가장 선하고 친사회적인 행위가 긍정적 감정으로 가득한 마음 따듯한 행위이기를 기대한다. 냉혈한 선행이란 모순으로 들리고 심란하게 느껴진다. 언젠가 나는 신경과학자들과 내로라하는 승려 명상가들이 모인 학회에 간 적이 있다. 스님들이 명상하는 동안 그 뇌에서 무슨 일이 벌어지는지 과학자들이 연구하는 모임이었다. 한 과학자가 한

---

* 이 경우에 해당하는 희한하고 그로테스크한 사례로 '대리인에 의한 뮌하우젠 증후군'이 있다. 여성이(압도적으로 여성이 많이 보이는 문제다) 의료계의 관심, 보살핌, 수용을 바라는 병적인 욕구 때문에 제 아이에게 질병을 일으키는 현상이다. 소아과에 가서 어젯밤에 우리 아이가 열이 많이 났다고 거짓말하는 수준을 말하는 게 아니다. 아이에게 구토제를 먹여서 토하게 하고, 독성 물질을 주입하고, 산소결핍증을 유도하려고 질식시키는 등 종종 치명적 결과를 낳는 수준이다. 이 증후군의 한 속성은 어머니가 충격적일 만큼 아무런 정동을 보이지 않는다는 점이다. 행동을 보자면 격렬한 광기에 사로잡힌 이들이 아닐까 싶지만, 이들은 오히려 차가울 만큼 초연하다. 같은 심리적 이득을 얻을 수만 있다면 수의사에게 가서 금붕어가 아프다고 거짓말하거나 시어스백화점 고객서비스 부서에 가서 토스터가 고장났다고 거짓말하는 일도 태연히 할 이들이다. 내가 이 증후군에 관해서 긴 소개글을 쓴 적이 있다. R. Sapolsky, "Nursery Crimes," in *Monkeyluv and Other Essays on Our Lives as Animals* (New York: Simon and Schuster/Scribner, 2005).

스님에게 가부좌를 트느라 무릎이 아파서 명상을 중단한 적이 있는지 물었다. 스님은 대답했다. "가끔 계획보다 이르게 멈출 때가 있습니다만, 무릎이 아파서는 아닙니다. 그런 생각은 들지 않습니다. 그저 내 무릎에 자비를 베푸는 행동입니다." 나는 생각했다. '우와, 이분들은 딴 행성에서 온 게 틀림없어.' 냉철하고 칭찬할 만한 일이긴 해도 딴 세상 이야기이기는 마찬가지다. 우리는 열정의 범죄와 열정의 선행을 가장 잘 납득한다(뒤에서 보겠지만, 냉정한 친절도 종종 권할 만한 점이 있기는 하다).

열혈의 악행, 마음 따듯한 선행, 그리고 냉혈의 악행 및 선행이 안기는 불안한 부조화의 느낌. 여기에 담긴 핵심을 집단수용소 생존자이자 노벨평화상 수상자였던 엘리 위젤이 이렇게 잘 요약한 바 있다. "사랑의 반대는 미움이 아니라 무관심이다." 강한 사랑의 생물학과 강한 미움의 생물학은 많은 면에서 비슷하다.

이 깨달음은 우리가 공격성을 싫어하지 않는다는 사실을 새삼 환기한다. 우리는 잘못된 종류의 공격성을 싫어할 뿐, 옳은 맥락의 공격성은 좋아한다. 거꾸로, 아무리 칭찬할 만한 행동이라도 잘못된 맥락에서는 전혀 칭찬할 만하지 않게 된다. 인간 행동의 운동적 속성은 근육 움직임의 이면에 담긴 의미를 이해하는 일에 비하면 덜 중요하고 덜 어렵다.

이 점을 절묘하게 보여준 연구가 있다.[7] 뇌 스캐너에 누운 피험자들이 가상현실 속 어느 방에 들어갔다. 방에는 다쳐서 도움이 필요한 사람 혹은 위협적인 외계인이 있다. 피험자는 상대에게 반창고를 붙여주거나 총을 쏴버리거나 둘 중 하나를 할 수 있었다. 총을 쏘는 것과 반창고를 붙이는 것은 다른 행동이다. 하지만 다친 사람에게 반창고를 붙이는 것과 외계인을 쏴버리는 것이 둘 다 '옳은' 행동이라는 점에서는 비슷하다. 두 가지 형태의 옳은 일을 상상하는 피험자들은 뇌에서 가장 맥락을 잘 읽는 영역인 이마앞엽 겉질에서 똑같은 회로가 활성화됐다.

요컨대, 이 책의 거멀못에 해당하는 핵심 용어들은 그 커다란 맥락 의존성 때문에 정의하기가 유난히 어렵다. 따라서 나는 이 점을 반영하는 방식으로 용어들을 묶으려고 한다. 어떤 행동이 친사회적인가 혹은 반사회적인가 하는 식으로 나누지는 않겠다. 내 취향에는 너무 냉혈한 표현이다. '선한' 행동과 '악한' 행동으로 부르지도 않겠다. 너무 열혈이고 뜬구름 같은 표현이다. 간결함을 한사코 거부하는 개념들을 부르는 편리한 준말로서, 나는 이 책을 우리 최선의 행동과 최악의 행동의 생물학을 살펴보는 책이라고 부르겠다.

2장

1초 전

여러 근육들이 움직여서, 어떤 행동이 벌어졌다. 어쩌면 좋은 행동일 것이다. 당신은 괴로워하는 사람에게 공감하는 심정으로 그의 팔을 만졌다. 어쩌면 나쁜 행동일 수도 있다. 당신은 무고한 사람을 겨냥하여 방아쇠를 당겼다. 어쩌면 좋은 행동일 수도 있다. 당신은 적의 이목을 끌어서 다른 사람들을 구하고자 방아쇠를 당겼다. 어쩌면 나쁜 행동일 것이다. 당신이 누군가의 팔을 만져서 성적 충동의 연쇄가 시작되는 바람에 사랑하는 사람을 배신하게 된다. 행위는 오직 맥락에 따라 정의된다.

따라서, 이 장부터 10장까지의 서두에 놓이는 질문을 이렇게 시작해보자. 그 행동은 왜 일어났을까?

이 책의 시작점에서 밝혔듯이, 우리는 서로 다른 분과들이 서로 다른 답을 내놓는다는 것을 안다. 어떤 호르몬 때문에, 진화 때문에, 유년기 경험이나 유전자나 문화 때문에. 그리고 이 책의 중심 전제인바, 이 답들은 결코 개별적이지 않고 철저히 얽혀 있다. 이 장에서는 그중 시간적으로 제일 가까운 차원에서 물어보자. 그 행동으로부터 1초 전에 무슨 일이 있었기에 그 행동을 일으켰을까? 이것은 근육들에게 지시를 내리는 뇌를 이해하는 분과, 즉 신경생물학의 영역이다.

이 장은 이 책의 기틀과도 같다. 뇌는 앞으로 살펴볼 시간적으로 먼 요인들의 영향이 모두 모여드는 최종적인 공통 경로이기 때문이다. 한 시간 전, 십 년 전, 백만 년 전에는 어떤 일이 있었을까? 그때 일어난 일들은 결국 뇌와 뇌가 지시하는 행동에 영향을 미친 요인들이었다고 할 수 있다.

이 장에는 두 가지 어려움이 있다. 첫째는 끔찍하게 길다는 점이다. 미안하다. 최대한 간명하고 전문적이지 않은 표현을 쓰려고 했으나, 기틀이 되는 내용이기 때문에 꼭 다뤄야 했다. 둘째, 전문용어를 남발하지 않으려고 애쓰기는 했으나, 그래도 신경과학에 배경지식이 없는 독자라면 좀 버거울 수도 있을 것이다. 그러니 이 대목에서 「부록 1」을 찬찬히 읽고 오시기를 권한다.

읽고 왔는가? 자, 이제 물어보자. 1초 전에 어떤 결정적 사건이 있었기에 그 친사회적 혹은 반사회적 행동이 벌어졌을까? 신경생물학적 표현으로 번역하면 이렇다. 1초 전에 뇌의 특정 영역에서 활동전위, 신경전달물질, 신경회로에 어떤 사건이 있었는가?

비유적인 (결코 문자 그대로는 아닌) 뇌의 세 층위

1960년대에 신경과학자 폴 매클린이 제안한 모형을 동원하여 뇌의 거시구조를 살펴보는 것부터 시작하자.[1] 매클린의 '삼층뇌' 모형은 뇌가 세 가지 기능적 영역으로 나뉘었다고 개념화한다.

1층뇌: 뇌의 밑바닥에 놓인 원시적 구조로, 인간에서 도마뱀붙이까지 수많은 종이 공통으로 갖고 있다. 자동적인 조절 기능을 맡는다. 가령 체온이 떨어지면, 이 영역이 그것을 감지하여 근육에게 떨라고 지시한다. 혈당이 떨어지면, 그것도 이 영역이 감지하여 허기를 생성한다. 부상이 발생하면, 이 영역의 또다른 회로가 스트레스 반응을 개시한다.

2층뇌: 좀더 최근에 진화한 영역으로, 포유류에 와서 확장되었다. 매클린은 대체로 포유류의 발명이라고 할 수 있는 정서 기능을 이 층이 담당한다고 보았다. 만약 내가 뭔가 역겹고 무서운 것을 보면, 이 층이 원시적 1층뇌에게 지시를 보내어 그 정서로 인해 몸이 떨리게 만든다. 만약 내가 사랑받지 못해서 슬프면, 이 영역이 1층뇌에게 알려서 위로가 되는 음식을 갈구하도록 만든다. 만약 쥐가 고양이 냄새를 맡으면, 이 영역의 뉴런들이 1층뇌에게 알려서 스트레스 반응을 개시하도록 만든다.

3층뇌: 뇌의 맨 위쪽 겉을 덮고 있으며 가장 최근에 진화한 새겉질(신피질)을 말한다. 영장류는 다른 종들보다 뇌에서 이 층이 차지하는 비중이 불균형적으로 더 크다. 인지, 기억 저장, 감각 처리, 추상화, 철학, 내적 성찰을 담당한다. 만약 내가 책에서 오싹한 구절을 읽으면, 이 3층뇌가 2층뇌에게 신호를 보내어 무서운 느낌이 들게 만들고 그러면 2층뇌가 다시 1층뇌에게 몸을 떨게 시킨다. 만약 내가 오레오 쿠키 광고를 보고 먹고 싶어지면, 이 3층뇌가 2층뇌와 1층뇌에게 영향을 미친다. 사랑하는 사람들이 영원히 살진 않으리라는 사실을 숙고할 때, 난민수용소의 아이들을 생각할 때, 영화 〈아바타〉에서 얼간이 같은 인간들이 나비족의 홈트리를 파괴한 사실을 떠올릴 때(잠깐, **나비족은 실재하지 않는데도** 불구하고!), 3층뇌가 2층뇌와 1층뇌를 끌어들여서 내가 사자를 피해 달아날 때와 똑같은 종류의 스트레스 반응을 일으키도록 만든다.

자, 이렇게 뇌를 기능에 따라 세 구획으로 나눴다. 여기서 연속체를 범주화하는 데 따르는 예의 이점과 단점이 다 발생한다. 최대의 단점은 이 설명이 지나치게 단순하다는 것이다. 예를 들어보자.

a. 해부적으로 세 층은 겹치는 부분이 상당히 많다(가령 겉질의 한 부분은 2층뇌에 속한다고 보는 편이 타당한데, 뒤에서 더 이야기하겠다).

b. 정보와 지시가 늘 3층뇌에서 2층뇌에서 1층뇌로 하향식으로만 내려오는 것은 아니다. 이에 대한 기묘하고 멋진 사례를 15장에서 소개할 텐데, 간단히 말해서 손에 차가운 음료를 든 사람은(온도는 1층뇌가 처리한다) 그 상태에서 만난 상대를 차가운 성격의 소유자로 판단할(3층뇌의 일) 가능성이 더 높다는 현상이다.

c. 행동의 자동적 측면과(단순하게 말해서 1층뇌의 범위) 정서와(2층뇌) 사고는(1층뇌) 따로따로 분리되지 않는다.

d. 3층뇌 모형은 진화가 기존 구조(들)에 아무런 변화도 가하지 않은 채 사실상 그 위에 새 층을 덮기만 한 셈이라는 그릇된 오해를 부르기 쉽다.

매클린 스스로도 지적했던 이런 단점들이 있지만, 그래도 이 모형은 뇌의 조직화에 대해 좋은 비유로 기능한다.

변연계

우리 최선의 행동과 최악의 행동을 이해하려면, 자동성과 정서와 인지를 다 고려해야 한다. 나는 그중에서 정서에 큰 영향을 미치는 2층뇌부터 설명하겠다.

20세기 초 신경과학자들은 2층뇌가 하는 일이 명백하다고 믿었다. 표준 실험동물인 쥐를 가져다가 뇌를 조사해보자. 맨 앞에 불룩 튀어나온 두 개의 커다란 엽은 후각의 주요 수용 영역인 '후각망울'이다.

당시 신경과학자들은 설치류의 이 거대한 후각망울이 뇌의 어느 부위로 말을 걸까(즉, 축삭돌기를 뻗을까) 하고 물었다. 후각 정보를 받는 영역으로부터 시냅스 하나를 건너면 어느 영역일까? 두 개 건너면, 세 개 건너면, 그 이상을 건너면 또 어디일까?

확인했더니, 일등으로 연락받는 곳이 바로 2층뇌 구조였다. 모두가 이렇게

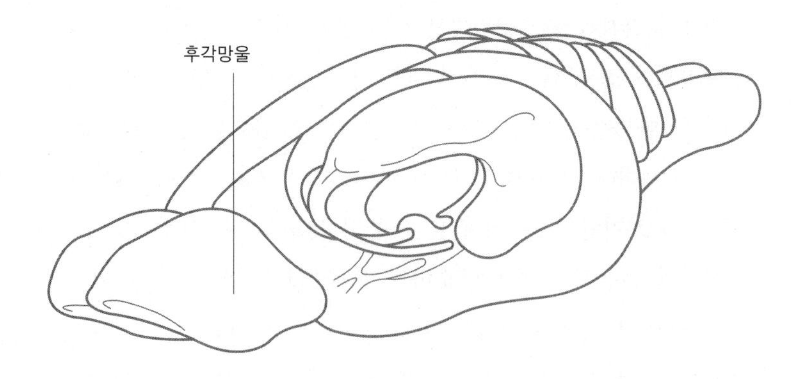

결론지었다. 아하, 뇌의 이 부분은 냄새를 처리하는구나. 그래서 이곳에 후각뇌(혹은 후뇌)라는 이름이 붙었다.

이후 1930~40년대에 젊은 매클린, 제임스 파페즈, 폴 뷰시, 하인리히 클뤼버 등의 신경과학자들은 2층뇌 구조가 하는 일을 알아보기 시작했다. 한 예로 만약 2층뇌 구조가 손상되면 '클뤼버-뷰시 증후군'이 생기는데, 이 증후군에 걸린 사람은 사회성에서, 특히 성적 행동과 공격 행동에서 비정상적 면모를 보인다. 연구자들은 곧 (이런저런 이유에서) '변연계'라고 재명명한 이 구조가 정서를 담당한다고 결론지었다.

후각뇌냐 변연계냐? 후각이냐 정서냐? 가열찬 싸움이 이어지던 중, 누군가가 뻔한 사실을 지적했다. 쥐에게는 정서와 후각이 거의 같다는 점이다. 설치류에게 정서를 일으키는 환경 자극은 거의 모두 후각 자극이기 때문이다. 덕분에 평화가 찾아왔다. 설치류의 경우, 변연계가 바깥세상의 정서적 소식을 얻고자 가장 많이 의존하는 것은 후각 입력 신호다. 반면 영장류의 변연계는 시각 신호에서 더 많은 정보를 얻는다.

오늘날은 변연계가 최선의 행동과 최악의 행동을 부추기는 정서에 있어서 핵심적인 기능을 수행한다는 사실이 널리 인정되고 있다. 과학자들은 광범위한 조사로 변연계 구조의(가령 편도체, 해마, 사이막, 고삐, 유두체 등등의) 기능도 밝혀냈다.

특정 행동을 '담당하는' 뇌의 '중추'란 것은 엄밀한 의미에서는 존재하지 않는다. 변연계와 정서의 경우에는 더욱 그렇다. 물론 내 운동 겉질의 하위-하위 영역 중 한 곳을 얼추 왼쪽 새끼손가락을 굽히게 만드는 '중추'라고 볼 수는 있고, 호흡이나 체온을 조절하는 '중추' 비스무리한 역할을 맡은 다른 영역들도 있다. 하지만 골난 기분이나 몸이 달아오른 기분, 달콤씁쓸한 향수를 느끼거나 따스하지만 경멸이 밴 보호본능을 느끼는 것, 사람들이 대체 이게 무슨 일일까 묻고 또 묻는 사랑이라는 감정을 느끼는 것에 대해서는 별도의 중추가 존재하지 않는다. 그러니 여러 변연계 부분들을 잇는 회로가 어마어마하게 복잡한 것도 무리가 아니다.

자율신경계와 뇌의 원시적 핵심 영역

변연계는 복잡하기 그지없는 자극 회로들과 억제 회로들을 이룬다. 모든 변연계 구조가 은밀히 품고 있는 가장 큰 욕망을 살펴보면 이해하기 쉬울 것이다. 그것은 바로 시상하부에게 영향을 미치고 싶다는 욕망이다.

왜? 시상하부가 중요하기 때문이다. 역시 변연계 구조 중 하나인 시상하부는 1층뇌와 2층뇌, 즉 뇌의 핵심 조절 부위와 정서 부위 사이에 놓인 접점이다.

이에 걸맞게, 시상하부는 다른 2층뇌 변연계 구조로부터 막대한 입력을 받으면서 자신은 그에 비해 1층뇌 영역으로 신경돌기를 많이 내뻗는다. 1층뇌 영역이란 진화적으로 오래된 중뇌와 뇌줄기를 말하며, 이들이 온몸의 자율적 반응을 조절한다.

파충류의 경우에는 그런 자율적 조절이 복잡하지 않다. 근육이 열심히 일하면, 온몸의 뉴런이 그 사실을 감지하여 척수를 거쳐 1층뇌 영역으로 신호를 보낸다. 그러면 심박과 혈압을 높이라는 지시가 역시 척수를 거쳐서 내려온다. 먹이를 잔뜩 삼키면, 위벽이 늘어난다. 위벽의 뉴런들이 이 사실을 감지하고 그 소식을 전하면, 곧 장의 혈관이 확장되어 혈류를 늘림으로써 소화를 촉진한다. 덥다고? 몸 표면으로 피가 전달되어 체열을 밖으로 퍼뜨

2장
1초 전

린다.

이 모든 조절은 자동적, 즉 '자율적'이다. 그리고 중뇌와 뇌줄기는 그것들이 척수와 몸 전체에 뻗는 신경까지 다 포함하여 '자율신경계'라고 불린다.*

그렇다면 여기서 시상하부는 어떤 역할을 할까? 시상하부는 변연계가 이 자율 기능에 영향을 미치는 수단, 달리 말해서 2층뇌가 1층뇌에게 말을 거는 수단이다. 만약 방광이 꽉 차서 근육 벽이 늘어나면, 중뇌와 뇌줄기 회로가 소변을 보자고 제안한다. 만약 우리가 무언가 충분히 끔찍한 것을 접하면, 변연계가 시상하부를 거쳐서 중뇌와 뇌줄기를 설득하여 같은 행동을 하도록 만든다. 정서가 이런 방식으로 인체 기능에 영향을 미치므로, 변연계의 길들은 결국 시상하부로 통하기 마련이다.**

자율신경계는 두 부분으로 구성된다. 서로 거의 반대되는 기능을 가진 교감신경계와 부교감신경계다.

교감신경계는 각성시키는 환경에 대한 인체의 반응을 중개하여, 가령 그 유명한 '싸움 혹은 도주' 스트레스 반응을 일으킨다. 의대 1학년 학생들에게 들려주곤 하는 시시한 농담을 써먹자면, 교감신경계는 '네 가지 F, 즉 공포fear, 싸움fight, 도주flight, 섹스f×××'를 관장한다. 중뇌/뇌줄기의 특정 핵으로부터 척수와 온몸 말초로 긴 교감신경들이 이어져 있고, 그 신경들의 축삭말단에서 노르에피네프린이라는 신경전달물질이 분비된다. 한 가지 예외이자 우리가 더 잘 아는 교감신경계 속성이 있는데, 바로 부신에서는 노르에피네프린(다른 말로 노르아드레날린) 대신 에피네프린(다른 말로 그 유명한

* '불수의' 신경계라고도 불린다. 이와 대비되는 것은 '수의' 신경계로, 이 신경계는 뇌의 '운동' 영역들에 있는 뉴런들과 그 뉴런들이 척수를 거쳐서 골격근들에게 지시하는 신경 가지들을 동원하여 의식적이고 자발적인 움직임을 만든다.

** 앞으로 펼쳐질 이야기가 얼마나 복잡한지 맛보기 차원에서 덧붙이자면, 시상하부는 여러 핵이 뭉쳐진 구조이고, 각각의 핵은 변연계로부터 독특한 편성의 입력 신호를 받으며 그 자신도 여러 중뇌/뇌줄기 영역으로 저마다 독특한 출력 신호를 내보낸다. 각각의 핵마다 서로 다른 기능들을 수행하지만, 모든 시상하부 핵들의 기능은 자율적 조절이라는 큰 틀에 속한다.

아드레날린)이 분비된다는 점이다.*

한편 부교감신경계는 중뇌/뇌줄기의 다른 핵에서 시작되어 척수를 거쳐 온몸으로 뻗은 신경들로 구성된다. 교감신경계와 네 가지 F와는 달리, 부교감신경계는 차분하고 정적인 상태를 관장한다. 교감신경계는 심장을 빨리 뛰게 하지만, 부교감신경계는 느리게 뛰게 만든다. 부교감신경계는 소화를 촉진하지만, 교감신경계는 억제한다(말이 되는 일인 것이, 만약 내가 무언가의 점심거리가 되지 않기 위해서 걸음아 날 살려라 도망치는 중이라면, 아침 먹은 것을 소화시키는 데 에너지를 낭비하진 않을 것이다).** 그리고 14장에서 보겠지만, 고통스러워하는 누군가를 봄으로써 내 교감신경계가 활성화한다면 나는 상대를 돕는 대신 내 스트레스에 골몰하기 쉽다. 반면에 그때 부교감신경계가 활성화한다면 그 반대이기가 쉽다. 교감신경계와 부교감신경계가 반대로 작용한다는 점을 고려할 때, 부교감신경계는 당연히 축삭말단에서 다른 신경전달물질을 분비한다. 아세틸콜린이다.***

정서가 몸에 영향을 미치는 방식으로 이 못지않게 중요한 또다른 방식이 있다. 시상하부가 많은 호르몬들의 분비를 조절한다는 점이다. 4장에서 이야기할 내용이다.

그래서, 변연계가 몸의 자율 기능과 호르몬 분비를 간접적으로 조절한다는 것은 알겠다. 이것이 행동과 무슨 상관일까? 엄청 상관이 있다. 몸의 자율

---

* 쓸데없이 얘기를 더 복잡하게 만들어보자면, 그래서 이 내용이 각주로 쫓겨난 것인데, 사실은 뇌에서 척수로 길게 뻗은 교감신경계 신경들과 온몸의 표적 세포에 맞닿은 교감신경계 신경들 사이에 시냅스가 있다. 사실 두 단계를 거치는 경로라는 말인데, 이때 노르에피네프린을 분비하는 것은 후자의 뉴런이다. 어떤 경로에서든 전자의 뉴런은 아세틸콜린을 분비한다.

** 이 연장선에서 논리적으로 이해되는 또다른 사례. 우리가 스트레스를 받되 사자에게 쫓겨서가 아니라 곧 연설을 해야 하기 때문이라고 하자. 이때 보통 입이 바짝바짝 마르는데, 이것은 교감신경계가 더 나은 기회가 올 때까지 소화 기능을 잠시 차단하는 첫 단계다.

*** 교감신경계처럼 부교감신경계도 뇌에서 기관으로 정보를 전달할 때 두 단계의 신경을 거친다. 그런데 이 교감신경계와 부교감신경계 가지들이 늘 정반대로만 활동하는 것은 아니다. 어떤 경우에는 서로 협동하며 순차적으로 작동한다. 한 예로 발기와 사정은 교감신경계와 부교감신경계가 절묘하게 조정되어야만 가능한 일로, 그 조정이 어찌나 복잡한지 나나 여러분이 잉태된 것 자체가 기적이다.

적 호르몬 상태가 다시 뇌에게 알려져서 행동에 영향을 미치기 때문이다(보통은 무의식적이다).* 이 점은 3장과 4장에서 더 이야기하겠다.

변연계와 겉질의 접점

겉질cortex을 추가할 때가 되었다. 앞서 말했듯이, 겉질은 뇌의 맨 위를 덮고 있고 (그 이름은 라틴어로 '나무껍질'을 뜻하는 단어 cortic에서 왔다) 뇌에서 가장 최근에 생긴 부위다.

겉질은 뇌라는 왕관에서 그 논리와 분석력을 빛내는 보석과도 같은 3층 뇌 영역이다. 대부분의 감각 정보가 겉질로 들어와서 해독된다. 근육에게 움직이라는 지시를 내리는 곳, 언어가 이해되고 생성되는 곳, 기억이 저장되는 곳, 공간 및 수리 능력이 저장된 곳, 집행 결정이 내려지는 곳도 겉질이다. 겉질은 변연계 위에 떠 있으며, 고대로부터 철학자들을 떠받쳐왔다. 적어도 사고와 정서의 이분법을 역설했던 데카르트 이래로는 그랬다.

그러나 물론 그 이분법은 말짱 틀렸다. 손에 쥔 컵의 온도가(시상하부에서 처리된다) 상대의 성격이 얼마나 차가운가에 대한 평가를 바꾼다던 사례만 봐도 알 수 있다. 정서는 기억의 속성과 정확도에 필터를 입힌다. 뇌졸중으로 특정 겉질 영역에 손상을 입어서 말하기 능력이 사라진 사람들 중 일부는 정서적인 변연계로 우회하여 언어라는 지적 능력의 회로를 재형성하는데, 그런 사람은 말하고자 하는 바를 노래로 할 수 있다. 겉질과 변연계는 분리되어 있지 않다. 둘 사이를 수많은 축삭돌기가 가로지른다. 중요한 점은 이 연결이 양방향적이라는 것이다. 변연계가 겉질의 통제를 받기만 하는 게 아니라, 변연계가 겉질에게 말을 걸기도 한다. 사고와 감정의 잘못된 이분법에 대해서는 서던캘리포니아대학교의 신경학자 안토니오 다마지오가 『데카르트의 오류』라는 책에서 잘 설명했다. 다마지오의 연구는 뒤에서 더 이야기하겠다.[2]

---

* 달리 말해서 2층뇌와 3층뇌가 1층뇌의 자율적 기능에 영향을 미칠 수 있고, 그러면 1층뇌가 온몸의 사건을 바꾸고, 그러면 그 변화가 다시 뇌의 모든 부위에 영향을 미친다. 한없이 순환하는 것이다.

1층뇌와 2층뇌의 접점이 시상하부라면, 2층뇌와 3층뇌의 접점은 어마어마하게 흥미로운 존재인 이마엽 겉질이다.

이마엽 겉질에 대한 핵심적인 통찰은 신경과학의 거장이었던 MIT의 발레 나우타가 1960년대에 제시했다.*[3] 나우타는 어떤 뇌 영역이 이마엽 겉질로 축삭을 뻗는지, 거꾸로 이마엽 겉질이 어디로 축삭을 뻗는지 살펴보았다. 그 결과 이마엽 겉질은 변연계와 양방향으로 긴밀히 연결되어 있었고, 그래서 그는 이마엽 겉질이 변연계의 준구성원이라는 가설을 제시했다. 당연히, 모두가 그를 어리석다고 여겼다. 이마엽 겉질은 지적인 겉질에서도 가장 최근에 진화한 부분이다. 이마엽 겉질이 저 슬럼가 같은 변연계를 찾아가는 것은 그저 그곳 부랑아들에게 정직한 노동과 기독교적 절제를 설교하기 위함이 아니겠는가.

당연히, 나우타가 옳았다. 이마엽 겉질과 변연계는 여러 상황에서 서로를 자극하거나 억제한다. 협동하며 조정하기도 하고, 때로는 서로에게 방해가 되도록 작동하며 다투기도 한다. 이마엽 겉질은 어엿한 변연계의 명예회원이다. 그리고 이마엽 겉질과 (다른) 변연계 구조들의 상호작용은 이 책의 핵심이다.

두 가지 세부 사항을 말해둔다. 첫째, 겉질은 표면이 매끄럽지 않고 주름이 잔뜩 져 있다. 그 주름을 기준으로 네 가지 엽이라는 상부구조가 나뉜다. 관자엽(측두엽), 마루엽(두정엽), 뒤통수엽(후두엽), 이마엽(전두엽)이다. 이들은 각자 기능이 다르다.

둘째, 뇌는 서로 대충 거울상을 이루는 왼쪽과 오른쪽의 두 '반구'로 이뤄져 있다.

---

* 나우타는 비범한 과학자이자 고결한 인간이었고, 명성 높은 선생이었다. 그의 신경해부학 수업은 세 시간짜리 저녁 강의였는데도 거의 오락이었다. 나는 대학생 때 그의 실험실 옆 실험실에서 일했는데, 이분을 어찌나 경애했던지 그가 화장실로 향하는 것을 보면 나도 화장실에 가야 할 자율신경계적 변명을 쥐어짰다. 소변기 앞에서라도 인사할 기회를 잡고 싶어서였다(그와 그의 가족이 제2차세계대전중 네덜란드에서 나치의 눈을 피해 유대인들을 숨겨주었다는 사실, 그래서 워싱턴DC의 홀로코스트 추모 박물관에 이름이 언급되어 있다는 사실을 나중에 알고서 내 경애심은 더 커졌다).

겉질

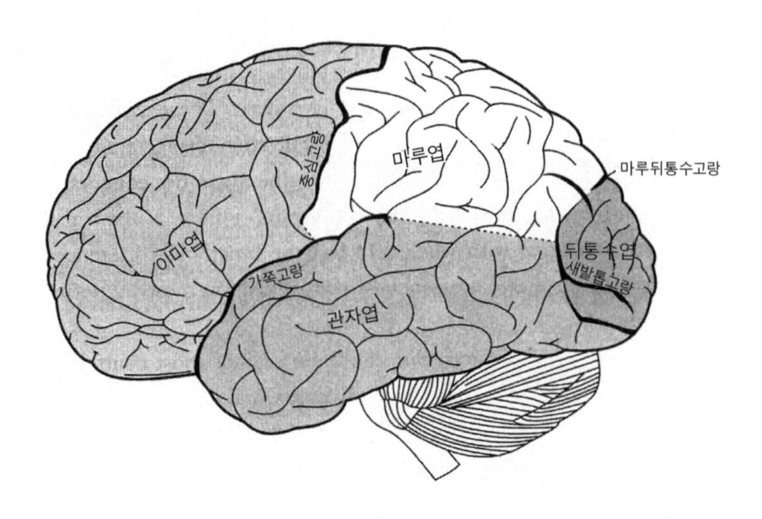

중심고랑
마루엽
마루뒤통수고랑
이마엽
뒤통수엽
새발톱고랑
가쪽고랑
관자엽

뇌 편측화

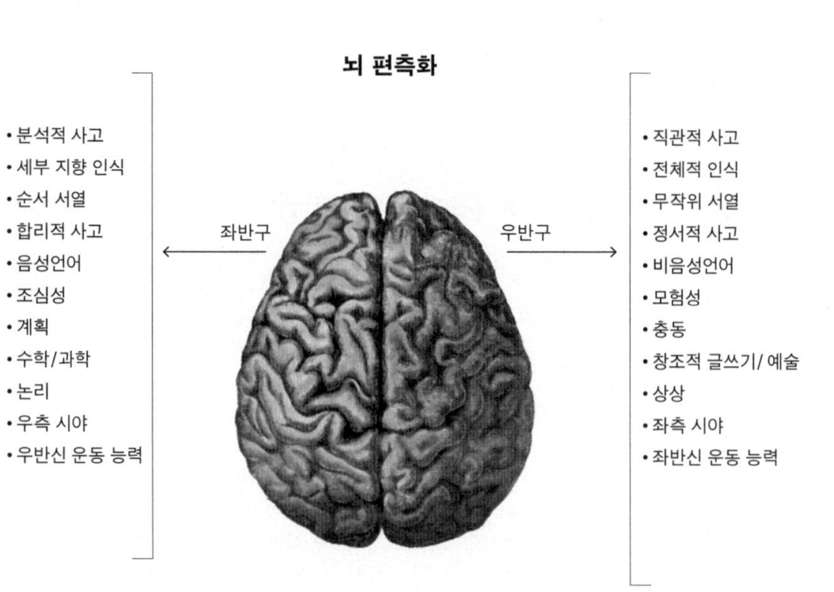

• 분석적 사고
• 세부 지향 인식
• 순서 서열
• 합리적 사고
• 음성언어
• 조심성
• 계획
• 수학/과학
• 논리
• 우측 시야
• 우반신 운동 능력
좌반구
우반구
• 직관적 사고
• 전체적 인식
• 무작위 서열
• 정서적 사고
• 비음성언어
• 모험성
• 충동
• 창조적 글쓰기/ 예술
• 상상
• 좌측 시야
• 좌반신 운동 능력

따라서 중심선에 위치한 비교적 드문 구조들을 제외하고는, 대부분의 뇌 영역이 쌍으로 존재한다(좌측 편도체와 우측 편도체, 좌측 해마와 우측 해마, 좌측 관자엽과 우측 관자엽 하는 식이다). 뇌 기능은 종종 편측화되어 있다. 가령 좌측 해마와 우측 해마의 기능이 서로 연관되어 있되 다르다는 뜻이다. 가장 큰 편측화는 겉질에서 일어난다. 좌반구는 분석적이고, 우반구는 직관과 창조성에 더 관련된다. 이 대비는 사람들의 마음을 사로잡았다. 그래서 이른바 '좌뇌'스러운 것은 지나치게 꼼꼼하게 숫자를 세는 성향이고 '우뇌'스러운 것은 만다라를 그리거나 고래와 함께 노래하는 성향이라는 둥, 겉질 편측화를 우스꽝스러울 정도로 과장한 이야기가 돌았다. 사실 두 반구의 기능 차이는 일반적으로 미묘하므로, 나는 편측화를 대체로 무시하겠다.

이제 우리는 이 책에서 가장 핵심적인 뇌 영역들, 즉 편도체와 이마엽 겉질과 중변연계/중겉질 도파민 시스템을 살펴볼 준비가 되었다(다른 조역助役 영역들은 이 세 영역의 소제목 아래 집어넣었다). 우리 최악의 행동에 가장 핵심적인 역할을 하는 게 틀림없는 영역부터 시작하자.

편도체

편도체*는 변연계의 전형이라 할 만한 구조로, 관자엽의 겉질 밑에 있다. 편도체는 공격성, 그리고 공격성에 대해서 암시하는 바가 많은 다른 행동들을 중점적으로 중개한다.

* 편도체라는 용어는 그리스어로 '아몬드'를 뜻하는 '아미그달레ἀμυγδαλή'(고마워요 위키피디아)에서 왔다. 편도체가 아몬드를 닮아서라고 하는데 음, 그런 것 같기도 하다. 헷갈리게도 '편도선'이라고 할 때 '편도'에도 이 이름이 붙었다. 고대 그리스에 편도절제술이 있었다면 의료 과실 소송이 제법 따랐을 것이다.

편도체와 공격성에 대한 첫번째 이해

편도체가 공격성에서 주된 역할을 맡는다는 증거는 아주 많다. 앞으로 소개할 여러 가지 접근법을 사용한 연구들이 밝혀낸 바다.

첫째, 상관관계를 알려주는 '기록' 방법이 있다. 다양한 종의 편도체들*에 기록 전극을 꽂은 뒤 그곳의 뉴런들이 언제 활동전위를 보이는지 기록하는 것인데, 그 결과는 동물이 공격성을 보일 때였다.** 연관된 방법으로, 동물이 공격성을 드러내는 동안 어느 뇌 영역이 산소나 포도당을 추가로 소비하는지 혹은 특정 활동에 관련된 단백질을 합성하는지 알아보는 방법이 있다. 역시 편도체가 일등이었다.

상관관계를 넘어선 증거를 보자. 동물의 편도체를 손상시키면, 공격성을 보이는 빈도가 준다. 편도체에 국부마취제 노보카인을 주입하여 일시적으로 마비시킨 경우에도 같은 결과다. 거꾸로, 편도체에 전극을 심어서 그곳 뉴런들을 자극하거나 흥분성 신경전달물질을(뒤에서 이야기하겠다) 뿌리면, 공격성이 촉발된다.[4]

인간 피험자에게 화가 치밀게 만드는 사진을 보여주면, 편도체가 활성화한다(뇌 영상에서 드러난다). 피험자의 편도체에 전극을 꽂고 자극하면(특정 종류의 뇌 수술 직전에 시행할 수 있다), 피험자가 분노를 보인다.

가장 설득력 있는 데이터는 드물게도 편도체에만 손상을 입은 환자들에게서 나왔다. 뇌염의 한 종류 혹은 우르바흐-비테 증후군이라는 유전질환 때문에 그런 경우도 있고, 약물 저항성이 큰 심각한 발작이 편도체에서 유래하는 바람에 발작을 통제하고자 편도체를 수술로 손상시킨 경우도 있다.[5] 그런 사람들은 화난 얼굴을 감지하는 능력이 훼손된다(반면 다른 정서 상태를 인지하는 능력은 멀쩡한데, 뒤에서 다시 이야기하겠다).

---

* 편도체는 '양측성bilateral' 구조다. 뇌의 좌반구와 우반구에 하나씩 거울상으로 두 개의 편도체가 있다는 뜻이다.

** 특정성specificity에 관하여 한마디. 편도체가 정말로 공격성에만 선택적으로 관여한다고 확신 있게 말하려면, 편도체가 다른 뇌 영역들보다 더 많이 활성화한다는 것도 보여주어야 하고 다른 갖가지 행동에서는 그렇게 많이 활성화하지 않는다는 것도 보여주어야 한다.

편도체 손상이 공격적 행동에는 어떤 영향을 미칠까? 과학자들은 발작이 아니라 공격성을 통제하기 위해서 편도체 절제술을 받은 사람들을 대상으로 이 점을 조사했다. 그런 정신의학적 수술은 1970년대에 열띤 논란을 일으켰다. 과학자들이 학회에서 서로 인사하지 않고 싸늘하게 지나치는 수준을 말하는 게 아니다. 정말 대대적으로 공개적인 폭풍이 몰아쳤다.

이 문제는 생명윤리의 갖가지 주제들을 끌어들이는 피뢰침이었다. 대체 무엇이 병적인 공격성인가? 그것을 누가 결정하는가? 다른 어떤 중재 기법들이 시도되고 실패했는가? 과잉 공격성을 보이는 사람들 중에서도 수술대에 누울 가능성이 유난히 높은 사람들이 따로 있는가? 어떤 상태가 치료된 상태인가?[6]

대부분의 시술 사례는 뇌전증 발작이 개시될 때 통제 불능의 공격성을 동반하는 드문 환자들이 대상이었고, 목표는 그 행동을 통제하는 것이었다(이런 논문들의 제목은 가령 '난치성 공격성에 대한 뇌정위 고정 양측 편도체 절제술의 임상적·생리적 영향에 관하여'라고 붙이는 식이었다). 한편 논쟁의 관심사는 뇌전증이 없는데도 심각한 공격성 경력 탓에 비자발적으로 편도체를 절제당한 사람들이었다. 뭐, 이런 조치가 아주 유익할 수도 있었다. 혹은 전체주의적일 수도 있었다. 이것은 어둡고 긴 이야기이니, 언젠가 다음 기회에 하도록 하겠다.

사람의 편도체를 손상시켜서 공격성이 줄었을까? 폭력성이 두서없이 반사적으로 분출되고 발작에 선행하는 경우에는 꽤 확실히 그랬다. 하지만 오직 행동 통제를 목적으로 실시된 수술에서는 음, 어쩌면, 하는 정도였다. 환자들과 수술 기법이 단일하지 않았고, 각각의 환자에서 정확히 편도체의 어느 부분이 손상되었는지 보여줄 현대적 뇌 영상 기법이 없었고, 행동 데이터가 부정확하여(논문에 따라 33%에서 100%의 '성공률'을 보고했다), 결론을 내리기 힘들다. 지금은 이 시술법이 거의 쓰이지 않는다.

편도체/공격성 연관성을 드러내 보인 악명 높은 폭력성 사례가 두 건 있다. 첫째는 1968년에 적군파(혹은 바더-마인호프 집단)를 결성하여 서독에서 폭탄 테러와 은행 강도짓을 저질렀던 울리케 마인호프의 사례다. 마인호프는 폭력적인 과격주의자로 변하기 전에는 기자로서 평범한 삶을 살았다. 그는 살인으로 재판을 받던 중인 1976년에 감방에서 목을 맨 채 발견되었다(자살 아니면 살인? 아직도 모른다). 1962년에 마인호프는 양성 뇌종양을 제거하는 수술을 받았었다. 1976년 부검 결과, 남은 종양과 수술로 인한 흉터 조직이 편도체를 침해하고 있었던 것이 밝혀졌다.[7]

두번째 사례는 먼저 아내와 어머니를 죽인 뒤 오스틴의 텍사스대학교 시계탑에 올라가 총기를 무차별 난사함으로써 총 16명을 살해하고 31명에게 부상을 입힌, 속칭 '텍사스 시계탑 저격수' 찰스 휘트먼이다. 이 사건은 최초의 학교 대량살인 사건 중 하나였다. 휘트먼은 어릴 때 보이스카우트이자 성가대원이었고, 기계공학을 전공한 뒤 행복하게 결혼하여 살았으며, IQ가 상위 1%에 들 만큼 높았다. 사건 바로 전해에 그는 여러 의사들을 찾아가서 심각한 두통과 (가령 학교 내 탑에서 사람들을 쏘고 싶다거나 하는) 폭력적 충동을 호소했다. 그는 아내와 어머니의 시신 옆에 남긴 쪽지에서 그들에 대한 사랑과 자기 행동에 대한 당혹스러움을 주장했다. "[아내를 죽이는 데 대한] 구체적인 이유를 합리적으로 전혀 생각해낼 수 없다"며, "내가 이 여인을 진심으로 사랑했다는 사실을 결코 의심하지 말아달라"고 적었다. 자살하면서 남긴 유서에서는 자기 뇌를 부검해달라는 요청과 자신에게 남은 돈이 있다면 정신건강 재단에 기부하라는 요청을 남겼다. 부검 결과, 그의 직감이 옳았음이 증명되었다. 휘트먼은 교모세포종을 앓고 있었고, 종양이 편도체를 누르고 있었다. 종양이 그의 폭력성의 '원인'이었을까? '편도체 종양=살인자'라는 의미에서라면 아니었을 것이다. 그에게는 신경학적 문제와 상호작용했음직한 다른 위험 요인들도 있었기 때문이다. 휘트먼은 아버지에게 맞으며 자랐고, 어머니와 형제들이 맞는 것도 보고 자랐다. 성가대원이자 보이스카우트였던 소년은 어른이 되어 아내를 상습적으로 구타했고, 해병대원이었을 때는 다른 병사를 물리적으로 위협한 일로 군법회의에 회부된 바 있었다.* 그리고 아마 집안 내력을 암시하는 일일 텐데, 그의 남동생도 24세에 술

집에서 다툼을 벌이다가 총에 맞아 죽었다.[8]

편도체 기능의 전혀 다른 분야를 무대 중앙으로

이처럼, 편도체가 공격성에 관련된다는 사실을 보여주는 증거는 많다. 하지만 만약 편도체 전문가에게 그가 좋아하는 뇌 구조의 행동 중 당장 머릿속에 떠오르는 것이 무엇이냐고 묻는다면, '공격성'이 맨 먼저 언급되진 않을 것이다. 아마도 첫번째는 공포와 불안일 것이다.[9] 두려움과 초조함에 연관된 뇌 영역이 또한 공격성 생성에 가장 깊게 관여하는 영역인 것이다.

편도체/공포 연관성을 지지하는 증거는 편도체/공격성 연관성을 지지하는 증거와 비슷하다.[10] 실험동물의 경우에는 편도체를 손상시키는 방법, '기록 전극'으로 편도체 뉴런 활동을 감지하는 방법, 전기적으로 자극하는 방법, 유전자를 조작하는 방법이 쓰였다. 어느 경우든 편도체가 공포 유발 자극을 인식하고 두려움을 표현하는 데 핵심적인 역할을 하는 듯하다는 결과가 나왔다. 게다가 공포는 인간의 편도체를 활성화하는데, 활성화 수준이 높을수록 행동학적 공포 징후가 더 많이 드러난다.

한 연구에서, 피험자들은 뇌 스캐너에 누운 채 '지옥에서 온 미즈 팩맨'이라는 비디오게임을 했다. 미로 속에서 유령이 팩맨을 뒤쫓고, 그러다가 팩맨이 붙잡히면 피험자에게 쇼크가 가해졌다.[11] 피험자들이 유령을 피하려고 애쓰는 동안에는 편도체가 잠잠했다. 하지만 유령이 다가오면, 편도체의 활동 수준이 높아졌다. 그리고 쇼크가 강할수록 유령이 팩맨에게 더 멀리 있어도 편도체가 활성화했고, 활성화 수준이 더 높았고, 자가 보고된 공황 감정이 더 심했다.

다른 연구에서, 피험자들은 얼마나 기다려야 하는지 모르고 기다리다가

* 잠깐, 해병대는 해병들이 물리적으로 위협적인 존재가 되기를 바라지 않나? 해병들을 그런 식으로 훈련시키지 않나? 이것은 이 책의 큰 주제, 즉 우리 최선의 행동과 최악의 행동은 맥락 의존성을 띤다는 사실을 잘 보여주는 사례다. 해병대는 물론 해병들이 물리적으로 몹시 위협적인 존재가 되도록 훈련시킨다. 단 특정 맥락에서만.

쇼크를 받았다.[12] 예측성과 통제력의 결핍이 어찌나 싫던지, 많은 피험자들은 차라리 더 강한 쇼크를 당장 받는 편을 선택했다. 기다린 피험자들의 경우, 두려움을 예상하는 시간이 길수록 편도체가 더 많이 활성화했다.

이처럼 인간의 편도체는 공포 유발 자극에 우선적으로 반응한다. 심지어 워낙 순간적이라서 우리가 의식으로는 감지하지 못하는 자극에도 반응한다.

편도체가 공포 처리에 중요한 역할을 한다는 증거로 특히 강력한 것은 외상후스트레스장애PTSD에서 나온다. 외상후스트레스장애 환자들의 편도체는 가벼운 두려움을 주는 자극에도 과민반응하고, 한번 활성화한 뒤 다시 차분해지는 데 시간이 더 걸린다.[13] 게다가 장기 외상후스트레스장애 환자들은 편도체가 커진다. 스트레스가 편도체 확장에 미치는 영향은 4장에서 다루겠다.

편도체는 또 불안 표현에 관여한다.[14] 평범한 카드 한 벌을 생각해보자. 카드 중 절반은 검은색이고, 나머지 절반은 붉은색이다. 이때 맨 위의 카드가 붉은색일 가능성에 당신은 얼마나 걸겠는가? 이것은 위험 평가의 문제다. 자, 카드 한 벌이 있다. 카드 중 검은색이 적어도 한 장은 있고, 붉은색도 적어도 한 장은 있다. 이때 맨 위의 카드가 붉은색일 가능성에 당신은 얼마나 걸겠는가? 이것은 모호성의 문제다. 확률은 두 상황이 똑같지만, 사람들은 두번째 시나리오에서 더 초조함을 느끼고 편도체를 더 많이 활성화한다. 편도체는 특히 사회적으로 불안한 상황에 유난히 민감하다. 서열이 높은 수컷 레서스원숭이가 어느 암컷과 성적 배우자 관계를 맺고 있다고 하자. 첫번째 상황은 수컷이 볼 수 있는 옆방에 그 암컷을 두는 것이다. 두번째 상황은 옆방에 그 암컷뿐 아니라 수컷의 라이벌도 함께 두는 것이다. 놀랍지 않게도, 두번째 상황에서는 편도체가 활성화한다. 이것은 공격성일까 불안일까? 후자인 듯하다. 활성화 정도가 수컷이 드러내는 공격적 행동이나 발성과 비례하지 않았고, 분비된 테스토스테론 양과도 비례하지 않았다. 대신 수컷이 드러낸 불안의 정도와(이를 딱딱 부딪친다든지, 자기 몸을 긁는다든지 하는 행동과) 비례했다.

편도체는 다른 방식으로도 사회적 불확실성과 연결된다. 어느 뇌 영상 연구에서, 피험자는 다른 선수들과 함께하는 경쟁 게임에 참여했다. 사실 게임 결과는 피험자가 늘 중위권 순위를 차지하도록 설계되어 있었다.[15] 다음으로 연구자들은 게임 결과를 조작하여, 피험자의 순위가 가만히 안정되거나 정신없이 오르내리도록 만들었다. 안정된 순위일 때는 피험자의 이마엽 겉질 중 우리가 뒤에서 살펴볼 어느 부분이 활성화했지만, 순위가 불안정할 때는 피험자의 이마엽 겉질뿐 아니라 편도체까지 활성화했다. 내 위치를 확실히 알지 못하는 것은 불안한 일인 것이다.

또다른 연구는 순응의 신경생물학을 살펴보았다.[16] 단순하게 설명하자면, 피험자가 어느 집단에 소속된다(그에게는 비밀이지만 다른 사람들은 다 공모자다). 연구자는 그들에게 X를 보여준 뒤 묻는다. "방금 본 게 뭐지요?" 모든 이들이 Y라고 대답한다. 피험자도 거짓말을 택하여 Y라고 대답할까? 자주 그랬다. 이때 신념 있게 X라고 말한 피험자들은 편도체가 활성화했다.

마지막으로, 쥐의 편도체에서 특정 회로를 활성화하면 불안이 생겼다 사라졌다 한다. 또다른 회로를 활성화하면, 쥐가 안전한 환경과 불안을 야기하는 환경을 구별하는 능력을 잃는다.*[17]

편도체는 선천적 공포와 학습된 공포를 중재하는 일도 거든다.[18] 선천적 공포(달리 말해 공포증)의 핵심은 무엇을 무서워하기 위해서 시행착오로 학습할 필요가 없다는 것이다. 예를 들어, 실험실에서 태어난지라 평생 다른 쥐들과 대학원생들만 만나본 쥐도 고양이 냄새를 맡으면 본능적으로 무서워하고 피하려 한다. 서로 다른 공포증들이 다소간 서로 다른 뇌 회로를 활성화하기는 하지만(가령 치과 공포증은 뱀 공포증보다 겉질과 더 많이 연관된

---

* 그런데 생쥐가 불안하다는 걸 어떻게 알지? 생쥐는 밝은 빛과 개방된 공간을 싫어한다. 왜 아니겠는가. 다른 많은 동물에게 잡아먹히는 야행성 동물인걸. 따라서 생쥐의 불안을 측정하는 한 방법은 생쥐가 밝은 영역 한가운데에 있는 먹이를 먹으러 가기까지 얼마나 오래 망설이는가 시간을 재는 것이다.

다), 모두가 편도체를 활성화한다는 점은 같다.

그런 선천적 공포는 우리가 학습해야만 무서워하는 것들, 가령 못된 이웃이나 국세청 고지서에 대한 공포와 대비된다. 선천적 공포와 학습된 공포의 경계가 실제로는 좀 모호하기는 하다.[19] 인간이 뱀과 거미를 선천적으로 두려워한다는 것은 주지의 사실이다. 하지만 어떤 사람들은 그놈들을 반려동물로 키우며 귀여운 이름을 지어준다.* 인간이 보이는 것은 불가피한 공포라기보다는 '준비된 학습prepared learning'이다. 판다나 독수리보다 뱀과 거미를 더 쉽게 무서워하도록 학습하는 것이다.

다른 영장류도 마찬가지다. 예를 들어, 뱀을(또는 조화를) 한 번도 만나보지 못한 실험실 원숭이들도 후자보다 전자를 더 쉽게 무서워하도록 조건화된다. 다음 장에서 볼 텐데, 인간은 특정 형태의 외모를 가진 사람들을 무서워하도록 조건화되기 쉽다는 점에서도 준비된 학습을 보인다.

선천적 공포와 학습된 공포의 경계가 모호하다는 점은 편도체의 구조에도 고스란히 반영되어 있다. 선천적 공포에서 핵심적 역할을 맡는 것은 편도체에서도 진화적으로 오래된 부위인 중심편도다. 그 주변을 둘러싼 부위를 바닥가쪽편도라고 부르는데, 이 부위는 좀더 최근에 진화했으며 더 멋지고 현대적인 겉질과 조금 닮은 점이 있다. 바로 이 바닥가쪽편도가 공포를 학습한 뒤 그 소식을 중심편도로 전달한다.

뉴욕대학교의 조지프 르두는 바닥가쪽편도가 공포를 학습한다는 사실을 보여주었다.**[20] 쥐에게 공포의 선천적 촉발 요인이라고 할 수 있는 쇼크

---

* 심지어 거미 공포증을 내팽개칠 때도 있다. 꼬마들이 『샬롯의 거미줄』을 읽다가 샬롯이 죽는 대목에서 슬픔에 빠지는 현상을 보라.

** 이 대목에서 밝혀둘 중요한 점. 내가 이 책에서 제인 아무개나 조 머시기가 어떤 연구를 했다고 말하는 것은 사실 '아무개와 오랫동안 함께한 박사후연구원들, 테크니션들, 대학원생들, 협력자들의 팀이 연구했다'는 뜻이다. 아무개만 언급하는 것은 간결성 때문이지, 그가 혼자 일을 다 했다는 뜻은 아니다. 과학은 전적으로 팀 작업이다. 이왕 말을 꺼낸 김에 하나 더. 이 책에서 연구 결과를 소개할 때 "이 뇌 영역/신경전달물질/호르몬/유전자/기타 등등에게 이렇게 하면 X가 벌어진다"라는 표현을 무수히 쓸 텐데, 이때 사실은 평균적으로 X가 통계적으로 신뢰할 만한 비율로 벌어진다는 뜻이다. 변이는 늘 다양하게 있기 마련이다. 아무 일도 벌어지지 않는 개체도, 심지어 X의 정반대가 벌어지는 개체도 있을 수 있다.

를 줘보자. 이 '무조건 자극'이 가해지면 쥐의 중심편도가 활성화하고, 스트레스 호르몬이 분비되고, 교감신경계가 동원되고, 당연한 결과로 쥐가 그 자리에 굳어버린다. '방금 그거 뭐지? 난 어떻게 하지?' 이제 조건화(조건 형성)를 해보자. 쇼크를 주기 전에, 가령 특정한 소리처럼 평소에는 공포를 유발하지 않는 자극을 미리 줘보자. 그렇게 소리(조건 자극)와 쇼크(무조건 자극)를 반복적으로 결합하면, 공포 조건화가 일어나서 쥐는 소리만 들어도 얼어붙고, 스트레스 호르몬이 분비되고, 기타 등등의 반응을 보인다.*

르두와 연구자들은 그 소리에 대한 청각 정보가 바닥가쪽편도 뉴런들을 자극한다는 것을 보여주었다. 처음에는 그 뉴런들이 활성화해도 중심편도와는(이곳 뉴런들은 원래 쇼크 후에 활성화한다) 무관하다. 하지만 소리와 쇼크가 반복적으로 결합되면, 뇌 회로가 재조직되어 그 바닥가쪽편도 뉴런들이 중심편도를 활성화하는 수단을 얻게 된다.**

조건화가 일어났을 때 소리에 반응한 바닥가쪽편도 뉴런들은 조건화 자극이 소리 대신 빛이었어도 반응했을 것이다. 요컨대, 이 뉴런들은 자극의 의미에 반응하는 것이지 특정 감각 양식에 반응하는 것은 아니다. 게다가 만약 우리가 쥐의 그 뉴런들을 전기적으로 자극하면, 공포 조건화가 더 쉽게 일어난다. 또 만약 쇼크와 동시에 청각 감각 신호를 전기적으로 자극하면(실제 소리를 내는 게 아니라 여느 때 그 소리에 대한 소식을 편도로 전달하는 경로를 직접 활성화한다는 뜻이다), 그래도 소리에 대한 공포 조건화가 일어난다. 가짜 공포 학습을 만들어낸 것이다.

시냅스 변화도 있다. 일단 소리에 대한 조건화가 일어나면, 바닥가쪽편도 뉴런들과 중심편도 뉴런들을 결합하는 시냅스가 더 쉽게 흥분한다. 이 현상

---

* 이것을 이반 파블로프의 이름을 따서 '파블로프의 조건화'라고 부른다. 파블로프는 정확히 이 방법으로 개들이 종소리라는 조건 자극을 먹이라는 무조건 자극과 연합하여 학습하도록 만들었고, 그러자 개들은 종소리만 듣고도 침을 흘리게 되었다. 이보다 덜 미더운 것은 '조작적 조건화' 접근법이다. 이때는 개체가 무언가에 대한 노출을 피하기 위해서 얼마나 많은 일을 하는가를 측정하여 개체가 그 무언가를 얼마나 무서워하는가를 평가한다.

** 과학이 흔히 그렇듯이, 상황이 완벽하게 깔끔한 것은 아니다. 공포 조건화 중에 벌어지는 이런 '가소성' 변화 중 일부는 사실 중심편도에서도 벌어진다.

은 그 회로의 가지돌기 가시에서 흥분성 신경전달물질에 대한 수용체 양이 변하는 탓이라고 알려져 있다.* 게다가 조건화는 바닥가쪽편도 뉴런들과 중심편도 뉴런들 사이에 새 연결이 자라도록 촉진하는 '성장인자'의 농도도 높인다. 이 과정에 관여하는 유전자들도 몇 확인되었다.

자, 이렇게 두려움을 학습하도록 만들었다고 하자.**[21] 이제 조건을 바꿔 본다. 여전히 이따금 소리가 나지만, 쇼크는 더는 따르지 않는다. 그러면 조건화된 공포 반응이 차츰 누그러진다. 이 '공포 소거'는 어떻게 일어날까? 우리는 이 사람이 알고 보니 그렇게 무섭진 않다는 것, 차이가 반드시 두려움을 뜻하진 않는다는 것을 어떻게 배울까? 바닥가쪽편도 뉴런들 중 일부가 조건화 상태에서 소리에 반응한다는 것을 떠올리자. 또다른 일부 뉴런들은 그 반대로, 소리가 더는 쇼크를 알리지 않는 상황에서 그 소리에 반응한다(논리적인 결과로, 두 뉴런 집단은 서로를 억제한다). '아, 이제 저 소리가 더는 무섭지 않아.' 뉴런들은 어디에서 입력을 받을까? 이마엽 겉질이다. 우리가 무언가를 무서워하기를 그칠 때, 편도체 뉴런들이 습득했던 흥분성을 잃는 게 아니다. 우리는 무언가가 무섭다는 사실을 수동적으로 잊는 게 아니다. 그것이 더는 무섭지 않다는 사실을 적극적으로 학습한다.***

---

* 상황을 더 복잡하게 만들어보자면, 바닥가쪽편도 뉴런들은 아마도 사이세포라는 중개자를 거쳐서 중심편도 뉴런들에게 말을 거는 듯하다.

** 나는 이 분야에서 한 가지 문제를 일부러 건드리지 않았다. 우리가 새로운 공포를 학습할 때, 그 기억은 정확히 어디에 저장될까? 편도체 옆에 있는 해마는 확실한 사실(가령 사람의 이름)에 대한 '명시적' 학습을 담당하는 부분이다. 이름에 대한 단기 지식이 장기 기억으로 전환되는 곳은 해마이지만, 기억 흔적 그 자체는 아마도 겉질에 저장되는 듯하다. 이 책이 세상 빛을 볼 무렵에는 틀림없이 구식이 될 법한 비유를 들자면, 해마는 키보드이고, 전달로이고, 기억이 저장되는 겉질이라는 하드드라이브로 이어진 관문이다. 편도체는 어떨까? 편도체는 키보드이기만 할까(그렇다면 공포 기억은 딴 곳에 저장된다), 하드드라이브이기도 할까? 이것은 이 분야에서 줄기차게 토론이 진행되어온 미해결 문제다. '키보드+하드드라이브' 견해를 주장하는 쪽은 르두이고, '키보드일 뿐' 견해를 옹호하는 쪽은 르두 못지않게 저명한 과학자인 캘리포니아 대학교 어바인 캠퍼스의 제임스 맥고프다.

*** 우리가 당면한 복잡성이 어떤 식인지 보여주는 좋은 사례를 보자. 공포 조건화와 공포 소거는 둘 다 억제성 뉴런들을 억제함으로써 이뤄진다. 흠, 정반대 결과를 내면서 그런 공통점이 있다는 건 희한한걸. 알고 보니, 소거는 흥분성 뉴런들을 억제하는 뉴런들을 활성화함으로써 이뤄지는 것이었고, 공포 조건화는 흥분성 뉴런들에게 투사하는 억제성 뉴런들을 억제하는 다른

편도체는 사회적·정서적 의사결정에서도 모종의 역할을 한다. 최후통첩 게임이라는 것이 있다. 두 참가자가 하는 경제 게임으로, 첫번째 참가자가 주어진 돈을 어떻게 나눠가질지를 제안하면 두번째 참가자가 제안을 수락하거나 거절한다.[22] 거절하면, 둘 다 한 푼도 못 받는다. 연구에 따르면, 제안을 거절하는 것은 쩨쩨한 제안에 화가 나 상대를 벌하고 싶은 욕구에서 비롯한 정서적 결정이다. 이때 두번째 참가자가 제안을 받은 후 편도체가 더 많이 활성화할수록 거절할 확률이 더 높다. 편도체가 손상된 사람들은 최후통첩 게임에서 유별나게 너그럽고, 불공평한 제안을 받기 시작해도 거절률이 높아지지 않는다.

왜? 이런 사람들도 규칙을 잘 이해하며, 남들에게는 건전하고 전략적인 조언을 할 줄 안다. 또 상대가 컴퓨터라고 믿는 비사회적 조건에서 게임을 한 통제군 피험자들과 동일한 전략을 쓴다. 이들이 딱히 장기적 시각을 가진 것도 아니다. 자신이 편도체의 정서적 혼란에 휩쓸리지 않고 맥락에 무관하게 계속 너그러움을 보이면 장기적으로는 결국 호혜성이 유도되어 결실이 돌아오리라고 믿는 것은 아니라는 말이다. 연구자가 물어보면, 이들도 통제군과 동일한 수준의 호혜성을 기대한다고 대답한다.

이런 발견이 시사하는 바는, 편도체가 사회적 의사결정에 암묵적 불신과 경계를 주입한다는 것이다.[23] 다 학습 덕분이다. 연구자 중 한 명의 말을 빌리면, "바닥가쪽편도 손상 피험자들이 신뢰 게임에서 보인 너그러움은 병적 이타성으로 간주될 수 있을지도 모른다. 부정적인 사회적 경험을 겪고도, 바닥가쪽편도 손상 때문에 타고난 이타적 행동을 탈학습un-learned하지 못한 것이다". 달리 말해, 인간의 기본 상태는 상대를 믿는 것이고, 편도체는 그 위에 경계와 불신을 학습시킨다.

편도체와 편도체가 신경을 투사하는 시상하부 핵들 중 하나가 남성의 성적 동기부여에 관여하지만(남성의 성적 수행에는 또다른 시상하부 핵이 결

억제성 뉴런들을 활성화함으로써 이뤄지는 것이었다. 이중 부정은 긍정이니까.

정적으로 관여한다)* 여성의 경우는 그렇지 않다는 점은 뜻밖의 발견이었다.** 이게 무슨 말일까? 한 뇌 영상 연구가 단서를 주었다. '젊은 이성애자 남자들'에게 매력적인 여성들의 사진을 보여주었다(통제군에게는 매력적인 남성들의 사진을 보여주었다). 피험자들이 사진을 수동적으로 보기만 할 때는 앞서 언급된 보상 회로가 활성화했다. 반면 사진을 보기 위해서 **일해야** 할 때는(계속 버튼을 눌러야 했다) 편도체도 함께 활성화했다. 또다른 연구들은 긍정적 자극에 대한 편도체의 반응성이 가장 높은 때는 보상의 가치가 계속 달라지는 상황이라는 것을 확인했다. 게다가 그 상황에서 반응하는 바닥가쪽편도 뉴런들은 무언가 싫은 것의 정도가 변할 때도 반응한다. 이 뉴런들은 방향과는 무관하게 변화 자체에 관심이 있는 것이다. 그 뉴런들에게 '보상의 크기가 달라진다'는 것과 '처벌의 크기가 달라진다'는 것은 같은 일이다. 이런 연구들이 밝혀주듯, 편도체는 쾌락을 경험하는 쾌락에 관여하는 것이 아니다. 잠재적 쾌락에 대한 불확실하고 불안정한 갈망에 관여하는 것이고, 보상이 기대보다 적거나 아예 주어지지 않을지도 모른다는 불안과 공포와 분노에 관여하는 것이다. 우리의 쾌락 및 쾌락 추구에는 쾌락을 좀먹는 불편이 깃들어 있을 때가 많다는 점에 관여하는 것이다.*** 24

뇌 네트워크 일부로서의 편도체

편도체 내의 하위 부분들을 살펴보았으니, 편도체의 외적 연결을 살펴보는 것이 좋겠다. 뇌의 어느 부분이 편도체에게 신경을 투사하고, 편도체는

---

* 수컷 쥐에게서 성적 동기와 성적 수행을 어떻게 구별할까? 후자는, 뭐, 쉽다. 성적으로 수용적인 암컷이 곁에 있을 때 수컷이 성행위를 얼마나 자주 하는지, 암컷을 본 시점으로부터 행위를 하기까지 걸리는 반응 시간이 얼마인지 재면 되니까. 하지만 성적 동기는? 수컷이 암컷에게 접근하기 위해서 레버를 얼마나 자주 누르는가 하는 점으로 측정한다.

** 이 대목에서, 편도체에서 시작되는 뇌전증 발작을 겪은 한 여성의 증례를 언급하고픈 마음을 도무지 참지 못하겠다. 그 여성은 발작이 시작되기 전에 자신이 남성이라는 망상을 품곤 했는데, 자신에게 굵은 목소리와 털투성이 팔이 있다는 느낌까지 받았다고 한다.

*** 성적 흥분이 계속 조마조마하게 커지는 이 상황과는 대조적으로, 남자든 여자든 오르가슴을 겪는 순간에는 편도체가 비활성화한다.

또 뇌의 어느 부분으로 투사할까?[25]

편도체가 받는 몇 가지 입력

감각 신호. 우선 편도체는, 특히 바닥가쪽편도는 모든 감각계로부터 신호를 받는다.[26] 그렇지 않고서야 어떻게 우리가 영화 〈죠스〉의 상어 주제곡을 듣고 무서움을 느끼겠는가? 다양한 감각 양식(눈, 귀, 피부……)의 감각 신호는 보통 뇌로 들어와서 각각의 겉질 영역(시각 겉질, 청각 겉질, 촉각 겉질……)에서 처리된다. 가령 시각 겉질은 무수한 층위의 뉴런들을 동원하여 망막 자극의 픽셀들을 우리가 알아볼 만한 이미지로 변환한 뒤 편도체에게 이렇게 외친다. "총이야!" 여기서 중요한 점은, 뇌로 들어온 일부 감각 정보가 지름길을 택하여 겉질을 건너뛰고 곧장 편도체로 간다는 것이다. 그래서 편도체는 겉질이 감을 잡기도 전에 무언가 무서운 것에 대한 정보를 얻는다. 게다가 이 경로는 흥분성이 아주 높기 때문에, 너무 일시적이거나 희미해서 겉질이 눈치채지 못하는 자극에도 편도체가 반응한다. 더군다나 이 지름길 신경들은 감각 겉질에서 오는 신경들보다 바닥가쪽편도 뉴런들과 더 강하고 더 쉽게 흥분하는 시냅스를 맺는다. 정서적 각성은 이 경로를 거쳐서 공포 조건화를 강화한다. 지름길의 힘을 잘 보여준 사례가 있다. 뇌졸중으로 시각 겉질에 손상을 입어서 '겉질시각상실'을 겪게 된 남자의 사례였다. 그는 대부분의 시각 정보를 처리할 수 없게 되었지만, 감정적 얼굴 표정만큼은 지름길을 거쳐서 여전히 인식할 수 있었다.*

여기서 중요한 점은, 지름길을 거쳐서 오는 감각 정보가 빠르기는 하지만 아주 정확하지는 않다는 것이다(정확성은 겉질이 제공하는 것이니까 당연하다). 다음 장에서 볼 텐데, 이 때문에 가령 편도체가 지금 보는 것이 권총이라고 결정한 뒤에야 시각 겉질이 사실은 휴대전화라고 보고하는 비극적 상황이 생기곤 한다.

---

* 이 지름길은 청각 정보에 대해서 가장 깔끔하게 입증되었다. 르두의 연구였다. 다른 감각 양식들에 대한 증거는 이보다 좀더 추정에 가깝다.

통증 정보. 편도체는 공포와 공격성의 믿음직한 촉발 요인인 통증에 관한 소식을 받는다.[27] 이 소식은 뇌의 원시적 핵심 구조 중 하나인 중뇌의 '수도관주위회색질'이 편도체로 전달한다. 수도관주위회색질을 자극하면 공황 발작이 유발될 수 있고, 만성적 공황장애를 가진 사람들은 이 부위가 확대되어 있다. 편도체가 경계·불확실성·불안·공포에 관여한다는 점을 반영하듯, 편도체를 활성화하는 것은 통증 그 자체라기보다는 예측 불가능한 통증이다. 통증은(그리고 통증에 대한 편도체의 반응은) 철저히 맥락 의존적이다.

모든 종류의 역겨움. 나중에 길게 살펴볼 대상으로서 이마앞엽 겉질의 명예회원이라고 할 수 있는 '섬겉질'도 편도체에게 무척 흥미로운 정보를 보낸다.[28] 내가(혹은 다른 어떤 포유류가) 상한 음식을 베어물면, 섬겉질이 반짝 켜져서 그것을 뱉고, 토하고, 구역질을 느끼고, 역겹다는 표정을 짓게 만든다. 섬겉질은 미각적 역겨움을 처리하기 때문이다. 역겨운 냄새도 처리한다.

놀랍게도 인간은 **도덕적으로** 역겨운 일을 생각하기만 해도 섬겉질이 활성화한다. 가령 사회규범 위반이나 사회에서 전형적으로 낙인찍힌 개인들을 생각하기만 해도. 이런 상황에서는 섬겉질 활성화가 편도체 활성화를 이끈다. 누군가 게임에서 내게 치사하고 이기적인 짓을 한다면, 내 섬겉질과 편도체 활성화 수준으로 내가 얼마나 화를 느끼고 얼마나 복수할지를 예측할 수 있다. 이것은 전적으로 사회성에 관련된 현상이다. 나를 배신한 것이 컴퓨터일 때는 내 섬겉질과 편도체가 활성화하지 않는다.

섬겉질은 우리가 바퀴벌레를 먹거나 먹는 일을 상상할 때 활성화한다. 한편 우리가 이웃 부족을 혐오스러운 바퀴벌레라고 생각할 때는 섬겉질과 편도체가 함께 활성화한다. 나중에 보겠지만, 이 현상은 우리 뇌가 '우리 대 그들'을 처리하는 데 핵심적이다.

마지막으로, 편도체는 이마엽 겉질로부터 엄청나게 많은 신호를 받는다. 자세한 이야기는 뒤에서 하겠다.

편도체가 내보내는 몇 가지 신호

양방향 연결. 뒤에서 보겠지만, 편도체는 자신에게 말을 거는 뇌 영역들 중 다수에게 자신도 말을 걸어서 그들의 민감성을 조절한다. 이마엽 겉질, 섬겉질, 수도관주위회색질, 감각 신경들이 다 여기 포함된다.

편도체/해마 접점. 편도체는 당연히 해마를 비롯한 다른 변연계 구조들에게도 말을 건다. 앞서 보았듯, 보통 때 편도체는 공포를 학습하고 해마는 초연하고 냉정한 사실을 학습한다. 하지만 극도의 공포를 느낄 때는, 편도체가 해마를 끌어들여서 특정한 형태의 공포 학습을 한다.[29]

공포 조건화를 겪은 쥐들로 돌아가보자. 쥐가 우리 A에 있을 때는 소리가 난 뒤에 바로 쇼크가 따른다. 하지만 우리 B에 있을 때는 소리가 나도 쇼크가 따르지 않는다. 이러면 결국 맥락 의존적 조건화가 일어난다. 쥐가 우리 A에서는 소리를 듣고 무서워서 굳지만 우리 B에서는 그러지 않는 것이다. 이런 편도체와 해마의 결합 학습은 초점이 분명하다. 누구나 비행기가 세계무역센터 제2타워에 부딪히던 광경을 기억하지만, 그 뒤의 하늘에 구름이 있었는지 없었는지는 기억하지 못한다. 해마는 어떤 사실에 대해서 편도체가 흥분하는가 하지 않는가를 기준으로 그 사실을 저장해둘 가치가 있는가 없는가를 결정하는 것이다. 또한 이 결합은 규모가 수정될 수 있다. 당신이 도시의 어느 위험한 동네에 있는 골목에서 총을 든 강도에게 강탈당했다고 하자. 나중에 상황에 따라서 총이 단서가 되고 골목이 맥락이 될 수도 있지만, 골목이 단서가 되고 위험한 동네가 맥락이 될 수도 있다.

운동 출력. 편도체가 관여하는 두번째 지름길이 있다. 움직임을 지시하는 운동 뉴런들에게 편도체가 말을 걸 때 쓰는 길이다.[30] 논리적으로 생각하면, 편도체가 어떤 행동을(가령 도주 행동을) 일으키고 싶다면 이마엽 겉질에게 말을 걸어서 집행 승인을 받아야 한다. 하지만 충분히 각성된 경우, 편도체는 겉질밑의 반사적 운동 경로에게 직접 말을 건다. 이 경우에도 주고받는 것이 있다. 겉질을 건너뜀으로써 속도가 빨라지지만, 정확성은 떨어진다. 입력 신호 지름길이 우리로 하여금 휴대전화를 총으로 보도록 만든다면, 출력 신호 지름길은 우리가 의식적으로 그럴 맘을 먹기도 전에 방아쇠를 당기도록 만든다.

각성. 궁극적으로, 편도체가 내보내는 신호는 대부분 뇌와 몸 전반에게 보내는 경고다. 앞서 보았듯, 편도체의 핵심에는 중심편도가 있다.[31] 중심편도에서 나온 축삭돌기는 그 근처에 있으며 편도체와 비스무리한 구조인 분계섬유줄핵으로 들어간다. 분계섬유줄핵은 시상하부의 일부에 투사하여 호르몬 스트레스 반응을 개시하고(4장을 보라), 중뇌와 뇌줄기의 일부에게도 투사하여 교감신경계를 활성화하고 부교감신경계를 억제한다. 요컨대, 정서적으로 각성되는 상황이 벌어지면 2층뇌인 변연계의 편도체가 1층뇌 영역에게 신호를 보내어 심박과 혈압이 치솟게 만드는 것이다.*

편도체는 뇌줄기의 한 구조로서 뇌 고유의 교감신경계라고도 말할 수 있는 청색반점도 활성화한다.[32] 청색반점은 뇌 전체로, 특히 겉질로 노르에피네프린을 분비하는 신경돌기를 뻗는다. 만약 청색반점이 나른하고 잠잠하면, 당신도 그렇다. 청색반점이 보통 정도로 활성화하면, 당신은 각성한다. 청색반점이 갱을 소탕하려는 경찰처럼 미친듯이 발화하면, 각성한 편도체에서 오는 신호 덕분에 모든 뉴런들이 총동원된다.

편도체의 투사 패턴에서 알 수 있는 중요한 점이 하나 있다.[33] 교감신경계가 언제 풀가동한다고 했더라? 공포, 도주, 싸움, 그리고 섹스할 때다. 아니면 복권에 당첨되었을 때, 축구장에서 행복하게 질주할 때, 방금 페르마의 정리를 풀어냈을 때다(당신이 그런 타입이라면 말이다). 이 점을 반영하듯, 한 시상하부 핵에 있는 뉴런들 중 약 4분의 1이 수컷 생쥐의 성적 행동에 관여하는 동시에 그보다 더 강하게 자극받으면 공격 행동에도 관여한다.

여기에는 두 가지 숨은 의미가 있다. 성과 공격성은 둘 다 교감신경계를

---

* 특정성의 문제를 추가하자면, 정확히 어느 해마 하위 영역과 어느 자율 중계 핵이 활성화하는가 하는 패턴은 자극의 종류에 따라 달라진다. 그래서 포식자에 대한 반응으로 생겨난 공포·공격성은 같은 종 내 다른 개체의 위협에 대한 반응으로 생겨난 공포·공격성과는 좀 다르다. 이와 비슷하게, 설치류가 고양이 냄새에 보이는 반응은 실제 고양이에게 보이는 반응과 패턴이 좀 다르다.

활성화하고, 교감신경계는 다시 행동에 영향을 미친다. 사람들은 가령 심장이 빠르게 뛸 때와 천천히 뛸 때에 같은 대상에 대해서도 다른 감정을 느낀다. 이것은 자율적 각성 패턴이 감정의 **내용**에 영향을 미친다는 뜻일까? 그렇진 않다. 다만 자율적 피드백이 감정의 **강도**에는 영향을 미친다. 더 자세한 이야기는 다음 장에서 하겠다.

두번째 결과는 이 책의 요지와 일치한다. 우리의 심장은 우리가 살인적 분노를 느낄 때와 오르가슴을 느낄 때 거의 같은 일을 한다는 것이다. 다시 말하지만, 사랑의 반대는 미움이 아니라 무관심이다.

편도체에 대한 개관은 이것으로 마친다. 복잡한데다가 전문용어가 난무했지만, 가장 중요한 주제는 편도체가 공격성에도, 그리고 공포와 불안의 양상들에도 관여한다는 것이다. 공포와 공격성이 필연적으로 얽혀 있는 것은 아니다. 모든 공포가 공격성을 야기하는 것은 아니고, 모든 공격성이 공포에서 비롯하는 것도 아니다. 보통 공포는 이미 공격 성향이 있는 개체에게서만 공격성을 높인다. 공격성을 안전하게 표출할 선택지가 없는 낮은 서열의 개체에게서는 공포가 오히려 공격성을 낮춘다.

공포와 공격성의 해리는 폭력적 사이코패스에게서 분명히 드러난다. 그들은 겁 많은 사람의 정반대다. 생리적으로나 주관적으로나, 그들은 통증에 대한 반응성이 낮다. 그들의 편도체는 전형적으로 공포를 유발하는 자극에 상대적으로 덜 반응하고, 보통 사람들보다 크기도 작다.[34] 이 사실은 사이코패스적 폭력의 성격과 일치한다. 그들의 폭력은 도발에 대한 각성된 반응에서 저질러지는 것이 아니다. 대신 순전히 도구적이다. 아무런 감정 없이, 후회 없이, 파충류적인 무관심을 갖고서 타인을 어떤 목적을 이루기 위한 수단으로 사용하는 것이다.

따라서, 공포와 폭력성이 늘 일심동체인 것은 아니다. 하지만 자극에 의해 유발된 공격성이 반응적이고, 광란적이고, 침 튀기는 격분의 성격을 띨 때는 두 가지가 연결될 가능성이 높다. 편도체 뉴런들이 아무것도 두려워할 필요가 없고 대신 포도나무 그늘과 무화과나무 아래에서 쉴 수 있는 세계라면, 세상은 더 평화로운 장소가 될 가능성이 무척 높을 것이다.*

이제 우리가 자세히 살펴보고 있는 세 가지 뇌 영역 중 두번째 영역으로 넘어가자.

이마엽 겉질

나는 수십 년간 해마를 연구해왔다. 해마는 내게 잘해주었다. 나도 해마에게 그랬다고 생각하고 싶다. 하지만 어쩌면 그 옛날에 내가 잘못된 선택을 했는지도 모른다고 생각할 때가 있다. 나는 그 세월 동안 이마엽 겉질을 연구했어야 하는 게 아닐까. 이마엽 겉질이야말로 뇌에서 가장 흥미로운 부분이니까.

이마엽 겉질은 무슨 일을 할까? 그 전문 분야로 말하자면 작업 기억, 집행 기능(지식을 전략적으로 분류한 뒤 집행 결정에 기반하여 행동을 개시하는 일), 만족 지연, 장기 계획, 정서 조절, 충동 통제 등등이다.[35]

참으로 팔방미인 같은 포트폴리오가 아닌가. 그래서 나는 이 다채로운 기능들을 하나의 정의로 묶어보았다. 이 정의는 이 책의 모든 대목에 다 적용된다. **이마엽 겉질은 어떤 일이 좀더 어렵지만 옳은 일일 때 그 일을 하도록 만든다.**

우선, 이마엽 겉질의 몇몇 주요 속성을 알아보자.

> 이마엽 겉질은 뇌에서 가장 최근에 진화한 영역으로, 영장류가 등장하고서야 온전히 꽃피웠다. 영장류 고유의 유전자들 중 비례적으로 아주 많은 수가 이마엽 겉질에서 활성화한다. 게다가 그런 유전자 발현 패턴은 대단히 개인화되어 있어, 인간과 침팬지의 평균적

* 「미가서」 4장 4절에게 양해를 구한다.

인 뇌 전체 차이보다 개체 간 변이가 더 크다.

인간의 이마엽 겉질은 다른 유인원들의 것보다 더 복잡하게 배선되어 있다. 이마엽 겉질의 경계에 대한 정의들 중 몇몇에 따르자면 크기도 비례적으로 더 크다.[36]

이마엽 겉질은 뇌에서 가장 늦게 성숙하는 영역으로서, 그 속에서도 가장 늦게 진화한 하위 영역일수록 더 늦게 성숙한다. 놀랍게도, 인간의 이마엽 겉질은 **20대 중반**에 들어서야 온전히 작동한다. 눈치챘겠지만, 이 사실은 사춘기에 관한 장에서 중요하게 이야기된다.

마지막으로 이마엽 겉질은 독특한 종류의 세포를 갖고 있다. 일반적으로 인간의 뇌가 독특한 것은 독특한 종류의 뉴런, 신경전달물질, 효소 등등을 갖고 있기 때문이 아니다. 인간의 뉴런과 파리의 뉴런은 놀랍도록 비슷하다. 독특함은 정량적 문제다. 인간의 뉴런은 파리보다 수억 배 많고, 연결도 수십억 배 많이 이루어진다.[37]

유일한 그 예외는 잘 알려지지 않았지만 특이한 형태와 배선 패턴을 가진 폰에코노모 뉴런(다른 말로 방추 뉴런)이다. 처음에 연구자들은 그 뉴런이 인간에게만 있는 줄 알았지만, 지금은 다른 영장류, 고래, 돌고래, 코끼리에게서도 발견했다.* 복잡한 사회성을 보이는 종들의 올스타팀이 아닌가.

게다가 그 몇 안 되는 폰에코노모 뉴런은 이마엽 겉질에서도 두 군데 하위 영역에만 존재한다. 캘리포니아공대의 존 올먼이 밝힌 바다. 한 군데는 앞

---

* 이들의 뉴런이 별개의 세 상황에서 독립적으로 진화했음을 강력히 암시하는 사실이다. 영장류, 고래류, 코끼리류는 진화적 거리가 멀기 때문이다. 가령 코끼리와 가장 가까운 친척은 바위너구리와 바다소다. 폰에코노모 뉴런이 서로 다른 세 계통에서 수렴진화했다는 사실은 이 세포가 높은 사회성과 함께 간다는 것을 분명히 보여준다.

서 언급한 영역으로, 미각적 혹은 도덕적 역겨움에 관여하는 섬겉질이다. 두 번째는 그 못지않게 흥미로운 영역인 앞띠이랑 겉질이다. 단서를 주자면(뒤에서 더 설명한다), 감정이입에 중추적인 영역이다.

그러니 이마엽 겉질은 진화, 크기, 복잡성, 발달, 유전학, 뉴런 종류의 측면에서 독특하고, 인간의 이마엽 겉질은 그중에서도 가장 독특하다.

이마엽 겉질의 하위 영역

이마엽 겉질의 해부 구조는 지옥만큼 복잡하다. 영장류 이마엽 겉질의 몇몇 부위가 그보다 더 '단순한' 종에게 존재하기라도 하는가 하는 논쟁도 있다. 그럼에도 불구하고 유용하게 쓸 만한 몇 가지 폭넓은 주제를 짚어볼 수 있다.

이마엽 겉질의 맨 앞에는 이마앞엽 겉질이 있다. 이곳은 이마엽 겉질에서도 가장 새로운 부위다. 앞서 말했듯, 이마엽 겉질은 집행 기능에 핵심적이다. 조지 W. 부시의 표현을 빌리자면, 이마엽 겉질 속에서도 "결정자"는 이마앞엽 겉질이다. 가장 넓은 차원에서, 이마앞엽 겉질은 갈등하는 선택지 사이에서 결정을 내린다. 코카콜라냐 펩시냐, 진심을 그대로 말해버리느냐 자제하느냐, 방아쇠를 당기느냐 마느냐. 이때 해소되는 갈등은 인지가 주로 이끄는 결정과 정서가 주로 이끄는 결정 사이의 갈등일 때가 많다.

일단 결정을 내리면, 이마앞엽 겉질은 그 바로 뒤에 있는 나머지 이마엽 겉질로 명령을 내린다. 그러면 이마엽 겉질 뉴런들이 그 바로 뒤에 있는 '운동앞 겉질'에게 말을 걸고, 운동앞 겉질은 그 바로 뒤에 있는 '운동 겉질'에게 전달하고, 그러면 운동 겉질이 근육들에게 말을 건다. 그리하여 행동이 시작된다.*

---

* 이 과정을 좀더 실감나게 이해해보자. 누군가 버튼을 누를지 말지 결정한다고 하자. 그의 이마엽 겉질이 결정을 내린다. 이때 우리가 그 뉴런들의 발화 패턴을 알고 있다면, 그가 자신의 결정을 의식적으로 인식하는 순간으로부터 700밀리초 전에 우리가 그 결정을 미리 80%의 정확도로 예측할 수 있다.

이마엽 겉질이 사회적 행동에 어떤 영향을 미치는지 알아보기 전에, 그보다 더 단순한 영역에서의 기능부터 알아보자.

이마엽 겉질과 인지

'어떤 일이 좀더 어렵지만 옳은 일일 때 그 일을 하게 만든다'는 것이 인지의 차원에서는(프린스턴대학교의 조너선 코언이 내린 정의에 따르면, 인지란 "내적 목표에 부합하도록 사고와 행동을 조직하는 능력"이다) 어떤 모습일까?[38] 내가 예전에 살았던 도시의 전화번호 하나를 떠올린다고 하자. 내 이마엽 겉질은 오랜 시간이 흐른 뒤에도 그 번호를 기억할 뿐 아니라 그것을 전략적으로 생각할 줄 안다. 번호를 누르기 전에 나는 그 번호가 다른 도시의 번호임을 의식적으로 떠올리고, 그 도시의 지역번호도 기억에서 인출한다. 그다음 지역번호에 앞서 국가번호를 눌러야 한다는 사실도 떠올린다.*

이마엽 겉질은 작업에 집중하는 데도 관여한다. 만약 내가 무단횡단을 하려는 의도로 인도에서 차도로 내려선다면, 나는 지나가는 차들을 보고 그 움직임에 유념하면서 안전하게 건널 수 있을지 계산한다. 만약 내가 택시를 찾으려고 내려선다면, 나는 지붕에 택시등인지 뭔지를 단 차가 있는지에 유념하면서 살핀다. 한 훌륭한 연구에서, 원숭이들이 화면 속에서 특정 방향으로 움직이는 다채로운 색깔의 점들을 쳐다보도록 훈련받았다. 주어지는 신호에 따라, 원숭이는 점들의 색깔 아니면 움직임 둘 중 하나에 신경을 써야 한다. 이때 작업 전환을 알리는 신호가 주어질 때마다 원숭이의 이마앞엽 겉질 활동이 폭발했고, 그와 함께 이제 부적절한 정보(색깔 혹은 움직임)의 흐름이 억제되었다. 규칙이 바뀌었다는 사실을 기억하고 이전의 습관적 반응을 하지 않는 것, 이것이 바로 이마앞엽 겉질이 어려운 일을 하도록 만드는 광경이다.[39]

이마엽 겉질은 '집행 기능'도 중개한다. 낱낱의 정보들을 고려하고, 그 속

* 이 예스럽게 한물간 문단은 스마트폰과 24시간 우리 곁을 지키는 시리의 시대에 이 이야기가 대부분 무의미하다는 사실을 똑똑히 인식한 채로 쓰였다.

에서 패턴을 찾아보고, 그리하여 전략적 행위를 선택하는 일을 말한다.[40] 이마엽 겉질에게 정말로 버거운 다음 작업을 상상해보자. 실험자가 마조히스트 자원자에게 이렇게 말한다. "나는 장을 보러 갈 텐데요, 가서 살 물건은 복숭아, 콘플레이크, 세제, 계피……" 16가지 물품을 나열한 뒤, 자원자에게 똑같이 말해보라고 한다. 자원자는 아마 맨 처음 몇 가지, 맨 마지막 몇 가지를 제대로 기억하고 몇 가지는 비슷하게 맞힐 것이다. 계피 대신 육두구라고 말하는 식으로. 그다음 실험자는 같은 목록을 다시 불러준다. 이번에 자원자는 몇 가지를 더 기억할 테고, 육두구 실수를 반복하지 않을 것이다. 이런 식으로 반복한다.

이것은 단순한 기억 테스트만은 아니다. 작업을 반복할수록, 피험자는 물품 중 네 개는 과일이고, 네 개는 청소용품이고, 네 개는 향신료고, 네 개는 탄수화물이란 사실을 알아차린다. 몇 가지 범주가 있는 것이다. 그러면 피험자의 암호화 전략이 바뀌어, 그들은 이제 의미 집단별로 묶기 시작한다. "복숭아. 사과. 블루베리, 아니, 블랙베리. 과일이 하나 더 있었는데 기억이 안 나요. 다음은 콘플레이크, 빵, 도넛, 머핀. 커민, 육두구, 아, 또! 그게 아니라 계피요, 그리고 오레가노……" 이 과정 내내 이마앞엽 겉질은 16가지 사실들을 기억하는 상위의 집행 전략을 뇌에게 부과한다.*

이마앞엽 겉질은 범주적 사고, 즉 서로 다른 꼬리표가 달린 낱낱의 정보들을 조직하고 사고하는 일에도 핵심적이다. 이마앞엽 겉질은 머릿속 개념 지도에서 사과와 복숭아가 사과와 뚫어뻥보다 가깝다고 묶는다. 한 관련 연구에서, 원숭이들은 개 사진과 고양이 사진을 구별하도록 훈련받았다. 이때 원숭이들의 이마앞엽 겉질에는 '개'에게 반응하는 뉴런들과 '고양이'에게 반

---

* 이 시험은 '캘리포니아 언어학습 검사'라는 것과 비슷하다. 젊을 때 신경심리학자로 일했던 내 아내는 대학원에 다닐 때 나를 대상으로 이런저런 검사를 하곤 했다. 그중에서도 캘리포니아 언어학습 검사가 두말할 것 없이 최악이었다. 이 검사는 미칠 만큼 스트레스가 심해서, 아내가 오늘은 이만하자고 말할 즈음에 나는 땀범벅에다가 상태가 엉망이었다. 하지만 달리 생각하면, 그 덕분에 나는 앞으로 몇십 년 뒤에 심각한 치매에 걸려서 신경심리 검사를 받더라도 순전히 습관적으로 잘해낼 것이고…… 그래서 적절한 의료적 보살핌을 받지 못할 것이다. 음, 다시 생각해봐야겠다.

응하는 뉴런들이 따로 있었다. 다음으로 과학자들은 사진을 합성하여, 개와 고양이의 비율이 다양하게 섞인 잡종을 만들어냈다. 그러자 '개' 이마앞엽 겉질 뉴런들은 80%가 개이고 20%가 고양이인 사진에도, 또 60 대 40인 사진에도 100% 개 사진에 반응하듯 반응했다. 하지만 40 대 60인 사진에는 아니었다. 그때는 '고양이' 뉴런들이 치고 나왔다.[41]

이 책의 뒷부분에서 소개할, 우리가 영향력들이 공급한 생각을 연료로 삼아서 확률적으로 희박한 결과를 의지로 끌어내는 상황도 이마엽 겉질이 거든다. 멈춰, 그건 내 쿠키가 아니야. 그랬다가는 지옥에 갈 거야. 자기 규율은 좋은 거야. 살이 빠지면 더 행복해질 거야. 이런 생각들 덕분에, 고전하는 억제적 운동 뉴런에게 희박하나마 승산이 생기는 것이다.

이마엽 겉질의 대사와 그에 내포된 취약성

이 사실로부터 떠오르는 중요한 문제가 있다. 이마엽 겉질의 인지 기능뿐 아니라 사회적 기능에도 적용되는 문제다.[42] "내가 너라면 그렇게 안 할걸" 하고 계속 말하는 식의 이마엽 겉질 활동은 힘든 일이다. 다른 뇌 영역들은 상황에 따라 사건에 반응하지만, 이마엽 겉질은 지속적으로 규칙을 좇는다. 상상해보라. 우리의 이마엽 겉질은 3세쯤 되면 남은 평생 지킬 규칙을 하나 배운다. '오줌 누고 싶다고 아무때나 누면 안 돼.' 그리고 방광을 조절하는 뉴런들에게 미치는 영향력을 키움으로써 그 규칙을 지킬 수단도 확보한다.

게다가 쿠키가 유혹할 때 "자기 규율은 좋은 거야"라고 되뇌는 이마엽 겉질의 주문은 우리가 은퇴 자금을 마련하고자 허리띠를 졸라맬 때도 발휘된다. 이마엽 겉질 뉴런들은 광범위한 투사 패턴을 지닌 척척박사이고, 그 탓에 일이 더 많아진다.[43]

이 모든 일에는 에너지가 든다. 열심히 일할 때, 이마엽 겉질은 대사율이 극도로 높고 에너지 생산에 관련된 유전자 활성화율도 극도로 높다.[44] 의지력이라는 표현은 단순한 비유만이 아니다. 자기통제력은 유한한 자원이다. 이마엽 겉질 뉴런들은 에너지가 많이 드는 세포들이고, 에너지가 많이 드는 세포들은 취약하다. 이에 걸맞게, 이마엽 겉질은 다양한 신경학적 모욕에 유난히 취약하다.

이 사실과 연관된 개념이 '인지 부담'이다. 이마엽 겉질에게 힘든 일을 시켜보자. 작업 기억을 써야 하는 만만찮은 작업, 사회적 행동 조절 작업, 쇼핑 중에 수많은 결정을 내려야 하는 작업. 그 직후에는 이마엽 겉질에 의존하는 다른 작업의 수행 능력이 떨어진다.[45] 이마앞엽 겉질 뉴런들이 동시에 활성화한 여러 개의 회로들에 동시에 참여해야 하는 멀티태스킹 때도 마찬가지다.

이때 중요한 점으로, 이마엽 겉질의 인지 부담이 늘면 그 직후에 피험자들의 사회성이 떨어진다.* 아량과 도움을 덜 베풀고, 거짓말을 더 많이 한다.[46] 다른 정서 조절을 필요로 하는 작업으로 인지 부담이 늘면, 그 직후에 피험자들은 식단 규칙을 더 자주 어긴다.**[47]

즉 이마엽 겉질은 칼뱅주의적 자기 규율에 푹 빠져 있다. 이마엽 겉질은 쉬지 않고 일하는 초자아다.[48] 하지만 한 가지 예외로 고려할 점이 있다. 우리가 변기 사용을 익히면, 얼마 지나지 않아서 방광 근육을 조절하는 어려운 일이 자동적인 일이 된다. 처음에는 이마엽 겉질에게 버거웠던 다른 작업들도 마찬가지다. 예를 들어 내가 피아노로 어떤 곡을 연습한다고 하자. 까다로운 꾸밈음이 있는데, 그 소절에 다가갈 때마다 나는 생각한다. '온다, 온다. 명심하자. 팔꿈치를 붙이고, 엄지로 시작하는 거야.' 작업 기억을 써야 하는 고전적 작업이다. 그런데 어느 날, 그 꾸밈음으로부터 이미 다섯 소절이나 지났고 꾸밈음이 잘 연주되었으며 내가 굳이 생각할 필요도 없었다는 것을 깨닫는다. 꾸밈음 연주가 이마엽 겉질에서 그보다 더 반사적인 뇌 영역으로(가령 소뇌로) 이동한 순간인 것이다. 이런 자동성으로의 전환은 우리가 스포츠에 능숙해질 때, 비유적으로 말해서 굳이 생각할 필요 없이 몸이 알게 될

---

* 이 현상에서 중요한 예외가 하나 있는데, 그것은 도덕성을 다루는 13장에서 이야기하겠다.
** 이때 인지 부담으로 줄어드는 것이 '의지'인가 '동기'인가는 이 분야 연구자들이 계속 논쟁하고 있는 문제다. 하지만 우리는 그냥 두 가지가 같은 것이라고 생각하자.

때도 벌어진다.

도덕성에 관한 장에서, 우리는 이 자동성을 더 중요한 분야에서 살펴볼 것이다. 거짓말을 참는 것은 이마엽 겉질을 동원해야 하는 어려운 작업인가, 아니면 힘들이지 않고 되는 습관인가? 뒤에서 보겠지만, 이 자동성 덕분에 정직성은 종종 지키기 쉬운 덕목이 된다. 이 사실을 알면, 엄청나게 용감한 일을 해낸 사람들이 나중에 자주 하는 말이 이해된다. "물에 빠진 아이를 구하려고 강물에 뛰어들 때 무슨 생각을 했나요?" "아무 생각 없었어요. 나도 모르게 벌써 뛰어들었더라고요." 자동성의 신경생물학은 우리가 어려운 도덕적 행위를 하도록 만들어주고, 이마엽 겉질의 신경생물학은 우리가 그 주제에 대해서 열심히 기말 보고서를 쓰도록 만들어준다.

이마엽 겉질과 사회적 행동

일이 흥미로워지는 순간은 이마엽 겉질이 인지에 사회적 요인들을 추가해야 할 때다. 예를 들어 원숭이의 이마앞엽 겉질 중 한 부분의 뉴런들은 그 원숭이가 인지 작업에서 실수할 때나 다른 원숭이가 실수하는 것을 관찰할 때 활성화하는데, 그중에서도 일부 뉴런들은 특정 개체가 실수하는 것을 볼 때만 활성화한다. 한 뇌 영상 연구에서 피험자들은 자신의 이전 선택으로부터 얻은 피드백과 타인이 제공한 조언 사이에서 균형을 이루어 다음 선택을 해야 했다. 이때 '보상 주도적' 고민과 '조언 주도적' 고민을 좇는 이마앞엽 겉질 뉴런들이 서로 달랐다.[49]

이런 발견은 이마엽 겉질이 사회적 행동에서 핵심적 역할을 맡는다는 사실로 이어진다.[50] 이 사실은 다양한 영장류 종들을 비교해보면 잘 알 수 있다. 영장류 종들을 살펴보면, 사회집단의 평균 크기가 클수록 이마엽 겉질의 상대 크기가 크다. 특히 하위 집단들이 한동안 찢어져서 독자적으로 기능하다가 다시 모이곤 하는 이른바 '분열-융합' 사회의 종들은 더 그렇다. 그런 사회 구조는 이마엽 겉질에게 버겁다. 하위 집단의 규모와 조성에 따라 그때그때 적절한 행동을 조정해야 하기 때문이다. 논리적인 결과로, 분열-융합 종에 속하는 영장류(침팬지, 보노보, 오랑우탄, 거미원숭이)는 그렇지 않은 영장류(고릴라, 꼬리감는원숭이, 마카크원숭이)보다 행동에 대한 이마앞엽 겉질의 억제력이 강하다.

인간에게서는, 어떤 사람의 사회 연결망이 클수록(얼마나 많은 수의 사람들에게 문자를 보냈는가 하는 점으로 측정한다) 이마앞엽 겉질의 특정 하위 영역이(뒤에서 말하겠다) 더 크다.[51] 멋진 결과다. 하지만 큰 뇌 영역이 사회성의 원인인지(인과관계가 있다는 가정하에) 그 역인지를 어떻게 알지? 또다른 연구가 답을 주었다. 레서스원숭이들을 무작위 사회집단으로 묶으면, 그로부터 15개월이 흐른 뒤에는 집단이 클수록 이마앞엽 겉질이 큰 것이 확인되었다. 사회적 복잡성이 이마엽 겉질을 확장시켰다는 뜻이다.

우리는 사회적 맥락에서 어려운 일을 할 때 이마엽 겉질을 활용한다. 그리하여 차마 먹어주기 힘든 식사를 하고도 초대해준 사람을 칭찬하고, 짜증나는 동료를 한 대 치고 싶지만 참고, 누군가에게 성적으로 들이대고 싶은 마음이 굴뚝 같아도 참고, 추도사 중에는 소리내어 트림하지 않는다. 이때 이마엽 겉질의 역할을 이해하는 좋은 방법은 이마엽 겉질이 손상되면 어떻게 되는지 보는 것이다.

최초의 '이마엽 겉질' 환자는 1848년 버몬트에서 확인된 그 유명한 피니어스 게이지였다. 철로 건설 현장의 십장이었던 게이지는 폭약이 터지면서 날아간 6킬로그램짜리 건축용 쇠막대기가 그의 왼쪽 얼굴을 뚫고 들어가서 두개골 윗면 앞쪽으로 빠져나가는 사고를 겪었다. 쇠막대기는 게이지의 왼쪽 이마엽 겉질 대부분과 함께 25미터를 날아가서 떨어졌다.[52]

놀랍게도 게이지는 살아남아서 건강을 회복했다. 하지만 침착하고 존경받던 게이지는 다른 사람이 되었다. 이후 몇 년간 그를 추적 관찰한 의사는 이렇게 말했다.

> 그의 지적 능력과 동물적 성향 사이의 평형이랄까 균형이랄까 하는 것이 망가진 듯 보인다. 그는 발작적이고, 불손하고, 때때로 엄청나

공개된 게이지의 사진 두 장. 쇠막대기를 들고 있다.

> 게 비속한 말을 퍼붓고(전에는 그런 습관이 없었다), 동료들을 전혀 존중하지 않고, 제약이나 조언이 그의 욕구와 상충할 때는 참지 못하고, 가끔 집요하게 완고하고, 그러면서도 변덕스럽고 우유부단하여 미래에 할일을 잔뜩 계획했다가도 그러기가 무섭게 내버리고 그보다 더 그럴듯해 보이는 계획들을 세운다.

친구들은 그를 "더이상 게이지가 아닌" 게이지라고 묘사했다. 그는 직장에 복귀할 수 없었고, 흥행사 P. T. 바넘의 쇼에 (쇠막대기와 함께) 전시되는 신세로 전락했다. 더없이 씁쓸한 이야기다.

놀랍게도 게이지는 나아졌다. 부상을 입은 지 몇 년 만에 그는 다시 일할 수 있었고(주로 마부로 일했다), 행동도 대체로 적절하다고 일컬어졌다. 남아 있는 오른쪽 이마엽 겉질 조직이 부상으로 사라진 기능의 일부를 맡은 것이었다. 뇌의 이런 유연성은 5장의 관심사다.

이마엽 겉질 손상으로 일어나는 일을 알려주는 또다른 상황은 이마엽 겉질부터 망가지기 시작하는 이마관자엽 치매 환자들의 사례다. 흥미롭게도, 맨 먼저 죽는 것은 앞서 영장류, 코끼리, 고래류만 가진 신비로운 뉴런이라고 말했던 폰에코노모 뉴런들이다.[53] 이마관자엽 치매 환자들은 어떤 모습을 보일까? 그들은 탈억제 행동과 사회적으로 부적절한 행동을 한다. 또 냉담해지고, 뇌의 '결정자'가 망가졌다는 사실을 반영하는 듯이 행동 개시 능력이 떨어진다.*

기이한 돌연변이로 인한 끔찍한 장애인 헌팅턴병에서도 비슷한 모습이 보인다. 이 환자들은 근육으로 가는 신호를 조정하는 겉질밑 회로가 망가져서, 몸을 비트는 움직임이 비자발적으로 나타나다가 차츰 몸을 쓸 수 없게 된다. 그 밖에도 이마엽 손상이 있는 것으로 밝혀졌는데, 이 손상이 겉질밑 손상을 앞설 때도 많다. 환자 중 약 절반은 도둑질, 공격성, 과잉성욕, 강박적이고 불가해한 도박 충동 등 탈억제 행동도 보인다.** 뇌졸중으로 이마엽 겉질을 다친 사람들도 사회적·행동적 탈억제를 보인다. 80대 노인이 공격적인 성적 행동을 보인다든가 하는 식이다.

이마엽 겉질이 기능부전을 일으켜서 과잉성욕, 감정 격발, 현란하고 비논리적인 행위 등등 비슷한 행동을 드러내는 상황이 또 있다.[54] 무슨 병이냐고? 병이 아니다. 꿈꿀 때가 그렇다. 우리가 렘REM 수면중에 꿈을 꾸면, 이마엽 겉질은 쉬고 대신 꿈 작가가 제멋대로 날뛴다. 게다가 만약 우리가 꿈꾸는 도중에 이마엽 겉질이 자극을 받으면, 꿈이 덜 꿈 같아지고 자의식이 더 끼어든다. 이마앞엽 겉질이 침묵하여 정서적 쓰나미가 몰려오는 비병리적 상황이 하나 더 있다. 오르가슴을 느낄 때다.

이마엽 겉질 손상에 관한 마지막 이야기. 펜실베이니아대학교의 에이드리언 레인과 뉴멕시코대학교의 켄트 키엘에 따르면, 사이코패스 범죄자들은

* 이런 냉담함은 알츠하이머 치매 초기 환자들과 대비된다. 알츠하이머 환자들은 기억력 저하 때문에 무례한 사회적 실수를 저지른 뒤에, 가령 누군가의 배우자가 몇 년 전에 죽었다는 사실을 깜박하고 안부를 물은 뒤에 자신의 행동에 몹시 당황하고 창피해한다.

** 이언 매큐언의 소설 『토요일』은 한 주요 인물이 헌팅턴병 때문에 행동 탈억제를 겪는다는 사실을 중심으로 이야기가 전개되는 훌륭한 작품이다.

(사이코패스가 아닌 범죄자들, 그리고 범죄자가 아닌 사람들을 대조군으로 비교했을 때) 이마엽 겉질 활성도가 낮아져 있고 이마앞엽 겉질과 다른 뇌 영역들의 결합도 약하다. 게다가 폭력 범죄로 수감된 사람들 중 충격적일 만큼 많은 비율이 이마엽 겉질에 뇌진탕 외상을 입은 경험이 있는 것으로 드러났다.[55] 16장에서 더 이야기하겠다.

의무적으로 선언해야 할 점, 인지와 정서의 이분법은 거짓이라는 사실

이마앞엽 겉질은 실로 다양한 부분들, 하위 부분들, 하위-하위 부분들로 구성되어 있다. 신경해부학자들이 실업수당을 받을 염려가 없을 정도로 복잡하다. 그중에서도 두 영역이 중요하다. 첫째는 이마앞엽 겉질의 등쪽 부분, 특히 등쪽가쪽이마앞엽 겉질이다. '등쪽'이니 '등쪽가쪽'이니 하는 표현은 전문용어일 뿐이니 괘념치 않아도 된다.* 등쪽가쪽이마앞엽 겉질은 결정자 중 결정자로서 이마앞엽 겉질에서도 가장 합리적이고, 인지적이고, 공리주의적이고, 냉철한 부분이다. 이마엽 겉질에서도 가장 최근에 진화했고 가장 늦게 성숙하는 부분이다. 등쪽가쪽이마앞엽 겉질은 주로 다른 겉질 영역들과 소식을 주고받는다.

이와 대비되는 영역은 이마엽 겉질의 배쪽 부분, 특히 배쪽안쪽이마앞엽 겉질이다. 이마앞엽 겉질의 일부이지만 변연계와 상호연결을 맺고 있다는 점에서 선구적 신경해부학자 나우타가 변연계의 명예회원으로 지칭했던 영역이다. 논리적인 결과로, 배쪽안쪽이마앞엽 겉질은 정서가 의사결정에 미치는 영향에 관여한다. 우리 최선의 행동과 최악의 행동은 배쪽안쪽이마앞엽 겉질이 변연계 및 등쪽가쪽이마앞엽 겉질과 나누는 상호작용에 관련된 것일

---

* 관심 있는 분을 위해서, 뇌의 방향에 대한 짧은 소개. 방향은 세 가지가 있다. ①등쪽/배쪽. 등쪽=뇌의 위쪽(돌고래의 몸통 맨 위에 있는 지느러미를 등지느러미라고 부르는 식이다). 배쪽=아래쪽. ②안쪽/가쪽. 안쪽=뇌의 횡단면을 볼 때 그 중심선에 가까운 쪽. 가쪽=중심선으로부터 오른쪽으로든 왼쪽으로든 멀어지는 쪽. 따라서 '등쪽가쪽'이마앞엽 겉질은 이마앞엽 겉질에서 위쪽 바깥쪽에 해당하는 부분을 가리킨다. ③앞/뒤. 뇌의 앞부분 혹은 뒷부분. 편측화된 뇌 구조는 쌍으로 존재한다. 각각 좌반구와 우반구에서 등쪽/배쪽, 앞/뒤 평면으로 보면 같은 위치에 있지만 안쪽/가쪽 평면에서의 위치는 다르다.

때가 많다.*

인지적 등쪽가쪽이마앞엽 겉질의 기능이야말로 우리가 어려운 일을 하는 데 있어서 핵심적이다.[56] 우리가 나중의 더 큰 보상을 바라고 당장의 보상을 포기할 때 이마앞엽 겉질 중에서도 가장 많이 활성화하는 것이 그 부분이다. 고전적인 도덕적 난제를 하나 떠올려보자. 다섯 명의 무고한 사람을 구하기 위해서 한 명을 죽이는 것이 괜찮은 일인가? 사람들이 이 질문을 고민할 때, 등쪽가쪽이마앞엽 겉질이 더 많이 활성화할수록 괜찮다고 대답할 확률이 높다(하지만 13장에서 볼 텐데, 이는 질문을 어떤 형태로 던지느냐에도 달린 문제다).

등쪽가쪽이마앞엽 겉질이 손상된 원숭이들은 각각의 전략에 대한 보상이 줄곧 바뀌는 작업에서 전략을 쉽게 전환하지 못한다. 대신 가장 즉각적인 보상을 제공하는 전략만을 고집한다.[57] 마찬가지로, 등쪽가쪽이마앞엽 겉질을 다친 사람들은 계획이나 만족 지연 능력이 손상되어 즉각적 보상이 따르는 전략만을 고집하고, 자신의 행동에 대한 집행 통제력이 떨어진다.** 놀랍게도 경두개자기자극술이라는 기법을 쓰면 사람의 겉질 일부를 일시적으로 침묵시킬 수 있는데, 취리히대학교의 에른스트 페르가 이 방법으로 환상적인 연구를 해 보였다.[58] 등쪽가쪽이마앞엽 겉질이 침묵할 때, 경제 게임을 하는 피험자들은 평소였다면 미래에 더 나은 제안을 받겠다는 바람에서 거절했음직한 상대의 쩨쩨한 제안을 충동적으로 수락했다. 중요한 점은 이것이 사회성의 문제였다는 것이다. 피험자들이 상대가 컴퓨터라고 믿을 때는 등쪽가쪽이마앞엽 겉질을 침묵시켜도 영향이 없었다. 게다가 등쪽가쪽이마앞엽 겉질이 침묵된 피험자들도 통제군과 똑같이 쩨쩨한 제안을 부당하다

---

* 등쪽가쪽이마앞엽 겉질과 배쪽안쪽이마앞엽 겉질의 기능을 헷갈리지 않기 위해서, 비록 둘의 기능을 철저히 이분법적으로 나누는 것은 옳지 않지만, 그래도 나는 '인지적 등쪽가쪽이마앞엽 겉질'과 '정서적 배쪽안쪽이마앞엽 겉질'이라고 자주 표현하겠다.

** 게다가 등쪽가쪽이마앞엽 겉질이 손상된 환자들은 타인의 시점을 취해보는 일에 약하다. 이 까다로운 작업은 이른바 '마음 이론'의 특수한 형태로, 등쪽가쪽이마앞엽 겉질과 관자마루이음부라는 뇌 영역의 상호작용이 필요한 작업이다. 자세한 이야기는 뒤에 나온다.

고 평가했다. 요컨대, 한 연구자의 결론마따나 "(등쪽가쪽이마앞엽 겉질이 침묵된) 피험자들은 자신이 생각하는 공정의 목표를 스스로 더이상 시행하지 못하는 것처럼 행동한다".

정서적인 배쪽안쪽이마앞엽 겉질의 기능은 무엇일까?[59] 그곳이 변연계 구조들에게 신호를 보낸다는 사실에서 유추할 수 있는 대로다. 그곳은 우리가 응원하는 사람이 게임에서 이겼을 때, 혹은 우리가 듣기 좋은 음악과 불협화음을 나란히 들을 때(특히 등골이 오싹해지는 듯한 음악일 때) 활성화한다.

배쪽안쪽이마앞엽 겉질이 손상되면 어떻게 될까?[60] 지능, 작업 기억, 추정하기 등등 많은 능력이 정상적으로 유지된다. 순전히 인지적인 측면에서 이마엽 겉질이 일해야 하는 작업일 때는(가령 한 단계 진전을 포기해야만 두 단계 진전을 얻을 수 있는 퍼즐을 풀 때는) '어려운 일을 하는 능력'이 그대로다.

차이는 사회적/정서적 결정을 내려야 할 때 발생한다. 배쪽안쪽이마앞엽 겉질이 손상된 환자들은 그런 결정을 내리질 못한다.* 이들도 선택지를 잘 이해하고, 비슷한 상황에 처한 타인에게는 현명하게 조언할 줄 안다. 하지만 자신과 더 가깝고 더 감정적인 시나리오일수록 결정하는 데 더 애를 먹는다.

다마지오는 이런 감정적 의사결정에 관한 유력한 이론을 하나 제안했다. 흄과 윌리엄 제임스의 철학에 바탕을 둔 이 이론에 대해서는 잠시 후 다시 이야기하겠다.[61] 짧게 설명하면, 이때 이마엽 겉질이 직감에 대한 '만약에' 실험을 실시해보고—"이 결과가 나오면 내 기분이 어떨까?"—그 대답을 염두에 둔 채 선택한다는 이론이다. 그런데 배쪽안쪽이마앞엽 겉질이 손상됨으로써 변연계가 이마앞엽 겉질로 보내는 신호가 사라지면, 직감도 사라지고 결정을 내리기가 어려워진다.

---

* 알아둘 점. 좋은 연구라면 다 지키는 바인데, 특정 뇌 영역에 손상을 입은 사람들을 연구할 경우, 뇌 손상을 입지 않은 사람들로 구성된 대조군을 두는 것은 물론이거니와 해당 영역과는 다른 부위에 손상을 입은 사람들로 구성된 대조군도 추가로 둔다.

더군다나 기껏 내린 결정은 대단히 공리주의적이다. 배쪽안쪽이마앞엽 겉질 손상 환자들은 다섯 명의 낯선 사람을 구하기 위해서 한 명을 희생하는 선택을 이례적으로 기꺼이 내린다. 그 한 명이 자기 가족이라도.[62] 이들은 어떤 행동의 이면에 숨은 정서적 동기보다는 결과에 더 흥미가 있으므로, 사고로 남을 죽인 사람은 처벌하지만 계획적으로 남을 죽이려다가 실패한 사람은 처벌하지 않는다. 후자의 경우에는 이러니저러니 해도 아무도 죽지 않았으니까.

등쪽가쪽이마앞엽 겉질만으로 살아가는 사람은 〈스타트렉〉의 미스터 스팍이나 다름없다. 그런데 여기서 중요하게 짚어둘 점이 있다. 사고와 감정을 이분하는 사람들은 전자를 선호하고 감정을 못마땅하게 여기는 경우가 많다. 감정에 치우친 사람은 감상에 젖어서 의사결정을 망치고, 시끄럽게 노래하고, 옷을 화려하게 입고, 겨드랑이털을 심란할 정도로 기른다는 것이다. 이런 견해를 따르자면, 배쪽안쪽이마앞엽 겉질을 없애면 우리가 더 합리적일 테고 따라서 더 잘 기능할 것이다.

하지만 다마지오가 유창하게 설명했듯이, 그렇지가 않다. 배쪽안쪽이마앞엽 겉질이 손상된 사람들은 결정을 내리는 데 애먹을 뿐 아니라 기껏 하더라도 나쁜 결정을 내린다.[63] 그들은 친구나 파트너를 선택할 때도 나쁜 판단력을 보이고, 부정적인 피드백을 받았을 때 행동을 바꾸는 것도 잘하지 못한다. 예를 들어보자. 모종의 도박을 하는데, 피험자들은 모르지만 다양한 전략들의 보상률이 계속 달라지고, 피험자들도 자신의 전략을 바꿀 수 있다. 이때 통제군 피험자들은 최적의 방식으로 전략을 바꾸었다. 보상률이 어떻게 달라지는지 말로 설명할 수 없는 경우라도 그랬다. 반면 배쪽안쪽이마앞엽 겉질이 손상된 피험자들은 전략을 바꾸지 못했다. 보상률 변화를 말로 설명할 수 있는 경우라도 그랬다. 배쪽안쪽이마앞엽 겉질이 없으면, 우리는 부정적 피드백의 의미는 이해할지라도 그것이 내게 안기는 직감적 **감정**을 몰라서 행동을 바꾸지 못한다.

앞서 보았듯 등쪽가쪽이마앞엽 겉질이 없으면, 즉 비유적 초자아가 사라지면, 사람들은 과잉공격성과 과잉성욕의 이드를 드러낸다. 반면에 배쪽안쪽이마앞엽 겉질이 없으면, 행동이 초연한 방식으로 부적절해진다. 이런 사람은 오랜만에 만난 상대에게 이렇게 말한다. "안녕하세요, 그동안 살이 좀 찌셨네요." 당황한 아내가 나중에 책망하면, 그는 혼란스러운 표정으로 차분하게 말한다. "하지만 사실인걸." 배쪽안쪽이마앞엽 겉질은 이마엽 겉질의 흔적기관이 아니다. 정서는 마치 충수처럼 분별 있는 뇌에 염증이나 일으키는 존재가 아니다. 정서는 없어서는 안 되는 것이다.[64] 우리가 미스터 스팍과 같은 벌칸족으로 진화했다면야 필요 없겠지만, 세상에 인간이 가득한 한 진화는 결코 우리를 그런 방식으로 만들지 않았을 것이다.

등쪽가쪽이마앞엽 겉질과 배쪽안쪽이마앞엽 겉질의 활성화는 역상관逆相關관계를 지닌다. 한 기발한 연구에서, 뇌 스캐너에 누운 재즈 피아니스트들에게 키보드를 주었다. 이때 피험자들이 즉흥연주를 하면, 배쪽안쪽이마앞엽 겉질이 더 많이 활성화하고 등쪽가쪽이마앞엽 겉질은 덜 활성화했다. 또다른 연구에서, 피험자들은 가상의 해로운 행위를 판단해야 했다. 이때 나쁜 짓을 저지른 사람의 책임을 고민할 때는 피험자들의 등쪽가쪽이마앞엽 겉질이 활성화했고, 처벌의 수위를 결정할 때는 배쪽안쪽이마앞엽 겉질이 활성화했다.* 다양한 전략들의 보상 확률이 달라지고 피험자들도 늘 전략을 바꿀 수 있는 도박 게임에서, 피험자들의 의사결정은 두 가지 요인에 좌우되었다. ⓐ가장 최근 행위의 결과(이것이 좋았을수록 배쪽안쪽이마앞엽 겉질이 더 많이 활성화했다). ⓑ이전 모든 판의 보상률. 이것은 장기적으로 회고하는 시각이 필요한 일이다(장기적 보상이 좋았을수록 등쪽가쪽이마앞엽 겉질이 더 많이 활성화했다). 두 영역의 상대적 활성화 비율은 피험자들이 어떤 결정을 내릴지를 잘 예측했다.[65]

단순화해서 보자면, 배쪽안쪽이마앞엽 겉질과 등쪽가쪽이마앞엽 겉질은 정서 대 인지를 동원하여 끊임없는 우위 경쟁을 벌이는 셈이다. 하지만 정서

---

* 관심 있는 독자를 위해서, 배쪽안쪽이마앞엽 겉질 중에서도 가장 강한 반응을 보인 곳은 눈확이마엽 겉질이라는 하위 영역이다.

와 인지가 조금쯤 분리될 수 있다고는 해도, 둘이 대치하는 경우는 드물다. 둘은 정상적으로 기능하기 위해서 필요한 협동 관계로 얽혀 있고, 정서적 요소와 인지적 요소가 둘 다 중요해지는 작업에서는(가령 갈수록 불공정해지는 환경에서 복잡한 경제적 결정을 내리는 작업에서는) 두 구조의 활동이 점점 더 동기화된다.

이마엽 겉질과 변연계의 관계

지금까지 이마앞엽 겉질의 하위 부문들이 무슨 일을 하는지 살펴보았고, 인지와 정서가 신경생물학적으로 상호작용한다는 것도 살펴보았다. 그렇다면 다음은 이마엽 겉질과 변연계의 상호작용을 알아볼 차례다.

하버드대 조슈아 그린과 프린스턴대 코언이 수행한 기념비적 연구는 뇌의 '정서' 부위와 '인지' 부위가 어느 정도 해리될 수 있음을 보여주었다.[66] 그들은 철학의 그 유명한 '폭주하는 트롤리' 문제를 활용했다. 트롤리가 다섯 명을 치어 죽일 참인데, 이때 다섯을 구하기 위해서 다른 한 명을 죽이는 것이 괜찮은가를 결정하는 문제다. 이때 문제를 제시하는 방식이 결정적이었다. 한 버전에서는 피험자가 레버를 당기면 트롤리가 옆길로 빠진다고 제시했다. 그러면 다섯 명이 살지만, 마침 그 옆길에 있던 다른 한 명이 치어 죽는다. 이 경우에는 피험자의 70~90%가 레버를 당기겠다고 대답했다. 두번째 시나리오에서는 피험자가 직접 한 사람을 트롤리 앞에 밀친다고 제시했다. 그러면 트롤리가 멎지만, 그 사람은 죽는다. 이때는 70~90%가 절대로 하지 않겠다고 대답했다. 수적으로는 동일한 거래 상황이지만 전혀 다른 결정을 낳은 것이다.

그린과 코언은 피험자들의 뇌 영상을 찍으면서 두 상황을 제시해보았다. 피험자들이 제 손으로 누군가를 의도적으로 죽이는 상황을 고려할 때는 결정자인 등쪽가쪽이마앞엽 겉질이 활성화했고, 정서와 관련되어 혐오스러운 자극에 반응하는 영역들(감정적인 단어에 활성화하는 겉질 영역도 포함되었다), 편도체, 배쪽안쪽이마앞엽 겉질도 함께 활성화했다. 이때 편도체 활성화 수준이 높고 피험자가 결정에서 느꼈다고 보고한 부정적 정서가 더 클수록, 그가 사람을 밀치겠다고 대답할 확률이 낮았다.

피험자들이 직접 손을 더럽히진 않고 레버를 당겨서 본의 아니게 사람을 죽이는 경우를 고려할 때는? 오직 등쪽가쪽이마앞엽 겉질만 활성화했다. 이것은 물건을 고칠 때 어떤 렌치를 쓸까 선택하는 것처럼 순수하게 지적인 결정인 것이다. 훌륭한 연구다.*

또다른 연구들은 뇌의 '인지' 부위와 '정서' 부위의 상호작용을 점검했다. 몇 가지 사례를 보자.

3장에서 소개할 심란한 연구다. 평범한 피험자를 뇌 스캐너에 넣고, 그와 인종이 다른 사람의 사진을 10분의 1초만 보여준다. 이것은 그가 자신이 본 것을 인식하지도 못할 만큼 짧은 시간이다. 하지만 해부학적 지름길 덕분에, 편도체는 안다…… 그리고 활성화한다. 대조적으로, 사진을 좀더 오래 보여주자. 이번에도 편도체는 활성화하지만, 이내 인지적 등쪽가쪽이마앞엽 겉질도 활성화하여 편도체를 억제한다. 대부분의 사람들이 껄끄러워하는 첫 반응을 통제하려는 노력이 발휘되는 것이다.

6장에서 소개할 실험이다. 피험자가 다른 두 참가자와 함께 게임을 하는데, 그가 따돌림을 당한다는 기분이 들도록 내용을 조작한다. 그러면 그의 편도체, 수도관주위회색질(물리적 통증 처리를 돕는 원시적 뇌 영역이다), 앞띠이랑 겉질, 섬겉질이 활성화한다. 화, 불안, 통증, 혐오, 슬픔의 해부학적 모습인 셈이다. 하지만 이내 피

* 조슈아 그린의 '트롤리학' 후속 연구에 대해서는 도덕성을 다루는 장에서 더 길게 살펴보겠다. 대략적으로 설명하자면, ⓐ레버를 당기는 일과 손으로 직접 사람을 미는 일의 개인적/비개인적 대비, ⓑ한 사람의 죽음을 필수적인 대가로 보는 것과 의도치 않은 부작용으로 보는 것의 수단/부작용 대비, ⓒ잠재적 희생자에 대한 심리적 거리감에 따라 결정이 달라진다.

험자의 이마앞엽 겉질이 활성화하여, 합리화가 작동하기 시작한다. '이건 멍청한 게임일 뿐이야. 내게는 친구들이 있어. 내 개는 나를 사랑해.' 그러면 편도체 등이 조용해진다. 그런데 이마엽 겉질이 온전히 기능하지 않는 사람에게 같은 실험을 하면 어떨까? 편도체가 갈수록 더 많이 활성화하고, 피험자는 갈수록 더 괴로워한다. 어떤 신경학적 질병 때문이냐고? 병이 아니다. 전형적인 십대의 모습이다.

마지막으로, 이마앞엽 겉질은 공포 소거를 중개한다. 어제 쥐는 '저 소리 뒤에는 쇼크가 따른다'는 사실을 학습했고, 그래서 소리를 들으면 얼어붙었다. 오늘은 쇼크가 없고, 그래서 쥐는 이전 사실에 선행하는 다른 사실을 학습한다. '하지만 오늘은 아냐.' 첫번째 사실은 여전히 쥐에게 남아 있다. 그 증거로, 다시 소리와 쇼크를 결합하면 처음 연합을 학습했을 때보다 더 빠르게 소리에 대한 공포 반응이 '복귀된다'.

'하지만 오늘은 아냐'라는 사실은 뇌의 어디에 저장될까? 해마로부터 온 정보를 받아서 이마앞엽 겉질에 저장된다.[67] 안쪽이마앞엽 겉질은 바닥가쪽 편도의 억제 회로를 활성화하고, 그러면 쥐는 소리를 듣고 얼어붙기를 그만둔다. 비슷하지만 인간 고유의 인지를 드러낸 실험을 보자. 사람들이 화면에 나타난 파란색 사각형을 쇼크와 연합하도록 조건화하면, 그 사각형이 나타날 때마다 편도체가 활성화한다. 하지만 상황을 재평가한 피험자들, 가령 그것을 아름다운 푸른색 하늘이라고 생각함으로써 안쪽이마앞엽 겉질을 활성화한 사람들은 편도체의 활성화 수준이 낮았다.

이 현상은 사고를 통해서 정서를 조절하는 문제로 이어진다.[68] 사고를 조절하기도 어렵지만(하마를 생각하지 않으려고 애써보라), 정서를 조절하기는 더 어렵다. 스탠퍼드대 동료이자 내 친구인 제임스 그로스가 이 점을 잘 보여주었다. 우선, 무언가 정서적인 대상에 대해서 '다르게 생각한다'는 것은 단순히 정서 표현을 억제한다는 것과는 다르다. 예를 들어, 사람들에게 가령 신체 절단 같은 동영상을 보여준다고 하자. 피험자들은 움찔하고, 편도체와 교감신경계가 활성화한다. 이제 한 집단에게 감정을 숨기라고 지시하자("지금부터 다른 동영상을 보여드릴 텐데, 감정적 반응을 숨겨보십시오"). 어떻게 해야 가장 효율적으로 숨길 수 있을까? 그로스는 '선행사건' 집중 전략과 '반응' 집중 전략을 구분했다. 반응 집중 전략이란 정서의 말이 마구간을 달아난 뒤에 도로 찾아서 끌고 오는 방식이다. 피험자는 다음 끔찍한 동영상을 보고 불편함을 느끼지만, '좋아, 가만히 있자, 심호흡하자' 하고 생각한다. 이런 전략을 쓰면 대체로 편도체와 교감신경계가 오히려 더 많이 활성화한다.

일반적으로 더 잘 먹히는 것은 선행사건 집중 전략이다. 애초에 마구간 문을 닫아두는 방법이기 때문이다. 이것은 뭔가 다른 것을(가령 끝내줬던 휴가를) 생각하고/느끼거나, 지금 보는 것을 다르게 생각하고/느끼는('이건 진짜가 아니야, 저 사람들은 배우야' 하는 식으로 재검토하는) 방법이다. 이 방법이 제대로 통하면 이마앞엽 겉질, 특히 등쪽가쪽이마앞엽 겉질이 활성화하고, 편도체와 교감신경계는 누그러지고, 피험자가 느끼는 스트레스가 줄어든다.*

선행사건 재평가는 위약(플라세보)이 통하는 이유이기도 하다.[69] 우리가 '내 손가락이 핀에 찔릴 거야'라고 생각하면, 통증에 반응하는 뇌 영역 회로와 편도체가 함께 활성화하고 핀이 아프게 느껴진다. 한편 우리가 손가락에 바른 핸드크림이 강력한 마취 크림이라고 사전에 누가 알려주면, 우리는 '손가락이 핀에 찔릴 테지만 크림이 통증을 막아줄 거야'라고 생각한다. 그러면 이마앞엽 겉질이 활성화하여, 편도체와 통증 회로의 활성화가 둔화되고 통증 인식도 둔화된다.

---

* 이마앞엽 겉질 회로의 구조를 고려할 때, 아마도 등쪽가쪽이마앞엽 겉질이 맨 먼저 활성화하고 그다음에 배쪽안쪽이마앞엽 겉질이 활성화하고 그다음에 편도체가 억제되는 순서로 이뤄질 것이다.

이런 사고 과정을 본격적으로 적용하는 것이, 정서조절장애에 적용되는 심리치료의 한 종류로서 효과가 특히나 좋은 인지행동치료다.[70] 과거의 끔찍했던 경험이 남긴 트라우마 때문에 사회불안장애를 갖게 된 사람이 있다고 하자. 단순하게 설명하면, 인지행동치료는 그에게 불안을 유발하는 상황을 재평가할 도구들을 안겨주는 것이다. 기억하세요, 이 사회적 상황에서 당신이 느끼는 끔찍한 기분은 과거에 벌어졌던 사건에 대한 것이지 지금 벌어지는 사건에 대한 것이 아니랍니다, 하는 식이다.*

이처럼 생각으로 정서 반응을 통제하는 것은 지극히 하향적인 과정이다. 전전긍긍하는 편도체를 이마엽 겉질이 달래는 것이니까. 하지만 이마앞엽 겉질/변연계 관계는 상향적일 수도 있다. 직감이 관여하는 결정일 때 그렇다. 그리고 이것이 바로 다마지오가 제안한 신체표지somatic marker 가설의 뼈대다. 여러 선택지 사이에서 선택하는 작업은 뇌가 하는 비용–편익 분석 작업이라고 할 수 있다. 그런데 여기에는 '신체표지'도 개입하는데, 신체표지란 각각의 결과가 어떻게 느껴질 것인가에 대한 내적 시뮬레이션으로, 변연계가 실시하여 배쪽안쪽이마앞엽 겉질에게 보고하는 정보다. 이 과정은 사고 실험이 아니라 말하자면 정서 실험이다. 가능한 미래에 대한 정서적 기억이라고도 할 수 있다.

경미한 신체표지는 변연계만 활성화한다.[71] '내가 행동 A를 해야 할까? 아닐지도 몰라. 결과 B의 가능성을 상상만 해도 무섭게 느껴져.' 좀더 강렬한 신체표지는 교감신경계도 함께 활성화한다. '행동 A를 해야 할까? 절대 아니야. 결과 B의 가능성을 상상만 해도 식은땀이 나.' 그 교감신경계 신호의 강도를 실험적으로 강화하면, 회피도 강화된다.

자, 이것은 변연계와 이마엽 겉질이 정상적으로 협조할 때의 모습이었다.[72] 당연히 사태가 늘 그렇게 균형적이지만은 않다. 예를 들어, 화난 사람들은

* 이 일은 메타적 수준까지 나아간다. 그로스가 보여주었듯이, 사회불안장애에 인지행동치료를 적용할 때 그 결과를 좌우하는 중재 요인 중 하나는 재평가가 효과적일 것이라고 생각하는 당사자의 믿음이다.

처벌에 관한 결정을 내릴 때 덜 분석적이고 더 반사적이다. 스트레스를 받은 사람들은 종종 정서에 찌든 나머지 무시무시하게 나쁜 결정을 내린다. 4장에서 우리는 스트레스가 편도체와 이마엽 겉질에 미치는 영향을 살펴볼 것이다.*

하버드대 심리학자였던 고 대니얼 웨그너는 다음과 같은 안성맞춤의 제목을 단 논문에서 스트레스가 이마엽 겉질에 미치는 영향을 분석했다. '어떤 상황에서든 정확히 가장 나쁜 일을 생각하고, 말하고, 행하는 방법.'**73** 웨그너는 에드거 앨런 포가 "심술궂은 요정"이라고 말했던 것을 이렇게 묘사했다.

> 우리는 저 앞의 길에 바퀴 자국이 움푹 팬 것을 보고도 정확히 그 속으로 자전거를 몰고 들어간다. 대화 도중에 상대에게 뼈아픈 사실을 언급하지 말아야지 하고 마음속으로 다짐하고서도 정확히 그 말을 불쑥 내뱉고 두려움에 움찔한다. 적포도주가 든 잔을 조심스럽게 감싸 안고 방을 가로지르면서 내내 '흘리면 안 돼' 하고 생각하지만, 그러고는 이내 집주인이 보는 앞에서 잔을 놓치고 카펫에 쏟는다.

웨그너는 이마엽 겉질이 두 단계의 과정을 거쳐서 조절한다는 것을 보여주었다. ⓐ한 흐름은 X가 아주 중요하다는 사실을 알아본다. ⓑ다른 흐름은 결론이 'X를 하라'인가 'X를 절대 하지 마라'인가 하는 결정을 좇는다. 그런데 스트레스, 주의산만, 심한 인지 부담 상태에서는 두 흐름이 해리될 수

---

* 한편 변연계가 이마엽 겉질을 압도해, 좋은 결정이란 것이 없으며 어떻게 결정하든 나쁜 상황인 경우도 있다. 당신이 부모라면 아마 영화 역사상 가장 고통스럽게 느껴진 장면이었을 법한 상황을 예로 떠올려보자. 영화 〈소피의 선택〉에서 소피는 선택을 해야 한다. 사전 경고도 없이, 두 아이 중에서 어느 아이를 살리고 어느 아이를 죽일지를 순간적으로 선택해야 하는 것이다. 협박 앞에서 상상 불가능한 선택을 해야만 하는 소피의 뇌에서 이마엽 겉질 뉴런들이 이마앞엽 겉질로 신호를 보내고, 그 신호는 다시 운동 겉질로 전달된다. 결국 소피가 입을 열고 손을 움직여서 한 아이를 앞으로 밀었으니까. 이 회로가 양방향적이라는 사실은 소피의 변연계가 이마엽 겉질에게 고통의 비명을 지르는 모습이 확연히 드러난 것으로 확인된다.

2장
1초 전

있다. ⓐ흐름은 존재감을 발휘하지만 갈림길에서 어느 쪽을 택해야 하는지를 알려주는 ⓑ흐름이 없는 것이다. 그 결과 당신이 정확히 그 잘못된 일을 할 가능성이 있는데, 이것은 최선의 노력에도 불구하고 그렇게 되는 것이 아니라 오히려 스트레스에 압도된 상태로 최선의 노력을 기울였기 때문에 그렇게 되는 것이다.

이로써 이마엽 겉질을 간단히 살펴보았다. 이마엽 겉질의 주문은 어떤 일이 어렵지만 옳은 일일 때 그 일을 하게 만든다는 것이다. 마지막으로 다섯 가지 요점을 짚고 넘어가자.

- '어려운 일을 한다'는 것은 정서나 인지 중 어느 한쪽에 더 큰 가치를 부여하는 논증이 아니다. 11장에서 소개하겠지만, 예를 들어 우리는 내집단 도덕성에 관해서는 빠르고 암묵적인 정서와 직관이 우세할 때 가장 친사회적이지만 외집단 도덕성에 관해서는 인지가 지배할 때 가장 친사회적이다.
- 이마앞엽 겉질이 경솔한 행동을 예방한다고('그 일을 하지 마, 후회할 거야') 결론짓기가 쉽다. 하지만 늘 그런 것은 아니다. 17장에서 우리는 방아쇠를 당기는 작업에도 이마엽 겉질의 노력이 놀랍도록 많이 필요하다는 것을 볼 것이다.
- 뇌의 모든 측면이 그렇듯, 이마엽 겉질의 구조와 기능은 개인차가 어마어마하다. 이마앞엽 겉질의 안정시 대사율은 사람에 따라서 대략 30배까지 차이난다.* 이런 개인차는 왜 생길까? 뒤에서 차차

* 이른바 '억압적' 성격을 가진 사람들을 생각해보자. 그런 사람의 정동과 행동은 대단히 엄격하게 관리된다. 그런 사람은 정서적 표현에 인색하고, 타인의 정서를 읽는 데도 둔하다. 질서 있고, 체계적이고, 예측 가능한 생활을 좋아한다. 다음주 목요일에 저녁으로 무엇을 먹을 예정인지 알고 있고, 모든 일을 기한 내에 끝낸다. 이런 이들은 이마엽 겉질의 대사율이 높고, 혈중 스트레스 호르몬 농도가 높다. 스트레스가 될 만한 사건이 전혀 일어나지 않는 세상을 구축하는 일이 엄청나게 스트레스가 된다는 것을 보여주는 사실이다.

설명하겠다.[74]

- '어떤 일이 어렵지만 옳은 일일 때 그 일을 하게 한다.' 이때 '옳다'라는 표현은 신경생물학적이고 도구적인 의미에서 쓰인 것이지, 도덕적인 의미가 아니다.
- 거짓말을 생각해보자. 거짓말의 유혹을 물리치는 힘겨운 작업을 이마엽 겉질이 돕는다는 것은 명백한 사실이다. 하지만 유능하게 거짓말하는 것, 신호의 정서적 내용을 통제하는 것, 메시지와 의미 사이에 추상적 거리를 두는 것도 이마앞엽 겉질, 특히 등쪽가쪽이마앞엽 겉질이 적극 도와야 하는 작업이다. 흥미롭게도 병적인 거짓말쟁이들은 이마앞엽 겉질의 백색질 양이 이례적으로 많은데, 이것은 배선이 좀더 복잡하다는 뜻이다.[75]

하지만 다시 지적하면, 이마엽 겉질의 도움을 받아 거짓말하는 상황에서의 '옳은 일'이란 도덕관념을 벗어난 것이다. 배우는 침울한 덴마크 왕자의 감정을 느끼는 척하느라 관객에게 거짓말한다. 상황에 따라 윤리적인 아이는 할머니가 준 인형을 이미 갖고 있다는 사실을 숨긴 채 선물이 너무 마음에 든다고 말하느라 거짓말한다. 한편 지도자는 철면피한 거짓말로 전쟁을 개시한다. 폰지 사기꾼 자질을 타고난 금융업자는 투자자들을 사취한다. 농부 여인은 제복을 입은 불한당에게 자신이 다락에 숨겨둔 피란민들의 행방을 모른다고 말하느라 거짓말한다. 이마엽 겉질의 성질이 대부분 그렇듯이, 이것도 맥락, 맥락, 맥락의 문제다.

그렇다면 이마엽 겉질은 더 어려운 일을 하도록 만드는 동기랄까 하는 것을 어디서 얻을까? 그것을 알려면, 마지막 항목인 뇌의 도파민성 '보상' 체계를 봐야 한다.

중변연계/중겉질 도파민 시스템

보상, 쾌락, 행복은 복잡한 일이다. 이런 일들의 적극적 추구는 많은 종이 적어도 기초적인 형태로나마 드러내는 현상이다. 이 현상을 이해하는 데 있어서 핵심은 도파민이라는 신경전달물질이다.

핵, 입력 신호, 출력 신호

도파민은 여러 뇌 영역에서 합성된다. 그런 영역 중 하나는 움직임 개시를 돕기 때문에, 그곳이 손상되면 파킨슨병이 생긴다. 또다른 영역은 뇌하수체 호르몬 분비를 조절한다. 하지만 우리가 관심 있는 도파민 시스템은 뇌줄기 근처에 있으며 원시적이고 진화 과정에서 잘 보존된 영역, 즉 배쪽뒤판 구역에서 비롯한다.

도파민 신경세포들의 주된 표적은 기댐핵이라는 뇌 영역이다. 기댐핵을 변연계의 일부로 봐줘야 하는가에 대해서는 논쟁이 있지만, 적어도 기댐핵이 대단히 변연계스럽다는 것은 사실이다.

이 회로의 조직에 대해서 먼저 알아야 할 사실은 다음과 같다.[76]

ⓐ 배쪽뒤판은 기댐핵에, 그리고 편도체나 해마와 같은 (다른) 변연계 구역들에 신경을 투사한다. 이것을 통틀어 '중변연계 도파민 경로'라고 부른다.

ⓑ 배쪽뒤판은 이마앞엽 겉질에도 신경을 투사한다(하지만 의미심장하게도 다른 겉질 영역으로는 보내지 않는다). 이것을 '중겉질 도파민 경로'라고 부른다. 나는 중변연계 경로와 중겉질 경로가 늘 동시에 활성화하는 것은 아니라는 점을 무시한 채, 둘을 묶어서 '도파민 시스템'이라고 부르겠다.*

---

* 사람의 도파민 시스템 활성화 정도는 보통 뇌 부위들의 대사율 변화를 감지하는 기능적자기공명영상fMRI과 같은 뇌 기능 촬영 기술로 평가한다. 특정 뇌 영역에서 대사 요구량이 높아진

ⓒ기댐핵은 운동에 관련된 영역들에 투사한다.

ⓓ자연히 배쪽뒤판 그리고/또는 기댐핵으로부터 신호를 받는 구역들도 대부분 이들에게 신호를 보낸다. 그중 가장 흥미로운 것은 편도체와 이마앞엽 겉질에서 오는 신호다.

보상

맨 먼저 알아야 할 점은 도파민 시스템이 보상에 관련된다는 것이다. 다양한 기분 좋은 자극들이 배쪽뒤판 뉴런들을 활성화하여, 도파민을 분비하도록 만든다.[77] 몇 가지 증거를 보자. ⓐ코카인, 헤로인, 알코올 같은 약물들은 기댐핵에서 도파민을 분비시킨다. ⓑ만약 배쪽뒤판의 도파민 분비가 막히면, 이전까지 보상으로 작용했던 자극이 피하고 싶은 자극으로 바뀐다. ⓒ만성 스트레스나 통증은 도파민을 고갈시키고 자극에 대한 도파민 뉴런들의 민감성을 약화시켜, 우울증을 정의하는 주된 증상인 '무쾌감증', 즉 쾌락을 느끼지 못하는 상태를 낳는다.

섹스를 비롯한 몇몇 보상들은 지금까지 확인된 모든 종에서 도파민을 분비시킨다.[78] 인간의 경우에는 섹스를 상상하기만 해도 충분하다.*[79] 음식은 모든 종의 배고픈 개체들에게 도파민을 분비시키는데, 인간은 거기에 반전이 하나 더해진다. 방금 밀크셰이크를 마신 사람에게 밀크셰이크 사진을 보여주면, 도파민 시스템이 거의 활성화하지 않는다. 포만이 왔기 때문이다. 하지만 다이어트중인 피험자들의 경우에는 활성화가 **추가로** 일어났다. 식이 제한을 하려고 애쓰는 중이라면, 밀크셰이크를 마셨어도 한 잔 더 마시고 싶어지

것은 보통 그곳 뉴런들이 (도파민을 분비하느라) 활동전위를 많이 일으킨다는 뜻이지만, 엄밀히 따지자면 두 현상이 서로 같은 것은 아니다. 그래도 나는 편의상 '도파민 신호 증가' '도파민 경로 활성화' '도파민 분비'를 동의어처럼 쓰겠다.

* 섹스에서 인간의 성차를 보여주는 사실인데, 성적으로 각성시키는 시각적 자극에 대한 도파민 반응은 여성보다 남성에게서 더 크게 나타난다. 놀랍게도 이 성차는 인간에게만 국한되지 않는다. 수컷 레서스원숭이들은 목이 마를 때 물 마실 기회를 포기하고서라도 암컷의—달리 뭐라고 말해야 할지 모르겠다—가랑이 사진을 보려고 한다(레서스원숭이의 다른 부위들을 찍은 사진에는 이런 흥미를 보이지 않는다).

는 것이다.

중변연계 도파민 시스템은 미학적 쾌락에도 반응한다.[80] 한 연구에서, 사람들은 처음 듣는 음악을 들었다. 이때 기댐핵이 더 많이 활성화할수록 피험자가 나중에 그 음악을 구입할 확률이 높았다. 인위적인 문화적 발명품에 대해서도 도파민 시스템이 활성화한다. 예를 들어, 전형적인 남자들이 스포츠카 사진을 볼 때 그렇다.

도파민 분비 패턴이 가장 흥미로워지는 것은 사회적 상호작용에 관련될 때다.[81] 어떤 발견들은 가슴이 따스해지는 내용이다. 한 연구에서, 피험자가 다른 참가자와 함께 경제 게임을 한다. 이때 보상은 두 가지 상황에서 주어진다. ⓐ두 참가자가 협동할 때, 둘 다 중간 규모의 보상을 받는다. ⓑ한쪽이 상대를 배신할 때, 배신자는 큰 보상을 받지만 상대는 아무것도 받지 못한다. 어느 상황이든 도파민 시스템 활동이 증가했지만, 도파민이 더 많이 분비되는 것은 협동 직후였다.*

다른 연구들은 얌체를 경제적으로 벌하는 행동을 살펴보았다.[82] 피험자들이 게임을 하는 실험에서, 참가자 B가 제 잇속을 차리자고 참가자 A를 골탕 먹일 수 있다. 이때 돌아오는 차례에 따라서, 참가자 A는 ⓐ아무 대응도 하지 않거나 ⓑ참가자 B의 돈을 일부 빼앗아서 벌하거나(참가자 A에게는 비용이 들지 않는다) ⓒ스스로 한 단위의 돈을 내놓음으로써 참가자 B의 돈을 두 단위 빼앗는 선택 중 하나를 할 수 있다. 처벌은 도파민 시스템을 활성화했는데, 특히 피험자가 돈을 내야 하는 상황일 때 더 많이 활성화했다. 비용이 들지 않는 처벌을 할 때 도파민이 더 많이 분비된 사람일수록 돈을 내고서라도 처벌하겠다고 선택할 확률이 높았다. 규범 위반을 처벌하는 것은 만족스러운 일인 것이다.

뉴욕대학교의 엘리자베스 펠프스가 수행한 멋진 연구는 사람들이 경매에서 실제 기대하는 가치보다 더 많은 돈을 입찰하는 '과잉 입찰' 현상을 살펴

---

* 중요한 점으로, 이 실험의 피험자는 모두 여성이었다.

보았다.[83] 이 현상은 입찰의 경쟁적 속성상 상대를 이기는 데 따르는 추가 보상을 반영한 것으로 해석된다. 경매에서 '이기는' 것은 본질적으로 사회적 경쟁에서 이기는 셈이라, 복권을 '따는' 것과는 다르다. 피험자들이 복권을 따든 입찰에서 이기든 도파민 시스템 신호가 활성화했지만, 복권을 따지 못한 경우에는 아무 영향이 없는 데 비해 입찰 전쟁에서 진 경우에는 도파민 분비가 억제되었다. 복권을 따지 못하는 것은 불운이지만, 경매에서 이기지 못하는 것은 사회적 종속을 뜻하는 것이다.

이 사실은 질투라는 유령을 불러들인다. 한 뇌 영상 연구에서 피험자들은 가상 인간의 성적, 인기, 매력, 부를 설명한 글을 읽었다.[84] 피험자가 질투가 났다고 자가 보고한 묘사를 읽을 때는 통증 인식에 관여하는 겉질 영역들이 활성화했다. 그다음 피험자들은 그 가상 인간의 불운을 묘사한(가령 그가 좌천되었다거나 하는) 글을 읽었다. 이때 그의 행운에 통증 경로가 더 많이 활성화했던 피험자일수록 그의 불운을 들었을 때 도파민 시스템이 더 많이 활성화했다. 그러니까 우리가 샤덴프로이데, 즉 부러워했던 타인의 전락에 고소한 마음을 느낄 때도 도파민 시스템이 활성화하는 것이다.

도파민 시스템이 질투, 적의, 괘씸함을 이해하는 데 통찰을 준다는 사실은 또다른 우울한 발견으로 이어진다.[85] 원숭이가 레버를 10번 누르면 보상으로 건포도 하나가 주어진다는 사실을 학습했다고 하자. 방금 그 일이 벌어졌고, 그 결과 원숭이의 기댐핵에서 도파민 10단위가 분비되었다. 원숭이가 다시 레버를 10번 누르는데, 깜짝 놀랐지! 이번에는 건포도가 **2개** 주어진다. 우와, 이때 도파민은 20단위가 분비된다. 그리고 원숭이가 계속 건포도 2개씩을 보상으로 얻으면, 도파민 반응의 크기가 10단위로 도로 줄어든다. 이때 원숭이에게 보상으로 건포도를 하나만 주면, 도파민 분비가 **감소**한다.

왜? 우리는 어떤 것도 첫번째만큼 좋을 순 없다는 습관화의 세상을 살고 있기 때문이다.

안타깝게도, 우리가 경험하는 보상의 범위가 넓기 때문에 이런 습관화가 존재할 수밖에 없다.[86] 보상 암호화 체계는 우리가 수학 문제를 풀었을 때와 오르가슴에 다다랐을 때 느끼는 보상의 서로 다른 속성에 다 적절히 대응해야 하기 때문이다. 도파민 시스템의 반응은 서로 다른 결과들의 보상 가치에 대해서 그 절댓값이 아니라 상댓값에 비례한다. 수학과 오르가슴의 쾌락에 둘 다 대응하려면, 이 시스템은 특정한 자극의 강도에 대해서 그 최솟값부터 최댓값까지 전 범위에 대응할 수 있도록 반응 규모를 끊임없이 재조정해야 한다. 어떤 보상이든 반복되면 반응이 습관화할 수밖에 없다. 그래야만 시스템이 다음에 찾아올 새로운 자극의 전 범위에 대응할 수 있기 때문이다.

이 사실을 잘 보여준 것은 케임브리지대학교의 볼프람 슐츠가 수행한 아름다운 연구였다.[87] 원숭이들에게 상황에 따라서 보상 2단위 혹은 20단위를 기대하도록 훈련시켰다. 이때 만약 각각의 상황에서 예상 밖에 4단위 혹은 40단위의 보상이 주어진다면, 원숭이들의 도파민 분비는 똑같은 정도로 급등했다. 반면 1단위 혹은 10단위의 보상이 주어진다면, 도파민 분비가 똑같은 정도로 감소했다. 두 상황은 보상이 10배 차이가 나지만, 중요한 것은 놀라움의 절대 크기가 아니라 상대 크기였던 것이다.

이런 연구들은 도파민 시스템이 양방향으로 작동한다는 것을 보여주었다.[88] 뜻밖의 좋은 소식에 대해서 반응이 무척도적scale-free으로 증가할 뿐 아니라 뜻밖의 나쁜 소식에 대해서도 반응이 무척도적으로 감소한다는 뜻이다. 슐츠는 보상 직후에 도파민 시스템이 기댓값과의 차이를 기억해둔다는 것을 보여주었다. 기대하던 만큼을 얻으면, 도파민이 일정하게 조금씩 분비된다. 기대보다 더 많이 그리고/또는 더 빨리 얻으면, 도파민 분비가 폭발한다. 기대보다 더 적게 그리고/또는 더 늦게 얻으면, 도파민 분비가 감소한다. 이때 기댓값으로부터의 긍정적 불일치에 반응하는 것은 배쪽뒤판의 일부 뉴런들이고, 또다른 뉴런들은 부정적 불일치에 반응한다. 적절하게도, 후자는 억제성 신경전달물질 감마아미노뷰티르산GABA을 국지적으로 분비하는 뉴런들이다. 한때 커다란 도파민 반응을 일으켰던 보상이 차츰 덜 흥미롭게 느껴지는 현상인 습관화에 참여하는 것도 바로 이 뉴런들이다.*

논리적인 결과로, 배쪽뒤판의(그리고 기댐핵의) 이 서로 다른 종류의 뉴런들은 이마엽 겉질에서 신호를 받는다. "좋아, 나는 5.0을 기대했지만 4.9를 얻었어. 이건 얼마나 실망스러운 일이지?" 하는 기댓값/불일치 계산을 수행하는 것이 이마엽 겉질이기 때문이다.

여기에 끼어드는 겉질 영역이 하나 더 있다. 한 연구에서 피험자들에게 구입할 수 있는 물품을 보여주었다. 이때 기댐핵 활성화 정도는 그 피험자가 돈을 지불할 가능성을 잘 예측했다.[89] 그다음 그들에게 가격을 알려주었다. 만약 가격이 피험자가 기꺼이 지불하려고 했던 값보다 싸면, 정서를 담당하는 배쪽안쪽이마앞엽 겉질이 활성화했다. 더 비싸면, 혐오에 관련된 섬겉질이 활성화했다. 이 뇌 영상 데이터를 종합하면 피험자가 그 물품을 살지 말지를 예측할 수 있었다.

이처럼 전형적인 포유류에서 도파민 시스템은 좋은 놀라움과 나쁜 놀라움 둘 다를 폭넓은 범위에서 무척도적으로 암호화하고, 어제의 소식에 대응하여 끊임없이 습관화한다. 하지만 인간은 여기에 추가되는 점이 있다. 우리가 자연이 제공하는 그 어떤 쾌락보다 훨씬 더 강렬한 쾌락들을 발명해낸다는 점이다.

언젠가 성당에서 오르간 연주회가 열렸을 때, 나는 소리의 쓰나미에 휩싸여서 소름이 돋은 채 앉아 있다가 이런 생각을 떠올렸다. 중세 농부들에게 이 소리는 인간이 만들어낸 소리 중에서 그들이 경험한 가장 시끄러운 소리였을 테고, 따라서 오늘날에는 상상할 수 없는 방식으로 경외감을 불러일으키는 소리였을 것이라는 생각이었다. 그러니 그들이 종교에 선뜻 귀의했을 만도 하다. 하지만 오늘날 우리의 고막은 예스러운 오르간 소리 따위는 압도해버리는 소리들로부터 쉴새없이 공격당한다. 과거에 수렵채집인들은 요행히 벌집에서 꿀을 얻음으로써 뇌에 배선된 단것 갈망을 잠시나마 충족시켰을 것이다. 오늘날 우리에게는 그런 시시한 천연식품과는 비교도 되지 않는 폭발적 감각을 제공하도록 세심하게 설계된 상업 식품이 수없이 많다. 과거에

---

* 도박에서 두 가지 결과에 모두 쇼크가 따르는 상황일 때, 시간이 좀 흐르고 나면 놀랍게도 두 쇼크 중 덜 아픈 쇼크를 받는 것만으로도 피험자들의 도파민 신호가 활성화하기 시작한다.

사람들은 상당한 결핍 속에서도 힘들여야만 얻을 수 있는 수많은 섬세한 쾌락들을 경험하며 살았다. 하지만 오늘날 우리는 약물 없던 세상의 변변찮은 자극보다 최소한 1000배는 더 강력한 쾌락과 도파민 분비로 떨게 만드는 약물들을 갖고 있다.

이런 지나친 비자연적 보상 공급과 필연적 습관화가 결합하면, 공허감이 따라온다. 합성된 경험과 감각과 쾌락의 비자연적이리만치 강력한 폭발이 비자연적이리만치 강력한 습관화를 낳는 것은 이 때문이다.[90] 여기서 따라 나오는 결과가 두 가지 있다. 첫째, 우리는 가을의 낙엽이나, 좋은 사람이 던진 의미심장한 눈길이나, 힘들지만 가치 있는 작업에 뒤따를 보상의 약속이 주는 덧없는 속삭임과도 같은 쾌락을 금세 알아차리지 못하게 된다. 두번째 결과는 우리가 그 인위적인 강렬함의 홍수에도 결국은 습관화된다는 것이다. 만약 인간이 기술자에 의해서 설계되었다면, 더 많이 소비할수록 더 적게 원하도록 만들어졌을 것이다. 하지만 실제로는 더 많이 소비할수록 더 큰 허기를 느낄 뿐이라는 것이 인간의 흔한 비극이다. 우리는 더 많고, 더 빠르고, 더 강한 것을 원한다. 어제 뜻밖의 쾌락이었던 것이 오늘은 당연한 것으로 느껴지고, 내일은 불충분한 것으로 느껴진다.

보상에 대한 기대

이처럼 도파민은 부당하리만치 빠르게 습관화하는 보상에 대한 반응이다. 그런데 단지 그뿐만은 아니다. 자, 보상을 바라고 일하도록 훈련된 원숭이들로 돌아가보자. 원숭이의 방에 불이 켜지면, 그것은 보상 시험이 시작된다는 신호다. 원숭이는 레버로 가서 10번을 누르고, 건포도를 보상으로 받는다. 이 일이 충분히 반복되면, 건포도 하나마다 분비되는 도파민 양은 아주 적다.

여기서 중요한 점이 있다. 처음에 보상 시험의 시작을 알리는 불이 켜졌을 때, 즉 원숭이가 레버를 누르기도 전에 이미 도파민이 잔뜩 분비된다는 것이다.

달리 말해서, 일단 보상 수반성이 학습된 뒤라면 도파민은 보상에 관여하

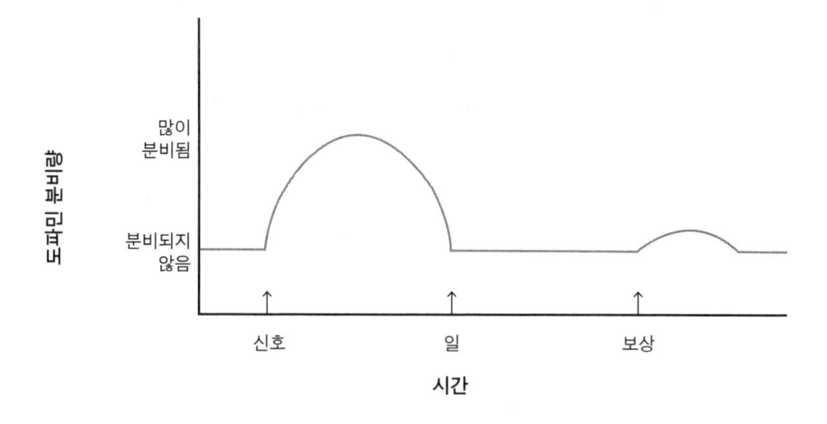

기보다 보상에의 기대에 관여한다. 마찬가지로, 스탠퍼드대학교의 내 동료 브라이언 넛슨의 연구는 금전적 보상을 기대하는 사람들에게서 도파민 경로가 활성화한다는 것을 보여주었다.[91] 도파민은 '나는 사정이 어떻게 돌아가는지 알아, 이건 멋질 거야' 하는 숙달과 기대와 확신에 연관되는 것이다. 달리 말해, 쾌락은 보상에 대한 기대에서 오는 것이고 보상 그 자체는 거의 되새김에 가깝다(물론 보상이 오지 않을 때는 다른데, 그럴 때는 보상 그 자체가 세상에서 제일 중요한 문제가 된다). 일단 내가 식욕이 충족되리라는 것을 알면, 쾌락은 포만보다 식욕에서 온다.* 이것은 엄청나게 중요한 사실이다.

기대를 하려면 학습이 필요하다.[92] 우리가 워런 G. 하딩의 가운데 이름이 무엇인지를 배우면, 해마 시냅스들의 흥분성이 커진다. 불이 켜지면 보상 시간이라는 사실을 배우면, 도파민 뉴런들에게 투사하는 해마-편도체와 이마엽 겉질 뉴런들의 흥분성이 커진다.

이 사실은 중독의 맥락 의존적 갈망을 설명해준다.[93] 한때의 알코올중독자가 몇 년 동안 금주하며 지냈다고 하자. 그가 예전에 술을 마셨던 장소로

* 이 현상은 내가 대학생 때 한 기숙사 친구가 했던 대단히 냉소적인 발언을 떠올리게 한다. 우여곡절 끝에 망하는 연애를 줄줄이 겪던 그 친구는 "연애란 연애에 대한 기대감에 대해서 치르는 대가야"라고 말했다.

(가령 황폐한 길거리 구석이나 화려한 남성 클럽으로) 돌아가면, 예전에 강화되었던 시냅스들이 예전에 술과 연관하여 학습되었던 단서들을 접하곤 요란스레 깨어나서, 기대감에 도파민이 분출되고 갈망이 흘러넘친다.

임박한 보상에 대한 믿음직한 단서 그 자체가 궁극적으로 보상이 될 수도 있을까? 미시간대학교의 후다 아킬이 그렇다는 것을 보여주었다. 쥐의 우리에서 왼편에 불이 켜지는 것은 쥐가 레버를 눌렀을 때 오른편의 활송 장치에서 보상이 떨어진다는 것을 알리는 신호다. 놀랍게도, 시간이 흐르자 쥐들은 일을 해서라도 우리 왼편에 머물 가능성을 높이려고 했다. 그곳에 있는 것이 기분이 너무 좋기 때문이었다. 신호 자체가 신호의 내용이 갖는 도파민 분비력을 확보한 것이다. 마찬가지로, 쥐들은 보상이 무엇이고 언제 주어지는지 모르는데도 하여간 **모종의** 보상이 주어질 가능성이 있음을 알리는 단서에 일을 해서라도 노출되려고 했다. 이것이 바로 집착(페티시)이다. 인류학적 의미에서나 성적 의미에서나 그렇다.[94]

슐츠의 연구진은 기대에 따른 도파민 분비량이 두 가지 변수를 반영한다는 사실을 확인했다. 첫번째는 기대되는 보상의 크기다. 원숭이들은 불이 켜지면 레버를 10번 눌렀을 때 보상 1단위가 나오지만 어떤 소리가 들리면 10번 눌렀을 때 보상 10단위가 나온다는 사실을 학습했다. 곧 소리는 빛보다 기대감의 도파민을 더 많이 분비시키게 되었다. '이건 멋질 거야' 대 '이건 **완전 멋질 거야**'의 차이다.

두번째 변수는 정말 특이하다. 원래 규칙은 불이 켜지면 레버를 누르고 그러면 보상이 나온다는 것이다. 이제 상황이 바뀐다. 불이 켜지고, 레버를 누르고, 보상이 나오는데…… 50%의 확률로 나온다. 놀랍게도, 일단 이 새로운 시나리오를 학습한 원숭이는 도파민이 이전보다 훨씬 더 많이 분비되었다. 왜? '어쩌면 그럴지도 몰라' 하는 간헐적 강화보다 도파민 분비를 더 부추기는 요인은 세상에 또 없기 때문이다.[95]

이 잉여의 도파민은 특정 시점에 분비된다. 50% 시나리오에서 불이 켜지면, 레버를 누르기도 전에 나오는 예의 기대감의 도파민이 분비된다. 레버를

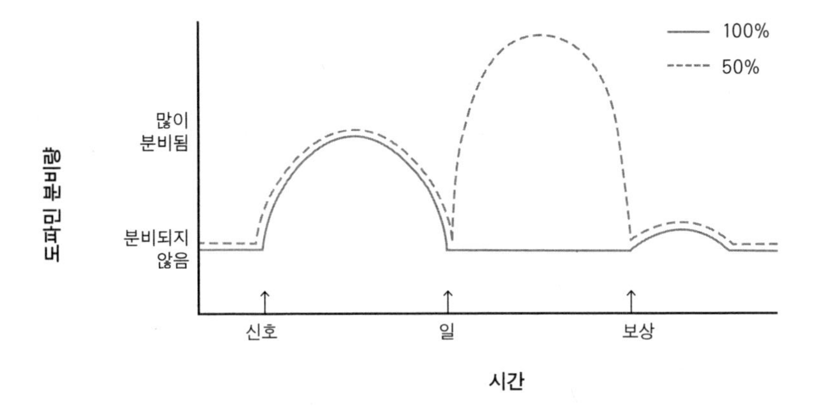

누를 때마다 반드시 보상이 따랐던 예측 가능한 과거에는, 일단 레버를 누르고 나면 도파민 농도가 줄곧 낮은 채로 유지되다가 보상이 나오고서야 아주 조금 높아졌다. 하지만 50% 시나리오에서는, 레버를 누른 뒤에 도파민 농도가 계속 높아진다. '어쩌면 나오고 어쩌면 아닐 거야' 하는 불확실성이 도파민을 분비시키는 것이다.

상황을 더 복잡하게 만들어보자. 이제 보상이 25% 혹은 75%의 확률로 나온다. 50%에서 25%로 바뀌거나 75%로 바뀌는 것은 보상 가능성의 측면에서 정확히 반대되는 상황이고, 넛슨의 연구진은 이때 보상 확률이 높을수록 안쪽이마앞엽 겉질이 더 많이 활성화한다는 것을 확인했다.[96] 하지만 50%에서 25%로 바뀌든 75%로 바뀌든, 불확실성의 정도가 낮아지는 것은 똑같다. 그리고 25%나 75% 확률로 보상이 나올 때 이차적 도파민 분비량은 둘 다 50% 확률이었을 때보다 적었다. 기대감의 도파민 분비는 보상이 나올까 나오지 않을까 하는 불확실성이 최대일 때 극대화하는 것이다.* 흥미

* 하버드의 조슈아 그린은 이 사실에 관해서 나와 대화하다가 이런 통찰을 무덤덤하게 떠올렸다. 하버드는 정년이 보장되지 않은 연구교수들에게 그들이 죽어라 열심히 연구하면 개중 50%는 정년을 보장받을 수 있게 된다는 기대감을 품도록 하는 것을 예산 계획의 일부로 삼는다는 것이다.

롭게도, 불확실한 상황에서 늘어나는 기대감의 도파민 분비는 중변연계 경로가 아니라 주로 중겉질 경로에서 나타났다. 불확실성이 예측 가능한 보상을 기대하는 것보다 인지적으로 더 복잡한 상태라는 의미다.

이런 발견은 라스베이거스의 명예 심리학자들에게는 새로울 것이 없는 이야기다. 논리적으로 따지자면 도박은 기대감의 도파민을 그다지 많이 분비시키지 않아야 한다. 도박에서 돈을 딸 확률은 천문학적으로 낮기 때문이다. 하지만 행동공학적 조치들이—24시간 영업과 시간을 알려주는 단서의 부재, 이마엽 겉질의 판단을 알코올에 절이는 값싼 술, 오늘은 일진이 끝내주게 좋으리라고 믿게 만드는 조작들이— 확률 인식을 왜곡시켜서, 도파민이 쏟아져나오는 범위의 확률로 여기게 만든다. 그러다보면 그래, 안 될 것 없잖아? 한 판 더!

'어쩌면 그럴지도 몰라' 심리와 도박 중독 성향의 상호작용은 릴 3개짜리 슬롯머신에서 2개를 맞힌 상황을 가리키는 '간발의 실패' 연구에서 확인되었다. 통제군 피험자들의 경우, 어떤 형태로든 실패하면 도파민 시스템이 거의 활성화하지 않았다. 반면 병적 도박꾼들의 경우, 간발의 실패가 도파민 시스템을 미친듯이 활성화했다. 또다른 연구는 보상 확률이 같지만 보상 수반성에 대한 정보 수준이 다른 두 가지 베팅 상황을 살펴보았다. 정보가 적은 상황일 때는(즉 위험보다 모호성이 지배하는 상황일 때는), 편도체가 활성화했고 도파민 시스템이 잠잠해졌다. 잘 측정된 위험으로 인식되는 것은 중독적이지만, 모호성은 그냥 심란하기만 한 것이다.[97]

추구

자, 도파민은 이처럼 보상 그 자체보다 보상에 대한 기대와 연관된다. 이 그림에 새로운 조각을 하나 더 집어넣어보자. 빛 단서에 반응하여 레버를 누름으로써 보상을 받도록 훈련된 원숭이를 다시 떠올려보자. 이제 우리가 잘 알듯이, 일단 관계가 정립된 뒤에는 대부분의 도파민이 단서 직후의 기대감에서 분비된다.

만약 빛 단서 직후에 도파민이 분비되지 않는다면 어떨까?[98] 원숭이는 레버를 누르지 않는다. 마찬가지로, 만약 우리가 쥐의 기댐핵을 손상시키면 쥐는 지연된 더 큰 보상을 바라고 참기보다 충동적 선택을 한다. 원숭이로 돌아가서, 이번에는 거꾸로 빛 단서를 보여준 뒤에 원숭이의 배쪽뒤판을 전기적으로 자극하여 도파민을 분비시킨다고 하자. 그러면 원숭이는 다시 레버를 누른다. 도파민은 보상 기대감에만 관여하는 것이 아니다. 그 보상을 얻기 위해서 해야 하는 **목표 지향적 행동**을 추진하기도 한다. 도파민이 보상의 가치와 그에 따르는 일을 하나로 '묶는' 것이다. 어려운 일을(가령 레버 누르기를) 하도록 만드는 데 필요한 동기가 도파민 시스템이 이마앞엽 겉질에 보내는 신호로부터 나오는 것이다.

요컨대 도파민은 우리가 보상에서 느끼는 행복에 관여하는 것이 아니다. 보상을 얻을 확률이 괜찮아 보일 때 그 보상을 추구함으로써 느끼는 행복에 관여한다.*[99]

이 사실은 동기 부여와 그 실패의(가령 우울증을 겪을 때는 스트레스 탓에 도파민 신호가 억제되고, 불안증을 겪을 때는 편도체의 영향 탓에 신호가 억제된다) 성격을 이해하는 데 핵심적이다.[100] 또한 이 사실은 의지력 이면에 이마엽 겉질의 힘이 있다는 것을 보여준다. 피험자들이 당장의 보상과 나중의 (더 큰) 보상 사이에서 고를 때, 즉각적 보상을 고려할 때는 도파민의 변연계 표적들이(즉 중변연계 경로가) 활성화하지만 지연된 보상을 고려할 때는 이마엽 겉질 표적들이(즉 중겉질 경로가) 활성화한다. 이때 후자의 활성화 정도가 더 클수록 피험자가 만족 지연을 선택할 가능성이 더 높다.

이런 연구들이 사용한 시나리오는 짧게 집중적으로 일한 뒤 곧 보상이 따르는 상황이었다.[101] 요구되는 일이 오래 걸리고, 보상이 상당히 많이 지연된다면 어떨까? 그런 시나리오에서는 이차적으로 분비되는 도파민의 양이 서

---

* 추구의 행복, 즉 어떤 행동의 보상을 그 결과 못지않게 과정에서도 느낄 수 있는 현상의 훌륭한 예가 있다. 중변연계 도파민 시스템은 암컷 쥐가 모성적 돌봄의 동기를 느끼는 데에 핵심적으로 기여한다.

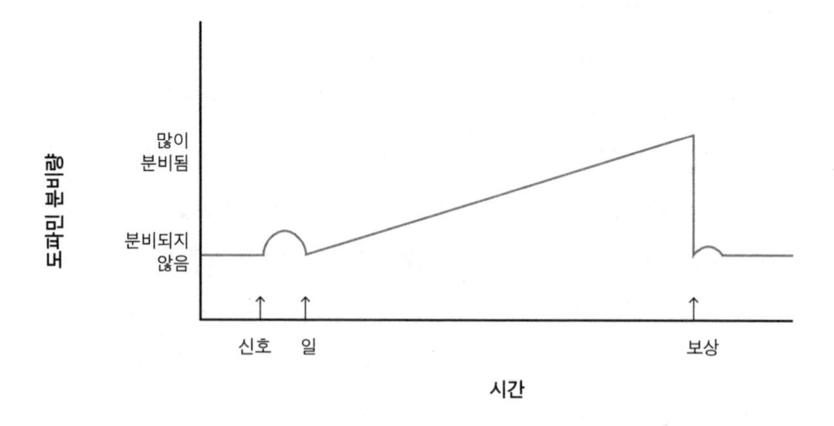

서히 늘어서 일을 계속하도록 밀어준다. 이때 도파민 기울기는 지연의 길이, 그리고 기대되는 보상의 크기에 대한 함수다.

위의 그래프는 도파민이 어떤 방식으로 만족 지연을 거드는지 보여준다. 시간 X만큼 기다려서 보상을 얻을 때 그 가치가 Z라고 하자. 2X만큼 기다려야 한다면 논리적으로 가치는 $\frac{1}{2}$Z가 될 테지만, 사실은 우리가 '시간 할인'을 하기 때문에 실제로는 가치가 그보다 적어서 가령 $\frac{1}{4}$Z가 된다. 우리는 기다림을 좋아하지 않는다.

도파민과 이마엽 겉질은 이 현상에 깊게 개입한다. 할인 곡선을(즉 가치가 $\frac{1}{2}$Z 대신 $\frac{1}{4}$Z가 되는 계산을) 암호화하는 것은 기댐핵이고, 시간 지연을 암호화하는 것은 등쪽가쪽이마앞엽 겉질과 배쪽안쪽이마앞엽 겉질이다.[102]

여기에서 복잡한 상호작용이 생성된다. 예를 들어 배쪽안쪽이마앞엽 겉질을 활성화하거나 등쪽가쪽이마앞엽 겉질을 비활성화하면, 단기 보상이 더 유혹적으로 느껴진다. 넛슨이 멋진 뇌 영상 연구로 시간 할인 곡선의 기울기가 가파른 성급한 사람들을 살펴본 바 있는데, 그 결과 그들의 기댐핵은 지연된 보상의 크기를 사실상 과소평가하고 등쪽가쪽이마앞엽 겉질은 지연 시간의 길이를 과대평가하는 것으로 드러났다.[103]

이 모든 연구들을 종합할 때, 도파민 시스템, 이마엽 겉질, 편도체, 섬겉질과 그 밖의 코러스 단원들은 보상의 크기, 지연, 확률의 여러 측면들을 다양한 수준의 정확도로 암호화하며, 그 모두가 어렵지만 더 올바른 일을 우리가 해내는가의 여부에 영향을 미친다.[104]

만족 지연 능력이 사람마다 다른 것은 사람마다 이런 뉴런들이 내는 목소리의 크기가 다르기 때문이다.[105] 예를 들어, 주의력결핍과잉행동장애 ADHD로 부적응적 충동성이 있는 사람들은 시간 할인 작업 도중 도파민 반응 그래프의 모양이 비정상적이다. 이와 비슷하게, 중독성 약물은 도파민 시스템이 충동에 더 반응하도록 편향시킨다.

휴. 한 가지 복잡한 단서가 더 남았다. 시간 할인에 대한 연구들은 보통 몇 초 차원의 지연을 다룬다. 수많은 종들의 도파민 시스템이 엇비슷함에도 불구하고, 인간은 그것으로 전혀 새로운 일을 해낸다. 정신 나간 수준으로 오랫동안 만족을 지연시키기도 하는 것이다. 혹멧돼지가 돌아오는 여름에 수영복을 멋지게 입고 싶다는 생각으로 스스로 칼로리를 제한하는 일은 없다. 모래쥐가 좋은 수능 성적을 얻어 좋은 대학에 들어가서 좋은 대학원에 들어가고 좋은 직장을 구해서 좋은 요양원에 들어가겠다는 생각으로 공부를 열심히 하지는 않는다. 심지어 인간은 이 유례없는 수준의 만족 지연조차 능가할 때가 있다. **우리가 죽은 뒤에** 주어질 보상을 바라고 스스로를 동기 부여하는 데에 도파민의 힘을, 즉 추구의 행복을 느끼게 하는 힘을 활용하는 것이다. 문화에 따라 다르겠지만, 이것은 가령 내가 전투에서 희생함으로써 내 나라가 전쟁을 이길 수 있다는 생각, 내가 경제적으로 희생함으로써 내 아이들이 돈을 물려받을 수 있다는 생각, 내가 천국에서 영생을 누릴 수 있다는 생각일 수 있다. 우리(중 일부)로 하여금 우리의 증손주들이 물려받을 행성의 온도를 염려할 만큼 시간 할인에 맞서도록 하는 것이 바로 이 특별한 신경 회로다. 인간은 이런 걸 어떻게 해낼까? 우리는 사실상 전혀 모른다. 인간은 그저 한 종의 동물이자 포유류이자 영장류이자 유인원일 뿐일지도 모르지만, 그래도 엄청나게 독특한 동물이다.

마지막 작은 주제: 세로토닌

이번 소제목에서 지금까지 길게 도파민을 이야기했는데, 사실은 우리의 몇몇 행동에서 뚜렷한 역할을 맡고 있는 신경전달물질이 하나 더 있다. 세로토닌이다.

1979년 한 연구에서 시작하여, 인간의 뇌에서 낮은 세로토닌 농도는 높은 공격성과 연관된다는 사실이 확인되었다. 심리학적 척도로 측정된 적대심부터 노골적인 폭력성까지 범위는 다양했다.[106] 다른 포유류들에서도 비슷한 세로토닌/공격성 관계가 관찰되었고, 놀랍게도 심지어 귀뚜라미, 연체동물, 갑각류에서도 관찰되었다.

연구가 이어졌고, 중요한 조건이 하나 드러났다. 낮은 세로토닌 농도는 사전 계획된 도구적 폭력을 예측하지 않았다. 단지 충동적 공격성, 그리고 인지적 충동성을(가령 가파른 시간 할인, 혹은 습관성 반응 억제의 어려움을) 예측할 뿐이었다. 낮은 세로토닌 농도를 충동적 자살과 연관 지은 연구들도 있었다(관련된 정신질환의 심각성과는 무관했다).[107]

게다가 동물이든 인간이든 세로토닌 신호를 약물로 감소시키면 행동 및 인지 면에서의 충동성이 커진다(가령 경제 게임에서 다른 참가자와 맺고 있던 안정적이고 협동적인 관계를 충동적으로 망쳐버린다).[108] 중요한 점으로, 세로토닌 신호를 강화한다고 해서 정상적인 피험자들의 충동성이 약화되지는 않았지만, 행동장애를 겪는 청소년처럼 기존에 충동 성향이 있는 피험자들의 경우에는 충동성이 약화되었다.

세로토닌은 어떻게 그 일을 해낼까? 거의 모든 세로토닌은 뇌의 한 영역에서 합성되는데,* 그 영역이 신경을 투사하는 표적은 아니나다를까 예의 배쪽뒤판, 기댐핵, 이마앞엽 겉질, 편도체다. 이런 영역들에서 세로토닌은 도파민의 목표지향적 행동 지지를 강화한다.[109]

우리가 아는 믿을 만한 발견은 이 정도다.[110] 8장에서 세로토닌에 관련된

* 그 영역의 이름이 솔기핵이라는 사실은 중요하지 않다.

유전자를 살펴볼 때까지는 상황이 이처럼 모순되는 내용으로 가득하다. 뒤에서 할 이야기의 힌트를 주자면, 한 유전자 변이에 대해서는 심지어 일부 과학자들이 정색한 얼굴로 '전사 유전자warrior gene'라는 이름을 붙였고, 충동적 살인을 다루는 법정에서 그 유전자가 감경 사유로 성공리에 활용되기까지 했다.

결론

지금까지 신경계가 우리의 친사회적 또는 반사회적 행동에서 맡는 역할을 알아보았다. 크게 세 가지 주제가 있었다. 공포, 공격성, 각성의 중심인 편도체. 보상, 기대, 동기 부여에서 핵심적인 도파민 시스템. 행동 조절과 제약에서 핵심적인 이마엽 겉질. 그 밖의 뇌 영역과 신경전달물질은 이어지는 장들에서 소개하겠다. 정보가 산더미 같기는 하지만, 이 책을 읽다보면 핵심적인 뇌 영역, 회로, 신경전달물질에 익숙해질 테니 걱정하지 말라.

잠깐만, 그래서 이게 다 무슨 의미일까? 이 정보가 무엇을 의미하지 않는가부터 알아보는 편이 좋겠다.

1. 첫째로, 자명한 사실을 확인하는 데에 신경생물학을 끌어들이려는 유혹이 있다. 상상해보자. 어떤 사람이 자기 동네가 너무 쓰레기 같고 폭력적이어서 불안함에 제대로 살 수가 없을 지경이라고 주장한다. 그를 뇌 스캐너에 넣고, 여러 동네들의 사진을 보여주자. 그의 동네 사진이 나올 때, 그의 편도체가 폭발적으로 반응한다. 우리는 이렇게 결론짓고 싶은 유혹을 느낀다. '아, 저 사람이 정말로 두려워한다는 것이 **증명되었어**.'

   누군가의 내적 상태를 입증하기 위해서 신경과학까지 동원할 필요는 없다. 이 오류를 보여주는 사례로, 외상후스트레스장애를 겪는 참전 군인들의 해마가 위축되었다는 사실을 밝힌 보고서가 있었다. 이 발견은 스트레스가 해마를 손상시킬 수 있다는 것을 보여준 기초 연구 결과에 부합했다(내 실험실도 한몫했다). 외상후스트레스장애 환자들의 해마 위축은 워싱턴에서 대대적으로 선전되어, 외상후스트레스장애를 기질성 장애가 아니라 신경증적 꾀병이라고 여기는 회의론자들을 설득하는 데 한몫했다. 나는 이런 생각이 들었다. 꼭 뇌 영상을 찍어봐야만 외상후스트레스장애를 겪는 참전 군인들에게 뭔가 비극적이고 기질적인 손상이 있다는 점을 인정하겠노라는 입법자가 있다면, 그 입법자에게 신경학적 문제가 있는 게 분명하다고. 하지만 외상후스트레스장애가 기질성 뇌 장애라는 사실을 많은 이들에게 '증명해' 보이기 위해서는 정확히 그런 자료가 필요했던 것이다.

'만약 신경과학자가 증명해 보인다면, 우리는 그 사람의 문제가 진짜임을 받아들이겠다'라는 생각에는 필연적으로 뒤따르는 결과가 있으니, 활용된 뇌생물학이 더 화려할수록 입증이 더 믿음직해진다는 생각이다. 딱 잘라 말하건대, 이것은 진실이 아니다. 예를 들어, 훌륭한 신경심리학자는 미세하지만 전면적인 기억 문제를 앓고 있는 사람의 상태를 무진장 비싼 뇌 스캐너보다 더 잘 가려낼 수 있다.

우리의 생각과 느낌을 '증명하고자' 신경과학을 동원해서는 안 된다.

2. 최근 들어 각종 '신경—' 분야가 범람하게 되었다. 신경내분비학이나 신경면역학 같은 몇몇 분야는 이미 건실하고 오랜 분야가 되었다. 신경경제학, 신경마케팅, 신경윤리학 등등 더 최근에 생겨난 분야들도 있다. 농담이 아닌데, 신경문학과 신경실존주의라는 분야도 있다. 패권을 쥔 신경과학자가 이제 자신의 분야가 세상의 모든 것을 설명한다고 결론지을 만도 한 실정이다. 이와

더불어, 『뉴요커』 작가 애덤 고프닉이 '신경회의주의'라는 냉소적 구호를 내세우고 지적한 위험이 다가온다. 우리가 모든 것을 설명할 수 있게 되면 모든 것을 용서하게 되리라는 생각이다.[111] 이 전제는 '신경법학'이라는 신생 분야에서 벌어지는 논쟁의 핵심이다. 16장에서 나는 이해가 용서로 이어져야만 한다는 생각이 틀렸다고 주장할 것이다. 주된 이유는 내가 '용서'나 여타 형법 제도에 관련된 용어들(가령 '악' '영혼' '의지' '비난')이 과학과 양립하지 않으며 따라서 기각되어야 한다고 믿기 때문이다.

3. 마지막으로, 신경과학이 일종의 암묵적 이원론을 지지한다고 여겨질 위험이 있다. 누군가 충동적이고 끔찍한 짓을 저질렀다고 하자. 뇌 영상 촬영 결과 뜻밖에도 그는 이마앞엽 겉질 뉴런이 몽땅 사라진 상태였다. 그렇다면 그가 정상적 이마앞엽 겉질을 갖고서 같은 행위를 했을 때보다 이 경우에 뭔가 모호한 방식으로나마 그의 행동이 더 '생물학적'이거나 더 '기질적'이라고 보고 싶은 이원론적 유혹이 든다. 하지만 그의 끔찍하고 충동적인 행위는 이마앞엽 겉질이 있든 없든 똑같이 '생물학적'이다. 차이라면 우리의 원시적 연구 도구로는 이마앞엽 겉질이 없는 뇌의 작동을 이해하는 편이 더 쉽다는 것뿐이다.

그래서 이런 정보가 우리에게 무엇을 말해주는가?

이런 연구들은 가끔 서로 다른 뇌 영역들이 맡은 역할을 우리에게 알려준다. 연구는 점점 더 세련되어지고 있고, 뇌 영상의 시간해상도가 좋아진 덕분에 회로에 대해서 더 많은 것을 말해준다. 그래서 "이 자극이 뇌 영역 A, B, C를 활성화한다"고 말하는 수준에서 "이 자극은 A와 B를 둘 다 활성화하고, 그다음 C를 활성화하는데, C는 B가 활성화되는 경우에만 활성화한다"는 수준으로 넘어가는 중이다. 그런데 연구가 점점 더 섬세해짐에 따라, 특정 영역/회로를 확인하는 일은 점점 더 어려워진다. 다음 장에서 소개할 방추상

얼굴영역을 예로 들어보자. 이것은 인간과 다른 영장류가 얼굴을 볼 때 반응하는 겉질 영역이다. 이것만 보더라도 영장류는 정말로 사회적 동물이다.

밴더빌트대학교의 이자벨 고티에의 연구는 이보다 더 복잡한 사정을 밝혀냈다. 어떤 사람들에게 다양한 차들의 사진을 보여주면 그때도 방추상얼굴영역이 활성화했는데, 그들은 바로 자동차광들이었다.[112] 어떤 사람들에게 새 사진을 보여주어도 마찬가지였는데, 그들은 바로 탐조가들이었다. 방추상얼굴영역은 얼굴에 관련된 영역이 아니었다. 범주화되어 있으며 어떤 사람에게 정서적으로 중요한 의미를 띠는 대상의 사례들을 식별하는 영역이었다.

따라서 행동을 연구하는 것은 뇌의 속성을 이해하는 데 도움이 된다. 아, 행동 A가 뇌 영역 X와 Y의 결합에서 비롯한다는 것은 얼마나 흥미로운 사실인가. 그리고 가끔은 뇌를 연구하는 것이 행동의 속성을 이해하는 데 도움이 된다. 아, 뇌 영역 A가 행동 X와 행동 Y에 둘 다 핵심적이라는 것은 얼마나 흥미로운 사실인가. 예를 들어, 내가 볼 때 편도체에서 가장 흥미로운 점은 그것이 공격성과 공포에 둘 다 관계한다는 사실이다. 후자의 관련성을 인식하지 못하고서는 전자도 이해할 수 없다.

마지막 요점은 이 책의 핵심과 관련된 사실이다. 신경생물학이 대단히 인상적이기는 해도, 뇌는 행동이 '시작되는' 지점이 아니다. 뇌는 우리가 뒤에서 살펴볼 다양한 요인들이 수렴하여 행동을 만들어내는 최종적 공통 경로일 뿐이다.

3장

몇 초에서 몇 분 전

무에서 생겨나는 것은 없다. 어떤 뇌도 외딴섬이 아니다.

뇌 속에서 이리저리 튀어다니는 메시지들 덕분에, 당신의 근육들에게 그 방아쇠를 당기라거나 그 팔을 건드리라는 지시가 내려졌다. 아마도 그 직전에, 당신의 뇌 밖에서 무언가가 이 일이 벌어지도록 부추겼을 것이다. 여기에서 이 장의 핵심 질문들이 제기된다. ⓐ어떤 외부 자극이 어떤 감각 통로를 통해서 어떤 뇌 부위에 들어감으로써 이 일을 부추겼을까? ⓑ당신은 그 환경 자극을 의식했는가? ⓒ당신의 뇌에 가해진 어떤 자극이 당신으로 하여금 이 일에 유난히 민감하게 반응하도록 만들었을까? ⓓ이것이 우리 최선의 행동과 최악의 행동에 관해서 어떤 정보를 줄까?

뇌를 부추겨서 활동하도록 만드는 감각 정보는 다양하다. 이 다양성은 다른 종들을 살펴보면 알 수 있는데, 이 문제에서 우리는 종종 이해의 실마리를 잡지 못한다. 왜냐하면 동물들은 때로 인간이 감지하지 못하는 범위에서 감지할 수 있고, 때로 인간은 존재하는 줄도 몰랐던 감각 양식을 활용하기 때문이다. 따라서 이 문제를 알아보려면 우리는 동물처럼 생각해보아야 한다. 자, 그렇다면 이 문제가 동물행동학이라는 분야와 어떻게 관련되는지부터 알아보자. 동물행동학은 한마디로 동물을 그 동물의 언어로 인터뷰하는 과학이다.

보편적 규칙 대 울퉁불퉁한 무릎

동물행동학은 미국의 심리학 브랜드라고 할 수 있는 '행동주의'에 대한 반응으로 20세기 초에 유럽에서 형성되었다. 행동주의는 서문에서 소개했던 존 왓슨에게서 유래했고, 그 분야의 가장 유명한 주창자는 B. F. 스키너였다. 행동주의자들은 종을 막론한 행동의 보편성에 관심을 기울였다. 그들이 특히 숭배한 것은 자극과 반응 측면에서 보편적인 듯 보이는 한 현상이었다. 생물체에게 어떤 행동에 대한 보상을 주면 그 생물체가 그 행동을 반복할 가능성이 높아지고, 보상을 주지 않거나 심지어 벌을 주면 생물체가 그 행동을 반복할 가능성이 낮아진다는 현상이었다. 어떤 행동이든 '조작적 조건화'(스키너가 고안한 용어다)를 통해서, 즉 생물체의 환경에서 보상과 처벌을 통제하는 과정을 통해서 더 빈번해지거나 덜 빈번해지도록 만들 수 있다는 것이 그들의 생각이었다.

따라서 행동주의자들('스키너주의자'들이라고도 했는데, 이는 스키너가 동의어로 만들려고 애쓴 용어였다)은 우리가 사실상 모든 행동을 더 자주 혹은 덜 자주 발생하도록 '형성'할 수 있고 심지어 완전히 '소거'해버릴 수도 있다고 여겼다.

만약 행동하는 모든 생물체들이 이 보편적 규칙을 따른다면, 연구하기에 간편한 종을 골라서 연구하면 될 것이다. 대부분의 행동주의 연구는 쥐, 혹은 스키너가 선호했던 비둘기를 대상으로 이뤄졌다. 행동주의자들은 명료하고 엄격한 숫자를, 데이터를 사랑했다. 동물들이 '조작적 조건화 상자'(다른 말로 '스키너 상자') 속에서 레버를 누르거나 쪼게 하면 그 데이터를 얻을 수 있었고, 그로부터 나온 발견은 다른 모든 종에게 적용되었다. 비둘기는 곧 쥐이고 쥐는 곧 소년이라고, 스키너는 설교했다. 모두 영혼 없는 로봇인 셈이었다.*

행동주의자들의 견해는 종종 옳았지만, 정말로 중요한 방식에서는 틀렸다. 흥미로운 행동들 중에 행동주의의 규칙을 따르지 않는 것이 많았기 때문이다.**[1] 새끼 쥐나 원숭이를 학대하는 어미가 키우게 하면, 새끼는 어미에게 더 애착을 보인다. 인간이 자신을 학대하는 나쁜 사람을 사랑하는 현상에도 행동주의 규칙이 적용되지 않는다.

한편 유럽에서는 동물행동학이 등장하고 있었다. 행동의 획일성과 보편성에 집착하는 행동주의와 달리, 동물행동학자들은 행동의 다양성을 사랑했다. 모든 종들이 저마다 독특한 요구에 대응하여 독특한 행동을 진화시킨다고 주장했고, 동물의 행동을 이해하려면 그 자연 서식지에서 그들을 열린 마음으로 관찰해야 한다고 주장했다('우리에 가둔 쥐의 사회적 행동을 연구하는 것은 욕조에 가둔 돌고래의 수영 행동을 연구하는 것이나 마찬가지다'라는 게 동물행동학의 격언이다). 동물행동학자들은 이렇게 물었다. 행동이란 객관적으로 무엇인가? 무엇이 행동을 촉발했는가? 그 행동은 학습되어야 했는가? 그 행동은 어떻게 진화했는가? 그 행동의 적응적 가치는 무엇인가? 19세기 목사들이 자연으로 나가서 나비를 채집하고 날개 색의 다양성을 즐기고 신의 작품에 경탄했다면, 20세기 동물행동학자들은 자연으로 나가서 행동을 채집하고 그 다양성을 즐기고 진화의 작품에 경탄했다. 실험 가운을 입은 행동주의자들과는 달리, 동물행동학자들은 등산화를 신고서 산야를

---

* 영원히 사라지지 않을 도시 전설. 스키너는 자기 딸을 거대한 스키너 상자에 넣어서 키웠다고 한다. 아기는 무엇이 되었든 욕구를 느끼면 레버를 누르는 법을 학습했다. 자연히 아이는 커서 정신이 나갔고, 자살을 시도했고, 아빠를 고소했고, 아빠를 살해하려고 했다는 것이다. 전부 다 사실이 아니다.

** 내가 대학생일 때 스키너가 우리 기숙사에 와서 학생들과 저녁을 함께 먹고 식후에 놀랍도록 교조적인 설교를 늘어놓은 적이 있었다. 나는 그의 이야기를 들으면서 이런 묘한 생각을 했다. '와, 이 사람은 진짜 철저한 스키너주의자네.'

거침없이 누볐고 그러느라 울퉁불퉁 멋진 무릎을 갖게 되었다.*

다른 종들에게서 행동을 촉발하는 감각 요인

이제 그 동물행동학의 전제를 사용하여, 동물에게서 어떤 감각이 행동을 촉발하는지 알아보자.**[2] 우선 청각 통로가 있다. 동물들은 소리를 냄으로써 겁주고, 주장하고, 유혹한다. 새는 노래하고, 수사슴은 울부짖고, 짖는원숭이는 짖고, 오랑우탄은 몇 킬로미터 밖에서도 들리는 영역 신호의 함성을 내지른다. 청각 정보가 미묘하게 소통되는 사례의 하나로, 암컷 판다는 배란기일 때 발성의 음높이가 더 높아지는데 수컷들은 그편을 선호한다. 놀랍게도, 똑같은 음높이 이동과 선호가 인간에게서도 일어난다.

시각적 행동 촉발 요인도 있다. 개는 납작 엎드려서 놀자고 초대하고, 새는 깃털을 펼쳐서 뽐내고, 원숭이는 송곳니를 무섭게 드러내어 '위협 하품'을 한다. 귀여운 아기다움을 알리는 시각 단서도 있는데(큰 눈, 짧은 주둥이, 동그란 이마), 그 단서를 본 포유류들은 귀여워서 어쩔 줄 몰라 하며 새끼를 돌보

* 내가 어느 쪽을 응원하는지 여러분도 눈치챘을 것이다. 나도 일종의 동물행동학자니까 어쩔 수 없다(하지만 승리의 찬가를 너무 크게 부를 일은 아닌 것이, 동물행동학의 창시자 중 한 명이 저 혐오스러운 나치주의자 콘라트 로렌츠가 아니었던가). 1973년에 노벨상 위원회는 동물행동학의 세 창시자인 로렌츠, 니코 틴베르헌, 카를 폰 프리슈에게 생리의학상을 수여하는 신선한 선택을 했다. 생의학계는 경악했다. 주된 연구 기법이 쌍안경 들여다보기인 무좀 걸린 놈들에게 상을 줘? 그게 의학과 무슨 상관이라고? 삼인방 중 로렌츠는 가장 정력적으로 자신을 홍보하고 연구를 대중화한 인물이었고, 내가 영웅으로 받드는 사람 중 한 명인 틴베르헌은 깊게 사고할 줄 아는 뛰어난 실험주의자였고, 폰 프리슈는 일렉트릭 베이스를 연주했으며 말을 별로 하지 않았다.

** 동물행동학자는 어떤 동물에게 어떤 감각 정보가 유효한지를 어떻게 알아낼까? 사례를 보자. 어미 갈매기의 부리에는 눈에 도드라진 붉은 점이 있다. 어미가 새끼들에게 오면, 새끼들은 어미의 부리를 쫀다. 그러면 어미가 먹이를 게워내 새끼들에게 먹인다. 이때 붉은 점이 쪼기 행동을 촉발한다는 것을 틴베르헌은 이렇게 증명했다. 먼저 빼기 접근법. 그는 어미의 붉은 점 위에 물감을 칠해서 가렸다. 그러자 새끼들이 쪼지 않았다. 다음은 복제 접근법. 그는 각목에 붉은 점을 칠한 뒤 그것을 둥지 위에서 흔들어보았다. 그러자 새끼들이 각목을 쪼기 시작했다. 혹은 과잉자극 접근법. 그가 어미의 부리에 거대한 붉은 점을 그리자, 새끼들은 미친듯이 거세게 쪼았다. 요즘은 여기에 로봇공학적 접근법이 추가되었다. 한 예로 동물행동학자들은 로봇 벌을 제작하여 벌 군집에 침투시켰는데, 로봇 벌이 실제로는 없는 먹이 지점을 가리키는 춤을 추자 벌들은 그 교묘한 속임수에 넘어가서 그 지점으로 먹이를 찾아 떠났다.

는 행동을 하게 된다. 스티븐 제이 굴드가 지적했듯이, 은밀한 동물행동학자였던 월트 디즈니는 설치류를 어떻게 변형시키면 미키와 미니가 되는지 제대로 이해하고 있었다.*[3]

다음으로 인간이 감지하지 못하는 방식으로 신호하는 동물들이 있다. 이런 동물을 그 동물의 언어로 인터뷰하려면 창조성을 발휘해야 한다.[4] 많은 포유류가 페로몬으로 냄새 표시를 남기는데, 페로몬은 그 개체의 성, 나이, 생식 상태, 건강, 유전자 조성에 관한 정보를 담은 후각 신호다. 어떤 뱀은 적외선을 보고, 전기뱀장어는 전기적 노래로 구애하고, 박쥐는 서로의 반향위치추적 신호를 전파 방해함으로써 경쟁하며, 거미는 거미줄이 진동하는 패턴으로 침입자의 정체를 안다. 이건 또 어떤가. 우리가 쥐를 간지럽히면, 중변연계 도파민 시스템이 활성화하면서 쥐가 초음파로 찍찍거린다.

후각뇌/변연계 전쟁으로 돌아가서, 동물행동학자들은 이미 알고 있던 해답을 떠올려보자. 쥐의 경우, 정서를 촉발하는 요인은 보통 후각이다. 각 종마다 가장 지배적인 감각 양식이—시각이든, 소리든, 무엇이든—변연계에 가장 직접적으로 접근한다.

눈에 띄지 않는 방식: 잠재의식적이고 무의식적인 단서

눈앞에 있는 칼의 모습, 당신의 이름을 부르는 목소리, 당신의 손에 와닿는 촉감이 뇌를 재빨리 바꿔놓을 수 있다는 사실은 이해하기가 쉽다.[5] 하지만 그 밖에도 잠재의식 차원의 감각 촉발 요인이 엄청나게 많다. 그것은 너무 순간적이거나 미미해서 우리가 의식적으로 알아차리지 못하는 것일 수도 있고, 우리가 알아차리더라도 이어진 행동과는 무관해 보이는 종류일 수도 있다.

잠재의식적 단서와 무의식적 점화 효과는 이 책의 주제와는 무관한 수많

---

* 종간 귀여움 반응의 좋은 예. 사람들이 특정 멸종위기종을 돕는 데 기부하겠다고 약속하는 금액에 유의미한 영향을 미치는 한 요인은 그 동물의 눈의 상대 크기다. 왕방울만한 눈을 보면 사람들은 지갑을 연다.

은 행동들에도 영향을 미친다. 우리는 감자칩이 바삭거리는 소리를 들으면 그것이 더 맛있다고 생각한다. 어떤 중립적 자극을 보기 전에 사람의 웃는 얼굴 사진을 고작 20분의 1초만큼이라도 보면 그 자극을 더 좋아하게 된다. 진통제라고 들은(실제로는 위약인) 약이 더 비쌀수록 그 약의 효과가 더 좋았다고 보고한다. 피험자들에게 가장 좋아하는 세제를 말해보라고 하자. 만약 그들이 방금 '바다'라는 단어가 포함된 글을 읽었다면, 그들은 '타이드(파도)' 브랜드를 더 많이 고른다. 그러고서는 그 브랜드의 세정력이 얼마나 좋은지 설명한다.[6]

이처럼 감각 단서는 불과 몇 초 만에도 우리의 행동을 무의식적으로 형성할 수 있다.

한 가지 몹시 심란한 감각 단서는 인종이다.[7] 우리 뇌는 피부색에 믿기지 않을 만큼 예민하다. 사람들에게 10분의 1초(100밀리초)도 안 되는 순간만큼 어떤 얼굴을 보여주면, 그 시간이 너무 짧기 때문에 사람들은 자신이 뭔가를 봤는지 안 봤는지도 확신하지 못한다. 그런데 그들에게 사진으로 본 얼굴의 인종을 맞혀보라고 하면, 정확하게 맞힐 확률이 무작위로 선택할 때보다 높아진다. 우리가 사람을 피부색이 아니라 인간성으로 판단한다고 주장하더라도, 우리 뇌는 정말로 확실하게 피부색에 **주목한다**. 그것도 아주 빠르게.

우리가 보는 얼굴이 어떤 인종이냐에 따라서, 뇌 기능은 불과 100밀리초 만에 두 가지 심란한 방식으로 달라진다(뇌 영상으로 확인한 바다). 첫번째는 반복적으로 재현된 발견으로, 편도체가 활성화한다. 게다가 피험자가 암묵적 편향 시험에서(뒤에서 설명하겠다) 인종주의적 편향을 더 많이 보일수록 편도체가 더 많이 활성화한다.[8]

비슷하게, 피험자들에게 반복적으로 어떤 얼굴을 보여주면서 쇼크를 동반시킨 실험이 있었다. 그러자 곧 그 얼굴을 보기만 해도 편도체가 활성화했다.[9] 뉴욕대학교의 엘리자베스 펠프스가 보여주었듯, 그런 '공포 조건화'는 피험자와 같은 인종의 얼굴일 때보다 다른 인종의 얼굴일 때 더 빠르게 일어난다. 편도체는 뭔가 나쁜 것을 '그들'과 연합하여 학습할 태세를 늘 갖추고 있는 것이다. 게다가 사람들은 같은 인종의 중립적 표정보다 다른 인종의 중립적 표정을 더 자주 화난 표정이라고 판단한다.

그러니까 만약 백인에게 흑인의 얼굴을 잠재의식적 속도로 보여주면, 그의 편도체가 활성화한다는 것이다.[10] 하지만 만약 의식적 처리가 가능할 만큼 오래 보여주면, 앞띠이랑 겉질과 '인지적' 등쪽가쪽이마앞엽 겉질이 이내 활성화하여 편도체를 억제한다. 이마엽 겉질이 그보다 더 깊고 어두운 편도체 반응에 집행적 통제력을 발휘하는 것이다.

두번째 심란한 발견을 보자. 잠재의식적 인종 신호는 방추상얼굴영역, 즉 얼굴 인식에 전문화한 겉질 영역에도 영향을 미친다.[11] 방추상얼굴영역이 손상되면 얼굴을 인식하지 못하는 장애인 '얼굴인식불능증(안면인식장애)'이 선택적으로 발생한다. MIT의 존 개브리엘리의 연구에 따르면, 피험자들은 타 인종의 얼굴을 볼 때 방추상얼굴영역이 덜 활성화했고, 암묵적 인종주의 편향이 있는 피험자일수록 그 효과가 크게 나타났다. 이것은 새로움의 문제가 아니다. 보라색 피부의 얼굴을 보여주더라도, 방추상얼굴영역은 같은 인종을 본 것처럼 반응한다. 방추상얼굴영역은 속지 않는다. "저건 타자가 아니야. 그냥 포토숍으로 조작한 '정상' 얼굴이야."

이와 부합하게, 백인 미국인들은 흑인의 얼굴보다 백인의 얼굴을 더 잘 기억한다. 게다가 혼혈 인종의 얼굴을 흑인이 아니라 백인이라고 설명 들었을 때 더 잘 기억한다. 놀랍게도, 만약 스스로 혼혈인 피험자에게 연구 목적으로 당신을 두 인종 중 한쪽에 분류하겠다고 말해주면, 피험자는 임의적으로 '다른' 인종으로 설정된 얼굴들을 볼 때 방추상얼굴영역이 덜 반응했다.[12]

인종에 대한 뇌의 예민함은 다른 방식으로도 드러난다.[13] 누군가의 손을 바늘로 콕콕 찌르는 동영상을 보여주면, 피험자들은 감정이입으로 저도 모르게 손이 긴장되는 이른바 '동형 감각운동' 반응을 보인다. 그런데 백인이든 흑인이든, 다른 인종의 손을 볼 때는 반응이 둔화되었고 암묵적 인종주의 편향이 큰 사람일수록 더 많이 둔화되었다. 이와 비슷하게, 흑백 피험자 모두가 다른 인종의 사람이 아니라 같은 인종의 사람이 불행을 겪는 이야기를 들을 때 (정서적) 안쪽이마앞엽 겉질이 더 많이 활성화했다.

이런 현상에는 중요한 의미가 있다. 콜로라도대학교의 조슈아 코렐의 연구에서, 피험자들에게 총을 든 사람이나 휴대전화를 든 사람의 사진을 빨리빨리 보여주고는 (오직) 총을 든 사람에게만 총을 쏴서 맞히라고 주문했다. 이 상황은 괴롭게도 1999년 아마두 디알로 살해 사건을 환기하는 것이었다. 서아프리카 기니 출신으로 뉴욕에 건너온 이민자였던 디알로는 어느 강간범의 인상착의와 비슷했다. 백인 경찰관 넷이 디알로를 검문했는데, 무장하지 않은 디알로가 지갑을 꺼내려고 손을 움직이기 시작하자, 경찰관들은 총을 꺼내는 거라고 단정짓고 그에게 41발을 쏘았다. 이 실험과 관련된 신경생물학적 현상을 '사건 관련 전위'라고 한다. 이것은 어떤 자극 때문에 뇌의 전기적 활동(이것은 뇌전도 검사로 확인한다)에 변화가 유도되는 것을 말한다. 피험자들에게 위협적인 얼굴을 보여주면, 불과 200밀리초 만에 사건 관련 전위에서 특징적인 변화가 발생한다(P200 전위라는 파형waveform이 나타난다). 백인 피험자들의 경우, 상대가 총을 들었는지와 무관하게 백인보다 흑인을 볼 때 P200 파형이 더 강하게 나타났다. 그러나 몇 밀리초 후, 두번째 억제성 파형(N200 전위라고 한다)이 발생했다. 이마엽 겉질에서 비롯한 이 파형은 "대뜸 쏴버리기 전에 우리가 보는 것에 대해서 좀 생각해보자" 하고 말하는 셈이다. 이때 흑인을 보면 백인을 볼 때보다 N200 파형이 덜 발생했다. 그리고 P200/N200 비율이 높을수록(즉 '나는 무서워' 대 '잠깐만' 비율이 높을수록) 비무장 흑인을 쏠 확률이 높았다. 또다른 연구에서, 피험자들은 조각난 물체 사진을 보고 어떤 물체인지 맞혀야 했다. 백인 피험자들에게 잠재의식 차원에서 미리 흑인의 얼굴을 보여주면(백인 얼굴을 보여줄 때는 그렇지 않았다), 피험자들은 무기 사진을 더 정확히 감지해냈다(카메라나 책은 안 그랬다).[14]

마지막으로, 똑같은 범죄로 유죄 선고를 받을 때 흑인 피고의 얼굴이 전형적인 아프리카계의 이목구비일수록 형량이 늘어났다.[15] 대조적으로, 만약 흑인 남성 피고가 크고 투박한 안경을 쓰고 있으면, 배심원들은 그를 더 우호적으로 판단했다(백인 피고에게는 영향이 없었다). 어떤 변호사들은 자기 고객에게 가짜 안경을 씌움으로써 이른바 '모범생 변론'을 꾀하기도 하고, 검사는 그 얼간이 같은 안경이 진짜냐고 묻곤 한다. 요컨대, 우리는 피부색과 무관하게 불편부당한 선고가 내려진다고 생각하고 싶겠지만, 배심원들은 피고의 인종에 내포된 고정관념에 무의식적으로 편향된다.

이것은 몹시 우울한 일이다. 인간의 뇌는 타 인종의 얼굴을 무서워하고, 그 얼굴을 얼굴로서 덜 인식하고, 감정이입을 덜 느끼는 형태로 고정된 것일까? 아니다. 우선 짚어둘 점은 개인차가 어마어마하다는 것이다. 모든 사람의 편도체가 타 인종의 얼굴에 반응하여 활성화하는 것은 아니고, 그 예외적인 경우는 좋은 공부가 된다. 게다가 미묘한 조작만으로도 '타자'의 얼굴에 대한 편도체의 반응을 재빨리 바꿔놓을 수 있다. 이 이야기는 11장에서 하겠다.

앞 장에서 감각 정보가 뇌로 들어갈 때 편도체로 가는 지름길이 있다고 했던 것을 기억하는가? 대부분의 감각 정보는 기착지인 시상으로 들어갔다가 그곳에서 적절한 겉질 영역으로(가령 시각 겉질이나 청각 겉질로) 중계되고, 그러면 겉질이 빛 픽셀이나 음파를 해독하는 느리고 고된 처리 과정을 거쳐서 마침내 대상을 식별해낸다. 그리고 마지막으로 그 정보가("이건 모차르트네") 변연계로 전달된다.

앞서 보았듯, 이때 시상에서 편도체로 곧장 넘어가는 지름길이 있다. 가령 시각 겉질의 첫 층들이 복잡한 이미지를 풀어내느라 이제 막 활동하기 시작했는데, 편도체는 벌써 '저건 총이야!' 하고 생각하고 대응하기도 한다. 역시 앞서 보았듯, 여기에는 얻는 것과 잃는 것이 있다. 편도체에 오는 정보가 **빠르지만 종종 부정확한 것이다.**[16] 편도체가 지금 보는 것이 무엇인지 안다고 생각한 후에야 이마엽 겉질이 뒤늦게 브레이크를 건다. 무고한 사람이 지갑을 꺼내려다가 사살당한다.

뇌에 영향을 미치는 잠재의식적 시각 정보로 다른 종류도 있다.[17] 예를 들어, 얼굴의 성별은 150밀리초 안에 처리된다. 사회적 지위도 마찬가지다. 어느 문화에서든 사회적 우위의 모습은—정면으로 응시하는 시선, 개방된 자세(가령 뒤통수에 손깍지를 끼고 몸을 뒤로 젖힌 자세)—비슷하고, 복종의 모습도—회피하는 시선, 제 몸을 감싼 팔—비슷하다. 피험자들은 겨우 40밀리초만 보고도 대상의 사회적 지위가 높은지 낮은지를 정확히 구별해낸다. 12장에서 보겠지만, 우리가 안정된 지위 관계를 파악할 때는 이마엽 겉질의 논리적 영역들이(배쪽안쪽이마앞엽 겉질과 등쪽가쪽이마앞엽 겉질이) 활성화하는 데 비해, 불안정하고 변덕스러운 관계를 파악할 때는 편도체가 함께 활성화한다. 누가 궤양에 걸리는 사람이고 누가 궤양을 유발하게 하는 사람인지 확실히 모르는 상황은 불안한 것이다.

아름다움에 대한 잠재의식적 단서도 있다.[18] 남녀와 문화를 막론하고, 인간은 아주 어릴 때부터 매력적인 사람들을 더 똑똑하고 더 친절하고 더 정직하다고 평가한다. 우리는 매력적인 사람에게 더 기꺼이 표를 던지고, 더 기꺼이 고용하고, 유죄 선고를 덜 내리고, 설령 유죄라고 선고하더라도 더 짧은 형량을 준다. 안쪽눈확이마앞엽 겉질이라는 영역은 얼굴의 아름다움과 행동의 선함을 평가하는 데 둘 다 관여하고, 놀랍게도 한쪽 작업에서의 활성화 수준이 다른 쪽 작업에서의 활성화 수준을 예측한다. 뇌는 아름다운 정신, 마음, 광대뼈를 생각할 때 비슷하게 움직이는 셈이고, 더 나아가 광대뼈가 정신과 마음에 대해서 알려준다고 생각한다. 이 주제는 12장에서 더 이야기하겠다.

자세와 같은 신체적 단서로부터 잠재의식적 정보를 받기는 하지만, 그래도 우리가 가장 많은 정보를 얻는 곳은 얼굴이다.[19] 방추상얼굴영역이 왜 진화했겠는가? 여성의 얼굴 형태는 월경 주기중에 미묘하게 바뀌는데, 남자들은 그중 배란기일 때의 얼굴 형태를 선호한다. 피험자들은 누군가의 얼굴만 보고서도 그의 정치색이나 종교를 무작위로 맞히는 수준 이상으로 잘 추측해낸다. 똑같은 위반 행위를 저질렀을 때 얼굴을 붉히고, 시선을 피하고, 얼굴을 아래나 옆으로 기울이는 등 부끄러워하는 듯한 표정을 짓는 사람들이 더 쉽게 용서받는다.

얼굴 가운데서도 가장 많은 정보를 주는 것은 눈이다.[20] 서로 다른 정서를 드러낸 두 얼굴의 사진을 자르고 붙여서 부위마다 다른 표정을 띠게 만들자. 그것을 본 사람들은 어떤 정서를 감지할까? 눈에 드러난 정서다.*[21]

눈은 암묵적 감시의 힘도 발휘하곤 한다.[22] 버스정류장에 한 쌍의 눈 사진을 커다랗게 붙여두면(대조군은 꽃 사진이다), 사람들은 쓰레기를 더 잘 치운다. 직장 탕비실에 눈 사진을 붙여두면, 무인 모금함에 걷히는 돈의 액수가 세 배로 는다. 컴퓨터 화면 바탕에 눈 사진을 띄워두면, 온라인 경제 게임을 하는 피험자들이 더 너그럽게 군다.

잠재의식적 청각 단서도 행동을 바꾼다.[23] 백인들이 흑인의 얼굴을 잠재의식적으로 보았을 때 편도체가 활성화한다고 했던 이야기를 떠올려보자. 델라웨어대학교의 채드 포브스는 이때 랩 음악을—백인보다는 아프리카계 미국인에게 전형적으로 연관되는 장르다—시끄럽게 틀어두면 편도체 활성화 수준이 높아진다는 것을 확인했다. 백인에 대한 부정적 고정관념을 유발하는 데스메탈 음악을 빵빵 틀어두면 그 반대가 되었다.

청각 단서에 대한 또다른 사례는 스탠퍼드의 내 동료이자 고정관념 형성 분야에서 획기적 연구를 수행한 클로드 스틸이 들려주었던 아주 통렬한 일화를 이해하게끔 한다.[24] 스틸에 따르면, 그와 함께 공부하던 한 아프리카계 미국인 대학원생은 팰로앨토의 상류층 거리에서 젊은 흑인 남성이 유발하는 고정관념을 익히 알기에 밤에 걸어서 귀가할 때는 비발디를 휘파람으로 불었다고 한다. '아, 저건 스눕 독이 아니네. 죽은 백인 남성 작곡가잖아[안도의 한숨]' 하는 반응을 끌어내고자 하는 마음이었다.

---

* 무의식적 단서는 얼굴이나 자세에 관한 것만은 아니다. 실력이 대등한 남자 운동선수 개인이나 팀이 경쟁할 때, 빨간색 유니폼을 입은 쪽이 수행 결과가 더 좋다. 이 현상은 올림픽 권투와 태권도와 레슬링 시합에서, 럭비와 축구 시합에서, 그리고 가상 검투사 컴퓨터 게임에서 확인되었다. 다른 종들의 수컷이 우세를 표현할 때 몸에서 붉은 부위를 내보이는 경우가 많다는 사실(가령 맨드릴원숭이나 천인조가 그렇다), 테스토스테론 농도가 높은 개체일수록 그런 부위가 더 새빨갛다는 사실이 이 현상에도 반영된 것으로 보는 견해가 있지만, 나는 이런 설명은 미심쩍다. 다른 종들의 사례를 선별적으로 가져온 것으로 느껴지기 때문이다.

잠재의식적 감각 단서를 논하면서 후각을 빼놓으면 곤란하다. 이것은 마케팅 전문가들이 과거에 사람들에게 영상을 볼 때 후각도 자극하는 스멜로비전을 보게끔 했던 시절부터 그들이 군침을 흘려온 주제다. 인간의 후각계는 위축되어 있다. 쥐는 뇌의 약 40%가 후각 처리에 할당되어 있지만, 인간은 3%에 불과하다. 그래도 인간은 여전히 무의식적으로나마 후각적인 삶을 살고 있고, 변연계에 가장 직접적으로 투사하는 감각계도 설치류처럼 후각계다. 앞서 말했듯, 설치류의 페로몬은 개체의 성, 나이, 생식 상태, 건강, 유전자 조성에 대한 정보를 담고 있으며 다른 개체들의 생리와 행동을 바꿀 수 있다. 그보다 미미한 수준이기는 하지만, 인간을 대상으로 한 일부 연구에서도(전부는 아니다) 비슷한 현상이 보고되었다. 서문에서 소개한 웰즐리 효과가 그런 현상이었고, 이성애자 여성들이 테스토스테론 농도가 높은 남성의 체취를 선호하는 것도 그런 현상이다.

페로몬의 중요한 점은 그것이 공포를 알린다는 것이다. 한 실험에서, 연구자들은 두 가지 상황에서 자원자들의 겨드랑이 땀을 채취했다. 그들이 편안하게 달리기를 하느라 만족스럽게 땀 흘린 상황, 그리고 탠덤 스카이다이빙을 하느라 무서워서 땀 흘린 상황이었다(탠덤 스카이다이빙에서는 한데 묶여 있는 강사가 물리적인 조작을 다 하므로, 이때 자원자가 흘린 땀은 육체적 노동의 땀이 아니라 공포의 땀이다). 피험자들은 두 종류의 땀냄새를 맡아도 의식적으로 구별해내지는 못했다. 하지만 공포의 땀을 맡았을 때는(만족스러운 땀을 맡았을 때와는 달리) 편도체가 활성화했고, 경악반사 반응이 더 커졌고, 잠재의식적으로 본 화난 얼굴을 더 잘 감지했고, 애매한 표정의 얼굴을 두려워하는 얼굴이라고 해석할 확률이 더 높아졌다. 내 주변 사람들이 무서워하는 냄새를 풍기고 다니면, 내 뇌는 나도 무섭다고 결론짓기 쉽다.[25]

마지막으로, 비페로몬적 냄새도 우리에게 영향을 미친다. 12장에서 볼 텐데 피험자들을 쓰레기 냄새가 나는 방에 앉혀두면, 가령 외교 정책이나 경제에 관한 의견은 변하지 않았지만 사회적 문제(가령 동성애자 결혼)에 관한 의견만은 더 보수적인 방향으로 바뀌었다.

내수용 정보

바깥세상에 관한 정보에 더하여, 우리 뇌는 자기 몸의 내적 상태에 관한 '내수용' 정보도 끊임없이 받는다. 내가 허기지거나, 등이 아프거나, 배에 가스가 차서 꾸룩거리거나, 엄지발가락이 가렵다고 하자. 이런 내수용 정보들이 내 행동에도 영향을 미치는 것이다.

여기에서 등장하는 것이 전통의 제임스-랑게 이론이다. 윌리엄 제임스는 심리학 역사의 최고지도자 같은 존재였고, 카를 랑게는 무명의 덴마크 의사였다. 1880년대에 두 사람은 어떤 희한한 발상을 각자 독자적으로 똑같이 떠올렸다. 우리의 감정과 몸의 자동적(즉 자율적) 기능은 어떻게 상호작용할까? 언뜻 뻔해 보인다. 사자가 나를 쫓으면 나는 겁을 느끼고, 그러면 내 심장이 빨리 뛴다. 그런데 제임스와 랑게는 거꾸로라고 제안했다. 내가 잠재의식적으로 사자를 알아차리고, 그래서 심장이 빨라진다. 그다음에야 내 의식적 뇌가 이 내수용 정보를 받아들여, '와, 내 심장이 질주하는 걸 보니 나는 무서운가봐' 하고 결론짓는다는 것이다. 한마디로, 우리는 몸이 주는 신호에 기초하여 자신이 어떤 감정을 느끼는지를 결정한다는 것이다.

이 발상을 지지하는 증거들이 있다. 그중 내가 좋아하는 세 가지를 소개하면, ⓐ우울한 사람들에게 억지로 웃어보라고 하면, 실제 그들의 기분이 나아진다. ⓑ사람들에게 더 '지배적인' 자세를 취하라고 가르쳐주면, 실제 그들이 그런 기분을 느낀다(스트레스 호르몬 농도가 낮아진다). ⓒ근육이완제는 불안을 낮춘다('내 사정은 여전히 엉망이지만, 내 근육들이 이렇게 느긋해서 내가 의자에서 흘러내릴 지경인 걸 보니 차츰 나아지고 있나봐'). 그렇지만 제임스-랑게 이론은 엄격한 형태로는 유효하지 않다. 특정성 문제 때문이다. 심장은 다양한 이유로 빨리 뛰는데, 뇌가 어떻게 그게 사자에 대한 반응인지 흥분되는 유혹적 광경에 대한 반응인지 결정하겠는가? 게다가 많은 자율적 반응은 정서에 대한 의식적 인식을 앞설 만큼 빠르지 않다.[26]

그럼에도 불구하고 내수용 정보가 비록 정서를 결정하진 못할지언정 영향을 미친다는 것은 사실이다. 사회적 정서 처리에 핵심적인 일부 뇌 영역들,

즉 이마앞엽 겉질, 섬겉질, 앞띠이랑 겉질, 편도체는 내수용 정보를 아주 많이 받는다. 이 사실은 공격성의 믿음직한 촉발 요인이 통증인 까닭을 설명해준다. 통증이 이 영역들 대부분을 활성화하기 때문이다. 되풀이해서 하는 말이지만, 통증이 공격성을 일으키는 것은 아니다. 기존의 공격성 성향을 증폭시킬 뿐이다. 요컨대 통증은 원래 공격적인 사람들을 더 공격적으로 만들고, 원래 공격적이지 않은 사람들에게는 반대로 작용한다.[27]

내수용 정보는 통증/공격성 연관성보다 더 미묘한 방식으로도 행동을 바꿀 수 있다.[28] 한 사례는 의지력에서 이마엽 겉질이 맡는 역할에 관한 것으로, 앞 장에서 다뤘던 주제다. 플로리다주립대학교의 로이 바우마이스터가 주도한 여러 연구에 따르면, 이마엽 겉질이 열심히 인지 작업을 하고 난 직후에는 피험자들이 감정이입을 덜 보였고, 덜 관대해졌고, 덜 정직해졌다. 은유적으로 말하자면, 이마엽 겉질이 이렇게 말하는 셈이다. "아, 몰라. 나 피곤해. 다른 인간들에 대해서 생각하고 싶은 기분이 아냐."

이 현상은 이마엽 겉질이 힘든 일을 할 때 대사 비용을 많이 치른다는 사실과 관계된 듯 보인다. 이마엽 겉질이 버거운 작업을 하는 동안 우리 몸의 혈당이 떨어지는데, 이때 피험자들에게 단 음료를 주면(통제군에게는 영양가가 없는 당 대체물이 든 음료를 준다) 이마엽 겉질 기능이 향상된다. 게다가 사람들은 허기질 때 덜 관대해지고, 더 공격적으로 된다(가령 게임에서 상대에게 더 심한 벌을 선택한다).* 이런 상황에서 이마엽 겉질의 조절 능력이 떨어지는 것이 자기통제력 훼손 탓인지 통제 동기의 감소 탓인지에 대해서는 아직 논쟁중이다. 어느 쪽이든, 몇 초에서 몇 분 사이에 뇌로 도달하는 에너지량과 이마엽 겉질이 필요로 하는 에너지량은 분명 우리가 더 어렵고 옳은

* 이런 발견을 이른바 '트윙키 변호'의 논리와 혼동해서는 안 된다. 1978년 샌프란시스코 시장 조지 모스코니와 시정감독관 하비 밀크—캘리포니아 최초의 공개적 게이 정치인이었다—가 불만을 품은 전 시정감독관 댄 화이트에게 암살되었다. 흔한 오해에 따르면, 재판중에 화이트의 변호사는 화이트가 정크푸드 중독 때문에 판단력과 자기통제력이 훼손되었다고 주장했다고 한다. 하지만 실제 변호사의 주장은 달랐다. 변호사는 화이트가 우울증 때문에 그렇게 되었고, 그가 건강한 식단에서 정크푸드로 바꾼 것이 우울증의 증거라고 말했다.

일을 할 수 있느냐 없느냐 하는 문제에 영향을 미친다.

이처럼 바깥세상과 몸속 양쪽에서 뇌로 흘러드는 감각 정보는 우리의 행동을 빠르게, 강력하게, 자동적으로 바꿀 수 있다. 그리고 행동이 벌어지는 시점으로부터 몇 분 전에, 이보다 더 복잡한 자극들도 영향을 미친다.

무의식적 언어 효과

언어에는 힘이 있다. 언어는 우리를 구원하고, 치료하고, 고양시키고, 절망시키고, 기죽이고, 죽인다. 무의식적으로 주어지는 언어 단서는 우리의 친사회적이고 반사회적인 행동에도 영향을 미친다.

내가 제일 좋아하는 사례는 '죄수의 딜레마'에 관련된 것이다. 이것은 참가자들이 여러 시점에 서로 협동할 것인가 경쟁할 것인가를 결정해야 하는 경제 게임이다.[29] 그런데 이때 참가자들의 행동은 '상황 이름표'에 따라 달라진다. 가령 이 상황을 '월스트리트 게임'이라고 부르면 참가자들은 덜 협력하지만, '공동체 게임'이라고 부르면 더 협력한다. 이와 비슷하게, 피험자들에게 게임 전에 무작위로 보이는 단어 목록을 읽게 만들 수도 있다. 이때 목록에 따스하고 기분 좋은 친사회적 단어들이—'도움' '조화' '공정' '상호적'—끼어 있으면 협동이 촉진되지만, '순위' '힘' '맹렬한' '배려심 없는' 같은 단어들이 끼어 있으면 그 반대가 된다. 명심해달라. 피험자들에게 예수의 산상수훈이나 에인 랜드를 읽힌 것이 아니었다. 그저 무해해 보이는 단어들의 나열일 뿐이었다. 이처럼 단어는 무의식적으로 사고와 감정을 바꾼다. 누군가의 '테러리스트'는 다른 사람의 '자유의 전사'이고, 정치인들은 서로 '가족적 가치'를 선점하려고 다투며, 어째서인지는 몰라도 우리는 '선택'과 '생명'을 동시에 선호할 수는 없다고 한다.*[30]

예는 얼마든지 더 있다. 노벨상을 수상한 유명한 연구에서, 대니얼 카너먼

---

* 최근의 한 연구는 이 현상의 신랄한 사례를 하나 보여주었다. 누군가를 '아프리카계 미국인'이라고 묘사할 경우, '흑인'이라고 묘사할 때에 비해 피험자들이 그를 더 높은 교육 수준 및 소득 수준과 연관지어 생각했다.

과 아모스 트버스키는 무의식적 단어 효과가 의사결정을 바꾼다는 것을 보여주었다. 피험자들은 가상의 약을 쓸지 말지 결정한다. 이때 만약 "이 약은 생존률이 95%입니다"라고 들으면, 의사를 포함하여 모든 피험자들은 "이 약은 사망률이 5%입니다"라고 들었을 때보다 약을 더 많이 승인한다.*[31] 단어 목록에 '무례한' 혹은 '공격적인'(대조군에서는 '배려심 있는' 혹은 '정중한') 같은 단어들을 끼워넣으면, 피험자들은 직후에 다른 사람의 말을 더 자주 가로막는다. '충성심'(대조군에서는 '평등')이라는 단어에 노출된 피험자들은 경제 게임에서 자기 팀 선호 편향을 더 많이 보인다.[32]

무의식적 언어 효과는 도덕적 의사결정에도 영향을 미친다.[33] 변호사라면 누구나 아는 사실인데, 배심원들은 누군가의 행위가 얼마나 현란하게 묘사되는가에 따라 다르게 결정한다. 뇌 영상 연구는 언어가 더 다채로울수록 앞띠이랑 겉질이 더 많이 활성화한다는 것을 보여주었다. 더 나아가 사람들은 도덕적 위반 행위에 대해 '나쁜'이나 '부적절한'(대조군에서는 '금지된' 혹은 '비난받을 만한')이라는 표현을 들었을 때 더 가혹한 판결을 한다.

이보다 더 미묘한 무의식적 단서들

행동이 촉발되기 몇 분 전에, 시각이나 냄새나 복통이나 단어 선택보다 더 미묘한 단서들이 무의식적으로 우리에게 영향을 미친다.

한 연구에서, 설문지에 응답하는 피험자들은 만약 그 방에 미국 국기가 있으면 평등주의적인 원칙을 더 강하게 표출했다. 영국 축구 시합 관객들을 대상으로 한 연구에서, 관객으로 위장한 연구자가 미끄러져서 발목을 다친 척했다. 사람들이 그를 도왔을까? 연구자가 홈팀의 티셔츠를 입은 경우에

---

* 최근의 한 연구는 언어 단서가 생사를 가르는 결과로 이어질 수도 있음을 보여주었다. 강도가 같은 경우에, 임의로 여자 이름이 붙은 허리케인은 남자 이름이 붙은 허리케인에 비해(두 성별의 이름을 번갈아 붙인다) 더 많은 인명 피해를 냈다. 왜일까? 사람들이 남자 이름이 붙은 허리케인을 무의식적으로 더 심각하게 받아들이고 피난 명령에도 더 고분고분 따르기 때문이다. 남자 이름이든 여자 이름이든 무해한 이름을 고른 것인데도 그렇다. 허리케인 메리 포핀스와 허리케인 블라드 체페슈 드라큘라 공작을 비교한 게 아니라는 말이다.

는 중립적 티셔츠나 상대 팀 티셔츠를 입은 경우보다 도움을 더 많이 받았다. 또다른 연구는 미묘한 집단 소속감 조작을 살펴보았다. 주로 백인이 거주하는 보스턴 교외 기차역에서, 점잖게 차려입은 히스패닉들이 며칠 동안 붐비는 시간대에 플랫폼에 서서 스페인어로 조용히 대화를 나누었다. 결과는? 백인 통근자들은 히스패닉 이민자에 대해서(다른 이민자들에 대해서는 아니었다) 더 부정적이고 배제적인 태도를 표현했다.[34]

집단 소속감 단서는 여러 집단에 동시에 속한 사람들의 경우에 복잡해진다. 아시아계 미국인 여성들에게 수학 시험을 치르게 한 유명한 연구가 있다.[35] 여성이 남성보다 수학을 못한다는 것은 누구나 아는 사실이고(실제로는 그렇지 않다는 것을 9장에서 이야기할 것이다), 아시아계 미국인이 다른 인종의 미국인보다 수학을 잘한다는 것도 누구나 아는 사실이다. 그 결과, 사전에 자신의 인종 정체성을 떠올리도록 조작된 피험자들은 자신의 성별을 떠올리도록 조작된 피험자들보다 수학 시험 성적이 더 좋았다.

집단이 행동에 빠르게 영향을 미치는 또다른 사례는 보통 틀린 형태로 이해되고 있는데, 바로 '방관자 효과'다('제노비즈 증후군'이라고도 한다).[36] 이런 이름이 붙은 것은 악명 높은 1964년 키티 제노비즈 살해 사건 때문이다. 뉴요커였던 제노비즈는 어느 아파트 건물 앞에서 한 시간 동안 강간당하고 칼에 찔려 죽었는데, 도움을 요청하는 그의 비명을 38명이 들었지만 아무도 경찰에 전화하지 않았다고 한다. 〈뉴욕 타임스〉에 이렇게 보도되었고, 덕분에 집단 무관심이 현대인의 만악의 상징처럼 여겨지게 되었지만, 실제 사실은 좀 달랐다. 일단 소리를 들은 사람이 38명보다 적었고, 전체 사건을 다 목격한 사람은 아무도 없었으며, 겨울밤이라 아파트 창문이 다 닫혀 있었고, 웅얼거리는 소리나마 들은 사람들은 연인이 다투는 소리로 여겼다.*

제노비즈 사건의 신화적 요소들 탓에, 용감한 개입이 필요한 위급 상황에서 사람이 많을수록 돕고 나서는 사람은 적다는 유사 신화가 생겨났다. "나

* 이 아파트 주민들이 얻게 된 악명처럼 냉담한 방관자 효과를 실제 드러낸 끔찍한 사건이 없지는 않다. 최근에 기록된 한 예로, 구글에서 '두 살 왕웨의 죽음'을 검색해보라.

말고도 사람이 많으니까 누가 대신 나설 거야"라는 것이다. 위험하지 않은 상황에서는, 그리고 나서면 불편을 치러야 하는 상황에서는 방관자 효과가 실제로 나타난다. 하지만 위험한 상황에서는, 모인 사람이 많을수록 자진하여 나서는 사람도 많아진다. 왜? 어쩌면 평판 때문일 수도 있다. 군중이 많다는 건 자신의 영웅적 행동의 목격자가 더 많다는 뜻이니까.

사회적 맥락이 빠르게 효과를 발휘하는 또다른 사례는 남자들의 한심한 순간에 관한 것이다.[37] 여자가 함께 있을 때, 혹은 여자를 생각해보라는 주문을 받기만 해도 남자들은 위험을 더 많이 감수하고, 경제적 결정에서 더 터무니없는 시간 할인을 적용하고, 사치품에 돈을 더 많이 쓴다(일상적 소비는 늘지 않는다).* 게다가 여성이라는 유혹적 존재를 느끼는 것만으로도 공격성을 더 많이 드러낸다. 예를 들어, 경쟁 게임에서 시끄러운 폭발음을 터뜨림으로써 상대 남성을 벌주는 확률이 높아진다. 단 이것이 필연적 결과는 아니라는 점이 중요하다. 지위가 친사회적 방법으로 얻어지는 상황일 때는, 여성의 존재가 남성들을 더 친사회적으로 만든다. 한 논문 제목이 멋지게 요약했듯이, 이 현상은 '짝짓기 신호로서 남성의 너그러움'을 보여주는 듯하다. 이 주제는 다음 장에서 다시 이야기하겠다.

요컨대, 사회적 환경은 몇 분 만에 우리의 행동을 무의식적으로 형성한다. 그런데 물리적 환경도 마찬가지다.

여기에서 등장하는 것이 제임스 Q. 윌슨과 조지 켈링의 범죄의 '깨진 유리창' 이론이다.[38] 그들은 도시의 난잡함을 보여주는 쓰레기, 그라피티, 깨진 유리창, 공공장소에서의 음주 같은 사소한 신호들이 사람들에게 영향을 미쳐서 점점 더 큰 난잡함의 신호로 이끌고, 결국에는 범죄율을 높인다고 주장했다. 왜? 쓰레기와 그라피티가 규범이라는 것은 사람들이 그런 일에 신경쓰지 않거나 조치할 힘이 없다는 뜻이므로, 쓰레기를 버려도 되고 그보다 더 나쁜 일도 해도 된다는 초대장이 되기 때문이다.

---

* 이 연구에서 통제군 상황은 피험자들이 다른 남자와 함께 있는 상황이었다. 참고로, 여성 피험자들의 경우에는 남자가 곁에 있다고 해서 행동이 이런 식으로 달라지지 않았다.

뉴욕시가 히에로니무스 보스의 그림처럼 변하는 듯했던 1990년대에 루돌프 줄리아니 시장의 정책을 형성한 것이 바로 이 깨진 유리창 발상이었다. 시 경찰청장 윌리엄 브래튼은 사소한 범법 행위에 대해서도 무관용 정책을 펼쳤다. 지하철 무임승차, 그라피티, 공공기물 파손, 구걸, 그리고 제멋대로 차 앞유리를 닦아주고는 운전자에게 돈을 요구하는 행위로 뉴요커들을 미치게 만들었던 수많은 스퀴지맨들을 겨냥했다. 그 결과 강력 범죄율이 급감했다. 매사추세츠주 로웰에서는 시험삼아 도시의 한 부분에서만 무관용 조치를 취했다. 그랬더니 그 지역에서만 범죄율이 떨어졌다. 깨진 유리창 정책을 시험한 시기가 그러잖아도 미국 전역에서 범죄율이 감소하던 시기였다는 점을 들어 이 접근법의 효용이 부풀려졌다고 비판하는 사람들도 있다(달리 말해, 칭찬할 만한 로웰 사례와는 달리 다른 연구들은 통제군이 없는 경우가 많았다).

이 이론을 시험하고자 네덜란드 흐로닝언대학교의 케이스 케이저르는 한 종류의 규범 위반 단서가 사람들로 하여금 다른 규범도 위반하게 만드는지 살펴보았다.[39] 자전거가 펜스에 묶여 있으면(그러지 말라는 표지판이 있음에도), 사람들은 펜스에 난 틈으로 빠져나가는 지름길을 더 많이 택했다(역시 그러지 말라는 표지판이 있었다). 그라피티가 그려진 벽 앞에서는 사람들이 쓰레기를 더 많이 버렸고, 쓰레기가 널린 골목에서는 5유로짜리 지폐를 더 자주 슬쩍했다. 이런 너절한 행위의 발생률이 2배가 되었으니 큰 차이였다. 어떤 규범 위반이 같은 규범을 위반할 확률을 높이는 것은 의식적 과정이지만, 폭죽 소리가 쓰레기를 더 많이 버리게 만드는 것은 암암리에 무의식적 과정으로 진행되고 있다는 뜻이다.

이야기를 더 복잡하게 만드는 놀라운 요소

지금까지 감각 정보와 내수용 정보가 뇌에 영향을 미쳐서 몇 초에서 몇 분 만에 행동을 야기할 수 있다는 것을 살펴보았다. 하지만 상황을 더 복잡하게 만드는 요소가 있으니, 뇌가 그런 감각 양식에 대한 민감성을 변화시켜서 특정 자극이 더 강하게 영향을 미치도록 할 수 있다는 점이다.

명백한 사례를 보자. 개는 주의를 기울일 때 귀를 쫑긋 세운다. 뇌가 귀 근육을 자극하여 귀로 하여금 소리를 더 쉽게 감지하도록 만든 것이고, 그러면 그 사실이 다시 뇌에 영향을 미친다.[40] 급성 스트레스를 받을 때 우리는 모든 감각계가 더 민감해진다. 더 선택적으로 살펴보자면, 배고플 때는 음식 냄새에 더 예민해진다. 어떻게 이럴까? 선험적으로 모든 감각의 길은 뇌로 통하는 듯하지만, 사실은 뇌도 감각 기관들에게 신경을 투사한다. 예를 들어 저혈당은 특정 시상하부 뉴런들을 활성화한다. 그러면 그 뉴런들이 코에서 음식 냄새에 반응하는 수용체 뉴런들을 자극한다. 이 자극이 수용체 뉴런들에게 활동전위를 일으킬 만한 정도는 아니지만, 이제 수용체 뉴런들은 평소보다 음식 냄새 분자를 더 적게 맡더라도 활동전위를 일으키기 쉬운 상태가 된다. 뇌가 감각계의 선택적 민감성을 바꾸는 현상은 대충 이렇게 설명된다.

이 현상은 이 책이 관심 있게 다루는 행동들에도 분명히 적용된다. 우리 눈이 정서 상태에 관한 정보를 유독 많이 담고 있다는 사실을 떠올려보자. 그런데 알고 보니, 뇌는 우리로 하여금 상대의 눈을 보는 편을 선호하도록 편향시킨다. 이것은 다마지오가 우르바흐-비테 증후군으로 편도체가 선택적으로 손상된 환자를 연구하던 중 확인한 사실이다. 환자는 예상대로 두려워하는 얼굴을 정확히 감지하는 능력이 떨어졌는데, 그뿐만이 아니었다. 통제군 피험자들은 상대의 얼굴을 응시하는 시간의 절반을 눈을 응시하는 데 쓰지만, 환자는 그들의 절반만 썼다. 이때 환자에게 눈에 집중하라고 지시하니, 두려워하는 표정을 인식하는 능력이 향상되었다. 따라서 편도체는 단지 두려워하는 얼굴을 감지할 뿐 아니라 우리가 그 얼굴에서 더 많은 정보를 얻을 수 있도록 편향시킨다.[41]

사이코패스들은 보통 두려워하는 표정을 인식하는 능력이 떨어진다(다른 표정들은 정확하게 인식한다).[42] 이들 또한 보통 사람들보다 상대의 눈을 적게 보고, 눈에 집중하라는 지시를 받았을 때는 공포 인식 능력이 나아진다.

2장에서 보았듯이 사이코패스들은 편도체 이상이 있을 때가 많으므로 납득이 되는 결과다.

이것은 9장에서 집중적으로 다룰 문화의 영향을 미리 살펴보는 사례다. 피험자들에게 뒤에 복잡한 배경을 깔고 있는 물체의 사진을 보여준다고 하자. 겨우 몇 초만 보더라도, 집단주의적 문화(가령 중국) 출신의 피험자들은 주변의 '맥락' 정보를 더 많이 쳐다보고 더 잘 기억하는 편인 데 비해 개인주의적 문화(가령 미국) 출신의 피험자들은 초점의 대상에 대해서 그렇게 한다. 이때 피험자들에게 각자의 문화가 치우치는 영역이 아닌 다른 영역에 집중하라고 지시하면, 그들의 이마엽 겉질이 활성화한다. 이것이 어려운 인식 작업인 것이다. 이처럼 문화는 우리가 세상을 보는 방식과 세상에서 주로 어디를 보는지에 문자 그대로 관여한다.*[43]

결론

세상에 진공상태에서 작동하는 뇌는 없다. 불과 몇 초에서 몇 분 안에, 무수한 정보들이 뇌로 흘러들어서 우리의 친사회적 또는 반사회적 행위에 영향을 미친다. 앞에서 보았듯, 이때 유효한 정보는 셔츠 색깔처럼 단순하고 일차원적인 것부터 이데올로기에 관한 단서처럼 복잡하고 미묘한 것까지 광범위하다. 게다가 뇌는 내수용 정보도 끊임없이 받아들인다. 가장 중요한 점은 이 다양한 종류의 정보들이 대부분 잠재의식적이라는 것이다. 이 장의 궁극적인 요점은 다음과 같다. 우리가 아주 중차대한 행동을 결정하기 직전 몇 분간, 우리는 스스로 생각하는 것보다 훨씬 덜 합리적이고 덜 자율적인 결정자다.

* 중요한 점으로, 이 현상은 단순히 집단유전학적 차이를 반영한 게 아니라 실제로 문화변용의 사례에 해당한다. 동아시아계 미국인 피험자들도 전형적인 미국인의 패턴을 보였기 때문이다.

4장

몇 시간에서 며칠 전

이제 시간을 더 많이 거슬러올라가서, 행동이 일어난 순간으로부터 몇 시간에서 며칠 전에 있었던 사건들을 살펴보자. 그러려면 우리는 호르몬의 영역으로 들어가야 한다. 호르몬은 2장과 3장에서 알아본 뇌와 감각계에게 어떤 영향을 미칠까? 호르몬은 최선의 행동과 최악의 행동에 어떤 영향을 미칠까?

이 장은 다양한 호르몬을 살펴보겠지만, 그중에서도 공격성과 뗄 수 없이 얽혀 있는 호르몬, 즉 테스토스테론에 가장 많은 관심을 쏟을 것이다. 결론부터 말하자면, 테스토스테론과 공격성의 관련성은 우리가 보통 생각하는 것보다 훨씬 약한 수준이다. 스펙트럼의 정반대 쪽으로 가서, 따스하고 기분 좋은 친사회성을 일으킨다고 하여 숭배받는 위치까지 오른 호르몬, 즉 옥시토신도 살펴보겠다. 역시 결론부터 말하자면, 옥시토신은 우리가 보통 생각하는 것처럼 멋지기만 한 호르몬은 아니다.

호르몬과 내분비학을 잘 모르는 독자들은 이 대목에서 입문서 격인 「부록 2」를 읽고 오기 바란다.

테스토스테론의 억울한 오명

테스토스테론은 '시상하부/뇌하수체/고환' 축의 마지막 단계로서 고환에서 분비된다. 이 호르몬은 온몸의 세포에 영향을 미친다(물론 뉴런들에게도 미친다). 그리고 테스토스테론은 공격성을 일으키는 원인을 호르몬에서 찾는다고 할 때 모두가 맨 먼저 의심하는 용의자다.

상관관계와 인과관계

동물계 전반에서, 그리고 모든 인간 문화에서 수컷이 대부분의 공격성과 폭력성을 담당하는 것은 왜일까? 음, 테스토스테론과 몇몇 관련된 호르몬들(통칭 '남성호르몬'이라고 하는데, 나는 구체적으로 밝히지 않은 대목에서는 그냥 단순화하여 '테스토스테론'을 이 용어의 동의어로 쓰겠다)은 어떨까? 거의 모든 종에서 수컷은 암컷보다 혈중 테스토스테론 농도가 더 높다(암컷도 부신에서 소량의 남성호르몬을 분비한다). 게다가 수컷의 공격성은 테스토스테론 농도가 가장 높은 시기(청소년기, 그리고 계절성 번식 동물에게서는 짝짓기 시즌)에 가장 만연하다.

따라서 테스토스테론과 공격성은 관계가 있다. 게다가 편도체, 편도체가 내보내는 신호가 뇌 나머지 영역으로 들어갈 때 거치는 기착지(분계섬유줄핵), 그 신호의 주된 표적들(시상하부, 중뇌 중심회색질, 이마엽 겉질)에는 테스토스테론 수용체의 농도가 유난히 높다. 하지만 이것은 그저 상관관계를 말하는 데이터일 뿐이다. 테스토스테론이 공격성의 원인이라고 말하려면, '빼기' 실험과 '대체' 실험을 해봐야 한다. 일단 빼기 실험. 수컷을 거세해보자. 공격성이 줄어드는가? 그렇다(인간도 마찬가지다). 이 사실은 고환에서 비롯하는 무언가가 공격성을 일으킨다는 것을 보여준다. 그것이 테스토스테론일까? 여기서 대체 실험. 거세된 수컷에게 테스토스테론을 주입해보자. 거세 전 수준으로 공격성이 돌아오는가? 그렇다(인간도 마찬가지다).

따라서 테스토스테론은 공격성의 원인이다. 끝일까? 이것이 잘못된 결론임을 알아볼 차례다.

상황이 더 복잡함을 알리는 첫번째 단서는 거세 후 개체에게서 온다. 종을 막론하고, 거세된 개체는 공격성 수준이 평균적으로 곤두박질한다. 하지만 아예 0이 되진 않는다는 것이 중요하다. 어쩌면 거세가 완벽하지 않아서 고환 일부가 남은 것 아닐까? 혹은 부신에서 나오는 다른 남성호르몬만으로도 공격성을 유지하기에 충분한 것 아닐까? 아니다. 테스토스테론과 여타 남성호르몬이 완전히 제거되더라도 공격성은 어느 정도 남는다. 따라서 수컷 공격성의 일부는 테스토스테론과 무관하다.*

이 사실을 확실히 못박는 증거는 미국 소수의 주에서 사법 절차로 시행하는 성범죄자 거세에서 나온다.[1] 이 경우 테스토스테론 생성을 억제하는 약물이나 테스토스테론 수용체를 막는 약물을 주입하는 '화학적 거세' 방법이 쓰인다.** 거세는 성범죄자들 중에서도 강렬하고, 집착적이고, 병적인 충동을 보이는 일부에게서는 정말로 성충동을 감소시킨다. 하지만 그렇지 않은 나머지에게서는 거세가 재범률을 낮추지 않는다. 한 메타분석 연구는 이렇게 지적했다. "적대적 강간범들, 그리고 힘이나 분노를 동기로 성범죄를 저지르는 사람들은 [항 남성호르몬 약물] 치료가 잘 듣지 않는다."

이 현상으로부터 우리는 중요한 사실을 알 수 있다. 남성이 거세 전에 공격성을 발휘한 경험이 많을수록 거세 후에도 공격성이 이어질 가능성이 높다는 점이다. 달리 말해, 테스토스테론 수치가 낮아도 훗날 공격성을 보인다면 그 공격성은 사회적 학습에 의한 기능일 가능성이 높다.

테스토스테론의 오명을 덜어주는 다음 주제로 넘어가자. 개체의 테스토스테론 농도는 공격성과 어떤 관계가 있을까? 어떤 사람이 다른 사람보다 테스토스테론 농도가 높다면, 혹은 한 사람이 지난주보다 이번주에 테스토스테론 농도가 더 높다면, 농도가 높은 쪽이 더 공격적일까?

---

* 환관의 역사를 아는 사람들에게는 놀라운 사실이 아닐 것이다. 고대 중국에서 거세된 남성인 환관들로 구성된 군대는 용맹함으로 인정받았다.

** 한 예외. 텍사스는 아직도 칼을 쓴다.

처음에는 '그렇다'가 답인 듯했다. 개인 간 테스토스테론 농도 및 공격성 수준 차이에 상관관계가 있음을 보여주는 연구들 때문이었다. 한 전형적인 연구에서는, 남성 수감자 중 공격성 표출 빈도가 높은 사람들일수록 테스토스테론 농도가 높은 것이 관찰되었다. 하지만 공격성은 테스토스테론 분비를 **자극한다**. 그러니 더 공격적인 사람들이 테스토스테론 농도가 더 높은 것은 놀랄 일이 아니다. 그런 연구들은 닭이 먼저냐 달걀이 먼저냐의 문제를 풀지 못했다.

따라서, 더 나은 질문은 이렇다. 개인 간 테스토스테론 농도 차이로 누가 공격성을 **보일지**를 **예측**할 수 있는가? 조류, 어류, 포유류, 특히 다른 영장류들에서는 대답이 대체로 '아니요'였다. 사람을 대상으로 해서도 다양한 척도의 공격성을 측정하는 연구가 광범위하게 진행되었는데, 대답은 분명했다. 영국 내분비학자 존 아처의 2006년 결정적 리뷰 논문을 인용하자면, "[인간] 성인에게서 테스토스테론 농도와 공격성 사이에는 약하고 비일관적인 연관관계가 있을 뿐이다. 그리고 (…) 자원자들에게 테스토스테론을 주입한 실험에서 보통은 그들의 공격성이 높아지지 않는다". 뇌는 정상적인 범위 내의 테스토스테론 농도 등락에는 신경을 쓰지 않는다.[2]

('초과생리학적' 수준, 즉 인체가 정상적으로 생성하는 것보다 훨씬 더 높은 수준의 농도일 때는 이야기가 다르다. 테스토스테론과 유사한 단백동화 스테로이드를 남용하는 운동선수들과 보디빌더들이 이 수준이다. 이런 상황에서는 공격성 위험이 정말로 **높아진다**. 다만 두 가지 단서가 달린다. 누가 이런 약물을 복용하기를 선택하는가는 무작위적인 일이 아니다. 스테로이드 남용자는 이전부터 공격적 성향을 띠는 경우가 많다. 두번째로 초과생리학적 남성호르몬 농도는 불안과 편집증을 불러오는데, 높아진 공격성은 이 효과에 수반된 현상일 수도 있다.)[3]

따라서 공격성은 보통 테스토스테론보다 사회적 학습에 더 의존하는 일이고, 일반적으로는 테스토스테론 농도 차이가 누가 남들보다 더 공격적일지 설명해주지 않는다. 그렇다면 테스토스테론이 실제로 행동에 미치는 영향은 무엇일까?

테스토스테론의 미묘한 효과

강한 정서를 표현하는 얼굴을 볼 때, 우리는 미세하게 그 표정을 흉내내는 경향이 있다. 테스토스테론은 이런 감정이입적 모방을 줄인다.*[4] 게다가 테스토스테론은 상대의 눈을 보고 정서를 파악하는 능력을 떨어뜨린다. 또 낯선 사람의 얼굴을 볼 때 친근한 사람을 볼 때보다 편도체가 더 많이 활성화하게 하고, 낯선 사람을 덜 신뢰할 만하다고 평가하게 만든다.

테스토스테론은 또 자신감과 낙천성을 증가시키는 한편 공포와 불안을 줄인다.[5] 이 사실은 실험동물들이 보이는 '승자' 효과를 설명해준다. 싸움에서 이긴 개체는 다시 싸움에 참가할 의향이 높아지고 다음에 또 그런 상호작용을 겪을 때 성공할 확률이 높아지는 현상이다. 아마도 성공률이 높아지는 한 이유는 승리가 테스토스테론 분비를 자극하고, 그러면 동물의 근육에서 혈당 전달과 대사가 빨라지는데다가 페로몬이 더 무시무시한 냄새를 풍기게 되는 데 있을 것이다. 게다가 승리는 분계섬유줄핵(편도체가 뇌 나머지 영역들과 소통할 때 거치는 기착지)에서 테스토스테론 수용체 수를 늘림으로써 테스토스테론에 더 민감하게 반응하도록 만든다. 운동 시합에서 체스나 주식 시장에 이르기까지, 모든 분야에서의 성공이 테스토스테론 농도를 끌어올린다.

자신감과 낙천성이라. 하고많은 자기계발 지침서들이 우리에게 극구 권하는 것이 이것 아닌가. 하지만 테스토스테론은 우리에게 과잉 자신감과 과잉 낙천성을 안겨서, 나쁜 결과를 낳는다. 한 연구에서, 피험자들은 작업하기 전에 둘씩 짝지어 서로 조언을 해준 뒤에 각자 선택했다. 이때 테스토스테론 농도가 높은 피험자들은 자기 의견이 옳다고 생각하고 짝이 준 조언을 무시

---

* 이런 식의 연구가 다 그렇듯이, 이때 피험자들도 그들을 관찰하는 연구자도 누가 테스토스테론을 받았고 누가 위약을 받았는지 모르는 상태다. 그리고 이때 테스토스테론 농도가 높아진다고 해도 늘 정상 범위 내에 있다.

할 가능성이 높았다. 테스토스테론은 우리를 자만심 강하고 자기중심적인 나르시시스트로 만든다.[6]

테스토스테론은 충동성과 위험 감수 성향을 부추겨서, 어떤 일이 쉽지만 멍청한 것인데도 우리로 하여금 그 일을 하도록 만든다.[7] 이것은 테스토스테론이 이마앞엽 겉질의 활동을 억제하고, 이마앞엽 겉질과 편도체의 기능적 결합을 약화시키고, 편도체와 시상의 결합(감각 정보가 곧장 편도체로 들어가는 지름길이다)은 오히려 강화시키기 때문이다. 그 결과 순간적이고 부정확한 입력의 영향이 커지고, 잠깐 멈춰서 생각해보자고 권하는 이마엽 겉질의 영향이 줄어든다.

두려움 없고, 지나치게 자신만만하고, 망상적이리만치 낙천적인 상태는 물론 아주 기분 좋게 느껴진다. 그러니 테스토스테론이 쾌락으로 느껴질 수 있는 것도 놀랄 일이 아니다. 쥐들은 테스토스테론을 주입받기 위해서 기꺼이 일하고(레버를 누르고), 우리의 네 구석 중 무작위로 한곳을 골라서 그곳에서 주입해주면 자꾸만 그곳으로 가 있는 '조건화된 장소 선호'를 드러낸다. "이유는 모르겠지만 여기 있을 때마다 기분이 좋단 말이야."[8,9]

여기에는 깔끔한 신경생물학적 근거가 있다. 장소 선호 조건화가 일어나려면 도파민이 필요한데, 테스토스테론은 중변연계와 중겉질 도파민 시스템의 시작인 배쪽뒤판의 활동을 증가시킨다. 게다가 배쪽뒤판이 주로 신경을 투사하는 표적인 기댐핵에 직접 테스토스테론을 주입하는 경우에도 쥐의 조건화된 장소 선호가 유도된다. 쥐가 싸움에서 이기면, 배쪽뒤판과 기댐핵에 있는 테스토스테론 수용체 수가 늘어나서 테스토스테론의 기분 좋음 효과에 대한 민감성이 커진다.[10]

이처럼 테스토스테론은 행동에 미묘한 영향을 미친다. 하지만 이 현상 자체에서 알 수 있는 사실은 별로 없다. 왜냐하면 모든 현상은 어떤 방식으로든 해석할 수 있기 때문이다. 테스토스테론은 불안을 증가시킨다. 우리는 위협을 느끼고, 그래서 반응적 공격성을 더 많이 드러낸다. 테스토스테론은 불안을 낮춘다. 우리는 자만심과 과잉 자신감을 느끼고, 그래서 선제적 공격성을 더 많이 드러낸다. 테스토스테론은 위험 감수 성향을 증가시킨다. "이봐, 도박 삼아서 침공하자고." 테스토스테론은 위험 감수 성향을 증가시킨다. "이봐, 도박 삼아서 평화 제안을 하자고." 테스토스테론은 기분 좋게 만든다. "싸움을 한 판 더 하지, 지난번 싸움이 끝내줬거든." 테스토스테론은 기분 좋게 만든다. "모두 화해하자고."

테스토스테론의 효과가 대단히 맥락 의존적이라는 사실은 이 모든 상황을 하나로 통합하는 가장 결정적인 개념이다.

테스토스테론 효과의 부수성

이 맥락 의존성은 테스토스테론이 X의 원인이라기보다는 X의 원인인 다른 무언가의 힘을 증폭시킨다는 뜻이다.

한 고전적 사례는 수컷 탈라포인원숭이 무리들을 대상으로 한 1977년 연구에서 나왔다.[11] 각 집단에서 중간 순위의 수컷에게(가령 5마리 중 3순위 개체에게) 테스토스테론을 주입하면 공격성 수준이 높아졌다. 스테로이드의 부추김을 받은 녀석들이 위계의 1순위와 2순위 개체에게 도전하기 시작했다는 뜻일까? 아니다. 이들은 불쌍한 4순위와 5순위 개체들에게 공격을 퍼붓는 무뢰한이 되었다. 테스토스테론은 공격성의 사회적 패턴을 새롭게 만들어내는 게 아니라 기존 패턴을 더 부풀릴 뿐이었다.

인간을 대상으로 한 연구에서, 테스토스테론은 편도체의 기저 활동성을 높이지 않았다. 대신 화난 얼굴을 볼 때(즐거운 얼굴이나 중립적 얼굴에 대해서는 그렇지 않았다) 편도체의 반응과 심박수의 반응성을 더 끌어올렸다. 마찬가지로, 테스토스테론은 경제 게임에서 피험자를 더 이기적이고 비협동적인 참가자로 만들지 않았다. 대신 소홀한 취급을 받았을 때 보복을 더 많이 하도록 만들었다. '보복적 반응 공격성'이 강화된 것이다.[12]

맥락 의존성은 신경생물학적 차원에서도 발생한다. 테스토스테론이 편도체와 시상하부의 편도체 표적에 있는 뉴런들의 불응기를 더 짧게 줄인다는 점에서 그렇다.[13] 불응기란 활동전위 직후 뉴런의 상태를 말한다. 이때는 뉴런의 휴식전위가 과분극화하여(즉 평소보다 더 많은 음전하를 갖게 되어), 뉴런의 흥분성이 떨어진다. 활동전위를 겪은 직후에는 뉴런이 잠시 잠잠해지는 것이다. 따라서 불응기가 짧아진다는 것은 활동전위 발생률이 높아진다는 뜻이다. 그렇다면 테스토스테론이 이 뉴런들에서 활동전위를 일으킨 것일까? 아니다. 뉴런들이 다른 것에 의해서 자극받을 때 더 빠르게 점화할 수 있도록 만든 것뿐이다. 마찬가지로, 테스토스테론은 화난 얼굴에 대한 편도체 반응을 증가시키지만 다른 종류의 얼굴들에 대해서는 아니다. 그러니 만약 편도체가 사회적 학습의 어떤 영역에서 이미 반응성을 보인다면, 테스토스테론은 그 반응을 더 증폭시킨다.

핵심적 종합: 도전 가설

이처럼 테스토스테론의 활동은 수반적이고 증폭적이다. 난데없이 공격성을 만들어내는 게 아니라 기존에 있던 공격적 경향성을 더 격화한다는 말이다. 이 점에 착안하여 나온 것이 바로 테스토스테론 활동에 대한 통합적 개념화를 제공하는 멋진 '도전 가설'이다.[14] 캘리포니아대학교 데이비스 캠퍼스의 탁월한 행동내분비학자 존 윙필드와 동료들이 1990년에 제안한 이 가설의 핵심은 개체가 도전을 받는 시기에만 테스토스테론 농도 상승이 공격성을 높인다는 것이다. 이 분석은 현실과 정확히 일치한다.

이 분석은 기저 테스토스테론 농도가 이후의 공격성과 별로 상관이 없는 이유를 설명해주고, 사춘기나 성적 자극이나 짝짓기 시즌 개시로 인해 테스토스테론이 늘 때 공격성이 증가하지 않는 이유도 설명해준다.[15]

하지만 도전을 받는 경우에는 다르다.[16] 다양한 영장류에게서 확인된바, 지배적 위계가 처음 형성될 때나 재조직을 거칠 때는 개체들의 테스토스테론 농도가 높아진다. 사람의 경우에는 농구, 레슬링, 테니스, 럭비, 유도 등 개인 스포츠와 팀 스포츠에서 경쟁할 때 테스토스테론 농도가 높아진다. 일반적으로 사건을 기대하는 동안에 높아지고, 사건 직후에는 더 높아지는데, 승자일수록 그렇다.* 놀라운 점은 응원하는 팀이 이기는 모습을 **지켜보는** 것만으로도 테스토스테론 농도가 상승한다는 것이다. 농도 상승이 근육 활동의 문제가 아니라 지배, 동일시, 자부심의 심리적 문제임을 보여주는 대목이다.

더 중요한 점은, 도전을 받은 후의 테스토스테론 농도 상승이 공격성을 높인다는 것이다.[17] 이렇게 생각해보자. 테스토스테론 농도가 상승하여, 뇌에 도달한다. 만약 누가 내게 도전했기 때문에 그런 것이라면, 나는 공격을 선택한다. 그런데 만약 낮이 길어지고 짝짓기 시즌이 다가오기 때문에 그런 것이라면, 나는 번식지까지 1천 마일을 날아가기로 결정한다. 그리고 만약 사춘기 때문에 그런 것이라면, 나는 어리석어지고 밴드에서 클라리넷을 연주하는 여자아이 근처에서 키들거린다. 대단한 맥락 의존성이다.**[18]

도전 가설에는 후반부가 있다. 도전을 받은 후 테스토스테론이 상승했다고 해서 그것이 반드시 공격성을 촉발하는 것은 아니라는 점이다. 대신 테스토스테론은 **지위를 유지하기 위해서 필요한 행동을 그것이 무엇이든 하게** 만든다. 이 차이는 어마어마하다.

---

* 이와 관련된 연구 결과에는 인간 심리가 얼마나 미묘한지 잘 보여주는 사례가 잔뜩 있다. 테스토스테론에 미치는 승자 효과는 사람들이 자신이 요행히 이겼다고 느낄 때, 그리고 이기긴 했으나 평소 실력보다 못했다고 느낄 때는 정도가 더 낮아진다. 대조적으로 경쟁에서 상대보다 우세해야 한다는 심리적 동기가 가장 강했던 사람일수록 이 효과가 더 강하게 드러난다. 마지막으로, 비록 졌지만 자기 기대보다 더 잘 싸운 '패자'에게서도 테스토스테론 농도가 뚜렷이 높아진다. 따라서 마라톤을 꼴찌로 완주했지만 원래 자신이 중도 탈락할 거라고 생각했기 때문에 의기양양 들어온 주자에게서는 테스토스테론 농도가 높아질 테고, 3등으로 들어왔지만 자신이 우승할 거라고 예상했던 주자에게서는 농도가 낮아질 것이다. 우리는 모두 수많은 위계에 포함되어 살아가는데, 그중에서도 가장 강력한 위계는 자신의 내적 기준에 의거하여 자신의 머릿속에 세운 위계다.

** 이처럼 다양한 상황에서 테스토스테론 농도가 상승한다고 하니 한 가지 의문이 든다. 그냥 늘 농도가 높으면 굳이 애쓸 필요가 없어서 좋지 않을까? 우선 지나친 남성호르몬은 심혈관계에 나쁘다. 하지만 더 중요한 점은 그러면 다양한 친사회적 행동에 방해가 된다는 것이다. 예를 들어 일부일처를 맺는 조류와 설치류에게서 암컷이 출산할 무렵이 되어도 수컷의 테스토스테론 농도가 낮아지지 않는다면, 그 수컷은 부성 행동을 하지 않는다. 인간에게도 비슷한 패턴이 적용되는 듯하다. 아버지들은 그와 나이가 같고 결혼도 했지만 아이가 없는 남자들보다 테스토스테론 농도가 낮고, 육아에 더 많이 관여하는 아버지일수록 덜 관여하는 아버지보다 농도가 더 낮다. 게다가 남성에게서 양육 행동을 끌어내는 환경은 테스토스테론 농도를 낮추는데, 가령 자기 아이가 태어나는 시기가 그렇다. 테스토스테론 농도가 높은 아버지들과 비교하여 평균 농도가 낮은 아버지들은 자신의 파트너로부터 더 좋은 아빠라는 평가를 받고, 자기 아이의 사진을 볼 때 보상과 관련된 뇌 영역인 배쪽뒤판이 더 많이 활성화한다.

글쎄, 어쩌면 어마어마하지 않을 수도 있겠다. 왜냐하면 가령 수컷 영장류에게서는 지위를 유지하는 방법이라는 것이 주로 공격성이나 공격성을 발휘하리라는 위협이기 때문이다. 상대를 패는 행동이든, "네가 지금 덤비는 상대가 누군지 알기나 해" 하고 노려보는 행동이든.[19]

이 대목에서 깜짝 놀랄 만큼 중요한 연구가 등장한다. 만약 지위를 지키기 위해서 착하게 행동해야 할 때는 어떨까? 취리히대학교의 크리스토프 아이제네거와 에른스트 페르가 그 점을 살펴보았다.[20] 참가자들이 최후통첩 게임(2장에서 소개했다)을 했다. 한 피험자가 상대 참가자와 돈을 어떻게 나눠 가질지를 제안한다. 상대는 제안을 수락할 수도 거절할 수도 있지만, 후자의 경우에는 둘 다 한푼도 못 얻는다. 이전 연구에 따르면, 이때 자신의 제안이 거절당한 사람들은 무시당하고 복종한 느낌을 받았다. 특히 그 소식이 앞으로 함께 게임을 할 다른 참가자들에게도 전달될 때 더 그랬다. 요컨대 이 시나리오에서는 참가자의 지위와 평판이 그의 공정성에 달려 있었다.

자, 이때 사전에 피험자들에게 테스토스테론을 주면 어떻게 될까? **사람들은 더 너그럽게 제안했다.** 테스토스테론이 하는 일은 무엇이 사내다운 행위로 간주되는가에 따라 달라지는 것이다. 그러려면 우리에게는 사회적 학습에 민감한 뭔가 멋진 신경내분비학적 배선이 필요하다. 이보다 더 테스토스테론의 평판에 반대되는 발견은 또 없을 것이다.

이 연구에는 테스토스테론 신화를 현실과 분리하는 또하나의 기막힌 발견이 포함되어 있었다. 평소와 같이, 피험자들은 자신이 받는 것이 어느 쪽인지 모르는 채 테스토스테론 혹은 식염수 중 하나를 투여받았다. 이때 자신이 테스토스테론을 받았다고 믿는(실제로 테스토스테론이었는가와는 무관하게) 피험자들은 덜 너그럽게 제안했다. 달리 말해 테스토스테론이 반드시 우리에게 형편없는 행동을 하게 만들지는 않지만, 테스토스테론이 그런 영향을 미친다고 **믿고** 자신이 테스토스테론에 푹 절었다고 믿는 것은 형편없는 행동을 하게 만든다.

또다른 연구들은 테스토스테론이 올바른 환경에서는 친사회성을 촉진한다는 것을 보여주었다. 피험자의 자존심이 정직성에 달려 있는 상황에서, 테스토스테론은 남자들이 게임에서 속임수를 쓸 가능성을 낮추었다. 다른 실험에서는 피험자들이 주어진 돈 중 얼마를 자신이 갖고 얼마를 모든 참가자들이 공유하는 재산에 공개적으로 기부할지 결정했는데, 이때 테스토스테론은 대부분의 피험자들이 더 친사회적인 행동을 하도록 만들었다.[21]

이런 발견은 무슨 의미일까? 테스토스테론이 우리로 하여금 지위를 얻고 유지하는 데 필요한 일을 무엇이든 더 기꺼이 하도록 만든다는 뜻이다. 여기서 핵심은 그 일이 '무엇이든' 한다는 데 있다. 만약 우리가 사회환경을 적절히 설계할 수 있다면, 도전을 받아서 테스토스테론 농도가 높아진 사람들이 누구에게든 친절을 베풀지 못해 안달하면서 서로 미친듯이 경쟁하게 만들 수도 있을 것이다. 남성의 폭력으로 점철된 현재 세상의 문제는 테스토스테론이 공격성을 높인다는 것이 아니다. 우리가 공격성에 너무 자주 보상한다는 것이 문제다.

옥시토신과 바소프레신: 마케팅의 꿈

앞 소제목에서 테스토스테론이 부당한 오명을 쓰고 있다는 것을 살펴보았다면, 이번 소제목의 핵심은 옥시토신이(그리고 그와 긴밀하게 연결된 바소프레신이) 실망스러운 정체가 밝혀진 뒤에도 끄떡없이 왕처럼 대접받고 있다는 사실이다. 세간의 말에 따르면, 옥시토신은 생물체의 공격성을 낮출 뿐 아니라 사회성과 신뢰와 감정이입 수준을 높인다. 옥시토신을 주입받은 사람들은 파트너에게 더 충실하게 되고 더 세심한 부모가 된다고 한다. 옥시토신은 실험실 쥐들을 더 너그럽고 상대의 말을 더 잘 들어주는 존재로 바꾸고, 초파리들이 존 바에즈처럼 노래하도록 만든다고 한다. 하지만 당연히 현실은 이보다 더 복잡하다. 옥시토신에는 우리가 알아야 할 어두운 측면이 있다.

기초적 사실

옥시토신과 바소프레신은 화학적으로 비슷한 호르몬이다. 각각을 암호화한 유전자의 DNA 서열이 비슷한데다가 두 유전자가 같은 염색체에 가까이 붙어 있다. 원래는 두 유전자의 선조가 되는 하나의 유전자가 있을 뿐이었지만, 지금으로부터 몇백만 년 전에 그 유전자가 우연히 '중복'되었고 이후 두 벌의 DNA 서열이 독립적으로 부동하여 결국 서로 긴밀히 연관된 두 유전자로 진화했다(자세한 내용은 8장에서 더 이야기하겠다). 이 유전자 중복이 발생한 것은 포유류가 등장하던 무렵이었다. 다른 척추동물들은 선조 형태의 호르몬 하나만을 갖고 있는데, 바소토신이라는 그 호르몬은 구조가 포유류의 두 호르몬의 중간쯤 된다.

20세기 신경생물학자들에게 옥시토신과 바소프레신은 따분한 호르몬이었다. 그들이 아는 바는 이랬다. 두 호르몬은 시상하부의 특정 뉴런들에서 만들어진다. 그 뉴런들은 뇌하수체 뒤엽으로 축삭을 뻗으므로, 호르몬들은 뇌하수체 뒤엽으로 이동한 뒤에 그곳에서 혈류로 배출된다. 이렇게 해서 호르몬의 지위를 얻은 두 물질은 이후에는 두 번 다시 뇌와 관련되지 않는다. 옥시토신은 분만중 자궁 수축과 분만 후 모유 사출을 자극한다. 바소프레신(다른 말로 '항이뇨 호르몬')은 콩팥의 수분 보유를 조절한다. 서로 구조가 비슷하다는 점을 반영하듯, 두 호르몬은 서로의 효과를 미약하게나마 낼 수 있다. 끝.

신경생물학자들이 관심을 쏟다

상황이 흥미로워진 것은 옥시토신과 바소프레신을 만드는 시상하부 뉴런들이 그 밖에도 뇌의 전역으로 신경을 투사한다는 사실이 발견된 때였다. 여기에는 도파민과 관련된 배쪽뒤판과 기댐핵, 해마, 편도체, 이마엽 겉질까지 포함되었다. 이 모든 영역에 두 호르몬의 수용체가 풍부하게 존재했다. 게다가 알고 보니 옥시토신과 바소프레신은 뇌의 다른 부위에서도 합성 및 분비되고 있었다. 이제까지 따분한 주변적 호르몬인 줄 알았던 두 호르몬이 뇌의 기능과 행동에 영향을 미치고 있었던 것이다. 두 호르몬은 '신경펩타이드'—신경활성 능력을 가진 펩타이드 구조라는 뜻이다—라고 불리기 시작했는데, 그냥 작은 단백질을 멋지게 부르는 이름이라고 보면 된다(나는 '옥시토신과 바소프레신'을 무수히 반복해서 쓰기는 싫기 때문에 이들을 신경펩타이드라고 부르겠지만, 신경펩타이드는 이외에도 다른 종류가 더 있다는 사실을 잊지 말기 바란다).

두 호르몬이 행동에 미치는 효과에 대해서 처음 알려진 사실들은 충분히 이해가 되었다.[22] 옥시토신은 암컷 포유류의 몸을 출산과 젖 분비에 준비시킨다. 논리적인 결과로, 옥시토신은 모성 행동도 촉진한다. 암컷 쥐가 새끼를 낳을 때 뇌는 옥시토신 생산을 늘리는데, 이것은 암컷과 수컷의 한 시상하부 회로가 뚜렷하게 다른 기능을 갖고 있는 덕분이다. 더불어 배쪽뒤판은 옥시토신 수용체 수를 늘림으로써 이 신경펩타이드에 대한 민감성을 높인다. 출산하지 않은 암컷 쥐의 뇌에 옥시토신을 주입하면, 쥐는 새끼를 끌어내어 털을 고르고 핥아주는 등 모성 행동을 보인다. 거꾸로 출산한 쥐의 옥시토신 활동을 방해하면,*[23] 쥐는 수유를 비롯한 모성 행동을 그만둔다. 옥시토신은 후각계에 작용하여, 갓 출산한 쥐가 제 새끼의 냄새를 학습하도록 돕는다. 바소프레신도 정도는 약하지만 비슷한 효과를 낸다.

곧 다른 종들의 소식도 들려왔다. 옥시토신은 어미 양이 제 새끼의 냄새를 알아차리도록 하고, 암컷 원숭이가 제 새끼의 털을 골라주도록 만든다. 인간 여성의 코안에 옥시토신을 뿌리면(신경펩타이드가 혈뇌장벽을 통과하여 뇌로 들어가도록 만드는 한 방법이다), 여자는 아기들을 더 사랑스럽다고 느끼게 된다. 게다가 옥시토신이나 옥시토신 수용체의 농도를 높이는 유전자 변이체를 갖고 있는 여자들은 자기 아기를 만지고 아기와 눈을 맞추는 행동을 평균적으로 더 많이 한다.

---

* 이런 연구에서는 보통 옥시토신 수용체를 차단하는 약물을 투여하는 방법, 혹은 옥시토신이나 옥시토신 수용체를 암호화한 유전자를 유전공학 기법으로 제거하는 방법 중 하나를 쓴다.

이처럼 옥시토신은 암컷 포유류의 수유, 새끼를 돌보고자 하는 마음, 어느 새끼가 자기 새끼인지 기억하는 데 핵심적인 역할을 한다. 여기에 수컷도 끼어들었다. 바소프레신이 수컷의 부성 행동에 관여한다는 사실이 확인된 것이다. 암컷 설치류가 출산을 하면, 가까이 있는 아빠 수컷의 뇌와 온몸에서 바소프레신과 바소프레신 수용체 농도가 높아진다. 원숭이의 경우, 경험 많은 아비들은 바소프레신 수용체를 갖고 있는 이마엽 겉질 뉴런들이 가지돌기를 더 많이 뻗고 있다. 게다가 수컷에게 바소프레신을 주입하면 부성 행동이 강화된다. 다만 동물행동학적 단서가 따른다. 원래 수컷이 부성애를 보이는 종에서만(가령 프레리밭쥐나 마모셋원숭이에서만) 그런 효과가 나타난다는 점이다.*[24]

자, 지금으로부터 수천만 년 전에 일부 설치류와 영장류 종들이 독립적으로 암수 한 쌍이 결합하는 일부일처 행동을 진화시켰고, 그 과정에 핵심적인 신경펩타이드들도 함께 진화시켰다.[25] 쌍 결합을 하는 마모셋원숭이와 티티원숭이에게서 옥시토신은 결합을 강화하고, 원숭이가 낯선 개체보다 자기 파트너와 바싹 붙어 있기를 더 선호하도록 만든다. 전형적인 인간 커플과 너무 비슷해서 당황스러운 발견도 있었다. 쌍 결합을 하는 타마린원숭이의 경우, 쌍을 이룬 암컷들은 수컷과 털 고르기와 물리적 접촉을 많이 할수록 옥시토신 농도가 높았다. 수컷들은 어느 때 옥시토신 농도가 높았을까? 섹스를 많이 할 때였다.

미국국립정신건강연구소의 토머스 인셀, 에머리대학교의 래리 영, 일리노이 대학교의 수 카터가 수행한 아름답고 선구적인 연구 덕분에 모르면 몰라도 세상에서 가장 칭송받는 설치류가 된 밭쥐가 있다.[26] 대부분의 밭쥐는(가령 저산대밭쥐는) 일부다처를 이룬다. 하지만 프레리밭쥐는 평생 일부일처 쌍 결합을 이룬다. 물론 완벽하게 그런 것은 아니다. 지속적 관계를 이룬다는 점에서 '사회적 쌍 결합'을 하기는 하지만, 수컷들이 몰래 외도를 하기도

---

* 한마디로, 이제 우리가 익숙한 예의 패턴이 여기서도 나타난다. 바소프레신이 부성 행동을 일으키는 것은 아니고, 이미 그런 성향이 있는 종에서 그 성향을 촉진하기만 한다는 것이다.

하므로 완벽한 '성적 쌍 결합'은 아니다. 아무튼, 프레리밭쥐는 다른 밭쥐들보다 쌍 결합을 더 많이 한다. 인셀, 영, 카터는 왜 그런지 알아보고 싶었다.

첫번째 발견. 섹스는 밭쥐 암컷과 수컷의 기댐핵에서 각각 옥시토신과 바소프레신을 분비시킨다. 손쉬운 가설. 프레리밭쥐는 다른 일부다처 밭쥐들보다 섹스중에 이런 호르몬을 더 많이 분비하고, 그래서 쾌감의 보상을 더 많이 받고, 그래서 자기 파트너에게 더 많이 달라붙는 것 아닐까? 하지만 프레리밭쥐가 저산대밭쥐보다 신경펩타이드를 더 많이 분비하는 건 아니었다. 대신 프레리밭쥐는 일부다처 밭쥐보다 기댐핵에 이 신경펩타이드에 대한 수용체가 더 많았다.* 게다가 수컷 프레리밭쥐 중 기댐핵 수용체를 더 많이 생성하도록 하는 바소프레신 수용체 유전자 변이체를 가진 개체들은 더 강한 쌍 결합을 이루었다. 다음으로 과학자들은 그야말로 역작이라고 할 수 있는 두 가지 실험을 해보았다. 첫번째로, 생쥐 수컷의 뇌를 조작함으로써 프레리밭쥐의 바소프레신 수용체가 생쥐의 뇌에서 발현하도록 만들었다. 그 결과, 생쥐는 친숙한 암컷들과(하지만 낯선 암컷들과는 아니었다) 털 고르기를 더 많이 했고 더 바싹 붙어 있었다. 그다음 과학자들은 저산대밭쥐 수컷의 뇌를 조작하여 기댐핵의 바소프레신 수용체가 더 많아지도록 만들었다. 그 결과, 수컷은 암컷들과 더 사회적으로 친화적인 관계를 보였다.**

다른 종들의 바소프레신 수용체 유전자는 어떨까? 침팬지와 비교하여 보노보는 더 많은 수용체 발현과 연관된 변이체를 갖고 있으며 다른 암컷과도 수컷과도 훨씬 더 강한 사회적 결합을 맺는다(하지만 프레리밭쥐와는 달리

---

* 이것은 두 종의 유전적 차이에서 비롯한 것으로 밝혀졌다. 그런데 흥미롭게도 바소프레신 수용체를 암호화한 유전자의 DNA 서열이 다른 게 아니었다. 그 유전자를 켜고 끄는 스위치의 DNA 서열이 달랐다. 자세한 내용은 8장에서 더 이야기하겠다.

** 이 사실을 두고 학회에서는 이것을 '유전자 이동' 사례로 보아야 하는가(즉 어떤 개체의 기능을 바꾸기 위해서 새로운 유전자를 삽입한 가치중립적 과정인가), '유전자 치료' 사례로 보아야 하는가(즉 저산대밭쥐 수컷의 부정행위라는 질병을 고치기 위해서 유전자를 이동시킨 과정인가) 하고 비꼬는 토론이 한바탕 벌어졌다. 나는 이런 생각이 든다. 만약 이 연구가 1967년 이른바 사랑의 여름 기간에 버클리에서 이뤄졌다면, 유전자 치료의 목표는 오히려 프레리밭쥐의 미국 중산층 부르주아적 유전자를 고쳐서 그들이 일부다처 하도록 만드는 게 아니었을까? 최근의 노벨문학상 수상자를 인용하자면, 시대는 변하고 있다.

보노보는 일부일처와는 거리가 한참 멀다).[27]

인간은 어떨까? 연구하기 어려운 문제다. 인간의 좁은 뇌 영역에서 이 신경펩타이드들의 농도를 측정하는 건 불가능하기에 대신 혈중 농도를 쓸 수밖에 없는데, 이것은 아주 간접적인 척도다.

좌우간 이 신경펩타이드들은 인간의 쌍 결합에서도 역할을 수행하는 듯 보인다.[28] 우선 커플이 처음 사귀기 시작한 무렵에 혈중 옥시토신 농도가 높게 나온다. 게다가 농도가 더 높을수록 육체적 애정 행위가 더 많고, 동기화된 행동이 더 많고, 관계가 더 오래 지속되고, 인터뷰어가 평가한 커플의 행복 수준이 더 높다.

이보다 더 흥미로운 것은 옥시토신을(통제군에서는 다른 물질을) 코안에 뿌린 실험이었다. 한 재미난 연구에서, 커플들에게 갈등을 빚는 문제를 하나 골라서 의논하라고 시켰다. 이때 옥시토신을 그들의 코에 뿌리자, 그들이 더 긍정적인 방식으로 소통하는 것으로 평가되었고 스트레스 호르몬 분비량도 적어졌다. 또다른 연구는 옥시토신이 무의식적으로 쌍 결합을 강화할지도 모른다는 것을 보여주었다. 이성애자 남성 자원자들에게 옥시토신을 뿌리거나 뿌리지 않은 뒤 매력적인 여성 연구자와 이야기를 나누면서 모종의 의미 없는 작업을 수행하도록 시켰다. 안정된 관계를 맺고 있는 남자들의 경우, 옥시토신은 여성 연구자와의 거리를 평균 10~15센티미터 늘렸다. 반면 싱글인 남자들은 변화가 없었다(왜 옥시토신이 더 가깝게 다가서도록 만들지 않았을까? 연구자들은 피험자들이 이미 최대한 바짝 다가서 있었기 때문일 것이라고 보았다). 연구자가 남성일 때도 아무 영향이 없었다. 게다가 관계를 맺고 있는 남자들의 경우에 옥시토신은 매력적인 여성들의 사진을 쳐다보는 시간을 줄였다. 중요한 점은 이 남자들이 그 여성들을 덜 매력적이라고 평가하진 않았다는 것이다. 매력적이라고는 느끼지만 그냥 관심이 없는 것이었다.[29]

이처럼 옥시토신과 바소프레신은 부모 자식의 결합과 커플의 결합을 촉진한다.* 그런데 여기에서, 진화가 좀더 최근에 만들어낸 참으로 사랑스러운 변화가 등장한다. 지난 5만 년 중 어느 시점엔가(옥시토신이 존재한 시간의 0.1%도 안 되는 짧은 시간이다), 인간의 뇌와 길들여진 늑대의 뇌가 옥시토신에 대한 새로운 반응을 진화시켰다. 개와 그 주인이(낯선 인간은 안 된다) 상호작용을 할 때 둘 다 옥시토신을 분비하게 된 것이다.[30] 개와 주인이 눈을 맞추는 시간이 길수록 옥시토신이 더 많이 나온다. 개에게 옥시토신을 주입하면 개는 제 주인을 더 오래 응시하고…… 그러면 주인의 옥시토신 농도도 높아진다. 엄마–아기 결합을 위해서 진화했던 호르몬이 이 이상하고 유례없는 이종 간 결합에 쓰이게 된 것이다.

결합에 효과를 미치는 것과 비슷하게, 옥시토신은 중심편도를 억제하여 공포와 불안을 억누르고 '차분하고 정적인' 부교감신경계를 활성화한다. 게다가 더 섬세한 양육과 연관된 옥시토신 수용체 유전자 변이체를 가진 사람들은 심혈관계 경악반사 반응을 덜 일으킨다. 수 카터의 표현을 빌리면, 옥시토신에 노출되는 것은 "안전함의 생리학적 비유"나 마찬가지다. 더구나 옥시토신은 설치류의 공격성을 낮추며, 옥시토신 시스템이 침묵된(옥시토신이나 그 수용체 유전자가 제거됨으로써) 생쥐들은 비정상적으로 공격적이었다.[31]

다른 연구들은 피험자에게 옥시토신을 주입할 경우 그들이 사람들의 얼굴을 더 신뢰할 만하다고 평가한다는 것, 경제 게임에서 남을 더 많이 신뢰한다는 것을 보여주었다(피험자들이 자신이 컴퓨터와 게임하고 있다고 생각할 때는 옥시토신의 효과가 없었는데, 이것은 옥시토신이 관여하는 것이 사회적 행동임을 보여주는 사실이다).[32] 이 높아진 신뢰는 흥미로운 현상이었다. 보통의 경우에는, 만약 다른 참가자가 게임에서 불성실한 짓을 저지르면 피험자들은 다음 판에서 상대를 덜 믿게 된다. 반면 옥시토신을 주입받은 피험자들은 행동이 이런 식으로 달라지지 않았다. 과학적으로 표현하자면,

* 내가 방금 소개한 낭만적인 커플 연구들은 전부 이성애자 커플을 대상으로 했다는 것을 알아두기 바란다. 내가 아는 한, 이 영역에서 게이나 레즈비언 피험자들을 대상으로 한 연구는 거의 수행되지 않았다.

"옥시토신은 투자자들에게 배신 회피에 대한 면역을 주입했다". 신랄하게 표현하자면, 옥시토신은 사람들을 비합리적이고 잘 속는 바보로 만든다. 천사처럼 말하자면, 옥시토신은 사람들로 하여금 다른 뺨도 돌리게 만든다.

옥시토신의 친사회성 효과는 속속 드러났다. 옥시토신은 화난 얼굴이나 무서워하는 얼굴이나 중립적인 얼굴보다 행복한 얼굴을, 또 부정적인 함의의 사회적 단어보다 긍정적인 단어를 아주 짧게만 보고서도 더 잘 감지하도록 만든다. 또 사람들을 더 관대하게 만든다. 더 섬세한 양육과 연관된 옥시토신 수용체 유전자 변이체를 가진 사람들은 (개인적으로 겪는 괴로움을 이야기하는 동안에) 관찰자들의 눈에 더 친사회적인 사람으로 보였고, 사회적 승인에 더 민감한 듯 보였다. 그리고 이 신경펩타이드들은 사람들이 사회적 강화에 더 민감하게 반응하도록 만들었다. 피험자가 옳거나 틀린 답을 냈을 때 각각 미소나 찌푸림이 돌아오는 작업의 성과를 더 향상시켰던 것이다(옳거나 틀린 답에 대해서 서로 다른 색깔의 빛이 돌아오는 작업에서는 아무 효과가 없었다).[33]

이렇게 옥시토신은 친사회적 행동을 끌어내며, 우리가 친사회적 행동을 경험할 때(게임에서 신뢰받거나, 다정한 손길을 느끼거나 할 때) 분비된다. 요컨대 따스하고 기분 좋은 긍정적 피드백 순환이 일어나는 것이다.[34]

옥시토신과 바소프레신이 우주에서 가장 멋진 호르몬이라는 것은 틀림없는 사실로 보인다.* 이 호르몬들을 상수도에 붓자. 그러면 사람들이 더 관대해지고, 더 믿고, 더 많이 감정이입할 테니까. 우리는 더 나은 양육자가 될 테고, 전쟁이 아니라 사랑을 나눌 것이다(하지만 대체로 플라토닉 사랑일 텐데, 왜냐하면 관계를 맺고 있는 사람들이 자기 파트너가 아닌 사람들과는 오

* 안목 있는 온라인 구매자들은 이제 "세계 최초 옥시토신 페로몬 제품"이라고 광고되는 '리퀴드 트러스트(신뢰의 액체)'를 살 수 있다. 내가 볼 때 이보다 더 나쁜 것은, 더할 나위 없이 딱딱한 과학 출판물에서도 옥시토신을 "사랑의 약물" 혹은 "포옹의 약물"이라고 지칭한다는 점이다. 특히 '포옹' 대목이 알쏭달쏭하다. 옥시토신이 많은 프레리밭쥐가 보이는 행동은 바싹 붙어 앉기huddling이지 포옹cuddling이 아니기 때문이다. '바싹 붙어 앉기huddling'에서 떠오르는 이미지는 사랑의 축제가 아니라 '자유롭게 숨쉬기를 열망하며 옹송그리고huddled 모인 군중'이 아닌가.

히려 멀찍이 거리를 둘 터이기 때문이다). 무엇보다도 우리는 온갖 쓸데없는 물건들을 사들일 것이다. 상점의 환풍기가 옥시토신을 뿌리기 시작하는 순간 온갖 광고문구를 믿어버릴 테니까.

그만 됐다, 이제 좀 진정하자.

친사회성 대 사회성

옥시토신과 바소프레신은 친사회성에 관여하는가, 아니면 사회적 역량에 관여하는가? 이 호르몬들은 도처에서 즐거운 얼굴을 보게 만들까, 아니면 얼굴에서 사회적 정보를 더 정확히 수집하는 데에 관심을 두게 만들까? 후자는 꼭 친사회성이라고는 말할 수 없다. 남들의 정서에 대한 정보를 더 정확하게 수집하는 사람은 남들에게 조작당하기 쉬운 사람이니까.

멋진 신경펩타이드 학파는 친사회성이 퍼지게 된다는 가설을 지지한다.[35] 이 신경펩타이드들이 사회적 관심과 역량을 증진하는 것도 사실이다. 이들은 사람들이 상대의 눈을 더 오래 쳐다보도록 하여, 정서를 더 정확히 읽어내게 만든다. 게다가 옥시토신은 사람들이 사회적 인지 작업을 할 때 관자마루이음부(이른바 '마음 이론'에 관여하는 영역이다)의 활동을 증가시킨다. 옥시토신이 남들의 생각을 더 정확하게 평가하도록 이끈다는 뜻인데, 여기에는 성별에 따른 반전이 있다. 여성들은 친족관계를 감지하는 능력이 나아지는 데 비해, 남성들은 지배관계를 감지하는 능력이 향상된다. 그리고 옥시토신은 얼굴과 그 정서적 표현을 더 정확하게 기억하도록 하므로, '섬세한 양육' 옥시토신 수용체 유전자 변이체를 가진 사람들은 정서 평가에 유난히 뛰어나다. 비슷하게, 옥시토신은 설치류에게서 개체의 냄새 학습을 촉진하지만 비사회적 냄새에는 영향이 없다.

뇌 영상 연구도 이 신경펩타이드들이 친사회성뿐 아니라 사회적 역량에 관여한다는 것을 보여준다.[36] 예를 들어, 옥시토신 신호에 관련된 한 유전자의 변이체*는 우리가 얼굴을 볼 때 방추상얼굴영역의 활성화 정도가 사람마다 다른 현상과 연관된다.

이런 발견들이 시사하는바, 이 신경펩타이드 이상은 사회성 훼손 장애, 즉 자폐스펙트럼장애의 위험을 높이는지도 모른다(놀랍게도, 자폐스펙트럼장애를 지닌 사람들은 얼굴에 대한 방추상얼굴영역의 반응이 둔하다).[37] 자폐스펙트럼장애는 옥시토신 및 바소프레신과 관련된 유전자 변이체들, 옥시토신 수용체 유전자를 침묵시키는 비유전적 기제, 수용체 자체의 낮은 농도와 연관되어 있다. 게다가 이 신경펩타이드들은 자폐스펙트럼장애를 지닌 사람들 중 일부에게서 사회적 능력을 향상시킨다. 가령 눈 맞추기를 더 잘하게 만든다.

따라서 옥시토신과 바소프레신은 가끔은 우리의 친사회성을 높이지만, 가끔은 그보다는 사회적 정보를 더 열심히 더 정확하게 수집하도록 만든다. 어쨌든 즐거운 얼굴 편향은 확실히 존재한다. 정확도가 긍정적 정서를 대상으로 할 때 가장 많이 향상되기 때문이다.[38]

이제 더 복잡한 이야기를 해볼 차례다.

옥시토신과 바소프레신 효과의 부수성

테스토스테론의 효과가 부수적이었던 것을 기억하는가(가령 원숭이의 공격성을 높이지만, 그 개체가 이미 지배하던 개체들을 향해서만 높아진다)? 당연히, 이 신경펩타이드들의 효과도 그처럼 부수적이다.[39]

앞에서 이미 언급한 요인은 성별이다. 옥시토신은 여성과 남성의 사회적 역량에서 서로 다른 측면을 향상시킨다. 게다가 옥시토신이 편도체를 진정시키는 효과는 여성보다 남성에게서 더 일관되게 드러난다. 쉽게 예측할 수 있듯이, 이 신경펩타이드들을 만드는 뉴런들은 에스트로겐과 테스토스테론 둘 모두의 조절을 받는다.[40]

정말로 흥미로운 수반적 효과를 보자. 옥시토신은 관대함을 향상시킨다. 하지만 원래 관대한 사람에게서만 그렇다. 이 현상은 테스토스테론이 원래

---

* 정말로 관심 있는 독자를 위해서 밝히자면, 이 유전자는 CD38이라는 단백질을 암호화한다. 뉴런의 옥시토신 분비를 촉진하는 단백질이다.

공격적 성향이 있는 사람들에게서만 공격성을 높이는 현상과 꼭 같다. 호르몬의 활동은 개체와 그 개체의 환경이라는 맥락을 거의 벗어나지 않는 것이다.[41]

마지막으로, 옥시토신의 활동에 문화적 수반성이 있음을 보여준 환상적인 연구가 있다.[42] 스트레스를 받을 때, 미국인은 동아시아인보다 타인의 정서적 지지를 더 선뜻 구하는(가령 친구에게 전화하여 문제를 털어놓는다거나 하는) 편이다. 연구자들은 우선 미국인과 한국인 피험자들을 대상으로 각자가 지닌 옥시토신 수용체 유전자 변이체를 확인해보았다. 스트레스가 없는 상황일 때는 피험자들이 지지를 구하는 행동을 하는 데 있어서 문화적 배경도 수용체 변이체도 영향을 미치지 않았다. 하지만 스트레스가 있는 시기일 때는 사회적 피드백과 승인에 대한 민감성 향상과 연관된 수용체 변이체를 가진 피험자들만이 지지를 구하는 행동을 더 많이 했다. 여기에는 단서가 있었으니, 미국인(한국계 미국인도 여기 포함된다) 피험자들 중에서만 그랬다는 것이다. 정리하자면, 옥시토신은 지지를 구하는 행동에 어떤 영향을 미칠까? 그 답은 우리가 스트레스를 받는가 아닌가에 달려 있다. 또 옥시토신 수용체 유전자의 어떤 변이체를 가졌는가에 달려 있다. 또 문화에 달려 있다. 더 자세한 이야기는 8장과 9장에서 하겠다.

이 신경펩타이드들의 어두운 면

앞서 보았듯, 옥시토신은(그리고 바소프레신은) 암컷 설치류의 공격성을 줄인다. 예외가 있는데, 자기 새끼를 보호하려고 발휘하는 공격성이다. 이 신경펩타이드는 중심편도(본능적 공포와 관련된다)에 영향을 미침으로써 이런 공격성을 오히려 높인다.[43]

이 현상은 이 신경펩타이드들이 모성을 향상시킨다는 사실에 부합한다. 모성에는 '한 발짝만 더 다가왔다가는 큰일날 줄 알아' 하고 으르렁대는 모성이 포함되기 때문이다. 이와 비슷하게, 바소프레신은 수컷 프레리밭쥐의 부성 공격성을 향상시킨다. 이 발견에는 우리에게 이제 익숙한 수반성이 딸려 있다. 수컷 프레리밭쥐의 원래 공격성이 클수록 바소프레신 시스템이 차단되었을 때 공격성이 감소하는 정도가 덜했다. 테스토스테론의 경우처럼, 이미 경험을 많이 한 경우에는 이후 공격성을 유지하는 것이 호르몬/신경펩타이드가 아니라 사회적 학습인 것이다. 게다가 바소프레신의 공격성 증가 효과는 원래 공격적인 설치류 수컷들에게서 가장 크게 드러난다. 생물학적 효과가 개체와 사회적 맥락에 의존하는 또하나의 사례다.[44]

이제 이 기분 좋은 신경펩타이드들에 대한 견해를 완벽하게 뒤엎을 차례다. 우선, 옥시토신이 경제 게임에서 신뢰와 협동을 향상시킨 사례로 돌아가자. 하지만 이때 상대가 무명이고 딴 방에 있을 때는 이 효과가 나타나지 않았다. 낯선 사람과 게임을 할 때는 옥시토신이 오히려 협동을 **감소시켰고**, 내 운이 나쁠 때 상대에 대한 질투를 더 많이 느끼게 했고, 내 운이 좋을 때 우쭐해하는 마음을 더 키웠다.[45]

마지막으로, 암스테르담대학교의 카르스턴 더드뢰가 수행한 아름다운 연구는 옥시토신이 정말로 따스하지도 기분 좋지도 않을 수 있다는 것을 보여주었다.[46] 먼저, 남성 피험자들을 두 팀으로 나누었다. 각 피험자는 자기 팀 동료들과 공유하는 재산에 자기 돈을 얼마나 낼지 정했다. 언제나처럼 옥시토신은 이때 너그러움을 증가시켰다. 그다음 피험자들은 다른 팀 사람과 죄수의 딜레마 게임을 했다.* 걸린 돈이 많아서 피험자들이 더 많이 동기 부여될 때, 옥시토신은 선제적으로 상대를 배신할 확률을 **더 높였다**. 요컨대 옥시토신은 나와 같은 사람들(가령 같은 팀 동료들)에 대해서는 친사회성을 높이지만 위협으로 느껴지는 타자들에 대해서는 자발적으로 고약하게 굴도록 만든다. 더드뢰가 지적했듯이, 옥시토신은 어쩌면 누가 우리 편인지 더 잘 파악하도록 하는 사회적 역량을 향상시키고자 진화했을지도 모른다.

---

* 죄수의 딜레마 게임에서, 두 참가자는 상대와 협력할지 말지를 결정해야 한다. 만약 둘 다 협력하면, 둘 다 가령 두 단위의 보상을 받는다. 만약 둘 다 상대를 배신하면, 둘 다 가령 한 단위의 보상을 받는다. 만약 한쪽은 협력하고 다른 쪽은 배신하면, 배신자는 가령 세 단위의 보상을 받고 뒤통수를 맞은 자는 아무것도 받지 못한다.

더드뢰의 두번째 실험에서, 네덜란드 학생 피험자들은 무의식적 편향을 조사하는 암묵적 연합 검사를 받았다.* 이때 옥시토신은 두 종류의 외집단, 즉 중동인과 독일인에 대한 고정관념을 더 부추겼다.[47]

이 연구의 가장 교훈적인 발견은 그다음에 나왔다. 피험자들은 다섯 사람을 살리기 위해서 한 사람을 죽여도 괜찮은지 결정해야 했다. 이 시나리오에서 잠재적 희생양의 이름은 고정관념적으로 네덜란드식이거나(디르크 혹은 페터르), 독일식이거나(마르쿠스 혹은 헬무트), 중동식이었다(아메드 혹은 유세프). 위험에 처한 다섯 사람에게는 이름이 주어지지 않았다. 놀랍게도, 이때 옥시토신은 피험자들이 헬무트나 아메드보다 디르크나 페터르를 덜 희생시키도록 만들었다.

사랑 호르몬인 옥시토신은 우리 편에게는 친사회성을 더 발휘하도록 만들지만 그 밖의 타인들에게는 더 못되게 굴도록 만든다. 이것은 보편적 친사회성이 아니다. 자민족 중심주의와 외국인 혐오일 뿐이다. 달리 말해, 이 신경펩타이드들의 행동은 맥락에 따라 극적으로 달라진다. 우리가 어떤 사람이고, 어떤 환경에 있고, 상대가 누구냐에 따라서. 8장에서 보겠지만, 이 신경펩타이드들을 담당하는 유전자의 조절에도 같은 말이 적용된다.

여성 공격성의 내분비학

사람 살려! 나는 이 주제가 정말 어렵게 느껴진다. 이유는 이렇다.

* 이 영역에서는 두 호르몬의 절대 농도보다 상대 비율이 더 중요

---

* 암묵적 연합 검사는 뒤에서 더 자세히 설명할 것이다. 짧게만 소개하자면, 이 검사는 우리가 정보를 쌍쌍이 처리할 때 조화롭지 않게 느껴지는 쌍을 처리하는 경우에는 어울리는 쌍을 처리하는 경우보다 시간이 몇 밀리초 더 걸린다는 점을 이용한다. 따라서 만약 내가 집단 X에 대해 나쁜 고정관념을 품고 있다면, 나는 집단 X를 가령 '위험하다' 같은 부정적 용어와 짝지을 때보다 '멋지다' 같은 긍정적 용어와 짝지을 때 시간이 더 많이 걸릴 것이다.

하다. 뇌가 ⓐ 에스트로겐 2단위 더하기 프로게스테론 1단위인 상태와 ⓑ 에스트로겐 2억 단위 더하기 프로게스테론 1억 단위인 상태에 동일하게 반응하는 것이다. 내분비학적으로 복잡한 상황이 아닐 수 없다.

* 호르몬 농도가 극단적으로 역동적이라, 몇 시간 만에 백 배로 달라지기도 한다. 어느 남자의 고환도 배란이나 출산의 내분비학을 겪을 일은 없다. 무엇보다도, 이런 내분비학적 동요를 실험동물에서 재현하기가 까다롭다.
* 종에 따라 현란한 수준의 다양성이 있다. 어떤 종은 연중 번식하고, 어떤 종은 특정 계절에만 번식한다. 어떤 종에서는 수유가 배란을 억제하고, 어떤 종에서는 수유가 배란을 촉진한다.
* 프로게스테론은 그 자체로 뇌에서 활동하는 경우가 드물다. 그 대신 보통 다양한 '신경스테로이드'로 전환되는데, 이 신경스테로이드들은 서로 다른 뇌 영역에서 서로 다르게 작용한다. 그리고 '에스트로겐'은 사실 서로 관련된 일군의 호르몬들을 통칭하는 말인데, 그 모든 호르몬들은 제각각 다르게 활동한다.
* 마지막으로, 여성은 늘 착하고 친화적이라는 신화를 깨야만 한다 (여성이 자기 아기를 보호하기 위해서 발휘하는 공격성은 어떤가. 물론 그것은 멋지고 고무적인 일이다).

모성 공격성

설치류는 임신중에 공격성이 높아지는데, 분만 전후에 정점에 달한다.*48 특히 영아살해 위험이 큰 종과 품종일수록 공격성이 높게 나타난다는 것은

* 모성 공격성은 편도체와 관련되어 있다. 이 점은 놀랍지 않다. 하지만 내가 지금까지 이 책에서 한 번도 언급하지 않았던 다른 작은 뇌 영역, 즉 해마의 배쪽유두앞핵도 모성 공격성에서 독특하고 결정적인 역할을 맡고 있다(1장에서 공격성에는 여러 이질적 종류가 있다고 했던 것을 떠올리게 하는 사실이다).

적절한 일이라 하겠다.[49]

임신 말기에, 에스트로겐과 프로게스테론은 특정 뇌 영역의 옥시토신 분비를 늘림으로써 모성 공격성을 높인다. 옥시토신이 모성 공격성을 촉진하는 현상이 여기서 다시 등장한다.[50]

이때 사태를 복잡하게 만드는 두 가지 사실이 있고, 우리는 여기서 몇 가지 내분비학적 원칙을 배울 수 있다.* 에스트로겐은 모성 공격성에 기여한다. 하지만 에스트로겐은 또한 공격성을 줄이고, 감정이입과 정서 인식을 향상시키기도 한다. 알고 보니, 뇌에는 에스트로겐 수용체가 서로 다른 두 종류가 있었다. 그 각각이 서로 반대되는 효과를 중개하며, 각각의 수용체 농도는 독립적으로 조절된다. 덕분에 같은 호르몬이 같은 농도로 있더라도, 만약 뇌가 다르게 반응하려고 준비한 상태라면 다른 결과가 나온다.[51]

또다른 복잡한 사실. 앞서 말했듯, 프로게스테론은 에스트로겐과 함께 모성 공격성을 촉진한다. 그런데 프로게스테론 단독으로는 오히려 공격성과 불안을 낮춘다. 같은 호르몬이 같은 농도로 있더라도 두번째 호르몬의 존재에 따라서 정반대되는 결과가 나오는 것이다.[52]

프로게스테론은 엄청나게 근사한 경로를 통해서 불안을 낮춘다. 뉴런으로 들어간 프로게스테론은 다른 스테로이드로 전환되고,** 그 스테로이드가 감마아미노뷰티르산 수용체와 결합하여 신경전달물질인 감마아미노뷰티르산의 억제 효과에 수용체가 더 민감하게 반응하도록 만들고, 그래서 뇌가 차분해진다. 호르몬과 신경전달물질이 직접 대화하는 셈이다.

여성의 노골적 공격성

전통적인 견해는 이렇다. 모성 공격성을 제외하고는 대체로 여성 간의 다른 경쟁은 수동적이고 은밀하다는 것이다. 캘리포니아대학교 데이비스 캠퍼스의 선구적 영장류학자 세라 블래퍼 허디가 지적했듯이, 1970년대 이전에

---

* 만약 당신의 삶이 그러잖아도 충분히 복잡하다면, 이어지는 두 단락은 건너뛰어도 좋다.

** 알로프레그나놀론이라는 스테로이드다.

는 여성의 경쟁을 연구하는 사람조차 거의 없었다.[53]

그렇지만 여성들 사이에도 공격성은 많이 발휘된다. 사람들은 이 현상을 정신병리학적 논증으로 일축하려고 들었다. 가령 침팬지 암컷이 살해를 저지르면, 그 암컷이 미쳐서 그렇다고 했다. 여성의 공격성을 내분비학적 '과잉'으로 해석하기도 했다.[54] 여성도 부신과 난소에서 소량의 남성호르몬을 합성하는데, 과잉 가설은 '진짜' 여성 스테로이드 호르몬 합성 과정이 어쩌다 허술하게 진행되어 그 대신 남성호르몬 스테로이드들이 우발적으로 합성된다고 보았다. 진화는 게으르기 때문에 여성의 뇌에서도 남성호르몬 수용체를 굳이 없애지 않았고, 그래서 남성호르몬에 의한 공격성이 다소 발휘된다는 것이다.

이런 견해는 여러 이유에서 틀렸다.

여성의 뇌에 남성호르몬 수용체가 있는 것은 그저 여성의 뇌가 남성의 뇌와 비슷한 청사진에서 만들어졌기 때문이 아니다. 남성호르몬 수용체는 여성과 남성의 뇌에서 서로 다른 패턴으로 분포되어 있고, 일부 뇌 영역에서는 여성이 더 많이 갖고 있다. 남성호르몬이 여성에게 미치는 효과는 적극적인 선택의 결과다.[55]

더 중요한 점으로, 여성의 공격성은 이치에 **맞는다**. 여성도 전략적·도구적 공격성으로 자신의 진화적 적합도를 높일 수 있다.[56] 종에 따라 다르지만, 암컷은 자원을(가령 먹이나 집 지을 장소를) 두고 서로 공격적으로 경쟁하고, 생식력이 있는 낮은 지위의 경쟁자를 괴롭혀서 스트레스성 불임을 유도하고, 서로의 새끼를 죽인다(침팬지가 그렇다). 조류와 (드물게) 영장류 중에서 수컷이 부성애를 보이는 종이 있는데, 그런 종의 암컷들은 그런 왕자님을 차지하기 위해서 공격적으로 경쟁한다.

놀랍게도, 심지어 영장류(보노보, 여우원숭이, 마모셋원숭이, 타마린원숭이), 바위너구리, 설치류(캘리포니아생쥐, 시리아골든햄스터, 벌거숭이뻐드렁니쥐) 등 어떤 종들은 암컷이 수컷보다 사회적으로 지배적이고 더 공격적이다.[57] 성역할 반전 사례로 가장 유명한 것은 캘리포니아대학교 버클리 캠퍼스의 로런스 프랭크와 동료들이 소개한 점박이하이에나일 것이다.* 전형적인 사회적 육식동물(가령 사자)은 사냥을 주로 암컷들이 도맡고 수컷은 사냥이 끝난 뒤에야 나타나서 맨 먼저 먹는다. 그런데 점박이하이에나의 경우에는 사회적으로 종속된 수컷들이 사냥을 맡고, 그들이 사냥해 오면 암컷들이 나타나서 수컷들을 쫓아내고 새끼들부터 먹인다. 이건 어떤가. 많은 포유류에서 발기는 지배의 상징이다. 사내가 제 물건을 뽐내는 행위인 것이다. 그런데 점박이하이에나에게서는 거꾸로다. 암컷이 수컷을 위협하려고 하면, 수컷은 발기를 한다("해치지 마세요! 보세요, 나는 위협적이지 않은 수컷일 뿐인걸요").**

암컷의 경쟁적 공격성은 (성역할 반전 종에서든, '정상적' 동물에서든) 무엇으로 설명될까? 암컷의 몸에 있는 남성호르몬이 명백한 용의자일 테고, 실제로 몇몇 성역할 반전 종의 암컷들은 남성호르몬 농도가 수컷과 같거나 심지어 능가한다.[58] 그런 경우인 점박이하이에나는 태아일 때 어미의 풍부한 남성호르몬에 흠뻑 젖어 발달한 덕분에 '거짓암수중간몸'을 갖게 된다.*** 암컷인데도 가짜 음낭이 있고, 질이 외부에 있지 않고, 클리토리스는 음경만큼 큰데다가 발기까지 한다.**** 그리고 태아 남성화를 반영하듯, 점박이하이에나와 벌거숭이뻐드렁니쥐에게는 대부분의 포유류에게 보이는 뇌의 성차 중

---

* 하이에나는 마치 조롱하듯이 이들을 '청소동물'이라고 규정했던 옛 동물학 때문에 악명을 얻었다(이 비난은 말이 되지 않는 것이, 우리 인간 중 대부분은 슈퍼마켓에서 죽은 살을 사먹는 청소동물이 아닌가). 사자들이 먹다 남긴 고기를 먹고 살기는커녕, 하이에나는 아주 유능한 사냥꾼이다. 오히려 하이에나가 잡은 사냥감을 사자들이 빼앗아서 먹는 경우가 더 많다. 그리고 진짜 하이에나들은 〈라이온 킹〉에서처럼 바보 같은 노래를 부르지도 않는다.

** 생각해보라. 여느 포유류 종에서는, 수컷이 겁먹으면 보통 발기가 되지 않는다. 그런데 하이에나는 겁먹어야 발기가 되는 것이다(그리고 가련한 수컷이 짝짓기할 기회를 얻었을 때, 녀석은 아마 겁먹은 상태일 것이다). 스트레스가 발기를 억제하기는커녕 촉진한다니, 이들의 자율신경계는 아마 전혀 다른 식으로 배선되어 있을 것이다.

*** 이천 년도 더 전에, 아리스토텔레스는 죽은 하이에나들을 해부했다. 이유는 전문가들도 잘 모른다. 아무튼 그는 그후에 『동물지』 6권 30쪽에서 하이에나를 논했는데, 잘못된 결론을 내려서 이들을 암수의 기관을 모두 갖고 있는 암수한몸 동물이라고 설명했다.

**** 이와 관련하여 하이에나에 대한 또하나의 멋진 사실이 있다. 서열이 낮은 암컷이 높은 암컷에게 위협을 당하면, 종속적 위치의 암컷은 클리토리스 발기를 일으킨다. "제발 나를 해치지 마세요. 보세요, 나는 그저 저 후줄근하고 힘없는 수컷들과 비슷한 존재인걸요."

일부가 없다.

이것은 성역할 반전 종의 높은 암컷 공격성이 높은 남성호르몬 노출에서 비롯한다는 것을 암시하고, 그 연장선에서 다른 종들의 낮은 암컷 공격성은 낮은 남성호르몬 농도에서 비롯할 것임을 암시한다.

하지만 여기에서 사태를 꼬는 사실들이 발견되었다. 우선 암컷이 남성호르몬 농도가 높지만 특별히 공격적이지 않고 수컷에게 지배적으로 굴지도 않는 종들이 있다(가령 브라질기니피그). 거꾸로 조류 중 성역할 반전 종이지만 암컷의 남성호르몬 농도가 높진 않은 종들이 있다. 게다가 통상적인 성역할의 종이든 성역할이 반전된 종이든, 수컷들과 마찬가지로 암컷 개체들의 남성호르몬 농도가 개체들의 공격성을 예측하진 않는다. 폭넓게 보아서, 암컷 공격성이 높아지는 시기라고 해서 남성호르몬 농도가 딱히 더 높아지지는 않는다.[59]

이 현상은 말이 된다. 암컷 공격성은 주로 번식과 새끼 생존에 관련되어 있다. 모성 공격성도 있으려니와, 그 밖에도 암컷들은 짝, 번식 장소, 임신과 수유중에 많이 필요한 먹이를 놓고 경쟁한다. 그런데 남성호르몬은 암컷의 이런 번식 및 모성 행동의 일부 측면들을 망가뜨린다. 허디가 지적했듯이, 암컷은 남성호르몬의 친공격적 이점과 반번식적 단점 사이에서 균형을 잡아야 한다. 그렇다면 이상적으로 생각할 때 암컷 체내의 남성호르몬은 뇌의 '공격성' 부분에는 영향을 미치되 '번식/모성' 부분에는 미치지 않아야 할 것이다. 그리고 현실은 정확히 그렇게 진화했다.*[60]

월경 전 공격성과 과민성

또 살펴보지 않을 수 없는 것은 월경전증후군PMS이다.** 이 증후군은 여

* 이것은 디하이드로에피안드로스테론DHEA이라는 잘 알려지지 않은 호르몬 덕분이다. 이 호르몬은 오직 특정 뉴런들 내에서만 남성호르몬으로 전환되는데, 더 희한하게도 그 뉴런들 중 일부는 심지어 스스로 남성호르몬을 합성한다.

** 증상이 월경 직전에만 나타나는 게 아니라 월경이 시작된 뒤에도 며칠 동안 이어진다는 점에서, 월경전증후군이 아니라 월경주변기증후군이 더 적절한 이름이라고 생각하는 사람도 많다.

성이 월경기에 부정적 기분과 짜증을(또한 수분 보유로 인한 부기, 생리통, 뾰루지 등등을) 느끼는 것을 말한다. 사람들은 월경전증후군에 대해서 오래된 오해를 많이 품고 있다(월경전불쾌장애에 대해서도 마찬가지로, 이것은 정상적인 기능을 못할 만큼 증상이 심한 상태를 말하며 전체 여성의 2~5%가 경험한다).[61]

이 주제에 관하여 크게 두 가지 뿌리깊은 논쟁이 있다. 월경전증후군/월경전불쾌장애의 원인은 무엇인가? 그리고 이것이 공격성과 관계가 있는가? 첫 번째 질문은 대단하다. 월경전증후군/월경전불쾌장애는 생물학적 질환인가 아니면 사회적 구성물인가?

극단적인 "그건 사회적 구성물일 뿐이야" 학파에게, 월경전증후군은 특정 사회에서만 나타난다는 점에서 전적으로 문화 특정적이다. 이 생각은 마거릿 미드가 1928년에 『사모아의 청소년』에서 사모아 여자들은 월경중 기분 혹은 행동 변화를 겪지 않는다고 단언함으로써 시작되었다. 미드가 사모아인을 보노보를 제외하고 세상에서 가장 쿨하고 평화롭고 성적으로 자유로운 영장류로 숭배한 탓에, 유행에 맞추어 일부 인류학자들은 쿨하고 옷을 적게 입는 문화라면 월경전증후군이 없다고 주장하기에 이르렀다.* 그렇다면 자연히 월경전증후군이 날뛰는 문화는(가령 미국인이라는 영장류는) 반사모아적인 것이 되었고, 그 증상들이란 여성이 겪는 부당한 취급과 성적 억압에서 비롯된 것이 되었다. 이런 견해는 사회경제적 비판의 여지까지 제공하여, 일부 비평가들은 "월경전증후군은 미국 자본주의 사회에서 여성이 겪는 억압된 위치에서 비롯하는 분노가 표출된 한 양식"이라고 외쳤다.**[62]

이 견해에서 파생된 또다른 생각은, 그런 억압적 사회에서도 가장 억압된

---

* 후대의 오세아니아 인류학자들은 미드가 사모아를 마치 에덴동산인 양 얼토당토않게 묘사했다고 맹비난했다. 그들이 볼 때 그렇게 된 한 가지 이유는 미드에게 사모아를 그런 식으로 보고자 하는 이데올로기적 욕구가 있었기 때문이고, 다른 이유는 사모아인들이 눈을 반짝이며 자신들을 바라보는 백인 여성이 홀딱 속아넘어가는 모습이 하도 재미있어서 이야기를 마구 지어냈기 때문이다.

** 이런 문헌에는 다음과 같은 문장들이 있었다. "그런 상징적 분석은 '새로운 비교문화적 정신의학'의 해석학적·의미중심적 초점과 일맥상통한다." 무슨 소리인지 진짜 하나도 모르겠다.

여자들이 월경전증후군을 가장 심하게 겪으리라는 것이었다. 따라서 그 논문에 따르자면 월경전증후군이 심한 여성은 불안하고, 우울하고, 신경질적이고, 건강염려증이 있고, 성적으로 억압되고, 종교적 억압의 추종자이고, 성역할 고정관념에 더 순응하고, 도전에 정면으로 맞서기보다 물러남으로써 반응한다고 했다. 요컨대, 그런 여자들 중에는 쿨한 사모아인이 한 명도 없다고 했다.

다행히 이런 생각은 대부분 잠잠해졌다. 이후 수많은 연구가 생식 주기 중에 여성의 뇌와 행동이 정상적인 변화를 겪는다는 것, 월경 외에도 행동면에서 상관관계를 보이는 현상들이 나타난다는 것을 보여주었다.*[63] 그렇다면 월경전증후군은 그런 변화가 파괴적이리만치 심하게 나타나는 현상일 뿐이다. 월경전증후군은 이처럼 실재하지만, 그 증상은 문화마다 다르다. 예를 들어 중국 여성들은 서양 여성들보다 월경기에 부정적 정동을 적게 느낀다고 보고한다(그들이 실제 적게 경험하는가 그리고/또는 적게 보고할 뿐인가 하는 문제가 있기는 하다). 월경전증후군에 연관된 증상이 100가지가 넘는 점을 고려할 때, 서로 다른 인구 집단에서 서로 다른 증상이 지배적으로 나타나는 것은 놀랄 일이 아니다.

월경기 기분 및 행동 변화가 생물학적 현상이라는 강력한 증거로, 다른 영장류들도 그런 현상을 겪는다.[64] 개코원숭이와 버빗원숭이 암컷들은 월경전에 더 높은 공격성과 더 낮은 사회성을 보인다(내가 알기로 이들에게는 미국 자본주의의 문제가 없다). 흥미롭게도 개코원숭이 연구에서는 높아진 공격성이 지배적 암컷에게서만 나타난다고 확인되었다. 종속적 암컷들은 아마도 높아진 공격성을 그저 표현할 수가 없을 뿐일 것이다.

이런 발견들은 기분 및 행동 변화에 생물학적 근거가 있음을 암시한다. 다

* 예를 들어, 방추상얼굴영역은 여성이 월경중일 때보다 배란중일 때 타인의 얼굴에 더 잘 반응한다. 비슷하게, '정서적' 배쪽안쪽이마앞엽 겉질은 여성이 월경에 다가갈 때보다 배란에 다가갈 때 남자의 얼굴에 더 잘 반응한다. 그리고 배란 전 시기에 혈중 프로게스테론 대비 에스트로겐 비율이 높을수록 배쪽안쪽이마앞엽 겉질의 반응성도 더 높다. 마지막으로, 여성들은 배란중에는 '공격적'이라고 판단되는 남성들의 얼굴을 더 매력적이라고 느낀다.

만 실제로 사회적 구성물인 것은 이런 변화를 '증상' '증후군' '장애'로 병리화하고 치료하는 행위다.

자, 그렇다면 월경전증후군의 바탕에 깔린 생물학적 기제는 무엇일까? 가장 유력한 가설은 월경이 다가올수록 프로게스테론 농도가 급락하고 그 때문에 프로게스테론의 항불안 및 진정 효과가 줄기 때문이라는 주장이다. 이 견해에서 월경전증후군은 그 농도 감소가 너무 극심해서 일어나는 일이다. 하지만 이 가설을 지지하는 실제 근거는 많지 않다.

약간의 증거가 있는 또다른 가설은, 운동중에 분비되어 몽롱하고 황홀한 이른바 '러너스 하이'를 일으킨다고 알려진 호르몬 베타엔도르핀을 지목한다. 이 모형에서 월경전증후군은 베타엔도르핀의 농도가 비정상적으로 낮아서 생기는 일이다. 이 밖에도 가설이 아주 많지만, 확실한 것은 없다.

이제 월경전증후군이 공격성과 얼마나 관계있는가 하는 질문으로 넘어가보자. 1953년에 '월경전증후군'이라는 용어를 처음 만든 의사 캐서리나 돌턴은 여성 범죄자들이 범죄를 저지른 시기가 월경기일 때가 지나치게 많다는 조사를 1960년대에 내놓았다(어쩌면 범죄를 저지르는 빈도가 높다기보다 잡히는 빈도가 높은 것일지도 모른다).[65] 기숙학교를 대상으로 한 다른 연구는 학생들이 월경기일 때 행동 불량으로 '벌점'을 받는 빈도가 높다는 것을 보여주었다. 하지만 감옥 연구는 폭력적 범죄와 비폭력적 범죄를 구별하지 않았고, 학교 연구는 공격적 행동과 지각 같은 비공격적 위반을 구별하지 않았다. 종합하자면, 여성이 월경기에 공격성이 높아지는 경향이 있다거나 폭력적인 여성이 월경기에 폭력 행위를 저지를 가능성이 높다는 증거는 거의 없다.

그런데도 법정에서 월경전증후군을 들어 '한정 책임 능력' 변론을 시도해 성공한 사례들이 있었다.[66] 한 주목할 만한 사례는 1980년의 샌디 크래덕 사건이었다. 그는 동료를 살해하기 전에도 전과 기록이 화려하여 절도, 방화, 공격으로 30번 넘게 선고를 받았다. 그 점과 어울리지 않지만 요행히도 크래덕은 일기를 꼼꼼하게 쓰는 사람이었다. 몇 년치 일기에는 그가 언제 월경을 했는지 적혀 있을 뿐 아니라 언제 각종 범행을 저지르며 돌아다녔는지도 적혀 있었다. 그 범행 시점과 월경 시기가 워낙 정확하게 일치했던 터라, 그는 결국 프로게스테론 처방과 함께 보호관찰 처분을 받았다. 그런데 사건이 이상해지려니 크래덕의 의사가 프로게스테론 용량을 줄였고, 다음번 월경 때 크래덕은 또 누군가를 칼로 해치려고 하다가 체포되었다. 다시 보호관찰이 결정되었고, 프로게스테론 용량이 조금 늘었다.

이런 연구들을 볼 때, 소수의 여성은 실제 정신질환으로 인정받아 법정에서 감경될 만큼 심각한 월경전증후군 행동을 겪는 듯하다.* 하지만 정상적인 수준의 평범한 월경기 기분 및 행동 변화는 딱히 공격성을 높이지 않는다.

스트레스와 경솔한 뇌 기능

우리가 가장 중요하고 결정적인 행동을 하기 전에는 스트레스가 심하기 쉽다. 안된 일이다. 스트레스는 우리가 내리는 결정에 영향을 미치는데, 좋은 쪽으로 미치는 경우가 드물기 때문이다.

급성 스트레스 반응과 만성 스트레스 반응의 기본적 차이

중학교 3학년 때 배웠지만 오래전에 잊은 내용을 떠올리는 것부터 시작하자. '항상성'이라는 용어를 기억하는가? 항상성이란 몸이 이상적인 체온, 심박, 혈당, 기타 등등을 유지하는 것을 말한다. 무엇이 되었든 이 항상적 균형을 깨뜨리는 것이 '스트레스 요인'이다. 가령 얼룩말이라면 사자에게 쫓기는 상황이, 배고픈 사자라면 얼룩말을 쫓는 상황이 스트레스 요인이다. 스트레스 반응이란 이들이 위기를 극복하고 항상성을 재정립하기 위해서 설계되

* 내가 이 책에서 쏟아낸 산더미 같은 정보가 형법적 정의의 맥락에서도 의미가 있는가 하는 문제는 16장에서 폭넓게 다룰 것이다. 월경전증후군/범죄성 문헌 조사를 훌륭하게 도와준 연구 조수 딜런 알레그리아에게 고맙다.

어 얼룩말이나 사자의 몸에서 일어나는 각종 신경적·내분비적 변화들을 말한다.*[67]

스트레스 반응을 개시하는 것은 뇌의 중요한 사건들이다. (경고: 다음 두 단락은 전문적이고, 필수적이지 않다.) 사자를 본 얼룩말의 몸에서 편도체가 활성화한다. 편도체 뉴런들은 뇌줄기 뉴런들을 자극하고, 그러면 뇌줄기는 부교감신경계를 억제하는 한편 교감신경계를 동원하여 온몸으로 에피네프린과 노르에피네프린을 배출한다.

편도체는 스트레스 반응의 또다른 주된 갈래도 중개한다. 시상하부의 뇌실곁핵을 활성화하는 것이다. 뇌실곁핵은 시상하부 바닥으로 신호를 보내고, 그곳에서 부신겉질자극호르몬방출호르몬이 분비되며, 이 호르몬이 뇌하수체에서 부신겉질자극호르몬을 분비시키고, 이 호르몬이 다시 부신에서 글루코코르티코이드를 분비시킨다.

글루코코르티코이드 더하기 교감신경계. 이것이 있으면 생물체는 고전적인 '싸움 혹은 도주' 반응을 일으킴으로써 물리적 스트레스 요인으로부터 살아남을 수 있다. 얼룩말도 사자도 이때 근육에 에너지가 필요한데, 스트레스 반응은 몸에 저장된 에너지를 재빨리 혈류로 동원한다. 게다가 심박과 혈압이 높아져, 운동하는 근육에 혈류의 에너지를 더 빨리 전달한다. 그리고 스트레스중에는 성장, 조직 재생, 생식과 같은 장기적 건설 프로젝트가 위기 이후로 미뤄진다. 그도 그럴 것이, 만약 사자에게 쫓기는 중이라면 가령 자궁벽을 두껍게 만드는 일보다 에너지를 써야 할 곳이 더 많을 것이다. 또 베타엔도르핀이 분비되고, 면역계가 자극되고, 혈액 응고가 향상되는데, 모두 아픈 부상을 겪은 뒤에 유용한 현상들이다. 게다가 글루코코르티코이드가 뇌에 도달하여 재빨리 인지와 감각의 몇몇 측면을 더 예리하게 만든다.

이것은 얼룩말이나 사자에게는 훌륭한 적응적 현상이다. 에피네프린이나

---

* 진정한 애호가들을 위한 정보. 근년 들어 '항상성(호메오스타시스)'은 더 새롭고 우아한 개념인 '신항상성(알로스타시스)'으로 확장, 세련화되었다. 기본적으로 신항상성이란 인체의 이상적인 항상적 설정값이 환경에 따라 극적으로 달라진다는 사실을 포함한 개념이다.

글루코코르티코이드 없이 단거리 질주를 했다가는 금세 죽고 말 테니까. 중요성을 반영하듯, 이 기본적 스트레스 반응은 원시적인 생리 현상이라 포유류, 조류, 어류, 파충류에게서 두루 발견된다.

원시적이지 않은 측면은, 똑똑하고 사회적으로 세련되었고 최근에 진화한 영장류들에게 스트레스가 영향을 미치는 방식이다. 영장류에게 스트레스 요인은 단순히 항상성에 대한 물리적 도전만이 아니다. 훨씬 더 광범위하다. 심지어 우리가 항상성이 **깨질 것 같다고** 생각하는 것 자체도 스트레스 요인이다. 이런 예기적 스트레스 반응은 정말로 물리적 도전이 뒤따를 때는 적응적이다. 하지만 만약 우리가 곧 균형을 잃을 것 같다고 끊임없이 그러나 부정확하게 믿으면서 살아간다면, 우리는 **심리적** 스트레스를 받아 초조하고, 신경질적이고, 편집증적이고, 적대적인 영장류가 된다. 그런데 스트레스 반응은 이런 포유류의 최신 혁신을 다루도록 진화하지 않았다.

목숨을 부지하려고 냅다 달리는 동안 에너지를 총동원하는 것은 개체를 살리는 일이다. 반면 당신이 30년 주택담보대출이 주는 스트레스 때문에 만성적으로 그런 반응을 보인다면, 성인기 당뇨를 비롯하여 다양한 대사 질환 위험에 노출된다. 혈압도 마찬가지다. 대초원을 질주하는 동안 혈압이 높아지는 것은 좋은 일이다. 반면 만성 심리적 스트레스 때문에 혈압이 높아진다면, 스트레스성 고혈압에 걸린다. 만성적으로 성장과 조직 재생이 훼손되면, 대가가 따른다. 생식적 생리 현상이 만성적으로 억제되어도 마찬가지다. 여성은 배란주기가 망가지고, 남성은 발기 부전과 테스토스테론 감소를 겪는다. 마지막으로, 급성 스트레스 반응은 면역력을 향상시키지만, 만성 스트레스는 면역을 억제하여 일부 전염성 질환에 취약하게 만든다.*

뚜렷한 이분법이다. 만약 우리가 정상적인 포유류처럼 급성 물리적 위기

---

* 애호가를 위한 추가 정보. 만성 스트레스를 겪을 때 면역 및 염증 반응이 억제되는 것은 글루코코르티코이드의 짓이다. 의사가 과민한 면역계를 갖고 있는 사람들의(가령 자가면역질환 환자들의) 면역계를 억제할 때, 이식된 장기에 대한 거부반응을 예방할 때, 과민성 염증 반응을 억제할 때 글루코코르티코이드를 쓰는 것이 이 때문이다. 코르티손이나 프레드니손과 같은 '스테로이드성' 면역억제제/항염증제가 바로 이렇게 작용한다.

에서 스트레스를 받는다면, 스트레스 반응은 목숨을 구한다. 하지만 만약 우리가 심리적 스트레스 때문에 만성적으로 스트레스 반응을 활성화한다면, 건강을 해친다. 필요할 때 스트레스 반응을 활성화하지 못해서 아픈 사람은 드물다. 오히려 우리는 스트레스 반응을 너무 자주, 너무 오래, 순전히 심리적인 이유 때문에 활성화하다가 아프다. 중요한 점은, 질주하는 얼룩말과 사자에게 유익하게 작용하는 스트레스 반응은 몇 초에서 몇 분 사이에 펼쳐진다는 사실이다. 하지만 우리가 이 장에서 살펴보듯이 시간 단위로 받는 스트레스는(그래서 '지속적' 스트레스다) 악영향을 낳는다. 행동에 대한 달갑잖은 영향들도 물론 포함된다.

짧은 여담: 우리가 사랑하는 스트레스

사자를 피해서 달아나든 교통 체증을 몇 년씩 겪든, 둘 다 짜증스러운 일이기는 마찬가지다. 이런 스트레스는 우리가 사랑하는 스트레스와는 다르다.[68]

우리는 가볍고 일시적이고 우호적인 맥락에서 발생하는 스트레스는 좋아한다. 롤러코스터가 주는 스트레스는 그것을 타면 우리가 초조해진다는 데서 오는 것이지 우리 목이 잘린다는 데서 오는 것이 아니다. 롤러코스터는 삼 분이면 끝날 뿐, 사흘씩 이어지지는 않는다. 우리는 이런 종류의 스트레스를 좋아하고, 갈구하고, 돈을 내고서라도 경험한다. 이런 최적량의 스트레스를 뭐라고 묘사할까? 열중한다, 몰입한다, 도전 의식을 느낀다고 표현한다. 자극적이라고 표현한다. 놀이라고 표현한다. 심리적 스트레스의 요체는 통제력과 예측력의 상실에 있다. 하지만 우호적인 환경이라면 우리는 예측하지 못한 것의 도전을 즐기기 위해서 기꺼이 통제력과 예측력을 포기한다. 롤러코스터의 급강하, 소설의 반전, 내 쪽으로 날아오는 까다로운 직선 타구, 체스 상대의 뜻밖의 수. 나를 놀라게 해봐! 이것은 재미있다.

여기서 등장하는 것이 뒤집힌 U 곡선이라는 핵심 개념이다. 스트레스가 전혀 없는 상황은 피하고 싶을 만큼 지루하다. 중간 강도의 일시적인 스트레

스트레스의 편익과 비용 맥락에서 개념화한 뒤집힌 U 곡선

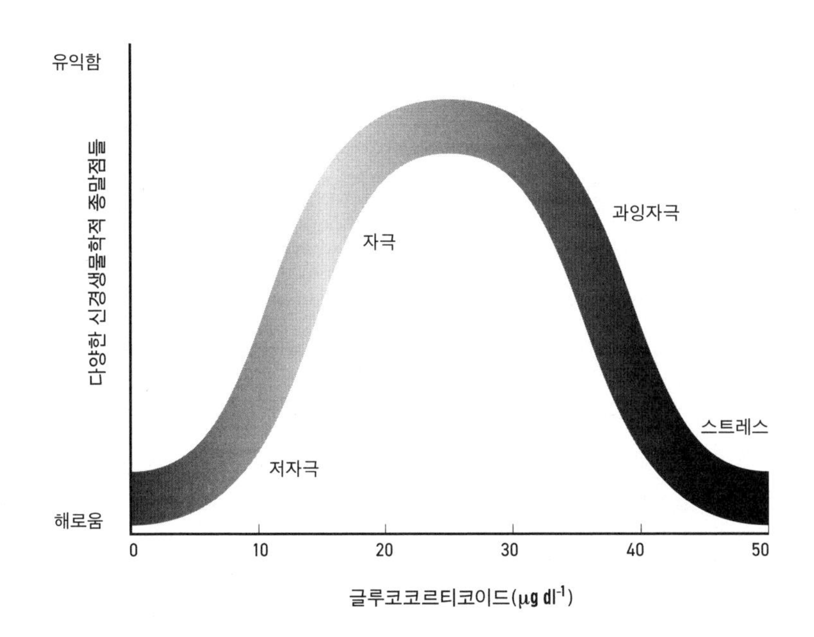

스는 멋지다. 이때는 다양한 뇌 기능이 향상되고, 이 범위의 글루코코르티코이드 농도는 도파민 분비를 늘리며, 쥐들은 알맞은 양의 글루코코르티코이드를 주입받고 싶어서 레버를 누르며 일한다. 그러나 스트레스가 이보다 더 심각해지고 더 오래 지속되면, 이런 좋은 효과가 사라진다(물론 자극이 되는 스트레스에서 자극이 지나친 스트레스로의 전환이 일어나는 지점은 사람마다 차이가 아주 크다. 누군가의 악몽은 다른 사람의 취미다).*

우리는 적당한 양의 스트레스를 사랑하고, 그것이 없으면 시들시들해진

* 뇌는 어떻게 뒤집힌 U 곡선에 따라 행동할까? 즉 글루코코르티코이드 농도가 적당히 오를 때는 (예를 들어) 기억을 강화하되 지나치게 많이 오를 때는 그 반대로 작용하는 걸까? 뇌가 진화시킨 한 가지 해법은 글루코코르티코이드 수용체를 두 종류로 마련하는 것이다. 한 수용체는('MR'이라고 한다) 글루코코르티코이드가 기저 농도 이상으로 약간만 높아졌을 때 반응하여, 유익한 자극성 효과를 매개한다. 반면 다른 수용체는('GR'이라고 한다) 글루코코르티코이드 농도가 지속적으로 아주 높게 유지되었을 때만 반응하며, 악영향을 매개한다. 쉽게 예측할 수 있듯이 두 수용체의 농도는 뇌 영역, 사람, 환경에 따라 달라진다.

다. 하지만 이제 지속적 스트레스와 뒤집힌 U 곡선의 오른쪽 부분으로 돌아가보자.

지속적 스트레스와 공포의 신경생물학

우선, 지속적 스트레스는 사람들이 암묵적으로(즉 의식적 행동은 아니다) 화난 얼굴을 더 많이 보게 만든다. 게다가 스트레스를 받는 중에는 시상에서 편도체로 가는 감각 지름길이 더 많이 활성화하고, 시냅스가 더 쉽게 흥분한다. 그러면 속도와 정확도의 교환이 일어난다는 것을 이제 우리는 안다. 상황이 복잡해지려니, 글루코코르티코이드는 우리가 정서적 표정을 처리하는 동안 (인지적) 등쪽가쪽이마앞엽 겉질의 활성도를 낮춘다. 종합하자면, 스트레스 혹은 글루코코르티코이드 투여는 우리가 얼굴에 드러난 정서를 빠르게 평가할 때 그 정확도를 낮춘다.[69]

스트레스를 받는 중에 편도체의 사정도 썩 좋지 않다. 편도체는 글루코코르티코이드 수용체를 많이 갖고 있어서 글루코코르티코이드에 대단히 민감하다. 스트레스와 글루코코르티코이드는 편도체 뉴런들의 흥분성을 높이는데,* 특히 공포 학습에 관여하는 바닥가쪽편도에서 그렇다. 그러니 여기서도 호르몬 활동의 수반성이 드러난다. 글루코코르티코이드가 편도체 뉴런들에 활동전위를 일으키는 것, 즉 흥분을 만들어내는 것은 아니다. 다만 기존의 흥분을 증폭시킬 뿐이다. 스트레스와 글루코코르티코이드는 또 바닥가쪽편도에서 부신겉질자극호르몬방출호르몬의 농도를 높이고, 새 가지돌기와 시냅스를 형성하는 성장인자(뇌유래신경영양인자라고 한다)의 농도도 높인다.[70]

2장에서 했던 이야기인데, 무서운 상황에서 편도체는 해마를 동원하여

---

* 방금 말했듯이, 스트레스는 편도체의 전반적 흥분성을 높인다. 이것은 특정 뉴런들이 억제되기 때문인데, 구체적으로 말하자면 억제성 감마아미노뷰티르산 사이신경세포들이다. 이처럼 회로에서 억제성 뉴런이 억제되면, 글루탐산을 분비하는 커다란 흥분성 뉴런들의 활동성은 높아진다.

그 사건의 맥락 정보를 기억한다(가령 편도체가 강도의 칼을 기억한다면, 해마는 강도를 당한 장소를 기억한다).[71] 스트레스는 이 동원을 강화하여, 해마를 일시적으로 공포에 물든 편도체의 교외 지역으로 만든다. 글루코코르티코이드가 편도체에 미치는 이런 영향 덕분에,* 스트레스를 받을 때는 공포 연합이 더 쉽게 학습되고 그것이 장기 기억으로 더 쉽게 통합된다.

그렇다면 이것은 양의 되먹임 순환인 셈이다. 앞서 말했듯, 스트레스가 시작되면 편도체가 글루코코르티코이드 스트레스 반응을 간접적으로 활성화하고, 그러면 다시 글루코코르티코이드가 편도체의 흥분성을 높인다.

스트레스는 공포를 탈학습하기도 어렵게 만든다. 달리 말해, 조건화된 공포 연합을 '소거'시키기가 더 어려워진다. 소거는 이마앞엽 겉질이 바닥가쪽편도를 억제함으로써 일어나는데(2장에서 설명했다), 스트레스는 편도체에 대한 이마앞엽 겉질의 지배력을 약화한다.[72]

공포 소거에 대해서 배운 내용을 떠올려보자. 우리가 불이 켜지면 쇼크가 따른다는 공포 연합을 학습했지만, 오늘은 불이 켜지는데도 쇼크가 따르지 않는다고 하자. 이때 소거는 빛이 곧 쇼크라는 사실을 수동적으로 잊는 것이 아니라고 했다. 빛이 이제는 쇼크가 아니라는 사실을 바닥가쪽편도가 적극적으로 학습하는 것이다. 따라서, 스트레스는 공포 연합 학습을 촉진하지만 공포 소거 학습은 저해한다.

지속적 스트레스, 집행 기능, 판단

스트레스는 이마엽 겉질의 다른 기능들에도 지장을 준다. 일단 작업 기억을 방해한다. 한 연구에서, 건강한 피험자들에게 높은 농도의 글루코코르티코이드를 지속적으로 투여하자 그들의 작업 기억이 이마엽 겉질 손상 후 겪게 되는 수준으로 훼손되었다. 왜 그럴까? 글루코코르티코이드는 이마앞엽

* 이와 더불어 교감신경계를 동원하여 간접적으로 편도체를 활성화하는 방법도 쓴다. 청색반점(2장에서 잠시 언급했던 뇌줄기 영역으로, 이 영역이 활성화하면 뇌 전체가 각성된다)에서 편도체로 투사된 신경을 통해서 노르에피네프린을 분비하는 것이다.

겉질에서 노르에피네프린 신호를 향상시키는데, 다만 이런 경우에는 그 정도가 지나쳐서 각성된 집중력 대신 인지적으로 광적인 혼란이 유도된 것이다. 또한 글루코코르티코이드는 편도체가 이마앞엽 겉질에게 보내는 파괴적 신호를 증강시킨다. 스트레스는 또 여러 이마앞엽 겉질 영역들의 활동을 탈동기화시키므로, 여러 작업들 사이에서 주의를 전환하는 능력이 훼손된다.[73]

스트레스가 이마엽 기능에 미치는 영향 때문에 우리는 또한 고집스러워진다. 틀에 박히고, 자기 방식만 따르고, 자동적으로 움직이고, 습관에 기댄다. 누구나 이런 현상을 알 것이다. 스트레스가 많은 시기에 무언가가 제대로 돌아가지 않으면 우리는 보통 어떻게 하는가? 똑같은 작업을 자꾸 반복한다. 점점 더 빨리 더 맹렬하게 반복한다. 평소에 잘 되던 것이 더는 되지 않는다는 사실을 떠올리지도 못하는 것이다. 이제 변화를 줄 때가 되었음을 알아차리는 것, 이것은 바로 우리로 하여금 더 어렵지만 올바른 일을 하도록 만드는 이마엽 겉질의 역할이다. 하지만 스트레스를 받은 이마엽 겉질은, 혹은 다량의 글루코코르티코이드에 노출된 이마엽 겉질은 그러지 못한다. 쥐, 원숭이, 사람에게서 스트레스는 이마엽 겉질과 해마의 연결을 약화하는 반면에—해마는 새로운 전략으로의 전환을 부추길 만한 새로운 정보를 통합하는 데서 핵심적인 부위다—더 습관적인 뇌 회로들과 이마엽 겉질의 연결을 강화한다.[74]

마지막으로, 스트레스로 인한 이마엽 겉질 기능 약화와 편도체 기능 강화는 위험 감수 행동을 바꾼다. 예를 들어 수면 부족이나 공개 발표 때문에 스트레스를 받은 사람들, 혹은 높은 농도의 글루코코르티코이드를 투여받은 사람들은 도박을 할 때 손실을 줄이는 행동에서 더 큰 이득을 추구하는 행동으로 전략을 바꾼다. 이 현상에는 흥미로운 성차가 있다. 일반적으로 큰 스트레스 요인 앞에서는 남녀를 불문하고 모두가 위험을 더 많이 감수하게 된다. 하지만 보통 정도의 스트레스 요인 앞에서는 남자들은 위험 감수를 추구하는 방향으로 기우는 데 비해 여자들은 피하는 방향으로 기운다. 스트레스가 없는 상황에서는 보통 남자가 여자보다 위험을 더 많이 감수하는 경

향이 있으니, 여기서도 호르몬은 기존의 경향성을 강화하기만 한 셈이다.[75]

비합리적일 정도로 위험을 추구하든(낮아지는 보상률에 대응하여 적절히 전략을 바꾸지 못하는 것이다) 위험을 회피하든(그 반대 상황에 적절히 대응하지 못하는 것이다), 새로운 정보를 잘 통합해내지 못한다는 점은 같다. 넓게 말하자면, 지속된 스트레스는 위험 평가 능력을 훼손한다.[76]

지속적 스트레스와 친사회성과 반사회성

지속적 스트레스를 겪을 때 편도체는 정서적 감각 정보를 더 빠르고 덜 정확하게 처리하고, 해마 기능을 지배하고, 이마엽 겉질 기능을 망가뜨린다. 우리는 좀더 무서워하게 되고, 생각이 엉클어지고, 위험을 제대로 평가하지 못하고, 새로운 데이터를 받아들이지 않고 습관에 따라 충동적으로 행동한다.[77] 누가 봐도 빠르고 반응적인 공격성으로 이어질 상황이 아닌가. 스트레스와 글루코코르티코이드 급성 투여는 설치류에서도 인간에서도 그런 공격성을 높인다. 여기서 이제 우리가 익숙한 두 가지 단서가 따른다. ⓐ스트레스와 글루코코르티코이드는 공격성을 만들어내는 게 아니다. 공격성을 부르는 사회적 촉발 요인에 대한 민감성을 높일 뿐이다. ⓑ이 현상은 이미 공격적 성향이 있는 개체들에게서 더 쉽게 발생한다. 다음 장에서 보겠지만, 몇 주에서 몇 달 동안 더 오래 이어지는 스트레스는 이보다 더 뚜렷하게 영향을 미친다.

스트레스가 공격성을 키우는 이유로 우울한 것이 하나 더 있다. 공격성이 스트레스를 줄인다는 점이다. 쥐에게 쇼크를 주면, 글루코코르티코이드 농도와 혈압이 높아진다. 쇼크를 많이 주면, 쥐는 '스트레스성' 궤양에 걸릴 위험이 높아진다. 이처럼 쇼크를 겪는 쥐가 스트레스를 줄일 수 있는 활동은 여러 가지가 있지만—쳇바퀴를 돌린다거나, 먹는다거나, 욕구불만으로 나무를 씹는다거나—그중에서도 특히 효과적인 것은 다른 쥐를 무는 것이다. 스트레스성(즉 욕구불만성) 전위 공격성은 다양한 종들에서 두루 나타난다. 개코원숭이는 공격성의 절반 가까이가 이런 공격성일 정도다. 지위가 높은 수컷 개코원숭이가 싸움에서 지면, 녀석은 준성체 수컷을 쫓는다. 준성체 수컷은 당장 암컷을 물고, 암컷은 당장 새끼에게 달려든다. 수컷들의 지위가 같을 때 그중 싸움에서 진 후 전위 공격성을 보이는 성향이 높은 개체일수록 글루코코르티코이드 농도가 낮다는 것은 내가 연구에서 보여준 사실이다.[78]

인간은 스트레스성 전위 공격을 끝내주게 잘한다. 경제 침체기에 배우자 및 아동 학대 발생률이 높아진다는 사실을 떠올려보라. 아니면, 가정폭력과 프로축구의 관계를 살펴본 연구를 떠올려보자. 만약 그 지역 팀이 예상과 달리 지면, 그 직후 남자들이 저지르는 배우자/파트너에 대한 폭력이 10% 는다(팀이 이기거나 예상대로 진 경우에는 늘지 않는다). 걸린 것이 많은 상황일수록 패턴이 격화한다. 팀이 플레이오프에서 뜻밖의 패배를 당했을 때는 가정폭력이 13% 늘었고, 심지어 그 상대가 경쟁 팀이었을 때는 20% 늘었다.[79]

이처럼 전위 공격성이 스트레스 반응을 둔화시키는 현상에 어떤 신경생물학적 바탕이 있는지는 거의 알려지지 않았다. 내가 추측해보자면, 화풀이가 도파민 보상 경로를 활성화하는 게 아닐까 싶다. 도파민은 부신겉질자극호르몬방출호르몬 분비를 억제하는 확실한 방법이다.*[80] 애먼 사람에게 화내는 것이 실제로 자신의 화를 푸는 데 도움되는 경우가 너무 많은 것이다.

나쁜 소식이 더 있다. 스트레스는 사람들을 더 이기적이게 만든다. 한 연구에서, 피험자들은 사회적 스트레스 요인이나 중립적 상황을 겪은 직후에 모종의 도덕적 결정을 내려야 하는 가상의 이야기를 듣고 질문에 답했다.** 어떤 시나리오는 정서 수위가 낮았지만("당신이 슈퍼마켓 육류 코너 앞에서 기다리는데, 웬 나이든 남자가 당신을 밀쳤습니다. 당신은 항의하겠습니

---

* 바탕에 깔린 신경생물학적 기제는 아마도 우리가 스트레스를 받았을 때 어리석은 의사결정을 하는 다른 상황들, 가령 폭식을 하거나 술을 더 많이 마시거나 하는 현상들의 기제와 비슷할 것이다.

** '트리어 사회 스트레스 시험'이라고 불리는 이 시험은 이 분야의 표준 기법이다. 피험자는 15분간 가짜 취직 면접을 보고 암산 작업을 하는데, 둘 다 무표정한 얼굴의 평가자들 앞에서 해야 한다.

까?"), 어떤 시나리오는 정서 수위가 높았다("당신이 평생의 사랑을 만났습니다. 하지만 당신은 이미 결혼하여 아이도 있는 몸입니다. 당신은 가족을 떠나겠습니까?"). 스트레스를 겪은 피험자들은 강렬한 감정이 따르는 도덕적 결정을 해야 할 때 더 이기적인 대답을 내놓았다(감정이 온건한 상황에서는 그렇지 않았다). 게다가 이때 글루코코르티코이드 농도가 더 많이 높아질수록 더 이기적인 대답이 나왔다. 같은 가상의 상황에서, 스트레스는 피험자들이 개인적인 도덕적 결정을 내려야 할 때 이타성을 발휘하겠노라고 대답하는 정도를 낮추었다(하지만 자신과 무관한 결정일 때는 그렇지 않았다).[81]

여기서도 내분비적 효과의 수반성이 드러난 셈이다. 스트레스는 사람들을 더 이기적으로 만들지만, 감정적으로 몹시 강렬하고 개인적인 상황일 때만 그렇다.* 이것은 이마엽 겉질 기능이 손상된 상황과 비슷해 보인다. 2장에서 설명했듯이, 이마엽 겉질이 손상된 사람들도 남의 문제에 대해서는 합리적으로 판단할 줄 알지만, 문제가 더 개인적이고 정서적인 것이라면 판단력이 더 많이 훼손된다.

죄 없는 사람을 괴롭힘으로써 기분이 나아진다는 것이나 남보다 자신의 요구를 더 많이 생각한다는 것은 감정이입과 거리가 멀다. 스트레스가 감정이입을 줄이는 것일까? 생쥐에게서도 인간에게서도 그런 듯하다. 맥길대학교의 제프리 모길이 2006년 『사이언스』에 낸 놀라운 논문은 생쥐의 감정이입을 살펴보았는데, 옆에 고통을 겪는 다른 생쥐가 있는 경우에 실험 대상 생쥐의 통증 문턱값이 낮아지는 감정이입 현상이 일어나긴 했지만, 이 현상은 그 다른 생쥐가 실험 대상 생쥐와 같은 우리에 있던 개체일 때만 그랬다.[82]

이 사실이 흥미로웠기에, 나는 모길의 연구진과 함께 같은 설정으로 후속 실험을 해보았다. 원래 생쥐는 낯선 생쥐가 곁에 있으면 스트레스 반응을 일으킨다. 하지만 우리가 생쥐의 글루코코르티코이드 분비를 일시적으로 막으

* 주의할 점은 이런 연구에서 알아본 것이 피험자들이 스스로 어떻게 하겠다고 말하는가였지, 그들이 실제로 어떻게 하는가가 아니었다는 것이다. 둘 사이의 차이에 대해서는 13장에서 도덕적 추론 대 도덕적 행동을 다룰 때 이야기하겠다.

면, 생쥐는 낯선 개체에 대해서도 같은 우리에 있던 개체에 대해서와 마찬가지로 '통증 감정이입'을 보였다. 의인화하여 설명하자면, 글루코코르티코이드는 생쥐가 감정이입을 하는 '우리 편'의 범위를 좁힌다. 인간도 마찬가지다. 인간의 통증 감정이입은 글루코코르티코이드 분비가 차단되지 않는 한(효과가 짧게 지속되는 약물을 투여받거나, 피험자와 낯선 사람이 사회적 상호작용을 하면 분비가 차단된다) 낯선 사람에게 발휘되지 않는다. 2장에서 보았듯, 통증 감정이입에는 앞띠이랑 겉질이 개입한다. 내 생각에는 글루코코르티코이드가 앞띠이랑 겉질의 뉴런들을 무력화하거나 위축시키는 게 아닌가 싶다.

요컨대, 지속적 스트레스는 우리의 행동에 상당히 바람직하지 않은 영향을 미친다. 하지만 스트레스가 사람들에게서 가장 훌륭한 최선의 행동을 끌어내는 상황도 있다. 캘리포니아대학교 로스앤젤레스 캠퍼스의 셸리 테일러는 유명한 '싸움 혹은 도주' 반응이 주로 남성들에게 전형적인 스트레스 반응이라는 점을 지적했고, 기존의 스트레스 연구는 남성들이 남성들을 대상으로 수행한 것이 대부분이라는 점도 지적했다.[83] 사실 여성은 상황이 좀 다르다. 테일러는 입에 딱 붙는 표현을 지어내는 데 있어서도 자신이 하고많은 남자들 못지않다는 점을 보여주어, 여성의 스트레스 반응은 새끼를 보살피고 사회적 연대를 추구하는 '보살핌과 어울림'으로 더 많이 기우는 편이라고 명명했다. 이것은 스트레스 관리 스타일에서 드러나는 충격적인 성차를 잘 묘사한 이론이다. 그리고 '보살핌과 어울림'은 여성의 스트레스 반응에 관련된 여러 요소들 중 옥시토신 분비가 남성의 경우보다 더 큰 영향을 미친다는 점을 반영한 것일 가능성이 높다.

당연하지만, 현실은 '남성=싸움/도주, 여성=보살핌/어울림' 구도보다는 더 미묘하다. 양쪽 모두 반례가 많다. 가령 스트레스는 쌍 결합을 하는 마모셋원숭이 수컷뿐만이 아니라 다른 수컷들에게서도 친사회성을 이끌어내고, 앞서 보았듯 여성들도 공격적인 행위를 얼마든지 할 수 있다. 그리고 마하트마 간디와 세라 페일린이 있지 않은가.* 왜 어떤 사람들은 이런 성별 전형성에서 예외일까? 이것이 이 책에서 앞으로 알아볼 주제다.

스트레스는 인지, 충동 통제, 정서 조절, 의사결정, 감정이입, 친사회성을 망친다. 마지막으로 지적할 점. 2장에서 이마엽 겉질이 우리로 하여금 어떤 일이 더 어렵지만 옳을 때 그 일을 하도록 만드는 것은 가치중립적 현상이라고 말했다. '옳은 일'이란 순전히 도구적인 의미에서 그렇다는 뜻이었다. 스트레스도 마찬가지다. 스트레스가 극심한 상황일 때, 응급구조사라면 기존의 방식만 고집하다가 사람을 살리는 효율이 떨어질 수 있다. 이건 나쁜 일이다. 스트레스가 극심한 상황일 때, 소시오패스 군벌이라면 기존의 방식만 고집하다가 한 마을을 인종청소하는 효율이 떨어질 수 있다. 나쁘지 않은 일이다.

오해를 풀어야 할 대상: 술

어떤 행동으로부터 몇 분에서 몇 시간 전에 일어난 생물학적 사건을 짚어보면서 술을 빠뜨려선 안 된다. 술이 자제력을 약화하고 공격성을 높인다는 것은 누구나 아는 사실 아닌가? 하지만 잘못된 생각이고, 이제 우리도 익히 아는 방식으로 잘못된 생각이다. 술이 공격성을 이끌어내는 것은 ⓐ원래 공격적 성향이 있는 개체들과(가령 이마엽 겉질에서 세로토닌 신호 수준이 낮은 생쥐들, 그리고 옥시토신에 대한 반응성이 낮은 옥시토신 수용체 유전자 변이체를 가진 남자들은 술을 마셨을 때 남들과 달리 공격성을 보인다) ⓑ술이 사람의 공격성을 높인다고 믿는 사람들에게서뿐이다. 사회적 학습이 생물학을 형성할 수 있다는 것을 보여주는 또하나의 사례인 셈이다.[84] 술은 모든 사람들에게 저마다 다르게 작용한다. 술에 취해 인사불성이 된 상태로 라스베이거스에서 즉석 결혼을 올린 사람들 중 이튿날 해가 뜨자마자 간밤의 결정을 후회한 사람이 얼마나 많던가.

---

* 인정한다, 이것이 유치하고 비열한 말이라는 사실을. 무스들에게 이 책을 더 많이 팔려고 마구 던져본 말이다.

요약과 몇 가지 결론

* 호르몬은 대단하다. 효과의 다재다능함과 지속성 면에서 신경전달물질을 능가한다. 여기에는 이 책에서 살펴보는 인간 행동들에 영향을 미치는 능력도 포함된다.
* 테스토스테론은 대부분의 사람들이 생각하는 것보다 공격성과 관계가 훨씬 적다. 정상적인 범위의 농도일 때, 테스토스테론 농도의 개인차는 누가 공격성을 보일지를 예측하지 않는다. 게다가 이전에 이미 공격성을 많이 보인 개체일수록 미래의 공격성에 테스토스테론이 관여하는 바가 적다. 테스토스테론이 관여하더라도, 촉진하는 효과일 뿐 테스토스테론이 공격성을 '발명'해내지는 않는다. 테스토스테론은 우리가 공격성의 촉발 요인에 더 민감하도록 만들 뿐인데, 특히 공격적 성향이 큰 사람들이 더 강하게 영향을 받는다. 그리고 테스토스테론 농도 상승이 공격성을 부추기는 것은 개체가 지위에 도전을 받을 때뿐이다. 마지막으로 가장 중요한 점인데, 지위를 도전받을 때 테스토스테론 농도가 상승한다고 해서 반드시 공격성이 높아지는 것은 아니다. 테스토스테론은 지위를 유지하는 데 필요한 행동을, 그것이 무엇이 되었든 늘릴 뿐이다. 우리 최선의 행동들에게 높은 지위를 주는 세상이라면, 테스토스테론은 세상에서 가장 친사회적인 호르몬이 될 것이다.
* 옥시토신과 바소프레신은 엄마-아기 결합과 일부일처 쌍 결합을 촉진하고, 불안과 스트레스를 줄이고, 신뢰와 친사회성을 높이고, 협동심과 아량을 북돋운다. 하지만 여기에는 크나큰 단서가 따른다. 이 호르몬들은 '우리'에 대해서만 친사회성을 증진한다. 우리가 '그들'을 대할 때, 이 호르몬들은 우리의 자민족중심주의와 외국인 혐오를 더 강화한다. 옥시토신은 결코 보편적 사랑 호

르몬이 아니다. 편협한 사랑 호르몬이다.

* 자식을 보호하기 위한 암컷의 공격성은 전형적인 적응적 행동이고, 에스트로겐과 프로게스테론과 옥시토신이 이 공격성을 촉진한다. 중요한 점은 암컷들이 다른 많은 상황에서도 진화적으로 적응적인 공격성을 보인다는 것이다. 그런 공격성을 촉진하는 것은 암컷의 몸에도 있는 남성호르몬, 그리고 암컷의 뇌 중 '모성'이나 '친화성' 부위는 놓아두고 '공격성' 부위에서만 남성호르몬 신호를 생성하는 복잡한 신경내분비학적 기교다. 월경기의 기분 및 행동 변화는 생물학적으로 실재하는 현상이지만(하지만 기초적 수준에서의 이해는 부족하다), 이런 변화를 병리화하는 것은 사회적 현상이다. 마지막으로, 극히 드문 극심한 사례들을 제외하고 월경전증후군과 공격성의 관계는 미미하다.
* 지속적 스트레스는 수많은 악영향을 미친다. 편도체가 과잉반응하고, 습관적 행동 경로와 더 잘 결합하며, 공포 학습은 더 쉬워지지만 탈학습은 더 어려워진다. 뚜렷한 정서적 정보를 더 빠르게 자동적으로 처리하게 되지만, 정확도가 떨어진다. 이마엽 겉질의 기능—작업 기억, 충동 통제, 집행적 의사결정, 위험 평가, 작업 전환—이 훼손되고, 이마엽 겉질이 편도체에게 통제력을 덜 미치게 된다. 또한 우리의 감정이입 정도와 친사회성이 줄어든다. 지속적인 스트레스를 줄이는 것은 우리 자신뿐 아니라 우리 주변 사람들에게도 좋은 일이다.
* "제가 술을 마셔서요"는 공격성의 변명이 되지 못한다.
* 호르몬이 몇 분에서 몇 시간 안에 미치는 영향은 대체로 수반적이고 촉진적이다. 호르몬이 행동을 결정하거나, 지시하거나, 일으키거나, 만들어내지는 않는다는 뜻이다. 대신 호르몬은 우리로 하여금 정서가 깃든 행동을 일으키는 사회적 촉발 요인에 더 민감하게 반응하도록 만들고, 그런 영역에서 우리가 기존에 갖고 있

던 성향을 더 끌어올린다. 그런 기존 성향은 어디에서 오느냐고? 앞으로 살펴볼 내용들에서 온다.

5장

며칠에서 몇 달 전

행동이 벌어졌다. 방아쇠를 당긴 행동, 혹은 팔을 건드린 행동. 맥락에 따라 전혀 다른 의미를 띨 수 있는 행동들이다. 방금 그 일은 왜 벌어졌을까? 지금까지 우리는 그 행동이 몇 초 전 신경계 활동의 결과물인 것을 보았고, 그 신경계 활동은 몇 분에서 몇 시간 전 감각 단서들의 영향을 받은 것임을 보았고, 그 감각 단서들에 대한 뇌의 민감도는 몇 시간에서 며칠 전 호르몬들의 영향을 받은 것임을 보았다. 그렇다면 며칠에서 몇 달 전에는 그 결과에 영향을 미친 어떤 사건들이 있었을까?

2장에서 나는 뉴런들의 가소성을 소개했다. 이때 가소성이란 뉴런들이 바뀌기도 한다는 사실이었다. 가지돌기 입력의 강도, 축삭 둔덕에서 활동전위가 개시되는 설정값, 불응기의 지속 시간 등이 바뀐다. 앞 장에서는 가령 테스토스테론이 편도체 뉴런들의 흥분성을 증가시키고, 글루코코르티코이드는 이마앞엽 겉질 뉴런들의 흥분성을 줄인다는 것을 보았다. 심지어 감마아미노뷰티르산에 관련된 뉴런들이 다른 뉴런들의 흥분성을 줄이는 효능을 프로게스테론이 북돋운다는 것도 보았다.

이런 형태의 신경가소성은 몇 시간에 걸쳐서 벌어지는 현상이다. 그렇다면 이제 좀더 극적인 가소성, 며칠에서 몇 달에 걸쳐서 벌어지는 가소성을 살펴보자. 몇 달은 아랍의 봄이 펼쳐지기에도, 불만의 겨울이 펼쳐지기에도, 사랑의 여름 동안 성매개감염병이 퍼지기에도 충분한 시간이다. 지금부터 보겠지만, 몇 달은 뇌 구조에 어마어마한 변화가 생기기에도 충분한 시간이다.

비선형적 흥분

작은 질문부터 시작해보자. 어떻게 몇 달 전에 벌어진 사건들이 오늘 시냅스의 흥분성을 바꿀 수 있다는 걸까? 시냅스는 어떻게 '기억'할까?

20세기 초에 기억의 미스터리에 처음 접근했던 신경과학자들은 이보다 더 거시적인 차원에서 질문을 던졌다. 뇌는 어떻게 기억할까? 보나마나, 기억 하나가 뉴런 하나에 저장되는 거겠지. 그러니 새 기억이 형성되려면 새 뉴런이 생겨나야겠지.

이 가설이 쓰레기통에 버려진 것은 어른의 뇌가 새 뉴런을 만들지 못한다는 사실이 발견된 때였다. 더 나은 현미경 덕분에 뉴런에 가지가 많다는 사실이 밝혀졌고, 가지돌기와 축삭말단의 가지들이 숨막히게 복잡하다는 사실도 밝혀졌다. 그렇다면, 새 기억이 형성되려면 새 축삭 혹은 가지돌기 가지가 자라야 하는 거겠지.

이후 시냅스가 알려지고 신경전달물질 연구가 탄생하자, 이 가설도 수정되었다. 그렇다면 새 시냅스가 형성되어야만, 즉 한 축삭말단과 한 가지돌기 가시 사이에 새로운 연결이 형성되어야만 새 기억이 형성되는 거겠지.

이런 추론마저 역사의 잿더미에 버려진 것은 캐나다 신경생물학자 도널드 헵의 1949년 연구 때문이었다. 헵은 정말로 선구적인 전망을 가졌던 과학자라서, 70년이 흐른 지금도 신경과학자들의 책상에는 머리가 까딱까딱 움직이는 헵 인형이 놓여 있다. 헵은 역사적인 책 『행동의 조직』에서 이후 지배적 패러다임이 된 가설을 내놓았다. 기억 형성에 필요한 것은 새 시냅스 형성이 아니라(하물며 새 가지나 새 뉴런 형성은 더 아니다) 기존 시냅스의 **강화**라는 가설이었다.[1]

이때 '강화'란 무슨 뜻일까? 회로 차원에서 설명하자면, 만약 뉴런 A가 뉴런 B와 시냅스를 맺는다면, 그것은 뉴런 A에서 일어난 활동전위가 뉴런 B에서도 활동전위를 일으키기가 더 쉽다는 뜻이다. 두 뉴런이 더 긴밀하게 결합되는 것이다. 뉴런들은 '기억'한다. 세포 차원으로 번역하자면, '강화'는 한 가지돌기 가시에서 일어난 흥분의 파동이 더 멀리까지 전파되어서 저멀리 있는 축삭 둔덕에 더 가까이 다가간다는 뜻이다.

광범위한 연구로 밝혀진바, 어떤 경험이 어떤 시냅스를 반복적으로 통과하는 뉴런 점화를 일으킨다면, 그 경험은 그 시냅스를 '강화'한다. 그리고 여기서 핵심적인 역할을 맡는 것이 글루탐산(글루타메이트)이라는 신경전달물질이다.

2장에서 배운 내용을 떠올려보자. 흥분성 신경전달물질이 시냅스 후 가지돌기 가시에 있는 적절한 수용체와 결합하면, 나트륨 통로가 열린다. 그러면 나트륨이 조금 흘러들어오고, 약간의 흥분이 일어나고, 그 흥분이 퍼져나간다.

학습에 핵심적인 역할을 하는 글루탐산 신호는 이보다 더 세련된 방식으로 작동한다.[2] 상당히 단순화하여 설명하자면, 가지돌기 가시에는 보통 한 신경전달물질에 대해 한 종류의 수용체가 있지만 예외적으로 글루탐산에 반응하는 수용체는 두 종류가 있다. 첫번째 수용체는(비NMDA 수용체라고 부른다) 통상적인 방식으로 작동한다. 약간의 글루탐산이 이 수용체와 결합할 때마다 약간의 나트륨이 흘러들고, 약간의 흥분이 일어난다. 그런데 두번째 수용체는(NMDA 수용체다) 비선형적인 문턱값 방식으로 작동한다. 이 수용체는 여느 때 글루탐산에 반응하지 않는다. 대신 글루탐산이 오래 꾸준히 분비되어 비NMDA 수용체가 연거푸 자극받고 그래서 나트륨이 충분히 흘러든 뒤에야, 비로소 이 수용체가 활성화한다. 그러면 이제 이 수용체는 글루탐산에 족족 반응하고, 통로를 열어서, 흥분이 폭발적으로 일어난다.

이것이 바로 학습의 요체다. 강사가 뭔가 설명할 때, 우리는 한 귀로 듣고 한 귀로 흘린다. 강사는 똑같은 설명을 반복한다. 이렇게 설명이 충분히 반복되면, 아하! 머릿속에서 반짝 불이 켜지고 우리가 갑자기 이해하게 된다. 시냅스 차원으로 보자면, 축삭말단이 반복적으로 글루탐산을 분비하는 것이 바로 강사가 지루하게 설명을 반복하는 것에 해당한다. 그 반복이 시냅스 후 문턱값을 넘어서서 NMDA 수용체들이 처음 활성화하는 순간, 그때가 바로 가지돌기 가시가 마침내 이해하는 순간이다.

"아하!" 대 실제로 기억하기

하지만 이로써 우리는 겨우 1루를 밟았을 뿐이다. 강의 도중에 머릿속에 불이 켜졌다고 해서 그때 이해한 사실이 한 시간 뒤에도 머릿속에 남아 있는 것은 아니다. 기말시험 때까지야 더 말할 것도 없다. 그렇다면 어떻게 우리는 순간의 폭발적 흥분을 지속시켜서 NMDA 수용체가 '기억'하도록 만들고, 미래에도 그 수용체가 더 쉽게 활성화하도록 만들까? 강화된 흥분은 어떻게 장기화할까?

이쯤에서 소개해야 하는 것이 바로 '장기 강화'라는 유명한 개념이다. 1966년에 오슬로대학교의 테리에 뢰모가 처음 보여준 이 현상은 NMDA 수용체의 첫 폭발적 활성화가 시냅스 흥분성을 지속적으로 증가시키는 과정을 말한다.* 이후 장기 강화의 작동 방식을 알아내는 과제에 수백 명의 연구자들이 생산적인 경력을 바쳤고, 그 결과 밝혀진 핵심적 사실은 마침내 NMDA 수용체들이 활성화하여 통로를 열었을 때 쏟아져들어오는 것이 나트륨이 아니라 칼슘이라는 사실이었다. 이로부터 여러 변화들이 이어지는데,

* 물론 이때는 아직 NMDA와 비NMDA 수용체가 알려지지 않았다.

몇 가지를 소개하면 다음과 같다.

* 칼슘 파동은 가지돌기 가시의 막에 더 많은 글루탐산 수용체들을 삽입시키고, 그래서 그 뉴런이 향후 글루탐산에 더 잘 반응하게 된다.*
* 칼슘은 또 이미 가지돌기 가시의 최전선에 있는 글루탐산 수용체들을 바꾸어, 각각의 수용체가 글루탐산 신호에 더 민감하게 반응하도록 만든다.**
* 칼슘은 또 가지돌기 가시에서 한 특이한 신경전달물질이 합성되도록 만드는데, 이 신경전달물질은 분비된 후 시냅스를 거꾸로 거슬러올라가서, 축삭말단이 향후에 활동전위를 일으킬 때 글루탐산을 더 많이 분비하도록 만든다.

달리 말해, 장기 강화는 시냅스 전 축삭말단이 "글루탐산"이라고 더 시끄럽게 외치고 시냅스 후 가지돌기 가시는 그 소리를 더 귀기울여 들음으로써 가능해지는 일이다.

앞서 언급했듯이, 장기 강화의 바탕이 되는 기제는 이 밖에도 다른 것들이 더 있다. 신경과학자들은 생물체가 실제로 학습하는 동안 그 뉴런에서 가장 중요한 것이 개중 어떤 기제인가를(당연히 자신이 연구하는 기제이겠지만) 두고 토론하는 중이다. 토론은 크게 시냅스 전 변화가 더 중요한가, 아

* 그 추가 수용체들은 어디서 올까? 문제의 가지돌기 가시로부터 멀리 떨어진 뉴런 중심부에는 핵이 있고, 핵 속에는 DNA가 있으며, 그 DNA 속에는 글루탐산 수용체를 암호화한 유전자가 있다. 머나먼 오지의 한 가지돌기 가시에서 칼슘 파동이 일어났다는 소식을 어떻게 해서인지 핵이 들었다고 하자. 핵은 곧장 수용체를 더 합성할 것을 지시하고, 합성된 수용체들을 그 뉴런의 가지돌기 가시 1만 개 중 하나인 문제의 가지돌기 가시로 배송한다. 물론 이것은 엄청나게 힘든 일이다. 그래서 그 대신, 애초에 가지돌기 가시 속에 잉여의 글루탐산 수용체들이 대기하고 있고, 칼슘 파동이라는 신호를 받으면 그 수용체들이 가시의 막으로 끌려나온다.

** 관심 있는 독자를 위해서 밝히자면, 비NMDA 수용체들이 '인산화'되는데 그러면 나트륨 통로들이 더 오래 열려 있게 된다.

니면 시냅스 후 변화가 더 중요한가 하는 문제로 압축된다.

장기 강화가 발견된 후, 이번에는 우주가 균형을 이루고 있음을 암시하는 현상이 발견되었다. 장기 약화였다. 이것은 시냅스 흥분성이 경험에 의존하여 장기적으로 줄어드는 현상을 말한다(흥미롭게도 장기 약화의 바탕에 깔린 기제들은 단순히 장기 강화 기제들의 반대만은 아니었다). 장기 약화가 기능적으로 장기 강화의 반대인 것도 아니다. 장기 약화는 전반적인 망각의 바탕이 되는 현상이 아니라, 그보다는 관계없는 것을 지움으로써 신호를 더 날카롭게 벼리는 현상이다.

장기 강화에 관하여 마지막으로 알아야 할 점. 장기에는 그냥 장기가 있고 진짜 긴 장기가 있다. 앞서 보았듯, 장기 강화의 바탕에 깔린 한 가지 기제는 글루탐산 수용체들이 글루탐산에 더 잘 반응하도록 바뀌는 것이다. 이 변화는 그 장기 강화가 일어나던 시점에 그 시냅스에 있던 그 수용체가 활동하는 동안에는 지속될 수 있을 테지만, 그 기간은 보통 며칠에 불과하다. 수용체는 산소라디칼로 인한 손상을 계속 쌓아가면서 퇴화하기 마련이라, 그 정도의 기간이 지나면 새 수용체로 교체된다(모든 단백질이 이와 비슷한 갱신을 끊임없이 겪는다). 그러니 장기 강화로 인해 생긴 수용체의 변화가 어떻게 해서든 다음 세대 수용체에게로 전달되어야 한다. 그렇지 않다면 어떻게 80대 노인이 유치원 시절을 기억하겠는가? 여기에는 우아한 기제가 있지만, 이 장의 범위를 넘어서는 이야기다.

다 멋지고 좋다. 하지만 장기 강화와 장기 약화는 우리가 가령 누군가의 전화번호 같은 명백한 사실을 외울 때 해마에서 일어나는 현상이다. 그런데 이 책에서 우리가 관심 있는 것은 다른 종류의 학습이다. 우리가 어떻게 두려워하는 법을 익히고, 충동 통제를 익히고, 감정이입을 익히고, 거꾸로 타인에게 아무것도 느끼지 않는 법을 익히는가가 우리의 관심사다.

알고 보니 글루탐산을 활용하는 시냅스는 신경계 어디에나 있었고, 장기 강화는 해마에서만 배타적으로 일어나는 현상이 아니었다. 이 발견은 많은 장기 강화/해마 연구자들에게 트라우마였다. 장기 강화는 쇼펜하우어가 헤겔을 읽었을 때 그의 해마에서 일어난 현상이었지, 내가 트월킹을 익힐 때 내 척수에서 일어나는 현상은 아니지 않은가?*

그렇게 생각하고 싶겠지만, 사실 장기 강화는 신경계 전반에서 일어난다.**[3] 예를 들어, 공포 조건화는 바닥가쪽편도 시냅스들의 장기 강화로 이뤄진다. 이마엽 겉질이 편도체를 통제하는 방법을 익히는 과정에도 장기 강화가 관여한다. 도파민 시스템이 특정 자극을 보상과 연합하여 학습하는 과정—가령 중독자가 특정 장소를 약물과 연합하여 학습함으로써 그 환경에 처할 때마다 갈망을 느끼게 되는 것—도 장기 강화다.

여기에 호르몬을 더하여, 스트레스에 대해서 배운 개념 중 몇 가지를 신경가소성의 언어로 번역해보자. 온건하고 일시적인 스트레스는(즉 좋고 자극적인 스트레스는) 해마의 장기 강화를 촉진하지만, 지속적 스트레스는 그것을 망치고 장기 약화를 촉진한다. 가끔 인지 기능이 엉망이 되는 한 이유다. 시냅스 차원에서 본 스트레스의 뒤집힌 U 곡선 개념이다.[4]

게다가 지속적 스트레스와 글루코코르티코이드 노출은 편도체의 장기 강화를 촉진하고 장기 약화를 억제하여 공포 조건화를 부추기고, 이마엽 겉질에서는 장기 강화를 억제한다. 이 효과들을 결합하면, 즉 편도체에서는 흥분하는 시냅스들이 많아지고 이마엽 겉질에서는 적어진다고 하면 스트레스로 인한 충동성과 서투른 정서 조절이 이해된다.[5]

---

* 사실 척수의 장기 강화는 그보다는 '신경병증' 통증과 더 관련되어 있다. 이것은 심한 부상을 겪은 뒤로 모든 무해한 자극이 만성 통증을 일으키게 되는 증후군이다. 사실상 척수가 늘 통증을 느끼는 법을 '학습'했다고 말할 수 있는 상황이다. 흥미롭게도, 이런 장기 강화는 최초의 부상에 수반되었던 염증으로부터 부분적으로 유래한다.

** 신경계의 다른 부분에서의 장기 강화는 해마에서의 장기 강화와는 메커니즘이 다를 때가 많다. 어떤 경우에는 세번째 종류의 글루탐산 수용체가 관여하고, 또 어떤 경우에는 아예 글루탐산이 관여하지 않는다. 기존의 장기 강화 연구자들은 해마 밖에서도 장기 강화가 발생한다는 이 모욕적인 상황에 직면하여, 해마에서의 장기 강화는 고전적이고 정석적이고 교과서적이고 신성하고 아무튼 그런 것이지만 나머지는 싸구려 모조품에 지나지 않는다고 보는 방식으로 대처했다.

쓰레기통에서 건진 사실

현재 이 분야를 지배한 패러다임은 기억이 기존 시냅스의 강화에 달려 있다는 개념이다. 하지만 얄궂게도, 과거에 버려졌던 개념도 그동안 다시 살아났다. 기억이 새 시냅스 형성에 달려 있다는 생각이다. 한 뉴런이 맺는 모든 시냅스의 수를 셀 수 있는 기술로 살펴본 결과, 쥐들을 자극이 풍성한 환경에 두면 해마에서 시냅스의 개수가 늘어난다는 것이 확인되었다.

또다른 엄청나게 세련된 기술을 쓰면, 쥐가 무언가를 학습하는 동안 뉴런의 한 가지돌기 가지가 어떻게 되는지 추적할 수 있다. 놀랍게도 몇 분에서 몇 시간 만에 새 가지돌기 가시가 나타나고, 그 근처로 축삭말단이 슬그머니 다가온다. 몇 주가 더 지나면, 그 가지돌기 가시와 축삭말단이 제대로 기능하는 시냅스를 맺어서 새로운 기억을 안정화한다(다른 상황에서는 가지돌기 가시가 뒤로 움츠러들어 시냅스를 끊기도 한다).

이런 '경험 의존적 시냅스 형성'은 장기 강화와 결합한다. 시냅스가 장기 강화를 겪으면, 가지돌기의 한 가시 속으로 쓰나미처럼 쏟아져들어온 칼슘들이 넓게 퍼짐으로써 가지에서 그 근처에 새 가시가 만들어지도록 부추길 수 있다.

새 시냅스는 뇌의 어디에서나 형성된다. 우리가 어떤 운동 작업을 익힐 때는 운동 겉질 뉴런들에서 새로 시냅스가 만들어지고, 시각 자극을 많이 받은 후에는 시각 겉질에서 만들어진다. 우리가 쥐의 수염을 많이 자극하면, 이른바 '수염 겉질'에서 새 시냅스가 형성된다.[6]

게다가 뉴런이 새 시냅스를 충분히 많이 형성하면, 종종 그 가지돌기 '나무'의 가지들 길이와 수도 함께 확장하곤 하여 다른 뉴런들이 그 뉴런에게 더 많이 더 강하게 말을 걸 수 있게 된다.

스트레스와 글루코코르티코이드는 여기서도 뒤집힌 U 효과를 보인다. 온건하고 일시적인 스트레스는(또는 그에 해당하는 글루코코르티코이드 농도에 노출되면) 해마에서 가지돌기 가시 수를 늘리지만, 지속적 스트레스나 글루코코르티코이드 노출은 그 반대로 작용한다.[7] 게다가 주요 우울증과 불안증은—두 장애 모두 높은 글루코코르티코이드 농도와 연관된다—해마에서 가지돌기 수와 가시 수를 줄일 수 있다. 이 현상은 앞 장에서 언급했던 뇌유래신경영양인자라는 핵심 성장인자의 농도가 낮아짐으로써 발생한다.

지속적 스트레스와 글루코코르티코이드는 가지돌기 수축과 시냅스 소실도 일으키고, 신경세포접착분자(시냅스를 안정화하는 분자다)의 농도를 낮추고, 이마엽 겉질에서 글루탐산 분비를 낮춘다. 이런 변화가 더 많이 벌어질수록 주의력과 의사결정 능력이 더 많이 훼손된다.[8]

4장에서 급성 스트레스가 이마엽 겉질과 운동 영역의 결합을 강화하는 반면 이마엽 겉질과 해마의 연결은 약화한다고 했던 것을 떠올려보자. 그 결과로 우리가 새로운 정보를 통합하기보다 습관적 결정을 내리게 된다고 했다. 이와 비슷하게, 만성 스트레스는 이마엽 겉질-운동 영역 결합에서 가지돌기 가시 수를 늘리는 반면 이마엽 겉질-해마 결합에서는 수를 줄인다.[9]

편도체가 이마엽 겉질과 해마와는 다르다는 이야기를 이어가자면, 지속적 스트레스는 바닥가쪽편도에서 뇌유래신경영양인자 농도를 높이고 가지돌기를 확장시킴으로써 불안과 공포 조건화를 지속적으로 부추긴다.[10] 편도체가 뇌의 나머지 부분에 말을 걸 때 거치는 기착지, 즉 분계섬유줄핵에서도 마찬가지다. 바닥가쪽편도는 공포 조건화를 중개하지만 중심편도는 그보다 선천적 공포증에 더 관여한다고 했던 것을 기억할 것이다. 흥미롭게도, 스트레스가 중심편도에서 가지돌기 가시 수를 늘리거나 선천적 공포증을 북돋진 않는 듯하다.

이런 효과들은 놀라운 맥락 의존성을 보인다. 만약 쥐가 무섭기 때문에 글루코코르티코이드를 잔뜩 분비했다면, 해마에서 가지돌기 위축이 일어난다. 하지만 쥐가 자발적으로 쳇바퀴를 돌리느라 같은 양의 글루코코르티코이드를 분비했다면, 가지돌기가 확장된다. 이때 해마는 편도체도 함께 활성화하는가의 여부에 따라 글루코코르티코이드를 좋은 스트레스로 해석하거나 나쁜 스트레스로 해석하는 듯하다.[11]

해마와 이마엽 겉질의 가지돌기 가시 수와 가지 길이를 늘리는 요인으로는 에스트로겐도 있다.[12] 놀랍게도 해마 뉴런들의 가지돌기 나무들은 암컷 쥐의 배란 주기중에 아코디언처럼 크기가 커졌다가 줄어드는데, 이때 가장 큰 시점은 에스트로겐 농도가 정점일 때다.*

이처럼 뉴런들은 새 가지돌기 가지와 가시를 형성함으로써 가지돌기 나무의 크기를 키울 수 있고, 다른 환경에서는 그 반대로도 할 수 있다. 호르몬들이 종종 이런 효과를 매개한다.

축삭의 가소성

한편 뉴런의 반대쪽 끝에도 가소성이 있다. 축삭들도 새로운 분지를 내어 새로운 방향으로 나아갈 수 있는 것이다. 굉장한 사례를 하나 소개하면, 브라유 점자에 익숙한 시각장애인이 점자를 읽을 때는 시각장애가 없는 사람과 똑같이 촉각 겉질이 활성화하되, 놀랍게도 시각장애가 없는 사람과는 달리 시각 겉질이 함께 활성화한다.[13] 달리 말해 보통 뇌 겉질에서 손가락 끝 처리를 담당하는 부위로 축삭을 뻗는 뉴런들이 이 경우에는 진로를 한참 이탈하여 시각 겉질로 투사하는 것이다. 한 특이한 사례로, 브라유 점자에 능숙한 선천적 시각장애인 여성이 시각 겉질에 뇌졸중을 겪은 경우가 있었다. 그 결과 그는 다른 촉각 기능은 온전했지만 브라유 점자를 읽는 능력은 잃었다. 그에게는 이제 종이의 오돌토돌함이 밋밋하고 부정확하게 느껴졌다. 또 다른 연구에서 시각장애인 피험자들이 글자를 특정 소리와 연관 짓는 연습을 했더니, 나중에는 연속된 소리들을 그에 해당하는 글자들과 단어들로 들을 수 있게 되었다. 그런데 이들이 이처럼 '소리로 읽을' 때, 시각이 있는 사람에게서는 글을 읽을 때 활성화하는 시각 겉질 부위가 활성화했다. 이와 비슷하게, 수어에 능숙한 농인이 타인이 수어로 말하는 모습을 볼 때는 보통 발성 언어에 의해 활성화하는 청각 겉질 부위가 활성화한다.

손상된 신경계는 이와 비슷한 방식으로 '재지도화'될 수 있다. 내가 손의

* 이 못지않게 놀라운 사실로, 인간 여성의 월경 주기중에 뇌들보(두 반구를 잇는 두꺼운 신경 섬유 다발)의 말이집 부피가 이와 비슷하게 커졌다 작아졌다 한다.

촉각 정보를 받아들이는 겉질 부위에 뇌졸중 손상을 입었다고 하자. 손에 있는 촉각 수용체는 기능이 멀쩡하지만 이제 말을 걸 뉴런이 없고, 그래서 나는 손의 감각을 잃는다. 그런데 이후 몇 달에서 몇 년이 흐르면, 그 수용체의 축삭들이 새로운 방향으로 돌기를 뻗어서 겉질에서 그 옆의 부위로 비집고 들어가 그곳에서 새로 시냅스를 맺을 수 있다. 그러면 서서히 손에 부정확하나마 촉감이 돌아올지도 모른다(더불어 축삭말단 난민들을 받아준 겉질 영역으로 원래 투사하는 인체 부위에서는 약간이나마 촉감이 덜 정확해질 것이다).

자, 거꾸로 이제 손의 촉각 수용체가 망가져서 촉각 겉질 뉴런들에게 투사하지 못한다고 하자. 뉴런은 진공을 싫어하므로, 어쩌면 손목의 촉각 뉴런들이 부수적인 축삭 가지를 뻗어서 방치된 겉질 영역으로 영토를 넓힐 수도 있다. 망막 변성에 의한 시각 상실도 시각 겉질로 가는 신경 신호가 잠잠해진 경우다. 앞서 보았듯, 이때 점자 읽기에 관여하는 손가락 끝 촉각 뉴런들이 시각 겉질로 축삭 가지를 뻗어서 그곳에 진을 칠 수도 있다. 아니면 거짓 부상의 사례도 있다. 피험자들에게 고작 닷새 동안 눈가리개를 하도록 했더니, 그들의 청각 신경 가지가 시각 겉질로 뻗어서 재지도화하기 시작했다(그러나 눈가리개를 풀자마자 신경이 수축했다).[14]

점자 정보를 전달하는 손가락 끝 촉각 뉴런들이 시각 겉질로 재지도화된 시각장애인의 사례를 떠올려보자. 촉각 겉질과 시각 겉질은 뇌에서 멀리 떨어져 있다. 그런데 그 촉각 뉴런들은 ⓐ시각 겉질에 빈 땅이 있다는 사실과 ⓑ그곳의 임자 없는 뉴런들과 결합하면 손가락 끝 정보를 '읽기'로 바꿔내는 데 도움이 된다는 사실과 ⓒ그 겉질의 신대륙으로 축삭 가지를 보내는 방법을 어떻게 알까? 모두 현재 활발히 연구되는 주제들이다.

한편 시각장애인의 잠잠하던 시각 겉질로 투사 범위를 넓힌 것이 청각 뉴런들이라면, 어떤 일이 벌어질까? 청각이 더 예리해진다. 뇌가 한 영역의 결핍을 다른 영역의 보완으로 대응할 수 있는 것이다.

이처럼 감각 투사 뉴런들은 재지도화할 수 있다. 그리고 가령 시각장애인에게서 시각 겉질 뉴런들이 점차 처리를 맡게 되면 그 뉴런들도 새롭게 투사할 곳을 찾아서 재지도화할 필요가 있으므로, 재지도화가 꼬리를 물고 이어진다. 가소성의 파동이 퍼지는 셈이다.

재지도화는 부상이 없을 때도 뇌 전반에서 심심찮게 벌어진다. 내가 제일 좋아하는 사례는 음악가들의 사례다. 음악가들은 음악가가 아닌 사람들보다 청각 겉질에서 음악적 소리를 표상하는 영역이 더 넓어진 상태인데, 특히 자신이 연주하는 악기의 소리와 음높이 감지에 대해서 그렇다. 그리고 어릴 때부터 음악을 시작한 연주자일수록 이 재지도화가 더 강하게 나타난다.[15]

이런 재지도화에 꼭 수십 년의 연습이 필요하진 않다는 사실을 보여준 것은 하버드대학교의 알바로 파스쿠알레오네의 아름다운 연구였다.[16] 음악가가 아닌 피험자들이 자진하여 다섯 손가락을 쓰는 피아노 연습곡을 배운 다음, 하루에 두 시간씩 연습했다. 불과 며칠 만에 그들의 운동 겉질에서 그 손의 움직임을 담당하는 부위가 확장되었는데, 다만 연습을 그만두면 확장된 영역이 하루도 더 유지되지 않았다. 이 확장은 아마도 '헵적인' 확장이었을 것이다. 기존의 연결들이 반복된 사용으로 인하여 일시적으로 강화되었으리라는 뜻이다. 그런데 이때 피험자들이 4주 동안 매일 성실히 연습하면, 재지도화된 상태가 이후에도 며칠 동안 유지되었다. 이 확장은 아마 축삭이 가지를 뻗어서 새로운 연결을 형성한 덕분이었을 것이다. 더욱 놀랍게도, 하루에 두 시간 동안 그 연습곡을 연주하는 것을 상상하기만 한 피험자들에게서도 재지도화가 일어났다.

또다른 재지도화 사례로, 암컷 쥐들은 출산 후에 젖꼭지 주변 피부를 표상하는 촉각 지도가 확장된다. 좀 다른 사례로, 피험자들이 석 달 동안 저글링하는 법을 배웠더니 움직임을 시각적으로 처리하는 일을 담당하는 겉질 지도가 확장되었다.*[17]

---

* 모든 재지도화가 논리적이지는 않다. 그냥 이상하기만 한 사례도 있다. 몇 년 전에 내가 심한 스트레스에 시달린 나머지 한동안 틱 증상이 나타났다. 어떤 이유에서든 내가 갑자기 심란해

이처럼 경험은 시냅스의 개수와 강도, 가지돌기 나무의 크기, 축삭이 투사하는 표적을 바꾼다. 앞으로 몇 년은 신경과학 역사상 최대의 혁명기가 될 것이다.

역사의 잿더미를 더 깊게 파보기

새로운 기억에는 새로운 뉴런이 필요하다는 조악한 네안데르탈인 수준의 개념을 기억하는지? 이것은 헵이 기저귀를 찼던 시절에 진작 기각된 발상이었다. 성인의 뇌는 새 뉴런을 만들지 못한다. 사람은 태어난 무렵에 뉴런의 수가 가장 많고, 그 뒤로는 노화와 경솔함 덕분에 줄곧 내리막이다.

자, 여러분도 내가 무슨 이야기를 하려는지 짐작했을 것이다. 사실 성인의 뇌는, 나이가 많은 사람이라도, 새 뉴런을 만들 줄 안다. 이것은 참으로 혁명적인 발견이었다. 획기적인 발견이었다.

1965년에 MIT의 종신 재직권 없는 부교수 조지프 올트먼이(오랜 공동 연구자였던 고팔 다스와 함께) 당시로서는 새로웠던 기술을 써서 성체 신경생성의 첫 증거를 발견했다. 새로 만들어진 세포에는 새로 만들어진 DNA가 담겨 있다. 자, 그러니까 DNA에만 고유하게 들어 있는 분자를 하나 찾아보자. 그 분자를 시험관에 가득 채운 뒤, 분자들에 미세한 방사성 꼬리표를 달아주자. 분자들을 쥐 성체에게 주입하고, 기다리는 시간을 둔 뒤, 쥐의 뇌를 조사해보자. 만약 방사성 꼬리표를 단 뉴런이 있다면, 그것은 곧 그 뉴런이 기다리는 시간 동안에 만들어졌다는 뜻이다. 방사성 표지자가 새로 만들어진 DNA에 통합되었다는 뜻이니까.

올트먼은 일련의 실험을 통해서 이 사실을 보여주었다.[18] 올트먼 자신도

지면, 왼손의 검지와 중지가 몇 초간 리드미컬하게 수축하곤 했다. 왜 그랬을까? 전혀 모르겠다. 아무튼 변연계 회로에 일어난 불쾌한 소란이 어떻게 된 일인지는 몰라도 그 손가락들의 운동 회로를 동원하게 되었다니, 재지도화의 무작위성에 나는 감탄할 따름이었다.

말했듯이 처음에 이 연구는 좋은 반응을 받았고, 좋은 학술지에 발표되었고, 학계를 흥분시켰다. 하지만 몇 년 만에 분위기가 바뀌었다. 학계의 지도자들이 올트먼과 그의 발견을 거부했다. 사실일 리 없다는 것이었다. 올트먼은 정년 보장을 받는 데 실패했고, 퍼듀대학교로 옮겼고, 성체 신경생성 연구 지원금을 잃었다.

이후 십 년은 조용했다. 그러던 중, 뉴멕시코대학교의 부교수였던 마이클 캐플런이 신기술을 활용하여 올트먼의 발견을 확장시켰다. 이번에도 학계의 중진들은 대체로 캐플런의 연구를 가차없이 기각했는데, 그중에 신경과학계에서 가장 유력한 인물로 꼽히던 예일대학교의 파슈코 라키치도 있었다.[19]

라키치는 캐플런의(나아가 암묵적으로 올트먼의) 연구를 공개적으로 비판했다. 자신도 새 뉴런을 찾아보았으나 찾지 못했다면서, 캐플런이 다른 종류의 세포를 뉴런으로 착각한 것이라고 말했다. 학회에서 라키치가 캐플런에게 했던 말은 악명이 높다. "그 세포들이 뉴멕시코에서는 뉴런처럼 보이는지 모르겠지만, 뉴헤이븐에서는 그렇지 않아요." 캐플런은 곧 연구를 그만두었다(그리고 25년 뒤, 성체 신경생성이 재발견되어 모두가 흥분한 시기에 '환경 복잡성은 시각 겉질의 신경생성을 자극한다—도그마의 죽음과 연구자 경력의 죽음'이라는 제목의 짧은 회고록을 썼다).

이 분야는 또 십 년간 휴면에 들어갔다. 다시 잠을 깨운 것은 록펠러대학교의 페르난도 노테봄 교수 실험실에서 등장한 뜻밖의 성체 신경생성 증거였다. 뛰어난 업적으로 존경받는 신경과학자인 노테봄은 둘째가라면 서러울 중진으로 새 노랫소리의 신경동물행동학을 연구했는데, 그런 그가 새롭고 더 민감한 기술을 사용하여 놀라운 사실을 보여주었다. 매년 새로 영역 노래를 배우는 새들의 뇌에서 새 뉴런이 만들어진다는 사실이었다.

노테봄의 연구 품질과 위신 앞에서, 신경생성을 의심하던 이들은 입을 다물었다. 대신 그들은 발견의 타당성을 의심했다. 아, 페르난도와 그의 새 친구들에게는 좋은 소식이군요. 하지만 진정한 종들, 포유류에서는 어떨까요?

곧 더 새롭고 세련된 기술을 쓴 연구에서 쥐도 신경생성을 한다는 사실이 설득력 있게 확인되었다. 이 연구를 주도하다시피 한 것은 프린스턴의 엘리자베스 굴드와 소크 연구소의 프레드 '러스티' 게이지라는 두 젊은 과학자였다.

곧 다른 많은 연구자들도 이 새로운 기술을 통해서 성체 신경생성을 발견하기 시작했다. 그중에는, 아하, 라키치도 있었다.[20] 그러자 이제 라키치의 주도로 새로운 논점의 회의론이 득세했다. 그래요, 성체의 뇌도 새 뉴런을 만듭니다. 하지만 그 수가 적고, 오래 살지 못하는데다가, 정말로 중요한 부위에서는(가령 겉질에서는) 생성되지 않습니다. 게다가 이 현상은 설치류에서 확인되었을 뿐 영장류에서는 확인되지 않았잖아요. 곧 원숭이들에서도 성체 신경생성이 확인되었다.*[21] 회의론자들은 또 말했다. 그래요, 하지만 인간에서는 아니잖아요. 게다가 새 뉴런들이 기존 회로에 통합되어 실제로 기능한다는 증거도 없잖아요.

결국에는 이 모든 의문들에 대한 답도 확인되었다. 성인의 해마에서는 상당한 양의 신경이 생성되고(매달 대략 3%의 뉴런이 새것으로 교체된다), 겉질에서도 그보다 적은 양이지만 생성된다.[22] 이 현상은 인간의 성인기 전체에 걸쳐서 벌어진다. 한 예로 해마의 신경생성은 학습, 운동, 에스트로겐, 항우울제, 자극이 풍부한 환경, 뇌 부상으로 인해 향상되며,** 다양한 스트레스

---

* 『뉴요커』에 이 역사를 돌아본 훌륭한 기사가 실린 적 있다. 그때 인터뷰했던 노테봄은 이렇게 말했다. "파슈코는 엄격한 표준 수호자의 역할을 맡았죠. 그건 괜찮습니다. 심지어 타당하다고도 볼 수 있죠. (…) [그러나] 이런 말은 하고 싶지 않지만, 나는 파슈코 라키치라는 한 사람 때문에 신경생성 분야의 발전이 최소 10년은 저지되었다고 생각합니다."

** 뇌졸중과 같은 뇌 손상이 신경생성을 촉발할 수 있다는 사실은 엄청난 흥분을 불러왔다. 와, 뇌가 부상을 겪은 뒤에 스스로 치료할 수 있다니, 대단하지 않아? 하지만 처음부터 확실했던 점은 설령 보완적 신경생성이 일어난다고는 해도 그 양이 엄청나지는 않다는 것이다. 대개의 신경적 발작을 겪은 뒤에 신경계는 수선이 불가능할 정도로 엉망진창이 되곤 하기 때문이다. 그리고 이 주제의 연구에서 이제 막 밝혀지기 시작한 사실로, 설상가상 가끔은 새로 생긴 뉴런들이 오히려 사태를 악화한다. 가지 말아야 할 곳으로 이동하고, 엉뚱한 회로에 통합되고, 그럼으로써 그 회로를 발작에 더 취약하게 만든다. 1장에서 말했던 개념을 끌어와서 비유하자면, 이런 뉴런들은 병적 이타성을 발휘하는 것처럼 보인다. 그러니 갓 만들어져서 앞뒤 분간도 못하는 뉴런들이 도와주겠다고 나설 때는 경계해야 한다.

요인들에 의해 억제된다.*[23] 게다가, 새로 만들어진 해마 뉴런들은 출생 무렵 뇌의 어린 뉴런들이나 갖고 있는 활발한 흥분성을 자랑하며 기존 회로에 통합된다. 더 중요한 점으로, 뇌가 새 정보를 기존 스키마에 통합하는 이른바 '패턴 분리' 작업에는 새 뉴런들이 꼭 필요하다. 이것은 우리가 원래 같은 것인 줄 알고 있던 두 대상이—가령 돌고래와 쇠돌고래가, 베이킹소다와 베이킹파우더가, 조이 데이셔넬과 케이티 페리가— 실은 다르다는 사실을 학습하는 현상이다.

성체 신경생성은 현재 신경과학에서 가장 유행하는 주제다. 올트먼의 1965년 논문이 발표된 직후 5년간 논문이 인용된 횟수는 (나쁘지 않은) 29회였지만, 지난 5년간은 1천 회가 넘었다. 현재 진행되는 연구들은 운동이 어떻게 신경생성을 자극하는가(아마 뇌에서 어떤 성장인자들의 농도를 높임으로써 그럴 것이다), 새 뉴런들이 어떻게 옮겨갈 곳을 아는가, 우울증은 해마의 신경생성 부전에서 비롯하는가, 항우울제로 자극된 신경생성이 지속되려면 약물 투여도 지속되어야 하는가 등을 살펴본다.[24]

성체 신경생성이 학계에 받아들여지기까지 왜 이렇게 오래 걸렸을까? 나는 이 이야기의 주역 중 많은 이들을 만나서 물어보았는데, 그들의 의견이 크게 다르다는 데에 놀랐다. 한 극단에는 라키치 같은 회의론자들이 비록 서투르게 대처하기는 했지만 그 덕분에 연구 품질 관리가 이뤄졌으며 세간의 영웅담과는 달리 이 분야의 초기 연구 중 일부는 전혀 건실하지 못했다고 보는 의견이 있다. 반대쪽 극단에는 라키치 등이 스스로 성체 신경생성을

* 이처럼 신경생성을 '향상'시키거나 '억제'하는 요인들을 나열한 것은 사실 세부를 잔뜩 얼버무린 설명이다. 새 뉴런이 회로에 얼마나 많이 통합되는가 하는 것은 ⓐ뇌의 줄기세포에서 새 세포가 얼마나 많이 형성되는가, ⓑ새로 형성된 세포 중 (신경아교세포가 아니라) 뉴런으로 분화하는 세포의 비율, ⓒ새로 분화한 뉴런 중 살아남아서 제대로 기능하는 시냅스를 맺는 뉴런의 비율 등에 달려 있다. 학습, 운동, 스트레스, 기타 등등의 요인들은 이 과정에서 저마다 서로 다른 단계에 영향을 미친다. 더구나 스트레스 요인이라고 해서 다 같은 것이 아니다. 쥐의 몸에서 글루코코르티코이드가 분비된 것이 만약 근처에 포식자가 나타났다고 생각해서라면, 그래서 싸움 혹은 도주 사이렌이 울린 것이라면, 신경생성은 억제된다. 반면에 쥐가 자발적으로 쳇바퀴를 돌리느라 글루코코르티코이드가 분비된 것이라면, 신경생성이 향상된다(요컨대 '나쁜' 스트레스와 '좋은' 스트레스의 대비다).

발견하지 못했기 때문에 그 존재를 인정하지 않았다고 보는 의견이 있다. 원로들이 변화하는 시대에 맞서서 도그마에 매달린 것이라고 보는 이 역사심리학적 견해에는 약점이 있으니, 당시 올트먼이 케케묵은 업계에서 망아지처럼 날뛴 젊은 무정부주의자가 아니라 라키치를 비롯한 회의론 진영의 몇몇 주역들보다 오히려 나이가 약간 더 많았다는 점이다. 이 모든 상황에 대한 판결은 결국 역사학자들과 시나리오 작가들이 내릴 테고, 내가 바라기로는 스톡홀름의 그분들도 곧 판결해주었으면 싶다.

현재 89세인 올트먼은 2011년에 어느 책의 한 챕터로 회고록을 발표했다.[25] 몇몇 대목에서 그는 슬프고 혼란스러운 목소리로 말한다. 처음에는 모두 열광하지 않았던가, 그런데 왜 그렇게 되었지? 어쩌면 자신이 실험실에서만 시간을 보내고 발견을 홍보하는 데는 신경쓰지 않았던 탓인지도 모르겠다고 그는 말한다. 글에서는 조롱받는 예언자로 오랜 세월을 살다가 적어도 말년에는 완벽하게 명예를 회복한 사람의 양가적 감정이 묻어난다. 올트먼은 이 현실을 철학적인 태도로 받아들인다. 이봐요, 나는 나치 수용소에서 탈출한 유대계 헝가리인이라오. 이런 일쯤은 초연히 받아들일 줄 알게 되지.

신경가소성의 몇몇 다른 영역들

지금까지 성인에게서도 경험이 시냅스와 가지돌기 가지의 수를 바꾸고, 회로를 재지도화하고, 신경생성을 부추길 수 있다는 것을 보았다.[26] 종합적으로 이런 효과들은 실제 뇌 영역의 크기를 바꿀 만큼 클 수 있다. 예를 들어, 폐경 후 에스트로겐을 치방받는 여성은 해마가 커진다(아마도 가지돌기 가지가 많아지고 뉴런도 많아지는 효과가 결합한 덕분일 것이다). 거꾸로 우울증이 지속되면 해마가 위축되는데(그래서 인지에 문제가 생긴다), 이것은 아마도 우울증에 동반하는 스트레스와 우울증에 전형적으로 나타나는 높은 글루코코르티코이드 농도 탓일 것이다. 심각한 만성 통증 증후군이나 쿠싱 증후군(종양이 글루코코르티코이드 농도를 극도로 높여서 다양한 내분비 장애가 따르는 질병이다)을 앓는 사람들에게도 기억 장애와 해마 부피 소실이 나타난다. 그리고 외상후스트레스장애는 편도체의 부피 증가와(더불어 과민성과도) 연관되어 있다. 이 모든 경우에서 스트레스/글루코코르티코이드의 효과 중 어느만큼이 뉴런 개수가 변한 탓이고 어느만큼이 가지돌기의 처리량이 변한 탓인지는 확실히 밝혀지지 않았다.*

경험이 뇌 영역의 크기를 바꾸는 현상의 사례로 한 가지 멋진 예는 공간 지도 기억을 담당하는 해마 뒷부분 이야기다. 택시운전사는 공간 지도를 써서 먹고사는 사람들이다. 아니나다를까 한 유명한 연구에서, 런던의 택시운전사들은 해마의 그 부분이 확대되었다는 사실이 확인되었다. 후속 연구에서는 런던 택시 면허를 따려고(《뉴욕 타임스》가 세상에서 가장 힘든 시험이라고 명명한 자격시험이다) 몇 년간 힘들게 연습하고 공부한 사람들의 해마를 그 전후에 촬영해보았는데, 시험에 합격한 사람들은 그 과정을 겪으면서 해마가 더 커진 것으로 드러났다.[27]

따라서, 경험과 건강 상태와 호르몬 요동은 몇 달 만에도 뇌 일부분의 크기를 바꿀 수 있다. 경험은 또 신경전달물질 및 호르몬 수용체의 개수, 이온 통로의 농도, 뇌에서 유전자들의 켬/끔 스위치 상태(8장에서 이야기할 내용이다)에 장기적 변화를 일으킬 수 있다.[28]

만성 스트레스를 겪으면 기댐핵에서 도파민이 고갈되는데, 그러면 쥐들은 사회적으로 종속되는 편향을 보이고 사람들은 우울증으로 편향되는 경향을 보인다. 앞 장에서 보았듯, 만약 설치류가 자기 영역에서 싸워서 이긴다면 기댐핵과 배쪽뒤판에서 테스토스테론 수용체 수가 장기적으로 늘어나서 테스토스테론의 기분 좋은 효과가 증강된다. 심지어 뇌에 감염되는 톡소포자충

* 신경가소성의 우울한 측면을 보여주는 사례를 하나 추가하자면, 극심한 만성 스트레스와 글루코코르티코이드 과다노출이 해마의 뉴런들을 죽일 수도 있다는 것이다. 물론 이것은 끔찍하리만치 극단적인 수준의 스트레스에 해당하는 이야기일 텐데, 그보다 평범한 수준의 지속적 스트레스에도 해당하는 이야기인지는 분명히 밝혀지지 않았다.

이라는 기생충도 있다. 이 기생충에 감염된 쥐는 이후 몇 주에서 몇 달에 걸쳐서 고양이 냄새를 점점 덜 무서워하게 되고, 이 기생충에 감염된 사람은 미묘한 방식으로 두려움은 줄고 충동성은 커진다. 기본적으로는 우리가 신경계에서 측정할 수 있는 거의 모든 지표들이 지속적 자극에 대응하여 바뀔 수 있다고 봐야 한다. 이런 변화들이 종종 가역적이라 다른 환경에서는 원래대로 돌아간다는 것도 중요한 점이다.*

몇 가지 결론

성체 신경생성의 발견은 혁명적이었다. 형태를 불문하고 모든 종류의 신경가소성이 전체적으로 엄청나게 중요한 주제다. 전문가들이 뭔가가 결코 그럴 리 없다고 단언할 때는 결국 그렇게 되기 마련이라는 사실이 여기서도 확인되었다.[29] 이 주제의 수정주의적 속성도 매력의 한 요소다. 신경가소성은 낙천주의를 퍼뜨린다. 이 주제를 다룬 책들의 제목은 '기적을 부르는 뇌' '마음을 훈련하여 뇌를 바꿔라' '당신의 뇌를 리셋하라!' 하는 식으로, 다들 '새로운 신경학'을 암시한다(일단 우리가 신경가소성을 완전히 활용할 줄 알게 되면 신경학이 더는 필요하지 않으리라는 시각이다). 허레이쇼 앨저풍으로 우리가 뭐든지 해낼 수 있다는 기백이 도처에 넘쳐난다.

이 와중에 우리가 조심해야 할 점들이 있다.

* 다른 장들에서도 누누이 만났던 주의사항을 떠올려보자. 뇌가

---

* 예를 들어, 경험이 유전자의 스위치를 특정 방향으로 조작하는 현상은 한때 영구적인 것으로 이해되었지만 알고 보니 그렇지 않았다. 마찬가지로, 쿠싱 증후군으로 인한 해마 위축은 종양 제거 후 일 년쯤 지나면 원래 상태로 돌아가는 것으로 보인다. 이런 패턴에서 한 가지 심란한 예외가 있다. 장기 주요 우울증으로 인한 해마 위축은 우울증이 성공적으로 치료된 뒤에도 그 상태로 남는다는 것이 대부분의 연구 결과다. 게다가 몇몇 경우에서는(가령 스트레스로 인한 가지돌기 수축 과정에서는) 이런 가역성이 나이가 들수록 감소한다.

경험에 반응하여 변화하는 능력이란 가치중립적 현상이다. 시각이나 청각이 소실된 사람들에게서 축삭이 재지도화하는 것은 훌륭하고, 흥분되고, 감동적인 일이다. 내가 런던에서 택시를 몰면 해마가 커진다는 것은 멋진 일이다. 오케스트라의 트라이앵글 연주자가 청각 겉질이 더 커지고 전문화한다는 것도 멋진 일이다. 하지만 그 반대 방향도 있다. 트라우마가 편도체를 확장시키고 해마를 위축시켜서 외상후스트레스장애를 앓는 사람을 괴롭힌다는 것은 어떤가. 손재주를 담당하는 운동 겉질 부위가 확장되는 현상이 신경외과의사에게 나타난다면 좋은 일이겠지만, 금고털이에게 나타난다면 사회에 그다지 이롭다고 할 수 없을 것이다.

* 신경가소성의 범위가 유한하다는 것은 더없이 분명한 사실이다. 그렇지 않다면, 심각한 뇌 손상과 절단된 척수도 가만 놓아두면 결국 아물지 않겠는가. 게다가 신경가소성은 일상적 수준이라는 한계 내에서 벌어진다. 작가 맬컴 글래드웰은 다양한 기술을 지닌 사람들이 연습에 얼마나 많은 시간을 쏟았는지 조사해보았는데, 그 결과 1만 시간이 필요하다는 것이 그의 주장이었다. 설령 그렇더라도, 역은 성립하지 않는다. 누구든지 1만 시간을 연습한다고 해서 신경가소성 덕분에 요요 마 같은 첼리스트나 르브론 제임스 같은 농구선수가 될 수는 없다는 뜻이다.

앞으로 신경학이 신경가소성을 조작하여 기능을 회복시킬 수 있을지도 모른다는 것은 실로 엄청나고 흥분되는 전망이다. 하지만 이것은 이 책의 주제를 벗어나는 이야기다. 신경가소성의 잠재력에도 불구하고, 우리가 가령 뉴런 성장인자를 사람들의 코에 뿌림으로써 그들의 개방성과 감정이입 수준을 높인다든지, 혹은 유전자 치료로 신경가소성을 조작하여 어느 무뢰한의 전위 공격 성향을 둔화한다든지 하는 일은 아마도 불가능할 것이다.

그렇다면 우리가 이 책에서 살펴보는 문제에 이 주제가 어떤 도움이 된다는 걸까? 주로 심리적인 이득이라는 게 내 생각이다. 여기서 내가 2장에서 말했던 논점이 상기된다. 외상후스트레스장애 환자들의 해마 부피가 줄었음을 입증한(신경가소성의 악효과 사례임에 분명하다) 뇌 영상 연구들 이야기였다. 그때 나는 많은 입법자들이 뇌 사진을 보고서야 비로소 외상후스트레스장애를 겪는 참전 군인들에게 절박하고 기질적인 문제가 있다는 사실을 믿는 것이 우스꽝스럽다고 비난했다.

이와 비슷하게, 신경가소성 연구는 뇌가 바뀐다는 사실을 '과학적으로 입증'함으로써 뇌의 기능적 유연성을 더 실감나게 느끼도록 만든다. 인간이 바뀐다는 것은 사실 당연한 일인데 말이다. 며칠에서 몇 달의 시간 만에, 아랍 사람들은 목소리 없는 피통치자에서 독재자를 끌어내리는 시민으로 바뀌었다. 로자 파크스는 피해자에서 운동의 촉매로 바뀌었고, 사다트와 베긴은 적에서 평화의 설계자로 바뀌었으며, 만델라는 죄수에서 정치가로 바뀌었다. 그리고 물론, 이런 변혁으로 변화한 사람들의 뇌에서도 우리가 이 장에서 살펴본 변화들이 틀림없이 일어났을 것이다. 달라진 세상은 달라진 세계관을 낳고, 달라진 세계관은 곧 달라진 뇌를 뜻한다. 그리고 이런 변화의 바탕에 깔린 신경생물학이 더 구체적으로 더 실감나게 밝혀질수록, 그런 변화가 언제든 다시 일어날 수 있다고 상상하기도 더 쉬워질 것이다.

6장

청소년기, 혹은 저기요, 내 이마엽 겉질 어디 갔어요?

이번 장은 발달에 초점을 맞춘 두 장 중 첫번째다. 지금까지 우리는 리듬에 따라 이야기를 진행해왔다. 어떤 행동이 막 벌어졌다. 이전 몇 초, 몇 분, 몇 시간 동안 일어난 어떤 사건들이 그 행동을 일으켰을까? 다음 7장에서는 이 과정을 발달의 영역까지 확장해볼 것이다. 그 개인의 아동기와 태아기에 일어난 어떤 사건들이 그 행동에 기여했을까?

이번 장은 그 리듬을 깨고, 청소년기에 집중한다. 앞선 장들에서 살펴본 생물학이 청소년에게서는 성인에게서와 다르게 작용하여 다른 행동을 낳을까? 정말 그렇다.

이번 장에서 가장 중요한 사실이 하나 있다. 앞선 5장에서 우리는 어른의 뇌가 고정불변이라는 통념을 깨뜨렸다. 그런데 또하나의 통념이 있으니, 바로 뇌가 아동기 초기에 거의 다 완성된다는 생각이다. 누가 뭐래도 2세까지 뇌가 성인 뇌 부피의 약 85%까지 자란다는 건 사실 아닌가. 하지만 실제 발달의 궤적은 그보다 훨씬 더 느리다. 이번 장의 핵심은 뇌에서 가장 늦게 온전히 성숙하는 영역이 (시냅스 개수, 말이집 형성, 대사 측면에서 볼 때) 이마

엽 겉질이라는 사실이다. 이마엽 겉질은 20대 중순에야 온전한 능력을 얻는다.[1]

여기에서 굉장히 중요한 두 가지 의미가 따라 나온다. 첫째, 성인의 뇌에서 청소년기에 가장 많이 형성되는 영역은 바로 이마엽 겉질이다. 둘째, 이 이마앞엽의 지연된 성숙이라는 맥락을 고려하지 않고서는 청소년기에 대해 아무것도 이해할 수 없다. 청소년기에 이르면 이미 변연계, 자율신경계, 내분비계가 풀가동하지만 이마엽 겉질은 이제 겨우 조립 설명서를 만지작거리고 있다는 사실, 바로 이것이 청소년기가 그토록 절망적이고, 멋지고, 아둔하고, 충동적이고, 고무적이고, 파괴적이고, 자기파괴적이고, 이타적이고, 이기적이고, 힘들고, 세상을 바꿀 수 있는 시기인 까닭이다. 생각해보라. 청소년기와 성인기 초기는 우리가 남을 죽이고, 죽임을 당하고, 영원히 집을 떠나고, 새로운 예술 양식을 발명하고, 독재자 타도를 거들고, 한 마을을 인종청소하고, 남들에게 헌신하고, 중독되고, 외부인과 결혼하고, 물리학을 변혁하고, 끔찍한 패션 감각을 자랑하고, 오락 활동중에 목을 부러뜨리고, 신에게 인생을 바치고, 노부인을 강탈하기가 가장 쉬운 시기다. 또한 인류 역사가 바로 이 순간으로 수렴될 운명이어서 지금이야말로 가장 결정적이고, 위험과 기회가 넘치고, 할일이 많으므로 자신이 개입하여 바꿔내야만 한다고 믿기 쉬운 시기다. 요컨대, 청소년기는 우리가 인생에서 가장 많이 위험을 감수하고, 새로움을 추구하고, 또래와 연대하는 시기다. 그리고 이 모두가 미성숙한 이마엽 겉질 때문이다.

청소년기의 실재성

청소년기는 실재하는 것일까? 그저 아동기에서 성인기로 매끄럽게 넘어가는 과정의 일부가 아니라, 그 전과도 후와도 정성적으로 구별되는 특징이 있는 독특한 시기일까? 혹시 '청소년기'가 문화의 산물에 불과한 것은 아닐까? 서구에서는 영양과 건강 상태가 개선됨에 따라 사춘기가 더 일찍 시작되게 되었고, 한편 현대적 교육과 경제 상황에 따라 출산 연령은 더 늦춰졌기 때문에, 두 시기 사이에 발달적 간격이 벌어지게 되었다. 짜잔! 이렇게 해서 청소년기가 발명된 것 아니겠는가?*[2]

앞으로 살펴보겠지만, 신경생물학적 증거에 따르면 청소년기는 실재한다. 청소년의 뇌는 덜 익힌 성인의 뇌가 아니고, 아동의 뇌를 너무 오래 실온에 방치한 결과도 아니다. 게다가 대부분의 전통문화는 청소년기를 독특한 시기로 간주하여, 성인의 권리와 책임 중 일부를 부여하되 전부를 다 주지는 않는다. 하지만 서구 문명이 발명한 것이 있기는 하다. 바로 더 길어진 청소년기다.**

한편 개인주의 문화의 산물로 보이는 점도 있다. 청소년기를 세대 간 갈등의 시기로 여기는 점이다. 반면 집단주의 문화의 젊은이들은 제 부모를 필두로 한 어른들의 바보짓에 대놓고 눈알을 굴리는 경우가 드물다. 그리고 개인주의 문화 내에서도 모두에게 청소년기가 정신의 여드름 같은 시기, 질풍노도의 시기인 것은 아니다. 대부분의 사람들은 그 시기를 그럭저럭 겪어낸다.

---

* 서구에서 법적 성년 기준이 높아진 것은 가끔 근육량 같은 의외의 평범한 요인 때문이었다. 13세기 영국은 법적 성년을 15세에서 21세로 높였다. 갑옷이 갈수록 무거워져서, 남자들이 그것을 걸치고 전투에 나갈 만큼 강해지려면 보통 나이가 더 들어야 했던 것이다. 더 무거운 짐을 태우게 된 말들의 성년도 더불어 높아졌는지는 알 수 없다. 하지만 거꾸로 기술이 발전해서 더 어린 청소년이 어른의 일을 할 수 있게 된 경우도 있었다. 가벼운 자동 화기 개발은 전 세계 약 30만 명으로 추산되는 소년병 동원에 요긴하게 기여했다.

** 그뿐만 아니라 성인이 많은 측면에서 여전히 청소년이기를 바라야 한다는 관념도 서구에서 발명되었다. 성인이 새로움과 사회성을 추구하는 청소년기의 성향을 계속 간직하거나 되찾아야 하고, 청소년기 수준의 머리털과 다리 셀룰라이트를 유지해야 하고, 청소년기 수준의 회복력을 간직해야 한다는 생각이다. 수렵채집인들은 "열 살쯤 어려 보여요!"에는 흥미가 없었다. 그들은 더 나이들어 보이기를 바랐다. 그래야 남들에게 이래라저래라 할 수 있으니까.

이마엽 겉질의 성숙 과정

이마엽 겉질이 느리게 성숙한다는 말을 들으면, 머릿속에 딱 떠오르는 시나리오가 있다. 청년기 초기는 성인기보다 이마엽 겉질의 뉴런, 가지돌기, 시냅스 개수가 더 적었다가 20대 중반까지 그 수가 꾸준히 느는 것 아니겠느냐는 생각이다. 하지만 현실에서는 그 수가 오히려 준다.

이것은 포유류의 뇌에서 진화한, 한 가지 정말 기발한 현상 때문이다. 태아의 뇌는 놀랍게도 성인의 뇌보다 뉴런을 훨씬 더 많이 갖고 있다. 왜일까? 태아 발달 후기에, 뇌 대부분의 영역에서 극단적인 경쟁이 벌어진다. 경쟁에서 이긴 뉴런들은 정확한 장소로 이동하여 다른 뉴런들과의 시냅스 연결을 최대로 늘린다. 품질 경쟁에서 진 뉴런들은? 그 뉴런들은 '세포예정사'를 겪는다. 내부에서 특정 유전자들이 활성화하여 세포가 쪼그라들다가 죽어버리고, 그 재료는 재활용되는 것이다. 일단 뉴런을 과잉 생산했다가 경쟁을 거쳐 가지치기하는 과정은 (이 현상을 '신경다윈주의'라고 부른다) 더 최적화된 신경 회로가 진화하도록 해주었다. '적은 것이 많은 것이다'의 한 사례인 셈이다.

청소년의 이마엽 겉질에서도 같은 일이 벌어진다. 청소년기가 시작될 무렵의 뇌는 성인기의 뇌보다 회색질이 더 많고 (회색질 부피는 뉴런과 가지돌기의 총 개수에 대한 간접적 지표다) 시냅스도 더 많다. 그러다가 이후 십 년 동안 최적이 아닌 가지돌기 가시와 연결이 가지치기되어 사라지면서 회색질 두께가 감소한다.*[3] 이마엽 겉질 내에서도, 진화적으로 가장 오래된 하위 영역이 먼저 성숙한다. 진화적으로 새것인 (인지적) 등쪽가쪽이마앞엽 겉질은 청년기 후기에 들어서고서야 회색질을 잃기 시작한다. 이런 발달 패턴의 중요성은 아동들을 대상으로 그들이 성인이 될 때까지 반복적으로 뇌 영

* 어쩌면 예상 가능한 일로서, 이마엽 겉질 회색질의 부피는 남자아이보다 여자아이가 먼저 최대치에 도달한다. 하지만 그 밖에는 청소년의 뇌 발달과정에서 이렇다 할 성차가 없다는 것이 오히려 가장 놀라운 점이다.

상 촬영과 IQ 시험을 거쳤던 한 기념비적 연구에서 잘 드러났다. 이때 청년기 초기에 가지치기가 시작되기 전 겉질의 회색질 양을 늘리는 기간이 길었던 피험자일수록 성인기 IQ가 높았다.

따라서, 청소년기의 이마엽 겉질 성숙은 더 큰 뇌를 얻기 위한 것이 아니라 더 효율적인 뇌를 얻기 위한 것이다. 이 사실은 청소년과 성인의 뇌를 비교한 뇌 영상 연구들에서 잘 드러나는데, 이런 연구들의 결과는 자칫 잘못 해석되기가 쉽다.[4] 이런 연구들이 자주 살펴보는 주제로, 성인은 청소년에 비해서 작업중 행동에 대한 집행 통제력이 더 크고 그때 이마엽 겉질을 더 많이 활성화하는 현상이 있다. 그런데 특이하게도 청소년이 성인과 맞먹는 집행 통제력을 발휘하는 작업을 찾아서 비교한다고 하자. 그 경우, 오히려 청소년이 성인보다 이마엽을 더 많이 활성화한다. 가지치기가 잘된 성인의 이마엽 겉질은 동등한 수준의 조절력을 발휘하는 데 애를 덜 써도 되는 것이다.

청소년의 이마엽 겉질이 아직 효율적이지 못하다는 것은 다른 방식으로도 입증된다. 예를 들어 청소년은 아이러니를 감지하는 일을 성인만큼 잘해내지 못한다. 그리고 그 작업을 할 때 성인보다 등쪽가쪽이마앞엽 겉질을 더 많이 활성화한다. 대조적으로, 성인은 방추상얼굴영역을 더 많이 활성화한다. 한마디로, 성인에게는 아이러니를 감지하는 일이 머리를 많이 굴릴 필요가 없는 일이다. 상대의 얼굴을 한번 쓱 보면 그만인 일이다.[5]

이마엽 겉질의 백색질은 어떨까(백색질 부피는 축삭의 말이집 형성 수준을 알게 하는 간접적 지표다)? 백색질의 방법은 일단 과잉 생산했다가 가지치기하는 회색질의 방법과 달라서, 축삭은 청소년기 내내 꾸준히 말이집 형성을 진행한다. 「부록 1」에서 보았듯이, 말이집이 형성된 뉴런은 더 빠르게 더 조율된 방식으로 소통할 수 있다. 그러므로 청소년기가 진행될수록 이마엽 겉질의 하위 영역들이 점점 더 하나의 기능 단위로서 작동할 줄 알게 되고, 그래서 점점 더 하나로 얽히게 된다.[6]

이것은 중요한 사실이다. 우리가 신경과학을 배울 때는 개개의 뇌 영역들을 기능적으로 독특한 존재로 여기기가 쉽다(그후 개중 한 영역을 전공하는 연구자로서 살게 되면 이 경향성이 더 심해진다). 그 증거로 현재 생의학계에는 수준 높은 학술지가 두 개 있는데, 하나는 이름이 『겉질』이고 다른 하나는 『해마』로, 둘 다 자신들이 가장 좋아하는 뇌 영역에 대한 논문만을 싣는다. 수만 명이 참석하는 뇌과학 모임에서라면, 많은 사람들이 뇌에서도 어느 한 영역만을 골라서 연구하는 일에 사회적 기능이 있을 것이다. 그런 자리에서 그들이 끼리끼리 가십을 나누고 유대감을 맺고 연애를 걸도록 해주니까. 하지만 현실에서는 다르다. 현실의 뇌에서 가장 중요한 것은 회로다. 여러 영역들 사이의 기능적 연결성 패턴이다. 청소년의 뇌에서 진행되는 말이집 형성은 연결성 증가가 중요하다는 것을 보여준다.

흥미롭게도, 청소년의 뇌에서는 덜 발달된 이마엽 겉질을 다른 영역들이 도와주는 듯하다. 이마엽 겉질이 아직 맡을 준비가 되지 않은 역할들을 다른 영역들이 맡아주는 것이다. 일례로, 성인과는 달리 청소년의 경우에는 배쪽줄무늬체가 감정 조절을 돕는다. 이 이야기는 뒤에서 더 하겠다.[7]

한편 초보자 이마엽 겉질을 자꾸 훼방하는 존재도 있다. 여성의 경우에는 에스트로겐과 프로게스테론, 남성의 경우에는 테스토스테론이다. 4장에서 보았듯이, 이 호르몬들은 뇌의 구조와 기능을 바꾼다. 이마엽 겉질도 예외가 아니어서, 이 생식 호르몬들은 이마엽 겉질에서 말이집 형성의 속도와 다양한 신경전달물질들의 수용체 농도에 영향을 미친다. 따라서 논리적으로, 청소년의 뇌와 행동이 얼마나 성숙했는가 하는 문제는 그냥 나이보다는 사춘기에 접어든 후 흐른 시간과 더 관련된다.[8]

게다가 사춘기는 그저 생식 호르몬이 쏟아지기 시작하는 시기만이 아니다. 생식 호르몬이 작동하는 방식도 달라지는 시기다.[9] 난소의 내분비 기능에서 가장 중요한 속성은 호르몬 분비의 주기성이다. "한 달에 한 번 찾아오는 그 시기가 되었군" 하는 점이 중요한 것이다. 여성 청소년의 사춘기는 첫 월경과 함께 완벽하게 도달하는 게 아니다. 첫 몇 년 동안은 월경 주기의 약 절반에만 실제로 배란이 일어나고, 에스트로겐과 프로게스테론이 급등한다. 그러니 어린 청소년은 배란 주기를 처음 겪을 뿐 아니라 배란 주기의 변동이라는 고차원적 주기도 겪는 셈이다. 남성 청소년은 그런 어질어질한 호르몬 변동을 겪지 않지만, 그래도 다리 사이에 쏠리는 혈액으로 인해 이마엽 겉질이 수시로 저산소증을 겪는 것은 피할 수 없다.

따라서 청소년기에 접어들 무렵에 이마엽 겉질은 품질이 나쁜 잉여의 시냅스들, 말이집 형성이 덜 이뤄진 탓에 속도가 느린 소통, 조율되지 못하고 뒤죽박죽으로 작동하는 하위 영역들 때문에 효율이 떨어진 상태다. 줄무늬체가 그런 이마엽 겉질을 도우려고 하지만, 대타자가 할 수 있는 일에는 한계가 있는 법이다. 더구나 이마엽 겉질은 갑자기 차오른 생식 호르몬들에 푹 절어 있다. 그러니 청소년이 청소년처럼 행동하는 것도 무리가 아니다.

청소년기에 이마엽 겉질의 인지 기능 변화

이마엽 겉질의 성숙이 최선의 행동과 최악의 행동과 무슨 관계인지 알려면, 그 성숙이 인지 영역에서 어떻게 진행되는지부터 살펴보는 게 좋겠다.

청소년기에는 작업 기억, 유연한 규칙 적용, 집행적 조직화, 이마엽의 억제적 조절(가령 작업 전환) 능력이 꾸준히 향상된다. 일반적으로 이런 향상과 더불어 이마엽 겉질 영역들의 작업중 활성화 수준도 높아지는데, 이때 높아지는 정도가 작업의 정확성을 예측한다.[10]

청소년기에는 또 마음을 헤아리는(타인의 관점을 이해하는) 능력도 향상된다. 단 이것은 정서적 관점을 말하는 게 아니라(뒤에서 더 이야기하겠다), 타인의 관점에서 대상이 어떻게 보일지 이해하는 것처럼 순전히 인지적인 과제를 뜻한다. 아이러니 감지 능력이 향상되는 것은 이렇듯 추상적·인지적 관점 취하기 능력이 향상된 결과다.

청소년기에 이마엽 겉질의 정서 조절 기능 변화

십대 후반 청소년들은 아이나 어른보다 감정을 더 강렬하게 느낀다. 한때 십대였던 사람은 누구나 이 사실을 알고도 남을 것이다. 예를 들어, 그들은 강한 정서를 드러내는 얼굴에 더 많이 반응한다.*[11] 성인은 그런 '감정적 표정'을 보았을 때 먼저 편도체가 활성화하고, 뒤이어 정서 조절에 관여하는 배쪽안쪽이마앞엽 겉질이 활성화함으로써 그 정서에 익숙해진다. 하지만 청소년은 배쪽안쪽이마앞엽 겉질의 반응이 약하고, 따라서 편도체의 반응이 계속 커지기만 한다.

2장에서 배운 개념 중에 '재평가'라는 것이 있었다. 이것은 우리가 어떤 정서적 자극에 대해서 그것을 다른 방식으로 생각함으로써 반응을 조절하는 것을 뜻한다고 했다.[12] 만약 우리가 시험을 망치면, "나는 멍청해" 하는 쪽으로 감정이 이끌린다. 하지만 이때 재평가가 개입하면, 그 대신 우리가 공부를 충분히 하지 못했던 점이나 감기에 걸렸던 점에 더 집중하게 되고 그럼으로써 시험 결과는 우리의 어떤 불변의 성질에서 기인한 게 아니라 상황적 결과일 뿐이라고 결론 내리게 된다.

청소년기에는 논리력을 뒷받침하는 신경생물학적 기반이 갖춰짐에 따라 이런 재평가 능력이 점점 더 좋아진다. 앞에서 청년기 초기에는 배쪽줄무늬체가 이마엽의 임무를 일부 거들고 나선다고 말했는데(하지만 제 권한 밖의 일을 하려는 것이다보니 그다지 효율적이진 않다), 이 시기에는 재평가 전략을 쓸 때에도 배쪽줄무늬체가 동원된다. 이때 줄무늬체가 더 많이 활성화할수록 편도체가 덜 활성화하고, 정서 조절이 더 잘 이뤄진다. 그러다가 청소년이 성숙하면 차츰 이마앞엽 겉질이 그 일을 넘겨받고, 그러면 정서는 차츰 더 안정된다.**[13]

그런데 줄무늬체가 개입한다는 것은 곧 도파민과 보상이 개입한다는 뜻이고, 그것은 곧 청소년들이 유독 번지점프에 환장한다는 사실로 이어진다.

---

* 흥미로운 예외가 있다. 청소년이 혐오감을 일으키는 자극에 특별히 더 강하게 반응하지는 않는다는 것이다. 주관적 판단으로도 그렇고, 섬겉질 활성화 정도로 봐도 그렇다.

** 남성은 여성보다 이마엽 겉질의 정서 조절이 늦게 나타난다.

청소년기의 위험 감수

시에라네바다산맥에 있는 캘리포니아 동굴은 처음에 구멍으로 들어가서 좁고 꼬불꼬불한 통로를 따라 9미터쯤 내려가면 갑자기 54미터가 뚝 떨어지게 되는 동굴망이다(요즘은 라펠을 써서 탐사할 수 있다). 국립공원관리청은 그 바닥에서 수백 년 전의 유골들을 발견했다. 그들은 어둠 속으로 치명적인 한 발짝을 더 내디뎠던 탐험가들이었다. 그리고 그들은 모두 청소년이었다.

실험으로도 밝혀진바, 위험한 결정을 내릴 때 청소년의 이마앞엽 겉질은 성인보다 덜 활성화한다. 그리고 이때 활성화 정도가 낮을수록 위험 평가 능력이 더 떨어진다. 그런데 이 부실한 평가 능력이 특정한 형태를 취한다는 사실을 유니버시티칼리지런던의 세라제인 블레이크모어가 보여주었다.[14] 피험자들에게 어떤 사건의 발생 확률을(가령 복권에 당첨될 확률이나 비행기 추락으로 죽을 확률을) 가늠해보도록 시킨 뒤, 그들에게 실제 확률을 알려준다. 이 정보는 좋은 소식일 수도 있고(가령 바람직한 사건의 발생 확률이 피험자의 추측보다 높을 수도 있고, 나쁜 사건의 확률이 실제로는 더 낮을 수도 있다), 나쁜 소식일 수도 있다. 그다음 피험자들에게 같은 사건의 확률을 다시 추측해보도록 시킨다. 이때 성인들은 앞서 받았던 정보를 통합하여 새 추측치를 내놓는다. 청소년들은 어떨까? 좋은 소식에 관해서는 성인처럼 추측치를 업데이트하지만, 나쁜 소식에 관한 정보에는 거의 영향을 받지 않는다. (연구자: "당신이 음주운전을 하다가 사고를 낼 확률이 얼마나 될까요?" 청소년: "수억 분의 일이요." 연구자: "실제로는 약 50%입니다. 자, 이제 당신이 사고를 낼 확률이 얼마나 된다고 생각하나요?" 청소년: "우리는 지금 내 이야기를 하는 거잖아요, 그러니까 수억 분의 일이라니까요.") 우리는 청소년이 성인보다 병적 도박에 빠질 위험이 두 배에서 네 배 더 높은 이유를 방금 알아본 셈이다.[15]

청소년들이 위험을 더 많이 감수하고 위험 평가 능력이 떨어진다는 것까지는 알겠다. 그런데 십대들이 단순히 어떤 위험이든 쉽게 받아들이는 데서 그치는 것은 아니다. 일단 청소년과 성인이 갈망하는 위험이 같지 않을뿐더러, 성인이 위험을 피하는 것은 그저 이마엽 겉질이 성숙했기 때문만이 아니다. 청소년과 성인은 추구하는 감각의 종류도 다르다. 청소년은 번지점프에 끌리지만, 성인은 저염식 식단을 슬쩍 어기는 데에 끌린다. 청소년기는 더 많은 위험을 감수할 뿐 아니라 더 많은 새로움을 추구하는 시기다.*[16]

새로움에 대한 갈망은 청소년기를 지배한다. 우리가 음악·음식·패션에 대한 취향을 키워가는 것은 보통 청소년기이고, 그 이후에는 새로움을 열린 마음으로 받아들이는 능력이 감소하기 마련이다.[17] 인간만 그런 것도 아니다. 설치류가 새로운 먹이를 기꺼이 먹어보는 것은 주로 청소년기일 때다. 청소년기의 새로움 추구는 특히 다른 영장류들에게서 두드러진다. 사회성이 강한 포유류 종들의 경우, 청소년기가 되면 한쪽 성별의 개체들이 자신이 태어난 집단을 떠나서 다른 집단으로 옮기는 사례가 많다. 근친교배를 막는 고전적 방법이다. 가령 임팔라를 보면, 번식을 하는 수컷 한 마리가 암컷들과 그 새끼들과 집단을 이룬다. 다른 수컷들은 '짝 없는 수컷 무리'를 이루어 쓸쓸하게 떠돌며, 저마다 번식하는 수컷의 자리를 찬탈하려고 꾀한다. 집단에 있던 어린 수컷이 사춘기에 다다르면, 번식하는 수컷이 그 녀석을 내쫓는다(오이디푸스적 상상을 막고자 덧붙이면, 그 수컷이 청소년 수컷의 아비일 가능성은 거의 없다. 그의 아비는 아마 몇 대 전의 수컷이었을 것이다).

그런데 영장류들은 상황이 다르다. 개코원숭이를 보자. 두 무리가 자연 서식지 경계에서, 이를테면 개울에서 마주쳤다고 하자. 수컷들은 서로 위협하기 시작하는데, 그러다가 이내 질려서 그만두고 전에 하던 일로 돌아간다. 하지만 청소년 수컷은 다르다. 청소년 수컷은 개울가에 못박힌 듯 자리를 떠나지 못한다. 처음 보는 개코원숭이들이 엄청 많잖아! 놈은 그들에게 다섯 발짝 다가갔다가 네 발짝 물러났다가 하면서 흥분을 감추지 못한다. 그러다가 조심조심 개울을 건너서 건너편 물가에 앉는다. 그러다가도 새 개코원숭

---

* 감각 추구 성향이 절정에 도달하는 시기에는 남성보다 여성이 먼저 다다르고, 먼저 벗어난다.

이 중 한 마리가 자신을 쳐다보면, 허둥지둥 내뺀다.

이리하여 천천히 이동이 이뤄진다. 놈은 매일 조금 더 오래 새 무리와 시간을 보내다가, 결국에는 탯줄을 끊고서 새 무리와 함께 밤을 보낸다. 놈은 쫓겨난 게 아니다. 오히려 평생 알고 지낸 지루한 개코원숭이들과 하룻밤을 더 보내야 했다면, 놈이 먼저 지겨워서 비명을 질렀을 것이다. 한편 침팬지의 경우에는 어서 빨리 무리를 떠나고 싶어서 안달하는 것이 청소년 암컷이다. 영장류는 청소년기에 원래 집단으로부터 쫓겨나는 게 아니라 거꾸로 청소년 자신이 간절히 새로움을 갈구한다.*

자, 이처럼 청소년기는 위험 감수와 새로움 추구의 시기다. 그렇다면 도파민 보상 체계는 이 그림에 어떻게 들어맞을까?

2장에서 보았듯, 배쪽뒤판은 중변연계 도파민 시스템의 일부로서 기댐핵으로 도파민을 분비하는 동시에 중겉질 도파민 시스템의 일부로서 이마엽 겉질로도 도파민을 분비한다. 청소년기에는 두 경로 모두에서 도파민 분비의 밀도와 신호량이 꾸준히 증가한다(새로움 추구 성향은 청년 중반기에 최고조에 달하는데, 이것은 아마 이후에는 이마엽 겉질의 조절 능력이 향상되기 때문일 것이다).[18]

보상에 대한 기대감으로 도파민이 얼마나 분비되는지는 정확히 알 수 없다. 어떤 연구에서는 청소년이 성인보다 기대감으로 인한 보상 경로 활성화가 더 많이 일어난다고 했지만, 다른 연구에서는 그 반대로 위험 감수를 가장 많이 하는 청소년이 도파민 경로 반응성이 가장 낮다고 했다.[19]

연령에 따른 도파민의 절대 분비량 차이보다 더 흥미로운 것은 분비 패턴의 차이이다. 아이들과 청소년들과 어른들을 뇌 영상 기기에 눕힌 채 어떤 작업을 시키고는 그들이 옳은 반응을 보일 때마다 다양한 크기의 금전적 보상을 제공한 멋진 연구가 있었다(다음 그래프를 보라).[20] 이때 아이들이나 청소

---

* 이 사실로도 설명되지 않는 점들이 있다. 예를 들어, 왜 개코원숭이는 수컷이 떠나고 침팬지는 암컷이 떠나는지는 설명되지 않는다. 왜 인간에게서 새로움 추구 성향에 개인차가 있는지도 설명되지 않는다. 10장에서 이런 문제들을 간접적으로나마 다루겠다.

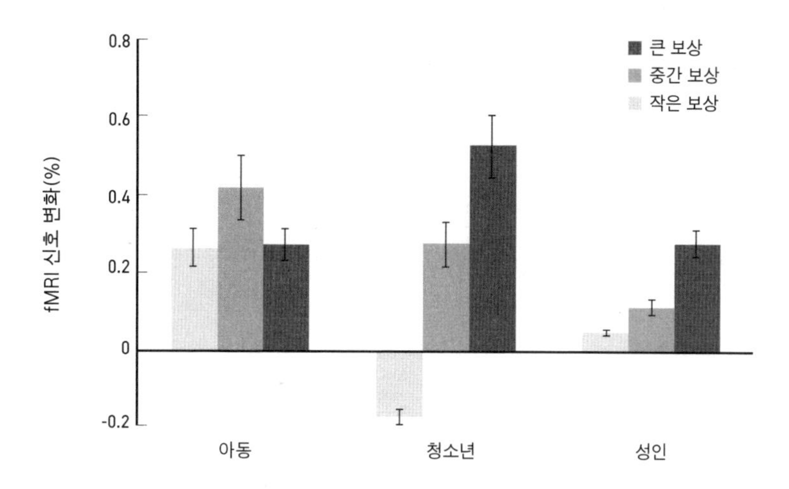

서로 다른 크기의 보상이 주어졌을 때 뇌의 '보상 중추'에서 도파민 시스템이 활성화하는 정도. 청소년의 경우, 고점은 더 높고 저점은 더 낮다.

년 모두 이마앞엽 겉질은 집중되지 않은 채 산만하게 활성화했지만, 청소년들의 경우에는 기댐핵이 뚜렷하게 활성화했다. 아이들의 경우, 옳은 대답을 낸 뒤의 기댐핵 활동 증가량은 보상의 크기와 대체로 무관했다. 성인들의 경우, 작거나 중간이거나 큰 보상에 대해 기댐핵은 각각 작거나 중간이거나 큰 정도로 활동이 증가했다. 청소년들은? 중간 보상과 큰 보상에 대해서는 아동이나 어른과 양상이 같았다. 다만 큰 보상에 대한 활동 증가량이 성인의 경우보다 훨씬 더 컸다. 작은 보상에 대해서는? 기댐핵의 활동이 줄었다. 달리 말해, 청소년들은 예상보다 큰 보상에 대해서 성인보다 훨씬 더 긍정적으로 느끼지만 예상보다 작은 보상에 대해서는 오히려 기분이 나빠진다. 까딱하면 균형을 잃을 정도로 정신없이 돌아가는 팽이를 보는 듯하다.

이 사실을 볼 때, 청소년기에는 강한 보상이 지나치게 강한 도파민 경로 신호를 내는 데 비해 분별 있는 행동에 주어지는 그럭저럭 괜찮은 보상은 형편없는 수준처럼 느껴진다. 미성숙한 이마엽 겉질이 이런 도파민 시스템에 대적할 가망은 전혀 없다. 하지만 이 대목에서 한 가지 수수께끼 같은 점이 있다.

비록 청소년의 도파민 뉴런들이 제어를 모르고 날뛰기는 하지만, 그래도 청소년들은 위험 인식의 여러 영역에서 성인에 맞먹는 수준의 추론 능력을 갖추고 있다. 그런데도 청소년들은 그 논리와 추론 능력을 종종 내팽개치고 청소년처럼 행동할 때가 많다. 왜 그럴까? 템플대학교의 로런스 스타인버그는 청소년들이 유난히 앞뒤 안 가리고 행동하기 쉬운 시점이 따로 있다는 것을 확인했다. 바로 또래들과 함께 있을 때였다.

또래, 사회적 수용, 사회적 배제

청소년이 또래 친구들의 압력에 취약하다는 것, 특히 자신이 친구로 받아들여지고 싶은 또래들에게 취약하다는 것은 잘 알려진 사실이다. 이 사실은 실험으로도 증명된다. 스타인버그의 한 연구에서, 청소년과 성인 피험자들은 비디오 운전 게임을 하면서 동일한 확률로 위험을 감수했다. 이때 또래 두 명을 곁에 붙여서 피험자를 부추기면, 성인은 변화가 없었지만 청소년은 위험 감수 확률이 세 배로 높아졌다. 게다가 뇌 영상을 보면, (인터콤으로) 또래들의 부추김을 들은 청소년 피험자들은 배쪽안쪽이마앞엽 겉질의 활동이 줄고 배쪽줄무늬체의 활동이 늘었는데, 성인 피험자들은 그렇지 않았다.[21]

청소년에게는 왜 또래들이 이런 사회적 힘을 발휘하는 것일까? 우선 청소년은 아동이나 어른보다 더 사회적인데다가 더 복잡하게 사회적이다. 일례로, 한 2013년 조사에서 십대의 페이스북 친구 수가 평균 400명이 넘는다는 것이 확인되었는데, 이것은 성인보다 한참 많은 수다.[22] 게다가 십대의 사회성은 감정, 그리고 정서적 신호에 대한 반응성에 치우쳐 있다. 청소년의 경우에는 감정적인 얼굴을 볼 때 변연계가 더 많이 반응하고 이마엽 겉질은 덜 반응한다고 했던 걸 기억할 것이다. 그리고 십대가 페이스북 친구를 400명씩 모으는 것은 사회학 학위 논문에 필요한 데이터를 얻으려는 게 아니다. 십대에게는 집단에 소속되고자 하는 광적인 욕구가 있다.

그렇다보니 십대는 또래 압력과 정서 전염에 취약하다. 게다가 그런 압력은 보통 '일탈 훈련적' 양상인데, 이것은 폭력, 물질 남용, 범죄, 위험한 섹스, 나쁜 건강 습관의 가능성을 높이는 방향으로 작용한다는 뜻이다(십대 무리가 친구들에게 치실을 쓰고 친절한 행동을 많이 하자고 압력을 가하는 경우는 없지 않은가). 가령 대학 기숙사에서 과음하는 친구가 금주하는 룸메이트에게 영향을 미칠 가능성이 높지, 거꾸로는 드물다. 청소년의 섭식장애는 또래 사이에서 바이러스 전염 패턴과 유사한 패턴으로 번진다. 여성 청소년 사이에서 우울증이 번지는 것도 마찬가지로, 이것은 그들이 각자의 문제를 '공동으로 고민'하면서 서로의 부정적 감정을 강화하는 현상과 관련이 있다.

뇌 영상 연구도 청소년이 또래에게 극단적인 민감성을 보인다는 것을 확인해준다. 성인들에게 남들이 생각하는 그의 모습과 스스로 생각하는 자신의 모습을 떠올려보라고 주문하자. 두 작업에 대해서 이마엽과 변연계가 활성화하는 패턴은 부분적으로 겹치기는 하지만 서로 다르게 나타난다. 반면 청소년들은 두 결과가 같다. "너는 자신을 어떻게 생각하니?" 하는 질문에 청소년의 뇌는 "남들이 생각하는 내 모습으로요"라고 대답하는 것이다.[23]

청소년의 광적인 소속 욕구는 사회적 배제의 신경생물학을 연구한 멋진 실험들에서 확인되었다. 캘리포니아대학교 로스앤젤레스 캠퍼스의 나오미 아이젠버거는 악마적일 만큼 기발한 '사이버볼' 게임을 고안하여, 피험자들에게 무시당했다는 느낌을 줘보았다.[24] 피험자는 뇌 스캐너에 누운 채, 자신이 다른 두 피험자와 함께 온라인 게임을 한다고 생각한다(사실 다른 피험자들은 존재하지 않고, 상대는 컴퓨터 프로그램이다). 세 참가자는 화면에서 삼각형을 그리는 세 점 중 하나씩을 차지한다. 그리고 가상의 공을 서로에게 던진다. 피험자는 두 상대 중 누구에게 공을 던질지 고를 수 있고, 상대들도 그렇게 한다고 믿는다. 한동안 공이 오고 가다가, 피험자가 모르게 실험이 시작된다. 다른 두 참가자가 갑자기 피험자에게 공을 던지지 않는 것이다. 그 치사한 자식들이 피험자를 따돌리는 것이다. 성인의 경우, 이때 수도관주위회색질과 앞띠이랑 겉질과 편도체와 섬겉질이 활성화한다. 완벽하다. 모두 통증 인식, 화, 혐오감에 핵심적으로 관여하는 영역들이니까.* 그런데 다소 시간이 흐르면, 배쪽가쪽이마앞엽 겉질이 활성화하기 시작한다. 이 영역이 더 많이 활성화할수록 앞띠이랑 겉질과 섬겉질은 더 많이 조용해지고, 피험자가 사후에 보고한 속상함의 정도도 낮아진다. 배쪽가쪽이마앞엽 겉질의 한 박자 늦은 활성화는 무슨 뜻일까? "내가 왜 속상해하지? 이건 한심한 공놀이에 지나지 않는걸." 이마엽 겉질이 관점 조망, 합리화, 정서 조절로 구원에 나선 것이다.

자, 같은 실험을 청소년들에게 해보자. 일부 피험자들은 성인과 동등한 뇌 영상 결과를 보인다. 이들은 스스로 거부에 덜 민감하다고 평가한 청소년들, 그리고 친구들과 시간을 많이 보낸다고 응답한 청소년들이었다. 하지만 다른 대부분의 청소년 피험자들의 경우, 사회적 배제를 겪을 때 배쪽가쪽이마앞엽 겉질이 거의 활성화하지 않았다. 더구나 다른 변화들은 성인보다 더 크게 일어났고, 피험자들이 보고한 기분 나쁨의 정도도 더 컸다. 청소년의 이마엽 겉질은 이게 별일 아니라고 단호하게 다독여줄 만한 능력이 부족한 것이다. 그래서 청소년은 거부를 더 아프게 느끼고, 소속되고자 하는 욕구를 더 크게 느낀다.[25]

순응의 토대가 되는 신경학적 현상을 살펴본 뇌 영상 연구도 있었다.[26] 누군가의 손이 움직이는 것을 보면, 우리 뇌에서 손을 움직이는 데 관여하는 운동앞 겉질 영역의 뉴런들이 약간 활성화한다. 우리 뇌가 눈으로 보는 저 손의 움직임을 모방하려고 움찔거리는 것이다. 연구자들은 열 살 아이들에

---

* 사이버볼 모델을 이용한 연구는 보통 중요한 통제군을 따로 둔다. 통제군 피험자는 세 명이서 가상의 공 주고받기 게임을 하다가, 이런 말을 듣는다. "저런, 컴퓨터에 문제가 생겼습니다. 나머지 두 참가자와 접속이 끊어졌네요. 금방 고칠 테니까 잠깐 기다리세요." 오류가 '고쳐지는' 동안, 나머지 두 참가자는 공을 주고받는다. 달리 말해, 피험자가 배제되긴 하지만 사회적 이유 때문이 아니라 기술적 오류 때문이다. 이런 상황에서는 해당 뇌 영역들이 전혀 활성화하지 않는다. (하지만 이런 경우도 있지 않을까. 만약 내가 좀 불안정한 상태일 때 이 게임을 한다면, 컴퓨터 오류가 고쳐지는 동안 나머지 두 사람이 유대감을 키우고 나아가 내가 없는 편이 더 즐겁다는 걸 깨달으리라는 생각, 그래서 오류가 고쳐진 뒤에도 계속 나를 따돌리리라는 생각, 혹은 내게 다시 공을 던지더라도 그저 연민에서 그러는 것이리라는 생각을 떠올리고야 말 것이고, 그래서 내 중변연계 도파민 체계가 순식간에 위축될 것이다.)

게 어떤 손이 움직이는 영상과 어떤 얼굴이 표정을 짓는 영상을 보여주었다. 그러자 또래 영향에 취약한 아이일수록(스타인버그가 개발한 척도로 평가했다)* 운동앞 겉질 활성화가 크게 일어났는데, 단 정서적 표정에 대해서만 그랬다. 달리 말해, 또래 압력에 민감한 아이는 타인의 정서를 더 쉽게 모방한다. (피험자들이 열 살이었으므로, 연구자들은 이 발견이 이후 십대 시절의 행동을 예측하는 것으로 보인다는 해석을 함께 내놓았다.)**

순응성의 가장 기본적인 토대를 보여주는 듯한 이 발견은, 어떤 십대가 폭동에 가담할 가능성이 높은지를 예측해줄 수 있을지도 모른다. 하지만 인기 많은 친구들이 싫어하는 아이를 파티에 초대하지 않기로 결정하는 십대가 누구인지를 예측하는 데는 별 소용이 없다.

또다른 연구는 좀더 추상적인 측면에서 또래 순응성의 신경생물학적 토대를 살펴보았다. 청소년기에는 사회적 배제에 대한 이마엽 겉질의 재평가 전략 실행을 배쪽줄무늬체가 돕는다고 했다. 연구자들은 또래 영향에 더 잘 저항하는 청소년일수록 그런 배쪽줄무늬체 반응이 더 크게 나타난다는 것을 확인했다. 그러면 그 강한 배쪽줄무늬체 반응은 어디서 올까? 여러분도 이쯤이면 내 답을 추측할 수 있을 것이다. 이 책의 뒷부분을 마저 읽어보시면 된다.

감정이입, 공감, 도덕적 추론

청소년기가 되면 사람들은 조망 수용, 즉 타인의 관점으로 세상을 보는 일을

* 이 척도에서 응답자는 사회적 순응도에 관한 다양한 명제들에 자신이 어느 정도 동의하는지 대답해야 한다. "어떤 사람들은 그저 친구를 즐겁게 해주기 위해서 그들과 어울린다" "어떤 사람들은 그렇게 말하면 친구들이 자신을 더 존중할 것이라고 생각해서 진심이 아닌 말을 한다" 등등의 명제다.

** 눈으로 보는 움직임을 모방하려고 하는 운동앞 겉질 뉴런들이 바로 '거울 뉴런'이라는 걸 아는 독자들도 있을 것이다. 뒤에서 따로 살펴보겠지만, 거울 뉴런은 흥미롭기는 해도 지나치게 과대 선전된 존재다.

썩 잘하게 된다. "음, 나는 그래도 그에게 동의하지 않아. 하지만 그가 그렇게 느끼는 것도 이해는 돼. 그는 그런 경험을 했으니까." 이런 말을 처음 하게 되는 것도 보통 청소년기다.

그렇지만 청소년은 아직 어른이 아니다. 성인과는 달리 청소년은 아직 3인칭 관점보다 1인칭 관점을 취하는 데 더 능숙하다("그런 상황에서 그는 어떻게 느낄까?"와 "그런 상황에서 너라면 어떻게 느낄까?"의 차이다).[27] 청소년의 도덕적 판단은 점차 수준이 높아지기는 하지만 아직 성인에 미치지 못한다. 아동은 자원을 공평하게 나누려는 평등주의적 성향을 보이는데, 청소년은 그 단계를 벗어나서 대신 주로 능력주의적 결정을 내린다(여기에 공리주의적, 자유주의적 관점이 약간 추가된다). 평등주의적 사고가 결과만을 따지는 데 비해 능력주의적 사고는 원인도 생각한다는 점에서 전자보다 더 수준이 높다. 하지만 청소년의 능력주의적 사고는 성인보다 단순하다. 일례로, 개인의 환경이 그의 행동에 영향을 미친다는 것을 이해하는 데 있어서는 청소년도 성인에 뒤지지 않지만 구조적 환경을 이해하는 데 있어서는 부족하다.

청소년이 성숙하면, 고의적 가해와 우발적 가해를 차츰 구별하게 되고 전자를 더 나쁘게 여기게 된다.[28] 후자를 생각할 때는 뇌에서 통증 처리에 관련된 세 영역, 즉 편도체와 섬겉질과 운동앞 겉질이 전자를 생각할 때보다 덜 활성화한다(운동앞 겉질은 누군가에게 통증이 가해지는 소리를 들었을 때 저도 모르게 움찔하는 현상과 관계있다). 한편 고의적 가해를 생각할 때는 등쪽가쪽이마앞엽 겉질과 배쪽안쪽이마앞엽 겉질이 더 많이 활성화한다. 요컨대, 고의적 가해로 피해 본 사람의 고통을 이해하는 것은 이마엽 겉질의 일이다.

청소년이 성숙하면, 또 대인 피해와 대물 피해를 차츰 구별하게 된다(전자를 더 나쁘게 여기게 된다). 대인 피해를 생각할 때는 편도체가 많이 활성화하지만, 대물 피해를 생각할 때는 그렇지 않다. 흥미로운 점은 청소년이 나이가 들수록 고의적 재산 훼손과 우발적 재산 훼손에 대해서 권고하는 처벌 수준의 차이가 점점 줄어든다는 것이다. 달리 말해, 재산 훼손의 핵심은 고의이든 아니든 망가진 것을 고쳐야 한다는 데 있음을 깨닫는다. 엎지른 물 앞에서 후회는 덜 할지라도 청소해야 하는 건 마찬가지니까.*

이 책의 주제와 관련하여 청소년기의 가장 멋진 점, 즉 너무나 열렬하고 격렬하게 타인의 고통을 느끼고, 나아가 모든 사람의 고통을 느끼고, 더 나아가 모든 것을 바로잡고자 애쓰는 점은 어떨까? 뒤에서 우리는 공감과 감정이입이 다르다는 것을 살펴볼 텐데, 공감이 고통받는 타인을 안타깝게 느끼는 마음이라면 감정이입은 그 타인처럼 느낄 줄 아는 마음이다. 청소년은 이중 감정이입의 전문가로, 타인의 처지가 된 듯 느끼는 정도가 심하다 못해 아예 타인이 되어버리는 지경에 이르기도 한다.

청소년기의 많은 특징에 공통적으로 나타나는 이 강렬함은 놀라운 일이 아니다. 청소년은 수많은 정서와 변연계의 소용돌이를 겪는다. 좋은 것은 더 좋게 느껴지고, 나쁜 것은 더 나쁘게 느껴지며, 감정이입적 고통은 델 듯 아프고, 옳은 일을 한다는 데서 오는 희열감은 자신이 그 일을 위해서 세상에 태어났다고 믿게 만들 정도다. 강렬함에 기여하는 또다른 요소는 새로움에 대한 개방성이다. 열린 마음의 전제 조건은 열린 생각이다. 청소년은 새로운 경험을 갈구하는지라, 수많은 타인들의 처지가 되어보는 일을 더 쉽게 해낸다. 청소년기의 자기중심성도 한몫한다. 나는 청소년기 후반에 퀘이커교도 친구들과 자주 어울렸는데, 그 친구들은 가끔 "하나님이 가진 것은 너뿐"이라는 말을 하곤 했다. 바른 일을 행하고자 인간의 손을 빌려야 하는 것으로도 모자라서 그 일을 할 수 있는 것이 나, 오직 나뿐이라니, 참으로 가진 것 없는 신이 아닌가. 그런데 이런 자기중심성에의 호소는 청소년에게 안성맞춤이다. 여기에 청소년기의 무궁무진한 에너지와 약간의 전능감이 더해지면, 세상을 바꾸는 일이 불가능하게 느껴지지 않는다. 왜 망설이겠는가?

13장에서 살펴볼 점인데, 사실은 쉽게 감정이입하는 뜨거운 감정적 능력

* 대물 피해가 정서적 대인 피해를 낳는 상황에 대한 성숙 과정이 어떻게 진행되는지 살펴본 연구는 내가 아직 보지 못했다. 예를 들면 종교 유적을 파괴하는 것이 그런 상황이다. 뒤에서 살펴보겠지만, 그런 상징적 물체는 엄청난 힘을 지닌다.

도 누구보다 뛰어난 도덕적 추론 능력도 그 사람이 실제로 용감하고 어려운 일을 행하도록 만들어주지는 않는다. 그러니 청소년기의 감정이입 능력에도 한계가 있을 것이다.

역시 나중에 이야기하겠지만, 감정이입적 반응이 행동으로 이어지지 않는 한 상황은 우리가 생각을 너무 많이 해서 합리화하는 경우다("저 문제는 과장되었어"라거나 "딴 사람이 해결하겠지"라고 생각하는 것이다). 감정을 너무 많이 느끼는 것도 문제가 된다. 타인의 고통을 느끼는 것은 고통스러운 일이므로, 그 고통을 가장 강하게 느끼고 그와 더불어 각성과 불안을 강하게 느끼는 사람들은 오히려 친사회적 행동을 덜 하게 된다. 그런 괴로움은 오히려 자신에게 초점을 맞추게 만들고, 그래서 회피가 따른다. "이건 너무 힘들어, 더는 못 견디겠어" 하는 식이다. 감정이입적 고통이 커지면, 자신의 고통이 최우선 관심사가 된다.

대조적으로, 감정이입에서 비롯한 나쁜 정서를 조절할 줄 아는 사람은 친사회적 행동을 더 많이 한다. 이와 관련하여, 감정이입을 유발하는 괴로운 상황에서 만약 심박수가 높아진다면 심박수가 낮아질 때에 비해 친사회적 행동을 할 가능성이 더 낮다. 따라서 누가 실제로 행동할 것인가를 예측하는 한 지표는 그에게 감정이입의 파도에 휩쓸려서 가라앉는 대신 약간의 거리를 둘 능력이 있는가의 여부다.

감정이 널뛰듯 하고, 변연계가 풀가동 준비를 갖추었으며, 이마엽 겉질은 아직 발달을 따라잡지 못한 청소년들의 경우는 어떨까? 답은 명백하다. 감정이입이 과잉 각성을 일으키는 바람에 효과적으로 행동할 능력을 오히려 해치는 경향성을 보인다.[29]

청소년의 과다한 감정이입은 어른들에게 좀 지나쳐 보인다. 하지만 내 뛰어난 학생들이 그런 상태인 것을 보면, 그 시절에는 너무 쉽게 그런 감정이 들었지 하는 생각이 들 뿐이다. 성인인 나는 거리두기를 할 줄 아는 이마엽 겉질로 뭔가 좋은 일을 할 수 있겠지만, 문제는 그 거리두기 때문에 그 무언가가 내가 신경쓸 일이 아니라고 생각해버리기도 쉽다는 것이다.

청소년기의 폭력성

청소년기가 지구온난화를 막기 위한 과자 판매 행사를 조직하는 시기만은 아니라는 것은 자명한 사실이다. 청년기 후기와 성인기 초기는 계획 살인이든 충동 살인이든, 빅토리아시대의 주먹다짐이든 총싸움이든, 단독으로든 집단으로든(군복을 입었든 안 입었든), 상대가 낯선 사람이든 친밀한 파트너이든, 우리의 폭력성이 절정에 도달하는 시기다. 그 시기가 지나면 폭력성은 가파르게 준다. 누군가의 말마따나, 최고의 범죄 예방 도구는 서른번째 생일이다.

십대 강도에 대한 생물학적 설명은 생태학 클럽을 결성하여 마운틴고릴라 살리기 운동에 용돈을 기부하는 십대에 대한 설명과 어떤 차원에서는 크게 다르지 않다. 예의 고조된 정서적 강도, 또래의 인정을 갈구하는 마음, 새로움 추구, 그리고 물론 이마엽 겉질이 작용한 결과다. 하지만 유사성은 그뿐이다.

청소년기에 폭력성이 최고조에 달하는 것은 왜일까? 뇌 영상 연구를 보면, 성인의 폭력성과 크게 다른 점은 없는 듯하다.[30] 청소년 사이코패스도 성인과 마찬가지로 부정적 피드백에 대한 이마앞엽 겉질과 도파민 시스템 민감성이 유난히 낮고, 통증 민감성이 낮고, 도덕적 추론이나 감정이입에 관련된 작업 중 편도체/이마엽 겉질 결합이 덜 일어난다.

청소년기에 폭력성이 최고조에 달하는 것은 갑자기 솟구친 테스토스테론 탓도 아니다. 4장에서 보았듯이, 테스토스테론은 성인 남성에게서든 청소년 남성에게서든 폭력성의 원인이 아니다. 게다가 테스토스테론 농도는 청년기 초기에 최고조에 달하는데, 폭력성은 그보다 나중에 최고조에 이른다.

다음 7장에서 청소년기 폭력성의 뿌리 중 일부를 살펴볼 테지만, 일단은 평균적인 청소년에게는 평균적인 성인만큼의 자기 조절 능력이나 판단력이 없다는 사실이 제일 중요하다. 그렇다면 십대 범죄자는 성인만큼의 책임을 지지 않아도 되는 것 아닐까? 거꾸로 청소년이 비록 판단력과 자기 통제력이 부족하다고는 하나 성인과 동등한 선고를 받을 만큼은 능력이 있다고 보는 견해도 있다. 미국연방대법원이 내렸던 두 가지 기념비적 결정에서는 전자의 견해가 우세했다.

첫번째는 2005년의 로퍼 대 시먼스 사건으로, 대법원은 18세 미만의 범죄자를 사형에 처하는 것은 잔혹하며 이례적인 형벌을 금지한 미국수정헌법 제8조에 위배된다는 결정을 찬성 5표 대 반대 4표로 내렸다. 두번째는 2012년의 밀러 대 앨라배마주 사건으로, 대법원은 청소년 범죄자에게 가석방 기회 없는 종신형을 의무적으로 선고하는 것은 비슷한 근거에서 금해야 한다고 역시 5 대 4로 결정했다.[31]

대법원의 논리는 이번 장의 내용을 요약한 것이나 다름없었다. 로퍼 대 시먼스 사건의 다수 의견서에서, 앤서니 케네디 대법관은 이렇게 말했다.

> 우선 〔누구나 알고 있듯이〕 청소년은 성인보다 책임감이 덜 발달하여 미성숙하기 쉽고, 청소년에 대해서는 우리가 그런 점을 더 이해해줄 만하다. 그런 특징은 종종 충동적이고 무모한 행동과 결정으로 이어지곤 한다.[32]

나는 이 판결들에 전적으로 동의한다. 하지만 내 의견을 미리 살짝 밝히자면, 나는 이것이 겉치레에 불과하다고 생각한다. 16장에서 장황하게 이야기할 텐데, 나는 이 책에 요약된 과학적 사실들이 우리 형사사법제도를 구석구석 철저히 바꿔놓아야 한다고 생각한다.

마지막으로: 이마엽 겉질은 왜 나잇값을 하지 못할까?

이번 장의 핵심은 이마엽 겉질의 성숙이 지연된다는 사실이었다. 그런데 그 지연은 왜 일어날까? 이마엽 겉질이 뇌에서도 가장 복잡한 건설 사업이라서 그런 걸까?

아마 아닐 것이다. 이마엽 겉질은 뇌의 나머지 부분과 같은 신경전달물질 체계와 기본적으로 같은 뉴런들을 사용한다. 뉴런 밀도와 연결 복잡도도 나머지 (세련된) 겉질 영역과 비슷한 수준이다. 이마엽 겉질을 만드는 일이 다른 겉질 영역을 만드는 일보다 딱히 더 어려울 것은 없다.

그러므로, 만약 뇌가 이마엽 겉질을 더 일찍 키울 수 '있다고' 해도 그렇게 '할 것' 같지는 않다. 대신 나는 이마엽 겉질 성숙이 지연된 데에는 진화적 선택이 작용했을 거라고 생각한다.

만약 이마엽 겉질이 뇌의 나머지 부분만큼 빠르게 성숙한다면, 우리가 청소년기에 혼란을 겪을 일은 없을 것이다. 몸이 근질근질해서 안절부절못하며 세상을 탐험하거나 창조성을 발휘하는 일도 없을 테고, 학교를 중퇴하고 제집 차고에서 가령 불이나 동굴 벽화나 바퀴 따위를 발명해내는 여드름투성이 청소년 천재들의 기나긴 계보도 없을 것이다.

어쩌면. 어쩌면 그래서 이마엽 겉질이 늦게 성숙하는지도 모른다. 하지만 이 가설은 종의 이익이 아니라 개체의 유전자를 더 많이 남기기 위한 행동도 설명할 수 있어야 한다(이와 관련하여 자세한 이야기는 10장에서 하겠다). 그런데 청소년기의 창의성 덕분에 번식에 대성공한 개체가 한 명 있다면, 청소년기의 무모함 때문에 목을 부러뜨린 개체는 무수히 더 많다. 그래서 나는 청소년이 대담하게 행동하도록 만들기 위해서 이마엽 겉질 성숙 지연이 진화했다는 가설은 믿지 않는다.

대신 나는 뇌가 이마엽 겉질을 제대로 만들기 위해서 천천히 만드는 거라고 생각한다. 에계, 고작 그거야? 뇌는 모든 부분을 다 '제대로 만들어야' 하는 것 아니야? 물론 그렇지만, 이마엽 겉질은 특히 독특한 방식으로 제대로 만들어야 한다. 5장의 핵심은 뇌에 가소성이 있다는 것이었다. 뇌에서는 늘 새 시냅스가 형성되고, 새 뉴런이 탄생하고, 회로가 재배선되고, 뇌 영역이 확장되거나 수축한다. 그러면서 우리는 배우고, 변하고, 적응한다. 이 점은 다른 어느 영역보다도 이마엽 겉질에게 중요한 문제다.

청소년기에 관해서 자주 언급되는 사실 중 하나는 청소년기의 '정서 지능'과 '사회 지능'이 IQ나 대학 입학시험 성적보다 성인기의 성공과 행복을 더 잘 예측한다는 것이다.[33] 이것은 사회적 기억, 정서적 관점 취하기, 충동 통제, 감정이입, 남들과 함께 일하는 능력, 자기 조절 능력이 더 중요하다는 뜻이다. 역시 인간처럼 크고 느리게 성숙하는 이마엽 겉질을 지닌 다른 영장류들의 경우도 비슷하다. 가령 수컷 개코원숭이가 우세 위계에서 '성공'하려면 어떤 특징을 지녀야 할까? 높은 지위에 오르기 위해서는 근육, 날카로운 송곳니, 시기적절한 공격성이 필요하다. 하지만 일단 높은 지위를 달성했다면, 그 자리를 유지하는 데 필요한 것은 사회적 지혜다. 어떻게 동맹을 맺어야 할지 아는 것, 경쟁자를 적절히 위협할 줄 아는 것, 대부분의 도발은 무시하고 합리적인 수준으로만 전위 공격성을 내보이도록 충동을 통제할 줄 아는 것. 2장에서 보았듯이, 수컷 레서스원숭이의 경우 이마앞엽 겉질의 크기와 우세 수준이 비례한다.

어른의 삶에는 옳은 행동이 확실히 더 어려운 행동인 상황에서 선택을 내려야만 하는 갈림길이 무수히 많다. 그런 상황을 성공적으로 헤쳐나가는 것은 이마엽 겉질의 임무이고, 각각의 맥락에 맞추어 그렇게 해내는 능력을 키우려면 경험을 많이 해보는 것이 엄청나게 중요하다.

어쩌면 이것이 해답일지도 모른다. 8장에서 보겠지만, 뇌는 유전자의 영향을 크게 받는다. 하지만 우리 뇌에서도 가장 인간적인 영역은 출생부터 청년기 초기까지 타고난 유전자보다는 태어난 후의 경험에 의해 더 많이 형성된다. 이마엽 겉질이 뇌에서 가장 늦게 성숙하는 영역이라는 것은 곧 이마엽 겉질이 뇌에서 유전자의 제약을 가장 적게 받고 경험에 의해 가장 많이 조각되는 영역이라는 뜻이다. 인간이 어마어마하게 복잡한 사회적 종이라는 사실을 고려하면, 아마 그럴 수밖에 없을 것 같다. 인간의 뇌 발달을 담당한 유전적 프로그램이 이마엽 겉질을 유전자로부터 최대한 해방시키는 방향으로 진화한 것처럼 보인다니, 거참 아이러니한 일이다.

7장

요람으로, 자궁으로 돌아가기

청소년기 행성으로의 여행을 마쳤으니, 원래의 접근법으로 돌아가자. 방금 어떤 행동이 벌어졌다. 좋거나, 나쁘거나, 애매한 행동이다. 왜 그런 행동이 벌어졌을까? 우리가 어떤 행동의 근원을 찾아볼 때, 뉴런이나 호르몬보다 먼저 머릿속에 떠오르는 것이 있다. 우리는 보통 아동기부터 살펴본다.

복잡화

아동기는 행동, 사고, 정서의 모든 영역에서 복잡도가 증가하는 시기다. 그 복잡도 증가가 보통 전형적이고 보편적인 단계를 거쳐서 진행된다는 점이 중요하다. 대부분의 아동 행동 발달 연구는 암묵적으로나마 단계 지향적이어서, ⓐ단계들이 나타나는 순서를 연구하거나 ⓑ경험이 순차적 성숙의 속도와 확실성에 미치는 영향을 연구하거나 ⓒ아동이 어떤 성인이 되는가에 이 과정이 어떻게 기여하는지를 연구한다. 자, 그렇다면 우리는 발달의 '단계적'

속성을 신경생물학적으로 알아보는 것부터 시작하자.

짧게 살펴본 뇌 발달 단계

인간 뇌가 단계적으로 발달한다는 것은 이치에 맞는 일이다. 수정 후 몇 주가 지나면, 뉴런들이 생겨나서 다른 장소로 이동한다. 수정 후 20주 무렵, 이번에는 시냅스가 폭발적으로 형성된다. 뉴런들이 서로 말하기 시작하는 것이다. 그다음에는 축삭에 말이집, 즉 신경아교세포로 된 절연체가 덮이기 시작하여 (이것이 '백색질'이다) 뉴런의 활동 속도를 높여준다.

뉴런 형성, 이동, 시냅스 형성은 인간의 경우 대체로 출생 전에 이뤄진다.[1] 반면 말이집은 출생시 거의 형성되지 않은 상태인데, 뇌에서도 진화적으로 새로운 영역일수록 더 그렇다. 말이집은 출생 후 25년에 걸쳐서 꾸준히 형성된다. 그리고 이 말이집 형성과 이후의 기능 발달은 전형적인 수순으로 진행된다. 예를 들어, 언어 이해를 담당하는 겉질 영역에서 말이집이 형성되고 나서 몇 달이 흐른 후에야 언어 생성을 담당하는 영역에서 말이집이 형성된다. 아이들은 먼저 언어를 이해한 뒤에야 생성할 줄 알게 되는 것이다.

뉴런 중에서도 멀리 떨어진 영역들 사이의 소통을 담당하는 뉴런, 즉 축삭이 아주 긴 뉴런의 경우에 말이집이 특히나 긴요하다. 따라서 말이집 형성은 뇌 영역들의 상호 소통을 촉진한다. 어떤 뇌 영역도 외딴섬처럼 살 수는 없으므로, 멀리 떨어진 영역들을 잇는 회로의 형성은 중요한 일이다. 그런 회로가 없다면 어떻게 말이집을 가진 소수의 뉴런들이 뇌의 가장 깊은 곳에 있는 뉴런들에게 말을 걸어서 배변 훈련을 시키겠는가?[2]

앞에서 보았듯이, 포유류의 태아는 뉴런과 시냅스를 과잉으로 생산한다. 그랬다가 비효율적이거나 필요하지 않은 시냅스와 뉴런을 가지치기하여 없애면, 마침내 군더더기 없고 더 효율적인 회로들이 남는다. 앞 장의 주제를 다시 한번 말하면, 더 늦게 성숙하는 뇌 영역일수록 유전자보다 환경의 영향

을 더 많이 받는다.[3]

발달 단계

우리가 1장부터 이야기해온 어느 어른의 좋거나/나쁘거나/애매한 행동을 설명하는 데 있어서 아동 발달 단계가 무슨 도움이 될까?

세상의 모든 발달 단계 이론들의 어머니는 1923년에 탄생했다. 장 피아제가 영리하고 우아한 실험들을 통해서 인지 발달의 네 단계를 확인한 것이 그때였다.[4]

* **감각 운동기**(생후 24개월까지). 아이는 직접 감각하고 탐사할 수 있는 대상에 대해서만 생각한다. 이 단계 중에, 보통 생후 8개월 무렵에 아이는 '대상 영속성'을 발달시킨다. 어떤 물체가 지금 제 눈에 보이지 않더라도 그것이 존재한다는 걸 이해하는 것이다. 아이는 눈앞에 없는 대상에 대한 심상을 생성할 줄 알게 된다.*
* **전 조작기**(2~7세). 아이는 눈앞에 명확한 사례가 없더라도 세상의 작동 방식에 대한 개념을 이해할 줄 안다. 점차 상징적 사고를 한다. 가상 놀이를 많이 한다. 하지만 추론은 직관적이다. 논리도 인

---

* 아직 말할 줄 모르는 아기에게서 대상 영속성을 어떻게 확인할까? 아직 그 단계에 이르지 못한 아기에게 인형을 보여준 뒤, 상자에 넣자. 아기에게는 인형이 더는 존재하지 않는 셈이다. 인형을 다시 꺼내면, 아기는 이렇게 생각한다. "와, 저 인형이 어디서 생겨났지?" 아기는 심장박동이 빨라진다. 반면 대상 영속성을 갖춘 아이라면, 상자에서 인형이 나오는 걸 보고는 (하품하며) "아까 거기 인형을 넣었으니까 당연히 거기서 나오지" 하고 생각한다. 심박도 빨라지지 않는다. 이보다 더 재미난 상황도 있다. 인형을 상자에 넣은 뒤 다른 물체를(가령 공을) 꺼낸다고 하자. 대상 영속성을 갖추지 못한 아기는 놀라지 않는다. 인형은 아까부터 존재하지 않았고, 공은 새로 존재하게 된 셈이니까. 반면 대상 영속성을 갖춘 아기는 "잠깐, 인형이 공으로 바뀐 거야?" 하고 놀라고, 심박이 빨라진다.

"만약 내 눈에 네가 안 보이면 (혹은 내가 평소처럼 또렷하게 너를 볼 수 없다면) 너도 나를 못 볼 거야" 단계에 있는 아이의 숨바꼭질.

과도 없다. 이 시기의 아이들에게는 '부피 보존' 개념이 없다. 똑같이 생긴 비커 A와 B에 동일한 양의 물을 채웠다고 하자. 그다음 비커 B의 물을 그보다 더 좁고 긴 비커 C에 옮겨 붓는다. 아이에게 묻는다. "A와 C 중에 어느 쪽이 물이 더 많지?" 전 조작기의 아이들은 부정확한 미신적 직관을 사용하여, C의 수위가 A보다 높으니까 C의 물이 더 많다고 대답한다.

* **구체적 조작기**(7~12세). 아이는 논리적으로 사고하고, 모양이 다른 비커 수법에 속아넘어가지 않는다. 하지만 구체적 사례로부터 일반화하는 능력이 아직 허약하다. 추상적 사고도 그렇다. 예를 들어, 아이는 속담을 문자 그대로 해석한다("'가재는 게 편'이라는 말은 가재랑 게랑 친하다는 뜻이에요").
* **형식적 조작기**(청소년기부터). 성인 수준의 추상화, 추론, 초인지 능력에 도달한다.

인지 발달의 다른 측면들도 단계로 개념화되어 있다. 자아 형성의 첫 단계는 유아가 자아 경계를 형성하는 시점, 즉 "남들과는 다른 '나'라는 게 있어"

를 깨닫는 시기다. 자아 경계가 없는 아이는 자신과 엄마의 구별이 흐릿하여, 엄마가 손가락을 베면 자기 손가락이 아프다고 주장한다.[5]

다음 단계는 다른 사람들이 자신과는 다른 정보를 갖고 있다는 사실을 깨닫는 시기다. 생후 9개월 아기들은 누군가가 손가락으로 무언가를 가리키면 손가락이 향하는 지점을 바라보는데(다른 유인원들과 개들도 그렇다), 지시하는 사람에게 자신이 모르는 정보가 있다는 걸 알기 때문이다. 동기는 이 행동을 부추긴다. 그 장난감이 어디 있지? 저 사람이 어딜 보고 있지? 더 나이든 아이들은 남들이 자신과는 다른 생각, 믿음, 지식을 갖고 있다는 것을 더 폭넓게 이해한다. 이것이 바로 아이가 마음 이론을 획득하는 시점이다.[6]

마음 이론을 갖추지 못한 상태란 어떤 것일까? 두 살 아이와 어른이 연구자가 상자 A에 쿠키를 넣는 모습을 함께 지켜본다. 그다음 어른이 방을 나가고, 연구자가 쿠키를 상자 B로 옮긴다. 그리고 아이에게 묻는다. "아까 그 사람이 돌아오면, 어느 상자에서 쿠키를 찾아볼까요?" 상자 B에서요. 아이는 그곳에 쿠키가 있다는 걸 알므로, 남들도 다 안다고 생각한다. 서너 살이 된 아이들은 이렇게 추론할 줄 안다. "그 사람은 쿠키가 상자 A에 있다고 생각할 거예요. 나는 B에 있다는 걸 알지만." 짜잔! 마음 이론이다.

이 '틀린 신념' 시험을 통과한다는 것은 발달에서 하나의 중요한 전기다. 마음 이론은 이후 더 복잡한 통찰로 발전한다. 가령 아이러니를 이해하는 능력, 관점을 취하는 능력, 이차적 마음 이론(B라는 사람에 대한 A라는 사람의 마음 이론을 이해하는 것을 뜻한다)으로.[7]

여러 겉질 영역들이 마음 이론을 중개한다. 안쪽이마앞엽 겉질의 일부는 물론이고 이 책에서 새롭게 등장하는 선수들, 가령 쐐기앞소엽, 위관자고랑, 관자마루이음부 등이다. 이것은 뇌 영상 연구에서 확인된 사실로, 가령 이 영역들이 손상된 사람은 마음 이론의 결핍을 보인다(제한된 마음 이론을 갖고 있는 자폐증 환자들은 위관자고랑의 회색질 부피와 활동이 감소되어 있다). 또 관자마루이음부가 일시적으로 비활성화된 피험자들은 타인의 도덕

성을 판단할 때 그의 의도를 고려에 넣지 않는다.[8]

요컨대 맨 처음에는 타인의 시선을 따라가는 단계가 있고, 그다음에 일차적 마음 이론, 이차적 마음 이론, 관점 취하기로 진행한다는 것이다. 이때 단계의 이행 속도는 경험의 영향을 받는다(예를 들어, 손위 동기가 있는 아이는 평균보다 마음 이론을 더 빨리 습득한다).[9]

당연히, 인지 발달의 단계 이론에도 여러 비판이 따른다. 그중 하나는 이 책을 관통하는 주제로, 피아제의 체계가 사회적 요인과 정서적 요인의 영향을 무시한 채 '인지적' 설명틀에만 갇혀 있다는 비판이다.

12장에서 더 자세히 논할 사례가 좋은 예인데, 아직 말문이 트이지 않았고 이행성(만약 A〉B이고 B〉C이면, A〉C이다)도 물론 이해하지 못하는 유아들의 경우다. 그런 아이에게 화면에서 어떤 도형들이 상호작용하면서 이행성을 위반하는 모습을 보여주면(도형 A가 도형 C를 때려눕혀야 하는데 오히려 정반대 결과가 벌어지는 것을 보여주면), 아이는 별로 신경쓰지 않고 오래 쳐다보지도 않는다. 하지만 도형에 눈과 입을 붙여서 의인화하면, 아이의 심박이 빨라지고 아이가 더 오래 쳐다본다. "우아, 원래 **인물** C가 **인물** A의 앞에서 사라져야 하는데 오히려 거꾸로 됐잖아." 우리는 사람들 간에 벌어지는 논리적 조작을 물체들 간의 조작보다 더 빨리 이해하는 것이다.[10]

사회적 상태와 동기도 인지 발달 단계에 영향을 미친다. 침팬지에게서도 초보적인 수준의 마음 이론이 확인되는데, 특히 (사람이 아니라) 다른 침팬지와 상호작용할 때 더 잘 드러나고, 또한 먹이가 걸려 있다든지 뭔가 동기가 되는 것이 있을 때 더 잘 드러난다.*[11]

정서와 감정은 인지 단계를 놀랍도록 국지적인 방식으로 바꿔놓을 수 있다. 나는 그 훌륭한 사례를 직접 본 적 있다. 내 딸이 마음 이론과 마음 이론

* 이 사실을 어떻게 확인할까? 원숭이 눈앞에 두 사람이 서 있는데, 한 명은 눈가리개를 하고 있다. 다른 사람이 원숭이용 간식을 어디엔가 숨긴다. 눈가리개 했던 사람이 그것을 푼다. 원숭이는 이제 둘 중 누구에게 간식을 찾아달라고 할지 정한다. "눈가리개 했던 사람은 고르지 마, 그 사람은 간식이 어디 있는지 몰라." 마음 이론에 통달한 원숭이라면 이렇게 생각한다.

의 실패를 연이어 선보인 순간이었다. 아이가 유치원을 옮긴 후 옛 유치원을 찾아간 적이 있었다. 아이는 옛친구들에게 새 유치원 생활을 들려주었다. "점심을 먹고 나서, 우리는 그네를 타. 새 유치원에는 그네가 있거든. 그다음에, 안으로 들어가서 캐럴리가 책을 읽어줘. 그다음에……" 마음 이론: "그네를 타", 잠깐, 얘들은 우리 유치원에 그네가 있다는 걸 모르잖아, 설명해줘야지. 마음 이론의 실패: "캐럴리가 책을 읽어줘." 캐럴리는 새 유치원의 선생님이었다. 사실은 이 대목에서도 같은 논리가 적용되어야 했다. 친구들에게 캐럴리가 누구인지 알려줘야 했다. 하지만 캐럴리는 세상에서 가장 멋진 선생님이기 때문에, 마음 이론이 실패했다. 나중에 내가 딸에게 물었다. "있잖아, 아까 왜 친구들에게 캐럴리가 너희 선생님이란 걸 알려주지 않았니?" "아, 캐럴리를 모르는 사람은 없어요." 어떻게 모를 수 있단 말인가?

타인의 고통을 느끼기

마음 이론은 다음 단계로 이어져서, 우리는 남들에게 나와는 다른 **느낌**이 있다는 사실을 알게 된다. 고통스러운 느낌도 포함하여.[12] 그러나 이 깨달음만으로는 감정이입이 일어나지 않는다. 생각해보면, 감정이입이 병적으로 결핍된 소시오패스들도 탁월한 마음 이론 실력을 발휘하여 남들보다 세 발짝 앞서 머리를 굴림으로써 그들을 냉정하게 조종하지 않는가. 그리고 꼭 이 깨달음이 있어야만 감정이입이 일어나는 것도 아니다. 마음 이론을 습득하기에는 너무 어린 아이들도 기초적인 수준에서 타인의 고통을 느낄 줄 안다. 그런 아이는 누가 가짜로 우는 척을 하면, 다가가서 자기 고무젖꼭지를 내민다(다만 남들은 자신과는 다른 것에서 위로받는다는 사실을 생각하지 못한다는 점에서 이 감정이입은 분명 기초적인 수준이다).

그렇다, 정말 기초적이다. 물론 아이가 정말로 감정이입을 하는 것일 수도 있다. 아니면 남의 우는 소리가 듣기 싫어서 우는 사람을 조용히 시키려는 이기적 의도였을 수도 있다. 아동기의 감정이입 능력은 **상대가 곧 나**이기 때문에 그의 고통을 느끼는 것에서 시작하여 **상대를** 딱하게 여기는 단계로 발전하고, 그다음에 **상대의 입장**을 느끼는 단계로 나아간다.

아동의 감정이입은 신경생물학적으로도 말이 된다. 2장에서 말했듯이, 성인은 누군가 아픈 것을 보면 겉질의 앞띠이랑이 활성화한다. 추가로 편도체와 섬겉질이 활성화하는데, 특히 고의적 가해일 때 그렇다. 화와 혐오감이 나기 때문이다. 여기에 (정서적) 배쪽안쪽이마앞엽 겉질도 합세한다. 그리고 물리적 통증을 볼 때는(가령 손가락이 바늘에 찔리는 것을 볼 때는) 자신의 통증 인식에 관여하는 수도관주위회색질, 자신의 손가락 감각을 받아들이는 감각 겉질 부위, 자신의 손가락을 움직이도록 지시하는 운동 뉴런들이 활성화한다.* 이런 구체적·대리적 활성화 패턴 탓에 우리는 제 손가락을 꽉 움키게 된다.

시카고대학교의 진 데세티는 7세 아이들이 타인의 고통을 볼 때 이런 활성화 패턴 중에서도 구체적 영역, 즉 수도관주위회색질과 감각 겉질과 운동 겉질이 가장 많이 활성화한다는 것을 확인했다. 수도관주위회색질과 더불어 배쪽안쪽이마앞엽 겉질이 활성화하기는 하지만, 극히 낮은 수준이었다. 한편 더 나이든 아이들의 경우, 배쪽안쪽이마앞엽 겉질과 더불어 변연계 구조들이 점점 더 많이 활성화했다.[13] 그러다 청소년기가 되면, 배쪽안쪽이마앞엽 겉질이 더 강하게 활성화하며 더불어 마음 이론 영역들도 활성화했다. 어떻게 해석할까? 감정이입이 "저 사람 손가락 **아프겠다**, 갑자기 내 손가락이 의식되네" 하는 구체적 차원에서 손가락이 찔린 사람의 정서와 경험에 집중하는 마음 이론 비스름한 차원으로 넘어간 것이다.

어린아이들의 감정이입은 고의적 피해와 우발적 피해를 구별하지 않고, 대인 피해와 대물 피해도 구별하지 않는다. 그런 구별은 나이가 더 들어서 수도관주위회색질 차원의 감정이입 반응이 줄고 배쪽안쪽이마앞엽 겉질과 마

---

* 이 '감각 운동 공명' 현상에서 '거울 뉴런'을 떠올린 독자가 있을 것이다. 거울 뉴런이 하는 일은 14장에서 살펴보겠다(실제 그 역할은 널리 알려진 내용과는 전혀 다른 편이다). 수도관주위회색질이 관여한다는 점에서 감정이입 능력이 결핍된 소시오패스를 떠올린 독자도 있을 것이다. 2장에서 보았듯이, 소시오패스는 통증 인식이 유난히 둔하다.

음 이론 영역의 반응이 커지는 시기에 나타난다. 그리고 이제 고의적 피해에는 편도체와 섬겉질도 활성화한다. 가해자에 대한 화와 혐오감이다.* 이 무렵 아이들은 또 자신이 가한 피해와 타인이 가한 피해를 구별하기 시작한다.

세련화는 계속되어, 7세 무렵이면 아이들이 이제 감정이입을 표현하기 시작한다. 10세에서 12세 무렵에는 감정이입이 일반화되고 추상화된다. 특정 개인에 대해서가 아니라 '가난한 사람들'에 대해서 감정이입하는 것이다(단점: 이때부터 아이들은 처음으로 사람들을 부정적 고정관념에 따라 범주화하기 시작한다).

정의감도 나타난다. 미취학 아동들은 평등주의 성향을 보인다(내가 쿠키를 받았으면 저 친구도 받는 게 좋다는 식이다). 하지만 아동의 너그러움에 지나치게 감탄하기 전에 알아야 할 사실이 있으니, 이때 이미 내집단 편향이 나타난다는 것이다. 만약 다른 아이가 낯선 사람이면, 평등주의 성향이 덜 드러난다.[14]

누군가가 부당한 대우를 받았을 때 그 불의에 반응하는 성향도 차츰 드러난다.[15] 하지만 역시 지나치게 감탄하기 전에 알아야 할 것은, 이 또한 편향과 함께 온다는 점이다. 세계 어느 문화에서든 4세에서 6세 무렵 아이들은 부당한 대우를 당한 사람이 **자신**일 때만 부정적으로 반응한다. **타인**이 부당하게 대우받는 데 대해서도 부정적으로 반응하는 현상은 8세에서 10세는 되어야 나타난다. 게다가 이 단계가 나타나기는 하는가 여부는 문화에 따라 차이가 크다. 아이들의 정의감은 아주 이기적이다.

타인이 받는 부당한 대접에 아이들이 부정적으로 반응할 줄 알게 되면, 곧이어 이전의 불평등을 바로잡고자 시도하는 현상이 나타난다("쟤가 저번

---

* 앞 장에서 청소년이 고의적 가해와 우발적 가해를 구별하게 되는 과정을 살펴본 진 데세티의 연구를 언급했는데, 그 논문에 흥미로운 발견이 하나 더 있었다. 대인 피해를 끼치는 행동에 대해서, 성인들은 보통 고의적 가해를 더 엄하게 처벌해야 한다고 말한다. 하지만 대물 피해에 대해서는 고의적 가해와 우발적 가해를 그만큼 다르게 여기지 않는다. "망할, 그 인간이 팬벨트에 강력접착제를 붙인 게 고의였는지 아닌지는 알고 싶지도 않아. 어쨌든 내가 새로 사야 하는 건 같으니까."

에 적게 받았으니까 이번에는 더 많이 받아야 해요").[16] 사춘기 이전 무렵에는 평등주의가 사라지고 아이들은 이제 능력이나 노력이나 공익을 근거로 불평등을 수용한다("쟤가 얘보다 더 많이 출전해야 해요, 쟤가 더 잘하니까요/더 열심히 했으니까요/팀에 더 도움이 되니까요"). 어떤 아이들은 심지어 공익을 위해서 자신을 희생한다("쟤가 나보다 더 많이 출전해야 해요, 쟤가 더 잘하니까요").* 청소년기가 되면, 남자아이들은 여자아이들보다 불평등을 공리주의적 근거에서 더 잘 수용한다. 그리고 남녀 모두 불평등을 사회적 관행으로 묵인하기 시작한다. "내가 할 수 있는 일은 없어, 세상이 그런 거니까."

도덕 발달

마음 이론, 관점 취하기, 다양한 수준의 감정이입, 정의감이 갖춰지면 이제 아이는 옳고 그름의 문제와 씨름할 수 있다.

피아제는 아이들의 놀이가 적절한 행동 규칙을 연습하는 것일 때가 많고 (단 이 규칙은 어른들의 규칙과는 다를 수 있다)** 그 연습이 단계적으로 점점 더 복잡해진다는 점을 지적했다. 이 지적에 감화되어 이 주제를 더 엄밀하게 살펴본 젊은 심리학자가 있었으니, 결국 그는 어마어마하게 영향력 있는 이론을 만들어냈다.

1950년대에, 당시 시카고대학교 대학원생이었고 후에 하버드 교수가 된 로런스 콜버그는 도덕 발달의 단계라는 기념비적 이론을 구축하기 시작했다.[17]

아이들에게 도덕적 난제를 던진다고 하자. 예를 들어, 어느 가난한 여자가 병으로 죽어가는데 그를 살릴 수 있는 유일한 약은 그가 도저히 구입할 수

---

* 연령을 불문하고 아이들이 생각하는 '공익'은 저마다의 입장에 따라 다르다. 심리학자 로버트 콜스는 이제 고전이 된 책 『아이들의 도덕적 삶』(1986)에서 인종차별 폐지 시기에 미국 남부에서 조사했던 바를 들려주었다. 그때 흑백을 불문하고 나이가 든 아이들은 공익을 위해 자신을 기꺼이 희생하려 했지만, 그 공익이란 자신이 속한 이데올로기적 집단의 이익이었다고 한다.

** 나는 아이들만의 규칙이 얼마나 엉뚱한가를 당시 네 살이었던 아들에게서 배운 적 있다. 어느 날 우리는 함께 공중 화장실에 가서 두 소변기에 나란히 소변을 보았다. 내가 약간 일찍 마쳤는데, 아이가 말했다. "동시에 끝냈으면 좋았을 건데." 왜? "그러면 점수를 더 많이 따거든요."

없을 만큼 비싸다. 여자는 약을 훔쳐야 할까? 왜?

콜버그는 도덕적 판단이 인지적 과정이라고 결론 내렸다. 아이가 성숙하면서 복잡한 추론 능력이 향상되는 과정이라는 것이다. 그는 도덕 발달을 크게 세 수준으로 나누었고, 각 수준을 다시 두 단계로 나누었다.

자, 내가 눈앞에 놓인 유혹적인 쿠키를 먹으면 안 된다는 말을 들었다고 하자. 나는 그래도 그걸 먹어야 할까? 이 결정에 동원되는 추론을 고통스러우리만치 단순화하여 단계별로 나누자면 다음과 같다.

수준 1: 나는 쿠키를 먹어야 할까?

전 관습적 추론

1단계. 상황에 따라 다르다. 내가 벌받을 가능성이 얼마나 될까? 벌받는 건 기분 나쁘다. 아이들의 공격성은 보통 2세에서 4세 사이에 절정에 달하고, 이후에는 어른의 벌("구석에 가서 서 있어")과 또래의 벌(가령 따돌림)에 다스려진다.

2단계. 상황에 따라 다르다. 만약 내가 참으면, 보상을 받을까? 보상 받는 건 기분 좋다.

두 단계 모두 복종과 자기 이익(나한테 뭐가 돌아오지?)에 관련된다는 점에서 자기중심적이다. 콜버그는 아이들이 보통 8세에서 10세 무렵에 이 수준에 다다른다고 보았다.

이 연령을 넘어서도 공격성이 누그러지지 않으면, 특히 냉담하고 가책 없는 공격성이 사라지지 않으면, 걱정스러운 경우다. 그것은 성인기에 소시오패스가 될 위험(즉 반사회적 성격)을 예측하는 현상이기 때문이다.* 이때 중요하게 볼 점은 미래의 소시오패스의 경우에는 부정적 피드백이 먹히지 않는 듯하다는 것이다. 앞서 말했듯, 소시오패스의 경우 통증 문턱값이 높다는 점이 그들의 감정이입 결핍을 설명해준다. 자신의 통증도 느끼지 못하는 마당

---

* 냉담한 공격성은 성인기 소시오패스 성향을 예측하는 아동기의 또다른 지표, 즉 동물 학대와도 관련된다.

에 남의 고통을 느끼기는 어려우니까. 이 사실은 또한 그들이 부정적 피드백에 꿈쩍하지 않는 현상도 설명해준다. 처벌이 통하지 않는 마당에 뭐하러 행동을 바꾸겠는가?

그리고 이 무렵 아이들은 다툰 뒤 화해하고, 화해에서 위안을 얻기 시작한다(가령 그러면 글루코코르티코이드 분비와 불안이 감소한다). 이 점을 볼 때, 이 화해의 동기는 분명 자기 이득일 것이다. 이것이 실익 정책임을 보여주는 사실이 또 있다. 아이들은 그 관계가 자신에게 더 중요할 때 더 기꺼이 화해한다.

수준 2: 나는 쿠키를 먹어야 할까?
관습적 추론

3단계. 상황에 따라 다르다. 내가 먹으면 누가 못 먹게 될까? 나는 그 사람을 좋아하나? 다른 사람들은 어떻게 할까? 내가 쿠키를 먹으면 남들이 나를 어떻게 생각할까? 남들을 생각하는 것은 기분 좋은 일이다. 남들에게 잘 보이는 것도 좋은 일이다.

4단계. 상황에 따라 다르다. 규칙이 뭐지? 그 규칙은 신성 불가침인가? 남들이 다 그 규칙을 깬다면? 지시를 받는 것은 기분 좋은 일이다. 이 단계는 어떤 은행의 약탈적이지만 합법적인 대출 관행을 두고 이렇게 생각하는 판사와 같다. "나도 피해자들이 딱해…… 하지만 지금 나는 은행이 법을 어겼는지를 판단하는 거니까…… 그리고 은행은 어기지 않았어."

관습적 도덕 추론은 관계(나와 타인들의 상호작용과 그 결과)에 집중한다. 대부분의 청소년과 성인은 이 수준에 도달한다.

수준 3: 나는 쿠키를 먹어야 할까?
후 관습적 추론

5단계. 상황에 따라 다르다. 이 쿠키는 어떤 맥락에서 여기 놓이게 되었나? 내가 이걸 가지면 안 된다는 결정은 누가 내렸나? 내가 이 쿠키를 취함으로써 누군가의 생명을 살릴 수 있나? 명확한 규칙이 유연하게 적용되는 것은 기분 좋은 일이다. 이제 판사는 이렇게 생각한다. "물론 은행의 영업은 합법적이었어, 하지만 법이란 궁극적으로 힘 있는 자로부터 약자를 보호하기 위해서 존재하는 것이지, 따라서 서면 계약을 했든 안 했든 이 은행의 이 행동은 제지되어야 해."

6단계. 상황에 따라 다르다. 이 문제에 관한 내 도덕적 입장이 법보다 더 중요한가? 나는 그 입장을 고수하기 위해서 궁극의 대가도 감수하겠는가? 내가 "우리는 한 발도 물러나지 않으리"를 거듭 노래할 수 있는 어떤 주제가 있다는 것은 기분 좋은 일이다.

이 수준은 규칙과 그 적용이 자신의 내부에서 나오고 자신의 양심을 반영한다는 점에서, 그리고 그 규칙을 위반할 경우에 얻는 궁극의 대가는 그런 초라한 자신을 감내하는 것이라는 점에서 자기중심적이다. 이 수준은 선한 것과 법을 지키는 것이 동의어가 아니라는 점을 이해한다. 우디 거스리는 자신의 노래 〈프리티 보이 플로이드〉에 관해서 이렇게 말했다. "나는 법 밖의 선한 사람을 사랑하는 만큼 법을 지키는 나쁜 사람을 미워한다."*

6단계는 또한 관습에 얽매이는 프티부르주아적 규칙 제정자들과 이득을 따지는 인간들, 억압자, 그를 고분고분 따르는 한심한 대중보다 자신의 입장이 더 옳다고 암묵적으로 생각한다는 점에서 독선적이다. 후 관습적 단계를 논할 때 자주 인용되는 에머슨의 말을 빌리면, "모든 영웅 행위는 모종의 외적 이득을 개의하지 않는 점으로 자신을 평가한다". 6단계 추론은 영감을 줄 수 있다. 하지만 '선한 것'과 '법을 지키는 것'을 대립항으로 본다는 점이 참기 힘들 수도 있다. "법 밖에서 살려면 정직해야 해." 이건 밥 딜런의 가사였다.

콜버그주의자들에 따르면, 일관되게 5단계와 6단계에 머무는 사람은 거의 없다.

---

* 이 말이 정말로 프리티 보이 플로이드에게 적용되는지는 모르겠다. 대공황기 은행 강도였던(게다가 살인자였던) 그는 그럼에도 불구하고 가난한 자들의 영웅처럼 여겨졌다. 오클라호마에서 열린 그의 장례식에는 2~4만 명이 모였다고 한다.

콜버그는 아동의 도덕 발달을 연구하는 과학을 발명해낸 것이나 다름없었다. 그의 단계 모형은 워낙 정설이라, 이 업계 사람들은 누군가를 비난할 때 그가 원시적 콜버그 단계에 머물러 있다고 말하곤 한다. 12장에서 볼 텐데, 심지어 보수주의자들과 진보주의자들이 서로 다른 콜버그 단계로 추론한다는 연구 결과도 있다.

당연히 콜버그의 연구에도 문제는 있다.

통상적인 문제: 어떤 단계 모형이든 너무 엄격하게 받아들여서는 안 된다. 언제나 예외가 있고, 이행 상태가 늘 깨끗하게 나뉘는 것은 아니며, 어떤 개인의 단계는 맥락에 따라 달라질 수 있다.

터널 시야와 잘못된 강조점의 문제: 콜버그는 원래 연구자들이 흔히 사용하지만 인류를 대표한다고는 볼 수 없는 집단, 즉 미국인을 대상으로 연구했다. 그런데 뒤에서 보겠지만, 도덕적 판단은 문화에 따라 달라진다. 게다가 모든 피험자들이 남성이었는데, 이 점은 뉴욕대학교의 캐럴 길리건이 1980년대부터 지적했다. 길리건도 단계들의 전반적인 순서에 대해서는 콜버그에 동의했다. 하지만 길리건과 다른 연구자들은 여자아이와 성인 여성의 경우 도덕적 판단을 내릴 때 남자아이와 성인 남성과는 달리 일반적으로 정의에 더 가치를 둔다는 것을 확인했다. 그래서 여성은 관계를 강조하는 관습적 사고에 기우는 편이고, 남성은 후 관습적 추상화에 기우는 편이다.[18]

인지에 대한 지나친 강조: 도덕적 판단은 추론의 결과일까, 아니면 직관과 정서의 결과일까? 콜버그주의자들은 전자를 선호한다. 하지만 13장에서 볼 텐데, 인지 능력이 제한적인 동물들 중에서도 어린아이와 비인간 영장류처럼 기초적인 수준의 공정성과 정의감을 보여주는 경우가 많다. 그런 발견은 뉴욕대학교의 두 심리학자 마틴 호프먼과 조너선 하이트의 연구로 널리 알려진 도덕적 의사결정의 '사회적 직관주의' 가설을 뒷받침한다.[19] 그렇다면 문제는 도덕적 추론과 도덕적 직관이 어떻게 서로 상호작용하는가일 것이다. 뒤에서 보겠지만, ⓐ도덕적 직관은 전적으로 정서의 문제라기보다는 의식적 추론과는 스타일이 다른 인지 활동이고 ⓑ거꾸로 도덕적 추론은 종종 노골적으로 비논리적이다. 나중에 더 살펴보자.

예측성 결핍: 이 이론으로 정확히 누가 바람직하지만 더 어려운 일을 실행할지를 예측할 수 있을까? 콜버그 단계에서 금메달을 딴 사람들이 정말로 내부 고발을 기꺼이 감행하고, 총잡이를 제압하고, 난민을 품어줄까? 에잇, 영웅까지 갈 것도 없다. 그들이 과연 시시한 심리학 실험에서라도 더 정직하게 행동할까? 다른 말로, 도덕적 추론이 도덕적 **행동**을 예측할까? 거의 그렇지 않다. 13장에서 보겠지만, 도덕적으로 영웅적인 행동이 이마엽 겉질의 탁월한 의지력에서 나오는 경우는 드물다. 그런 행동은 대신 옳은 일이 그다지 어려운 일이 아닐 때 일어난다.

마시멜로

아동기에 이마엽 겉질이 차츰 성숙하며 뇌의 나머지 영역들과 더 많이 연결된다는 것은 아동의 정서 및 행동 조절 능력이 차츰 향상되는 과정을 설명해주는 신경생물학적 사실이다. 그런데 이 현상을 가장 상징적으로 보여준 시험에서는 뜻밖의 물체를 활용했으니, 바로 마시멜로였다.[20]

1960년대에 스탠퍼드 심리학자 월터 미셸은 만족 지연 현상을 연구하기 위해서 '마시멜로 테스트'를 고안해냈다. 연구자가 아이 앞에 마시멜로를 하나 놓아두고 말한다. "이제 나는 잠시 나갔다 올 거예요. 내가 나가면 이 마시멜로를 먹어도 좋아요. 하지만 내가 돌아올 때까지 안 먹고 기다리면, 마시멜로를 하나 더 줄게요." 그리고 방을 나간다. 연구자가 거울로 위장한 유리창으로 옆방에서 지켜보는 동안, 아이는 연구자가 돌아올 때까지 15분 동안 마시멜로를 먹지 않고 참는 외로운 도전을 시작한다.

3세에서 6세 아이 수백 명을 시험한 결과, 미셸은 아이들마다 차이가 엄청나게 크다는 것을 발견했다. 소수의 아이들은 연구자가 방을 나가기도 전에 마시멜로를 먹었다. 전체의 약 3분의 1은 15분을 기다렸다. 나머지는 그 사이에 흩어져 있었고, 평균 지연 시간은 11분이었다. 마시멜로의 유혹에 저항하는 아이들의 전략은 다양했는데, 오늘날 이 시험을 재현한 동영상이 유튜브에 많이 올라 있으니 한번 찾아보라. 눈을 가리는 아이, 마시멜로를 숨기는 아이, 딴생각을 하려고 노래를 부르는 아이도 있다. 찡그리는 아이, 손을 엉덩이로 깔고 앉는 아이도 있다. 마시멜로 냄새를 맡아보는 아이, 한없이 작은 조각을 떼어내어 경건하게 그것을 치켜들고 입맞추고 쓰다듬는 아이도 있다.

아이가 불굴의 의지를 발휘하는 데 영향을 미친 요인은 여러 가지였다(이 현상은 미셸이 후속 연구로 확인했는데, 미셸이 책에서 설명한 것을 보면 이 단계에서는 왠지 마시멜로가 아니라 프레첼로 대상이 바뀌었다). 체제에 대한 신뢰는 중요했다. 만약 연구자가 이전에 약속을 깬 전력이 있다면, 아이들은 오래 기다리지 않았다. 아이들에게 프레첼이 얼마나 바삭하고 맛있을지 상상해보라고 하면(미셸은 이것을 '뜨거운 관념'이라고 불렀다), 아이들의 의지가 약해졌다. 반면 '차가운 관념'(가령 프레첼의 모양)을 생각해보라고 하거나 다른 뜨거운 관념(가령 아이스크림)을 생각해보라고 하면, 견디는 능력이 강화되었다.

쉽게 예측할 수 있듯이, 나이가 많은 아이일수록 더 효과적인 전략을 동원하여 더 오래 참는다. 어린아이들의 전략은 "두번째 마시멜로가 얼마나 맛있을지를 계속 생각했어요" 하는 식이다. 문제는 이 전략이 한 다리만 건너면 눈앞의 마시멜로를 떠올리게 한다는 점이다. 대조적으로, 큰 아이들은 장난감이나 반려동물이나 생일을 떠올리는 식으로 생각을 전환하는 전략을 쓴다. 이 단계는 재평가 전략으로 이어진다("이건 마시멜로 문제가 아냐, 내가 어떤 사람인지를 보여주는 문제지"). 미셸은 의지력 성숙이 극기의 문제라기보다는 생각 전환과 재평가 전략의 문제라고 보았다.

자, 그러니까 아이들의 만족 지연 능력은 차츰 나아진다. 그런데 미셸의 다음 조사야말로 이 연구를 유명하게 만든 공신이었다. 그는 아이들을 계속 추적하여, 마시멜로를 참는 시간이 성인기의 어떤 특징들을 예측할 수 있는지를 알아보았다.

정말로 그랬다. 5세 때 마시멜로 테스트에서 인내심을 보였던 아이들은 (오래 참지 못했던 아이들에 비해) 고등학생이 되었을 때 평균적으로 대학입학시험 점수가 더 높았고, 사회적 성공과 회복탄력성을 더 많이 보였으며, 공격적이고 반항적인 행동을 더 적게 보였다.* 마시멜로 테스트로부터 40년 후에 이들은 두뇌 기능이 더 뛰어났고, 두뇌 작업중 이마앞엽 겉질이 더 많이 활성화했고, 체질량 지수가 더 낮았다.[21] 마시멜로 하나가 무진장 비싼 뇌 스캐너보다 예측력이 더 뛰어난 것이다. 아이의 성과에 조바심 내는 중산층 부모들은 이 발견에 집착하게 되었고, 마시멜로는 숭배의 대상이 되었다.

결과

자, 이로써 행동 발달의 여러 영역들을 대충은 다 살펴보았다. 그렇다면 이제 이 책의 핵심 질문에 비추어 내용을 재해석해볼 차례다. 우리의 성인이 예의 그 멋지거나 형편없거나 애매한 행동을 수행했다. 그의 아동기가 그 행동에 어떻게 기여했을까?

우리의 첫번째 과제는 이때 생물학을 진심으로 머릿속에 받아들이는 것이다. 어떤 사람이 어릴 때 영양실조를 겪었고 어른이 되어서는 뒤떨어지는 인지 능력을 보였다고 하자. 이 현상을 생물학적으로 바라보기는 쉽다. 영양실조가 뇌 발달을 저해했다고 보는 것이다. 자, 어떤 사람이 어릴 때 차갑고 감정 표현이 없는 부모에게서 자랐는데 어른이 되어서는 자신이 사랑받을 자격이 없는 사람이라고 느낀다고 하자. 이 현상을 생물학적으로 보기는 쉽

* 최근의 한 연구에서 중요한 발견이 더해졌다. 아이들 중에는 충동 통제에 문제가 있는 아이가 있다. "반드시 참았다가 마시멜로 두 개를 받을 거야" 하고 생각하지만 당장 첫번째 마시멜로를 먹어버리는 아이다. 이런 특징은 통계적으로 성인기의 폭력적 범죄를 예측하는 것으로 드러났다. 한편 시간 할인 곡선이 유난히 가파른 아이도 있다. "지금 당장 마시멜로를 하나 먹을 수 있는데 15분을 기다렸다가 두 개를 먹으라고? 내가 바보냐? 15분을 기다리게?" 이런 특징은 성인기의 재산 관련 범죄를 예측하는 것으로 드러났다.

지가 않다. 부지불식간에 이것은 영양실조/인지의 관계보다 덜 생물학적인 현상이라고 생각되기 때문이다. 물론, 어떤 생물학적 변화가 냉담한 부모와 성인기의 낮은 자긍심을 연결하는가 하는 문제가 영양실조/인지 관계보다 덜 밝혀졌을 수는 있다. 전자를 생물학적으로 설명하기가 후자보다 더 까다로울 수도 있다. 근원적인 생물학적 치료법을 적용하기가 후자보다 전자에서 더 어려울 수도 있다(가령 자긍심을 북돋는 가상의 신경성장인자 약물과 인지력을 높이는 약물을 상상해보자). 하지만 생물학이 두 관계 모두를 중개한다는 것은 엄연한 사실이다. 구름은 벽돌보다 덜 실체적인 물질로 보일 수도 있겠지만, 둘 다 동일한 원자 상호작용 법칙에 따라서 만들어진 물질이다.

그렇다면 생물학은 어떻게 아동기와 성인의 행동을 연결할까? 5장에서 보았던 신경가소성을 대규모로 또한 일찍부터 적용하는 과정이라고 보면 된다. 발달하는 뇌는 신경가소성의 완벽한 사례다. 뇌가 접하는 모든 경험은 아무리 작은 것이라도 뇌에 영향을 남긴다.

그러면 이제부터는 서로 다른 형태의 아동기가 각기 어떤 형태의 성인을 낳는지를 살펴보자.

맨 처음부터: 어머니는 중요하다

위의 소제목만큼 당연한 사실도 또 없는 것 같다. 누구나 어머니가 필요하다. 설치류도 마찬가지다. 새끼 쥐들을 하루에 몇 시간씩 어미에게서 떼어놓으면, 그 쥐들이 성체가 되었을 때 글루코코르티코이드 농도가 더 높고, 인지 능력은 더 떨어지며, 더 불안해하고, 수컷의 경우 더 공격적인 성향을 보인다.[22] 엄마는 꼭 필요한 존재다. 그런데 20세기가 한참 지날 때까지만 해도 대부분의 전문가들은 그렇게 믿지 않았다. 서구가 발달시킨 양육 기법은 전통문화들에 비해서 아이가 엄마와 덜 접촉하고, 더 일찍부터 혼자 자고, 울면 안아주는 손길이 오기까지 시간이 더 많이 걸리는 형태였다. 1900년경 당시 선도적인 전문가였던 컬럼비아대학교의 루서 홀트는 우는 아이를 안아주거나 너무 자주 돌봐주는 '나쁜 관행'을 엄하게 경고했다. 그 시절에 부잣집 아이들은 유모의 손에 자랐고, 자기 전에 잠시 부모의 얼굴을 봤지만 이야기를 나누지는 않았다.

이 시기에, 역사상 가장 희한한 동침이 성사됐다. 프로이트주의자들과 행동주의자들이 웬일로 합세하여 아기가 엄마에게 애착을 느끼는 이유를 설명하려 든 것이었다. 행동주의자들이 보기에는, 당연히, 그것은 아기가 배고플 때마다 엄마가 칼로리를 제공하여 반응을 강화하기 때문이었다. 프로이트주의자들이 보기에, 역시 당연히 그것은 아기에게 엄마의 가슴 이외의 대상과 관계를 맺는 '자아 발달' 능력이 부족하기 때문이었다. 이런 해석에 아이는 어른 앞에서 늘 얌전해야 한다는 신조가 더해지니, 부모가 아이에게 영양과 적절한 온도와 기타 등등을 제공한다면 그것으로 끝이라는 생각이 생겨났다. 애정, 온기, 물리적 접촉? 쓸데없다.

이런 생각에서 발생한 재앙이 적어도 하나 있었다. 당시에는 아이가 장기간 병원에 입원할 때 엄마는 없어도 된다는 게 통념이었다. 필요한 것을 병원에서 모두 제공해주니, 엄마는 아이의 감정을 동요시킬 뿐이라고 했다. 엄마들은 보통 일주일에 한 번씩 몇 분만 면회할 수 있었다. 그런데 그렇게 오래 입원한 아이들은 원래의 질환과는 무관한데다가 원인을 알 수 없는 감염과 소화 장애로 쇠약해지는 이른바 '시설증후군(병원증)'으로 많이 죽어나갔다.[23] 당시에는 약간 이상하게 변형된 세균 이론 탓에 어린이 환자는 누구와도 접촉하지 않고 무균실에 격리되어 있는 것이 최선이라는 믿음이 있었다. 그런데 놀랍게도, 시설증후군은 최신식 인큐베이터(가금류 농업에서 힌트를 얻은 발명품이었다)를 갖춘 병원에서 더 활개를 쳤다. 가장 안전한 곳은 가난한 탓에 사람이 직접 아기들을 만지고 상호작용하는 원시적 관행을 유지하는 병원들이었다.

1950년대, 영국 정신과의사 존 볼비는 아기를 정서적 욕구가 거의 없는 단순한 유기체로 간주하던 기존 시각에 도전했다. 그의 '애착 이론'이 엄마-

아기 결합에 대한 현대적 시각을 탄생시켰다.*[24] 『애착과 상실』이라는 삼부작 저서에서 그가 주장한 내용은 오늘날에는 상식이 되었다. "아이가 엄마에게서 바라는 것은 무엇일까?" 사랑, 온기, 애정, 반응, 자극, 일관성, 안정성이다. 그것이 주어지지 않으면 어떻게 될까? 아이는 불안, 우울 그리고/혹은 애착 문제를 겪는 성인이 된다.**

볼비의 이론에 감화되어 심리학 역사상 가장 유명한 실험 중 하나를 시행한 사람이 있었으니, 위스콘신대학교의 해리 할로였다. 그의 실험은 엄마-아기 결합에 대한 프로이트주의자와 행동주의자의 교리를 산산이 깨뜨렸다.[25] 할로는 새끼 레서스원숭이를 어미에게서 떼어놓고 대신 두 '대리모'를 붙여주었다. 둘 다 철망을 엮어서 몸통처럼 만든 뒤에 꼭대기에 원숭이처럼 생긴 플라스틱 얼굴을 붙인 물체였다. 둘 중 한 대리모는 몸통에 젖병이 달려 있었고, 다른 대리모는 그 대신 몸통이 타월용 천으로 덮여 있었다. 한마디로 한쪽은 칼로리를 주었고, 다른 쪽은 가슴 아프게도 어미 원숭이의 털과 아주 조금 비슷한 것을 제공했다. 프로이트와 B. F. 스키너에게 한쪽을 선택하라고 했다면, 두 사람은 서로 철망 어미를 고르려고 다퉜을 것이다. 하지만 실제 새끼 원숭이들은 천 어미를 선택했다.*** "사람은 젖만으로 살 수 없다.

---

* 대부분의 프로이트주의자들이나 행동주의자들과는 달리, 볼비는 실제로 아이들을 대한 경험이 많았다. 그가 만난 아이들 중에는 1940년대에 부모와 떨어져 살았던 아이들도 있었다. 대공습을 피해 런던에서 시골로 보내진 아이들, 히틀러가 덮치기 전에 중유럽에서 유대인 아이들을 빼낸 '킨데르트란슈포르트Kindertransport' 작전으로 영국에 온 아이들, 물론 고아들도 있었다. 말이 나왔으니 말인데, 볼비의 유년기는 어땠을까? 그는 왕의 외과 주치의였던 앤서니 볼비 경의 아들이었고, 유모들 손에 자랐다.

** 볼비의 후예인 '애착 육아' 학파는 이제 확고히 자리잡았다. 심지어 그동안 끊임없는 오해, 유행, 맹신, 과격파, 자신이 부족하다고 안절부절못하는 부모들, 자신의 육아가 우월하다고 믿는 독선적인 부모들을 낳았을 정도다. 벌집을 건드리는 심정으로 덧붙이자면, 만약 여성이 자식에게 모유 수유를 하지 않거나, 모유 수유를 아이가 열 살이 될 때까지 지속하지 않거나, 출산 후 몇 초 안에 젖을 물리는 데 성공하지 못하거나, 아이를 2초 이상 혼자 두거나, 아이를 두고 밖에서 일하면 아이에게 돌이킬 수 없는 손상이 가해진다는 주장을 뒷받침하는 과학적 근거는 없다. 그리고 그토록 유익한 효과를 내는 애착을 남성이나, 일하는 한부모 여성이나, 두 엄마나, 두 아빠는 제공할 수 없다는 생각에 대한 과학적 근거도 전혀 없다.

*** 이것은 정말로 상징적인 연구라, 나는 심리학자들이 할로를 언급하며 이런 식으로 농담하는 걸 들어봤다. "나는 아주 나쁜 유년기를 보냈죠. 아버지는 늘 곁에 없었고, 어머니는 철망 엄

사랑이라는 감정은 젖병이나 숟가락으로 먹이는 게 아니다." 할로는 이렇게 썼다.

어머니가 인간의 가장 기본적인 욕구를 충족시킨다는 사실을 뒷받침하는 증거는 다른 논쟁적인 영역에서도 나왔다. 미국의 범죄율은 1990년대부터 전국적으로 급락했다. 이유가 무엇이었을까? 자유주의자들이 보기에는 융성하는 경제가 해답이었다. 보수주의자들은 치안 예산 확대, 교도소 확대, 삼진아웃 처벌 제도 덕분이라고 보았다. 그런데 스탠퍼드대학교의 법학자 존 도너휴와 시카고대학교의 경제학자 스티븐 레빗이 제안한 부분적 설명은 좀 특이했다. 그들이 지목한 것은 임신중지 합법화였다. 두 사람은 각 주의 임신중지 자유화 시점과 범죄율 하락의 인구 통계를 분석하여, 해당 지역에서 임신중지 접근성이 좋아진 시점으로부터 약 20년 뒤에 그 지역의 청년 범죄율이 떨어졌음을 확인했다. 놀랍지 않은가. 이 분석을 두고 논쟁이 뜨거웠지만, 내가 보기에는 우울하지만 말이 되는 현상인 듯하다. 어떤 아이가 범죄자가 되리라고 예측하는 중요한 지표가 무엇일까? 만약 자신에게 선택권이 있었다면 그 아이를 낳지 않았을 거라고 생각하는 엄마에게서 태어나는 것이다. 아이가 엄마에게서 충족시킬 수 있는 가장 기본적인 욕구는 무엇일까? 아이가 세상에 존재해서 엄마가 행복하다는 것을 아는 것이다.*26

할로는 이 책의 핵심적 토대에 해당하는 사실, 즉 아이가 자랄 때 어머니

마였어요."

* 흥미롭게도, 볼비가 처음 발표한 논문은 도둑들의 경우 유년기에 어머니와 오래 떨어져 산 비율이 높더라는 발견을 보고한 내용이었다. 이와 관련된 1994년 논문도 있다. 출생시 어려움과 1세에 어머니로부터 거부당한 경험을 둘 다 겪은 사람은 18년 뒤 폭력적 범죄를 저지를 가능성이 뚜렷하게 높더라는 내용이었다(비폭력적 범죄는 그렇지 않았다).

가 (나중에는 또래가) 제공하는 것이 무엇인가 하는 문제를 밝히는 데도 기여했다. 그러느라고 그가 수행했던 실험은 심리학 역사상 가장 공분을 일으킨 연구로 꼽힌다. 갓 태어난 원숭이들을 어미도 또래도 없이 고립시켜 길렀기 때문이다. 그렇게 생후 몇 달, 심지어 몇 년 동안 다른 생물체와 전혀 접촉하지 못한 채 자란 개체들을 사회적 집단에 뒤늦게 집어넣어본 실험이었다.*

쉽게 예측할 수 있듯이, 그 원숭이들은 만신창이였다. 어떤 개체들은 혼자 떨어져 앉아서 제 몸을 부둥켜안고 '자폐증 환자처럼' 몸을 흔들었다. 또 어떤 개체들은 눈에 띄게 부적절한 위계 혹은 성적 행동을 했다.

여기서 흥미로운 점이 있었다. 고립을 겪었던 개체들의 행동 자체가 틀린 것은 아니었다. 그러니까 그 원숭이들이 마치 타조처럼 공격 행동을 한다거나 마치 도마뱀붙이처럼 구애 행동을 하는 것은 아니었다. 행동 자체는 정상이었지만, 다만 시간과 장소가 걸맞지 않았다. 가령 제 몸의 반만한 초라한 개체에게 복종의 몸짓을 하거나, 그 앞에서 조아려야 마땅한 알파 개체를 위협하는 식이었다. 개체가 어미와 또래에게서 배우는 것은 고정된 행동 양식을 몸으로 행하는 방법이 아니다. 그것은 개체가 타고난다. 어미와 또래가 가르쳐주는 것은 그 행동을 언제, 어디서, 누구에게 할 것인가다. 즉, 그 행동의 적절한 **맥락**이다. 우리는 누군가의 팔을 만지거나 방아쇠를 당기는 행동이 어떤 상황에서 최선의 행동이 되거나 최악의 행동이 되는가 하는 것을 엄마와 또래로부터 처음 배운다.

나는 케냐에서 개코원숭이를 연구할 때 저 사실을 충격적으로 보여주는

---

* 이런 연구의 잔인함이 동물권 운동을 일으킨 한 요인이었다. 나는 십대에 이 이야기를 처음 읽고 눈물을 흘린 이래 할로의 연구에 대해 늘 너무나도 복잡한 심경이었다. 할로는 경악스럽도록 냉혹했고, 자신이 원숭이들에게 아무 감정을 느끼지 못한다는 사실을 거침없이 밝혔으며, 박탈 연구를 너무 많이 수행했다. 하지만 그의 연구는 유년기의 결핍이 성인기에 우울증을 높일 수 있다는 사실을 생물학적으로 이해하도록 해준 토대였고, 그 밖에도 여러 성과를 낳았다. 당시의 상식에서는 오늘날 우리가 꼭 필요하다고 여기는 양육의 요소들을 불필요하게 여겼다는 점을 감안할 때, 그런 연구의 부도덕성을 가장 명확하게 증명한 것이 다름 아닌 할로의 선구적 연구였다는 사실은 참 아이러니하다.

사례를 본 적 있다. 한번은 지위가 높은 암컷과 낮은 암컷이 같은 주에 둘 다 딸을 낳았다. 전자의 새끼는 후자의 새끼보다 발달의 모든 단계를 먼저 달성했다. 운동장은 그때부터 평평하지 않았다. 두 새끼는 생후 몇 주쯤에 처음으로 상호작용을 할 뻔했다. 지위가 낮은 암컷의 새끼가 우세한 암컷의 새끼를 목격하고 아장아장 걸어가서 인사하려고 한 것이다. 새끼가 친구에게 거의 다 다가갔을 때, 지위가 낮은 그 어미가 딸의 꼬리를 잡아서 홱 끌어당겼다.

그것은 그 새끼가 세상에서 자신의 위치를 처음 배운 순간이었다. "저 친구를 봤니? 쟤는 너보다 지위가 훨씬 더 높단다. 그러니까 무턱대고 다가가서 함께 놀 순 없어. 만약 쟤가 근처에 있으면, 가만히 앉아서 눈을 마주치지 말아야 해. 네가 먹고 있는 걸 쟤가 뺏지 않기만을 바라야 해." 놀랍게도, 두 새끼 원숭이는 20년 뒤에 할머니가 되어서 사바나에 앉아 있을 때도 그날 아침에 배웠던 비대칭적 지위 관계를 똑같이 보여주었다.

힘들 때는 어떤 엄마에게라도 의지할 것

할로가 보여준 또다른 중요한 교훈이 있다. 이 또한 상상하기 괴로운 실험을 통해서 알아낸 교훈이었다. 그는 철망 대리모의 몸통 중앙에 공기를 내뿜는 장치를 붙인 뒤 새끼 원숭이들에게 붙여주었다. 새끼가 매달리면, 대리모는 훅 하고 공기를 내뿜는다. 이런 처벌 행위를 경험한 새끼의 반응을 행동주의자는 어떻게 예측할까? 도망치리라고 예측할 것이다. 그런데 현실은 달랐다. 학대받는 아동이나 매맞는 배우자처럼, 이 새끼들은 대리모에게 더 강하게 매달렸다.

우리는 왜 종종 부정적 강화를 제공하는 상대에게 애착을 느끼고, 그 때문에 괴로울 때 그 괴로움의 원인에게서 위안을 구하려 들까? 왜 나쁜 상대를 사랑하고, 학대당하고, 그러고서도 그에게 돌아갈까?

심리학적 통찰은 넘쳐난다. 어쩌면 자긍심이 부족해서, 자신이 그보다 더 잘할 수 없다고 믿는 탓일지도 모른다. 또 어쩌면 상대를 바꾸는 것이 자신의 소명이라는 공동 의존적 신념을 갖고 있는 탓일지도 모른다. 또 어쩌면 억압자에게 동일시한 탓일지도 모르고, 아니면 잘못이 자신에게 있고 학대자의 행동은 정당하다고 생각하게 된 탓에 학대자를 비합리적이고 무서운 사람으로 느끼지 않는 것일 수도 있다. 이 해석들은 모두 유효하고, 큰 설명력과 치유력을 갖고 있다. 그렇기는 하지만, 뉴욕대학교의 리기나 설리번은 인간의 정신과는 멀어도 한참 먼 곳에서 이 현상의 일부에 대한 설명을 찾아냈다.

설리번은 새끼 쥐들이 어떤 중립적 냄새와 쇼크를 연합하여 학습하도록 조건화했다.[27] 만약 생후 열흘이 넘은 시점에서('나이 많은 새끼') 조건화된 새끼가 그 냄새에 노출되면, 논리적인 결과가 따랐다. 편도체가 활성화하고, 글루코코르티코이드가 분비되고, 새끼는 그 냄새를 혐오하게 되었다. 그런데 그보다 더 어린 새끼에게 시험해보면, 그런 반응이 전혀 나타나지 않았다. 놀랍게도 새끼는 오히려 그 냄새에 이끌렸다.

왜일까? 갓 태어난 새끼는 스트레스에 관해서 아주 흥미로운 결함을 보인다. 설치류는 태아일 때부터 글루코코르티코이드 분비 능력을 완벽하게 갖추고 있다. 하지만 막상 태어나고 나서 몇 시간이 흐르면, 새끼의 부신이 극적으로 위축되어서 글루코코르티코이드를 거의 분비하지 못하게 된다. 이런 '스트레스 저반응 시기'는 생후 몇 주가 지나면 사라진다.[28]

스트레스 저반응 시기는 왜 있을까? 글루코코르티코이드는 뇌 발달에 많은 악영향을 미치므로(뒤에서 설명하겠다), 스트레스 저반응 시기는 도박의 기간인 셈이다. "나는 최적의 상태로 발달해야 하니까, 당분간 스트레스를 접하더라도 글루코코르티코이드를 분비하지 않겠어. 만약 스트레스가 될 만한 일이 생기면, 엄마가 나 대신 처리해줄 거야." 과연 그렇다. 만약 새끼 쥐에게서 어미를 떼어내면, 몇 시간 뒤에 부신이 다시 확장하여 글루코코르티코이드를 충분히 분비하는 능력을 되찾는다.

스트레스 저반응 시기의 새끼가 따르는 규칙이 하나 더 있는 듯하다. "엄마가 곁에 있을 때(그래서 내가 글루코코르티코이드를 분비하지 않을 때) 주어지는 강한 자극에 나는 무조건 애착을 형성해야 해. 그게 내게 나쁠 리 없어. 엄마가 내게 나쁜 걸 접하게 하진 않을 거야." 그 증거로, 조건화를 겪는 어린 새끼의 편도체에 글루코코르티코이드를 주입하면 편도체가 활성화하여 새끼가 그 냄새에 혐오감을 형성하게 된다. 거꾸로 나이 많은 새끼가 조건화를 겪을 때 글루코코르티코이드 분비를 막으면, 새끼는 그 냄새에 애착을 형성한다. 한마디로, 어미가 곁에 있는 한 어린 새끼에게는 아무리 혐오적인 자극이라도 강화 효과를 발휘한다. 심지어 어미가 그 혐오적 자극의 근원일지라도. 설리번과 동료들의 말을 빌리면, "[그런 새끼가] 보호자에게 느끼는 애착이 진화한 것은 제공되는 보호의 품질이 어떻든 새끼가 보호자에게 유대를 형성하도록 만들기 위해서다". 힘든 시기에는 어떤 엄마에게라도 의지해야 하는 것이다.

만약 이 현상이 사람에게도 적용된다면, 왜 어릴 때 학대받고 자란 사람들이 어른이 되어서 파트너에게 학대받는 관계에 이끌리는 경향이 있는지가 설명된다.[29] 하지만 동전의 이면에 해당하는 사람들은 어떨까? 어릴 때 학대받고 자랐는데 커서는 자신이 학대자가 되는 사람들, 전체의 약 33%를 차지하는 사람들은?

여기에 대해서도 유용한 심리학적 통찰은 많다. 주로 그런 이들은 자신을 학대자와 동일시함으로써 공포를 합리화한다는 해석이다. "나는 내 아이들을 사랑해. 하지만 필요할 때는 아이들을 때리지. 우리 아버지도 내게 그렇게 했어. 그러니까 아버지도 나를 사랑했던 걸지도 몰라." 하지만 여기에도 생물학적으로 더 뿌리깊은 현상이 있으니, 새끼 때 어미에게 학대당했던 원숭이들은 자라서 자신도 학대하는 어미가 되기가 쉽다.[30]

다른 경로를 거쳐서 같은 지점으로

원래 나는 이렇게 예상했다. 이제 어머니의 중요성을 다뤘으니, 다음은 가령 아동기의 부성 결핍이나, 아동기 가난이나, 폭력 노출이나, 자연재해 경험이 성인기에 미치는 영향을 살펴보면 되겠다고. 각각에 대해서 같은 질문을 던지면 될 것이다. '이 각각의 사건이 아이에게 어떤 생물학적 변화를 일으켜서 성인기에 어떤 특정 행동의 확률을 높였을까?'

하지만 이 예상은 빗나갔다. 이런 다양한 트라우마들의 영향은 차이점보다 유사성이 더 크다. 물론 연결고리가 좀더 구체적인 쪽이 있기는 하다(가령 아동기에 가정폭력에 노출되면 허리케인을 경험한 것보다 성인기에 반사회적 폭력성을 보일 가능성이 더 높다). 그래도 모두를 하나로 묶어서 이야기해도 충분할 만큼 수렴하는 내용이 많으므로, 나는 이 분야 연구자들의 표현을 빌려서 이런 트라우마들을 '아동기 역경(부정적 경험)'이라고 통칭하겠다.

기본적으로 아동기 역경을 경험한 사람은 성인이 되어서 ⓐ우울증, 불안증, 그리고/혹은 물질 남용의 확률이 높고 ⓑ인지 능력, 특히 이마엽 겉질 기능에 관련된 능력이 손상되기 쉽고 ⓒ충동 통제와 정서 조절 능력이 손상되기 쉽고 ⓓ폭력성을 비롯한 반사회적 행동을 보이기 쉽고 ⓔ아동기의 역경을 복제한 관계를 맺기 쉽다(가령 학대하는 파트너를 떠나지 않는다).[31] 그럼에도 불구하고, 어떤 사람들은 비참한 아동기를 그럭저럭 잘 견뎌낸다. 이 이야기는 뒤에서 더 하겠다.

자, 그러면 지금부터는 아동기 역경이 어떤 생물학적 과정을 거쳐서 성인기에 저런 위험을 높이는지를 살펴보자.

생물학적 연결고리

앞에서 말한 역경들은 당연히 모두 스트레스가 되는 사건이고, 따라서 스트레스의 생리학에 문제를 일으킨다. 수많은 동물종들에게 공통되는 일로서, 어린 시절에 주요한 스트레스 요인을 겪은 개체는 어릴 때는 물론이고 성체가 되어서도 글루코코르티코이드를 많이 분비하고(글루코코르티코이드 분비를 조절하는 부신겉질자극호르몬분비호르몬과 부신겉질자극호르몬도 마찬가지다), 교감신경계가 과다하게 활동한다.[32] 글루코코르티코이드의 기저 농도도 높게 유지된다. 늘 스트레스 반응이 어느 정도 활성화한 상태인 것이다. 그리고 스트레스 요인을 접한 뒤에 글루코코르티코이드 농도가 기저치로 떨어지는 시간도 더 오래 걸린다. 맥길대학교의 마이클 미니가 보여주었듯이, 어린 시절의 스트레스는 뇌가 글루코코르티코이드 분비를 통제하는 능력을 둔화시킨다.

4장에서 보았듯이, 특히 발달중인 뇌에 지나친 양의 글루코코르티코이드가 쏟아지면 인지, 충동 통제, 감정이입 등등에 악영향이 미친다.[33] 해마에 의존하는 학습 능력이 성인기까지도 손상된다. 일례로, 학대로 외상후스트레스장애를 겪은 아동은 성인기에 해마의 크기가 평균보다 작다. 스탠퍼드대학교의 정신과의사 빅터 캐리언은 아이가 학대를 받은 지 몇 달 만에 해마 성장이 감소한다는 것을 확인했다. 아마 글루코코르티코이드가 해마의 뇌유래신경영양인자(성장 촉진 인자다) 생산을 감소시키는 탓일 것이다.

이렇게 아동기 역경은 학습과 기억을 손상시킨다. 이때 또 중요한 점은 아동기 역경이 이마엽 겉질의 성숙과 기능도 손상시킨다는 것이다. 이것 역시 아마도 글루코코르티코이드가 뇌유래신경영양인자를 억제하는 탓일 것이다.

아동기 역경과 이마엽 겉질 성숙의 관계는 아동기 가난에도 똑같이 적용된다. 펜실베이니아대학교의 마사 페라와 캘리포니아대학교 샌프란시스코 캠퍼스의 톰 보이스 등의 연구는 아주 충격적인 사실을 보여주었는데, 그 내용은 다음과 같았다. 아이들이 5세가 되면, 사회경제적 지위가 낮은 아이일수록 평균적으로 ⓐ더 높은 글루코코르티코이드 기저 농도 그리고/혹은 더 활발한 글루코코르티코이드 스트레스 반응을 보이고, ⓑ이마엽 겉질이 더 얇고 그 대사 수준도 낮으며, ⓒ작업 기억, 정서 조절, 충동 통제, 집행적 의사결정에 관련된 이마엽 겉질 기능이 더 떨어진다. 게다가 사회경제적 지위가 낮은 아동은 높은 아동보다 이마엽 겉질을 더 많이 활성화해야만 동일한 수준의 조절을 달성할 수 있다. 또한 아동기 가난은 뇌들보, 즉 뇌의 두 반구를 이음으로써 기능을 통합해주는 축삭 다발의 성숙을 저해한다. 이건 **너무** 부당하다. 어리석게도 가난한 집안에 태어나는 실수를 범하는 바람에 유치원생이 될 무렵부터 벌써 인생의 마시멜로 테스트에서 불리해지다니.[34]

가난이 '뼛속에 스며드는' 방식에 관해서는 이미 상당한 연구가 진행되었다. 어떤 메커니즘은 인간 고유의 방식이다. 가난한 아이는 환경 독성 물질을 접하면서 자랄 가능성이 더 높고,*[35] 농산물 가게보다 주류 판매점이 더 많은 위험한 동네에서 자랄 가능성이 더 높으며, 좋은 학교에 다니거나 책 읽어주는 부모를 가질 가능성은 더 낮다. 사회자본을 갖추지 못한 공동체에서 자랄 가능성이 높고, 스스로도 자긍심을 갖추지 못하기가 쉽다. 하지만 또 어떤 메커니즘은 위계를 이루는 모든 동물종에게서 공통으로 드러나는 것으로, 낮은 지위 자체가 해로운 영향을 미치는 현상이다. 일례로, 지위가 낮은 어미를 둔 개코원숭이는 성체가 되었을 때 글루코코르티코이드 농도가 더 높다.[36]

이처럼 아동기 역경은 해마와 이마엽 겉질을 위축시키고 기능을 둔화시킬 수 있다. 그런데 편도체의 경우에는 오히려 그 반대다. 편도체는 역경을 겪으면 겪을수록 더 커지고 과잉 반응한다. 그로 인한 한 결과는 불안장애 위험이 높아지는 것이다. 여기에 이마엽 겉질 발달 부진이 더해지면, 아동기 역경을 겪은 개체가 정서 및 행동 조절, 특히 충동 통제에 어려움을 겪기 쉽다는 사실이 설명된다.[37]

---

* 예를 들어, 유년기에 납에 노출되면—가난한 동네와 상관관계가 높다—뇌 발달이 저해되고, 인지 및 정서 조절 기술이 뒤처질 것으로 예측되며, 성인기 범죄율이 높게 나타난다.

그리고 아동기 역경은 특정한 방식으로 편도체 성숙을 가속한다. 보통은 청소년기쯤 되면 이마엽 겉질이 편도체를 억제하는 능력을 갖추어서 이렇게 말한다. "내가 너라면 그 행동을 안 할 거야." 하지만 아동기 역경을 겪으면, 편도체가 이마엽 겉질을 억제하는 능력을 발달시켜서 이렇게 말한다. "나는 이렇게 행동할 거야, 그러니까 막을 수 있으면 막아보든지."

아동기 역경은 도파민 시스템(그와 더불어 도파민 시스템이 보상, 기대, 목적 지향적 행동에서 담당하는 역할)도 두 가지 방식으로 망가뜨린다.

첫째, 어린 시절에 역경을 겪은 사람은 성인기에 마약과 알코올 중독에 더 취약해진다. 이 취약성을 낳는 경로는 아마도 세 가지인 듯하다. ⓐ발달하는 도파민 시스템에 미치는 영향, ⓑ성인기에 글루코코르티코이드 농도가 더 높은 탓에 약물 갈망이 커진다는 점, ⓒ이마엽 겉질이 부실하게 발달한다는 점이다.[38]

아동기 역경은 성인기 우울증 위험도 상당히 증가시킨다. 우울증의 결정적 증상은 쾌락을 느끼지도, 기대하지도, 추구하지도 못하게 되는 무쾌감증이다. 만성 스트레스는 중변연계 도파민 시스템을 고갈시켜서 무쾌감증을 일으킨다.* 아동기 역경은 발달하는 중변연계 도파민 시스템에 조직적 영향을 미치는데다가 높은 성인기의 글루코코르티코이드 농도로 도파민이 고갈되게 함으로써, 성인기 우울증에 이중으로 기여한다.[39]

게다가 아동기 역경은 '두번째 충격' 시나리오로도 우울증 위험을 높인다. 스트레스에 대한 문턱값을 낮춤으로써, 보통 사람들은 그럭저럭 감당해내는 성인기 스트레스 요인에 대해서도 우울 삽화를 일으키도록 만드는 것이다. 이런 취약성은 납득이 된다. 우울증은 근본적으로 병적인 상태의 통제력 상실이다(우울증을 흔히 '학습된 무기력'이라고 표현하는 것이 이 때문

* 쥐의 무쾌감증은 어떤 것일까? 보통 쥐에게 두 물병 중 하나를 고르게 하자. 한쪽은 그냥 물이 들었고, 다른 쪽은 설탕물이 들었다. 쥐는 설탕물을 선호한다. 하지만 스트레스를 받아 무쾌감증에 걸린 쥐는 선호를 드러내지 않는다. 다른 종류의 쾌락적 대상들에 대해서도 마찬가지다.

이다). 아이였을 때 통제 불능의 심각한 역경을 겪은 사람이 성인이 되어 내릴 수 있는 가장 다행스러운 결론은 "그 끔찍한 환경은 내가 통제할 수 없는 것이었어" 하는 것이다. 그런데 만약 아동기 트라우마가 우울증을 낳는다면, 그의 인지가 왜곡되어 다음과 같은 지나친 일반화에 이른다. "그리고 인생은 늘 그렇게 통제 불능으로 끔찍할 거야."

두 가지 곁다리 주제

이처럼 아동기 역경은 비록 형태가 다를지라도 대개 비슷한 성인기 문제로 수렴하지만, 그중에서도 두 가지 형태의 역경은 따로 더 자세히 살펴볼 필요가 있다.

폭력을 목격하는 경험

아이가 가정폭력, 전쟁, 갱단의 살인, 학교 총기 난사 사건을 목격하면 어떨까? 그 경험 후 몇 주 동안 집중력과 충동 통제력이 저해된다. 총기 폭력을 목격하는 경험은 아이가 이후 2년 안에 심각한 폭력을 저지를 가능성을 두 배로 높인다. 성인기에는 예의 높아진 우울증, 불안, 공격성이 따른다. 이에 부합하는 사실로, 폭력적 범죄자들의 경우 비폭력적 범죄자들에 비해 어릴 때 폭력을 목격했던 경험이 더 많다.*40

여기까지는 아동기 역경의 일반적 그림에 들어맞는 이야기다. 그런데 조금 다른 주제가 하나 더 있다. 미디어 폭력이 아이들에게 미치는 영향이다.

TV, 영화, 뉴스, 뮤직비디오에서 폭력을 목격한 경험, 그리고 폭력적인 비디오게임을 목격하고 참여한 경험이 아이들에게 미치는 영향에 대해서 무수한 연구가 이뤄졌는데, 그 결과를 요약하면 다음과 같다.

---

* 놀랍게도, 폭력에 여러 건 노출된 아이는 염색체 노화마저도 가속된다.

TV나 동영상에서 폭력을 접한 아이들은 이후 공격성을 드러낼 가능성이 높아진다.[41] 흥미로운 점은 이 효과가 여자아이들에게 더 강하게 나타난다는 것이다(전반적인 공격성 수준은 여자아이들이 낮지만 말이다). 또 아이가 어릴수록, 그리고 폭력이 더 현실적일수록 그리고/혹은 영웅적으로 묘사될수록 효과가 더 두드러진다. 그런 폭력에 노출된 아이들은 폭력을 더 순순히 받아들인다. 한 조사에서, 폭력적 뮤직비디오 시청 경험은 여성 청소년들의 교제 폭력 수용을 높이는 것으로 드러났다. 이때 핵심은 폭력이다. 단순히 흥분되고, 자극적이고, 불만스러운 내용만 가지고서는 공격성이 부추겨지지 않는다.

어릴 때 미디어 폭력에 많이 노출되었던 아동은 성별을 불문하고 청소년이 되어서 높은 공격성을 드러낼 가능성이 높다(이때 '공격성'은 실험실에서 보인 행동부터 실제 폭력 범죄까지 다양하다). 이 효과는 총 미디어 시청 시간, 학대 혹은 방치, 사회경제적 지위, 동네의 폭력 수준, 부모의 교육, 정신질환, IQ와 같은 요인들을 다 통제하더라도 보통 유효하다. 이것은 상당히 큰 규모의 효과라고 할 수 있다. 아동기 미디어 폭력 노출과 성인기 공격성 증가의 관련성은 납 노출과 IQ의 관련성, 칼슘 섭취와 뼈밀도의 관련성, 석면과 후두암의 관련성보다 강한 수준이다.

단, 두 가지 주의할 점이 있다. ⓐ파국적으로 폭력적인 사람들이(가령 총기 대량살인범들이) 아동기에 폭력적 미디어에 노출된 탓에 그렇게 되었다는 증거는 전혀 없다. ⓑ노출이 공격성 증가를 절대적으로 보장한다고는 결코 말할 수 없다. 대신 이 효과는 원래 폭력 성향을 드러내는 아이들에게서 더 강하게 드러난다. 그런 아이들은 폭력적 미디어에 노출되어 자신의 공격성에 둔감해지고 그것을 정상으로 여기게 된다.*

* 이 주제에 관한 방대한 문헌을 살피는 걸 도와준 훌륭한 학부생 딜런 알레그리아에게 고마운 마음을 전한다.

집단 괴롭힘

또래에게 괴롭힘을 당하는 것은 아동기의 흔한 역경 중 하나이고, 가정에서 학대당한 경험과 비슷한 영향을 성인기에 미친다.[42]

하지만 문제가 그렇게 간단하지만은 않다. 대부분의 사람들이 어릴 때 직접 목격하거나 착취하거나 경험했을 텐데, 괴롭힘을 당하는 대상은 무작위로 선택되는 게 아니다. 흡사 등에 "나를 걷어차줘"라고 써붙이고 다니는 듯한 아이가 있기 마련이고, 그런 아이는 보통 자신이나 가정에 정신적 문제가 있을 가능성이 높고 사회적 지능과 정서적 지능이 낮을 가능성이 높다. 그런 아이들은 그렇지 않아도 성인기 결과가 나쁠 위험이 높은데, 여기에 괴롭힘까지 더해진다면 미래가 더욱더 암울해진다.

또래를 괴롭히는 아이들의 면면도 크게 놀랍지 않다. 우선, 그런 아이는 교육 수준이 낮고 고용 전망이 나쁜 부모를 둔 모자 가정 혹은 어린 부모 가정 출신인 경우가 많다. 아이의 특징은 크게 두 가지로 나뉜다. 더 전형적인 타입은 사회적 기술이 부족하고 불안이 많고 고립된 아이로, 이런 아이는 좌절감과 친구들에게 수용되고자 하는 마음에서 남을 괴롭힌다. 이런 경우는 보통 나이가 들면 괴롭힘을 그만둔다. 두번째 타입은 자신감 있고, 남에게 덜 공감하고, 사회적 지능이 높고, 교감신경계가 쉽게 동요하지 않는 아이다. 이런 아이는 미래의 소시오패스다.

그런데 충격적인 발견이 하나 더 있다. 성인이 되어 정말로 엉망진창이 되기 쉬운 아이를 보고 싶은가? 그렇다면 남을 괴롭히는 동시에 괴롭힘당하는 아이를 보면 된다. 학교에서는 약한 친구에게 횡포를 부리다가 집에 가면 자신보다 더 강한 사람의 횡포에 시달리는 아이다.[43] 세 범주(괴롭히는 아이, 괴롭힘당하는 아이, 괴롭히고 괴롭힘당하는 아이) 중에서 이 범주가 기존에 정신적 문제를 겪고 있을 확률이 가장 높고, 학교 성적이 낮을 확률이 높고, 정서적 적응을 하지 못할 확률도 높다. 이들은 괴롭히기만 하는 아이보다도 무기를 쓰거나 심각한 피해를 입힐 가능성이 더 높다. 성인기의 우울증, 불안증, 자살 경향성 위험도 가장 높다.

세 범주의 아이들에게 집단 괴롭힘을 서술한 이야기를 읽힌 연구가 있었다.[44] 이때 괴롭힘 피해자들은 괴롭힘을 비난하며 연민을 드러냈다. 괴롭힘 가해자들은 괴롭힘을 비난하기는 하지만 그 이야기를 합리화했다(가령, 이 이야기에서는 피해자의 잘못이라고 말했다). 괴롭히고 괴롭힘당하는 아이는? 괴롭힘이 괜찮다고 말했다. 이런 아이들이 가장 나쁜 결과를 보이는 것도 무리가 아니다. "약자는 괴롭힘당해 마땅해. 그러니까 내가 남을 괴롭히는 건 괜찮아. 하지만 그건 곧 내가 집에서 괴롭힘당하는 것도 당연하다는 뜻인데. 하지만 그건 아니잖아. 그 가족 구성원이 나를 괴롭히는 건 못된 일이잖아. 어쩌면 내가 남을 괴롭히는 것도 못된 일인지 모르겠네. 하지만 그건 아니잖아. 왜냐하면 약자는 괴롭힘당해 마땅하니까……" 이렇게 고약한 뫼비우스의 띠가 또 있을까.*

핵심 질문

지금까지 우리는 아동기 역경이 성인기에 어떤 결과를 낳는지 살펴보고, 어떤 생물학적 현상이 그 과정을 매개하는지도 살펴보았다. 그래도 핵심 질문은 남는다. 어릴 때 학대당한 사람이 커서 학대하는 어른이 되기 쉬운 것은 사실이고, 폭력을 목격하며 자란 아이가 외상후스트레스장애를 얻을 위험이 높은 것도 사실이고, 부모와 사별한 아이가 커서 우울증에 시달릴 위험이 높은 것도 사실이다. 하지만 많은 사람들이, 어쩌면 대부분의 사람들이 그런 역경을 겪고도 그럭저럭 정상적으로 기능하는 어른이 된다. 어린 시절에 그림자가 드리워져 있을 테고, 마음속 한구석에 악마가 숨어 있을지도 모르겠지만, 전반적으로는 괜찮다. 그런 회복탄력성은 어떻게 설명할까?

앞으로 보겠지만, 유전자와 태아기 환경이 이 문제에 관련되어 있다. 그러

* 이 주제를 도와준 또다른 뛰어난 학부생 앨리 매기언캘다에게 고마움을 표하고 싶다.

나 가장 중요한 요인은 따로 있다. 다양한 형태의 트라우마를 하나의 범주로 묶어도 좋은 이유를 떠올려보자. 중요한 것은 아이가 삶에 얻어맞은 경험의 전체 횟수와 아이를 보호해준 요인의 전체 개수다. 어릴 때 성적 학대를 당하거나 폭력을 목격하거나 둘 중 하나만 겪었던 사람은 둘 다 겪었던 사람에 비해 어른이 되었을 때 상태가 더 나을 가능성이 높다. 어릴 때 가난을 겪었던 사람이라도 가정이 안정되고 화목했다면 가정이 파탄 나고 험악했던 경우에 비해 미래의 전망이 더 밝다. 굉장히 단순하게 표현하자면, 범주를 불문하고 아이가 겪는 역경의 수가 더 많을수록 그가 행복하고 제대로 기능하는 성인이 될 가능성은 더 희미해진다.[45]

무지막지한 타격

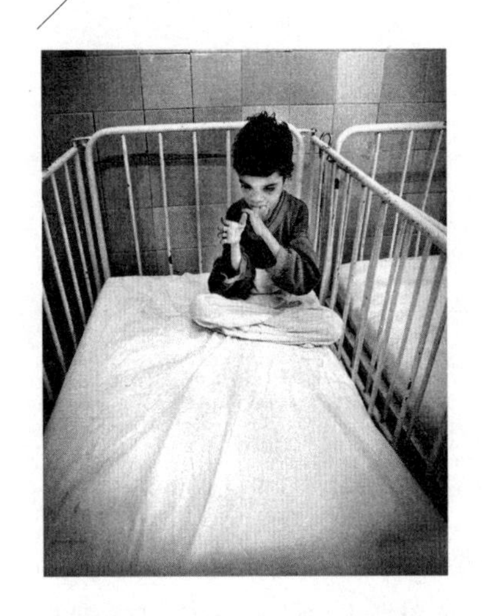

만약 **모든 것**이 잘못된다면 어떨까? 엄마도 가족도 없고, 또래와의 상호작용도 부족하고, 감각과 인지 발달 활동을 충분히 겪지 못하고, 심지어 영양실조까지 겹친다면?[46]

루마니아 고아원의 아이들이 그랬다. 그 아이들은 악몽 같은 유년기란 이런 것임을 보여주는 대표적 사례였다. 1980년대, 루마니아 독재자 니콜라에 차우셰스쿠는 피임과 임신중지를 금지하고 모든 여자들에게 아이를 다섯 명 이상 낳도록 요구했다. 곧 고아원은 가난한 가정이 버린 영아와 유아로 넘쳐났다(경제적 상황이 나아지면 아이를 되찾아오려는 생각으로 버린 가정이 많았다).* 아이들은 과밀한 시설에 수용되었고, 심각한 방치와 결핍을 겪었다. 이 사연은 1989년에 차우셰스쿠가 심각한 후에야 세상에 알려졌다. 많은 아이들이 서구로 입양되었고, 국제적 관심 덕분에 시설의 상황도 조금 개선되었다. 그리고 서구사회에 입양된 아이들, 결국 원가정으로 돌아간 아이들, 시설에 남은 아이들에 대한 조사가 하버드대학교의 찰스 넬슨의 주도로 이뤄졌다.

이 아이들이 어떤 어른이 되었는지는 쉽게 예상할 수 있는 대로였다. 이들은 IQ와 인지 능력이 부진했다. 애착 형성에 어려움을 보였고, 종종 자폐증의 수준에 이를 정도였다. 불안증과 우울증이 넘쳐났다. 시설 수용 기간이 길수록 예후가 더 나빴다.

이들의 뇌는? 뇌의 전체 크기, 회색질 부피, 백색질 부피, 이마엽 겉질 대사 수준, 뇌 영역 간 연결성, 각 영역의 크기가 모두 감소되어 있는 것이 확인되었다. 유일한 예외는 편도체였다. 편도체는 더 커져 있었다. 이만하면 더 설명할 필요도 없을 것이다.

크고 작은 규모의 문화

문화가 최선의 행동과 최악의 행동에 미치는 영향은 9장에서 자세히 살펴보겠지만, 여기서 특히 두 가지 사실에 집중하여 그 내용을 간략히 소개하겠다. 아동기는 우리가 문화를 흡수하는 시기라는 사실과 그 과정을 주로 중개하는 것이 부모라는 사실이다.

아동기의 경험은 문화마다 차이가 아주 크다. 아이가 젖을 얼마나 오래 얼마나 자주 먹는지, 부모와 어른들이 아이와 얼마나 자주 접촉하는지, 아이에게 얼마나 자주 말을 거는지, 아이가 울 때 얼마 만에 응답하는지, 아이를 몇 살부터 혼자 자게 하는지가 모두 문화에 따라 다르다.

비교문화적으로 양육을 살펴보기 시작하면, 부모들은 종종 샘나고 초조

* 여기에는 충격적인 사실이 포함되어 있다. 롬인들은 아이를 고아원에 버렸다가 아이가 청소년이 되면 찾아가곤 했다. 아이가 일할 수 있는 나이가 되면 데려가는 것이다.

한 심정이 된다. 다른 문화에서는 아이를 더 잘 키우고 있을까? 어딘가에 완벽한 조합이 있을 거야. 콰키우틀족의 이유식, 트로브리안드 사람들의 수면 교육, 이투리족의 '베이비 모차르트' 비디오 시청법을 조합하면 되지 않을까? 하지만 인류학적으로 이상적인 형태의 양육이란 건 없다. 모든 문화들은 (부모로부터 시작하여) 아이들을 저마다의 문화가 가치 있다고 여기는 방식으로 행동하는 어른으로 키울 뿐이다. 이 점을 지적한 것은 코넬대학교의 인류학자 메러디스 스몰이었다.[47]

그렇다면 우리는 부모의 양육 방식부터 살펴보자. 아이는 부모를 통해서 처음 문화적 가치를 접하기 때문이다. 흥미롭게도, 가장 영향력 있는 양육 방식 유형 이론은 큰 규모에서 여러 문화들의 스타일을 비교한 연구에서 비롯했다.

제2차세계대전이 끝난 뒤, 학자들은 히틀러, 프랑코, 무솔리니, 도조 히데키와 그 수하들이 어떻게 생겨났는지를 이해하려고 애썼다. 파시즘의 뿌리는 과연 무엇일까? 그중에서도 특히 영향력을 발휘한 두 학자는 모두 히틀러를 피해 달아난 난민이었는데, 바로 해나 아렌트와(1951년의 저서 『전체주의의 기원』) 테오도어 아도르노였다(엘제 프렝켈-브룬스비크, 대니얼 레빈슨, 네빗 샌퍼드와 함께 쓴 1950년 작 『권위주의적 성격』). 아도르노는 특히 파시스트의 성격 특성을 탐구하여, 극단적 순응성, 권위에 대한 복종과 신념, 공격성, 지성주의와 성찰에 대한 적대감을 꼽았다. 모두 보통 아동기에 뿌리를 둔 특성들이다.[48]

이 연구의 영향으로 부모의 양육 방식을 살펴보기 시작한 캘리포니아대학교 버클리 캠퍼스의 심리학자 다이애나 봄린드는 1960년대에 양육 방식을 크게 세 가지로 유형화할 수 있다고 주장했다(봄린드의 연구는 이후 다양한 문화에서 재현되고 확장되었다).[49] 첫번째는 **권위적(혹은 민주적)** 유형이다. 규칙과 기대가 명확하고, 일관되고, 설명 가능하며—"내가 그렇게 말했으니까"라는 말은 절대로 하지 않는다—유연하게 적용될 여지가 있다. 처벌보다는 칭찬과 용서를 제공한다. 부모는 아이의 의견을 환영한다. 아이의 잠재력과 자립성을 발달시키는 것이 최우선 과제다. 이 책의 독자는 (지은이도 마찬가지지만……) 대부분 충분히 교육받은 신경증 환자들일 텐데, 그런 이들이 보기에 바람직한 결과를 낳는 것이 이 양육 방식이다. 이 방식은 행복하고, 정서적으로나 사회적으로나 성숙하고 만족하며, 독립적이고 자립적인 성인을 낳는다.

두번째는 **독재적** 유형이다. 규칙과 요구가 너무 많고, 임의적이고, 엄격하고, 정당한 근거가 따르지 않는다. 주로 처벌을 통해서 행동을 형성한다. 아이의 정서적 욕구는 우선순위에서 밀린다. 부모의 동기는 바깥세상은 거칠고 무자비한 곳이니까 아이들이 미리 준비하는 편이 낫다는 것일 때가 많다. 독재적 양육의 산물은 대체로 좁은 의미에서 성공적이고, 순종적이고, 순응적이고(하지만 언제 터질지 모르는 적개심이 밑에 깔려 있을 때가 많다), 딱히 행복하진 않은 성인이다. 게다가 이들은 경험으로 배우는 대신 지시를 따르면서 자랐기 때문에 사회적 기술이 부실할 때가 많다.

그다음은 **허용적** 유형이다. 베이비붐 세대가 1960년대를 창조한 것이 바로 이 양육 방식 때문이라고 생각하는 사람들이 많다. 요구나 기대는 거의 없고, 규칙이 강요되는 경우도 드물고, 아이들이 스스로 의제를 정한다. 어떤 성인이 탄생할까? 결과를 책임지지 않는 아동기를 보낸 탓에 방종하고, 충동 통제력이 낮고, 좌절을 잘 견디지 못하고, 사회적 기술이 부족한 어른이다.

스탠퍼드대학교의 심리학자 엘리너 매커비와 존 마틴은 여기에 **무관심한** 유형을 더하여 봄린드의 세 유형을 확장했다.[50] 이렇게 하여 2×2 행렬이 완성되었다. 양육 방식은 권위적이거나(높은 요구, 높은 반응성) 독재적이거나(높은 요구, 낮은 반응성) 허용적이거나(낮은 요구, 높은 반응성) 무관심할 수 있다(낮은 요구, 낮은 반응성).

이때 중요한 점은 각 유형이 보통 같은 접근법을 취하는 성인을 길러내고, 문화마다 가치 있게 여기는 유형이 다르다는 것이다.

문화적 가치가 아이들에게 전달되는 두번째 방식은 또래를 통한 방식이다. 이 점을 강조한 사람은 『양육 가설』을 쓴 심리학자 주디스 리치 해리스였다. 학계에 소속되지 않았고 학위도 없었던 해리스는 아이의 성인기 성격 형성에 부모가 가장 중요하다는 생각은 과장이라고 주장함으로써 모두를 깜짝 놀라게 했다.[51] 그는 일단 아이가 어떤 나이를 넘어서면 그다음에는 또래가 가장 큰 영향력을 미친다고 주장했고, 그 나이도 놀랍도록 이르다고 보았다. 그의 주장을 간추리면 다음과 같다. ⓐ부모의 영향은 사실 또래를 거쳐서 미칠 때가 많다. 예를 들어, 모자 가정의 아이가 성인기에 반사회적 행동 위험이 높은 것은 어머니의 양육 때문이 아니라 그런 가정이 보통 저임금인데 저임금 가정의 아이는 거친 또래가 있는 동네에서 자라는 경우가 많기 때문이다. ⓑ또래는 언어 발달에 영향을 미친다(일례로, 아이는 부모가 아니라 또래의 말투를 따라 한다). ⓒ다른 영장류 새끼들도 대체로 어미가 아니라 또래에 의해 사회화된다.

이 책은 한바탕 논쟁을 일으켰고(해리스를 가리켜 "부모가 중요하지 않은 심리학자"라고 말하는 등, 이 주제가 거의 필연적으로 왜곡되어 이해된다는 점이 부분적 이유였다), 비판과 찬사를 동시에 받았다.* 사태가 진정된 현재의 중론은 그동안 또래의 영향력이 과소평가된 것은 사실이라는 것, 하지만 그래도 부모는 엄청나게 중요하다는 것이다. 자식이 어떤 또래집단을 접하는가 하는 문제에 영향을 미치는 것도 부모니까.

또래는 왜 중요할까? 아이들은 또래와의 상호작용에서 사회적 역량을 키운다. 언제 상대가 친구가 되고 적이 되는가, 자신이 위계의 어느 지점에 속하는가 하는 맥락 의존적 행동을 배우는 것이다. 어린 동물들은 그런 정보를 얻기 위해 세상에서 가장 훌륭한 학습 도구를 활용하는데, 바로 놀이다.[52]

어린 동물들에게 사회적 놀이는 무슨 의미일까? 큰 차원에서 보면, 놀이란 개체에게 사회적 역량을 훈련시키는 일련의 행동들이다. 중간 차원에서 보면, 놀이란 고정된 행동 패턴의 조각들이자 개체가 사회적 역할을 안전하

---

* 혼자 알기 아까운 아이러니. 책이 출간되고 큰 반향을 일으킨 뒤, 해리스는 권위 있는 미국심리학회로부터 큰 상을 받게 되었다. 그런데 그 상은 수십 년 전 해리스에게 잠재력이 없다고 판단하여 그를 박사과정에서 쫓아냈던 당시 하버드 심리학부 학부장의 이름을 딴 것이었다.

게 시험해보고 운동 기술을 향상시킬 기회다. 내분비적 차원에서 작게 보면, 놀이란 심하지 않고 일시적인 스트레스, 즉 '자극'이 멋질 수 있다는 것을 보여주는 일이다. 신경생물학적 차원에서 작게 보면, 놀이란 어떤 잉여의 시냅스를 가지치기할지 결정하도록 돕는 도구다.

역사학자 요한 하위징아는 인간이 규칙을 따르는 구조화된 놀이, 다시 말해 게임을 한다는 점에서 우리를 놀이의 인간, 즉 '호모 루덴스'라고 명명했다. 하지만 놀이는 복잡한 사회성을 보이는 다른 동물종들에서도 보편적인 현상이다. 그런 종의 새끼들은 모두 놀이를 하며, 특히 사춘기에 제일 많이 한다. 게다가 그런 놀이는 적절한 동물행동학적 번역을 거치기만 한다면 다 의미가 통할 듯한, 서로 비슷한 행동들로 구성된다(가령 우세한 개는 엎드려서 자기 몸이 작아 보이게 만듦으로써 상대에게 놀이를 시작할 의향이 있다는 것을 알리는데, 이것을 개코원숭이의 언어로 번역하면 우세한 새끼가 지위가 낮은 새끼에게 궁둥이를 보이는 행동에 해당한다).

놀이는 아주 중요하다. 동물들은 놀기 위해서 먹이 채집을 포기하고, 칼로리를 소비하고, 주의가 산만해져서 포식자의 눈에 띌 위험을 감수한다. 어린 동물들은 굶주림을 겪는 중에도 노느라 에너지를 낭비한다. 놀이가 결핍되거나 놀이에 흥미가 없는 아동이 사회적으로 충만한 삶을 사는 어른이 되기는 힘들다.

무엇보다도 놀이는 그 자체로 쾌락을 준다. 그렇지 않다면 왜 우리가 처한 환경과는 무관한 연쇄적 행동을 굳이 수행하겠는가? 놀이중에는 도파민 경로가 활성화한다. 어린 쥐들은 놀 때 먹이 보상을 받았을 때와 같은 유형의 소리를 낸다. 개들은 자신이 놀 준비가 되어 있다는 사실을 알리느라 꼬리를 흔드는 데 섭취한 칼로리의 절반을 소비한다. 미국놀이연구소를 설립한 정신과의사 스튜어트 브라운의 말을 빌리면, 놀이의 반대는 일이 아니라 우울증이다. 그렇다면 우리의 과제는 뇌가 어떻게 놀이의 그 다양한 형태에 모두 강화적으로 반응하는가를 이해하는 것이다. 놀이에는 수학자들이 웃긴 미적분 농담을 주거니 받거니 하는 것도, 꼬마들이 겨드랑이로 방귀 소리를 흉내내면서 깔깔거리는 것도 다 포함되니까 말이다.

놀이 중에서도 특히 중요한 유형이 하나 있다. 약간의 공격성을 포함한 그 유형을 할로는 "거친 신체 놀이"라고 불렀다. 아이들이 레슬링하는 것, 청소년 임팔라들이 머리를 부딪히는 것, 강아지들이 서로 물고 노는 것이 이 유형이다.[53] 보통 암컷보다 수컷이 이 놀이를 더 많이 하는데, 뒤에서 설명하겠지만 출생 전에 테스토스테론에 많이 노출된 개체일수록 이 행동을 더 많이 한다. 거친 신체 놀이는 앞으로 닥칠 삶의 지위 토너먼트를 연습하는 것일까, 아니면 이미 그 장에 들어섰다는 뜻일까? 둘 다가 섞여 있다.

또래보다 한 단계 더 넓혀보면, 이웃도 아이들에게 문화를 쉽게 전달한다. 동네에 쓰레기가 널려 있는가? 집들이 다 낡아빠졌는가? 동네에 제일 많은 것이 술집인가, 교회인가, 도서관인가, 총포상인가? 공원이 많고, 다 안전한가? 전광판, 광고판, 자동차 범퍼 스티커가 종교적 천국이나 물질적 천국을 판매하는가, 아니면 순교 행위나 친절과 포용의 행위를 선전하는가?

그다음에는 부족, 민족, 국가 차원의 문화가 있다. 문화에 따른 양육 관행의 차이를 가장 폭넓게 보여주는 사례를 몇 가지만 간단히 살펴보자.

집단주의 문화 대 개인주의 문화

9장에서 자세히 이야기하겠지만, 이것은 문화 대조의 사례로서 가장 많이 연구된 주제다. 보통은 집단주의적 동아시아 문화와 초개인주의적 미국 문화를 비교한다. 집단주의 문화는 상호 의존, 조화, 적응, 집단의 욕구와 의무를 중시한다. 반면 개인주의 문화는 독립성, 경쟁, 개인의 욕구와 권리를 중요하게 여긴다.

개인주의 문화의 어머니들은 집단주의 문화의 어머니들에 비해 **평균적으로** 더 크게 말하고, 음악을 더 크게 틀고, 더 활발한 표정을 짓는다.[54] 이들은 스스로를 가르치는 사람이라기보다 보호자로 여기고, 아이가 지루해하는 것을 질색하고, 활기찬 감정을 선호한다. 놀이에서 개인 간 경쟁을 강조하고, 지켜보는 취미보다 참여하는 취미를 권장한다. 아이가 자기주장을 적극 펼치도록, 자율적으로 행동하도록, 영향력을 미치도록 가르친다. 물고기들이 떼로 모여 있는데 한 마리만 따로 나와 있는 만화를 보면, 이 어머니들은 아이에게 그 물고기를 지도자로 묘사한다.*

반면 집단주의 문화의 어머니들은 개인주의 문화의 어머니들보다 아이를 달래고, 아이와 접촉하고, 아이가 다른 어른들과도 접하도록 장려하는 데 시간을 더 많이 쓴다. 각성 수준이 낮은 감정을 선호하고, 아이와 더 오래 함께 잔다. 놀이는 협동과 소속에 관한 내용이다. 아이와 장난감 자동차를 가지고 논다면, 자동차가 하는 일을 탐구하기보다는(가령 스스로 자동차가 되어보는 놀이) 공유하는 과정에 집중한다("네 차를 엄마에게 주다니 고마워, 이제 엄마가 도로 줄게"). 아이에게 상황을 바꾸기보다는 어울리는 법, 남들을 생각하는 법, 수용하고 적응하는 법을 가르친다. 물고기 떼 만화를 보면, 이 어머니들은 외따로 있는 물고기가 뭔가 잘못해서 다른 물고기들이 놀아주지 않는 거라고 해석한다.

논리적인 결과로서, 개인주의 문화의 아이들은 집단주의 문화의 아이들보다 마음 이론을 더 늦게 습득한다. 그리고 더 많은 관련 뇌 회로를 활성화해야만 동일한 수준의 역량을 발휘할 수 있다. 집단주의 문화의 아이에게 사회적 역량이란 온통 타인의 관점 취하기에 집중된 일이다.[55]

흥미로운 사실은 (집단주의적) 일본의 아이들이 미국 아이들보다 폭력적 비디오게임을 더 많이 하는데도 공격성이 더 낮다는 것이다. 게다가 일본 아이들은 미디어 폭력에 노출되어도 미국 아이들보다 공격성이 덜 증가했다.[56] 왜 이런 차이가 날까? 생각해볼 수 있는 요인은 세 가지다. ⓐ미국 아이들은 혼자 게임을 할 때가 더 많은데, 이것은 외톨이 범죄자를 길러내는 환경이다. ⓑ일본 아이들은 자기 방에 컴퓨터나 TV를 둔 경우가 드물어서, 부모 곁에서 게임을 하게 된다. ⓒ일본의 비디오게임 폭력은 더 친사회적이고 집단주

* 이 차이들은 아버지들에게서도 보통 똑같이 드러나지만, 연구가 어머니들을 대상으로 훨씬 더 많이 이뤄졌다.

의적인 주제를 담고 있다.

집단주의 문화와 개인주의 문화의 차이는 9장에서 더 살펴보겠다.

명예 문화

명예 문화는 예절, 정중함, 환대의 규칙을 강조한다. 모욕을 받으면 자신, 가족, 일족의 명예를 위해서 보복해야 한다고 여긴다. 그러지 않는 것은 부끄러운 일이다. 이런 문화에는 앙갚음, 복수, 명예 살인이 많다. 관대한 용서는 없다. 명예 문화의 고전적 사례는 미국 남부인데, 9장에서 보겠지만 실은 전 세계에서 그런 문화가 발견되며 그런 지역들에는 어떤 생태학적 공통점이 있다. 명예 문화의 보복 정신에 피해자 문화가—우리가 지난주에, 지난 세대에, 지난 세기에 부당한 피해를 입었다고 생각하는 문화다—결합하는 경우는 특히 치명적이다.

명예 문화의 양육 방식은 독재적인 편이다.[57] 아이들은 공격적이다. 명예를 침범당했을 때 특히 그렇다. 그리고 명예를 위한 폭력이 사용되는 이야기에 공격적이고도 확고한 지지를 보낸다.

계층 차이

앞서 보았듯이, 개코원숭이 새끼는 어미로부터 위계 속 자신의 위치를 배운다. 한편 인간 아이가 지위를 배우는 방식은 더 복잡하다. 여기서는 암묵적 단서, 미묘한 언어 단서, 과거에 대한 기억이 주는 인지적이고 정서적인 무게("너희 조부모가 이 나라로 이민 왔을 때 얼마나 가진 게 없었느냐면……"), 미래에 대한 희망("너는 커서 반드시……")이 동원된다. 개코원숭이 어미는 새끼에게 행동의 적절한 맥락을 가르치지만, 인간 부모는 아이에게 어떤 꿈을 품어야 하는지를 가르친다.

서구 국가들에서 계층에 따른 양육 방식 차이는 서구 국가들과 개발도상국들의 차이와 비슷한 데가 있다. 서구에서 부모는 아이가 세상을 탐험하도록 가르치고 장려한다. 반면 개발도상국 중에서도 가장 거친 세계에서는 아이가 죽지 않도록 돌보고 위협적인 세상으로부터 보호하는 일만으로도 벅차서 그 이상은 거의 기대할 수 없다.*

서구 문화에서 계층에 따른 양육 방식 차이는 봄린드의 유형론으로 얼추 설명된다. 사회경제적 지위가 높은 계층은 권위적이거나 허용적인 양육 방식을 취하는 경향이 있다. 반면 사회경제적 지위가 낮은 계층은 주로 독재적 양육 방식을 취하는데, 이것은 두 가지 주제를 반영한 현상이다. 첫번째는 보호의 문제다. 사회경제적 지위가 높은 부모들이 독재적 태도를 보일 때는 언제일까? 위험이 있을 때다. "얘야, 네가 매사에 질문을 던지는 것은 좋은 일이란다. 하지만 네가 도로로 달려나가서 내가 '거기 서' 하고 외치면, 그때는 무조건 서야 해." 사회경제적 지위가 낮은 아동의 삶에는 위협이 상존한다. 두번째 주제는 아이를 험난한 바깥세상에 대비시키는 것이다. 가난한 사람들에게 성인의 삶이란 사회적으로 우세한 계층의 독재적 태도를 감수하는 일로 점철된 것이기 때문이다.

계층에 따른 양육 방식 차이를 살펴본 고전적 연구를 수행한 사람은 세인트마이클스대학교의 인류학자 애드리 커서로였다. 그는 세 부류의 양육 방식을 현장에서 관찰했으니, 뉴욕 맨해튼의 어퍼이스트사이드에 사는 부유한 가정들, 퀸스의 안정된 블루칼라 노동자 공동체, 역시 퀸스의 가난하고 범죄율이 높은 공동체였다.[58] 차이는 정말로 흥미로웠다.

가난한 동네의 부모들은 '강한 방어적 개인주의'를 기치로 양육했다. 중독·부랑·투옥·죽음으로 점철된 동네이다보니, 부모들의 목표는 아이를 문자 그대로의 의미에서나 비유적 의미에서나 거리로부터 떼어놓는 것이었다. 부모가 아이에게 하는 말에는 물러서지 말아라, 자존심을 지켜라, 남들이 괴롭히

---

* 나는 케냐에서 수십 년간 현장 연구를 할 때 이런 양육 형태를 접했다. 그곳에서 나와 가장 가까이 산 이웃은 거의 서구화되지 않은 마사이족이었다. 가끔 오랜만에 누구를 만났더니 그 사이 그에게 아기가 생겼을 때 내가 우스꽝스러운 서구적 반사 반응으로 이렇게 말하곤 했다. "아기가 생겼다고요! 어머나! 축하합니다! 아기 이름이 뭔가요?" 어색한 침묵. 그들은 말라리아가 창궐하는 첫 우기와 굶주리는 첫 건기를 버텨낸 뒤에야 아기에게 이름을 붙인다(혹은 이름이 있어도 함부로 알리지 않는다). 이 버릇을 없애는 데 몇 년이 걸렸다.

게 놔두지 마라 등등 이미 획득한 것을 잃지 말아야 한다는 의미의 은유가 가득했다. 양육 방식은 독재적 유형이었고, 아이를 강인하게 만드는 것이 목적이었다. 한 가지 예를 들면, 이 부모들은 다른 동네 부모들보다 아이를 훨씬 더 많이 놀렸다.

대조적으로, 노동자 계층 부모들은 '강한 공격적 개인주의'를 표방했다. 이 부모들은 사회경제적 동력을 조금 확보했으므로, 아이들이 그 어려운 궤적을 잘 유지하기를 바랐다. 아이에 대한 희망을 말할 때는 앞서 나가라, 시험해보라, 금메달을 노려라 등등 움직임, 진전, 운동의 이미지를 썼다. 아이들이 열심히 노력하고 전 세대의 기대라는 추동력까지 등에 업으면, 중산층의 육지를 개척할 수 있을지도 모르니까.

두 동네 모두 부모들은 권위에 대한 존중, 특히 가족에 대한 존중을 강조했다. 그리고 아이들은 개인화된 개체라기보다는 대체 가능한 가족 구성원이었다. "얘들아, 너희 이리 와봐."

마지막으로 중상층 부모는 '부드러운 개인주의' 양육 방식을 보였다.* 아이들이 관습적 기준에서 성공하리라는 것은 기정사실이었고, 아이들의 육체적 건강도 마찬가지였다. 그보다 취약한 것은 아이의 정신 건강이었다. 아이가 바라는 것은 무엇이든 될 수 있는 상황에서, 부모의 책임은 아이의 개성을 '충족'시키는 여정을 거드는 것이었다. 게다가 이 충족의 이미지는 탈관습적일 때가 많았다. "우리 애는 그저 돈 때문에 만족스럽지 않은 직업을 갖는 일이 없었으면 좋겠어." 그도 그럴 것이, 이들에게는 뛰어난 직장인이 CEO의 자리에까지 올랐다가 결국 그 자리를 버리고 목공이나 오보에를 배운다는 사례들이 남의 일처럼 보이지 않기 때문이다. 부모의 언어에는 꽃피우다, 펼치다, 성장하다, 만개하다 등등 잠재력 달성의 은유가 넘쳤다. 양육 방식은 권위적이거나 허용적이고, 부모자식 간 힘의 격차에 대해서 양면적 감정을 드러냈다. "얘들아, 어지럽힌 거 치워"라고 말하는 대신 개개인을 호명하며

---

* 커서로에 따르면, 인터뷰에 기꺼이 응한 아버지가 가장 많은 계층도 이 계층이었다.

이유를 제시하여 요청했다. "케이틀린, 잭, 다코타, 어지럽힌 거 치워줄래? 말랄라가 저녁을 먹으러 올 거란다."*

자, 지금까지 우리는 최초의 엄마-아기 상호작용부터 문화의 영향에 이르는 아동기 사건이 어떻게 영구적인 영향을 미치는지 살펴보았고, 그런 영향을 생물학이 어떻게 매개하는지 살펴보았다. 앞 장들까지 포함하여, 이제 어떤 행동이 벌어진 순간으로부터 1초 전에서 그 사람의 출생으로부터 1초 후까지, 그 시기의 환경이 그의 행동에 미치는 영향을 다 살펴본 셈이다. 사실상 '환경'은 다 살펴보았으니, 다음 장에서 '유전자'를 살펴볼 차례다.

그런데 사실은 한 가지 결정적인 사실이 빠졌다. 환경은 출생부터 시작되는 게 아니다.

9개월의 임신 기간

자궁에서 들었던 『모자 속 고양이』

출생 전 환경이 미치는 영향에 대해서 사람들이 관심을 갖게 된 것은, 산달에 가까운 태아들은 소리를 들을 줄 알고(자궁 밖의 일을 엿듣는다) 맛을 느낄 줄 알고(양수를 맛본다) 출생 후에도 그 자극을 선호한다는 사실이 알려진 때부터였다.

이 사실은 실험으로 확인되었다. 임신한 쥐의 양수에 레몬맛 식염수를 주

* 특권의 결핍이 인간에게 속속들이 영향을 미친다는 사실을 새삼 통렬하게 깨닫는 경험이 한번은 일터에서 있었다. 내 연구실의 지원자들을 면접할 때였다. 나는 지원자들에게 인간관계의 갈등을 어떻게 다루는지를 물었다. 사회적 긴장을 방치했다가 수동공격성으로 표출하는 대신 그때그때 해결하는 사람을 바라기 때문이었다. 지원자 중에 어퍼이스트사이드가 아니라 퀸스 출신이 있었다. 그에게 같은 질문을 던졌더니, 내가 바랐던 어퍼이스트사이드식 대답이 아니라("네, 소통하지 않을 때 상황이 더 나빠진다는 걸 잘 압니다. 그러니 상대에게 좀더 배려심을 발휘해 달라, 내 피펫을 빌려갔으면 반드시 돌려달라, 하고 정확하게 요구하겠습니다") 퀸스식 정답이 돌아왔다. "아닙니다, 그 점은 전혀 문제없습니다. 실험실에서 싸우면 안 된다는 건 잘 압니다. 그런 건 밖에서 해결해야죠. 그 점은 전혀 걱정하지 않으셔도 됩니다."

입하면, 새끼들은 태어난 후 그 맛을 선호한다. 게다가 임신부가 먹은 향신료 중 일부는 양수로 들어간다. 따라서 우리는 엄마가 임신중에 먹었던 음식을 선호하는 성향을 갖고 태어날 수도 있다. 상당히 비정통적인 문화적 전수 과정이라 하겠다.[59]

출생 전 효과는 청각적일 수도 있다. 노스캐럴라이나대학교의 앤서니 디캐스퍼는 기발한 연구로 이 사실을 보여주었다.[60] 태아는 자궁에서도 엄마의 목소리를 들을 수 있고, 신생아는 자궁에서 들었던 엄마의 목소리를 알아듣고 선호한다.* 디캐스퍼는 이 사실을 보여주기 위해서 동물행동학적 전술을 썼다. 신생아는 고무젖꼭지를 두 가지 패턴으로, 즉 길게 빨 수도 있고 짧게 빨 수도 있다. 아기가 둘 중 한 패턴으로 젖꼭지를 빨면, 연구자는 그 엄마의 목소리를 들려주었다. 다른 패턴으로 빨면, 다른 여성의 목소리를 들려주었다. 그러자 신생아들은 엄마의 목소리를 듣고 싶어했다. 일부 언어 요소들도 자궁에서 습득되는데, 신생아의 울음소리 억양은 그 엄마가 쓰는 언어의 억양을 닮는다.

산달에 가까운 태아의 인지 능력은 그 정도만이 아니다. 예를 들어, 태아는 무의미한 한 쌍의 음절들을(가령 '비바'와 '바비'를) 구별할 줄 안다. 어떻게 아느냐고? 들어보라. 엄마가 "비바, 비바, 비바"라고 반복적으로 말하는 동안 태아의 심박수를 측정한다. 태아는 '지루하네'라고 생각하고(아니면 '편안하네'라고 생각할지도 모른다), 심박수가 낮아진다. 이때 엄마가 "바비"라고 말을 바꾼다. 만약 태아가 두 음절을 구별하지 못한다면, 심박수는 계속 낮아진다. 하지만 차이를 알아차린다면, 심박수가 높아질 것이다. "우아, 무슨 일이지?" 하는 것이다. 디캐스퍼의 실험 결과가 바로 그랬다.[61]

디캐스퍼와 동료 멜라니 스펜스는 그다음으로 (역시 젖꼭지 빨기 패턴 감지 체계를 이용하여) 보통 신생아들은 엄마가 『모자 속 고양이』를 읽어주는 것과 그와 리듬이 비슷한 『왕과 쥐와 치즈』를 읽어주는 것을 구별하지 못한

* 대조적으로, 신생아는 아버지의 목소리를 알아듣기는 하지만 딱히 더 선호하지는 않는다.

다는 것을 확인했다.[62] 하지만 엄마가 임신 후기에 하루에 몇 시간씩 소리 내어 『모자 속 고양이』를 읽어주는 것을 들었던 신생아들은 그 이야기를 선호했다. 세상에.

이런 발견이 매혹적이기는 하나, 이 책의 관심사는 그런 출생 전 학습이 아니다. 어쨌거나 가령 히틀러의 『나의 투쟁』 구절들을 선호하는 성향을 갖고 태어나는 아기는 없을 테니까. 하지만 다른 출생 전 환경의 영향 중에는 이보다 더 결정적인 것도 있다.

남자아이의 뇌와 여자아이의 뇌, 그것이 정확히 무슨 뜻이든

태아의 뇌에게 '환경'이란 무엇일까? 간단한 것부터 살펴보자. 태아의 순환계를 통해서 뇌로 전달되는 영양소, 면역 물질, 가장 중요한 것으로 호르몬을 들 수 있다.

태아에게 일단 영구적 내분비샘들이 발달하면, 그 샘들도 각각의 호르몬을 분비할 능력을 완벽하게 갖춘다. 이것은 아주 중요한 사실이다. 우리가 4장에서 호르몬을 처음 이야기했을 때는 주로 호르몬이 몇 시간에서 며칠에 걸쳐 미치는 '활성화' 영향을 살펴보았다. 그와는 대조적으로, 태아기의 호르몬은 뇌에 '조직화' 영향을 미친다. 뇌의 구조와 기능에 평생 갈 변화를 일으킨다는 뜻이다.

수정 후 8주쯤 되면, 태아의 생식샘이 스테로이드 호르몬(남성은 테스토스테론, 여성은 에스트로겐과 프로게스테론)을 분비하기 시작한다. 중요한 사실은 이 테스토스테론이 '항뮐러관 호르몬'(역시 고환에서 분비된다)과 함께 뇌를 남성화한다는 점이다.

상황을 복잡하게 만드는 요소가 세 가지 있다.

* 많은 설치류의 경우, 뇌가 출생시에는 성적 분화를 그다지 보이지

않고 이 호르몬들이 출생 후에 계속 영향을 미친다.

* 더 복잡하게 만드는 사실. 테스토스테론이 뇌에 미치는 영향 중 그 호르몬이 직접 남성호르몬 수용체에 결합하여 미치는 영향은 놀랍도록 작다. 대신 테스토스테론은 표적 세포로 들어간 뒤 희한하게도 에스트로겐으로 전환되어, 세포 내 에스트로겐 수용체와 결합한다(물론 뇌 밖에서는 테스토스테론이 그 자체로, 혹은 또다른 남성호르몬인 디하이드로테스토스테론으로 세포 내에서 전환된 뒤 영향을 미치기도 한다). 즉 테스토스테론이 뇌를 남성화하는 효과는 주로 에스트로겐으로 전환된 뒤 발휘된다. 이런 전환은 태아의 뇌에서도 일어난다. 그런데 잠깐만. 태아의 성별과 무관하게 태아의 순환계에는 산모의 에스트로겐이 들어 있는 데다가, 태아가 여성일 경우 스스로 에스트로겐을 분비하기도 한다. 그러니 여성 태아의 뇌는 에스트로겐에 절어 있는 셈이다. 그런데 왜 여성 태아의 뇌가 남성화하지 않을까? 아마도 태아가 알파페로프로테인(태아단백질)이라는 것을 합성하기 때문일 텐데, 이 단백질은 순환계의 에스트로겐과 결합하여 활동을 저지시킨다. 그렇기 때문에 산모의 에스트로겐도 태아 자신의 에스트로겐도 여성 태아의 뇌를 남성화하지 못하는 것이다. 또한 테스토스테론과 항뮐러관 호르몬이 주변에 없을 때는 포유류의 뇌가 자동적으로 여성화하는 것으로 밝혀져 있다.[63]
* 이제 정말정말 복잡한 사실. '여성'의 뇌와 '남성'의 뇌라는 게 정확히 무슨 뜻일까? 여기에서 많은 논쟁이 시작된다.

우선, 남성의 뇌는 시상하부에서 생식 호르몬을 지속적으로 흘리면 그만인 데 비해 여성의 뇌는 배란 주기에 따라 주기적으로 분비할 줄 알아야 한다. 따라서 여성 태아는 남성 태아보다 더 복잡하게 배선된 시상하부를 발달시킨다.

이런 점 말고, 우리의 관심사와 관계된 성차는 어떨까? 질문은 이렇다. 출생 전 뇌의 남성화는 남성의 공격성에 얼마나 영향을 미칠까?

만약 설치류를 대상으로 대답한다면, 거의 전부 그 탓이다. 1950년대에 위스콘신대학교의 로버트 고이는 기니피그를 대상으로 하여 출생 전후 테스토스테론의 조직화 영향이 성체가 되어서도 테스토스테론에 더 민감한 뇌를 만든다는 사실을 확인했다.[64] 그는 산달이 가까운 암컷들에게 테스토스테론을 주입해보았다. 그 결과, 그 새끼들 중 암컷들은 성체가 되었을 때 겉은 정상이었지만 '남성화'한 행동을 보였다. 또 대조군 암컷들에 비해서 테스토스테론 주입에 더 민감한 반응을 보여, 공격성과 수컷 정형적 성적 행동이(가령 다른 암컷에게 올라타는 행동이) 더 많이 늘었다. 게다가 이 암컷들에게는 에스트로겐을 주입해도 암컷 정형적 성적 행동이(가령 등을 휘는 이른바 '척추 전만' 행동이) 덜 유도되었다. 요컨대, 출생 전 테스토스테론 노출이 이 암컷들을 남성화하는 조직화 효과를 발휘함으로써 성체가 되어서도 테스토스테론과 에스트로겐의 활성화 효과에 여느 수컷들처럼 반응하도록 만든 것이었다.

이 사실은 성적 정체성이 생물학이 아니라 사회적 영향에 의해 결정된다는 통념에 도전했으니, 당시에는 고등학교 때 생물학을 싫어했던 사회학자들은 물론이고…… 의학계도 그렇게 믿었다. 그 견해에 따르면, 아기가 성적으로 애매한 생식기를 갖고 태어난 경우에는(전체 출생의 약 1~2%가 그렇다) 어느 성별로 키워도 상관없다고 했다. 생후 18개월 안에 한쪽으로 결정하기만 하면 되고, 보다 편리한 쪽으로 생식기 재구성 수술을 하면 된다고 했다.*[65]

그런 상황에서, 고이가 성인기의 성별 정형적 행동을 결정짓는 것은 사회적 요인이 아니라 출생 전 호르몬 환경이라고 보고했던 것이다. 돌아온 응수는 "하지만 그건 기니피그 얘기잖아"였다. 그래서 고이와 동료들은 비인간 영

---

* 이후 한동안 의학계에서는 이 견해가 대체로 정설로 통했다. 이 접근법이 큰 잘못일 수 있다는 것은 가령 존 콜라핀토의 『미안해 데이빗』(2006)을 읽으면 알 수 있다.

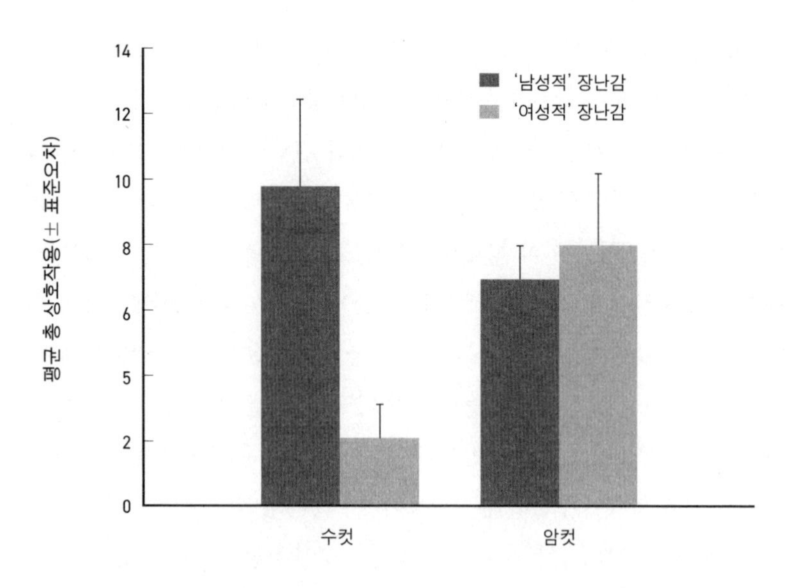

수컷 레서스원숭이들은 인간의 전형적인 '여성적' 장난감보다 '남성적' 장난감을 가지고 노는 데 강한 선호를 보인다.

장류를 연구하기 시작했다.

성적 이형성(즉 성별에 따라 차이가 나는) 영장류의 행동을 짧게 살펴보자. 마모셋이나 타마린 같은 남아메리카 종들은 암수 쌍 결합을 하고, 성별에 따른 행동 차이가 크지 않다. 반면 구세계 영장류들은 이형성이 강하다. 수컷은 더 공격적이고, 암컷은 친화 행동(가령 사회적 털 고르기, 새끼와의 상호작용)에 더 많은 시간을 쓴다. 이런 성차는 또 어떤가. 한 연구에서, 어른 수컷 레서스원숭이들은 인간의 '여성적' 장난감(가령 동물 봉제인형)보다 '남성적' 장난감(바퀴 달린 장난감)에 훨씬 더 많은 흥미를 보였고, 암컷들은 '여성적' 장난감을 약간 더 선호했다.[66]

다음은 뭔가? 암컷 원숭이들은 여성 주인공이 나오는 영어덜트 판타지 소설을 더 선호한다는 발견? 인간의 장난감이 원숭이의 성차와 무슨 관련이란 말인가? 연구자들은 이 현상이 수컷의 활동 수준이 더 높음을 보여주는 것이라고 추측했다. '남성적' 장난감은 보통 더 활동적으로 갖고 놀게 되기 때문이다.

고이는 성적 이형성이 큰 레서스원숭이를 연구했다. 그런데 이들의 행동에 테스토스테론이 조직화 효과를 미친다는 단서는 그 밖에도 있었다. 수컷 레서스원숭이들은 생후 몇 주가 지난 뒤부터 벌써 암컷보다 더 활동적이었고, 거친 신체 놀이를 더 많이 했다. 이것은 사춘기가 도래하여 테스토스테론 분비가 폭등하는 시점으로부터 한참 전이었다. 게다가 출생시 테스토스테론 수준을 억제하더라도(낮지만 그래도 암컷들보다는 높은 정도였다), 수컷들은 거친 신체 놀이를 더 많이 했다. 이것은 성차가 태아기 호르몬 차이에서 기인한다는 것을 암시하는 증거였다.

고이가 그 사실을 입증하기 위해서 수행한 실험은, 임신한 원숭이들에게 테스토스테론을 주입하여 그 새끼들 중 암컷을 살펴보는 것이었다. 만약 임신 기간 전체에 걸쳐 테스토스테론을 노출시키면, 거짓암수중간몸을 가진 암컷들이 태어났다. 겉으로는 수컷처럼 생겼지만 실제로는 몸 안에 암컷의 생식샘을 갖고 있는 암컷들이었다. 이렇게 남성화된 암컷들은 대조군 암컷들에 비해서 거친 신체 놀이를 더 많이 했고, 더 공격적이었고, 수컷 정형적인 올라타기 행동과 발성을 더 많이 했다(몇몇 척도에 따르면 거의 수컷들만큼 했다). 이때 중요한 점은, 행동의 대부분이 남성화하기는 해도 전부는 아니라는 것이었다. 이 남성화한 암컷들도 대조군 암컷들만큼 새끼에게 관심을 보였다. 그러니 테스토스테론은 전체가 아니라 일부 행동에 출생 전 조직화 영향을 미치는 셈이다.

고이의 학생이었던 에머리대학교의 킴 월런이 주로 수행한 후속 연구에서는, 임신한 암컷들에게 임신 후기에만 더 낮은 용량의 테스토스테론을 주입해보았다.[67] 그랬더니 정상적인 암컷 생식기를 갖고 있지만 행동이 남성화한 암컷들이 태어났다. 연구자들은 이 현상이 인간 트랜스젠더들과 비슷하다고 지적했다. 한쪽 성의 외모와, 말하자면, 반대 성의 뇌를 갖고 있다는 점에서 말이다.*

인간의 경우

처음에는 인간에게서도 분명 출생 전 테스토스테론 노출이 남성의 공격성을 야기하는 것처럼 보였다. 이 생각을 뒷받침한 것은 선천성부신과다형성증이라는 드문 질병에 대한 연구였다. 이것은 부신의 한 효소가 돌연변이를 일으켜서, 글루코코르티코이드 대신 테스토스테론을 비롯한 남성호르몬들을 분비하는 병이다. 이 증상은 태아기부터 시작된다.

글루코코르티코이드가 결핍되면 대사에 심각한 문제가 따르므로, 이 환자들은 호르몬 대체 요법을 받아야 한다. 그런데 선천성부신과다형성증으로 남성호르몬에 과잉 노출되는 여자아이들(이들은 보통 애매한 생식기를 갖고 태어나고, 성인이 되어서도 생식 능력이 없다)은 어떤 특징이 있을까?

1950년대에 존스홉킨스대학교의 심리학자 존 머니는 선천성부신과다형성증 여자아이들이 병적으로 높은 수준의 남성 정형성 행동을 보이고, 여성 정형적 행동은 덜 보이며, IQ가 더 높다고 보고했다.

당연히 모두가 깜짝 놀랐다. 하지만 이 연구에는 문제가 몇 가지 있었다. 우선 IQ에 왜곡이 있었다. 이 질병을 앓는 딸을 기꺼이 이런 연구에 참가시키는 부모들은 통제군 부모들보다 평균 교육 수준이 더 높았다. 다음으로 성별 정형적 행동은? 머니가 '정상' 여부를 판독한 기준은 1950년대 시트콤 〈오지와 해리엇〉에 준하는 것이었다. 선천성부신과다형성증 여자아이들은 직업 경력을 쌓고 싶어하고 아기를 갖는 데 관심이 없다고 해서 병적이라고 보았던 것이다.

이런, 아무래도 처음부터 다시 시작해야 했다. 이후 케임브리지대학교의 멀리사 하인스가 다시 선천성부신과다형성증 여자아이들을 조사했다.[68] 피

---

* 트랜스젠더들의 뇌를 살펴본 연구에서 놀라운 결과가 나왔다. 평균적으로 남녀 사이에 크기 차이가 있는 영역들을 중심으로 살펴본 연구였다. 당사자가 바라는 성 정정의 방향과는 무관하게, 그리고 그가 성 정정을 거쳤는가 아닌가와도 무관하게, 성별 이형성이 두드러지는 뇌 영역들은 트랜스젠더의 뇌에서 그의 '실제' 성이 아니라 그가 자기 성으로 여겨온 성의 크기에 가깝다는 사실이 일관되게 확인되었다. 달리 말해, 트랜스젠더들은 자신이 실제 성이 아닌 다른 성이라고 생각하는 게 아니다. 거꾸로 자신이 실제 성의 육체가 아닌 다른 성의 육체에 갇혀 있다고 생각하는 쪽에 가깝다.

험자들은 이 질병을 앓지 않는 여자아이들에 비해서 거친 신체 놀이를 더 많이 하고, 더 많이 싸우고, 육체적 공격성을 더 많이 보인다. 게다가 인형보다 '남성적' 장난감을 더 선호한다. 성인이 되어서는 더 적은 상냥함과 더 높은 공격성을 보이고, 자가 보고에서도 더 높은 공격성과 아기에 대한 낮은 흥미를 드러낸다. 게다가 이 여성들은 게이, 혹은 바이섹슈얼, 혹은 트랜스젠더 성 정체성을 가질 확률이 더 높다.*

여기서 중요하게 짚고 넘어갈 점이 있다. 이런 여자아이들은 출생 직후부터 약물 치료를 받아서 곧 남성호르몬 농도가 정상화하기 때문에, 과잉 남성호르몬에 노출된 기간이 출생 전으로 한정된다는 것이다. 따라서 출생 전 테스토스테론 노출이 발휘한 조직화 효과가 남성 정형적 행동의 가능성을 높인다고 봐도 좋을 것이다.

선천성부신과다형성증의 반대라고 볼 수 있는 안드로겐무감응증후군(과거에는 고환여성화증후군이라고 불렸다)을 조사한 연구에서도 비슷한 결론이 나왔다.[69] 이 증후군을 앓는 태아는 XY 염색체와 테스토스테론을 정상적으로 분비하는 고환을 갖고 있기에 생물학적으로 남성이다. 하지만 남성호르몬 수용체에 돌연변이가 일어나서, 수용체가 테스토스테론에 반응하지 않는다. 그러니 고환이 아무리 테스토스테론을 많이 분비하더라도 남성화가 일어나지 않는다. 이 증후군을 앓는 사람은 여성의 외성기를 갖고 태어나서 여자아이로 길러지는 경우가 많다. 하지만 사춘기가 되었는데도 월경을 하지 않아서 의사에게 가보게 되고, 그제야 '여자아이'가 아니라 '남자아이'인 것이 밝혀진다(고환은 보통 복부에 있고, 질은 길이가 짧고 끝이 막혀 있다). 이런 사람들은 보통 계속 여성의 정체성을 갖고 살아가지만, 생식 능력은 없다. 달리 말해, 생물학적 남성이라도 출생 전 테스토스테론의 조직화 효과를

* 요즘은 산전 검사로 태아의 선천성부신과다형성증을 알아낼 수 있고, 태아 호르몬 요법으로 남성화를 어느 정도 막을 수 있다. 일부 임상의들이 이것을 선천성부신과다형성증 여성이 이성애 지향을 가질 확률을 높이는 방법으로 선전하여, 생명윤리학자들과 LGBTQ 커뮤니티의 공분을 샀다.

겪지 않으면 여성 정형적 행동과 정체성을 갖게 된다.

선천성부신과다형성증과 안드로겐무감응증을 보면, 결론이 명확한 듯하다. 인간의 경우, 출생 전 테스토스테론 노출 수준이 성인기의 공격성 및 친화적·친사회적 행동에 존재하는 성차를 설명하는 데 크게 기여하는 듯한 것이다.

하지만 주의깊은 독자라면 이 결론에 두 가지 엄청난 문제가 있다는 것을 알아차렸을지도 모르겠다.[70]

* 선천성부신과다형성증 여자아이들은 매우 특이한 '무언가', 즉 애매한 생식기를 갖고 태어난다고 말했던 것을 기억할 것이다. 이 아이들은 보통 여러 차례의 생식기 재구성 수술을 받게 된다. 선천성부신과다형성증 여성들은 출생 전에만 남성화하는 게 아니다. 그 부모들은 자신들의 딸이 뭔가 다르다는 것을 알기에 좀 다르게 키우게 되고, 아이는 자신의 음부에 크나큰 흥미를 보이는 의사들을 잔뜩 만나게 되며 갖가지 호르몬 치료를 받게 된다. 그러니 이들의 행동적 특징을 온전히 출생 전 남성호르몬 탓으로만 돌리기는 어렵다.
* 테스토스테론이 안드로겐무감응증 환자들에게 영향을 미치지 못하는 것은 남성호르몬 수용체에 돌연변이가 일어났기 때문이다. 하지만 테스토스테론이 태아의 뇌에 영향을 미치는 경로는 주로 에스트로겐으로 전환되어 에스트로겐 수용체와 상호작용하는 것이라고 하지 않았던가? 남성호르몬 수용체에 돌연변이가 일어났더라도, 그 경로로는 뇌 남성화가 진행되어야 한다. 사태를 더 복잡하게 만드는 사실로, 원숭이의 경우에는 출생 전 테스토스테론의 남성화 효과 중 일부가 에스트로겐으로 전환되지 않고도 일어난다. 그러니 이 사람들은 유전적으로 또한 생식샘 측면에서 남성인데다가 뇌 남성화를 겪고도 여성으로 성공적으로 길

러진 셈이다.

실은 이것보다 더 복잡하다. 여성으로 길러진 안드로겐무감응증 남성들은 게이일 가능성이 보통보다 더 높고, 여성이 아닌 성/젠더 정체성을 갖거나 여성도 남성도 아닌 정체성을 가질 가능성도 더 높다.

으악. 요컨대 우리가 확실히 말할 수 있는 것은 다른 영장류와 마찬가지로 인간에게서도 테스토스테론이 출생 전 남성화 효과를 낸다는 (불완전한) 증거가 있다는 것뿐이다. 그렇다면 다음 질문은 그 효과가 얼마나 **큰**가다.

만약 사람들이 태아일 때 각자 테스토스테론에 노출되는 정도를 알 수 있다면, 이 질문에 대답하기가 한결 쉬울 것이다. 여기에서 정말로 기이한 발견이 등장하는데, 이 이야기를 듣고 나면 독자 여러분은 틀림없이 자를 만지작거리게 될 것이다.

희한하게도, 출생 전 테스토스테론 노출은 손가락 길이에 영향을 미친다.[71] 구체적으로 말해보자. 대부분의 사람들이 검지가 약지보다 짧지만, 그중에서도 남성은 차이가(즉 '검지:약지 비율'이) 여성보다 더 크다. 이 사실은 1880년대에 처음 관찰되었다. 이 차이는 임신 후기부터 태아에게서도 확인해볼 수 있고, 태아가 테스토스테론에 많이 노출될수록(양수 검사로 농도를 확인할 수 있다) 비율이 더 크게 나타난다. 게다가 선천성부신과다형성증 여성들은 남성에 가까운 비율을 보이고, 남성 쌍둥이와 태아기 환경을 공유한(따라서 테스토스테론도 일부 공유한) 여성들도 마찬가지이며, 안드로겐무감응증 남성들은 여성에 가까운 비율을 보인다. 이 비율의 성차는 다른 영장류들과 설치류에서도 확인되었다. 그리고 이 성차가 왜 발생하는지 아는 사람은 아무도 없다. 희한한 점은 이것만이 아니다. 속귀에서 발생하는 희미한 배경 소음('이음향반사'라고 부른다)도 출생 전 테스토스테론 노출 수준을 반영하는 성차를 보인다. 대체 왜 그럴까.

검지:약지 비율은 개체 변이가 크고 성차는 아주 작기 때문에, 그 수치를 아는 것만으로 어떤 사람의 성별을 맞힐 수는 없다. 하지만 그 수치가 태아

기 테스토스테론 노출 정도를 어느 정도 말해주는 것은 분명하다.

그러면 (그 비율로 평가한) 노출 정도가 성인기 행동을 예측할 수 있을까? 더 '남성적인' 검지:약지 비율을 가진 남자들은 공격성과 수학 점수가 높은 편이고, 자기주장이 강한 편이며, 주의력결핍과잉행동장애와 자폐증 발생 가능성이 더 높고(둘 다 남성 편향이 강한 질환이다), 우울증과 불안증 가능성은 낮은 편이다(둘 다 여성 편향이 있는 질환이다). 그런 남자들의 얼굴과 글씨는 더 '남성적'이라는 평가를 받는다. 게다가 이들은 게이일 가능성이 더 낮다고 보고한 연구도 있었다.

한편 더 '여성적인' 비율을 가진 여자들은 자폐증 발생 가능성이 낮고, 신경성식욕부진증 가능성은 높으며(여성 편향 질환이다), 왼손잡이일 확률이 낮다(남성 편향 특성이다). 또 이들은 운동 능력이 낮고, 아주 '남성적인' 얼굴에 더 많이 끌린다. 그리고 이성애자일 가능성이 높고, 만약 레즈비언이라면 전형적으로 여성적인 성역할을 수행하는 경우가 많다.[72]

이런 사실은 ⓐ사람도 다른 동물종처럼 태아기 남성호르몬 노출이 성인기 행동에 조직화 영향을 미친다는 것, ⓑ노출 정도의 **개인차**가 성인기 행동의 개인차를 예측한다는 것에 대한 가장 강력한 증거로 꼽힌다.*[73] 그렇다면 출생 전 내분비 환경이 곧 운명일까?

글쎄, 꼭 그렇지는 않다. 이 효과는 크기가 작은데다가 변이가 크므로, 수많은 개인들을 고려할 때만 의미 있는 관계성을 보인다. 테스토스테론의 조직화 효과가 공격성의 질 그리고/혹은 양을 결정지을까? 아니다. 조직화 효과 더하기 활성화 효과까지 고려하면? 그래도 아니다.

'환경'의 범위를 넓히기

이처럼 태아의 뇌는 태아 자신이 분비한 호르몬들의 영향을 받는다. 하지만 그게 다가 아니다. 바깥세상이 산모의 생리 현상을 바꿔놓으면, 그것이

---

* 한편, 생후 몇 시간에서 몇 주간의 남성호르몬 노출 정도가 이후 행동에 예측력을 지니는지에 대해서는 일관된 증거가 없다.

다시 태아의 뇌에 영향을 미친다.

가장 명백한 형태는 임신부가 섭취한 음식이 태아의 순환계에 배달되는 영양소에 영향을 미치는 것이다.* 극단적인 경우, 산모의 영양부족은 태아의 뇌 발달을 광범위하게 저해한다.**74 산모의 몸에 들어온 병원체가 태아에게 전달될 수도 있다. 일례로, 임신부가 톡소포자충이라는 기생충에 감염되면 (보통 감염된 고양이의 배설물에 노출되어 걸린다) 기생충이 태아의 신경계에도 영향을 미쳐서 심각한 이상을 빚을 수 있다. 그리고 산모의 물질 남용으로 인해 헤로인이나 코카인에 중독된 아기, 태아알코올증후군에 걸린 아기가 태어나기도 한다.

이 못지않게 중요한 점으로, 산모가 받는 스트레스도 태아 발달에 영향을 미친다. 그 경로는 간접적일 수도 있다. 예를 들어, 스트레스를 받은 사람은 건강한 식단을 덜 섭취하고 물질 남용에 더 빠지기가 쉽다. 좀더 직접적인 경로를 보면, 스트레스는 산모의 혈압과 면역 반응을 바꾸어서 태아에게도 영향을 미친다. 가장 중요한 경로는 따로 있다. 스트레스를 받은 산모는 글루코코르티코이드를 분비하게 되는데, 이 물질이 태아의 순환계로 들어가서 기본적으로 아기나 아동이 스트레스를 받았을 때와 똑같은 악영향을 태아에게 미친다.

글루코코르티코이드는 태아의 뇌 구성에 조직화 효과를 미침으로써, 또 성장인자의 농도를 낮춤으로써, 또 뉴런과 시냅스의 수를 줄임으로써 영향을 준다. 출생 전에 테스토스테론에 지나치게 노출되면 성인이 되었을 때 뇌가 공격성을 야기하는 환경 요인에 더 민감해지는 것처럼, 출생 전에 글루코코르티코이드에 지나치게 노출되면 성인기에 뇌가 우울증과 불안증을 야기하는 환경 요인에 더 민감해진다.

---

* 왜 '결정한다'가 아니라 '영향을 미친다'일까? 여성의 몸이 영양소를 태아에게 그대로 전달하는 게 아니라 다른 물질로 전환해서 전달할 수 있기 때문이다.

** 임신 후기의 영양 부족은 태아의 생리 현상도 바꿀 수 있어서, 태아의 생애 전반에 당뇨, 비만, 대사증후군 위험이 높아진다. 이 현상을 '네덜란드의 굶주린 겨울 효과'라고도 부른다.

게다가 출생 전 글루코코르티코이드 노출은 고전적인 발달생물학과 분자생물학을 섞은 효과를 낸다. 이 점을 이해하기 위해서, 다음 장에서 이야기할 유전자에 관한 내용을 아주 짧게 살펴보겠다. ⓐ유전자는 각기 다른 단백질의 생산을 지시한다. ⓑ유전자가 '활성화'하면 단백질이 생산되고 '비활성화'하면 생산이 중단되는 것이므로, 유전자를 켜고 끄는 스위치가 따로 있다. ⓒ우리 몸의 모든 세포들은 동일한 유전자들을 갖고 있다. ⓓ다만 발달 중에 각각의 세포에서 어떤 유전자들이 활성화하는가 하는 패턴에 따라 세포들이 코 세포, 발가락 세포, 기타 등등으로 분화한다. ⓔ그후에는 코 세포, 발가락 세포, 기타 등등이 저마다 특징적인 유전자 활성화 패턴을 영원히 유지한다.

4장에서 우리는 일부 호르몬들이 특정 유전자의 스위치를 바꿈으로써 활성화 효과를 낸다는 것을 보았다(가령 테스토스테론은 근육 세포의 성장을 늘리는 데 관여하는 유전자들을 활성화한다). '후성유전학'이라고 불리는 이 분야는 호르몬의 조직화 효과가 어떻게 특정 세포에서 특정 유전자의 켜짐/꺼짐 상태를 영구적으로 바꿔놓는지를 연구한다.[75] 다음 장에서 더 자세히 이야기하겠다.

이 사실은 왜 우리의 발가락과 코가 다른지를 설명하는 데 도움이 된다. 그런데 더 중요한 점은, 이런 후성유전학적 변화가 뇌에서도 일어난다는 것이다.

이 분야의 후성유전학적 연구는 미니와 동료들이 2004년에 발표한 기념비적 논문에서 비롯했는데, 그 논문은 이름난 학술지인 『네이처 신경과학』에 실린 논문들 중에서도 가장 많이 인용된 논문으로 꼽힌다. 이전에 연구자들은 더 '세심하게' 새끼를 돌보는(자주 젖을 먹이고, 털을 골라주고, 핥아주는) 어미 쥐의 자식들은 커서 글루코코르티코이드 농도가 낮고, 불안이 적고, 학습 능력이 높고, 뇌가 느리게 노화한다는 것을 확인한 상태였다. 그런데 문제의 논문은 이런 변화가 후성유전학적이라는 사실을 보여주었다. 어미의 돌봄 방식이 새끼의 뇌에서 스트레스 반응에 관여하는 유전자의 스위치를 바꿔놓은 것이다.* 우아, 어미의 돌봄 방식이 새끼의 뇌에서 유전자 조절에 영향을 미친다고? 미니가 캘리포니아대학교 버클리 캠퍼스의 달린 프랜시스와 함께 보여준 그다음 결과는 더 놀라웠으니, 그런 새끼들이 크면 자신도 더 세심한 어미가 된다는 것이었다. 그 특질이 후성유전학적으로 다음 세대에 전해진 것이다.** 요컨대, 성인의 행동이 자식의 뇌에서 영구적인 분자생물학적 변화를 일으킴으로써 자식도 성인기에 그 행동을 똑같이 할 가능성이 높아지도록 '프로그래밍'하는 것이다.[76]

이후 미니와 역시 맥길대학교의 동료인 모셰 시프, 컬럼비아대학교의 프랜시스 샹파뉴의 주도하에 더 많은 발견이 쏟아졌다.[77] 그 결과 다양한 태아기 및 아동기 경험에 대한 호르몬 반응이 뇌유래성장인자, 바소프레신과 옥시토신 시스템, 에스트로겐 민감성에 관여하는 유전자들에게 후성유전학적 효과를 미친다는 것이 확인되었다. 이런 효과는 성인기의 인지, 성격, 정서, 정신 건강과 관련이 있다. 예를 들어, 아동기에 겪는 학대는 해마의 유전자 수백 개에 후성유전학적 변화를 일으킨다. 미국국립보건원의 스티븐 수오미와 시프는 또 원숭이 어미들의 돌봄 방식이 새끼의 이마엽 겉질 유전자 중 1000개 이상에 후성유전학적 영향을 미친다는 것을 확인했다.***

이것은 정말 혁명적인 발견이다. 어느 정도는. 자, 이쯤하고 이제 요약으로 넘어가자.

---

* 참고로, 글루코코르티코이드 수용체를 부호화한 유전자다.

** 이처럼 형질이 유전적 방식이 아니라 후성유전학적 방식으로 여러 세대에 걸쳐 전달되는 현상은 18세기 과학자 장바티스트 라마르크가 주창했으나 이후 오랫동안 사실이 아니라고 여겨진 획득 형질의 유전 가설을 닮았다. 이 이야기는 다음 장에서 하겠다.

*** 이것은 후성유전학적으로 바뀐 1000여 개 유전자들이 이마엽 겉질의 모든 뉴런들을 조절한다는 뜻은 아니다. 겉질에는 뉴런 외에 아교세포도 있고, 뉴런도 다양한 종류가 있다. 그러니 실제로 한 세포가 평균적으로 겪는 변화의 개수는 아마 1000개에 한참 못 미칠 것이다. 이 각주 내용에 유의할 것: 그렇다고 해서 이 사실이 덜 흥미로워지는 건 아니다. 연구하기가 더 어려워질 뿐이다.

결론

환경이 발달하는 뇌에 후성유전학적 영향을 미친다는 것은 엄청나게 흥분되는 발견이다. 하지만 열광을 좀 억제할 필요가 있다. 이 분야의 발견들이 과잉 해석된 측면이 있는데다가, 많은 연구자들이 이 주제로 몰리면서 연구의 품질이 좀 낮아졌다. 후성유전학이 '모든 것'을, 그것이 무엇이든, 다 설명해주리라고 결론 내리고픈 유혹이 있지만, 실상 아동기 경험이 성인기에 미치는 영향의 대부분은 아마 후성유전학적이지 않을 테고 (뒤에서 살펴보겠지만) 대부분의 후성유전학적 변화는 일시적이다. 특히 강하게 비판하는 진영은 행동과학자들이 아니라(이들은 대체로 후성유전학을 받아들인다) 오히려 분자유전학자들이다. 내가 볼 때, 분자유전학자들의 부정적 시각 중 일부는 그들이 기껏 아름답게 구축해둔 유전자 조절의 세계에 새끼를 핥아주는 어미 쥐 따위의 내용을 통합해야 한다는 사실이 분해서 그런 것도 있는 듯하다.

하지만 후성유전학에 대한 흥분을 억제해야 하는 이유는 그보다 더 깊은 차원에도 있다. 그리고 그것은 이 장 전체에 해당되는 이야기다. 풍성한 자극이 있는 환경, 가혹한 부모, 좋은 동네, 격려가 되지 못하는 선생, 최적의 식단…… 이 모든 요인들이 뇌의 유전자를 바꾼다는 것은 사실이다. 우아. 그런데 불과 얼마 전에는 환경과 경험이 시냅스의 흥분성, 개수, 뉴런 회로, 심지어 뉴런 개수까지 바꿀 수 있다는 사실이 혁명적인 발견이었다. 우아. 그보다 더 이전에는 환경과 경험이 뇌의 여러 부위 크기를 바꿀 수 있다는 사실이 혁명적인 발견이었다. 놀라운걸.

사실 이런 발견들은 정말로 놀라운 것은 못 된다. 왜냐하면 일이 그렇게 될 수밖에 없기 때문이다. 아동기 경험 중 어느 하나가 성인기 행동을 결정짓지는 않지만, 한편으로 거의 모든 아동기 경험이 어떤 행동에 대한 성인기의 경향성을 바꿔놓는다. 프로이트, 볼비, 할로, 미니는 서로 다른 시각이긴 했으나 모두 똑같이 기본적이고 한때는 혁명적이었던 사실을 지적한 것이었으니, 그것은 아동기가 중요하다는 사실이었다. 성장인자니, 유전자 스위치니,

말이집 형성률이니 하는 것들은 모두 그 사실의 내부 메커니즘을 밝히는 데 통찰을 줄 뿐이다.

그런 통찰은 물론 유용하다. 그런 통찰은 아동기의 A라는 지점과 성인기의 Z라는 지점을 잇는 단계들을 알려준다. 부모가 어떻게 자신과 비슷한 행동을 하는 자식을 길러내는지를 알려준다. 아동기 역경이 어떻게 스스로 망가지고 남들도 망가뜨리는 성인을 낳는가 하는 뼈아픈 아킬레스건도 밝혀준다. 그리고 어떻게 하면 그런 나쁜 결과를 거꾸로 되돌리고 좋은 결과를 강화할 수 있는가에 대한 단서를 제공한다.

또다른 쓸모도 있다. 2장에서 나는 외상후스트레스장애를 갖게 된 참전군인들의 해마가 위축되었다는 사실을 보고서야 그 장애가 '진짜'임을 믿은 권력자들이 많았다고 말했다. 이 주제도 마찬가지다. 우리가 아동기는 중요한 시기라는 것, 따라서 아이들에게 건강과 안전과 사랑과 돌봄과 기회를 제공해야 한다는 것을 깨닫기 위해서 반드시 분자유전학이나 신경내분비학적 증거가 있어야만 하는 것은 아니다. 하지만 아직은 가끔 그런 과학적 확인이 꼭 필요한 때가 있는 듯하므로, 이 사실들은 그만큼 힘이 있다.

8장

수정란이었던 순간으로 돌아가기

이런 만화를 봤던 기억이 난다. 실험 가운을 입은 한 과학자가 다른 과학자에게 말한다. "그럴 때 있잖아. 통화중인데, 상대가 끊고 싶으면서도 그 말을 못 해서 대신 이렇게 말하는 거야. '이제 그만 일 보셔야지요.' 끊고 싶은 건 자기면서 꼭 네가 끊고 싶어하는 것처럼 말하는 거. 내가 그 행동에 대한 유전자를 발견한 것 같아."

이번 장은 '그 행동에 대한 유전자'를 찾는 이야기다.

우리가 궁금해하는 어떤 행동이 막 벌어졌다. 훗날 그 행동을 하는 사람이 될 난자와 정자가 결합한 순간, 그리하여 그의 몸에 있는 모든 세포들에서 똑같이 복제될 게놈이—즉 염색체와 DNA 서열이—만들어지는 순간은 그 행동에 어떤 영향을 미쳤을까? 유전자들은 그 행동을 일으키는 데 어떤 역할을 했을까?

유전자는 가령 공격성과 관련이 있다. 아기가 바셋하운드의 귀를 잡아당겼을 때보다 핏불의 귀를 잡아당겼을 때 우리가 더 놀라는 것은 그 때문이다. 유전자는 사실 우리가 이 책에서 살펴보는 모든 현상들과 관련이 있다. 유전자는 많은 신경전달물질과 호르몬을 암호화하여 담고 있다. 그런 물질을 합성하거나 거꾸로 분해하는 분자들, 수용체들도 암호화한다. 뇌 가소성을 이끄는 성장인자들도 마찬가지다. 유전자는 보통 하나의 버전이 아니라 여러 버전으로 존재한다. 우리는 모두 약 2만 개의 유전자를 각기 다른 조합의 버전으로 갖고 있는 존재다.

이 주제는 두 가지 부담을 지고 있다. 첫번째는 많은 사람이 유전자와 행동을 연결해서 생각하는 것을 난감해한다는 점이다. 내가 젊은 학자였던 때 한번은 연방에서 후원하기로 했던 학회가 취소된 적이 있었는데, 학회 주제가 유전자와 폭력성이 관계있다고 생각하게 만들 것 같다는 이유 때문이었다. 유전자/행동 관계에 대한 의심이 과거에 유사과학적인 유전학으로 이런 저런 '주의'들, 편견, 차별을 정당화한 역사가 있기 때문이었다. 그런 유사과학은 인종차별과 성차별을 육성했고, 우생학과 강제 불임시술을 낳았고, 가령 '선천적' 같은 단어를 과학적으로 무의미하게 해석함으로써 일부 사람들로 하여금 타인을 린치하고, 인종청소를 하고, 아이들을 가스실로 들여보내도록 만들었다.*[1]

하지만 행동의 유전학을 연구하는 데는 그 정반대의 부담도 있다. 이 주제에 지나치게 열광하는 사람들도 있다는 점이다. 누가 뭐래도 현대는 유전체학의 시대가 아닌가. 사람들이 개인화된 유전체 의학을 기대하고, 자신의 게놈을 시퀀싱(서열 분석)하고, 대중 과학 저술이 유전체를 '성배'니 '부호들의 부호'니 하는 말로 묘사하는 시대가 아닌가. 환원주의적 관점에서는 우리가 뭔가 복잡한 것을 이해하려면 먼저 그것을 그 구성 요소들로 잘게 나눠야 한다고 본다. 그 요소들을 이해한 뒤 그 내용을 다 합하면 전체 그림을 알

---

* 유전학을 이데올로기적으로 가장 강력하게 비판하는 쪽은 보통 좌파인 듯하다. 하지만 나도 놀란 사실인데, 이 주제를 살펴본 한 연구에 따르면, 개인차를 유전학으로 설명하려는 경향성에는 좌파와 우파의 차이가 없다고 한다. 단 어떤 종류의 개인차를 유전학으로 설명하려고 하는가 하는 점이 다르다. 우파 이데올로기는 인종이나 계층 차이를 유전학으로 해석하려고 하는 편이고, 좌파 이데올로기는 그보다는 성적 지향을 유전학으로 해석하려고 하는 편이다.

수 있다는 것이다. 이런 관점에서 볼 때, 우리가 세포와 기관과 몸과 행동을 이해하기 위해서 살펴볼 단위로서 가장 알맞은 것은 바로 유전자다.

유전자에 대한 지나친 열광은 사람들에게 각자 불변의 고유한 본질이 있다고 여기는 생각을 반영한 것인지도 모른다(이 본질주의가 유전체학보다 앞서 등장했지만 말이다). 친족관계에 기반한 이른바 '도덕적 스필오버' 현상을 살펴본 연구가 한 예다.[2] 지금으로부터 두 세대 전에 어떤 사람이 다른 사람들을 해쳤다고 하자. 가해자의 손주들에게는 피해자의 손주들을 도울 의무가 있을까? 이 질문을 받은 피험자들은 출생 직후에 가해자에게 입양되었던 손주보다는 생물학적 손주에게 더 큰 의무가 있다고 대답했다. 오점이 혈연으로 전달된다고 보는 것이다. 또 피험자들은 서로 무관하지만 완벽하게 똑같이 생긴 두 사람 중 한쪽이 범죄를 저질렀을 때 다른 한쪽을 체포하는 것은 안 될 일이지만 서로 떨어져서 살아온 일란성 쌍둥이 중 한쪽이 범죄를 저질렀을 때 다른 쪽을 체포하는 것은 그보다는 괜찮은 일이라고 응답했다. 일란성 쌍둥이는 서로 다른 환경에서 자랐더라도 도덕적 오점을 공유한다고 보는 것이다. 그들의 유전자가 같기 때문에. 우리는 누군가의 본질이 그의 혈통, 즉 유전자에 담겨 있다고 본다.*

이번 장은 그 양극단을 경계하며 유전자를 살펴볼 테고, 결국에는 우리 관심사에 유전자가 중요하기는 하지만 통상적인 생각만큼 그렇게까지 중요하진 않다고 결론 내릴 것이다. 우선 유전자의 기능과 조절 방식을 살펴보며,

---

* 내가 경험했던 극단적 본질주의 이야기. 1976년과 1977년에 뉴욕 시민들은 '샘의 아들'이 저지르는 연쇄 살인으로 공포에 떨었다(내가 대학생이었던 1977년 여름에 브루클린 본가에 가 있었기 때문에, 그 연쇄 살인이 시민들에게 엄청난 정신적 충격을 미쳤다는 것을 똑똑히 증언할 수 있다). 연쇄 살인은 1977년 8월, 데이비드 버코위츠가 체포되면서 끝났다. 23세의 경범죄 전과자이자 방화범이었던 그는 이웃집 개의 명령에 따라 살인을 저질렀다고 주장하며, 그 개는 개의 모습을 한 악마라고 말했다. 한 달 뒤 내가 학교로 돌아가 있을 때, 전화가 울렸다. 룸메이트가 전화를 받고는 약간 어리둥절한 표정으로 내게 수화기를 건넸다. "네 어머니셔. 흥분하신 것 같아." "여보세요, 엄마, 무슨 일이에요?" 어머니가 기쁨과 안도감과 의기양양함을 감추지 못하는 목소리로 외쳤다. "데이비드 버코위츠! 그 사람 입양아래. 입양아라고! 진짜 유대인이 아니었던 거야!" 그런데 어머니 입장에서는 아이러니한 결말. 리처드 데이비드 팰코라는 이름으로 태어난 버코위츠의 생모는 유대인이었고, 팰코가 아닌 다른 성을 가졌던 생부도 유대인이었다.

유전자의 한계를 알아보자. 그다음 유전자가 인간의 행동 전반에 미치는 영향을 살펴보자. 마지막으로 유전자가 최선의 행동과 최악의 행동에 미치는 영향을 알아보자.

1부: 상향식으로 살펴본 유전자

유전자의 한계를 살펴보는 것으로 시작하자. 만약 분자생물학의 중심 원리(DNA가 RNA를 암호화하고 그 RNA가 단백질의 아미노산 서열을 암호화한다는 원리), 단백질의 구조가 기능을 결정한다는 사실, 유전 부호의 기본 단위인 코돈은 뉴클레오타이드 세 개로 이뤄진다는 사실, 점 돌연변이와 삽입 돌연변이와 결실 돌연변이 등등에 대해서 잘 모르는 독자가 있다면, 「부록 3」을 먼저 읽고 오기 바란다.

유전자는 우리의 행동을 알까? 환경의 승리

유전자가 단백질의 구조, 형태, 기능을 지정한다는 것은 알겠다. 그리고 단백질이 우리 몸에서 거의 모든 일을 도맡으니, 그렇다면 곧 DNA가 생명의 성배라는 뜻이 아닐까? 아니다. 유전자는 언제 새 단백질을 만들지를 '결정하지' 않는다.

과거에 우리는 염색체상에 한 유전자에 해당하는 DNA 서열이 있고, 그 다음에 종결 코돈이 오고, 바로 다음에 다른 유전자가 오고, 그다음에…… 하는 식이 아닐까 예상했다. 알고 보니 유전자는 그렇게 나란히 붙어 있지 않았다. 더군다나 모든 DNA가 유전자인 것도 아니었다. DNA에는 유전자 사이사이에 비부호화 DNA, 즉 '전사되지' 않는 DNA가 있다.* 게다가 그 수도 어마어마하다. 전체 DNA의 95%가 비부호화 DNA다. 무려 95%가.

* 용어 정리: DNA 서열로부터 RNA 주형이 만들어지는 것을 가리켜 유전자가 '전사된다'고 말한다. 그 RNA가 단백질 생성에 쓰인다.

그 95%는 뭘 하는 것일까? 일부는 쓰레기(정크 DNA)다. 진화 과정에서 기능을 상실한 유전자들의 잔재다.*[3] 하지만 그 속에는 왕국으로 들어가는 열쇠도 묻혀 있다. 특정 유전자가 **언제** 전사될지 결정하는 지침, 즉 유전자 전사를 켜고 끄는 스위치 말이다. 유전자는 언제 RNA로 복사되고 그리하여 단백질을 생산할지를 직접 '결정'하지 않는다. 대신 어떤 유전자에 해당하는 DNA 서열의 앞쪽에 프로모터라고 불리는 짧은 서열이 있는데,** 그것이 바로 '켬' 스위치다. 그 프로모터를 켜는 것은 무엇일까? 전사인자라는 물질이 프로모터에 결합하여 그것을 켠다. 그 결합이 일어나면, 효소들이 몰려와서 유전자를 RNA로 전사해낸다. 거꾸로 유전자를 비활성화하는 전사인자들도 있다.

이것은 엄청나게 중요한 사실이다. 유전자가 전사 시점을*** '결정한다'고 말하는 것은 조리법이 언제 케이크를 구울지를 결정한다고 말하는 것이나 다름없다.

전사인자가 유전자를 조절한다는 것까지는 좋다. 그렇다면 그 전사인자를 조절하는 건 무엇일까? 이 질문에 대한 대답은 유전자 결정론을 초토화한다. 환경이 조절하기 때문이다.

재미없는 얘기부터 시작하자면, 이때 '환경'은 세포 내 환경일 수도 있다. 한 뉴런이 열심히 일하느라 에너지가 고갈되었다고 하자. 그러면 특정 전사인자가 활성화하여 특정 프로모터와 결합함으로써 그 뒤에 있는('하류'에 있는) 유전자를 활성화한다. 그 유전자는 글루코스 수송체를 암호화한 것이고, 따라서 글루코스 수송체 단백질이 더 많이 만들어지며, 수송체가 세포막에 더 많이 삽입되면 뉴런이 글루코스를 활용하는 능력이 향상된다.

---

* '쓰레기' DNA는 진짜 쓰레기일 수도 있지만, 그보다는 우리가 아직 그 기능을 밝히지 못한 DNA일 가능성이 더 높다. 후자가 맞는다고 생각할 근거들이 있다.

** 켬/끔 스위치의 일부로서 인핸서와 작동유전자(오퍼레이터)라고 불리는 비부호화 DNA 서열도 있지만, 우리는 편의상 프로모터라고 통칭하겠다.

*** 다른 업계 용어로 말하자면, 유전자가 '활성화' 혹은 '발현'될 시점이다. 나는 이 용어들을 같은 뜻으로 섞어서 쓰겠다.

다음으로 고려할 '환경'은 이웃 세포다. 한 뉴런에게 세로토닌을 분비하는 이웃 뉴런이 있다고 하자. 그런데 최근에 이웃 뉴런의 세로토닌 분비량이 적었다. 가지돌기 가시에서 망 보던 전사인자들이 이 상태를 감지하면, 곧 DNA로 이동하여 세로토닌 수용체 유전자의 상류에 있는 프로모터에 결합한다. 그러면 세로토닌 수용체가 더 많이 만들어져서 가지돌기 가시에 삽입되고, 덕분에 뉴런이 희미한 세로토닌 신호에도 더 민감하게 반응할 수 있게 된다.

가끔은 개체 전체가 '환경'일 수도 있다. 남성의 몸에서 분비된 테스토스테론은 혈류를 타고 이동하여 근육 세포의 남성호르몬 수용체와 결합한다. 그러면 전사인자들이 줄줄이 활성화하여, 결국 세포 내에서 뼈대(스캐폴드) 단백질이 더 많이 만들어진다. 그래서 세포가 커진다(즉 근육량이 는다).

마지막이자 가장 중요한 차원으로, '환경'은 바깥세상을 뜻할 수도 있다. 여성이 아기의 냄새를 맡는다고 하자. 그것은 곧 아기에게서 나온 냄새 분자가 여성의 코에 있는 수용체에 가서 결합했다는 뜻이다. 수용체가 활성화하고, (이후 여러 단계를 거친 끝에 시상하부에서) 전사인자가 활성화하여, 더 많은 옥시토신이 생산된다. 옥시토신은 젖이 흐르게 만든다. 아기의 볼기 냄새로 조절되는 유전자라니, 그런 것을 결정론적 성배라고 부를 수는 없지 않겠는가. 유전자는 모든 형태의 환경에 의해 조절된다.

달리 말해, **유전자는 환경의 맥락을 떠나서는 의미가 없다**. 프로모터와 전사인자는 '만약' 절을 삽입하는 셈이다. "만약 당신이 아기 냄새를 맡는다면, 옥시토신 유전자를 활성화하십시오."

자, 이제부터 이야기가 복잡해진다.

한 세포 내에는 특정 프로모터에 해당하는 특정 DNA 서열과 결합하는 전사인자가 여러 종류 있다.

유전자가 딱 하나뿐인 게놈이 있다고 가정해보자. 이 상상의 유기체의 경우, 전사 상태는 한 가지뿐이다(그 유전자가 전사되는 상황이다). 따라서 전사인자도 하나만 있으면 된다.

다음으로 유전자 A와 B를 갖고 있는 게놈이 있다고 가정해보자. 이때 전사 상태는 세 가지가 된다. A만 전사되는 경우, B만 전사되는 경우, A와 B가 전사되는 경우다. 따라서 전사인자는 세 개가 필요하다(전사인자가 한 번에 하나씩만 활성화한다고 가정할 경우다).

유전자가 세 개라면, 전사 상태는 일곱 가지다. A, B, C, A+B, A+C, B+C, A+B+C. 전사인자는 일곱 가지가 필요하다.

유전자가 네 개라면, 전사 상태는 열다섯 가지다. 유전자가 다섯 개라면, 전사 상태는 서른한 가지다.*

게놈에 담긴 유전자의 개수가 많을수록 가능한 전사 상태의 수는 기하급수적으로 커진다. 그 상태들을 일으키기 위해서 필요한 전사인자의 수도 마찬가지로 커진다.

이제, 안 그래도 터질 것 같은 머리를 더 복잡하게 만드는 사실을 알아보자.

전사인자는 보통 단백질이다. 따라서 유전자에 의해 암호화된다. 유전자 A와 B가 있던 상황으로 돌아가자. 이 유전자들을 온전히 활용하려면, A를 활성화하는 전사인자와 B를 활성화하는 전사인자와 A와 B를 활성화하는 전사인자가 필요하다. 따라서 각각의 전사인자를 암호화한 유전자가 세 개 더 있어야 한다. 그러면 **그** 유전자들을 활성화하기 위한 전사인자들이 필요하고, 그 전사인자들을 암호화한 유전자들이 있어야 하고……

으악. 게놈은 무한하지 않다. 현실에서는 전사인자들이 서로를 조절하므로, 까다로운 무한의 문제가 해결된다. 중요한 점은, 지금까지 우리가 게놈을 서열 분석한 종들을 대상으로 살펴보았을 때 게놈이 길수록(이것은 유전자가 더 많다는 것과 대충 같은 뜻이다) 전체 유전자 중 전사인자를 암호화한

---

* 궁금한 독자를 위해서 덧붙이자면, 유전자 n개의 총 전사 상태 가짓수는 $(2^n)-1$이다. 1을 빼는 것은 유전자들이 단 하나도 전사되지 않는 상태를 제외하기 위해서다. 인간의 유전자 개수 약 2만 개를 이 수식에 넣어보자. 가능한 전사 상태 가짓수가 무지막지하게 크다는 걸 알 수 있다.

유전자의 퍼센티지가 더 높더라는 사실이다. 달리 말해, **유전체학적으로 복잡한 유기체일수록 게놈에서 더 많은 비율을 환경에 의한 유전자 조절에 쓴다.**

돌연변이로 돌아가보자. 프로모터에 해당하는 DNA 서열에서도 돌연변이가 일어날까? 그렇다. 심지어 유전자에 해당하는 서열에서보다 더 자주 일어난다. 1970년대, 캘리포니아대학교 버클리 캠퍼스의 앨런 윌슨과 메리클레어 킹은 유전자의 진화보다 유전자 상류의 조절 서열 진화가 더 중요할 것이라는(따라서 환경이 유전자를 조절하는 방식이 더 중요하리라는) 정확한 가설을 내놓았다. 이 사실을 반영하는 듯, 침팬지와 인간의 전체 유전자 차이 중 전사인자를 암호화한 유전자의 차이가 비례적으로 더 많은 비중을 차지한다.

이제 더 복잡한 상황을 살펴볼 차례다. 유전자가 1에서 10까지 있고, 전사인자는 A와 B와 C가 있다고 가정하자. 전사인자 A는 유전자 1, 3, 5, 7, 9의 전사를 유도한다. 전사인자 B는 유전자 1, 2, 5, 6의 전사를 유도한다. 전사인자 C는 유전자 1, 5, 10의 전사를 유도한다. 따라서 유전자 1의 상류에는 전사인자 A, B, C에 반응하는 프로모터가 각각 따로따로 있어야 한다. 그래야만 여러 종류의 전사인자들에게 조절될 수 있을 것이다. 거꾸로, 각 전사인자는 보통 하나 이상의 유전자를 활성화한다. 이것은 보통 여러 개의 유전자들이 망을 이루어 함께 활성화한다는 뜻이다(예를 들어, 세포가 손상을 입으면 핵인자카파비[NF-κB]라고 불리는 전사인자가 염증 반응에 관여하는 여러 유전자들을 동시에 활성화한다). 자, 유전자 3의 상류에서 원래 전사인자 A에 반응하던 프로모터가 돌연변이를 일으켜서 전사인자 B에 반응하게 되었다고 하자. 결과는? 유전자 3은 이제 다른 유전자 망의 일부로서 활성화하게 된다. 전사인자를 암호화한 유전자에서 돌연변이가 일어난 경우, 그래서 이제 다른 프로모터와 결합하는 단백질을 생성하게 된 경우에도 마찬가지로 망 전체에 미치는 변화가 일어난다.[4]

그런데 생각해보자. 인간의 게놈에는 약 1500가지 전사인자를 암호화한 유전자들이 들어 있고, 전사인자가 결합할 수 있는 지점은 400만 개쯤 된다.

세포는 평균적으로 그 결합 지점 중 약 20만 개씩을 활용하여 저마다 독특한 양식으로 유전자를 발현시킨다.[5] 정말 어마어마한 숫자들이 아닌가.

후성유전학

앞 장에서 우리는 환경 영향 때문에 유전자의 스위치가 한 상태로 고정되는 현상이 있다는 것을 짧게 살펴보았다. 특히 아동기의 사건들이 그런 '후성유전학적' 변화*를 많이 일으키며, 그 변화는 뇌와 행동에 영구적인 영향을 미칠 수도 있다고 했다. 일례로, 쌍 결합을 하는 프레리밭쥐를 떠올려보자. 암컷과 수컷이 처음 짝짓기를 하면, 중변연계 도파민 시스템의 표적인 기댐핵에서 옥시토신 및 바소프레신 수용체 유전자들의 조절 양식에 후성유전학적 변화가 일어난다.[6]

그렇다면 앞 장에서 "스위치를 한 상태로 고정시킨다"고 표현했던 현상을 분자생물학적으로는 어떻게 설명할까?[7] 후성유전학적 변화는 어떤 메커니즘을 통해서 유전자 조절을 변화시킬까? 환경 신호가 입력되면, 모종의 화학물질이 프로모터에 결합하거나 DNA를 둘러싼 구조 단백질에서 그 프로모터와 가까운 부분에 결합한다. 그러면 이제 전사인자는 그 프로모터에 아예 접근할 수 없거나 접근하더라도 제대로 결합할 수 없고, 따라서 유전자가 침묵된다.

앞 장에서 보았듯이, 후성유전학적 변화는 여러 세대에 걸쳐서 보존될 수도 있다.[8] 분자생물학자들은 원래 후성유전학적 표지(즉 DNA나 주변 단백질에 생긴 변화)가 난자와 정자에서 깨끗이 지워진다고 보았다. 하지만 알고 보니 난자도 정자도 후성유전학적 표지를 전달할 수 있었다(일례로 수컷 쥐들이 당뇨병에 걸리면, 정자의 후성유전학적 변화를 통해서 자식에게 그 특

---

* '후성유전학적' 변화를 기술적으로 말하자면 유전자의 서열이 아니라 조절이 달라지는 것이다. 따라서 어떤 전사인자가 어떤 유전자를 딱 10분간 활성화시키는 것도 후성유전학적 변화다. 하지만 신경과학자들이 말하는 '혁명적 후성유전학'이란 거의 늘 지금 우리가 살펴보는 것과 같은 장기적 메커니즘을 가리킨다.

질이 전달된다).

과학사의 가장 큰 웃음거리를 꼽으라면 18세기 프랑스 생물학자 장바티스트 라마르크를 빼놓을 수 없을 것이다.[9] 오늘날 사람들이 그에 대해서 아는 바는 그가 유전에 대해서 틀린 말을 했다는 것뿐이다. 어떤 기린이 높은 나뭇가지의 잎을 계속 따 먹느라 목이 길어졌다고 하자. 라마르크는 그 기린이 새끼를 낳으면 어미의 '획득 형질'이 유전되어 목이 긴 새끼들이 태어날 것이라고 보았다.* 헛소리! 미친 소리! 하지만 후성유전학적 유전 메커니즘이 밝혀짐으로써—요즘은 이것을 '신新라마르크주의 유전'이라고도 부른다—라마르크가 이 좁은 영역에서만큼은 옳았다는 것이 확인되었다. 라마르크는 수백 년 뒤에라도 어느 정도 인정을 받게 되었다.

요컨대, 환경은 유전자를 조절한다. 그뿐 아니라 그 효과는 며칠에서 심지어 여러 세대까지 지속될 수도 있다.

유전자의 구성 성분: 엑손과 인트론

DNA에 관한 또다른 통념을 깨뜨릴 때다. 알고 보니, 대부분의 유전자는 연속된 DNA 서열로 암호화되어 있지 않았다. 유전자에 해당하는 DNA 서열 속에 비부호화 DNA 서열이 끼어 있곤 했다. 이때 서로 떨어져 있는 부호화 DNA 조각들을 '엑손'이라고 부르고, 그 사이에 낀 조각을 '인트론'이라고 부른다. 많은 유전자가 이처럼 여러 조각의 엑손으로 나뉘어 있다(논리적인 결과로, 인트론의 개수는 엑손보다 하나 적다).

그렇게 '엑손화한' 유전자에서 어떻게 단백질을 만들어낼까? 처음에 유전자에서 복사된 RNA는 엑손과 인트론을 다 갖고 있고, 거기에 효소가 작용하여 인트론을 제거하고 엑손만 이어붙인다. 거추장스러운 방법이긴 하지만 대단히 중요한 의미가 있는 방식이다.

---

* 라마르크는 찰스 다윈과 앨프리드 러셀 월리스보다 한참 앞서서 종 진화 개념을 이야기한 셈이었다. 다윈과 월리스가 처음 생각해낸 것은 진화 개념이 아니라 진화의 작동 방식, 즉 자연선택에 의한 진화 개념이었다.

한 유전자가 한 단백질을 암호화한다는 가정으로 돌아가보자.[10] 인트론과 엑손은 그런 단순한 가정을 망가뜨린다. 한 유전자가 엑손 1, 2, 3으로 구성되고 그 사이에 인트론 A, B가 끼어 있다고 하자. 몸의 한 부위에서는 효소가 인트론들을 잘라내면서 엑손 3도 잘라내어, 엑손 1과 2로만 암호화된 단백질을 만든다. 한편 몸의 다른 부위에서는 다른 효소가 인트론들과 함께 엑손 2를 버려서, 엑손 1과 3이 지시하는 단백질을 만든다. 또다른 종류의 세포에서는 엑손 1에서만 유래하는 단백질이 만들어지고…… 이런 '선택적 이어맞추기(스플라이싱)'가 적용되면, 하나의 DNA 서열에서 여러 가지 단백질이 만들어질 수 있다. '한 유전자가 한 단백질을 지시한다'는 가정은 이제 잊자. 이 유전자는 일곱 가지 단백질을 지시할 수 있으니까(A, B, C, A-B, A-C, B-C, A-B-C). 놀랍게도, 엑손으로 나뉜 인간 유전자들 중 90%가 선택적 이어맞추기를 겪는다. 게다가 한 유전자는 여러 개의 전사인자로 조절되는데, 이 전사인자 각각이 서로 다른 조합의 엑손 전사를 지시할 수 있다. 아, 그리고 스플라이싱 효소도 단백질이다. 효소 각각을 암호화한 유전자가 있다는 뜻이다. 꼬리에 꼬리를 무는 셈이다.

이동성 유전인자, 게놈의 안정성, 신경생성

우리가 소중하게 믿어온 또다른 통념을 떠나보낼 때다. 우리가 부모로부터 물려받은 유전자들(즉 우리가 수정란으로 삶을 시작할 때 가졌던 유전자들)은 불변한다는 통념이다. 이 이야기를 하려면, 과학사의 위대한 일화 하나를 언급해야 한다. 1940년대, 탁월한 식물유전학자였던 바버라 매클린톡은 언뜻 불가능해 보이는 현상을 목격했다. 옥수수 낟알(유전학자들이 흔히 쓰는 도구다)의 색깔 유전을 연구하던 중, 기존의 어떤 메커니즘으로도 설명할 수 없는 돌연변이 패턴을 발견한 것이었다. 유일한 가능성은 DNA 서열 중 일부가 복사된 뒤 그 복사본이 다른 DNA 서열에 무작위적으로 끼어들었다고 보는 것뿐이라고 매클린톡은 결론 내렸다.

아, 뭐라는 거야.

사람들은 (조롱의 의미로 명명된) '점핑 유전자'를 주장하는 매클린톡이 미쳤다고 생각했고, 그의 주장을 무시했다(정확히 그렇지만은 않았지만, 너무 자세히 말하면 멋진 드라마가 훼손된다). 매클린톡은 소외된 상황에서도 연구를 이어갔다. 그러다가 1970년에 분자유전학 혁명이 도래했고, 마침내 (이제 새롭게 명명된) 이동성 유전인자, 즉 트랜스포존에 대한 그의 주장이 옳았음이 확인되었다. 그는 유명해졌고, 존경받았고, 노벨상을 받았다(그리고 과거에 외면에 아랑곳하지 않았듯이 찬사에도 무관심한 채 90세까지 연구를 계속했다는 점에서 멋진 귀감이 되었다).

트랜스포존이 좋은 결과를 낳는 경우는 드물다. 예를 들어, "정자와 난자가 결합하여 수정이 된다"라는 내용을 암호화한 가상의 DNA 서열을 상상해보자.

이 서열에서 전이 현상이 일어나는데, 밑줄 친 메시지 구간이 복사되어 다른 곳에 무작위로 끼어든다고 하자. "정자와 난자가 자결합하여 수정이 된다."

말이 되지 않는다.

하지만 가끔은 "정자와 난자가 결합하여 수정이 된다"가 "정자와 난자가 결합하여 자수정이 된다"로 바뀌기도 한다.

다만 이런 운좋은 결과는 자주 벌어지지 않는다.

식물은 트랜스포존을 많이 활용한다. 가뭄이 왔다고 하자. 식물은 움직이지 못하니, 동물과는 달리 스스로 풀밭에 물을 줄 수가 없다. 식물이 가뭄과 같은 '스트레스'를 겪으면, 특정 세포에서 전이 현상이 유도된다. 식물이 뭔가 구세주와 같은 새로운 단백질이 생성되기를 바라는 마음에서 DNA를 무작위로 섞어보는 셈이다.

포유류는 식물보다 트랜스포존이 적다. 하지만 트랜스포존이 많이 등장하는 영역이 한 군데 있으니, 바로 면역계다. 항체들을 암호화한 기나긴 DNA 서열에서다. 새로운 바이러스가 몸에 침투했을 때, 기존의 DNA를 섞음으로써 침입자를 표적으로 삼는 새로운 항체를 만들어낼 확률을 높이는 것이다.*

여기서 중요한 점은 트랜스포존이 뇌에서도 등장한다는 것이다.[11] 인간의 경우에는 뇌의 줄기세포가 뉴런으로 분화할 때 전이 현상이 발생하여, 뇌는 서로 다른 DNA 서열을 지닌 뉴런들이 이룬 일종의 모자이크가 된다. 부모로부터 물려받은 DNA 서열이라는 뻔한 자원만으로는 뉴런을 만들기에 충분하지 않은 것이다. 놀랍게도, 초파리의 경우에는 기억 형성을 담당하는 뉴런들에서 전이 현상이 일어난다. 초파리조차도 물려받은 유전자의 엄격한 명령으로부터 뉴런들을 해방시키는 방향으로 진화한 것이다.

우연

마지막으로, 우연 또한 유전자의 결정력을 약화시킨다. 작은 입자가 액체 속에서 무작위적으로 움직이는 현상, 즉 브라운 운동은 세포 속을 떠다니는 분자와 같은 작은 물질들에 큰 영향을 미친다. 유전자 전사를 조절하는 분자들도 예외가 아니다.[12] 우연은 전사인자가 DNA를 활성화하는 속도, 스플라이싱 효소가 RNA의 표적 서열에 가닿는 속도, 무언가를 합성하는 효소가 합성에 필요한 두 전구물질을 확보하는 속도 등에 영향을 미친다. 이 이야기는 이 정도로 마무리하겠다. 더 했다가는 밤을 새울 것 같다.

여기까지의 내용에서 핵심적인 사실들

a. 유전자는 생물학적 사건들을 자율적으로 지시하는 행위자가 아니다.

* 어떤 기생생물들은 탁월한 대응 전략을 동원한다. 역시 트랜스포존을 활용해서, 몇 주에 한 번씩 제 표면 단백질을 부호화한 DNA를 뒤섞는 것이다. 감염된 숙주가 기생생물의 표면 단백질을 얼른 인식하기 위해서 항체를 잔뜩 비축해둔다면, 기생생물은 제 정체성을 수시로 바꿈으로써 숙주의 면역계가 매번 바닥부터 다시 시작해야 하도록 만드는 것이다.

b. 오히려 유전자는 환경에 의해 조절되는데, 이때 '환경'은 세포 내 사건부터 바깥세상 전체까지 모든 것이 될 수 있다.
c. DNA의 많은 부분은 유전자가 아니라 유전자 전사에 환경이 영향을 미치도록 하는 일을 담당하는 부위다. 게다가 진화는 유전자 자체보다 유전자 전사의 조절을 변화시키는 데 더 많이 치중해왔다.
d. 후성유전학은 환경의 영향이 개체의 일생 내내, 심지어 다음 세대까지 지속되도록 만들 수 있다.
e. 트랜스포존 덕분에, 뉴런들은 서로 다른 게놈을 지닌 모자이크를 이룬다.

한마디로, 유전자는 그다지 많은 것을 결정하지 못한다. 앞으로 유전자가 행동에 미치는 영향을 집중적으로 살펴볼 때도 이 주제는 유효하게 적용된다.

2부: 하향식으로 살펴본 유전자—행동유전학

프로모터, 엑손, 전사인자 등등이 알려지기 한참 전에는 과학자들이 유전학을 연구하려면 하향식으로 살펴보는 수밖에 없었다. 즉, 친족들이 어떤 특질을 공유하는지 관찰함으로써 특질의 유전 여부를 알아보는 수밖에 없었다. 이런 연구는 20세기 초에 '행동유전학'이라는 분야를 이뤘다. 앞으로 보겠지만, 이 분야는 자주 뜨거운 논쟁에 휩싸였다. 대개 유전자가 IQ나 성적 지향과 같은 특질에 미치는 영향의 크기를 놓고 연구자들 사이에서 의견이 일치하지 않아서였다.

최초의 시도들

이 분야는 아주 기초적인 생각에서 시작되었다. 만약 한 가족의 모든 구성원이 똑같이 보유한 특질이 있다면 그 특질은 유전되는 것임에 분명하다는 생각이었다. 하지만 가족은 환경도 물려받는다는 점이 문제였다.

그래서 다음으로 연구자들은 가까운 친척일수록 먼 친척보다 유전자를 더 많이 공유한다는 사실에 의존했다. 따라서 어떤 특질이 가계에 전해지는 데다가 가까운 친척일수록 더 흔하게 공유된다면, 그 특질은 유전된다는 뜻이다. 하지만 가까운 친척은 환경도 더 많이 공유하기 마련이다. 어떤 아이와 그 부모의 관계, 그리고 그 아이와 조부모의 관계를 떠올려보라.

연구는 더 섬세해졌다. 그렇다면 어떤 사람의 이모나 고모(즉 부모의 자매), 그리고 이모부나 고모부를 비교해보자. 이모부나 고모부도 그 사람과 환경을 어느 정도 공유하지만, 이모나 고모는 환경에 더해서 유전자까지 일부 공유한다. 따라서 이모나 고모가 이모부나 고모부보다 그 사람과 더 비슷한 점이 있다면, 그 특질은 유전자의 영향일 것이다. 하지만 이 접근법에도 문제가 있었다.

더 세련된 방법이 필요했다.

쌍둥이, 입양아, 입양된 쌍둥이

이 분야에 장족의 발전을 가져온 것은 '쌍둥이 연구'였다. 처음에 쌍둥이 조사는 어떤 행동이 유전적으로 결정될 가능성을 확인하는 데 쓰였다. 유전자의 100%를 공유하는 일란성 쌍둥이를 생각해보자. 두 사람 중 한 명이 조현병을 앓는다면, 다른 한 명도 그럴까? 만약 다른 한 명은 앓지 않는 사례가 하나라도 있다면(달리 말해 '일치율'이 100%보다 낮다면), 조현병 발병은 어떤 사람이 출생시 물려받은 게놈과 후성유전학적 표지들만으로 결정되는 게 아니라는 뜻이다(실제 일치율은 약 50%다).

하지만 이보다 더 섬세한 쌍둥이 연구 방법이 등장했다. 유전자의 100%를 공유하는 일란성 쌍둥이와 여느 평범한 형제자매처럼 유전자의 50%만 공유하는 이란성 쌍둥이의 차이에 집중하는 방법이었다. 일란성 쌍둥이와 동성 이란성 쌍둥이를 비교한다고 하자. 양쪽 다 서로 나이가 같고, 같은 환경에서 자랐고, 태아 환경을 공유했다. 공유한 유전자의 비율이 다를 뿐이다. 이때 한 쌍 중 한 명이 갖고 있는 특질이 다른 한 명에게도 있는지 살펴보자. 논리적으로 따져서, 만약 어떤 특질을 이란성 쌍둥이보다 일란성 쌍둥이가 더 자주 공유한다면, 그 증가한 공유 정도는 유전자의 기여가 반영된 결과일 것이다.

또다른 중요한 발전은 1960년대에 이뤄졌다. 출생 직후에 입양된 아이들을 살펴보자. 그들이 생물학적 부모와 공유하는 것은 유전자뿐이고, 그들이 양부모와 공유하는 것은 환경뿐이다. 따라서 만약 입양아가 어떤 특질을 양부모보다 생물학적 부모와 더 많이 공유한다면, 그 특질은 유전자의 영향을 받는 셈이다. 이 방법은 동물 연구에서 예전부터 쓰이던 방법인 '교차 양자 보내기', 즉 갓 태어난 쥐들의 어미를 서로 바꿔서 길러보는 방법을 떠올리게 한다. 연구자들은 조현병에 유전자의 기여가 크다는 사실을 밝히는 과정에서 이 접근법을 개척해냈다.[13]

그다음으로 행동유전학 역사상 가장 멋지고, 놀랍고, 정말 근사한 일을 미네소타대학교의 토머스 부샤드가 개시했다. 1979년, 부샤드는 태어나자마자 갈라져서—이 점이 중요하다—서로 다른 집에서 자란 일란성 쌍둥이를 한 쌍 발견했다. 쌍둥이는 어른이 되어서 재회할 때까지 상대의 존재를 전혀 모르고 살았다.[14] 출생 직후 떨어져서 자란 일란성 쌍둥이란 너무나 특별하고 드문 존재였기에, 행동유전학자들을 그들에게 홀딱 빠져서 그들의 모든 것을 기록하고 싶어했다. 이후 부샤드는 그런 쌍둥이를 100쌍 넘게 연구했다.

그런 쌍둥이가 매력적으로 보인 이유는 분명하다. 같은 유전자에 다른 환경이라니(환경은 차이가 클수록 좋다), 그렇다면 둘의 행동에서 비슷한 점은 아마도 유전자의 영향을 반영한 게 아니겠는가. 만약 신이 행동유전학자들에게 선물을 준다면, 다음과 같은 가상의 쌍둥이를 안겨주지 않을까. 상상해보자. 일란성 쌍둥이인 두 남자아이가 태어나자마자 갈라졌다. 그중 한 명인 슈무엘은 아마존에서 정통파 유대교도로 자랐다. 다른 한 명인 볼피는 사하라에서 나치로 자랐다. 이제 어른이 된 두 사람을 재회시켜서, 그들이 남들과는 다른 행동을 똑같이 하는 게 있는지 살펴보자. 가령 변기를 쓰기 전에 물을 먼저 내리는 행동이랄지. 놀랍게도, 이 상상의 쌍둥이와 아주 비슷한 쌍둥이가 실제로 있었다. 그들은 1933년에 트리니다드에서 가톨릭교도인 독일인 어머니와 유대인 아버지 사이에서 태어났다. 그들이 생후 6개월이었을 때 부모가 헤어졌다. 어머니는 한 아들을 데리고 독일로 돌아갔고, 다른 아들은 아버지와 함께 트리니다드에 남았다. 후자는 잭 유페라는 이름으로 트리니다드와 이스라엘에서 자란 뒤 이디시어를 모어로 쓰는 정통파 유대교도가 되었고, 전자인 오스카어 슈퇴어는 독일에서 자라서 열성적인 히틀러 유겐트가 되었다. 그들은 부샤드 덕분에 재회한 뒤 조심스럽게 서로를 알아갔고, 그 결과 행동과 성격 측면에서 비슷한 점을 많이 발견했는데…… 변기를 쓰기 전에 물을 내리는 습관도 그중 하나였다. (물론 연구는 쌍둥이의 특이한 화장실 사용법을 기록하는 데 그치지 않고 체계적으로 이뤄졌다. 하지만 이 쌍둥이를 언급하는 사람은 누구나 이 사실을 언급하지 않고는 못 배긴다.)

행동유전학자들은 입양아와 쌍둥이 조사를 무기로 삼아서 수많은 연구를 수행하며 『유전자, 뇌, 그리고 행동』이나 『쌍둥이 연구와 인간 유전체학』 같은 전문 학술지를 가득 메웠다. 전체적으로 이 연구들은 유전자가 인간 행동의 다양한 영역에 중대한 영향을 미친다는 사실을 일관되게 보여주었다. 그런 영역으로는 IQ와 그 하위 분야(가령 언어 능력, 공간 능력),*[15] 조현병, 우울증, 양극성 장애, 자폐증, 주의력결핍장애, 강박적 도박, 알코올의존증 등이 있다.

외향성, 원만성, 성실성, 신경성, 변화 개방성(이른바 '빅 파이브' 성격 요소)이라는 척도로 측정되는 성격도 유전자의 영향이 강한 것으로 드러났

* 심지어 침팬지들을 대상으로 지능의 유전율을 살펴본 논문들도 있다.

다.[16] 종교성의 정도, 권위에 대한 태도, 동성애에 대한 태도,* 게임에서의 협동 및 위험 감수 경향성에도 유전자의 영향이 크게 드러났다.

어떤 쌍둥이 연구들은 우리가 위험한 성적 행동을 할 가능성에도, 그리고 이차성징적 특징(가령 남성의 근육이나 여성의 가슴 크기)에 끌리는 정도에도 유전자의 영향이 크다는 것을 보여주었다.[17]

한편 몇몇 사회과학자들은 정치적 관여와 교양의 정도에도(정치적 지향과는 무관하다) 유전자가 영향을 미친다고 보고했다. 그래서 『미국정치과학저널』 같은 학술지에도 행동유전학 논문이 실린다.[18]

유전자, 유전자, 어디에나 유전자다. 심지어 십대가 문자메시지를 보내는 빈도부터 치과 공포증 성향까지, 별의별 현상들에 유전자가 크게 기여하는 것으로 밝혀졌다.[19]

그렇다면 이것은 우리가 남자의 가슴 털을 섹시하게 느끼는 성향, 투표를 할 가능성, 치과에 대한 감정을 '결정하는' 유전자가 존재한다는 뜻일까? 전혀 그렇지 않다. 대신 유전자와 행동은 몹시 구불구불한 경로로 연결되어 있을 때가 많다.[20] 투표 참여에 유전자가 미치는 영향을 생각해보자. 둘 사이를 잇는 요소는 통제와 효능에 대한 감각인 것으로 드러났다. 투표를 빠지지 않고 하는 사람들은 자신의 행동이 중요하다고 느끼는데, 이런 통제 감각은 유전자의 영향을 받는 성격 특성(가령 높은 낙천성과 낮은 신경성)을 반영한다. 유전자와 자신감의 관계는 또 어떤가? 몇몇 연구에 따르면, 유전자의 영향을 크게 받는 키가 둘을 잇는 변수라고 한다. 우리가 키 큰 사람을 더 매력적으로 여기고 더 낫게 대우하기 때문에 그들의 자신감이 높아진다는 것이다. 젠장맞을.**

달리 말해, 유전자가 행동에 미치는 영향은 아주 간접적인 경로를 거칠

---

* 나는 이 연구를 보고 기뻤다. 성적 지향의 생물학적 뿌리를 밝히려는 연구는 수십 년 전부터 많이 이뤄졌지만, 과거의 연구는 동성애자들이 생물학적으로 어디가 '잘못되었는지' 밝히겠다는 정치적 의도를 가진 것이 압도적으로 많았다. 따라서 이제 동성애 혐오자들이 어디가 잘못되었는지를 연구할 때가 되었다.

** 그렇다, 나는 키가 평균보다 작다.

때가 많다. 그러나 뉴스 해설자가 행동유전학을 보도할 때—"사람들이 보드 게임을 할 때 사용하는 전략에 유전적 영향이 크게 작용한다는 사실을 과학자들이 발견했습니다"—그 사실을 언급하는 경우는 드물다.

쌍둥이 연구와 입양아 연구에 관한 토론

그동안 많은 과학자가 쌍둥이 연구와 입양아 연구의 바탕에 깔린 가정을 강하게 비판하여, 그 가정들이 대체로 유전자의 중요성을 과대평가하도록 만든다는 점을 지적했다.* 대부분의 행동유전학자들은 이 문제점을 인정하되 과대평가된 정도가 극히 작다고 주장한다.[21] 이 토론은 전문적이지만 중요한 내용이기에, 요약해서 말해보겠다.

비판 #1: 쌍둥이 연구는 일란성 쌍둥이와 동성 이란성 쌍둥이가 (유전자 공유 정도는 다르지만) 환경을 공유하는 정도는 같다고 전제한다. 하지만 이 '동등한 환경 가정'은 틀렸다. 부모부터가 일란성 쌍둥이를 이란성 쌍둥이보다 더 비슷하게 대하고, 더 비슷한 환경을 조성해준다. 만약 연구자가 이 현상을 인식하지 못한다면, 일란성 쌍둥이가 보이는 더 큰 유사성이 유전자의 기여로 잘못 해석될 것이다.[22]

이 분야의 원로인 버지니아 연방대학교의 케네스 켄들러를 비롯하여 여러 과학자들이 이 요인을 통제하고자 ⓐ쌍둥이들이 얼마나 비슷한 아동기를 보냈는지를 (방, 옷, 친구, 선생, 역경 등을 어느 정도 공유했는지를 조사함으로써) 살펴보고, ⓑ부모가 쌍둥이의 '난성'을 착각한 사례(그래서 가령 이란성 쌍둥이를 일란성 쌍둥이로 잘못 알고 기른 경우)를 조사하고, ⓒ서로 다른 기간 동안 함께 자란 형제자매, 이복 형제자매, 의부 형제자매를 비교해보았다. 대개의 연구에서, 일란성 쌍둥이가 이란성 쌍둥이보다 환경을 더

---

* 과거에 하나의 과학 분야로서 행동유전학을 가장 거세게 비판한 사람들은 행동유전학의 발견들 이면에 있는 동기와 숨은 사회정치적 의제를 의심한 비유전학자들이었다. 역사적으로 그런 의심은 여러 국면에서 정당했다. 하지만 내가 아는 오늘날의 행동유전학자들에게는 그런 의심이 전혀 적용되지 않는다. 다음 장에서도 이와 비슷하게 '숨은 의도가 있다'는 논란을 살펴볼 것이다.

많이 공유한다는 가정을 통제하더라도 유전적 영향의 크기가 눈에 띄게 줄지는 않는 것으로 드러났다.*[23] 그러니 이 걱정은 지워도 좋겠다.

비판 #2: 일란성 쌍둥이는 태아 때부터 삶을 더 비슷하게 시작한다. 이란성 쌍둥이는 각자 다른 태반을 갖고 있다('이융모막' 쌍생아). 반면 일란성 쌍둥이의 75%는 태반 하나를 공유한다('단일융모막' 쌍생아).** 따라서 대부분의 일란성 쌍둥이 태아들은 이란성 쌍둥이보다 산모의 혈류를 더 많이 공유하고, 산모의 호르몬과 영양소에 노출되는 수준도 서로 더 비슷하다. 만약 연구자가 이 요인을 인식하지 못한다면, 일란성 쌍둥이의 더 큰 유사성이 유전자의 기여로 잘못 해석될 수 있다.

그래서 여러 연구자들이 일란성 쌍둥이들의 융모막성을 확인한 뒤 인지, 성격, 정신질환에 관련된 평가 지표들을 살펴보았다. 대부분의 연구에서, 융모막성이 비록 작은 정도나마 차이를 낸다는 것이 확인되었다. 그것은 곧 기존에 유전자의 영향이 과대평가되었다는 뜻이다. 얼마나 과대평가되었을까? 한 리뷰의 표현을 빌리자면, "작지만 무시할 수는 없는 정도"였다.[24]

비판 #3: 입양아 연구는 아이가 출생 직후에 입양되었기 때문에 생물학적 부모와 유전자를 공유할 뿐 환경은 공유하지 않는다는 가정을 전제로 한다. 하지만 출생 전 환경의 영향은? 신생아는 엄마의 순환계 환경을 9개월 동안 공유해오지 않았는가. 게다가 난자와 정자는 후성유전학적 변화를 후세대에 전달할 수 있다. 만약 이런 다양한 효과를 무시한다면, 환경에 의한 엄마와 아이의 유사성을 유전자의 탓으로 잘못 해석할 수 있을 것이다.

정자를 통한 후성유전학적 전달은 그다지 중요하지 않은 듯하다. 하지만 엄마가 주는 출생 전 영향과 후성유전학적 영향은 클 수도 있다. 일례로, 이른바 '네덜란드의 굶주린 겨울' 현상은 산모의 임신 말기 영양실조가 태아의

---

* 몸무게, 키, BMI, 다양한 대사 관련 평가 지표들에 대해서도 대체로 비슷한 결론을 내릴 수 있다.

** 일란성 쌍둥이가 단일융모막을 공유하느냐 이융모막으로 나뉘느냐는 새 배아가 언제 분열하는가에 달려 있다.

성인기 일부 질병 발병률을 열 배 이상 높인다는 것을 보여주었다.

이런 오염 변인은 통제해볼 수 있다. 어떤 사람의 유전자는 부모로부터 대충 절반씩 물려받은 것이지만, 출생 전 환경은 전적으로 어머니의 영향이다. 따라서 생물학적 아버지보다 어머니와 더 많이 공유하는 특질은 유전자의 영향에 반대되는 증거일 것이다.* 쌍둥이 연구에서 확인된 조현병에 대한 유전자의 영향을 대상으로 이 변인을 통제해본 시도가 몇 있는데, 그 결과 출생 전 환경의 영향은 크지 않은 것으로 드러났다.

비판 #4: 입양아 연구는 아이와 양부모가 환경을 공유하지만 유전자는 공유하지 않는다는 가정을 전제로 한다.[25] 만약 세상의 모든 사람 중에서 무작위로 양부모를 고르는 것이라면, 이 가정이 참일 수 있을 것이다. 하지만 현실에서 입양 기관은 아이를 생물학적 부모와 비슷한 인종적 배경을 가진 가정에 배치하는 편을 선호한다(미국흑인사회복지사협회와 미국아동복지연맹도 지지하는 정책이다).** 따라서 아이와 양부모는 보통 우연으로 가능한 수준보다 더 많이 유전자를 공유한다. 이 효과를 인식하지 않으면, 그들 사이의 유사성이 환경 탓으로 잘못 해석될 수 있을 것이다.

연구자들은 이런 선택적 배치를 인정하지만, 이 효과의 중요성에 대해서는 논쟁중이다. 아직 결론은 없다. 부샤드는 출생 후 갈라진 쌍둥이 연구에서 쌍둥이들이 각자 살게 된 가정의 문화적·물질적·기술적 유사성을 통제해보았는데, 그 결과 선택적 배치로 인한 가정 환경의 유사성 공유는 무시할 만한 요인이라고 결론 내렸다. 켄들러, 그리고 역시 이 분야의 원로인 킹스칼리지런던의 로버트 플로민도 더 큰 규모로 조사하여 비슷한 결론을 내렸다.

이 결론에 반대하는 연구자들도 있다. 가장 신랄한 비판자는 프린스턴대학교의 심리학자 리언 케이민이다. 그는 그런 통제 연구들이 결과를 잘못 해석하고, 허약한 분석 도구를 사용하고, 진위가 의심스러운 회고 데이터에 지

* 사실 반드시 그렇지는 않다. '각인 유전자'라는 정말로 희한한 유전자 전달 메커니즘이 있는데, 이 메커니즘은 이 현상을 위반한다. 하지만 우리는 이 문제를 무시하겠다.

** 이 주제를 도와준 훌륭한 학생 조교 카트리나 후이에게 고맙다.

나치게 의존하기 때문에, 선택적 배치가 중요하지 않다는 결론은 틀렸다고 주장한다. 케이민은 이렇게 적었다. "이 연구들이 생성해낸 수많은 유전율 추정치들은 어떤 과학적 목적도 달성하지 못한다는 것이 우리의 생각이다."[26]

이 대목에서 나는 두 손을 들련다. 주야장천 이 문제만 생각하는 무지 똑똑한 사람들이 합의하지 못하는 일이라면, 선택적 배치가 얼마나 심각하게 결과를 왜곡하는지 내가 알아낼 도리는 없다.

비판 #5: 양부모는 대체로 생물학적 부모보다 더 교육 수준이 높고, 부유하고, 정신적으로 건강한 편이다.[27] 생물학적 가정보다 더 동질적이라는 점에서, 입양 가정은 '범위 제한' 효과를 낸다. 환경이 행동에 미치는 영향을 확인하기가 더 어렵도록 만드는 것이다. 여러분도 이제 예상하겠지만, 이 효과를 통제하려는 시도들은 일부 비판자들만을 만족시킬 뿐이다.

입양아 연구와 쌍둥이 연구에 대한 비판과 맞비판을 어렵사리 다 살펴본 지금, 우리가 아는 사실은 무엇일까?

* 출생 전 환경, 후성유전학, 선택적 입양아 배치, 범위 제한, 동등한 환경에 관한 가정 등등의 오염 변인들을 피할 수 없다는 것에 대해서는 모두가 동의한다.
* 이런 오염 변인들은 대부분 연구자가 확인한 유전자의 중요성을 부풀리는 방향으로 작용한다.
* 연구자들이 이런 오염 변인들을 통제하려고 시도해보았고, 그 결과는 일반적으로 이런 오염 변인들이 많은 비판자들의 주장보다 덜 중요하다는 것이었다.
* 중요한 점은, 이런 연구들이 주로 정신질환을 대상으로 이뤄졌다는 것이다. 그것도 물론 흥미롭지만, 이 책의 관심사와는 큰 관련이 없는 내용이다. 가령, 사람들이 자기 문화의 도덕 규칙을 지지하면서도 오늘은 자신의 생일인데다가 스트레스도 받았으니까

그 규칙이 오늘 자신에게는 적용되지 않는다고 합리화하는 성향에 유전자가 미치는 영향을 알아볼 때 이런 오염 변인들이 중요한가 아닌가를 살펴본 연구는 없었다. 아직도 할일이 많다.

유전율 추정치의 취약성

이제 정말 가혹하고, 어렵고, 어마어마하게 중요한 주제를 이야기해보자. 나는 이 주제를 가르칠 때마다 사전에 논리를 다시 점검해본다. 너무나 직관에 반하는 내용이라, 강의실에서 까딱 입을 잘못 열었다가는 틀린 말을 하게 될 것 같기 때문이다.

행동유전학 연구는 보통 그 결과로 유전율 지수라는 수치를 내놓곤 한다.[28] 연구자들은 가령 친사회적 행동, 심리사회적 스트레스 이후의 회복탄력성, 사회적 반응성, 정치적 태도, 공격성, 리더십 잠재력에 관련된 특질들에 대해서 40~60% 사이의 유전율 지수를 보고했다.

유전율 지수란 무엇일까? '유전자는 무슨 일을 하는가?'라는 물음은 적어도 두 가지 질문으로 나뉠 수 있다. 유전자는 어떤 특질의 평균 수준에 어떤 영향을 미치는가? 유전자는 그 특질의 수준에 있어서 사람들이 보이는 **변이**에 어떤 영향을 미치는가?

두 가지가 다른 질문이라는 점이 중요하다. 예를 들어 생각해보자. 유전자는 사람들이 IQ 테스트라고 불리는 시험에서 평균 100점을 기록하는 데 얼마나 영향을 미칠까? 다음으로, 유전자는 한 사람이 다른 사람보다 더 높은 IQ를 기록하는 데 얼마나 영향을 미칠까?

또다른 예. 유전자는 사람들이 보통 아이스크림을 좋아한다는 사실을 설명하는 데에 얼마나 기여할까? 사람들이 각자 다른 맛을 좋아한다는 사실을 설명하는 데에는?

이런 질문들은 서로 비슷하게 들리지만 의미가 다른 두 가지 용어를 쓰고 있다. 만약 유전자가 어떤 특질의 평균 수준에 강하게 영향을 미친다면, 그 특질은 유전성이 강한 특질이다. 만약 유전자가 그 평균 수준을 둘러싼 변이의 정도에 강하게 영향을 미친다면, 그 특질은 유전율이 높은 특질이다.* 유전율은 집단을 대상으로 한 측정치로서, 전체 변이 중에서 유전자의 탓으로 돌릴 수 있는 변이의 정도를 퍼센티지로 나타낸 것이다.

유전성과 유전율이 다르다는 사실로부터, 유전자 영향 추정치를 부풀리는 방향으로 작용하기 쉬운 문제 두 가지가 생겨난다. 첫째로 사람들은 두 용어를 헷갈리는데(만약 유전율을 '유전자 경향성' 같은 말로 불렀다면 사태가 한결 나았을 것이다), 그것도 일관된 방향으로 헷갈린다. 사람들은 만약 어떤 특질이 유전성이 강하다면 유전율도 높을 것이라고 착각하곤 한다. 착각이 대체로 이 방향인 것은 안타까운 일이다. 왜냐하면 사람들은 보통 어떤 특질의 평균 수준보다 집단 내에서 그 특질의 변이 수준에 더 관심이 있기 때문이다. 일례로, 왜 사람이 순무보다 더 똑똑한가 하는 문제보다는 왜 어떤 사람이 다른 사람들보다 더 똑똑한가 하는 문제가 우리에게 더 흥미롭다.

두번째 문제는 연구가 유전율 측정치를 일관되게 부풀림으로써, 사람들로 하여금 유전자가 개개인의 차이에 실제보다 더 큰 영향을 미친다고 믿게 만든다는 점이다.

이 문제들을 찬찬히 파헤쳐보자. 정말 중요한 주제이니까.

유전된 특질과 유전율이 높은 특질의 차이

유전성과 유전율의 차이를 실감하려면, 두 수치가 뚜렷하게 다른 사례들을 생각해보면 된다.

우선, 유전성은 높지만 유전율은 낮은 특질의 사례. 철학자 네드 블록이 제안한 예다.[29] 인간이 평균적으로 한 손에 손가락이 다섯 개인 것에 대해서 유전자는 얼마나 상관이 있을까? 엄청나게! 그것은 유전된 특질이기 때문이다. 그렇다면 그 평균으로부터 벗어난 변이에 대해서 유전자는 얼마나 상관

* 하지만 이 분야의 많은 순수주의자들은 우리가 실제로 어떤 특질을 물려받는 건 아니며, 어떤 특질을 구성하는 데 필요한 재료를 물려받을 뿐이라고 지적할 것이다.

이 있을까? 별로 없다. 손가락이 다섯 개가 아닌 사례들은 사고 때문인 경우가 많으니까. 평균적인 손가락 수는 유전된 특질이지만, 손가락 수의 유전율은 낮다. 즉 유전자는 이 특질의 개인차를 설명해주지 못한다. 이 사실을 다르게 표현할 수도 있겠다. 어떤 동물의 팔다리에 손가락 다섯 개가 있는지 발굽 하나가 있는지를 알아맞히고 싶다고 하자. 그 동물의 유전자 조성을 알면, 동물의 종을 알게 됨으로써 도움이 될 것이다. 하지만 그게 아니라, 어떤 사람의 손가락이 다섯 개인지 네 개인지를 알아맞히고 싶다고 하자. 이때는 그 사람의 게놈 서열을 아는 것보다 그가 눈가리개를 한 상태에서 톱질하는 습관이 있는지 아닌지를 아는 편이 더 유용하다.

이번에는 반대로, 유전성은 높지 않지만 유전율이 높은 특질을 생각해보자. 유전자는 인간이 침팬지보다 귀고리를 할 가능성이 더 높다는 사실과 직접적으로 얼마나 관련이 있을까? 별로 많지는 않다. 그러면 인간 개개인의 차이를 생각해보자. 유전자는 1958년 미국의 고등학교 댄스파티에서 어떤 개인이 귀고리를 할 가능성을 얼마나 예측할 수 있을까? 엄청 잘 예측할 수 있다. 기본적으로, 만약 그 개인이 X 염색체를 두 개 가진 사람이라면 틀림없이 귀고리를 했을 테고, Y 염색체를 가진 사람이라면 귀고리를 한 모습을 남에게 절대 안 보이고 싶어했을 것이다. 따라서 유전자는 1958년의 미국인들 중 약 50%가 귀고리를 했다는 평균 보급률과는 관계가 별로 없지만, 어떤 미국인이 귀고리를 했을까를 결정하는 문제와는 관계가 아주 많다. 따라서 그 특정한 때와 장소에서는 귀고리를 하는 것이 유전성이 강한 특질은 아니지만 유전율은 높은 특질이었다.

유전율 측정치의 신뢰도

자, 어떤 특질이 유전된다는 사실과 그 특질의 유전율은 다르다는 것을 알아보았다. 그리고 사람들은 보통 전자, 즉 당신과 사슴을 비교하는 일보다 후자, 즉 당신과 이웃 사람을 비교하는 일에 더 관심이 있다는 것도 살펴보았다. 앞서 말했듯이, 많은 행동 및 성격 특질들이 40~60% 사이의 유전율을 보인다. 그 특질의 변이 중 절반 정도를 유전자가 설명해준다는 뜻이다. 그런데 이런 연구가 속성상 그 지수를 부풀리기 마련이라는 것이 이번 장에서 할 이야기다.*30

어느 식물유전학자가 사막에서 특정 식물종을 조사한다고 하자. 이 상상의 시나리오에서, 유전자 3127이라는 유전자 하나가 식물의 성장을 조절한다. 유전자 3127은 A, B, C의 세 형태가 있다. A 형태를 지닌 개체는 늘 키가 10센티미터로 자라고, B를 지닌 개체는 20센티미터, C를 지닌 개체는 30센티미터로 자란다.** 이 식물의 키를 예측하는 데 가장 큰 예측력을 지닌 인자는 무엇일까? 해당 개체가 A, B, C 중 어느 형태를 가졌는가 하는 사실이다. 그 사실로 개체들의 키 차이를 모두 설명할 수 있으니까. 이 경우, 유전율은 100%다.

한편, 그 사막으로부터 2만 킬로미터 떨어진 우림에서 다른 식물유전학자가 같은 식물을 조사하고 있다. 이 환경에서는 A, B, C를 지닌 개체들이 각각 101센티미터, 102센티미터, 103센티미터로 자란다. 따라서 이 유전학자도 이 경우 식물의 키는 100%의 유전율을 보인다고 결론 내린다.

이 시나리오가 말이 되려면, 이제 두 유전학자가 학회에서 딱 만나서 한쪽은 10/20/30센티미터 데이터를 자랑하고 다른 쪽은 101/102/103센티미터 데이터를 자랑해야 한다. 두 사람은 자신들의 데이터 집합을 합친다. 자, 이제 누군가가 그 행성의 어딘가에서 자라는 그 식물의 키를 예측하고 싶다고 하자. 그는 해당 개체가 어느 형태의 유전자 3127을 가졌는가와 그 개체가 어느 환경에서 자라는가 중 한 가지에 대해서만 답을 알 수 있다. 둘 중 어느 쪽이 더 유용할까? 어느 환경에서 자라는가다. 이 식물종을 서로 다른 두 환경에서 조사하면, 키의 유전율이 극히 낮다는 결과가 나오는 것이다.

---

* 이번 장의 내용은 하버드의 유전학자 리처드 르원틴, 피처대학의 유전학자 데이비드 무어, 과학 저술가 매트 리들리의 글에 크게 의존했다.

** 유전학자들은 내가 이형접합성을 무시함으로써 상황을 단순화했다고 지적할 테지만, 지금은 그것이 중요하지 않다.

주목! 이것은 극히 중요한 사실이다. 우리가 어떤 유전자를 한 환경에서만 조사한다면, 혹시 다른 환경에서는 그 유전자가 다르게 작용하지 않을지(달리 표현하자면, 혹시 다른 환경이 그 유전자를 다르게 조절하지 않을지) 살펴볼 기회를 미리 없애버린 셈이다. 따라서 우리는 유전자 기여의 중요성을 인위적으로 부풀리게 된다. 만약 우리가 그 유전적 특질을 더 많은 환경에서 조사한다면, 새로운 환경 효과가 더 많이 밝혀져 유전율 지수가 낮아질 것이다.

과학자들은 가외 변인의 영향을 최소화하여 더 깔끔하고 해석하기 쉬운 결과를 얻기 위해 통제된 환경에서 대상을 조사한다. 가령 모든 식물 개체들의 키를 연중 같은 시기에 측정하는 식이다. 하지만 그러면 유전율 지수가 부풀려진다. 실제로는 가외 변인으로 치부할 수 없는 어떤 환경 인자를 발견할 기회를 원천 차단했기 때문이다.* 따라서 유전율은 어떤 특질의 변이 중 얼마나 많은 부분이 유전자로 설명되는지를 알려주되, **조사된 환경**에 대해서만 유효한 값이다. 더 많은 환경에서 특질이 연구되면, 유전율은 낮아질 것이다. 부샤드도 이 점을 인식하여 다음과 같이 말했다. "[행동유전학 연구에서 나온] 이런 결론들은 일반화될 수 있지만, 이미 조사된 환경과 비슷한 환경에 노출된 집단에 대해서만 가능하다."[31]

좋다, 인정한다. 내가 유전율을 비난하려는 목적에서 사막에서도 자라고 우림에서도 자라는 식물을 지어낸 것은 약삭빠른 짓이었다. 현실에서는 그렇게 판이한 두 환경에서 잘 자라는 식물을 찾아보기 힘들다. 현실에서는 아마 한 우림에서는 유전자의 세 형태에 따라 식물의 키가 10, 20, 30센티미터로 자라고 다른 우림에서는 11, 21, 31센티미터로 자라는 정도일 것이다. 그래서 유전율이 100%보다는 낮을지언정 여전히 아주 높게 나타날 것이다.

---

* 동료 버드 루비가 내게 알려준 멋진 사례가 있다. 모든 쌍둥이 연구는 유전자가 어떤 특질의 개인차를 설명하는 데 얼마나 영향을 미치는가 하는 유전율 지수를 결과로 낸다. 하지만 그런 연구는 개인차에 영향을 미치는 중요한 비유전적 요소 중 하나, 즉 출생 순서를 설계상 처음부터 제거하고 이뤄진다.

유전자는 보통 개체의 변이를 설명하는 데 지대한 역할을 수행하는 편이다. 특정 종은 한정된 범위의 환경에서 사는 경우가 많기에 그렇다. 카피바라는 열대에서만 살고, 북극곰은 북극에서만 산다. 이질적인 환경들을 고려해야 해서 유전율이 낮아지는 문제는 가령 툰드라에서도 살고 사막에서도 사는 종, 다양한 밀도로 사는 종, 유목 생활도 하고 정주 농업 공동체로도 살고 도시의 아파트에서도 사는 종을 살펴볼 때나 떠오르는 문제다.

그렇다, 인간이 바로 그런 종이다. 통제된 실험 환경을 벗어나서 종의 실제 서식지 전반을 고려하는 경우에 유전율이 가장 크게 곤두박질치는 종은 인간이다. 귀고리를 하는 것이라는 특질을 떠올려보라. 한때 성별에 따라 깔끔하게 나뉘었던 그 특질의 유전율이 1958년 이래 얼마나 감소했는지를.

이제 무지무지하게 중요하고 복잡한 주제로 넘어갈 차례다.

유전자/환경 상호작용

우리의 식물로 돌아가자. 환경 A에서는 유전자의 세 변이체가 1, 1, 1의 성장 패턴을 보이고, 환경 B에서는 10, 10, 10의 패턴을 보인다고 상상해보자. 두 환경의 데이터를 합해서 보면 유전율이 0이다. 변이는 식물이 어느 환경에서 자라느냐에 따라 전적으로 설명된다.

이제 환경 A에서는 1, 2, 3이고 환경 B에서도 1, 2, 3이라고 상상해보자. 유전율은 100%다. 키의 변이가 전적으로 유전자 변이에 의해 설명된다는 뜻이다.

이제 환경 A에서는 1, 2, 3이고 환경 B에서는 1.5, 2.5, 3.5라고 하자. 유전율은 0%에서 100% 사이의 값일 것이다.

이제 좀 다른 상황을 상상하자. 환경 A에서는 1, 2, 3인데, 환경 B에서는 3, 2, 1이다. 이 경우에는 유전율 지수를 말하는 것 자체가 문제가 있다. 서로 다른 유전자 변이체가 서로 다른 환경에서 정반대 효과를 내기 때문이다. 이것이 바로 유전학의 주요 개념인 유전자/환경 상호작용의 사례다. 이것은 유전자의 효과가 환경에 의해 양적으로만 다르게 나타나는 게 아니라 질적으로도 다르게 나타나는 현상을 뜻한다. 유전자/환경 상호작용을 알아볼 수 있는 경험칙을 평범한 언어로 표현하면 다음과 같다. 당신이 어떤 유전자가 행동에 미치는 효과를 두 가지 환경에서 조사하고 있다고 하자. 누군가 당신에게 묻는다. "그 유전자가 이 행동에 미치는 효과가 어떤가요?" 당신은 대답한다. "환경에 따라 달라요." 상대가 또 묻는다. "환경이 이 행동에 미치는 효과는 어떤가요?" 당신이 대답한다. "어떤 형태의 유전자를 갖고 있느냐에 따라 달라요." "~에 따라 달라요"=유전자/환경 상호작용이다.

행동에 관련된 고전적 사례를 몇 가지 살펴보자.[32]

페닐케톤뇨증은 유전자 하나의 돌연변이 때문에 생기는 질병이다. 상세한 내용은 생략하고 설명하자면, 이 돌연변이 때문에 우리가 음식으로 섭취하는 성분이지만 신경독성 물질로 기능할 가능성이 있는 페닐알라닌을 다른 안전한 성분으로 전환하는 효소가 기능하지 못하게 된다. 그 상태에서 보통의 식단을 계속 섭취하면, 페닐알라닌이 축적되어 뇌가 손상된다. 하지만 출생시부터 페닐알라닌이 없는 식단을 섭취하면, 손상을 겪지 않는다. 이 돌연변이가 뇌 발달에 미치는 영향은 어떨까? 어떤 식단을 섭취하느냐에 **따라 다르다.** 식단이 뇌 발달에 미치는 영향은 어떨까? 이 (드문) 돌연변이를 갖고 있느냐 아니냐에 **따라 다르다.**

또다른 유전자/환경 상호작용 사례는 세로토닌 이상과 관련된 질병인 우울증의 사례다.[33] 5HTT라는 유전자는 시냅스에서 세로토닌을 제거하는 수송체를 암호화한 유전자인데, 이 유전자의 특정 변이체를 가진 사람은 우울증 발병 위험이 높아진다. 하지만…… 아동기 트라우마를 겪은 경우에만 그렇다.* 5HTT 변이체가 우울증 위험에 미치는 영향은 어떨까? 아동기 트라우마 노출 여부에 따라 달라진다. 아동기 트라우마 노출이 우울증 위험에

* 엄청나게 중요한 이 관찰의 재현성을 둘러싸고 논쟁이 좀 있었고, 나는 그 내용을 줄곧 꼼꼼하게 살펴보았다. 적절한 표본 크기와 명확하고 좁게 정의된 평가 지표를 갖고서 세심하게 수행된 연구들만을 놓고 이야기한다면, 이 결과가 충분히 재현되었다는 것이 내 생각이다.

미치는 영향은 어떨까? 5HTT 변이체에 따라 달라진다(그 밖에도 많은 다른 유전자들이 관여하지만, 내 말의 요지를 이해하리라 생각한다).

또다른 사례는 지방 대사에 관여하는 유전자인 FADS2의 사례다.[34] 이 유전자의 한 변이체는 더 높은 IQ와 연관된다고 알려져 있는데, 단 모유 수유를 했던 아이에게서만 그렇다. 이 경우에도 역시 유전자와 환경이 어떤 영향을 미칠까 하는 질문에 그것은 환경과 유전자에 따라 달라지는 문제라고 대답하게 된다.

유전자/환경 상호작용의 마지막 사례는 1999년에 『사이언스』에 실렸던 중요한 논문에서 밝혀진 사례였다. 그 연구는 각각 오리건보건과학대학교, 앨버타대학교, 뉴욕주립대학교 올버니 캠퍼스에 있던 세 행동유전학자의 합작품이었다.[35] 그들은 특정 행동에 관련된(가령 중독이나 불안에 관련된) 유전자 변이체를 갖고 있다는 사실이 알려진 생쥐 혈통들을 조사했는데, 우선 세 실험실이 각각 보유한 특정 혈통의 생쥐들이 유전적으로 사실상 동일하도록 만들었다. 그다음 그 생쥐들에게 동일한 조건을 제공해주기 위해서 갖은 노력을 기울였다.

연구자들은 모든 것을 표준화했다. 생쥐 중 일부는 실험실에서 태어났지만 다른 일부는 사육자에게서 왔기 때문에, 연구자들은 실험실에서 태어난 생쥐들을 차에 태워서 드라이브를 시켜주었다. 사육자에게서 온 생쥐들이 이동중에 겪은 경험을 모방하기 위해서였다. 만에 하나 그 경험이 중요할지도 모르니까. 연구자들은 또 생쥐들이 같은 나이일 때, 같은 날짜와 같은 현지 시간에 테스트했다. 생쥐들이 같은 나이에 젖을 떼도록 했고, 같은 상표의 우리에서 길렀으며, 같은 상표와 두께의 톱밥을 깔아주고 같은 요일에 갈아주었다. 심지어 같은 상표의 수술용 장갑을 낀 사람들이 같은 횟수만큼 생쥐들을 만져주었다. 생쥐들은 같은 먹이를 먹었고, 같은 조명과 같은 온도의 환경에서 지냈다. 세 과학자가 태어나자마자 떨어져서 자란 세쌍둥이였다고 해도 생쥐들의 환경을 이보다 더 비슷하게 만들어주진 못했을 것이다.

결과는 어땠을까? 몇몇 유전자 변이체들이 강력한 유전자/환경 상호작용을 드러냈다. 변이체마다 서로 다른 실험실에서 극단적으로 다른 효과를 보였던 것이다.

그들이 얻은 데이터는 가령 이런 식이었다. 129/SvEvTac라는 혈통을 대상으로 코카인이 생쥐의 활동에 미치는 영향을 테스트했다고 하자. 오리건에서는 코카인이 생쥐의 이동 거리를 15분당 667센티미터 더 늘렸다. 올버니에서는 701센티미터가 더 늘었다. 비슷한 수치라 할 수 있으니, 좋다. 그러면 앨버타에서는? 5000센티미터 이상 늘었다. 이것은 일란성 세쌍둥이가 서로 다른 장소에서 장대높이뛰기를 하는 것과 비슷한 상황이다. 셋은 같은 훈련을 받았을뿐더러 장비, 운동장 표면 상태, 수면, 아침식사, 속옷 상표까지 다 같다. 그런데 첫 두 명은 각각 5.4미터와 5.5미터를 넘었는데 세번째 사람은 33미터를 넘은 셈이다.

어쩌면 과학자들이 자신도 모르게 뭔가 실수했을지도 모른다. 실험실이 뒤죽박죽이었을지도 모른다. 하지만 실험실마다의 변이는 작았고, 환경은 안정적이었다. 결정적으로, 유전자/환경 상호작용을 보이지 않고 세 실험실에서 비슷한 효과를 드러낸 유전자 변이체도 소수 있었다.

이것은 무슨 뜻일까? 대부분의 유전자 변이체가 환경에 워낙 민감하여, 이처럼 집착적으로 비슷하게 갖춘 실험실 환경에서도 유전자/환경 상호작용을 일으켰다는 것이다. 엄청나게 세밀한(그리고 아직 연구자들이 존재를 확인하지도 못한) 환경의 차이가 유전자의 작동에 커다란 차이를 가져온 것이다.

'유전자/환경 상호작용'을 언급하는 것은 유전학의 오래된 클리셰다.[36] 내 학생들은 내가 이 용어를 언급하는 것을 들으면 눈을 굴린다. **나도** 이 용어를 언급하면서 눈을 굴린다. "유전자와 환경이 상호작용할 때는 어떤 특질에 대한 유전자와 환경의 상대적 기여도를 정량적으로 평가하기가 어렵다"라는 말은 "야채를 많이 먹어야 한다"거나 "치실을 써야 한다"와 동등한 수준의 말이다. 그리고 여기서 급진적인 결론이 따라 나온다. **어떤 유전자가 무슨 일을 하는지 묻는 것은 의미가 없고, 그 유전자가 특정 환경에서 무슨 일을 하는지 묻**

는 것이 의미 있을 뿐이라는 결론이다. 신경생물학자 도널드 헵은 다음과 같이 멋지게 요약했다. "A라는 특징에 본성과 양육 중 어느 쪽이 더 영향을 미치는가 하고 묻는 것은…… 직사각형의 넓이에 가로와 세로 중 어느 쪽이 더 영향을 미치는가 하고 묻는 것만큼 부적절하다." 한 무리의 직사각형들이 드러내는 변이가 있을 때 가로와 세로 중 어느 쪽이 변이를 더 많이 설명하는가를 알아보는 것은 적절한 일일 테지만, 개별 직사각형을 대상으로 묻는 것은 적절하지 않다.

2부를 마무리하며, 요점을 정리해보자.

a. 어느 유전자가 어느 특질의 평균값에(즉 그것이 유전되는 특질인가 여부에) 미치는 영향은 개체들이 드러내는 그 특질의 변이에 미치는 영향(유전율)과는 다르다.
b. 유전되는 특질이라고 하더라도, 가령 인간이 평균적으로 다섯 개의 손가락을 물려받는 현상에 대해서라도 아주 엄격한 의미에서 유전자가 그 특질을 결정한다고는 말할 수 없다. 왜냐하면 유전자의 효과가 후세대에 전달되려면 그 유전자가 전달되는 것만으로는 충분치 않고 그 유전자를 그 방식으로 조절하는 환경까지 함께 전달되어야 하기 때문이다.
c. 유전율 지수는 그 특질이 연구된 환경에 대해서만 유의미한 값이다. 우리가 그 특질을 다른 환경에서 더 많이 조사한다면, 유전율이 낮아질 가능성이 높다.
d. 유전자/환경 상호작용은 보편적인 현상이고, 극적인 결과를 낳을 수도 있다. 따라서 엄밀하게 따지자면 어느 유전자가 '무슨 일을 하는지' 묻는 것은 적절하지 않고, 그 유전자가 조사된 환경에서 무슨 일을 하는지 물을 수 있을 뿐이다.

현재 연구자들은 유전자/환경 상호작용을 활발하게 탐구하고 있다.[37] 다음과 같은 사례는 얼마나 흥미로운가. 인지 발달의 다양한 측면은 사회경제적 지위가 높은 가정의 아이들인 경우에는 유전율이 아주 높지만(IQ는 유전율이 약 70%다), 사회경제적 지위가 낮은 가정의 아이들인 경우에는 약 10%에 불과하다. 사회경제적 지위가 높은 환경에서는 유전자가 인지에 미치는 영향이 전 범위에서 유감없이 발휘되는 반면, 사회경제적 지위가 낮은 환경은 그 영향을 제약하는 것이다. 달리 말해, 극심한 가난 속에 자라는 아이의 경우에는 인지 발달에 유전자가 거의 무관한 수준이다. 가난의 악영향이 유전학을 압도하기 때문이다.* 마찬가지로, 알코올 섭취의 유전율은 종교가 있는 피험자들이 종교가 없는 피험자들보다 더 낮다. 음주를 비난하는 종교적 환경에서 자란 경우에는 유전자가 어떻든 큰 상관이 없는 것이다. 이런 영역들은 고전적인 행동유전학이 여전히 잠재력이 있음을 잘 보여준다.

3부: 그럼 우리가 관심 있는 행동에 대해 유전자는 실제로 어떤 역할을 할까?

행동유전학과 분자유전학의 결합

행동유전학은 분자생물학적 접근법을 받아들임으로써 크나큰 이득을 보았다. 우선 쌍둥이들이나 입양아들의 유사성과 차이점을 조사한 뒤, 그 유사성과 차이점을 설명하는 실제 유전자를 찾아보는 것이다. 과학자들은 이 강력한 접근법으로 이 책의 관심사와 관련된 유전자들을 다양하게 확인해냈다. 하지만, 평소처럼 주의사항부터 짚어두겠다. ⓐ이런 발견들이 모두 일

* 피츠버그대학교의 스티븐 매누크 덕분에 알게 된 묘한 사실이 있다. 이 사례는 더 많은 환경을 조사할수록 어떤 특질의 유전율 지수가 낮아지는 상황의 예외에 해당한다는 점이다. 사회경제적 지위가 낮은 사람들만 조사하면, 유전율이 아주 낮게 나온다(10% 미만). 따라서 사회경제적 지위가 낮은 피험자들과 높은 피험자들을 둘 다 조사하면(후자는 유전율 지수가 약 70%로 높다), 유전율 지수가 오를 것이다.

관되게 재현되는 것은 아니다. ⓑ효과의 크기가 대체로 작은 편이다(즉, 몇몇 유전자가 개입하긴 하지만 중요하게 기여하는 건 아닐 수도 있다). ⓒ가장 흥미로운 발견들은 유전자/환경 상호작용을 보인다.

후보 유전자를 조사하는 방법

유전자 수색은 '후보 유전자' 접근법을 취할 수도 있고 게놈전체연관분석(뒤에서 설명하겠다)을 택할 수도 있다. 전자는 우선 가능성 있는 후보들의 목록이 있어야 한다. 어떤 행동에 관련된다는 사실이 이미 알려져 있는 유전자들 말이다. 만약 우리가 세로토닌과 관련된 행동에 관심이 있다면, 세로토닌을 만들거나 분해하는 효소들을 암호화한 유전자, 세로토닌을 시냅스에서 제거하는 펌프를 암호화한 유전자, 세로토닌 수용체를 암호화한 유전자 등이 명백한 후보가 된다. 이중에서 흥미가 가는 유전자를 하나 고른 뒤, 분자생물학적 도구로 그 유전자를 '녹아웃'한(해당 유전자를 제거하는 것이다) 생쥐나 '유전자 도입'한(해당 유전자의 복사본을 한 벌 더 삽입하는 것이다) 생쥐를 만듦으로써 동물에게서 조사해보자. 그런 조작을 뇌의 특정 영역에서만 해보거나, 특정 시기에만 해보자. 그다음에 동물의 행동이 어떻게 달라졌는지 확인해보자. 그렇게 해서 효과를 확신하게 되었다면, 이제 그 유전자의 변이체가 인간에게서 해당 행동의 개인차를 설명하는 데 얼마나 유용한지 알아본다. 자, 그렇다면 좋은 의미에서든 나쁜 의미에서든 그동안 가장 큰 관심을 모아온 주제부터 살펴보자. 대체로 나쁜 쪽이었지만 말이다.

세로토닌 시스템

세로토닌에 관련된 유전자들은 최선의 행동과 최악의 행동에 어떤 관계가 있을까? 깊은 관계가 있다.

2장에서 살펴보았던 내용인데, 체내 세로토닌 농도가 낮으면 충동적 반사회적 행동이 촉진된다고 했다. 그런 행동을 하는 사람들은 혈중 세로토닌 대사 산물 농도가 평균보다 낮고, 그런 행동을 하는 동물들 역시 이마엽 겉질에서 세로토닌 농도가 낮은 것이 확인되었다. 더 설득력 있는 증거로서, '세로토닌성 반응성'을 줄이는(즉 세로토닌 농도를 낮추거나 세로토닌에 대한 민감성을 낮추는) 약물이 충동적 공격성을 높이는 것이 확인되었다. 거꾸로 반응성을 높이면 반대 결과가 나온다.

그렇다면 간단하게 예측해볼 수 있으니, 아래 유전자들은 모두 충동적 공격성과 연관되어야 할 것이다. 왜냐하면 모두 세로토닌 신호가 약해지는 상황이기 때문이다.

a. 트립토판수산화효소를 암호화한 유전자 중 활성이 낮은 변이체. 트립토판수산화효소는 세로토닌을 만드는 효소다.
b. 모노아민산화효소(MAO-A)를 암호화한 유전자 중 활성이 높은 변이체. MAO-A는 세로토닌을 분해하는 효소다.
c. 세로토닌 수송체 5HTT를 암호화한 유전자 중 활성이 높은 변이체. 5HTT는 시냅스에서 세로토닌을 제거한다.
d. 세로토닌 수용체를 암호화한 유전자들 중 세로토닌 민감성이 떨어지는 수용체를 암호화한 변이체들.

광범위하게 이뤄진 연구들을 종합하자면, 위의 모든 유전자들에 대해서 일관되지 않은 결과가 나왔을 뿐만 아니라 보통 '적은 세로토닌=공격성' 통설과는 반대되는 방향의 결과가 나왔다. 맙소사.

트립토판수산화효소와 세로토닌 수용체 유전자 연구 결과는 일관성이 없고 뒤죽박죽이다.[38] 세로토닌 수송체 유전자 5HTT의 경우에는 결과가 일관되지만, 우리의 기대와는 반대되는 방향으로 일관적이다. 5HTT 유전자는 두 종류의 변이체가 있는데, 개중 하나는 수송체 단백질을 적게 생산한다. 시냅스에서 세로토닌이 적게 제거된다는 뜻이다.* 그런데 예상과는 달리,

* 유전체에서 유전자를 부호화하지 않은 조절 영역도 유전자를 부호화한 영역만큼 중요하다는 사실을 상기시키는 듯이, 이 5HTT 변이체는 유전자 자체의 DNA 서열이 다른 게 아니라 그것

시냅스에 더 많은 세로토닌이 존재하게 만드는 이 변이체는 더 높은 수준의 충동적 공격성과 연관되었다. 더 낮은 공격성이 아니었다. 따라서, 이런 발견에서는 '많은 세로토닌=공격성'이다(물론 이것은 단순화한 약식 표현이다).

가장 뚜렷하고 반직관적인 결과는 MAO-A 연구에서 나왔다. 이 분야가 주목받게 된 것은 1993년에 『사이언스』에 실린 뒤 엄청난 영향력을 미친 논문 덕분이었는데, MAO-A 단백질을 아예 생산하지 못하는 MAO-A 유전자 돌연변이를 가진 어느 네덜란드 집안을 조사한 논문이었다.[39] 그 경우 세로토닌은 분해되지 않고 시냅스에 계속 축적된다. 그리고 2장의 예측과는 달리, 그 집안사람들은 다양한 반사회적·공격적 행동을 보였다.

MAO-A 유전자를 제거한(그럼으로써 네덜란드 집안의 돌연변이에 상응하는 조건을 만든) 생쥐 연구에서도 같은 결과가 나왔다. 시냅스의 세로토닌 농도가 높아졌고, 그러자 강화된 공포 반응을 보이는 과잉 공격적 개체가 생겨났다.[40]

물론 이 발견은 MAO-A 단백질을 아예 만들지 않는 MAO-A 유전자 **돌연변이**의 경우였다. 그래서 연구자들은 다음으로 활성이 낮은 MAO-A 변이체를 살펴보았다. 이 경우에도 세로토닌 농도가 높아진다.*[41] 이 변이체를 가진 사람들은 평균적으로 공격성과 충동성이 더 높은 수준이었고, 화난 얼굴이나 두려워하는 얼굴을 볼 때 편도체와 섬겉질이 더 많이 활성화하는 반면 이마앞엽 겉질은 덜 활성화했다. 그렇다면 공포에 더 민감하게 반응하지만 그 공포를 억제하는 이마엽의 능력은 떨어진다는 것인데, 이것은 반응적 공격성을 낳기에 알맞은 조건이다. 또다른 연구들은 그런 사람들이 주의력을 필요로 하는 다양한 작업중에 이마엽 겉질 영역이 덜 활성화한다는 것, 그리고 사회적 거부를 겪을 때 앞띠이랑 겉질이 더 많이 활성화한다는 것을 보여주었다.

을 조절하는 프로모터 서열이 다르다. 두 변이체는 전사인자에 대한 민감도가 다르고, 생성되는 수송체 단백질 양이 다르다.

* 이 경우에도 MAO-A 유전자 자체의 서열이 아니라 프로모터의 서열에 변이가 있다.

요컨대, 체내 세로토닌 대사 산물 농도를 측정하거나 약물로 세로토닌 농도를 조작해본 연구에서는 적은 세로토닌=공격성이라는 결과가 나왔다.[42] 그런데 유전학 연구에서는, 특히 MAO-A 연구에서는 많은 세로토닌=공격성이라는 결과가 나왔다. 이 불일치를 어떻게 설명할까? 약물 조작의 효과는 몇 시간에서 며칠 지속되는 데 비해 유전자 변이체가 세로토닌에 미치는 효과는 평생 간다는 점이 열쇠인 듯하다. 가설은 몇 가지가 있다. ⓐ활성이 낮은 MAO-A 변이체를 갖고 있더라도, 시냅스의 세로토닌 농도가 일관되게 높게 유지되지는 않는지도 모른다. 5HTT 세로토닌 재흡수 펌프가 시냅스에서 세로토닌을 제거하는 작업을 더 열심히 수행하여 높은 농도를 상쇄하기 때문이다. 어쩌면 **지나치게** 상쇄하는지도 모른다. 실제로 이 가설을 지지하는 증거가 있다. 세상은 왜 이렇게 복잡한 걸까. ⓑ그런 변이체를 갖고 있을 때 시냅스의 세로토닌 농도가 만성적으로 높게 유지되기는 하지만, 시냅스 후 뉴런이 세로토닌 수용체 개수를 줄임으로써 세로토닌에 대한 민감성을 낮춰서 높은 농도를 상쇄 혹은 과잉 상쇄하는지도 모른다. 이 가설을 지지하는 증거도 있다. ⓒ유전자 변이체 때문에 생기는 세로토닌 신호의 차이는 평생 가는 것이라(약물 때문에 생긴 일시적 차이와는 달리), 발달중인 뇌에 구조적 변화가 생기는지도 모른다. 이 가설을 지지하는 증거도 있다. 그리고 역시 이 가설에 부합하는 현상으로, 설치류 성체에게 약물을 주입하여 MAO-A 활성을 일시적으로 억제한 경우에는 개체의 충동적 공격성이 낮아졌지만, 설치류 태아에게 실험한 경우에는 그 개체가 성체가 되었을 때 충동적 공격성이 오히려 높게 나타났다.

아이고, 정말이지 너무 복잡하다. 그런데 우리는 왜 이처럼 배배 꼬인 설명을 굳이 살펴보는 걸까? 왜냐하면 신경유전학에서도 구석진 이 분야가 웬일인지 대중의 호기심을 사로잡았기 때문이다. 그래서—농담이 아니다—과학자들도 언론도 활성이 낮은 MAO-A 변이체를 '전사(워리어) 유전자'라고 부르기에 이르렀기 때문이다.*[43] 더구나 MAO-A 유전자가 X 염색체와 결부되어 있어서 그 변이체의 영향이 여성보다 남성에게 더 결정적으로 작용한다는 점이 사태를 악화시켰다. 놀랍게도, 살인을 저지른 범죄자가 MAO-A의 '전사 유전자' 변이체를 갖고 있다는 점을 고려하여 그에게 낮은 형량을 선고한 사례가 지금까지 두 건이나 있었다. 그러니 그들이 통제 불능으로 폭력적일 수밖에 없는 운명이라는 논리였다. 하느님 맙소사.

이 분야의 책임감 있는 사람들은 이런 근거 없는 유전자 결정론이 법정에 스며드는 것을 보고 경악을 금치 못했다. MAO-A 변이체의 효과는 미미하다. 게다가 MAO-A가 세로토닌뿐 아니라 노르에피네프린도 분해하므로, 비특이적 현상이다. 무엇보다도 이 변이체가 행동에 미치는 영향이 비특이적이다. 예를 들어보자. 처음 이 유전자에 대한 흥분을 일으켰던 기념비적 논문에 관해서 대부분의 사람들이 기억하는 것은 공격성뿐인 듯하지만(한 권위 있는 리뷰에서는 문제의 네덜란드 가족을 가리켜 "그 집안의 일부 남성들은 극심한 반응적 공격성을 끊임없이 드러내는 점으로 악명이 높다"고 말했다), 사실 그 집안에서 돌연변이를 가진 구성원들에게는 경계선 지능장애도 있었다. 그리고 돌연변이를 가진 구성원들 중 일부가 상당히 폭력적인 것은 사실이었으나, 나머지 구성원들의 반사회적 행동이란 방화나 노출증이었다. 그러니 그 유전자가 일부 구성원들의 극심한 반응적 공격성과 관계가 있기는 하겠지만, 동시에 다른 구성원들이 공격성 대신 노출증을 드러낸다는 사실과도 관계가 있을 것이다. 한마디로, 그 유전자를 '전사 유전자'라고 부를 근거가 있다면 그 못지않게 '바지를 내리는 유전자'라고 부를 근거도 있는 셈이다.

그런데 전사 유전자 결정론이라는 허튼소리를 기각해야 하는 가장 큰 이유는 따로 있다. 이쯤이면 여러분도 무엇인지 짐작할 수 있을 것이다. MAO-A가 행동에 미치는 효과가 강한 유전자/환경 상호작용을 보인다는 사실이다.

---

* '전사 유전자'를 둘러싸고 야단법석이 벌어진 이유 중 하나는 마오리족이 이 유전자의 '공격적' 변이체를 높은 비율로 갖고 있다는 사실, 그리고 전통 마오리 문화가 전쟁을 자주 벌이는 문화라는 사실이었다. 하지만 이것은 '전사' 변이체를 갖고 있는 모든 마오리 사람이 공격성이 높다는 뜻은 아니고, 모든 공격적인 마오리 사람이 전사 변이체를 갖고 있다는 뜻도 아니다.

이 대목에서, 듀크대학교의 압살롬 카스피와 동료들이 2002년 발표했던 연구를 살펴봐야 한다. 대단히 중요한 이 연구는 내가 가장 좋아하는 연구 중 하나로 꼽는 것이기도 하다.[44] 연구자들은 대규모 코호트 집단을 출생부터 26세까지 추적하여 그들의 유전자, 양육 환경, 성인기 행동을 조사했다. 과연 이들이 갖고 있는 MAO-A 변이체의 형태가 26세 때의 반사회적 행동을 예측했을까? (표준 심리 평가와 폭력 범죄 이력을 종합하여 측정했다.) 아니었다. 하지만 MAO-A 형태가 다른 요인과 결합한 경우에는 강력한 효과가 나타났다. 활성이 낮은 MAO-A 변이체를 가진 사람은 반사회적 행동을 할 확률이 세 배로 높아졌는데…… 단, 아동기에 심한 학대를 경험한 경우에만 그랬다. 만약 그런 이력이 없으면, 유전자 변이체의 존재만으로는 예측력이 없었다. 이것이 바로 유전자/환경 상호작용이다. 특정 MAO-A 변이체를 갖고 있는 것은 반사회적 행동에 어떤 영향을 미칠까? 환경에 따라 다르다. '전사 유전자' 같은 소리는 집어치우자.

이 연구는 강력한 유전자/환경 상호작용을 보여주었다는 점은 물론이거니와 그 상호작용의 내용을 보여주었다는 점에서도 중요하다. 학대받는 아동기 환경이 특정 유전자 조성과 협동할 수 있다는 것을 보여주었기 때문이다. 한 리뷰에서는 이 문제를 이렇게 설명했다. "건강한 환경일 때는 MAOA-L[즉 '전사' 변이체]을 가진 남성들의 증가된 위협 민감도, 부실한 감정 통제, 강화된 공포 기억이 그저 '정상적'이거나 준임상적인 범위 내에서의 기질 변이로만 드러날지도 모른다. 하지만 그런 특징들이 학대 받는 아동기 환경—지속적인 불확실성, 예측 불가능한 위협, 행동적 모범과 사회적 준거의 부족, 친사회적 의사결정에 대한 강화가 일관되게 일어나지 않는 환경을 뜻한다—을 경험하면, 성인기에 노골적인 공격성과 충동적 폭력성으로 드러날지도 모른다." 비슷한 맥락에서, 세로토닌 수송체 유전자의 활성이 낮은 변이체는 성인기 공격성과 연관된다는 사실이 확인되었는데…… 단, 아동기 역경과 결합된 경우에만 그랬다.[45] 앞 장에서 배운 내용의 완벽한 사례가 아닌가.

이후로 이 MAO-A 변이체/아동기 학대 상호작용은 여러 연구에서 재현되었고, 심지어 레서스원숭이의 공격적 행동에 관해서 증명되기도 했다.[46] 이 상호작용의 메커니즘에 대한 단서도 발견되었다. MAO-A 유전자의 프로모터를 스트레스와 글루코코르티코이드가 조절한다는 사실이다.

MAO-A 변이체는 다른 중요한 유전자/환경 상호작용도 드러낸다. 가령 한 연구에서 활성이 낮은 MAO-A 변이체는 범죄성을 예측하는 것으로 드러났는데, 단 높은 테스토스테론 농도와 결합된 경우에만 그랬다(이에 부합하는 사실로, MAO-A 유전자의 프로모터는 남성호르몬에도 반응한다). 또 다른 연구에서, 활성이 낮은 MAO-A 변이체를 가진 사람들은 활성이 높은 변이체를 가진 사람들보다 경제 게임을 할 때 자신에게 손해를 입힌 상대에게 공격적으로 보복할 가능성이 더 높았다. 다만 그 손해가 경제적으로 큰 손실일 때만 그랬고, 작은 손실일 때는 차이가 없었다. 또다른 연구에서, 활성이 낮은 변이체를 가진 사람들은 그렇지 않은 사람들보다 더 공격적인 태도를 보였으나 사회적 배제 상황일 때만 그랬다. 따라서 이 유전자 변이체의 영향은 그 개인의 삶에 작용한 다른 비유전적 인자들, 이를테면 아동기 역경이나 성인기에 받은 도발을 함께 고려해야만 이해될 수 있다.[47]

도파민 시스템

2장에서 우리는 도파민이 보상에 대한 기대와 목표지향적 행동에 중요한 역할을 한다는 것을 배웠다. 그동안 많은 연구자가 도파민에 관련된 유전자들도 살펴보았는데, 전반적인 결론은 낮은 도파민 신호를 내는(시냅스에서 도파민이 덜 분비되거나, 도파민 수용체 수가 적어지거나, 수용체의 반응성이 낮아지는 경우다) 유전자 변이체들이 감각 추구, 위험 감수, 주의력 문제, 외향성과 연관된다는 것이었다. 그런 사람들은 둔화된 도파민 신호를 상쇄하기 위해서 더 강렬한 경험을 추구해야 한다.

이 연구들 중 많은 수가 특정 도파민 수용체에 집중했다. 원래 도파민 수용체는 최소 다섯 종류가 있고(종류마다 뇌의 서로 다른 부분에서 발견되고, 도파민과 결합하는 강도와 시간도 저마다 다르다) 각기 다른 유전자에 의해 암호화되어 있다.[48] 그중에서 연구자들이 집중한 대상은 주로 겉질과 기댐핵에 있는 D4 도파민 수용체를 암호화한 유전자였다(DRD4 유전자라고 불린다). DRD4 유전자는 변이가 아주 많아서, 인간의 경우 최소 열 가지 형태가 있다. 이 유전자는 DNA 서열 중 일부 구간이 여러 차례 반복되는데, 그 반복 횟수가 변이체마다 다르다. 그중 일곱 번 반복되는 형태('7R')가 생성하는 수용체는 겉질에서 밀도가 낮은데다가 도파민에 대한 반응성도 상대적으로 낮다. 바로 이 변이체가 여러 특질들과 연관된 것으로 확인되었으니, 서로 관계가 있는 그 특질들이란 감각 및 새로움 추구, 외향성, 알코올 의존, 성적 문란, 덜 섬세한 양육 태도, 경제적 위험 감수, 충동성 등이었다. 특히 일관된 결과를 보여주는 것은 주의력결핍과잉행동장애와의 연관성이었다.

이 결과는 양면적으로 해석될 수 있다. 7R 변이체 때문에 충동적으로 노부인의 신장 투석기를 훔치는 사람이 있을 수 있겠지만, 충동적으로 자기 집 문서를 노숙인 가족에게 줘버리는 사람도 있을 수 있다. 게다가 유전자/환경 상호작용도 간여한다. 일례로 7R 변이체를 가진 아이들은 평균보다 덜 너그러운 것으로 확인되었지만, 부모와의 애착관계가 불안정한 경우에만 그랬다. 7R 변이체가 있어도 애착관계가 안정적인 아이들은 오히려 평균보다 더 너그러웠다. 7R 변이체가 너그러움과 관계있기는 하지만 그 효과가 전적으로 맥락 의존적인 것이다. 또다른 연구에서, 7R 변이체를 가진 학생들은 친사회적 대의를 지지하는 활동에 관심을 덜 보였다. 하지만 사전에 종교적 암시 효과를 받은 경우에는 달랐는데,* 그때는 오히려 더 친사회적인 태도를 보였다. 예를 하나 더 보자. 7R 변이체를 가진 사람들은 만족 지연 능력이 평균보다 떨어졌는데, 단 가난하게 자란 경우에만 그랬다. 예의 주문을 다시 외우자. 우리는 유전자가 무슨 일을 하는지를 물어서는 안 되고, 유전자가 특정 맥락에서 무슨 일을 하는지를 물어야 한다.[49]

* 통제군 피험자들은 뒤죽박죽 섞인 단어들을 정리해서 일관된 문장으로 나열하는 작업을 했다. 한편 종교적 암시를 받은 피험자들은 그 작업을 종교적 용어들이 섞인 단어들을 가지고 했다.

흥미롭게도, 다음 장에서 우리는 7R 변이체의 발생 빈도가 인구 집단마다 크게 다르다는 사실을 알게 될 것이다. 이 사실로부터 우리는 인류의 이동 역사를 알 수 있고, 집단주의 문화와 개인주의 문화의 차이도 알 수 있다.[50]

이제 도파민 시스템의 다른 측면으로 넘어가보자. 2장에서 보았듯이, 도파민은 수용체와 결합한 뒤에 다시 떨어져나와서 시냅스에서 제거되어야 한다.[51] 그 경로 중 하나는 카테콜-O-메틸트랜스퍼라제COMT라는 효소에 의해 분해되는 것이다. 그런데 이 COMT를 암호화한 유전자의 변이체 중 한 형태는 더 효율적인 효소를 생산한다. '더 효율적'=도파민을 더 잘 분해한다=시냅스에 도파민이 적다=도파민 신호가 약하다. 이 효율적 COMT 변이체는 더 높은 외향성, 공격성, 범죄성, 행동 장애와 연관되는 것으로 확인되었다. 게다가 MAO-A 각본을 그대로 베낀 듯한 유전자/환경 상호작용도 일으켰다. 이 COMT 변이체가 분노 특질과 연관되지만 아동기 성적 학대 경험과 결합된 경우에만 그런 것으로 드러난 것이다. 이 변이체가 이마엽 겉질의 행동 및 인지 조절과, 특히 스트레스 상태에서의 조절과 관련된 듯하다는 점이 흥미롭다.

신경전달물질들은 아예 분해될 때도 있지만 축삭말단에서 흡수됨으로써 시냅스에서 제거될 수도 있다. 그랬다가 재활용된다.[52] 도파민 재흡수를 담당하는 것은 도파민 수송체다. 당연히 이 수송체 유전자도 여러 형태의 변이체가 있고, 그중 선조체에서 시냅스의 도파민 농도를 높이는 변이체(즉, 덜 효율적인 수송체를 생성하는 변이체)를 가진 사람들은 사회적 신호 지향성이 더 큰 것으로 확인되었다. 그런 사람들은 행복한 얼굴에 평균적인 사람들보다 더 끌리고, 화난 얼굴을 더 싫어하고, 양육 스타일이 더 긍정적인 편이다. 이런 발견을 DRD4나 COMT 연구 결과와 어떻게 통합해야 할까(즉, 위험 감수 성향과 행복한 얼굴 선호를 어떻게 끼워맞출까)? 이 대목은 아직 명확하지 않다.

이 도파민 관련 유전자들의 특정 형태를 지닌 사람들은 건강한 행동부터 병적인 행동까지 온갖 종류의 흥미진진한 행동에 남들보다 더 쉽게 나서는 경향이 있다. 하지만 성급하게 결론 내려서는 곤란하다.

* 이런 발견들은 일관성이 부족하다. 틀림없이 연구자들이 아직 인식하지 못한 모종의 유전자/환경 상호작용이 반영된 탓일 것이다.
* 그리고, 어째서 COMT 변이체를 가진 사람들은 감각 추구 측면에서 달라지고, 도파민 수송체 유전자의 특정 변이체를 가진 사람들은 행복한 얼굴 측면에서 달라지는 걸까? 두 유전자는 모두 도파민 신호를 끝내는 유전자인데 말이다. 이것은 아마 뇌에서 도파민 수송체가 더 큰 역할을 맡는 부분과 COMT가 더 큰 역할을 맡는 부분이 서로 다르기 때문일 것이다.[53]
* COMT 분야의 결과들은 무척 혼란스럽다. 까다롭게도 이 효소가 도파민뿐 아니라 노르에피네프린도 분해하기 때문이다. 그래서 COMT 변이체는 서로 전혀 다른 두 신경전달물질 시스템에 간여한다.
* 이런 발견들은 효과의 크기가 작다. 일례로, 어떤 사람이 어떤 DRD4 변이체를 갖고 있는지 알더라도 그 사람이 드러내는 새로움 추구 행동의 변이에서 고작 3~4%만을 설명할 수 있다.
* 혼란에 기여하는 마지막 문제는 내게는 가장 중요해 보이지만 기존 문헌에서는 거의 고려되지 않는다(아마 본격적으로 살펴보기에는 시기상조인 문제라서 그럴 것이다). 모든 연구에서 특정 DRD4 변이체가 새로움 추구 성향을 아주 정확하게 예측하는 것으로 뚜렷하게, 또한 일관되게 드러났다고 하자. 그렇다고 해도, 왜 어떤 사람들에게는 새로움 추구가 체스 시합에서 오프닝 전략을 수시로 바꾸는 것을 뜻하는 데 비해, 다른 사람들에게는 콩고에서 용병으로 일하는 데 질려서 새로운 장소를 찾아보는 것을 뜻하는지는 설명이 되지 않는다. 우리가 아는 어떤 유전자도, 단

독으로든 복수로든, 이 점에 대해서는 그다지 많은 것을 알려주지 않는다.

신경펩타이드 옥시토신과 바소프레신

4장에서 배웠던 내용을 되새겨보자. 옥시토신과 바소프레신은 친사회성에 관여한다. 부모/자식 유대는 물론이거니와 일부일처 결합에도, 그리고 신뢰성, 감정이입, 너그러움, 사회적 지능에도 관여한다. 주의사항도 떠올려보자. ⓐ가끔은 이 신경펩타이드들이 친사회성보다는 사회성에 관여한다(사회적 정보를 수집하도록 만들 뿐, 그 정보를 활용하여 친사회적 행동을 하도록 만들지는 않는다는 뜻이다). ⓑ이 신경펩타이드들은 이미 친사회성 성향을 띠고 있는 사람들에게서 친사회성을 제일 많이 북돋는다(너그러운 사람을 더 너그럽게 만들지만, 너그럽지 않은 사람에게는 영향이 없다는 뜻이다). ⓒ친사회성 효과가 집단 내에만 미치므로, 이 신경펩타이드들이 우리로 하여금 외부자에게는 더 못되게 굴도록 만들 수도 있다. 외국인 혐오와 선제적 공격을 부추길 수도 있는 것이다.

4장에서 옥시토신과 바소프레신에 관련된 유전학도 짧게 살펴보았다. 두 호르몬이나 그 수용체의 농도를 높이는 유전자 변이체를 가진 사람들은 더 안정적인 일부일처 관계를 유지하고, 아이와 더 적극적으로 상호작용하는 양육 스타일을 보이고, 관점 취하기 능력이 더 뛰어나고, 감정이입을 더 많이 하고, 타인의 얼굴을 볼 때 겉질의 방추상얼굴영역이 더 강하게 반응한다고 했다. 이런 효과는 규모가 적잖은 수준이고, 상당히 일관된 결과를 보인다.

또다른 영역의 연구들에 따르면, 옥시토신 수용체 유전자의 변이체 중 한 형태를 가진 아이들은 극심한 공격성을 보인다고 한다. 그리고 그 공격성은 냉혹하고 무감각한 양상, 즉 성인기의 사이코패스를 예견하는 양상이었다.[54] 게다가 또다른 변이체는 아동기의 사회적 단절과 성인기의 관계 불안정에 연관되는 것으로 확인되었다. 하지만 안타깝게도 이 발견들은 제대로 해석하기가 불가능하다. 이런 변이체들이 옥시토신 신호를 더 많이 내는지, 적게 내는지, 그저 보통 수준으로 내는지를 아무도 모르기 때문이다.

물론 이 유전자들도 놀라운 유전자/환경 상호작용을 드러낸다. 일례로, 한 옥시토신 수용체 유전자의 특정 변이체를 가진 사람들은 덜 섬세한 양육 방식을 보이는 것이 확인되었다. 하지만 그들이 아동기 역경을 겪은 경우에만 그랬다. 또다른 변이체는 공격성과 연관되는데, 단 술을 마시는 경우에만 그랬다. 또다른 변이체는 스트레스를 받는 시기에 정서적 지지를 더 적극적으로 구하는 성향과 연관되는데, 단 미국인들만 그렇고(여기에는 1세대 한국계 미국인들도 포함되었다) 한국인들은 그렇지 않았다(더 자세한 내용은 다음 장에서 이야기하겠다).

스테로이드 호르몬에 관련된 유전자들

테스토스테론에서 시작하자. 테스토스테론은 단백질이 아니므로(모든 스테로이드 호르몬이 마찬가지다), 테스토스테론 유전자라는 것은 없다. 하지만 테스토스테론을 합성하는 효소들, 테스토스테론을 에스트로겐으로 전환하는 효소, 테스토스테론(남성호르몬) 수용체를 암호화한 유전자들은 있다. 이중 가장 많은 연구가 이뤄진 것은 수용체 유전자로, 그 유전자의 여러 변이체들은 테스토스테론 반응성이 저마다 다른 수용체를 생성한다.*

몇몇 연구에서 확인된 사실인바, 범죄자들의 경우에는 활성이 강한 변이체를 갖고 있는 것과 폭력 범죄 사이에 연관성이 있었다.[55] 한편 겉질 구조의 성차를 살펴본 연구에서, 남성 청소년 중 활성이 강한 변이체를 갖고 있는 이들은 겉질이 더 두드러지게 '남성화'된 것으로 확인되었다. 수용체 변이체와 테스토스테론 농도가 상호작용하는 현상도 있다. 기저 테스토스테론 농도가 높은 남성이라고 해서 공격성이 높거나 위협적인 얼굴에 대한 편도

* 마니아들을 위한 정보: 테스토스테론 수용체 단백질에는 글루타민 아미노산이 여러 개 반복적으로 이어진 구역, 즉 '폴리글루타민 반복' 구역이 있다. 그런데 이 폴리글루타민 반복 구역의 길이는 사람마다 차이가 엄청나게 크고, 반복 구역의 길이가 짧을수록 수용체가 더 강력하게 작용한다. 테스토스테론 같은 스테로이드 호르몬에 대한 수용체는 전사인자로 기능하는데, 폴리글루타민 반복이 있는 단백질들이 종종 전사인자다.

체 반응성이 큰 것은 아니지만, 만약 이 유전자 변이체를 갖고 있는 경우라면 그랬다. 흥미롭게도, 아키타견들에서도 해당 변이체가 높은 공격성을 예측한다는 발견이 있었다.

이런 발견은 얼마나 중요할까? 4장의 핵심 결론은 정상 범위 내에서 테스토스테론 농도의 개인차가 행동의 개인차를 거의 예측하지 못한다는 것이었다. 그렇다면 테스토스테론 농도와 더불어 수용체 민감도까지 안다면 예측력이 얼마나 나아질까? 크게 나아지지 않는다. 호르몬 농도와 더불어 수용체 민감도와 더불어 수용체 개수까지 안다면? 그래도 크게 나아지지 않는다. 물론 조금이나마 예측력이 높아지긴 할 것이다.

에스트로겐 수용체의 유전학도 패턴이 비슷하다.[56] 가령 에스트로겐 수용체 유전자 중 특정 변이체는 여성의 경우에 불안증 성향을 높이는 것으로 드러났는데, 남성의 경우에는 영향이 없었다. 한편 남성의 경우에는 반사회적 행동과 품행 장애의 가능성을 높이는 것으로 드러났는데, 여성의 경우에는 그런 영향이 없었다. 그리고 유전자 조작 생쥐의 경우에, 그 수용체 유전자를 갖고 있는가 여부가 암컷의 공격성에 영향을 미쳤지만…… 그 암컷의 한배에 수컷 형제가 몇 마리나 있었는가에 따라 결과가 달라졌다. 역시 유전자/환경 상호작용인 것이다. 또한 이런 유전적 영향의 크기도 작았다.

마지막으로, 글루코코르티코이드에 관련된 유전자들에 대한 연구도 있다. 특히 유전자/환경 상호작용을 조사한 연구들이다.[57] 예를 들어 한 종류의 글루코코르티코이드 수용체(관심 있는 독자를 위해서 밝히자면 MR 수용체다) 유전자의 특정 변이체는 위협에 과민 반응하는 편도체를 낳는 것이 확인되었다. 그리고 또다른 종류의 글루코코르티코이드 수용체(GR 수용체다)의 활성을 조절하는 FKBP5 단백질이란 것이 있는데, 이 FKBP5를 암호화한 유전자의 특정 변이체는 공격성, 적대성, 외상후스트레스장애, 위협에 과민 반응하는 편도체와 연관된다. 단, 아동기 학대와 결합된 경우에만 그렇다.

이런 발견들에 고무되어, 몇몇 연구자들은 두 후보 유전자를 동시에 조사해보았다. 일례로, 아이가 5HTT와 DRD4의 '위험' 변이체를 동시에 지닌 경우에는 상승효과가 발휘되어 파괴적 행동의 위험이 훨씬 더 높아졌는데, 더 구나 사회경제적 지위가 낮은 경우에는 이 영향이 더 심해졌다.[58]

후유. 이렇게 많은 페이지를 들여서 살펴보았는데도 이제 겨우 유전자 두 개와 환경 변인 하나를 동시에 고려하는 수준이라니. 그조차도 썩 만족스럽지 않다.

* 흔한 문제점으로서, 여러 연구들의 결과가 아주 일관된 편은 아니다.
* 역시 흔한 문제점으로서, 효과의 크기가 작다. 어떤 사람이 후보 유전자의 어떤 변이체를 갖고 있는지 알더라도 그의 행동을 예측하는 데는 크게 도움이 되지 않는다(여러 유전자들에 대해서 알더라도 마찬가지다).
* 무엇보다도, 비록 이제 우리가 5HTT와 DRD4의 상호작용을 이해하게 되었더라도 앞으로 더 조사할 인간 유전자가 1만 9998개쯤 더 있고 환경 변인도 수억 개가 더 있다는 점이 문제다. 그러니까 이제 다른 접근법으로 바꿔보는 게 좋겠다. 유전자 2만 개를 한번에 살펴보는 방법이다.

밝은 곳만 보는 게 아니라 전체를 뒤져서 찾아내기

효과의 크기가 작은 것은 후보 유전자 접근법의 한계 탓이다. 과학자들이 쓰는 표현으로 말하자면, 우리가 밝은 곳만 뒤져보는 것이 문제다. 이 표현은 유명한 농담에서 왔다. 어떤 사람이 밤에 가로등 밑을 살피는 것을 보고 당신이 말한다. "무슨 일입니까?" "반지를 떨어뜨려서 찾고 있어요." 당신은 돕고 싶은 마음에 묻는다. "가로등 이쪽에서 떨어뜨렸나요, 저쪽에서 떨어뜨렸나요?" "아, 아니에요. 저기 나무 근처에서 떨어뜨렸어요." "그런데 왜 여기서 찾고 있죠?" "여기가 밝으니까요." 후보 유전자 조사법은 밝은 곳만 살펴보는 방법이다. 이미 개입한다는 사실을 아는 유전자들만 조사하는 것이니까. 그리고 인간 유전자는 2만 개쯤 되므로, 우리가 아직 모르는 다른 흥미로운 유전자들이 더 있으리라 가정해도 아마 틀리지 않을 것이다. 그렇다면 과제는 그것들을 찾아내는 것이다.

관련된 유전자를 전부 찾아내는 방법으로 가장 흔히 쓰이는 것은 게놈전체연관분석이다.[59] 우리가 가령 헤모글로빈 유전자의 DNA 서열 중 열한번째 뉴클레오타이드를 살펴본다고 하면, 모든 사람들이 그 지점에 똑같은 염기 알파벳을 갖고 있을 가능성이 아주 높다. 하지만 변이가 자주 일어나는 지점도 있다. 이를테면 한 뉴클레오타이드에 두 종류의 염기가 전체 인구에서 각각 50%의 확률로 등장하는 것이다(이렇다고 해도 보통은 해당 뉴클레오타이드가 지정하는 아미노산이 바뀌지 않는데, 특정 아미노산을 지정하는 코돈들이 중복으로 있기 때문이다). 이런 '단일핵산염기다형성' 지점은 게놈 전체에 백만 개 넘게 흩어져 있고, 유전자를 암호화한 서열뿐 아니라 프로모터를 암호화한 서열, 정체 모를 쓰레기 DNA 서열에도 존재한다. 그렇다면 엄청나게 많은 사람들의 DNA를 수집한 뒤 특정 특질에 연관되어 나타나는 단일핵산염기다형성 표지가 있는지를 확인해보자. 만약 연관성이 있다고 확인된 단일핵산염기다형성 표지가 유전자에 존재한다면, 그 유전자가 그 특질에 관여하는지도 모른다는 단서를 얻은 셈이다.*

게놈전체연관분석을 했을 때, 한 특질에 연관된 유전자가 복수로 확인될 수도 있다. 바람직한 경우에는, 그중에 그 특질에 관여한다는 사실이 이미 알려진 후보 유전자도 있을 것이다. 그렇지 않은 나머지 유전자들은 우리가 몰랐던 유전자들일 것이다. 그러면 이제 그 유전자들이 하는 일을 알아보면 된다.

---

* 같은 논리에 따라, 만약 어떤 특질이 어떤 유전자의 프로모터에 있는 단일핵산염기다형성 표지의 특정 형태와 연관된다면, 그 유전자의 조절이(그 유전자 자체가 아니라) 그 특질에 관여하는지도 모른다는 단서를 얻은 셈이다. 예를 들어, 세로토닌 수용체의 한 종류를 부호화한 유전자는 단백질의 34번째 아미노산을 부호화한 코돈 중 세번째 염기가 단일핵산염기다형성 표지인데, 그 단일핵산염기다형성 표지의 한 변이 형태는 조현병 환자에게서 특정 약물에 대한 반응성과 연관된다고 알려져 있다.

비슷한 접근법이 또 있다. 우리가 어떤 퇴행성 근육병을 앓는 사람들 집단과 앓지 않는 사람들 집단을 조사한다고 하자. 모두에게 근육 생검을 실시한 뒤, 약 2만 개의 전체 유전자 중 어떤 것들이 그들의 근육 세포에서 전사되는지 알아보자. 'DNA 마이크로어레이' 혹은 '유전자 칩'이라고 불리는 이 방법을 쓰면, 병을 앓는 근육과 건강한 근육 둘 다가 아니라 둘 중 한쪽에서만 전사되는 유전자가 어떤 것들인지 알아낼 수 있다. 그 유전자들을 확인했다면, 새롭게 살펴볼 후보 유전자들을 확보한 셈이다.*

이렇게 게놈 전체에서 뒤져보는 방법을 써보면,** 우리가 행동의 유전학에 대해서 무지한 것도 당연하다는 생각이 절로 든다.[60] 고전적 게놈전체연관분석 사례로서 키에 연관된 유전자들을 찾아본 연구가 있다. 이 연구는 무려 18만 3727명의 게놈을 조사해보았다. 18만 3727명이라니. 시험관에 라벨을 붙이는 데에만 한 부대의 과학자들이 필요했을 것이다. 과연, 『네이처』에 실렸던 논문에 약 280명의 저자명이 기재되어 있었다.

연구 결과는 어땠을까? 수백 개의 유전자가 키를 조절하는 데 관여하는 것으로 확인되었다. 골격 성장에 관여하는 것으로 이미 알려진 유전자도 한 줌쯤 있었지만, 나머지는 미지의 땅이었다. 단일 유전자로서 키를 예측하는 데 가장 큰 힘을 발휘하는 변이체는 키 변이의 0.4%(1%의 10분의 4다)를 설명했고, 수백 개의 유전자를 다 합하더라도 변이의 겨우 10%만을 설명할 수 있었다.

체질량 지수에 관한 게놈전체연관분석도 그 못지않게 각광받았다. 이 연구도 놀랍기는 매한가지였다. 연구자들은 약 25만 명의 게놈을 조사했고, 논문 저자 수가 키 논문보다 더 많았다. 그리고 이 경우에 단일 유전자 변이체

---

* 세부를 신경쓰는 독자를 위하여: 게놈전체연관분석과 마이크로어레이 방법은 보통 알려주는 바가 서로 다르다. 전자는 어떤 유전자가 우리가 연구하는 특정 질병이나 행동에 연관된 변이체를 갖고 있는지 찾아보는 것이고, 후자는 어떤 유전자의 발현이 특정 질병이나 행동과 연관되는지 알아보는 것이다.

** 더 과학적인 언어로 표현하자면, 거대한 그물로 바다를 훑어서 과연 무엇이 잡히는지 보는 방법이다.

로서 가장 큰 예측력을 발휘하는 유전자는 체질량 지수 변이의 0.3%만을 설명했다. 키도 체질량 지수도 뚜렷한 '다유전자성' 특질인 것이다. 초경을 시작하는 나이도 그렇다고 확인되었다. 게다가 발생 빈도가 낮은 유전자 변이체 중에는 현재의 게놈전체연관분석 기법이 감지하지 못하는 유전자들이 있으므로, 이런 연구 결과에서 누락된 유전자들이 있을 수밖에 없다.[61]

행동에 관해서도 연구된 바가 있을까? 교육 달성 수준에 연관된 유전자들을 살펴본 탁월한 연구가 2013년 발표되었다.[62] 역시 물량공세식 연구였다. 피험자가 12만 6559명이었고, 저자가 약 180명이었다. 가장 큰 예측력을 발휘하는 것으로 확인된 유전자 변이체는 변이의 0.02%(1%의 100분의 2다)를 설명했다. 연관성이 확인된 유전자들을 다 합하더라도 변이의 약 2%만을 설명했다. 논문에 딸린 코멘트에는 세상에 이렇게 절제된 표현이 있을까 싶은 문장이 있었다. "한마디로, 교육 달성 수준은 다유전자성이 아주 높은 특질이다."

교육 달성 수준—고등학교나 대학교를 몇 학년까지 다녔는가 하는 것이다—이란 비교적 측정하기 쉬운 특질이다. 그보다 더 미묘하고 어지러운 행동은 어떨까? 이 책에서 살펴보는 행동들은? 그런 행동을 조사한 연구도 소수 있었는데, 결과는 거의 비슷했다. 연구자들이 결론적으로 얻게 되는 것은 해당 행동에 관여하는 수많은 유전자들의 목록이었고, 그 유전자들이 어떻게 작용하는지를 살펴보는 것이 추후의 과제로 남았다(논리적으로, 가장 큰 통계적 연관성을 보이는 유전자부터 살펴보기 시작해야 할 것이다). 이것은 어렵기 짝이 없는 접근법이고, 아직 초기 단계다. 게놈전체연관분석이 놓치는 표지들이 있다는 점이 상황을 더 어렵게 만든다.* 실제로는 분석 결과보다 더 많은 유전자가 개입할 수 있다는 뜻이기 때문이다.[63]

---

* 가령 어떤 유전자에 어떤 특질과 엄청나게 강력한 연관성을 보이는 단일핵산염기다형성 표지가 있지만, 그 변이 염기가 1천 명 중 한 명꼴로만 등장한다고 하자. 현재의 게놈전체연관분석은 이런 경우를 놓칠 것이다.

요점 정리와 함께 마무리하자.[64]

a. 내가 이 장에서 소개한 내용은 빙산의 일각에 불과하다. 펍메드(생물의학 분야의 중요 검색 엔진이다)에 가서 'MAO 유전자/행동'이라고 검색해보라. 논문이 500건도 넘게 나온다. '세로토닌 수송체 유전자/행동'이라고 검색하면, 논문이 1250건 나온다. '도파민 수용체 유전자/행동'이라고 검색하면, 약 2천 건이 나온다.
b. 후보 유전자 접근법은 한 유전자가 어떤 행동에 미치는 영향이 보통 지극히 작다는 것을 보여준다. MAO의 '전사 유전자' 변이체를 갖고 있다는 사실이 사람의 행동에 미치는 영향은 모르면 몰라도 실제로는 그 변이체를 안 갖고 있지만 갖고 있다고 믿는 것의 영향보다 작을 것이다.
c. 게놈전체연관분석 방법은 보통 어떤 행동에 영향을 미치는 유전자의 수가 엄청나게 많다는 것을 보여준다. 그리고 그 유전자 각각은 아주 작은 역할만을 맡는다.
d. 이 상황은 유전자의 비특이성을 보여주는 것으로 해석해야 한다. 예를 들어 세로토닌 수송체 유전자 변이체는 우울증 위험뿐 아니라 불안증, 강박 장애, 조현병, 양극성 장애, 투렛 증후군, 경계선 성격 장애와도 관련된다. 달리 말해 그 유전자는 우울증에 관여하는 유전자 수백 개로 이뤄진 네트워크의 일부이지만, 그 네트워크와 부분적으로 겹치며 그 못지않게 거대한 다른 네트워크들, 이를테면 불안증에 관여하는 유전자 네트워크, 강박 장애에 관여하는 유전자 네트워크 등등에도 소속된다. 그리고 우리가 열심히 애쓰고는 있지만 현재로서는 겨우 두 유전자의 영향을 동시에 살펴보는 단계다.
e. 그리고 물론, 유전자와 환경은 상호작용한다. 환경과 유전자는 상호작용한다.

결론

마침내, 여러분은 (나도!) 고통스러울 만큼 길었지만 그럴 수밖에 없었던 이번 장의 끝에 다다랐다. 내가 유전적 영향의 크기가 작다느니 기술적 한계가 있다느니 하는 이야기를 한참 늘어놓았지만, 그렇다고 해서 유전학을 아예 무시해서는 절대로 안 된다. 과거에 사회정치학계에서는 실제로 그런 움직임이 있었다(내 지적 청년기였던 1970년대에는 '크랜베리색 나팔바지 시대'와 '존 트래볼타 스타일의 흰 양복 시대' 사이에 빙하기로 '유전자는 행동과 아무 관련이 없다고 보는 시대'가 있었다).

유전자는 행동과 아주 많은 관련이 있다. 아니, 인간의 행동 면에서의 모든 특질이 유전자의 변이에 어느 정도는 영향을 받는다고 말하는 편이 더 정확하겠다.[65] 그럴 수밖에 없다. 유전자는 모든 신경전달물질과 호르몬과 수용체와 기타 등등에서 중요하게 작용하는 모든 단백질의 구조를 지정하기 때문이다. 그리고 유전자는 행동 면에서의 개인차와도 많은 관련이 있다. 전체 유전자 중 다수가 다형태성, 즉 여러 형태로 존재한다는 점을 고려할 때 그럴 수밖에 없다. 하지만 유전자의 효과는 철저히 맥락 의존적이다. 우리는 유전자가 무슨 일을 하는지 물을 것이 아니라, 유전자가 특정 환경에서 또한 특정 유전자 네트워크의 일부로서 발현될 때 무슨 일을 하는지 물어야 한다(즉, 유전자/유전자/유전자/유전자……/환경 상호작용이다).

따라서, 유전자는 사실상 필연성의 동의어가 아니다. 유전자는 단지 맥락 의존적 성향, 경향성, 잠재성, 취약성을 지시할 뿐이다. 그리고 그것 또한 우리가 이 책에서 살펴보는 다른 요인들, 생물학적이거나 비생물학적인 온갖 요인들로 구성된 큰 그림의 일부다.

드디어 이 장이 끝났으니, 다들 화장실도 다녀오고 냉장고에 무슨 군것질거리가 있는지도 보고 그러자.

9장

수백 년 전에서 수천 년 전

언뜻 딴소리로 들릴 수도 있는 이야기로 이 장을 시작하고자 한다. 4장과 7장에서 우리는 뇌, 호르몬, 행동에 성차가 있다는 통념을 일부 부서뜨렸다. 하지만 지속적으로 사실로 확인된 성차가 하나 있기는 하다. 이 책의 주제와 먼 이야기처럼 들릴지도 모르겠지만, 내 말을 더 들어보시라.

초등학생 때부터 학생들에게 놀랍도록 일관되게 드러나는 현상이 하나 있으니, 남학생들이 여학생들보다 수학을 더 잘한다는 것이다. 평균 성적을 따지자면 차이가 미미하지만, 분포의 최상위에 해당하는 수학 영재들 사이에서는 차이가 크다. 예를 들어, 1983년에 미국 수학능력시험SAT 수학 과목에서 최상위 백분위수에 해당하는 여학생이 1명이라면 남학생은 11명이었다.

왜 이런 차이가 있을까? 테스토스테론이 중요한 역할을 한다는 가설이 있다. 발달과정중에 테스토스테론이 수학적 사고에 관여하는 뇌 영역의 성장을 촉진하는데다가, 성인에게 테스토스테론을 주입했을 때 수학 능력이 다소 향상되었다는 결과가 있기 때문이다. 오케이, 생물학적인 차이라는 거지.

하지만 2008년 『사이언스』에 발표된 논문을 보자.[1] 저자들은 40개국을

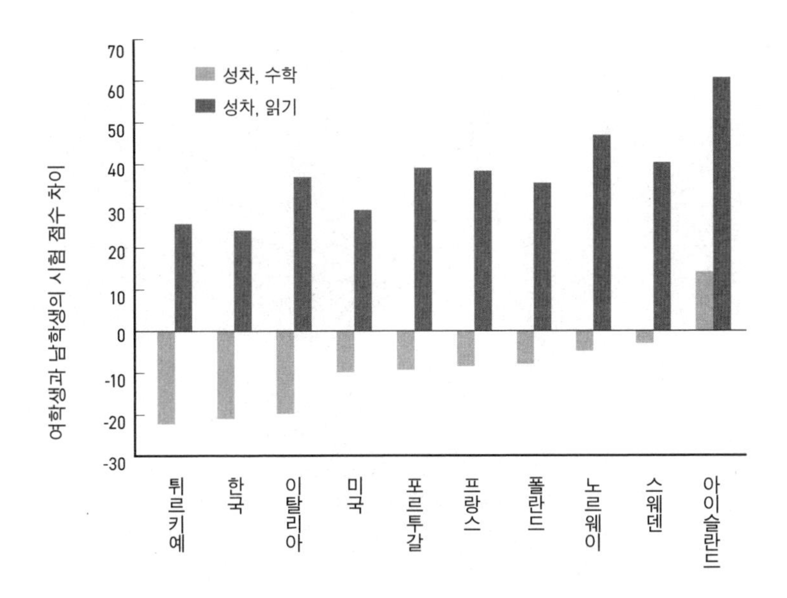

L. 구이소 외, 「문화, 젠더, 그리고 수학」 『사이언스』 320(2008): 1164.

대상으로 수학 점수와 성평등 수준의 관계를 조사했다(국가들의 경제·교육·정치 관련 성평등 지수를 근거로 삼았는데, 최악은 튀르키예였고 미국은 중간이었고 최고는 당연히 스칸디나비아 국가들이었다). 그 결과는? 보시라, 성평등이 이뤄진 나라일수록 수학 점수의 성차가 적은 것으로 드러났다. 스칸디나비아 국가들에 이르러서는 성차가 통계적으로 사실상 무의미하다. 당시 세계 최고의 성평등 국가였던 아이슬란드에 이르면, 여학생들이 오히려 남학생들보다 수학을 더 잘했다.*

달리 말해, 물론 장담할 순 없는 일이지만, 뒤의 사진에서 제 남편 옆에 앉은 아프가니스탄 소녀보다는 그다음 사진의 스웨덴 소녀가 그래프 이론의 에르되시-허이널 추측을 풀 가능성이 더 높다.

* 인지 영역에서 역시 일관되게 성차가 드러나는 항목은 여자아이들이 남자아이들보다 읽기를 더 잘한다는 현상인데, 이 현상은 성평등 사회에서 사라지지 않는다. 이 성차는 오히려 더 커진다.

9x5=45

또 달리 말해, 문화는 중요하다. 문화는 언제 어디서나 우리를 따라다닌다. 한 예로 유엔 대사들의 본국의 부패 수준, 즉 정부의 권력 및 재정 사용에서 투명성이 얼마나 부족한가 하는 정도는 대사들이 맨해튼에서 주차위반 딱지를 얼마나 많이 체납하는가 하는 수준을 예측했다. 문화의 잔재는 오래간다. 시아파와 수니파는 1400년 전의 승계 문제로 지금까지 서로를 학살한다. 33개국을 대상으로 1500년의 인구밀도를 조사한 결과는 2000년 각국 정부의 권위주의 정도를 상당히 가깝게 예측한다. 지난 수천 년 동안, 어느 문명이 노동집약적 괭이 경작과 자본집약적 쟁기 경작 중 무엇을 언제 채택했는가 하는 것은 오늘날 해당 지역의 성평등 수준을 예측하는 것으로 드러났다.[2]

또또 달리 말해, 우리가 어떤 행동, 가령 방아쇠를 당기는 행동이나 타인의 팔을 건드리는 행동을 생물학적 틀로 설명하고자 할 때는 문화를 여러 설명 요인 중 하나로 포함하는 편이 바람직하다.

따라서 이 장의 목표는 다음과 같다.

* 문화 차이가 최선의 행동과 최악의 행동에 미치는 영향에 어떤 체계적 패턴이 있는지를 살펴본다.
* 서로 다른 뇌가 어떻게 서로 다른 문화를 만들어내는지, 거꾸로 서로 다른 문화가 어떻게 서로 다른 뇌를 만들어내는지 살펴본다. 한마디로, 문화와 생물학이 어떻게 공진화하는지 살펴본다.[3]
* 생태학적 조건이 문화 형성에 미치는 영향을 알아본다.

문화의 정의, 그리고 유사성과 차이점

'문화'의 정의는 물론 다양하다. 개중에서도 19세기 뛰어난 문화인류학자였던 에드워드 타일러가 제안한 정의가 영향력 있다. 타일러는 문화를 "인간이 사회 구성원으로서 습득하는 지식, 믿음, 예술, 도덕, 법, 관습, 그 밖의 역량과 습관을 모두 포함하는 총체적인 무엇"으로 정의했다.[4]

딱 보면 알 수 있듯이, 이 정의는 인간만이 갖고 있는 특징에 치우친 편이다. 그러던 중 1960년대에 제인 구달이 모두를 깜짝 놀라게 만들었으니, 지금은 상식이 된 사실인바, 침팬지가 도구를 만들어 쓴다는 사실을 보고한 것이었다. 구달이 관찰한 침팬지들은 잔가지에서 나뭇잎을 떼어낸 뒤 흰개미 집에 찔러넣었다. 그랬다가 도로 빼내면 나뭇가지를 깨문 흰개미들까지 따라 나오고, 침팬지는 그 흰개미들을 간식으로 즐겼다.

이것은 시작에 불과했다. 이후 연구자들은 침팬지가 다양한 도구를 쓴다는 걸 발견했다. 침팬지는 나무나 바위를 모루처럼 써서 그 위에 견과를 내리쳐 깨먹었고, 나뭇잎을 잘근잘근 씹어서 뭉친 것으로 손이 잘 닿지 않는 곳의 물을 흡수시켜 먹었다. 더 충격적인 사실로, 나뭇가지를 창처럼 날카롭게 다듬은 것으로 갈라고원숭이를 사냥하기도 했다.[5] 서로 다른 침팬지 집단은 서로 다른 도구를 쓴다. 신기술은 (다른 집단과 어울리는 개체들의) 사회적 연결망을 통해 퍼져나간다. 새끼들은 어미를 지켜보며 요령을 배운다. 다른 집단으로 이주하는 개체 덕분에 집단에서 집단으로 기술이 옮아간다. 4천 년 전에 침팬지가 견과를 깰 때 썼던 도구가 발굴되기도 했다. 그중에서도 내가 제일 좋아하는 사례는 도구 사용과 장신구 착용의 중간쯤 되는 현상이다. 어느 날, 잠비아의 한 암컷 침팬지가 길쭉한 풀잎을 귀에 꽂고 다니면 좋겠다는 생각을 떠올렸다. 그것은 명백한 기능이 없는 행동이었다. 그 암컷은 그냥 귀에 풀잎을 대롱대롱 매달고 다니는 게 좋은 듯했다. 자기가 좋다는데 누가 뭐라겠는가. 암컷은 이후 몇 년 동안 그렇게 했고, 그러자 차츰 그 행동이 집단 전체로 퍼졌다. 패셔니스타의 탄생이었다.

구달의 발견을 시작으로 이후 몇십 년 동안 과학자들은 유인원과 원숭이, 코끼리, 해달, 몽구스에게서도 도구 사용을 목격했다.[6] 돌고래는 해저에 묻힌 물고기를 파낼 때 바다수세미를 사용한다. 새들은 둥지를 지을 때나 먹이를 잡을 때 도구를 쓴다. 가령 어치와 까마귀는 침팬지와 비슷하게 잔가지를 활

E. 반 레이우엔 외, 「침팬지(판 트로글로디테스)의 집단별 임의적 전통」 『동물 인지』 17(2014): 1421.

용하여 곤충을 캐낸다. 두족류, 파충류, 어류도 도구를 쓴다.

이런 발견은 물론 엄청나게 인상적이다. 하지만 다른 동물들의 그런 문화적 전수는 발전을 보이지 않는다. 올해 침팬지가 만든 견과 깨기 도구는 4천 년 전 도구와 엇비슷하다. 소수의 예외를 제외하고(뒤에서 더 말하겠다), 비인간의 문화는 거의 전적으로 물질문화다(이를테면 사회조직 같은 문화는 아니다).

아무튼 이리하여, 문화의 고전적 정의가 인간에게만 해당되는 것은 아니라고 밝혀졌다.[7] 문화인류학자들은 대체로 구달의 혁명에 열광하지 않았고—잘됐네, 이제 라피키가 심바에게 라이온 킹이 되라고 설득했다는 걸 동물학자들이 보고할 차례가?—요즘은 침팬지를 비롯한 어중이떠중이 종들을 제외하는 문화의 정의를 강조하는 편이다. 그런 학자들은 앨프리드 크로버, 클라이드 클러크혼, 클리퍼드 기어츠의 사상을 선호하는데, 중량급 사회인류학자였던 세 사람은 문화의 정수란 사상과 상징이지 그것들이 드러난 행동 자체 혹은 돌칼이나 아이폰 같은 물질적 산물이 아니라고 주장했다. 한편 리처드 슈웨더를 비롯한 현대의 인류학자들은 옳고 그름에 대한 도덕적이고 본능적인 개념이 중요하다고 강조하는데, 이것은 문화의 감정적 측면을 좀더 부각한 것이기는 해도 여전히 인간 중심적이다. 그리고 물론 포스트모더니즘주의자들은 이런 견해를 비판했다. 그 이유를 설명하기 시작하면 끝이 없으니 시작도 하지 말자.

나는 기본적으로 이런 논쟁에는 발도 들이고 싶지 않다. 지금 이 책에서는 프란스 드 발이 주장했던 직관적 정의만으로 충분하다. 드 발은 '문화'를 유전이 아닌 다른 방식으로 전달되는 행동 양식과 사고방식으로 정의했다.

이 폭넓은 정의를 채택하기로 하고, 그렇다면 여러 인간 문화들을 훑어보았을 때 가장 놀라운 점은 그들 사이의 유사성일까 차이점일까? 당신의 취향에 따라 다를 것이다.

만약 유사성이 흥미로워 보인다면, 그런 점은 숱하게 찾아낼 수 있다. 여러 인간 집단들이 서로 독자적으로 농업, 문자, 도예, 방부 처리, 천문학, 화폐 주조를 발명했다는 것만 봐도 알 수 있지 않은가. 유사성의 극단적 차원에 있는 것이 이른바 인간 보편성으로, 어떤 것이 인간 보편성에 해당하는 특징인가에 대해서는 많은 학자들이 저마다 목록을 제안했다. 개중 가장 길고 가장 자주 인용되는 목록은 인류학자 도널드 브라운이 작성한 목록이다.[8] 그가 제안한 문화 보편성 목록의 일부를 소개하면 다음과 같다. 미학, 마술, 남녀의 천성이 다르다고 보는 관념, 유아어, 신, 변성 의식 상태를 유도하는 행위, 혼인, 신체 장식, 살인, 특정 종류의 살인을 금함, 친족 용어, 숫자, 조리,

사적인 섹스, 이름, 춤, 놀이, 옳고 그름의 구분, 족벌주의, 특정 종류의 섹스를 금함, 감정이입, 호혜성, 의례, 공정 개념, 사후세계에 관한 신화, 음악, 색깔 용어, 금기, 가십, 이분법적 성별 용어, 내집단 편애, 언어, 유머, 거짓말, 상징, '그리고'를 뜻하는 언어적 개념, 도구, 거래, 배변 훈련. 겨우 일부만 나열해도 이 정도다.

이 장의 목적에 비추어 볼 때 더 흥미로운 것은 차이점이다. 사람들이 경험하는 삶이, 삶에 주어진 자원과 특혜가, 살면서 겪는 기회와 궤적이 문화마다 어마어마하게 다르다는 점이다. 문화 차이가 빚어낸 놀라운 인구통계학적 사실들을 맛보기로 살펴보자. 모나코에서 태어난 여자 아기의 기대 수명은 93세인데, 앙골라 여아의 기대 수명은 39세다. 라트비아의 문해율은 99.9%인데, 니제르는 19%다. 아프가니스탄 신생아의 10% 이상이 생후 첫 해에 죽지만, 아이슬란드에서는 그 수치가 0.2%다. 카타르의 일인당 국내 총생산은 13만 7000달러인데, 중앙아프리카공화국은 609달러다. 남수단 여성의 출산중 사망률은 에스토니아 여성보다 약 1천 배 높다.[9]

폭력의 경험도 문화에 따라 차이가 엄청나다. 온두라스 사람은 싱가포르 사람보다 살해될 확률이 450배 더 높다. 중앙아프리카공화국에서는 여성의 65%가 친밀한 관계의 파트너에 의한 폭력을 겪는데, 동아시아에서는 그 비율이 16%다. 남아프리카공화국 여성이 강간당할 확률은 일본 여성보다 100배 이상 높다. 루마니아, 불가리아, 우크라이나의 학생이 또래의 상습적 괴롭힘을 겪을 가능성은 스웨덴, 아이슬란드, 덴마크의 학생보다 10배쯤 높다(뒤에서 더 자세히 알아보겠다).[10]

성별에 관련된 문화 차이도 잘 알려져 있다. 한편에는 완전한 성평등을 향해 다가가는 스칸디나비아 국가들이 있고 르완다처럼 하원의원의 63%가 여성인 나라도 있지만, 다른 한편에는 여성이 남성 후견인을 동반하지 않고서는 집밖에 나갈 수 없는 사우디아라비아가 있고 예멘·카타르·통가처럼 여성 의원의 비율이 0%인 나라가 있다(미국은 20%쯤 된다).[11]

응답자의 93%가 행복과 사랑을 느끼며 산다고 대답한 필리핀이 있는가

하면, 아르메니아에서는 응답자의 29%만이 그렇게 답했다. 경제 게임을 할 때, 그리스와 오만 사람들은 속임수를 쓰는 상대가 아니라 지나치게 너그러운 상대를 처벌하는 데 자원을 쓰는 경우가 다른 나라 사람들보다 더 많았다. 반면 오스트레일리아 사람들은 그런 '반사회적 처벌' 행위를 전혀 행하지 않았다. 친사회적 행위에 대한 기준도 문화마다 차이가 크다. 한 다국적 은행에 근무하는 직원들을 대상으로 한 조사에서, 연구자들은 그들에게 남을 돕는 이유가 무엇이냐고 물었다. 가장 많이 나온 대답은 무엇이었을까? 미국인 응답자들은 상대가 과거에 자신을 도운 적 있기 때문이라고 답했고, 중국인 응답자들은 상대가 자신보다 고위직이라서 그렇다고 답했고, 스페인 응답자들은 상대가 친구 혹은 지인이라서 그렇다고 답했다.[12]

황새가 당신을 어느 문화권에 물어다주었느냐에 따라서 당신의 삶이 천양지차로 달라질 수 있는 것이다. 그런데 이런 차이들을 찬찬히 살펴보면, 그 속에서 몇 가지 유효한 패턴과 대비와 이분법을 읽어낼 수 있다.

집단주의 문화 대 개인주의 문화

7장에서 짧게 소개했듯이, 비교문화적 심리 연구의 대다수는 집단주의 문화와 개인주의 문화를 비교한 연구다. 그리고 이런 연구는 거의 대부분 집단주의적 동아시아 문화와 개인주의 문화의 왕중왕인 미국 문화를 비교했다.* 정의에 따르면, 집단주의 문화는 조화, 상호의존, 순응을 중시하고 집단의 요구가 개인의 행동을 이끈다. 반면 개인주의 문화는 독자성, 개인의 성취, 독특함, 개인의 요구와 권리를 중시한다. 좀 신랄하게 표현하자면, 개인주의 문화

* 이 장에서 미국인과 동아시아인을 비교하고 뒤에서 미국 문화와 다른 문화들을 비교한 걸 보고 나면, 많은 문화적 측면에서 가장 큰 이분법은 미국(과 서유럽) 대 나머지 세계 전체라고 볼 수 있음을 여러분도 실감할 것이다. 미국인은 'WEIRD(위어드)' 그 자체다. 서구적이고(westernized), 교육받았고(educated), 산업화되었고(industrialized), 부유하고(rich), 민주적이다(democratic).

는 너무나도 미국다운 개념인 '내가 최우선'으로 요약된다. 한편 집단주의 문화는 미국평화봉사단 교사들이 집단주의 국가에서 겪는 전형적인 체험으로 요약될 수 있는데, 학생들에게 수학 문제를 내고 답을 맞혀보라고 하면 아는 학생들조차 튀기 싫고 친구들을 부끄럽게 하기 싫어서 손을 들지 않는 현상이다.

개인주의/집단주의 문화의 대비는 몹시 뚜렷하다. 개인주의 문화의 구성원들은 독창성과 개인의 성취를 더 많이 추구하고, 일인칭 대명사를 더 많이 쓰고, 자신을 관계보다("나는 부모입니다") 개인적 성질로("나는 건축업자입니다") 정의하고, 자신의 성공을 상황 요인보다("내가 적절한 시기에 적당한 장소에 있었기 때문이죠") 내적 요인의 덕으로("내가 X를 아주 잘하기 때문이죠") 돌린다. 과거를 기억할 때는 사회적 상호작용보다("그해 여름은 우리가 친구가 된 시기였죠") 사건을("그해 여름은 내가 수영을 배운 때였어요") 떠올린다. 집단적 노력보다 개인적 노력에서 동기와 만족을 얻는다(이 사실은 미국의 개인주의가 불순응의 문화라기보다 비협력의 문화에 가깝다는 것을 보여준다). 경쟁의 동인은 남들보다 앞서고 싶다는 데서 온다. '소시오그램'을 그려보라고 하면—자신과 친구들을 각각 원으로 그리고 원들을 선으로 이어서 사회적 연결망을 표현하는 교우 도식이다—미국인은 자신에 해당하는 원을 정중앙에 가장 크게 그리는 편이다.[13]

대조적으로, 집단주의 문화의 구성원들은 사회적 이해 능력이 더 뛰어나다. 몇몇 연구에 따르면, 이들은 마음 이론을 발휘해야 하는 작업을 더 잘하고, 타인의 관점을 더 정확히 이해한다. 이때 '관점' 파악은 타인의 추상적 사고를 헤아리는 작업뿐 아니라 어떤 물체가 타인의 위치에서 어떻게 보일까 하는 작업까지 포함한다. 이들은 누군가가 또래 압력 때문에 규범을 어겼을 때 집단을 더 많이 비난하는 편이고, 어떤 행동에 대해서 상황적 설명을 더 많이 하는 편이다. 경쟁의 동인은 남들에게 뒤처지지 않으려는 데서 온다. 소시오그램을 그릴 때, '나'에 해당하는 원을 정중앙에 그리지 않고 제일 크게 그리지도 않는다.

이런 문화 차이는 자연히 생물학적 차이로도 드러난다. 가령 개인주의 문화의 구성원들은 친척이나 친구의 사진을 볼 때보다 자기 사진을 볼 때 (정서적) 안쪽이마앞엽 겉질이 더 강하게 활성화하는데, 동아시아 피험자들은 활성화 정도가 훨씬 낮다.* 심리적 스트레스에 드러난 비교문화적 차이를 보여주는 예로서 내가 제일 좋아하는 또다른 예를 들면, 자유 연상을 해보라고 시켰을 때 미국인은 자신이 남에게 영향을 미쳤던 사건을 떠올리는 경우가 동아시아인에 비해 더 많고, 동아시아인은 남이 자신에게 영향을 미쳤던 사건을 떠올리는 경우가 더 많다. 미국인에게 남이 자신에게 영향을 미쳤던 일을 자세히 말해보라고 하거나 동아시아인에게 자신이 남에게 영향을 미쳤던 일을 자세히 말해보라고 하면, 둘 다 그런 사건을 떠올리는 게 불편하기 때문에 스트레스로 인해 글루코코르티코이드가 분비된다. 스탠퍼드대학교 동료이자 친구인 진 차이와 브라이언 넛슨은 유럽계 미국인들은 흥분한 표정을 보았을 때 중변연계 도파민 시스템이 활성화하지만 중국인들은 차분한 표정을 보았을 때 활성화한다는 것을 연구로 보여주었다.

13장에서 이야기할 텐데, 이런 문화 차이는 서로 다른 도덕 체계를 낳는다. 집단주의 사회 중에서도 가장 전통적인 사회에서는 순응과 도덕이 사실상 동의어이고, 규범을 강제할 때 죄책감보다("내가 그 짓을 하고서 자신에게 떳떳할 수 있을까?") 수치심에("그러면 남들이 날 어떻게 보겠어?") 의지한다. 집단주의 문화는 보다 공리주의적이고 결과주의적인 도덕적 입장을 두둔한다(예를 들면, 폭동을 방지하기 위해서 무고한 개인을 투옥하는 일을 더 선뜻 지지한다). 집단주의 문화는 집단을 엄청나게 중시하기 때문에, 그 구성원들은 개인주의 문화의 구성원들보다 내집단 편향이 더 강하다. 한 연

* 이런 연구는 제대로 해내기가 엄청 어렵다. 뇌 촬영은 과학인 동시에 약간은 예술이라서, 지구 반대편에 있는 두 스캐너와 촬영 규약으로 얻은 데이터를 정량적으로 비교한다는 건 만만찮은 일이다. 대안은 두 문화의 피험자들을 한 스캐너로 조사하는 것이지만, 이 또한 만만찮다. 그렇게 모은 피험자들은 대표성이 없을 것이다. 그중 절반은 유학생일 가능성이 높기 때문이다. 유학생은 보통 정보가 많고, 부유하고, 미국의 대학 도시로 건너와서 심리학개론 연구의 피험자를 자원할 만큼 모험심이 큰 편이다.

구에서, 과학자들은 한국계 미국인 피험자들과 유럽계 미국인 피험자들에게 각자의 내집단 혹은 외집단 구성원이 고통스러워하는 모습이 담긴 사진을 보여주었다. 모든 피험자가 내집단 구성원을 볼 때 감정이입이 더 많이 되었다고 보고했고, 실제로 그때 그들의 뇌에서 마음 이론을 관장하는 영역이(가령 관자마루이음부가) 더 많이 활성화했다. 하지만 편향의 정도는 한국계 피험자들이 훨씬 더 컸다. 그리고 개인주의 문화에 소속된 피험자든 집단주의 문화에 소속된 피험자든 각자의 외집단 구성원을 경시하는 점은 같았으나, 둘 중 전자만이 내집단에 대한 평가를 부풀렸다. 달리 말하면, 동아시아인은 미국인과는 달리 굳이 내집단을 치켜세우지 않고도 외집단을 열등하다고 볼 수 있었다.[14]

흥미로운 점은 이런 차이가 뜻밖의 방향으로도 작용한다는 것이다. 이 사실은 이 분야의 거장인 미시간대학교의 리처드 니스벳이 개척한 연구에서 드러났다. 서구인은 문제 풀이에서 더 직선적인 방식을 택하는 편이고, 공간 부호보다 언어 부호에 더 의지하는 편이다. 피험자들에게 공의 움직임을 설명해보라고 시키면, 동아시아인은 공이 환경과 상호작용함으로써—마찰함으로써—생기는 관계적 요소로 설명하는 편이지만 서구인은 공의 무게나 밀도와 같은 내적 특질에 집중하는 편이다. 서구인은 길이를 절대 용어로 더 정확히 알아맞히지만("이 선의 길이는?"), 동아시아인은 상대적 가늠을 더 잘한다("이 선은 저 선보다 얼마나 더 깁니까?"). 또 이 문제를 보자. 원숭이, 곰, 바나나 중에서 어울리는 것을 두 가지만 묶으라면? 서구인은 범주적으로 사고하여 원숭이와 곰을 묶는다. 둘 다 동물이니까. 동아시아인은 관계적으로 사고하여 원숭이와 바나나를 묶는다. 원숭이를 생각하면 원숭이의 먹이가 떠오르니까.[15]

놀랍게도, 문화 차이는 감각 처리에서도 드러난다. 서구인은 정보를 좀더 집중된 방식으로 처리하는 데 비해 동아시아인은 보다 전체적인 방식으로 처리한다.[16] 어떤 복잡한 장면 한가운데에 사람이 한 명 서 있는 사진을 보여주면, 동아시아인은 맥락에 해당하는 배경을 더 정확히 기억하지만 서구인은 중앙의 사람을 더 잘 기억한다. 심지어 눈동자의 움직임에서도 이런 차이가 관찰된다. 서구인의 눈은 보통 맨 먼저 사진의 중앙을 보지만, 동아시아인의 눈은 전체 배경을 훑는다. 게다가 서구인에게 사진의 전체 맥락에 집중하라고 시키거나 동아시아인에게 중앙의 대상에 집중하라고 시키면, 그들의 이마엽 겉질이 더 열심히 일하느라 더 많이 활성화한다.

7장에서 보았듯이, 우리는 생애의 아주 초기부터 문화적 가치를 몸에 새긴다. 그러니 문화가 성공, 도덕, 행복, 사랑, 기타 등등에 대한 우리의 태도에 영향을 미친다는 사실은 크게 놀랍지 않다. 하지만 우리 눈이 그림의 어느 부분에 집중하는지, 우리가 원숭이와 바나나를 어떻게 생각하는지, 공의 궤적을 물리학적으로 어떻게 생각하는지에도 문화 차이가 영향을 미친다는 것은 놀랍게 느껴진다. 문화의 영향은 실로 엄청나다.

집단주의/개인주의 문화 비교에서 유념해야 할 주의사항도 당연히 있다.

* 가장 중요한 점은, 모든 문제에서 그렇듯이 이 현상도 '평균적으로 그렇다'는 것이다. 서구인 중에도 대다수 동아시아인보다 더 집단주의적인 사람이 무수히 많다. 대체로 다양한 성격 지표에서 개인주의 성향이 높게 측정된 사람일수록 뇌 촬영에서도 개인주의적 패턴이 강하게 확인된다.[17]
* 문화는 시대에 따라 변한다. 동아시아에서는 집단에 대한 개인의 순응 수준이 갈수록 낮아지는 추세다(가령 일본에서는 신생아에게 독특한 이름을 지어주는 비율이 갈수록 늘고 있다). 그리고 한 개인이 특정 문화에 주입된 정도가 빠르게 바뀔 수도 있다. 피험자에게 사진을 보여주기 전에 개인주의 문화 혹은 집단주의 문화를 연상시키는 단서를 접하게 하면, 피험자가 사진을 전체적으로 처리하는 정도가 그 단서에 따라 바뀐다. 이중 문화에 속하는 사람의 경우에는 특히 더 그렇다.[18]
* 집단주의 문화와 개인주의 문화의 인구 집단 사이에 유전적 차이

도 있다는 것을 잠시 후 살펴볼 텐데, 그렇다고 해서 여기에 무슨 유전적 운명이 있다는 뜻은 아니다. 이 결론을 뒷받침하는 가장 훌륭한 증거는 이런 연구에서 흔히 대조군으로 사용되는 집단, 즉 동아시아계 미국인들에서 나온다. 동아시아에서 미국으로 이주한 이민자의 후손이 유럽계 미국인과 같은 수준의 개인주의를 습득하는 데는 일반적으로 약 한 세대면 충분하다.[19]

* 당연한 소리지만, '동아시아인'이나 '서구인'은 단일한 집단이 아니다. 베이징 출신 사람과 티베트 고원 출신 사람에게 물어보라. 아니면 버클리, 브루클린, 빌럭시 출신의 세 미국인을 고장나서 정지한 엘리베이터에 몇 시간 함께 넣어두고 지켜보라. 앞으로 보겠지만, 한 문화 내에도 크나큰 변이가 존재한다.

사람들이 지구의 한쪽에서는 집단주의 문화를 발달시키고 다른 쪽에서는 개인주의 문화를 발달시킨 이유가 무엇일까? 미국이 개인주의 문화의 대표가 된 데는 최소 두 가지 이유가 있다. 첫째는 이민이다. 현재 미국 인구의 12%는 이민자이고, 또다른 12%는 (나처럼) 이민자의 자식이고, 0.9%의 순수 원주민 인구를 제외한 나머지는 모두 지난 500년 안에 이주해온 사람들의 후손이다.[20] 이민자는 어떤 사람들인가? 안정된 옛 사회에서 괴짜, 불평분자, 만족하지 못하는 자, 이단자, 말썽꾼, 과잉활동성이 있는 자, 경조증이 있는 자, 인간 혐오자, 역마살이 든 자, 관습적이지 않은 자, 자유를 갈망하는 자, 부를 갈망하는 자, 지루하고 억압적인 코딱지만한 마을에서 벗어나고자 갈망하는 자, 아무튼 갈망하는 자였다. 거기에 두번째 이유를 겹쳐보자. 식민지 시절과 독립국 역사를 아울러 대부분의 기간에 미국에는 끊임없이 확장하는 개척지가 있었다. 신세계로의 티켓만으로는 모자라다고 느낄 만큼 극단적인 낙관주의를 품었던 사람들은 그곳에 끌렸다. 자, 그 결과가 바로 개인주의 문화의 대명사 미국이었다.

동아시아가 집단주의 문화의 교과서적 사례가 된 까닭은 무엇일까?[21] 사람들이 전통적으로 생계를 꾸린 방식이 문화에 영향을 준다는 것, 그 방식은 생태학적 요소의 영향을 받는다는 것이 설명의 열쇠다. 동아시아에서 생계는 첫째도 둘째도 쌀농사였다. 약 1만 년 전부터 경작된 벼는 막대한 양의 집단 노동을 필요로 하는 작물이다. 벼를 심고 거두는 일은 집집이 돌아가며 하는데, 한 집의 논작물을 수확하는 데만도 온 마을이 매달려야 하기 때문이다.* 노역은 그뿐만이 아니다. 처음에 환경을 바꾸는 데도, 그러니까 산을 깎아 계단식 논을 만들거나 논에 물을 대기 위한 관개시설을 만들고 유지하는 데도 집단 노동이 필요하다. 용수를 공평하게 나누는 것도 문제다. 발리에서는 사제들이 물을 관리한다. 발리의 명물인 물의 사원들이 그 상징이다. 중국 청두시 근처에는 5000제곱킬로미터가 넘는 논에 물을 대는 두장옌이라는 이름의 관개 체계가 있는데, 그 역사는 무려 2000년이 넘는다. 동아시아에서 집단주의의 뿌리는 벼의 뿌리만큼이나 깊다.**

2014년 『사이언스』에는 예외를 살펴봄으로써 이 벼농사/집단주의의 관계를 강화한 훌륭한 논문이 실렸다.[22] 중국 북부에는 벼농사를 짓기 힘든 지역들이 있다. 그곳 사람들은 수천 년 전부터 대신 밀을 길렀다. 밀 농사는 집단주의보다는 개인주의에 가까운 농사다. 그곳 사람들에게 개인주의/집단주의 문화를 확인하는 표준 시험을 치르게 했더니(소시오그램 그리기, 혹은 토끼와 개와 당근 중 비슷한 것 두 개를 묶으라면?), 아니나다를까 그 결과는 서구인에 가까웠다. 그 지역은 개인주의의 지표로 간주되는 다른 두 가지 항목에서도 벼농사를 짓는 지역과 달랐으니, 높은 이혼율과 높은 창의성—특허 신청 건수로 측정했다—을 보인다는 것이었다. 중국 북부에서 개인주의의 뿌리는 밀의 뿌리만큼이나 깊다.

집단주의/개인주의 연구에서는 보기 드물게 아시아인과 서구인을 비교하

* 미국도 노동집약적 농업이 과거에 없진 않았다. 하지만 그 과제를 집단주의가 아니라 노예제로 풀었다.

** 벼의 뿌리가 정말 그렇게 깊은지, 솔직히 나는 전혀 모른다. 하지만 이 비유를 너무너무 쓰고 싶었다.

지 않은 한 연구에서도 생태, 생산 양식, 문화의 연관성이 확인되었다.[23] 연구 대상은 흑해에 면한 튀르키예의 한 지방으로, 해안을 따라 산맥이 솟아 있는 지형이었다. 그곳에서는 어업으로 먹고사는 사람들, 바다와 산 사이의 좁은 땅에서 농사를 짓는 사람들, 산에서 양을 치는 사람들이 서로 가까이 살았다. 세 집단은 언어도, 종교도, 유전자도 같다.

목축은 혼자 하는 일이다. 한편 그곳 농부들과 어부들은, 벼농사를 짓는 사람들에 비할 바는 아니지만, 무리를 지어 밭에서 일하고 배를 탈 때도 여럿이 탄다. 조사 결과, 목동들은 농부들이나 어부들보다 덜 전체적으로 사고하는 편이었다. 목동들은 길이를 절대적으로 가늠하는 데 능했고, 농부들과 어부들은 상대적 가늠에 능했다. 장갑과 스카프와 손을 보여주었을 때, 목동들은 범주적으로 장갑과 스카프를 묶은 데 비해 농부들과 어부들은 관계적으로 장갑과 손을 묶었다. 연구자들의 말을 빌리면, "사회적 상호의존은 전체주의적 사고를 촉진한다".

율법을 준수하는 정통파 가정에서 자란 유대인 소년들과 (신앙과 행동에 관한 공동의 규칙이 매사를 지배하는 환경이다) 훨씬 더 개인주의적인 세속적 가정에서 자란 유대인 소년들을 비교한 연구에서도 같은 패턴이 확인되었다. 정통파 가정의 소년들은 시각 처리를 더 전체적으로 했고, 세속 가정의 소년들은 더 집중된 방식으로 했다.[24]

동아시아/서구의 집단주의/개인주의 이분법은 놀랍게도 유전자 차원에서도 상응하는 현상으로 드러난다.[25] 앞 장에서 도파민과 DRD4, 즉 D4 수용체 유전자를 살펴보았던 것을 기억할 것이다. DRD4는 변이가 유난히 많은 유전자로, 인간의 경우 최소 25가지 변이체가 있다(다른 영장류들은 이보다 적다). 그런데 이 변이는 DNA 서열의 부동에 의한 무작위적이고 무의미한 변이가 아니다. 강력한 선택압을 받아서 선택된 변이다. 가장 흔한 형태는 4R 변이체로, 동아시아인과 유럽계 미국인의 절반가량이 이 변이체를 갖고 있다. 7R 변이체도 있는데, 이 변이체가 만드는 수용체는 겉질에서 도파민 반응성이 떨어진다. 그래서 이 변이체는 새로움 추구, 외향성, 충동성에 연관된다. 이 변이체가 생겨난 것은 현대 인류보다 앞선 시점이었지만, 이 변이체가 극적으로 흔해진 것은 지난 1만 년에서 2만 년 사이였다. 유럽인과 유럽계 미국인의 약 23%가 7R 변이체를 갖고 있다. 동아시아인은? 겨우 1%만이 갖고 있다.

그렇다면 7R의 발생 빈도 변화와 문화의 변화 중에서 어느 쪽이 먼저였을까? 4R과 7R 변이체, 그리고 2R 변이체는 전 세계에 퍼져 있다. 그것은 곧 인류가 13만 년 전에서 6만 년 전 사이에 아프리카로부터 퍼져나갔을 때 이미 존재했던 변이체라는 뜻이다. 그런데 예일대학교의 케네스 키드가 7R의 분포를 조사한 것을 보면, 한 가지 눈에 띄는 점이 있다.

다음 그래프에서 맨 왼쪽부터 보자. 아프리카, 유럽, 중동의 여러 인구 집단들에서는 7R이 약 10~25%의 빈도로 나타난다는 것을 알 수 있다. 오른쪽으로 나아가면, 아시아 본토에서 출발하여 섬에서 섬으로 이동함으로써 말레이시아와 뉴기니에 도달했던 집단들의 후손은 7R 빈도가 그보다 약간 더 높다. 약 1만 5000년 전에 베링 육교를 건너서 북아메리카로 이주했던 이들을 선조로 둔 무스코기, 샤이엔, 피마 등 북아메리카 부족들도 마찬가지

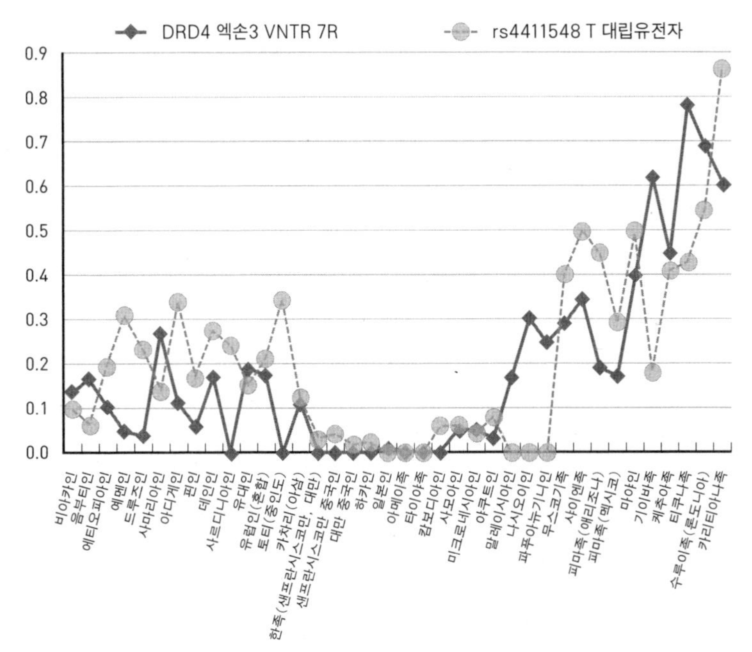

K. 키드 외, 「'인간 도파민 D4 수용체 자리의 대립유전자 빈도의 세계적 분포'에 대한 역사적 관점」『인간유전학』 133(2014).

다. 그다음은 중앙아메리카의 마야인으로, 약 40%가 7R을 갖고 있다. 그다음은 남아메리카의 기이바족과 케추아족으로, 약 55%가 갖고 있다. 마지막은 더 멀리 아마존 유역까지 내처 남하했던 이들의 후손이다. 이 티쿠나, 수루이, 카리티아나 부족은 약 70%가 7R 변이체를 갖고 있다. 세계 최고 수준이다. 달리 표현하자면, 이들은 미래의 앵커리지 시내에 도달한 뒤에도 멈추지 않고 1만 킬로미터를 더 이동하기로 결정했던 사람들의 후손이다.* 충동성과 새로움 추구에 연관되는 7R 변이체가 높은 빈도로 나타난다는 것은 인류 역사상 최대의 이주를 감행했던 이들이 남긴 유산인 셈이다.

이제 그래프 중앙을 보자. 여기에 있는 중국, 캄보디아, 일본, 대만(원주민

* 물론, 어떤 한 개인이 그만큼 멀리 이동했을 리는 없다. 인류가 서반구에서 남쪽 끝까지 이주하는 데는 수천 년이 걸렸다.

부족인 아메이와 타이야도 포함하여) 사람들은 7R 변이체 빈도가 0에 가깝다. 동아시아인이 쌀농사를 짓기 시작하며 집단주의 사회를 건설했을 때, 7R 변이체를 도태시키는 선택압이 강하게 작용했던 것이다. 키드의 표현을 빌리면, 이런 인구 집단들에서 7R은 "거의 사라졌다".* 어쩌면 7R을 가진 개체들이 행글라이딩을 발명하다가 목이 부러졌을 수도 있고, 역마살이 들어서 알래스카로 건너가려다 이미 베링 육교가 사라진 뒤라 바다에 빠져 죽었을 수도 있다. 어쩌면 그들이 짝으로서 바람직해 보이지 않았을 수도 있다. 이유야 어쨌든, 동아시아의 문화적 집단주의는 7R 변이체를 도태시키는 선택압과 함께 공진화했다.**

지금까지 보았듯이, 여러 문화적 대비 중에서도 가장 많이 연구된 이 대비의 경우에는 생태적 요인, 생산 양식, 문화 차이뿐 아니라 내분비학, 신경생물학, 유전자 빈도의 차이가 한데 뭉쳐 있다.*** 문화적 대비는 도덕, 감정이입, 양육 관습, 경쟁, 협동, 행복의 정의 등등 충분히 예상할 수 있는 측면에서도 드러나지만 상당히 뜻밖이라고 여겨지는 측면에서도 드러난다. 이를테면 우리 눈이 몇 밀리초라는 짧은 순간에 사진에서 어느 부분을 먼저 보는가 하는 점에서도, 혹은 토끼와 당근에 대해서 어떻게 생각하는가 하는 점에서도.

---

* 8장의 내용보다 더 깊이 있게 유전학을 아는 독자를 위해서 말하자면, 7R 발생 빈도가 거의 0에 가깝다는 것은 그런 문화에서는 7R의 이형접합 형태조차 아무런 이점이 없다는 뜻이다.

** 앞에서 말했듯이, 동아시아계 미국인들도 보통 이주 후 불과 몇 세대 만에 유럽계 미국인들 못지않은 개인주의자가 된다. 그러면 혹시 이주를 선택한 동아시아인들은 동아시아인 전반보다 7R 빈도가 높을까(또 중국의 밀 재배 지역 인구는 쌀 재배 인구보다 7R 빈도가 높을까)? 케네스 키드에 따르면, 아쉽게도 두 질문의 답은 아직 아무도 모른다.

*** 유전자 변이체 빈도가 충격적으로 차이 나는 또다른 사례는 세로토닌 수송체 유전자다. 앞장에서 보았듯이, 시냅스에서 세로토닌을 제거하는 세로토닌 수송체는 대단히 혼란스러운 방식으로 충동적 공격성과 연관된다. 이 유전자의 한 변이체는 스트레스 위험 인자들과 결합할 경우에 부정적 정서와 부정적 자극에 더 주의를 쏟는 편향, 불안, 우울증 위험과 연관된다. 그런데 이 변이체의 발생률은 세계적으로는 50% 미만이지만 동아시아 인구에서는 70~80%에 달한다.

유목민과 남부인

생태, 생산 양식, 문화의 연관성은 너무 건조하고 척박하고 광활하기만 해서 농사에 적합하지 않은 지역에서도 잘 드러난다. 그곳은 유목민의 세상이다. 가축을 몰고 사막이나 스텝이나 툰드라를 돌아다니는 사람들의 세상이다.

아라비아의 베두인, 북아프리카의 투아레그, 동아프리카의 소말리와 마사이, 스칸디나비아의 사미, 인도의 구자르, 튀르키예의 외뤼크, 몽골의 투바, 안데스의 아이마라가 그런 부족들이다. 그들은 양, 염소, 소, 라마, 낙타, 야크, 말, 순록을 친다. 그 동물들의 고기, 젖, 피를 주식으로 삼고, 털과 가죽을 거래한다.

그런 거친 환경에서 생겨난 유목 문화들 사이에 유사성이 있다는 것, 그리고 그런 문화들은 보통 중앙정부와 법치의 영향을 최소한으로만 받는다는 것을 인류학자들은 예전부터 관찰로 알고 있었다. 유목 문화의 핵심이라고 할 수 있는 사실은 그 척박하고 외진 환경에서 나온 것이니, 바로 도둑이 남의 밭작물을 싹 훔쳐가거나 수렵채집인이 거둬 먹는 식물을 싹 털어갈 수는 없어도 남이 키우는 가축을 훔쳐갈 수는 있다는 것이다. 이것이 목축의 취약성이다. 유목민의 세상은 가축 도둑의 세상이다.

이 현실로부터, 유목 문화의 여러 특징들이 따라 나온다.[26]

> 군사주의가 강하다. 목축민, 특히 사막의 목축민은 집단 구성원들이 서로 멀리 떨어진 채 가축을 치기 때문에, 전사 계층이 생겨나기에 알맞은 환경이다. 전사 계층이 생겨나면 보통 그와 더불어 ⓐ전리품을 사회적 지위를 얻는 디딤돌로 여기는 문화, ⓑ전사자에게는 영광된 내세가 보장된다는 믿음, ⓒ경제적 일부다처와 여성에 대한 학대, ⓓ독재적 양육 방식이 따라온다. 목축민이 베토벤의 6번 교향곡처럼 '목가적인' 경우는 드물다.

세계적으로 일신교는 드문 편이다. 그런데 일신교가 있다고 하면, 사막 유목민의 종교인 경우가 압도적으로 많다(반면 우림 거주자들의 종교는 대부분 다신교다). 이치에 맞는 일이다. 사막은 거칠고 독특한 교훈을 주는 환경이다. 그곳은 건조하고 뜨거워서 기본 중의 기본만으로 구성된 세상이고, 사람들은 그 세상을 깊은 숙명론으로 받아들인다. "나는 주, 너의 하나님" "알라 외에 다른 신은 없도다" "내 앞에 다른 신을 두지 말라" 같은 명령이 가득하다. 마지막 문구에서 알 수 있듯이, 사막의 일신교라고 해서 늘 단일한 초자연적 존재를 믿는 것은 아니다. 일신교에도 천사와 정령과 악마가 넘친다. 하지만 그 속에 위계가 있고, 전능한 유일신 앞에서 그보다 등급이 낮은 신들은 맥을 못 추며, 유일신은 천계에서나 지상에서나 꼬치꼬치 끼어드는 간섭주의자인 때가 많다. 대조적으로 열대 우림을 떠올려보라. 그곳은 생명이 바글거린다. 나무 한 그루에서 발견되는 개미 종의 수가 영국 전체의 종수보다 많은 곳이다. 그런 곳에서는 수많은 신들이 균형을 이루어 융성하는 것이 더없이 자연스럽게 느껴진다.

목축 문화는 명예 문화를 양성한다. 7장에서 소개했듯이, 명예 문화는 정중함과 예절과 환대를 규칙으로 삼는다. 특히 지친 여행자에게 그렇다. 왜 아니겠는가. 목동들은 누구나 종종 지친 여행자가 되는 법 아닌가? 그뿐만은 아니다. 명예 문화는 나, 가족, 씨족이 받은 모욕에 응징하는 것을 규칙으로 삼으며, 그러지 못할 경우에는 평판이 깎인다. 상대가 오늘 내 낙타를 훔쳐갔는데 내가 아무 반응도 보이지 않는다면, 내일은 상대가 나머지 낙타들은 물론이거니와 내 아내들과 딸들까지 훔쳐가지 않겠는가.*

* 나는 이 문화의 이런 측면들을 한번에 경험한 적 있다. 빈 유조차를 채우려고 수단에서 케냐 인도양까지 몰고 가는 소말리족 사람들과 함께 여행할 때였다. 우리는 매일 사막을 가로질러

그러나 인간의 최악의 행동과 최선의 행동이 가령 순록을 몰고 핀란드 북부를 떠도는 사미족이나 세렝게티에서 소를 치는 마사이족의 문화적 행위에서 기인하는 경우는 없다시피 할 것이다. 그보다 더 문제가 되는 명예 문화는 서구화된 환경에 자리한 명예 문화다. '명예 문화'라는 용어는 시칠리아 마피아들의 행동 양식, 19세기 아일랜드 시골의 폭력 양상, 도심 갱들의 보복 살인에도 적용되기 때문이다. 이런 사례들은 모두 자원을 두고 경쟁하는 환경이고(상호 보복 살인의 과정에서는 끝까지 살아남는 쪽이 된다는 것이 유일한 자원이다), 법치의 존재감이 미약한 탓에 빚어진 권력 진공 상태이고, 도전에 응하지 않으면 명예가 궤멸적으로 실추되는데 그 응답이 보통 폭력적인 방식인 환경이다. 이중에서도 가장 유명한 사례는 미국 남부의 서구화된 명예 문화로, 그동안 수많은 책, 논문, 학회, 대학의 남부학 전공자가 이 주제를 연구했다. 그리고 그 개척자는 니스벳이었다.[27]

환대, 여성에 대한 기사도, 사회적 예법과 에티켓 강조는 오래전부터 남부의 특성으로 여겨졌다.[28] 더 나아가 남부는 전통적으로 전통, 오래된 문화적 기억, 가문의 존속을 중시한다. 1940년대 켄터키주 시골에서 남성의 70%는 제 아버지의 이름을 물려받았는데, 북부에 비해 훨씬 더 높은 비율이었다. 여기에 남부는 사람들의 이동성이 낮다는 점이 결합하여, 남부인이 수호해야 하는 명예의 대상은 자신에게서 가족, 친족, 장소로까지 쉽게 확장된다. 1863년에 햇필드가와 매코이가가 장장 30년 지속될 그 유명한 분쟁을 시작했을 때,* 두 가문은 웨스트버지니아/켄터키의 주 경계 같은 지방에 100년

달리다가 저녁이 되면 트럭들 사이에 모닥불을 피우고 둘러앉아서 스파게티와 낙타 젖 요리를 했다. (왜 하필 이 조합이냐고? 사정이 있지만 이야기가 길다……) 그러면 반드시 여섯 소말리 사람 중 누군가가 다른 사람을 모욕하는 행동을 하고야 말았다. 둘은 으르렁거리며 말다툼하다가 부츠에서 칼을 뽑았고, 빙글빙글 돌다가 서로 덤벼들었다. 결국에는 나머지 사람들이 다 일어나서 두 사람을 진정시켰다. 그런 다음에는 그들 문화의 환대성이 드러나서, 모두들 내가 스파게티/낙타 젖 덩어리 중 제일 맛있는 부분을 먹는지 확인하느라 여념이 없었다. "드세요, 드세요. 당신은 우리 형제니까요." 다들 이렇게 말했다. 방금 서로 칼을 휘둘렀던 두 사람도.

* 음, 분쟁이 1890년대에 정말로 끝났는가에 대해서는 해석의 여지가 있다. 1891년에 두 집안이 휴전을 선언하고 서로 죽이기를 그만둔 건 사실이지만, 그 후손들이 1979년에 일주일 동안 〈패밀리 퓨드〉라는 게임쇼에 출연해서 싸운 적 있다. 총 다섯 게임 중 세 게임을 매코이가가 이

가까이 정착해 살아오고 있었다. 남부인의 향토애는 로버트 E. 리 장군에게서도 볼 수 있다. 리는 사실 남부의 분리 독립에 반대했고, 어떻게 보면 노예제에 반대하는 것이라고 해석할 수도 있는 애매한 발언들도 남겼다. 그런데도 링컨에게서 북부군 사령관직을 제의받았을 때, 리는 이렇게 답했다. "나는 다른 어떤 정부 밑에서도 살고 싶지 않습니다. 연방을 보존하기 위해서 내가 치르지 못할 희생은 없습니다. 하지만 명예만큼은 예외입니다." 결국 버지니아주가 연방 탈퇴를 결정하자, 리는 고향에 대한 의리를 지켜서 북버지니아의 남부연합군을 이끌었다.

남부에서 명예 수호는 무엇보다도 자주성의 문제다.[29] 남부인 앤드루 잭슨 대통령의 어머니가 죽어가면서 아들에게 남긴 당부는 불평거리가 있을 때 법에 의지하지 말고 남자답게 제 손으로 해결하라는 것이었다. 잭슨은 유지를 저버리지 않고, 결투와 싸움으로 점철된 삶을 살았다(결투로 상대를 죽인 적도 있다). 그는 대통령 마지막날에 임기를 마치면서 남은 후회가 두 가지 있다고 말했는데, "헨리 클레이를 쏴 죽이지 못한 것과 존 C. 캘훈을 목매달지 못한 것"이라고 했다. 정의를 사적으로 집행하는 것은 제대로 기능하는 법체계가 없는 상황에서는 필수적인 일로 보였다. 19세기 남부에서 법적 정의와 사적 정의는 기껏해야 불편한 균형 관계를 유지하는 정도였다. 남부 역사가 버트럼 와이엇브라운은 이렇게 말했다. "관습법과 사형私刑은 윤리적으로 양립 가능했다. 법조계가 관습법으로써 전통의 질서를 보전할 수 있었다면, 보통 사람들은 사형을 통해서 공동체의 가치가 계속 궁극의 지배력을 발휘하도록 담보했다."

명예 훼손에 대한 응징의 핵심은 물론 폭력이었다. 몽둥이와 돌은 내 뼈를 부러뜨리지만, 말은 나를 험담한 상대의 뼈를 부러뜨리게 만들었다. 결투가 흔했다. 그 요점은 내가 남을 죽일 각오가 되어 있음을 보여주는 게 아니라 내가 명예를 위해서라면 죽을 각오가 되어 있음을 보여주는 것이었다. 남

겼지만, 상금은 햇필드가가 더 많이 땄다.

부연합군으로 참전한 소년들에게 어머니들은 겁쟁이처럼 도망쳐서 돌아오느니 관에 누워서 돌아오라고 일렀다.

그 결과, 남부는 높은 폭력률의 역사를 자랑하게 되었다. 지금도 그렇다. 단, 특정 종류의 폭력만 그렇다. 내가 어느 남부 연구자의 말을 듣고 이 사실을 실감한 적이 있었다. 그는 남부 시골을 떠나서 매사추세츠주 케임브리지라는 낯선 동네에서 대학원 생활을 시작했을 때 이곳 가족들이 독립기념일에 모여서 소풍을 가면서도 **아무도 서로 쏴 죽이지 않는 게** 정말 희한하더라고 말했다. 니스벳과 도브 코언은 남부 백인 남성의 높은 폭력률, 특히 살인율이 대도시의 특징은 아니라는 것, 또한 물질적 이득을 노린 결과도 아니라는 것을 보여주었다. 주류 판매점을 털다가 사람을 죽이는 짓 따위가 아니라는 것이다. 대신 남부의 폭력은 압도적으로 시골에서 벌어지고, 서로를 아는 사람들 사이에서 벌어지며, 명예에 대한 모욕을 둘러싸고 벌어진다(칠칠치 못한 사촌 새끼가 가족 모임에서 감히 내 아내를 희롱해서 쏘았다는 식이다). 게다가 남부의 배심원들은 이런 행동에 이례적으로 관대하다.[30]

남부의 폭력을 탐구한 니스벳과 코언의 실험은 과학 논문에서 드물게 쓰이는 단어가 등장한다는 점에서 심리학 실험 역사상 가장 멋진 실험으로 꼽힐 만하다. 연구자들은 남성 대학생들을 대상으로 우선 피를 뽑았다. 그다음 그들에게 설문지를 작성한 뒤에 그것을 복도 끝에 있는 수거함에 가져다가 넣으라고 일렀다. 사실 서류함이 늘어선 좁은 복도가 실험 장소였다. 피험자 중 절반은 아무 일 없이 복도를 걸어갔다. 하지만 나머지 절반의 경우, 그들이 복도를 걸을 때 연구자들의 공범인 덩치 큰 사내가 맞은편에서 다가왔다. 피험자와 첩자는 몸을 스쳐야 했고, 그때 첩자가 피험자를 밀치면서 짜증난 목소리로 마법의 단어를—"병신 새끼"—읊조리고 지나갔다. 피험자는 복도를 마저 걸어가서 설문지를 수거함에 넣었다.

피험자들은 이 모욕에 어떻게 반응했을까? 출신에 따라 달랐다. 남부 출신 피험자들은 현격히 높아진 테스토스테론과 코르티솔 수치—분노, 화, 스트레스를 뜻한다—를 보였는데, 다른 곳 출신 피험자들은 그렇지 않았다.

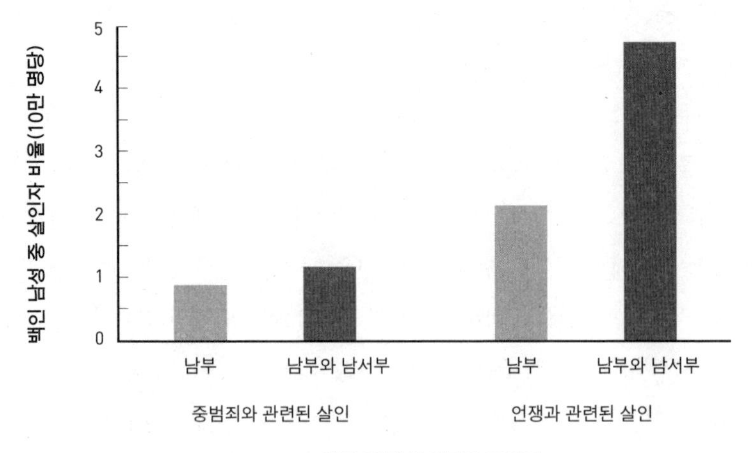

인구 20만 명 미만의 도시들

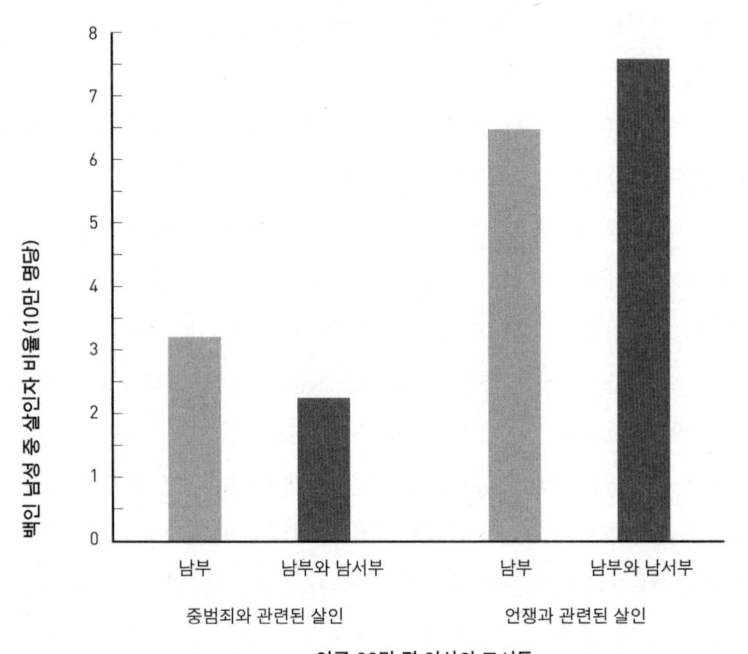

인구 20만 명 이상의 도시들

R. 니스벳, D. 코언, 『명예 문화: 남부의 폭력에 얽힌 심리학』, 콜로라도주 볼더: 웨스트뷰 출판사, 1996.

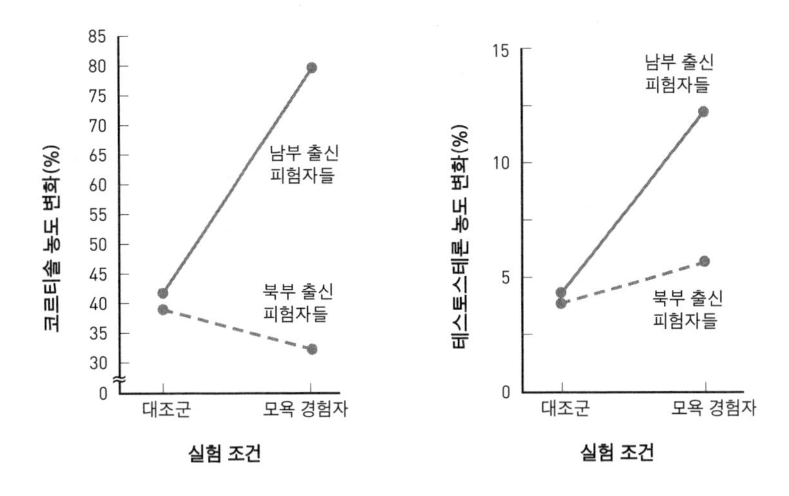

남부 출신 대학생들은 사회적 도발에 대해 심리적으로 강한 반응을 보였지만, 북부 출신 대학생들은 그렇지 않았다.

연구자들은 그다음에 피험자들에게 어떤 이야기를 들려주었다. 웬 남자 지인이 자기 약혼녀에게 수작을 거는 걸 목격한 사내의 이야기였다. 이야기의 결말이 어떨 것 같은가? 대조군에서는 남부 출신 피험자들이 북부 출신보다 폭력적 결말을 떠올리는 경우가 약간 더 많은 데 그쳤다. 모욕을 당한 집단에서는? 북부 출신들은 대조군에 비해 변화가 없었지만, 남부 출신들은 폭력을 상상하는 경우가 엄청나게 많아졌다.

이런 서구화된 명예 문화는 어디서 생겨났을까? 로스앤젤레스 갱단 크립스 대 블러즈의 폭력이 야크떼를 치는 목동들의 전투적 사고방식에서 기원했다고 보기는 어려운 게 사실이다. 하지만 남부의 명예 문화만큼은 목축민에게 뿌리를 두었다고 보는 이론이 있다. 1989년에 이 이론을 처음 제기한 것은 역사학자 데이비드 해킷 피셔였다. 그는 초기 미국의 지역주의는 각 지역에 정착한 식민지 주민의 출신이 서로 다른 탓이었다고 주장했다.[31] 영국 잉글랜드 동부에서 온 필그림들은 뉴잉글랜드에 정착했다. 미들랜드 북부에서 온 퀘이커들은 펜실베이니아와 델라웨어로 갔다. 잉글랜드 남부에서 고용 계약 하인으로 건너온 사람들은 버지니아로 갔다. 남부의 나머지 지역에 정착한 사람들은? 스코틀랜드, 아일랜드, 잉글랜드 북부에서 온 목동들이 압도적으로 많았다.

이 가설에는 물론 문제가 없지 않다. 영국제도 출신의 목축민들은 남부에서도 보통 고지대에 정착했지만, 명예 문화가 가장 기승을 부리는 곳은 남부 저지대다. 남부의 보복 폭력 기풍이 남부 백인들이 악몽처럼 상상한 노예 봉기에서 왔다고 주장하는 사람들도 있다. 하지만 대부분의 역사학자들은 피셔의 생각이 상당히 타당하다고 인정한다.

내부를 향한 폭력

명예 문화가 휘두르는 폭력은 낙타를 훔치러 온 이웃 부족 도둑이나 식당에서 딴 사내의 여자친구에게 추파를 던진 얼간이 등 외부의 위협만을 대상으로 하진 않는다. 내부에서 명예를 위협한 대상에게도 폭력을 휘두른다는 것이 명예 문화의 한 특징이다. 11장에서 살펴보겠지만, 자기 집단의 구성원이 규범을 어겼을 때 그것을 은폐하고 변명해주고 너그럽게 봐주는 경우가 있는가 하면 공개적으로 심하게 처벌하는 경우도 있다. 후자는 '네가 우리 명예를 남들 앞에서 더럽혔다'고 보기 때문인데, 이것이야말로 명예 문화의 장기다. 그리고 여기에서 따라 나오는 것이 명예 살인이다.

명예 살인이란 무엇일까? 누군가가 제 가족의 평판을 더럽혔다고 간주되는 행동을 한다. 그래서 다른 가족 구성원이 문제의 사람을 죽이는데, 보통 공개적으로 죽인다. 그럼으로써 명예를 되찾는다는 것이다. 황당한 이야기다.

명예 살인의 특징은 다음과 같다.

* 과거에는 널리 퍼진 관행이었지만, 오늘날에는 주로 무슬림, 힌두, 시크 전통 공동체에서 벌어진다.
* 피해자는 보통 젊은 여성이다.
* 피해자의 가장 흔한 죄는? 중매결혼을 거부한 것. 학대하는 파트

너 그리고/혹은 어릴 때 강제로 혼인해야 했던 배우자와 이혼하고자 한 것. 공부하려고 한 것. 구속적인 종교 관행을 거부한 것, 이를테면 머리를 가리기를 거부한 것. 가족이 허락하지 않은 남자와 결혼하거나, 동거하거나, 사귀거나, 만나거나, 말한 것. 개종. 요컨대, 여성이 남성 가족들의 소유물이 되기를 거부한 것. 역시 명예 살인의 흔한 이유가 되는 죄는, 어처구니없을 만큼 놀랍게도, 강간을 당하는 것이다.

* 드물게 남성이 명예 살인의 피해자가 되는 경우, 이유는 보통 동성애다.

명예 살인도 '그냥' 가정폭력의 한 형태가 아닌가, 서구가 명예 살인에 음침하리만치 관심을 보이는 것은 반무슬림 편견을 반영한 게 아닌가 하는 점에 대해서는 논쟁이 있었다.[32] 앨라배마주의 침례교도 남자가 이혼을 요구하는 아내를 죽였다고 해서 그것을 뿌리깊은 종교적 야만성을 드러낸 '기독교 명예 살인'이라고 해석하는 사람은 없을 테니까. 하지만 명예 살인은 흔한 가정폭력과는 여러 면에서 다르다. ⓐ가정폭력은 보통 남성 파트너가 저지르지만, 명예 살인은 보통 피해자의 친족 중 남성들이 종종 여성 친족들의 승인과 지지를 받아서 저지른다. ⓑ명예 살인은 충동적인 행위인 경우가 드물고, 대체로 가족의 승인하에 사전에 계획된다. ⓒ명예 살인은 종종 종교를 이유로 들어 합리화되고, 가해자는 후회하지 않으며, 종교 지도자들이 승인한다. ⓓ명예 살인은 공공연히 저질러진다. 몰래 해서는 가족의 '명예'를 되찾을 수 없으니까. 그리고 범행을 저지를 자로 선택된 사람은 일족 중 미성년자(가령 남동생)인 경우가 많은데, 형을 최소한으로 받기 위해서다.

이처럼 몇 가지 유의미한 기준에서, 명예 살인은 '그냥' 가정폭력의 한 형태가 아니다. 유엔 및 관련 시민단체들의 추산에 따르면, 매년 5천에서 2만 건의 명예 살인이 벌어진다. 어디 멀리 동떨어진 지역에서만 그런 것이 아니다. 명예 살인은 서구 전역에서 벌어진다. 가부장들은 자신이 딸을 그 나라

맨 윗줄부터 왼쪽에서 오른쪽으로: 샤필리아 아메드(17세, 영국), 중매결혼을 거부한 뒤 부모에게 살해당함. 아누셰 세디크 굴람(22세, 노르웨이), 13세에 결혼했던 남편에게 이혼을 요구한 뒤 살해당함. 팔레스티나 이사(16세, 미국), 종교가 다른 사람과 데이트하고 미국 음악을 듣고 몰래 파트타임 일을 했다는 이유로 부모에게 살해당함. 아크사 파르베즈(16세, 캐나다), 히잡을 쓰기를 거부했다는 이유로 아버지와 오빠에게 살해당함. 가잘라 한(19세, 덴마크), 중매결혼을 거부하여 9명의 가족 구성원에게 살해당함. 파디메 샤힌달(27세, 스웨덴), 중매결혼을 거부하여 아버지에게 살해당함. 하툰 수루주(23세, 독일), 16세에 억지로 결혼했던 사촌과 이혼한 뒤 아버지에게 살해당함. 히나 살렘(20세, 이탈리아), 중매결혼을 거부하여 아버지에게 살해당함. 아미나와 사라 사이드(18세와 17세, 미국), 자매가 너무 서구에 물들었다고 여긴 부모에게 살해당함.

로 데려왔으면서도 딸이 그 세상에 물들지 않기를 바란다. 그리고 딸이 그 세상에 성공적으로 동화하는 것은 가부장의 권위가 실추된 것이 된다.

계층사회 대 평등사회

문화 차이를 비교하는 기준으로 또 유의미한 것은 자원(가령 땅, 식량, 유형의 재화, 힘, 특권)이 얼마나 불평등하게 분배되는지 살펴보는 것이다.[33] 뒤에서 보겠지만, 수렵채집사회는 그 역사 내내 대체로 평등한 사회였다. 불평등은 가축화와 농업 발달에 뒤이어 뭔가 소유하고 축적할 만한 재화가 발명된 뒤에야 세상에 등장했다. 재화가 많아진다는 것은 잉여 생산, 직업 분화, 기술 세련화를 뜻한다. 그와 더불어 잠재적 불평등이 커진다. 더구나 문화가 가내 상속을 만들어내면, 불평등은 더한층 확대된다. 일단 생겨난 불평등은 점차 널리 퍼진다. 전통적인 목축민사회나 소규모 농업사회가 보여주는 부의 불평등 수준은 가장 불평등한 산업사회의 수준에 맞먹거나 능가할 정도다.

왜 계층 문화가 그보다 더 평등한 문화들을 거의 다 밀어내고 지구를 장악하게 되었을까? 집단생물학자 피터 터친은 계층 문화가 정복자가 되기에 더 알맞기 때문이라고 보았다. 계층 문화에는 명령 계통이 갖춰져 있으니까.[34] 게다가 경험적으로나 이론적으로나 확인되는바, 불안정한 환경에서는 계층사회가 "사망자를 하층계급에 국한시킴으로써 [평등한 문화보다] 자원 부족을 더 잘 견뎌낸다". 달리 말해, 부에 대한 접근성이 불평등한 사회에서는 어려운 시절이 닥치면 비참과 죽음이 불평등하게 배분된다. 하지만 환경 불안정에 대한 해법이 계층화뿐인 것은 아니다. 그런 상황일 때 수렵채집인들은 짐을 싸서 옮길 수 있다는 점에서 유리하다.

불평등이 발명된 지 1만여 년이 지난 현재, 서구화된 사회들 중 불평등 스펙트럼의 양극단에 있는 사회들 간의 차이는 실로 충격적이다.

차이 중 하나는 '사회자본'이다. 경제 자본이란 재화, 서비스, 금융 자원의 총량을 뜻한다. 한편 사회자본은 신뢰, 호혜성, 협동과 같은 자원의 총량을 뜻한다. 어떤 공동체의 사회자본이 어느 수준인지는 두 가지 간단한 질문으로 얼추 알 수 있다. 첫째는 사람들이 대체로 서로 신뢰하는가이다. 대부분의 사람들이 그렇다고 답하는 공동체는 자물쇠가 적고, 사람들이 남의 아이를 살펴봐주고, 쉽게 눈길을 돌려버릴 수 있는 상황에서도 적극 개입한다. 두번째 질문은 개인이 참여하는 조직의 수가 몇 개인가다. 이때 조직은 순수하게 오락을 위한 단체부터(가령 볼링 클럽) 긴요한 단체까지(가령 노동조합, 세입자 조합, 신용협동조합) 다 포함한다. 참여 수준이 높은 공동체에서 사람들은 효능감을 느끼고, 제도가 충분히 투명하게 돌아가기 때문에 자신이 변화를 끌어낼 수 있다고 믿는다. 무력하다고 느끼는 사람들은 조직에 가입하지 않는다.

단순하게 말해서, 소득 불평등이 큰 문화는 사회자본이 적다.[35] 신뢰에는 호혜성이 필요하고, 호혜성에는 평등이 필요한데, 위계란 곧 지배와 비대칭이다. 게다가 유형 자원의 불평등이 큰 문화는 거의 반드시 개인이 영향력을 행사하고, 효과를 발휘하고, 가시화되는 능력도 불평등하게 분포된다. (일례로, 소득 불평등이 커지면 번거로움을 감수하고 투표에 참여하는 사람의 비율이 보통 낮아진다.) 극단적인 소득 불평등과 풍부한 사회자본을 함께 갖는 사회란 정의상 불가능한 것이나 다름없다. 좀더 사회과학풍으로 표현하자면, 뚜렷한 불평등은 사람들이 서로 못되게 굴도록 만든다.

이 현상은 여러 방식으로 확인해볼 수 있고, 그동안 서구화된 여러 나라, 주, 지방, 도시, 마을의 단위에서 연구되었다. 소득 불평등이 클수록 사람들은 (실험 조건에서) 타인을 덜 돕는다. 경제 게임에서 덜 너그럽게 굴고, 덜 협동한다. 이 장 앞부분에서 집단 괴롭힘과 '반사회적 처벌', 즉 경제 게임에서 사람들이 속임수를 쓰는 참가자보다 지나치게 너그러운 참가자를 더 많이 처벌하는 현상에도 비교문화적 차이가 있다고 말했다.* 이 현상에 대한 연구를 보면, 어떤 나라가 높은 불평등 수준 그리고/혹은 낮은 사회자본 수준을 갖고 있다면 그 나라 사람들은 집단 괴롭힘과 반사회적 처벌을 더 많이 했다.[36]

* '반사회적 처벌'은 대체 어떤 현상일까? 일반적인 해석에 따르면, 누군가가 너그러운 행동을 함으로써 남들이 상대적으로 못된 사람처럼 보이게 만들고 너그러운 행동에 대한 기대치를 높인다는 이유로 그 사람을 처벌하는 것을 뜻한다.

11장에서 우리가 자신과 사회경제적 지위가 다른 사람들을 생각할 때 어떤 심리가 되는지를 살펴볼 텐데, 어쩌면 당연하게도, 불평등사회에서 상층의 사람들은 자신의 지위를 정당화하는 논리를 개발해낸다.[37] 그리고 불평등이 심할수록 강자들은 종속된 사람들이 사실 축복을 누리고 있다는 신화를 강하게 믿는다. "그들은 가난하긴 해도 행복하다/정직하다/사랑받는다"는 것이다. 한 논문의 저자는 이렇게 말했다. "불평등한 사회는 체제의 안정성에 대해 양가적인 감정을 느끼게 되는지도 모른다. 소득 불평등은 부분적으로 긍정적인 사회적 이미지를 제공함으로써 하층 집단들에게 보상한다."

이처럼, 불평등한 문화는 사람들을 덜 친절하게 만든다. 불평등은 사람들을 덜 건강하게 만들기도 한다. 이 사실은 공중 보건 분야에서 엄청나게 중요하게 여겨지는 현상인 '사회경제적 건강불평등'을 설명해준다. 연구자들이 여러 문화에서 거듭 확인한 이 현상이 무엇인가 하면, 가난한 사람일수록 건강이 더 나쁘고 여러 질병에 걸릴 확률이 더 높고 그로 인해 받는 충격이 더 크며 기대수명이 더 짧다는 것이다.[38]

사회경제적 건강불평등에 관해서는 이미 광범위한 조사가 수행되었다. 우선 네 가지 반론을 미리 배제하고 넘어가자. ⓐ이 불평등은 어떤 사람의 건강이 나쁘기 때문에 그의 사회경제적 지위가 낮아지는 걸 말하는 게 아니다. 거꾸로 아동기부터 주어지는 낮은 사회경제적 지위가 훗날 성인기의 나쁜 건강을 예측한다. ⓑ가난한 사람들은 건강이 형편없고 그 밖의 사람들은 대체로 비슷하게 건강한 게 아니다. 사회경제적 지위의 사다리에서 한 칸씩 내려갈 때마다 평균 건강이 조금씩 나빠진다는 것이 확인되었다. ⓒ가난한 사람들이 보건 서비스에 접근하기 어렵기 때문에 생기는 현상이 아니다. 이 불평등은 의료보장제도가 시행되는 나라에서도 확인되었고, 보건 제도의 활용성과는 무관하며, 보건 서비스 접근성과는 무관한 질병들에 대해서도(가령 소아당뇨처럼 일상적 예방 조치가 발생률을 바꾸지 못하는 질병들에도) 유효하다. ⓓ낮은 사회경제적 지위의 사람들은 건강 위험 인자를 더 많이 접하고(가령 납이 든 물을 마시고, 유독성 폐기물 투기장에 가까이 살고,

흡연과 음주를 더 많이 한다) 예방 인자를 덜 접한다는(혹사당하는 등을 위해서 더 나은 매트리스를 구입하는 것부터 헬스클럽 회원권까지) 사실만으로는 불평등의 약 3분의 1만이 설명된다.

그렇다면 불평등의 주된 원인은 무엇일까? 캘리포니아대학교 샌프란시스코 캠퍼스의 낸시 애들러가 수행한 결정적 연구에 따르면, 나쁜 건강의 예측 지표는 가난한 것 그 자체가 아니라 가난하다는 느낌이다. 어떤 사람이 주관적으로 느끼는 사회경제적 지위(즉 "당신은 남들과 비교해서 경제적으로 어떻다고 느낍니까?"에 대한 대답)가 객관적 지위 못지않게 건강의 예측 지표로 유효했다.

노팅엄대학교의 사회역학자 리처드 윌킨슨의 중요한 연구가 여기에 또다른 요소를 더했다. 나쁜 건강을 예측하는 요소는 가난 그 자체라기보다는 풍요 속의 가난, 즉 소득 불평등이라는 것이다. 어떤 사람이 스스로 가난하다고 느끼게 만드는 확실한 방법? 그가 갖지 못한 것을 그의 눈앞에 계속 들이미는 것이다.

심한 소득 불평등은 (가난의 절대적 수준과는 무관하게) 왜 가난한 사람을 덜 건강하게 만들까? 서로 겹치는 측면이 있는 두 가지 경로가 있다.

> 하버드대학교의 가와치 이치로가 주장하는 **심리사회적** 설명. (불평등 때문에) 사회자본이 줄면, 심리적 스트레스가 커진다. 그런 스트레스, 즉 자신에게 통제력, 예측력, 좌절을 표현할 배출구, 사회적 지지가 없다는 데서 오는 스트레스는 스트레스 반응을 만성적으로 활성화한다. 그러면 4장에서 보았듯이 여러 측면에서 건강이 나빠진다.

> 브리티시컬럼비아대학교의 로버트 에번스와 미시간대학교의 조지 캐플런이 제안한 **신물질주의적** 설명. 한 사회에서 평균적인 구성원의 건강과 삶의 질을 향상시키려면, 공공재에 돈을 써야 한다. 훌륭

한 대중교통, 안전한 거리, 깨끗한 물, 훌륭한 공립학교, 의료보장제도를 갖춰야 한다. 하지만 소득 불평등이 크면 부자와 평균적인 사람의 경제적 거리가 멀어지고, 그러면 부자가 공공재 개선에서 얻는 직접적 편익이 적어진다. 대신 부자는 세금을 기피하고 사유재에 돈을 쓰는 편—운전사를 고용하고, 빗장 공동체에서 살고, 생수를 사 먹고, 사립학교에 다니고, 사설 의료보험에 가입하는 편—이 더 큰 편익을 누리는 길이다. 에번스는 이렇게 말했다. "한 사회의 소득 불평등이 심해지면, 부유한 구성원이 공공 지출로 얻는 불이익이 더 뚜렷해진다. 그래서 그런 구성원은 정치적 반대를 효과적으로 개진하는 데 더 많은 자원을 쓰게 된다." (가령 로비에 돈을 쓴다든가 하는 것이다.) 에번스는 이런 '부자의 분리 독립'이 '사적 풍요와 공적 누추함'을 촉진한다고 지적했다. 못 가진 자들의 건강이 더 나빠진다는 뜻이다.[39]

불평등/건강 연관성은 왜 불평등이 더 많은 범죄와 폭력을 낳는지도 이해하도록 해준다. 내가 바로 앞 문단을 그대로 복사해서 여기 붙인 뒤 '나쁜 건강'을 '높은 범죄율'로 고쳐도 무방할 것이다. 이때 범죄의 예측 지표는 가난 그 자체라기보다 풍요 속의 가난이다. 미국의 여러 주들과 다른 산업 국가들을 조사한 결과, 소득 불평등 수준은 폭력 범죄 발생률의 주요한 예측 지표였다.[40]

왜 소득 불평등이 더 많은 범죄로 이어질까? 여기에도 심리사회적 측면의 설명이 있다. 불평등은 부족한 사회자본을 뜻하고, 그것은 곧 구성원들이 서로 덜 신뢰하고, 덜 협동하고, 서로 덜 살펴봐준다는 뜻이다. 물론 신물질주의적 측면으로도 설명할 수 있다. 불평등은 부자가 공공재에 기여하기를 꺼리게 된다는 뜻이다. 한 예로, 소득 불평등이 큰 나라일수록 범죄 예방의 가장 중요한 도구인 교육에 압도적으로 덜 투자한다는 것을 캐플런이 보여주었다. 불평등과 건강의 경우처럼, 여기서도 심리사회적 경로와 신물질주의적 경로가 서로 상승효과를 낸다.

불평등과 폭력에 관하여 마지막으로 살펴볼 우울한 사실이 있다. 앞에서 보았듯이, 쥐는 쇼크를 받으면 스트레스 반응을 활성화한다. 그런데 쥐가 쇼크를 받은 뒤에 다른 애먼 쥐를 깨물 수 있는 상황이라면, 스트레스 반응이 한결 누그러진다. 개코원숭이들도 그렇다. 지위가 낮은 개코원숭이가 글루코코르티코이드 분비를 줄일 수 있는 한 가지 확실한 방법은 자기보다 지위가 더 낮은 개체에게 전위 공격성을 표출하는 것이다. 인간도 좀 비슷하다. 보수주의자들은 가난한 자들이 들고일어나서 부자들을 학살하는 계급 전쟁의 악몽을 꾸지만, 현실에서 불평등이 폭력을 부추길 때 그 폭력은 주로 가난한 사람이 다른 가난한 사람을 등치는 폭력이다.

이 사실은 사회적 불평등의 결과를 보여주는 훌륭한 은유라고 해도 좋을 법한 한 현상에서도 잘 드러난다.[41] '기내 난동', 즉 비행중에 승객이 뭔가가 거슬린 나머지 비행에 방해가 되고 위험할 정도로 성질을 부리는 사건은 그동안 꾸준히 늘었다. 그런데 이 사건을 상당히 잘 예측할 수 있는 지표가 있다. 만약 일등석이 있는 비행기라면, 이코노미석 승객이 기내 난동을 부릴 확률이 4배 가까이 는다. 이코노미석 승객들에게 탑승할 때 일등석 객실을 거쳐서 들어가게 하면, 기내 난동 확률이 두 배 높아진다. 계급 위계에서 내 위치가 어디인지를 상기하면서 비행을 시작하는 것은 정말 기분 나쁜 일인 것이다. 폭력 범죄와의 유사성은 더 있다. 불평등을 환기한 이코노미석 승객이 기내 난동을 부릴 때, 그가 일등석으로 달려들어서 마르크스주의 구호를 외치는 식으로 일이 벌어지진 않는다. 그가 옆에 앉은 노인이나 승무원을 못살게 구는 식으로 일이 벌어진다.*

인구 규모, 인구밀도, 인구의 이질성

2008년은 인류에게 신기원이 되는 순간이었다. 지난 9천 년 동안 진행되어

온 과정이 그해에 중요한 전환점을 맞았다. 인류 역사상 처음으로 전 세계 인구 중 대다수가 도시에 살게 된 것이다.

반정주적 정착지에서 거대도시로의 전환은 인류에게 유익한 과정이었다. 선진국의 경우, 도시 거주자들은 시골 인구보다 보통 더 건강하고 부유하다. 사회적 연결망이 더 클수록 혁신이 촉진된다. 규모의 경제가 작용하므로, 도시의 일인당 생태 발자국은 시골보다 더 작다.[42]

도시의 삶은 다른 종류의 뇌를 낳는다. 이 사실을 보여준 2011년 연구에서, 다양한 규모의 대도시와 소도시와 마을 출신 피험자들은 뇌 스캐너에 누운 채 실험적으로 주어지는 스트레스 요인을 경험했다. 이때 피험자가 사는 곳이 인구가 많은 곳일수록 피험자가 스트레스 요인에 반응하여 편도체를 활성화하는 정도가 더 컸다.** [43]

이 책의 목적에 비추어 더 중요한 사실은, 도시화한 인간들이 다른 영장류는 전혀 겪지 않는 일을 겪으며 산다는 것이다. 도시화한 인간은 두 번 다시 마주칠 일 없는 낯선 이를 수시로 마주치면서 산다. 이것은 익명의 행위를 가능케 하는 환경이다. 그러고 보면 범죄 소설이란 것도 19세기 도시화가 진행된 뒤에야 등장했고, 그 배경은 대체로 도시였다. 전통사회의 환경에서는 범인을 알아맞히는 추리 소설이란 게 가능하지 않다. 누가 무슨 일을 하고 다니는지 모두가 아는 환경이니까.

성장하는 도시문화는 낯선 이들 사이에서 규범을 강제할 기제를 발명해내야 했다. 실제 여러 전통문화들을 조사한 결과, 집단의 규모가 클수록 규범 위반에 대한 처벌이 더 심했다. 그리고 이방인도 공평하게 대하라는 문화적 압력이 더 컸다. 게다가 큰 집단들은 '제삼자 처벌'(다음 장에서 자세히 설명하겠다)을 진화시켰다. 피해자가 규범 위반자를 직접 처벌하는 게 아니

---

* 아이러니한 주석: 이코노미석 승객들이 일등석 객실을 거쳐서 탑승하면, 일등석 승객들 사이에서도 특권 의식에 기반한 기내 난동이 늘어난다. 심지어 이코노미석 승객들의 경우보다 더 늘어난다.

** 놀랍도록 많은 대중 매체가 이 논문을 보도했는데, 기사 제목은 대개 '스트레스와 도시'의 변주였다.

라 경찰이나 법정과 같은 객관적 제삼자가 처벌하는 방식이다. 극단적으로 해석하자면, 범죄란 피해자에게 피해를 주는 행위일 뿐 아니라 대중 일반에 대한 모욕이다. '인민 대 아무개'의 구도가 되는 것이다.*[44]

마지막으로, 더 큰 집단에서의 삶은 궁극적인 제삼자 처벌이라고 볼 수 있는 현상을 양성한다. 브리티시컬럼비아대학교의 아라 노렌자얀이 지적했듯이, "거대한 신" 즉 인간의 도덕성을 염려하고 인간의 탈선행위를 처벌하는 신이 등장하는 것은 사람들이 수시로 낯선 이와 마주칠 만큼 사회가 충분히 커진 뒤다.**[45] 익명의 상호작용을 자주 하는 사회는 처벌을 신에게 외주로 내주는 경향이 있다. 대조적으로, 수렵채집인들의 신은 인간이 못되게 굴든 착하게 굴든 그다지 신경쓰지 않는 편이다. 노렌자얀은 이후 다양한 형태의 전통문화들을 조사하여, 자신들의 도덕주의자 신이 인간에 대한 정보를 갖고 있고 인간에게 벌을 준다고 믿는 사회일수록 그 구성원들이 경제 할당 게임을 할 때 같은 종교를 믿는 낯선 이에게 더 너그럽게 군다는 것을 확인했다.

인구 규모와 별개로, 밀도는 어떨까? 33개 선진국을 대상으로 각국의 '엄격함'을 수치화해본 연구가 있었다. 이때 엄격함이란 정부가 얼마나 독재적인가, 반대 의견을 얼마나 억압하는가, 행동을 얼마나 감시하는가, 일탈을 얼마나 처벌하는가, 종교적 규율이 삶을 얼마나 규제하는가, 시민들이 어떤 행동(가령 엘리베이터에서 노래하는 행동이나 면접에서 욕설을 쓰는 행동)을 부적절하다고 여기는가 등등을 뜻했다.[46] 이때 높은 인구밀도는 더 엄격한 문화를 예측하는 것으로 드러났다. 현재의 고밀도는 물론이고 놀랍게도 과거, 즉 1500년의 고밀도도 유효한 지표였다.

---

* 오늘날 온라인 세상은 온라인에서 익명의 그늘에 숨어 유해한 행동을 일삼는 사람들을 어떻게 할 것인가 하는 과제를 놓고 문화적 진화를 겪고 있다. 방대한 데이터베이스를 확보한 심리학자들은 그런 행동을 하향식으로 규제하는 편이 나은가(가령 관련 당국이 금지하는 방법), 또래집단(가령 다른 게임 참가자들)이 주도적으로 개입하는 편이 나은가를 두고 직접 실험을 수행하기도 한다.

** 이런 도덕주의적 종교들 사이에는 놀라울 정도로 유사성이 많다.

인구밀도가 행동에 미치는 영향이라는 주제와 관련해서 한 가지 널리 알려진 현상이 있었다. 문제는 그 현상이 대체로 잘못된 해석으로 알려졌다는 것이다.

1950년대에 미국국립정신건강연구소의 존 캘훈은 점점 커져가는 미국 도시들에서 착안하여 쥐들이 고밀도 환경에서 어떤 행동을 보이는지를 살펴보았다.[47] 그는 과학계와 일반 대중 양쪽에 발표한 논문에서 아주 명확한 답을 주었다. 고밀도 생활 환경이 '일탈적' 행동과 '사회병리학'을 낳는다는 결론이었다. 쥐들은 폭력성을 보였다. 성체들은 서로 죽이고 잡아먹었다. 암컷들은 제 새끼에게 공격성을 표출했다. 수컷들은 난잡한 과잉성욕을 드러냈다(가령 발정기가 아닌 암컷과도 교미하려고 했다).

이 소재를 다룬 글들은, 캘훈 자신의 글부터가 그랬는데, 하나같이 과장스러웠다. '고밀도 생활 환경'이라는 묘사 대신 "초만원"이라는 표현이 쓰였다. 공격적인 수컷들은 "미쳐 날뛴다"고 했고, 공격적인 암컷들은 "아마존 여전사들 같다"고 했다. "쥐 슬럼가"에서 사는 쥐들은 "사회적 낙오자" "자폐증 환자" "불량 청소년"이 된다고 했다. 쥐 행동 전문가였던 A. S. 파크스는 캘훈의 쥐들을 가리켜 "모성애가 없는 어미들, 동성애자들, 좀비들"이라고 표현했다(1950년대 당시 저녁식사에 꼭 한번 초대하고 싶은 삼인방이 아니었겠는가).[48]

캘훈의 연구는 엄청난 영향력을 발휘했다. 심리학, 건축학, 도시계획학 분야에서 그 연구를 배웠다. 『사이언티픽 아메리칸』에 실렸던 원논문을 복사해달라는 요청이 100만 부 이상 들어왔다. 사회학자, 기자, 정치인은 특정 공공주택단지 거주자들과 캘훈의 쥐들을 노골적으로 비교했다. 이 연구의 교훈은 조만간 혼란의 1960년대를 맞이할 미국의 심장부에 큰 여파를 남겼다. 도심이 폭력, 병리학적 현상, 사회적 일탈을 육성한다는 것이었다.

캘훈의 쥐들은 사실 이렇게 단순하게 해석될 수 없었다. 캘훈 자신이 대중을 대상으로 한 글에서 강조하지 않은 사실이 있었는데, 고밀도 생활 환경이 모든 쥐를 더 공격적으로 만든 것은 아니었다. 원래 공격적인 쥐들만을 더 공격적으로 만들었다. (테스토스테론도 술도 폭력적 미디어도 폭력성을 일관되게 높이진 않는다고 했던 것을 떠올리게 하는 사실이다. 그런 요인들은 원래 폭력적인 개체가 폭력성을 자극하는 사회적 단서에 더 민감하게 반응하도록 만들 뿐이다.) 대조적으로 원래 공격적이지 않은 쥐들은 과밀 환경에서 더 소심해졌다. 요컨대, 과밀화는 기존의 사회적 성향을 더 부추겼다.

캘훈이 쥐들에 대해서 내린 그릇된 결론은 인간에게도 적용되지 않는다. 물론 일부 도시에서는, 가령 1970년 무렵 시카고에서는 인구밀도가 높은 동네일수록 실제로 폭력 발생률이 높았다. 하지만 세계에서 인구밀도가 가장 높은 장소들 중 몇몇은 폭력 발생률이 아주 낮다. 홍콩, 싱가포르, 도쿄가 그렇다. 쥐에게서도 인간에게서도, 고밀도 생활 환경은 공격성의 동의어가 아니다.

지금까지는 많은 인구가 바짝 붙어서 살 때 행동에 미치는 영향이 어떤지를 살펴보았다. 서로 다른 종류의 사람들이 함께 살 때의 영향은 어떨까? 다양성. 이질성. 혼합. 섞임.

상반되는 두 가지 가능성이 떠오른다.

> **로저스 씨네 동네**: 민족, 인종, 종교가 서로 다른 사람들이 함께 살면, 사람들이 서로의 차이점보다 유사성을 경험하게 되고 그럼으로써 상대에 대한 고정관념을 초월하여 상대를 개인으로만 보게 된다. 거래를 통해 공정함과 상호성이 육성된다. 집단 간 결혼이 성사되면서 이분법이 해소되고, 당신은 어린 손자가 동네의 '저쪽' 편에서 노는 모습을 흡족하게 목격하게 된다. 세계평화가 머지않았다.

> **샤크파 대 제트파**: 서로 다른 사람들이 가까이 살면, 수시로 서로 부딪치고 마찰을 일으키게 된다. 한쪽이 제 문화적 정체성을 자랑스럽게 드러내느라고 한 행동이 다른 쪽에게는 적대적인 도발로 보인

다. 공공장소는 영역 싸움의 시험장이 되고, 공유지는 비극이 된다.

놀라운 결론. 두 가지 결과가 다 벌어진다. 이 책의 마지막 장에서 우리는 집단 간 접촉이 어떤 상황에서는 전자의 결과를 낳고 어떤 상황에서는 후자의 결과를 낳는지 살펴볼 것이다. 아무튼 그 접촉에 관해서 흥미로운 점은, 이질성의 공간적 분포가 중요하다는 것이다. 상상해보자. 엘보니아와 케르플라키스탄이라는 가상의 두 나라 출신 사람들이 한 지역에서 인구의 절반씩을 차지하고 살면서 서로 적대한다고 하자. 우선 땅이 정중앙에서 반으로 나뉜 극단적 경우를 상상해보자. 두 집단은 땅의 절반씩을 차지한다. 따라서 둘 사이의 경계는 중앙의 한 선뿐이다. 정반대로 극단적인 경우를 상상해보자. 잘게 나뉜 체커판 위에서 두 민족이 번갈아 칸을 차지한다고 하자. 한 칸이 한 사람에 해당할 정도로 잘게 나뉘었다고 하자. 그러면 엘보니아인과 케르플라키스탄인의 경계가 엄청나게 많이 존재한다.

직관적으로 생각하면, 두 시나리오 모두 갈등을 피하게 해줄 것 같다. 분리가 극대화된 조건에서는, 각 집단이 지역적으로 자주권을 행사할 수 있을 만큼 충분히 큰 덩어리를 이룬다. 경계의 총길이가 최소화되고, 따라서 집단 간 마찰도 최소화된다. 반면 혼합이 극대화된 조건에서는, 어느 민족도 충분한 크기의 덩어리를 이루지 못하기 때문에 공공장소를 장악할 만한 정체성을 확립하지 못한다. 누군가 손바닥만한 제 땅에 깃발을 꽂고 그곳을 엘보니아 왕국이나 케르플라키스탄 공화국으로 선언한들 무슨 대수인가.

하지만 현실의 상황은 언제나 두 극단의 중간이다. 각 '민족 영역'의 평균 크기는 다양하다. 그렇다면 그 영역의 규모가, 그리고 그로 인해 결정되는 경계의 길이가 관계에 영향을 미칠까?

MIT에서 한 블록 떨어진, 뉴잉글랜드복잡계연구소라는 딱 어울리는 이름의 연구소가 이 문제를 살펴본 멋진 논문을 냈다.[49] 연구자들은 우선 엘보니아인/케르플라키스탄인이 섞여서 사는 공간을 구축하되, 한 사람에게 한 픽셀의 공간을 무작위로 할당했다. 그러고는 그 픽셀들에 어느 정도의 이

동성을 부여했고, 같은 종류의 다른 픽셀들과 어울리기를 선호하는 경향성도 부여했다. 이렇게 해서 픽셀들이 스스로 정렬하기 시작하자, 덩어리가 나타났다. 케르플라키스탄인들의 바닷속에서 엘보니아인들의 섬과 반도가 등장하거나 그 거꾸로였다. 직관적으로 보기에 이것은 집단 간 폭력의 잠재성이 내재된 환경이다. 그런데 픽셀들의 자발적 정렬이 더 진행되자, 그런 섬과 반도의 개수가 차츰 줄었다. 이때 섬과 반도의 수가 극대화되는 중간 단계는 타민족에게 둘러싸인 고립된 거주지에서 사는 사람들의 수가 극대화되는 지점이었다.*

다음으로 연구자들은 현실에서 이처럼 발칸화된 지역, 즉 옛 유고슬라비아 공화국이 있던 1990년의 발칸 지역을 살펴보았다. 1990년은 세르비아, 보스니아, 크로아티아, 알바니아가 제2차세계대전 이래 유럽 최악의 전쟁이 될 내전을 일으킴으로써 세상 사람들에게 스레브레니차 같은 지명들과 슬로보단 밀로셰비치 같은 인명들을 알려주기 직전이었다. 연구자들은 그 시점의 발칸을 비슷한 방식으로 분석해보았다. 각 민족 영역의 크기는 지름이 대략 20~60킬로미터였다. 연구자들은 그 지도를 놓고서, 이론적으로 폭력이 가장 왕성하게 발생할 만한 지점들을 짚어보았다. 놀랍게도, 그들이 예측한 지점은 이후 전쟁에서 실제로 대규모 전투와 학살이 벌어졌던 지점들과 일치했다.

연구자들의 말을 빌리면, 폭력은 "집단들 자체에 내재한 갈등의 결과라기보다는 집단들 간의 경계가 이루는 구조 탓에" 발생할 수 있다. 연구자들은 또 경계의 선명함이 중요하다는 것을 보여주었다. 집단 사이를 가르는 산맥이나 강처럼 명확하게 그어진 좋은 울타리는 좋은 이웃을 만든다. "평화는 하나로 통합된 공존 상태에서 생겨나는 게 아니다. 오히려 명확하게 정의된

* 연구자들은 화학에서 서로 다른 종류의 용액들이 섞이는 정도를 분석하는 수학적 기법, 그리고 물리에서 중첩되는 파동들 각각의 기여를 계산하는 수학적 기법을 끌어와서 이 분석을 수행했다. 나는 이런 내용에 대해서 일자무식이다. 그저 미국에서 제일 까다로운 학술지인 『사이언스』의 심사 과정을 신뢰할 따름이다.

지형학적 혹은 정치적 경계가 집단들을 분리함으로써 한 지역 내에 부분적 자율성이 허락될 때 평화가 온다." 연구자들의 결론이다.

이처럼 인구 집단의 규모, 밀도, 이질성뿐만 아니라 집단들이 나뉜 형태와 명확도도 집단 간 폭력을 설명하는 요소로서 유효하다. 이 주제는 마지막 장에서 다시 다루겠다.

문화적 위기가 남긴 잔재

런던 대공습, 9·11 이후 뉴욕, 1989년 로마 프리에타 대지진 이후 샌프란시스코처럼 위기가 닥친 시기에는 사람들이 힘을 모은다.* 좋은 일이다. 하지만 이와 대조적으로 만성적이고, 만연하고, 소모적인 위협을 겪는 경우에는 사람들이든 문화든 좋은 모습을 보이기 힘들다.

굶주림이라는 원초적 위협은 역사적으로 여러 흔적을 남겼다. 나라들의 엄격함 차이를 조사했던 연구를 떠올려보자(독재적이고, 반대 의견을 억압하고, 어디서나 행동 규범을 강제하는 나라가 '엄격한' 나라라고 했다).[50] 어떤 특징을 가진 나라가 엄격한 나라가 되었을까?** 앞에서는 인구밀도가 높은 나라가 그렇다고 말했는데, 다른 예측 지표들도 있었다. 과거에 식량 부족을 더 많이 겪은 나라, 식량 섭취량이 적은 나라, 식단 중 단백질과 지방 비율이 적은 나라가 그랬다. 한마디로, 배를 곯을 위협을 만성적으로 겪은 문

---

* 나는 이 지진 때 샌프란시스코에 있었고, 당시 시내의 고급 호텔들이 문을 열어 피난처를 찾는 사람들을 받아들였다는 사실이 널리 칭송되었다는 걸 안다. 다만 그 너그러움은 지진으로 집을 잃은 사람들에게 발휘되었을 뿐, 원래 집이 없던 사람들에게는 발휘되지 않았다는 점을 지적해두고 싶다. 노숙인들에게 지진은 여느 날과 다름없는 고생일 뿐이었다. 호텔들은 받아들인 사람들에게 신용카드를 요구했다고 하는데, 방값을 결제한 것은 아니고 그들이 집이 없어 문제가 될 부류의 사람인지를 확인하기 위해서였다. 이 이야기는 거짓일지도 모르겠다. 호텔 접수대 직원들이 꼭 상대의 신용카드를 봐야만 그 차이를 알았을까.

** 가장 '엄격한' 나라는 어디였을까? 파키스탄, 말레이시아, 인도, 싱가포르, 대한민국이었다. 가장 엄격하지 않은 나라는? 우크라이나, 에스토니아, 헝가리, 이스라엘, 네덜란드였다.

화들이었다.

환경 악화, 즉 가용 농지나 깨끗한 물이 부족하고 오염이 심했던 것도 문화적 엄격함을 예측했다. 이와 비슷하게, 야생동물 고기에 의존하는 문화들은 서식지 파괴로 동물 집단이 고갈되는 상황에서 갈등이 악화한다. 재러드 다이아몬드는 역작 『문명의 붕괴』에서 많은 문명의 폭력적 붕괴는 환경 파괴 탓이었다고 주장했다.

질병도 빼놓을 수 없다. 15장에서 우리는 '행동학적 면역'이라는 것을 살펴볼 텐데, 이것은 많은 동물종이 다른 개체에게서 질병의 단서를 감지할 줄 아는 것을 뜻하는 개념이다. 인간도 타인에게서 전염병을 암시하는 단서를 읽어내는 능력이 외국인 혐오를 조장하는 요인이 되곤 한다. 이와 비슷하게, 어떤 문화가 과거에 전염병을 얼마나 많이 겪었는가 하는 것은 외부인에 대한 개방성을 예측하는 한 요소다. 과거에 팬데믹을 많이 겪었던 문화, 영유아 사망률이 높았던 문화, 전염병으로 날린 누적 햇수가 많았던 문화일수록 현재에 문화적으로 더 엄격한 것으로 드러났다.

날씨도 조직적 폭력의 발생률에 영향을 미친다. 유럽에서 수 세기에 걸쳐 진행되었던 전쟁들이 한파가 극심한 겨울이나 작물 생장기에는 잠시 쉬곤 했던 것만 봐도 알 수 있다.[51] 날씨와 기후가 문화에 미치는 영향력은 사실 그보다 더 넓다. 케냐 역사학자 알리 마즈루이는 과거에 유럽이 아프리카에 비해 성공했던 이유 중 하나로 기후를 꼽았다. 서구는 매년 틀림없이 겨울이 돌아오는 기후 때문에 미리 계획하는 문화를 발달시켰다는 것이다.* 더 큰 규모에서의 날씨 변화도 문화에 영향을 미친다. 엄격함 연구에서, 과거의 잦은 홍수나 가뭄이나 태풍도 문화적 엄격함을 예측하는 지표였다. 기후에서 또하나의 유효한 요인은 남방진동이다. 엘니뇨라고도 불리는 남방진동은 적도 태평양의 평균 해수면 온도가 몇 년 단위로 오르락내리락하는 현상을 말한다. 약 10년마다 돌아오는 엘니뇨 시기에는 바닷물이 더 따듯해지고 기후

* 이 주장을 반박하자면, 열대지방 사람들도 연간 기후 변동을 예견해야 하는 건 마찬가지이고 거꾸로 스웨덴 사람들은 겨울은 있겠지만 우기를 미리 계획할 필요는 없다.

가 더 건조해지므로(라니냐 시기에는 반대 현상이 일어난다), 많은 저개발국이 가뭄과 식량 부족을 겪는다. 지난 50년간 엘니뇨 시기에는 국내 갈등의 발생률이 평소의 약 두 배였는데, 대부분은 기존의 갈등이 격화된 결과였다.

가뭄과 폭력의 관계는 좀 까다롭다. 앞 단락에서 말했던 국내 갈등이란 정부와 비정부 세력 간의 전투(내전이나 봉기)로 인한 사망 등을 뜻했다. 따라서 그것은 가축을 칠 물웅덩이나 초원을 둘러싼 싸움이 아니라 현대적 이권 다툼이었다. 하지만 전통사회의 환경에서 가뭄은 채집을 하거나 작물에 물을 대는 데 더 많은 시간을 들여야 한다는 뜻일 수 있다. 그 경우 타 집단의 여성을 훔쳐오려고 습격하는 일은 우선순위가 높을 수 없다. 그리고 내 가축도 먹이지 못하는 판국에 남의 가축을 훔쳐서 어쩌겠는가? 그러니 갈등이 준다.

흥미롭게도, 개코원숭이들도 이와 비슷하다. 세렝게티 같은 풍요로운 생태계에서 사는 개코원숭이들은 평소 채집에 하루 몇 시간만 들이면 충분하다. 영장류학자들이 개코원숭이를 좋아하는 이유 중 하나는 그 덕분에 녀석들이 하루 약 아홉 시간을 사회적 권모술수—밀회와 승부와 험담—에 쓸 여유가 있어서다. 그런데 1984년 동아프리카에 극심한 가뭄이 들었다. 여전히 먹이는 충분했지만 개코원숭이들은 충분한 칼로리를 섭취하기 위해서는 깨어 있는 시간을 모조리 채집에 바쳐야 했다. 그러자 녀석들의 공격성이 줄었다.[52]

이처럼 생태적 압력은 공격성을 높일 수도 낮출 수도 있다. 그렇다면 지구온난화는 최선의 행동과 최악의 행동에 어떤 영향을 미칠까 하는 의문이 떠오른다. 틀림없이 좋은 면도 있을 것이다. 일부 지역은 작물 생장기가 더 길어질 테고, 식량 공급이 늘 테고, 긴장이 줄 것이다. 어떤 사람들은 높아지는 해수면으로부터 집을 지키거나 북극에서 파인애플을 기르느라 바빠서 갈등을 삼갈 것이다. 하지만 예측 모형들의 세부를 둘러싸고 갑론을박이 있기는 해도, 아무튼 중론은 지구온난화가 지구적 갈등에 유익하게 작용하진 않으리라는 것이다. 일단, 날이 더워지면 사람들은 화가 많아진다. 도시에서는 여름에 온도가 3도 상승할 때마다 개인 간 폭력이 3% 증가하고 집단 폭력이 14% 증가한다. 하지만 지구온난화가 가져오는 가장 나쁜 소식은 지구적 차원의 문제다. 지구적으로 사막화가 가속하고, 해수면 상승 탓에 경작 가능 토지가 줄고, 가뭄이 늘 것이다. 한 영향력 있는 메타분석에 따르면, 2050년까지 일부 지역에서는 개인 간 폭력과 집단 폭력이 각각 16%와 50% 증가하리라고 한다.[53]

빼놓으면 섭섭하니까: 종교

종교는 마지막 장에서 살펴볼 테지만, 여기서 짧게 한마디하고 넘어가는 것도 좋겠다.

인간이 왜 끊임없이 종교를 발명하는가에 대해서는 여러 이론이 있다. 인간이 초자연적인 것에 끌리기 때문이라는 설명만으로는 부족하다. 한 리뷰를 인용하자면, "미키마우스도 초자연적인 힘을 갖고 있지만, 그렇다고 해서 미키마우스를 숭배하거나 미키마우스를 위해서 싸우거나—심지어 죽이는—사람은 없다. 인간에게 사회적 뇌가 있기 때문이라는 설명으로 전 세계 아이들이 말하는 찻잔에 끌리는 현상은 설명할 수 있을 것이다. 하지만 종교는 그보다 훨씬 더 복잡한 무엇이다". 종교는 왜 생겨날까? 왜냐하면 종교는 내집단이 더 잘 협동하고 잘 생육하도록 만들어주기 때문이다(더 자세한 내용은 다음 장에서 이야기하겠다). 왜냐하면 인간은 미지의 것을 마주쳤을 때 그것을 의인화하고 싶어하고 그 현상에서 섭리와 인과를 찾고 싶어하기 때문이다. 혹은 신을 만들어내는 습관은 인간이 가진 사회적 뇌의 구조상 어쩔 수 없는 부산물로서 창발한 현상인지도 모른다.[54]

이처럼 추측이 난무하는 와중에, 이보다 더 놀라운 것은 인간이 만들어낸 수천 가지 종교들의 다양성이다. 종교들은 신의 수와 성별 면에서 천차만별이다. 사후세계가 있는가, 있다면 그곳은 어떤 곳인가, 어떻게 해야 그곳에

갈 수 있는가 하는 점에서도 다 다르다. 신이 인간을 판단하거나 개입하는가 하는 점에서도 다르다. 창시자의 신화가 처음부터 신성한 것인가(얼마나 그랬으면 아기 창시자에게 동방박사들이 찾아올 정도다), 아니면 향락주의자였다가 개심한 경우인가(싯다르타가 궁전의 삶을 버리고 붓다가 된 것처럼 말이다) 하는 점도 다르다. 종교의 목표가 새 신자를 끌어들이는 것인가("멋진 소식을 전하러 왔습니다, 뉴욕주 맨체스터에 있던 내게 천사가 찾아와서 금판을 안겨주었어요"), 아니면 기존 신자들을 유지하는 것인가("우리는 이미 신과 언약을 맺었으니, 그냥 계속 우리를 따르세요") 하는 점도 다르다. 그 밖에도 무수한 다양성이 있다.

이 변이 속에도 몇 가지 유효한 패턴이 있다. 앞서 말했듯이, 사막문화들은 일신교에 치우치는 경향이 있다. 반면 우림 거주자들은 다신교를 믿는다. 유목민들의 신은 전쟁을 중시하고, 전투에서 용맹함을 발휘한 인간만이 천국에 들어갈 수 있다고 말한다. 농부들은 날씨를 바꿀 수 있는 신을 발명해낸다. 앞서 보았듯이, 익명의 행위가 가능해질 만한 규모로 성장한 문화들은 도덕주의자 신을 발명해낸다. 잦은 위협(전쟁이나 자연재해), 불평등, 높은 영아사망률을 겪는 문화일수록 신과 종교적 관행의 지배력이 강하다.

이 주제를 마지막 장으로 떠넘기기 전에, 명백한 사실 세 가지를 짚고 넘어가자. ⓐ종교는 그 종교를 발명하거나 채택한 문화의 가치들을 반영하고, 그 가치들을 아주 효율적으로 전달한다. ⓑ종교는 우리 최선의 행동과 최악의 행동을 부추긴다. ⓒ이것은 복잡한 주제다.

자, 지금까지 다양한 문화적 요인들을 살펴보았다. 집단주의 문화 대 개인주의 문화를 살펴보았고, 자원 분포가 평등한 문화 대 위계적인 문화를 살펴보았다. 이 밖에도 고려할 만한 요인이 더 많지만, 이제 이 장의 마지막 주제로 넘어갈 차례다. 이 주제는 올두바이협곡의 풍화된 지층처럼 오래된 논쟁에서부터 갓난아기의 엉덩이처럼 신선한 논쟁에 이르기까지 예부터 열렬한 논쟁을 일으킨 문제였고, 평화를 연구하는 과학자들이 서로를 물어뜯을

듯이 으르렁거리게 만든 주제였다.

홉스냐 루소냐

그렇다, 문제는 홉스냐 루소냐다.

몇 가지 수치를 읊어보자. 해부학적으로 현대적인 인간이 출현한 것은 지금으로부터 약 20만 년 전이었고, 행동학적으로 현대적인 인간이 출현한 것은 약 4만 년에서 5만 년 전이었다. 인간이 동물을 길들인 것은 1만 년에서 2만 년 전이었고, 농업을 발명한 것은 약 1만 2000년 전이었다. 인간이 식물을 길들여서 작물화한 뒤에도 약 5000년이 더 지나서야 이집트, 중동, 중국, 신세계에서 문명과 더불어 '역사'가 시작되었다. 이 과정에서 어느 대목에 전쟁이 발명되었을까? 물질문화는 전쟁을 벌이려는 경향성을 누그러뜨렸을까, 악화시켰을까? 뛰어난 전사들은 유전자를 더 많이 남겼을까? 문명이 등장하고 권력이 중앙집중화한 덕분에 우리가 문명화한 것일까? 사회적 계약이 안기는 제약이 겉치레로 작용한 덕분에? 역사의 과정을 거치면서 인간은 서로를 좀더 점잖게 대하게 되었을까? 그렇다. 요컨대 땅딸막하고/고약하고/야수 같은 야만인이냐 고결한 야만인이냐 하는 문제다.

과거 수백 년 동안 이어진 철학자들의 논쟁은 대체로 말장난이었지만, 오늘날 홉스냐 루소냐 하는 논쟁은 실제 데이터 싸움이다. 그중 일부는 고고학 데이터다. 연구자들은 그동안 고고학 기록으로부터 과거에 전쟁이 얼마나 널리 퍼져 있었고 언제부터 시작되었는지를 밝히려고 애써왔다.

충분히 예측할 수 있는 일인바, 이 주제를 다루는 학회에서는 정의를 놓고 옥신각신하는 게 내용의 절반쯤 된다. '전쟁'은 집단 간에 벌어진 조직적이고 지속적인 폭력만을 뜻하는가? 무기가 쓰여야만 전쟁인가? (비록 특정 계절에 한정될지라도) 정규군이 있어야만 전쟁인가? 위계와 명령 계통이 있는 군대여야만 하는가? 대체로 친족 계보들 간에 싸운 경우, 그것은 전쟁이 아니라 가문 간 알력으로 봐야 하나?

골절된 뼈

대부분의 고고학자들이 기능적으로 사용하는 정의는 "많은 사람들이 동시에 폭력적 죽음을 맞는 것"이라는 간소한 형태다. 1996년, 일리노이대학교의 고고학자 로런스 킬리는 기존의 문헌을 종합하여 『원시전쟁』이라는 책을 썼다. 큰 영향력을 미친 이 책에서 킬리는 전쟁을 뒷받침하는 고고학 증거가 광범위하고 오래되었다고 주장했다.[55]

2011년 하버드대학교의 스티븐 핑커는 『우리 본성의 선한 천사』에서 비슷한 결론을 내렸다.[56] 진부한 표현은 삼가는 게 좋겠지만, 이 책을 언급하면서 '기념비적'이라는 표현을 쓰지 않기는 어렵다. 이 기념비적 저작에서 핑커는 ⓐ지난 500년 동안 인류의 폭력과 최악의 참상이 꾸준히 줄었고, ⓑ그렇게 바뀌기 이전의 전쟁과 야만성은 인간 종의 역사만큼 오래된 것이었다고 주장했다.

킬리와 핑커는 선사시대 부족사회들의 야만성을 풍성하게 기록했다. 복합 골절이 있는 유골, 함몰된 두개골, '방어' 골절이 있는 뼈(타격을 막으려고 팔을 쳐들 때 생기는 골절이다), 돌로 된 발사물이 박힌 뼈 등이 나온 공동 매장지를 수집한 것이다. 어떤 매장지들은 전투의 결과로 보인다. 젊은 성인 남성의 유골이 많이 나온 곳들이 그렇다. 또 어떤 매장지들은 무차별 학살의 결과로 보인다. 살해된 흔적이 있는 유골들이 남녀노소 다 있기 때문이다. 또 어떤 매장지들은 식인 행위를 암시하는 듯하다.

각자 독자적으로 기존 문헌을 조사한 킬리와 핑커는 우크라이나, 프랑스, 스웨덴, 니제르, 인도, 유럽과의 접촉 이전 아메리카의 여러 장소에서 선사시대 부족들이 저지른 폭력의 증거를 찾아냈다.[57] 그 장소들 중 가장 오래된 것은 1만 2000년에서 1만 4000년 된 유적지인 제벨 사하바다. 수단 북부 나일 강가의 그 묘지에서는 남자, 여자, 아이의 유골 59구가 발굴되었는데, 그중 절반 가까이는 뼈에 돌로 된 발사물이 박혀 있었다. 한편 학살 장소들 중 가장 큰 곳은 사우스다코타의 700년 된 유적지 크로 크릭으로, 400구가 넘는 유골이 한데 묻혀 있었는데 그중 60%는 폭력적 죽음을 맞았다는 증거를 보였다. 킬리와 핑커가 조사한 총 21개 장소들에서 발굴된 유골 중 약 15%는 '전쟁으로 인한 사망'의 증거를 보였다. 물론 전쟁에서 죽는다고 해서 반드시 골절이나 발사물이 있으라는 법은 없으므로, 실제 전쟁 사망자 비율은 이보다 더 높았을 수도 있다.

킬리와 핑커는 또 선사시대 정착지들이 종종 방책과 요새를 건설하여 스스로를 방어하려고 했다는 증거도 수집했다. 선사시대 폭력의 간판 격인 외치도 빼놓을 수 없다. 5300년 된 티롤의 '아이스맨' 외치는 1991년에 이탈리아/오스트리아 국경의 빙하가 녹으면서 발견되었다. 외치의 어깨에는 박힌 지 얼마 되지 않은 화살촉이 꽂혀 있었다.

그렇다면 킬리와 핑커는 문명이 등장하기 한참 전부터 전쟁으로 인한 대량 사망이 존재했다는 것을 보여준 셈이다. 더 중요한 점은 두 사람 다 그동안 고고학자들이 이 증거를 무시해왔다고 은근히 주장한 것이었다(킬리의 책은 부제부터가 '평화로운 야만인이라는 신화'였다). 킬리의 표현을 빌리자면, 고고학자들은 왜 이렇게 "과거를 평화화"했을까? 7장에서 제2차세계대전 이후에 사회과학자들이 파시즘의 뿌리를 이해하려고 애썼다는 얘기를 한 적 있다. 킬리는 제2차세계대전 이후에 고고학자들이 그 전쟁의 트라우마에 시달린 나머지 인류가 오래전부터 제2차세계대전을 준비해왔다는 증거를 받아들이지 못했다고 본다. 킬리보다 한 세대 아래인 핑커의 견해는 어떨까? 선사시대 폭력을 은폐하는 오늘날의 분위기는 현재 고고학계의 원로들이 약에 취하고 존 레넌의 〈이매진〉을 듣던 학창시절에 향수를 느끼기 때문이라는 것이 그의 생각이다.

이런 킬리와 핑커의 주장에 많은 저명 고고학자들이 강하게 반발하여, 두 사람이 "과거를 전쟁화"한다고 비판했다. 그중에서도 가장 크게 목소리를 낸 사람은 '핑커의 목록: 선사시대 전쟁 사망자 비율을 과장하다'와 같은 제목의 글들을 발표한 럿거스대학교의 R. 브라이언 퍼거슨이었다. 킬리와 핑커가

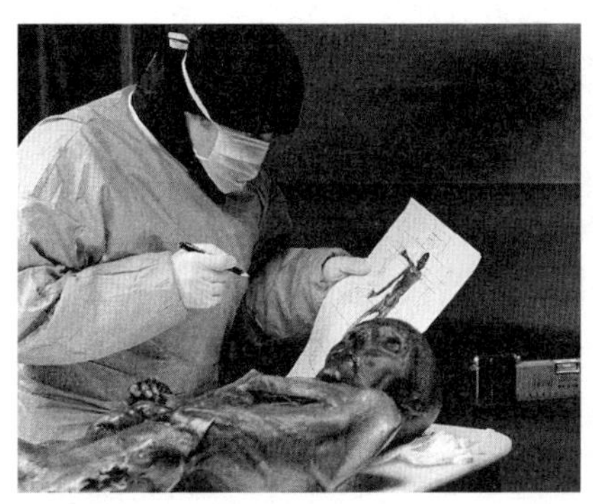

외치의 현재 상태(왼쪽)와 예술가가 복원한 모습(오른쪽). 아직 붙잡히지 않은 그의 살인자도 아마 비슷하게 생겼을 것이다.

비판받는 지점은 여러 가지다.[58]

a. 전쟁의 증거라고 제시된 매장지들 중 일부에서는 사실 폭력적 사망으로 인한 유골이 딱 한 구 발견되었다. 이것은 전쟁이 아니라 살인이었음을 암시하는 증거다.
b. 폭력적 사망으로 판단하는 기준 중 하나는 유골이 화살촉과 가까이 발견되었다는 것이다. 하지만 그런 인공물 중 다수는 사실 다른 용도로 만들어진 도구였거나 그냥 부스러기였다. 예를 들어, 제벨 사하바를 발굴했던 프레드 웬도프는 유골과 관련된다고 여겨지는 발사물 중 대부분은 그저 무의미한 부스러기라고 보았다.[59]
c. 골절된 뼈들 중에는 나은 것이 많았다. 그런 뼈는 전쟁의 증거가 아니라 많은 부족사회에서 시행했던 의례적 전투의 증거일지도 모른다.
d. 인간의 뼈를 갉아먹은 것이 다른 인간이었는지 육식동물이었는

지를 가려내는 것은 어려운 일이다. 1100년경의 푸에블로 원주민 마을에서 식인 행위가 있었음을 증명한 연구는 그러느라 갖은 애를 썼는데, 그곳에서 발굴된 인분에 인간의 미오글로빈, 즉 근육 단백질이 들어 있음을 확인한 것이 증거였다.[60] 그곳 사람들이 인간의 살을 먹었던 것이다. 하지만 이렇게 식인 행위가 분명하게 확인되는 경우라도, 그것이 외부적 행위인지 내부적 행위인지는(정복한 적을 잡아먹은 것인지 아니면 몇몇 부족 문화의 풍습처럼 죽은 친척을 먹은 것인지는) 알 수 없다.

e. 가장 중요한 비판은 킬리와 핑커가 전체 문헌을 살피지 않고 전쟁 사망자가 있을 것으로 보이는 매장지들만을 골라서 데이터를 취사선택했다는 것이다.* 그 대신 전 세계 수백 개 매장지에서 발견된 수천 구의 선사시대 유골을 모두 포함하면, 폭력적 사망의 비율은 15%보다 훨씬 더 낮아진다. 게다가 전쟁 같은 폭력의 증거가 전혀 발견되지 않는 지역과 시대도 있다. 비판자들이 킬리와 핑커의 가장 큰 결론을 반박하면서 은근히 고소하게 느꼈다는 것이 행간에서 느껴진다(가령 퍼거슨은 앞서 언급한 글에서 이렇게 말했다. "레반트 남부에서는 1만 년 동안 '**이곳에 전쟁이 있었다'고 확실하게 말할 수 있는 사례가 단 하나도 없었다**. 내 말이 틀렸는가? 그렇다면 장소를 대보라"). 따라서 비판자들은 인류 문명 이전에는 전쟁이 드물었다고 결론 내린다. 이에 대해 킬리와 핑커

* 그가 데이터를 임의로 취사선택했다는 비판에 핑커는 이렇게 답했다. "『우리 본성의 선한 천사』에는 내가 찾을 수 있었던 모든 고고학 및 인류학 문헌에 발표된 모든 폭력적 죽음의 인구당 비율 추정치가 포함되었다."(S. Pinker, "Violence: Clarified," *Sci* 338 (2012): 327) 만약 내가 그의 말을 제대로 이해한 것이라면, 이 대답은 약간 경솔하게 느껴진다. 좀 익살스럽게 표현하자면, 이것은 퀘이커교도들을 대상으로 해서는 다음과 같은 주제의 연구들이 발표된 적 없기 때문에 폭력 분석에서 그들을 제외하겠다고 말하는 것과 비슷하다. "퀘이커 공동체 내에서 갱단 스타일의 나이트클럽 처형으로 인한 사망 사건의 인구당 발생률 추정치: 0, 무인항공기 미사일 공격으로 인한 사망: 0, 도둑맞은 플루토늄으로 만들어진 방사능 폭탄으로 인한 사망: 0……"

의 지지자들은 크로 크릭이나 제벨 사하바 같은 피바다를 무시할 수는 없다고 반박하고, 또 (다른 많은 매장지들에서 초기 전쟁이 있었는지에 대한) 증거의 부재가 부재의 증거는 아니라고 반박한다.

그렇다면 오늘날 홉스냐 루소냐의 논쟁에서 사용할 수 있는 두번째 전략, 즉 현재에 국가 이전 부족사회 형태로 살아가는 사람들에 대한 조사로 넘어갈 수밖에 없다. 그런 사람들은 전쟁을 얼마나 자주 벌일까?

살아 있는 선사시대인

연구자들이 1만 년 된 인간의 뼈를 누가 혹은 무엇이 갉아먹었는가를 두고 쉼없이 입씨름하는 판국이니, 살아 있는 인간을 두고는 의견이 얼마나 갈릴지 상상해보라.

킬리와 핑커, 그리고 샌타페이연구소의 새뮤얼 볼스는 오늘날의 비국가 부족사회들에서 전쟁이 거의 보편적이라고 결론지었다. 뉴기니와 보르네오의 인간 사냥꾼들, 아프리카의 마사이와 줄루 전사들, 우림에서 이웃 마을을 습격하는 아마존 부족들이 그렇다. 킬리는 정부 같은 외부 세력이 평화를 강제하지 않는 경우에 부족사회들의 90~95%가 전쟁을 벌인다고 계산했다. 그중 많은 수는 쉼없이 싸우며, 어느 한 시점에 전쟁하고 있는 사회의 비율은 국가 사회보다 부족사회가 훨씬 더 높다고도 했다. 드물게 평화로운 부족사회는 보통 이웃 부족에게 패배하고 정복당해서 그런 것이라고 했다. 오늘날의 인류학자들이 살아 있는 유물이나 마찬가지인 이들을 평화롭게 그리고자 하는 마음에서 이들의 폭력을 체계적으로 축소 보고했다는 것이 킬리의 주장이다.

킬리는 또 부족사회의 폭력은 주로 의례적이었다는 견해, 즉 한 사람의 허벅지에 화살이 꽂히거나 한두 사람의 머리통이 곤봉에 깨지면 그것으로 싸움을 그만두곤 했다는 견해도 뒤집으려고 했다. 비국가 문화들의 폭력이 치

위 왼쪽에서 시계 방향으로 뉴기니, 마사이, 아마존, 줄루

명적이었다는 것이다. 킬리는 여러 문화들이 전쟁용으로 설계한 무기, 즉 끔찍한 피해를 입히고자 설계한 무기를 썼다는 사실을 기록하면서 스스로 자랑스러움마저 느끼는 듯하다. 킬리는 또 거의 기분이 상한 듯한 말투로, 평화화하는 인류학자들은 토착 집단들이 조직력도 규율도 청교도적 근면함도 부족해서 피바다를 만들지 못한다고 여긴다고 말한다. 킬리는 부족사회의 전사들이 서구화된 군대보다 우월한 사례들을 소개한다. 예를 들어 영국-줄루 전쟁에서 줄루족 전사들의 창이 19세기 영국군의 총보다 더 정확했다고 말하고, 영국인들이 승리한 것은 싸움꾼으로서 우월해서가 아니라 세련된 병참 조직 덕분에 장기전이 가능했기 때문이라고 말한다.

핑커도 킬리처럼 전통문화들이 거의 보편적으로 전쟁을 치른다고 결론짓는다. 뉴기니의 게부시나 마에엥가 같은 부족들은 전체 사망자의 10~30%가 전쟁 관련 사망자라는 사실, 아마존의 와오라니나 히바로 같은 부족들은 이 수치가 무려 35~60%라는 사실을 지적한다. 핑커는 또 폭력으로 인한 사망자의 비율을 계산해보았다. 현재 유럽은 그 수치가 연간 10만 명 중 1명 수준이다. 미국은 범죄 급증기였던 1970년대와 1980년대에 그 수치가 10명에 육박했고, 특히 디트로이트는 45명가량이었다. 독일과 러시아는 20세기 전쟁을 치르던 시기에 그 수치가 각각 평균 144명과 135명이었다. 대조적으로, 핑커가 조사한 27개 비국가 사회들의 평균은 524명이었다. 뉴기니의 그랜드밸리 다니족, 아메리카대륙 대평원의 피건 블랙풋 부족, 수단의 딩카족은 모두 한창때 그 수치가 1000명에 육박한다고 했다. 구성원들이 매년 지인 한 명씩을 폭력에 잃는 수준이다. 그중에서도 금메달은 캘리포니아 원주민인 카토족의 차지였다. 1840년대에 카토족은 연간 10만 명 중 1500명 가까운 수치로 일등을 따냈다.

토착문화의 폭력을 훑어보면서 야노마미족을 언급하지 않는 건 있을 수 없는 일이다. 브라질과 베네수엘라 아마존 유역에 사는 야노마미족은, 통설에 따르면, 거의 상시적으로 이웃 마을을 습격한다. 성인 남성 사망자의 30%는 폭력으로 인한 죽음이다. 성인의 70% 가까이가 가까운 친척을 폭력에 잃은 적 있다. 남성의 44%가 살해된다는 말도 있다.[61] 사실이라면 정말 황당한 사람들이다.

야노마미족이 유명해진 것은 인류학 역사상 가장 유명하고 논쟁적인 학자였던 나폴레옹 샤농 덕분이었다. 거칠고 호전적이고 거침없이 우격다짐하는 학자였던 그는 1960년대에 야노마미족을 조사하기 시작했다. 그러고는 1967년에 펴내어 일약 인류학의 고전이 된 논문 「야노마미: 사나운 사람들」로 그 부족에게 인기를 안겼다. 그가 야노마미족의 폭력성을 기록한 글과 민족지학적 영상들 덕분에, 부족의 사나움과 샤농의 사나움은 인류학계의 유명 레퍼토리가 되었다.*

다음 장에서 우리는 진화란 무엇보다도 유전자의 복사본을 후대에 넘겨주는 일임을 배울 것이다. 1988년에 샤농은 야노마미 남성들 중에서 살인을 해본 남자들은 평균보다 더 많은 수의 아내와 자식을 가진다는, 그럼으로써 제 유전자를 더 많이 전수한다고 주장하는 놀라운 논문을 냈다. 그렇다면 전쟁에서 두각을 드러내는 사람에게는 전쟁이 자신의 유전자를 남기는 데 기똥찬 수단인 셈이다.

자, 우리 선사시대의 대역이라고 볼 만한 비국가 부족문화들은 이처럼 거의 모두가 치명적 전쟁을 치러왔고, 일부는 거의 논스톱으로 싸우며, 살인에 능한 개체들이 진화적으로 더 큰 성공을 거둔다. 몹시 우울한 그림이다.

---

* 내가 학부생일 때 듣던 인류학 수업에 샤농이 초청 강사로 온 적 있었다. 그때 학생들은 그에게 경의를 표하는 의미에서 야노마미족처럼 차려입고 나타났는데(아니, 나는 진짜 안 그랬다, 나는 그러기에는 너무 소심하다), 그가 여기저기 강연을 다닐 때마다 인류학과 학생들이 그렇게 깜짝쇼를 하는 게 거의 관례인 것 같았다. 그가 매번 깜짝 놀란 척한 뒤에 학생들과 기념사진을 찍어줘야 했으니, 나중에는 아마 엄청 짜증스러웠을 것이다. 샤농은 2000년에 격렬한 논란에 휘말렸다. 저널리스트 패트릭 티어니가 『엘도라도의 어둠: 과학자들과 저널리스트들이 어떻게 아마존을 망가뜨렸나』라는 책에서 샤농과 한 동료가 야노마미족에게 홍역을 퍼뜨려 대량 사망을 일으켰고 그 밖에도 연구 피험자들에게 비윤리적 대우를 일삼았다고 주장했기 때문이다. 미국인류학회는 처음에 샤농을 비난했는데, 이것은 고발도 고발이지만 그가 원로들을 무시하는 되바라진 문제아로 못마땅하게 여겨진 탓이 컸다는 게 일반적인 해석이다. 결국 미국인류학회와 독립적 검토자들의 조사에서 샤농은 죄가 없는 것으로 밝혀졌다. 티어니의 주장은 증거가 허술한 부분도 있었고, 말짱 거짓말인 부분도 있었다. 샤농이 마지막으로 낸 책인 회고록의 제목은 『고결한 야만인: 아마존 야노마미족과 인류학자들, 두 위험한 부족과 함께한 삶』이다.

물론 수많은 인류학자들은 이 그림에 대해서 꼬치꼬치 열을 올리며 반박한다.[62]

* 역시 데이터 취사선택의 문제. 핑커가 그 폭력성을 분석한 수렵-원예농경 사회들과 기타 부족 집단들은 딱 한 군데를 제외하고는 모조리 아마존이나 뉴기니 고지대 부족들이었다. 전 세계를 대상으로 분석한다면 전쟁과 폭력의 비율이 훨씬 낮게 나온다.
* 핑커는 이 비판을 예견하여, 킬리처럼 인류학자들이 과거를 평화화하는 경향이 있다며 낮은 수치 자체를 의심했다. 그는 특히 말레이시아 세마이 부족의 놀라운 비폭력성을 보고한 인류학자들을 겨냥하여 이 비난을 던졌다(그들을 핑커는 약간 경멸하는 어조로 "평화의 인류학자들"이라고 불렀는데, 마치 '부활절 토끼를 믿는 사람들'이라고 말하는 듯한 분위기였다). 이에 발끈한 그 인류학자들은 『사이언스』에 공개서한을 보내어 우선 자신들은 "평화의 인류학자들"이 아니라 "평화를 연구하는 인류학자들"이다,* 그리고 히피 무리가 아니라 어떤 선입견도 없이 세마이족을 연구하는 객관적 과학자들이라고 말했다(심지어 자신들 중 대부분은 딱히 평화주의자라고 할 수 없다고까지 말했다). 핑커는 이렇게 대꾸했다. "'평화의 인류학자들'이 이제 자신들의 연구를 이데올로기적 작업이 아니라 경험적 작업으로 여긴다니, 고무적인 일이다. 많은 인류학자들이 폭력에 관한 자신의 입장을 '옳은' 것으로 선언하고서 그에 동의하지 않는 동료들을 검열하고, 입 막고, 중상모략을 퍼뜨리곤 했던 시절에 비해서 반가운 변화라 하겠다." 이야, 학문적 정적들을 가리켜 연구가 아니라 선언하는 자들이라

* 이 이야기를 들으니 내가 어릴 때 TV 참치 캔 광고에 나왔던 '참치 찰리'가 떠오른다. 스타키스트 사는 참치 찰리에게 자신들이 찾는 건 "취향이 좋은 참치(tuna with good taste)"가 아니라 "맛이 좋은 참치(tuna that taste good)"라고 말한다.

고 말하다니, 이건 흡사 사타구니를 무릎으로 제대로 찍는 짓이다.[63]

* 다른 인류학자들도 야노마미족을 연구했지만, 그들의 폭력성을 샤농처럼 보고한 사람은 아무도 없었다.[64] 게다가 살인을 많이 한 야노마미 남성일수록 번식 성공률이 높았다고 보고한 샤농의 논문은 앨라배마 버밍햄대학교의 인류학자 더글러스 프라이가 박살내버렸다. 프라이는 샤농의 결론이 부실한 데이터 분석의 결과임을 보여주었다. 샤농은 전투에서 살인한 적 있는 중년 남자들의 후손 수를 살인 경험이 없는 남자들과 비교하여, 전자의 후손 수가 유의미하게 더 많았다고 보고했다. 하지만 ⓐ샤농은 나이 차를 통제하지 않았다. 사실 살인자들의 평균 나이는 비살인자들보다 열 살 이상 많았는데, 그것은 후손을 둘 시간이 10년 이상 더 있었다는 뜻이다. ⓑ더 중요한 점으로, 이 분석 자체가 주어진 문제에 대한 대답으로 적절하지 않다. 이것은 젊을 때 살인한 적 있는 중년 남자들의 번식 성공률을 알아봐서 될 문제가 아니다. **모든** 살인자들의 번식 성공률을 조사해야 하는데, 그중에는 젊을 때 전투에서 죽은 사람들도 있을 테고, 그들을 포함시키면 살인자들의 번식 성공률은 현격히 낮아질 것이다. 그들을 포함시키지 않는 것은 생존 참전 용사들만을 조사한 뒤 전쟁은 생명을 위협하지 않는다고 결론 내리는 것이나 마찬가지다.
* 게다가 샤농의 발견은 일반화되지 않는다. 다른 문화를 대상으로 폭력과 번식 성공률의 관계를 살펴보고서 그 연관성을 발견하지 못한 연구가 최소한 세 개는 있다. 일례로, 하버드대학교의 루크 글로와키와 리처드 랭엄이 에티오피아 남부의 유목민 냥가톰 부족을 조사한 결과를 보자. 그 지역의 다른 목축민들처럼 냥가톰도 정기적으로 이웃 마을을 습격하여 가축을 훔쳐온다.[65] 그런데 연구자들에 따르면, 공개적인 대규모 습격에 자주 참여한 사람들

이라고 해서 평생 번식 성공률이 높지 않았다. 오히려 '은밀한 습격', 즉 밤중에 소규모로 적의 마을에 숨어들어 소를 몰래 훔쳐오는 일에 자주 참여한 사람들이 번식 성공률이 높았다. 요컨대 그 문화에서는 울끈불끈한 전사가 되는 것보다 야비하고 은밀한 가축 도둑이 되는 것이 유전자를 더 많이 남길 수 있는 길이다.

* 이 토착 집단들은 선사시대 인류의 대역이 되지 못한다. 우선, 이 집단들은 선사시대인이 가졌던 것보다 더 치명적인 무기를 가진 경우가 많다(샤농에 대한 유효한 비판 중 하나는 그가 연구에 협조하는 대가로 야노마미 사람들에게 도끼, 마체테, 산탄총을 종종 건넸다는 것이다). 다음으로, 이 집단들은 외부 세계에 차츰 에워싸인 결과로 질 나쁜 서식지에서 사는 경우가 많아서 자원 경쟁이 격화된다. 그리고 외부와의 접촉은 파국을 낳을 수 있다. 핑커는 아마존의 아체와 히위 부족이 높은 폭력률을 보인다고 보고한 연구를 인용했다. 하지만 프라이가 원래의 논문들을 찾아보니, 아체와 히위 사람들 중 폭력에 의한 사망자는 전부 그들의 땅에서 그들을 몰아내고자 하는 개척지 목장주들의 손에 죽은 경우였다.[66] 이것은 인간의 선사시대와는 무관한 일이다.

논쟁의 양측 모두 여기에 사활을 건다. 킬리는 책의 끝부분에서 아주 이상한 걱정을 내비쳤다. "과거를 평화화하는 사람들의 주장이 명백히 암시하는 바는, 우리가 '전쟁이라는 거대한 재앙'에 대해 내릴 수 있는 유일한 해법이 모든 문명을 파괴하고 부족 상태로 돌아가는 것이라는 결론이다." 그러니까 고고학자들이 과거를 평화화하는 바보짓을 그만두지 않는다면, 결국에는 사람들이 항생제와 전자레인지를 내버리고, 희생 의식을 치르고, 옷 대신 샅가리개를 걸치게 될 것이라는 말이다. 그러면 세상이 어떻게 되겠는가?

논쟁의 반대편 비판자들에게는 더 큰 걱정이 있다. 우선, 가령 아마존 부족들이 쉽없이 폭력을 저지른다고 여기는 그릇된 이미지는 그들의 땅을 훔치는 것을 정당화하는 근거로 쓰였다. 토착 부족민들을 옹호하는 인권단체 서바이벌인터내셔널의 스티븐 코리는 이렇게 말했다. "핑커는 '잔인한 야만인'이라는, 허구에 불과하고 식민주의적이고 후진적인 이미지를 퍼뜨린다. 이 이미지는 토론을 백 년 전으로 되돌릴 뿐 아니라 지금도 부족들을 파괴하는 데 이용되고 있다."[67]

이처럼 뜨거운 논쟁의 와중에도, 우리가 지금 왜 이 이야기를 살펴보는지를 잊지 말자. 좋거나 나쁘거나 애매한 어떤 행동이 방금 벌어졌다. 인류의 기원까지 거슬러올라가는 문화적 요인 중 무엇이 그 행동에 기여했을까? 그렇다면 달 없는 밤에 가축을 훔치는 일, 카사바밭을 돌보던 것을 놓아두고 이웃 아마존 마을을 습격하러 가는 일, 요새를 짓는 일, 정복한 마을의 남녀노소 모두를 학살하는 일 등은 이 의문과 무관한 일이 된다. 왜냐하면 그런 연구들의 대상자는 모두 목축민이거나 농부이거나 원예농경민인데, 이런 생활양식은 인류가 동식물을 길들인 뒤에, 그러니까 최근 1만 년에서 1만 4000년 무렵에야 비로소 등장했기 때문이다. 수십만 년 전으로 거슬러올라가는 인류 역사 전체를 고려한다면, 낙타를 치거나 농사를 짓는 일은 로봇의 법적 권리를 옹호하는 로비스트가 되는 일 못지않게 최신 직업이다. 역사 대부분의 기간에 인간은 수렵채집인으로 살았다. 그리고 이것은 전혀 다른 상황이다.

전쟁과 수렵채집인, 과거와 현재

인류 역사 중 약 95~99%의 기간에 인간은 작은 무리로 떠돌아다니면서 식물을 채집하고 공동으로 사냥하여 먹고살았다. 이런 수렵채집인들의 폭력성에 대해서 우리는 얼마나 알까?

선사시대 수렵채집인이 가졌던 물건 중에는 수만 년을 버틸 만한 것이 적었으므로, 이들의 고고학적 기록은 거의 남아 있지 않다. 이들의 사고방식과 생활양식에 관한 통찰은 최대 4만 년 전으로 거슬러올라가는 동굴 벽화에서 온다. 그리고 전 세계에서 발견되는 그 벽화들에는 인간이 사냥하는 모습은 그려져 있지만 인간 사이의 폭력이라고 확실히 말할 수 있는 장면은 거의 없다.

화석 기록은 더 귀하다. 수렵채집인의 학살 장소는 지금까지 딱 한 곳 발견되었는데, 케냐 북부의 1만 년 전 유적지다. 이 이야기는 뒤에서 하겠다.

이런 정보의 공백을 어떻게 메울까? 한 방법은 인간과 현존하는 비인간 영장류를 비교함으로써 먼 선조 인간의 성질을 유추해보는 것이다. 처음으로 이 접근법을 썼던 사람은 콘라트 로렌츠와 로버트 아드리로, 특히 아드리는 베스트셀러가 된 1966년 책 『영역 본능』에서 인류의 기원에는 폭력적 영역 본능이 깃들어 있다고 주장했다.[68] 그리고 현재에 가장 영향력 있게 그 주장을 펼치는 것은 1997년에 (데일 피터슨과 공저로) 『악마 같은 남성』이라는 책을 썼던 리처드 랭엄이다. 랭엄은 침팬지야말로 초기 인간의 행동을 유추할 때 지침으로 삼을 대상이라고 보고, 그로부터 그려지는 그림은 피투성이라고 본다. 수렵채집인은 사실상 건너뛴다. "이리하여 우리는 다시 야노마미족에게 돌아온다. 이 부족은 침팬지의 폭력이 인간의 전쟁과 관계있음을 보여주는 증거일까? 분명히 그렇다." 랭엄은 자신의 입장을 이렇게 요약했다.

> 역사시대 이전의 역사가 수수께끼이고 예리코 이전 인간에 대한 지식이 빈 서판이라는 점 때문에, 우리는 떳떳하게 집단적으로 상상력을 발휘하여 누군가는 원시의 에덴을 지어냈고 누군가는 잊힌 모계사회를 지어냈다. 꿈을 꾸는 건 좋은 일이다. 하지만 맑은 정신으로 생각해보자. 우리가 침팬지를 닮은 선조에서 시작하여 벽을 세우고 격투장을 짓는 현대인으로 귀결되었다면, 현재의 우리에게로 이어진 500만 년 세월은 내내 남성 공격성의 역사였다고 보는 편이 합리적이다. 그리고 그 공격성은 우리 선조들의 사회성과 기술과 사고에 영향을 미쳤을 것이다.

속속들이 홉스식인데다가 과거를 평화화하는 몽상가들에 대한 킬리식 경멸을 좀 가미한 견해다.

이 견해는 거센 비판을 받았다. ⓐ인간은 침팬지가 아니고 침팬지의 후손도 아니다. 인간과 침팬지가 공통 선조에서 갈라진 이래, 침팬지도 인간과 거의 같은 속도로 계속 진화해왔다. ⓑ랭엄은 종간 연관성을 주장할 때 데이터를 취사선택했다. 일례로 그는 인간 폭력성의 진화적 뿌리를 가까운 친척인 침팬지에게서만이 아니라 역시 꽤 가까운 친척인 고릴라에게서도 찾아서, 고릴라가 경쟁적 새끼 살해를 시행한다는 점을 강조했다. 문제는 고릴라가 전반적으로는 공격성이 극히 낮다는 것이다. 랭엄은 인간 폭력성을 고릴라와 연결 지을 때 이 사실을 싹 무시했다. ⓒ가장 중요한 취사선택의 예로, 랭엄은 보노보를 거의 무시했다. 보노보는 침팬지보다 폭력성이 훨씬 적고, 암컷이 사회를 장악하며, 적대적 영역 행동을 보이지 않는다. 결정적으로 인간은 침팬지 못지않게 보노보와도 많은 유전자를 공유하는데, 이것은 『악마 같은 남성』이 출간된 시점에는 알려지지 않은 사실이었다(랭엄이 이후 견해를 누그러뜨렸다는 점은 적어둘 만하다).

그래서 이 분야의 연구자들은 대부분 우리 수렵채집인 선조들의 행동을 알기 위해서는 오늘날의 수렵채집인을 연구하는 방법이 최선이라고 본다.

한때 세상의 모든 인간은 수렵채집인이었다. 하지만 오늘날 그 세상의 명맥을 잇는 것은 아직까지 순수한 수렵채집 생활을 이어가는 소수의 집단들뿐이다. 탄자니아 북부의 하자족, 콩고의 음부티 '피그미'족, 르완다의 트와족, 호주의 군윙구족, 인도의 안다만제도인, 필리핀의 바탁족, 말레이시아의 세망족, 캐나다 북부의 여러 이누이트 문화가 그렇다.

우선 짚어둬야 할 점이 있다. 한때 우리는 수렵채집사회에서 채집을 전담하는 여자들에 비해 사냥을 하는 남자들이 더 많은 칼로리를 공급한다고 생각했다. 하지만 현실을 보면 채집이 대부분의 칼로리를 공급한다. 남자들은 지난번 사냥에서 자신이 얼마나 끝내줬는지, 다음 사냥에서는 얼마나 더 끝내줄 것인지를 떠드는 데 많은 시간을 쓴다. 하자족의 경우에는 사냥꾼 남자들보다 모계의 할머니들이 가족에게 더 많은 칼로리를 공급한다.[69]

위에서부터 시계 방향으로: 하자, 음부티, 안다만, 세망

인류 역사의 궤적을 발전의 궤적이었다고 여기는 이들이 있다. 그 견해의 핵심은 농업이야말로 인간이 만들어낸 최고의 발명이었다고 보는 것이다. 여기에 대해서는 뒤에서 더 떠들 것이다. 아무튼 이런 농업 선전의 근거는 원시 수렵채집인들이 노상 허기에 시달렸다고 보는 견해인데, 현실은 다르다.

일반적으로 수렵채집인은 전통사회의 농부보다 하루치 양식을 구하기 위해서 일하는 시간이 더 짧고, 더 오래 더 건강하게 산다. 인류학자 마셜 살린즈의 표현을 빌리면, 수렵채집사회는 원조 풍요사회였다.

현재의 수렵채집인들이 공통적으로 보이는 인구통계학적 특징이 있다.[70] 과거의 통설은 수렵채집 집단들이 상당히 안정된 구성을 유지하기 때문에 내집단 친연성이 꽤 높다는 것이었다. 하지만 최근 연구에 따르면 내집단 친연성이 생각보다 낮은데, 이것은 유랑하는 수렵채집인들이 유동적으로 융합/분열하며 무리 짓는다는 것을 뜻한다. 그런 유동성을 보여주는 한 예가 하자족이다. 이들은 유난히 손발이 잘 맞는 사냥꾼들끼리 집단을 넘어서 함께 일한다. 더 자세한 이야기는 다음 장에서 하겠다.

인간의 최선의 행동과 최악의 행동에 있어서 현대의 수렵채집인들은 어떨까? 1970년대까지는 수렵채집인들이 평화롭고, 협동적이고, 평등주의적이라는 것이 분명한 대답이었다. 집단 간 유동성은 개인 간 폭력을 예방하는 안전밸브로 기능하고(서로 죽일 듯 대립하는 사람들이 있을 때는 한 명이 다른 집단으로 옮기면 된다), 유랑 생활은 집단 간 폭력을 예방하는 안전밸브로 기능한다(이웃 집단과 전쟁을 벌이는 대신 그냥 다른 계곡으로 옮겨서 사냥하면 된다).

그중에서도 멋진 수렵채집인의 기수로 꼽힌 것은 칼라하리사막의 !쿵족이었다.*[71] 이들에 관한 초기의 논문 제목—엘리자베스 마셜 토머스의 1959년 작 『무해한 사람들』—만 봐도 알 수 있다.** !쿵족과 야노마미족의

* !쿵족은 흡착음이 있는 언어를 쓴다. 이름 앞에 붙은 느낌표가 바로 흡착음 기호다. '부시먼'이라는 비공식 명칭으로 알려진 그들은 보츠와나, 나미비아, 앙골라, 남아프리카공화국에 퍼져 있는 토착 부족들의 통칭인 코이산 문화의 일부다. 〈부시맨〉이라는 코미디 영화의 주인공이 이 !쿵족이다. '!쿵'이 가장 널리 쓰이는 이름이긴 하지만, 부족민 자신들과 오늘날 대부분의 인류학자들은 그 대신 '주호안시'라는 이름을 쓴다.

** 내가 다닌 대학의 인류학과가 !쿵족 팬덤의 본거지였던 터라, 나는 그 애정을 더 넓혀서 아프리카 수렵채집 부족이라면 덮어놓고 껌뻑 죽는 사람이 되었다(그들이 모두 키가 작다는 사실이 한몫했던 것 같다). 지금은 소수만 남은 수렵채집 부족으로, 케냐의 세렝게티 북부 숲에서 사는 '은도로보'족 혹은 '오키에크'족이 있다. 이들은 이웃 마사이족과 기묘한 공생관계를 맺고 있다. 가끔 숲에서 나와 마사이족과 물물교환을 하거나, 마사이족의 일부 의례에서 샤먼 역할을 맡

칼라하리사막에서 수렵채집 생활을 하는 !쿵족

대비는 존 바에즈와 섹스 피스톨스의 대비를 연상시켰다.

!쿵족에 대한, 나아가 수렵채집인 전반에 대한 이런 견해는 이후 자연히 수정되었다. 현장 연구의 역사가 충분히 길어지면서 수렵채집인들이 살인을 저지르는 경우도 보고되었기 때문인데, 이 점은 예일대학교의 캐럴 엠버가 1978년 쓴 책에서 잘 지적했다.[72] 연구자가 가령 서른 명으로 구성된 집단을 관찰한다고 하자. 그들의 살인율이 설령 디트로이트에 맞먹는다고 해도(이런 비교에서 늘 언급되는 기준이다), 인구가 적기에 그 현상이 관찰되기까지는 아주 긴 시간이 걸릴 것이다. 수렵채집인의 폭력성을 인정하는 것은 1960년대 인류학계의 낭만주의를 일소하는 것, 즉 늑대와 함께 춤을 추고자 객관성을 내버렸던 인류학자들의 정신을 차리게 하는 것으로 여겨졌다.

핑커가 자료를 종합할 무렵, 수렵채집인의 폭력성은 학계가 인정하는 사실이 되어 있었다. 수렵채집인의 전쟁 사망자 비율은 평균 15%가량이라고 여겨졌고, 이것은 근대 서구사회들보다 한참 높은 수준이었다. 현재의 수렵채집인들에게도 폭력성이 있다는 사실은 인류 역사 내내 전쟁과 폭력성이 상존했다고 보는 홉스식 견해를 지지하는 묵직한 증거가 되었다.

비판도 살펴보지 않을 수 없다.[73]

* 잘못된 명명. 핑커, 킬리, 볼스가 언급한 수렵채집사회들 중 일부는 사실 수렵-원예농경 사회다.
* 수렵채집사회의 전쟁이라고 언급된 사례들 중 다수는 더 면밀히 살펴보면 사망자가 한 명뿐인 살인에 해당한다.
* 아메리카대륙 대평원의 폭력적 수렵채집 문화들 중 일부는 홍적세에는 존재하지 않았던 중요한 무언가를 사용했다는 점에서 전통적이지 않았다. 그들은 길들인 말을 타고 싸웠다.

는 것이다. 이들은 키가 작고, 과묵하고, 동물 가죽을 입는다. 키가 훌쩍 크고 창을 쓰는 마사이족이 이 부족 앞에서 동요하는 모습을 보는 게 나는 너무너무 즐거웠다. 내 마사이 친구들은 내가 은도로보족에게 집착하는 걸 놀리곤 했다.

* 비서구의 농부나 목축민과 마찬가지로, 현재의 수렵채집인은 우리 선조와 동일하지 않다. 지난 1만 년 동안 발명된 무기가 교역을 통해 그들에게 흘러들었다. 대부분의 수렵채집 문화들은 지난 수천 년 동안 농부들과 목축민들에게 계속 쫓겨난 터라, 점점 더 척박하고 자원이 부족한 생태계로 내몰렸다.
* 여기서도 데이터 취사선택의 문제가 있다. 평화로운 수렵채집 문화들을 언급하지 않는 것이다.
* 가장 중요한 점은, 수렵채집사회가 한 종류만 있는 게 아니라는 것이다. 원조는 유랑하는 수렵채집 집단으로, 그 역사는 수십만 년 전까지 거슬러올라간다.[74] 그다음에 말을 타는 수렵채집인이라는 새로운 형태가 등장했다. '복합 수렵채집' 사회도 있다. 이들은 폭력적이고, 그다지 평등하지 않고, 정주 생활을 한다는 점에서 원조와 다르다. 이 차이는 이들이 보통 풍요로운 식량 공급원을 차지하고 앉아서 그것을 외부인으로부터 지키기 때문에 생겨난다. 순수한 수렵채집사회로부터 이행한 형태인 것이다. 그런데 엠버, 킬리, 핑커가 언급한 문화들 중 다수가 이런 복합 수렵채집 사회였다. 차이를 가장 잘 보여주는 사례는 케냐 북부의 1만 년 된 학살 유적지인 나타루크다. 이곳에서는 땅에 묻히지 않은 27구의 유골이 발굴되었는데, 모두 곤봉이나 칼이나 돌로 된 발사물에 맞아서 살해된 유골이었다. 피해자들은 투르카나호수의 얕은 만에 정주하여 산 수렵채집인이었다. 그곳은 고기를 잡기 쉽고, 물 마시러 오는 야생동물이 많아서 사냥하기도 좋은 땅이었다. 외부인들이 완력을 써서라도 비집고 들어오려고 할 만한 부동산이었다.

수렵채집인들의 폭력을 가장 세심하게 분석하여 가장 큰 통찰을 끌어낸 것은 프라이, 그리고 서던캘리포니아대학교의 크리스토퍼 보엠이었다. 그들

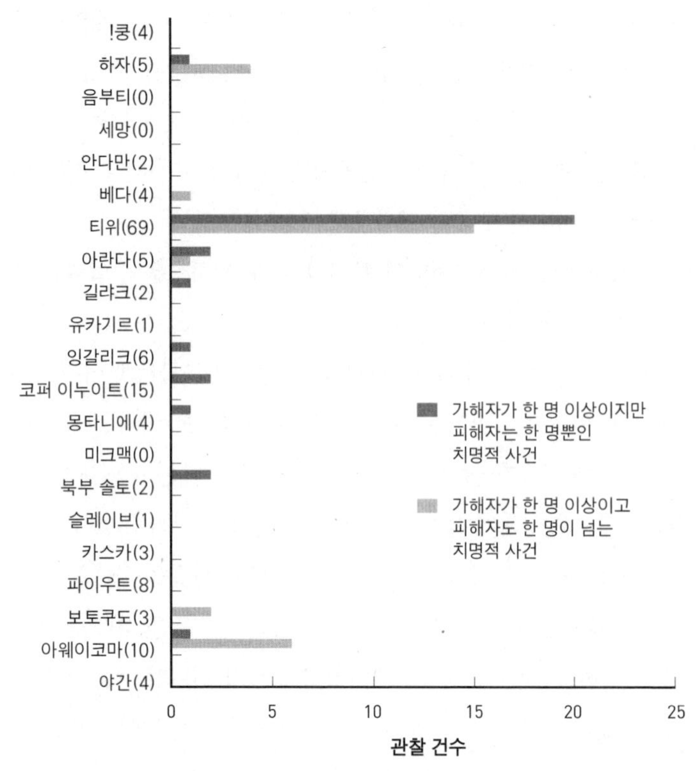

D. P. 프라이와 P. 쇠데르베리, 「이동하는 채집 집단들의 치명적 공격성과 전쟁의 기원에 대한 함의」 『사이언스』 341(2013): 270.

이 보여준 그림은 좀 복잡하다.

내가 볼 때, 그런 문화들의 전쟁을 가장 깔끔하게 분석한 사람은 프라이였다. 2013년 『사이언스』 논문에서, 그와 핀란드 인류학자 파트리키 쇠데르베리는 '순수한' 유랑 수렵채집사회들을 관찰한(즉 안정된 생태계에서 살던 집단을 외부와의 광범위한 접촉 이전에 충분히 연구한) 민족지학 문헌을 훑어서 그 속에서 치명적 폭력을 관찰한 사례를 헤아렸다. 표본은 전 세계에 흩어진 총 21개 집단이었다. 그리고 프라이와 쇠데르베리는 이중 소수에서만 전쟁이라고 부를 만한 사건을 확인했다(무엇이 전쟁인가에 대해서는 "다수의 사망자를 낸 충돌"이라는 느슨한 기준을 썼다). 전쟁이 널리 퍼져 있다고 보기는 어려운 결과였다. 이것은 아마 우리 선조 수렵채집인들의 전쟁에 관해서 우리가 이끌어낼 수 있는 최선의 추측일 것이다. 그렇다고 해서 순수한 수렵채집인들이 철저한 평화주의자인 것은 아니다. 그런 문화들의 86%가 치명적 폭력을 경험했다. 원인은 무엇일까?

2012년 책 『도덕의 탄생』에서 보엠도 비슷한 분석 결과를 보여주었다. 보엠은 프라이보다 약간 덜 엄격한 기준을 써서 약 50곳의 '순수한' 유랑 수렵채집 문화를 수집했다(북극의 이누이트 집단들을 치우치게 많이 포함한 목록이었다).[75] 쉽게 예상할 수 있듯이, 폭력은 주로 남자들이 저질렀다. 그중에서도 여자와 관련된 살인이 가장 흔했다. 한 여자를 두고 두 남자가 싸웠거나, 이웃 집단에서 여자를 납치하려고 했거나. 물론 남편이 아내를 죽인 경우도 있었는데, 보통 간통을 의심해서였다. 여아 살해도 있고, 마녀로 고발된 여성이 살해된 경우도 있었다. 누가 식량을 훔쳤거나 식량을 나눠주기를 거부했다는 이유로 자행된 살인도 종종 있었다. 그리고 살해된 사람의 친족이 복수로 살인하는 경우가 아주 많았다.

프라이도 보엠도, 수렵채집인들이 심각한 규범 위반에 대해서 마치 사형을 집행하듯이 사람을 죽인 경우도 있다고 보고했다. 그렇다면 유랑하는 수렵채집인들이 가장 귀하게 여기는 규범은 무엇일까? 공정함, 간접적 이타주의, 그리고 횡포를 삼가는 것이다.

공정함. 앞서 말했듯이, 수렵채집인들은 친족이 아닌 사이에도 협동하여 사냥하고 나누는 행위를 개척한 사람들이다.[76] 특히 고기에 대해서 그렇다. 성공한 사냥꾼은 으레 성공하지 못한 사냥꾼들과 (또한 그 가족들과) 고기를 나눈다. 사냥에서 주도적 역할을 했던 사람이 꼭 남들보다 고기를 더 많이 갖지는 않는다. 결정적으로, 고기 배분을 결정하는 것은 가장 성공적인 사냥꾼의 몫이 아니다. 보통 제삼자가 그 일을 맡는다. 이 관습이 오래되었음을 암시하는 멋진 단서가 있다. 인류가 40만 년 전에 큰 동물을 사냥했음을 보여주는 증거들이 있는데, 그걸 보면 도축된 동물의 뼈에 베인 자국이 사방팔방으로 혼란스럽게 나 있다. 모두가 무질서하게 고기를 잘라 먹었다는 것을 암시하는 흔적이다. 하지만 20만 년 전으로 오면, 현재의 수렵채집인들이 보이는 패턴이 등장한다. 베인 자국이 일정한 간격으로 평행하게 나 있는 것이다. 이것은 한 사람이 도맡아서 도축하고 고기를 배분했음을 암시하는 흔적이다.

순수한 수렵채집인들에게 나눔이 손쉬운 일이라는 말은 아니다. 가령 보엠에 따르면, !쿵족은 자신이 고기를 손해봤다는 불평을 쉴새없이 늘어놓는다고 한다. 사회적 규제에 따르는 배경 잡음인 셈이다.

간접적 이타주의. 다음 장에서 우리는 두 개인이 직접 주고받는 상호 이타주의를 알아볼 것이다. 그런데 유랑하는 수렵채집인들은 그 대신 간접적 이타주의에 능하다는 것이 보엠의 지적이다. A라는 사람이 B에게 이타적으로 행동했다면, B의 사회적 의무는 A에게 똑같이 돌려주는 것이라기보다는 C에게 이타적으로 행동하는 것이다. C는 또 D에게 베풀고, D는 …… 이렇게 계속 이어진다. 이처럼 집단을 안정화하는 협력관계는 큰 동물을 잡는 사냥꾼들에게 알맞다. 그 세계에는 두 가지 규칙이 적용되기 때문인데, ⓐ어떤 한 사람의 사냥은 보통 성공하지 못할 확률이 높다는 것, ⓑ그가 드물게 성공했을 때는 제 가족이 먹고도 남는 양의 고기를 얻게 되므로 주변에 나누는 편이 낫다는 것이다. 수렵채집인이 미래의 굶주림을 예방하기 위해서 할 수 있는 최고의 투자는 지금 남들의 배에 고기를 채워주는 것이다.

횡포를 삼가는 것. 역시 다음 장에서 살펴볼 텐데, 인간은 진화적 선택압에 따라 속임수를(즉 호혜적 관계에서 제 몫을 다하지 않는 상대를) 감지하는 능력을 키워왔다. 그런데 유랑하는 수렵채집인들에게는 은밀한 속임수를 단속하는 것보다 노골적인 겁박과 권력 지향 행위를 단속하는 것이 더 중요한 문제다. 수렵채집인들은 강자가 횡포를 부리지 못하도록 끊임없이 경계한다.

수렵채집사회들은 공정함, 간접적 이타주의, 횡포 금지를 엄수하기 위해서 **집단적으로** 애쓴다. 여기에 동원되는 것이 탁월한 규범 강제 메커니즘인 소문이다. 수렵채집인들은 쉼없이 소문을 주고받는다. 유타대학교의 폴리 위스너가 조사한 바에 따르면, 그 내용은 아니나다를까 주로 지위가 높은 개인들이 어떻게 규범을 위반했는가 하는 것이다.[77] 모닥불을 둘러싸고 『피플』지가 펼쳐진 것이라고나 할까.* 소문은 다양한 목적을 수행한다. 현실을 확인할 수 있도록 하고("내가 이상한 거야, 아니면 그 인간이 멍청이야?"), 소식을 전하고("오늘 사냥에서 하필 가장 아슬아슬한 순간에 발에 쥐가 난 인간이 누구게?"), 합의를 구축한다("이 인간에게 뭔가 손을 쓸 필요가 있어"). 소문은 규범 강제의 무기다.

수렵채집 문화들도 비슷한 행동을 취한다. 규범을 어긴 자를 집단적으로 비판하고, 창피를 주거나 조롱하고, 배척하거나 따돌리고, 고기를 나눠주지 않고, 치명적이지 않은 물리적 처벌을 가하고, 집단에서 내쫓고, 그러고도 안 되면 최후의 수단으로 죽인다(집단 전체가 가담하거나 지정된 처형자가 수행한다).

보엠은 순수한 수렵채집 문화들의 절반 가까이가 그런 사법적 살인을 시행한다고 보고했다. 어떤 위반 행위가 그 대상일까? 살인, 권력을 독차지하려는 시도, 악의로 마법을 부리는 행위, 도둑질, 자신의 것을 나누기를 거부하는 행위, 외부인에게 집단을 배신하는 행위, 그리고 물론 성적 금기를 어기는 행위가 그에 해당한다. 이런 문제에 대해 다른 개입 조치들이 반복적으로 실패했을 때, 수렵채집인들은 결국 죽음으로 처벌한다.

그래서, 홉스가 옳았을까 루소가 옳았을까? 별 도움이 되지 않는 소리지만, 둘을 섞은 게 답이라고 말할 수밖에 없겠다. 지금까지의 긴 이야기에서 똑똑히 느꼈겠지만, 우리는 몇 가지를 세심하게 구분할 필요가 있다. ⓐ수렵

---

* 보엠은 인류학자들이 연구 대상자들의 소문을 접할 수 있어야만 비로소 그들의 사정을 제대로 알 수 있다고 강조한다. 나는 개코원숭이를 연구하던 시절에 마사이족 남자들과 함께 야영하며 수많은 계절을 났다. 나는 그들과 비교적 친했고, 그들의 공동체에 어떤 일이 있는지를 들어 알았다. 하지만 나중에 내 미래의 아내도 현장에 오기 시작했는데, 아내가 그곳의 몇몇 여자들과 친구가 되고 나서야 비로소 우리는 진짜배기 정보를 알 수 있었다. 누가 누구랑 잤네, 안 잤네 하는 소문 말이다.

채집인과 다른 전통적인 생활양식을 구별해야 한다. ⓑ유랑하는 수렵채집인과 정주하는 수렵채집인을 구별해야 한다. ⓒ문헌 전체를 포괄한 데이터 집합과 몇몇 극단적인 사례를 모은 데이터 집합을 구별해야 한다. ⓓ전통사회의 구성원들끼리 죽인 경우와 총을 휘두르며 그들의 땅을 차지하려고 덤비는 외부인에게 전통사회 구성원이 살해된 경우를 구별해야 한다. ⓔ침팬지를 인간의 사촌으로 보는 시각과 침팬지를 인간의 선조로 보는 그릇된 시각을 구별해야 한다. ⓕ침팬지와 인간이 가장 가까운 공통 선조를 공유했다고 보는 시각과 침팬지뿐 아니라 보노보도 인간과 가장 가까운 공통 선조를 공유했다고 보는 시각을 구별해야 한다. ⓖ전쟁과 살인을 구별해야 한다. 전쟁은 내집단 협동이 필요하다는 미명으로 후자를 줄일 수 있다. ⓗ현재의 수렵채집사회 중에서도 안정되고 자원이 풍부한 서식지에서 외부 세계와 거의 상호작용하지 않은 채 사는 집단과 주변부 서식지로 쫓겨난 채 비수렵채집사회들과 상호작용하면서 살아가는 집단을 구별해야 한다. 일단 이렇게 구별해보면, 상당히 또렷한 대답이 떠오르는 듯하다. 수십만 년 전에 지구에 살았던 수렵채집인들은 아마 천사는 아니었을 것이다. 그들도 살인이라는 폭력은 충분히 저지를 수 있었을 것이다. 하지만 '전쟁'은—현대 인류를 괴롭히는 형태의 전쟁이든 우리 선조들을 괴롭힌 더 단순한 형태의 전쟁이든—대부분의 인간들이 유랑하는 수렵채집 생활양식을 버린 뒤에야 비로소 흔해진 듯하다. 인간 종의 역사가 늘 점증하는 갈등으로 점철된 것만은 아니었다. 얄궂게도 킬리도 암묵적으로 이 결론에 도달했던 것으로 보인다. 그는 인간 사회의 90~95%가 전쟁을 벌인다고 보았는데, 그렇다면 그가 드문 예외로 지목한 것은 어떤 사회였을까? 유랑하는 수렵채집사회였다.

여기에서 농업의 문제가 등장한다. 나는 살살 말하고 싶지 않다. 내가 볼 때, 농업의 발명은 인류 역사를 통틀어 최악의 실수다. 코카콜라의 망작 뉴코크나 포드의 망작 에드설에 맞먹는 실수였다. 농업 때문에 인간은 무수한 종류의 야생 식량 자원 대신 소수의 작물과 가축에 의존하게 되었고, 가뭄과 병충해와 인수공통 감염병에 취약해졌다. 농업 때문에 정착 생활을 하게 되었고, 그리하여 위생과 공중보건에 유의하는 영장류라면 어느 종도 하지 않을 일을 하게 되었으니, 바로 제가 싼 똥무더기와 가까이 사는 일이다. 농업 때문에 잉여가 생겼고, 그러자 거의 필연적으로 불공평한 분배가 벌어졌으며, 그리하여 위계 서열이 있는 다른 어떤 영장류도 달성하지 못한 수준의 사회경제적 지위 차이가 빚어졌다. 여기에서 불과 몇 발짝만 더 나아가면, 농부 맥그레거 씨가 피터 래빗을 박해하고 사람들이 쉴새없이 '오클라호마' 찬가를 불러대는 세상이 오는 것이다.

어쩌면 좀 과장인지도 모르겠다. 그래도 나는 인류가 야생 옥수수와 덩이줄기 식물, 야생 소와 외알밀, 그리고 물론 늑대를 길들임으로써 생활양식이 대대적으로 바뀐 후에야 전쟁이 횡행할 수 있게 되었다는 것은 상당히 분명한 사실이라고 생각한다.

몇 가지 결론

이 장의 전반부에서는 우리의 현재 상태를 살펴보았고, 후반부에서는 우리가 어떻게 현재까지 오게 되었는가를 가능한 한도에서 살펴보았다.

'우리의 현재 상태'는 문화적 변이가 풍성한 상태다. 그런데 생물학적 관점에서 볼 때 가장 흥미진진한 점은 뇌가 문화를 형성하고, 그 문화가 다시 뇌를 형성하고, 그 뇌가 다시…… 이렇게 두 가지가 함께 달라진다는 것이다. 이 과정을 공진화라고 부르는 것이 그 때문이다. 우리는 공진화의 증거를 기술적인 차원에서도 몇 가지 살펴보았다. 이를테면, 인간의 행동에 관여하는 유전자 변이체들의 분포가 문화마다 유의미하게 다르다는 것이 그런 증거다. 하지만 그 영향력은 상당히 작은 수준이다. 대신 가장 결정적인 것은 아동기 경험이다. 아동기는 개인이 문화를 주입받아서 스스로 그 문화를 퍼뜨리는 사람으로 성장하는 시기다. 이 점을 고려할 때, 유전자와 문화에 관해서 가장 중요한 사실은 아마도 이마엽 겉질의 성숙 지연일 것이다. 어린 이마엽 겉질이 뇌의 다른 영역들보다 유전자의 굴레로부터 더 자유롭도록, 그 대신 환경의 영향을 더 많이 받도록, 그리하여 문화적 규범을 흡수하도록 만드는 유전적 프로그램이 존재한다는 점이다. 이 책의 첫 부분에서 했던 이야기를 상기해보자. 가령 주먹을 휘두르는 움직임 자체를 배우는 데는 딱히 세련된 뇌가 필요하지 않다. 하지만 주먹을 휘둘러도 괜찮은 시점이 언제인가 하는 문화 특정적 규칙을 배우는 데는 환경의 영향을 받아 달라지는 세련된 이마엽 겉질이 필요하다.

이 장 전반부의 또다른 주제는, 문화 차이가 엄청나게 중요하고 예측 가능한 방식으로 드러나기도 하지만 뜻밖의 부분에서도 드러날 수 있다는 것이었다. 전자는 가령 어떤 사람을 죽여도 괜찮은가(적군 병사, 부정을 저지르는 배우자, '잘못된' 성별의 신생아, 너무 늙어서 사냥 능력이 없는 부모, 제 부모가 떠나온 문화가 아니라 지금 제 주변의 문화를 흡수한 십대 여자아이)에 관한 것이고, 후자는 우리가 사진을 볼 때 순간적으로 먼저 살피는 지점이 어디인가, 혹은 토끼를 생각할 때 함께 떠올리는 것이 다른 동물인가 토끼의 먹이인가에 관한 것이다.

또다른 핵심 주제는 생태가 문화에 역설적 영향을 미친다는 점이었다. 생태계는 문화에 크나큰 영향을 미친다. 하지만 그렇게 형성된 문화가 전혀 다른 장소로 수출되어서 이후 수천 년 동안 살아남을 수도 있다. 노골적으로 설명하자면, 현재 지구상 인간들 중 대다수가 탄생과 죽음과 그사이의 삶과 그 이후의 내세에 대해서 품고 있는 믿음의 내용은 문자 이전 시대를 살았던 중동 목축민들로부터 물려받은 것이다.

방금 마무리한 이 장의 후반부는 우리가 어떻게 현재까지 오게 되었는가 하는 문제를 다뤘다. 과거 수십만 년 인류 역사는 홉스식 세상이었을까 루소식 세상이었을까? 여러분이 이 질문에 어떻게 대답하는가에 따라, 우리가 마지막 장에서 이야기할 주제, 즉 논쟁의 여지는 있지만 아마도 지난 500년 동안 사람들이 서로에게 훨씬 덜 고약하게 굴게 된 듯하다는 점을 해석하는 시각도 달라질 것이다.

10장

행동의 진화

마침내 우리는 가장 깊은 기반에 다다랐다. 유전자와 프로모터는 진화한다. 전사인자, 전이 효소, 스플라이싱 효소도 진화한다. 유전자의 영향을 조금이라도 받는 모든 형질이(즉 모든 것이) 진화한다. 유전학자 테도오시우스 도브잔스키의 말을 빌리면, "생물학의 모든 것이 진화에 비추어 보아야만 이해된다". 이 책도 마찬가지다.[1]

진화의 기초

진화는 다음 세 단계에 기초한다. ⓐ어떤 생물학적 형질은 유전적 수단으로 후대에 전달된다. ⓑ돌연변이와 유전자 재조합 때문에 그 형질에 변이가 발생한다. ⓒ그 변이 중 일부는 다른 변이보다 더 뛰어난 '적응도'를 보인다. 이 조건이 만족될 경우, 시간이 흐르면 더 잘 '적응하는' 유전자 변이체의 빈도가 집단 내에서 커진다.

우선 몇 가지 흔한 오해를 불식하는 것부터 시작하자.

첫째로, 진화는 적자의 **생존**을 선호하는 과정이 아니다. 진화는 대신 유전자의 복사본을 후대에 넘겨주는 것, 즉 번식의 문제다. 수백 년을 살아도 번식하지 않는 개체는 진화적으로는 있으나마나 한 존재다.* 생존과 번식의 차이는 '적대적 다형질 발현' 현상에서 잘 드러나는데, 이것은 개체의 생애 초기에 번식 적응도를 높이지만 그럼으로써 개체의 수명을 줄이는 형질을 말한다. 예를 들어, 영장류의 전립샘은 대사율이 높아서 정자 운동성을 향상시키는 효과를 낸다. 장점: 생식력이 향상된다. 단점: 전립샘암 위험이 높아진다. 적대적 다형질 발현의 극적인 사례는 연어다. 연어는 자신이 태어났던 산란지로 거슬러올라가는 영웅적인 여행을 감행하여 그곳에서 번식하고 죽는다. 만약 진화가 유전자 전달이 아니라 생존의 문제라면, 이런 적대적 다형질 발현 현상은 없어야 한다.[2]

또다른 오해는 진화가 전적응, 즉 현재에는 중립적이지만 미래에는 유용해질 형질을 선택한다는 생각이다. 사실은 그렇지 않다. 진화는 현재에 유효한 형질만을 선택한다. 여기에 관련된 또다른 오해로, 살아 있는 종들은 어떤 면에서든 멸종한 종들보다 더 잘 적응했기 때문이라는 생각이 있다. 사실은 아니다. 멸종한 종들도 현재의 종들 못지않게 잘 적응한 생물들이었지만, 환경이 대대적으로 바뀌는 바람에 사라지게 된 것뿐이다. 우리에게도 같은 운명이 기다리고 있다. 마지막으로, 진화는 복잡성이 더 커지도록 선택한다는 오해가 있다. 과거에는 단세포 생물만 존재했지만 지금은 다세포 생물이 존재한다는 점에서 보자면 평균적으로 복잡성이 커졌다고 할 수 있을 것이다. 하지만 진화가 반드시 더 복잡한 생물을 선택하는 것은 아니다. 전염병이 돌 때 세균이 인간의 개체수를 격감시키는 것만 봐도 알 수 있지 않은가.

마지막 오해는 진화가 '그저 이론에 불과하다'는 생각이다. 나는 이 책을 여기까지 읽어온 독자라면 다들 진화를 사실로 믿는다고 대담하게 가정하

---

* 이 명제의 예외도 곧 살펴보겠다. 개체가 스스로 번식하지 않지만 번식하는 친족을 돕는 경우다.

겠다. 진화를 인정하지 않는 사람들은 십중팔구 진화란 (이 분야의 명명 관행을 따라서) '이론'일 뿐이므로 입증되지 않은 내용이라는 짜증나는 유언비어를 들먹인다. 진화가 사실이라는 증거는 한둘이 아니다.

* 변화하는 선택압에 대응하여 집단 내에서 몇 세대 만에 유전자 빈도가 달라지는 사례가 무수히 관찰되었다(세균이 항생제 내성을 진화시키는 것이 그런 예다). 게다가 하나의 종이 두 개의 종으로 갈라지는 과정에 있음을 보여주는 사례들도 관찰되었다(세대 시간이 짧은 곤충에게서 주로 관찰되었다).
* 여러 분류학적 계통에서 중간 형태들의 화석 증거가 어마어마하게 많이 발견되었다.
* 분자 차원의 증거. 인간은 다른 유인원과 유전자의 약 98%를 공유하고, 원숭이와는 약 96%를, 개와는 약 75%를, 초파리와는 약 20%를 공유한다. 이것은 인간과 다른 유인원과의 마지막 공통 선조가 인간과 원숭이와의, 혹은 개와의, 혹은 초파리와의 마지막 공통 선조보다 더 최근에 존재했음을 알려주는 증거다.
* 지리적 증거. 리처드 도킨스는 모든 생물 종들이 현재의 형태대로 노아의 방주에서 내렸다고 주장하는 근본주의자에게 이런 질문을 던지라고 권했다. 그렇다면 아르메니아의 저 높은 아라라트산에서 땅에 내린 여우원숭이 37개 종들이 모두 다 마다가스카르로 이동하면서 도중에 화석 하나 남기지 않은 것은 어찌된 일이었을까?
* 지적이지 못한 설계. 오직 진화로만 설명되는 희한한 설계를 뜻한다. 고래와 돌고래에게 왜 퇴화한 다리뼈가 있을까? 그들이 네 발 달린 육상 포유류의 후손이기 때문이다. 인간의 피부에는 왜 쓸데없이 소름을 돋게 할 뿐 아무짝에도 쓸모없는 털세움근이 있을까? 인간이 다른 유인원으로부터 갈라지기 전에 그 선조에게서는

털세움근이 정서적 각성시 털을 곤두세우는 역할을 수행했기 때문이다.

이만하면 충분하다. 더 말하고 싶지도 않다.

진화는 생물체의 형질을 크게 두 가지 방식으로 빚어낸다. '성선택'은 반대 성의 개체들을 유혹하기 위한 형질을 선택하고, '자연선택'은 그 밖의 다른 경로로—가령 훌륭한 건강, 채집 기술, 포식자 회피 등으로—유전자 전달 가능성을 향상시키는 형질을 선택한다.

두 과정은 서로 대립할 수 있다.[3] 예를 들어, 야생 양에게는 수컷의 뿔 크기를 결정하는 유전자가 있다. 그 유전자의 한 변이체는 더 큰 뿔을 만드는데, 뿔이 크면 사회적 우세를 점할 수 있어서 성선택에 유리하다. 한편 다른 변이체는 작은 뿔을 만드는데, 뿔이 작으면 대사적으로 부담이 없어서 개체가 더 오래 살고 (빈도는 낮겠지만) 더 오래 짝짓기를 할 수 있다. 어느 쪽이 이길까? 짧지만 큰 번식적 성공일까, 지속적이지만 작은 성공일까? 중간 형태가 좋다.* 공작도 좋은 예다. 공작 수컷은 화려한 깃털 때문에 자연선택 면

* 중간 형태란 이형접합 형태를 말한다. 유전학을 잘 모르는 독자에게 간단히 설명하기 위해서, 나는 본문에서 동형접합성과 이형접합성을 통째 누락하고 그 내용을 여기 각주로 추방하는 힘든 결정을 내렸다. 간략히 살펴보자. 유전학을 다룬 장에서 내가 태평하게 무시하고 넘어간 사실인데, 인간을 포함하여 대부분의 종은 '두배수체'다. 모든 세포 내에 같은 종류의 유전자들을 담은 염색체가 두 벌씩 있다는 뜻이다. 유일한 예외는 전문 세포인 난자와 정자로, 이들은 홑배수체다(이 세포 속에는 염색체가 한 벌씩만 담겨 있다는 뜻이다). 이 난자와 정자가 합쳐지면, 당신을 당신으로 만들 운명을 띤 난자가 수정된 것이다(이제 두배수체가 되었다). 따라서 당신은 모든 유전자를 부모로부터 하나씩 받아서 두 개씩 갖고 있다. (각주의 각주: 미토콘드리아의 유전자들 중 일부는 예외로서, 그것들은 거의 전적으로 어머니에게서 온다.) 만약 어떤 유전자의 두 복사본이 같은 단백질을 부호화한 서열을 갖고 있다면, 그 유전자는 '동형접합'이다. 만약 두 복사본이 서로 다른 버전이라면, 그 유전자는 '이형접합'이다. 이형접합으로 두 버전이 존재하는 유전자가 만들어내는 특질은 어떤 형태일까? 가끔은 가능한 두 형태의 중간 형태가 생겨난다. 하지만 그보다는 이형접합 유전자라도 가능한 두 형태 중 하나의 형태를 띤 특질을 만들어낼 때가 더 많다. 달리 말해, 둘 중 한 버전이 다른 버전을 '이긴다'. 이 버전을 '우성' 유전자라고 부른다. 대조적으로, '열성' 유전자는 동형접합으로 두 복사본이 같은 버전이어야만 제 특질을 발현시킬 수 있다. 혹시 너무 골치 아픈가? 이 내용을 잘 몰라도 책을 읽는 데는 지장이 없을 테니 안심하시라.

에서는 대가를 치른다. 화려한 깃털은 기르는 데 많은 자원이 들고, 움직임을 제약하며, 포식자의 눈에 잘 띄기 때문이다. 하지만 성선택을 통해서 적응도를 확실히 높여준다.

중요한 점은, 성선택이든 자연선택이든 반드시 어떤 형질의 가장 잘 적응한 '단 한 가지' 형태만을 선택하여 나머지 형태들이 싹 사라지도록 만드는 건 아니라는 것이다. 빈도 의존적 선택, 즉 어떤 형질의 두 형태 중 더 드문 형태가 환경에 따라서는 더 선호되는 경우도 있다. 균형 선택, 즉 어떤 형질의 여러 형태들이 서로 균형을 이루어서 공존하는 경우도 있다.

행동도 진화로 형성된다

생물체는 놀랍도록 환경에 잘 적응해 있다. 사막에서 사는 설치류의 콩팥은 수분 보유 능력이 뛰어나고, 기린의 거대한 심장은 높은 뇌까지 피를 펌프질해 올리고, 코끼리의 다리뼈는 코끼리를 지탱할 만큼 튼튼하다. 뭐, 사실은 그럴 수밖에 없다. 수분을 잘 보유하지 못하는 콩팥을 가진 사막 설치류는 제 유전자를 후대에 물려주지 못할 테니까. 자연선택이 형질을 다듬어서 더 잘 적응하도록 만든다는 것, 이것이 바로 진화의 논리다.

우리에게 중요한 점은 자연선택이 생물체의 구조와 생리에만 작용하는 게 아니라 행동에도 작용한다는 것이다. 달리 말해, 행동은 진화한다. 행동도 선택에 의해 점점 더 잘 적응하는 형태로 최적화한다.

행동의 진화에 초점을 맞추어 연구하는 분야가 생물학에도 여럿 있다. 그 중 가장 유명한 분야는 사회생물학sociobiology일 것이다. 사회생물학은 기린의 심장 크기가 생체역학적 최적화로 다듬어진 것처럼 사회적 행동도 진화에 의해 최적화된다는 전제하에 연구하는 분야다.[4] 1970년대에 등장한 사회생물학에서 훗날 진화심리학이라는 갈래가 뻗어나왔다. 진화심리학은 심리 형질이 진화에 의해 어떻게 최적화되었는지를 연구하는 분야다. 뒤에서 보겠지만, 둘 다 상당히 논쟁적인 분야였다. 편의상 나는 사회적 행동의 진화를 연구하는 사람들을 모두 '사회생물학자'라고 통칭하겠다.

집단선택의 종말

행동의 진화에 관한 뿌리깊은 오해를 일소하는 것부터 시작하자. 1960년대에 미국인들이 말린 퍼킨스가 진행한 TV프로그램 〈뮤추얼 오브 오마하의 동물의 왕국〉에서 이 주제에 관해 배웠기 때문에 생긴 오해 말이다.

근사한 프로그램이었다. 퍼킨스가 이야기를 들려준다. 조수인 짐은 뱀을 만진다거나 하는 위험천만한 행동을 담당했다. 그다음에 프로그램은 늘 '뮤추얼 오브 오마하'(미국 네브래스카주 오마하에 본사를 둔 금융 및 보험 회사—옮긴이) 광고로 매끄럽게 넘어갔다. "몇 시간씩 짝짓기하는 사자들처럼, 여러분도 여러분의 집에 화재보험을 들어두셔야 합니다."

다만 안타까운 점은 퍼킨스가 말도 안 되게 잘못된 진화적 사고방식을 설파한 것이었다. 프로그램은 이런 식이었다. 사바나의 새벽. 강가에 누떼가 있다. 건너편 풀밭이 더 푸르고, 누들은 그 풀을 뜯고 싶지만, 강에는 포식자 악어들이 들끓는다. 누들이 안절부절못하며 발을 동동 구르는데, 갑자기 늙은 누 한 마리가 앞으로 나서며 말한다. "나의 자식들아, 너희를 위하여 내 한 몸 희생하겠도다." 늙은 누가 강에 뛰어든다. 악어들이 그 누를 잡아먹느라 바쁜 동안, 다른 누들은 강을 건넌다.

늙은 누는 왜 그렇게 행동할까? 말린 퍼킨스는 귀족적인 권위가 담긴 말투로 설명했다. 왜냐하면 동물들은 종의 이득을 위해서 행동하기 때문이라고.

그러니까 생물체의 행동이 '집단선택'에 의해 종의 이득을 선호하는 방향으로 진화했다는 것이다. 1960년대 초에 이 생각을 주창한 것은 V. C. 윈에드워즈였고, 그는 이 말짱 틀린 생각을 주장했다는 점 때문에 현대 진화생물학의 라마르크라 불리고 있다.*5

동물들은 종의 이득을 위해서 행동하지 않는다. 하지만 그렇다면 늙은 누는 어떻게 된 건가? 좀더 자세히 살펴보면 답을 알 수 있다. 늙은 누는 어쩌다가 다른 누들을 구하는 존재가 되었을까? 왜냐하면 그가 늙고 약했기 때문이다. '종의 이득' 좋아하시네. 다른 누들이 늙은이를 밀어버린 것이다.

집단선택으로는 설명할 수 없는 행동 패턴이 이론적으로나 경험적으로나 확인되면서, 집단선택 가설은 폐기되었다. 그 작업을 핵심적으로 주도한 것은 진화생물학을 다스리는 두 신이라고 할 수 있는 스토니브룩 뉴욕주립대학교의 조지 윌리엄스와 옥스퍼드대학교의 빌('W.D.') 해밀턴이었다.[6] '진사회성 곤충eusocial insects'을 생각해보자. 이런 종에서는 대부분의 개체들이 번식하지 않는 일꾼으로 산다. 그들은 왜 번식을 포기하고 여왕을 도울까? 그야 집단선택 때문이라고? 해밀턴은 진사회성 곤충의 경우 유전 체계가 독특하기 때문에 개미, 꿀벌, 흰개미 군락은 그 전체가 하나의 초개체나 다름없다는 것을 보여주었다. 일개미에게 왜 번식을 포기하느냐고 묻는 것은 내 코의 세포들에게 왜 번식을 포기하느냐고 묻는 것과 마찬가지다. 요컨대, 진사회성 곤충은 독특한 형태의 '집단'을 이룬다. 그 바통을 이어받아 윌리엄스는 진사회성 곤충은 물론이거니와 인간처럼 보다 표준적인 유전 체계를 가진 종들의 경우에도 집단선택이 타당하지 않다는 것을 이론적으로 보여주었다. 동물들은 종의 이득을 위해 행동하는 게 아니다. 제 유전자의 복사본을 후대에 최대한 많이 물려줄 수 있는 방식으로 행동할 뿐이다.**

사회생물학의 기반이 되는 이 사실을 한마디로 요약한 것이 도킨스의 유명한 표현, 즉 진화는 '이기적 유전자'들의 각축장이라는 것이다. 그러면 이제

---

* 불쌍한 윈에드워즈는 사실 진화와 행동 분야의 중요한 학자였지만, 생각 짧고 얄팍한 인간들 때문에 오늘날은 틀린 집단선택을 주장했던 사람으로만 기억된다. 나만 해도 그런 것이, 이 사람의 다른 연구는 뭔지 전혀 모른다. 그의 정식 이름은 비로 코프너 윈에드워즈였다. 그래서 늘 'V. C. 윈에드워즈'라고만 불리는 것 같다. 틀림없이 아기 때부터 이렇게 불렸을 것이다.

** 진사회성 곤충의 유전 체계에서 가장 독특한 특징은 불임인 일꾼 개체가 스스로 번식할 때보다 여왕의 번식을 도울 때 자신의 유전자를 후대에 더 많이 남긴다는 것이다. 한편 그중에서도 몇몇 종(가령 흰개미)은 좀더 관습적인 유전 체계를 갖고 있다는 사실이 밝혀져서, 진사회성 곤충계가 발칵 뒤집힌 바 있다. 연구자들이 상황을 정리하려고 애쓰는 중이다.

진화를 구성하는 기본 단위들을 살펴볼 차례다.

개체선택

개체의 유전자를 후대에 많이 물려주는 방법으로 가장 직접적인 것은 번식을 최대한 많이 하는 것이다. "닭은 달걀이 더 많은 달걀을 만드는 수단"이라는 경구는 이 사실을 잘 요약한 표현이다. 요컨대 생물체의 행동은 유전자를 후대에 전달하기 위한 수단으로서 부수적 현상에 지나지 않는다는 것이다.

개체선택 이론은 생물체의 기본 행동을 집단선택 이론보다 훨씬 더 잘 설명해낸다. 하이에나 한 마리가 얼룩말들에게 접근한다고 하자. 가장 가까이 있는 얼룩말이 만약 집단선택주의자라면 어떻게 행동할까? 그 자리에 가만히 서서 집단을 위해 자신을 희생할 것이다. 반면 개체선택주의자 얼룩말이라면, 꽁지가 빠져라 달아날 것이다. 혹은 하이에나들이 막 얼룩말 한 마리를 사냥했다고 하자. 집단선택 사고방식에서는 모든 하이에나들이 얌전히 차례를 지켜서 먹을 것이다. 반면 개체선택 사고방식에서는 모두가 앞다투어 먹으려고 들 것이다. 현실은 후자다.

잠깐! 집단선택주의자가 외친다. 얼룩말들이 모두 달아나서 개중 가장 빠른 개체가 살아남고 그럼으로써 빨리 달리는 유전자를 후대에 물려준다면, 그 결과 얼룩말 종에게 이득이 되는 것 아닌가? 가장 사나운 하이에나 개체가 고기를 가장 많이 먹는 경우에도 마찬가지로 집단에 이득이 되는 것 아닌가?

이렇게 계속 집단선택을 고집해서 설명할 수도 있겠지만, 그러자면 이보다 더 미묘한 행동이 관찰될수록 점점 더 복잡하게 꼬인 논리를 펼쳐야만 한다. 반면 집단선택을 때려눕히는 데는 단 하나의 관찰이면 충분했다.

1977년, 하버드대학교의 영장류학자 세라 블래퍼 허디가 놀라운 현상을 보고했다. 인도 아부산맥에 서식하는 랑구르원숭이들이 서로 죽이는 현상이었다.[7] 일부 영장류 수컷들이 우세를 점하려고 싸우다가 서로 죽이곤 한다는 사실은 이미 알려진 현상이었다. 그거야 그럴 수도 있지, 사내들이란 늘 그 모양이니까. 하지만 허디가 보고한 현상은 그런 게 아니었다. 수컷 랑구르원숭이가 새끼를 죽이는 현상이었다.

일단 허디의 꼼꼼한 기록을 믿은 사람들은 쉽게 해답을 생각해냈다. 새끼란 귀엽고 공격성을 억제하는 존재이니, 이것은 뭔가 병적인 문제가 벌어진 상황인 듯했다.[8] 아부의 랑구르 집단이 밀도가 너무 높아져서 모두가 굶주리는 게 아닐까? 아니면 수컷의 공격성이 엉뚱한 대상에게 넘쳐흐른 것일까? 아니면 새끼를 살해하는 수컷들이 좀비일까? 아무튼 분명 비정상적인 일일 것 같았다.

허디는 이런 설명들을 기각하고, 새끼 살해의 이유를 짐작게 하는 패턴을 알려주었다. 랑구르원숭이는 번식하는 수컷 단 한 마리가 암컷 무리와 함께 생활한다. 다른 수컷들은 수컷만으로 구성된 무리를 이루어 그 근처를 떠돌다가 간헐적으로 암컷 무리와 함께 있는 수컷을 몰아낸다. 그러고는 자기들끼리 싸운 끝에 한 마리가 나머지를 다 쫓아낸다. 자, 이제 그곳은 그의 세상이다. 이전 수컷과 교미하여 새끼를 낳은 암컷들이 이제 그의 차지다. 여기서 중요한 점은 번식하는 수컷의 평균 체류 기간(약 27개월)이 암컷의 평균 출산 사이의 시간보다 짧다는 것이다. 암컷들은 새끼에게 젖을 먹이고 있기 때문에 배란을 하지 않는다. 그렇다면 새로 군림한 수컷은 암컷들이 수유를 마치고 다시 배란하는 날이 오기도 전에 쫓겨날 판국이다. 제 유전자를 물려주지 못한다니, 그 고생을 하고도 얻는 게 없다.

이 상황에서 논리적으로 수컷이 해야 할 일은 무엇일까? 새끼들을 죽이는 것이다. 그러면 이전 수컷의 번식 성공률은 낮아지겠지만, 좌우간 암컷들은 새끼에게 더는 젖을 먹이지 않게 되었으니 다시 배란할 것이다.*

---

* 주의: 랑구르원숭이가 실제로 이렇게 생각한다고 주장하는 연구자는 아무도 없다. 이것은 가령 아르테미아새우가 최적의 번식 행동을 진화시켰다고 해서 새우가 직접 그런 전략을 짰다고 주장할 수 없는 것과 마찬가지다. 동물이 제 유전자를 후대에 전달하기를 '바라서' 그 '목표'에

이것은 수컷의 관점이다. 암컷의 관점은 어떨까? 암컷들도 물론 제 유전자를 최대한 많이 물려주려고 한다. 그래서 암컷들은 새 수컷과 싸우며 새끼를 보호한다. 암컷들은 또 '가짜 발정기' 전략을 진화시켰는데, 말 그대로 가짜로 발정기인 척하는 것이다. 암컷들은 새 수컷과 교미한다. 수컷들은 암컷 랑구르의 생리에 깜깜하기 때문에 속아넘어간다. "야, 내가 오늘 아침에 저 암컷하고 교미했는데 이제 보니 저 암컷에게 새끼가 딸려 있네. 나는 번식력이 끝내준다니까." 수컷은 새끼 살해를 멈추곤 한다.

처음에 사람들은 과연 그럴까 의심했지만, 이후 사자·하마·침팬지를 포함한 다른 119개 종도 비슷한 상황에서 경쟁적 새끼 살해가 나타난다는 것이 확인되었다.[9]

살짝 다른 형태가 햄스터에게서도 관찰된다. 수컷 햄스터는 떠돌아다니며 살기 때문에, 우연히 마주친 새끼가 자기 새끼일 가능성은 거의 없다. 그래서 수컷은 새끼를 죽이려고 한다(집에서 햄스터를 키울 때 수컷을 새끼들과 같은 우리에 두면 안 된다는 규칙이 있다는 걸 기억하는지?). 야생 말과 겔라다개코원숭이도 조금 다른 형태로 새끼 살해를 한다. 새로 우두머리가 된 수컷이 임신한 암컷들을 괴롭혀서 유산을 하게 만드는 것이다. 입장을 바꿔서 생각해보자. 내가 임신한 쥐인데, 새끼 살해를 자행할 수컷이 새로 왔다고 하자. 내가 새끼를 낳자마자 새끼들은 살해될 테고, 그러면 나는 임신에 쓴 에너지를 허비하는 셈이 될 것이다. 논리적 대응은? '브루스 효과', 즉 임신한 암컷이 새 수컷의 냄새를 맡고서 유산해버림으로써 손실을 줄이는 현상이다.[10]

이런 경쟁적 새끼 살해는 많은 종에서 벌어진다(침팬지의 경우에는 암컷들이 가끔 자신과 혈연관계가 없는 다른 암컷의 새끼를 죽인다).[11] 유전자에

따라 X를 '수행한다'고 말하는 것은 '과거 수천 년 동안 X를 수행하는 개체들이 제 유전자를 후대에 더 높은 비율로 물려주었기 때문에, 현재는 이 종에게서 X가 흔한 행동이 되었다'라는 말의 축약본이다. 풍동에서 제 성능을 시험하는 비행기 날개 시제품들이 공기역학을 모르는 것처럼, 동물들은 진화생물학을 모른다.

기반한 개체선택으로 설명하지 않고서는 전혀 이해할 수 없는 현상이다.

내가 제일 좋아하는 영장류인 마운틴고릴라는 마음이 미어질 정도로 분명하게 개체선택을 잘 보여주는 사례다.[12] 심각한 절멸 위기종인 마운틴고릴라는 우간다, 르완다, 콩고민주공화국의 접경 지역인 고지대 우림에 군데군데 흩어져 살아간다. 현재 마운틴고릴라의 개체수는 약 천 마리에 불과하다. 서식지 악화, 근처 인간에게서 옮은 질병, 밀렵, 접경지대를 간헐적으로 휩쓰는 전쟁 때문이다. 그리고 마운틴고릴라가 경쟁적 새끼 살해를 하는 종이라는 점이 또하나의 원인이다. 제 유전자를 후대에 최대한 많이 남기고 싶어하는 개체의 입장에서는 논리적인 행동이겠지만, 그 때문에 이 경이로운 동물이 더한층 빠르게 멸종으로 다가가고 있는 것이다. 이것은 결코 종의 이득을 위한 행동이 아니다.

친족선택

두번째 기본 개념을 이해하기 위해서, 우리가 다른 누구와 친연 관계라는 것이 정확히 무슨 뜻이고 '내' 유전자의 복사본을 후대에 물려준다는 건 정확히 무슨 뜻인지 생각해보자.

내게 일란성 쌍둥이가 있다고 가정하자. 그는 나와 똑같은 유전체를 갖고 있다. 그렇다면 충격적이지만 반박할 수 없는 사실인바, 후대에 유전자를 물려준다는 점만 고려할 때는 내가 직접 번식하든 일란성 쌍둥이가 번식할 수 있도록 내가 희생하든 결과에 차이가 없다.

일란성 쌍둥이가 아닌 형제자매의 경우에는? 8장에서 말했듯이, 형제자매는 유전자의 50%를 공유한다.* 따라서 내가 한 번 번식하는 것과 내가 죽음으로써 내 형제자매가 두 번 번식할 수 있도록 해주는 것은 진화적으로

* 더 정확히 말하자면, 각각의 유전자에 대해서 같은 버전을 갖고 있을 확률이 50%다.

동등한 일이다. 부모 중 한 명만 같은 형제자매라면, 유전자의 25%를 공유할 테니 그에 맞게 계산해보면 된다.

유전학자 J. B. S. 홀데인은 형제를 위해서 목숨을 내놓을 수 있느냐는 질문을 받았을 때 이렇게 대답했다고 한다. "형제 두 명이나 사촌 여덟 명을 위해서는 기꺼이 목숨을 내놓겠습니다." 내 유전자의 복사본을 후대에 물려주려면, 내가 직접 번식하는 것도 한 방법이지만 내 친족이, 특히 가까운 친족이 번식할 수 있도록 돕는 것도 한 방법인 셈이다. 해밀턴은 우리가 타인을 도울 때의 비용과 편익을 계산하되 그 타인이 우리와 얼마나 가까운 관계인지에 따라 가중치를 주는 방정식을 고안하여 이 사실을 공식화했다. 그리고 이것이 바로 친족선택의 핵심이다.* 친족선택은 수많은 종의 동물들이 누구와 협력할지, 누구와 경쟁할지, 누구와 짝짓기할지를 정할 때 상대와 자신의 친연 관계를 고려한다는 결정적인 사실을 설명해준다.

포유류는 출생 직후부터 친족선택의 냉엄한 현실을 접한다. 누가 봐도 명백한 사실인바, 암컷들이 남의 새끼에게는 좀처럼 젖을 물리지 않는다는 현실이다. 여러 영장류들의 경우, 시간이 좀 지나면 이번에는 갓 난 새끼를 둔 어미와 청소년 암컷 사이에 각자 일장일단이 있는 관계가 형성되기도 한다. 어미가 청소년에게 가끔 제 새끼를 돌봐달라고 맡기는 것이다. 어미 입장에서 장점은 새끼를 달지 않은 채 채집할 시간을 얻는 것이고, 단점은 베이비시터가 무능할지도 모른다는 것이다. 청소년 암컷 입장에서 장점은 어미 노릇을 경험해볼 수 있는 것이고, 단점은 새끼를 보살피는 데 드는 노력이다. 캘리포니아대학교 로스앤젤레스 캠퍼스의 린 페어뱅크스는 이런 '대행 어미 allomothering' 행동의 장단점을 정량화해보았다(청소년기에 어미 노릇을 연습해본 개체들에게서 태어난 새끼가 생존율이 더 높다는 사실도 계산에 포함된다). 그런데 어떤 개체가 이 '대행 어미' 노릇을 가장 자주 할까? 어미의

---

* 이것을 '포괄 적응도'라고도 부른다. 유전자가 개체 자신의 번식 성공뿐 아니라(이것만 고려하는 것은 '다윈식 적응도'다) 친족들의 번식으로 개체가 얻을 이득을 그 친연 관계에 따라 가중치를 부과하여 계산한 것까지 포괄적으로 고려한다고 보기 때문이다.

여동생이다.[13]

마모셋 같은 신세계원숭이들이 보여주는 협동 양육도 대행 어미의 연장이다. 그런 원숭이들의 사회집단에서는 한 암컷만이 새끼를 낳고, 나머지 암컷들은—보통 더 어린 친척들이다—양육을 돕는다.[14]

한편, 영장류 수컷이 새끼에 신경을 쓰는 정도는 그가 스스로 새끼의 아비임을 얼마나 확신할 수 있는가에 달려 있다.[15] 안정된 암수 한 쌍 관계를 유지하는 마모셋은 수컷이 새끼 양육을 거의 도맡는다. 대조적으로, 암컷이 발정기에 여러 수컷들과 교미하는 개코원숭이는 새끼의 아비일 가능성이 있는 수컷들만이(암컷의 가임 확률이 최대였던 날, 즉 성기가 가장 빨갛게 부풀어올랐던 날에 그와 교미했던 수컷들만이) 가령 싸움에서 새끼를 돕는다거나 하는 식으로 새끼의 안위에 투자한다.*

많은 영장류의 경우, 다른 개체의 털을 얼마나 자주 골라주는가 하는 것은 그 개체가 자신과 얼마나 가까운 관계인가에 달린 문제다. 개코원숭이 암컷들은 자신이 태어난 무리에서 평생을 살아간다(반면 수컷들은 사춘기가 되면 새로운 무리로 옮겨간다). 따라서 무리 내의 암컷들은 서로 복잡한 협동적 친족관계를 맺고 있고, 각자 제 어미에게서 서열을 물려받는다. 침팬지는 거꾸로다. 침팬지는 암컷이 사춘기에 고향을 떠나므로, 수컷들만이 친족관계에 기반한 성체 간 협동을 보인다(이를테면 친연 관계의 수컷들이 이웃 집단 출신의 외톨이 수컷을 단체로 공격하거나 한다). 랑구르원숭이의 경우, 암컷이 제 새끼를 지키려고 새로 군림한 수컷에게 맞설 때 그 암컷을 돕는 것은 보통 나이든 친척 암컷들이다.

게다가 영장류는 친족관계를 이해한다. 펜실베이니아대학교의 도러시 체니와 로버트 사이퍼스는 야생 버빗원숭이를 관찰하여, 만약 개체 A가 B에게 못되게 굴면 나중에 B가 A의 **친척들**에게 못되게 굴 가능성이 높다는 것을 확인했다. 그리고 만약 A가 B에게 고약하게 굴면, B의 **친척들**이 A에게 못

* 여기서 '투자'라는 용어가 쓰인 걸 보면 알 수 있듯이, 이 분야의 분석은 다소 경제학적이다.

되게 굴 가능성이 높다. 더구나 만약 A가 B에게 고약하게 굴면, B의 친척들이 A의 친척들에게 못되게 굴 가능성이 높다.[16]

체니와 사이퍼스는 다음과 같이 아름다운 '녹음 재생playback' 실험을 수행했다. 그들은 우선 한 버빗 집단 내 모든 개체의 목소리를 녹음했다. 그다음 풀숲에 스피커를 설치해두고, 모든 개체가 그 주변에 앉는 순간을 기다려, 한 새끼의 구원 요청 목소리를 틀어보았다. 그러자 암컷들이 일제히 그 새끼의 어미를 쳐다보았다. "저거 매지의 새끼 목소리잖아. 매지가 어떻게 할까?" (이 사실은 원숭이들이 목소리를 구별하여 인식할 줄 안다는 것도 보여준다.)

이번에는 야생 개코원숭이를 대상으로 한 실험에서, 체니와 사이퍼스는 서로 친연 관계가 없는 두 암컷이 스피커가 숨겨진 풀숲 근처에 앉기를 기다렸다가 다음 세 가지 소리 중 하나를 들려주었다. ⓐ두 암컷의 친척들끼리 싸우는 소리, ⓑ한 암컷의 친척이 제삼자와 싸우는 소리, ⓒ무관한 다른 두 암컷이 싸우는 소리.[17] 제 친척이 싸우는 소리를 들은 경우, 그 암컷은 친척이 관여하지 않은 경우에 비해 스피커 쪽을 더 오래 쳐다보았다. 만약 두 암컷의 친척들끼리 싸우는 소리라면, 둘 중 서열이 높은 쪽이 낮은 쪽의 자리를 빼앗음으로써 상대에게 제 위치를 상기시켰다.

또다른 녹음 재생 실험은 개코원숭이들에게 가상현실을 겪게 했다.[18] 개코원숭이 개체 A가 B보다 우세하다고 하자. 연구자들은 녹음된 소리를 자르고 이어붙임으로써, A가 위압하는 소리를 내고 B가 복종하는 소리를 내는 상황을 만들어낼 수 있었다. 그 소리를 들려주자, 개코원숭이들은 아무도 풀숲을 쳐다보지 않았다. A〉B, 이건 지루한 현상태일 뿐이니까. 하지만 만약 A가 복종하는 소리를 내고 B가 위압하는 소리를 내는 위계 역전 상황을 들려주면, 모든 원숭이가 풀숲을 향해 몸을 돌렸다("방금 그 소리 들었어?"). 세번째 시나리오는 한 가족인 두 개체 사이에 위계가 역전된 소리를 들려준 경우였다. 그러자 아무도 쳐다보지 않았다. 흥미롭지 않기 때문이다. ("하여간 가족이란. 노상 지지고 볶는다니까. 우리 가족도 그래. 엄청난 하극상이 벌어졌다가도 한 시간 뒤에는 서로 부둥켜안고 그런다고.") 개코원숭이들은 "개인적 서열과 친족관계를 둘 다 고려하여 다른 개체들을 분류한다".

이처럼 다른 영장류들도 상당히 세련된 수준으로 친족관계를 사고하며, 그 친족관계가 협동과 경쟁의 패턴에 영향을 미친다.

비영장류도 친족선택을 한다. 이런 예는 어떤가. 암컷의 질에 들어간 정자들은 서로 뭉침으로써 더 빨리 헤엄칠 수 있다. 사슴쥐의 한 종은 암컷이 여러 수컷들과 교미하는데, 이때 정자는 같은 수컷이나 가까운 친척 수컷에게서 나온 정자들끼리만 응집한다.[19]

행동 측면의 사례도 있다. 다람쥐와 프레리도그는 포식자를 목격하면 경고의 소리를 질러서 다른 개체들에게 알린다. 이것은 자신이 포식자의 주의를 끌 수 있기 때문에 위험한 행동인데, 개체들은 제 친척들이 근처에 있을 때 이 이타적 행동을 더 많이 한다. 암컷 친척들끼리 사회집단을 꾸리는 행동은 여러 종들에서 관찰된다(가령 사자떼에서 친연 관계가 있는 암컷들은 서로의 새끼에게 젖을 먹인다). 그리고 한 무리에서 번식하는 수컷은 보통 한 마리뿐이지만 드물게 두 마리인 경우에는 그들이 형제일 가능성이 높다. 인간도 충격적이리만치 유사하다. 대부분의 문화들이 예로부터 일부다처를 허용했고, 일부일처는 보기 드문 현상이었다. 그보다 더 드문 것은 한 여자가 복수의 남자들과 혼인하는 일처다부다. 일처다부는 인도 북부, 티베트, 네팔에서 시행되는데, 구체적으로는 '형제일처혼'이다. 한 집안의 모든 형제가, 그러니까 건장한 청년부터 아직 아기인 막냇동생까지 모두가 한 여자와 혼인하는 것이다.*[20]

친족선택에서 따라 나오는 한 가지 도전적인 결론이 있다.

섹시한 사촌의 문제다. 우리가 친척이 제 유전자를 후대에 전달하는 걸 도

* 형제일처혼은 자원이 부족한 지역에서 나타난다. 기본적으로 인구 증가를 억제해주고, 만약 아들들에게 쪼개어 상속한다면 금세 생계 유지가 어려운 수준으로 잘게 나뉘어버릴 집안의 전답을 온전히 유지해주는 수단으로 기능하기 때문이다. 형제들은 한 여성과 결혼하고, 여성은 그들 모두와 성적 관계를 맺을 수 있다. 형제들은 아직 아기에 불과한 막냇동생까지 포함하여 자신들 모두가 여성이 낳은 아이에게 생물학적으로 동등한 아버지라고 '믿는다'.

움으로써 자신도 적응도에 가산점을 얻을 수 있다면, 아예 우리가 직접 친척과 짝짓기함으로써 유전자 전달을 도우면 안 되나? 왜. 근친혼은 생식력을 떨어뜨리는데다가 여러 유럽 왕가에 불쾌한 유전적 형질을 물려준 주범이 아닌가.*[21] 그렇다면 근친혼에 따르는 위험이 친족선택의 이득을 얼마간 상쇄할 것이다. 그래서 과학자들이 이론 모형으로 계산해본 결과, 최적의 균형은 팔촌끼리 짝을 지을 때 이뤄지는 것으로 나왔다. 실제로 수많은 종이 사촌이나 팔촌과 짝을 짓기를 선호한다.[22]

곤충, 도마뱀, 어류가 그런 예다. 더군다나 이런 종들에서 사촌 관계의 쌍들은 친연 관계가 없는 쌍들보다 자식 양육에 더 많이 투자한다. 사촌 간 짝짓기를 선호하는 현상은 메추라기, 군함새, 금화조에서도 나타난다. 암수 한 쌍을 맺는 제비와 땅딱따구리의 경우에는 암컷이 제 짝을 속이고 몰래 사촌과 교미하곤 한다. 일부 설치류도 비슷한 선호를 보인다(마다가스카르자이언트쥐가 한 예인데, 사촌과 섹스하는 습성을 차치하고도 충분히 심란하게 들리는 이름이다).[23]

인간은 어떨까? 비슷하다. 여성은 무관한 남성보다 어느 정도 친연 관계가 있는 남성의 냄새를 선호한다. 아이슬란드의 모든 커플이 기록된 160년간의 데이터를 분석한 연구에서(아이슬란드는 유전적으로도 사회경제적으로도 동질성이 강한 인구 집단이기 때문에 인류유전학자들에게 메카나 다름없다), 가장 높은 번식 성공률을 보인 커플은 팔촌이나 십촌 간 혼인인 것으로 확인되었다.[24]

어떻게 친척을 알아볼까?

친족선택에 관한 이런 발견들이 말이 되려면, 동물들이 친연성의 정도를 인식할 줄 안다는 전제 조건이 필요하다. 동물들은 어떻게 그것을 알까?

---

* 다음 논문에 따르면, 스페인 합스부르크 왕가가 근친혼 때문에 대가 끊겼다고 볼 만한 증거가 있다. G. Alvarez et al., "The Role of Inbreeding in the Extinction of a European Royal Dynasty," *PLoS ONE 4* (2009): e5174.

몇몇 종들에게는 타고난 인식 체계가 있다. 일례로, 우리가 생쥐 한 마리를 어떤 공간에 집어넣는다고 하자. 공간의 한쪽 끝에는 그 생쥐와 아무 관계가 없는 암컷이 있고, 다른 쪽 끝에는 그 생쥐의 자매이지만 한배가 아니라서 만난 적은 한 번도 없는 다른 암컷이 있다. 그러면 우리의 생쥐는 둘 중 자매와 더 많은 시간을 보낸다. 생쥐가 유전적으로 친족을 인식할 수 있다는 것을 암시하는 결과다.

어떻게 그럴 수 있을까? 설치류는 개체마다 고유한 서명에 해당하는 페로몬 냄새 분자를 생산하는데, 그 분자는 주조직 적합성 복합체MHC라는 유전자에서 유래하는 물질이다. 이 유전자 클러스터는 변이가 엄청나게 많아서, 개체마다 고유한 단백질을 생성해낸다. 이 사실을 처음 연구한 것은 면역학자들이었다. 면역계는 무슨 일을 할까? 면역계는 나와 침입자—'자기self'와 '비자기nonself'—를 구별한 뒤 후자를 공격하는 일을 한다. 내 몸의 모든 세포들은 MHC에서 유래한 나만의 고유한 단백질을 갖고 있으므로, 면역 감시 세포들은 단백질 암호라고 할 수 있는 그 단백질을 갖지 않은 세포를 만나면 서슴없이 공격한다. 그런데 MHC에서 유래한 단백질이 페로몬에도 들어가서, 개체마다 고유한 후각적 서명을 만들어주는 것이다.

그렇다면 이 체계는 이 생쥐가 아무개 생쥐로구나 하는 걸 알려주는 셈이다. 하지만 이 생쥐가 내가 평생 만나지 못했던 형제라는 사실은 어떻게 알 수 있을까? 친연 관계가 가까운 개체들은 MHC 유전자 클러스터가 서로 더 비슷하고, 후각적 서명도 서로 더 비슷하다. 그리고 생쥐의 후각 뉴런에 있는 수용체들은 자신의 MHC 단백질에 가장 강하게 반응한다. 따라서 만약 수용체가 최대로 자극된다면, 그것은 생쥐가 지금 자기 겨드랑이 냄새를 맡고 있다는 뜻이다. 최대에 가까운 수준으로 자극된다면, 가까운 친척의 냄새라는 뜻이다. 중간 수준으로 자극된다면, 먼 친척의 냄새라는 뜻이다. 전혀 자극되지 않는다면(하지만 다른 후각 수용체들이 대신 이 MHC 단백질을 감지할 것이다), 하마의 겨드랑이 냄새라는 뜻이다.*

이처럼 일부 종이 후각으로 친족을 인식하는 능력은 한 가지 흥미로운 현상을 설명해준다. 5장에서 성인의 뇌도 새 뉴런을 만들어낸다고 말했던 걸 기억할 것이다. 쥐의 경우, 임신을 하면 뇌의 후각계통에서 신경생성이 촉진된다. 왜 하필 후각계통일까? 자기 새끼를 제대로 알아보아야 할 순간에 후각 인식 능력이 최상의 상태를 갖추고 있어야 하기 때문이다. 만약 이 신경생성이 일어나지 않으면, 어미 쥐의 모성 행동이 손상된다.[25]

각인된 감각 단서에 의존하는 친족 인식 방법도 있다. 어미는 어떤 새끼에게 젖을 먹이면 좋을지를 어떻게 알까? 자신의 질액과 비슷한 냄새를 풍기는 새끼다. 아이는 다른 어떤 아이 곁에 있는 게 좋을까? 제 어미의 젖냄새를 풍기는 아이다. 유제류는 이 규칙을 많이 쓴다. 새들도 그렇다. 어떤 새가 내 엄마지? 내가 부화하기 전에 알에서 들었던 노래를 부르는 새다.

한편 머리를 써서 친연성을 알아내는 종들도 있다. 내 추측인데, 수컷 개코원숭이는 누가 제 자식인지 파악할 때 다음과 같이 통계적으로 추론하는 듯하다. "이 어미는 발정기 중 얼마의 기간을 나와 함께 보냈지? 전부 다지. 좋았어, 그렇다면 얘는 내 자식이군. 그에 맞게 행동하자." 여기서 더 나아가면 가장 인지적인 전략을 쓰는 종, 즉 우리 인간이 있다. 인간은 정확성과는 거리가 있는 방법들로 친연성을 인식하고, 그 탓에 여러 흥미로운 결과를 낳는다.

먼저, 과학자들이 오래전부터 가설로 탐구해온 일종의 유사 친족 인식 방법부터 알아보자. 우리가 만약 자신이 가진 어떤 두드러진 형질을 똑같이 가진 다른 개체들과는 협력한다는 규칙에 따라 행동한다면 어떻게 될까? 이때

---

* 모든 후각적 친족 인식이 이 MHC 단백질로 이뤄지는 건 아니다. 개체마다 독특한 후각 서명을 갖게 하는 물질은 이 밖에도 많다. 또 주목할 점은, 앞에서 보았던 친족선택 현상 중 정자가 같은 개체나 가까운 친족의 정자들하고만 뭉쳐서 협력하는 현상이 이 메커니즘으로 설명된다는 것이다. 어떻게? 정자들은 세포 표면의 MHC 단백질을 찍찍이처럼 활용한다. 만약 두 정자의 MHC 단백질이 같다면(같은 사람에게서 나왔다는 뜻이다), 그들은 강하게 뭉친다. 만약 가까운 친족에게서 나온 정자들이라면, 뭉치기는 해도 그만큼 단단히 뭉치진 않는다. 만약 더 먼 친족에게서 나온 정자들이라면, 그보다도 덜 단단히 뭉친다. 이런 식이다.

우리가 다음 세 가지 성질을 지닌 유전자(혹은 유전자들)를 갖고 있다고 하자. ⓐ이 유전자가 문제의 두드러진 신호를 만들어낸다. ⓑ이 유전자는 다른 개체에게서 문제의 신호를 인식할 줄 안다. ⓒ이 유전자는 우리가 문제의 신호를 갖고 있는 개체들과 협력하도록 만든다. 그렇다면, 우리가 위의 규칙에 따라 행동할 경우에 이 유전자를 후대에 물려줄 가능성이 높아진다.

'초록 수염 효과'라고 불리는 이 효과를 사고실험으로 보여준 것은 해밀턴이었다. 만약 어떤 개체에게 초록 수염이 자라게 하는 동시에 다른 초록 수염 개체들과 협력하도록 만드는 유전자가 있다면, 초록 수염 개체들과 초록 수염 없는 개체들이 섞여 사는 세상에서 초록 수염 개체들이 더 번성할 것이다.[26] 따라서 "이타주의의 결정적 조건은 이타주의 유전자[간단히 말해서 다형질적 초록 수염 유전자] 자리에 유전적 친연성이 있는 것이다. 전체 유전체에 계보적 친연성이 있을 필요는 없다".[27]

초록 수염 유전자는 실존한다. 효모들은 협력적인 군집을 이루는데, 이때 같거나 친연성이 있는 세포들끼리만 뭉치는 것이 아니다. 세포 표면에 부착 단백질 분자를 만듦으로써 같은 분자를 가진 다른 세포들에게 들러붙도록 하는 유전자가 있는데, 그 유전자를 발현하는 효모라면 가리지 않고 뭉친다.[28]

인간은 초록 수염 효과를 보인다. 다만 무엇을 초록 수염 형질로 간주할 것인가는 사람마다 다를 수 있다. 좁게 정의할 경우, 그것은 파벌주의가 된다. 초록 수염 형질을 갖지 않은 개체에 대한 적대심까지 포함할 경우, 그것은 이방인 혐오가 된다. 우리 종의 구성원이라는 사실 자체를 초록 수염 형질로 정의할 경우, 그것은 극진한 인류애가 된다.

상호 이타주의

닭은 달걀이 더 많은 달걀을 만들어내는 수단에 불과할 수도 있다는 것, 유전자는 이기적일 수 있다는 것, 우리가 두 명의 형제자매나 여덟 명의 사촌을 위해서 기꺼이 목숨을 던질 수도 있다는 것은 이제 알겠다. 그렇다면 모든 것이 그처럼 경쟁의 문제일까?* 개체들이나 친족 집단들이 무조건 남들보다 제 유전자를 **더 많이** 남기려고 하고, 진화적 적응도를 **더 높이려고** 하고, 번식 성공률을 **더 높이려고** 하는 게 진화일까? 행동의 진화를 추동하는 힘은 늘 그처럼 다른 누군가를 깔아뭉개려는 힘일까?

전혀 아니다. 좀 전문적이긴 하지만 우아한 예외 사례가 있다. 여러분도 가위바위보를 아시는지? 보는 바위를 이기고, 바위는 가위를 이기며, 가위는 보를 이긴다. 그렇다면 바위들은 세상의 모든 가위들을 멸종시키고 싶어 할까? 결코 아니다. 그렇게 되면 세상의 모든 보들이 바위를 멸종시킬 테니까. 모든 참가자는 어느 정도 제약을 받아들여서 평형을 이룰 동기가 있다.

놀랍게도 생물계에서 실제 그런 균형이 벌어지는 것이 대장균 연구에서 확인되었다.[29] 연구자들은 각각 장점과 단점을 하나씩 갖고 있는 대장균 균주를 세 종류 육성했다. 단순화해서 말하자면, 균주1은 독소를 분비한다. 장점: 경쟁 세포들을 죽일 수 있다. 단점: 독소 생성에 에너지가 많이 든다. 균주2는 독소에 취약하다. 세포막에 영양분 흡수에 쓰이는 수송체가 있는데, 독소가 그 수송체를 통해서 숨어들기 때문이다. 장점: 영양분을 잘 흡수한다. 단점: 독소에 취약하다. 균주3은 수송체가 없으므로 독소에 취약하지 않고, 독소

* 동물계를 통틀어 친족선택의 이름으로 자행되는 반사회적 행동의 최고봉이라 할 만한 사례는, 내가 아는 한 2008년 〈월스트리트 저널〉 기사에 보도되었던 현상이다. 미국의 레스토랑/패스트푸드 체인들 중 고객 간 싸움 발생률이 가장 높은 곳은 어디일까? 맞다, 처키치즈다. 그곳에서는 제 자식의 완벽한 생일파티를 망칠지도 모르는 요소에 신경을 곤두세우는 부모들끼리 싸움을 벌인다. 특히 흔한 시나리오는 한 아이가 비디오게임을 독차지한 걸 본 다른 아이 부모가 강제로 개입해서 제 아이가 갖고 놀도록 만들고 그래서 두 부모가 언쟁을 벌이는 것이다. 이런 거라면 체니와 사이퍼스의 원숭이들도 똑같이 따라 할 수 있지 않을까. 또다른 저널리즘적 폭로 기사에 따르면, 이런 소동의 와중에 처키치즈의 마스코트(척)가 공격당하기도 한다. 한 아버지는 척이 제 아들을 벽에 밀어붙였다며 길길이 날뛰었다고 한다. 하지만 척은 수선스러운 아이들 틈을 빠져나가려고 한 것뿐이라고 말했다. "남자는 예의 소란스러운 아이들이 보는 앞에서 마스코트 쥐의 머리를 벗기고 그 속에 있는 사람의 면전에 소리쳤다. 아이들은 아마 거대한 쥐의 목에서 겁먹은 표정의 19세 남자 머리통이 튀어나온 모습에 평생 갈 트라우마를 입었을 것이다."

를 생산하지도 않는다. 장점: 독소 생산 비용을 치르지 않고, 독소에도 반응하지 않는다. 단점: 영양분을 많이 흡수하지 못한다. 그렇다면 균주1이 균주2를 다 죽여버릴 경우에는 이제 균주3이 균주1을 멸종시키고 말 것이다. 실험 결과, 세 균주는 서로 성장을 제한하면서 균형 상태를 이룰 수 있었다.

멋진 일이다. 하지만 이것으로 협력을 설명했다고 말하기는 좀 뭣하다. 가위바위보를 협력이라고 말하는 것은 핵무기에 기반한 상호 확증 파괴를 에덴동산이라고 말하는 것이나 마찬가지니까.

개체선택과 친족선택에 이은 진화의 세번째 기본 원리가 여기에서 등장한다. 바로 상호 이타주의다. "네가 내 등을 긁어준다면, 나도 네 등을 긁어줄게. 솔직히 네 등을 긁지 않고도 넘어갈 수 있다면 그러고 싶지만. 하지만 네가 슬쩍 넘어가는 건 용납할 수 없으니, 널 지켜볼 거야."

친족선택의 관점에서는 이해할 수 없는 일이지만, 현실에서는 서로 무관한 개체들끼리 자주 협력한다. 물고기는 떼 지어 다니고, 새는 대형을 이루어 난다. 미어캣은 위험을 무릅쓰고 경고 신호를 울려서 모두를 돕고, 공동체 생활을 하는 흡혈박쥐는 서로의 새끼를 먹인다.*[30] 종에 따라 다르긴 하지만, 영장류도 친연 관계가 없는 개체들끼리 털을 골라주고, 포식자에게 함께 맞서고, 고기를 나눠 먹는다.

친족이 아닌 개체들이 협력하는 건 왜일까? 왜냐하면 백지장도 맞들면 낫기 때문이다. 다른 물고기들과 떼를 이루면, 포식자에게 잡아먹힐 가능성이 낮아진다(물론 가장 안전한 지점인 중앙을 놓고 경쟁이 벌어질 테고, 그래서 해밀턴의 말마따나 "이기적 무리의 기하학"이 형성된다). V 대형으로 나는 새들은 앞장선 새가 일으키는 상승기류를 받아서 에너지를 아낄 수 있다(물론 누가 맨 앞에 설 것인가 하는 문제가 생긴다).[31] 침팬지들이 서로 털고르기를 해주면, 기생충이 적어진다.

생물학자 로버트 트리버스는 1971년 발표한 중요한 논문에서 서로 무관

* 여기에 대해서는 약간의 논쟁이 있다. 박쥐 군집은 어느 정도 친연성이 있는 암컷들을 중심으로 이뤄진 경우가 많으므로, 이것이 친족선택이라는 주장도 가능하다.

한 개체들이 어떤 진화 논리와 변수에 의거하여 '상호 이타주의'를 수행하게 되는지를, 즉 상대가 상호적으로 행동하리라는 기대하에 자신의 적응도에 대가를 치르면서까지 비친족 개체의 적응도를 높여주게 되는지를 밝혔다.[32]

꼭 의식적인 판단이 있어야만 상호 이타주의가 진화하는 것은 아니다. 앞에서 언급했던 풍동의 비행기 날개 비유를 떠올려보라. 하지만 상호 이타주의가 발생하기 위해서 몇 가지 조건이 필요한 것은 사실이다. 지극히 당연하게도, 일단 사회성이 있는 종이어야 한다. 그리고 이타주의자와 신세 진 자가 훗날 다시 만날 가능성이 있을 만큼 사회적 상호작용이 빈번히 이뤄져야 한다. 또한 개체들이 서로를 인식할 줄 알아야 한다.

많은 종이 상호 이타주의를 수행하는 와중에, 개체들은 종종 자신은 속임수를 쓰려고 하고(즉 상호성을 지키지 않으려고 하고) 그러면서도 남들이 자신을 속일까봐 감시한다. 그리하여 속임수와 대응 전략이 서로 증강하는 무기 경쟁처럼 공진화하는 현실 정치 세계가 펼쳐지는데, 이것을 '붉은 여왕' 시나리오라고 부른다. 갈수록 더 빨리 달려야만 겨우 한자리에 머물 수 있다고 했던, 『거울나라의 앨리스』 속 붉은 여왕의 이름을 딴 표현이다.[33]

그렇다면, 서로 관련되어 있는 두 가지 중요한 의문이 떠오른다.

* 모두가 냉정하게 진화적 적응도를 계산하는 세상에서, 언제 협력하는 것이 좋고 언제 속이는 것이 좋을까?
* 비협력자들만 있는 세상에서 최초로 이타주의자가 되는 것은 손해보는 짓이다. 그런데 어떻게 최초에 협력이 시작될까?*

---

* 본문 길이를 줄이기 위해서, 딕티오스텔리움 디스코이데움(흔히 점균류라고 부른다)이라는 단세포 아메바에게서 관찰되는 상호 이타주의 이야기는 이 각주로 쫓아냈다. 점균류는 개체들이 군집을 이뤄야 번식할 수 있는데, 군집을 이룬 세포들 중 80%만이 번식하고 나머지는 스스로 번식하지 않은 채 지원하는 역할을 맡는다. 만약 서로 다른 두 유전적 계통의 세포들이 한 군집을 이룬다면, 각 계통에서 20%씩이 재미없는 지원 역할을 맡는 방식으로 협력이 이뤄진다. 그런데 한 계통이 제 세포들 전부를 번식하는 무리에 슬쩍 끼워넣어서 속이려고 드는 방향으로 진화한다면? 다른 계통들은 속임수를 감지해내고 그런 계통과는 상호작용하지 않는 방향으로 진화한다. 예를 들어, 점균류는 세포 표면에 나 있는 '부착 분자'로 서로 들러붙어서 군집

거대한 의문 #1: 어떤 협력 전략이 최적일까?

생물학자들이 이런 의문을 던지기 시작했을 때, 다른 과학자들은 이미 대답을 내놓고 있었다. 1940년대, 컴퓨터과학의 창시자 중 한 명이자 다방면에 능통했던 존 폰 노이만이 '게임이론'의 기초를 닦았다. 게임이론은 전략적 의사결정을 연구하는 분야다. 약간 다르게 표현하자면, 언제 협력하고 언제 속이는 것이 좋은지를 수학적으로 연구하는 분야다. 이 주제는 이미 경제학·외교·전쟁과 관련해서 한창 탐구되는 중이었으니, 이제 게임이론가들과 생물학자들이 이야기를 나누기만 하면 될 일이었다. 그 대화가 1980년 무렵에, 3장에서 언급했던 '죄수의 딜레마'를 중심에 놓고 진행되었다. 그러면 이제 죄수의 딜레마를 구성하는 변수들을 자세히 알아볼 차례다.

한 갱단 소속의 두 범죄자 A와 B가 체포되었다. 검사는 증거 부족 탓에 그들이 중범죄로 유죄를 받게 만들 순 없고, 대신 더 가벼운 죄목으로 각각 1년 형을 받게 할 수는 있다. A와 B는 소통하지 못하는 상태다. 검사는 둘에게 각각 제의한다. 동료를 고발하면 당신의 형을 줄여주겠다고. 이때 나올 수 있는 결과는 네 가지다.

* A와 B 모두 동료를 고발하기를 거부하여, 둘 다 1년 형을 산다.
* A와 B 모두 서로를 고발하여, 둘 다 2년 형을 산다.
* A는 B를 고발하지만 B는 입을 다물어서, A는 풀려나고 B는 3년 형을 산다.
* B가 A를 고발하지만 A는 입을 다물어서, B는 풀려나고 A는 3년 형을 산다.

두 죄수는 각각 동료에게 의리를 지켜야 할까('협력') 배신해야 할까('배반') 하는 딜레마를 겪는다. 그들은 아마 이렇게 생각할 것이다. '협력하는 편

을 이루는데, 속임수를 쓰는 계통의 부착 분자를 인식하지 않는(즉 결합하지 않는) 부착 분자를 발현시킴으로써 속임수에 대항한다.

이 나아. 동료잖아, 그러니까 저 친구도 협력할 테고, 그러면 우리는 둘 다 감옥살이를 1년만 하면 돼. 하지만 내가 협력했는데 놈이 내 등에 칼을 꽂으면 어쩌지? 놈은 풀려나고, 나는 3년을 살겠지. 아무래도 배반하는 편이 낫겠어. 하지만 둘 다 배반하면 어떡하지? 그러면 2년인데. 하지만 내가 배반했는데 저 친구가 협력한다면……?' 이렇게 생각이 돌고 돈다.*

죄수의 딜레마 게임을 딱 한 회만 하는 상황이라면, 합리적인 해법이 있다. 당신이 죄수 A라고 하자. 당신이 배반할 경우, 평균 형기는 1년이 된다(B가 협력한다면 0년, B가 배반한다면 2년이므로). 당신이 협력할 경우, 평균 형기는 2년이 된다(B가 협력한다면 1년, B가 배반한다면 3년이므로). 따라서 당신은 배반해야 한다. 일회성 죄수의 딜레마 게임에서는 늘 배반이 최적의 선택이다. 세상 전체에게는 안 좋은 소식이지만 어쩔 수 없다.

이번에는 죄수의 딜레마 게임을 2회 진행한다고 하자. 2회차에서 최적의 전략은 일회성 게임일 때와 다르지 않으므로, 늘 배반한다. 그렇다면 1회차도 일회성 게임이나 마찬가지인 상황이 되므로, 이때도 배반하는 것이 낫다.

3회 진행하면 어떨까? 3회차에서는 배반하는 것이 낫다. 그렇다면 2회 게임이나 다름없는 상황이 되므로, 2회차에서도 배반하는 것이 낫다. 그렇다면 1회차에서도 배반하는 것이 낫다.

게임을 Z회 진행할 때, Z회차에서는 늘 배반이 최적의 전략이다. 그렇다면 Z-1회차에서도 배반이 최적이고, Z-2회차에서도 그렇고…… 요컨대, 두 사람이 정해진 횟수로 게임을 진행할 때는 협력이 최적의 전략이 될 수가

---

* 몇 년 전, 영국에서 〈골든 볼스〉라는 게임쇼가 방영되었다. 최종 단계에 진출한 두 참가자는 얼굴을 마주한 채 변형된 형태의 죄수의 딜레마 게임을 했다. (수만 파운드가 될 수도 있는) 상금을 놓고서 두 참가자는 그것을 '나눌지' 아니면 '독식할지' 각자 선택한다. 만약 둘 다 나누기로 선택하면, 두 사람이 상금을 나눠가진다. 만약 한 명은 나누기로 선택하고 다른 한 명은 독식하기로 선택하면, 순진한 협력자는 한 푼도 받지 못하고 배반자가 전부 다 가진다. 만약 둘 다 독식하기로 선택하면, 둘 다 한 푼도 받지 못한다. 유튜브에 여러 회차의 영상들이 올라와 있는데, 일단 보기 시작하면 당황스러울 만큼 중독된다. 라디오 프로그램 〈라디오랩〉에서 이 게임쇼를 분석한 것도 들어볼 만하다(www.youtube.com/watch?annotation_id=annotation_1155372699&feature=iv&src_vid=S0qjK3TWZE8&v=zUdBd7BDNu8).

없다.

하지만 횟수를 모르는 경우는 어떨까('반복되는' 죄수의 딜레마)? 사태가 흥미로워진다. 바로 이 대목에서 게임이론가들과 생물학자들이 만난다.

촉매 역할을 한 사람은 미시간대학교의 정치학자 로버트 액슬로드였다. 그는 동료들에게 죄수의 딜레마가 어떻게 작동하는지 설명한 뒤, 미지의 횟수로 진행되는 게임에서 각자 어떤 전략을 사용하겠느냐고 물었다. 동료들이 제출한 전략은 아주 다양했고, 일부는 무시무시하게 복잡했다. 액슬로드는 그 다양한 전략들을 프로그램화한 뒤, 시뮬레이션으로 거대한 리그전을 열어서 서로 맞붙게 했다. 어떤 전략이 이겼을까? 무엇이 최적의 전략이었을까?

최적의 전략은 토론토대학교의 수학자 아나톨 라포포트가 제출한 것이었다. 게다가 영웅신화답게 그의 전략은 가장 단순한 전략이었다. 우선 1회차에서는 무조건 협력한다. 그다음에는 상대가 전회차에서 보인 행동을 따라한다. 이것이 팃포탯(맞대응) 전략이다. 더 자세히 알아보자.

당신은 첫 회에 협력(C)한다. 만약 상대도 늘 협력(C)한다면, 두 사람은 영원히 행복하게 협력할 것이다.

사례 1

당신: C C C C C C C C C C…

상대: C C C C C C C C C C…

상대도 협력으로 시작했지만, 중간에 악마의 꾐에 넘어가서 10회차에 배반(D)한다고 하자. 당신은 협력하고, 타격을 입는다.

사례 2

당신: C C C C C C C C C C

상대: C C C C C C C C C D

그래서 당신은 팃포탯 원칙에 따라 다음 회에서 상대를 벌한다.

사례 3

당신: C C C C C C C C C C D

상대: C C C C C C C C C D ?

만약 이때 상대가 다시 협력으로 돌아선다면, 당신도 그렇게 한다. 평화가 돌아온다.

사례 4

당신: C C C C C C C C C C D C C C…

상대: C C C C C C C C C D C C C C…

만약 상대가 계속 배반한다면, 당신도 계속 배반한다.

사례 5

당신: C C C C C C C C C C D D D D…

상대: C C C C C C C C C D D D D D…

당신이 늘 배반하는 상대와 경기한다고 하자. 사태는 이럴 것이다.

사례 6

당신: C D D D D D D D D D…

상대: D D D D D D D D D D…

이것이 팃포탯 전략이다. 보다시피 이 전략은 결코 이기지는 못한다. 최선의 결과는 역시 팃포탯을 사용하는 상대나 '늘 협력한다' 전략을 사용하는 상대를 만나서 동점을 이루는 것이다. 다른 경우에는 늘 근소한 차이로 진다. 다른 모든 전략이 팃포탯을 늘 근소한 차이로 이길 것이다. 하지만 그 전략들은 자기들끼리 맞붙었다가 파국적인 손실을 입을 수 있다. 그 모든 점을 다 고려하자면, 이기는 것은 팃포탯이다. 팃포탯은 전투에서는 족족 지지만 전쟁은 이긴다. 아니, 평화를 지킨다고 표현해야 옳을지도 모르겠다. 달리 말해서, 팃포탯은 다른 전략들을 멸종으로 몰아간다.

팃포탯에게는 네 가지 유리한 점이 있다. 기본적으로 협력하는 성향이라는 점(시작 상태가 협력이다). 그렇다고 해서 무조건 당하지만은 않고 배반자는 확실히 벌한다는 점. 용서한다는 점, 즉 배반자가 다시 협력으로 돌아서면 팃포탯도 그런다는 점. 그리고 전략이 단순하다는 점.

액슬로드의 리그전 이후, 죄수의 딜레마와 기타 비슷한 게임들에서(뒤에서 더 이야기하겠다) 팃포탯 전략을 논하는 논문이 부지기수로 쏟아졌다. 그러고는 결정적인 사건이 벌어졌다. 액슬로드와 해밀턴이 손을 잡은 것이다. 그동안 행동 진화를 연구하는 생물학자들은 사막 설치류의 콩팥 진화를 연구하는 학자들처럼 자신들도 정량적으로 분석할 수 있기를 꿈꿔왔다. 그런데 비록 그들 스스로는 의식하지 못했을망정 이미 그 주제를 연구하는 사회과학자들이 있었다니! 액슬로드와 해밀턴이 1981년 공동 논문으로 보여주었듯이, 죄수의 딜레마는 협력과 경쟁의 전략적 진화를 탐구할 사고틀이 되어주었다(이 논문은 워낙 유명하기 때문에 관용어로 쓰일 지경이다. "오늘 강의 어땠습니까?" "형편없었어요. 진도가 너무 늦어요. 아직 액슬로드와 해밀턴까지도 못 갔다니까요").[34]

정치학자들과 어울리기 시작한 진화생물학자들은 게임 시나리오에 현실세계의 조건을 집어넣기 시작했다. 그중 하나가 팃포탯에 오류가 끼어들 가능성이다.

자, 신호 오류를 도입해보자. 누가 메시지를 오해하거나, 다른 누구에게 전할 말이 있다는 걸 깜박 잊거나, 그도 아니면 시스템에 일시적 잡음이 발생했다고 하자. 현실세계처럼.

양쪽 모두 팃포탯 전략을 쓰는 게임에서 5회차에 신호 오류가 발생했다고 하자. 두 사람이 의도한 바는 아래와 같다.

사례 7

당신: C C C C C

상대: C C C C C

하지만 신호 오류 때문에, 당신은 아래 상황이 벌어졌다고 생각하게 되었다.

사례 8

당신: C C C C C

상대: C C C C D

'뭐야 저 자식, 갑자기 배반하다니' 하고 생각한 당신은 다음 회차에서 상대를 배반한다. 따라서 당신이 보는 상황은 아래와 같다.

사례 9

당신: C C C C C D

상대: C C C C D C

그런데 신호 오류가 발생했다는 사실을 모르는 상대가 보기에는 상황이 아래와 같다.

사례 10

당신: C C C C C D

상대: C C C C C C

'뭐야 저 자식, 갑자기 배반하다니' 하고 생각한 상대는 다음 회차에서 당신을 배반한다. 당신은 '아, 해보겠다는 거야? 그럼 나도 맛을 더 보여주지' 하며 상대를 배반한다. 상대는 '아, 해보겠다는 거야? 그럼 나도 맛을 더 보여주지' 하고 생각한다.

사례 11

당신: C C C C C D C D C D C D C D C D…

상대: C C C C D C D C D C D C D C D C…

신호 오류의 가능성이 있을 때, 둘 다 팃포탯을 쓰는 선수들끼리 경기하면 이처럼 영원히 번갈아 배반하는 상황에 갇히고 말 위험이 있다.*

이 취약성이 발견되자, 하버드대학교의 마틴 노왁, 빈대학교의 카를 지그문트, 캘리포니아대학교 로스앤젤레스 캠퍼스의 로버트 보이드 등 진화생물학자들은 두 가지 해법을 내놓았다.[35] '뉘우치는 팃포탯'은 상대가 두 번 연속으로 배반할 때에만 복수한다. '용서하는 팃포탯'은 상대의 배반 중 3분의 1은 자동적으로 용서한다. 둘 다 신호 오류로 인한 파국 시나리오를 피할 수 있지만, 착취에 취약하다.**

---

* 1962년 출간된 유진 버딕과 하비 휠러의 지정학적 스릴러 『페일 세이프』는 신호 오류에 대한 팃포탯 해법을 전제로 두고 진행되는 이야기다. 미국 핵무기 관리 체계에 전자적 오류가 발생하여, 공군 폭격기 중대가 소련이 미국을 핵무기로 공격하기 시작했다고 믿어버린다. 그래서 그들은 모스크바를 핵무기로 파괴하기로 결정하고 실행에 나선다. 미국과 소련이 곧 상황을 알아차린다. 미군은 폭격기들을 되돌리려고 시도하지만 실패한다. 소련은 미국의 "실수예요, 미안합니다"가 계략이라고 판단하고 전면 맞대응을 준비한다. 미국 대통령은(JFK를 본떴다) 자국의 진심을 증명하고 소련의 공격을 막기 위해서, 폭격기들을 보내어 소련 공군이 미국 핵 폭격기를 격추시키는 걸 돕는다. 몇 대는 격추되지만, 몇 대는 빠져나간다. 대부분의 소련 고관들은 아직도 이게 미국의 계략이라고 믿는다. 결국 미 대통령은 전면적 핵 전쟁을 막으려면 이럴 수밖에 없다고 판단하여, 팃포탯을 실시한다. 모스크바에 떨어질 폭탄과 같은 것을 뉴욕시에 떨어뜨리도록 지시하는 것이다. 신호 오류 때문에 이 사달이 나다니. 나는 꼬마 때 이 책을 읽고 기겁했다. 수시로 우리 동네 뉴욕의 하늘을 올려다보면서, 피치 못할 폭격기를 기다렸다.

** "저런, 상트페테르부르크에 떨어진 폭탄은 실수예요. 미안합니다. 우리가 모스크바 사태 이후에 이 버그를 고친 줄 알았는데 아니었나봐요."

이 취약성을 해결하는 방법은 신호 오류의 확률을 고려하여 용서의 빈도를 달리하는 것이다("미안, 내가 또 늦었네, 기차가 연착했어" 하는 핑계가 "미안, 내가 또 늦었네, 우리집 앞에 또 운석이 떨어졌지 뭐야" 하는 핑계보다 더 납득할 만하고 용서할 만하다고 평가하는 것이다).

팃포탯이 신호 오류에 취약하다는 점을 해결하는 또다른 방법은 전략을 바꿔가며 쓰는 것이다. 맨 처음, 다수가 배반 쪽으로 치우친 다종다양한 전략들이 산재한 상황에서는 일단 그냥 팃포탯으로 시작한다. 그러다가 배반하는 전략들이 멸종하면, 이제 '용서하는 팃포탯'으로 전략을 바꾼다. '용서하는 팃포탯'이 그냥 팃포탯보다 신호 오류가 발생하는 상황에서 경쟁력이 높기 때문이다. 냉정하게 보복하는 팃포탯에서 용서를 포함하는 팃포탯으로 전환하는 시점은 어떤 상황이라고 해석할 수 있을까? 신뢰가 구축된 상황이다.

어떤 수정 방안들은 생물계를 모방한다. 미시간대학교의 컴퓨터과학자 존 홀랜드는 '유전 알고리즘', 즉 전략이 간간이 돌연변이를 일으킨다는 조건을 도입했다.

또다른 현실적 수정은 특정 전략에 수반되는 '비용'을 함께 고려하는 것이다. 가령 팃포탯이라면, 상대의 속임수를 감시하고 처벌하는 데 비용이 든다. 값비싼 경보 체계, 경찰 봉급, 교도소 건설비 등등이다. 그런데 신호 오류가 없는데다가 온통 팃포탯 선수들만 있는 세상에서는 이것이 쓸데없는 지출이므로, 이때는 팃포탯을 '늘 협력한다' 전략으로 바꿔도 좋다. 후자가 더 싸기 때문이다.

따라서 신호 오류가 있고, 서로 다른 전략마다 서로 다른 수준의 비용이 들고, 돌연변이가 존재하는 상황에서는 다음과 같은 주기가 발생하기 마련이다. 맨 처음에 다종다양한 전략들이 있던 세상에서, 개중 착취적이고 비협력적인 전략들을 팃포탯이 몰아낸다. 그 팃포탯들은 다시 '용서하는 팃포탯'으로 바뀌고, 이들이 다시 '늘 협력한다'로 바뀐다. 그러다가 돌연변이가 일어나서 착취적 전략이 재도입되면, '늘 협력한다' 양떼 속에 숨어든 늑대와도 같은 그 녀석이 산불처럼 퍼져나가서 결국 주기가 맨 처음으로 돌아가고……*[36] 연구자들이 모형에 손질을 가할수록 모형은 점점 더 현실을 닮아갔고, 컴퓨터화된 게임 전략들은 급기야 서로 섹스하기에 이르렀다. 연구에 개입한 수학자들에게 이보다 더 흥미진진한 일은 또 없었을 것이다.

진화생물학자들은 이론을 연구하는 경제학자들과 외교관들과 전쟁전략가들과 함께 갈수록 세련된 모형을 만드는 것이 즐거웠지만, 진짜 문제는 그런 모형들이 실제로 동물의 행동을 설명하는가였다.

이때 팃포탯이 협력을 끌어낸다는 사실을 보여주는 특별한 동물이 나타났다. 안정된 암수 쌍 결합을 이루는 물고기인 블랙햄릿이었다.[37] 이들이 뭔가 대단히 희한한 일을 하는 것은 아니다. 이 물고기는 성별을 바꿀 수 있다(어류에는 이런 종이 더러 있다). 늘 그렇듯이 번식은 수컷보다 암컷에게 대사적으로 더 비용이 많이 드는 활동이다. 그래서 한 쌍을 이룬 암수는 더 비싼 암컷 역할을 번갈아 맡는다. 물고기 A와 B가 성전환의 춤을 함께 추는 사이라고 하자. 가장 최근에 비싼 암컷 역할을 맡은 것은 A였고, B는 싼 수컷 역할이었다. 그런데 B가 계속 수컷으로 남는 속임수를 써서, A가 계속 암컷으로 남도록 강제한다. A는 어떻게 할까? 수컷으로 전환하여, B가 사회적 양심을 되찾아 암컷으로 전환할 때까지 기다린다.

역시 팃포탯을 보여주는 사례로 널리 언급되는 또다른 연구는 큰가시고기를 대상으로 했다.[38] 연구자들은 수조에 큰가시고기 한 마리를 넣어두고, 유리벽으로 나뉜 건너편 공간에 큰가시고기가 무서워하는 시클리드를 한

* '파블로프'라고 불리는, 유난히 영리한 착취 전략이 있다. 당신이 죄수의 딜레마 게임을 할 때, 당신에게 가장 바람직한 결과는 순서대로 다음과 같다. ⓐ늘 협력하는 상대를 만나서, 당신이 배반한다. ⓑ둘 다 협력한다. ⓒ둘 다 배반한다. ⓓ당신이 협력하는데, 상대가 배반한다. 파블로프는 기본적으로 협력하는 성향이지만, 이따금 무작위적으로 배반을 끼워넣는다. 그리고 이따금 끼워넣는 그 무작위적 행동과는 무관하게, 만약 게임의 결과가 ⓐ나 ⓑ로 나온다면, 다음번에도 이번과 똑같이 행동한다. 하지만 만약 결과가 ⓒ나 ⓓ로 나온다면, 다음번에는 행동을 바꾼다. 이것은 무슨 뜻일까? 만약 상대가 '늘 협력한다'나 높은 비율로 봐주는 '용서하는 팃포탯'이라면, 당신이 이따금 배반하더라도 그 때문에 처벌받을 일은 전혀 혹은 거의 없다는 뜻이다. 따라서 당신은 상대를 오래 착취할 수 있다.

마리 넣었다. 큰가시고기는 앞으로 홱 나아갔다가 뒤로 홱 돌아오기를 반복하며 머뭇머뭇 시클리드를 살피기 시작했다. 그다음에 연구자들은 유리벽과 수직을 이루도록 수조 속에 거울을 설치했다. 거울 때문에 큰가시고기에게는 첫번째 시클리드 옆에 두번째 시클리드가 나타난 것처럼 보였다. 큰가시고기는 겁이 났겠지만, 불행 중 다행이라면 제 옆에도 난데없이 다른 큰가시고기 한 마리가 나타나서 자신이 첫번째 시클리드를 살피러 움직일 때마다 그도 똑같이 두번째 시클리드를 살피러 움직인다는 것이었다. "저 친구가 누군지는 모르겠지만, 우리는 손발이 척척 맞게 움직이는 멋진 팀이야."

다음으로 연구자들은 큰가시고기에게 파트너가 배반한다고 믿게끔 만들었다. 거울의 각도를 틀어서, 큰가시고기가 반영되는 모습이 뒤로 약간 굴절되도록 만들었다. 이제 큰가시고기가 앞으로 홱 나아가면, 그의 반영도 동시에 움직이기는 하지만 똑같이 많이 나아가지는 않고 마치 안전하게 뒤쪽에 머무르는 것처럼 보였다(몸길이의 절반밖에 안 되는 짧은 거리라도 뒤에 있는다면 포식자에게 먹힐 위험이 한결 낮아진다). 파트너가 자신을 배반한다고 믿은 큰가시고기는 앞으로 돌진하기를 그만두었다.

한편, 사회적 집단을 이루고 그 속에서 여러 역할을 나눠 맡는 동물 중에는 더 복잡한 수준의 팃포탯을 보여주는 종들이 있다.[39] 울음소리를 녹음했다가 틀어주는 실험을 사자에게 한 사례가 있다. 연구자들은 풀숲에 숨긴 스피커에서(혹은 실물 크기 사자 모형에서) 낯선 수컷의 포효가 울려퍼지도록 설치했다. 사자들은 머뭇머뭇 다가가서 살펴보기 시작했는데, 이것은 위험한 작업이다. 그런데 이때 한결같이 뒤에 머무르는 개체들이 있었다. 다른 사자들이 이런 습관적 겁쟁이를 참아준다는 것은 상호성의 원칙에 위배되는 일처럼 보였지만, 알고 보니 그 개체들은 대신 다른 영역에서(이를테면 사냥에서) 앞장서는 녀석들이었다. 다마랄랜드두더지쥐의 경우도 비슷하다. 이 종과 그 친척인 벌거숭이두더지쥐는 사회성 곤충을 닮은 집단을 이루어서 산다. 한 마리의 여왕만 번식하고 나머지는 번식하지 않는 일꾼으로 사는 것이다.* 그런데 연구자들이 살펴보니, 일꾼들 중 일부는 일을 전혀 하지 않는 데다가 나머지 개체들보다 상당히 더 뚱뚱했다. 알고 보니 그들은 두 가지 전문적인 작업을 도맡는 개체들이었다. 그 개체들은 비가 와서 굴이 잠기고 무너질 때 나서서 막힌 굴을 뚫었다. 또 여건상 새 집단을 개척해야 하는 경우에는 그 개체들이 위험을 감수하고 흩어진다.

이 정도의 증거를 가지고서 다른 종들도 팃포탯 상호성을 보인다고 확실하게 말할 수 있는지는 잘 모르겠다. 하지만 화성에서 온 동물학자가 인간을 관찰하더라도 마찬가지로 생각할 것 같다. 인간들은 한 사람이 노동을 도맡고 다른 사람은 간헐적으로 초록색 종잇장을 몇 장 건네기만 하는 관계를 빈번히 맺지 않는가. 그러니까 요지는 동물들에게도 상호성 체계가 있고 속임수를 감지하는 능력이 있다는 것이다.

거대한 의문 #2: 협력은 어떻게 시작될까?

몹시 착취적이고 비협조적인 전략들도 포함하여 여러 전략이 섞인 상황에서 한 줌의 팃포탯들이 다른 전략들을 이길 수 있다는 것, 전투는 지더라도 전쟁은 이길 수 있다는 것은 알겠다. 하지만 1개의 팃포탯이 99개의 '늘 배반한다' 전략들 속에 있는 경우는 어떨까? 팃포탯에게는 승산이 없다. 물론 '늘 배반한다'들끼리 붙으면 둘 다 차악의 결과를 겪겠지만, 팃포탯이 '늘 배반한다'들과 붙으면 최악이다. 첫 회차에서 어수룩하게 이용당한 뒤 이후에는 사실상 '늘 배반한다'로서 행동하기 때문이다. 이 대목에서 상호 이타주의의 두 번째 커다란 과제가 제기된다. 협력을 증진하는 데 가장 좋은 전략이 무엇인가는 둘째 문제고, 애초에 어떤 종류의 협력이든 어떻게 개시할 것인가? '늘

---

* 벌거숭이두더지쥐의 기이함은 이게 다가 아니다. 벌거숭이두더지쥐는 땅속에서 살고, 거대한 앞니를 갖고 있고, 몸에 털이 한 올도 없어서 꼭 앞니 달린 소시지처럼 생겼고, 산소를 아주 적게 마시고도 잘 살며, 피부에 통증 수용체가 거의 없다시피 하고, 수명이 여느 설치류의 10배가 넘고(최장 30년가량 산다), 암에 대한 내성이 놀라울 정도로 높다. 이런 이유 때문에, 권위 있는 과학 학술지 『네이처』는 몇 년 전에 벌거숭이두더지쥐를 '올해의 척추동물'로 선정했다. 이건 『피플』이 매년 선정하는 '세계에서 가장 아름다운 50인' 목록에 드는 것보다 훨씬 더 끝내주고 감격적인 일이다.

배반한다'들이 가득한 세상에서 웬 블랙햄릿, 벌거숭이두더지쥐, 아메바가 간디, 만델라, 액슬로드와 해밀턴을 읽은 뒤 최초로 이타적 행동을 취했다고 하자. 그는 대번 망해서, 남들보다 영원히 뒤지고 말 것이다. '늘 배반한다' 아메바들이 깔깔거리며 조롱하는 소리가 귀에 들리는 것만 같다.

팃포탯이 거점을 확보하기 조금 더 쉽게 만들어보자. 98개의 '늘 배반한다' 속에 2개의 팃포탯이 있다고 하자. 둘 다 좌충우돌 고난을 겪겠지만…… 그러다 서로를 만난다면 안정된 협력관계의 싹을 키울 수 있다. 그렇다면 나머지 '늘 배반한다'들은 팃포탯으로 바뀌든지 멸종하든지 해야 할 것이다. 협력의 씨앗이 구체화하여 집단 전체로 퍼져나가는 것이다.

초록 수염 효과가 바로 이 대목에서 도움이 된다. 협력자들끼리 서로 알아볼 수 있는 두드러진 특징이 있다면 서로를 인식하기가 쉬울 테니까. 공간적 메커니즘도 있을 수 있다. 협력하는 형질 자체가 협력자들로 하여금 서로를 발견하기 쉽게 만드는 경우라면 그렇다.

또다른 경로로도 상호 이타주의의 시동이 걸릴 수 있다. 이따금 지질학적 사건이 발생하여(가령 육교가 사라져서), 수 세대에 걸쳐서 한 집단이었던 개체들 중 일부가 고립될 수 있다. 그 '창시자 집단'은 어떻게 될까? 내부 교배가 이뤄지면서 친족선택에 의해 협력이 증진된다. 나중에 육교가 다시 생겨나면, 내부 교배로 형성된 협력하는 창시자 집단이 원 집단과 재결합하고 그로부터 협력이 퍼져나간다.*

협력 개시의 문제는 마지막 장에서도 다시 살펴보겠다.

---

* 창시자 집단의 중요성을 가장 강조한 사람은 진화생물학의 거인으로 꼽히는 하버드의 에른스트 마이어였다. 그는 작은 창시자 집단이 새로운 종 형성을 추진한다고 보았는데, 일시적으로 존재한 창시자 집단이 더 큰 집단에서 협력을 구축하는 수단이 될 수 있다는 생각도 그 견해의 연장이었다. 마이어는 놀랍게도 90세 이후에 책을 네 권이나 썼고, 모두 호평받았다. 그는 마지막 책 『생물학은 왜 독특한가?』를 100세였던 2004년에 냈고, 몇 달 뒤에 죽었다. 여러모로 영감을 주는 영감님이었다.

세 가지 원칙을 딛고 서서

지금까지 행동의 진화를 탐구할 때 알아야 할 세 가지 기본 개념을 살펴보았다. 개체선택, 친족선택, 상호 이타주의였다. 세 개념을 동원하면 언뜻 수수께끼로 보이는 행동들 또한 설명할 수 있다는 것도 보았다. 어떤 행동은 개체선택으로 설명된다. 경쟁적 새끼 살해가 제일 좋은 예다. 어떤 행동은 친족선택으로 가장 잘 설명된다. 왜 일부 영장류 종에서만 서로 다른 집단의 수컷들이 만났을 때 공격성을 드러낼까? 왜 많은 종들이 유전되는 위계 구조를 갖고 있을까? 왜 사촌 간 짝짓기가 생각보다 흔한 현상일까? 한편 어떤 행동은 상호 이타주의로만 설명된다. 그렇지 않다면 집단선택이란 건 없다는 걸 아는 흡혈박쥐가 왜 남의 새끼에게 피를 먹여주겠는가?

그렇다면 이제 몇 가지 사례를 더 만나보자.

쌍 결합 하는 종과 토너먼트를 벌이는 종

우리가 새로운 영장류 두 종을 발견했다고 하자. 그들을 몇 년 동안 관찰했는데도 우리가 알아낸 사실은 다음이 전부다. A종은 수컷과 암컷이 체격, 털색, 근육량이 비슷하다. 반면 B종은 수컷이 암컷보다 훨씬 더 크고 근육질인데다가 얼굴에 요란하게 눈에 띄는 색깔이 있다(용어: B종은 '성적 이형성'이 크다). 우리가 이 두 가지 특징만으로도 두 종에 대해서 엄청나게 많은 사실을 정확하게 예측할 수 있다는 걸 지금부터 알아보자.

우선, 어느 종의 수컷들이 서로 높은 위계 지위를 차지하고자 극적이고 공격적인 갈등을 벌일까? 수컷이 선택적으로 싸움 기술과 과시 능력을 진화시켜온 B종이다. 대조적으로 A종의 수컷들은 공격성이 적다. 그렇기에 근육을 진화시키지 않았을 것이다.

수컷 번식 성공률의 개체 간 차이는 어떨까? 한 종은 수컷 중 5%가 짝짓기를 독차지하지만, 다른 종은 모든 수컷들이 적은 횟수나마 모두 번식한다. 전자는 B종이고—그래서 위계 경쟁을 벌이는 것이다—후자는 A종이다.

타마린원숭이의 수컷-암컷 쌍(위)과 만드릴원숭이의 쌍(아래)

다음으로, 한 종에서는 수컷이 암컷과 짝짓기하여 암컷이 임신하면 수컷이 육아에 적극 참여한다. 반면 다른 종의 수컷은 그런 '부모의 투자'를 들이지 않는다. 알아맞히기 너무 쉽지 않은가. 전자는 A종이다. B종에서 새끼 대부분의 아비인 소수의 수컷들은 육아를 하지 않는다.

한 종은 암수 한 쌍을 이루는 경향이 있고, 다른 종은 그렇지 않다. 쉽다. 쌍을 이루어 둘이서 새끼를 돌보는 종은 A다.

수컷이 짝짓기할 암컷을 까다롭게 고르는 종은 어느 쪽일까? B종의 수컷은 어느 암컷하고든 언제 어디서나 짝짓기한다. 치르는 대가가 약간의 정자뿐이니까. 반면 A종의 수컷은 '암컷을 임신시키면 육아를 해야 한다'는 규칙을 따르므로, 더 까다롭게 고른다. 이와 관련하여, 어느 종이 안정된 쌍 결합을 유지할까? 당연히 A종이다.

몸 크기를 감안하여 비교할 때, 어느 종의 수컷이 고환이 더 크고 정자 수가 더 많을까? 기회가 왔다 하면 무조건 짝짓기하려 드는 B종이다.

암컷은 짝짓기 상대에게서 무엇을 기대할까? B종의 암컷은 수컷에게서 얻는 게 유전자뿐이므로, 그 유전자가 좋아야 한다. 그 종의 수컷이 화려한 이차성징을 드러내는 게 이 때문이다. "내가 근육뿐 아니라 이 우스꽝스럽고 눈에 띄는 뿔에도 에너지를 들일 여유가 있다는 건 이 몸이 그만큼 튼튼하다는 뜻이지. 네가 새끼에게 주고 싶은 유전자를 갖고 있단 뜻이라고." 반면 A종의 암컷은 수컷에게서 안정적이고 친화적인 행동과 훌륭한 육아 기술을 기대한다. 그런 패턴에 해당하는 조류들을 보면 그래서 수컷이 암컷에게 구애할 때 육아 기술을 선보인다. 암컷에게 벌레를 잡아다주는 상징적 행동으로 자신이 유능한 가장임을 내세우는 것이다. 이와 관련하여, 조류 중에 A와 B 종이 있다면 어느 종의 암컷이 제 새끼를 버리고 도망쳐서 다른 수컷과 짝짓기함으로써 제 유전자를 더 많이 남기려고 들까? A종이다. 어차피 수컷이 남아서 새끼를 보살필 걸 아니까, 암컷이 그런 행동을 보인다.

그 연장선에서 A종의 암컷들은 특별히 바람직한(즉 부성애가 있는) 수컷과 쌍을 이루기 위해서 공격적으로 경쟁한다. 반면 B종의 암컷들은 서로 경쟁할 필요가 없다. 수컷에게서 얻을 건 정자뿐이고, 바람직한 수컷이 모두에게 충분히 그것을 나눠주니까.

놀랍게도, 지금까지 우리가 이야기한 내용은 현실의 대조적인 두 사회체제를 폭넓게나마 썩 믿을 만하게 묘사한다. A종은 '암수 한 쌍 결합'을 하는 종이고, B종은 '토너먼트'를 벌이는 종이다.*

	쌍 결합	토너먼트
수컷이 육아를 하는가	많이 담당한다	거의 하지 않는다
수컷이 짝짓기 상대를 얼마나 까다롭게 고르는가	매우 까다롭다	까다롭지 않다
수컷 번식 성공률의 개체 간 차이	적다	크다
고환 크기, 정자 수	작다/적다	크다/많다
수컷 간 공격성	낮다	높다
몸무게, 생리 현상, 색깔, 수명의 성적 이형성 정도	낮다	높다
암컷이 수컷을 고르는 기준	육아 능력	좋은 유전자
암컷이 새끼를 버리는 현상	자주 일어난다	거의 일어나지 않는다

영장류 중에서는 마모셋원숭이, 타마린원숭이, 올빼미원숭이 같은 남아메리카 원숭이들이 쌍 결합을 하고, 유인원 중에서는 긴팔원숭이가 쌍 결합을 한다(비영장류 사례로는 백조, 자칼, 비버, 그리고 4장에서 이야기했던 프레리밭쥐가 있다). 전형적인 토너먼트 종으로는 개코원숭이, 만드릴원숭이, 레서스원숭이, 버빗원숭이, 침팬지가 있다(비영장류 사례로는 가젤, 사자, 양, 공작, 코끼리물범이 있다). 모든 종들을 위의 두 극단으로 완벽하게 나눌 수 있는 건 아니다(뒤에서 더 이야기하겠다). 하지만 양쪽 모두 그 종이 가진 형질들이 진화 원리에 기반한 내적 논리에 따라 묶음으로 나타난다는 점이 핵심이다.

---

* 두 가지 기술적 지적. 쌍 결합 종의 사회적 일부일처가 늘 성적 일부일처까지 뜻하는 건 아니다. 그리고 어떤 학자들은 수컷 간 경쟁이 (산쑥들꿩이나 일부 유제류처럼) 모든 수컷들이 다 모여서 경쟁적으로 뽐내는 형태로 이뤄지는 종만을 '토너먼트' 종이라고 부르지만, 다른 많은 학자들은 이 책에서처럼 좀더 폭넓게 여러 수컷들과 여러 암컷들이 복잡하게 짝짓기하는 종도 토너먼트 종이라고 부른다.

부모 자식 갈등

동물의 행동에서 어떤 측면은 친족선택을 거스르는 듯 보인다. 지금까지 나는 친족끼리는 많은 유전자와 진화적 목표를 공유한다는 점을 강조해서 이야기했는데, 그렇기는 하지만 사실 친족이라고 해도 일란성 쌍둥이가 아니고서는 모든 유전자와 목표를 공유하지 않는다. 여기에서 갈등이 비롯한다.

부모 자식 갈등이라는 현상이 있다. 여성이 제 아이의 생존을 보장하려면 영양을 충분히 제공해야 하지만 그러다보면 다른 아이들의 영양을 희생하게 된다는 것이 그 고전적 사례다. 이것을 젖 떼기 갈등이라고 부른다.[40]

영장류 새끼들이 한없이 보채는 것이 이 때문이다.[41] 어느 암컷 개코원숭이가 기진맥진하고 짜증난 모습이다. 세 발짝 떨어진 곳을 보면, 이제 막 걷기 시작한 새끼가 있다. 새끼는 할 수 있는 한 최고로 불쌍한 목소리로 훌쩍이며 칭얼댄다. 새끼는 몇 분마다 한 번씩 어미의 젖을 먹으려고 시도하고, 어미는 짜증을 내면서 새끼를 물리친다. 심지어 찰싹 때리기도 한다. 새끼는 또 운다. 이것이 부모 자식 사이의 젖 떼기 갈등이다. 어미는 젖을 물리는 동안에는 배란하지 않으므로, 미래의 번식 잠재력이 주는 셈이다. 개코원숭이 어미들은 새끼가 스스로 먹을 줄 아는 나이가 되면 젖을 떼도록 진화했고, 개코원숭이 새끼들은 그 시기를 최대한 늦추도록 진화했다. 흥미롭게도, 나이가 많이 들어서 미래에 또 새끼를 낳을 가능성이 적어진 암컷들은 젖 떼기를 그다지 강압적으로 밀어붙이지 않는다.*

산모 태아 갈등도 있다. 당신이 나름의 진화적 과제를 품은 태아라고 상상해보자. 당신이 원하는 건 무엇일까? 엄마로부터 최대한의 영양을 받아내는 것이다. 그것이 엄마의 향후 번식 잠재력을 훼손하는 일이라고 한들, 내

---

* 제인 구달은 침팬지 현장 연구에서 보았던 아주 늙은 암컷 플로의 막둥이 플린트의 사례를 들려주었다. 플로는 플린트에게서 젖을 완전히 떼지 않았고, 플린트는 청소년기가 되고도 엄마에게 몹시 의존했다. 플로가 노령으로 죽자, 플린트는 반응성 우울증이라고 명명할 수밖에 없는 상태에 빠져들었다. 그는 채집도 사회적 상호작용도 하지 않다가, 한 달 뒤에 죽었다.

알 바 아니잖아? 한편 엄마는 현재와 미래의 번식 과제 사이에서 균형을 잡고자 한다. 놀랍게도 이때 태아와 산모는 인슐린을 둘러싸고 대사적 줄다리기를 벌인다. 인슐린은 혈중 글루코스 농도가 높을 때 췌장에서 분비되는 호르몬으로, 글루코스가 세포 내부로 흡수되도록 돕는다. 그런데 태아는 산모의 세포들이 인슐린에 반응하지 않도록 만드는('인슐린 저항성'을 보이도록 만드는) 호르몬을 분비하고, 산모의 인슐린을 분해하는 효소도 분비한다. 산모는 혈류에서 글루코스를 적게 흡수하게 되고, 더 많은 몫이 태아에게 돌아간다.*

남녀의 유전적 갈등

어떤 종의 경우에는 산모/태아 갈등을 겪는 태아에게 동맹이 있다. 태아의 아버지다. 수컷이 떠돌아다니면서 암컷들과 짝짓기하고는 두 번 다시 만나지 않는 종을 생각해보자. 그런 수컷은 산모/태아 갈등에서 누구 편일까? 태아, 즉 자기 자식이 최대한 많은 영양을 확보하도록 만들고 싶을 것이다. 그러느라 어미의 향후 번식 잠재력이 훼손된다 한들, 어차피 미래의 새끼는 자기 자식도 아닐 텐데 무슨 상관인가. 수컷은 자기 태아를 전폭적으로 지지한다.

유전학의 한 가지 이상하고 희한한 현상 하나가 이 사실로 설명된다. 유전자는 보통 엄마에게서 온 것이든 아빠에게서 온 것이든 똑같이 작동한다. 하지만 '각인된' 유전자라고 불리는 일부 드문 유전자들은 부모 중 어느 쪽에서 왔는가에 따라 다르게 작동하거나 특정한 쪽에서 온 경우에만 활성화한다. 창의적인 종합 분석으로 그 목적을 밝혀낸 것은 하버드대학교의 진화생물학자 데이비드 헤이그였다. 아버지에게서 온 각인된 유전자들은 태아의 성장을 촉진하는 성향이 있고, 어머니에게서 온 각인된 유전자들은 그 활동을

* 이런 인슐린 저항성의 극단적 상태를 의사들은 뭐라고 부를까? 임신성 당뇨다. 이것도 학문 분야별 관점 차이인 셈이다. 산부인과 전문의에게, 이 현상은 질병이다. 진화생물학자에게, 이 현상은 산모/태아 갈등이 유난히 격렬한 상황이다.

막으려고 한다. 가령 일부 부계 유전자들은 강력한 형태의 성장인자를 암호화하지만, 모계 유전자들은 상대적으로 반응성이 낮은 성장인자 수용체를 암호화한다. 뇌에서 발현된 부계 유전자는 신생아가 더 악착같이 젖을 빨도록 만들지만, 모계 유전자는 그에 대항한다. 아버지는 여성의 향후 번식 계획이 망가지는 한이 있어도 제 자식이 더 많이 성장하도록 유전적으로 부추기고, 어머니는 더 균형잡힌 번식 전략으로 그에 유전적으로 대항한다. 일종의 무기 경쟁이다.*

수컷이 암컷의 향후 번식에 거의 관심을 두지 않는 토너먼트 종들은 각인된 유전자가 많은 편이고, 쌍 결합 종들은 많지 않은 편이다.[42] 인간은 어떨까? 잠시 후에 알아보자.

다수준선택

개체선택, 친족선택, 상호 이타주의까지 알아보았다. 그렇다면 최근에는 어떤 발전이 있었을까? 추방되었던 집단선택이 은근슬쩍 다시 돌아왔다.

'선택의 단위'가 과연 무엇인가 하는 해묵은 논쟁의 장에 이른바 '신집단선택'이 등판한 것이다.

유전자형과 표현형, 무엇이 가장 의미 있는 선택 수준인가

우선 유전자형과 표현형의 차이를 알 필요가 있다. 유전자형=어떤 개체

---

* 이 무기 경쟁은 두 종류의 질병에서 잘 드러난다. 태아가 정상적으로 발달한다는 것은 부계로부터 받은 성장 촉진 유전자들과 모계로부터 받은 그 반대 유전자들이 균형을 이룬다는 뜻이다. 그런데 만약 부계의 각인 유전자에 돌연변이가 일어나서, 그 유전자가 아예 방정식에서 빠진다면 어떨까? 모계 유전자가 아무런 제약도 받지 않고 태아 성장을 억제해 태아가 아예 착상되지 못한다. 그 반대는 어떨까? 태아 성장을 억제하는 모계 유전자에 돌연변이가 일어나서, 태아 성장을 촉진하는 부계 유전자들이 아무 제약 없이 작동한다면? 태반이 통제 불능 수준으로 증식하여 융모막암종이라는 공격적인 암이 발생한다.

의 유전적 조성. 표현형=그 유전형이 만들어내 외부로 드러나는 형질.*

사람의 눈썹이 오른쪽과 왼쪽으로 나뉘어 있는가 하나로 이어져 있는가를 결정하는 유전자가 있다고 하자. 내가 가만 보니, 요즘 사람들은 일자눈썹이 드물어지는 추세인 듯하다. 왜 그런지 알고 싶은데, 유전자 변이 형태와 눈썹 표현형 중 어느 쪽이 더 중요한 분석 차원일까? 8장에서 살펴본 유전자/환경 상호작용이 있기 때문에, 유전형과 표현형은 동의어가 아니다. 어쩌면 산모 태내에서 유전자의 두 형태 중 한 형태는 활성화가 저지되고 다른 형태만 활성화되는지도 모른다. 어쩌면 한 인구 집단 중 일부는 이성 앞에서 눈썹을 가리도록 명령하는 종교를 믿기 때문에 눈썹 표현형이 성선택의 영

* 신경과학자들은 종종 '내적 표현형'이라는 용어를 쓴다. 이것은 기본적으로 '과거에는 우리가 표현형 차원에서 감지할 수 없었지만 지금은 모종의 발명 덕분에 감지할 수 있게 된 특질, 말하자면 개체 안에 숨어 있지만 이제는 우리가 관찰할 수 있다는 뜻에서 내적 표현형이라고 부르기로 한 것'이다. 혈액형이 한 예다. 요즘은 피 검사로 혈액형을 감지할 수 있으니까. 편도체 크기도 내적 표현형이다. 뇌 스캐너로 감지할 수 있으니까.

향을 받지 않는지도 모른다.

당신이 일자눈썹 감소세를 연구하는 대학원생이라고 상상해보자. 당신은 이 현상을 유전형 차원에서 조사할 것인가, 표현형 차원에서 조사할 것인가를 선택해야 한다. 유전형: 눈썹 유전자의 여러 변이체들을 DNA 서열 분석한 뒤, 어떤 인자들이 그 조절에 영향을 미치는지를 알아본다. 표현형: 가령 눈썹 모양과 짝 선택의 관계를 조사한다거나, 아니면 일자눈썹이 햇빛의 열을 더 많이 흡수함으로써 뇌 겉질을 손상시켜서 사회적으로 부적절한 행동과 낮은 번식 성공률로 이어지는 건 아닌지 알아본다.

이 문제가 논쟁의 핵심이었다. 진화를 이해하려면, 우리는 유전형에 집중해서 살펴봐야 하는가 표현형에 집중해서 살펴봐야 하는가?

오래전부터 가장 두드러지게 유전자 중심 견해를 주장해온 사람은 도킨스였다. '이기적 유전자'라는 유명한 개념이 바로 그 뜻이다. 진화에서 후대에 전달되는 실체는 유전자이고, 시간에 따라 그 특정 형태가 더 퍼지거나 감소하는 것도 유전자라고 보는 입장이다. 게다가 유전자는 명확하고 구체적인 문자 서열이어서 환원적이고 반박 불가능한 존재인 데 비해 표현형 형질이란 훨씬 더 모호하고 덜 구체적이라는 주장이다.

'닭은 달걀이 더 많은 달걀을 만드는 수단일 뿐'이라는 개념의 핵심이 바로 이것이다. 생물체는 유전체가 스스로를 후대로 복제하는 수단일 뿐이고, 행동은 그 복제를 촉진하는 부수적 현상일 뿐이라는 것이다.

이런 유전자 중심 견해도 둘로 나뉜다. 하나는 유전체(즉 모든 유전자들, 조절 인자들, 기타 등등)가 진화 탐구에 최적의 수준이라는 입장이다. 도킨스가 지지하는 그보다 더 급진적인 입장은 개별 유전자가 가장 적절한 수준이라고 본다. 이기적 유전체가 아니라 이기적 유전자라는 것이다.

단일 유전자 선택의 증거가 일부 있기는 하지만(유전체 내 갈등이라는 잘 알려지지 않은 현상인데, 여기서 설명하진 않겠다), 표현형보다 유전자(들)가 더 중요하다고 보는 사람들은 대부분 단일 유전자의 이기성이란 약간 부차적인 현상이고 유전체 수준의 선택이 더 중요하다고 여긴다.

표현형이 유전형보다 우세하다고 보는 견해도 있다. 에른스트 마이어, 스티븐 제이 굴드 등이 이 견해를 지지했다. 실제 선택되는 대상은 유전체가 아니라 표현형이 아니냐는 것이 이들 주장의 핵심이다. 굴드는 이렇게 말했다. "유전자에 어마어마한 힘을 부여하고 싶어하는 도킨스도 결코 유전자에게 줄 수 없는 것이 있다. 자연선택의 눈에 직접 보이는 가시성이다." 이 견해에서, 유전자 변이체들의 빈도는 그저 표현형 선택이 기록된 결과일 뿐이다.[43]

도킨스의 멋진 비유를 빌리자면, 케이크의 레시피는 유전형이고 케이크의 맛은 표현형이다.* 유전형 제일주의자들은 후대에 전달되는 것은 레시피라고 강조한다. 레시피를 구성하는 단어 서열이야말로 안정적인 복제자라는 것이다. 하지만 표현형주의자들은 반론한다. 사람들은 레시피가 아니라 맛으로 케이크를 고른다고. 게다가 맛은 레시피만으로 결정되지 않는 문제라고. 굽는 사람의 기술이 천차만별이고, 케이크를 굽는 고도가 천차만별이고, 기타 등등의 레시피/환경 상호작용이 영향을 미친다고. 레시피냐 맛이냐의 문제를 좀더 현실적으로 바꿔 물을 수도 있다. 당신의 케이크 회사가 매출이 부진하다고 하자. 당신은 레시피를 바꾸겠는가, 제빵사를 바꾸겠는가?

그런데 모두가 원만하게 지낼 순 없는 걸까? 명백히 평화로운 대답이 하나 있다. 무지갯빛 진화적 다양성의 품 안에는 여러 견해와 메커니즘을 포용할 공간이 충분하다고 보는 견해다. 그때그때의 상황에 따라, 서로 다른 선택의 수준이 전면에 나선다. 어느 때는 단일 유전자의 수준에서 분석하는 것이 가장 유익하고, 어느 때는 유전체, 어느 때는 단일 표현형 형질, 어느 때는 생물체의 전체 표현형 형질들이 더 적절하다.[44] 자, 이것이 바로 다수준선택이라는 합리적 개념이다.

---

* 이쯤이면 여러분도 우리가 진화에 대해 생각할 때 은유와 비유를 정말 자주 동원한다는 걸 눈치챘을 것이다. 유니버시티칼리지런던의 생물학자 스티브 존스가 한 말이라고 알려진 훌륭한 메타 비유가 그래서 나왔다. "진화와 비유의 관계는 동상과 새똥의 관계와 같다."

집단선택의 부활

와, 발전이다! 그러니까 어느 때는 레시피에 관심을 쏟는 것이 가장 이치에 맞고 어느 때는 굽는 과정에 관심을 쏟는 것이 합리적이라는 말이다. 복제되는 것은 레시피이고, 선택되는 것은 맛이다.

하지만 또다른 수준이 더 있다. 가끔은 레시피도 맛도 아닌 다른 요인을 바꿀 때 케이크 매출이 가장 크게 달라지곤 한다. 가령 광고나, 포장이나, 케이크가 생필품인가 사치품인가 하는 인식을 바꾸는 경우다. 가끔은 제품을 특정 고객층과 연결함으로써 매출을 늘릴 수 있다. 공정무역의 산물임을 홍보하는 제품들, 이슬람국가운동이 운영하는 '유어 블랙 무슬림 베이커리', 기독교 근본주의를 따르는 '칙필레' 패스트푸드 체인점을 떠올려보라. 이 경우, 고객의 구매 결정에서 이데올로기가 레시피나 맛보다 앞선다.

바로 이 맥락에서 신집단선택이 다수준선택에 포함된다. 어떤 유전 가능한 형질이 개인에게는 비적응적일지라도 집단에게는 적응적일 수 있다는 말이기 때문이다. 이것은 협력과 친사회성이 역력히 드러난 현상이고, '늘 배반한다'들이 가득한 세상에서 팃포탯들이 서로를 발견하는 과정의 그린 듯한 예시라고 할 수 있을 것이다. 형식적으로 표현하자면, 이것은 A가 B보다 우세하지만 B들의 **집단**은 A들의 집단보다 우세한 경우라고 할 수 있다.

신집단선택의 설명력을 볼 수 있는 좋은 사례가 있다. 내가 닭을 기르는 농부라고 하자. 나는 여러 집단으로 나뉜 닭들이 최대한 많은 알을 낳기를 바란다. 이때 각 집단에서 가장 알을 많이 낳는 닭을 한 마리씩 뽑아서 그 슈퍼스타들로 새로운 집단을 꾸린다고 하자. 그 집단은 어마어마하게 생산력이 높지 않을까? 아니다. 오히려 그 집단의 달걀 생산은 보잘것없는 수준이다.[45]

각각의 슈퍼스타들은 어떻게 원래 집단에서 달걀 여왕이 될 수 있었을까? 그 닭이 자신보다 서열이 낮은 닭들을 맹렬히 쪼아서 스트레스를 준 탓에 다른 닭들의 생산성이 낮아진 것이었다. 그런 못된 개체들을 딴 데로 치웠으니, 서열 낮은 닭들의 집단이 오히려 더 높은 생산성을 발휘한다.

이것은 '동물은 종의 이득을 위해서 행동한다'는 개념과는 전혀 다른 이야기다. 오히려 이 상황은 유전자의 영향을 받는 어떤 형질이 개체 수준에서는 적응적이지만, 집단이 그 형질을 공유하게 되거나 집단 간에 경쟁이 있을 때는(가령 한 생태 지위를 놓고 다툴 때는) 비적응적인 것으로 작용하는 경우다.

생물학자들은 신집단선택 개념에 상당한 저항을 보였다. 그중에서도 원로들의 반응은 감정적인 면이 있다. "내가 못살겠군, 이제 겨우 〈동물의 왕국〉 비디오를 싹 몰수했는데 또다시 집단선택 정서와 두더지잡기 게임을 벌여야 해?" 하지만 이보다 더 근본적인 차원에서 저항하는 사람들도 있다. 이들은 과거의 나쁜 집단선택과 신집단선택을 구별하고 후자가 가능하다는 사실을 인정하되, 단 그런 경우는 극히 드물다고 본다.

동물계 전체로는 그럴지도 모른다. 하지만 인간에게서는 신집단선택이 아주 빈번하고 중요하게 벌어진다. 인간은 사냥터, 목초지, 상수원을 놓고 집단 간에 경쟁한다. 문화는 집단 간 선택의 강도를 높인다. 반면 자민족중심주의, 종교적 불관용, 인종주의에 기반한 정치, 기타 등등으로 집단 내 선택의 강도는 낮춘다. 샌타페이연구소의 경제학자 새뮤얼 볼스는 전쟁을 비롯한 집단 간 갈등이 집단 내 협동('지역주의적 이타주의')을 견인하는 추진력이라고 지적한다. 그는 집단 간 갈등을 '이타주의의 산파'라고까지 부른다.[46]

이제 이 분야의 연구자들은 대부분 다수준선택을 받아들이며, 특히 인간의 경우에 신집단선택이 발휘될 여지가 있다는 것도 인정한다. 이런 변화는 대체로 두 과학자의 노력 덕분이었다. 빙엄턴 뉴욕주립대학교의 데이비드 슬론 윌슨은 신집단선택을 수십 년 동안 주장해왔다(다만 그는 이것을 '신'집단선택이라고 여기기보다는 옛 집단선택 개념이 마침내 과학적 엄밀성을 갖춘 것이라고 본다). 그동안 대체로 무시를 당하면서도, 그는 어류의 사회성에서 종교의 진화까지 다양한 방면의 연구를 수행하며 자신의 주장을 고수했다. 그러면서 서서히 다른 사람들을 설득했는데, 그중 한 명이 중요한 두번째 인물인 하버드대학교의 에드워드 O. 윌슨이었다(둘이 친척관계는 아니다). E.

O. 윌슨은 모르면 몰라도 20세기 후반의 가장 중요한 자연학자라고 할 수 있을 것이다. 그는 여러 학문 분야들을 아울러서 사회생물학의 종합을 이뤄낸 설계자였고, 거의 생물학의 신이었다. E. O. 윌슨은 데이비드 슬론 윌슨의 주장을 줄곧 기각해왔다. 하지만 80세를 앞둔 말년에 와서 특별한 일을 했으니, 자신이 틀렸다고 의견을 바꾼 것이었다. 그러고는 다른 윌슨과 함께 「사회생물학의 이론적 기반에 대한 재고찰」이라는 중요한 논문을 발표했다. 나는 두 사람을 인간으로서도 과학자로서도 엄청나게 존경한다.[47]

이리하여, 서로 다른 선택 수준의 중요성을 주장하는 사람들 사이에 일종의 관계 개선이 이뤄졌다. 개체선택, 친족선택, 상호 이타주의라는 세 원칙을 딛고 섰던 이론은 네 개의 다리로 더 안정감을 찾은 듯하다.

그러면 인간은?

인간은 어디에 해당하는 종일까? 언뜻 인간의 행동은 진화 모형의 예측에 깔끔하게 들어맞는 듯 보인다. 하지만 더 자세히 들여다보면 사정이 다르다.[48]

몇 가지 오해를 불식하는 것부터 시작하자. 우선, 인간은 침팬지의 후손이 아니다. 다른 현존하는 어떤 동물의 후손도 아니다. 인간과 침팬지의 공통 선조는 무려 500만 년 전에 살았다(그리고 유전체학의 분석에 따르면, 그 이후 침팬지도 인간 못지않게 열심히 진화해왔다).[49]

유인원 중 어떤 종이 인간의 '가장 가까운 친척'인가 하는 질문을 둘러싼 오해도 있다. 내 경험상, 오리 사냥과 컨트리 음악을 좋아하는 사람들은 보통 침팬지를 선호하는 데 비해 유기농 음식을 먹고 옥시토신이 뭔지 아는 사람들은 보통 보노보를 선호한다. 사실 인간은 두 종과 똑같은 정도로 연관되어 있다. 양쪽 모두와 대략 98~99%의 DNA를 공유한다. 독일 막스플랑크연구소의 스반테 파보가 밝힌바, 인간 유전체 중 1.6%는 침팬지보다 보노보에 더 가깝고 다른 1.7%는 보노보보다 침팬지에 더 가깝다.*[50] 우리가 뜨거운 희망과 핑계를 조합하여 아무리 열렬하게 원하더라도, 인간은 보노보도 침팬지도 아니다.

그러면 이제 행동 진화의 기본 개념들이 인간에게 어떻게 적용되는지 알아보자.

난잡한 토너먼트 종인가, 일부일처 쌍 결합 종인가?

이 질문이 제일 궁금한 걸 난들 어쩌겠는가. 자, 그래서 우리는 쌍 결합하는 종일까, 토너먼트 종일까?[51]

서구문명을 봐서는 신통한 답을 얻을 수 없다. 우리는 안정되고 헌신적인 관계를 칭송하면서도 그렇지 않은 상황에 자주 흥분하고, 흔들리고, 굴복한다. 일단 이혼이 합법화되면 많은 결혼이 이혼으로 끝나는데, 다만 기혼자들 중 이혼하는 사람의 비율은 그보다 적다. 여러 번 이혼하는 사람들이 이혼율을 높인다는 뜻이다.

인류학도 별 도움이 되지 못한다. 대부분의 문화들은 일부다처를 허용해왔다. 하지만 그런 문화에서도 대부분의 사람들은 (사회적으로) 일부일처로 산다. 물론 그런 남자들 중에서도 대부분은 아내를 더 살 수만 있다면 기꺼이 일부다처를 하려고 들 것이다.

인간의 성적 이형성은 어떨까? 남자는 여자보다 키가 약 10% 더 크고, 몸무게가 20% 더 나가고, 칼로리를 20% 더 많이 필요로 하며, 수명이 6% 더 짧다. 일부일처 종이라고 보기에는 이형성이 크지만 일부다처 종이라고 보기에는 이형성이 적은 수준이다. 미세한 이차성징도 마찬가지로, 가령 송곳니는 남자가 여자보다 평균적으로 약간 더 길다. 그리고 일부일처 긴팔원숭이와 비교한다면 인간 남성이 비례적으로 고환이 더 크고 정자가 더 많지만…… 일부다처 침팬지와 비교한다면 무색해진다. 성별 간 유전적 경쟁을 반영하는 각인된 유전자는 어떨까? 토너먼트 종은 많이 갖고 있고 쌍 결합

* 파보는 고대 DNA 서열 분석 기술을 개척한 뛰어난 과학자로, 매머드와 네안데르탈인의 유전체를 최초로 서열 분석하는 데 성공했다.

종은 거의 없다고 했다. 인간은? 그런 유전자가 몇 있기는 하지만 많지는 않다.

어떤 잣대로 살펴보더라도 계속 마찬가지다. 우리는 전형적인 일부일처 종도, 일부다처 종도 아니다. 시인들과 이혼 변호사들을 비롯하여 모든 이들이 인정하는바, 우리는 타고나기를 대단히 혼란스러운 종이다. 두 극단의 중간쯤에서, 약간 일부다처에 기우는 종이다.*

개체선택

첫눈에 인간은 개체들이 자신의 번식 성공률을 극대화하려는 힘에서 행동하는 종의 훌륭한 사례로 보인다. 사람 개체는 '달걀이 더 많은 달걀을 낳는 수단'이고, 이기적 유전자가 늘 이긴다는 것이다. 힘있는 남자들의 고전적 특권이 아내를 여럿 두는 것이라는 점만 봐도 알 수 있다. 파라오 람세스 2세는, 오늘날 황당하게도 콘돔 브랜드가 되었지만, 자식을 160명 두었다고 한다. 그는 아마 누가 제 자식이고 누가 모세인지 알아보지도 못했을 것이다. 사우디아라비아 초대 국왕 이븐 사우드가 1953년 사망한 후 50년도 채 지나지 않아 그의 후손은 3000명을 넘어섰다. 유전학적 조사에 따르면, 오늘날 지구상 인구 중 1600만 명가량이 칭기즈 칸의 후예다. 최근 사례를 보면 스와질란드 왕 소부자 2세, 이븐 사우드의 아들 사우드 왕, 중앙아프리카 공화국 독재자 장베델 보카사, 그리고 여러 근본주의 모르몬교 지도자들이 100명이 넘는 자식을 두었다.[52]

인간 남성에게 자신의 번식 성공률을 극대화하려는 추동이 있다는 사실은 다른 중요한 현상으로도 증명된다. 개인 간 폭력의 가장 흔한 원인이 여성에 대한 직간접적 번식적 접근성을 둘러싼 남성 간 경쟁이라는 점이다. 여성에게 강압적 섹스를 밀어붙이려고, 혹은 여성이 그것을 거부한 데 대한 반응으로 남성이 여성에게 폭력을 휘두르는 경우도 어지러울 정도로 너무 흔

* 이 주제를 훌륭하게 분석한 책으로, 워싱턴대학교의 심리학자 데이비드 버래시와 정신과 의사 주디스 립턴이 함께 쓴 『일부일처제의 신화』(2002)가 있다.

하다.

그러니 인간의 행동 중 많은 측면이 개코원숭이나 코끼리물범에게도 납득되는 모양새일 것이다. 하지만 이야기는 그게 다가 아니다. 람세스, 이븐 사우드, 보카사 같은 사례의 반대편에서 수많은 사람들은 생식을 포기한다. 종종 신학이나 이데올로기 때문에. 셰이커교, 즉 그리스도재림신자연합회는 추종자들의 금욕 생활 때문에 심지어 종파 전체가 곧 멸종할 지경이다. 마지막으로, 인간의 유전자에 개체선택을 부추기는 이기성이 있다고는 해도 한편으로는 낯선 사람을 위해서 자신을 희생하는 개인들도 있다는 사실도 잊으면 안 된다.

이 장 초반에서 나는 개체선택의 중요성을 극명하게 보여주는 증거로 경쟁적 새끼 살해를 들었다. 인간에게도 그런 현상이 있을까? 맥마스터대학교의 두 심리학자 마틴 데일리와 마고 윌슨은 아동학대 패턴을 살펴보고 충격적인 발견을 해냈다. 아동 학대나 살해를 친부모보다 계부모가 훨씬 더 자주 저질렀던 것이다. 이 현상은 경쟁적 새끼 살해에 준하는 것으로 해석할 만하다.[53]

인간을 연구하는 사회생물학자들은 '신데렐라 효과'라고 명명된 이 발견을 받아들였지만, 한편으로 엄격한 비판도 가했다. 어떤 연구자들은 사회경제적 지위가 충분히 통제되지 않았다고 주장한다(계부모 가정은 친부모만 있는 가정보다 일반적으로 소득이 더 낮고 경제적 스트레스가 더 높은데, 주지하다시피 이것은 전위 공격성의 원인이 된다). 또다른 연구자들은 감지 편향이 있다고 생각한다. 똑같은 수준의 학대라도 계부모가 저지른 경우에 관계 당국의 눈에 더 쉽게 띈다는 것이다. 그리고 이 발견은 다른 연구자들에 의해 독립적으로 재현된 예도 더러 있었지만 늘 그런 것은 아니었다. 나는 이 주제에 대해서 결론을 내리기는 아직 이르다고 생각한다.

친족선택

친족선택 측면에서 인간은 어떨까? 여기에 잘 들어맞는 사례를 이미 몇 가지 살펴보았다. 티베트의 형제일처혼, 여성이 희한하게도 남성 사촌의 냄새를 좋아한다는 사실, 모든 문화에 보편적인 족벌주의가 그렇다.

게다가 인간은 문화를 불문하고 늘 친족관계에 집착한다. 복잡하기 그지없는 친족 용어를 갖추고 있을 정도다(문구점에 가서 홀마크 카드 중 친척용을 한번 보라. 자매용, 형제용, 삼촌용, 기타 등등 없는 게 없다). 그리고 사춘기 무렵에 태어난 집단을 떠나는 다른 영장류들과는 달리, 전통사회의 인간은 다른 집단 사람과 혼인하여 그리로 옮겨가서 살더라도 출신 가족과 계속 연락하고 지낸다.[54]

게다가 뉴기니 고산지대 부족들에서 햇필드와 매코이 가문까지 수두룩한 사례가 말해주듯이, 인간은 혈연관계의 씨족을 중심으로 서로 싸운다. 인간은 대개 돈과 땅을 낯선 사람보다는 후손에게 증여한다. 고대 이집트와 북한, 케네디 가문과 부시 가문까지, 우리에게는 왕조가 있다. 인간의 친족선택이 잘 드러난 다음 실험은 또 어떤가. 연구자는 피험자들에게 버스가 사람 한 명과 평범한 개 한 마리를 향해 돌진하는 상황을 들려주며 그들이 둘 중 한쪽만 구할 수 있다고 말했다. 그들은 어느 쪽을 고를까? 문제의 사람과 얼마나 가까운가에 따라 달랐다. 그 사람이 형제자매인 경우에 사람을 고르는 비율이 제일 높았고(피험자들 중 1%만이 형제자매 대신 개를 택했다), 다음은 조부모(2%), 다음은 먼 친척(16%), 마지막은 낯선 사람이었다(26%).[55]

인간의 상호작용에서 친족관계가 중요하다는 것을 보여주는 또다른 기준으로, 많은 나라들과 미국의 많은 주에서는 법정에서 일촌 관계인 사람에게 불리한 증언을 하도록 강요할 수 없게 되어 있다. 그리고 (정서적) 배쪽안쪽 이마앞엽 겉질이 손상된 사람은 감정에 좌우되지 않는 철저한 공리주의자가 되기 때문에, 낯선 사람을 구하기 위해서 가족에게 해를 입히는 상황도 기꺼이 선택한다.[56]

인간이 친족보다 낯선 사람을 선택하는 건 몹시 이상하게 느껴진다는 걸 제대로 보여주는 역사적 사례가 있다. 스탈린 시절 소련의 소년 파블리크 모로조프의 이야기다.[57] 공식적 시나리오에 따르면, 어린 파블리크는 모범적 시민이자 열렬한 애국자였다. 1932년에 소년은 친족보다 국가를 선택하여, 제 아버지를 (암시장 거래 의혹으로) 고발했다. 아버지는 당장 체포되어 처형되었다. 소년도 직후에 살해당했다. 소년에 비해 친족선택을 더 무겁게 느낀 친척들이 저지른 일이라고 한다.

정권의 선전자들은 이 이야기를 반겼다. 혁명에 목숨을 바친 어린 순교자의 동상이 여기저기 세워졌다. 그를 기리는 시와 노래가 쓰였다. 그의 이름을 딴 학교가 생겼다. 오페라가 작곡되었고, 찬양 일색인 전기 영화가 만들어졌다.

이야기가 퍼지자, 스탈린도 소년을 알게 되었다. 국가에 대한 소년의 충성 행위로 가장 큰 이득을 보는 사람인 그는 어떻게 반응했을까? "모든 국민이 이처럼 정의롭다면 얼마나 좋겠는가, 이 소년은 미래에의 희망을 안긴다"고 말했을까? 아니다. 테네시대학교 역사학자 베자스 룰레비셔스에 따르면, 스탈린은 파블리크의 이야기를 듣고는 코웃음치며 말했다. "그런 돼지새끼 같은 놈이 다 있나. 가족에게 그런 짓을 하다니." 그러고는 선전자들을 물리쳤다.

그 소년을 이상하다고 생각했다는 점에서, 스탈린조차도 대부분의 다른 포유류들과 한마음이었던 셈이다. 인간의 사회적 상호작용은 강력하게 친족선택을 중심으로 조직된다. 파블리크 모로조프 같은 드문 예외가 있긴 하나, 일반적으로 피는 물보다 진하다.

물론 그렇다. 하지만 더 자세히 살펴보면 사정이 달라진다.

우선 많은 문화들이 친족 용어에 집착하는 것은 사실이지만, 그 용어가 반드시 실제 생물학적 친연성과 겹치는 것은 아니다.

물론 우리가 씨족 간 대립을 겪곤 하지만, 인간은 같은 편으로 싸우는 사람들보다 적군으로 싸우는 사람들이 친연 관계가 더 가까운 상황에서도 전쟁을 벌이곤 한다. 게티즈버그전투에서 서로 맞서 싸운 형제들도 있었다지 않은가.[58]

친척들이 이끄는 군대들이 왕권 계승을 놓고 싸우기도 한다. 사촌 사이였던 영국의 조지 5세, 러시아의 니콜라이 2세, 독일의 빌헬름 2세는 기꺼이 제1차세계대전을 감독하고 지원했다. 가족끼리 폭력을 휘두르는 경우도 있다(함께 보내는 시간이 긴 것에 비하면 발생 빈도는 극히 낮지만 말이다). 오랜 학대의 역사에서 비롯한 복수 행위일 때가 많은 부친 살해가 있고, 형제 살해도 있다. 형제 살해가 경제적 혹은 번식적 갈등에서—이를테면 성서에서처럼 장자의 권리를 빼앗겼다거나, 누가 형제의 배우자와 잠자리를 했다거나 해서—비롯한 경우는 드물고, 그보다는 해묵은 짜증과 불화가 문득 치명적으로 끓어오르는 경우가 잦다(2016년 5월 초 플로리다에서 한 남자가 형제를 살해한 죄로 기소되었는데, 치즈버거 때문에 다투다가 그랬다). 앞에서 보았듯이, 세계의 일부 지역에는 명예 살인이라는 끔찍한 행위도 흔하다.[59]

가족 내 폭력 중에서도 친족선택의 측면에서 가장 이해하기 어려운 현상은 부모가 자식을 죽이는 일이다. 이 현상은 보통 살해 후 자살 형태로 벌어지고, 심한 정신질환이 있거나 학대가 의도치 않게 치명상을 입힌 경우다.*[60] 엄마가 원하지 않는 자식을 거치적거린다고 여겨서 죽이는 사례도 있다. 부모/자식 갈등에 광기마저 번진 경우다.[61]

우리는 주로 후손에게 재산을 증여하지만, 지구 반대편의 낯선 사람들에게 자선할 때도 있고(빌과 멀린다 게이츠, 고마워요) 다른 대륙의 고아를 입양할 때도 있다. (뒤에서 보겠지만, 이런 너그러운 행동은 물론 어느 정도 자기 이득을 위한 것이다. 그리고 아이를 입양하는 사람들 중 대부분은 생물학적 자식을 가질 수 없어서 그렇게 한다. 하지만 어느 경우이든 엄밀한 친족선택에 위배되기는 마찬가지다.) 장자 상속 제도에서는 출생 순서가 생물학적 친연성에 우선한다.

이처럼 우리는 친족선택의 교과서적 사례를 행하기도 하지만 극단적인 예외도 행한다.

---

* 최근에 〈케냐 데일리 네이션〉에서 친족선택 개념에 대한 도전일뿐더러 우리의 비인간성에도 결코 넘어서지 않는 한계가 있다는 생각에 대한 도전이라서 아연하게 만드는 사례를 읽었다. 탄자니아의 일부 지역 사람들은 백색증(알비노증)을 가진 사람의 장기에 마술적 치유력이 있다고 믿는다. 그리고 그 치유력을 탐낸 사람들의 손에 살해되는 백색증 환자의 수가 충격적으로 많다. 기사는 이웃 나라 케냐의 5세 백색증 소녀를 탄자니아로 몰래 숨겨 들어가서, 아이를 죽이고 그 장기를 샤먼에게 팔자는 모의가 있었다는 소식을 전했다. 음모를 짠 사람? 소녀의 계부와 생부였다.

인간은 왜 친족선택과는 두드러지게 먼 행동을 취하곤 할까? 나는 우리가 친족을 인식하는 방식 때문에 그럴 때가 많다고 본다. 우리의 친족 인식 방법은 확실하지 않다. 설치류처럼 MHC 유래 페로몬이라는 타고난 인식 체계를 갖고 있는 게 아니다(다만 우리도 냄새로 친연성 수준을 어느 정도는 구별할 줄 안다). 각인된 감각 단서에 따라, "내가 태아였을 때 이 여자의 목소리를 제일 크게 들었던 기억이 있으니까 이 여자가 내 엄마야" 하고 인식하는 것도 아니다.

대신 우리는 인지적으로, 즉 머릿속으로 따져봄으로써 친족을 인식한다. 중요한 점은 이 생각이 늘 합리적이진 않다는 것이다. 일반적으로 우리는 누군가가 친척처럼 **느껴지면** 그들을 친척으로 대한다.

이스라엘의 키부츠에서 자란 사람들을 대상으로 혼인 패턴을 조사해본 결과 확인한 베스테르마르크 효과가 그 좋은 예다.[62] 공동 육아는 전통적으로 사회주의 농업 체제인 키부츠의 기풍에서 핵심적인 요소다. 아이들은 제 부모가 누구인지 알고, 매일 몇 시간씩 부모와 만난다. 하지만 그때 외에는 보모들과 선생들이 상주하는 공동 숙소에서 제 또래 아이들과 집단을 이루어 살고, 배우고, 놀고, 먹고, 잔다.

1970년대에 인류학자 요세프 셰페르는 같은 키부츠 출신 사람들끼리 혼인한 사례를 모두 조사해보았다. 그런데 총 3천 건에 가까운 사례 가운데 생후 6년 동안 같은 또래집단에서 자랐던 사람들끼리 혼인한 경우는 단 한 건도 없었다. 아, 같은 또래집단 사람들끼리 보통 평생에 걸쳐서 다정하고 친밀한 관계를 유지하기는 했다. 단, 성적 끌림은 느끼지 않았다. "나는 쟤를 무지무지 사랑해. 하지만 이성으로서 끌리느냐고? 웩! 쟤는 너무 친형제자매 같은걸." 어떤 사람이 내 친척처럼(따라서 짝의 후보는 아니라고) 느껴질까? 어릴 때 목욕을 함께 자주 했던 사람이다.

또 이런 비합리성도 있다. 피험자들에게 사람과 개 중 어느 쪽을 구하겠느냐고 물었던 실험으로 돌아가보자. 피험자들의 결정은 사람이 누구인가(형제자매, 친척, 낯선 이)에 달렸을 뿐 아니라 개가 어떤 개인가(낯선 개인가 내 개인가)에도 달려 있었다. 놀랍게도, 여성의 **46%**는 낯선 관광객보다 자기 개를 구하는 쪽을 선택했다. 합리적인 개코원숭이, 새앙토끼, 사자가 이 모습을 본다면 뭐라고 할까? 그 여자들은 다른 인간보다 유형성숙한 늑대를 더 친척처럼 느낀다고 판단할 것이다. 그러니까 그렇게 행동한 건 아닌가? "나는 여덟 명의 사촌 혹은 내 멋진 래브라두들 세이디를 위해서라면 기꺼이 목숨을 내놓겠어요."

인간이 친족과 비친족을 구별할 때 비합리적으로 군다는 것은 최선의 행동과 최악의 행동을 이해하는 데서 결정적인 점이다. 여기에서 아주 중요한 사실이 따라 나오기 때문이다. 인간은 상대와의 관계가 실제보다 더 혹은 덜 가깝다고 믿도록 **조종될** 수 있다. 전자일 때는 멋진 일들이 벌어진다. 우리는 입양하고, 기부하고, 지지하고, 감정이입한다. 자신과 전혀 다른 사람을 보면서 공통점을 발견한다. 이른바 유사 친족관계다. 그런데 거꾸로라면? 외집단—흑인, 유대인, 무슬림, 투치, 아르메니아인, 집시—에 대한 적대감을 부추기는 선전가들과 이데올로그들의 도구 중 하나가 그들을 동물로, 해충으로, 바퀴벌레로, 병균으로 묘사하는 것이다. 그들이 우리와는 너무 달라서 인간으로 간주할 수 없을 지경이라고 믿게 만드는 것이다. 이것이 유사 종분화다. 15장에서 보겠지만, 바로 이 현상이 최악의 순간들을 빚어낼 때가 많다.

상호 이타주의와 신집단선택

이 주제에 대해서는, 이것이 이번 장에서 가장 흥미로운 내용이라는 점 외에는 더 할말이 없다. 액슬로드는 가령 물고기들에게 죄수의 딜레마에서 어떤 전략을 내겠느냐고 물어서 리그전을 펼친 게 아니었다. 그가 물었던 대상은 사람들이었다.

우리는 친척이 아닌 사람들, 심지어 전혀 모르는 사람들끼리도 놀라운 수준의 협력을 해낼 수 있는 종이다. 우리가 축구 경기장에서 파도타기 응원을 하는 모습을 본다면, 점균류들은 부러워서 못 살 것이다. 우리는 수렵채집인으로서도 IT 경영자로서도 협동하며 일한다. 전쟁을 벌일 때나 머나먼 곳의 재해 피해자를 도울 때도 그렇다. 비행기를 납치해서 건물에 들이박을 때도, 노벨평화상을 수여할 때도 팀으로 일한다.

규칙, 법, 조약, 처벌, 사회적 양심, 내면의 목소리, 도덕, 윤리, 신의 응보, 친구들과 사이좋게 나눠야 한다고 가르치는 유치원…… 모두 행동 진화의 세번째 다리, 즉 가끔은 비친족끼리도 협력하는 것이 진화적으로 이득이 된다는 개념으로부터 비롯하는 일들이다.

최근 인류학자들이 밝혀낸 한 사실은 인간에게 협력하는 경향성이 강하다는 것을 잘 보여주는 사례였다. 수렵채집인에 대한 연구자들의 기존 견해는 그들의 협동성과 평등주의가 집단 내의 높은 친연성에서 비롯한다는 것, 즉 친족선택이라는 것이었다. 그중에서도 수렵채집인을 사냥꾼 인류로 보는 연구자들은 이것이 부계 거주 제도의 결과라고 여겼고(혼인한 여자가 신랑의 집단으로 옮겨가서 사는 방식이다), 수렵채집인을 평화로운 종족으로 보는 연구자들은 모계 거주 제도의 결과라고 여겼다(반대로 남자가 이주한다). 하지만 전 세계 32개 수렵채집사회에서 5000명 이상을 조사한 결과,* 같은 무리의 구성원 중에서 약 40%만이 혈연관계인 것으로 드러났다.[63] 달리 말해, 전체 인류 역사 중 99%에서 사회적 단위로 기능했던 수렵채집인들의 협동성은 친족선택의 결과인 것 못지않게 비친족 간 상호 이타주의의 결과이기도 하다는 뜻이다(물론 9장에서 지적했듯이, 현대 수렵채집인들을 과거 선조들의 대역으로 볼 수 있다는 가정이 전제되어야 한다).

이처럼 인간은 비친족끼리 협력하는 능력도 탁월하다. 우리가 어떤 상황에서 상호 이타주의를 선호하는지는 앞서 살펴보았는데, 이 문제는 마지막 장에서도 다시 이야기하겠다. 그리고 착한 닭들의 집단이 못된 닭들의 집단보다 생산성이 뛰어나더라는 관찰만을 갖고서 집단선택이 되살아난 것은 아니다. 신집단선택은 인간 집단들과 문화들의 협동 및 경쟁에서도 핵심적으

* 예를 들어 보츠와나 칼라하리 사막의 !쿵 부시먼족, 오스트레일리아 원주민 부족들, 콩고의 음부티 피그미족, 캐나다 북부 이누이트 부족들, 아마존 원주민 부족들이 포함되었다.

로 기능한다.

그렇다면 인간은 행동 진화에 관한 엄격한 이론적 예측들에 그다지 잘 들어맞지 않는 셈이다. 이 점은 사회생물학에 대한 세 가지 주요 비판과도 관련되어 있다.

맨날 나오는 질문: 그런 유전자가 어디 있나?

앞에서 신집단선택의 조건을 하나 지적한 바 있다. 어떤 형질에 관련된 유전자가 집단 내에서보다 집단 간에 더 큰 차이를 보여야 한다는 것이다. 이것은 이 장의 모든 이야기에 적용되는 조건이다. 형질이 진화하기 위한 첫번째 조건은 그 형질이 유전되어야 한다는 것이다. 하지만 종종 이 사실을 잊는 사람들이 있다. 진화 모형들이 유전자의 영향을 보통 암묵적으로 전제하기 때문이다. 8장에서 우리는 공격성, 지능, 감정이입, 기타 등등을 '담당'하는 '하나의 유전자' 혹은 유전자들이 존재하리라는 생각은 근거가 희박하다는 것을 배웠다. 그렇다면 가령 '어떤 암컷하고든 닥치는 대로 짝짓기함으로써' 혹은 '새끼는 제 아비가 키울 테니 내버리고 도망쳐서 새 짝을 찾음으로써' 자신의 번식 성공률을 극대화하는 행동을 담당하는 유전자(들)가 존재하리라는 생각은 더 무리하게 느껴진다.

그래서 비판자들은 종종 '당신이 가정하는 유전자가 실제 있다는 걸 보여달라'고 요구한다. 그러면 사회생물학자들은 '이 가정보다 더 간결한 설명이 있다면 보여달라'고 응수한다.

두번째 이의: 진화적 변화는 연속적이고 점진적인가?

'진화'라는 용어는 맥락에 따라 서로 다른 짐을 짊어진다. 신앙이 두터운 미

남부지역 거주자에게 진화는 좌파가 신과 도덕과 인간 예외주의를 더럽히려는 책략이다. 반면 급진 좌파에게 '진화'는 일종의 반동적 용어로서 진정한 변화를 저해하는 느린 변화를 뜻한다. '개혁은 혁명을 가로막는다'는 것이다. 우리가 다음으로 살펴볼 문제는 진화가 혹 느린 개혁이 아니라 빠른 혁명에 더 가까운 현상이 아닌가 하는 의문이다.

사회생물학은 기본적으로 진화적 변화란 점진적이고 누적적인 것이라고 전제한다. 선택압이 점진적으로 변화함에 따라, 한 집단의 유전자 풀에서 유용한 유전자 변이체가 점점 더 흔해지는 과정이라는 것이다. 그러다가 변화가 충분히 누적되면, 그 집단에서 새 종이 갈라져 나올지도 모른다('계통발생 점진주의'). 수백만 년의 시간이 흐르다보면 공룡이 서서히 닭으로 변하고, 분비샘이 내는 물질이 서서히 젖으로 진화하면서 포유류에 해당하는 생물체가 등장하고, 원시 영장류의 엄지가 서서히 다른 손가락들을 마주보게 된다. 진화는 이렇듯 점진적이고 연속적이다.

1972년, 스티븐 제이 굴드와 미국자연사박물관의 고생물학자 나일스 엘드리지가 새로운 견해를 제안했다. 이 견해는 이후 1980년대 들어서 본격적으로 논쟁에 휩싸였다. 두 사람은 진화가 점진적이지 않다고 주장했다. 오히려 대부분의 시기에는 아무 일도 벌어지지 않고, 그 사이사이에 간헐적으로 빠르고 극적인 격변이 벌어질 때 진화가 일어난다고 했다.[64]

단속평형

그들이 단속평형이라고 이름 붙인 가설은 고생물학에 기반을 두었다. 널리 알려진바, 화석 기록은 점진적이다. 선조 인류 화석들을 보면 갈수록 더 큰 두개골이 나타나고, 갈수록 더 똑바른 자세가 나타난다. 만약 연대순으로 이어진 두 화석이 크게 다르다면, 즉 점진적 변화를 건너뛴 부분이 있다면, 그사이의 시기에 두 화석의 중간 형태인 '잃어버린 고리'가 존재해야 한다는 뜻이다. 우리가 한 계통에서 충분히 많은 화석을 모으기만 한다면, 변화는 반드시 점진적인 듯 보일 것이다.

엘드리지와 굴드는 화석 기록이 연대순으로 빠짐없이 갖춰져 있는데도 점진주의가 확인되지 않는 사례들에 주목했다(각각 엘드리지와 굴드의 전공인 삼엽충과 달팽이가 좋은 예였다). 그런 기록을 보면 대신 오랫동안 화석에 변화가 없는 정체기가 이어지다가, 고생물학적으로 눈 깜박할 순간에 해당하는 짧은 시기 만에 전혀 다른 형태가 갑자기 등장했다. 어쩌면 진화는 대체로 이런 모습인지도 모른다고 그들은 주장했다. 변화가 단속적으로 갑작스럽게 일어나는 이유는 뭘까? 어떤 강력한 선택 인자가 갑자기 작용하여 한 종의 개체들 중 대부분을 죽였을 것이다. 소수의 생존자는 이전에는 그다지 중요하지 않았지만 바뀐 환경에서 갑자기 긴요해진 모종의 유전적 형질을 갖고 있는 개체들이었을 것이다. 이것이 바로 '유전적 병목 현상'이다.

단속평형 가설이 왜 사회생물학에 던지는 도전장이 되었을까? 사회생물학의 점진주의에 따르면, 아주 작은 규모의 적응도 차이라도 다 중요하다. 한 개체가 다른 개체들보다 유전자를 더 많이 남기도록 해주는 이점이라면, 지극히 사소한 이점이라도 다 진화적 변화에 해당할 것이다. 매 순간 경쟁, 협력, 공격성, 부모의 투자 등등을 최적화하는 모든 사건이 진화적으로 다 중요하다. 그런데 만약 그게 아니라 대부분의 시기가 진화적 정체기라면, 우리가 이 장에서 이야기한 내용 중 많은 것이 대체로 무의미해질 것이다.*

사회생물학자들은 기쁘지 않았다. 그들은 단속평형을 주장하는 사람들을 '저크jerk'라고 불렀다(단속평형을 주장하는 사람들은 사회생물학자들을 '크립creep'이라고 불렀다. 이해했는가? '저크'에는 '얼간이'라는 뜻 외에도 '갑자기 홱 움직이다'라는 뜻이 있고, '크립'에는 '멍청이'라는 뜻 외에도 '살금살

* 이와 관련하여, 행동의 진화는 대부분 같은 종 구성원들 사이의 사회적 복잡성을 다루는 과정이 아니라 비생물적(즉 비생물학적) 압력을 다루는 과정에서 이뤄졌다고 보는 견해도 있었다. 요컨대 행동이 다른 개체들과의 경쟁이 아니라 환경을 다루는 과정에서 진화했다는 것이다. 우리로서는 이 개념 또한 점진주의가 개체 간 경쟁에 부여한 중요성이 실제로는 사회생물학자들의 생각만큼 크지 않을 수도 있다는 가능성을 또다른 방식으로 제시한 의견이라고 이해하면 충분하다. 비생물적 선택압을 강조하는 견해는 소련 진화생물학자들 사이에서 흔했다. 여기에는 마르크스주의 이데올로기뿐 아니라 혹독한 겨울 기후의 영향도 있었을 것 같다.

금 기다'라는 뜻이 있다).* 점진주의 사회생물학자들은 여러 형태의 반론을 제기하며 강하게 반박했다.

달팽이 껍데기 얘기일 뿐이다. 우선, 완전하게 발굴된 화석 계통 중에서 점진주의를 보여주는 것들이 있다. 점진주의자들은 또 단속평형주의자들이 삼엽충과 달팽이 화석을 이야기한다는 점을 꼬집었다. 우리가 가장 궁금해하는 화석—영장류와 인류—은 기록이 너무 띄엄띄엄해서 점진적인지 단속적인지 가려 말할 수 없다는 것이다.

눈 깜박할 순간이란 게 얼마나 짧은가? 다음으로 점진주의자들은 단속평형 지지자들이 고생물학자라는 점을 지적했다. 그들은 화석 기록에서 긴 정체기와 눈 깜박할 순간의 빠른 변화를 본다고 주장하지만, 화석 기록에서 변화를 가릴 수 없는 시기에 해당하는 그 순간이란 실제로는 5만 년에서 10만 년이나 될 수도 있다. 그 정도라면 진화가 치열하게 펼쳐지기에 충분한 시간이라는 것이다. 이 반박은 부분적으로만 유효하다. 고생물학적 순간이 그렇게 길다면, 고생물학적 정체기는 어마어마하게 더 길 테니까.

단속평형주의자들은 중요한 대상을 놓치고 있다. 결정적 반박은 고생물학자들의 연구 대상이 화석임을 상기시키는 것이다. 그들은 뼈, 껍데기, 호박에 갇힌 벌레를 연구한다. 뇌, 뇌하수체, 난소 같은 기관이 아니다. 뉴런, 내분비세포, 난자, 정자 같은 세포도 아니다. 신경전달물질, 호르몬, 효소 같은 분자도 아니다. 한마디로 진짜 흥미로운 대상은 보질 않는다는 것이다. 평생 달팽이 껍데기를 산더미처럼 쌓아두고 측정하는 일이나 해온 주제에, 멍청한 단속평형주의자들이 그 지식만 갖고서 감히 우리에게 행동 진화를 잘못 생각하고 있다고 지적해?

이 대목에서는 타협의 여지가 있다. 어쩌면 인류의 골반은 긴 정체기와 짧고 급속한 변화를 겪으면서 단속적으로 진화했을지도 모른다. 뇌하수체도 마찬가지로 단속적으로 진화했지만, 단속적 변화의 시기가 달랐을 수도 있

* 과학자들은 웃길 줄 모르는 족속이라고 누가 그랬나?

다. 스테로이드 호르몬 수용체, 이마앞엽 뉴런의 조직 방식, 옥시토신과 바소프레신의 창조도 모두 단속적으로 진화했으나 저마다 시기가 달랐을 수도 있다. 이런 단속적 패턴들을 이어 겹치고 평균을 내면, 그 결과는 점진적인 듯 보일 것이다. 하지만 이 타협에도 한계가 있다. 그렇다면 진화적 병목 현상이 그만큼 무수히 발생했다고 가정해야 하기 때문이다.

분자생물학은 어디 갔나? 점진주의자들의 반박 중 가장 강력한 것은 분자생물학적 반론이다. 기존 단백질의 기능을 미세하게 바꾸는 소돌연변이는 전적으로 점진주의적인 과정이다. 그러면 빠르고 극적인 변화와 긴 정체기로 구성되는 진화란 어떤 분자적 메커니즘으로 설명되는가?

8장에서 보았듯, 최근 몇십 년 동안 빠른 변화를 설명할 수 있는 분자적 메커니즘들도 많이 발견되었다. 이른바 대돌연변이다. ⓐ유전자에서 염기쌍이 치환되거나 삽입되거나 삭제되는 전통적인 점 돌연변이라도 그 유전자가 생산하는 단백질이 (가령 전사인자, 스플라이싱 효소, 이동성 유전인자라서) 증폭 효과를 발휘할 때. 이를테면 그 영향을 받는 대상이 후성유전학에 관여하는 효소를 생산하며 여러 종류의 단백질로 발현되는 유전자의 엑손일 때. ⓑ전통적인 돌연변이가 프로모터에 일어나서, 유전자 발현의 시기/장소/정도를 바꿀 때(프로모터 변화 때문에 일부다처 종 밭쥐가 일부일처로 바뀐 사례를 떠올려보라). ⓒ유전자 전체가 중복되거나 삭제되는 식의 비전통적 돌연변이. 이 모두가 크고 빠른 변화를 낳을 수 있다.

그런데 정체기를 설명하는 분자적 메커니즘은 어디 있나? 우리가 전사인자 유전자에 무작위로 돌연변이를 일으켜서, 이전에는 동시에 발현하지 않았던 유전자들이 함께 발현하도록 만들었다고 하자. 그 결과가 재앙이 아닐 확률이 얼마나 되겠는가? 혹은 후성유전학적 변화를 매개하는 효소의 유전자에 무작위로 돌연변이를 일으켜서, 기존과는 다른 무작위적 패턴으로 유전자를 침묵시켰다고 하자. 거참 결과가 좋기도 하겠다. 혹은 이동성 유전인자를 웬 유전자에 무턱대고 끼워넣거나, 스플라이싱 효소를 변화시켜서 여러 단백질에서 엑손들이 마구 뒤섞이도록 만든다고 하자. 어느 쪽이든 만만찮은 말썽이 빚어질 것이다. 이 모든 과정들에 내포된 결과가 진화적 변화의 보수성, 즉 정체기다. 운좋은 결과가 나오려면 아주 독특한 과제에 직면한 시기에 아주 독특한 대규모 변화들이 일어나야만 하는 것이다.

실제 빠른 변화의 사례들을 보여달라. 점진주의자들의 마지막 반박은 종들이 빠른 진화적 변화를 겪고 있다는 실시간 증거를 보여달라는 것이었다. 알고 보니 그런 증거는 많았다. 러시아 유전학자 드미트리 벨랴예프의 멋진 연구가 한 사례였다. 1950년대에 그는 시베리아 은여우를 길들였는데,[65] 야생에서 포획한 여우들 중에서 인간에게 가까이 다가오는 개체들을 골라 교배시켰다. 그랬더니 35세대 만에 얌전히 사람 품에 안기는 여우들이 탄생했다. 이 정도면 상당히 단속적인 과정 아닌가. 문제는 이것이 자연선택이 아니라 인위선택이라는 점이다.

흥미롭게도 그 정반대 현상 또한 모스크바에서 벌어졌다. 모스크바에는 19세기부터 떠돌이 개가 많아서 현재 개체 수가 3만 마리나 된다(요즘 몇몇 개들이 모스크바 지하철 탑승법을 익힌 것으로도 유명하다).[66] 현재 모스크바의 개들은 대부분 여러 세대 동안 야생으로 살아온 개들의 후손으로서, 그동안 독특한 무리 구조를 진화시켰다. 게다가 이제 인간을 피하고, 꼬리를 흔들지 않는다. 한마디로 늑대와 비슷하게 진화하고 있는 것이다. 아마도 이 야생 집단의 첫 세대들은 그런 형질을 선호하는 가혹한 선택압을 겪었을 테고, 그런 개체들의 후손이 현재의 집단을 이루게 되었을 것이다.*[67]

인간 유전자 풀에서는 락타아제 지속성이 퍼지는 과정에서 빠른 변화가 일어난 예가 있다. 유당(젖당)을 분해하는 효소인 락타아제의 유전자에 변화

---

* 은여우들과 모스크바 야생 개들에 관한 흥미로운 사실. 둘 다 주로 혹은 전적으로 어떤 행동적 특질을 기준 삼아 선택되었지만, 그런 특질과 더불어 외모 변화도 나타났다. 은여우들은 더 <u>귀여워졌다</u>. 주둥이가 짧아졌고, 귀와 이마가 동그래졌고, 꼬리가 동그랗게 말렸고, 보통의 여우보다 털색이 더 다양해졌다. 한편 모스크바 개들은 정반대로 변했다. 만약 우리가 어떤 종을 길들이고 싶다면, 발육 저지를 선호하는 방향으로 교배시키면 된다. 개는 기본적으로 새끼 늑대다. 인간이 다 제 어미인 줄 알고 따르며, 새끼답게 귀여운 외모를 가진 새끼 늑대다. 은여우도 마찬가지였고, 모스크바 개들은 그 정반대였다. 길들이기가 다른 유전자들보다 뇌 발달에 관련된 유전자들에 상대적으로 더 많이 영향을 미친다는 증거도 있다.

모스크바의 야생 개들

가 일어나서, 원래 아동기에만 생성되던 효소가 성인기까지 지속되도록 바뀐 것이다. 덕분에 성인들도 유제품을 섭취할 수 있게 되었다.[68] 이 새로운 변이체는 몽골의 유목민이나 동아프리카의 마사이족처럼 유제품을 주식으로 삼는 목축민 집단들에서는 흔하고, 중국인이나 동남아시아인처럼 젖 뗀 뒤에는 유제품을 섭취하지 않았던 집단들에서는 거의 없다시피 하다. 락타아제 지속성은 지질학적 시간 규모에서 찰나에 불과한 시간 만에 진화하고 퍼졌다. 지난 1만 년쯤의 시간 동안 낙농업과 함께 공진화해온 것이다.

인간에게서 이보다 더 빠르게 퍼진 유전자들도 있다. 일례로, 뇌 발달 과정에서 세포분열에 관여하는 유전자인 ASPM의 한 변이체는 약 5800년 전에 등장하여 그동안 전체 인구의 약 20%에게 퍼졌다.[69] 말라리아에 저항성을 부여하는 (하지만 낫적혈구병이나 지중해빈혈 같은 다른 질병에 취약하다는 점을 대가로 치르는) 유전자들은 그보다 더 젊다.

사실 수천만 년은 달팽이 껍데기에 집착하는 이들에게나 눈 깜박할 순간일지도 모르겠다. 하지만 진화는 실시간으로도 관찰되었다. 그 고전적 사례를 제공한 것은 프린스턴대학교의 진화생물학자 피터 그랜트와 로즈메리 그랜트였다. 부부는 수십 년에 걸쳐서 갈라파고스제도를 조사하여, '다윈의 핀치'라고 불리는 그곳 새들이 그동안 상당한 진화적 변화를 겪어왔다는 것을 보여주었다. 인간의 진화적 변화는 대사에 관련된 유전자들에서도 벌어졌다. 전통적인 식단에서 서구화한 식단으로 바꾼 집단들(가령 나우루의 태평양 제도인, 애리조나의 피마족)이 보인 변화였다. 서구화한 식단을 채택한 첫 세대들은 파국적인 수준의 비만율, 고혈압 발병률, 성인 당뇨 발병률, 조기 사망률을 겪었다. 이것은 과거 수천 년의 검박한 식단으로 인해 이들이 영양분 저장에 능한 '절약' 유전형을 갖고 있기 때문이었다. 하지만 불과 몇 세대 만에 당뇨 발병률이 다시 낮아지기 시작했다. 더 '헤픈' 대사 유전형을 가진 인구가 늘어난 덕분이다.[70]

이처럼 유전자 빈도의 빠른 변화가 실시간으로 관찰된 사례들이 존재한다. 그렇다면 점진주의를 보여주는 사례들도 있을까? 사실은 이것을 보기가 더 어렵다. 왜냐하면 점진적 변화는 말 그대로 점진적이기 때문이다. 그래도 훌륭한 사례가 있기는 하다. 미시간주립대학교의 리처드 렌스키가 수십 년 동안 해온 연구가 그 예다. 그는 대장균 균주들을 일정한 조건에서 5만 8000세대나 길러왔는데, 이것은 인간으로 따지면 약 100만 년의 진화에 해당한다. 그동안 여러 균주들은 저마다의 방식으로 **점진적으로** 진화하여, 환경에 더 잘 적응하게 되었다.[71]

그렇다면 진화에서는 점진적 변화도 단속적 변화도 모두 일어난다고 볼 수 있다. 아마 어떤 유전자냐에 따라 달라지는지도 모른다. 예를 들면, 뇌의 일부 영역에서 발현되는 유전자들은 다른 유전자들보다 더 빠르게 진화해왔다. 하지만 아무리 빠른 변화에서라도 어느 정도 점진적인 측면은 있을 것이다. 한 종의 암컷이 새로운 종에 해당하는 개체를 낳은 예는 지금까지 없기 때문이다.[72]

정치색이 가미된 마지막 문제: 모든 것이 적응적인가?

지금까지 본 대로, 생물체로 하여금 환경에 더 잘 적응하도록 만드는 유전자 변이체는 시간이 흐르면 집단 내에서 빈도가 높아진다. 그런데 그 역도 참일까? 어떤 형질이 집단 내에 널리 퍼져 있다면, 그것은 그 형질이 적응적adaptive이기 때문에 진화했다는 뜻일까?[73]

보통 그렇다고 보는 견해를 '적응주의adaptationism'라고 한다. 적응주의 접근법에서는 우선 어떤 형질이 정말 적응적인지를 확인한 뒤, 만약 그렇다면 어떤 선택압이 그 형질을 빚어냈을지를 알아본다. 사회생물학적 사고는 대체로 적응주의 성향을 띤다.

이 견해를 신랄하게 비판한 것이 스티븐 제이 굴드와 하버드대학교 유전학자 리처드 르원틴 등이었다. 이들은 적응주의 접근법을 '그냥 그럴듯한' 이야기라고 조롱했는데, 이것은 러디어드 키플링의 환상 동화 제목을 딴 표현이었다. 동화에서 키플링은 동물들의 특징이 생겨난 이유라며—코끼리는 왜 코가 길까(악어와 줄다리기를 했기 때문이지), 얼룩말은 왜 줄무늬가 있을까, 기린은 왜 목이 길까?—허무맹랑한 이야기를 들려주었다. 그와 비슷하게, 비판자들이 생각하는 사회생물학자는 이렇게 묻는다. 왜 개코원숭이 수컷은 고환이 큰데 고릴라 수컷은 작을까? 행동을 관찰한 뒤, 적응을 가정하여 그냥 그럴듯한 이야기를 지어내고, 제일 그럴싸하게 그럴듯한 이야기를 지어낸 사람이 이기는 걸로 하자. 진화생물학자들은 대체 어떻게 교수가 됐담. 비판자들은 사회생물학이 채택한 기준에 엄밀함이 부족하다고 본다. 앤드루 브라운은 이렇게 말했다. "사회생물학이 너무 많은 것을 설명하고 너무 적은 것을 예측하는 게 문제다."[74]

굴드는 형질이 한 가지 이유에서 진화했다가 나중에 다른 용도에 동원되는 경우가 흔하다고 주장했다(있어 보이는 용어로 '굴절적응exaptation'이다). 일례로, 깃털은 새의 비행에 앞서서 생겨났고 원래는 단열용이었다.[75] 나중이 되어서야 비로소 깃털의 공기역학적 쓸모가 유효해진 것이다. 스테로이드 호르몬 수용체 유전자가 중복되었던 사건도 마찬가지다(한참 앞에서 언급했던 내용이다). 덕분에 한 복사본은 DNA 서열이 무작위로 부동하게 되었고, 그래서 쓸모가 없는 '고아' 수용체가 되었는데, 시간이 더 지나자 새로운 스테로이드 호르몬이 합성되었고 그러자 이 수용체가 그것과 결합할 수 있게 되었다. 이처럼 진화가 무계획적으로, 임시방편으로 작동한다는 점에서 나온 말이 "진화는 발명가가 아니라 땜장이다"라는 표현이다. 진화는 선택압이 달라짐에 따라 그때그때 주어진 재료를 갖고 작업하며, 그 결과 최고로 적응적이지는 않지만 재료를 감안하자면 충분히 쓸 만한 것을 만들어낸다. 오징어는 (최대 속도가 시속 110킬로미터나 되는) 돛새치에 비하면 헤엄을 잘 친다고 할 수 없다. 하지만 연체동물의 후예임을 감안한다면, 그 정도만 해도 남부럽잖다.

비판자들은 또 어떤 형질은 적응적이어서 존재하는 것도 아니고 원래 어떤 용도에 적응했다가 나중에 다른 용도에 동원된 것도 아니라고 주장했다. 그저 다른 형질들이 선택될 때 덤으로 함께 선택되어 덧짐처럼 따라왔을 뿐이라는 것이다. 굴드와 르원틴은 1979년 논문 「산마르코성당의 스팬드럴과 팡글로스 패러다임: 적응주의 프로그램에 대한 비판」에서 유명한 '스팬드럴 spandrel' 개념을 제안했다. 스팬드럴은 두 아치 사이의 공간을 가리키는 건축 용어다. 특히 굴드와 르원틴이 예로 든 것은 베네치아에 있는 산마르코성당의 스팬드럴에 그려진 그림이었다.*

굴드와 르원틴이 생각하는 전형적 적응주의자라면 이 스팬드럴을 보고서 이것이 장식용으로 설계된 공간이라고 결론 내릴 것이다. 스팬드럴이 장식 공간을 제공한다는 적응적 가치 때문에 진화했다는 것이다. 하지만 현실에서 스팬드럴은 무슨 목적이 있어서 진화한 게 아니다. 아치를 줄줄이 세우다 보면(아치는 명백히 돔을 떠받친다는 적응적 목적에서 존재한다), 아치와 아치 사이의 공간이 피할 수 없는 부산물로 생기기 마련이다. 적응이 아니

* 산마르코 성당의 아치가 스팬드럴의 건축학적 정의에 엄밀하게 부합하진 않는다는 사실을 둘러싸고도 한바탕 야단법석이 있었던 모양이다. 그러거나 말거나.

다. 그리고 우리가 적응적 아치를 선택한 결과로 어쩔 수 없이 그 진화적 덧짐 공간을 견뎌야 한다면, 색칠이라도 해두는 편이 낫지 않겠는가. 이 견해에서는 남성의 젖꼭지도 스팬드럴이다. 젖꼭지는 여성에게서만 적응적 역할을 수행하는데, 남성이 젖꼭지를 갖는 것에 반대하는 선택압도 딱히 없었기 때문에 남성도 덧짐처럼 갖게 되었다는 것이다.* 굴드와 르원틴은 적응주의자들이 그냥 그럴듯한 이야기를 동원해서 설명하는 많은 형질들이 사실은 스팬드럴에 지나지 않는다고 주장했다.

이에 대해 사회생물학자들은 무언가를 스팬드럴이라고 선언하는 기준이 무언가를 적응적 형질이라고 선언하는 기준보다 본질적으로 더 엄밀할 것도 없다고 응수했다.[76] 스팬드럴주의자들의 설명은 그냥 그럴듯한 게 아닌 이야기일 뿐이라는 것이다. 심리학자 데이비드 버래시와 정신과 의사 주디스 립턴은 스팬드럴주의자를 『톰 아저씨의 오두막』에 나오는 톱시에 비겼다. 톱시는 자신이 세상에 "그냥 생겨났다"고 말하는 인물이다. 요컨대 스팬드럴주의자들이 어떤 형질에서 적응의 증거를 보고서도 그것은 아무런 적응적 목적이 없는 덧짐에 불과하다고 치부하며 아무것도 설명하지 않는 설명을 내놓는다는 것이다. 그건 "그냥 생겨났다"는 이야기일 뿐이라는 것이다.

사회생물학자들은 또 적응주의 접근법이 굴드의 캐리커처보다는 더 엄밀하다고 주장했다. 모든 것을 설명하지만 아무것도 예측하지 못하기는커

* 여성의 오르가슴도 스팬드럴이 아닐까? 즉, 남성에게서 오르가슴이 선택되다보니 덩달아 존재하게 된 덧짐이 아닐까? 이 질문을 둘러싸고도 상당한 토론과 추측이 난무했다. 이 얘기는 더 하지 말자. 바보들의 난장판밖에 더 되겠는가……

녕, 사회생물학의 접근법은 많은 것을 예측한다. 가령 경쟁적 새끼 살해는 그냥 그럴듯한 이야기일 뿐인가? 우리가 어떤 종의 사회구조를 알면 그 종이 경쟁적 새끼 살해를 저지를지 아닐지를 어느 정도 정확하게 예측할 수 있으므로, 아니다. 쌍 결합/토너먼트 종의 대비도 마찬가지다. 우리가 동물계 전반에 걸쳐서 어떤 종의 성적 이형성 정도를 아는 것만으로 그 종의 행동, 생리, 유전학을 풍성하게 예측할 수 있으니까. 게다가 '특수 설계'—여러 형질이 같은 기능으로 수렴함으로써 복잡하고 유익한 기능을 수행하는 것을 말한다—의 증거는 진화가 남긴 적응적 형질 선택의 메아리라고 할 수 있다.

적응주의, 점진주의, 사회생물학에 대한 비판의 기저에 정치적 문제가 깔려 있지만 않았던들, 이 논쟁은 필수적이고 재미난 학문적 입씨름에 그쳤을 것이다. 정치색은 스팬드럴 논문의 제목에서부터 드러났다. '팡글로스 패러다임'이란 볼테르의 소설 속 인물 팡글로스 박사와 그의 어리석은 신념을 언급하는 것으로, 박사는 삶의 온갖 비참함에도 불구하고 이 세상은 "가능한 세상들 중 최선의 세상"이라고 믿는다. 비판자들은 적응주의가 자연주의 오류의 기미를 풍긴다고 지적한 것이다. 자연주의 오류란 자연이 무언가를 만들어냈을 때는 그게 좋은 거라서 그렇다고 보는 견해다. 게다가 가령 사막에서 물을 보유하는 선택적 문제를 푸는 데 있어서 '좋다'는 뜻이 더 나아가 뭐라 설명할 순 없지만 도덕적인 의미로도 '좋다'는 뜻이 된다고 본다. 만약 개미가 노예를 부린다면, 수컷 오랑우탄이 암컷을 자주 강간한다면, 과거 수십만 년 동안 남성 인류가 우유통에 입을 대고 마셨다면, 그것은 다 '그럴 만해서' 그렇다는 것이다.

비판자들이 이 맥락에서 '자연주의 오류'를 언급한 것은 뼈 있는 소리다. 인간 사회생물학은 초기에 시끄러운 잡음을 몰고 다녔다. 학회에 피켓을 든 시위자들이 나타나서 발표를 중단시키는가 하면, 동물학자들이 강연장에서 경찰의 경호를 받아야 했다. 황당한 사건들이 잔뜩 벌어졌다. 가장 유명한 일화는 E. O. 윌슨이 발표중에 물리적으로 공격당했던 일이다.* 인류학과는 반으로 갈라졌고, 학내 관계들은 박살났다. 특히 논쟁의 주역들 중 다수—윌슨, 굴드, 르원틴, 트리버스, 허디, 그리고 영장류학자 어빈 드보어, 유전학자 조너선 벡위스—가 포진했던 하버드가 심각했다.

상황이 그토록 과열된 것은 사회생물학이 생물학을 이용해서 기성 상태를 정당화한다는 비난을 들었기 때문이다. 사회생물학이 보수적인 사회다윈주의나 다름없다고 몰아붙인 것이었는데, 사회다윈주의는 만약 사회에 폭력, 자원 불균등, 자본주의적 계층화, 남성 독식, 이방인 혐오, 기타 등등이 존재한다면 그것들이 타당한 이유에서 진화한 인간 본성이라서 그렇다고 암시한다. 비판자들은 '현실 대 당위'를 대비시키며 말했다. "사회생물학자들은 세상의 불공평한 속성이 현실일 때는 그것이 **당위**라서 그렇다고 암시한다." 이에 사회생물학자들은 현실/당위를 뒤집어서 응수했다. "우리도 세상이 공정해야 한다는 게 **당위**임에 동의하지만, 그와 무관하게 이것이 현실이다. 우리가 존재하는 무언가를 보고한다고 해서 그 옹호자라고 몰아붙이는 것은 종양학자가 암을 옹호한다고 비난하는 셈이다."

이 갈등에는 사적인 느낌이 있었다. 우연히도(시각에 따라서는 우연이 아니라고 볼 수도 있겠다), 미국 사회생물학의 첫 세대가 모두 남부 출신 백인이었기 때문이다. 윌슨, 트리버스,** 드보어, 허디가 그랬다. 대조적으로 가장 목소리를 높인 비판자들 중 첫 세대는 모두 북동부 출신이거나 도시 출신이거나 유대계 좌파였다. 하버드의 굴드, 르원틴, 벡위스, 루스 허버드가 그랬고 프린스턴의 리언 케이민, MIT의 놈 촘스키도 그랬다. 양쪽 진영이 모두 "여기에는 숨은 의도가 있다"고 고발할 만도 했다.***

---

* 음, 그렇게까지 극적인 사건은 아니었는지도 모르겠다. 누가 윌슨의 머리에 물을 한 바가지 부은 것뿐이었으니까. 그래도 그렇지.

** 트리버스가 블랙팬서당 창립자 휴이 뉴턴의 친구이자 공저자였다는 사실은 이 단순한 분류를 좀 꼬이게 만든다.

*** 운이 억세게 좋으려니, 내가 생물학/인류학 전공 신입생으로 하버드에 도착한 때는 마침 윌슨이 『사회생물학』을 출간하여 막 아수라장이 벌어진 시기였다. 그 격렬한 소동을 지켜보는 게 나로서는 현기증 날 만큼 재밌고 환상적이었지만, 그때 오간 인신공격에 몇몇 주연들은 마음을

단속평형설이 비슷한 이데올로기적 전투를 일으킨 까닭도 이해할 만하다. 진화는 대체로 긴 정체기와 간간이 터지는 혁명적 격변으로 구성된다고 전제하는 이론이니까. 원논문에서 굴드와 엘드리지는 자연법칙이란 "새로운 속성이 단숨에 나타나는 것이다. 오랫동안 안정된 체계의 저항을 겪으면서 양적 변화가 서서히 누적되다가 마침내 한 상태에서 다른 상태로 급속히 넘어가는 것이다"라고 말했다. 이 대담한 선언은 변증법적 유물론의 발견법이 경제계를 넘어서 자연계에도 적용된다는 주장일뿐더러 심지어 두 세계가 난해한 모순을 해결하는 메커니즘이 본질적으로 같다고 보는 존재론적 시각에 입각한 주장이다.* 삼엽충과 달팽이의 탈을 쓴 마르크스와 엥겔스다.**

결국에는 적응주의 대 스팬드럴, 점진주의 대 단속평형, 인간 사회생물학이라는 과학의 개념 자체를 놓고 벌어졌던 격렬한 대립이 가라앉았다. 정치적 해석이 수그러졌고, 두 진영의 인구통계학적 대비가 옅어졌고, 연구의 전반적 품질이 상당히 나아졌으며, 모두가 흰머리도 나고 더 침착해졌다.

그리하여 이 분야는 합리적인 중도를 걷는 중년의 시기에 접어들었다. 점진적 변화와 단속적 변화 양쪽을 뒷받침하는 확실한 경험적 증거가 있고, 양쪽을 설명하는 분자적 메커니즘도 있다. 극단적 적응주의자들이 주장했

크게 다쳤다. 예를 들어, 윌슨의 반대자들은 그가 강의하는 자리에서마다 터무니없게도 그를 집단학살적 인종차별주의자로 비난하는 구호를 외쳤다. 그 시절에 나는 여러 주역들을 가까이서 관찰할 수 있었고, 심지어 그중 몇몇과는 약간이나마 아는 사이가 되었는데, 그런 내가 볼 때 두 진영에는 훌륭하고 존경할 만한 롤모델과 교만하고 참아주기 힘든 자기중심주의자가 거의 같은 비율로 있었다. 그 시기의 경험 중 내가 제일 좋아하는 이야기. 사회생물학자들은 마초적이고 냉정한 페르소나를 선호하는 사람이 많았다. 어느 날 나는 막 읽은 최신 논문을 쥐고서 그중 한 명인 X 교수의 연구실을 부리나케 찾아갔다. X 교수는 어떤 행동에 대한 사회생물학적 모델로 유명했는데, 그의 숙적인 Z 교수가 그 최신 논문에서 첫 쪽부터 끝 쪽까지 그 모델을 통계 분석으로 갈가리 찢어놓았던 것이다. "우아, 이 논문 보셨어요? 어떻게 생각하세요?" 나는 멍청하게도 물었다. 그러자 X 교수는 논문을 뒤에서부터 훌훌 넘기며, 여기저기 적힌 방정식들에 간간이 눈길을 던졌다. 이윽고 그는 하찮다는 듯 논문을 책상에 툭 던지며 궁극의 사회생물학적 경멸을 내뱉었다. "Z 교수는 페니스 대신 계산자를 갖고 있군."

* 방금 쓴 문장이 무슨 뜻인지 나는 전혀 모르겠다……

** 위와 같음.

던 것보다는 적응이 적지만, 스팬드럴주의자들이 주장했던 것보다는 스팬드럴이 적다. 사회생물학이 너무 많은 것을 설명하고 너무 적은 것을 예측한다는 게 사실일 수도 있겠으나, 그래도 이 학문은 여러 종들의 행동과 사회 제도 측면에서 폭넓은 속성들을 많이 예측해낸다. 그리고 비록 선택이 집단 수준에서 벌어진다는 이론이 자신을 희생하는 늙은 누들의 무덤에서 벌떡 되살아나기는 했어도, 그런 현상은 아마 드물 것이다. 하지만 이 책이 집중하는 종에게서는 틀림없이 일어나는 현상일 것이다. 마지막으로, 이 모든 이야기의 바탕에는 진화라는 사실이 깔려 있다. 진화는 사실이다. 정신이 쏙 빠질 만큼 복잡한 사실이기는 해도.

드디어 우리는 이 책의 전반부를 마쳤다. 어떤 행동이 벌어졌다고 하자. 이전 몇 초에서 몇백만 년 전에 일어났던 사건들 중에서 무엇으로 이 행동을 설명할 수 있을까? 반복적으로 나타나는 주제가 몇 가지 있었다.

* 행동의 맥락과 의미가 그 행동의 움직임 자체보다 보통 더 흥미롭고 복잡하다.
* 행동을 이해하려면, 뉴런과 호르몬과 초기 발달과 유전자와 기타 등등을 다 아울러서 살펴봐야 한다.
* 이것들은 별개의 범주가 아니다. 원인이 깔끔하게 구분되는 경우란 거의 없으므로, 어떤 행동을 설명하는 하나의 뇌 영역, 하나의 신경전달물질, 하나의 유전자, 하나의 문화적 영향, 아무튼 하나의 무언가가 있으리라고 기대해서는 안 된다.
* 생물학에서는 원인보다도 경향성, 잠재성, 취약성, 기질, 성향, 상호작용, 조절, 우연, 만약/~라면, 맥락 의존성, 기존 성질의 강화나 감소가 거듭 등장한다. 생물학은 반복과 순환과 나선과 뫼비우스의 띠다.
* 이 주제가 쉽다고 말한 적 없다. 하지만 이것은 중요한 이야기다.

자, 이제 우리는 책의 후반부로 넘어간다. 지금까지 공부한 내용을 종합하여, 그 내용이 가장 중요하게 적용되는 인간 행동의 영역들을 살펴보는 단계다.

11장

우리와 그들

어릴 때 1968년작 영화 〈혹성 탈출〉을 봤다. 미래의 영장류학자답게 나는 매료되었고, 영화를 반복해서 봤고, 싸구려 유인원 의상에 열광했다.

세월이 흐른 뒤 영화 촬영중에 있었던 재미난 일화를 들었다. 배우 찰턴 헤스턴과 킴 헌터가 둘 다 회상한 일화로, 점심시간에 침팬지를 연기한 배우들과 고릴라를 연기한 배우들이 밥을 따로 먹었다는 것이다.[1]

우리가 자주 하는 말처럼(원래 작가 로버트 벤츨리가 한 말이라고 한다), "세상에는 두 종류의 사람이 있다. 사람을 두 종류로 나누는 사람과 그러지 않는 사람이다". 세상에는 전자에 해당하는 사람이 더 많다. 그리고 사람들이 이처럼 세상을 우리와 그들로, 내집단과 외집단으로, '사람들'(즉 나와 비슷한 이들)과 타자들로 나누는 현상은 대단히 중요한 결과를 불러온다.

이 장에서는 사람들이 우리/그들 이분법을 형성한 뒤 그중 전자를 선호하는 성향이 있다는 것을 알아보자. 이런 사고방식은 보편적일까? '우리'와 '그들' 범주는 얼마나 융통성이 있을까? 인간의 파벌성과 이방인 혐오에 희망이 있을까? 언젠가는 할리우드의 침팬지 엑스트라들과 고릴라 엑스트라들이 함께 식사하는 날도 올까?

우리/그들 이분법의 힘

인간의 뇌는 우리/그들 가르기를 황당하리만치 빨리 해낸다.[2] 3장에서 보았듯, 우리가 타 인종의 얼굴을 보면 50밀리초 만에 편도체가 활성화한다. 또 같은 인종의 얼굴을 봤을 때보다 방추상얼굴영역이 덜 활성화한다. 불과 몇백 밀리초 만에 벌어지는 일이다. 뇌는 성별이나 사회적 지위에 따라 얼굴을 나누는 작업도 거의 비슷한 속도로 해낸다.

우리가 그들에게 빠르고 자동적인 편견을 적용한다는 사실은 악마적으로 영리한 설계의 '암묵적 연합 검사'에서 잘 드러난다.[3]

당신이 도깨비에게 무의식적으로 나쁜 편견을 품고 있다고 하자. 암묵적 연합 검사를 무지 단순화하면 이렇다. 컴퓨터 화면에 인간의 모습, 혹은 도깨비의 모습, 혹은 긍정적 함의의 단어('정직'), 혹은 부정적 단어('기만')가 순간적으로 나타났다 사라진다. 어떤 때는 규칙이 이렇다. "인간이나 긍정적 용어를 보면 빨간 단추를 누르고, 도깨비나 부정적 용어를 보면 파란 단추를 누르세요." 어떤 때는 이렇다. "인간이나 부정적 용어를 보면 빨간 단추, 도깨비나 긍정적 용어를 보면 파란 단추를 누르세요." 당신은 반反도깨비 편향이 있기 때문에, 도깨비와 긍정적 용어를 짝짓거나 인간과 부정적 용어를 짝짓는 게 부조화하게 느껴지고 집중이 살짝 흐트러진다. 그래서 단추를 누르기 전에 몇 밀리초쯤 머뭇거린다.

이것은 자동적 반응이다. 당신이 도깨비들의 배타적 사업 관행이나 1523년의 거시기 전투에서 도깨비들이 보였던 잔학성에 분개하는 것은 아니다. 그저 단어와 그림을 처리할 뿐인데, 도깨비와 '사랑스러움'을 잇거나 인간과 '썩은 내'를 잇는 게 부조화스러워서 무의식적으로 잠깐 멈추는 것이다. 검사를 충분히 반복하면 지연의 패턴이 드러나고, 당신의 편향이 밝혀진다.

뇌에 우리와 그들을 가르는 단층선이 있다는 사실은 4장에서 옥시토신을 소개할 때도 이야기했다. 옥시토신은 우리에 대해서는 신뢰, 너그러움, 협력을 촉진하지만 그들에게는 더 고약하게 굴게 만든다. 경제 게임에서 선제적 공격을 더 많이 취하게 하고, 공익을 위해서 그들을(우리는 안 된다) 희생하는 방안을 더 쉽게 지지하게 한다. 옥시토신은 우리/그들 가르기를 증폭시킨다.

이것은 엄청나게 흥미로운 현상이다. 내가 브로콜리를 좋아하지만 콜리플라워를 경멸한다고 해서 이 선호를 증폭시키는 호르몬이 있을 리는 없다. 체스를 좋아하지만 백개먼을 멸시하는 선호도 마찬가지다. 옥시토신이 우리/그들에 대해서 상반된 영향을 미친다는 것은 이 이분법이 그만큼 우리에게 중요하다는 증거다.

인간의 우리/그들 가르기가 뿌리깊은 현상이라는 또다른 근거는 놀랍게도 다른 종들도 그렇다는 사실이다. 언뜻 보면 대수롭지 않은 일 같다. 침팬지가 타 집단의 수컷을 죽인다는 것, 개코원숭이 무리들이 마주치면 털을 세운다는 것, 어느 동물이나 낯선 상대를 보면 긴장한다는 것은 당연한 소리 아닌가.

그런 현상은 그저 동물이 새로운 상대, 그들을 기꺼이 받아들이지 않는다는 사실을 보여줄 뿐이다. 하지만 일부 종들은 나아가 우리와 그들의 개념을 더 폭넓게 이해한다.[4] 침팬지는 집단 구성원이 너무 많아지면 쪼개지곤 하는데, 그러면 곧 한때 같은 집단이었던 개체들 사이에 살인적인 적대감이 생겨난다. 그리고 원숭이에게 암묵적 연합 검사를 시켜보면, 다른 영장류도 자동적으로 우리/그들 가르기를 한다는 걸 알 수 있다. 한 실험에서, 원숭이들에게 같은 집단 구성원의 사진이나 이웃 집단 구성원의 사진을 보여주면서 간간이 긍정적인 물체(과일)나 부정적인 물체(거미)의 사진도 보여주었다. 그러자 원숭이들은 부조화한 쌍(가령 같은 집단 구성원과 거미)을 더 오래 바라보았다. 원숭이들이 자원을 놓고 이웃과 싸우는 처지도 아닌데, 이웃에 대해서는 부정적 연합을 형성하는 것이다. "저 녀석들은 징그러운 거미와 비슷해. 하지만 우리, 우리, 우리는 달콤한 열대 과일이지."*

뇌가 인종이나 성별에 관한 최소한의 단서만으로도 밀리초 만에 이미지들을 차별적으로 처리한다는 사실은 수많은 실험으로 확인된 바다.[5] 비슷한 맥락에서, 1970년대에 브리스틀대학교의 헨리 타이펠이 앞장서서 밝힌 '최소 집단' 패러다임이 있다. 그는 집단이 시시한 차이에 의해 꾸려진 것이라도(가령 그림에 나타난 점의 개수를 실제보다 많게 봤는가 적게 봤는가로 나눴더라도) 피험자들이 금세 내집단 편향을 발생시켜서 내집단에게 더 많이 협력하는 식으로 행동한다는 것을 보여주었다. 그런 친사회성은 집단 동일시 현상이다. 사람들은 익명의 상대라도 내집단 구성원에게 자원을 할당하는 편을 선호한다.

집단을 꾸린 근거가 아무리 허약하더라도, 일단 집단이 꾸려지기만 하면 사람들은 파벌적 편향을 품는다. 이 최소 집단 패러다임은 일반적으로 그들을 더 나쁘게 보기보다는 우리를 더 좋게 보는 방향으로 작동한다. 이것은 변변찮으나마 좋은 소식인 것 같다. 적어도 우리가 동전 던지기에서 (바람직한 뒷면이 나온 우리와는 달리) 앞면이 나온 사람들이 식인종이라고 생각하지는 않는다는 뜻이니까.

임의적 최소 집단화가 우리/그들 가르기를 끌어낸다는 사실에서 떠오르는 것은 10장에서 이야기했던 '초록 수염 효과'다. 이 효과는 친족선택으로 인한 친사회성과 상호 이타주의로 인한 친사회성의 중간쯤에 해당한다고 했다. 이 효과가 나타나려면 임의적이고, 눈에 띄고, 유전자에 기반한 특징(초록 수염)이 있어야 하고, 그 특징이 있는 사람이 다른 초록 수염 소유자들에

---

* 두 가지 중요한 세부사항. 이 집단 간 편향은 수컷에게서는 드러났지만 암컷에게서는 드러나지 않았고, 수컷이 다른 수컷의 사진을 볼 때 가장 두드러지게 드러났다. 둘째, 이 논문은 출간 직후에 철회되었다. 데이터 코딩 오류로 인해 일부 발견이 의문시되었기 때문이다. 하지만 여기 소개한 내용은 그 오류로 인해 달라지지 않았고, 나는 이 결과가 완벽하게 유효하다고 생각한다. 모두 일류 연구자인 저자들이 논문을 철회한 것은 칭찬할 만한 조심성을 발휘한 결과였다.

게 이타적으로 행동하는 성향이 있어야 한다. 이 조건이 만족되면, 초록 수염 소유자들이 번성할 수 있다.

최소의 공통 특징에 기반한 우리/그들 가르기는 유전적 차원이 아닌 심리적 차원의 초록 수염 효과라 할 수 있다. 우리는 무의미하기 짝이 없는 특징이라도 나와 그 특징을 공유하는 사람들에게 긍정적인 느낌을 품는다.

훌륭한 예를 보자. 한 실험에서 피험자들이 연구자와 대화를 나눴는데, 연구자는 피험자 몰래 그의 행동을(가령 다리 꼬기를) 모방하거나 모방하지 않거나 했다.[6] 피험자들은 이 모방을 기쁘게 여겨서 중변연계 도파민 경로를 활성화했고, 나아가 연구자가 떨어뜨린 펜을 주워주며 연구자를 더 기꺼이 도왔다. 상대가 나처럼 구부정하니 앉아 있다면 무의식적으로 우리를 형성하는 것이다.

이처럼 비가시적인 전략은 임의의 초록 수염 표지에 결합하여 가시성을 띤다. 문화는 무엇으로 정의되는가? 가치, 믿음, 귀인, 이데올로기로 정의된다. 모두 비가시적인 속성이지만, 복장이나 장신구나 사투리 같은 임의의 표지와 결합하면 사정이 달라진다. 일례로, 소를 대하는 태도에는 가치에 기반한 두 접근법이 있다. (A)소를 먹는다. (B)소를 숭배한다. 소를 다룰 일이 있을 때, A가 두 명이거나 B가 두 명인 편이 A와 B가 있는 편보다 일이 평화롭게 해결될 것이다. 어떤 사람이 A라는 것을 보여주는 믿을 만한 표지가 있을까? 카우보이모자와 부츠는 어떨까. B임을 보여주는 표지는? 사리나 네루 재킷이 떠오른다. 이 표지들은 원래 임의적인 것이었다. 사리라는 옷 자체에 소는 신이 돌보시기에 신성한 존재라는 믿음이 내포되어 있는 건 아니다. 육식과 카우보이모자 사이에 필연적 관계가 있는 것도 아니다. 카우보이모자는 햇볕에서 눈과 목을 보호해주므로, 스테이크를 좋아해서 소를 돌보든 크리슈나를 섬기기에 소를 돌보든 유용하다. 최소 집단 연구에서 밝혀진 바는 우리가 임의적 차이로도 우리/그들 편향을 형성하는 경향이 있다는 것이었다. 더 나아가 우리는 그 임의적 표지를 가치와 믿음에 관련된 유의미한 차이와 연결 짓는다.

그러면 임의적 표지에 변화가 생긴다. 우리가(즉 영장류, 쥐, 파블로프의 개가) 종소리 같은 임의적 신호를 보상과 연합하여 생각하도록 조건화될 수 있는 것이다.[7] 그렇게 해서 연합이 형성된 뒤에도 종소리는 임박한 쾌락을 상징하는 표지에 '불과할까'? 아니면 종소리 자체가 쾌락이 될까? 중변연계 도파민 체계를 살펴본 연구에 따르면, 쥐들 중 상당수는 임의적 신호 자체를 보상으로 여기게 된다. 이와 비슷하게, 우리의 핵심 가치를 뜻하는 임의의 상징은 차츰 독자적인 생명력과 힘을 확보하여 그 자체가 기표가 아닌 기의가 된다. 그리하여 천 쪼가리에 특정 색깔과 무늬가 그려진 국기라는 것이 우리로 하여금 목숨을 걸고 사람을 죽이게 만든다.*

우리/그들 가르기의 힘은 아이들도 그런 태도를 보인다는 데서 알 수 있다. 아이들은 3~4세가 되면 벌써 인종과 성별에 따라 사람을 나누고, 그중 그들에게 부정적 견해를 품으며, 타 인종의 얼굴을 더 자주 화난 표정으로 인식한다.[8]

심지어 시작은 그보다 이르다. 아기들도 같은 인종의 얼굴을 타 인종보다 더 쉽게 익힌다. (어떻게 아느냐고? 아기에게 어떤 사람의 사진을 반복해서 보여주자. 아기는 갈수록 적게 쳐다본다. 이제 다른 얼굴을 보여주자. 아기가 볼 때 비슷한 사람이라면, 아기는 눈길도 주지 않는다. 반면 새로운 사람으로 인식되는 얼굴이라면, 아기는 흥미가 생겨서 더 오래 쳐다본다.)[9]

아이들의 이분법에 관련하여 네 가지 중요한 사항이 있다.

---

* 이 현상을 잘 보여준 강력한 사례로 인도 독립전쟁의 첫 단계였던 1857년의 이른바 세포이 항쟁을 들 수 있다. 영국동인도회사 군대에 복무하던 인도인 군인들이—세포이라고 불렸다—반란을 일으킨 것은 그들에게 지급된 총알이 우지 혹은 라드로 기름칠되어 있다는 사실이 밝혀졌기 때문이었다. 소와 돼지의 기름을 쓴다는 것은 힌두교인 군인들과 무슬림 군인들에게 중대한 위반이었다. 그러니까, 영국 식민 지배자가 두 집단의 핵심적인 문화적 가치에 일부러 심각한 모욕을 가한 건 아니었다. 이를테면 알라는 거짓 예언자라고 선언하거나, 다신 숭배를 금지하거나 한 건 아니었다. 세계의 거의 모든 문화에는 음식 관련 금기가 있다. 대개 그 문화의 핵심적 가치를 상징하는 것에 불과한 임의적 규칙이지만(가령 정통 유대교의 코셔 율법은 어떤 동물종이 갈라진 발굽을 갖고 있는가 하는 난해한 동물학적 사실을 기준으로 삼는다), 그럼에도 불구하고 그런 금기가 결국에는 큰 힘을 갖게 된다. 세포이항쟁은 인도인 10만 명이 죽고서야 막을 내렸다.

* 아이는 편견을 부모에게서 배울까? 꼭 그렇지는 않다. 아이의 환경에 있는 무작위적 자극들이 암암리에 이분법으로 가는 길을 놓기 때문이다. 만약 아기가 한 가지 피부색의 얼굴들만 보고 자란다면, 처음으로 다른 피부색의 얼굴을 보았을 때 그 얼굴에서 피부색이 두드러지게 인식될 수밖에 없다.
* 인종 이분법은 특정 발달 단계에서 형성된다. 그 증거로, 8세 이전에 다른 인종의 보호자에게 입양된 아이들은 양부모와 같은 인종의 얼굴을 더 잘 인식하는 능력을 갖게 된다.[10]
* 아이들은 악의가 없어도 이분법을 익힌다. 유치원 교사가 "이 빠진 친구들도 아직 안 빠진 친구들도 좋은 아침이에요" 대신 "남자 친구들도 여자 친구들도 좋은 아침이에요"라고 말하면, 아이는 세상을 남녀로 나누는 것이 더 유의미한 구분법임을 배운다. 성별 이분법에 심취한 나머지 인칭대명사는 물론이거니와 비생물에게도 명예 생식샘을 부여하는 언어들이 있으니, 영향은 도처에 있다.*[11]
* 인종적 우리/그들 가르기를 예방하려는 마음이 강한 부모일수록 그 일에 서툰 경우가 많아서, 아이들이 도리어 그 때문에 이분법을 새기는 듯 보일 때도 있다. 여러 연구에서 밝혀졌듯, 진보적인 부모들은 보통 아이와 인종에 대해 이야기하기를 불편해한다. 그래서 아이에게는 쇠귀에 경 읽기인 추상적 표현으로 우리/그들 가르기의 유혹에 대처한다. "누구나 친구가 될 수 있다는 건 멋진 일이란다" "바니는 보라색이에요, 우리는 바니를 사랑해요" 하는 식이다.

---

* 생물의 일부에게도 마찬가지다. 그야 역사적으로는 의미가 있었겠지만, 그래도 너무하다 싶다. 일례로 프랑스어에서 콩팥은 남성형 명사고 방광은 여성형 명사다. 기관지는 여성형이고, 식도는 남성형이다.

정리하자면, 우리/그들 가르기의 힘을 보여주는 증거는 다음과 같다. ⓐ뇌가 최소한의 감각 자극만으로도 빠르게 집단 간 차이를 처리한다는 점, ⓑ그 과정이 무의식적이고 자동적이라는 점, ⓒ다른 영장류들과 아주 어린 인간에게서도 드러나는 현상이라는 점, ⓓ우리가 임의의 차이에 따라 집단을 묶는 경향이 있고 그다음에는 그 표지에 힘을 부여한다는 점.

우리

우리/그들 가르기는 대체로 핵심 가치에 관해서 우리의 장점을 부풀리는 방식으로 이뤄진다. 신의 뜻을 읽고/경제를 운영하고/아이를 키우고/전쟁을 치르는 데 있어서 우리가 더 바르고, 현명하고, 도덕적이고, 훌륭하다는 것이다. 우리가 가진 임의적 표지들의 장점을 부풀리는 방식도 있는데, 여기에는 노력이 좀 필요하다. 왜 우리 음식이 더 맛있는지, 왜 우리 음악이 더 감동적인지, 왜 우리 언어가 더 논리적이거나 시적인지를 합리화해야 하기 때문이다.

그런데 어쩌면 우리에 대한 감정의 핵심은 그런 우월성보다도 공통 의무, 그리고 상호성에 대한 의향과 기대인지도 모른다.[12] 어떤 무작위적이지 않은 집단에서 기대보다 자주 긍정적 상호작용을 경험하게 될 때, 그로부터 우리라는 사고방식이 생겨나는 것이다. 10장에서 보았듯, 죄수의 딜레마 게임을 한 회만 할 때 논리적 전략은 배반이다. 게임이 미지의 횟수로 반복될 때, 그리고 내 평판이 남들에게 퍼질 가능성이 있을 때에야 비로소 협동이 융성한다. 그리고 집단이란 정의상 구성원들이 다회차 게임을 진행한다는 것, 또한 누가 못된 놈이라는 소식이 퍼질 수 있다는 것을 뜻한다.

이처럼 우리 사이에 의무와 상호성의 감각이 있다는 사실은 경제 게임에서 잘 드러난다. 참가자들은 외집단보다 내집단에 해당하는 상대에게 더 많은 신뢰, 너그러움, 협동을 보인다(집단이 무작위로 묶였다는 것을 참가자들도 아는 최소 집단 패러다임에서도 마찬가지다).[13] 침팬지도 신뢰를 안다. 침팬지들에게 ⓐ평범한 음식을 확실히 받을 기회와 ⓑ다른 개체와 나눈다는 조건하에 근사한 음식을 받을 기회 중에서 선택하라고 하면, 침팬지들은 다른 개체가 자신의 털 고르기 파트너인 경우에만 신뢰가 필요한 후자를 고른다.

그리고 사람들에게 어떤 폭력 피해자를 그들이 아니라 우리로 여기도록 사전에 암시를 주면, 사람들이 개입할 확률이 높아진다. 3장에서 본 예로, 축구 시합 관객들은 곁에 있는 부상자가 자기 팀 휘장을 두르고 있을 때 더 기꺼이 그를 도왔다.[14]

내집단에 한정된 높은 친사회성은 대면 접촉이 아니라도 벌어진다. 한 실험에서, 인종적으로 양극화된 동네의 사람들에게 길에서 어떤 현안에 관한 설문지를 주고는 우표가 붙어 있으니 바로 옆 우체통에 넣어달라고 부탁했다. 이때 설문의 내용이 피험자가 속한 인종 집단의 가치를 지지하는 것일 때, 피험자들이 우체통에 설문지를 넣을 확률이 높았다.[15]

내집단 의무는 사람들이 그들에 대한 잘못보다 우리에 대한 잘못을 보상할 필요를 더 크게 느끼는 것으로 드러난다. 후자일 때, 사람들은 보통 피해를 입은 개인에게 보상함과 동시에 집단 전체에게도 더 친사회적인 태도를 취한다. 하지만 타 집단에 더 반사회적인 태도를 취함으로써 내집단에 보상하는 경우도 있다. 이때 자신이 내집단에 저지른 잘못에 죄책감을 더 많이 느끼는 사람일수록 타 집단에 못되게 구는 정도가 더 심해진다.[16]

요컨대, 사람들은 우리를 직접 도움으로써 우리를 도울 때도 있지만 그들을 해침으로써 우리를 도울 때도 있다. 그렇다면 내집단 우선주의에 관해서 더 큰 의문이 하나 든다. 우리 집단이 잘되는 것이 목표인가, 단순히 그들보다 나은 게 목표인가? 전자라면, 내집단의 행복 수준을 절대적으로 높이는 것이 목표일 뿐 그들에게 돌아가는 보상은 어떻든 관계없다. 반면 후자라면, 우리와 그들의 차이를 극대화해야 한다.

현실에서는 둘 다 벌어진다. 내가 그냥 잘되기보다 남들보다 잘되기를 바라는 것은 제로섬 게임에서는 합리적이다. 한 팀만 이길 수 있는 상황, 그리고 이기기만 한다면 스코어가 1 대 0이든 10 대 0이든 10 대 9든 차이가 없는 상황이 그렇다. 게다가 편협한 스포츠 팬들의 경우, 자기 팀이 이길 때뿐 아니라 미워하는 라이벌 팀이 제삼자에게 질 때도 중변연계 도파민 체계가 활성화한다.*[17] 이른바 샤덴프로이데, 고소함, 남의 불행이 내 기쁨인 경우다.

문제는 제로섬 게임이 아닌 것을 제로섬 게임으로(승자독식으로) 여길 때다.[18] 제3차세계대전을 벌여놓고서는 우리에게 움막 두 채와 횃불 세 개가 남았고 그들에게는 하나씩만 남았으니까 우리가 이겼다고 생각하는 것은 바람직한 사고방식이 못 된다.** 실제로 제1차세계대전 말에 이런 사고방식이 등장했다. 자신들이 독일보다 자원(병사)이 더 많다는 걸 연합국이 안 시점이었다. 그래서 영국 지휘관 더글러스 헤이그는 "중단 없는 소모전"을 선언했다. 자기네 병사가 아무리 많이 죽더라도, 독일군이 그만큼 죽는 한은 계속 공세를 펼친다는 전략이었다.

이처럼 내집단 우선주의는 종종 그냥 우리가 잘되는 것이 아니라 우리가 그들을 이기는 것이어야 한다. 충성심을 명목으로 불평등을 참는 일이 그래서 가능하다. 실제로, 피험자들에게 충성심을 상기시키는 무의식적 단서를 주면 사람들의 내집단 선호와 동일시가 강화되고, 평등을 상기시키는 단서를 주면 반대가 된다.[19]

내집단 충성과 선호에 결부된 또다른 현상은 감정이입 능력 향상이다. 두려움이 깃든 얼굴을 본 피험자들은 편도체가 활성화하는데, 단 같은 집단

---

* 열성 뉴욕 양키스 팬들과 보스턴 레드삭스 팬들을 대상으로 한 이 연구에서, 이런 뇌 활성화 패턴이 가장 강하게 드러난 것은 자가 보고에서 상대팀 팬에게 공격적인 마음을 가장 자주 느낀다고 답한 사람들이었다(피험자들의 전반적 공격성 요소를 통제하고서도 드러난 현상이었다).

** 그들에게 나쁜 건 뭐든지 자동적으로 우리에게 좋다는 제로섬 개념에 입각한 농담을 언젠가 하나 들었는데, 잔인하리만치 냉소적인 농담이라 기억하고 있다. 지구의 모든 지도자들 앞에 신이 나타나서, 인간들의 사악함 때문에 세상을 멸망시키기로 결정했다고 선언한다. 미국 대통령은 각료들을 모으고 이렇게 말한다. "좋은 소식과 나쁜 소식이 있습니다. 신은 존재합니다. 하지만 그가 세상을 멸망시키려고 합니다." 소련(소련의 무신론 시절 이야기다) 서기장은 자문들을 모으고 이렇게 말한다. "나쁜 소식과 더 나쁜 소식이 있습니다. 신이 존재합니다. 그리고 그가 세상을 멸망시키려고 합니다." 이스라엘 총리는 각료들에게 이렇게 말한다. "좋은 소식과 더 좋은 소식이 있습니다. 신은 존재합니다. 그리고 그가 우리를 위해서 팔레스타인을 멸망시키려고 합니다."

구성원의 얼굴일 때만 그렇다. 외집단 구성원, 즉 그들의 두려움은 심지어 좋은 소식일 수도 있다. 그들을 두렵게 만드는 것은 환영하는 것이다. 3장에서 보았던 '동형 감각운동' 효과를 떠올려보자. 우리는 타인의 손이 바늘에 찔리는 것을 보면 반사적으로 자기 손을 움찔하게 되는데, 이때 그 손이 같은 인종의 손이라면 반사 반응이 더 강해진다.[20]

앞서 말했듯, 사람들은 그들에게 잘못했을 때보다 우리에게 잘못했을 때 더 기꺼이 보상한다. 그렇다면 다른 내집단 구성원이 규범을 어겼을 때는 어떤 반응을 보일까?

가장 흔한 반응은 그들보다 우리를 더 쉽게 용서하는 것이다. 이 결정을 스스로 합리화하기도 한다. 우리가 일을 그르치는 것은 특수한 상황 때문이지만, 그들이 그르치는 것은 그들이 그런 인간이라서라는 것이다.

한편 누군가의 일탈이 자기 집단에 대한 부정적 고정관념을 뒷받침하는 내용이라서 감추고픈 비밀이 드러난 셈이라면, 흥미로운 결과가 나올 수 있다. 그로 인한 수치심 탓에, 외부인에게 보여주는 신호로서 오히려 더 강한 처벌을 가하곤 하는 것이다.[21]

미국은 인종에 대한 합리화도 양가성도 넘치는 나라답게 그런 사례를 잔뜩 갖고 있다. 루돌프 줄리아니를 떠올려보라. 그는 브루클린의 이탈리아계 미국인 동네에서 자랐는데, 그곳은 조직범죄가 만연한 곳이었다(그의 아버지는 무장 강도로 복역한 전과가 있고, 나중에는 친척의 고리대금업을 거들었다). 줄리아니는 1985년 마피아위원회재판에서 '5대 패밀리'를 기소하여 사실상 그들을 소탕한 일로 일약 전국적 명사가 되었다. 그의 강력한 동기는 '이탈리아계 미국인'을 조직범죄의 동의어로 보는 세간의 고정관념을 깨뜨리겠다는 것이었다. 누가 그의 성취에 대해 물었을 때, 그는 이렇게 말했다. "이 일로도 마피아 편견이 없어지지 않는다면, 다른 어떤 일로도 그걸 없앨 수 없을 겁니다." 지치지 않는 열정으로 마피아를 기소할 사람이 필요하다면, 자긍심 높은 이탈리아계 미국인으로서 마피아 탓에 생겨난 고정관념에 분개하는 사람을 찾아보라.[22]

사람들은 O. J. 심프슨 재판에서 차석 검사였던 아프리카계 미국인 크리스 다든에게도 비슷한 동기가 있었으리라고 말한다. 소련 스파이로 고발되었던 유대인 줄리어스와 에설 로젠버그 부부, 모턴 소벨에 대한 재판도 마찬가지다. 떠들썩하게 진행된 재판을 이끈 두 검사는 역시 유대인이었던 로이 콘과 어빙 세이폴이었고, 판사 어빙 코프먼도 유대인이었다. 이들은 유대인을 충성심 없는 '국제주의자'로 보는 고정관념을 깨뜨리고자 열심이었다. 사형 선고를 내린 뒤 코프먼은 미국유대인위원회, 반명예훼손연맹, 유대참전용사회로부터 치하를 받았다.*[23] 줄리아니, 다든, 콘, 세이폴, 코프먼은 우리가 어떤 집단에 속한다는 것은 딴 사람의 행동 때문에 내가 나쁘게 보일 수 있다는 뜻임을 알려주는 사례들이다.**[24]

그렇다면 우리에 대한 의무감과 충성심이란 정확히 어떤 성질의 감각인가 하는 더 큰 의문이 떠오른다. 극단적인 경우, 그것은 계약에 가깝다. 가령 단체 스포츠를 하는 프로선수의 경우에는 말 그대로 계약이다. 계약서에 서명한 선수에게는 그가 자기과시보다 팀의 승리를 우선하며 열심히 뛸 것이라는 기대가 따른다. 하지만 그의 의무에는 한계가 있다. 그가 팀을 위해서 목숨까지 내놓기를 기대하는 사람은 없다. 다른 팀으로 트레이드된 선수가 새 유니폼을 입고서도 옛 팀을 위해서 스파이처럼 일부러 게임에서 지거나 하는 일은 없다. 계약관계의 핵심은 고용인도 피고용인도 바뀔 수 있다는 점이다.

---

* 이처럼 민족, 종교, 인종 집단들이 부끄러운 내집단 구성원을 공개적으로 처벌하는 데 열심인 현상은 일방적 무기가 아니다. 그도 그럴 것이, 과연 무엇이 부끄러운 행동인가 하는 점에서부터 의견 차이가 있기 때문이다. 1969년 '시카고 세븐' 재판 때, 피고인들 중 제일가는 선동가였던 유대인 애비 호프먼은 역시 유대인이었던 판사 줄리어스 호프먼(둘이 친척인 건 아니다)에게 이렇게 외침으로써 그에게 창피를 주고 비웃었다. "당신은 샨다 푸르 디 고임[이디시어로 '이교도들 앞의 망신']이야. 당신은 히틀러를 더 잘 섬겼을 사람이야."

** 현재는 많은 미국인 무슬림들이 이런 처지에 있다. 이슬람 근본주의 테러를 남들보다 나서서 규탄하지 않으면 의혹을 살 테니 그래야 한다고 느끼지만 동시에 그런 상황에 깊은 분노를 느끼는 것이다. "나는 규탄하기를 거부한다. 내가 규탄하지 않아서가 아니라…… 그렇게 한다면 사람들이 내게 그런 질문을 던지는 게 타당하다고 동의하는 셈이기 때문이다." 아랍계 미국인 작가 아메르 자르의 말이다.

물론 반대편 극단에는 변용성이 없고 협상을 초월하는 우리도 있다. 시아파에서 수니파로, 이라크 쿠르드족에서 핀란드 사미족으로 트레이드되는 사람은 없다. 쿠르드 중에서 드물게 사미족이 되기를 원하는 사람이 있을 순 있겠지만, 그러면 그가 처음 순록에 코를 비빌 때 그의 조상들이 무덤에서 돌아누울 것이다. 개종자는 종종 그가 떠나온 사람들로부터 험상궂은 보복을 당하고—2014년 수단에서 기독교로 개종했다는 이유로 사형 선고를 받은 메리엄 이브라힘이 그런 예다—새로 가입한 곳에서는 의심을 산다. 이처럼 개인의 운명이 영구적이라는 감각으로부터 우리라는 사고방식의 독특한 요소가 나온다. 야구선수가 연봉에 대한 막연한 약속만을 믿고 신념에 기반해서 계약하는 일은 없다. 하지만 고귀한 가치에 기반한 우리를 믿는 것, 전체는 부분의 합보다 크다고 믿는 것, 비록 강제할 순 없더라도 의무가 세대에서 세대로 수천 년 동안 심지어 내세에까지 전달된다고 믿는 것, 옳건 그르건 우리가 중요하다고 믿는 것, 이것이야말로 신념에 기반한 관계의 핵심이다.

당연히 현실에서는 상황이 더 복잡하다. 가끔은 운동선수가 팀을 바꾸는 것이 고귀한 신뢰를 배신하는 일로 여겨진다. 르브론 제임스가 고향 클리블랜드의 캐벌리어스를 떠난다고 발표했을 때 사람들이 그것을 배신으로 받아들였던 것, 그가 복귀한다는 소식을 예수 재림처럼 받아들였던 것을 떠올려보라. 한편 집단 소속감의 반대편 극단에서 사람들은 얼마든지 개종하고, 이주하고, 동화되며, 특히 미국에서는 그러다가 상당히 비전형적인 우리가 되기도 한다. 전 루이지애나 주지사 보비 진덜을 떠올려보라. 그는 남부 억양이 짙고 기독교를 믿지만, 인도에서 건너온 힌두교 부모 밑에서 원래 피유시 진달이라는 이름으로 태어났다. 그리고 끔찍하게 복잡한 표현이기는 하지만, 변용성의 일방향성에 담긴 복잡성도 고려해야 한다. 메리엄 이브라힘을 처형하려고 하는 무슬림 근본주의자들은 자신들이 그에게 칼을 겨누고 이슬람**으로** 개종하라고 강요하는 것은 괜찮다고 여긴다.

나아가 국가와 개인의 관계를 따질 때, 집단 소속감의 속성은 혈투를 부를 만큼 논쟁적일 수 있다. 그 관계는 계약인가? 국민은 세금을 내고, 법을 지키고, 군대에 간다. 대신 정부는 사회 서비스를 제공하고, 길을 닦고, 허리케인 이재민을 돕는다. 아니면 그 관계는 고귀한 가치일까? 국민은 절대적으로 복종하고, 국가는 조국이라는 신화를 제공한다. 후자라고 믿는 사람들은, 만약 황새가 자신을 무작위로 다른 나라에 내려놓았다면 자신이 지금과는 다른 예외주의의 정당성을 열렬히 느끼고 지금과는 다른 군악에 맞춰서 행진했으리라는 생각은 꿈에도 하지 않는다.

그들

우리가 우리를 보는 표준적 방식이 있는 것처럼, 그들을 볼 때도 패턴이 있다. 한 가지 일관된 패턴은 그들을 위협적이고, 성나 있고, 믿을 수 없는 존재로 보는 것이다. 영화에 나오는 외계인이 흥미로운 사례라 할 수 있다. 영화의 개척자 조르주 멜리에스의 1902년 작 〈달세계 여행〉부터 시작하여 조건에 맞는 영화를 100편 가까이 분석한 결과에 따르면, 무려 80%에 가까운 수가 외계인을 악한 존재로 그렸고 나머지만이 선하거나 중립적인 존재로 그렸다.* 경제 게임에서, 참가자들은 자기도 모르게 타 인종 참가자를 덜 믿음직하거나 덜 상호적인 상대로 취급한다. 백인들은 아프리카계 미국인의 얼굴을 백인의 얼굴보다 더 성난 표정으로 판단하고, 인종이 모호한 얼굴이 성난 표정을 짓고 있는 걸 보면 타 인종으로 분류하는 경우가 많다. 백인 피험자들은 사전에 (백인이 아니라) 흑인 범죄자를 떠올리도록 하는 무의식적 단서를 받

* '좋은 외계인' 영화의 예로는 〈지구가 멈추는 날〉(1951), 〈미지와의 조우〉(1977), 〈코쿤〉(1985), 〈아바타〉(2009), 그리고 물론 〈이티〉(1982)가 있다. 수많은 '나쁜 외계인' 영화의 예로는 〈블롭〉(1958), 〈리퀴드 스카이〉(1982), 〈화성에서 온 악녀〉(1954), 그리고 물론 〈에일리언〉(1979)이 있다. 나쁜/좋은 외계인 비율은 시대와 무관하게 일정하다(1950년대에는 감독들이 하원 비미非美활동위원회에 불려가지 않기 위해서 무서운 외계인 영화를 상대적으로 더 많이 만들고 1960년대에는 감독들이 막 카트만두에서 돌아와 여태껏 대마초에 취한 채로 착한 외계인 영화를 더 많이 만들고 하는 일은 없었다는 뜻이다). 이 조사를 맡아준 학생 조교 카트리나 후이에게 고맙다.

았을 때는 청소년 범죄자를 성인에 준하여 재판해야 한다는 견해를 더 많이 지지한다. 그들을 위협적으로 느끼는 무의식적 감각이 극히 추상적인 형태로 드러날 때도 있다. 야구 팬들은 라이벌 팀의 구장 크기를 과소평가하는 경향이 있고, 멕시코 이민자에게 적대적인 미국인들은 멕시코시티까지의 거리를 과대평가한다.

하지만 그들이 위협감만을 일으키는 것은 아니다. 가끔은 혐오감을 일으키기도 한다. 섬겉질을 기억해보자. 대부분의 동물들에서 섬겉질은 상한 음식을 먹었을 때처럼 미각적 혐오감을 담당하지만, 인간에게서는 그 담당 영역이 도덕적이고 미적인 혐오감을 포함하도록 확장되었다. 그래서 우리가 마약중독자나 노숙자의 사진을 볼 때는 보통 편도체가 아니라 섬겉질이 활성화한다.[25]

타 집단의 추상적 믿음에 혐오감을 느낀다는 것이 원래 혐오스러운 맛과 냄새를 신경쓰도록 진화한 섬겉질의 기본 역할은 아니었다. 여기서 우리/그들 표지들이 징검돌이 되어준다. 그들이 역겹거나 고귀하거나 귀여운 것을 먹기 때문에, 역한 냄새를 풍기기 때문에, 야하게 옷을 입기 때문에 혐오감을 느낀다면 어떨까? 섬겉질이 미끼를 물 만하다. 펜실베이니아대학교의 심리학자 폴 로진의 말마따나, "혐오는 민족 혹은 외집단의 표지로 기능한다". 그들이 역겨운 것을 먹는다는 결론은 그들이 가령 의무적 윤리 측면에서도 역겨운 견해를 품고 있다는 결론으로 이어지도록 하는 추동력이다.[26]

이런 혐오감의 역할은 그들에 대한 편견의 정도에 개인차가 있는 것을 어느 정도 설명해준다. 구체적으로, 이민자와 외국인과 사회적 일탈 집단에 부정적 태도를 가장 강하게 보이는 사람들은 개인 간 혐오감의 문턱값이 낮은 편이다(가령 낯선 사람의 옷을 입는 일이나 방금 남이 앉았던 자리에 앉는 일을 싫어한다).[27] 이 발견은 15장에서 다시 이야기하겠다.

어떤 그들은 우습다. 즉, 비웃고 놀릴 대상이다. 이때 유머는 적대감이다.[28] 외집단이 내집단을 놀리는 것은 약자의 무기라 할 수 있다. 강한 자에게 흠집을 냄으로써 복종의 아픔을 달래는 것이다. 반면 내집단이 외집단을 놀리는 것은 부정적 고정관념을 굳히고 위계를 구체화하는 일이다. 이런 맥락에서, '사회지배지향성(위계와 집단 불평등을 잘 받아들이는 성향)'이 높은 사람일수록 외집단에 대한 농담을 즐기는 편이다.

그들은 또 우리보다 단순하고 동질적인 존재로 여겨질 때가 많다. 데이비드 베레비가 『우리와 그들, 무리짓기에 대한 착각』이라는 훌륭한 책에서 충격적인 예를 제공한 바 있다. 고대 로마에서도, 중세 영국에서도, 중국 왕조에서도, 미국 남북전쟁 이전 남부에서도 엘리트들이 노예를 단순하고, 아이 같고, 독립할 능력이 부족하다고 보는 식으로 체제를 정당화하는 고정관념을 품고 있었다는 것이다.[29]

그들은 모두 동질적이고 교체 가능하다고 보는 것, 우리는 각자 다른 개인들이지만 그들에게는 어떤 획일적이고 불변하고 불쾌한 본질이 있다고 보는 것, 이것이 본질주의다. 그들과의 나쁜 관계가 오래 지속된 역사가 있다면, 본질주의적 사고가 격화한다. "그들은 늘 이런 식이었고 앞으로도 이럴 거야." 그들과 개인적 접촉이 없어도 마찬가지다. 그도 그럴 것이, 그들과 상호작용을 많이 할수록 본질주의적 고정관념을 거스르는 예외적 사례를 많이 알게 된다. 하지만 상호작용 부족이 본질주의적 사고의 필요조건은 아니다. 우리가 다른 성별에 대해서 본질주의적 사고를 한다는 것이 그 증거다.[30]

이처럼, 그들에도 여러 종류가 있다. 위협적이고 성난 그들이 있고, 혐오스럽고 역겨운 그들이 있으며, 원시적이고 획일적인 그들도 있다.

그들에 대한 생각 대 감정

우리가 그들에 대해 품은 생각 중 얼마나 많은 부분이 그들에 대한 감정을 사후적으로 합리화한 것에 해당할까? 자, 인지와 감정의 상호작용이라는 주제로 돌아가보자.

우리/그들 가르기는 인지적으로 쉽게 포장된다. 뉴욕대학교의 존 조스트가 살펴본 그중 한 영역은 사회 상층계급이 현체제의 불평등을 정당화하기 위해서 인지적 재주넘기를 하는 현상이다. 인지적 곡예는 특정 부류의 그들에 대해서 부정적이고 동질적인 견해를 갖고 있는 사람이 매력적이고 유명한 그들, 친근한 이웃 그들, 우리를 구해준 그들을 머릿속으로 받아들이려고 할 때도 벌어진다. "아, 이 그들은 달라"(열린 마음을 갖춘 자신을 갸륵하게 여기는 마음이 자연히 뒤따른다).[31]

그들을 위협으로 보는 데도 인지적 책략이 필요하다.[32] 내게 다가오는 저 그들이 강도일까봐 두려워하는 것은 감정과 자기중심성의 발로다. 하지만 그들이 우리 일자리를 빼앗고, 예금을 조작하고, 혈통을 묽히고, 아이들을 동성애자로 만들고, 기타 등등을 할까봐 두려워하는 데에는 경제학, 사회학, 정치학, 유사과학에 관한 미래지향적 인지가 필요하다.

따라서 우리/그들 가르기는 현실을 일반화하고, 미래를 상상하고, 숨은 동기를 추론하고, 이런 인지적 판단을 언어로써 다른 우리들과 공유하는 인지적 능력으로부터 비롯할 수 있다. 앞서 보았듯, 다른 영장류들도 그들에 해당하는 개체를 죽이는 것은 물론이거니와 그들에 대한 부정적 사고도 품는다. 하지만 다른 어떤 영장류도 이데올로기, 신학, 미학 때문에 남을 죽이지는 않는다.

우리/그들 가르기에 이처럼 사고가 중요하게 작용함에도 불구하고, 그 핵심에는 분명 정서적이고 자동적인 측면이 있다.[33] 베레비가 책에서 한 말을 빌리면, "고정관념은 게으르고 짧은 인지의 결과가 아니다. 애초에 의식적 인지가 아니다". 이런 자동성 때문에 "정확히 이유는 모르겠지만, 아무튼 그들이 그러는 건 틀렸어" 같은 발언이 나오는 것이다. 뉴욕대학교의 조너선 하이트는 그런 상황에서 우리의 인지가 감정과 직관에 대한 사후 정당화라는 것, 우리가 그런 정당화로써 이성적으로 이유를 찾아냈다고 믿어버린다는 것을 연구에서 보여주었다.

우리/그들 가르기의 자동성은 편도체와 섬겉질이 그런 이분법을 결정하는 속도가 엄청나게 빠른 데서 드러난다. 뇌는 감정적 판단을 내린 뒤에야 의식적으로 인식한다. 혹은 무의식적 자극을 받았을 때처럼 아예 의식적으로는 인식하지 못할 수도 있다. 감정이 핵심임을 보여주는 또다른 증거는 아무도 편견의 근거를 모르는 사례들이다. 카고Cagots라고 불린 프랑스 소수 집단이 그랬다. 그들에 대한 박해는 11세기에 시작되었고, 20세기에 접어들어서까지 이어졌다.[34] 카고들은 마을 밖에서 살아야 했고, 옷을 다르게 입어야 했고, 교회에서 따로 앉아야 했고, 천한 일을 해야 했다. 그러나 그들은 외모, 종교, 말투, 이름 면에서 다른 점이 없었다. 그들이 천민인 이유를 아무도 몰랐다. 카고들은 스페인을 침략했던 무어인 병사들의 후손이어서 기독교도들에게 차별당했던 건지도 모른다. 아니면 카고들이야말로 초기 기독교도들이었고 그래서 비기독교도들이 그들을 차별하기 시작했던 건지도 모른다. 카고들의 선조가 저지른 죄가 무엇인지, 공동체의 지식 대신 무엇으로 그들을 인식할지 아는 사람이 아무도 없었다. 프랑스혁명기에 카고들은 공문서 보관소를 불태워서 자신들의 신분 증명을 말소했다.

자동성의 근거는 또 있다. 어떤 사람이 다양한 외집단들에 대해서 열렬한 증오를 품고 있다고 하자.[35] 이 점을 설명할 길은 두 가지다. 선택지 1. 그는 A 집단의 무역정책이 경제를 해친다는 결론을 신중하게 내렸고, **더불어** B집단의 선조가 신성모독적이었다는 사실을 우연히 알았으며, **더불어** C집단의 구성원들이 제 조부모 세대가 일으킨 전쟁을 충분히 반성하지 않는다고 생각하며, **더불어** D집단의 구성원들이 고압적이라고 인식하는데다가, **더불어** E집단이 가족 가치를 훼손한다고 생각한다. 이것참, 인지적 결론들이 수렴한 우연치고는 과하지 않은가. 선택지 2. 그는 권위주의적 기질 탓에 새로움과 모호한 위계에 동요하는 성향이고, 따라서 이것은 일관된 인지적 결론들의 집합이 아니다. 7장에서 보았듯, 테오도어 아도르노가 파시즘의 뿌리를 이해하려는 노력에서 이런 권위주의적 기질의 속성을 밝힌 바 있다. 한 종류의 외집단에게 편견을 품는 사람은 다른 종류의 외집단들에게도 편견을 품는 편이고, 그것도 감정적 이유에서 그렇다.*[36] 이 주제는 다음 장에서 더 이야

* 흥미롭게도, 음모론자들에게도 이와 비슷한 패턴이 있다는 사실이 여러 연구로 밝혀졌다. 과거에 뉴멕시코에 외계인이 착륙했었다고 믿는 사람들은 다이애나비가 다른 왕족들의 사주를 받은 암살자에게 살해되었다고도 믿을 확률이 평균보다 높다. 이런 세계관이 얼마나 비합리적

기하자.

그들에 대한 부정적 태도가 정서와 자동적 과정에서 온다는 증거로 가장 강력한 것은, 스스로는 합리적이라고 여기는 인지가 실은 무의식적 단서에 의해 쉽게 조작된다는 점이다. 앞서 소개한 예를 다시 들면, 피험자들에게 '충성심'을 상기시키는 무의식적 단서를 사전에 준 경우에는 사람들이 우리에게 더 가까이 앉고 그들로부터 더 멀리 앉았지만, '평등'을 상기시키는 단서를 준 경우에는 정반대 결과가 나왔다.* 또다른 실험에서는 피험자들에게 완벽하게 낯선 나라를 소개하는 재미없는 슬라이드 쇼를 보여주었다("'몰도바'라는 나라가 있어?"). 이때 절반의 피험자들이 보는 슬라이드 쇼에서는 중간중간 긍정적인 표정의 얼굴들이 시청자가 의식적으로 알아차릴 수 없을 만큼 순간적으로 나타났다 사라졌고, 나머지 절반의 피험자들이 보는 슬라이드 쇼에서는 부정적인 표정의 얼굴이 나타났다. 그러자 전자의 피험자들이 후자보다 문제의 나라에 대해서 더 긍정적인 견해를 형성했다.[37]

현실에서도 그들에 대한 의식적 판단은 무의식적으로 조작된다. 3장에서 소개했던 중요한 실험이 그 예다. 연구자들은 주로 백인이 사는 교외 동네의 기차역들에서 출근자들에게 정치적 견해를 묻는 설문조사를 했다. 그다음, 역들 중 절반에 2주 동안 매일 아침 점잖게 입은 멕시코인 한 쌍을 내보내어 스페인어로 조용히 대화하다가 기차를 타도록 지시했다. 그러고는 출근자들에게 다시 설문조사를 시행해보았다.

놀랍게도, 그런 멕시코인들을 본 것만으로도 사람들은 멕시코로부터의 **합법** 이민을 줄이고 영어를 공식어로 지정하자는 제안에 더 많이 찬성하게 되었고, 불법 이주자들을 사면하자는 제안에 더 많이 반대하게 되었다. 조작은

인가 하면, 그들에게 두 시나리오를 시간적으로 너무 가깝게 묻지만 않는다면, 다이애나비가 살해당했다고 믿는 사람들은 또한…… 다이애나비가 스스로 죽음을 위장하고 지금은 이를테면 위스콘신에서 가명으로 살고 있다고 믿을 확률도 평균보다 높다.

* 이런 무의식적 단서는 어떻게 주는 걸까? 피험자는 단어들이 뒤죽박죽 섞인 문장을 받아서 그것을 제 순서대로 정렬하는 작업을 한다. 그런데 한쪽 집단에 주어진 문장들은 대부분 충성심과 관련된 내용이고("팀원들을 돕는다 자신의 제인은"), 다른 집단에 주어진 문장들은 평등에 관련된 내용이다("공정함을 크리스는 사람이다 지지하는").

선택적으로 작용했다. 아시아계, 아프리카계, 중동계 미국인에 대한 견해는 달라지지 않았기 때문이다.

이 흥미로운 예는 또 어떤가. 4장에서 보았듯, 배란기에 여성들의 방추상 얼굴영역은 사람의 얼굴에 더 많이 반응하고, 특히 (정서적) 배쪽안쪽이마앞엽 겉질은 그중에서도 남자의 얼굴에 더 반응한다. 그런데 미시간주립대학교의 카를로스 나바레테는 백인 여성들이 배란기에 아프리카계 미국인 남성에 대해서 더 부정적인 태도를 갖게 된다는 것을 확인했다.*[38] 그러니까 우리/그들 가르기의 강도가 호르몬에 의해 조절된다는 것이다. 그들에 대한 우리의 감정은 우리가 눈치조차 채지 못하는 숨은 힘들의 영향을 받는다.

우리/그들 가르기의 자동성은 마술적 전염, 즉 어떤 사람의 본질이 물체나 다른 생물체로 전달될 수 있다는 믿음으로까지 확장될 수 있다.[39] 이 현상은 득일 수도 있고 실일 수도 있다. 사람들이 존 F. 케네디가 입었던 스웨터를 빨면 경매에서 그 가치가 낮아질 테고 폰지 사기꾼 버니 메이도프가 입었던 스웨터를 빨면 가치가 올라갈 거라고 생각한다는 걸 보여준 연구가 있었다. 이것은 말도 안 되는 이야기다. 빨지 않은 존 F. 케네디 스웨터에 그의 마법적 겨드랑이 땀이 여전히 묻어 있는 것도 아니고, 빨지 않은 메이도프 스웨터에 그의 도덕적 부패를 일으킨 세균이 묻어 있는 것도 아니다. 이런 마술적 전염에 대한 믿음은 과거에도 사례가 있었다. 나치는 '유대 개들'이 주인들 때문에 오염되었다고 보아서 개들을 주인과 함께 죽였다.**[40]

인지가 감정을 뒤늦게 따라잡는 과정에서 핵심은 물론 합리화다. 훌륭한 예가 2000년에 있었다. 미국 대선에서 앨 고어가 당선되었지만 연방대법원

* 후속 연구에는 좀 안 어울리지만 나도 관여했는데, 그때는 2008년 대선 기간 동안 딱 한 명을—버락 오바마—대상으로 비슷한 주제를 조사했다. 피험자들은 다양한 색조의 갈색들을 본 뒤에 그중에서 오바마의 피부색과 가장 근접한 색깔을 골랐다. 이때 오바마를 백인에 가깝게 여긴 백인 여성 피험자들은 배란기에 그에게 표를 줄 확률이 높아졌고, 그를 흑인에 가깝게 여긴 피험자들은 그 반대였다. 다만 이 현상의 효과가 미미한 정도였다는 점은 알아둬야 한다. 당선 가능성이란 보는 사람의 눈에 따라, 그리고 호르몬 상태에 따라 달라진다.

** 이상한 역사적 사실인바, 나치 독일은 동물에 대한 인도적 대우와 안락사 측면에서 세계에서 가장 엄격했다. 나치 독일하에서는 개들이 그 주인들보다 훨씬 덜 고통받았다.

이 조지 W. 부시를 당선자로 선택한 뒤에 온 국민이 '행잉 채드hanging chads'가 뭔지 알게 된 때였다.* 재미를 놓쳤던 분들을 위해 설명하면, '채드'란 펀치 카드형 투표 용지에서 구멍이 뚫려 떨어져나가는 종잇조각을 뜻하고 '행잉 채드'란 완전히 떨어지지 않은 채 용지에 매달린 조각을 뜻한다. 행잉 채드가 달려 있다고 해서 그 표가 무효일까? 투표인이 누굴 찍었는지는 명확한데도? 만약 채드들이 고개를 들기 몇 밀리초 전에 정치 전문가들에게 레이건과 경제적 낙수 효과의 당, 혹은 루스벨트와 위대한 사회의 당이 행잉 채드에 대해 어떤 입장을 취하겠느냐고 물어보았다면, 그들도 그저 어리둥절했을 것이다. 그렇지만 채드들이 매달린 지 1밀리초 후, 두 당은 서로 왜 행잉 채드에 대한 상대의 의견이 미국 가정과 애플파이와 알라모의 유산을 위협하는지를 열심히 설명하고 나섰다.

우리가 자동적 우리/그들 가르기를 합리화하고 정당화하는 데 동원하는 '확증 편향'은 다양하다. 내 의견에 반대되는 증거는 잊고 지지하는 증거만 기억하기, 내 가설을 부정할 수 없고 지지할 수만 있는 방식으로 시험해보기, 내 맘에 드는 결과보다 싫은 결과를 더 비판적으로 따져보기.

더구나 암묵적 우리/그들 가르기가 무의식적으로 조작되면 우리는 방식을 바꾸어서 다시 정당화한다. 한 실험에서, 스코틀랜드 학생들에게 어떤 이야기를 들려주었다. 어떤 게임에서 스코틀랜드 출신 참가자들이 잉글랜드 출신 참가자를 불공평하게, 혹은 공평하게 대했다는 내용이었다. 이때 스코틀랜드인이 편견을 드러냈다는 이야기를 읽은 피험자들은 스코틀랜드인에 대해서 더 긍정적인 고정관념을 보였고, 잉글랜드인에 대해서는 더 부정적인 고정관념을 보였다. 그럼으로써 이야기 속 스코틀랜드인 참가자들의 편향을 정당화하는 것이었다.[41]

우리의 인지는 감정적 자아를 뒤따라가며, 우리가 그들을 미워하는 이유를 설명할 만한 사소한 사실이나 그럴듯한 이야기를 찾아내려고 애쓴다.[42]

---

* 이 낭패스러운 사건에 대한 내 견해가 어떤지는 여러분도 눈치챘을 것이다.

개인의 집단 간 상호작용과 집단의 집단 간 상호작용

이처럼 우리는 우리를 귀하고 충성스럽고 다양한 개인들로 구성된 무리로 여기고, 우리의 실패는 환경 탓이라고 여긴다. 반면 그들은 혐오스럽고, 우습고, 단순하고, 동질적이고, 개인마다 차이가 없으며 대체 가능한 존재들로 여긴다. 그리고 이런 직관을 자주 합리화한다.

개인이 우리/그들 가르기를 마음속으로 수행할 때의 상황이 이렇다면, **집단들이** 우리와 그들로서 상호작용할 때는 이보다 더 경쟁적이고 공격적이다. 라인홀트 니부어는 제2차세계대전중에 이렇게 말했다. "집단은 개인보다 더 교만하고, 위선적이고, 자기중심적이며, 더 무자비하게 제 목적을 추구한다."[43]

집단 내 공격성과 집단 간 공격성은 종종 반비례 관계를 보인다. 달리 말해, 이웃과 적대적 상호작용을 많이 하는 집단은 내부 갈등이 적은 경향이 있다. 뒤집어 말하자면, 내부 갈등 수준이 높은 집단은 거기에 정신을 파느라 바빠서 적대감을 타자들에게 집중할 여력이 없다.[44]

그렇다면 결정적인 의문은 이것이다. 이 반비례 관계가 인과관계일까? 내적으로 평화로운 사회만이 집단 간 적대 행동에 필요한 대규모 협력을 끌어낼 수 있는 걸까? 사회가 집단학살을 수행하기 위해서는 살인을 억제해야 하는 걸까? 인과를 뒤집어서 물을 수도 있다. 그들의 위협이 사회의 내적 협동을 촉진하는 걸까? 샌타페이연구소의 새뮤얼 볼스가 그렇다고 주장하며, 이 상황에 '갈등: 이타주의의 산파'라는 이름을 붙였다.[45] 뒤에서 더 이야기할 내용이다.

인간만이 독특하게 보여주는 우리/그들 가르기의 속성들

다른 영장류들도 초보적인 수준에서 추상적인 우리/그들 가르기를 드러내지만, 인간의 독특함에는 발끝도 따라오지 못한다. 이번 섹션에서는 다음과 같은 내용을 살펴보자.

* 인간은 누구나 복수 개의 우리에 속한다. 그리고 각 범주의 상대적 중요성이 빠르게 변할 수 있다.
* 그들이라고 해서 다 같지는 않다. 인간은 그들을 여러 종류로 나누고 그 각각에 대해서 다르게 반응하는 복잡한 유형론을 품는다.
* 인간은 우리/그들 가르기를 나쁜 일로 느끼고 숨기려고 할 수도 있다.
* 문화적 메커니즘은 이 이분법을 더 날카롭게 만들 수도 있고 뭉갤 수도 있다.

복수의 우리들

나는 척추동물이고, 포유류이고, 영장류이고, 유인원이고, 인간이고, 남성이고, 과학자이고, 왼손잡이이고, 해를 보면 재채기가 나오는 사람이고, 드라마 〈브레이킹 배드〉 광이고, 풋볼팀 그린베이 패커스 팬이다.* 이 모두가 우

---

* 이 마지막 사실은 나도 영문을 모르겠는 일이다. 꼬마였을 때, 만약 내가 풋볼에 대해서 많이 안다면 나를 괴롭히던 애들이 좀 덜 괴롭힐 게 분명하다는 생각이 들었다. 당시는 패커스가 빈스 롬바디 감독의 영도로 황금기를 구가하던 때였고, 그래서 나는 내가 그 팀을 좋아한다고 결정했다. 나는 패커스에 대한 온갖 시시콜콜한 정보를 외우고는 걸핏하면 물색없이 내뱉었고, 인생 최초로 (또한 사실상 유일하게) 풋볼 경기를 시청했는데, 공교롭게도 그 경기는 1966년 챔피언십 게임에서 패커스가 최종 공격 시기 종료를 16초 남긴 시점에 1야드 선에서 터치다운을 기록함으로써, 심지어 영하 15도의 날씨에서, 댈러스 카우보이즈를 꺾은 전설의 시합이었다. 그리고 그게 다였다. 나의 풋볼 집착은 그보다는 야구 척척박사가 되는 게 더 유리하겠다고 판단한 뒤로 희미해졌다(브루클린에서 살았던 내게 요행스러운 판단이었던 것이, 지지리도 운이 나쁜 메츠가 얼마 후인 1969년에 기적적으로 우승했다). 이후 나는 프로 풋볼 경기를 본 적이 없고, 패커스가 어떻게 됐는지 전혀 모르며(쿼터백이 아직 바트 스타인지 아닌지조차 모르고, 만약 그가 이미 은퇴했다고 해도 전혀 놀랍지 않다), 기본적으로 풋볼을 잊고 살았다. 그렇게 50년 가까이 지났

리/그들 가르기의 근거가 될 수 있다. 중요한 점은 이중에서 내게 가장 중요한 우리가 끊임없이 바뀐다는 것이다. 만약 옆집에 문어가 이사온다면, 내게는 척추가 있지만 그에게는 없다는 사실 때문에 나는 그에게 적대적 우월감을 느낄 것이다. 하지만 만약 문어도 나처럼 어릴 때 트위스터 게임을 즐겼다는 사실을 알게 되면, 반감이 사르르 녹고 동족 의식이 싹틀 것이다.

우리는 누구나 여러 개의 우리/그들 이분법에 속한다. 한 범주가 다른 범주의 대리로 기능할 때도 있다. 예를 들어, 캐비아가 뭔지 아는 사람/모르는 사람은 사회경제적 지위에 관한 이분법을 대신하는 범주로 썩 괜찮을 것이다.

앞서 말했듯, 개인이 소속된 우리/그들 복수성에서 가장 중요한 점은 범주의 우선순위가 쉽게 바뀐다는 것이다. 유명한 사례가 3장에서 소개했던 아시아계 미국인 여성들의 수학 점수에 관한 실험으로, 여기에는 아시아인은 수학을 잘한다는 고정관념과 여성은 못한다는 고정관념이 함께 작용한다. 피험자들 중 절반은 수학 시험 전에 자신이 아시아인임을 상기시키는 무의식적 단서를 접했고, 그러자 그들은 점수가 높아졌다. 나머지 절반은 여성임을 상기시키는 단서를 접했는데, 그러자 그들은 점수가 낮아졌다. 게다가 뇌에서 수학 실력에 관여하는 영역들의 활성화 수준도 그에 상응하여 달라졌다.*[46]

는데도, 요즘도 몇 년에 한 번씩 패커스가 잘하고 있다거나 못하고 있다는 뉴스를 들으면 기분이 잠시 그 뉴스에 휘둘린다. 풋볼 시합 사진을 봤는데 그 속에 패커스가 있다면, 나는 틀림없이 상대 팀보다 패커스에게 더 눈길을 주고 그게 패커스라는 사실에 설핏 기뻐한다. 한번은 그린베이 출신 사람을 만나서 흥분했다. 함께 1960년대 패커스 이야기를 30초쯤 두서없이 떠들고 났더니, 그와 거의 영혼의 친구가 된 것 같았다. 정말 희한한 일이다. 그리고 '소속감'이 뜻밖에 얼마나 큰 힘을 가질 수 있는지 잘 보여주는 일이기도 하다.

* 이와 관련하여 웃기고 재밌는 모험에 끌려든 적이 있었다. 스탠퍼드 근처에 벅스라는 식당이 있다. 그곳은 벤처 투자자들이 조찬을 나누며 협상하는 장소로 유명하다. 실리콘밸리의 전설적인 회사들이 죄다 그곳 식탁에서 탄생했다나 뭐라나. 실리콘밸리의 한 신문사가 내게, 당신은 영장류학자니까 우리 기자와 함께 그곳에 가서 벤처 투자자들이 벅스라는 야생의 서식지에서 우세 상호작용을 하는 모습을 동물학적으로 관찰해보라고 꼬셨다. 우리는 뭔가 협상하고 있는 사업가 두 팀의 자리를 관찰하기 시작했다. 양측에 한 명씩 가무잡잡하게 태우고 몸매가 탄탄한 우두머리 수컷이 있었고, 그들이 보스인 것 같았다. 양측에 한 명씩 서류철과 스프레드시

또 우리는 다른 개인들이 각자 여러 범주에 속한다는 것을 인식하며, 그 중에서 우리가 보기에 가장 적절하다고 여기는 범주는 상황에 따라 바뀐다. 어쩌면 당연하게도 이 주제에 관한 연구들이 살펴본 범주는 대부분 인종이었고, 그때 핵심 질문은 인종이 늘 다른 우리/그들에 앞서는 범주인가 하는 것이었다.

인종이 일순위라는 시각은 직관적으로 타당한 듯 들린다. 우선, 인종은 생물학적 특성이다. 게다가 눈에 띄고 불변하는 정체성이라서 본질주의적 사고를 부르기 쉽다.[47] 여기서 진화에 관한 직관도 따라 나온다. 인간은 자신과 다른 피부색이 자신과 거리가 먼 그들을 뜻하는 가장 확실한 신호가 되는 세상에서 진화했다는 생각이다. 놀랍도록 많은 문화들이 과거에 피부색에 따라 지위를 부여했다. 서구와 접촉하기 전의 전통문화들도 그랬다. 그리고 소수의 예외는 있지만(일본에서 지위가 낮은 아이누족이 한 사례다), 대부분은 피부색이 밝을수록 집단 내에서나 집단 간에나 더 높은 지위를 차지하는 방향이었다.

하지만 이런 직관들은 근거가 희박하다. 우선 인종 간의 차이에 생물학이 기여하는 바가 분명히 있기는 해도, 특정 '인종'은 불연속적 범주가 아니라 생물학적 연속체다. 데이터를 취사선택하지 않는 한, 일반적으로 한 인종 내

트를 잔뜩 든 남자가 있었고, 그들이 부하인 것 같았다. 두 부하는 서로 서류를 들이밀고, 허공에서 손가락질하고, 찡그리고 하면서 끊임없이 상호작용했다. 두 보스는 의자를 비틀어 앉아서 여봐란듯이 서로 무시한 채 그 상황을 짐짓 모르는 체했고, 그러다가 한쪽이 상대에게 말을 걸라치면 신비롭게도 딱 그 순간에 이쪽의 휴대전화가 울렸으며, 그러면 그는 고압적인 손짓으로 말 건 쪽을 물리친 뒤 전화를 받았다. 가끔 부하가 제 보스에게 뭔가를 은밀하게 물었고, 그러면 보스는 고위 인사 특유의 미니멀리즘으로 짧게 고개를 까딱함으로써 역사의 흐름을 바꾸었다. 그리하여 협상이 종결되었다. 모두 만족한 듯 악수를 나누었고, 무슨 의례인 양 손도 대지 않은 음식을 남긴 채 식당을 떠났다. 기자와 나는 부리나케 창문으로 가서 주차장에 있는 그들을 관찰했다. 적대적 상호작용이 끝나자, 우리/그들 가르기의 양상이 바뀌었다. 부하들은 작고 실용적인 프리우스를 타고 서둘러 떠났지만, 두 세상의 지배자는 뒤에 남아서 잡담을 나누며 각자 SUV에서 테니스 라켓을 꺼내어 정답게 비교하고는 상대방의 채로 한두 번 스윙해보기도 했다. 그 순간에는 그들이 각자 충성스러운 부하의 얼굴을 본대도 뇌에서 방추상얼굴영역조차 활성화하지 않았을 것이다. 그 순간에 더 중요한 우리는 세번째 전 부인에게 이혼수당을 줘야 하는 고충에 공감해주는 맘 맞는 상대니까.

의 유전적 변이는 인종 간 변이만큼 크다. 놀라운 일도 아니다. 하나의 인종이라고 묶이는 사람들 내에 얼마나 큰 차이가 있는지 떠올려보라. 시칠리아 사람과 스웨덴 사람을, 세네갈 농부와 에티오피아 목동을 비교해보라.*

진화적 논증도 타당하지 않다. 인종 차이는 비교적 최근에야 진화한 속성이어서, 우리/그들 가르기에서 의미가 거의 없다. 과거 수렵채집인들이 살면서 만나는 가장 다른 사람은 아마 수십 킬로미터 떨어진 곳에서 사는 사람이었을 텐데, 가장 가까이 사는 다른 인종은 아마 수천 킬로미터 밖에 있었을 것이다. 피부색이 확연히 다른 사람을 만나는 사건에 관해서 진화가 우리에게 남긴 유산은 없다.

게다가 생물학에 근거한 고정 분류 체계로서 인종이라는 개념도 제대로 기능하지 않는다. 미국 인구조사국은 왕왕 '멕시코인'과 '아르메니아인'을 별도의 인종으로 분류하곤 했다. 또 남부 이탈리아인을 북부 유럽인과 다른 인종으로 분류했다. 증조부모 중 한 명이 흑인이고 일곱 명이 백인인 사람은 오리건에서는 백인으로 분류되었지만 플로리다에서는 아니었다. 이런 인종은 생물학적 구성체가 아니라 문화적 구성체다.[48]

이런 사실들을 볼 때, 다른 기준에 기반한 우리/그들 이분법이 종종 인종을 누른다는 것은 어쩌면 당연한 일이다. 가장 흔한 예는 성별이다. 앞에서, 사람들은 같은 인종의 얼굴에 대해 조건화했던 공포보다 타 인종의 얼굴에 연합했던 공포를 '소거'하기가 더 어렵다고 말했다. 그런데 나바레테는 조건화한 얼굴이 남성의 얼굴일 때만 이 현상이 유효하다는 것을 보여주었다. 이 상황에서는 자동적 범주화의 기준으로서 성별이 인종에 앞서는 것이다.** 나

* 미국에서는 이런 이질성을 인식하기가 어렵다. 대부분의 아프리카계 미국인은 아프리카의 전체 부족 다양성에서 겨우 1~2%를 차지하는 소수의 서아프리카 부족들의 후손이기 때문이다. 요즘 아프리카계 미국인의 고혈압에 특화된 약이 팔리고 있다는 사실은 언뜻 생물학적 인종 개념을 구체화하는 증거로 보이지만, 실제로 그것은 인종 전체라기보다는 서아프리카인 중에서도 일부 후손들이 생물학적으로 어떤 특성을 갖고 있는지를 알려주는 사실일 뿐이다.

** 하지만 늘 그런 것은 또 아니다. 아프리카계 미국인 여성 여덟 명이 포함되어 있던 배심원단이 O. J. 심프슨에게 무죄 평결을 내렸던 것에 대해서 그간 많은 분석이 이뤄졌다. 여성 배심원들이 가장 뚜렷하게 인식한 집단 정체성은 성별이었을까, 인종이었을까? 전자라면 그들은 심프

이도 인종에 쉽게 앞서는 범주다. 심지어 직업도 그렇다. 한 연구에서, 백인 피험자들이 인종을 상기시키는 무의식적 단서를 받은 뒤에는 자동적으로 흑인 운동선수들보다 백인 정치인들을 선호했지만, 직업을 상기시키는 단서를 받은 뒤에는 거꾸로였다.[49]

미묘한 재범주화를 통해서 원래 일순위 기준이었던 인종이 뒤로 밀려날 수도 있다. 한 연구에서, 피험자들은 흑인과 백인이 섞인 얼굴 사진들을 보았다. 사진마다 서로 다른 문장이 딸려 있었고, 어느 얼굴과 어느 문장이 짝이었는지를 기억하는 게 피험자들의 과제였다.[50] 그러자 자동적으로 인종에 기반한 범주화가 벌어졌다. 피험자들이 문장을 잘못 짝짓는 경우, 피험자가 고른 얼굴과 원래 그 문장의 짝이었던 얼굴이 같은 인종일 때가 많았다. 그다음 연구자들은 사진의 흑인들과 백인들 중 절반은 특징적인 노란 셔츠를 입고 있고 나머지는 회색 셔츠를 입은 사진들을 보여주었다. 이제 피험자들은 얼굴이 아니라 주로 셔츠 색깔에 따라 혼동을 일으켰다.

프린스턴대학교의 메리 휠러와 수전 피스크는 뇌가 타 인종의 얼굴을 볼 때 편도체가 활성화하는 현상을 통해서 이런 범주화가 어떻게 바뀌는지를 멋지게 보여주었다.[51] 피험자들 중 한 집단은 여러 얼굴 사진들 속에 찍힌 특징적인 점을 찾아내는 과제를 받았다. 이때 타 인종의 얼굴에도 편도체가 활성화하지 않았는데, 뇌가 얼굴 정보를 처리하지 않는다는 뜻이었다. 두번째 집단은 사진 속 사람들이 특정 나이보다 많아 보이는지를 판단하는 과제를 받았다. 그러자 타 인종의 얼굴에 대한 편도체 반응이 확대되었는데, 이것은 나이라는 범주로 생각하다보니 인종이라는 범주에 대한 생각도 강화되었다는 뜻이다. 세번째 집단은 야채 사진 뒤에 얼굴 사진을 보고서 그 사람이 그 야채를 좋아할 것 같은지 판단하는 과제를 받았다. 이때 편도체는 타 인종의 얼굴에 반응하지 않았다.

마지막 결과는 적어도 두 가지 방법으로 해석 가능하다.

슨의 가정폭력 전과에 더 민감하게 반응했을 테고, 후자라면 사법제도가 또 한 명의 아프리카계 미국인 남성을 모함하려는 것일지도 모른다고 생각했을 것이다. 결과는 여러분도 아는 대로다.

a. 주의 분산. 피험자들은 당근을 생각하기에 바빠서, 인종에 기반한 자동적 범주화를 수행할 여력이 없었다. 그렇다면 이것은 점을 찾아보는 실험의 효과와 비슷하다고 할 수 있다.
b. 재범주화. 당신은 그들의 얼굴을 본 뒤, 그 사람이 어떤 음식을 좋아할지 상상해본다. 그가 장 보는 모습, 식당에서 주문하는 모습, 집에서 저녁 식탁에 앉는 모습, 특정 음식을 즐기는 모습을 상상해본다…… 한마디로, 당신은 그를 개인으로 생각한다. 이것도 얼마든지 받아들일 수 있는 해석이다.

재범주화는 실험이 아닌 현실에서도, 더구나 참으로 잔혹한 상황에서도 뜻밖에 벌어지곤 한다. 그런 사례들 중에서 내가 각별히 여기는 것들이 있다.

게티즈버그전투에서, 남부군 사령관 루이스 아미스테드가 공격을 이끌다가 치명상을 입었다. 전장에 쓰러진 채, 그는 다른 단원이 알아보기를 바라는 마음에서 비밀스럽게 프리메이슨 신호를 보냈다. 신호를 알아본 사람은 북군 장교 하이럼 빙엄이었다. 빙엄은 아미스테드를 보호했고, 북군 야전병원으로 데려갔고, 소지품을 지켜주었다. 프리메이슨/비프리메이슨이라는 우리/그들이 북군/남군이라는 구별보다 순식간에 더 중요해졌던 것이다.* 52

또다른 사례도 역시 남북전쟁의 일화다. 북군에도 남군에도, 아일랜드 이주자 출신 병사들이 있었다. 아일랜드 출신들은 보통 되는 대로 진영을 정한 편이었다. 가급적 짧은 시간 내에 군사 훈련을 받

* 이 이야기에는 가슴 저릿한 사연이 한 겹 더 있다. 아미스테드가 전쟁 전에 절친하게 지냈던 친구인 윈필드 스콧 행콕은 전투에서 여단을 지휘했는데…… 북군측이었다. 죽어가던 아미스테드는 행콕의 안부를 물었고, 빙엄에게 옛친구에게 인사를 전해달라고 부탁했다.

을 수 있을 것 같다고 판단한 진영을 택한 것이었다. 고국 아일랜드로 돌아가서 독립투쟁을 할 때 도움이 되도록. 이런 아일랜드 병사들은 전투에 나서기 전에 모자에 푸른 잔가지를 꽂았다. 자신이 혹시 죽었거나 죽어가는 상황에 처하면, 미국 내전에서 임의로 택한 우리/그들을 벗고 진정 중요한 우리로 돌아감으로써 아일랜드 동포들의 눈에 띄어 도움을 받기 위해서였다.[53] 그들의 녹색 나뭇가지는 초록 수염이었다.

제2차세계대전에서도 우리/그들 이분법이 빠르게 전환된 사례가 있었다. 영국 돌격대가 크레타섬에서 독일군 소장 하인리히 크라이페를 납치한 뒤 영국군 배가 기다리는 해안까지 18일간의 위험한 행군을 감행했다. 어느 날 그들은 크레타섬에서 가장 높은 봉우리에 눈이 쌓인 모습을 목격했다. 크라이페가 눈 덮인 산을 노래한 호라티우스의 시 중 첫 소절을 (라틴어로) 중얼거렸다. 그러자 영국군 장교 패트릭 리 퍼머가 뒤를 이어받아 낭송했다. 리 퍼머의 표현에 따르면, 두 사람은 자신들이 "같은 샘에서 물을 마신" 사이임을 깨달았다. 재범주화가 이뤄졌다. 리 퍼머는 크라이페가 상처를 치료받도록 해주었고, 행군의 나머지 여정 동안 그를 안전하게 지켜주었다. 두 사람은 전후에도 연락을 주고받았고, 수십 년 뒤 그리스 텔레비전 방송에서 재회했다. 크라이페는 "악감정은 없다"면서 리 퍼머의 '용감한 작전'을 칭찬했다.[54]

마지막 사례는 제1차세계대전의 크리스마스 휴전이다. 이 이야기는 마지막 장에서 더 길게 하겠다. 유명한 사건이다. 양 진영의 병사들이 크리스마스 하루를 노래하고, 기도하고, 함께 파티하고, 함께 축구하고, 선물을 주고받으며 보냈다. 전선의 곳곳에서 병사들은 이 휴전을 확대하려고 애썼다. 그날 하루만은 영국군 대 독일군이라는 편 가르기보다 더 중요한 편 가르기가 있었던 것이다. 참호에 처박힌 우리 **모두** 대 후방에서 우리가 다시 서로 죽이기를 바라는 장교들이라는 편 가르기였다.

이렇듯, 우리/그들 이분법은 차츰 시들어서 카고들의 사례처럼 역사 잡학 상식으로만 남을 수도 있고, 인구조사국의 변덕에 따라 경계가 이동할 수도 있다. 더 중요한 점은 우리가 머릿속에 여러 가지 이분법들을 품고 있다는 것, 그중에서도 가장 필연적이고 결정적인 듯 보이는 범주들이 어떤 상황에서는 순식간에 전혀 중요하지 않은 게 되어버린다는 것이다.

차가움 그리고/또는 무능함

정신이 나가서 횡설수설하는 노숙자도, 우리가 미워하는 민족 출신의 성공한 사업가도 그들이 될 수 있다는 사실은 한 가지 중요한 깨달음을 준다. 우리가 서로 다른 유형의 그들에게 서로 다른 감정을 느낀다는 것, 그리고 그 차이의 바탕에는 두려움과 혐오감의 신경생물학적 차이가 있다는 것이다.[55] 일례로, 우리가 두렵다고 느끼는 얼굴을 볼 때는 좀더 경계하고 지켜보기 위해서 시각 겉질이 활성화하지만, 혐오감을 일으키는 얼굴을 볼 때는 오히려 그 반대다.

우리는 여러 종류의 타자들과의 관계에 대해서도 다양한 유형으로 사고한다. 어떤 그들에 대해서는 생각이 전혀 복잡하지 않다. 가령, 중독자인데다가 가정폭력을 휘두르다가 집에서 쫓겨난 뒤 길에서 노인들에게 강도짓을 하는 노숙자를 떠올려보자. 트롤리 앞에 밀어버리자! 사람들은 한 명을 희생해서 다섯 명을 구할 수 있는 상황에서 만약 그 다섯 명이 내집단 구성원이고 한 명이 이런 식의 극단적 외집단일 때는 더 쉽게 희생에 찬성한다.*[56]

---

* 이때 우리가 그런 개인을 거의 인간으로도 인식하지 않는다는 점이 뼈아픈 사실이다. 뒤에서 보겠지만, 이 현상은 뇌 촬영 연구에서도 확인되었다. 한편 최근의 한 연구에서는 '법인'이라는 희한한 미국적 법 개념에 관해서 이와 정반대되는 현상이 확인되었다. 사람들이 법인의 행위가

하지만 더 복잡한 감정을 일으키는 그들에 대해서는? 이 문제에서는 피스크의 연구와 '고정관념 내용 모형'이 어마어마한 영향력을 발휘했다.[57] 이번 장 전체가 그의 연구에 관련된 내용이다.

우리는 그들을 두 가지 축에 따라 범주화하는 경향이 있다. '따듯함'(저 개인이나 집단이 친구일까 적일까, 호의적일까 적대적일까?)과 '유능함'(저 개인이나 집단이 자신의 의도를 얼마나 효율적으로 실행할까?)이다.

두 축은 독립적이다. 피험자들에게 누군가에 대한 최소한의 정보만을 주고 그를 평가해보라고 하자. 이때 그의 지위를 상기시키는 무의식적 단서에 노출된 피험자들은 따듯함 점수는 그대로이지만 유능함 점수를 다르게 매겼다. 그의 경쟁심을 상기시키는 단서에 노출된 피험자들은 그 반대였다. 두 축이 결합하면, 네 칸짜리 행렬이 만들어진다. 우선 우리가 따듯함도 유능함도 높게 평가하는 집단이 있다. 당연히 우리다. 미국인들은 보통 신실한 기독교인, 아프리카계 미국인 전문가, 중산층이 여기에 속한다고 본다.

그다음으로 반대쪽 극단에는 따듯함도 유능함도 낮은 집단이 있다. 앞에서 말한 가상의 노숙자 겸 중독자 겸 강도다. 피험자들은 보통 노숙자, 복지수급자, 인종 불문 가난한 사람에게 차가움/무능함 평가를 내린다.

그다음에는 따듯함/무능함 범주가 있다. 정신장애인, 신체장애인, 노인이다.* 마지막으로 차가움/유능함 범주가 있다. 개발도상국 사람들이 한때 자신을 지배했던 유럽 문화를, 그리고 미국의 많은 소수 인종들이 백인을 이렇게 보는 편이다.** 또 미국 백인이 아시아계 미국인을, 유럽에서 유대인을, 동아프리카에서 인도파키스탄인을, 서아프리카에서 레바논인을, 인도네시아에서 화교를 볼 때 적용하는 적대적 고정관념이 이렇다(정도는 덜하지만, 장소

얼마나 도덕적인지를 판단할 때, 마치 다른 인간의 도덕성을 판단할 때처럼 마음 이론 신경망을 활성화하더라는 것이다.

* 여기서 '유능함'은 일상적 의미가 아니라는 것을 잊지 말자. 여기서 '무능함'은 경멸적인 뜻이 아니라 단순히 주체적 행위 능력이 부족하다는 뜻이다.

** 이때 '유능함'이란 가령 로켓 과학자처럼 뭔가 훌륭한 재주가 있다는 뜻이 아니라, 식민주의자들이 당신이 대대로 물려받은 땅을 훔쳐야겠다는 생각을 떠올리고 수행할 때 척척 잘도 해내더라는 뜻이다.

를 불문하고 가난한 사람들이 부자들을 볼 때도 그렇다). 어디서나 비난은 비슷하다. 그들은 차갑고, 탐욕스럽고, 교활하게 부정을 저지르고, 파벌적이고, 동화되지 않고,* 충성심을 다른 곳에 바친다는 것이다. 하지만 젠장할, 그들은 돈 버는 법은 확실히 알고, 만약 우리가 심각한 병에 걸린다면 그런 의사를 찾아가는 게 좋다는 것이다.

사람들은 네 유형의 극단적 사례들에 대해서 각기 다르지만 일관된 감정을 품는 경향이 있다. 따듯함/유능함(즉 우리)에 대한 감정은 자랑스러움이다. 차가움/유능함에 대해서는 선망이다. 따듯함/무능함에 대해서는 동정이다. 차가움/무능함에 대해서는 혐오감이다. 뇌 스캐너에 누운 피험자에게 차가움/무능함 범주의 사람들 사진을 보여주면, 편도체와 섬겉질은 활성화하지만 방추상얼굴영역이나 (정서적) 배쪽안쪽이마앞엽 겉질은 활성화하지 않는다. 이것은 우리가 혐오스러운 것을 볼 때의 활성화 패턴이다(물론 이때 피험자에게 상대를 개체화해보라고 주문하면, 가령 그 노숙자가 '뭐든지 쓰레기통에서 찾아낸 것' 말고 어떤 음식을 좋아할 것 같은지 생각해보라고 하면, 패턴이 달라진다).** 대조적으로, 차가움/유능함이나 따듯함/무능함 범주의 사람들을 볼 때는 배쪽안쪽이마앞엽 겉질이 활성화한다.

우리는 극단적 사례들의 중간에 해당하는 대상에 대해서도 각기 다른 특징적 반응을 보인다. 동정과 자랑스러움의 중간쯤 되는 반응을 일으키는 사람들에 대해서는 그들을 돕고 싶은 마음이 든다. 동정과 혐오의 중간에 대

---

* 동아프리카에서의 내 경험에 따르면, 아프리카 남성들이 '힌디'(인도파키스칸계 사람들을 가리키는 말로, 대부분 여러 세대 전부터 동아프리카에서 살아온 집안들이다)를 '진짜 아프리카인'이 아니라고 비난하는 것은 '그들은 우리와는 자지 않는다'는 뜻일 때가 많다.

** 현실은 당연히 이 단순한 분류보다 더 복잡하다. 예를 들어보자. 우리가 차가움/무능함 범주의 사람을 인간이 아닌 대상으로 여긴다는 것은 그들을 '대상화'한다는 뜻이다. 그런데 '대상화'는 여성을 성애화하는 시각을 가리킬 때 더 자주 쓰이는 표현이다. 한 연구에서, 적대적 성차별주의를 강하게 품고 있는 남성들에게 여성의 사진을 보여주었더니 그들의 안쪽이마앞엽 겉질이(더불어 마음 이론과 관점 취하기에 관여하는 다른 뇌 영역들이) 평소보다 덜 활성화했는데, 다만 여성의 사진이 심하게 성애화된 경우에만 그랬다. 그리고 적대적 성차별주의를 품은 남성이 성적으로 도발적인 여성의 사진을 볼 때와 노숙인의 사진을 볼 때는 반응이 천양지차로 달랐다. 연구자들의 말마따나, 이 실험은 "사람들이 비단 꺼리고 싶은 대상에게만 '한정된 정신상태'를 부여하는 건 아니라는 것"을 보여주었다.

해서는 배제하고 비하하고픈 마음이 든다. 자랑스러움과 선망의 중간에 대해서는 그들과 사귀고 그들로부터 이득을 얻고픈 마음이 든다. 그리고 선망과 혐오의 중간에 대해서는 인간의 가장 적대적인 공격 충동이 일어난다.

나는 어떤 사람의 범주가 바뀌는 상황이 특히 흥미롭게 느껴진다. 가장 복잡하지 않은 상황은 따듯함/유능함 지위에서 바뀌는 경우다.

따듯함/유능함에서 따듯함/무능함으로: 부모가 쇠약해져서 치매에 걸리는 걸 지켜보는 상황으로, 애통한 심정으로 강력한 보호 욕구를 느끼게 된다.

따듯함/유능함에서 차가움/유능함으로: 사업 파트너가 알고 보니 오랫동안 횡령해온 경우. 배신감이 든다.

드물지만 따듯함/유능함에서 차가움/무능함으로 전환된 상황: 법률사무소 공동대표였던 친구가 뭔가 일을 겪더니 노숙자가 된 경우. 당혹감이 섞인 혐오감이 든다. 뭐가 잘못된 거야?

다른 범주로부터의 전환도 마찬가지로 흥미롭다. 누군가에 대한 인식이 따듯함/무능함에서 차가움/무능함으로 바뀔 때도 있다. 당신이 살짝 내려다보는 시선으로 매일 인사하고 지냈던 청소원이 당신을 멍청이라고 생각한다는 걸 알게 된 상황. 이렇게 배은망덕할 데가 있나.

차가움/무능함에서 차가움/유능함으로 전환되는 상황도 있다. 내가 꼬마였던 1960년대에 편협한 미국인들은 일본을 차가움/무능함 범주로 여겼다. 제2차세계대전의 그림자가 낳은 반감과 경멸이었다. '메이드 인 재팬'은 싸구려 플라스틱 물건을 뜻했다. 그런데 갑자기 '메이드 인 재팬'이 미국 자동차 및 철강 제조업을 능가하는 것을 뜻하게 되었다. 아니, 잠깐. 허를 찔렸다는 느낌과 경계심이 든다.

차가움/무능함에서 따듯함/무능함으로 전환될 수도 있다. 웬 노숙자가 행인이 떨어뜨린 지갑을 주워서는 주인에게 돌려주려고 허겁지겁 쫓아가는 모습을 보고, 그가 당신의 웬만한 친구들보다 더 나은 사람임을 깨닫는 상황이다.

내가 가장 흥미롭게 느끼는 것은 차가움/유능함에서 차가움/무능함으로의 전환이다. 이때 우리는 고소함, 샤덴프로이데를 느낀다. 1970년대에 좋은 예가 있었다. 당시 나이지리아가 석유산업을 국영화했는데, 그럼으로써 (알고 보니 망상에 가까운 착각이었지만) 부와 안정이 뒤따를 것이라고 믿었다. 나는 그때 한 나이지리아 논평가가 십 년 안에 자신들이 옛 식민 지배국인 영국에 원조를 보내게 될 거라고 신나게 말했던 것을 기억한다(영국이 차가움/유능함에서 차가움/무능함으로 바뀔 것이라는 말이었다).

이런 고소함은 우리가 차가움/유능함에 해당하는 외집단을 박해할 때 보이는 한 가지 특징을 설명해준다. 먼저 그들을 비하하고 모욕한 뒤에야 차가움/무능함으로 추락시킨다는 점이다. 중국은 문화혁명기에 인민의 적으로 간주된 엘리트들에게 먼저 우스꽝스러운 고깔모자를 씌워서 행진을 시킨 뒤에야 노동수용소로 실어보냈다. 나치는 이미 차가움/무능함에 해당하는 정신질환자들은 아무런 의식 없이 곧장 죽였다. 하지만 차가움/유능함에 해당하는 유대인들에게는 우선 모욕적인 노란 완장을 채우고, 서로 수염을 잘라주도록 강요하고, 비웃는 군중 앞에서 칫솔로 보도를 닦도록 시킨 뒤에야 죽였다. 이디 아민은 차가움/유능함에 해당하는 인도파키스탄계 국민 수만 명을 우간다로 추방하기 전에 군대를 동원해 그들의 재산을 훔치고, 때리고, 강간했다. 인간이 저지르는 최악의 잔학 행위 중 일부는 이처럼 차가움/유능함 범주의 그들을 차가움/무능함 범주의 그들로 바꾸려는 행위다.

경쟁자를 거미처럼 여기는 침팬지보다 인간의 이런 다양한 반응들이 더 복잡하다는 것은 두말하면 잔소리다.

인간의 이상한 속성이 또 있다. 내키지는 않지만 적을 존중하는 마음, 심지어 동지애마저 품게 되는 현상이다. 아마 지어낸 이야기이겠지만, 제1차 세계대전 때 양편 에이스 조종사들끼리 이런 상호 존경심을 느꼈다고 한다. "아, 무슈, 시절이 이렇지만 않았다면 당신과 좋은 와인을 마시면서 항공술을 논하는 기쁨을 누렸을 텐데요." "남작, 나를 격추시키는 것이 당신이라서 영광입니다."

이 현상은 이해하기가 쉽다. 그들은 결투를 벌이다가 용맹한 죽음을 맞는 기사들이었다. 그들은 항공전이라는 신기술을 터득하여 저 아래 시시한 사람들 위로 솟아오르는 자들이라는 점에서 우리였다.

하지만 놀랍게도, 솟아오르기는커녕 총알받이로서 국가의 전쟁 기계를 구성하는 무명의 톱니바퀴였던 전투원들에게서도 같은 현상이 나타난다. 제1차세계대전 때 피투성이 참호전에 참여했던 한 영국 보병은 이렇게 툴툴거렸다. "고향에 있는 사람들은 적을 욕하며, 모욕적으로 희화화한다. 하지만 나는 괴물처럼 묘사된 독일 황제 그림에 진절머리가 난다. 여기 전장에서는 용감하고, 숙련되고, 재주 좋은 적을 존경하게 된다. 그들도 고향에 사랑하는 사람들을 두고 왔고, 우리처럼 진흙탕과 비와 총알을 견뎌야 한다." 나를 죽이려는 사람들을 우리로 느끼는 마음이다.[58]

더 이상한 현상도 있다. 우리가 경제적 적과 문화적 적에게, 상대적으로 새로운 적과 오래된 적에게, 멀고 낯선 적과 가까우며 차이가 크지 않지만 그 사소한 차이가 부풀려진 적에게 서로 다른 감정을 느낀다는 것이다. 대영제국이 이웃의 아일랜드와 오스트레일리아 원주민을 다른 방식으로 종속시킨 것이 그런 경우였다. 호치민의 예도 있다. 베트남전쟁중 중국이 지원군을 보내주겠다고 제안하자, 그는 "미국은 일 년이나 십 년 내에 이곳을 뜨겠지만, 중국은 일단 발을 들이면 천 년을 머물 것이다"라는 취지의 말로 거절했다. 그리고 얽히고설킨 이란의 지정학에서 가장 중요한 요소는 무엇일까? 페르시아가 이웃 메소포타미아에게 품어온 수천 년 된 반감일까, 시아파와 수니파의 수백 년 된 갈등일까, 이슬람이 거악 서구에게 품은 수십 년 된 적대감일까?*

인간의 우리/그들 가르기에서 희한한 점을 논하면서 ______(아무 외집단이나 넣어보라)의 자기혐오를 빼놓으면 섭섭하다. 이것은 외집단 구성원이 자신들에 대한 부정적 고정관념을 받아들이고 내집단 선호를 발달시키는 현상

* 내가 이 글을 쓰는 시점에는 시아/수니 이분법이 압도적이다. 그래서 이라크의 수니파 ISIS 전사들과 싸우는 이란군 및 미군에 대해서는 심오한 부조화가 발생한다. 적의 적은 내 친구이니까.

이다.[59] 심리학자 케네스와 메이미 클라크 부부가 1940년대에 시작한 '인형 실험'으로 이 현상을 잘 보여준 바 있다. 그들은 아프리카계 미국인 아이들이 마치 백인 아이들처럼 흑인 인형보다 백인 인형을 가지고 놀기를 더 선호하고, 백인 인형에게 더 긍정적인(착하다, 예쁘다) 속성을 부여한다는 사실을 충격적일 만큼 명확하게 보여주었다. 특히 흑백 분리 학교에 다니는 흑인 아이들에게서 이 효과가 두드러진다는 사실은 '브라운 대 교육위원회' 판결에서도 인용되었다.* 아프리카계 미국인, 게이와 레즈비언, 여성 중 약 40~50%가 암묵적 연합 검사에서 각각 백인, 이성애자, 남성을 더 선호하는 자동적 편향을 보인다.

나는 차별주의자가 아니라고

'존중할 만한 적' 현상은 인간만의 또다른 특이한 영역으로 이어진다. 침팬지는 자신이 이웃 집단 개체들을 보면 거미가 떠오른다는 사실을, 설령 부인할 수 있다고 해도 부인하지 않을 것이다. 그 사실을 부끄럽게 여기고 다른 침팬지들에게 그런 성향을 극복하자고 설득하거나, 자식들에게 이웃 집단 침팬지를 '거미'라고 부르면 안 된다고 가르칠 침팬지도 결코 없을 것이다. 우리 침팬지들과 그들 침팬지들 사이에 차이가 없다고 선언할 침팬지도 없을 것이다. 모두 서구 진보 문화에서는 흔히 벌어지는 일들이다.

어린 인간은 침팬지와 비슷하다. 여섯 살 아이들은 (기준이 무엇이 되었든) 자신과 비슷한 친구들을 더 좋아하고, 거침없이 그 사실을 말한다. 열 살 무렵에야 아이들은 그들에 대한 감정과 생각 중 일부는 집에서만 드러내야 한다는 것, 우리/그들에 관한 이야기는 민감한데다가 맥락에 따라 달라진다는 것을 배운다.[60]

따라서 우리/그들 관계에 대해서 사람들이 스스로 그렇다고 믿는 것과 실제로 행동하는 것 사이에는 크나큰 간극이 존재할 수 있다. 선거 여론조사

* 현실이 거의 변하지 않았다는 것은 2005년 당시 17세였던 키리 데이비스가 만든 다큐멘터리 〈나와 같은 소녀〉를 보면 알 수 있다. www.youtube.com/watch?v=z0BxFRu_Sow.

결과와 실제 결과가 얼마나 다른지 생각해보라. 이 현상은 실험에서도 확인된다. 한 우울한 조사에서, 피험자들은 누군가 인종차별적 견해를 밝히는 걸 들으면 자신은 틀림없이 반박하고 나설 것이라고 주장했지만, 연구자들이 피험자 몰래 그를 그런 상황에 처하게 했을 때 실제로 행동하는 비율은 응답률보다 한참 낮았다(유념할 점은, 이것이 인종차별 정서를 반영한 결과는 아니라는 것이다. 대신 피험자들의 원칙보다 사회규범의 억제 효과가 더 크게 발휘된 탓일 것이다).[61]

우리/그들 반감을 통제하고 억누르려는 시도는 전적으로 이마앞엽의 임무다. 앞서 보았듯, 우리 뇌는 타 인종의 얼굴에 의식이 감지하기 어려운 수준인 50밀리초만 노출되어도 편도체가 활성화한다. 그런데 의식이 감지할 만큼 오래(약 500밀리초 이상) 노출이 지속되면, 뒤이어 이마앞엽 겉질이 활성화하고 편도체가 조용해진다. 이때 이마앞엽 겉질이 더 많이 활성화할수록, 특히 '인지적' 등쪽가쪽이마앞엽 겉질이 활성화할수록 편도체가 더 많이 조용해진다. 스스로도 불편한 감정을 이마앞엽 겉질이 조절하는 것이다.[62]

행동 데이터도 이마엽 겉질의 활동을 암시한다. 예를 들어, 피험자들 중 암묵적 인종주의 편견의 정도(암묵적 연합 검사로 측정한다)가 같더라도 이마엽의 집행 통제력(추상적 인지 작업으로 확인한다)이 약한 사람들이 편견을 더 쉽게 행동으로 드러낸다.[63]

2장에서 '인지 부담' 개념을 소개했었다. 이마엽이 성가신 집행 작업을 수행하다보면 이후 작업에서 수행 능력이 떨어지는 현상을 가리킨다고 했다. 이 현상은 우리/그들 가르기에서도 나타난다. 백인 피험자들은 흑인 시험관보다 백인 시험관과 함께할 때 특정 행동 시험들에서 더 나은 결과를 보인다. 흑인 시험관과 함께할 때 수행 결과가 나빠지는 정도가 가장 큰 피험자들은 타 인종의 얼굴을 볼 때 등쪽가쪽이마앞엽 겉질이 가장 많이 활성화하는 사람들이었다.[64]

타 인종과 상호작용할 때 이마엽의 집행 통제력을 발휘하느라 인지 부담이 걸리는 현상도 조절될 수 있는 현상이다. 흑인 시험관과 시험을 치르기 전에 백인 피험자들에게 "대부분의 사람들은 자신이 생각하는 것보다 더 많은 편견을 갖고 있습니다"라고 말해주면, "대부분의 사람들은 자신이 생각하는 것보다 [이마엽 겉질의 인지 시험에서] 더 나쁜 성적을 거둡니다"라고 말해주었을 때에 비해 수행 성과가 훨씬 더 나빴다. 게다가 만일 백인 피험자들에게 이마엽 조절의 분위기가 느껴지는 지시를 사전에 주면(타 인종과 상호작용할 때 "편견을 피하세요"), "긍정적인 문화 간 교류를 하세요"라고 지시했을 때에 비해 수행 성과가 나빠졌다.[65]

한편 그들에 해당하는 소수자가 지배문화에 소속된 사람들을 접할 때는 이와는 다른 종류의 집행 통제력을 발휘하곤 한다. 긍정적인 태도로 상호작용하고, 상대가 자신에 대해 품고 있을지도 모르는 편견에 반대되는 모습을 보이도록 유념하는 것이다. 한 놀라운 연구에서, 아프리카계 미국인 피험자들이 인종 혹은 나이 편견을 상기시키는 무의식적 단서를 접한 뒤 어떤 백인과 상호작용을 했다.[66] 이때 인종 단서를 받은 피험자들은 더 수다스러웠고, 상대의 의견을 더 자주 물었고, 더 많이 웃었고, 몸을 앞으로 더 많이 기울였다. 피험자들이 다른 아프리카계 미국인과 상호작용할 때는 이 효과가 나타나지 않았다. 3장에서 이야기했던 아프리카계 미국인 대학원생이 떠오르는 대목이다. 밤에 귀가하는 길에 일부러 비발디를 휘파람으로 분다던 학생 말이다.

집행 통제력이 그들과의 상호작용에 미치는 영향을 살펴본 이 연구들에서, 두 가지 지적해둘 점이 있다.

> 타 인종과 상호작용할 때 이마엽 겉질이 활성화하는 현상은 여러 가지로 해석할 수 있다. ⓐ피험자가 편견을 품고 있고 그것을 숨기려고 한다, ⓑ편견을 품고 있고 그 점을 부끄럽게 여긴다, ⓒ편견이 없고 다만 그 사실을 전달하려고 애쓴다, ⓓ이외에도 얼마든지 생각해볼 수 있다. 활성화는 그저 상호작용에서 상대가 타 인종이라는 요소가 (은연중에든 아니든) 피험자의 마음에 걸려서 집행 통제력이 발휘된다는 뜻일 뿐이다.

흔히 그렇듯, 이런 연구의 피험자는 주로 심리학개론 수업을 듣는 대학생들이다. 달리 말해, 새로움에 대한 개방성이 높다고 알려진 나이이고 특권적 공간에 있는 이들이다. 대학은 우리/그들의 문화적·경제적 차이가 사회 전반에 비해 적은 공간이고, 다양성을 제도적으로 칭송하는 데 그치지 않고 실제로도 어느 정도 다양성이 있는 공간이다(대학 홈페이지에는 반드시 관습적인 기준에서 잘생긴 다양한 인종의 학생들이 웃으면서 현미경을 들여다보는 사진이 실려 있고, 덤으로 치어리더 타입의 여학생이 휠체어를 탄 공붓벌레 타입의 남학생에게 친근하게 구는 사진도 실려 있다). 이런 인구 집단도 그들에 대한 반감을 스스로 인정하는 수준보다 암묵적으로 더 많이 품고 있다는 것은 상당히 우울한 사실이다.

우리/그들 가르기를 조작하는 방법들

어떤 상황에서 우리/그들 가르기가 더 약화하거나 더 격화할까?(여기서 '약화'는 그들에 대한 반감이 줄어드는 것, 그리고/또는 우리와 그들의 차이를 덜 인식하거나 덜 중요하게 인식하게 되는 것을 뜻한다). 아래에 짧게 소개하는 요소들은 마지막 두 장의 워밍업에 해당한다.

무의식적 단서의 힘

피험자들에게 적대적 그리고/또는 공격적 얼굴 사진을 무의식적 차원에서 보여준 뒤 그들을 평가하라고 하면, 그들도 적대적이거나 공격적이라고 인식할 가능성이 더 높아진다(내집단에 대해서는 나타나지 않는 효과다).[67] 그들에 대한 부정적 고정관념을 사전에 무의식적 단서로 접한 피험자들은 그들에 대한 편견이 더 강해진다. 3장에서 보았던 사례인데, 백인 피험자들이 흑인들의 얼굴을 볼 때 배경에 랩 음악이 틀어져 있다면 백인에 대한 부정적 고정관념과 연관된 음악, 즉 헤비메탈이 틀어져 있을 때에 비해 편도체가 더 많이 활성화한다.* 그리고 고정관념에 반하는 사례, 가령 해당 인종의 유명인들 얼굴에 무의식적으로 노출된 뒤에는 암묵적 인종 편향이 약화한다.

이런 무의식적 단서의 영향은 몇 초에서 몇 분간 작용할 수도 있고 더 오래갈 수도 있다. 일례로 고정관념에 반하는 사례의 효과는 최소 24시간 지속된다.[68] 무의식적 단서는 엄청나게 추상적이고 미묘할 수도 있다. 한 예로, 피험자들이 같은 인종의 얼굴들과 타 인종의 얼굴들을 볼 때 뇌파 반응이 어떻게 다른지 알아본 연구가 있었다. 이때 피험자가 상대를 자신 쪽으로 끌어당기고 있다고 무의식적으로 느끼는 상황이라면, 즉 피험자가 조이스틱을 (미는 게 아니라) 당기는 행동을 하고 있을 때는 타 인종에 대한 뇌파 반응이 약화했다.

마지막으로, 무의식적 단서가 그들에 대한 평가의 모든 영역들에 똑같은 효과를 내지는 않는다. 무의식적 단서는 유능함 평가보다 따듯함 평가를 더 쉽게 바꾼다.

이 효과는 강력할 수도 있다. 그리고 약간의 해석을 시도하자면, 자동적 반응(가령 편도체 반응)이 달라지기도 한다는 사실은 '자동성'이 '필연성'은 아님을 뜻한다.

의식적, 인지적 차원

명백한 방법으로 암묵적 편향을 줄이는 전략도 다양하게 발견되었다. 가장 고전적인 방법은 그들과의 동일시를 강화하는 관점 취하기 기법이다. 예를 들어, 나이 편향을 조사하는 연구에서 피험자들에게 그냥 고정관념을 억제하라고 지시하는 것보다는 노인의 관점을 취해보라고 지시하는 것이 편향

* 이 편도체 활성화는 부정적 그들 인식을 알리는 표지로 유효하다고 생각한다.

을 더 효과적으로 줄였다. 또다른 기법은 고정관념에 반하는 사례들에 의식적으로 집중하는 것이다. 한 연구에서, 남성 피험자들에게 고정관념을 억누르라고 지시했을 때보다 긍정적 속성을 지닌 강인한 여성을 상상해보라고 지시했을 때 자동적 성적 편향이 더 약화했다. 또다른 전략은 암묵적 편향을 외현적으로 드러내는 것이다. 사람들에게 당신이 자동적 편향을 품고 있다는 증거를 보여주는 것이다. 이 전략들에 대해서는 뒤에서 더 이야기하겠다.[69]

우리/그들 범주들의 순위를 바꾸기

이것은 우리/그들 이분법이 여러 가지가 있고 그 우선순위가 쉽게 바뀐다는 점에 관련된 이야기다. 인종을 기준으로 한 자동적 범주화가 셔츠 색깔을 기준으로 한 범주화로 바뀔 수 있는 것, 성별과 인종 중 어느 쪽을 강조하느냐에 따라 수학 점수가 바뀔 수 있는 것이 이런 예다. 전면에 부각되는 범주가 바뀌는 것이 꼭 좋은 일만은 아니다. 그냥 오십보백보일 수도 있다. 일례로, 유럽계 미국인 남성들에게 아시아계 여성이 화장하는 사진을 보여주면 인종 자동성보다 성별 자동성이 더 강하게 발휘되지만, 여성이 젓가락을 쓰는 사진을 보여주면 거꾸로 된다. 사람들이 한 범주의 그들을 다른 범주의 그들로 바꿔서 생각하도록 만드는 것보다는 그들을 우리로 바꿔서 인식하도록 만드는 것이 당연히 더 효과적이다. 공통점을 강조하는 것이다.[70] 그렇다면 떠오르는 방법은……

접촉

1950년대에 심리학자 고든 올포트가 '접촉 이론'을 제안했다.[71] 부정확한 설명: 우리와 그들을 만나게 하면(가령 두 적대국의 십대들을 여름캠프에 모으면), 적대감이 사라지고, 차이보다 유사성이 더 중요해지고, 모두가 우리가 된다. 좀더 정확한 설명: 우리와 그들을 매우 한정된 환경에서 만나게 하면, 서로 닮아가는 현상이 나타날 수 있다. 하지만 그러는 데 실패하고 오히려 사태가 악화할 수도 있다.

그런 한정된 환경으로서 효과적인 조건은 다음과 같다. 양측이 거의 같은 수로 있을 것, 모두가 공평하고 확실하게 대우받을 것, 중립적이고 우호적인 영역에서 접촉이 길게 이뤄질 것, 모두가 관심을 갖고 하나의 작업을 함께할 '상위'의 목표가 있을 것(예를 들어, 여름캠프 참가자들이 다 함께 잡초가 무성한 풀밭을 축구장으로 탈바꿈시키는 것).[72]

본질주의와 개체화

앞에서 말했던 두 가지 중요한 사실에 관련된 이야기다. 첫째로 우리는 그들을 동질적이고, 단순하고, 어떤 불변의(그리고 부정적인) 본질을 지닌 존재로 여기는 경향이 있다. 둘째로 그들을 집단이 아니라 개인으로 생각하게 되는 상황이라면, 그들이 더 우리처럼 보인다. 개체화를 통해서 본질주의적 사고를 줄이는 것은 강력한 도구다.

이 사실을 깔끔하게 보여준 연구가 있다. 백인 피험자들이 인종 불평등을 얼마나 수용하는지를 평가하는 설문지를 작성했는데, 그전에 두 가지 무의식적 단서 중 하나를 접했다.[73] 한 단서는 인종의 불변성과 동질성을 믿는 본질주의적 사고를 지지하는 문장이었다. "과학자들은 인종의 유전적 기반을 정확히 찾아냈다." 다른 단서는 반본질주의적이었다. "과학자들은 인종에 유전적 근거가 없다는 것을 밝혀냈다." 이때 본질주의적 단서에 노출된 피험자들이 인종 불평등을 더 많이 수용한다고 응답했다.

위계

쉽게 예측할 수 있듯이, 위계가 더 가파르고 더 중요하고 더 노골적으로 드러나면 그들에 대한 편견이 악화한다. 위계 상층부의 사람들은 자신을 정당화하기 위해 밑에서 고생하는 사람들에게 기껏해야 따듯함/무능함 고정관념을 부여하고, 더 나쁘면 차가움/무능함 고정관념을 끼얹는다. 하층부 사람들은 지배계급을 차가움/유능함 범주로 보는 시한폭탄 같은 인식으로 맞대응한다.[74] 피스크는 하층계급을 따듯함/무능함 범주로 보는 인식이 현상태를 안정화한다는 것을 보여주었다. 힘있는 사람들은 자신의 자비심을 갸륵하게 여기고, 종속된 사람들은 일말의 존중이라는 뇌물에 달래지기 때문이다. 그 증거로, 37개국을 대상으로 조사했을 때 소득 불평등이 큰 나라일수록 상층계급이 하층계급을 내려다보는 인식이 더 많이 확인되었다. 비슷한 맥락에서, 조스트는 "다 가진 사람은 없다"라는 신화가 현상태를 강화한다는 것을 보여주었다. 가령 '가난하지만 행복한 사람들'(가난한 사람들은 더 걱정 없고, 인생의 단순한 행복들을 더 많이 접하며 즐길 줄 안다는 생각이다)이라는 문화적 관용구와 부자는 불행하고 스트레스가 많고 책임에 짓눌린다는 신화(불행하고 인색한 스크루지와 따스하고 사랑 넘치는 크래칫 가족을 떠올려보라)는 둘 다 변화를 가로막는다. '가난하지만 정직한 사람들'이라는 관용구도 그들에게 일말의 품위를 제공함으로써 현체제를 합리화하는 훌륭한 수단이다.*

개인마다 위계에 대한 감정이 다르다는 사실은 그들에 대한 편견의 차이를 어느 정도 설명해준다. 사회지배지향성(어떤 사람이 위신과 권력을 얼마나 중시하는가를 측정하는 척도다)과 우파권위주의성향(어떤 사람이 중앙집중형 권위, 법치, 관습을 얼마나 중시하는가를 측정하는 척도다)에 관한 연구들을 보면 그렇다.[75] 사회지배지향성이 높은 사람들은 위협을 느낄 때 자동적 편견이 더 많이 강해지고, 지위가 낮은 외집단들에 대한 편견을 더 쉽게 수용하며, 남성이라면 성차별을 더 많이 받아들인다. 그리고 앞서 보았듯, 사회지배지향성(그리고/또는 우파권위주의성향)이 높은 사람들은 외집단에 대한 적대적 유머를 더 개의치 않는다.

우리가 누구나 복수의 우리/그들 이분법에 속해 있다는 사실과 같은 맥락에서, 우리는 누구나 복수의 위계에 동시에 소속되어 있다.[76] 어쩌면 당연

* '가난하지만 행복한 사람들'이 대체로 헛소리라는 사실은 숱한 보건심리학 연구가 보여주었다. 가난은 주요 우울증과 불안증, 자살, 스트레스 연관 질환의 유병률을 높인다. 뒤에서 볼 텐데, '가난하지만 정직한 사람들'은 좀더 일리 있는 말이다.

하게도, 사람들은 그중 자신의 서열이 높은 위계를 더 중요하다고 여긴다. 회사의 주말 소프트볼팀에서 주장이라는 점이 주중 9시에서 5시까지 시시한 일을 담당한다는 점보다 더 의미 있는 것이다. 특히 흥미로운 상황은 위계가 우리/그들 범주와 연동되는 경향이 있을 때다(가령 인종이 사회경제적 지위와 많이 겹칠 때가 그렇다). 그 경우, 상층부 사람들은 여러 위계들이 수렴한다는 점을 강조하며 모두가 핵심 위계의 가치에 동화하는 게 좋다고 말한다("'무슨무슨계 미국인'이라고 말하지 말고 다들 그냥 '미국인'이라고 말하는 게 좋지 않아요?"). 흥미롭게도, 이것은 국지적 현상이다. 백인들은 모두가 국가의 가치에 집중하자는 동화주의적 관점을 선호하는 편이지만, 아프리카계 백인들은 다원주의를 더 많이 선호한다. 하지만 전통적 흑인 대학에서는, 학내 생활과 정책에 관련된 입장에서 백인 학생들과 아프리카계 미국인 학생들의 선호가 뒤집힌다. 우리는 서로 모순되는 선호들을 동시에 품을 수도 있는 것이다. 그러는 편이 자신에게 이득이 될 때는.

자, 우리/그들 가르기의 악영향을 줄이기 위해서 우리가 쇼핑해야 할 목록은 다음과 같다. 개체화와 공통 특징을 강조할 것, 관점 취하기, 좀더 무해한 이분법으로 전환하기, 위계 차이를 줄이기, 모두에게 동등한 조건에서 공통의 목표를 추구하는 작업에 사람들을 끌어들이기. 하나하나 뒤에서 다시 살펴보겠다.

결론

건강에 비유해보자. 스트레스는 몸에 나쁘다. 현대인은 천연두나 흑사병이 아니라 생활양식과 스트레스 관련 질병으로 죽는다. 심장질환이나 당뇨병처럼 손상이 천천히 축적되는 병들이다. 스트레스는 그런 질병을 일으키거나 악화할 수 있고, 다른 위험 요인들에도 더 취약하게 만든다. 이 메커니즘은 분자 수준에서도 많이 밝혀졌다. 심지어 스트레스 때문에 면역계가 비정상적으로 모낭을 공격하여 머리카락이 셀 수도 있다.

모두 사실이다. 그런데도 스트레스 연구자들의 목표는 스트레스를 '치료'하는 것, 즉 제거하는 것이 아니다. 가능하지도 않거니와, 가능하더라도 우리는 원하지 않을 것이다. 우리는 올바른 종류의 스트레스를 즐기니까. 그것이 '자극'이다.

내가 왜 스트레스에 비유하는지 여러분도 쉽게 알 것 같다. 대대적이고 압도적인 야만 행위부터 그저 따끔할 뿐이지만 무수한 미세 공격성까지, 우리/그들 가르기는 세상에 크나큰 고통을 만들어낸다. 그렇지만 우리의 전체 목표는 우리/그들 이분법을 '치료'하는 것이 아니다. 가능하지도 않다. 물론 편도체를 망가뜨리면 가능할 수도 있는데, 그러면 모두가 우리처럼 보인다. 하지만 설령 가능하더라도, 우리가 우리/그들 가르기를 싹 제거해버리기를 원하지는 않을 것이다.

나는 상당한 외톨이형 인간이다. 일단 인생의 상당 기간을 아프리카의 텐트에서 혼자 지내면서 인간이 아닌 다른 종을 연구한 사람이 아닌가. 그런데도 내 인생에서 가장 각별하게 행복했던 순간들 중 일부는 우리라고 느꼈던 것, 남들이 나를 받아주어서 내가 혼자가 아니며 안전하고 이해받는다고 느꼈던 것, 나 자신보다 더 큰 무언가의 일부라고 느꼈던 것, 옳은 편에 서서 즐겁고 좋은 일을 한다고 느꼈던 것에서 비롯했다. 책상물림에, 유약하고, 대충 평화주의자에 가까운 나조차도 어떤 우리/그들 가르기를 위해서는 기꺼이 죽고 죽일 수도 있다.[77]

세상에 늘 편이 존재하리라는 사실을 인정한다면, 항상 천사들의 편에 서도록 해주는 방법을 익히는 것은 결코 하찮은 일이 아니다. 본질주의를 의심하자. 합리적인 듯 보이는 것이 합리화에 불과할 때가 많다는 것, 우리가 짐작도 못하는 은밀한 힘들의 선택을 인지가 따라잡는 데 불과할 수 있다는 것을 유념하자. 더 큰 공통의 목표에 집중하자. 관점 취하기를 연습하자. 개체화하고, 개체화하고, 개체화하자. 진짜 악독한 그들은 제 모습을 숨긴 채 제삼자에게 죄를 뒤집어씌우곤 한다는 역사의 교훈을 되새기자.

그리고, 범퍼에 "못된 놈들 엿 먹어라" 스티커를 붙인 운전자들에게 길을 양보하자. 우리는 볼드모트와 슬리데린 기숙사에 대항한 싸움에서 모두가 한편이라는 사실을 모두에게 상기시키자.

12장

위계, 복종, 저항

이 장은 언뜻 앞 장을 보완하는 내용에 불과해 보일 수도 있다. 우리/그들 가르기라는 주제는 집단 간 관계의 이야기, 그리고 우리가 외집단보다 내집단을 자동적으로 선호하는 경향을 품고 있다는 이야기였다. 위계도 비슷하다. 위계는 집단 내 관계의 한 종류이고, 우리는 서열이 먼 개체보다 가까운 개체를 자동적으로 선호하는 경향이 있다. 다른 주제들도 비슷하다. 이런 경향성은 인간에게서 어릴 때부터 나타나고, 다른 종들에서도 나타난다. 인지와 감정이 얽혀서 나타나는 현상이라는 점도 같다.

게다가, 우리/그들 범주와 위계 내 위치는 상호작용한다. 한 연구에서, 피험자들에게 인종을 구분하기 어려운 사람들의 사진을 보여주며 인종을 말해보라고 했다. 이때 사진 속 사람이 낮은 지위의 복장을 하고 있으면, 피험자들은 그를 흑인으로 분류할 가능성이 높았다. 높은 지위의 복장을 하고 있으면, 백인으로 분류했다.[1] 이 미국인 피험자들에게서는 인종에 따른 우리/그들 이분법이 사회경제적 지위라는 위계와 겹쳤던 것이다.

하지만, 앞으로 할 이야기인데, 위계는 우리/그들 가르기와는 다른 방향으로 향한다. 그리고 그 방식이 독특하게 인간적이다. 위계 체계가 있는 다른 종들처럼, 인간에게도 알파 개체가 있다. 하지만 다른 종들과는 다르게, 인간은 가끔 그 알파를 스스로 선택한다. 더구나 그 개체는 그냥 최고 서열이기만 한 게 아니라 우리를 '이끌며' 공익이라는 것을 극대화하고자 한다. 게다가 공익을 달성하는 최선의 방법이 무엇인가에 대한 견해, 즉 정치 이데올로기가 다른 개체들끼리 지도자 자리를 놓고 겨룬다. 마지막으로, 인간은 현실의 권위뿐 아니라 권위라는 개념 자체에도 복종한다.

위계의 성질과 다양성

우선, 위계란 한정된 자원에 대한 불평등한 접근을 공식화하는 서열 체계다. 이때 자원은 고기부터 '위신'이라는 막연한 것까지 다양하다. 자, 그렇다면 다른 종들의 위계부터 살펴보자(사회적 종이라고 해서 모두 위계를 갖는 건 아니라는 단서를 달아둔다).

1960년대에 다른 종들의 위계를 바라보는 교과서적 견해는 단순했다. 집단 내에 안정되고 선형적인 서열이 형성되어, 알파 개체가 모두를 지배하고, 베타 개체는 알파를 제외한 모두를 지배하고, 감마 개체는 알파와 베타를 제외한 모두를 지배하고…… 하는 식이었다.

위계는 불평등을 의례화함으로써 현상 유지에 이바지한다. 두 개코원숭이가 뭔가 좋은 걸 봤다고 하자. 가령 그늘진 자리를 발견했다고 하자. 안정된 지배관계가 없다면 험악한 싸움이 벌어질 가능성이 있을 것이다. 한 시간 뒤에 그들이 나무에 열린 무화과를 발견했을 때도 마찬가지고, 더 나중에 제삼의 개체로부터 털 고르기를 받을 기회를 접했을 때도 마찬가지다. 그러나 실제로는 싸움이 거의 벌어지지 않는다. 만약 하위 개체가 제 지위를 깜박한다면, 보통은 상위 수컷이 '위협 하품threat yawn'을—형식적으로 송곳니를 드러내는 행동이다—하기만 해도 충분하다.[*, **2]

상대를 겁주(기를 바라)며 위협 하품을 하는 수컷 개코원숭이

서열은 왜 있을까? 1960년대 무렵의 대답은 말린 퍼킨스풍의 집단선택이었다. 안정된 사회체계에서 모두가 제자리를 알면 종 전체에 이득이 된다는 것이다. 이 견해를 뒷받침한 것은 알파 개체가(즉, 좋은 것은 뭐든지 맨 먼저 맛보는 개체가) 어떤 식으로든 '지도자'로서 집단에 유익한 일을 담당한다고 보는 영장류학자들의 생각이었다. 특히 하버드의 영장류학자 어빈 드보어가 그렇게 주장했다. 그는 초원의 개코원숭이 집단에서 알파 수컷은 매일 먹이 채집을 나서는 방향을 정하고, 공동 사냥을 이끌고, 사자에 맞서서 모두를 지키고, 새끼들을 훈육하고, 전구를 갈아끼우고, 기타 등등을 한다고 말했다. 알고 보니 이것은 터무니없는 이야기였다. 알파 수컷은 어느 방향으로 가야 좋은지를 모른다(사춘기 때 무리로 옮겨왔으니 당연하다). 어차피 아무도 녀석을 따라가지 않는다. 모두는 그 대신 어디로 가야 하는지를 아는 나이 든 암컷들을 따라간다. 사냥은 각개전투식이다. 알파 수컷이 새끼를 보호하

* 앞으로 소개할 사례들이 개코원숭이 중심적이라는 사실에 사과한다. 내가 녀석들과 어울린 시간이 삼십여 년이다보니 어쩔 수 없었다.
** 인간이 늘 다른 동물과 같지는 않다는 걸 멋지게 보여주는 증거가 있다. 반위계적인 불교 승려들이 따라야 할 계율을 집대성한 『팔리 율장』을 보면, 승려들은 연차가 아니라 뒷간에 도착한 순서대로 배변해야 한다는 지침이 있다. 지구에는 아직 희망이 있다.

려고 사자에 맞설 수는 있겠지만, 새끼가 제 자식일 가능성이 높을 때만 그렇다. 그렇지 않다면, 녀석은 오히려 가장 안전한 위치를 선점할 것이다.

퍼킨스풍의 안경을 벗고 보면, 위계의 이득은 개체 차원에 있다. 현상 유지를 공표하는 상호작용이 상층 개체들에게 유리하다는 것은 자명한 사실이다. 그렇다면 하위 개체들에게는 어떨까? 송곳니에 물리고 나서 그늘진 자리를 양보하는 것보다는 처음부터 양보하는 것이 낫다. 이것은 정적이고 유전되는 서열 체계에서는 논리적인 결론이다. 하지만 서열이 변하는 체계라면, 조심성을 발휘하되 가끔은 현상태에 도전해야 한다. 알파 수컷이 사실은 전성기를 지났고 그저 허세로 연명하고 있을지도 모르니까.

이것이 전형적인 '쪼는 순서'(암탉의 위계 체계에서 나온 말이다)다. 여기서부터 변이가 시작된다. 첫번째로 살펴볼 지점은 등급이 있다는 의미에서의 위계가 정말로 존재하는가다. 어떤 종들은 알파 개체가 있을 뿐 나머지 개체들은 거의 동등한 관계다(남아메리카의 마모셋원숭이가 그렇다).

등급이 있는 종이라면, 다음 문제는 '서열'이 정확히 무엇을 뜻하는가다. 만약 내가 서열 6위의 개체라면, 내게 서열 1에서 5까지는 똑같이 굽실거리면 되는 존재들이고 서열 7에서 무한대까지는 구별할 필요도 없는 존재들일까? 상황이 그렇다면, 서열 2와 3이 대립하든 서열 9와 10이 대립하든 나와는 무관할 것이다. 등급은 영장류학자의 눈에나 보일 뿐 영장류 자신에게는 보이지 않을 것이다.

현실에서, 그런 영장류들은 등급을 인식한다. 개코원숭이는 자신보다 한 단계 위인 개체와 다섯 단계 아래인 개체에게 보통 다르게 행동한다. 게다가 영장류는 자신과 직접적인 관계가 없는 등급도 알아차린다. 10장에서 연구자들이 한 무리 개체들의 목소리를 녹음했다가 자르고 붙여서 새로운 사회적 시나리오를 만들어냈다고 했던 걸 기억할 것이다. 이때 서열 10위 개체가 지배하는 발성을 내고 서열 1위 개체가 복종하는 발성을 내도록 조작해서 틀어주었더니, 모든 개체가 관심을 보였다. 뭐야, 방금 빌 게이츠가 노숙자에게 구걸한 거야?

동물들이 이보다 더 추상적인 단계로도 나아갈 수 있다는 것은 어마어마하게 영리한 새인 큰까마귀들이 보여주었다. 개코원숭이처럼, 큰까마귀들도 우세 역전을 암시하는 소리를 들으면 현상 유지를 뜻하는 소리를 들었을 때보다 더 관심을 기울인다. 그런데 이 반응은 놀랍게도 이웃 큰까마귀떼 사이의 관계 역전에도 나타났다. 큰까마귀들은 소리를 듣는 것만으로 지배관계를 구별할 수 있을뿐더러 타 집단의 위계에 관한 소문에도 흥미가 있는 것이다.

그다음 살펴볼 문제는 서열에 따른 삶의 차이가 한 종 내에서는 얼마나 크고, 여러 종을 비교할 때는 얼마나 다른가다. 서열이 높다는 건 다른 개체들이 노상 그의 기분을 살핀다는 뜻이고, 서열이 낮다는 건 배란과 수유와 생존에 쓸 칼로리도 변변히 얻지 못한다는 뜻일까? 하위 개체가 상위 개체에게 얼마나 자주 도전할까? 상위 개체가 하위 개체에게 짜증을 얼마나 쉽게 부릴까? 하위 개체에게 스트레스를 풀 수단이(이를테면 털 고르기를 함께할 상대가) 얼마나 있을까?

그다음에는 어떻게 높은 서열을 얻는가의 문제가 있다. 많은 경우에 서열은 대물림된다(앞에서 본 예로 암컷 개코원숭이들이 그렇다). 친족선택에 의거한 체계인 셈이다. 대조적으로, 어떤 종/성별은 싸움과 대결과 셰익스피어적 멜로드라마의 결과에 따라 서열이 바뀐다(수컷 개코원숭이들이 그렇다). 위계의 사다리를 오르려면 완력, 뾰족한 송곳니, 결정적 싸움에서 이기는 행운이 있어야 한다.*

땀과 근육이 필요한 제로섬 자본주의에서 아등바등 꼭대기까지 올라간 개체에게 축하를! 하지만 이보다 더 흥미로운 문제는 일단 높은 서열을 획득했을 때 어떻게 그것을 지키는가다. 그리고 앞서 보았듯, 여기에는 근육보다 사회적 기술이 더 필요하다.

---

* 여기에는 수컷과 암컷이 별도의 위계를 갖는다는 사실이 함축되어 있다. 일반적으로 암컷들 중 서열이 가장 높은 가족에 속한 개체들은 수컷들 중 서열이 최하위 4분의 1에 속한 개체들을 휘두를 수 있다. 그 외에는 수컷들이 암컷들을 지배한다.

여기서 생겨나는 중요한 사실이 있다. 사회적 역량은 버거운 과제이고, 이 점이 뇌에 반영된다는 것이다. 영국 인류학자 로빈 던바는 다양한 분류군(가령 '조류' '유제류' '영장류' 같은 분류다)을 대상으로 종의 사회집단이 평균적으로 클수록 ⓐ몸 크기 대비 뇌 크기가 더 크고, ⓑ전체 뇌 대비 새겉질 크기도 더 크다는 것을 확인했다. 던바는 '사회적 뇌 가설'로 이 사실을 설명하며, 사회적 복잡도 증가와 새겉질의 진화적 팽창이 연결되어 있다고 주장한다. 이 관계는 한 종 내에서도 관찰된다. 영장류 중에는 (생태계가 얼마나 풍요한가에 따라) 집단 크기가 10배나 차이 나는 종들도 있는데, 이 상황을 모형화하여 뇌 영상을 찍어본 실험이 있었다. 연구자들은 포획 상태의 마카크원숭이들을 서로 다른 크기의 집단들로 나눠서 수용했다. 그뒤에 확인해보니 더 큰 집단에 속한 원숭이들은 이마앞엽 겉질, 그리고 마음 이론에 관여하는 영역인 위관자이랑이 더 두꺼웠고, 두 영역이 더 긴밀하게 결합하여 활성화했다.*[3]

그러니까 영장류는 사회적 복잡도와 뇌 크기가 비례한다는 것이다. 이 사실은 사회집단 규모가 주기적으로 크게 달라지는 종, 이른바 '분열-융합 종'을 확인해봐도 알 수 있다. 일례로, 개코원숭이는 하루의 시작과 끝을 하나의 큰 무리로 함께하지만 낮에 먹이를 찾아다닐 때는 소집단으로 움직인다. 하이에나는 사냥을 집단으로 하지만 그 밖에는 뿔뿔이 흩어져서 먹이를 찾는다. 늑대는 종종 하이에나와 반대로 한다.

이런 분열-융합 종에게는 사회성이 좀더 복잡한 문제다. 어떤 개체의 서열이 하위 집단에서는 어떻고 전체 집단에서는 어떤지를 기억해야 하기 때문이다. 일부 개체들과 종일 떨어져 있다가 다시 만나면, 아침 먹은 뒤로 지배관계가 바뀌지나 않았는지 확인해보고픈 유혹이 들 것이다.

---

* 여러 영장류 종들에게서 새겉질 부피와 집단 크기에 상관관계가 있다는 사실은 아마 두 특질이 서로 영향을 미친 결과, 즉 두 특질이 공진화한 결과일 것이다. 뇌 촬영 연구에 따르면, 큰 사회집단에 소속된 개체는 뇌에서 흥미로운 영역들이 더 커질 수 있다(유전자 및 진화의 차원이 아니라 5장에서 본 뇌 가소성 차원에 훨씬 더 가까운 현상이다).

분열-융합 사회를 이루는 영장류 종들(침팬지, 보노보, 오랑우탄, 거미원숭이)과 그렇지 않은 종들(고릴라, 꼬리감는원숭이, 짧은꼬리마카크)을 비교한 연구가 있었다.[4] 이 동물들을 포획 상태에서 확인한 결과, 분열-융합 종들은 이마앞엽 겉질 작업에 더 능숙했고 전체 뇌 대비 새겉질 크기가 더 컸다. 까마귀과 종들(까마귀, 큰까마귀, 까치, 갈까마귀)도 같은 현상을 보였다.

이처럼 다른 동물들의 '서열'과 '위계'는 전혀 단순하지 않으며, 종과 성별과 사회집단에 따라 상당한 차이를 보인다.

인간의 서열과 위계

인간의 위계는 많은 면에서 다른 종들과 닮았다. 예를 들어, 안정된 위계와 불안정한 위계가 다르다는 점이 그렇다. 수백 년 동안 이어진 전제정치와 러시아혁명 초기는 다른 것이다. 앞으로 살펴보겠지만, 두 상황에서 인간의 뇌는 서로 다른 패턴으로 활성화한다.

집단 크기도 중요하다. 앞에서 영장류 종들은 사회집단이 클수록 전체 뇌 대비 새겉질 크기가 더 크다고 했다(두 변수 모두 최고는 인간이다).[5] 그런데 이 종들의 데이터를 가지고서 새겉질 크기 대 평균 사회집단 크기 그래프를 그려보면, 인간의 경우에는 전통문화에서 평균 집단 크기가 얼마였을지 예측할 수 있다. 그것이 바로 '던바의 수'다. '던바의 수'는 150명이고, 많은 증거가 이 예측을 지지한다.

현대 서구사회에서도 이 현상이 드러난다. 사회연결망이 큰 사람일수록(이메일/문자를 주고받는 관계의 수로 측정하곤 한다) 배쪽안쪽이마앞엽 겉질, 눈확이마앞엽 겉질, 편도체가 더 크고, 마음 이론에 관련된 능력들이 더 뛰어나다.[6]

우리가 더 넓은 사회연결망을 꾸리면 그런 뇌 영역이 확장되는 걸까, 아니면 그 영역이 확장된 사람들이 더 넓은 연결망을 꾸리는 걸까? 자연히 양쪽 영향이 다 있다.

다른 종들처럼 인간도 서열 불평등의 결과에 따라 삶의 질이 달라진다. 강자가 식당에서 나보다 먼저 착석하는 것과 강자가 문득 변덕이 들어서 내 머리를 베어버리는 것은 큰 차이이다. 37개국을 대상으로 한 조사에서 소득 불평등이 큰 나라일수록 사춘기 이전 학생들의 따돌림이 심했다는 결과를 떠올려보자. 달리 말해, 사회경제적 위계가 더 혹독한 나라일수록 위계를 더 혹독하게 강제하는 아이들을 길러낸다.[7]

이처럼 다른 종들과 비슷한 점도 있지만, 인간에게는 독특한 속성도 있다.

여러 위계에 소속된다는 점

우리는 복수의 위계에 소속되어 있으며, 각각에서 전혀 다른 서열을 취할 수 있다.* 그렇다보니 자연히 합리화와 체제 정당화가 일어난다. 내가 밑바닥에 있는 위계는 쓰레기 같은 거라고 단정하고 내가 꼭대기에 있는 위계는 정말 중요한 거라고 단정하는 것이다.

우리가 복수의 위계에 소속된다는 것은 그것들이 겹칠 수도 있다는 뜻이다. 가령 사회경제적 지위에는 지역적 위계도 국제적 위계도 있다. 나는 사회경제적으로 썩 잘나가고 있다. 내 차가 당신 차보다 더 멋진 거니까. 나는 사회경제적으로 형편없다. 빌 게이츠보다 가난하니까.

일부 서열의 전문화

서열이 높은 침팬지는 보통 이것저것 다 잘한다. 한편 인간은 엄청나게 전문화된 위계를 가질 수 있다. 좋은 예: 조이 체스트넛이라는 남자는 어느 하

---

* 이 현상의 사례이자 내가 불편해서 몸둘 바를 모르겠던 사실. 예전에 학교에서 열리는 정기 축구 시합에 참여했다. 나는 끔찍하게 못했고, 모두가 그 사실을 잘 알고 참아주었다. 그때 최고의 기량으로 존경받는 과테말라 출신 선수가 있었는데, 공교롭게도 그는 내 건물의 청소원이었다. 축구 시합에서 그는 (내가 경기에 조금이라도 유효한 행동을 한 드문 상황일 때) 나를 로버트라고 불렀다. 하지만 내 연구실에 쓰레기통을 비우러 왔을 때는, 내가 아무리 붙잡고 그러지 말라고 말려도 나를 "새폴스키 박사님"이라고 불렀다.

위문화에서 신적인 존재다. 역사상 가장 뛰어난 핫도그 많이 먹기 선수이기 때문이다. 하지만 체스트넛의 그 재능이 다른 분야로도 일반화되는지는 알 수 없는 일이다.

내적 기준

외부 세계와 무관하게 내적 기준이 있는 상황이 있다. 남성들이 팀 스포츠에서 이기거나 지면 보통 테스토스테론 수치가 오르거나 낮아진다고 했다. 그런데 현실은 좀더 미묘하다. 테스토스테론 수치는 (운이 아니라) 기술로 이겼을 때, (팀이 아니라) 개인의 성과가 좋았을 때 더 정확하게 비례한다.[8]

요컨대, 늘 그렇듯이, 우리는 다른 동물들과 다를 바 없으면서도 전혀 다르다. 그렇다면 이제 각 서열의 생물학을 살펴보자.

위에서 본 세계, 아래에서 본 세계

서열을 감지하기

그들을 쉽게 감지하는 것처럼, 우리는 서열 차이에도 관심이 무진장 많고 그것을 알아차리는 데도 능숙하다. 사람들은 상위 서열의 얼굴(정면을 응시하는 얼굴)과 하위 서열의 얼굴(시선을 피하고 눈길을 깐 얼굴)을 불과 40밀리초 만에 믿을 만하게 구별해낸다. 이보다 덜 정확하기는 하지만, 지위는 몸에서도 드러난다. 상위 서열은 팔을 벌려서 몸통을 드러내는 반면, 하위 서열은 자신을 숨기려는 듯이 팔로 몸을 감싸고 몸을 숙인다. 우리는 이런 단서도 자동적으로 빠르게 읽어낸다.[9]

심지어 아기들도 지위 차이를 인식한다는 것을 영리하게 보여준 실험이 있었다. 연구자들은 아기에게 컴퓨터 화면을 보여주었다. 화면에는 눈과 입이 달린 큰 사각형과 작은 사각형이 있다.[10] 두 사각형은 각기 화면 양쪽 끝에서 반대쪽 끝으로 계속 이동하며 중간에 서로 지나친다. 그다음 연구자들은 두 사각형이 부딪히는 시나리오를 보여주었다. 갈등이다. 두 사각형이 몇 차례 부딪히다가, 마침내 한쪽이 '숙이고' 들어가서 상대에게 길을 내준다. 아기들은 이때 작은 사각형이 숙이는 경우보다 큰 사각형이 숙이는 경우를 더 오래 지켜보았다. 전자보다 후자가 더 흥미로운 것이다. 기대에 어긋나는 일이라서. "어머, 큰 사각형이 작은 사각형을 지배한다고 생각했는데." 원숭이나 까마귀와 마찬가지다.

잠깐, 이것은 위계에 민감하다는 뜻이 아니라 직관적 물리법칙, 즉 큰 물체가 작은 물체를 넘어뜨리기 마련이라는 직관이 드러난 것 아닐까? 연구자들은 이 혼재 변인도 제거했다. 첫째, 두 사각형이 대립하다가 한쪽이 숙일 때 두 사각형이 실제로 접촉하지는 않았다. 둘째, 복종하는 사각형이 물리학의 예측과는 반대되는 방향으로 움직였다. 부딪혀서 뒤로 튕겨난 게 아니라, 알파 사각형 앞에 엎드렸다.

인간은 위계 감지에 뛰어날 뿐 아니라 지대한 흥미를 품고 있다. 9장에서 말했듯, 소문이란 대부분 지위의 상태에 관한 이야기다. 누가 권세를 잃었나? 최근에 온유한 자가 땅을 차지한 사례가 있나? 아기들은 두 사각형 중 어느 쪽이 이기는가와 무관하게, 사각형들이 평화롭게 지나쳐가는 상황보다 갈등 상황을 더 오래 쳐다본다.

이것은 자신의 이익을 챙기는 논리적 행동이다. 위계의 형세를 파악하고 있으면 자신이 그곳을 헤쳐나가는 데 도움이 될 테니까. 하지만 단순히 자신의 이익에만 관련된 현상은 아니다. 원숭이와 까마귀가 자기 집단의 서열 역전에만 관심을 보인 게 아니라 이웃 집단을 엿들을 때도 그랬듯이, 인간도 그렇다.[11]

우리가 서열을 생각할 때 뇌에서는 어떤 일이 벌어질까?[12] 당연히 이마앞엽 겉질이 관여한다. 이마앞엽이 손상된 사람들은 지위 관계를 파악하는 능력이 훼손된다(얼굴을 보고 친족관계, 기만, 친밀성을 인지하는 능력도 떨어진다). 우리가 지배관계를 헤아리거나 지배적 얼굴을 볼 때는 배쪽안쪽이마앞엽 겉질과 등쪽가쪽이마앞엽 겉질이 활성화하고, 두 영역의 결합도 강해진다. 이것은 이 과정에 감정적 요소와 인지적 요소가 결합되어 있음을 뜻한다. 이런 반응은 반대되는 성별의 사람을 생각할 때 가장 두드러진다(이것은 위계에 대한 이론적 흥미만이 아니라 짝짓기 목표도 반영된 결과일 수 있다).

지배적 얼굴을 보면 또 (마음 이론에 관여하는) 위관자이랑이 활성화하고, 이 영역과 이마앞엽 겉질의 결합이 강해진다. 우리는 지배적 위치의 사람들이 무슨 생각을 하고 있는지에 관심이 더 많은 것이다.[13] 게다가 원숭이들에서는 개별 '사회적 지위' 뉴런들도 발견되었다. 그리고 2장에서 말했듯, 우리가 불안정한 위계를 생각할 때는 위의 모든 영역에 더해서 편도체도 활성화한다. 불안정성이 불안하게 느껴진다는 뜻이다. 물론 이 사실만으로 우리가 그때 생각하는 내용이 정확히 무엇인지는 알 수 없다.

뇌와 지위

서열은 당연히 뇌에 영향을 미친다. 마카크원숭이의 경우, 서열이 높아지면 중변연계 도파민 신호가 증가한다. 레서스원숭이의 경우, 큰 사회집단에 속한 개체일수록 위관자이랑과 이마앞엽 겉질이 확장되어 있고 두 영역의 기능적 결합이 증가한다고 했는데, 게다가 이때 개체의 집단 내 서열이 높을수록 확장과 결합이 더 크게 드러났다. 이와 비슷하게, 생쥐 연구에서는 서열이 높은 개체일수록 생쥐의 (인지적) 등쪽가쪽이마앞엽 겉질에 해당하는 영역으로 더 강한 흥분성 신호가 입력되는 것이 확인되었다.[14]

나는 이런 발견이 마음에 든다. 앞서 말했듯, 많은 사회적 종들에서 높은 서열을 획득하는 것은 뾰족한 이와 싸움 실력의 문제이지만 높은 서열을 유지하는 것은 사회적 지능과 충동 통제의 문제다. 어떤 도발을 무시해야 할지 아는 것, 어떤 동맹을 맺어야 할지 아는 것, 다른 개체들의 행동을 이해할 줄 아는 것이 중요하다.

그렇다면 원숭이가 역사를 만드는 걸까, 역사가 원숭이를 만드는 걸까? 일단 집단이 형성된 뒤에 상위에 오른 개체들의 해당 뇌 영역이 크게 확장되는 걸까? 아니면, 상위에 오를 개체들은 집단이 형성되기 전부터 이미 해당 영역들이 확장되어 있었던 걸까?

안타깝게도, 위의 연구에서 원숭이들이 집단을 형성하기 전과 후에 뇌를 촬영해보지는 않았다. 하지만 후속 연구에서 밝혀진바, 큰 집단의 개체들일수록 지배적 서열과 뇌 변화의 연합이 더 강하게 드러났다. 높은 서열을 획득함으로써 뇌가 확장되었음을 암시하는 결과다.* 대조적으로, 생쥐 연구에서는 등쪽가쪽이마앞엽 겉질의 시냅스 흥분성이 높아지거나 낮아짐에 따라 개체의 서열이 높아지거나 낮아지는 것으로 드러났다. 뇌 확장 덕분에 높은 서열을 획득하게 되었음을 암시하는 결과다. 뇌는 행동을 형성하고, 행동은 뇌를 형성하고, 그러면 또 뇌가 행동을 형성하고……[15]

몸과 지위

서열에 의한 생물학적 차이가 뇌 바깥에서도 일어날까? 예를 들어, 서열이 높은 남성과 낮은 남성은 테스토스테론 수치가 다를까? 만약 다르다면, 그것이 서열 차이의 원인일까, 결과일까, 그저 상관관계가 있는 것뿐일까?

사람들은 흔히 (어느 종에서든) 높은 서열과 높은 테스토스테론 수치가 나란히 간다고 보고, 후자가 전자를 추동한다고 본다. 하지만 4장에서 길게 설명했듯이, 영장류의 경우에는 둘 다 사실이 아니다. 기억을 되살려보자.

* 안정된 위계에서, 테스토스테론 농도가 가장 높은 개체는 보통 서열이 높은 수컷들이 아니다. 대신 서열이 낮은 사춘기 수컷들, 즉 뒷감당이 안 되는 싸움을 자주 일으키는 수컷들이 높다. 높은 서열과 높은 테스토스테론 농도에 상관관계가 있다면, 그것은 보

---

* 원래 이마앞엽 겉질/위관자이랑이 가장 큰데다가 곧 높은 서열을 달성할 개체들이 우연히도 가장 큰 집단에 배치되었다는 것은 가능성이 희박한 일이기 때문이다.

통 지배적 개체들이 성적 행동을 더 많이 하기 때문에 테스토스테론이 분비된 경우다.

* 위의 명제에 예외가 있으니, 불안정한 시기다. 가령 많은 영장류 종들에서 집단이 형성된 뒤 첫 몇 달 동안은 서열이 높은 수컷들이 테스토스테론 농도가 가장 높지만, 몇 년이 지나면 더는 그렇지 않다. 불안정한 시기에, 높은 테스토스테론 농도/높은 서열 관계는 서열 그 자체의 결과라기보다 높은 서열 개체들끼리 싸움을 많이 벌인 결과다.[16]
* '도전 가설'을 다시 설명하자면, 싸움 때문에 테스토스테론 농도가 높아지는 것은 공격성의 문제라기보다는 도전을 받는 상황의 문제다. 공격적으로 굴어야 지위를 유지할 수 있는 환경이라면, 테스토스테론은 공격성을 증진시킨다. 만약 아름답고 섬세한 하이쿠를 쓸 줄 알아야 지위를 유지할 수 있는 환경이라면, 테스토스테론은 그 능력을 증진시킬 것이다.

다음으로 서열과 스트레스의 관계를 살펴보자. 서열이 다른 개체들은 스트레스 호르몬의 농도, 스트레스 대처 방식, 스트레스 관련 질병의 발병률이 다를까? 상위 서열과 하위 서열 중 어느 쪽이 더 스트레스가 많을까?

통제감과 예측 가능성이 스트레스를 줄인다는 것은 많은 연구로 밝혀진 사실이다. 하지만 1958년에 조지프 브래디가 수행한 원숭이 실험에서는 좀 다른 결과가 나왔다. 원숭이들 중 절반은 막대기를 눌러서 쇼크를 지연시킬 수 있었다('집행자' 원숭이들이다). 나머지 절반의 원숭이들은 집행자가 막대기를 누를 때마다 수동적으로 쇼크를 받아야 했다. 그런데 이때 통제력과 예측 가능성을 갖춘 집행자 원숭이들이 궤양을 더 많이 겪었다. 여기서 이른바 '중역 스트레스 증후군', 즉 높은 자리에 있는 사람들은 통제력·지도력·책임감이라는 스트레스 요인을 짊어지고 있다는 생각이 탄생했다.[17]

중역 스트레스 증후군은 밈이 되었다. 하지만 저 실험에는 커다란 문제가 있었으니, 원숭이들을 무작위로 '집행자'와 '비집행자'로 나눈 게 아니었다는 점이다. 대신 예비 실험에서 막대기 누르는 법을 빨리 터득한 개체들이 집행자가 되었는데,* 그런 원숭이들은 정서적 반응성이 더 높다는 것이 후속 조사에서 밝혀졌다. 브래디는 의도치 않았지만 애초에 신경성 궤양에 걸리기 쉬운 원숭이들을 집행자 편에 몰아넣은 것이었다.

궤양에 시달리는 중역의 이미지는 잊자. 최근 연구들에 따르면, 스트레스 관련 건강 문제를 제일 많이 겪는 것은 높은 노동 강도와 적은 자율성이라는 치명적 조합을 갖춘 중간관리자들이다. 통제력은 없고 책임만 있는 상황이다.

1970년대가 되자, 이제 하위 개체들이 스트레스를 제일 많이 받고 건강도 제일 나쁘다는 생각이 중론이 되었다. 이 사실은 실험실의 쥐들에서 처음 확인되었다. 하위 개체들이 대체로 **휴식기** 글루코코르티코이드 농도가 높아져 있었던 것이다. 달리 말해, 그런 쥐들은 만성적으로 스트레스 반응을 활성화하고 있었다. 이후 레서스원숭이에서 여우원숭이까지 여러 영장류들에서도 같은 현상이 확인되었다. 햄스터, 기니피그, 늑대, 토끼, 돼지에서도 확인되었다. 심지어 물고기들에서도. 심지어, 어떤 동물인지도 잘 모르겠지만, 유대하늘다람쥐에서도. 포획 상태의 원숭이들 중 하위 개체가 상위 개체들에게 시달리다 못해 죽을 지경에 이른 사건에서 의도하지 않은 연구가 이뤄진 사례가 두 건 있었는데, 이때 그런 하위 개체들은 해마가 광범위하게 손상되어 있는 것이 확인되었다. 해마는 과잉의 글루코코르티코이드가 미치는 악영향에 몹시 민감한 영역이다.[18]

나도 아프리카에서 개코원숭이들을 조사하여 같은 현상을 확인했다(야생 영장류를 대상으로 이런 연구를 수행한 것은 내가 처음이었다). 일반적으로, 서열이 낮은 수컷 개코원숭이들은 기저 글루코코르티코이드 농도가 높았다. 게다가 그런 개체들은 스트레스가 발생하는 상황에서 글루코코르티코이드

---

* 쇼크/막대기 누르기 관계를 가장 빨리 배운 개체들을 사용함으로써 실험 진행을 조금이나마 빠르게 하기 위해서였을 것이다.

스트레스 반응이 일어나는 속도가 상대적으로 느렸다. 스트레스 요인이 사라진 뒤에 글루코코르티코이드 농도가 이미 높아져 있는 기저 수준으로 돌아가는 속도도 더 느렸다. 요컨대, 글루코코르티코이드가 필요 없는 상황에서는 혈중에 그 물질이 많고 정작 필요한 상황에서는 없는 것이다. 놀랍게도 뇌, 뇌하수체, 부신이라는 기본적 수준에서 하위 개체들이 높은 기저 글루코코르티코이드 농도를 보이는 이유는 주요 우울증을 앓는 인간이 높은 기저 글루코코르티코이드 농도를 보이는 이유와 같았다. 개코원숭이에게 사회적 복종은 우울증의 학습된 무기력을 닮은 셈이다.

과잉의 글루코코르티코이드는 여러 면에서 해롭다. 만성 스트레스가 사람을 병들게 하는 게 그 때문이다. 하위 개코원숭이들은 다른 영역에서도 대가를 치렀다. 그들은 ⓐ고혈압인데다가 스트레스 요인에 대한 심혈관 반응이 느렸고, ⓑ'좋은' HDL 콜레스테롤 농도가 낮았고, ⓒ면역계가 미세하게 손상된 탓에 더 자주 아프고 상처 회복이 더뎠으며, ⓓ지배적 수컷들에 비해 스트레스로 인한 고환 파열을 더 자주 겪었고, ⓔ핵심 성장인자의 혈중 농도가 더 낮았다. 다들 하위 개코원숭이가 되지 않도록 애써야겠다.

닭이 먼저냐 달걀이 먼저냐 하는 문제가 여기서도 제기된다. 이런 생리적 속성들이 서열에 기여하는 걸까, 거꾸로일까? 야생동물에게서 알아볼 수는 없는 노릇이지만, 포획 상태의 영장류들을 확인해본 결과는 서열에 따르는 특징적인 생리적 속성들이 서열 확립에 앞서는 게 아니라 뒤따르는 것으로 드러났다.[19]

이 시점에서, 나는 이런 발견들이 모든 위계의 속성을 반영한 것이며 사회적 복종은 곧 스트레스라는 사실을 반영한 것이라고 기쁘게 단언했다. 하지만 알고 보니 이것은 말짱 틀린 주장이었다.

내 주장을 깨뜨리는 증거를 처음 제공한 것은 야생에서 안정된 위계를 이룬 개코원숭이들을 연구한 프린스턴대학교의 진 올트먼과 듀크대학교의 수전 앨버츠였다. 그들이 얻은 결과도 얼추 비슷했다. 즉 하위 개체들의 기저 글루코코르티코이드 농도가 높은 것은 마찬가지였다. 하지만 뜻밖에 알파

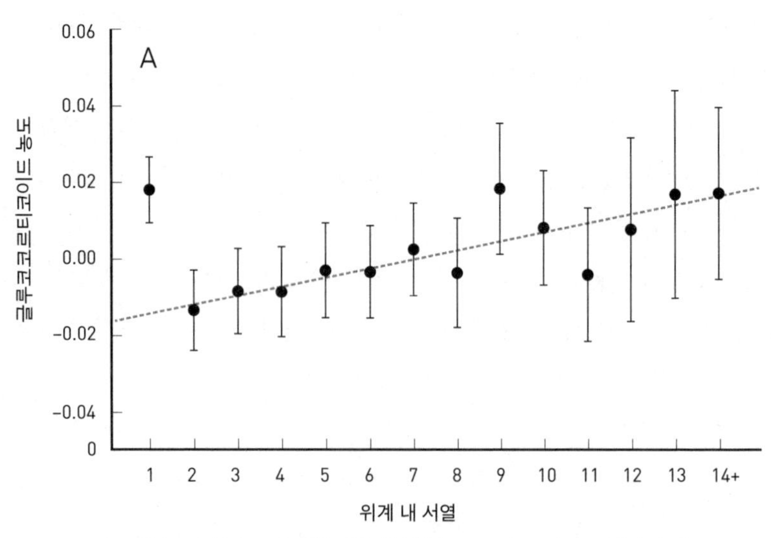

R. 새폴스키의 「CEO에 대한 연민」 『사이언스』 333(2011): 293에서 수정

수컷들의 농도가 서열 최하위 수컷들과 비슷한 수준으로 높아져 있었다. 왜 알파 수컷이 베타 수컷보다 더 스트레스를 받을까? 알파와 베타는 하위 수컷들에게 도전받는 빈도가 비슷하고(스트레스의 원인이다), 암컷들에게 털 고르기를 받는 빈도도 비슷하다(스트레스 대처 방법이다). 다만 알파 수컷은 더 자주, 더 오랜 시간을 들여서 암컷들과 성적 관계를 맺는다(괴롭히는 수컷들을 물리치면서 해야 하기 때문에, 상당히 스트레스가 되는 일이다). 얄궂게도 알파 수컷이 된다는 것의 최대 이득, 즉 성적 관계가 중대한 스트레스 요인이기도 한 것이다. 무릇 소원을 빌 때는 신중해야 하겠다.[20]

잘 알겠다. 그러니까 알파의 저주를 제외하고는, 일반적으로 사회적 복종이 스트레스가 된다는 것 아닌가. 하지만 이것도 틀린 생각이었다. 문제는 서열 자체가 아니라 서열의 의미였다.

서열과 글루코코르티코이드 농도의 관계가 확인된 여러 영장류 종들 중에서, 다음 조건을 만족하는 경우에만 하위 개체들의 기저 글루코코르티코이드 농도가 상대적으로 높은 수준이었다. ⓐ 상위 개체들이 기분이 나쁠 때

면 자주 하위 개체들에게 전위 공격성을 발휘하는 경우, ⓑ하위 개체들에게 스트레스를 풀 방안(가령 털 고르기 파트너)이 없는 경우, 그리고/또는 ⓒ 사회구조상 하위 개체들의 곁에 친척이 없는 경우. 조건이 이와 반대되는 경우라면, 오히려 상위 개체들의 글루코코르티코이드 농도가 더 높았다.[21]

서열의 '의미'와 그에 상응하는 생리적 현상은 한 종의 여러 집단들 사이에서도 다르게 나타난다. 가령 개코원숭이의 경우, 지배적 수컷들이 전위 공격성을 자주 발휘하는 무리에서는 하위 개체들의 건강이 유달리 나쁘지만, 위계의 상층부를 중심으로 불안정한 시기를 겪는 무리에서는 상위 수컷들의 건강이 나빴다.

이 모든 조건에 더해, 개체의 성격이 서열의 현실에 대한 인식을 형성한다. 예전에는 다른 종에게 '성격'이라는 단어를 쓰면 교수직에서 잘릴 수도 있었지만, 요즘 영장류학에서는 성격 연구가 인기 있는 주제다. 다른 종들도 개체마다 안정된 기질 차이가 있다. 개체마다 좌절할 때 전위 공격성을 드러내는 정도가 다르고, 사회적 유대감을 발휘하는 정도가 다르고, 새로운 것을 접했을 때 동요하는 정도가 다르다. 같은 영장류 종이라도 물웅덩이가 반이나 말랐다고 보는 개체가 있는가 하면 반이나 찼다고 보는 개체가 있다. 그리고 위계의 맥락에서, 서열 2위이지만 1위가 아니라는 점에만 신경쓰는 개체가 있는가 하면 서열 9위이지만 10위가 아니라는 점에 만족하는 개체도 있다.

이런 성격이 서열/건강 관계에 영향을 미친다는 것은 어쩌면 당연한 일이다. 똑같이 높은 서열일 때, 개체가 ⓐ새로움에 유달리 반발하고, ⓑ무해한 상황에서(가령 경쟁자가 그냥 근처에서 낮잠만 자는데도) 위협을 느끼고, ⓒ 사회적 통제의 이득을 취하지 않고(가령 명백히 대결이 벌어지려는 상황일 때 경쟁자가 선수를 치게 놔두고), ⓓ좋은 소식과 나쁜 소식을 구별하지 않고(가령 싸움에서 이길 때와 질 때의 행동이 다르지 않고), 그리고/또는 ⓔ 좌절감을 사회적으로 배출할 통로가 없으면, 건강이 나쁠 가능성이 높다. 이 내용으로 개코원숭이들에게 '성공하는 사업가 되기' 세미나를 열어서 먹고살 수도 있을 것 같다.[22]

한편 동전의 뒷면에서, 똑같이 낮은 서열이라도 개체가 ⓐ 털 고르기 파트너가 많다면, 그리고/또는 ⓑ그보다도 서열이 낮은 개체가 있어서 전위 공격성을 발휘할 수 있다면, 건강이 더 좋은 편이다.

그러면 다른 종들의 경우에 서열이 몸에 어떤 영향을 미친다고 봐야 할까? 그 종에서, 그리고 개체가 소속된 사회집단에서 특정 서열로 산다는 것이 어떤 의미인가에 달려 있다. 또한 그런 변수들에 대한 인식에 영향을 미치는 성격에도 달려 있다. 그렇다면 인간은 어떨까?

인간의 경우

사람들의 위계에 대한 감정 차이를 살펴본 신경생물학 연구도 적으나마 있다. 앞 장에서 보았던 사회지배지향성 개념, 즉 사람들이 권력과 위신을 얼마나 가치 있게 여기는가를 측정하는 척도를 떠올려보자. 한 연구에서, 피험자들에게 모종의 정서적 고통을 겪는 사람을 보여주었다. 2장에서 보았듯, 이런 상황에서 사람들은 앞띠이랑 겉질과 섬겉질이 활성화한다. 고통을 야기하는 상황에 대해 감정이입과 혐오감이 발생하는 것이다. 그런데 이때 사회지배지향성이 높은 피험자일수록 두 영역이 덜 활성화했다. 위신과 권력에 관심이 많은 사람들은 불행한 사람들에게 별 감정을 못 느끼는 모양이다.[23]

다음으로, 인간도 특정 서열을 가질 때 그에 상응하는 생물학적 현상을 경험할까? 어떤 측면에서 인간은 다른 영장류들보다 더 복잡하지만, 또 어떤 측면에서는 덜 복잡하다.

정부나 군대의 고위직 인사들을 조사한 연구가 두 건 있었다(군대의 경우에는 대령 이상을 조사했다). 지위가 낮은 사람들로 구성된 통제군에 비해 이들은 기저 글루코코르티코이드 농도가 더 낮았고, 자가 보고한 불안 수준이 더 낮았고, 더 큰 통제감을 갖고 있었다(하지만 이 사실만으로는 서열이 먼저인지 적은 스트레스가 먼저인지 알 수 없다).[24]

여기까지는 개코원숭이와 같다. 하지만 현실은 좀더 미묘했다. 연구자들은 세 질문으로 고위직을 더 해부해보았다. ⓐ피험자의 조직에 그보다 지위가 낮은 사람이 몇 명 있는가? ⓑ피험자에게 자율성이 (가령 채용과 해고 측면에서) 얼마나 있는가? ⓒ피험자가 직접 감독하는 하급자가 몇 명인가? 이때 첫 두 조건에서 하급자가 많고 자율성도 많은 고위직들만이 글루코코르티코이드 농도가 낮았다. 한편, 직접 감독하는 하급자가 많은 경우에는 이런 좋은 결과가 예측되지 않았다.

이것은 자신이 수많은 직원들을 감독하는 게 아니라 수많은 상사들을 모시는 격이라고 불평하는 중역의 말에 일리가 있다는 뜻이다. 따라서 고위직의 생리적 이득을 온전히 누리려면, 사람들을 직접 감독하면 안 된다. 대신 당신이 직접 상대하지 않는 아랫것들의 알랑거리는 미소를 받으며 우주의 제왕처럼 일터를 유유자적 거닐기만 하라. 문제는 서열 자체가 아니다. 서열의 의미와 서열에 수반되는 상황이다.

다음으로, 인간의 지위/건강 관계가 다른 영장류들보다 덜 복잡한 측면도 있다고 한 것은 왜일까?[25] 영장류가 만들어낸 지위 체계 중에서 가장 침투력이 강한 형태인 사회경제적 지위를 반영한다는 점에서 그렇다. '사회경제적 건강불평등', 즉 가난한 사람이 부자보다 기대수명이 짧고 여러 질병의 발병률과 사망률이 높은 현상에 대해서는 많은 연구가 이뤄져 있다.

9장에서 살펴보았던 이 방대한 주제를 다시 요약해보자.

* 가난과 나쁜 건강 중 어느 쪽이 먼저일까? 압도적으로 가난이 먼저다. 사회경제적 지위가 낮은 산모의 자궁에서 발달한 태아는 성인이 되어서 건강이 더 나쁠 가능성이 높았다는 사실을 기억하자.
* 가장 가난한 사람은 건강이 나쁘고 나머지는 다 똑같이 건강하다는 것이 아니다. 사회경제적 지위의 사다리에서 단계가 낮아지는 데 비례해 건강이 더 나빠진다.
* 가난한 사람이 보건 서비스를 누리지 못해서 생기는 문제가 아니다. 이 불평등은 의료보장제도가 시행되는 나라들에서도 확인되었고, 보건 서비스 접근성과 무관하게 발병하는 질병들에 대해서

도 확인되었다.

* 가난한 사람이 건강 위험 인자(가령 오염)에 더 많이 노출되고 보호 인자(가령 헬스클럽 회원권)에 덜 노출된다는 사실만으로는 변이의 약 3분의 1만을 설명할 수 있다.
* 건강불평등은 사회경제적 지위에 따르는 심리적 무게의 문제인 듯하다. ⓐ주관적 사회경제적 지위가 객관적 사회경제적 지위에 못지않게 건강을 잘 예측한다. 가난한 것 자체가 문제는 아니라는 뜻이다. ⓑ절대 소득 수준과 무관하게, 공동체의 소득 불평등이 클수록, 즉 가난한 사람이 자신의 낮은 지위를 더 빈번히 실감할수록 건강불평등의 기울기가 더 가파르다. ⓒ불평등이 만연한 공동체는 사회자본(신뢰와 효능감)이 적기 마련인데, 이것은 나쁜 건강의 가장 직접적인 원인이다. 이런 연구들을 전체적으로 고려하면, 낮은 사회경제적 지위에 따르는 심리적 스트레스가 건강을 해친다고 해석할 수 있다. 이를 뒷받침하는 증거로, 사회경제적 건강불평등의 기울기가 가장 가파른 질병은 스트레스에 가장 민감한 질병들이다(심혈관 질환, 위장관 질환, 정신질환).

사회경제적 건강불평등은 어디에나 있는 현상이다. 성별, 나이, 인종과 무관하다. 의료보장제도가 있든 없든 무관하다. 동일 민족사회에도 있고, 민족 간 긴장이 팽배한 사회에도 있다. '잘사는 것이 최고의 복수'라는 자본주의적 신조를 핵심 신화로 채택한 사회에도 있고, '능력에 따라 일하고 필요에 따라 분배한다'라는 사회주의적 강령을 핵심 신화로 채택한 사회에도 있다. 물질적 불평등을 발명한 순간, 인간은 서열이 낮은 개체를 복종시키는 가장 훌륭한 방법을 찾아낸 셈이었다. 다른 어떤 영장류도 해내지 못한 위업이었다.

인간이 이따금 행하는 정말 이상한 일

인간의 위계에서 독특한 측면은 하고많지만, 가장 독특하고 새로운 특징을 꼽으라면 지도자를 두고 선출하는 행동을 빼놓을 수 없다.

앞서 말했듯, 옛 영장류학은 우습게도 높은 서열을 '지도자 지위'로 착각했다. 하지만 개코원숭이 알파 수컷은 지도자가 아니다. 그냥 뭐든지 제일 좋은 부분을 취하는 존재일 뿐이다. 그리고 개코원숭이들이 아침에 먹이를 찾아나설 때 물정을 아는 나이든 암컷을 따라가기는 해도, 잘 보면 그 암컷은 무리를 '이끄는' 게 아니라 그냥 '간다'.

하지만 인간은 공익이라는 특이한 개념에 기초하여 지도자를 둔다. 물론 무엇이 공익인가, 공익을 증진함에 있어서 지도자의 역할은 무엇인가 하는 점은 상황마다 달라서, 성을 포위 공격할 때 돌격을 이끄는 역할부터 탐조대를 이끄는 역할까지 다양하다.

이보다 더 새로운 현상은 인간들이 지도자를 직접 선택하는 일이다. 모닥불을 둘러싸고 앉아서 박수로 족장을 선출하는 것이든, 장장 3년에 걸친 대통령 선거 기간을 선거인단 투표라는 괴상한 행사로 끝맺는 일이든 말이다. 우리는 어떻게 지도자를 선택할까?

우리가 의사결정에서 자주 쓰는 의식적 요소 중 하나는 후보의 특정 쟁점에 대한 입장이 아니라 경험이나 능력을 보고 투표하는 것이다. 이것은 아주 흔한 현상이다. 한 연구에서는 피험자들이 더 유능해 보인다고 고른 후보들이 실제 선거에서 68%의 확률로 이겼다.[26] 우리는 또 현안과 무관할 수도 있는 하나의 쟁점에 기초하여 의식적으로 후보를 선택한다(카운티의 들개 포획인 보조를 뽑는 데 파키스탄 드론전에 관한 후보들의 견해를 참고하는 식이다). 미국인의 의사결정에는 다른 민주주의 국가 시민들을 어리둥절하게 만드는 측면이 또하나 있다. '호감도'를 보고 투표하는 현상이다. 2004년 부시 대 케리 대선을 떠올려보라. 그때 공화당 인사들은 유권자들이 세계에서 가장 강력한 위치에 오를 사람을 고를 때는 누가 함께 맥주 한잔하고 싶은 사람인가를 고려해야 마땅하다는 식으로 말했다.

의식적 요소 못지않게 흥미로운 것은 자동적이고 무의식적인 요소들이다. 그중에서도 아마 가장 강력한 요인일 텐데, 정치적 입장이 같은 후보들이 있을 때 사람들은 더 잘생긴 쪽에 표를 준다. 후보도 공직자도 남성이 더 많은 현실을 감안하자면, 이것은 더 남성적인 외모에—키가 크고, 건강해 보이고, 이목구비가 대칭적이고, 이마가 넓고, 눈썹뼈가 두드러지고, 턱이 튀어나온 사람에게—표를 준다는 뜻이다.[27]

3장에서 우리는 보통 매력적인 사람들이 성격이 더 좋고, 도덕 기준이 더 높고, 더 친절하고, 더 정직하고, 더 다정하고, 더 믿을 만하다고 평가하는 경향이 있다고 말했다. 위의 사실은 이 경향성에 부합한다. 게다가 매력적인 사람들은 더 나은 대접을 받는다. 같은 이력일 때, 매력적인 사람이 고용될 가능성이 더 높다. 같은 일을 할 때, 매력적인 사람이 더 많은 봉급을 받는다. 같은 범죄일 때, 매력적인 사람이 유죄 선고를 덜 받는다. 이것은 아름다움이 곧 선이라는 고정관념이다. 1882년에 프리드리히 실러는 이렇게 말했다. "육체의 아름다움은 내면의 아름다움, 즉 영혼과 도덕의 아름다움을 보여주는 신호다."[28] 이 고정관념의 뒷면은 장애, 질병, 부상을 겪는 사람들은 본인의 죄에 대한 인과응보를 받는 것이라고 보는 시각이다. 그리고 3장에서 보았듯, 우리는 행위의 도덕적 선함을 평가할 때와 얼굴의 아름다움을 평가할 때 눈확이마앞엽 겉질의 같은 회로를 쓴다.

암묵적으로 영향을 미치는 요인은 이 밖에도 더 있다. 오스트레일리아의 과거 모든 총리 선거 출마 후보자들의 유세 연설을 분석해본 연구가 있었다.[29] 전체 선거의 80%에서 당선자는 집합 대명사('우리')를 더 많이 쓴 후보였다. 사람들이 모두를 대변해서 말하는 후보자에게 매력을 느낀다는 뜻이다.

맥락에 따라 자동으로 발휘되는 선호도 있다. 예를 들어, 서구와 동아시아 피험자들은 전쟁을 염두에 두는 시나리오를 가정한 경우에는 더 나이 많고 남성적인 얼굴을 가진 후보들을 선호했지만, 평화시라고 가정한 경우에는 더 젊고 여성적인 얼굴을 가진 후보들을 선호했다. 또 집단 간 협력을 증진해야 하는 상황이라고 가정한 경우에는 더 지적으로 보이는 얼굴을 선호했지만, 그렇지 않은 경우라면 더 지적인 얼굴을 덜 남성적이라고 보거나 덜 바람직하다고 보는 경향이 있었다.[30]

우리는 이런 자동적 편향을 조기에 갖춘다. 한 실험에서, 5~13세 아이들에게 그들이 잘 모르는 선거에 출마한 후보들의 얼굴을 둘씩 쌍으로 보여준 뒤 가상의 보트 여행에서 대장으로 삼고 싶은 사람이 어느 쪽이냐고 물었다. 아이들은 71%의 확률로 실제 당선자를 골랐다.[31]

이런 연구를 하는 과학자들은 이런 선호가 진화한 이유에 대해서도 종종 가설을 내놓는다. 그런데 솔직히 대부분의 설명은 그냥 그럴듯한 이야기로 들린다. 예를 들면, 전시에 더 남성적인 얼굴을 가진 지도자를 선호하는 현상을 분석하면서 연구자들은 높은 테스토스테론 농도가 더 남성적인 이목구비를 만들고(대체로 사실이다) 더 공격적인 행동을 일으키므로(4장에서 보았듯, 사실이 아니다) 사람들이 전시에 지도자에게 원하는 것은 그 공격성이라고 말했다(나는 그다지 동의할 수 없는 말이다). 따라서 더 남성적인 얼굴을 가진 후보를 선호하는 것은 전쟁 승리에 필요한 공격적 지도자를 추대할 확률을 높인다는 것이다. 그 덕분에 모두가 자신들의 유전자를 후대에 더 많이 물려줄 수 있다는 것이다. 짜잔.

원인이 무엇이든, 중요한 점은 이런 암묵적 힘들이 강력하다는 것이다. 다섯 살 아이들이 71%의 정확도로 당선자를 맞힐 수 있다는 것은 이런 편향이 우리에게 아주 일반적이고 깊게 아로새겨진 속성이라는 증거다. 그런 편향으로 결정하고 나서야, 우리는 의식적 인지를 발휘하여 그 결정이 신중하고 현명한 것인 양 보이게 만들려고 애쓴다.

저기, 이 주제는 안 건드려요? 정치와 정치 지향

인간은 뜯어볼수록 희한하다. 복수의 위계에 소속되어 있고, 지도자를 갖고 있고, 가끔 지도자를 직접 선택하는데, 그 선택을 어리석고 암묵적인 기준에 따라 내리다니. 자, 정치라는 주제를 본격적으로 살펴볼 차례다.

프란스 드 발은 고전이 된 저서 『침팬지 폴리틱스』에서 '정치(폴리틱스)'라는 용어를 처음 영장류학에 도입했다. 그는 이 용어를 '마키아벨리적 지능'이라는 뜻으로 사용했다. 비인간 영장류들도 자원에 대한 접근성을 통제하고자 사회적으로 복잡한 술책을 부리곤 한다는 뜻이다. 책에는 침팬지들이 그런 계략에 얼마나 천재적인지 보여주는 사례들이 나와 있다.

인간 사회에서도 '정치'의 고전적 의미는 다르지 않다. 하지만 나는 좀더 이상적이고 제한된 의미로 이 용어를 쓰겠다. 정치란 '공익 추구 방식에 대한 상이한 견해를 가진 강자들이 겨루는 일'이다. 보수주의자들이 가난한 사람들과 전쟁을 치르고 있다고 비난하는 진보주의자들은 잊자. 타락한 진보주의자들이 가족 가치를 훼손한다고 비난하는 보수주의자들도 잊자. 이런 언동은 무시하고서, 우리는 그들 모두가 사람들이 최대한 잘살기를 바라지만 그 목표를 달성하는 최선의 방법에 대해서 견해가 다를 뿐이라고 가정하자. 지금부터 우리는 세 가지 문제에 초점을 맞추어 살펴보겠다.

a. 정치 지향은 내적으로 일관된 편인가(예를 들어, 자기 동네의 쓰레기 정책에 관한 의견과 어느 먼 나라에서 실시되는 군사작전에 대한 의견은 이데올로기적으로 한 세트일까)? 빠른 답변: 보통 그렇다.
b. 그런 일관된 지향은 특정 정치 현안과 거의 무관한, 뿌리깊고 암묵적인 요인들에서 생겨나는가? 그렇다.
c. 과학자들은 이런 요인들의 바탕에 깔린 생물학을 조금이라도 밝혀내기 시작했는가? 물론이다.

정치 지향의 내적 일관성

앞 장에서, 우리/그들 가르기 지향성이 놀랍도록 일관되다는 것을 보았다.

특정 외집단을 경제적 이유에서 싫어하는 사람은 다른 집단을 역사적 이유에서 싫어하고, 또다른 집단을 문화적 이유에서 싫어하고…… 그럴 가능성이 높다.[32] 정치 지향도 마찬가지다. 사회적·경제적·환경적·국제적 현안들에 관한 어떤 사람의 정치 지향은 한 세트일 때가 많다. 이 일관성을 희화화한 만화가 『뉴요커』에 실린 적 있다(정치심리학자 존 조스트 덕분에 알게 된 만화다). 한 여자가 몸에 걸친 드레스를 남편에게 보이면서 묻는다. "이 드레스를 입으니까 나 공화당원처럼 보여요?" 또다른 예는 생명윤리학자 리언 카스의 일화인데, 인간 복제는 상상만 해도 '역겹다'는 보수적 의견으로 관련 정책에 영향을 미쳤던 그는 그뿐만 아니라 사람들 앞에서 아이스크림을 핥아먹는 '고양이 같은 행동'도 역겹다고 말한 적 있다. 아이스크림 핥기를 비롯하여 여러 문제에 대한 그의 견해는 뒤에서 더 살펴보겠다. 이런 내적 일관성은 정치 이데올로기가 그보다 더 폭넓고 근본적인 이데올로기의 한 표출일 뿐이라는 뜻이다. 앞으로 이야기하겠지만, 이 사실은 보수주의자들이 진보주의자들보다 침실에 청소 도구를 두는 경우가 더 많은 현상도 설명해준다.

당연히, 사람들의 정치 이데올로기가 늘 엄격하게 일관되는 것은 아니다. 자유지상주의자는 사회적 자유주의와 경제적 보수주의의 혼합이다. 거꾸로, 흑인 침례교회는 전통적으로 경제적으로는 진보적이지만 사회적으로는 보수적이다(동성애자 권리를 부인하고, 동성애자 권리가 인권 문제라는 생각도 부인한다). 정치 이데올로기의 양극단들이 획일적인 존재인가 하면, 그것도 아니다(나는 이 사실을 무시하고 단순화하여, '진보주의자'와 '좌파'를, '보수주의자'와 '우파'를 각각 동의어처럼 쓰겠다).

그렇지만 어떤 사람의 정치 지향을 구성하는 요소들은 대체로 안정성과 내적 일관성을 갖고 있다. 공화당원처럼 옷을 입고 민주당원처럼 아이스크림을 핥는다는 게 말이 된다는 얘기다.

정치 지향의 바탕에 깔린 암묵적 요인들

정치 이데올로기가 침실에 청소용품을 두는 문제부터 아이스크림 섭취 방식까지 온갖 행동에 관여하는 더 큰 내적 영향력들의 한 표출에 불과하다면, 좌파와 우파는 심리적·감정적·인지적·내장감각內臟感覺적 측면에서도 차이가 있을까? 연구자들이 이 질문에 답하는 과정에서, 매우 흥미로운 발견들이 따라 나왔다. 그 발견들을 몇 가지 범주로 묶어보았다.

지능

아니, 뭐라고? 참으로 도발적인 주제부터 살펴보자. 1950년대의 테오도어 아도르노를 필두로, 낮은 지능이 보수 이데올로기 채택을 예측한다는 주장이 제기되었다.[33] 이후 연구들은 이 결론을 지지하는 것도 있었지만 그렇지 않은 것도 있었다. 그보다 더 일관된 관계는 낮은 지능과 보수주의의 한 하위 형태인 우파권위주의성향(위계 애호) 사이에서 확인되었다. 영국과 미국에서 1만 5000명이 넘는 사람들을 조사하여 이 결론을 아주 철저하게 보여준 연구가 있다. 이때 교육 수준과 사회경제적 지위를 통제하더라도, 낮은 IQ와 우파권위주의성향과 집단 간 고정관념 사이에는 관련성이 있었다. 이 관련성을 어떻게 설명할까? 우파권위주의성향이 단순한 대답을 제공하기 때문에 추상적 추론 능력이 부족한 사람들에게 알맞다는 것이 표준적이고 설득력 있는 해석이다.

지적 양식

이 문제에 관한 연구들은 크게 두 주제를 살펴본다. 하나는 우파가 좌파보다 애매함을 지적으로 불편하게 느낀다는 점이다. 이 이야기는 밑에서 하자. 다른 하나는 좌파가 우파보다, 뭐랄까, 더 열심히 생각한다는 것이다. 펜실베이니아대학교의 정치학자 필립 테틀록의 표현을 빌리자면, '통합적 복잡성intergrative complexity'을 받아들이는 능력이 더 낫다는 것이다.

한 연구에서 보수주의자들과 진보주의자들에게 가난의 원인을 물어보았다. 그러자 양쪽 다 보통 개인 귀인으로 대답했다("그 사람이 게을러서 가난한 거죠"). 하지만 즉각적 판단일 때만 그랬다. 시간을 더 주면, 진보주의자들은 상황적 설명으로 의견을 바꿨다("잠깐만, 환경이 가난한 사람에게 불리하기는 해요"). 요컨대 보수주의자는 직감으로 시작해서 직감으로 끝나지만, 진보주의자는 직감으로 시작해서 머리로 끝난다.[34]

귀인 양식 차이는 정치를 한참 넘어선 영역에도 미친다. 진보주의자와 보수주의자에게 어떤 남자가 춤 연습을 하다가 딴 사람의 발에 걸려 넘어졌다고 말해주고 즉각적 평가를 요구하면, 둘 다 개인 귀인으로 대답한다. "서투른 사람이네요." 하지만 시간이 주어지면, 진보주의자는 상황 귀인으로 넘어간다. "진짜 어려운 춤인가봐요."

이 이분법은 당연히 완벽하지 않다. 르윈스키 스캔들 때 우파는 개인 귀인으로 설명했고("빌 클린턴은 썩은 놈이야"), 좌파는 상황 귀인으로 설명했다("우파의 음모야"). 닉슨과 워터게이트 사태 때는 거꾸로였다. 그래도 이 이분법은 상당히 믿을 만한 편이다.

왜 이런 차이가 날까? 직감적 개인 귀인을 넘어서 섬세한 상황 귀인을 떠올리는 능력 자체에는 진보주의자와 보수주의자에 차이가 없다. 양쪽에게 감정을 접어두고 상대 진영의 관점을 묘사해보라고 요구하면, 양쪽 다 문제없이 해낸다. 다만 진보주의자는 상황적 설명으로 나아가야 한다는 동기를 더 크게 느낄 뿐이다.

왜? 어떤 사람들은 진보주의자가 생각을 더 중시하기 때문에 그렇다고 말하는데, 이것은 쓸모없는 동어 반복이 되기 쉬운 해석이다. 일리노이대학교의 린다 스키트카는 즉각적 개인 귀인이 진보주의자에게는 자신의 원칙에 어울리지 않는 견해로 느껴지므로 더 열심히 생각해서 더 조화로운 견해를 떠올리려 한다고 설명했다. 반면 보수주의자는 시간이 더 주어져도 상황적 귀인으로 넘어가지 않는데, 부조화를 느끼지 못하기 때문이다.

논리적이기는 하나, 이 해석은 그렇다면 왜 애초에 진보주의적 이데올로기가 부조화를 일으키는가 하는 질문을 낳을 뿐이다. 뒤에서 보겠지만, 이

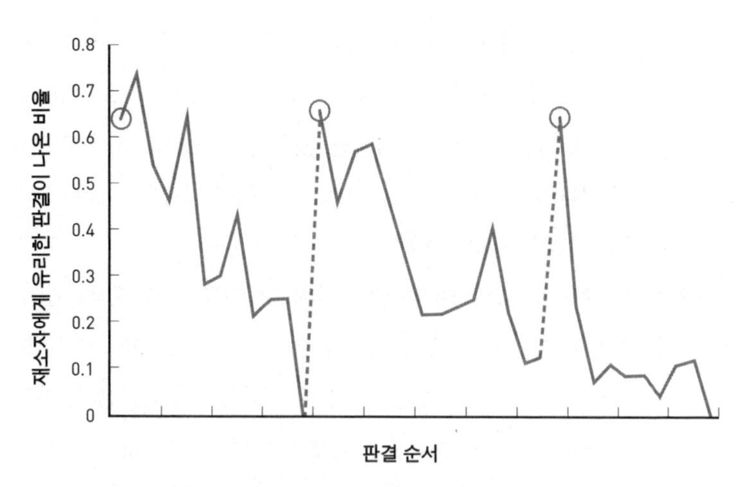

재소자에게 좋은 판결이 나온 비율을 판결 시간 순서대로 표시한 그래프. 동그라미는 세 번의 회기에서 각각 첫번째 판결을 뜻하고, x축의 눈금은 판결 세 개 간격으로 그어져 있다. 점선은 식사 시간이다. 회기의 길이가 달라서 뒤쪽에는 재판 수가 적은 경우가 더러 있었으므로, 각 회기에서 첫 95%의 재판 데이터만 가지고 그래프를 그렸다.

문제에는 인지 양식과는 무관한 다른 요인들이 작용한다.

이런 발견들을 고려하자면, 보수주의자를 진보주의자처럼 생각하도록 만드는 것보다는 진보주의자를 보수주의자처럼 생각하도록 만드는 편이 더 쉬울 것이다.[35] 더 익숙한 방식으로 표현하자면, 인지 부담이 늘어나면* 사람들은 더 보수적인 견해를 갖게 될 것이다. 실제로 그렇다. 즉각적 판단에 따르는 시간 압박은 일종의 인지 부담 가중이다. 같은 맥락에서 사람들은 피곤할 때, 아플 때, 다른 인지 작업에 정신이 팔렸을 때, 혈중알코올농도가 높을 때 평소보다 더 보수적인 견해를 보인다.

3장에서 우리가 의지력을 발휘할 때는 이마앞엽 겉질이 글루코스를 요구하기 때문에 대사력이 쓰인다고 했던 것을 떠올려보자. 이것은 경제 게임을 하는 피험자들이 배가 고플 때는 덜 너그러워진다는 사실에서 끌어낸 발

* 이 현상은 부담이 보다 장기적으로 가해지는 상황에도 똑같이 적용된다. 그런 시기가 양극화를 부추긴다는 통념이 있지만, 사실은 좌파 중에서도 드문 일부만이 그런 시기에 암묵적으로 더 좌파적인 방향으로 바뀐다(뒤에서 더 이야기하겠다).

견이었다. 현실의 사례는 더 충격적이다(왼쪽 그래프를 보라). 연구자들이 1100건이 넘는 판결을 분석한 결과, 판사들이 식사한 직후에는 약 60%의 비율로 가석방을 허가하지만 먹기 직전에는 사실상 0%라는 것이 확인되었다(피곤한 하루의 끝으로 갈수록 비율이 전체적으로 낮아진다는 점도 눈여겨보자). 정의의 여신이 눈을 가리고 있어도, 제 배에서 나는 꼬르륵 소리만은 외면하지 못하는 모양이다.[36]

도덕적 인지

이 또한 지뢰밭이다. 놀랍지도 않은 일이지만, 정치 스펙트럼의 양극단에 있는 사람들은 서로를 도덕적 사고가 빈곤한 인간들이라며 비난한다.[37] 이때 비난의 한쪽 방향은 7장에서 보았던 콜버그의 도덕 발달 단계 이론으로부터 지지를 받는 듯하다. 시민 불복종에 열광하는 진보주의자는 법과 질서를 애호하는 보수주의자보다 콜버그 단계에서 더 '높은' 단계에 있는 편이기 때문이다. 우파에게는 더 발전된 콜버그 단계에서 추론하는 지적 능력이 부족하다는 뜻일까? 아니면 그럴 동기가 적은 것일까? 후자로 보인다. 상대의 관점을 묘사하는 능력에는 우파와 좌파가 차이가 없기 때문이다.

뉴욕대학교의 조너선 하이트는 견해가 전혀 다르다.[38] 그는 도덕에 여섯 가지 토대가 있다고 본다. 배려 대 피해, 공정성 대 부정, 자유 대 압제, 충성심 대 배신, 권위 대 전복, 고귀함 대 추함이다. 진보주의자들이 첫 세 목표, 즉 배려와 공평성과 자유를 우선시한다는 것은 실험에서도 현실에서도 확인된 사실이다(상대적으로 충성심과 권위와 고귀함을 낮잡는다는 것은 여러모로 후 관습적 사고에 해당하므로, 콜버그 도식과 겹치는 데가 있는 셈이다). 대조적으로 보수주의자들은 충성심과 권위와 고귀함을 아주 중시한다. 이것은 명백히 큰 차이다. 당신이 속한 집단을 외부인들에게 비판해도 되는가? 우파: 안 된다, 그것은 배신행위다. 좌파: 된다, 정당한 사유가 있다면. 법을 어겨도 되는가? 우파: 안 된다, 권위를 훼손하는 짓이다. 좌파: 물론 된다, 악법이라면. 국기를 태워도 되는가? 우파: 절대 안 된다, 국기는 고귀한 것이다. 좌파: 뭘 그래, 천 쪼가리일 뿐인걸.

이런 상이한 강조점은 많은 것을 설명해준다. 일례로, 진보주의자의 고전적 견해는 누구에게나 동등한 행복추구권이 있다는 것이다. 반면 보수주의자는 고전적으로 공정성보다 권위 집행의 편이성을 중시하므로, 어떤 사회경제적 불평등은 세상이 순조롭게 돌아가는 대가로서 감수할 만하다고 본다.

하이트의 관점에서 보수주의자들은 (도덕의 토대를) 여섯 개까지 꼽지만 진보주의자들은 세 개만 꼽는다는 사실은 무슨 뜻일까? 바로 이 대목에서 인정사정없는 상호 저격이 시작된다. 보수주의자들은 하이트의 묘사를 받아들여서, 진보주의자를 도덕의 토대 중 절반이 위축된 인간이라고 비난한다.* 조스트와 하버드대학교의 조슈아 그린은 견해가 다르다. 그들은 진보주의자들이 더 세련된 도덕의 토대를 갖고 있다고 본다. 덜 중요하고 역사적으로 해로웠던 토대들을 진보주의자들은 폐기했지만 보수주의자들은 여태 집착한다는 것이다. 진보주의자는 1에서 3까지 고려하고 보수주의자는 사실상 4에서 6까지만 고려한다고 보는 해석이다.

보수주의자들은 왜 충성심, 권위, 고귀함처럼 우파권위주의와 사회지배지향성으로 건너가는 징검돌일 때가 많은 '결속의 토대'에 더 신경쓸까? 이 질문에 답하려면, 다음 항목으로 넘어가야 한다.

감정적 심리 차이

좌파와 우파가 정서 면에서 일부 겹치기는 하지만 차이가 있다는 것은 연구자들이 일관되게 확인하는 사실이다. 요약하면, 평균적으로 우파는 애매성을 더 불안하게 느끼고, 종결하고픈 욕구를 더 크게 느끼고, 새로움을 싫어하고, 구조와 위계를 더 편하게 느끼고, 상황을 위협적인 것으로 더 쉽게 인식하며, 더 편협하게 감정이입한다.

---

* 하이트가 자신을 보수주의자로 규정하지 않는 것은 흥미로운 사실이다. 하지만 최근 인터뷰를 보면 이 점에서 그가 바뀌고 있는 듯하다.

보수주의자가 애매성을 싫어한다는 것은 여러 비정치적 맥락에서(가령 시각적 환영에 대한 반응, 오락 취향 측면에서) 확인된 바로, 이것은 그들이 새로움을 진보주의자와는 다르게 느낀다는 점과 밀접하게 관련된 현상이다. 새로움이란 속성상 애매함과 불확실성을 일으키는 법이기 때문이다.[39] 새로움에 대한 견해 차이는 진보주의자들이 적절한 개혁으로 미래를 지금보다 더 좋은 세상으로 만들 수 있다고 보는 데 비해 보수주의자들은 옛날이 더 나았으며 우리가 그 익숙한 환경으로 돌아가서 다시 좋은 세상을 만들어야 한다고 보는 것을 설명해준다. 이런 심리적 차이는 비정치적 영역에서도 발휘된다. 진보주의자들은 보수주의자들보다 여행책을 더 많이 갖고 있는 편이다.

예측 가능성과 구조structure를 원하는 보수주의자의 성향이 충성심, 복종, 법과 질서를 강조하도록 만든다는 것은 자명한 이치다.[40] 이 사실은 미국의 정치 지형에서 한 가지 수수께끼 같은 속성을 이해하게 해준다. 지난 50년 동안 공화당은 어떻게 가난한 백인들이 자신의 경제적 이득에 반하는 투표를 하도록 설득할 수 있었을까? 그 사람들은 자신이 곧 복권에 당첨되어 미국의 불평등 구조에서 특권을 누리는 쪽으로 옮겨갈 수 있을 거라고 진심으로 믿은 걸까? 아니다. 보수주의자에게 익숙한 구조를 원하는 심리가 있다는 것을 볼 때, 가난한 백인들이 공화당에게 표를 주는 것은 암묵적인 체제 정당화 및 위험 회피 행동이었을 것이다. 변화를 받아들이느니 차라리 잘 아는 악마를 상대하는 편이 낫다는 심리다. 보수주의적 동성애자들이 진보주의적 동성애자들보다 암묵적 반反동성애자 편향을 더 많이 품고 있다는 사실은 앞 장에서 이야기했다. 체제의 안정성과 예측 가능성에서 위안을 느끼는 사람이라면, 체제를 부정하느니 자신을 미워하는 편이 나은 것이다.

이런 변수들과 얽힌 또다른 현상은, 어떤 상황을 위협적인 것으로 보는 성향 면에서 좌파와 우파가 다르다는 것이다. 특히 권위주의에 기반한 보수주의가 그런 성향이 크다. 삶은 애매한 일투성이고 무엇보다 늘 새로운 미래가 기다리고 있는데, 그 애매성과 새로움을 불안하게 느끼는 사람에게는 아닌 게 아니라 온갖 것이 위협으로 보일 것이다. 이때 '위협'은 가령 자부심에 대한 위협처럼 추상적일 수 있는데 그런 위협을 인식하는 데 있어서는 정치적 차이가 거의 드러나지 않는다. 차이는 구체적인 신변상 위협에 대해서만 나타난다.

이 사실로 정치적 입장을 설명할 수도 있다. "내게 국무부에 침투하여 일하고 있는 공산주의자 스파이 200명의 명단이 있습니다"라는 말은 가상의 위협이 무엇인지 아주 잘 보여주는 예시다.* 위협 인식의 차이는 비정치적 영역에서도 드러난다. 한 연구에서, 피험자들에게 화면에 잠깐 나타났다 사라지는 단어를 보면서 어떤 작업을 빠르게 수행하도록 했다. 이때 진보주의자들과는 달리 권위주의적 보수주의자들은 위협적이지 않은 단어('망원경' '나무' '매점')보다 위협적인 단어('암' '뱀' '강도')에 더 빨리 반응했다. 게다가 그런 보수주의자들은 진보주의자들보다 'arms'를 ('팔'로 읽어서 '다리'와 짝짓는 게 아니라) '무기'로 읽어서 '총기'와 짝짓는 경우가 더 많았고, 애매한 표정을 위협적인 표정으로 해석하는 경우가 더 많았고, 부정적 자극을 중립적 자극과 연합하는 조건화를 더 쉽게 익혔다(긍정적 자극은 그렇지 않았다). 자가 보고에 따르면, 공화당원은 민주당원보다 악몽을 세 배 더 많이 꾼다. 특히 자신이 힘을 잃는 상황에 관련된 악몽을 많이 꾼다. 보수주의자는 강도를 당한 적 있는 진보주의자라는 말이 왜 있겠는가.

이와 관련하여 '공포 관리 이론'이라는 것이 있다. 보수주의의 심리적 기원을 죽음에 대한 극심한 공포라고 보는 가설이다. 이 가설을 지지하는 사실로서, 자신의 필멸성을 떠올리도록 하는 암시를 받은 사람들은 평소보다 더 보수적인 견해를 드러낸다.[41]

위협 인식의 차이로 정부 역할에 대한 견해 차이도 설명할 수 있다. 국민에게 필요한 것을 제공하는 역할로 볼 수도 있고(좌파의 견해로, 사회 서비스와 교육 등을 강조한다), 국민을 보호하는 역할로 볼 수도 있다(우파의 견

* 매카시가 실제로 위협을 느꼈는지는 (혹은 자신이 뱉은 말 중 한마디라도 진심으로 믿었는지는) 토론해볼 만한 문제이지만, 그가 그런 경향성을 지닌 사람들을 이용해먹을 줄 알았다는 점에는 좌우간 의문의 여지가 없다.

해로, 법질서와 군대 등을 강조한다).*

공포, 불안, 죽음에 대한 두려움. 우파로 산다는 것은 피곤한 일인 것 같다. 그럼에도 불구하고, 한 다국적 연구에서 우파가 좌파보다 더 행복하다는 결과가 나왔다.[42] 왜일까? 어쩌면 우파가 단순한 대답에 만족하고 구태여 그것을 바로잡아야 한다는 부담을 느끼지 않아서일지도 모른다. 또 어쩌면, 연구자들이 선호하는 해석으로서 보수주의자들이 체제 정당화를 통해 불평등을 합리화함으로써 불평등에 덜 좌절하기 때문일 수도 있다. 그리고 경제적 불평등이 커질수록 우파와 좌파의 행복지수 차이도 더 커진다.

앞서 말했듯, 정치 이데올로기는 그 사람이 가진 지적 사고 양식과 정서 양식이 표출된 한 측면이다. 훌륭한 예로, 어떤 사람이 네 살 때 새로운 장난감에 얼마나 개방적인 태도를 보였는가 하는 것은 그가 성인이 되었을 때 가령 미국이 이란이나 쿠바와 새로운 관계를 맺는 문제에 대해서 어떤 견해를 보일 것인가를 잘 예측한다.[43]

물론, 약간의 생물학적 설명

정치 지향은 보통 안정적이라는 것, 그리고 서로 상이한 문제들에 대해서 일관된 입장을 보인다는 것을 살펴보았다. 정치 지향은 그 사람이 가진 인지 및 정서 양식의 한 표현이라는 것도 알았다. 여기서 한 걸음 더 들어가보자. 이런 정치 지향의 차이를 설명하는 생물학적 차이는 무엇일까?

다시 섬겉질을 떠올리자. 섬겉질은 포유류에서는 미각적·후각적 혐오를 중개하고 인간에게서는 추가로 도덕적 혐오까지 중개한다. 앞 장에서 말했던 바, 사람들로 하여금 그들이 내장감각적으로 혐오스럽다고 느끼게 만든다면 틀림없이 그들에 대한 적대감을 지필 수 있다. 사람들이 그들을 떠올릴 때 섬겉질이 활성화하게 만들 수 있다면, 당신의 대량학살 작업 목록에서 한

---

* 보수주의자들이 위협에 더 민감할 수는 있지만, 그렇다고 해서 타인이 겪는 위협에 감정이입을 더 잘하는 것은 아니다. 보수주의자는 타인이 겪는 육체적 고통의 타당성을 더 많이 의심하고, 그것을 꾀병이자 의존적 조작으로 더 많이 해석한다.

항목을 완수한 셈이다.

여기에서 떠오르는 놀라운 발견이 있다. 피험자들이 있는 방에 냄새나는 쓰레기통을 함께 넣어두면, 피험자들의 사회적 보수성이 높아진다는 실험 결과다.[44] 썩은 생선 냄새 때문에 섬겉질이 구역질하는 상황에서는 우리가 그저 우리와 좀 다를 뿐인 타자의 사회적 관습을 말짱 틀린 것으로 판단하기 쉽다는 말이다.

여기에서 또 이어지는 흥미진진한 발견이 있다. 사회적 보수주의자들이 진보주의자들보다 혐오에 대한 문턱값이 낮은 편이라는 사실이다.* 한 연구에서, 피험자들에게 긍정적 혹은 부정적 정서가 깃든 이미지들을 보여주면서 그들의 피부전기반응(교감신경계 각성 수준을 알 수 있는 간접적 지표다)을 측정해보았다. 이때 부정적 이미지에 가장 큰 자동적 반응을 보이는 사람은 동성혼이나 혼전 성관계에 반대하는 보수주의자들이었다(자유무역이나 총기 규제와 같은 비사회성 주제들은 피부전기반응과의 관련성이 없었다). 위생과 순결함을 염려하는 사람들은 분명 고귀함을 중시하는 견해를 갖기가 쉽다.[45]

그 연장선에서, 뭔가 내장감각적으로 불쾌한 것을 접했을 때 보수주의자들은 재평가 전략을(가령 피투성이 이미지를 보았을 때, '이건 진짜가 아니야, 연출된 거야' 하고 생각하는 전략이다) 상대적으로 덜 쓴다. 그렇지만 재평가 기법을 써보라는 지시를 받은 경우라면("초연하고 냉철한 시각으로 이미지를 보려고 애써보세요"), 보수주의자들은 평소보다 덜 보수적인 정치적 정조를 드러낸다. 진보주의자들의 경우에는 차이가 없었다. 대조적으로, 보수주의자들에게 억압 전략은("이미지를 볼 때 당신의 감정을 드러내지 마세요") 소용이 없다. 앞에서 말했듯, 진보주의자는 피곤하거나, 배고프거나, 급하거나, 정신이 산만하거나, 혐오감을 느끼는 상황에서 더 보수성을 띤다. 보수주의자는 뭔가 내장감각적으로 불쾌한 것을 더 초연하게 바라볼 수 있을

---

* 부정적 이미지로는 사람이 벌레를 먹는 모습, 변기에 똥이 떠 있는 모습, 피투성이 상처, 구더기가 들끓는 상처 등이 쓰였다. 재밌군.

때 더 진보성을 띤다.[46]

이처럼, 사회적 현안에 관한 정치 지향은 그 사람의 내장감각적 혐오에 대한 민감도와 그 혐오에 대처하는 전략을 반영한다. 게다가 보수주의자들은 진보주의자들보다 혐오감이 무언가의 도덕성을 판단하는 데 좋은 기준이 되어준다고 생각하는 편이다. 아이스크림 핥기를 싫어하는 생명윤리학자 리언 카스가 이 대목에서 재등장한다. 카스는 조지 W. 부시 대통령의 생명윤리 전문가 위원회를 이끌었고, 위원회는 카스의 임신중지 반대 이데올로기에 힘입어 배아줄기세포 연구에 큰 제약을 가했다. 카스는 '거부감의 지혜the wisdom of repugnance'라는 것이 있다고 주장했다. 인간복제 등에 대한 혐오감은 "우리의 심오한 지혜가 정서적으로 표현된 것으로서, 지혜란 말로 설명할 수 없는 영역의 문제"라는 것이다. 그러니까 우리가 사후적으로 합리화를 하든 말든, 내장감각적 차원만 있으면 옳고 그름을 알 수 있다는 말이다. 무언가가 내게 구토를 일으킨다면, 마땅히 그것을 비난해도 좋다는 것이다.[47]

이 논리에는 명백히 어마어마한 흠이 있다. 우리는 저마다 다른 것에 혐오를 느낀다. 그런데 누구의 구역반사를 기준으로 삼을 것인가? 게다가, 옛사람들이 혐오스럽다고 느꼈던 것을 요즘 사람들은 다르게 느낀다(일례로, 흑인 노예에게도 백인과 동등한 권리가 있다는 생각에 대해서 1800년경 미국의 백인 중 대다수는 경제적으로 불가능한 꿈이라고 생각할 뿐 아니라 혐오스럽다고도 느꼈을 것이다). 옛사람들이 혐오스럽다고 느끼지 않았던 것이 요즘은 혐오스럽게 느껴지는 경우도 있다. 혐오는 움직이는 표적이다.

아무튼, 섬겉질에 관련된 문제들은 정치 지향의 차이를 설명하는 데 도움이 된다. 이 이야기는 17장에서 다시 하겠다.[48] 섬겉질 외에도 몇 가지 신경생물학적 차이가 더 확인된 바 있다. 진보주의는 띠다발 겉질(감정이입에 관여하는 영역이다)의 회색질 부피가 상대적으로 더 큰 것과, 보수주의는 편도체(익히 알겠지만, 위협 인식의 주역이다) 확장과 관련성이 있다는 것이 확인되었다. 그리고 혐오스러운 이미지를 보거나 위험한 작업을 수행할 때, 보수주의자들은 진보주의자들보다 편도체가 더 많이 활성화한다.

하지만 모든 발견이 깔끔하게 맞아떨어지는 것은 아니다. 일례로, 보수주의자들은 혐오스러운 이미지를 볼 때 편도체 외의 다른 잡다한 뇌 영역들도 상대적으로 더 많이 활성화한다. 바닥핵, 시상, 수도관주위회색질, (인지적) 등쪽가쪽이마앞엽 겉질, 중간/위관자이랑, 전보조운동영역, 방추상얼굴영역, 아래이마이랑. 이 발견을 어떻게 해석해야 좋은지는 아직 모른다.

그렇다면, 우리는 자연히 이런 질문을 던지게 된다. 유전자가 정치 지향에 미치는 영향에 관해서 행동유전학자들이 밝혀낸 바가 있을까? 쌍둥이 연구에서는 정치 지향의 유전율이 약 50%라는 결과가 나왔다. 게놈전체연관분석에서도 정치 지향과 연관성이 있는 다형성 유전자들이 발견되었다. 하지만 그 유전자의 대부분은 기능이 알려지지 않은 것이거나, 이전까지 뇌와는 무관하다고 생각된 것이었다. 뇌와 관련된 기능이 알려진 유전자라도(일례로, 신경전달물질인 글루탐산의 수용체를 암호화한 유전자가 있었다) 정치 지향에 관해서 그다지 알려주는 바는 없다. 한 가지 흥미로운 유전자/환경 상호작용이 있기는 하다. D4 도파민 수용체 유전자 중 '위험 감수' 성향과 관련된 변이체가 진보성과 연관된다는 것인데, 단 친구가 많은 진보주의자들에게만 해당되는 이야기였다. 또 정치 지향과는 무관하지만, 사람들이 투표를 할 가능성에 유전자가 관여한다는 것을 보여준 연구들도 있었다.[49]

흥미롭다. 하지만 8장에서 말했던 주의사항이 이 결과에도 해당된다는 것을 유념해야 한다. 대부분의 발견이 재현되지 않았다는 점, 보고된 효과의 크기가 작다는 점, 이런 발견들이 유전학 학술지가 아닌 정치학 학술지에 발표되었다는 점. 마지막으로, 유전자가 정치 지향에 영향을 주더라도 아마 불안 성향처럼 중간에서 매개하는 요인들을 통해서 간접적으로 영향을 미칠 것이다.

복종과 동조, 불복종과 비동조

인간은 여러 위계들을 동시에 갖고 있고, 추상성에 기반하여 구축된 위계도 있으며, 가끔 공익을 위해서 애쓸 지도자를 선발한다.[50] 여기에 더해, 인간은 그 지도자에게 복종한다. 이것은 개코원숭이들이 어슬렁어슬렁 다가오는 알파 수컷에게 그늘진 자리를 고분고분 내어준다는 식의 시시한 복종과는 차원이 다르다. 인간은 왕좌의 특정 점유자를 초월하는 권위에도("선왕이 돌아가셨다, 새 왕은 만수무강하소서!"), 권위라는 개념 자체에도 복종한다. 그 구성 요소는 충성심, 존경, 모방에서 비위 맞추기, 아첨, 도구적 사익 추구까지 다양하고, 단순한 응종에서(가령 실제로는 동의하지 않아도 공개적으로는 동조하는 것이다) 맹목적 추종까지(가령 권위와 자신을 동일시하고 그 신념을 내재화하며 확대하는 것이다) 폭넓다.

복종과 긴밀하게 얽힌 또다른 개념은 동조로, 사실 앞 장의 핵심 개념이지만 여기서 함께 다룬다. 복종과 동조의 핵심은 둘 다 순응이다. 복종은 권위에 대한 순응, 동조는 집단에 대한 순응이다. 우리에게는 둘의 공통점이 중요하다. 그런데 둘의 반대인 불복종과 비동조도 얽혀 있는 개념이고, 이 또한 단순히 다른 북소리에 맞춰서 행진하는 독립성부터 의도적으로 반대로 행동하는 반동조까지 형태가 다양하다.

중요한 점은, 이것들이 가치중립적 용어라는 것이다. 동조는 훌륭한 것일 수 있다. 고개를 위아래로 끄덕이는 행동이 '좋다'를 뜻하느냐 '싫다'를 뜻하느냐에 대해서 모두의 의견이 일치한다는 것은 모두에게 이로운 일이다. 군중의 지혜가 주는 이득을 누리려면 동조가 꼭 필요하다. 동조는 깊은 위안을 제공하기도 한다. 하지만 분명 동조는 끔찍할 수도 있다. 남들이 다 그러니까 나도 약자 괴롭히기, 억압하기, 따돌리기, 내쫓기, 죽이기에 가담한다면 어떻겠는가.

복종도 때로는 멋질 수 있다. 정지 신호에서 모두가 멈춰 서는 것이 그렇고, (청소년기에 유사 아나키스트였던 나로서는 좀 창피한 일이지만) 우리

아이들이 이제 잘 시간이라는 아내와 내 말에 순순히 따르는 것도 그렇다. 하지만 해로운 복종은 "나는 명령을 따랐을 뿐입니다" 하는 사고방식에서 기인하는 행동을 낳는다. 단순히 줄 맞춰서 행진하는 것이든, 존스타운에서 신도들이 교주의 말에 복종하여 제 자식들을 죽였던 끔찍한 일이든.

뿌리

동조와 복종의 뿌리가 깊다는 것은 그런 태도가 다른 종들에게도 있고 아주 어린 인간들에게도 있다는 걸 보면 알 수 있다.

동물의 동조는 일종의 사회적 학습이다. 서열이 낮은 영장류가 매번 서열이 높은 상대에게 얻어맞고서야 복종하는 것은 아니다. 다른 개체들이 모두 그 개체에게 복종하는 모습을 보기만 해도 충분하다.*[51] 이런 동조에는 어딘지 인간적인 분위기가 있다. 예를 들어, 침팬지는 다른 한 개체가 어떤 행동을 세 번 하는 걸 봤을 때보다 다른 세 개체가 그 행동을 한 번씩 하는 걸 봤을 때 그 행동을 더 많이 모방한다.** 게다가 이 학습에는 '문화적 전수'도 포함된다. 침팬지의 경우에는 특정 도구 제작법을 배우는 것이 그렇다. 동조는 사회적·정서적 전염과도 관련된다. 영장류는 다른 개체들이 모두 그렇게 한다는 이유만으로 특정 개체를 표적으로 삼아서 공격하곤 한다. 이런 전염은 집단 간에도 벌어진다. 마모셋원숭이의 경우, 이웃 집단에서 공격적인 목소리들이 들려올 때는 그 집단 내에서도 공격성이 더 높아진다. 심지어 사회적 하품 전염을 보이는 영장류들도 있다.***[52]

---

* 심지어 형식적 이행 논리도 작동하는 것으로 확인되었다. 개체 A가 우세 상호작용에서 개체 B에게 졌다고 하자. 이후 A는 B가 개체 C와의 우세 상호작용에서 지는 걸 목격한다. 그러면 A는 C와 처음 마주쳤을 때 복종 신호를 보인다. 이 현상은 다양한 영장류 종들뿐 아니라 쥐, 새, 물고기에서도 관찰되었다.

** 역시 이 연구에서 확인된 사실인바, 동물행동학적 논리에 걸맞게도 단독 생활을 하는 영장류 종인 오랑우탄은 이런 동조 행위를 하지 않는다.

*** 침팬지의 하품 전염은 다른 친숙한 침팬지가 하품하는 걸 볼 때 가장 잘 일어난다. 다음은 친숙한 인간이 하품하는 걸 볼 때, 그다음은 친숙하지 않은 인간이 하품하는 걸 볼 때다. 하지만 친숙하지 않은 침팬지 개체나 친숙하지 않은 다른 영장류(개코원숭이)가 하품하는 걸 볼 때는 하품 전염이 일어나지 않는다.

비인간의 동조 행위 중에서 내가 제일 좋아하는 사례는 어느 고등학교의 장면이라고 해도 믿을 것 같다. 들꿩 수컷 하나가 어느 암컷에게 구애하는데, 암컷은 설레지 않는지 퇴짜를 놓는다. 이때 연구자들이 그 수컷을 초원 제일의 인기남인 양 만들어준다. 수컷 주변에 그에게 홀딱 반한 듯한 들꿩 암컷 봉제인형들을 세워두는 것이다. 그를 탐탁지 않아 했던 암컷은 곧 그에게 반하고, 조각상처럼 선 경쟁자들을 밀어낸다.[53]

프란스 드 발은 침팬지를 대상으로 한 아름다운 실험에서 동물의 동조를 이보다 더 명확하게 보여주었다. 그는 두 집단의 알파 암컷들을 따로 데려다가, 먹이가 든 퍼즐 상자 여는 법을 그들에게만 알려주었다. 그런데 이때 두 암컷에게 똑같이 어렵지만 서로 다른 방법을 각각 보여주었다. 암컷들이 방법을 터득한 뒤, 이번에는 두 집단의 개체들에게 자신들의 알파 암컷이 퍼즐 상자를 열었다 닫았다 하는 모습을 지켜보게 했다. 그다음 모두에게 퍼즐 상자를 만질 기회가 돌아갔고, 그러자 침팬지들은 금세 제 집단의 알파가 배운 기술을 흉내냈다.[54]

이것만 해도 문화적 정보의 전파를 잘 보여준 멋진 실험이라 할 만했지만, 이후 더 흥미로운 일이 벌어졌다. 가끔 한 침팬지가 요행히 대안 기술을 알아내는 경우가 있었는데, 그러면 그 녀석은 새로 발견한 방법을 포기하고 '정상적인' 방법으로 돌아가곤 했다. 왜냐하면 다른 침팬지들이 다 그렇게 하니까.* 이후 꼬리감는원숭이와 야생 조류에서도 같은 현상이 확인되었다.

그러니까 동물들은 어떤 행동이 더 나아서가 아니라 그냥 남들이 그렇게 하니까 채택하곤 하는 것이다. 더 충격적인 점은, 동물의 동조가 해로울 수도 있다는 것이다. 세인트앤드루스대학교의 앤드루 화이튼은 2013년 실험에서 야생 버빗원숭이들에게 각각 분홍색으로 염색된 옥수수와 파란색으로 염색된 옥수수가 든 통 두 개를 줘보았다.[55] 한 색깔은 맛이 좋았지만, 다른

* 다른 방법을 포기하는 침팬지의 머릿속에서 무슨 일이 일어나는지 궁금하다. 편도체가 활성화하여 스트레스 반응이 나타날까? 유행을 모르는 촌뜨기로 보일까봐 걱정하는 마음이 침팬지에게서는 어떻게 나타날까?

색깔은 쓴맛이 나는 첨가제가 들어 있었다. 원숭이들은 금세 후자를 꺼리게 되었고, 그로부터 몇 달이 지난 뒤에도 '안전한' 색깔 옥수수만 먹었다. 첨가제가 빠진 뒤에도.

새로 태어난 새끼들이나 다른 집단에서 자라서 이 집단으로 옮겨온 어른 원숭이들도 이 먹이 선택에 동조하여, 남들과 같은 색의 옥수수만을 먹었다. 달리 말해, 그저 남들과 어울리고자 하는 마음 때문에 먹이가 될 수 있을지도 모르는 절반의 옥수수를 포기했다. 원숭이들이 마치 양처럼 무리를 따르고, 레밍처럼 함께 절벽에서 뛰어내리는 것이다. 인간에게도 놀랍도록 비슷한 사례가 있다. 생명이 위험한 비상 상황에서(가령 식당에 불이 났을 때), 사람들은 그 방향이 아니라는 걸 알면서도 남들이 그쪽으로 탈출하려고 하면 종종 따라서 간다.

동조와 복종이 인간에게 깊이 아로새겨진 본성이라는 것은 그런 태도가 나타나는 나이를 봐도 알 수 있다. 7장에서 자세히 보았듯이, 그동안 수많은 연구자가 아이들의 동조와 또래 압력을 관찰했다. 그중에는 동조가 인간과 다른 종들에서 연속적으로 나타나는 현상임을 보여준 실험도 있었다. 침팬지는 다른 한 개체가 어떤 행동을 세 번 하는 걸 볼 때보다 다른 세 개체가 그 행동을 한 번씩 하는 걸 볼 때 더 쉽게 동조한다고 했는데, 실험해보니 두 살 아이들도 마찬가지였다.

인간의 동조와 복종이 뿌리깊은 성향이라는 것은 그 속도에서도 알 수 있다. 우리 뇌는 집단이 자신과는 다른 대답을 골랐다는 사실을 200밀리초도 안 되어 접수하고, 그에 따라 제 의견을 바꾸는 것에 해당하는 활성화 패턴을 380밀리초도 안 되어 드러낸다. 우리 뇌는 1초도 안 되는 시간 만에 남들에게 동의해야겠다고 판단하는 편향을 갖고 있는 것이다.[56]

신경생물학적 토대

바로 앞 연구를 보면, 그럴 때 우리 뇌에서 구체적으로 어떤 현상이 일어날까 하는 의문이 든다. 그 대답으로 등장하는 것은 역시나 우리가 지금까지 자주 만났던 뇌 영역들이다.

'사회 정체성 이론'이라는 영향력 있는 이론에 따르면, 사람들이 생각하는 자기 자신의 모습은 사회적 맥락에 의해 형성되는 바가 크다. 그가 동일시하는 집단과 동일시하지 않는 집단이 모두 그의 정체성에 영향을 미친다.*[57] 그렇다면, 동조와 복종은 물론 처벌을 피하려는 것이기도 하지만 그 못지않게 소속되고자 하는 긍정적 동기의 결과이기도 하다. 타인의 행동을 모방할 때, 우리 뇌에서는 중변연계 도파민 체계가 활성화한다.** 만약 우리가 어떤 작업에서 틀린 답을 골랐더라도, 집단의 일원으로서 선택한 경우에는 개인으로서 선택한 경우보다 도파민 체계 활성화 감소가 덜 일어난다. 소속은 안전이다.

한 집단에 속한 피험자가 몇 가지 질문에 답한 뒤, 남들은 모두 다른 대답을 했다는 것을 알고—안 돼!—자기 대답을 바꿀 기회를 얻는다. 이런 설계로 실험해본 연구가 많았다.[58] 어쩌면 당연하게도, 이때 자신이 남들과 어긋났다는 것을 알게 된 순간 피험자들의 뇌에서 편도체와 섬겉질이 활성화했다. 또 활성화 정도가 클수록 피험자가 마음을 바꿀 가능성이 더 높았고, 그 변심이 (남들 앞에서 동조하기 위하여 일시적으로 말을 바꾼 것과는 달리) 더 지속적이었다. 이것은 대단히 사회적인 현상이다. 피험자에게 그와 의견을 달리하는 사람(들)의 사진을 보여주면, 피험자가 자기 대답을 바꿀 가능성이 더 높아진다.

남들이 모두 자신과는 다른 의견이라는 사실을 안 사람의 뇌에서는 또 (정서적) 배쪽안쪽이마앞엽 겉질, 앞띠이랑 겉질, 기댐핵이 활성화한다. 이것은 우리가 벌어지리라고 기대한 바와 실제 벌어진 바가 일치하지 않을 때 그에 맞추어 행동을 조정하는 방법을 익히는 '강화 학습'에 동원되는 회로다.

---

* 사회 정체성 이론의 주창자로는 보통 폴란드·프랑스·영국 심리학자 헨리 타이펠이 꼽힌다. 왜 보통 사람들이 무리에 가담하여 끔찍한 짓을 저지르는가를 고민했던 타이펠은 홀로코스트로 인생에 개인적 상흔을 얻은 이 분야의 여러 과학자들 중 한 명이었다.

** 그런 모방이 '거울 뉴런'과 어떤 관계인가, 관계가 있기는 한가에 대해서는 14장에서 거울 뉴런이 감정이입과 어떤 관계인지, 관계가 있기는 한지를 알아볼 때 함께 이야기하겠다.

남들이 나와는 다른 의견이라는 사실을 알면 이 회로가 활성화하는 것인데, 그렇다면 그때 이 회로는 내게 무엇을 알려주려는 걸까? 이 회로는 내가 남들과 **다르다**고만 말하지 않는다. 나아가 내가 **틀렸다**고 말한다. 다른 것=틀린 것이다. 이 회로가 더 많이 활성화할수록 피험자가 남들과 동조하기 위해서 자기 대답을 바꿀 가능성이 더 높아진다.[59]

대부분의 뇌 촬영 연구가 그렇듯이, 이 연구들은 사실 상관관계를 드러낼 뿐이다. 그렇기에 경두개자기자극술로 피험자들의 배쪽안쪽이마앞엽 겉질을 일시적으로 비활성화해보았던 2011년 연구가 특히 중요한데, 이때 피험자들은 동조하기 위해서 자신의 대답을 바꾸는 반응을 덜 보였다.[60]

같은 동조라도 "음, 모두가 B를 봤다고 말한다면, 나도 그런 것 같네요, 상관없어요" 하는 동조와 "이제 생각해보니까, 내가 본 게 A가 아니었네요, B를 본 것 같아요, 아니, 확실히 B예요" 하는 동조는 다르다. 후자의 경우는 학습과 기억에 중추적인 영역인 해마의 활성화가 관여한다. 의견 수정이 기억 수정으로까지 이어지는 것이다. 또다른 연구에서는 놀랍게도 이런 동조 과정에 뒤통수엽 겉질 활성화도 관여한다는 것이 확인되었는데, 뒤통수엽 겉질은 시각 일차 처리를 담당하는 영역이다. 이마앞엽과 변연계가 뒤통수엽 겉질을 설득하여 자신이 본 것이 실제로 본 것과 다르다고 믿게 만드는 소리가 들리는 듯하다. 흔히 하는 말처럼, 승자는(이 경우에는 대중의 의견이라는 법정에서의 승자다) 역사를 다시 쓴다. 나머지 영역들은 그에 맞게 제 역사를 수정하는 편이 나은 것이다. 전쟁은 평화다. 자유는 노예다. 뒤통수엽 겉질아, 네가 봤던 그 점은 빨간색이 아니라 파란색이었어.[61]

동조의 신경생물학은 이처럼 맨 먼저 밀려든 불안 속에서 다름을 틀림과 등치시키는 단계, 그다음에 의견을 바꾸는 데 필요한 인지 작업으로 구성된다. 이런 발견들은 심리학 실험이라는 가상세계의 결과였다. 그러니 현실에서 당신이 나머지 배심원들과 의견이 대립할 때, 린치를 가하는 패거리로부터 동참을 권유받을 때, 동조하느냐 깊은 외로움을 견디느냐의 양자택일일 때 당신의 뇌에서 일어나는 일에 비하면 이런 실험 결과는 순한 맛일 것이다.

권위에 복종하는 상황, 즉 우리가 뭔가 나쁜 일을 하도록 명령받을 때의 신경생물학은 어떨까? 동조와 비슷하다. 배쪽안쪽이마앞엽 겉질과 등쪽가쪽 이마앞엽 겉질이 드잡이하고, 불안의 지표들과 글루코코르티코이드 스트레스 호르몬이 등장하여, 우리는 복종으로 치우치는 편향을 보인다. 이 대목에서, '나는 명령을 따랐을 뿐'이라는 태도를 해부한 고전 연구들을 살펴보지 않을 수 없다.

애시, 밀그램, 짐바르도

우리가 동조와 복종을 신경생물학적으로 연구한다고 해도, 이 분야에서 가장 중요한 질문에 대한 대답을 곧 알아낼 수 있을 가능성은 없다. 질문이란 이것이다. 만약 상황이 갖춰진다면, 모든 인간이 단지 명령을 받았다는 이유로, 남들이 다 그렇게 한다는 이유로 끔찍한 행동을 수행할 수 있는 걸까?

이 대목에서 심리학 역사상 가장 영향력 있고, 대담하고, 심란하고, 논쟁적이었던 세 연구를 살펴봐야 한다는 것은 거의 법으로 정해진 일이라 할 수 있다. 솔로몬 애시의 동조 실험, 스탠리 밀그램의 쇼크/복종 연구, 필립 짐바르도의 스탠퍼드 감옥 실험이다.

삼두마차의 원조는 1950년대 초에 스와스모어대학에서 연구했던 애시였다.[62] 그의 실험 설계는 단순했다. 지각 연구에 참여한다고 생각하고 자원한 피험자에게 쌍쌍의 카드를 보여준다. 한 쌍의 카드 중 한쪽에는 선이 하나 그어져 있고, 다른 하나에는 길이가 다른 세 선이 그어져 있는데, 셋 중 하나는 첫 카드의 선과 길이가 같다. 세 선 중 어느 것이 첫번째 선과 길이가 같나요? 쉽다. 방에 혼자 앉아서 대답한 피험자들이 쌍쌍의 카드를 보고 틀리게 대답하는 확률은 약 1%였다.

한편, 어떤 자원자들은 집단의 일원으로서 다른 일곱 명의 피험자와 함께 시험을 치른다. 각자 돌아가면서 자기 선택을 말하는 것이다. 자원자는 모르지만, 다른 일곱 명은 실험자와 한패다. 자원자는 '어쩌다보니' 맨 마지막에 대답하게 되는데, 앞선 일곱 명이 만장일치로 뻔히 틀린 답을 말한다. 놀랍게도, 이때 자원자들은 약 3분의 1의 비율로 그 틀린 답을 고른다. 이 결과는 애시 이후 숱하게 수행된 모방 실험들에서도 자주 재현되었다. 사람들이 실제로 마음을 바꾼 것이든 그냥 남들을 좇아야겠다고 생각한 것이든, 이것은 동조의 힘을 잘 보여준 놀라운 결과였다.

밀그램의 복종 실험으로 넘어가자. 밀그램이 처음 이 실험을 수행한 것은 1960년대 초 예일대학교에서였다.[63] 심리학적 '기억 연구' 실험에 자원한 한 쌍의 피험자가 나타난다. 연구자는 무작위로 둘 중 한 명을 '선생'으로 지정하고, 다른 한 명을 '학습자'로 지정한다. 학습자와 선생은 다른 방에 들어가는데, 서로 소리를 들을 순 있지만 볼 수는 없다. 선생이 들어간 방에는 실험복을 갖춰 입은 과학자가 함께 들어가서 실험을 감독한다.

선생은 쌍쌍의 단어를 학습자에게 읽어주고(과학자가 건넨 목록에 적힌 단어들이다), 학습자는 그 단어들을 기억해야 한다. 낭독이 끝난 뒤, 선생은 학습자가 단어 쌍을 얼마나 잘 기억하는지 확인한다. 학습자가 틀릴 때마다, 선생은 학습자에게 벌로 쇼크를 준다. 실수가 거듭될수록 쇼크의 강도가 높아지고, 끝내 생명을 위협하는 수준인 450볼트에 다다르는 시점에서 실험이 끝난다.

선생들은 쇼크가 진짜라고 생각했다. 시작할 때 첫 단계의 쇼크를 직접 겪어보았기 때문이다. 아프다. 하지만 현실에서는 쇼크가 가짜였다. '학습자'가 실험의 공모자였기 때문이다. 선생이 진짜라고 여기고 가하는 쇼크의 강도가 높아지면, 학습자가 고통스러워서 비명을 지르고 선생에게 그만해달라고 애원한다. 선생은 그 소리를 듣는다.* (살짝 변형된 형태의 한 실험에서는

---

* 영리한 실험 설계로서, 이 감정 연기는 옆방에서 배우가 실시간으로 한 게 아니었다. 대신 특정 강도의 쇼크 단추를 누르면 그에 상응하는 소리가 녹음기에서 재생되도록 설계되어 있었다. 학습자가 겪는다고 여겨지는 고통의 정도가 피험자마다 차이나지 않도록 표준화하는 조치였다.

학습자가 된 '자원자'가 지나가는 말로 자신은 심장이 안 좋다고 말했다. 쇼크의 강도가 높아지자 학습자는 가슴 통증을 호소하며 소리지르다가 문득 잠잠해졌다. 기절한 척한 것이다.)

고통의 비명이 울리면 선생들은 보통 주저했다. 그러면 곁에서 과학자가 압박의 강도를 차츰 높여가면서 설득했다. "계속하십시오." "실험을 진행하려면 당신이 계속해야 합니다." "당신이 계속하는 게 꼭 필요한 상황입니다." "당신에게 다른 선택지는 없습니다, 계속해야 합니다." 과학자는 또 선생에게 당신이 책임질 일은 없다고, 학습자는 위험을 사전 고지받았다고 말해주었다.

그 결과는 유명하다. 대부분의 피험자들이 명령에 순응하여, 학습자에게 거듭 쇼크를 가했다. 선생들은 멈추려고 애썼고, 과학자와 입씨름했고, 스트레스로 울기까지 했지만, 어쨌든 복종했다. 최초의 실험에서, 끔찍하게도, 피험자의 65%가 최대 강도인 450볼트까지 쇼크를 가했다.

마지막은 짐바르도가 1971년에 수행한 스탠퍼드 감옥 실험이다.[64] 대부분 대학생이었던 24명의 젊은 남성 자원자들이 무작위 배정으로 절반은 12명의 '죄수'가, 나머지 절반은 12명의 '교도관'이 되었다. 죄수들은 스탠퍼드대학교 심리학과 건물 지하에 마련된 가짜 감옥에서 7~14일을 보낼 예정이었다. 교도관들은 죄수들을 감독할 예정이었다.

짐바르도는 실험을 현실처럼 만들기 위해서 엄청난 공을 들였다. 미래의 죄수들은 실험 시작일에 해당 건물을 직접 찾아가면 된다고 알고 있었다. 하지만 실제로는 짐바르도의 요청을 받은 팰로앨토 경찰이 죄수들의 집을 일일이 방문하여 그들을 체포하고, 경찰서로 데려가서 구속 절차를 밟았다. 지문을 찍고, 머그샷도 찍었다. 그다음 죄수들은 '감옥'에 들어갔다. 맨몸 수색을 당하고, 죄수복을 받고, 머리를 다 민 것처럼 보이게 하는 니트 모자도 받고, 세 명씩 감방에 들어갔다.

교도관들은 군복까지 입고, 경봉을 차고, 반사 선글라스를 낀 차림으로 감옥을 관리했다. 그들에게 폭력은 허용되지 않지만 죄수들을 지루하게 만들거나, 겁주거나, 무력하게 만들거나, 굴욕을 주거나, 프라이버시나 인격을 빼앗겼다고 느끼도록 만드는 건 허락된다는 지시가 주어졌다.

그 결과도 밀그램 실험의 결과만큼이나 끔찍했고, 유명하다. 교도관들은 죄수들에게 무의미하고 굴욕적인 복종 의례를 강요했고, 고통스러운 운동을 강제했고, 수면과 식사를 박탈했고, (화장실로 데려가는 게 아니라) 감방 안에서 비우지도 않은 양동이에 볼일을 보게 했고, 독방에 넣었고, 서로 대립시켰고, 이름이 아니라 번호로 불렀다. 죄수들의 반응은 다양했다. 한 감방은 이틀째에 반란을 일으켜, 교도관들에게 복종하기를 거부하고 감방 입구에 바리케이드를 쌓았다. 결국 교도관들이 소화기로 그들을 진압했다. 다른 죄수들은 좀더 개인적인 방식으로 반항했고, 대부분은 끝내 수동성과 체념에 빠져들었다.

실험의 결말도 유명하다. 가혹 행위와 타락이 심해지자, 엿새째에 대학원생 크리스티나 마슬락이 짐바르도를 설득하여 실험을 중단하도록 했다. 두 사람은 나중에 결혼했다.

상황의 힘, 그리고 모든 사람 안에 숨어 있는 것

이 연구들은 유명해졌고, 여러 영화와 소설을 낳았고, (쉽게 예측할 수 있다시피 끔찍하게 오해된 형태로) 보편 문화의 일부가 되었다.[*65] 애시, 밀그램, 짐바르도는 명성과 악명을 얻었다.[**] 그리고 이 연구들은 과학계에서 엄청난 영향력을 미쳤다. 구글 스칼러 논문 검색에 따르면, 애시의 실험은 4000회 넘게 인용되었고, 밀그램의 실험은 2만 7000회 넘게, 스탠퍼드 감옥 실험은 5만 8000회 넘게 인용되었다.[***66] 평균적인 과학 논문의 인용 횟수

---

* 가령 이런 식이다. "그러니까 과학자들에 따르면, 피험자의 65%가 학습자에게 죽도록 쇼크를 준 뒤에 그 심장을 꺼내 먹었다는 거 아냐. 그리고 감옥 실험에서는 간수의 65%가 역시 식인 행위를 했다는 거 아냐. 두 연구에서 퍼센티지가 똑같이 나왔다는 게 진짜 오싹하지 않니."

** 우연이지만 우연만은 아닌 신기한 현실. 밀그램과 짐바르도는 브롱크스에서 같은 고등학교를 다녔고 그때부터 서로 알았다.

*** 밀그램의 연구에서 착안하여 수행된 연구 중 호플링 병원 실험이 있었다. 연구자는 자신이 실험당하고 있다는 걸 모르는 간호사들에게 어떤 미지의 의사가 처방한 거라고 하면서 위험한

는 한 손에 꼽히는 정도이고, 그중 대부분은 아마 과학자의 엄마가 인용한 것이지 싶다. 이 삼두마차는 사회심리학의 토대가 되었다. 하버드 심리학자 마자린 바나지는 이렇게 말했다. "스탠퍼드 감옥 실험[그 연장선에서 애시와 밀그램]이 우리에게 가르쳐준 가장 기본적이고 단순한 교훈은 **상황이 중요하다는 것이다**"(바나지가 직접 강조했다).

이 실험들은 우리에게 무엇을 알려주었을까? 애시 덕분에, 우리는 보통 사람들이 동조의 이름으로 터무니없게 틀린 주장에 동의할 수 있다는 걸 알았다. 다른 두 실험 덕분에, 보통 사람들이 복종과 동조의 이름으로 충격적이리만치 나쁜 일을 할 수 있다는 걸 알았다.

이 교훈에 함축된 의미는 어마어마하다. 애시와 밀그램이(애시는 동유럽계 유대인 이민자였고, 밀그램은 동유럽계 유대인 이민자들의 자식이었다) 활동한 시기는 지식인들이 왜 독일인들이 '그저 명령을 따랐을 뿐' 하는 태도를 취했는지 이해하려고 애쓰던 시대였다. 밀그램의 실험으로부터 몇 달 전에 전범 아돌프 아이히만의 재판이 있었는데, 아이히만은 겉보기에 지극히 평범하다는 점에서 '악의 평범성'의 전형으로 알려지게 된 사람이다. 밀그램은 애초에 그 재판에서 자극을 받아 실험을 계획했다. 짐바르도의 실험은 미군이 미라이학살 등을 저지르던 베트남전쟁 기간에 이뤄졌다. 그로부터 30년 뒤에는 아부그라이브 교도소에서 완벽하게 평범한 미군 병사들이 이라크 재소자들을 학대하고 고문한 사건이 벌어져서, 스탠퍼드 감옥 실험이 얼마나 유효한 연구였는지를 통렬하게 보여주었다.*[67]

특히 짐바르도는 이런 발견들의 의미에 대해서 극단적인 입장을 취하여, 이른바 '썩은 상자' 이론을 주장했다. 썩은 사과 몇 알이 상자 전체를 썩히는 게 문제가 아니라 썩은 상자가 그 속의 모든 사과를 썩히는 게 더 문제라는

수준의 고용량 약물을 환자에게 주라고 지시했다. 간호사들은 위험을 알면서도, 22명 중 21명이 지시에 따랐다.

* 아이러니한 사실. 스탠퍼드 감옥 실험은 미군이 자금을 대어 진행되었다. 미군은 영창 운영을 개선하려는 의도에서 실험을 후원했다.

주장이다. 그는 또다른 적절한 비유를 들어, 우리가 악인 한 명 한 명에 집중하는 '의료적' 접근법을 쓸 게 아니라 어떤 환경이 악이라는 전염병을 일으키는지를 이해하는 '공중보건적' 접근법을 써야 한다고 주장했다. 그는 이렇게 말했다. "어떤 인간이 행한 어떤 행동이든, 선행이든 악행이든, 당신과 나도 행할 수 있다. 똑같은 상황의 힘이 작용한다면." 누구에게나 밀그램의 가학적 선생, 짐바르도의 교도관, 행진하는 나치가 될 잠재성이 있다는 말이다. 비슷한 맥락에서, 밀그램도 말했다. "만약 나치 독일의 절멸수용소 체계 같은 것이 미국에 설치된다면, 미국의 중간 규모 도시 어디에서든 그곳에서 일할 직원들을 충분히 구할 수 있을 것이다." 이 분야의 문헌에서 줄곧 인용되는 알렉산드르 솔제니친의 『수용소군도』 중 한 문장이 있다. "선악을 나누는 선은 모든 인간의 심장을 가르고 지나간다. 제 심장의 한 조각을 깨부수고 싶은 사람이 어디 있겠는가?"[68]

다른 시도들

아마 전혀 놀랍지 않은 일이겠지만, 이 실험들과 결론들에는, 특히 밀그램과 짐바르도의 실험에는 논란이 뒤따랐다. 밀그램과 짐바르도는 실험의 비윤리성 때문에 격렬한 논쟁에 휩싸였다. 선생들과 교도관들 중 일부는 자신이 어떤 일을 저지를 수 있는지를 깨닫고서 사후에 정신적 고통을 겪었다.* 더러는 그 때문에 인생의 경로가 바뀌었다.** 요즘은 어떤 연구윤리위원회도 인간을 대상으로 밀그램 실험을 허락하지 않는다. 그 대신 요즘 피험자들이 받는 명령은 학습자에게 점점 더 강도 높은 모욕적 발언을 하라거나, 아바타

* 이들이 거의 다 심리적으로 건강한 대학생들이었다는 점을 잊으면 안 된다. 스탠퍼드 감옥 실험에서 거의 모든 피험자는 처음에 교도관보다 죄수가 되겠다고 말했고, 자신이 언젠가 인권 운동이나 반전 활동을 하다가 투옥될 가능성에 대비하여 감옥 경험을 해두고자 실험에 자원했다고 말한 사람도 많았다. 그리고 스탠퍼드 감옥 실험을 소개하는 글들이 충분히 강조하지 않는 사실로서, 교도관뿐 아니라 죄수들 중에서도 자신이 이토록 쉽게 굴복하여 수동적인 태도를 취한다는 걸 알고서 나중에 심하게 괴로워한 사람이 많았다.

** 일례로 밀그램의 연구에 참여했던 한 피험자는 자신이 그 실험에서 보인 행동에 경악하여, 베트남전에 징집되자 양심적 병역 거부자가 되었다.

에게 가상의 쇼크를 줘서 가상의 고통을 겪게 하라거나 하는 식이다(뒤에서 더 이야기하겠다).[69]

우리에게 더 중요한 것은 밀그램과 짐바르도의 연구 자체에 관한 논쟁이다. 밀그램의 업적은 크게 세 가지 면에서 질타받았는데, 가장 예리한 지적은 심리학자 지나 페리에게서 나왔다.

* 밀그램은 결과 일부를 조작한 듯하다. 페리가 밀그램의 미발표 논문들과 실험 기록들을 분석한 결과, 선생들은 실제로 밀그램의 보고보다 훨씬 더 자주 이행을 거부했다. 하지만, 그 탓에 결과가 부풀려진 것 같기는 해도 약 60%의 순응률은 이후의 연구들에서도 재현되었다.[70]
* 재현 실험들 중 동료 심사를 거치는 학술지에 발표된 전통적 의미의 학술 연구는 거의 없었다. 대부분은 영화나 텔레비전 프로그램을 위한 재현이었다.
* 아마도 가장 중요한 점일 텐데, 페리의 분석에 따르면, 밀그램이 보고한 것보다 훨씬 더 많은 선생들이 학습자는 사실 연기자이고 실제 쇼크는 없다는 걸 알아차리고 있었다. 이 문제는 재현 실험들에도 적용된다.

가장 뜨거운 논란을 일으킨 것은 아마 스탠퍼드 감옥 실험이었다.

* 가장 중대한 비판 지점은 짐바르도의 역할이었다. 그는 초연한 관찰자가 아니라 감옥의 '감독관'처럼 기능했다. 그는 기본 규칙을 정했고(가령 교도관들에게 죄수들이 겁먹고 무력함을 느끼도록 만들어도 된다고 말했다), 실험 내내 정기적으로 교도관들을 만났다. 그리고 그는 분명 실험의 진행 양상에 극도의 흥미를 보였다. 짐바르도는 매우 인상적이고 강한 사람으로, 누구나 잘 보이

고 싶어할 만한 상대다. 그래서 교도관들은 동료들에게 동조해야 한다는 압력뿐 아니라 짐바르도에게 복종하고 그를 기쁘게 만들어야 한다는 압력도 느꼈다. 의식적이었든 아니든, 짐바르도의 역할이 교도관들에게 더 극단적인 행동을 부추겼다는 것은 거의 틀림없는 사실이다. 현실에서 점잖고 인간적이고 내 친구이자 동료인 짐바르도는 그 실험에서 자신이 미친 왜곡적 영향을 직접 자세히 논했다.

* 실험을 시작할 때, 자원자들은 무작위로 교도관 혹은 죄수로 배정받았다. 따라서 두 집단은 여러 성격 지표 면에서 차이가 없었다. 그 점은 훌륭하지만, 문제는 모든 자원자들에게 독특한 점이 있을지도 모른다는 가능성을 짐바르도가 고려하지 않은 것이다. 이 점을 살펴보고자, 2007년에 한 연구는 신문에 두 개의 광고를 내어 자원자를 모집했다. 첫번째 광고문에는 스탠퍼드 감옥 실험에서 쓰인 광고 문구대로 '교도소 생활에 관한 심리학 연구'라는 말이 있었고, 두번째 광고문에는 '교도소'라는 단어가 없었다. 이 광고를 보고 지원한 두 집단의 피험자들은 성격 검사를 받았다. 중요한 결론으로, 이때 '교도소' 연구에 지원한 사람들은 다른 집단에 비해 공격성, 권위주의, 사회지배지향성이 높게 측정되었고 감정이입, 이타성은 낮게 측정되었다. 하지만 스탠퍼드 감옥 실험에서 교도관과 죄수가 똑같이 이런 성향을 갖고 있었다고 본다면, 이 사실이 왜 잔혹한 결과에 기여했는지는 분명히 알 수 없다.[71]
* 마지막으로, 과학의 황금률인 독립적 재현의 문제가 있다. 우리가 스탠퍼드 감옥 실험을 다시 수행하면서 교도관의 양말 브랜드까지 똑같이 베낀다면, 과연 같은 결과가 나올까? 이처럼 규모가 크고, 특이하고, 값비싼 실험을 완벽하게 베끼기는 어렵다. 게다가 짐바르도는 스탠퍼드 감옥 실험의 데이터를 전문 학술지에서

놀랍도록 적게 공개했다. 대신 그는 주로 일반 대중을 위한 글을 썼다(워낙 많은 관심을 받은 연구였으니 그러지 않기 어려웠을 것이다). 그렇다보니, 엄밀히 말해서 재현을 시도한 사례는 딱 하나 뿐이었다.

2001년의 'BBC 감옥 실험'을 수행한 것은 영국의 두 심리학자로, 세인트앤드루스대학교의 스티븐 레이처와 엑서터대학교의 알렉스 하슬람이었다.[72] 이름에서 알 수 있듯이, 실험 계획자는(무엇보다도 돈을 댄 주체는) 이 실험을 다큐멘터리로 찍고자 한 BBC 방송국이었다. 이 실험은 스탠퍼드 감옥 실험을 큰 틀에서 재현한 구조로 이뤄졌다.

과학에서 자주 있는 일인데, 이 재현 실험에서는 전혀 다른 결과가 나왔다. 책 한 권 분량의 복잡한 사건들을 요약하면 다음과 같다.

* 죄수들이 교도관들의 학대에 조직적으로 저항했다.
* 죄수들은 사기가 치솟았지만, 교도관들은 사기가 꺾이고 분열되었다.
* 그래서 교도관/죄수 권력 차이가 사라졌고, 모두가 권력을 공유하는 협동적 공동체가 생겨났다.
* 그 공동체는 아주 짧게 존속했다. 이내 세 명의 죄수 출신과 한 명의 교도관 출신이 낙원을 전복시키고는 엄혹한 통제 체제를 세웠다. 흥미롭게도, 그 네 명은 사전 성격 검사에서 권위주의 성향이 가장 높게 나타난 이들이었다. 새 체제가 구성원들을 억압하기 시작하자, 연구자들은 실험을 종료했다.

그러니 스탠퍼드 감옥 실험의 재현이기는커녕, 이 실험은 프랑스혁명과 러시아혁명의 재현에 가까운 결과로 끝났다. 뮤지컬 〈레 미제라블〉의 노래를 다 따라 부를 줄 아는 풋내기 이상주의자들이 위계적 정권을 타도하지만,

이내 볼셰비키 혹은 공포정치주의자들이 다시 권력을 장악한다. 이때 궁극적 통치 세력이 애초에 가장 강한 권위주의 성향을 품고 실험에 임한 사람들이었다는 사실은 썩은 상자가 아니라 썩은 사과가 문제였다는 것을 확실히 알려준다.

그런데 더 놀라운 일이 벌어졌다. 짐바르도가 이 실험을 비판했던 것이다. 그는 이 실험의 구조가 스탠퍼드 감옥 실험의 재현으로서 유효하지 않다고 주장했고, 교도관/죄수 배정이 무작위적이지 않았던 것 같다고 주장했으며, 촬영 덕분에 과학이 아니라 TV용 구경거리가 되었다고 주장했다. 또 이렇게 물었다. 죄수들이 교도소를 탈취하는 결말이 어떻게 현실의 모형이 될 수 있단 말인가?[73]

레이처와 하슬람은 당연히 짐바르도의 반대에 반대하여, 현실에서 죄수들이 교도소를 장악한 사례들이 있었다고 지적했다. 영국이 아일랜드공화군 출신 정치범들을 가둬두었던 북아일랜드의 메이즈 교도소가 그랬고, 넬슨 만델라가 기나긴 수감 세월을 보냈던 로번섬 교도소가 그랬다고 말했다.

짐바르도는 레이처와 하슬람을 "과학적으로 무책임"한 "돌팔이"들이라고 비난했다. 레이처와 하슬람도 푸코를 인용하며 거침없이 받아쳤다. "[강압적] 권력이 있는 곳에는 저항이 있다."

다들 진정하자. 밀그램의 실험과 스탠퍼드 감옥 실험에 뒤따른 논란이 많았지만, 대단히 중요한 두 가지 사실만은 누구도 반박할 수 없다.

* 동조와 복종의 압력을 받으면, 완벽하게 평범한 사람들 중 보통의 예측보다 훨씬 더 많은 비율이 결국 굴복하여 끔찍한 행동을 한다. 최근 밀그램 패러다임의 한 변형 형태를 사용한 연구에서는 '그냥 명령을 따랐을 뿐' 하는 상황이 실제로 존재한다는 것이 확인되었다. 피험자들이 어떤 행동을 자신의 의지로 수행했을 때와 복종하여 수행했을 때, 신경생물학적 활성화 패턴이 다르게 나타났던 것이다.[74]

* 그럼에도 불구하고, 언제나 저항하는 사람들이 있기 마련이다.

두번째 발견은 전혀 놀랄 일이 아니다. 투치족 이웃이 후투족 암살대에게 살해되지 않도록 막아준 후투인들이 있었고, 눈감고 넘어갈 기회가 있었음에도 이웃을 나치로부터 구하기 위해서 온갖 위험을 감수한 독일인들이 있었고, 아부그라이브의 가혹 행위를 폭로한 내부 고발자들이 있었으니까. 어떤 사과는 상태가 최악인 상자에서도 썩지 않는다.*

그러므로, 우리가 어떤 상황에서 스스로 그런 짓을 할 리 없다고 생각했던 일을 하게 되고 어떤 상황에서 스스로 품고 있다고 상상하지 못한 힘을 발휘하게 되는지를 이해하는 것이 중요하다.

동조와 복종의 압력을 조절하는 요인들

앞 장 끝에서, 우리/그들 이분법을 약화시키는 요인들이 무엇인지 살펴보았었다. 암묵적이고 자동적인 편향을 의식할 것, 우리가 혐오와 분노와 선망에 민감하다는 사실을 의식할 것, 우리가 복수 개의 우리/그들 이분법을 품고 있다는 사실을 인식하고 그중에서 그들이 우리가 될 수 있는 이분법을 중시할 것, 적절한 환경에서 그들과 접촉할 것, 본질주의에 저항할 것, 상대의 관점을 취할 것, 그리고 무엇보다도 그들을 개체화할 것.

동조나 복종의 이름으로 끔찍한 행동을 저지르기 쉬운 우리의 성향을 약화시켜주는 요인들도 거의 비슷하다. 하나하나 살펴보자.

권위의 속성, 혹은 동조를 끌어내는 집단 압박

권위(들)가 존경, 동일시, 절로 위축되는 두려움을 일으키는가? 권위가 가까이 있는가? 밀그램의 후속 실험들에서, 권위(과학자)가 다른 방에 있을 때는 피험자의 순응률이 낮아지는 것으로 나타났다. 권위가 위신을 띠고 있는

---

* 이 점에 착안하여, 짐바르도는 최근 부당한 권위에 대한 반항을 연구하고 있다.

가? 실험을 예일대학교 캠퍼스가 아니라 뉴헤이븐의 어느 수수한 창고에서 했을 때도 순응률이 낮아졌다. 그리고, 타이펠이 강조했던 점으로, 권위가 정당하고 안정된 것으로 인식되는가? 나는 기왕 따를 거라면 보코 하람 지도자의 인생 조언보다는 달라이 라마의 조언을 따르고 싶다.

위신, 근접성, 정당성, 안정성의 문제는 집단에 대한 동조에도 비슷하게 영향을 미친다. 우리로 구성된 집단이 그들로 구성된 집단보다 더 많은 동조를 끌어낸다는 것은 명백한 사실이다. 콘라트 로렌츠는 자신의 나치 활동을 정당화하려는 발언에서 우리를 언급했다. "사실상 내 모든 친구들과 선생들이 그렇게 했습니다. 분명 친절하고 인간적인 분이었던 내 아버지도 마찬가지였습니다."[75]

집단에서는 머릿수도 영향을 미친다. 당신은 몇 사람이 설득해야만 그 말에 따르겠는가? 앞에서 침팬지들과 두 살 아기들은 다른 한 개체가 어떤 행동을 세 번 하는 걸 봐서는 동조하지 않지만 다른 세 개체가 그 행동을 한 번씩 하는 걸 보면 동조한다고 말했다. 비슷한 결과가 애시의 후속 실험에서도 나왔다. 피험자가 동조하기 시작하는 것은 최소 세 명이 만장일치로 피험자의 생각에 반대할 때였고, 반대자가 약 여섯 명을 넘어가면 동조 효과가 최대로 나타나기 시작했다. 하지만 이때 피험자들은 실험실이라는 가상세계에서 고작 선의 길이를 알아맞힌 것뿐이었다. 현실에서는 여섯 명의 패거리가 가하는 압박은 천 명의 패거리가 가하는 압박에 비하면 새 발의 피다.[76]

요구 사항이 무엇이고, 어떤 맥락인가

두 가지 주제가 눈에 띈다. 첫번째는 설득력이 점차 높아지는 문제다. "저 사람에게 225볼트의 쇼크를 주는 건 괜찮았는데 이제 226볼트는 안 되겠다고요? 논리적이지 않잖습니까." "자, 다들 저 회사를 보이콧하고 있잖아, 아예 문을 닫게 만들자, 아무도 애용하지 않는 회사인걸. 자, 우리가 저 회사를 문 닫게 만들었잖아, 아예 매장을 털자, 회사에 별 쓸모도 없는 매장인걸." 우리는 연속선에서 어느 선을 넘었다는 걸 직관적으로 느끼면서도 그에 대한 합리적 설명은 찾지 못한다. 점진주의는 저항할 가능성이 있는 사람을 지레 수세에 몲으로써, 야만적 행위를 도덕이 아니라 합리성의 문제처럼 보이게 만든다. 얄궂게도 이것은 우리가 품고 있는 범주화 경향성, 즉 임의의 경계를 비합리적이리만치 부풀려서 중시하는 경향성이 뒤집힌 상태다. 야만으로의 하강이 지극히 점진적이라면 임의의 경계 외에는 거리낄 게 없게 되고, 우리는 서서히 뜨거워지는 물에 들어앉아서 자신도 모르는 사이에 산 채 익어버린다는 개구리 같은 처지가 된다. 그러다 마침내 우리의 양심이 반기를 들고 모래 위에 선을 그을 때, 그것이 아마 숨은 암묵적 힘들의 영향을 받은 임의의 선이리라는 사실을 우리도 안다. 우리가 최선을 다해 유사 종분화를 시도해도, 피해자의 얼굴에서 우리가 사랑하는 사람이 떠오른다. 문득 풍긴 냄새에 유년기의 기억이 떠오르고, 그때 삶이 얼마나 순수했는지 떠오른다. 우리의 앞띠이랑 겉질 뉴런들이 방금 아침을 먹었다. 이런 순간에, 마침내 그어진 선은 임의성에도 불구하고 중요해진다.

두번째 주제는 책임의 문제다. 밀그램 실험에서 순응했던 선생들에게 사후에 자초지종을 알려주면, 그들은 대개 학습자가 사전에 위험을 고지받았고 동의했다는 정보가 대단히 설득력 있게 느껴졌다고 말한다. "걱정 마세요, 당신이 책임질 일은 없습니다." 밀그램 현상은 책임의 방향을 오도하는 것이 강압의 효과를 발휘한다는 것도 보여주었다. 연구자들이 순응을 끌어내는 전략 중 하나는 선생에게 당신은 학습자가 아니라 실험에 의무를 지고 있다고 말하는 것이었다. "당신이 우리를 돕고자 자원했다고 생각했는데요." "당신은 우리 팀 구성원입니다." "당신이 일을 망치고 있어요." "당신은 동의서에 서명했잖습니까." 이런 강압에 맞서서 "나는 이런 일에 서명한 게 아닙니다"라고 말하기는 힘들다. 그런데 동의서에 깨알 같은 글씨로 내가 서명한 게 그런 일이 맞는다고 적혀 있다면, 저항은 더 힘들어진다.

죄책감이 희석될 때도 순응률이 높아진다. 내가 하지 않더라도 누군가는 이 일을 할 거라고 생각하는 상황이다.[77] 통계적 죄책감인 셈이다. 역사적으로 사람을 총살할 때 총 하나로 다섯 발을 쏘지 않았던 게 이 때문이다. 대신 다섯 정의 총이 동시에 쏘는 방식, 즉 총살대가 있었다. 게다가 전통적으로 총살대는 책임을 한 단계 더 희석시키는 전략을 취했으니, 무작위로 다섯 명 중 한 명에게만 실탄 대신 공포탄을 주는 것이었다. 그러면 사격수는 '나는 그를 5분의 1만 죽였어' 하고 생각하는 대신에 '나는 그를 쏘지 않았을지도 몰라' 하고 생각할 수 있다. 물론 둘 다 비합리적이지만 위안이 되는 생각이고, 후자가 낫다. 이 전통은 현대의 사형 기술로 이어졌다. 오늘날 교도소의 독극물 사형 기계는 이중 통제 구조로 만들어져 있다. 치사량의 독극물이 든 주사기가 두 개 있고, 독극물이 사형수에게 주입되는 전달 체계도 따로따로 있고, 두 개의 단추를 두 사람이 동시에 누른다. 그런데 이후 어느 시점에선가 난수 생성기가 작동하여, 둘 중 어느 쪽 주사기의 독극물을 그냥 버리고 어느 쪽을 사람에게 주입할 것인지를 비밀리에 결정한다. 처형이 끝나면 기록은 삭제된다. 그래서 단추를 누른 두 사람 모두 이렇게 생각할 수 있다. '나는 그에게 독극물을 주입하지 않았을지도 몰라.'

마지막으로, 익명성은 책임을 희석시킨다.[78] 충분히 큰 집단은 그 자체로 사실상 익명성을 제공하거니와, 집단이 클수록 익명을 유지하려는 개개인의 노력이 쉬워진다. 1968년 시카고폭동 때 많은 경찰관이 비무장 반전 시위자들을 공격하러 나서기 전에 제 이름표를 가렸던 것은 악명 높은 사례다. 집단이 익명성을 제도화함으로써 순응을 촉진하기도 한다. KKK단이 그랬고, 〈스타워즈〉 시리즈의 제국군 스톰트루퍼들이 그렇고, 전통 인간사회들 중에서 전투에 나서기 전에 겉모습을 일률적인 방식으로 바꾸는 문화가 있는 전사들이 그런 문화가 없는 전사들보다 적을 더 기꺼이 고문하고 절단한다는 발견이 그렇다. 이런 사례들은 모두 탈개체화 수단을 이용한다. 그런데 그 목표는 피해자인 그들이 나중에 우리 개개인을 알아보지 못하도록 하려는 것이라기보다는 도덕적 이탈을 촉진함으로써 우리가 이후에 자신을 알아보지 못하도록 하려는 것일지도 모른다.

피해자의 속성

어쩌면 당연하게도, 우리는 피해자가 추상적 존재일 때 더 쉽게 순응한다. 가령 지구를 물려받을 미래 세대들이 그런 존재다. 밀그램 후속 실험들에서, 만약 학습자가 선생과 같은 방에 있는다면, 순응률이 낮아졌다. 만약 두 사람이 사전에 악수를 했다면, 순응률은 곤두박질쳤다. 관점 취하기를 통해서 심리적 거리가 좁혀졌을 때도 마찬가지였다. 당신이 저 사람의 처지라면 어떤 기분이겠습니까?

쉽게 예측할 수 있다시피, 피해자가 개체화되면 순응률이 낮아진다.[79] 하지만 권위가 우리 대신 피해자를 개체화하도록 두지는 말자. 한 고전적 밀그램식 실험에서, 과학자들은 학습자에 대한 자신들의 의견을 선생이 '우연히' 엿듣도록 만들었다. "착한 사람 같은데." 혹은 "저 사람은 짐승 같아." 선생이 어느 쪽에게 쇼크를 더 많이 주었을지 알아맞힐 수 있겠는가?

권위가 스스로 착한 사람이라고 분류한 대상을 우리 앞에 놓고서 쇼크를 가하라고 요구하는 경우는 드물다. 그 대상은 늘 짐승 같은 인간이다. 후자의 범주화가 순응률을 높인다는 데서 알 수 있는 사실은, 그때 우리가 내러티브를 창조하는 힘을 권위 혹은 집단에게 양도한다는 것이다. 그래서, 내러티브를 되찾아오는 것은 가장 훌륭한 저항의 원천일 수 있다. '특수아동'과 패럴림픽, 퀴어 프라이드 행진과 "다시는 반복돼선 안 된다"는 구호, 히스패닉 유산의 달Hispanic Heritage Month과 "크게 말해, 나는 흑인인 게 자랑스럽다고" 하는 제임스 브라운의 노래 가사가 모두 그런 예다. 피해자가 자신을 정의하는 힘을 획득하는 것은 저항을 향한 커다란 한 걸음이다.

압력을 받는 사람이 기여하는 바

순응하라는 압력에 더 잘 저항할 것으로 예측되는 성격 특성들이 있다. 양심적이거나 호감 가는 사람으로 보이는 것을 중시하지 않는 성격, 낮은 신경증, 낮은 우파권위주의성향(권위라는 개념 자체를 의문시하는 사람은 다른 어떤 특정한 권위도 쉽게 의문시한다), 사회적 지능. 이 마지막 특성은 희생양이나 숨은 동기 같은 개념들을 이해하는 능력에서 생겨나는지도 모른다. 그렇다면 이런 개인차는 어디서 비롯할까? 물론, 이 책 전반부의 결과물이 그 답이다.[80]

성별은 어떨까? 밀그램식 실험들에서, 여성은 남성보다 복종에의 요구에 저항의 목소리를 더 자주 내는 것으로 나타났지만…… 그럼에도 불구하고 궁극에 가서 순응하는 비율은 더 높았다. 어떤 연구에서는 여성이 남성보다 공적 동조율은 더 높지만 사적 동조율은 더 낮은 것으로 드러났다. 하지만 전체적으로 성별은 별다른 예측 지표가 되지 못한다. 한 가지 흥미로운 사실은, 애시식 실험들에서 혼성 집단의 동조율이 더 높다는 것이다. 어쩌면 이성이 있을 때는 멍청한 사람으로 보이기 싫다는 두려움보다 무뚝뚝한 개인주의자로 보이기 싫다는 마음이 더 크게 작용하는지도 모른다.[81]

마지막으로, 물론 우리는 각자 속한 문화의 산물이다. 폭넓은 비교문화 조사에서, 밀그램을 비롯한 연구자들은 집단주의 문화의 구성원이 개인주의 문화의 구성원보다 더 쉽게 순응한다는 것을 보여주었다.[82]

스트레스

우리/그들 가르기에서처럼, 사람들은 스트레스를 받을 때 더 쉽게 동조하고 복종한다. 이때 스트레스는 시간 압박, 실질적이거나 가상적인 외부 위협, 새로운 맥락 등등 다양하다. 스트레스가 큰 환경에서는 규칙이 득세한다.

대안

마지막으로, 우리가 요구받는 행동에 대한 대안을 인식하고 있는가 아닌가 하는 중요한 문제가 있다. 이것은 나 혼자 하는 작업일 수도 있다. 상황을 재평가하여 다른 틀에서 보고, 암묵적 요인을 외현화해보고, 관점 취하기를 해보고, 의문을 품는 것이다. 저항이 헛되지 않다고 상상하는 것이다.

이때 내가 혼자가 아니라는 증거가 있다면, 이 작업에 큰 도움이 된다. 애시와 밀그램 실험은 물론이거니와 다른 상황에서도, 압력에 대항하는 사람이 나 말고도 있다는 것은 분명 격려가 된다. 배심원실에서 10명 대 2명의 상황과 11명 대 1명의 상황은 천지 차이다. 광야에서 울부짖는 고독한 목소리는 괴짜처럼 들릴 뿐이지만, 두 명의 목소리는 저항의 씨앗이 되고 주류에 반대되는 사회적 정체성이 형성되도록 해준다.

내가 혼자가 아니라는 것, 저항하려는 사람들이 더 있다는 것, 과거에도 저항했던 사람들이 있었다는 것을 알면 분명 도움이 된다. 하지만 그래도 왠지 머뭇거리게 될 때가 많다. 겉보기에 평범했던 아이히만의 사례는, 해나 아렌트의 분석을 통해서 우리에게 악의 평범성이라는 개념을 제공했다. 그런데 짐바르도는 최근에 쓴 글에서 '영웅의 평범성'을 강조한다. 나도 앞에서 자주 말했다. 모른 척하기를 영웅적으로 거부한 사람들, 궁극의 대가를 치를지라도 옳은 일을 한 사람들은 대개 놀랍도록 평범한 이들이다. 그들이 태어날 때 하늘에서 별들이 나란히 늘어선 일은 없었고, 그들이 걸어갈 때 평화의 비둘기들이 그를 감싸는 일도 없다. 그들도 바지를 입을 때 다리를 하나씩 꿰는 보통 사람이다. 우리는 이 사실에서 크나큰 용기를 얻어야 한다.

요약과 결론

* 개인들 간에 뚜렷한 지위 차이가 있고 그 차이에서 발생한 위계가 있다는 점에서, 인간은 여느 사회적 종들과 다르지 않다. 역시 그런 종들처럼 우리는 지위 차이에 기막히게 민감하고, 자신과 무관한 개체들의 지위 관계라도 유심히 지켜볼 만큼 관심이 많으며, 지위 차이를 눈 깜박할 순간에 인식할 줄 안다. 그리고 지위 관계가 애매하거나 변화할 때, 우리는 편도체가 나서서 이끄는 대로 그 상황을 무척 불안하게 느낀다.
* 많은 사회적 종들과 마찬가지로, 인간의 뇌는 지위 차이가 빚어내는 사회적 복잡성과 공진화해왔다. 특히 새겉질이, 그중에서도 이마엽 겉질이 그랬다. 미묘한 지배관계를 이해하는 데는 많은 지력이 든다. '내 위치를 아는 것'이 맥락에 크게 의존하는 일이다 보니, 어쩌면 당연하다. 지위 차이를 다루는 것이 가장 힘든 때는 높은 서열을 확보하고 유지하는 시기다. 그 일에는 마음 이론과 관점 취하기, 조작과 겁박과 기만, 충동 제어와 정서 조절이라는 인지 능력이 필요하다. 다른 많은 영장류들처럼, 인간사회에서 위계적으로 가장 성공한 구성원들의 인생을 보면 그 핵심에는 무시해야 할 도발에 맞서서 이마엽 겉질이 평정을 유지한 덕분에 사고를 치지 않고 넘어간 일화들이 있다.
* 다른 사회적 종들과 마찬가지로, 사회적 지위는 우리 몸과 뇌에 각인된다. 그리고 '잘못된' 서열은 육체를 좀먹어 병을 일으킬 수

있다. 게다가 이 생리적 현상은 서열 그 자체가 아니라 서열이 우리 종과 특정 집단에서 갖는 사회적 의미, 서열로 인한 행동 측면의 이득과 불리함, 특정 서열에 수반되는 심리적 부담의 문제다.

* 그런데 인간은 복수의 위계들에 속한다는 점, 그중 자신이 돋보이는 위계의 가치를 과대평가한다는 점, 객관적 서열보다 더 큰 영향을 미치는 내적 기준을 갖고 있다는 점에서 지구상의 다른 어떤 종과도 다르다.
* 인간은 사회경제적 지위를 발명한 순간 독자적인 길을 걷기 시작했다. 몸과 마음을 좀먹고 상처 낸다는 측면에서, 다른 동물들이 지위 차이를 놓고 제아무리 서로 못되게 굴어봐야 인간이 발명해낸 가난의 영향에는 발끝에도 미치지 못한다.
* 가끔 우리의 최상위 개체들이 남들을 약탈하기만 하는 게 아니라 공익을 증진하려고 애쓰면서 남들을 이끌기도 한다는 점에서, 인간은 정말로 독특한 종이다. 심지어 우리는 간간이 그런 지도자를 집단적으로 선출하는 상향식 메커니즘까지 개발했다. 대단한 성취다. 그런데 일껏 그런 성취를 해놓고서, 우리는 막상 지도자를 선택할 때 다섯 살 아이들이 텔레토비와 함께 캔디랜드로 떠나는 보트 여행의 대장을 고를 때에나 더 적합한 암묵적·자동적 요인들에 휘둘린다.
* 이데올로기의 핵심만 놓고 본다면, 사람들의 정치적 차이란 공익을 추구하는 최선의 방법에 대한 견해가 다른 데서 비롯한다. 작고 국지적인 현안부터 거대하고 지구적인 현안까지 모든 문제들에 대해서, 어떤 사람의 정치적 입장은 내적으로 일관된 세트일 때가 많다. 그리고 그 입장은 놀랍도록 자주 암묵적 감정이 반영된 결과이고, 인지는 뒤늦게 결론을 따라잡을 뿐이다. 만약 당신이 어떤 사람의 정치관을 진심으로 이해하고 싶다면, 그가 인지 부담을 얼마나 받고 있는가, 즉각적 판단을 내리는 경향성이 얼마

나 되는가, 재평가와 인지 부조화 해소에 대한 태도가 어떤가를 알아야 한다. 이보다 더 중요한 것은 그가 새로움, 애매함, 감정이입, 위생, 질병과 불편을 어떻게 느끼는지, 옛날이 더 좋았고 미래는 무섭다고 여기는지 그 반대인지를 아는 것이다.

* 다른 많은 동물들처럼, 인간은 종종 동조와 소속과 복종에의 욕구를 강렬하게 느낀다. 그런 동조는 뻔히 부적응적일 수도 있다. 우리가 실상 대중의 어리석음에 불과한 대중의 지혜라는 명목으로 더 나은 해답을 포기할 때가 그렇다. 자신이 남들과 어긋났다는 것을 아는 순간 뇌에서 편도체가 불안으로 경련하고, 기억이 수정되며, 심지어 감각 처리 영역들이 압력에 못 이겨 사실이 아닌 것을 경험하게 된다. 남들과 어울리고자 하는 마음은 그만큼 강하다.
* 마지막으로, 동조와 복종의 힘은 우리를 인간이 발 딛는 가장 어둡고 끔찍한 장소로 떠밀 수도 있다. 게다가 우리가 흔히 생각하는 것보다 훨씬 더 많은 사람이 실제로 그곳에 다다른다. 그렇기는 하지만, 최악의 상자라도 모든 사과를 썩게 만들지는 못한다. 또한 '저항'과 '영웅적 행동'은 우리가 생각하는 것만큼 멀고 드물고 대단한 것이 아니다. 우리가 무엇이 정말정말 잘못되었다고 생각할 때, 대개는 그렇게 생각하는 사람이 또 있기 마련이다. 그리고 우리는 보통 앞서 맞서싸웠던 사람들보다 딱히 덜 특별하지도, 덜 독특하지도 않은 존재들이다.

13장

도덕성과 옳은 일을 하는 것, 일단 무엇이 옳은지 알아냈다면

앞의 두 장에서, 우리는 인간이 다른 종들과의 연속선상에서 수행하는 행동이기는 하나 오직 인간만의 특징이 발휘되는 맥락이 있는 경우를 살펴보았다. 몇몇 다른 종들처럼, 인간은 우리/그들 이분법을 자동적으로 수행하고 둘 중 전자를 선호한다. 하지만 이 경향성을 이데올로기로 합리화하는 종은 인간뿐이다. 많은 다른 종들처럼, 인간은 암묵적 위계를 갖고 있다. 하지만 가진 자와 못 가진 자의 격차를 신의 섭리로 보는 종은 인간뿐이다.

이번 장에서는 인간의 독특함이 유감없이 발휘되는 또다른 영역, 즉 도덕성을 살펴보자. 인간에게 도덕성이란 적절한 행동 규범에 대한 믿음을 넘어서서 그 규범을 문화적으로 공유하고 전수해야 한다는 믿음까지 포함한 개념이다.

이 분야의 연구들이 중점적으로 다루는 문제는 이제 우리도 익숙한 의문들이다. 우리가 도덕에 관한 결정을 내릴 때, 그것은 주로 도덕적 추론의 결과일까 도덕적 직관의 결과일까? 우리는 무언가가 옳다는 결정을 내릴때 생각과 감정 중 어느 쪽을 길잡이로 삼을까?

여기에서 이어지는 의문이 있다. 인간의 도덕성은 인류가 최근 수천 년 동안 구축해온 문화적 제도들과 마찬가지로 새로운 것일까, 아니면 훨씬 더 오래전의 영장류로부터 그 기초를 물려받은 것일까?

여기에서 또다른 의문이 생겨난다. 인간의 도덕적 행동에 드러나는 일관성과 보편성이 더 인상적인 측면일까, 아니면 인간의 도덕적 행동이 문화 및 생태적 요인들에 따라 달라지는 변이성이 더 인상적인 측면일까?

마지막으로, 처방적 관심사인 것은 알지만 꿋꿋이 묻게 되는 질문이 있다. 우리가 도덕적 결정을 내릴 때, 직관에 의지해야 더 '좋은' 때는 언제이고 추론에 의지해야 더 '좋은' 때는 언제일까? 그리고 우리가 유혹에 저항할 때, 그것은 주로 의지에 따르는 행동일까 그냥 자연스럽게 되는 행동일까?

인류는 학생들이 토가를 입고 철학 수업을 듣던 때부터 이런 주제를 다뤄왔다. 그리고 과학은 당연히 이런 질문들에 답하는 데 도움을 준다.

도덕적 결정에서 추론의 중요성

도덕적 결정이 인지와 추론에 바탕을 둔다는 것은 단 한 가지 사실만으로 완벽하게 증명된다. 여러분은 법학 교과서를 손에 들어본 적 있는지? 그 책들은 무시무시하게 무겁다.

모든 인간사회에는 도덕적·윤리적 행동에 관한 규칙들이 있다. 그 규칙들은 추론에 의거하여 구축되었고, 시행에도 논리적 판단이 필요하다. 우리가 그런 규칙을 적용하려면 어떤 사건을 재구성할 줄 알아야 하고, 사건의 멀고 가까운 원인을 이해할 줄 알아야 하며, 어떤 행동이 초래하는 결과의 규모와 확률을 평가할 줄 알아야 한다. 그리고 우리가 어떤 개인의 행동을 평가하는 데는 관점 취하기 능력, 마음 이론 능력, 결과와 의도를 구별하는 능력이 필요하다. 게다가 많은 문화에서는 이런 규칙의 집행을 보통 오랫동안 수련한 특정인들(법률가, 성직자)에게 맡겨왔다.

7장에서 이야기했듯이, 도덕적 결정에서 추론이 중요하다는 사실은 아동 발달에서도 드러난다. 아동의 도덕성이 점차 복잡해지는 단계로 발달한다고 했던 콜버그의 이론은 아동의 논리 능력이 점차 복잡해지는 단계로 발달한다고 했던 피아제의 이론에 바탕을 두고 있다. 두 과정은 신경생물학적으로 비슷하다. 우리가 경제적 혹은 윤리적 결정의 옳고 그름을 논리적으로 추론할 때나 도덕적으로 추론할 때나 똑같이 (인지적) 등쪽가쪽이마앞엽 겉질이 활성화한다. 강박반응성장애를 가진 사람들은 일상적 의사결정에서도 도덕적 결정에서도 똑같이 갈피를 잡지 못하고, 두 행동을 할 때 똑같이 등쪽가쪽이마앞엽 겉질이 날뛴다.[1]

마찬가지로, 우리가 마음 이론 작업을 할 때는 그것이 지각적 작업이든(가령 복잡한 장면을 타인의 관점에서 시각화해보는 작업), 도덕과 무관한 작업이든(가령 『한여름 밤의 꿈』에서 누가 누구와 사랑에 빠졌는지를 똑바로 기억하는 작업), 도덕적/사회적 작업이든(가령 타인의 행동에서 윤리적 동기를 추리해내는 작업) 똑같이 관자마루이음부가 활성화한다. 게다가 이때 관자마루이음부가 더 많이 활성화할수록 피험자들이 도덕적 판단에서 의도를 더 많이 고려했다. 특히 해칠 의도가 있었지만 실제 해는 가해지지 않은 상황에 대해서 그랬다. 더 중요한 발견으로, 만약 피험자들의 관자마루이음부를 경두개자기자극술로 억제하면, 피험자들은 의도를 덜 고려하게 되었다.[2]

우리가 도덕적 추론에 동원하는 인지 과정들은 결코 완벽하지 않다. 취약성, 불균형, 비대칭이 있다는 점에서 그렇다.[3] 일례로, 우리는 피해가 발생하도록 놔두는 행동보다 피해를 직접 가하는 행동을 더 나쁘게 여긴다. 같은 결과에 대해서 보통 태만보다 실행을 더 엄하게 판단하고, 등쪽가쪽이마앞엽 겉질을 더 많이 활성화해야만 양쪽을 동등한 것으로 여길 수 있다. 이 현상은 이치에 맞는다. 우리가 어떤 일을 실행할 때는 그 선택 때문에 놓친 다른 많은 일들이 있기 마련이니까, 실행이 태만보다 심리적으로 더 무게 있게 느껴질 법도 하다. 또다른 인지적 편향의 사례는 10장에서 말했던 것으로, 우리가 똑같은 사회적 계약 위반 행위라도 이로운 결과를 내는 행위보다 해로운 결과를 내는 행위를 더 잘 감지한다는 점이다(가령 약속했던 것보다 더 많이 주는 일과 더 적게 주는 일 중 후자에 더 민감하다). 우리는 또 이로운 사건보다 해로운 사건에 대해서 인과성을 더 열심히 찾아본다(그리하여 잘못된 귀인을 더 많이 생각해낸다).

이 현상을 잘 보여준 실험이 있었다. 첫번째 시나리오. 한 노동자가 상사에게 어떤 계획을 제안하면서 이렇게 말한다. "이렇게 하면 큰 이익이 발생할 테고, 그 과정에서 환경을 해치게 됩니다." 상사는 대답한다. "환경은 상관 안 합니다. 그렇게 하지요." 두번째 시나리오. 설정이 같지만, 이번에는 큰 이익과 더불어 환경에도 **이득**이 생긴다. 상사. "환경은 상관 안 합니다. 그렇게 하지요." 첫번째 시나리오를 들었을 때, 피험자의 85%는 상사가 이득을 늘리려는 **목적으로** 환경을 해쳤다고 말했다. 하지만 두번째 시나리오를 들었을 때는, 피험자의 23%만이 상사가 이득을 늘리려는 **목적으로** 환경에 유익한 일을 했다고 말했다.[4]

좋다, 인간이 완벽한 추론 기계가 아니라는 건 알겠다. 그래도 여전히 우리의 목표는 완벽한 추론 기계가 되는 것 아닐까? 실제로 수많은 도덕철학자들이 추론의 중요성을 강조했고, 정서와 직관은 만에 하나 그 과정에 개입하더라도 사태를 망치기만 할 뿐이라고 말했다. 도덕성의 수학적 법칙을 찾고자 했던 칸트가 그랬고, 오늘날에 와서는 프린스턴대학교의 철학자 피터 싱어가 그렇다. 싱어는 만약 섹스나 여타 인체 기능이 철학하는 데 영향을 미친다면 그 사람은 은퇴할 때가 된 것이라고 꼬집는다. "그런 경우에는 우리가 논하는 도덕적 판단들을 깡그리 잊는 편이 나을 것이다." 도덕성의 기반은 이성이라는 것이다.[5]

펙도 그렇겠다: 사회적 직관주의

다만 이 결론에는 문제가 있다. 우리는 종종 자신이 어떤 판단을 내린 이유를 전혀 모르면서도 그 판단이 옳다고 진심으로 믿는다.

이것은 11장에서도 보았던 현상이다. 우리가 우리/그들에 대해서 순식간에 암묵적 평가를 내려놓고는 사후에 이성으로써 그 내장감각적 편견을 합리화하는 현상 말이다. 그래서 최근 도덕철학을 연구하는 과학자들은 도덕적 결정이 암묵적이고, 직관적이고, 정서에 기반한 작업이라는 것을 점점 더 강조하는 추세다.

이런 '사회적 직관주의social intuitionism' 학파의 대표자는 우리가 앞에서 만났던 조너선 하이트다.[6] 하이트는 우리가 주로 직관에 근거하여 도덕적 결정을 내린다고 보고, 추론은 우리가 그다음에야 자신이 합리적이라는 것을 자기 자신을 비롯한 모두에게 설득시키기 위해서 동원하는 수단이라고 본다. 하이트는 "도덕적 사고는 사회적 수행을 위한 것"이라는 적절한 표현으로 설명하는데, 사회성에는 늘 정서적 요소가 포함되는 법이다.

사회적 직관주의 학파를 뒷받침하는 증거는 많다.

> 우리가 도덕적 결정을 숙고할 때, 이지적인 등쪽가쪽이마앞엽 겉질만 활성화하는 게 아니다.[7] 예의 정서적 영역들도 활성화한다. 편도체, 배쪽안쪽이마앞엽 겉질, 그리고 이 영역들과 연관된 눈확이마앞엽 겉질, 섬겉질, 앞띠이랑 겉질도 활성화한다. 우리가 고민하는 도덕적 일탈이 어떤 종류인가에 따라서 이 영역들 중에서도 우선적으로 활성화하는 조합이 달라진다. 동정을 일으키는 도덕적 궁지라면 섬겉질이 우선적으로 활성화하지만, 분개를 일으키는 도덕적 궁지라면 눈확이마앞엽 겉질이 우선적으로 활성화하고, 첨예한 갈등을 일으키는 도덕적 궁지라면 앞띠이랑 겉질이 우선적으로 활성화한다. 마지막으로, 똑같이 도덕적으로 잘못되었다고 평가되

는 행동이라도 성적이지 않은 일탈(가령 형제자매의 재물을 훔치는 것)에 대해서는 편도체가 활성화하는 데 비해 성적인 일탈(가령 형제자매와 섹스하는 것)에 대해서는 섬겉질도 함께 활성화한다.*

게다가 저런 영역들이 충분히 강하게 활성화할 때는 교감신경계도 함께 활성화하여 우리를 각성시킨다. 여러분도 이제 알다시피, 이런 말초신경계의 반응은 뇌로 되먹임되어서 다시 우리의 행동에 영향을 끼친다. 우리가 도덕적 선택에 직면했을 때, 등쪽가쪽이마앞엽 겉질은 완벽한 고요함 속에서 차분히 숙고하는 게 아니다. 그 밑에서는 항상 무언가가 부글부글 끓고 있다.

이런 영역들의 활성화 패턴이 등쪽가쪽이마앞엽 겉질의 활성화 패턴보다 도덕적 결정을 더 잘 예측한다. 행동을 봐도 그렇다. 사람들은 비윤리적인 행동을 하는 대상에게 느끼는 노여움의 정도에 비례하여 그를 처벌한다.[8]

사람들은 도덕적 반응을 즉각적으로 하는 편이다. 게다가 피험자들은 어떤 행동의 도덕적이지 않은 요소를 판단할 때에 비해 도덕적 요소를 판단할 때 평가를 더 빨리 내린다. 이것은 도덕적 결정이 인지적 숙고에서 나온다는 가설에 정면으로 반대되는 현상이다. 더 충격적인 점도 있다. 우리가 도덕적 궁지에 직면했을 때, 편도체와 배쪽안쪽이마앞엽 겉질과 섬겉질이 보통 등쪽가쪽이마앞엽 겉질보다 먼저 활성화한다.[9]

* 연구자들은 역겹지만 도덕적 일탈은 아닌 행동들에 대해서도 조사해보았다. 역시 형제자매와 관련된 설정이었다. 이를테면 형제자매의 오줌을 마시는 것, 형제자매의 상처 딱지를 먹는 것 등등.

이런 직관주의적 뇌 영역들이 손상된 사람은 도덕적 판단을 내릴 때 보다 실용적인, 심지어 냉정하기까지 한 성향을 보인다. 10장의 사례를 떠올려보자. (정서적) 배쪽안쪽이마앞엽 겉질이 손상된 사람들은 제 친척 한 명을 희생해서 낯선 사람 다섯 명을 구하는 결정을 선뜻 지지한다. 통제군 피험자들은 결코 지지하지 않는 결정이다.

가장 의미심장한 증거는 우리가 강력한 도덕적 의견을 갖고 있지만 그 이유를 말하라고 해도 말하지 못하고—하이트는 이것을 "도덕적 말 막힘"이라고 부른다—사후에 엉터리 합리화로 무마하는 때가 있다는 것이다.[10] 게다가 그런 도덕적 결정은 감정적 환경이나 내장감각적 환경이 달라짐에 따라 뚜렷하게 달라지곤 하며, 그럴 때 우리는 전혀 다른 합리화를 덧붙인다. 앞 장에서 보았던 예로, 사람들은 악취를 맡는 상황이나 더러운 책상에 앉은 상황에서 사회적 판단이 평소보다 더 보수적인 쪽으로 기운다. 그리고 진짜 놀라운 이런 발견이 있었다. 우리가 어느 판사의 판결을 예측하고 싶다면 그가 플라톤, 니체, 롤스, 그 밖에 내가 지금 되는대로 주워섬기는 이름들에 대해서 어떤 학술적 견해를 갖고 있는지를 아는 것보다 그가 지금 배고픈지 아닌지를 아는 편이 더 도움된다.

도덕성의 뿌리가 사회적 직관에 있다는 주장을 지지하는 증거는 또 있다. 도덕적 추론 능력이 제한된 두 종류의 생명체들도 도덕적 판단을 하곤 한다는 사실이다.

다시, 아기들과 동물들의 사례

앞에서 아기들도 위계의 기초를 알고 우리/그들 사고를 한다고 말했는데, 아기들은 또한 도덕적 추론의 기본 요소도 갖고 있다. 우선, 아기들은 실행과 태만을 다르게 평가하는 편향을 갖고 있다. 이 사실을 보여준 영리한 실험이 있었다. 연구자들은 생후 6개월 된 아기들에게 모양이 같지만 색깔이 각각 파란색과 빨간색으로 다른 두 물체가 나오는 장면을 보여주었다. 그리고 어떤 사람이 둘 중 파란색 물체를 반복적으로 집는 모습을 보여주었다. 그러다가 한 번은 그 사람이 빨간색 물체를 집는다. 그러자 아기들은 더 흥미를 보였고, 더 오래 쳐다보았으며, 호흡이 빨라졌다. 이것이 이전과는 다른 상황인 듯하다는 걸 아는 것이다. 다음으로, 연구자들은 모양이 같지만 하나는 파란색이고 다른 하나는 그 밖의 색깔인 두 물체를 보여주었다. 그리고 어떤 사람이 반복적으로 파란색이 아닌 다른 색깔 물체만을 집는 모습을 보여주었다(그 물체의 색깔은 계속 바뀌었다). 그러다 갑자기 그가 파란색 물체를 집는다. 하지만 아기들은 딱히 흥미를 보이지 않았다. "저 사람은 파란색을 절대로 집지 않아"보다 "저 사람은 늘 파란색을 집어"를 이해하기가 더 쉬운 것이다. 우리는 실행을 더 무게 있게 여긴다.[11]

영유아들은 또 일말의 정의감을 갖고 있다. 브리티시컬럼비아대학교의 카일리 햄린, 예일대학교의 폴 블룸과 캐런 윈의 실험을 보면 알 수 있다. 그들은 생후 6~12개월 된 아기들에게 어떤 동그라미가 언덕을 올라가는 모습을 보여주었다. 착한 삼각형은 동그라미를 밀어서 돕는다. 못된 사각형은 동그라미를 막는다. 이 모습을 보여준 뒤, 아기들에게 삼각형이나 사각형을 만질 수 있도록 해주었다. 그러자 아기들은 삼각형을 골랐다.* 아기들이 착한 물체를 좋아하는 걸까, 아니면 못된 물체를 싫어하는 걸까? 둘 다였다. 아기들은 중립적 도형보다 착한 삼각형을 선호했고, 못된 사각형보다 중립적 도형을 선호했다.

아기들은 나쁜 행동을 처벌하는 것도 지지한다. 연구자들은 아기들에게 착한 꼭두각시 인형과 못된 꼭두각시 인형을 보여주었다(친구들과 나눌 줄

* 이것이 아기들의 사회적 뇌와 관련된 현상임을 증명하는 사실이 있다. 이 현상이 도형에 눈알을 붙여서 의인화한 경우에만 나타났다는 것이다.

아는 인형과 그렇지 않은 인형이다). 그다음 두 인형이 사탕 더미 위에 올라앉은 모습을 보여주었다. 어느 인형에게서 사탕을 하나 빼앗아야 할까? 못된 인형이다. 어느 인형에게 사탕을 더 줘야 할까? 착한 인형이다.

놀랍게도, 아기들은 2차 처벌 개념도 안다. 그다음으로 연구자들은 착한 인형과 못된 인형이 다른 두 인형과 상호작용하는 모습을 보여주었는데, 두번째 인형들이 첫번째 인형들에게 착하게 굴거나 못되게 구는 모습이었다. 아기들은 두번째 인형들 중 어느 쪽을 선호할까? 착한 인형에게 착하게 굴고 못된 인형에게 못되게 구는 인형이었다.

다른 영장류들도 초보적인 도덕적 판단을 보여주곤 한다. 이 분야의 연구는 프란스 드 발과 세라 브로스넌의 훌륭한 2003년 논문에서 시작되었다.[12] 그들은 꼬리감는원숭이들에게 한 가지 작업을 가르쳤다. 먼저 사람이 원숭이에게 약간 흥미로운 작은 물체, 즉 조약돌을 준다. 그다음 원숭이에게 손바닥을 펼쳐 내보이는데, 이것은 꼬리감는원숭이들 세계에서 요구의 몸짓이다. 원숭이가 조약돌을 사람의 손에 얹어주면, 사람은 먹이로 보상해준다. 요컨대, 원숭이들은 먹이를 구입하는 법을 배웠다.

이제 두 원숭이를 나란히 둔다. 둘에게 조약돌을 하나씩 준다. 둘 다 조약돌을 사람에게 건넨다. 둘 다 아주 맛있는 보상인 포도를 하나씩 받는다.

상황을 바꿔보자. 두 원숭이가 모두 조약돌이라는 대가를 치렀다. 그래서 원숭이 1은 포도를 받지만, 원숭이 2는 오이를 받는다. 오이는 포도에 비하면 형편없는 먹이다. 꼬리감는원숭이들은 90%의 확률로 오이보다 포도를 선호한다. 원숭이 2는 속았다.

원숭이 2는 어떻게 할까? 보통 사람에게 오이를 던지거나 짜증나서 사방을 두드려댄다. 그보다 더 일관된 반응으로, 그런 원숭이들은 다음번에는 조약돌을 건네지 않는다. 『네이처』에 실렸던 논문 제목마따나, "원숭이들은 불평등 임금을 거부한다".

이후 과학자들은 다양한 마카크원숭이 종들, 까마귀들, 큰까마귀들, 개들에게서도 똑같은 반응을 확인했다(개들의 '일'은 사람과 악수하는 것이었

다).*[13]

그리고 브로스넌과 드 발 등은 후속 실험으로 이 현상을 더 철저히 탐구했다.[14]

* 최초 실험에 대한 한 가지 비판은 꼬리감는원숭이들이 다른 원숭이가 포도를 받았다는 사실과는 무관하게 그저 눈앞에 포도가 보이니까 오이를 거부했을지도 모른다는 것이었다. 하지만 아니었다. 불평등 임금 조건에서만 벌어지는 현상이었다.
* 두 원숭이에게 모두 포도를 줬다가, 한 원숭이만 포도를 빼앗고 오이를 줘보았다. 다른 원숭이가 여전히 포도를 갖고 있다는 점과 자신이 포도를 갖고 있지 않다는 점 중에서 어느 측면이 중요할까? 전자였다. 원숭이 한 마리로 실험하면, 포도를 줬다가 오이로 바꿔도 원숭이가 거부하지 않았다. 두 원숭이 모두 오이를 받아도 마찬가지였다.
* 다양한 종들에서, 수컷이 암컷보다 '낮은 임금'을 거부할 가능성이 더 높았다. 그리고 서열이 높은 개체가 낮은 개체보다 거부할 가능성이 더 높았다.
* 일이 개입되는 경우에만 드러나는 현상이었다. 한 원숭이에게는 공짜 포도를 주고 다른 원숭이에게는 공짜 오이를 주는 경우라면, 후자가 화를 내지 않았다.
* 두 개체가 물리적으로 가까이 있을수록 오이를 받은 개체가 파업할 가능성이 더 높았다.

---

* 개는 개의 측면에서도, 영장류의 측면에서도 이해가 되는 두 가지 방식으로 영장류와는 다르다. 영장류는 보상의 품질에 차이가 있을 때(한쪽은 포도, 다른 쪽은 오이를 받을 때)도 삐져서 파업했지만, 개는 품질은 따지지 않았고(한쪽은 빵, 다른 쪽은 소시지) 그저 한쪽은 받는데 다른 쪽은 못 받는 상황에서만 삐졌다. 둘째, 원숭이들은 인간이 뒤늦게 보상을 건네도 거부했고 다시는 협조하지 않았지만, 개들은 인간이 '악수'하자고 한참 애원하면 결국에는 반드시 마음을 풀었다.

* 마지막으로, 단독 생활을 하는 종(가령 오랑우탄)이나 사회적 협력이 적은 종(가령 올빼미원숭이)은 불평등 임금 거부 현상을 보이지 않았다.

다른 종들도 공정의 감각을 갖고 있고 불평등한 보상에 부정적으로 반응한다니, 아주 인상적이다. 하지만 이것은 인간 배심원들이 고용주로부터 피해를 입은 고용인의 편을 들어서 보상 결정을 내리는 것과는 전혀 다른 얘기다. 동물들의 경우에는 사익의 문제였다. "이건 공평하지 않아, 나만 사기를 당했잖아."

동물들이 다른 개체가 받는 대접에 대해서도 공정심을 갖고 있다는 증거가 있을까? 침팬지를 대상으로 일종의 최후통첩 게임을 실시해본 연구가 두 건 있었다. 인간이 하는 최후통첩 게임을 떠올려보자. 두 피험자 중 참가자 1은 주어진 돈을 둘이서 어떻게 나눠가질지를 결정한다. 참가자 2는 그 결정에 전혀 관여할 수 없지만, 만약 분배가 마음에 들지 않는다면 거부할 수 있다. 그러면 둘 다 한 푼도 받지 못한다. 달리 말해, 참가자 2는 이기적인 참가자 1을 처벌하기 위해서 즉각적 보상을 포기할 수 있다. 10장에서 보았듯, 참가자 2들은 대개 60 대 40의 분배를 받아들인다.

침팬지 버전은 이렇다. 제안자에 해당하는 침팬지 1에게 두 개의 토큰이 있다. 하나는 제안자와 파트너가 둘 다 포도를 두 알씩 받을 수 있는 토큰이고, 다른 하나는 제안자가 세 알을 받고 파트너는 한 알만 받을 수 있는 토큰이다. 제안자는 둘 중 한쪽을 선택하여, 해당하는 토큰을 파트너인 침팬지 2에게 건넨다. 그러면 침팬지 2는 포도를 나눠주는 인간에게 그 토큰을 건넬지 말지를 결정한다. 달리 말해, 만약 침팬지 2가 침팬지 1의 선택이 불공평하다고 느낀다면, 둘 다 포도를 받지 못한다.

이런 설계로 수행한 실험에서, 독일 막스플랑크연구소의 마이클 토마셀로(드 발의 주된 비판자로, 뒤에서 더 이야기하겠다)는 침팬지들에게 공정의 감각이 있다는 증거를 찾지 못했다. 제안자는 늘 멋대로 선택했고, 파트너는는 불공평한 분배를 받아들였다.[15] 한편 드 발과 브로스넌은 생태적으로 보다 타당한 조건에서 실험해보고 좀 다른 결과를 보고했다. 제안자 침팬지들은 대체로 공평한 분배를 선택했지만, 만약 자신이 직접 인간에게 토큰을 건넬 수 있다면(그럼으로써 침팬지 2의 거부권을 박탈할 수 있다면) 불공평한 분배를 선호했다. 요컨대, 침팬지들은 불공평한 행동이 자신에게 불리하게 작용할 때만 공평한 분배를 선택한다.

한편, 자신이 비용을 치르지 않는 한 공평함을 선택하는 영장류들도 있다. 꼬리감는원숭이로 돌아가자. 원숭이 1이 자신과 파트너가 둘 다 마시멜로를 받을지, 아니면 자신은 마시멜로를 받고 파트너는 역겨운 셀러리를 받을지 결정한다. 이때 원숭이들은 대체로 파트너에게도 마시멜로를 주는 편을 선택했다.* 마모셋원숭이들도 이와 비슷한 '타자 고려 선호'를 보였다. 첫번째 개체가 자신은 아무것도 받지 않고, 파트너가 맛있는 귀뚜라미를 받을지 말지 선택하는 상황이었다(침팬지에게서는 타자 고려 선호를 확인하지 못한 연구들이 많다는 점은 주목할 만하다).[16]

비인간 종의 공정 감각에 대한 정말로 흥미로운 증거는 브로스넌/드 발 논문에 포함된 부가 실험에서 나왔다. 연구자들은 두 원숭이에게 일한 보상으로 오이를 주었다가, 둘 중 한 마리만 포도로 바꿔주었다. 그러자 아직 오이를 가진 원숭이가 더는 일하지 않겠다고 거부했다. 놀랍게도, 이때 포도 재벌 역시 종종 함께 거부했다.

이건 대체 뭘까? 연대 의식? "나는 파업 파괴자가 아니야" 하는 증명? 궁극적으로는 사익 추구이지만 오이 피해자의 분노가 불러올지도 모르는 결과를 이례적으로 멀리 내다본 선택? 이타주의적인 원숭이를 할퀴어보면 피 흘리는 위선자 원숭이를 보게 되는 걸까? 우리가 인간의 이타주의에 대해 제

* 혹시 원숭이가 어떤 상황이든 제 눈앞에 마시멜로가 두 개 보이는 편이 훨씬 신나기 때문에 마시멜로/셀러리 대신 마시멜로/마시멜로를 선택하는 것이라면 어쩌냐? 연구자들은 깔끔한 통제 상황으로 이 점을 확인했다. 옆 공간에 다른 원숭이가 없을 때, 피험자 원숭이가 그곳에 두기로 선택하는 먹이는 무작위적이었다.

기하는 온갖 질문들이 여기에도 적용된다.

원숭이들의 추론 능력이 상대적으로 제한적이라는 점을 감안할 때, 이런 발견들은 사회적 직관의 중요성을 뒷받침한다. 드 발은 심지어 이보다 더 깊은 의미를 읽어내어, 인간의 도덕성이 인간의 문화적 제도들보다 법과 설교보다 더 오래되었다는 증거라고 본다. 인간의 도덕성이 영적으로 초월적인 특성(무대 오른쪽에서 신이 입장한다)이 아니라 종 경계를 초월하는 특성이라는 것이다.[17]

미스터 스팍과 이오시프 스탈린

많은 도덕철학자가 도덕적 판단이 이성에 기반하고 있다고 생각할 뿐 아니라 **그래야만 한다고** 믿는다. 미스터 스팍의 팬들은 이것이 지당한 일이라고 본다. 도덕적 직관의 감정 요소들은 감상, 사익 추구, 파벌주의 편향이나 끌어들인다는 것이다. 하지만 이 견해를 반박하는 한 가지 중요한 발견이 있다.

친척은 특별하다. 이것은 10장에서 지겹도록 살펴본 사실이다. 사회적 생물체라면 모두가 동의할 사실이다. 제 아버지를 배신한 파블리크 모로조프를 수상쩍게 여겼던 이오시프 스탈린도 동의할 사실이다. 부모 자식 간에 불리한 증언을 하는 것을 법적으로 혹은 현실적으로 받아들이지 않는 대부분의 미국 주법원들이 동의할 사실이다. 친척은 특별하다. 하지만 사회적 직관이 결여된 사람에게는 아니다. 앞서 말했듯, 배쪽안쪽이마앞엽 겉질이 손상된 사람들은 이례적으로 실용적이고 냉정한 도덕적 결정을 내린다. 그리고 그 과정에서 군집을 이루는 효모나 스탈린이나 텍사스주형사증거규칙이 도덕적으로 수상쩍다고 여길 만한 선택을 하는데, "다섯 명을 살리기 위해서 한 명을 희생해도 괜찮은가?" 하는 시나리오에서 낯선 사람뿐 아니라 친척도 선뜻 희생할 수 있다고 대답하는 것이다.[18]

정서와 사회적 직관은 도덕적 추론이라는 인간만의 장기를 망쳐버리는 원시적인 골칫거리가 아니다. 오히려, 대부분의 사람들이 동의하는 소수의 도덕적 판단들 중 일부는 바로 그것들을 토대로 하여 형성된다.

맥락

이처럼 사회적 직관은 도덕적 결정에서 크고 유용한 역할을 맡는다. 그러면 이제 추론과 직관 중 어느 쪽이 더 중요한지 따져봐야 할까? 이것은 어리석은 짓이다. 무엇보다도 추론과 직관이 상당 부분 겹치기 때문이다. 예를 들어, 임금 불평등에 항의하고자 도시를 마비시킨 시위자들이 있다고 하자. 우리는 그들이 콜버그의 추론 모형 중 후 관습적 단계로 추론하는 사람들이라고 해석할 수 있을 것이다. 하지만 하이트의 사회적 직관주의 모형을 적용하여, 권위에 대한 존중보다 공평성에 더 공감하는 도덕적 직관을 가진 사람들이라고 해석할 수도 있을 것이다.

추론이냐 직관이냐 입씨름하는 것보다 더 흥미로운 것은 서로 연관된 두 가지 질문이다. 우리는 어떤 상황에서 둘 중 한쪽을 강조하는 편향을 보일까? 강조점이 달라지면 결정도 달라질까?

앞서 보았듯, 당시 대학원생이었던 조슈아 그린과 동료들은 '목적이 수단을 정당화하는가?'를 따지는 철학적 탐구의 대표적 상황, 즉 통제 불능의 트롤리 문제를 활용해서 이 질문들을 탐구해보았다. 브레이크가 고장난 트롤리가 레일을 달려오고 있다. 가만두면 다섯 명이 치여 죽을 판국이다. 이때 우리가 다섯 명을 구할 수 있지만 그 과정에서 다른 한 명을 죽이게 되는 조치를 취해도 괜찮을까?

인류는 아리스토텔레스가 처음 트롤리를 달리게 했던 때로부터 지금까지 이 문제를 고민해왔는데,* 그린과 동료들은 거기에 뇌과학을 더했다. 그들은 피험자가 트롤리 윤리를 고민하는 동안 그의 뇌를 영상으로 촬영했다. 이때 피험자들은 두 가지 시나리오를 상상했다. 시나리오 1. 트롤리가 오고 있다.

다섯 명이 죽을 판국이다. 당신은 레버를 당겨서 트롤리의 진로를 바꾸겠는가? 그러면 다른 한 사람이 죽게 되는데도(트롤리 문제의 원형이다)? 시나리오 2. 같은 상황이다. 당신은 다른 한 사람을 레일로 밀어서 트롤리를 막아 세우겠는가?[19]

이제 여러분도 각 상황에서 어떤 뇌 영역(들)이 활성화하는지를 충분히 예측할 수 있을 것이다. 피험자들이 레버를 당기는 것을 고민할 때는 등쪽가쪽이마앞엽 겉질이 지배적으로 활성화한다. 초연하고 이지적인 도덕적 추론이다. 한편, 사람을 밀어서 죽음을 초래하는 것을 고민할 때는 배쪽안쪽이마앞엽 겉질(과 편도체)이 지배적으로 활성화한다. 내장감각적인 도덕적 직관이다.

당신은 레버를 당기겠는가? 일관되게 나타나는 결과인바, 60~70%의 피험자들은 등쪽가쪽이마앞엽 겉질을 열심히 가동시키면서 그렇다고 대답한다. 다섯 명을 살리고자 한 명을 죽이는 공리주의적 해법을 선택하는 것이다. 그러면, 당신은 직접 한 사람을 레일로 밀치겠는가? 이 질문에는 30%만이 그러겠다고 대답한다. 그리고 이때 배쪽안쪽이마앞엽 겉질/편도체가 더 많이 활성화할수록 피험자가 거부할 가능성이 더 높다.** 이것은 엄청나게 중요한 발견이다. 상대적으로 사소한 변수 하나 때문에 사람들이 도덕적 추론과 직관 중 어느 쪽을 강조하는가가 달라지고, 그 과정에서 사용되는 뇌 회로가 달라지며, 그리하여 극단적으로 다른 결정이 도출되는 것이다. 그린은 이 현상을 더 깊게 살펴보았다.

사람들이 후자의 시나리오대로 한 명을 죽여서 다섯 명을 살리는 공리주의적 거래에 저항감을 보이는 것은 자신이 직접 누군가의 몸에 손을 대어서

* 사실 트롤리 문제는 1967년 영국 철학자 필리파 푸트가 처음 고안했다.

** 그리고 앞에서 언급했듯이, 배쪽안쪽이마앞엽 겉질이 손상된 사람은 레버를 당기는 선택지든 직접 사람을 밀치는 선택지든 똑같이 기꺼이 하겠다고 대답한다. 사람들에게 벤조디아제핀(발륨 같은 진정제를 말한다)을 투여한 때에도 같은 결과가 나온다. 그러면 배쪽안쪽이마앞엽 겉질과 편도체가 착 가라앉고(약물의 직접적 효과와 교감신경계 둔화로 인한 이차적 효과가 함께 작용한 것이다), 사람들은 더 기꺼이 희생자를 밀치겠다고 답한다.

그를 죽음으로 몰아넣는다는 점이 께름칙하기 때문일까? 그린의 연구에 따르면, 그 때문이 아니다. 손으로 미는 대신 장대를 써서 민다고 해도, 사람들은 여전히 저항감을 느낀다. 자신이 힘을 들인다는 점 자체가 저항감을 부추기는 듯하다.

그러면 사람들이 레버 시나리오를 받아들이는 것은 피해자가 자기 앞이 아니라 멀리 있기 때문일까? 아닌 듯하다. 사람들은 레버가 죽게 될 사람 바로 옆에 있더라도 똑같이 선택한다.

그린은 여기에서 고의성에 관한 직관이 핵심 요소라고 주장한다. 레버 시나리오에서는 트롤리가 옆 레인으로 진로를 바꾸기 때문에 다섯 명이 산다. 다른 한 명이 죽는 것은 부작용이고, 만약 그가 옆 레인에 있지 않았더라도 원래 레인의 다섯 명은 살 것이다. 대조적으로, 사람을 미는 시나리오에서는 그 사람이 죽기 **때문에** 다섯 명이 산다. 이 고의성이 직관적으로 잘못처럼 느껴지는 것이다. 그 증거로서, 그린은 피험자들에게 또다른 시나리오를 줘보았다. 역시 트롤리가 달려오고 있고, 당신은 황급히 달려가서 트롤리를 멈출 스위치를 당기려고 한다. 그런데 당신은 스위치를 향해 달려가는 과정에서 길을 막고 있는 사람을 밀쳐야 하고, 그 사람은 그 때문에 넘어져서 죽는다. 그런데도 당신이 그렇게 해도 괜찮을까? 피험자의 약 80%가 그렇다고 대답했다. 똑같이 사람을 밀치고, 똑같이 피해자와 가까이 있지만, 고의적이지 않은 행동이니까 이것은 부작용이 된다. 그 사람은 다섯 명을 살릴 수단으로서 죽은 게 아니다. 그래서 이 상황은 훨씬 더 괜찮은 것처럼 보인다.

상황을 더 복잡하게 만들어보자. '루프' 시나리오다. 이번에도 당신은 레버를 당김으로써 트롤리가 옆 레인으로 빠지도록 만든다. 하지만—맙소사!—레인이 루프 모양이다. 옆 레인은 굽어져서 결국 원래의 레인과 만난다. 원래 레인에는 다섯 명이 있지만, 만약 옆 레인에 있는 한 사람이 죽는다면, 트롤리가 거기서 멈추므로 다섯 명은 무사하다. 이것은 피험자가 직접 한 사람을 미는 것과 동일한 고의성을 가진 시나리오다. 트롤리를 옆 레인으로 보내는 것만으로는 부족하고 반드시 한 사람이 죽어야 하니까. 그렇다면 논리적으로는 피험자의 약 30%만이 이 시나리오에 찬성해야 하지만, 실제로는 60~70%가 찬성한다.

그린은 (이 시나리오와 그 밖에도 루프와 비슷한 다른 시나리오들의 결과를 근거로) 직관주의자의 우주가 대단히 국지적이라는 결론을 내린다. 다섯 명을 살리는 수단으로서 고의로 누군가를 죽이는 것은 직관적으로 잘못된 일로 느껴진다. 하지만 그 직관은 죽음이 바로 지금, 바로 여기에서 벌어지는 상황일 때 가장 강하게 발휘되고, 고의성이 그보다 더 복잡한 단계를 거쳐 전개될 때는 그렇게까지 나쁘게 느껴지지 않는다. 이것은 사람들의 인지 능력 한계 때문이 아니다. 피험자들은 루프 시나리오에서 한 명이 반드시 죽어야 한다는 사실을 깨닫지 못하는 게 아니다. 그냥 똑같이 **느껴지지가** 않을 뿐이다. 달리 말해, 직관은 공간과 시간을 과도하게 할인한다. 인과에 대한 이런 근시안은 자동적으로 빠르게 작동하는 뇌의 입장에서는 자연스러운 것인지도 모른다. 이것은 태만의 죄보다 실행의 죄를 더 나쁘게 느끼는 근시안과 비슷한 종류다.

이런 연구들이 암시하는바, 만약 한 사람의 희생에 능동적이고 고의적이고 국지적인 행동이 요구된다면, 우리 뇌에서는 직관적 뇌 회로가 더 많이 활성화하여 목적이 수단을 정당화하지 못한다는 결론을 내린다. 반면 피해가 고의적이지 않은 상황이거나 고의성이 심리적 거리를 두고 전개되는 상황이라면, 우리 뇌에서는 다른 뇌 회로가 지배적으로 활성화하여 수단과 목적의 도덕성에 대해서 정반대의 결론을 내린다.

우리가 트롤리학에서 끌어낼 수 있는 더 폭넓은 논점이 하나 있으니, 도덕적 결정이 맥락에 크게 좌우될 수 있다는 것이다.[20] 이때 맥락 변화의 핵심은 직관주의적 도덕의 국지성을 바꾸는 데 있을 때가 많다. 듀크대학교의 댄 애리얼리가 『상식 밖의 경제학』이라는 멋진 책에서 잘 설명한 바다. 우리가 공동 작업 공간에 돈을 놔둔다고 하자. 아무도 그 돈을 가져가지 않는다. 돈을 훔치면 안 되니까. 그런데 만약 콜라캔을 놔두면, 다 없어진다. 돈에서 한 단계 멀어졌을 뿐인데도 훔치는 것은 잘못이라는 직관이 둔해져서 합리화를 꾀하기가 쉬워지는 것이다("공짜로 가져가라고 내놓은 거겠지").

도덕적 직관에 근접성이 영향을 미친다는 사실은 피터 싱어의 사고 실험에서 잘 드러난다.[21] 당신이 집 근처의 강변을 걷고 있다고 하자. 강에 빠진 아이가 보인다. 대부분의 사람들은 물에 뛰어들어서 아이를 구해야 한다는 도덕적 의무를 느낄 것이다. 설령 그러느라 500달러짜리 옷을 망치더라도. 한편, 소말리아에 있는 친구가 당신에게 전화를 걸어와서 그곳에 병원비 500달러가 없어서 죽어가는 아이가 있다고 말한다고 하자. 당신은 돈을 보내겠는가? 대부분의 사람들은 안 보낼 것이다. 여기에 국지성, 그리고 거리에 따른 도덕성의 할인이 적용된다는 것은 명백해 보인다. 내가 사는 곳에서 위험에 처한 아이가 멀리서 죽어가는 아이보다 훨씬 더 우리처럼 느껴지는 것이다. 이것이 인지라기보다 직관이라는 것도 명백하다. 만약 당신이 소말리아에서 강변을 걷다가 물에 빠진 아이를 보았다면, 모르면 몰라도 당신은 전화를 걸어온 친구에게 500달러를 보내는 대신 옷을 희생하고 강에 뛰어드는 선택을 했을 것이다. 누군가가 실물로 바로 내 눈앞에 있다는 것은 그를 우리로 여기도록 만드는 강력한 단서다.

3장에서 봤듯이, 언어도 도덕의 맥락 의존성에 영향을 미칠 수 있다.[22] 일례로, 똑같은 게임이라도 '월스트리트 게임'이라고 부를 때와 '공동체 게임'이라고 부를 때 피험자들이 협동의 도덕성에 대해서 적용하는 규칙이 달라진다. 시험 단계의 신약이 '5%의 사망률'을 보인다고 말할 때와 '95%의 생존률'을 보인다고 말할 때 피험자들은 신약 사용의 윤리에 관해서 서로 다른 결정을 내린다.

우리에게 복수의 정체성이 있다는 점, 누구나 복수의 우리 집단과 위계에 소속된다는 점을 이용할 수도 있다. 취리히대학교의 알랭 콘과 동료들이 2014년 『네이처』에 게재한 흥미로운 논문에서 잘 보여준 바다.[23] 그들은 (이름을 밝히지 않은) 다국적 은행에서 일하는 피험자들에게 동전 던지기 게임을 시켰다. 피험자들은 결과를 제대로 맞히면 금전적 보상을 받을 수 있었다. 더 중요한 점으로, 게임 설계상 피험자들이 여러 시점에서 속임수를 쓸 여지가 있었다(연구자들은 그 속임수를 감지할 수 있었다).

첫번째 단계에서, 피험자들은 일상에 관한 평범한 질문들이 담긴 설문지를 작성했다("한 주에 몇 시간씩 텔레비전을 봅니까?"). 그후 게임을 했을 때, 피험자들의 속임수 빈도는 낮은 기저 수준을 보였다.

두번째 단계에서, 피험자들은 은행 업무에 관한 설문지를 작성했다. 피험자들이 암묵적으로 은행 업무에 대해 더 많이 생각하도록 만든 것이었다(그래서 피험자들은 가령 '__oker'라는 단어의 빈칸에 알파벳을 채우는 작업에서 'smoker(흡연자)' 대신 'broker(브로커)'라는 답을 더 많이 내놓게 되었다).

자, 이제 피험자들은 은행원으로서의 정체성을 생각하게 되었다. 그러자 그들의 속임수 빈도가 20% 높아졌다. 다른 직종(가령 제조업)의 피험자들에게 자신의 직업을 생각해보도록 만들거나 은행업을 생각해보도록 만들었을 때는 속임수가 느는 현상이 관찰되지 않았다. 이 은행원들은 머릿속에 속임수에 관한 두 가지 상이한 윤리 규칙을 품고 있었고(은행 업무를 볼 때와 그렇지 않을 때), 무의식적 단서에 따라 둘 중 한쪽을 전면에 내세웠던 것이다.* 너 자신을 알라. 특히 다양한 맥락에서 알라.

"하지만 이건 상황이 다르잖아"

도덕의 맥락 의존성은 또다른 영역에서도 중요한 문제다.

양심의 가책이라고는 없는 소시오패스라서 자신이 도둑질, 살인, 강간, 강탈을 해도 괜찮다고 믿는 사람은 사회의 악몽 같은 존재다. 하지만 인류가 저지르는 최악의 행동들 중 압도적 다수는 그와는 다른 종류의 사람들이 저지른다. 나머지 평범한 사람들이다. 물론 X는 나쁜 짓이지만…… 지금 이 상황은 특수하기 때문에 자신만은 예외가 된다고 대답할 사람들이다.

우리가 자신의 도덕적 실패를 생각할 때와(배쪽안쪽이마앞엽 겉질이 강

* 연구자들이 은행 이름을 알려줬으면 좋았을 텐데. 그랬다면 내가 혹시라도 스위스 은행에 거금을 맡길 일이 생길 때 후보 은행 명단에서 하나를 바로 지울 수 있을 것이다.

하게 활성화한다) 타인의 도덕적 실패를 생각할 때는(섬겉질과 등쪽가쪽이마앞엽 겉질이 더 활성화한다) 서로 다른 뇌 회로가 쓰인다.[24] 그리고 우리는 양쪽에 대해서 일관되게 서로 다른 판단을 내려서, 타인보다 자신을 도덕적 비난에서 더 많이 면제해준다. 왜 그럴까? 단순히 이기적인 이유도 있다. 가끔은 겉보기에 위선자인 이가 속도 위선자다. 그런데 이 차이는 자신의 행동을 분석할 때와 타인의 행동을 분석할 때 서로 다른 정서가 개입한다는 점도 반영하는지 모른다. 우리는 타인의 도덕적 실패를 생각할 때는 분노와 의분을 느낄 수 있고, 타인의 도덕적 승리에 대해서는 모방과 감화를 느낄 수 있다. 대조적으로 자신의 도덕적 실패를 생각할 때는 수치심과 죄책감이 들고, 자신의 도덕적 승리에 대해서는 자랑스러움을 느낀다.

자신을 더 너그럽게 봐주는 현상에 감정적 측면이 있다는 사실은 스트레스가 그 성향을 강화한다는 데서도 드러난다.[25] 실험 상황에서 스트레스를 받았을 때, 피험자들은 정서적인 도덕적 딜레마에 대해서 더 이기적이고 자신을 합리화하는 판단을 내린다. 그리고 덜 공리적인 판단을 내리는데, 단 도덕적 딜레마가 개인적인 속성일 때만 그렇다. 게다가, 스트레스 요인에 대한 글루코코르티코이드 반응이 클수록 이런 성향이 더 강하게 드러난다.

자신을 너그럽게 봐주는 현상에는 한 가지 중요한 인지적 측면도 관여한다. 우리가 자신을 판단할 때는 내적 동기를 기준으로 삼지만 타인을 판단할 때는 그들의 외적 행동을 기준으로 삼는다는 점이다.[26] 따라서 우리는 자신의 나쁜 행동에 대해서는 정상을 참작할 만한 상황적 요인들을 더 쉽게 생각해낸다. 이것은 전형적인 우리/그들 가르기라고 할 수 있다. 그들이 뭔가 나쁜 일을 하면, 그것은 그들이 썩은 인간이기 때문이다. 반면 우리가 그 일을 하면, 그것은 사정을 봐줄 만한 어떤 환경 탓이다. 그런데 우리 중에서도 '나'만큼 우리가 그 내적 상태를 가장 속속들이 아는 대상은 또 없지 않은가. 따라서 이 인지적 차원에서는 이 현상이 일관되지 않은 것도 아니고 위선도 아니다. 우리가 타인의 잘못된 행동에 대해서도 그 내적 동기를 안다면 얼마든지 정상을 참작해줄 수 있을지 모른다. 그저 나 자신이 잘못을 저지른 장본인일 때 동기를 알기가 더 쉽다는 차이가 있을 뿐이다.

이 현상은 광범위하고 깊은 악영향을 미친다. 게다가 자신을 타인보다 덜 가혹하게 판단하는 마음은 제지의 논리마저 쉽게 물리친다. 애리얼리는 책에서 이렇게 말했다. "위험 요소가 있다는 점은 전반적으로 부정행위를 제약하지 못한다. 우리가 스스로 부정행위를 합리화하는 능력만이 제약으로 작용한다."

문화적 맥락

요컨대, 사람들은 같은 상황에 대해서도 다른 도덕적 판단을 내리곤 한다. 그것이 자신의 문제인가 타인의 문제인가, 자신의 여러 정체성 중 어느 것을 떠올리도록 만드는 환경인가, 어떤 언어가 쓰이는가, 고의성이 몇 단계를 거쳐서 제거되었는가에 따라서. 심지어 스트레스 호르몬, 배가 얼마나 부른가, 주변에서 악취가 나는가에 따라서도 달라진다. 그리고 이미 9장을 읽은 여러분은 도덕적 결정이 문화에 따라서도 극적으로 달라진다는 사실에 그다지 놀라지 않을 것이다. 한 문화의 신성한 소는 다른 문화의 식재료다. 이 차이는 고통스럽게 느껴질 수 있다.

도덕성의 문화 간 차이를 생각함에 있어서 핵심이 되는 문제는 도덕적 판단에 어떤 보편적 요소들이 있는가, 그리고 그 보편성과 차이점 중에서 어느 쪽이 더 흥미롭고 중요한가 하는 것이다.

9장에서 보았듯이, 사람들이 취하는 도덕적 입장 중에서 일부는 실제로 그렇든 법적으로만 그렇든 사실상 보편적이다. 살인과 도둑질의 일부 형태를 비난하는 것이 그렇다. 아, 성적 행위의 일부 형태도 빼놓을 수 없다.

더 폭넓게 보자면, 이른바 황금률이 거의 보편적으로 확인된다(이 규칙을 "네가 받고 싶은 대로 남을 대접하라"라고 표현하는지, "네가 당하기 싫은 일은 상대에게도 하지 말라"라고 표현하는지는 문화마다 다르다). 황금률은 단순한 만큼 힘이 있지만, 사람들이 받고 싶은/당하기 싫은 일이 무엇인지가 다르다는 점에서 한계가 있다. 이 까다로운 차원에 이르면, 이제 우리는 마조

히스트가 "날 때려줘"라고 말하자 사디스트가 가학적으로 "싫어"라고 대답했다는 이야기의 의미를 이해한 것이다.

그러나 이 비판은 극복할 수 있다. 황금률보다 더 일반적인 공통 화폐로 볼 수 있는 것, 즉 상호성을 사용하면 된다. 우리가 어떤 상황에 처했을 때 받고 싶을 듯한 관심과 인정을 현재 그 상황에 처한 사람들의 요구와 욕망에도 적용하라는 규칙이라고 말하면 되겠다.

여러 문화들이 공유하는 도덕성의 보편 요소들은 도덕률을 분류하는 범주가 같다는 데서 비롯한다. 인류학자 리처드 슈웨더는 모든 인류 문화에 자율성, 공동체, 신성의 도덕률이 존재한다고 주장했다. 앞 장에서 보았듯이, 조너선 하이트는 이 분류를 더 세분함으로써 인간이 강한 직관을 품고 있는 여섯 가지 도덕률의 토대로 나누었다. 우선 피해, 공평성 및 상호성에 관한 주제들이 있다(둘 다 슈웨더의 자율성 윤리에 해당한다). 내집단 충성심, 권위 존중의 주제들도 있다(둘 다 슈웨더의 공동체 윤리에 해당한다). 그리고 순수함, 고귀함의 주제들이 있다(슈웨더의 신성 윤리에 해당한다).*[27]

도덕률에 보편 요소들이 존재한다는 사실에서 자연히 제기되는 질문이 있다. 그렇다면 그런 규칙들이 그보다 더 국지적이고 편협한 도덕 규칙들에 우선해야 한다는 뜻일까? 한쪽 극단에는 도덕적 절대주의자들이 있고 다른 쪽 극단에는 상대주의자들이 있지만, 그 중간에서 과학사학자 마이클 셔머 같은 사람들은 이른바 임시적 도덕률을 합리적으로 주장한다. 만약 어떤 도덕적 입장이 여러 문화에 폭넓게 존재한다면, 그것에 가중치를 부여하도록 하자. 그래도 늘 조심하는 것은 잊지 말자.[28]

도덕의 보편성, 예를 들어 모든 문화들이 똑같은 대상을 고귀하게 여긴다는 사실은 정말 흥미롭다. 하지만 고귀함의 대상이 문화마다 어떻게 다른가,

* 앞 장에서 보았던 하이트의 연구도 떠올려보자. 진보주의자들은 보수주의자들보다 피해와 공평성 주제를 더 강조하고, 보수주의자들은 충성심과 권위와 고귀함을 상대적으로 더 강조한다는 내용이었다. 하이트는 우스개로 이런 연구가 자신에게는 '비교문화' 탐사라고 말하여, 피스헬멧과 얼굴 모기장을 쓴 그가 버클리나 프로보 현장을 트레킹하는 모습을 상상하도록 만든다.

그 고귀함이 침해되었을 때 사람들이 어떻게 흥분하는가,* 침해 재발을 막기 위해서 어떤 조치를 취하는가를 알아보는 것은 훨씬 더 흥미롭다. 나는 이 거대한 문제를 세 가지 주제로 나누어 접근해보겠다. 협력과 경쟁의 도덕, 명예에 대한 모욕, 수치심 혹은 죄책감 활용이라는 측면의 문화 간 차이이다.

협력과 경쟁

도덕적 판단의 문화 간 차이들 중에서도 가장 극적인 차이는 협력과 경쟁이라는 주제에서 드러난다. 2008년 『사이언스』에 실렸던 영국과 스위스 경제학자들의 공동 논문이 이 차이를 뚜렷하게 보여주었다.

피험자들은 '공익' 경제 게임을 했다. 모든 참가자가 정해진 수의 토큰을 가지고 시작해서, 매 회마다 그중 얼마를 공동 출자금에 내놓을지를 선택한다. 게임이 다 끝나면, 공동 출자금이 몇 배로 불어나서 모든 참가자에게 공평하게 분배되도록 되어 있다. 피험자들은 출자하는 대신 토큰을 그냥 갖고 있을 수도 있다. 따라서, 개인의 입장에서 최악의 결과는 자신이 토큰을 전부 다 출자했는데 다른 참가자들은 아무도 출자하지 않는 것이다. 최선의 결과는 자신은 출자하지 않고 남들은 전부 다 출자하는 것이다. 게임의 설계상, 피험자들은 다른 참가자가 내놓은 출자금이 못마땅할 때는 '비용'을 치르고서 그를 벌할 수 있다. 전 세계 여러 나라의 피험자들이 참가했다.

첫번째 발견: 문화를 불문하고, 사람들은 순수한 경제적 합리성이 예측하는 정도보다 더 친사회적으로 행동했다. 만약 모두가 가장 냉혹하게 반사회적이고 현실적인 태도로 게임을 한다면, 아무도 출자금을 내지 않을 것이다. 하지만 실제로는 모든 문화의 피험자들이 일관되게 출자했다. 어쩌면 그 이유일지도 모르겠는데, 모든 문화의 피험자들은 또한 인색한 참가자를 처벌했고, 그 정도도 엇비슷했다.

---

* 즉석에서 지어낸 예. 만약 내가 어쩌다 종교 예배에 참석하게 되었는데 도중에 그만 구린내가 진동하는 가스를 가증스럽도록 큰 소리로 방출하고 만다면, 나는 당연히 내 주변에 있는 사람들이 가령 금요일 회중기도중인 탈레반 사내들이 아니라 퀘이커교도들이기를 바랄 것이다.

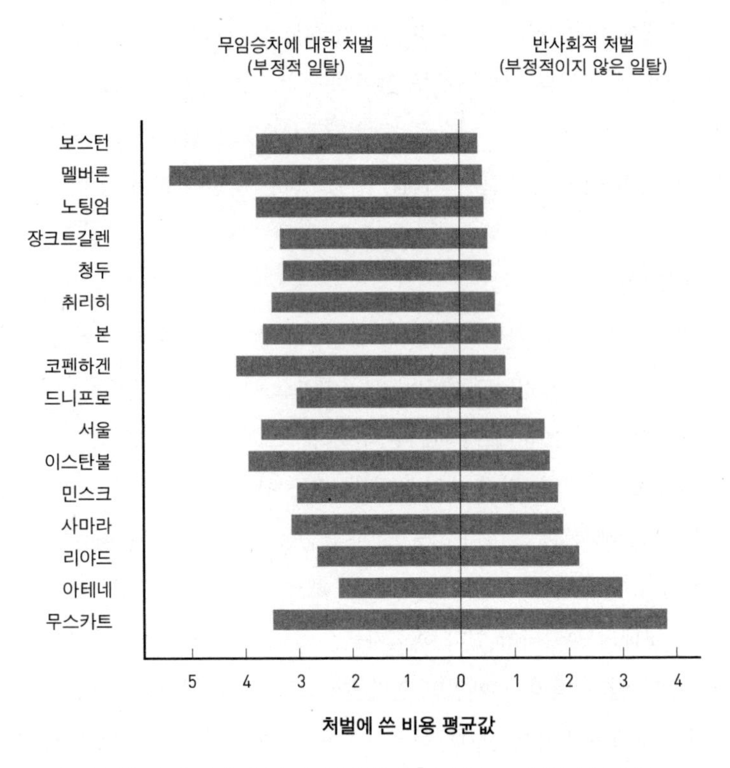

B. 헤르만 외, 「여러 사회들의 반사회적 처벌」 『사이언스』 319(2008): 1362.

충격적인 차이가 발생한 지점은 따로 있었다. 내가 이전에는 행동경제학 문헌에서 한 번도 본 적 없는 용어였던 '반사회적 처벌'에 관한 대목이었다. 무임승차에 대한 처벌은 참가자가 자신보다 적게 출자하는 다른 참가자를(즉 이기적 행동을) 처벌하는 것이다. 한편, 반사회적 처벌은 참가자가 자신보다 더 많이 출자하는 다른 참가자를(즉 너그러운 행동을) 처벌하는 것이다.

이건 대체 무슨 심리일까? 해석: 지나치게 너그러운 사람에 대한 적대감은 그가 판돈을 올리는 바람에 곧 모두가(즉 자신도) 너그러워져야 한다는 기대를 받을지도 모른다는 데서 생긴다. 그러니 모두를 괴롭히는 인간을 처단해버리자. 이것은 착한 행동에 대해서 누군가를 벌주는 행위다. 그런 정신

나간 일탈이 표준이 되어서 나도 착한 행동으로 되갚으라는 압력을 느끼게 되면 어쩌냔 말이야?

한쪽 극단에는 미국과 오스트레일리아의 피험자들이 있었다. 이들은 이 기묘한 반사회적 처벌을 거의 행하지 않았다. 반대쪽 충격적인 극단에는 오만과 그리스의 피험자들이 있었다. 이들은 이기성에 대한 처벌보다 너그러움에 대한 처벌에 더 많은 비용을 썼다. 이것이 보스턴의 신학자들과 오만의 해적들을 비교한 실험도 아니었다. 피험자들은 모두 도시에 거주하는 대학생들이었다.

그렇다면, 이 도시들은 어떤 점이 다를까? 연구자들은 핵심적인 상관관계를 하나 발견했다. 사회자본이 적은 국가일수록 반사회적 처벌 빈도가 높았던 것이다. 사람들의 도덕 체계에 너그러움은 벌받아 마땅한 행동이라는 개념이 포함되는 상황은 어떤 상황일까? 사람들이 서로를 믿지 않고 효능감을 느끼지 못하는 사회에서 살 때다.

비서구 문화들을 집중적으로 살펴본 흥미로운 연구도 있었다. 브리티시컬럼비아대학교의 조지프 헨릭과 동료들이 수행한 한 쌍의 실험이었다.[29] 피험자는 수천 명이었고, 전 세계 25개의 '소규모' 문화들 출신이었다. 유목사회, 수렵채집사회, 정주하는 채집/원예농경 사회, 자급자족 농업/임금 사회도 있었다. 대조군도 둘 있었다. 미국 미주리주와 가나 아크라시의 도시 거주자들이었다. 특히 설계상의 철저함이 돋보인 점은 피험자들에게 세 가지 경제 게임을 시킨 점이었다. ⓐ독재자 게임. 피험자가 자신과 다른 참가자 사이에 돈을 어떻게 나눌지를 알아서 결정한다. 이것은 결과와 무관한, 순수한 의미의 공평성을 측정하기 위한 게임이다. ⓑ최후통첩 게임. 피험자는 자신을 불공평하게 대한 참가자를 비용을 내고 처벌할 수 있다(즉 사익에 기반한 상대자 처벌이다). ⓒ제삼자 처벌 시나리오. 피험자가 자신과 무관한 다른 사람을 불공평하게 대한 참가자를 비용을 내고 처벌할 수 있다(즉 이타적 처벌이다).

연구자들은 이 게임의 패턴을 예측하는 세 가지 흥미로운 변수를 확인해냈다.

시장 통합: 해당 문화에서 사람들이 경제적 상거래 활동을 얼마나 하는가? 연구자들은 사람들이 소비하는 칼로리 중 상거래로 구입한 물품의 칼로리가 얼마나 되는지를 측정함으로써 이 항목을 수치화했다. 그 결과는 0%를 기록한 탄자니아의 하자족 수렵채집 문화부터 거의 90%를 기록한 정주성 어업 문화까지 다양했다. 그리고 시장 통합 정도가 높은 문화일수록 사람들이 세 게임 모두에서 더 공평하게 제안하고, 사익에 기반한 상대자 처벌과 이타적 제삼자 처벌에 더 기꺼이 비용을 지불하는 것으로 예측되었다. 예를 들어, 한쪽 극단에 해당하는 하자족은 독재자 게임에서 평균적으로 소득의 73%를 자신이 갖기로 결정했지만, 콜롬비아의 정주성 어업 문화인 상키앙가 사람들은, 통제군인 미국 미주리와 가나 아크라 사람들과 마찬가지로, 독재자 게임에서 50 대 50에 육박하는 분배를 결정했다. 시장 통합 정도는 이기성을 처벌하고자 하는 의향을 예측했고, 어쩌면 당연하게도, 더불어 낮은 이기성을 예측했다.

공동체 크기: 공동체가 클수록 구두쇠에 대한 당사자 처벌과 제삼자 처벌이 더 많이 일어났다. 50명 미만의 소집단으로 생활하는 하자족은 최후통첩 게임에서 상대가 조금이라도 나눠주기만 하면 거의 다 받아들였고, 상대를 처벌하지도 않았다. 대조적으로, 5000명 이상의 공동체 출신 피험자들은(정주성 농업 문화와 수산양식 문화 거주자들, 더불어 가나와 미국의 도시인들은) 대략 50 대 50이 안 되는 제안은 대체로 거부했다. 그리고/또는 처벌을 가했다.

종교: 인구의 몇 퍼센트가 세계적 종교(가령 기독교나 이슬람교)를 믿는가? 0%인 하자족부터 60~100%인 다른 집단들까지 다양했다. 그리고 서구 종교를 믿는 인구가 많을수록 제삼자 처벌이 더 많이 일어났다(즉 A가 B에게 불공평하게 대했다는 이유로 피험자가 비용을 치르고 A를 처벌했다).

이 발견들을 어떻게 이해해야 할까?

우선 종교 문제부터 보자. 이 발견은 전반적인 종교성이 아니라 세계적 종교들에 대한 승인을 살펴본 것이었고, 전반적인 너그러움이나 공평성이 아니라 이타적 제삼자 처벌을 살펴본 것이었다. 세계적 종교들은 어떤 특징이 있기에? 9장에서 보았듯, 집단이 충분히 커서 사람들이 낯선 사람과 자주 상호작용하는 환경이 갖춰져야만 그 문화가 도덕적 신을 발명해낸다. 도덕적 신은 연회장에 둘러앉아서 저 아래 인간들의 우행을 초연하게 비웃는 신이 아니다. 인간들이 공물을 쩨쩨하게 바쳤다고 해서 벌주는 신도 아니다. 도덕적 신은 인간이 다른 인간에게 못되게 구는 것을 처벌하는 신이다. 달리 말해, 큰 종교의 신들은 제삼자 처벌을 한다. 그런 종교를 믿는 사람들이 스스로 제삼자 처벌을 하게 된다는 예측도 놀랍지 않다.

다음으로, 시장 통합 정도가 높고 공동체가 클수록 더 공평한 제안을 하게 되고(전자의 경우다), 불공평한 참가자를 처벌할 의향이 커진다는(둘 다 해당한다) 발견을 살펴보자. 이 두 발견은 설명하기가 만만찮은 것 같다. 특히 저자들의 신중한 해석을 따른다면 더 그렇다.

저자들은 인간이 왜 이처럼 독특한 공평성의 감각을 갖게 되었을까, 특히 낯선 사람들끼리 자주 상호작용하는 대규모 사회에서 더 그런 이유는 뭘까 하고 질문했다. 그리고 두 가지 전통적인 형태의 설명을 제안했는데, 인간에게 직관과 추론이라는 이분법이 있고 동물적 근원과 문화적 창조성이라는 이분법이 있다는 사실과 밀접하게 연관된 설명이었다.

* 대규모 사회에서 공평성을 더 발휘하는 인간의 도덕성은 수렵채집인이었던 과거와 비인간 영장류였던 과거가 남긴 유산이자 그 확장이다. 인류가 소규모 집단으로 살아갔던 그 시절에 공평성을 북돋운 힘은 친족선택과 단순한 형태의 상호 이타주의였다. 이후 공동체가 더 커졌고, 우리는 주로 친연 관계가 없는 낯선 사람들과 일회성 상호작용을 하며 살아가게 되었지만, 그래도 우리의 친사회성은 소규모 집단에서의 사고방식을 확장한 것이다. 이제 친연 관계 대신에 다양한 초록 수염 표지들을 사용하는 점이 다를

뿐이다. 나는 두 명의 형제자매나 여덟 명의 사촌을 위해서, 혹은 나와 마찬가지로 그린베이 패커스 팬인 누군가를 위해서 기꺼이 목숨을 내놓겠다.

* 인간의 공평성은 인류 집단이 더 커지고 복잡해짐과 더불어(그 특징이 시장, 통화 경제 등의 등장이다) 우리가 발명해낸 문화적 제도들과 사고방식에 그 도덕적 토대를 둔다.

여러분은 지금까지 이렇게 많은 페이지를 읽어왔으니, 내가 전자의 시나리오에 설득력이 있다고 생각한다는 것쯤은 추측하고도 남을 것이다. 지금까지 우리는 유랑하는 수렵채집인들의 평등주의적 사회에서, 다른 영장류들에서, 아기들에서, 겉질보다 변연계가 더 밀접하게 관여한다는 점에서 인간의 공평성과 정의감의 기원을 엿보지 않았던가. 그런데 이런 관점에게는 낭패인 것이, 앞의 연구들에서 나온 결과는 이와는 정반대였다. 25개 문화 중에서 공평한 제안을 가장 적게 하고 자신에게든 제삼자에게든 불공평한 행위를 처벌할 의향이 가장 낮은 것은 오히려 수렵채집 문화였다. 그들이야말로 우리 선조와 가장 가깝고, 가장 작은 집단을 이루며, 구성원들의 친연성이 높고, 시장에 가장 적게 의존하여 살아가는데도. 그런 그들에게 이런 형태의 친사회성이 확인되지 않았다는 것은 9장에서 본 바와는 반대되는 그림이다.

나는 이런 경제 게임들이 활용하는 친사회성이 극히 특수하고 인위적인 종류이기 때문에 이런 결과가 나왔다고 생각한다. 우리는 흔히 시장에서의 상호작용을 복잡성의 전형으로 여기는 경향이 있다. 인간의 다양한 필요와 욕구에 대해 돈이라는 추상적 개념의 공통 통화를 찾아낸 것이 얼마나 대단한 일인가 하는 것이다. 하지만 본질만을 놓고 보자면, 시장에서의 상호작용은 사실 상호성의 빈곤을 뜻한다. 인간의 상호성은 원래 사과와 오렌지를 둘러싼 장기적 계산을 직관적으로 편하게 해내는 능력이었다. 이 사내는 제일가는 사냥꾼이다. 저 사내는 사냥에서는 그의 발끝도 못 따라가지만, 사자가 주변을 어슬렁거릴 때 남들을 보호해주는 사람이다. 이 여인은 질 좋은 몽공고 열매를 찾는 데 도사다. 저 여인은 약초라면 모르는 게 없다. 그리고 저 괴짜는 재미난 이야기를 많이 안다. 다들 서로 어디에 사는지를 알고, 시간이 흐르면 장부에 균형이 맞춰진다. 만약 누가 이 시스템을 심하게 악용하면, 모두가 의견을 모아서 그 사람의 문제를 처리한다.

대조적으로, 현금 경제에 기반한 시장에서의 상호작용은 그 골자만 본다면 "내가 당신에게 지금 이걸 줄 테니, 당신은 지금 저걸 내게 주세요" 하는 거래다. 상호성의 의무가 그 순간에 당장 균형을 이뤄야만 하는, 근시안적 현재 시제의 상호작용이다. 소규모 사회의 사람들은 이런 방식에 상대적으로 서툴다. 소규모였던 문화가 규모가 커지고 시장에 의존하게 되면, 그 구성원들이 새롭게 공평성을 익히는 걸까? 아니다. 그들이 새롭게 익히는 것은 최후통첩 게임 같은 실험들이 모방하는 인위적 환경에서 공평하게 행동하는 법일 뿐이다.

명예와 복수

도덕 체계의 문화 간 차이에서 또다른 영역은 개인적 모욕에 대한 적절한 대응이 무엇인가 하는 문제다. 이것은 9장에서 보았던 명예 문화와 직결되는 이야기다. 그때 보았듯이, 마사이 부족사회에서 전통 미국 남부 사회까지 명예 문화들은 역사적으로 일신교, 전사 집단, 목축업과 관계가 있다.

그 내용을 다시 요약해보자. 그런 문화들은 대체로 명예에의 도전에 무응답으로 반응하는 것은 사태를 악화일로로 치닫게 하는 길이라고 믿는데, 이것은 목축업에 내재된 취약성에서 비롯한 생각이다. 도둑이 농사꾼의 밭에 침입해서 작물을 몽땅 훔쳐갈 수는 없겠지만, 가축떼라면 하룻밤에 몰고 갈 수 있으니까. 그리고 만약 내가 내 가족을 욕보인 녀석을 족치지 않는다면, 놈이 다음에는 내 가축을 노릴 것이다. 이런 문화들은 복수에 도덕적 무게를 부여하고, 그 복수는 최소한 동등한 수준이어야 한다. '눈에는 눈'도 아마 유대인 목축민들이 만들어낸 규칙이었을 것이다. 그 결과, 햇필드가와 매코이가처럼 보복이 보복을 부르는 세상이 만들어진다. 이 사실은 미국 남부의 높은 살인율이 도시 폭력이나 강도질 때문이 아니라 아는 사람들끼리 명예에의 모욕을 두고 싸운 탓이라는 현상을 설명해준다. 남부의 검사들과 배심원들이 명예에의 모욕에 관한 범죄를 이례적으로 관대하게 처분하는 현상도 설명해준다. 또 남부의 많은 어머니들이 남부군에 가담하려고 떠나는 아들을 배웅하면서 승자가 되어 돌아오든지 관으로 돌아오든지 하라고 일렀던 까닭을 설명해준다. 항복이라는 수치는 애초에 선택지가 아닌 것이다.

수치심을 느끼는 집단주의자와 죄책감을 느끼는 개인주의자

이번에는 집단주의 문화와 개인주의 문화의 대비를 다시 떠올려보자(기억하겠지만, 이 주제의 연구에서 '집단주의'는 주로 동아시아 사회들을 뜻하고 '개인주의'는 서유럽과 북아메리카 사회들을 뜻한다). 두 문화가 수단과 목적의 도덕에 대한 접근법이 뚜렷하게 다르다는 것은 이 대비 자체에 내포된 사실이다. 정의상 집단주의 문화는 개인주의 문화보다 사람을 공리주의적 목적의 수단으로 사용하는 일을 더 편하게 받아들인다. 게다가, 집단주의 문화가 구성원들에게 주는 도덕적 명령은 사회적 역할과 의무에 관련된 것일 때가 많은 데 비해 개인주의 문화의 명령은 보통 개인의 권리에 관련된 내용이다.

집단주의와 개인주의 문화는 도덕적 행동을 강제하는 방식도 다르다. 이것은 인류학자 루스 베네딕트가 1946년에 처음 강조한 바로, 집단주의 문화는 수치심으로써 강제하지만 개인주의 문화는 죄책감으로써 강제한다. 이 특별한 대비를 잘 설명한 훌륭한 책 두 권이 있다. 스탠퍼드대학교의 정신의학자 헤란트 캐챠도리안의 『죄의식: 일말의 양심』과 뉴욕대학교 환경과학자 제니퍼 자케의 『수치심의 힘』이다.[30]

두 저자를 비롯하여 이 분야의 연구자들이 대체로 사용하는 의미에 따르면, 수치심은 집단이 가하는 외부의 판단이고 죄책감은 자기 내부의 판단이다. 수치심은 청중이 필요하고, 명예의 문제다. 죄책감은 프라이버시를 귀하게 여기는 문화의 산물이고, 양심의 문제다. 수치심은 그 사람 전체에 대한 부정적 평가이지만, 죄책감은 행위에 대한 부정적 평가이기 때문에 '죄는 미워하되 사람은 미워하지 말라'는 말이 성립된다. 수치심이 효과적으로 작동하려면, 순응적이고 동질적인 인구가 필요하다. 죄책감이 효과적으로 작동하려면, 법에 대한 존중이 필요하다. 수치심을 느끼는 것은 숨고 싶은 마음이지만, 죄책감을 느끼는 것은 보상하고픈 마음이다. 수치심은 다른 사람들이 "넌 더는 우리와 함께 살 수 없어" 하고 말하는 것이지만, 죄책감은 자신이 "난 이제 어떻게 나 자신을 참아내지?" 하고 묻는 것이다.*

베네딕트가 처음 이 대비를 설명했을 때부터, 서구에서는 수치심이 죄책감보다 더 원시적인 감정이라고 보는 자화자찬의 시각이 있었다. 서구는 조리돌림과 태형과 주홍글씨를 진작 벗어났다는 것이다. 수치심은 폭도의 행위이지만, 죄책감은 규칙, 법률, 칙령, 조례, 규정을 내면화한 현상이라는 것이다. 하지만 자케는 서구에서도 수치심이 계속 유용할 수 있다는 주장을 설득력 있게 펼치며, 포스트모던적 형태로 재탄생한 수치심이 필요하다고 말한다. 자케가 볼 때, 수치심은 강자가 죄책감을 전혀 드러내지 않고 처벌을 모면하는 상황에서 특히 유용하다. 미국의 법체계는 돈이나 권력으로 최고의 변호를 살 수 있는 환경인 만큼 그런 모면의 사례가 전혀 부족하지 않고, 그 진공 상태에 종종 수치심이 끼어든다. 1999년에 캘리포니아대학교 로스앤젤레스 캠퍼스에서 건장한 풋볼 선수 10여 명이 연줄로 장애를 꾸며낸 뒤 의사 서명을 위조하여 장애인 주차 구역 사용 허가증을 받았다가 발각된 일이 있었다. 그들은 특권적 위치 덕분에 법정에서도 학교에서도 가벼운 처벌만으로 넘어갔다. 하지만 어쩌면 수치심이 나머지를 보충했을지도 모르겠다. 법원을 나선 그들은 기자들뿐 아니라 휠체어에 앉아서 그들에게 야유를 보내는 장애인들 앞을 지나가야 했다.[31]

---

* 용어를 하나 더 소개하자면, 이 분야의 연구자들은 대부분 부끄러움을 일시적이고 약한 수치심으로 규정하는 듯하다. 부끄러움도 규제력을 발휘한다는 사실은 말레이반도의 세마이족 사람들이 즐겨 쓰는 말에서 알 수 있다. "여기에 부끄러움 외의 다른 권위는 없다."

수렵채집인에서 도시인까지 다양한 사회를 연구하는 인류학자들에 따르면, 사람들의 일상 대화 중 약 3분의 2는 소문이다. 그리고 그중 압도적 다수는 부정적인 내용이다. 앞에서도 보았듯, (수치심을 가하려는 목표를 가진) 소문은 약자가 강자에게 휘두를 수 있는 무기다. 소문은 늘 빠르고 값싼 무기였고, 주홍 인터넷의 시대를 맞이해서는 더욱더 그렇게 되었다.

수치심 가하기는 기업이 저지르는 만행에 대처하는 데도 효과적이다.[32] 기이하게도, 미국의 법체계는 기업을 많은 측면에서 개인으로 간주한다. 그렇다면 그 개인은 양심이 없고 순전히 제 이익에만 신경쓴다는 점에서 사이코패스 같은 인간인 셈이다. 가끔 기업이 뭔가 불법적인 일을 저질렀을 때 그 경영자들이 형사 처벌을 받는 경우가 있지만, 기업이 합법적이되 비도덕적인 일을 저질렀을 때는 처벌이 따르지 않는다. 그것은 죄책감의 영역을 벗어나는 일이다. 자케는 이런 상황에서 수치심 가하기 캠페인이 힘을 발휘할 수 있다고 말한다. 나이키가 해외 노동착취 공장의 끔찍한 작업 환경을 정책적으로 개선하게 된 것, 제지업의 거물 킴벌리클라크가 원시림 벌목 문제를 처리하게 된 것이 그런 캠페인 때문이었다.

이처럼 수치심이 좋은 일에 쓰일 수도 있지만, 자케는 오늘날의 수치심 가하기에 따르는 위험도 지적한다. 오늘날은 사람들이 온라인으로 타인을 공격할 수 있고, 그 독이 멀리까지 미칠 수 있기 때문이다. 죄를 처리하는 것보다 죄인을 익명으로 미워하는 게 더 중요해 보이는 세상이 되었기 때문이다.

모르면 용감한 법: 도덕의 과학이 발견한 바를 적용하기

우리가 이미 알고 있는 통찰들을 어떻게 사용해야만 최선의 행동을 이끌어내고 최악의 행동을 줄일 수 있을까?

어느 죽은 백인 남자의 말이 옳았을까?

인류가 수천 년 동안 고민해온 질문에서 시작하자. 최적의 도덕철학은 무엇일까?

이 질문을 고민하는 사람들은 그 접근법에 따라 크게 세 범주로 나뉜다. 자, 저기에 돈이 놓여 있다고 하자. 당신 것이 아니지만, 주변에 보는 사람이 없다. 당신이 왜 그 돈을 가지면 안 되는가?

덕윤리학virtue ethics은 행위자를 강조하는 입장으로서, 이렇게 대답할 것이다. 왜냐하면 당신은 그런 짓을 하지 않는 사람이니까, 그런 짓을 하고 나면 당신이 스스로 떳떳하지 못할 테니까, 기타 등등.

의무론deontology은 행위를 강조하는 입장으로서, 이렇게 대답할 것이다. 왜냐하면 도둑질은 옳지 않으니까.

결과주의consequentialism는 결과를 강조하는 입장으로서, 이렇게 대답할 것이다. 세상 모든 사람이 그렇게 행동하면 어떻게 되겠는가? 당신이 훔친 돈의 원래 주인이 어떤 타격을 받을지 생각해보라, 기타 등등.

덕윤리학은 근래에 다른 두 윤리학에 살짝 밀려난 상태였다. 덕윤리학이란 부적절한 행동이 인간의 영혼을 더럽힌다고 걱정하는 구식 사고방식이 아닌가 하는 이미지도 있다. 뒤에서 보겠지만, 나는 덕윤리학이 요즘 나름의 타당성을 갖고서 무대에 복귀하고 있다고 생각한다.

일단 의무론과 결과주의에 집중하자. 이것은 예의 목적이 수단을 정당화하는가 하는 문제와 같다. 의무론자들의 대답은 "아니요, 인간은 결코 도구가 될 수 없습니다"이다. 결과주의자들의 대답은 "네, 옳은 결과를 위해서라면 가능합니다"이다. 결과주의는 또 그 속성에 따라 여러 종류로 나뉘는데, 진지하게 논의되는 종류도 있고 아닌 것도 있다. 가령 자신의 쾌락을 극대화하는 것이 목적일 때는 가능하다는 입장도 있고(쾌락주의), 부의 총량을 극대화하는 것이 목적일 때는 가능하다는 입장도 있으며,* 정당한 권력을 강화하는 것이 목적일 때는 가능하다는 입장도 있다(국가결과주의). 하지만 대부분의 사람들에게 결과주의라고 하면 곧 고전적 공리주의다. 행복의 총량을 극대화하기 위해서라면 사람을 수단으로 써도 괜찮다고 보는 입장이다.

의무론과 결과주의가 트롤리 딜레마를 고민한다고 하자. 전자는 배쪽안쪽이마앞엽 겉질, 편도체, 섬겉질에 뿌리를 둔 도덕적 직관을 따른다. 후자는 등쪽가쪽이마앞엽 겉질과 도덕적 추론의 영역이다. 우리의 자동적이고 직관적인 도덕적 판단이 대체로 비공리주의적인 까닭은 무엇일까? 그린이 책에서 했던 말을 빌리면, "인간의 도덕적 뇌가 유전자를 퍼뜨리는 것을 돕는 방향으로 진화했지, 집단의 행복을 극대화하는 것을 돕는 방향으로 진화하지 않았기 때문이다".

트롤리 연구는 사람들의 도덕적 이질성을 잘 보여준다. 트롤리 실험에서 피험자의 약 30%는 일관된 의무론자로, 다섯 명이 목숨을 잃는 걸 감수할지언정 자신은 레버를 당기지도 한 사람을 밀지도 않겠다는 이들이었다. 또 다른 30%는 늘 공리주의자로, 레버를 당기거나 한 사람을 밀 의향이 있었다. 그리고 나머지 사람들의 도덕철학은 맥락에 따라 달라졌다. 다수의 사람들이 이 범주에 해당한다는 점에 착안하여, 그린은 우리가 수단과 목적의 가치판단에서 대체로 혼합된 태도를 취한다고 보는 '이중 과정' 모형을 제안했다. 당신의 도덕철학은 무엇입니까? 만약 수단으로서 사람이 겪는 피해에 고의성이 없다면, 혹은 고의성이 있더라도 그것이 무진장 복잡하게 간접적으로 작용한다면, 나는 공리주의적 결과주의자입니다. 하지만 만약 고의성이 뻔히 내 눈앞에 드러난다면, 나는 의무론자입니다.

다양한 트롤리 시나리오들 덕분에, 우리는 어떤 상황에서 사람들이 직관적 의무론으로 기울고 어떤 상황에서 공리주의적 추론으로 기우는지 알게 되었다. 그렇다면 둘 중 어느 결과가 더 나을까?

---

* 누구나 똑똑히 알지만 깜박깜박하는 사실을 굳이 지적하자면, 부는 행복의 동의어가 아니다. 한 사람을 오랜 시간 추적한 종단 연구부터 수십 개국 수만 명을 조사한 비교문화 연구까지 행복에 대한 수많은 연구들의 결과는 다 같다. 사람들이 절대적 가난에서 벗어나면, 대부분은 확실히 더 행복해진다. 하지만 일단 연명을 걱정하는 수준을 벗어난 뒤에는, 소득과 행복 사이에 놀라울 정도로 관계가 적다.

이 책의 독자들이라면(그러니까 읽고 생각하는 사람들이라는 것인데, 떳떳이 자화자찬할 만한 일이라고 본다) 거리를 두고서 차분하게 이 주제를 고민할 때, 아마도 공리주의가 더 낫다고 볼 것이다. 즉 행복의 총량을 극대화하는 편이 낫다고 볼 것이다. 공리주의는 형평성을 중시한다. 모두를 똑같이 대한다는 게 아니라, 모두의 행복을 동등하게 고려한다는 점에서 그렇다. 그리고 공리주의는 공평무사함을 매우 중시한다. 만약 공리주의에 의해 제안된 상황이 도덕적으로 공평하다고 생각하는 사람들이라면, 각자 어떤 역할을 맡을지를 동전 던지기로 정한다고 해도 모두가 기꺼이 동의해야 한다.

공리주의를 현실적 관점에서 비판하는 것은 얼마든지 가능하다. 사람마다 행복으로 여기는 것이 다른 현실에서 공통 통화를 찾아내기가 어렵고, 수단보다 목적을 중시할 수 있으려면 우선 목적을 구체적으로 잘 예측할 줄 알아야 하며, 우리/그들 사고방식 때문에라도 진정한 공평성은 무지무지 어렵다. 다 옳은 말이지만, 그래도 공리주의는 최소한 이론적으로나마 탄탄하고 논리적인 호소력을 갖고 있다.

다만 문제가 하나 있다. 배쪽안쪽이마앞엽 겉질이 없는 사람이 아니고서야, 공리주의의 호소력이 어느 지점에서는 딱 멈출 수밖에 없다는 점이다. 대부분의 사람들에게는 트롤리 앞에 누군가를 밀치는 것이 바로 그 지점이다. 혹은 우는 아기를 질식시켜 죽임으로써 나치를 피해 숨은 사람들을 구하는 것이. 혹은 건강한 사람을 죽여서 그의 장기로 다섯 명의 목숨을 살리는 것이. 그린이 지적하듯이, 거의 모든 사람이 공리주의의 논리와 호소력을 즉각 이해하면서도 결국에는 그것이 일상의 도덕적 결정을 인도하는 지침으로서 썩 좋지 않다는 게 명백해지는 지점에 다다르고 만다.

그린은, 그리고 그와는 독립적으로 캘리포니아공과대학교의 신경과학자 존 올먼과 피츠버그대학교의 과학사학자 제임스 우드워드는 이 문제의 한 가지 요점을 신경생물학적으로 탐구했다. 여기서 이야기되는 공리주의가 일차원적이고 인위적인 공리주의라서 우리가 도덕적 직관과 도덕적 추론을 더 발전시키는 데 있어서 양쪽 모두에 방해가 된다는 점이다. 이 점을 고려하면, 상당히 설득력 있게 공리주의적 결과주의를 옹호하는 주장을 펼칠 수가 있다. 일단, 가장 가까운 결과를 생각해보자. 그다음에는 좀더 장기적인 결과를 생각해보자. 그다음에는 그보다 더 장기적인 결과를 생각해보자. 그다음에는 맨 처음으로 돌아가자. 이 과정을 몇 차례 반복해보자.

사람들이 공리주의적 사고에서 벽에 부딪히는 것은 어떤 거래가 이론상 단기적으로는 괜찮아 보여도("다섯 명을 살리기 위해서 한 명을 고의로 죽이는 것, 명백히 행복의 총량을 늘리는 방법 아닌가?") 장기적으로는 그렇지 않을 수 있기 때문이다. "그래, 저 건강한 사람이 비자발적으로 장기를 기증함으로써 다섯 명이 살게 된 것은 맞아. 하지만 다음번에는 또 누구를 그렇게 해부할 거지? 내 차례라면? 나는 내 간이 퍽 마음에 든다고. 게다가 이게 용인된다면 다음에는 무슨 일이 벌어질까?" 자칫 악화일로로 미끄러질 수 있는 비탈길, 둔감화, 의도치 않았던 결과들, 의도한 결과들. 근시안적 공리주의를(우드워드와 올먼은 이것을 '한정적' 결과주의라고 부른다) 그보다 더 멀리 내다보는 공리주의로 바꾸면(우드워드와 올먼은 이것을 '전략적' 결과주의라고 부르고, 그린은 '실용적 공리주의'라고 부른다), 우리는 더 나은 결말에 닿을 수 있다.

앞에서 내가 도덕적 직관과 도덕적 추론을 대비하여 설명했으므로, 여러분은 아마 이분법적으로 생각하게 되었을 것이다. 남자는 사타구니와 뇌에 동시에 피가 쏠릴 수 없고 한쪽을 선택해야만 한다는 말이 있는데, 그와 마찬가지로 우리가 도덕적 결정을 내릴 때 편도체와 등쪽가쪽이마앞엽 겉질 중에서 하나를 선택해야만 한다는 이분법이다. 하지만 이런 이분법은 거짓이다. 우리가 최선의 장기적, 전략적, 결과주의적 결정에 도달하는 것은 추론과 직관을 둘 다 활용할 때이기 때문이다. "물론 Y를 달성하기 위해서 X를 행하는 것이 단기적으로는 괜찮은 거래로 보여. 하지만 장기적으로는? 만약 우리가 그 일을 반복한다면, 슬슬 Z도 괜찮아 보이게 될 거야. 하지만 나는 Z가 내게 벌어진다면 기분이 나쁠 것 같아. 그러다가 W가 벌어질 가능성도 있는데, 그건 사람들이 정말 싫다고 느낄 테고, 그러면……" 그리고 이때 '느낌'을 고려한다는 것은 미스터 스팍의 방식, 즉 모름지기 인간이 비합리적이고 변덕스러운 존재라는 사실을 유념하고 그 사실을 인간에 대한 합리적 사고에 반영한다는 뜻이 아니다. 대신 이것은 우리가 그 상황에서 어떤 느낌이 들지를 느껴보는 것이다. 2장에서 보았던 다마지오의 신체표지 가설이 바로 이 이야기였다. 다마지오에 따르면, 우리는 어떤 결정을 내릴 때 사고 실험뿐 아니라 신체적 감정에 관한 실험도—만약 이 일이 실제로 벌어지면 어떤 느낌이 들까?—머릿속에서 실시해본다. 그리고 이 통합이야말로 도덕적 결정 과정이 추구해야 할 목표다.

'나는 절대 누군가를 트롤리 앞에 밀치지 않겠어, 그건 잘못된 일이야' 하는 생각은 편도체, 섬겉질, 배쪽안쪽이마앞엽 겉질의 판단이다. '다섯 명을 구하기 위해서라면 한 명을 희생해야지' 하는 생각은 등쪽가쪽이마앞엽 겉질의 판단이다. 하지만 장기적이고 전략적인 결과주의적 사고에서는 이 영역들이 모두 다 동원된다. 그 사고는 '이유를 꼭 집어 말하진 못하겠지만 아무튼 이건 틀렸어' 하는 반사적 직관주의의 지나친 자신만만함보다 더 강력한 결론을 낳는다. 우리가 뇌의 저 영역들을 모두 동원할 때, 사태가 장기적으로 어떻게 펼쳐질지에 대해서 사고 실험과 감정 실험을 모두 실시할 때, 여러 정보 사이에 우선순위를 매길 때—직감을 진지하게 받아들이되 그것에게 거부권을 주지는 말아야 한다—우리는 왜 무언가가 옳거나 그르게 보이는지 그 이유를 정확히 알게 된다.

추론과 직관을 통합하면 상승효과가 난다는 사실로부터 알 수 있는 중요한 점이 있다. 만약 당신이 도덕적 직관의 팬이라면, 당신은 그것을 근본적이고 원형적인 것으로 이해하고 있을 것이다. 만약 당신이 도덕적 직관을 좋아하지 않는다면, 당신은 그것을 지나치게 단순하고 반사적이고 원시적인 것으로 이해하고 있을 것이다. 하지만 우드워드와 올먼이 지적했듯이, 도덕적 직관은 원형적인 것이 아니고 원시적인 것도 아니다. 도덕적 직관은 학습의 결과물이다. 인지적 결론이지만 우리가 워낙 자주 접했기 때문에 흡사 자전거 타는 법이나 요일을 거꾸로 외는 대신 순서대로 외는 법을 익힌 것처럼 자동적으로 수행하게 된 암묵적 지식이다. 오늘날 거의 모든 서구인은 노예제, 아동노동, 동물학대를 나쁜 짓으로 보는 강한 도덕적 직관을 품는다. 하지만 과거에는 그렇지 않았다. 그런 행위가 나쁘다는 판단이 암묵적인 도덕적 직관이 된 것, 즉 우리가 도덕적 진리에 관해서 발휘하는 직감이 된 것은 보통 사람들의 도덕적 직관이 지금과는 천양지차였던 시절에 소수의 사람들이 도덕적 추론을 (그리고 운동을) 맹렬하게 수행한 덕분이었다. 우리는 직관을 배워서 안다.

느리고 빠르게: '나 대 우리'와 '우리 대 그들'이라는 별개의 문제

빠르고 자동적인 도덕적 직관주의와 의식적이고 면밀한 도덕적 추론의 대비는 또다른 중요한 영역에서도 드러난다. 그린의 2014년 책 『옳고 그름』이 이 주제를 탁월하게 다뤘다.[33]

그린은 고전적 비유인 '공유지의 비극'에서 이야기를 시작한다. 모두가 함께 쓰는 목초지에 목동들이 저마다 양떼를 몰고 와서 풀을 먹인다. 그런데 양이 너무 많아져서, 공유지가 망가질 위험에 처했다. 목동들이 양의 머릿수를 줄이지 않으면 안 된다. 하지만 만약 이것이 진정한 공유지라면, 목동들에게는 서로 협력할 이유가 없다. 자신이 협력해도 남들이 협력하지 않는다면 혼자만 바보가 될 테고, 자신이 협력하지 않고 남들이 모두 협력한다면 혼자만 성공적인 무임승차자가 될 것이다. 이것이 공유지의 비극이다.

비협력자들의 세상에서 어떻게 협력을 개시하고 유지할 것인가 하는 이 문제는 우리가 10장에서 이미 자세히 살펴보았다. 사회적 종들 중 개체들끼리 협력하는 종이 많다는 사실에서 알 수 있듯이, 이 문제가 해결 가능한 문제라는 것도 살펴보았다(마지막 장에서 이 주제를 더 이야기할 것이다). 이제 도덕성의 맥락에서 이야기하자면, 공유지의 비극을 방지하기 위해서는 한 집단 내 구성원들이 이기성을 발휘하지 않아야 한다. 달리 말해, 이것은 나냐 우리냐의 문제다.

그런데 그린은 또다른 유형의 비극도 있다고 말한다. 서로 다른 두 **집단**

의 목동들이 있다고 하자. 두 집단이 목초지 활용법에 대해 서로 다른 견해를 갖고 있다는 것이 문제다. 한 집단은 목초지를 전형적인 공유지로 여기지만, 다른 집단은 목초지를 잘게 조각내어 목동들 개개인에게 나눠주고 높고 튼튼한 담으로 경계를 구분 지어야 한다고 생각한다. 목초지 활용법에 관해서 서로 양립할 수 없는 견해를 갖고 있는 셈이다.

이 상황의 위험성과 비극성에 기름을 붓는 요인이 있다. 두 집단 모두 빈틈없는 추론에 의거하여 자신의 방식이 옳다고 믿다보니, 거기에 도덕적 무게까지 실게 되어 그 방식을 '권리'로까지 여긴다는 점이다. 그린은 이때의 '권리'라는 단어를 멋지게 해부한다. 두 집단 모두 자신의 방식으로 일을 처리할 '권리'가 있다고 여긴다는 것은 대체로 그들이 허술하고 자기중심적이고 편협한 도덕적 직관에 하이트식 사후 합리화를 충분히 많이 덧붙였다는 것, 수염 난 철인왕 목동들을 줄줄이 내세우며 자신들의 입장에 도덕적 권위가 있음을 선언했다는 것, 자신들의 핵심적 가치와 존재가 절체절명의 위기에 처했으며 우주의 도덕이 흔들리고 있다는 생각을 고통스러우리만치 진심으로 믿는다는 것, 이런 믿음이 너무나 강한 나머지 정작 그 '권리'의 실체는 알지 못한 채 "이유를 꼭 집어 말할 수는 없지만 아무튼 이렇게 하는 게 옳아요"라고만 말한다는 것을 뜻한다. 오스카 와일드가 했다고 알려진 말을 빌리자면, "도덕이란 우리가 개인적으로 싫어하는 사람들을 대할 때 채택하는 태도일 뿐이다".

이것은 도덕의 영역에서 작용하는 우리 대 그들 현상이다. 그린이 "상식적 도덕의 비극"이라고 부르는 이 현상의 중요성은 지구에서 벌어지는 집단 간 갈등의 대부분이 궁극적으로는 누구의 '권리'가 더 옳은가 하는 문제를 둘러싼 문화적 충돌이라는 점에서 알 수 있다.

자, 지금까지는 이 문제를 지적으로 냉정하게 설명해보았다. 이제부터는 좀 다르게 설명해보겠다.

내가 이 대목에서 문화상대주의를 잘 보여주는 사진을 한 장 실으면 좋겠다고 결정한다고 하자. 한 문화에서는 상식적이지만 다른 문화에서는 대단히 심란하게 느껴지는 행동을 보여주는 사진이어야 한다. '딱 적당한 걸 알지.' 나는 생각한다. '동남아시아 개고기 시장의 사진을 싣자. 대부분의 독자는 나처럼 그 개들을 딱하게 여기겠지.' 좋은 계획이다. 나는 구글에서 이미지를 검색하기 시작한다. 그러고는 몇 시간째 화면에서 눈을 떼지 못하고, 그만두지 못하고, 괴로워하면서도 계속 사진을 본다. 개들이 우리에 갇힌 채 시장으로 실려가는 사진, 개들이 도축되고 조리되고 팔리는 사진, 우리에 빼곡히 들어찬 개들의 고통에는 아랑곳없이 시장에서 제 볼일을 보는 사람들의 사진.

나는 개들이 느낄 공포를 상상한다. 개들이 얼마나 덥고 목마르고 아플지 상상한다. '이 개들이 인간을 믿었다면 어쩌지?' 개들의 공포와 혼란을 상상한다. '내가 사랑했던 개가 저런 일을 겪는다면 어떨까? 내 아이들이 사랑했던 개에게 저런 일이 벌어진다면?' 심장이 달음박질하고, 나는 깨닫는다. 내가 저들을 미워한다는 것을. 나는 저 사람들이 한 명도 빼놓지 않고 다 밉고, 저들의 문화가 경멸스럽다.

사실 나는 이 미움과 경멸을 정당화할 수 없다. 내 생각은 하나의 도덕적 직관일 따름이다. 내 행동 중에도 어느 먼 문화의 사람이 보면 똑같은 반응을 보일 만한 것이 있을 테고, 그의 인간성과 도덕성이 내 것보다 못한 것도 결코 아니다. 내가 만약 다른 문화에서 태어났다면, 나도 대신 저들과 같은 견해를 쉽게 받아들였을 것이다. 하지만 이 상황에서 내가 이런 사실들을 인정하려면, 뼈를 깎는 노력이 필요하다.

상식적 도덕의 비극이 이렇게나 비극적인 까닭은 '그들이 절대로 틀렸다'

고 우리가 너무나 굳게 믿기 때문이다.

일반적으로, 도덕률이 가미된 문화적 제도들—종교, 국가주의, 민족 자긍심, 단체정신 등등—은 우리가 잠재적 공유지의 비극에 직면한 목동 개개인일 때는 최선의 행동을 하도록 이끄는 편이다. 나와 우리가 대립하는 상황에서 사람들이 덜 이기적으로 굴도록 만드는 것이다. 하지만 만약 우리가 우리와는 다른 그들의 도덕성에 직면한 상황이라면, 그런 제도들은 우리로 하여금 최악의 행동을 향해 돌진하도록 만든다.

도덕적 결정 과정에 이런 이중성이 있다는 사실을 알면, 전혀 다른 두 유형의 비극을 피할 방법에 대해서도 약간의 통찰을 얻을 수 있다.

나와 우리가 대립하는 상황이라면, 모든 구성원이 동일한 도덕적 직관을 공유하고 있다. 따라서 그 직관을 강조하는 것은 우리가 모두 우리라는 사실을 상기시킴으로써 친사회성을 북돋는 일이다. 그린이 예일대학교의 데이비드 랜드 및 다른 동료들과 함께 수행한 연구가 이 사실을 잘 보여주었다. 그들은 피험자들에게 공유지의 비극을 본뜬 일회성 공익 게임을 시켰다.[34] 피험자들은 자신에게 주어진 돈 중에서 얼마를 공동모금함에 낼지 정했는데(내지 않기로 선택할 수도 있는데, 그러면 모두에게 나쁘다), 그 결정에 주어진 시간의 길이가 다양했다. 그 결과, 결정을 더 신속하게 내려야 하는 상황일수록 피험자들이 더 많이 협력했다. 사전에 직관을 중시하도록 만드는 암시를 받은 경우에도 마찬가지였다(연구자들은 피험자들에게 직관을 좇음으로써 좋은 결정을 내렸던 경험, 혹은 신중한 추론을 좇았다가 나쁜 결과를 냈던 경험을 말해보라고 시켰다). 그러면 피험자들은 더 많이 협력했다. 한편 피험자들이 '신중하게 고민해서' 결정하라는 지시를 받거나 직관보다 숙고를 중시하도록 만드는 암시를 받은 경우에는 결과가 반대였다. 피험자들은 더 이기적인 결정을 내렸다. 생각할 시간이 더 많을수록 '협력이 좋은 일이라는 건 모두가 동의하는 바지…… 하지만 이번에 내가 예외여야 하는 이유가 있어' 하는 방향으로 생각할 시간이 더 많아지는 것이다. 이것을 저자들은 "계산된 탐욕"이라고 부른다.

피험자가 자신과는 달라도 너무 다른 사람과 게임을 한다면 어떨까? 피험자가 편안하고 익숙하게 느끼는 기준이 무엇이든, 세상에서 그 기준의 정반대에 해당하는 사람을 찾아서 게임을 한다면? 아무도 그런 실험을 해본 적 없지만(하려고 해도 어려울 것이다), 결과는 충분히 예측할 수 있다. 이때 빠르고 직관적인 결정은 압도적으로 손쉽고 내적 갈등이 없는 이기성으로 향할 것이다. "그들이다! 그들이야!" 하는 외부자 혐오성 경고가 울리고, "그들을 믿으면 안 돼!" 하는 자동적 신념이 발칵 튀어나올 것이다.

나냐 우리냐의 도덕적 딜레마 상황에서 이기성에 저항하려고 할 때, 우리의 신속한 직관은 바람직한 방향으로 작용한다. 그 직관은 초록 수염 표지들의 세상에서 협력을 선호하도록 진화적으로 선택되어온 것이기 때문이다.[35] 그런 환경에서 친사회성을 규제하거나 형식화하려고 들면(즉 그것을 직관의 영역에서 인지의 영역으로 옮기면), 오히려 비생산적인 결과가 초래될 수도 있다. 이 점은 새뮤얼 볼스가 지적한 바 있다.*

이와 대조적으로, 만약 우리와 그들이 대립하는 상황에서 도덕적 결정을 내릴 때는 직관을 최대한 멀리하자. 그 대신 생각하고, 추론하고, 질문하자. 철저히 실용적인 시각, 전략적으로 공리주의적인 시각을 취하자. 상대의 관점을 취해보고, 그들의 생각을 생각해보려고 애쓰고, 그들의 느낌을 느껴보려고 애쓰자. 심호흡을 한 뒤에, 처음부터 다시 반복하자.**

---

* 볼스는 제재가 내집단 친사회성을 감소시키는 현상의 좋은 사례를 하나 인용해주었다. 몇몇 부모가 유치원에서 아이를 데려가는 시각을 지키지 않고 습관적으로 늦는다. 유치원은 부모들에게 이메일을 보낸다. "늦지 마시길 부탁드립니다. 열심히 일한 우리 선생님들의 퇴근 시각이 늦어집니다." 덕분에 약간 나아지지만, 몇몇 부모는 여전히 습관적으로 늦는다. 그래서 유치원은 제재 제도를 만든다. 부모가 늦을 때마다 벌금을 부과하는 것이다. 그러자 부모들의 지각은 더 늘었다. 왜? 위반이 내집단 사회적 통찰의 영역에서("우리 유치원 공동체 구성원들에게 내가 이기적으로 굴면 안 되지") 더 계산적인 영역으로("좋아, 내 편의를 위해서 비용이 느는 건 감수하겠어") 옮아갔기 때문이다. 앞서 보았던 소규모 사회들의 비교문화 연구에서 시장 통합 수준이 높은 사회일수록 구성원들이 게임에서 더 친사회적인 태도를 보였다고 했는데, 그 이유도 이 관점으로 해석할 수 있을지 모른다. 시장과 현금 경제는 상호 이타주의를 사회적 통찰의 영역으로부터 사회적 계산의 영역으로 옮겨놓는 힘이니까 말이다.

** 이 이야기는 노벨경제학상 수상자 대니얼 카너먼이 베스트셀러 『생각에 관한 생각』에서 다뤘던 주제와 매우 흡사하다. 단 그는 이것을 도덕의 영역에서 다루진 않았고, 빠르고 직관적인

진실성과 허위성

> 낭랑하고 집요하게 질문이 울렸다. 무시할 수도 얼버무릴 수도 없는 질문이었다. 크리스는 꿀꺽 침을 삼킨 뒤, 침착하고 태연한 목소리를 내려고 애쓰면서 대답했다. "아니요, 절대 아닙니다." 새빨간 거짓말이었다.

이 대답은 좋은 행동일까 나쁜 행동일까? 그야 질문이 무엇이었는가에 따라 달라진다. ⓐ"CEO가 준 요약본을 읽었을 때, 수치들이 삼사분기 손실을 숨기기 위해서 조작되었다는 사실을 인지했습니까?" 검사가 물었다. ⓑ"이 장난감 이미 갖고 있는 거니?" 할머니가 주저하며 물었다. ⓒ"의사가 뭐래요? 치명적이랍니까?" ⓓ"이 옷을 입으니까 내가 ___해 보여?" ⓔ"밤에 먹으려고 놔둔 브라우니, 네가 먹었어?" ⓕ"해리슨, 당신은 잭이라는 탈주 노예를 숨겨주고 있습니까?" ⓖ"뭔가 수상해. 자기 어젯밤에 야근했다는 거 거짓말이야?" ⓗ"맙소사, 네가 방금 그걸 잘랐어?"

우리가 하는 행동의 의미가 맥락에 크게 의존한다는 사실을 이보다 더 뚜렷하게 보여주는 예도 없을 것이다. 똑같은 거짓말이고, 똑같은 표정 관리가 필요하고, 똑같이 적당한 정도로만 상대와 눈을 맞추려고 애써야 하는 일이다. 하지만 상황에 따라 이것은 최선의 행동이 될 수도 있고 최악의 행동이 될 수도 있다. 한편 맥락 의존성의 이면을 보자면, 때로는 정직이 더 어려운 일이다. 우리가 타인에 관한 불쾌한 진실을 말할 때, 뇌에서는 안쪽이마앞엽 겉질이 (더불어 섬겉질이) 활성화한다.*[36]

이처럼 복잡한 측면들이 있으니, 정직함과 거짓됨의 생물학이 몹시 혼탁한 것도 무리가 아니다.

생각과 느리고 분석적인 생각이 경제학의 영역에서 어떤 상이한 장단점을 갖는지를 분석했다.

* 신경과학자 샘 해리스는 『거짓말』이라는 책에서 모든 거짓말이, 타인의 기분을 해치지 않기 위한 거짓말이나 가령 도망친 노예를 숨겨주는 것 같은 영웅적 행동에 동원된 거짓말처럼 선의의 거짓말이라도 잘못이라고 주장하지만 말이다.

10장에서 보았듯, 진화라는 경쟁적 게임의 속성상 우리는 남을 기만하고 타인의 기만을 경계하는 능력을 갖추게 되었다. 심지어 군집성 효모들도 원시적 형태로 두 능력을 갖고 있다는 것을 보았다. 개들도 서로를 속이려고 들고, 제한적으로 성공을 거둔다. 개가 겁을 먹으면 항문에 있는 분비선에서 공포 페로몬이 발산되는데, 대치하고 있는 상대에게 자신이 겁난다는 사실을 들켜서는 좋을 게 없다. 물론 개가 그 페로몬을 합성하지 않고 분비하지 않음으로써 상대를 속여야겠다고 의식적으로 결정하는 건 아니다. 그래도 분비선을 덮어버림으로써 페로몬 확산을 막으려고 애쓸 수는 있다. 개는 그래서 뒷다리 사이에 꼬리를 늘어뜨린다. "난 안 무서워, 정말이야!" 소심한 개가 캉캉거린다.

비인간 영장류들이 거짓의 능력을 전혀 다른 차원으로 끌어올린다는 것은 놀랍지 않은 사실이다.[37] 만약 좋은 먹이가 있는데 곁에 자신보다 서열이 높은 개체가 있다면, 꼬리감는원숭이는 상대의 주의를 흩뜨리기 위해서 포식자 경고 울음소리를 낸다. 하지만 곁에 있는 것이 자신보다 서열이 낮은 개체라면, 그럴 필요가 없다. 그냥 먹이를 취하면 되니까. 마찬가지로, 서열이 낮은 꼬리감는원숭이가 먹이가 숨겨진 장소를 아는데 곁에 서열이 높은 개체가 있다면, 녀석은 먹이가 있는 장소로부터 멀찌감치 떨어진다. 하지만 곁에 있는 것이 자신보다 서열이 낮은 개체라면, 아무 문제가 없다. 이 현상은 거미원숭이와 마카크원숭이에게서도 확인되었다. 다른 영장류들의 거짓말 능력은 먹이의 '전술적 은폐'에 그치지 않는다. 겔라다개코원숭이 수컷은 암컷과 교미할 때 보통 '교미 울음소리'라는 것을 낸다. 그런데 그 암컷이 배우자 관계를 맺고 있는 다른 수컷이 곁에 있는데도 슬쩍 빠져나온 상황이라면 다르다. 그럴 때는 수컷이 소리를 내지 않는다. 물론 이런 예들은 정치에 도가 튼 침팬지의 능력에 비하면 새 발의 피다. 기만이 숙련된 사회성을 요구하는 작업이라는 사실을 보여주는 증거로, 영장류 중에서도 새겉질이 큰 종일수록 집단 규모와 무관하게 기만행위의 빈도가 더 높게 나타난다.*

인상적인 사실이다. 하지만 그 영장류들이 의도적으로 전략을 짜서 그렇게 행동한다고 보기는 어렵다. 그들이 기만행위를 하고서 기분이 나빠지거나 자신이 도덕적으로 더럽혀졌다고 느낄 리도 만무하다. 자신의 거짓말에 스스로 속아넘어갈 리도 만무하다. 그런 일은 인간의 영역이다.

인간의 기만 능력은 어마어마하다. 인간은 얼굴 근육에 신경이 가장 복잡하게 분포되어 있고, 엄청나게 많은 수의 운동 뉴런을 써서 그 근육들을 제어한다. 포커페이스를 할 수 있는 종은 인간뿐이다. 게다가 우리에게는 언어가 있다. 메시지와 그 의미의 거리를 조작하는 데 있어서 언어만큼 좋은 수단은 없다.

인간은 또 그 어떤 불성실한 겔라다개코원숭이도 갖지 못한 인지 능력이 있다는 점 덕분에 거짓말에 능한데, 그것은 바로 진실을 가장하는 능력이다.

우리에게 진실을 가장하는 성향이 있다는 것을 잘 보여준 멋진 연구가 있었다. 그 설계를 간단하게 설명하자면 이렇다. 피험자가 주사위를 굴린다. 어떤 수가 나오느냐에 따라 각각 크기가 다른 금전적 보상이 주어진다. 피험자는 아무도 없는 곳에서 혼자 주사위를 굴린 뒤 그 결과를 보고하게 되어 있으므로, 연구자를 속일 기회가 있는 셈이다.

피험자들이 충분히 많이 주사위를 굴린다면, 그리고 모두가 정직하다면, 확률상 각 숫자가 전체의 6분의 1씩 보고될 것이다. 그런데 만약 모두가 최대의 이득을 얻고자 거짓말을 한다면, 보상이 가장 큰 숫자만 나왔다고 보고될 것이다.

실험 결과, 피험자들은 거짓말을 많이 했다. 피험자들은 세계 23개국 출신의 대학생 2500여 명이었는데, 본국의 부패, 탈세, 정치적 부정 발생 빈도가 높을수록 피험자가 거짓말을 더 많이 하는 것으로 예측되었다. 그다지

---

* 재차 강조하건대, 기만은 영장류에게만 국한된 능력이 아니다. 사회적 효모들도 서로 속인다는 이야기를 앞에서 하지 않았는가. 꼬리감는원숭이에게서 관찰된 것과 비슷한 기만행위가 똑똑하기로 둘째가라면 서러운 까마귀과 새들에게서도 관찰되었다. 어떤 연구자들은 물떼새가 포식자의 관심을 끌어 둥지로부터 멀리 떨어뜨리고자 다친 척하는 행동도 전술적 기만으로 해석한다. ("새끼들을 먹지 마세요. 자, 날 쫓아와요! 나는 먹을 것도 더 많고 다쳐서 도망도 못 가요.") 다른 조류, 일부 유제류, 오징어에게서도 비슷한 기만 행동이 관찰되었다.

놀라운 일은 아니다. 우리는 이미 9장에서 공동체의 규칙 위반율이 높을수록 사회자본이 적어지고, 그러면 개개인의 반사회적 행동이 는다는 것을 보았다.

이 실험에서 가장 흥미로운 대목은 따로 있었다. 출신 문화를 불문하고 모든 피험자들의 거짓말이 특정 유형이었다는 점이다. 피험자들은 사실 주사위를 두 번 굴린 뒤 첫번째 결과만을 보고하게 되어 있었다(연구자들은 그들에게 두번째는 주사위에 '문제가 없는지' 확인차 굴리는 것이라고 말했다). 앞선 실험 결과를 토대로 판단할 때, 피험자들의 거짓말은 오직 한 가지 해석으로만 설명되는 패턴을 보였다. 그들은 보상이 큰 수를 거짓말로 지어내어 보고하지 않았다. 대신 실제로 나온 두 번의 결과 중에서 보상이 더 큰 쪽을 보고했다.

피험자들이 자신의 행동을 합리화하면서 중얼거리는 말이 들리는 것만 같다. "망할, 첫번째로 굴린 결과는 1이었는데[나쁜 결과] 두번째로 굴린 결과는 4네[더 낫다]. 그런데 주사위를 굴린 결과는 무작위잖아. 첫번째에도 1이 나올 확률과 4가 나올 확률이 같았다고. 그러니까…… 그냥 첫번째에 4가 나왔다고 보고하자. 이건 거짓말이라고 할 수도 없어."

달리 말해, 피험자들은 자신이 부정직하다는 느낌이 덜 들도록 합리화할 수 있는 거짓말을 선택했다. 부정한 이득을 얻고자 말짱 거짓말까지 하지는 않았다. 자신의 행동이 아주 약간만 진실이 아닌 것처럼 느껴지는 편을 선호했다.

우리가 거짓말을 할 때는 당연히 마음 이론에 관여하는 뇌 영역들이 개입한다. 특히 전략적인 사회적 기만행위를 할 때 그렇다. 게다가 등쪽가쪽이마앞엽 겉질을 비롯한 이마엽 영역들이 기만의 신경 회로에서 중심적인 역할을 한다. 하지만 뇌가 우리에게 알려주는 정보는 여기까지다.[38]

2장에서 이마엽 겉질, 특히 등쪽가쪽이마앞엽 겉질은 우리로 하여금 옳지만 더 어려운 일을 하도록 만드는 영역이라고 말했다. 그런데 이때의 '옳음'은 가치중립적 용어라고 했다. 따라서 우리는 등쪽가쪽이마앞엽 겉질이 활성화하는 것을 보고 ⓐ그가 도덕적으로 옳은 일, 즉 거짓말의 유혹에 저항하는 일을 하는 중이라고 해석할 수도 있지만 ⓑ그가 전략적으로 옳은 일, 즉 기왕 거짓말하기로 했다면 그것을 제대로 해내는 일을 하는 중이라고 해석할 수도 있다. 기만행위를 제대로 해내기란 어려운 일이다. 그러려면 전략적으로 사고해야 하고, 자신이 뱉은 거짓말의 내용을 꼼꼼히 기억해야 하며, 허위의 감정을 꾸며내야 한다("폐하, 아뢰옵기 송구하오나 왕세자에 관한 슬픈 소식을 갖고 왔습니다[저희가 그를 기습하여 처단하는 데 성공했습니다, 하이파이브!]").* 따라서 등쪽가쪽이마앞엽 겉질의 활성화는 유혹에 저항하려는 노력을 뜻할 수도 있고, 일단 그 싸움에서 졌다면 유혹에 효과적으로 빠져들려는 노력을 뜻할 수도 있다. "그렇게 하면 안 돼"+"기왕지사 그렇게 할 거라면, 제대로 해."

이 혼란은 강박적 거짓말쟁이들을 대상으로 한 뇌 영상 연구에서도 발생한다.**[39] 우리는 그들의 뇌에서 무엇을 보게 되리라고 예상할 수 있을까? 그들은 거짓말의 유혹에 저항하는 데 상습적으로 실패하는 이들이니까, 틀림없이 이마엽 겉질에서 어딘가가 위축되어 있겠지. 그런데 이들은 상습적으로 거짓말을 하는 데 뛰어난 이들이니까(그리고 보통 언어 지능이 높은 이들이다), 틀림없이 이마엽 겉질에서 어딘가가 확장되어 있지 않을까? 연구 결과는 두 예측이 모두 옳다는 것을 보여주었다. 강박적 거짓말쟁이들은 이마엽 겉질의 백색질(뉴런들을 잇는 축삭돌기)의 양이 평균보다 더 많지만, 회색질(뉴런 세포체)의 양은 더 적었다. 이 뇌 영상 결과와 행동의 상관성에 인과관계가 있는지는 알 수 없다. 우리는 다만 등쪽가쪽이마앞엽 겉질과 같은 이

---

* 두 가지 멋진 인용구가 떠오른다. 하나는 정치인 샘 레이번이 했다고 이야기되는 말이고("아들아, 늘 진실을 말하거라. 그러면 지난번에 뭐라고 말했는지 기억해둘 필요가 없단다"), 다른 하나는 18세기 스위스 철학자 요하나 카스퍼 라바터가 한 말이다("격정적이고 성급한 사람은 대체로 정직하다. 당신이 조심해야 할 것은 냉정하고 속 모를 위선자다").

** 사이코패스 판별 설문지의 특정 하위 영역 점수가 기준을 만족하는 사람들, 그리고 성공적으로 남들을 속인 전력이 있는 사람들을 대상으로 했다. 또 중요한 점은, 이 연구가 정상적인 사람들로 구성된 통제군은 물론이고 사이코패스이면서도 웬일인지 강박적 거짓말쟁이가 아닌 사람들로 구성된 통제군까지 두었다는 것이다.

마엽 겉질 영역들이 담당하는 '더 어려운 일'이 여러 다양한 형태로 존재한다고 결론 내릴 수 있을 뿐이다.

똑같이 이마엽 겉질이 맡은 일이지만, 유혹에의 저항과 효과적 거짓말을 분리하여 살펴볼 수도 있다. 방정식에서 도덕성을 지워보면 된다.[40] 피험자들에게 거짓말을 지시하면 그런 상황이 만들어진다. (일례로, 한 연구에서는 피험자에게 사진을 여러 장 주고 살펴보게 했다. 그다음 또다른 사진을 한 장 한 장 보여주면서 "이것이 당신이 갖고 있는 사진입니까?" 하고 물었는데, 피험자가 가진 사진도 있고 아닌 것도 있었다. 피험자는 컴퓨터가 주는 신호에 따라 정직하게 말하거나 거짓말을 하거나 둘 중 하나로 대답해야 했다.) 이런 설정에서, 거짓말은 일관되게 등쪽가쪽이마앞엽 겉질(더불어 그와 연계된 근처의 배쪽가쪽이마앞엽 겉질)을 활성화시켰다. 이때 등쪽가쪽이마앞엽 겉질은 뉴런들이 타락하면 어쩌나 하는 걱정은 접어둔 채 효과적 거짓말이라는 어려운 작업에 몰두한 것이었다.

이 연구에서는 앞띠이랑 겉질도 함께 활성화하는 경향이 있는 것으로 드러났다. 2장에서 말했듯, 앞띠이랑 겉질은 상충하는 선택지를 두고 갈등하는 상황에 반응한다. 이때 갈등은 정서적 갈등일 수도 있지만 인지적 갈등(이를테면, 유효해 보이는 두 가지 대답 중에서 하나를 골라야 하는 상황)일 수도 있다. 그런데 이 연구에서 앞띠이랑 겉질이 활성화한 것은 피험자들이 거짓말에 도덕적 갈등을 느껴서가 아니었다. 피험자들은 지시에 따라 거짓말한 것뿐이었으니까. 대신 이때 앞띠이랑 겉질은 피험자가 지시에 따라 보고하려는 바와 현실 사이의 갈등을 감지한 것이었다. 그리고 이 갈등이 작업을 살짝 지체시킨다. 피험자들은 정직한 답변을 할 때보다 거짓된 답변을 할 때 미세하게나마 반응 시간이 길어졌다.

이 지연은 거짓말 탐지기에 활용된다. 원래의 거짓말 탐지기는 교감신경계의 각성을 감지하는 형태였다. 교감신경계가 각성한다는 것은 시험받는 사람이 거짓말을 들키지 않으려고 초조해한다는 뜻이다. 하지만 여기에는 문제가 있으니, 시험받는 사람이 진실을 말하면서도 자칫 틀리기 쉬운 기계 때문에 자신이 끝장날까봐 초조해하는 경우에도 교감신경계가 각성할 수 있다는 점이다. 게다가 이런 기계로는 소시오패스를 걸러낼 수 없다. 소시오패스는 거짓말을 할 때도 초조해하지 않기 때문이다. 시험받는 사람이 교감신경계를 조작함으로써 대응할 수 있다는 점도 문제다. 그래서 요즘은 저 형태의 거짓말 탐지기로 얻은 결과는 법정에서 증거로 인정되지 않는다. 요즘의 거짓말 탐지기는 그 대신 앞띠이랑 겉질의 갈등을 뜻하는 생리적 지표, 즉 미세한 반응 지연을 감지한다. 범법자 중에는 도덕적 의혹을 느끼지 않는 이들도 있으니, 이때 탐지기가 감지하는 갈등은 도덕적 갈등이라기보다는 인지적 갈등이다. "그래, 내가 그 가게를 털었지. 아니야, 잠깐만. 지금은 내가 안 털었다고 대답해야 하잖아." 자신의 거짓말을 철석같이 사실로 믿는 사람이 아니고서는, 앞띠이랑 겉질이 현실과 자신의 주장 사이에서 인지적으로 갈등하는 데 따르는 미세한 반응 지연이 발생하기 마련이다.

정리하자면, 앞띠이랑 겉질과 등쪽가쪽이마앞엽 겉질과 그 근처의 이마엽 영역들은 지시에 따라 거짓말하는 행위와 연관되어 있다.[41] 이 대목에서 우리는 예의 인과성 문제를 던지게 된다. 등쪽가쪽이마앞엽 겉질의 활성화는 거짓말의 원인일까, 결과일까, 단순히 상관된 현상일 뿐일까? 이 질문에 대답하기 위해서, 연구자들은 경두개직류자극술로 피험자들의 등쪽가쪽이마앞엽 겉질을 비활성화한 상태에서 그들에게 거짓말을 시켜보았다. 결과는? 피험자들은 거짓말할 때 반응이 더 느려졌고, 더 서툴러졌다. 등쪽가쪽이마앞엽 겉질이 인과적 역할을 맡고 있음을 암시하는 결과다. 그런데 문제의 복잡성을 환기시키는 또다른 사실이 있다. 등쪽가쪽이마앞엽 겉질이 손상된 사람들은 경제 게임에서 정직과 사익이 맞설 때 정직을 덜 고려하는 경향이 있다는 것이다. 그러니 이마앞엽 겉질에서도 가장 이지적이고 인지적인 이 영역은 거짓말에 저항하는 작업과 일단 거짓말하기로 결정했을 때 제대로 해내는 작업, 양쪽 모두에서 핵심 역할을 맡는 셈이다.

누군가가 얼마나 뛰어난 거짓말쟁이인가를 알아보는 게 이 책의 초점은 아니다. 이 책의 초점은 우리가 거짓말을 하는가 마는가, 우리가 더 어려운 일을 하기로 선택하여 기만에의 유혹을 물리치는가 마는가를 알아보는 데 있다. 이 주제를 더 잘 이해하려면, 지시를 받았기 때문에 거짓말하는 게 아니라 그냥 스스로 비열하고 썩은 인간이라서 거짓말하는 사람들의 뇌를 촬영해본 한 쌍의 멋진 연구를 살펴보아야 한다.

첫번째 연구는 스위스의 토마스 바움가르트너, 에른스트 페르(앞에서 소개된 바 있다), 그 동료들이 수행한 것이었다.[42] 피험자들은 경제적 신뢰 게임을 했는데, 매 회마다 협력 혹은 이기적 결정을 선택하는 형식이었다. 그런데 피험자들은 사전에 상대 참가자에게 자신의 전략을 말하게 되어 있었다(늘 협력하겠다/가끔 협력하겠다/협력하지 않겠다). 즉 피험자들은 약속을 했다.

사전에 늘 협력하겠다고 약속했던 피험자들 중 일부는 적어도 한 번 이상 약속을 깼다. 그럴 때 그들의 뇌에서는 등쪽가쪽이마앞엽 겉질, 앞띠이랑 겉질, 그리고 물론 편도체가 활성화했다.*[43]

피험자가 매 회의 결정을 내리기 전에 보이는 뇌 활성화 패턴 중에서, 그가 약속을 깨리라는 것을 예측하는 패턴이 있었다. 그때 앞띠이랑 겉질이 활성화하리라는 것은 우리가 쉽게 예상할 수 있는 바인데, 더 흥미로운 점은 섬겉질도 활성화한다는 것이었다. 악당은 무슨 생각일까? "나 자신이 혐오스럽지만, 그래도 약속을 깨야겠어"일까? 아니면 "이 사람은 X 때문에 마음에 안 들어, 좀 혐오스러울 정도야, 내가 그에게 빚진 것도 아니니까 그냥 약속을 깨야겠어"일까? 어느 쪽인지는 알 수 없지만, 우리가 자신의 일탈을 합리화하는 경향이 있음을 고려할 때 나는 후자에 걸겠다.

두번째 연구는 그린과 동료 조지프 팩스턴이 함께한 실험이었다.[44] 그들은 피험자의 뇌를 촬영하면서 동전 던지기 결과를 맞혀보라고 시켰다. 제대로 맞히면 금전적 보상이 따른다고 했다. 그런데 이 실험에는 피험자들이 연구

---

* 이처럼 편도체가 관여한다는 것은 프랑스의 신경과 의사들이 보고했던 한 증례를 해석하는 데 유효한 사실일 것이다. 증례의 남성 환자는 업무적 협상중에 거짓말을 할 때마다 발작을 일으켰다. 알고 보니 그는 뇌종양이 있었고, 종양이 편도체를 누르고 있었다. 종양을 제거하자 발작도 사라졌다(그 사람이 이후에도 계속 업무중에 거짓말을 했는지는 논문에 나와 있지 않아서 모르겠다). 연구자들은 이 현상을 '피노키오 증후군'이라고 명명했다.

의 진의를 알아차리지 못하도록 고안한 황당한 요소가 덧붙여져 있었다. 연구자들은 피험자들에게 이것이 초능력을 살펴보는 실험이라고 말해주고, 따라서 동전의 앞뒤를 알아맞히는 시도들 중 일부에 대해서는 자신의 선택을 미리 연구자에게 알려주는 대신 속으로 생각만 하고 있다가 결과가 나온 뒤에 맞혔는지 틀렸는지 말해달라고 요청했다. 요컨대, 피험자들에게는 결과를 정확히 맞힘으로써 보상을 받고자 하는 동기가 있는데다가 간헐적으로 연구자를 속일 수 있는 기회가 있었다. 더 결정적인 점은 연구자들이 그 속임수를 감지할 수 있다는 것이었다. 피험자들이 어쩔 수 없이 정직하게 대답해야 하는 시도들에서는 성공률이 평균 50%였다. 그런데 만약 속임수를 쓸 수 있는 시도들에서 성공률이 50%보다 훨씬 더 높아진다면, 틀림없이 피험자들이 거짓말을 하고 있는 것이다.

결과는 상당히 우울했다. 이처럼 통계적으로 속임수를 감지해보니, 전체 피험자의 약 3분의 1이 수시로 거짓말을 하는 듯했고 또다른 6분의 1은 통계적 경계선에 놓인 거짓말쟁이였다. 거짓말쟁이들이 거짓말을 할 때, 그들의 뇌에서는 등쪽가쪽이마앞엽 겉질이 활성화했다. 이것은 우리가 충분히 예상할 수 있는 바다. 그렇다면 그들의 뇌에서 도덕적 갈등과 인지적 갈등의 조합도 드러났을까? 딱히 그렇지는 않았다. 앞띠이랑 겉질은 활성화하지 않았고, 반응의 미세한 지연도 관찰되지 않았다. 거짓말쟁이들이라고 해서 기회가 있을 때마다 족족 거짓말만 하는 건 아니었다. 그러면 그들이 거짓말의 유혹에 저항하고자 분투할 때는 뇌가 어떤 모습이었을까? 등쪽가쪽이마앞엽 겉질(과 배쪽가쪽이마앞엽 겉질)이 더 많이 활성화했고, 조용하던 앞띠이랑 겉질이 꿈틀거렸으며, 반응 시간이 살짝 늘어났다. 거짓말할 줄 아는 사람이 이따금 거짓말에 저항하는 것은 뇌가 질풍노도의 고뇌를 거쳐서 끌어내는 결과인 셈이다.

이제 이 장에서 가장 중요한 발견으로 꼽을 만한 사실을 살펴보자. 피험자들 중에서 절대로 거짓말하지 않는 사람들의 뇌는 어땠을까? 그린과 팩스턴의 말마따나, 여기에 대해서 우리는 전혀 다른 두 가지 시나리오를 세워 볼 수 있다. 유혹에의 저항은 매번 '의지'의 소산일까? 즉 등쪽가쪽이마앞엽 겉질이 매번 수고로이 악마에게 해머록을 걸어서 꼼짝 못하게 만드는 걸까? 아니면 그것은 '자연스러운' 행동일까? 즉 싸우고 자시고 할 필요도 없이, 그냥 원래 거짓말을 하지 않으니까 하지 않는 것일까?

후자였다. 늘 정직하게 대답하는 피험자들의 경우, 속일 수 있는 기회가 왔을 때도 등쪽가쪽이마앞엽 겉질과 배쪽가쪽이마앞엽 겉질과 앞띠이랑 겉질이 사실상 혼수상태에 빠져 있었다. 갈등은 없었다. 올바른 일을 하기 위해서 애쓸 필요가 없었다. 그들은 그냥 거짓말을 하지 않는 것뿐이었다.

이때 유혹에의 저항은 계단을 오르는 움직임이나, '월요일, 화요일'을 들으면 자동적으로 '수요일'을 떠올리는 일이나, 우리가 인생 최초로 터득하는 조절 행위인 배변 조절과 마찬가지로 암묵적인 능력이다. 7장에서 보았듯이, 이때 유혹에의 저항은 그 사람이 콜버그 발달 단계에서 어느 단계에 있는가 하는 문제가 아니다. 그가 도덕적 명령을 너무나 끈질기고 일관되게 주입받아온 덕분에, 올바른 일을 하는 것이 척수반사나 다름없는 반응이 되어버린 결과다.

우리가 암묵적 자동성의 결과로만 정직할 수 있다는 말은 결코 아니다. 모든 유혹을 이겨내는 완벽한 정직성도 그렇지는 않다.[45] 우리가 부단히 생각하고, 애쓰고, 인지적 통제력을 적용하는 방법으로도 그와 비슷한 수준으로 나무랄 데 없는 기록을 만들어낼 수 있다는 것이 몇몇 후속 실험에서 확인되었다. 그렇기는 하지만, 그린과 팩스턴의 실험처럼 연이어 신속하게 반응해야 하는 상황에서 속임수를 쓸 기회가 반복적으로 주어진 경우라면, 일일이 악마와의 팔씨름에서 이기는 방법으로는 가망이 없다. 자동성이 필요하다.

우리는 이와 비슷한 이야기를 앞에서 본 적이 있다. 용감한 행동을 한 사람들의 이야기였다. 이글이글 타오르는 건물을 보며 어쩔 줄 몰라 우두커니 선 사람들을 헤치고, 누군가 달려들어가서 아이를 구해 나온다. "대체 무슨 생각으로 안으로 들어가야겠다고 결정했습니까?"(협력의 진화, 상호 이타주의의 진화, 게임이론과 평판의 진화에 대해서 생각했습니까?) 답은 늘 같다. "아무 생각도 안 했어요. 나도 모르게 달려들어가고 있더라고요." 용감한 행동으로 카네기영웅메달을 받은 사람들을 인터뷰한 기사를 봐도 마찬가지다. 도와야 한다는 생각을 번뜩 떠올린 뒤에, 그들은 두 번 생각하지 않고 목숨을 걸었다. "영웅은 느낄 뿐, 따지지 않는다." 에머슨의 말이다.[46]

앞서 살펴본 실험에서도 마찬가지다. "당신은 왜 거짓말을 하지 않았습니까? 거짓말이 몸에 밸지도 모른다는 장기적 악영향을 내다보았기 때문입니까, 황금률을 존중하기 때문입니까, 아니면……" 대답은 이렇다. "모르겠어요[으쓱]. 나는 그냥 거짓말을 안 해요." 이것은 의무론도, 결과주의도 아니다. 덕윤리학이 슬쩍 복귀한 순간이다. "나는 거짓말을 안 해요. 그냥, 거짓말하는 사람이 못 됩니다." 그에게는 정말로 옳은 일이 더 쉬운 일이다.

14장

타인의 고통을 느끼기, 이해하기, 덜어주기

한 사람이 아파하거나, 두려워하거나, 극심한 슬픔에 짓눌려 있다. 다른 사람은 이 사실을 안다. 그래서 어쩌면 정말로 놀라운 상태를 경험할지도 모른다. 결코 기껍다고는 말할 수 없는 그 상태에 최대한 적절한 이름을 붙인다면 아마 '감정이입'일 것이다. 앞으로 살펴보겠지만, 이 상태는 아기들이나 다른 종들도 느끼는 상태의 연장선이다. 다양한 형태로 나타나는 이 상태의 바탕에는 다양한 생물학적 메커니즘들이 깔려 있는데, 이것은 이 상태가 다양한 감각운동적·정서적·인지적 요소들로 구성되어 있기 때문이다. 그리고 이 상태를 더 예리하게 혹은 더 둔하게 만드는 다른 힘들도 다양하게 존재한다. 이 사실로부터 이 장의 두 가지 핵심 질문이 따라 나온다. 정확히 어떤 상황일 때, 우리가 감정이입에 이끌려 타인에게 도움이 되는 행동을 하게 될까? 우리가 그런 행동을 수행할 때, 그것은 정확히 누구를 위한 행동일까?

상대를 '위하는' 마음과 내가 '그인 듯' 느끼는 마음, 그 밖에 서로 구별되는 상태들

감정이입, 공감, 연민, 모방, 정서 전염, 감각운동 전염, 관점 수용, 염려, 동정…… 사람들이 타인의 고충에 공명하는 방식에도 여러 종류가 있으므로, 우선 이런 상태들의 정의를 살펴봄으로써 용어를 둘러싼 혼선부터 정리하자(그리고 이런 공명에 반대되는 상태가 고소함인가 아니면 무관심인가도 알아보자).

사람들이 가장 원시적인 방식으로 타인의 고통에 공명하는 현상부터 살펴보자. 단 여기서 '원시적'이라는 단어는 딱히 더 나은 표현을 찾지 못해서 쓴 것뿐이다. 여기에 해당하는 현상으로는 감각운동 전염이 있다. 만약 내가 다른 사람의 손이 바늘에 찔리는 모습을 목격하면, 내 뇌에서 손을 담당하는 감각 겉질 영역이 활성화하여 나로 하여금 그 가상의 감각에 민감해지도록 만든다. 어쩌면 운동 겉질도 덩달아 활성화하여, 나도 모르게 내 손을 움츠릴지도 모른다. 혹은 다른 사람이 줄타기하는 모습을 보면서, 나도 모르게 팔을 뻗어 균형을 잡으려고 들지 모른다. 혹은 다른 사람이 콜록거리는 걸 듣고서, 나도 목을 틔우고 싶어질지 모른다.

이보다 더 노골적인 수준도 있으니, 우리가 자신도 모르게 상대의 움직임을 똑같이 모방하는 행위가 그렇다. 한편 정서 전염도 있다. 이것은 아기 하나가 울면 다른 아기도 따라 우는 것, 혹은 누군가가 군중의 열기에 휩싸여서 시위에 대뜸 합류하고 나서는 것처럼 어떤 강력한 정서가 자동적으로 전달되는 현상을 말한다.

타인의 고통에 공명하는 마음에는 두 사람 간 힘의 차이가 내포되어 있을 수도 있다. 우리가 괴로워하는 누군가를 동정하는 상황이라고 하자. 이때 동정은 상대를 은근히 낮잡아보는 상태로서, 11장에서 소개했던 피스크의 그들 범주화에 따르면, 우리가 상대를 따듯함/무능함 범주의 인간으로 여긴다는 뜻이다. '공감'도 그렇다. 요즘 이 단어가 일상에서 어떤 뜻으로 쓰이는지 모르는 사람은 없을 텐데("나도 당신 처지에 공감하긴 하지만……"), 이런 맥락에서 '나'는 상대의 괴로움을 덜어줄 힘이 자신에게 있지만 그 힘을 쓰지는 않겠다고 말하는 것이나 마찬가지다.

다음으로, 정서적 행위로서의 공명과 인지적 행위로서의 공명을 구별하여 일컫는 경우가 있다. 이 맥락에서 '공감'은 우리가 비록 타인의 고통을 이해하진 못해도 안타깝게 느끼긴 한다는 뜻으로 쓰인다. '감정이입'은 우리가 그 고통의 원인을 살펴보고, 그의 관점을 취해보고, 그의 입장이 되어보는 인지적 측면까지 수행한다는 의미로 쓰인다.

다음으로, 타인의 괴로움에 공명하는 마음에 자기 자신의 감정이 얼마나 깊이 관여하는가를 기준으로 나눠볼 수도 있다. 이것은 6장에서 했던 이야기다. 우선 상대로부터 정서적 거리를 둔 공감이 있는데, 이것은 상대를 위하는 마음이라고 할 수 있다. 한편 그보다 더 생생한 대리적 공감도 있으니, 이것은 마치 상대의 고통이 자신에게 벌어지는 듯 느끼는 마음이다. 그런가 하면 인지적 거리를 둔 채 상대의 관점을 취해보는 공감도 있는데, 이것은 자신이 아니라 그가 어떨지를 상상해보는 마음이다. 앞으로 살펴보겠지만, 이 중 마치 자신이 상대인 듯 느끼는 두번째 상태는 상대의 고통이 너무 강렬하게 실감되는 바람에 자칫 그로 인한 자신의 괴로움을 없애는 일이 최우선 관심사가 되어버릴지 모른다는 위험이 있다.

이 대목에서 새롭게 등장하는 개념이 '연민'이다. 이때 연민은 우리가 타인의 괴로움에 공명하는 마음으로 말미암아 그를 실제로 돕게 되는 것을 뜻한다.[1]

한 가지 짚어둘 점은, 이런 용어들이 가리키는 상태가 보통 그 사람의 내적 동기로부터 생겨나는 상태라는 것이다. 우리가 남에게 억지로 감정이입을 일으킬 수는 없다. 죄책감이나 의무감에 호소한들 결과를 장담할 순 없다. 얼추 비슷한 마음이 들게 만들 순 있겠지만, 그게 그의 본심은 아닐 것이다. 이 사실을 뒷받침하는 연구 결과도 최근 나왔다. 피험자들이 감정이입으로 말미암아 남을 도울 때의 뇌 활성화 패턴이 상호성의 의무감으로 도울 때와

전혀 다르더라는 결과였다.[2]

자, 그러면 이런 마음 상태의 속성과 생물학적 기반을 이해하기 위해, 앞에서 거듭 써온 방법을 다시 써보자. 이런 상태가 다른 종들에게서는 초기적으로나마 어떻게 나타나는지, 아이들에게서는 어떻게 발달하는지, 그 병적 양상은 어떤지를 살펴보는 것이다.

동물들의 정서 전염과 연민

많은 동물이 감정이입적 상태의 기본 요소들을 드러내 보인다(이 장에서 나는 '감정이입적 상태'라는 표현으로 공감, 감정이입, 연민 등등을 통칭하겠다). 맨 먼저, 많은 종이 사회적 학습의 토대로 삼는 모방이 있다. 새끼 침팬지는 어미의 어깨너머로 도구 사용법을 배운다. 모방 습성이라고 하면 인간을 따를 종이 없는데, 얄궂게도 여기에는 단점이 따른다. 한 실험에서, 침팬지들과 인간 아이들은 인간 어른이 퍼즐 상자를 열어서 속에 든 간식을 꺼내는 모습을 거듭 지켜보았다. 그런데 이때 시범자는 안 해도 되는 쓸데없는 동작들을 추가한 방식으로 상자를 열었다. 그후에 스스로 상자를 만질 기회를 얻었을 때, 침팬지들은 상자를 여는 데 필요한 동작만을 따라 했지만 아이들은 쓸데없는 동작까지 다 따라 하는 '과잉 모방'을 보였다.*[3]

사회적 동물들은 정서 전염에도 수시로 걸린다. 무리를 지은 개들이나 경계 순찰에 나선 수컷 침팬지들 사이에 각성 상태가 공유되는 것을 보면 알 수 있다. 다만 이것이 무척 엄밀한 상태는 아니라서, 곧잘 다른 행동으로 흘러넘치곤 한다. 예를 들어, 개코원숭이들이 어린 가젤 같은 먹음직한 사냥감을 몰고 있다고 하자. 가젤은 꽁지 빠져라 도망가고, 개코원숭이들은 그 뒤를 쫓는다. 그러던 중 맨 앞의 수컷 하나가 문득 딴생각이 드는 듯하다. '어라,

* 침팬지는 인간보다 미신적 행동에 덜 전염된다고 말할 수도 있다.

내가 막 달리고 있네. 앵? 게다가 꼴 보기 싫은 경쟁자 녀석이 내 뒤를 바짝 따라오고 있잖아! 저 녀석이 왜 나를 쫓는 거지?' 수컷은 빙글 돌아서 뒤에 오는 경쟁자와 정면충돌하고는 싸우기 시작한다. 가젤은 까맣게 잊은 채.

모방과 정서 전염은 기초 단계다. 다른 동물들도 다른 개체의 고통을 느낄 줄 알까? 어느 정도 그런 편이다. 쥐들은 다른 쥐가 조건 형성을 통해서 특정 공포를 연합 학습하는 모습을 지켜보기만 해도 스스로 그 공포를 학습하게 된다. 더구나 이것은 사회적 과정이다. 관찰 대상인 쥐가 피험자 쥐와 친연 관계가 있거나 짝짓기를 했던 개체일 때 학습이 더 잘되는 걸 보면 그렇다.[4]

또다른 실험에서, 연구자들은 피험자 쥐가 든 우리에 공격적인 침입자 쥐를 넣어보았다.[5] 연구자들이 잘 아는바, 이런 상황은 피험자 쥐에게 지속적인 악영향을 미친다. 이런 상황을 겪은 쥐는 한 달이 지난 뒤에도 글루코코르티코이드 농도가 떨어지지 않고, 더 불안해하며, 쥐들의 우울증이라고 할 수 있는 상태를 더 많이 겪는다.* 그런데 이 실험에서 나온 중요한 결과가 무엇이었는가 하면, 다른 개체가 침입자로 인한 스트레스 상황을 겪는 걸 지켜보기만 한 쥐들도 똑같은 악영향을 지속적으로 겪는다는 것이었다.

다른 종들도 '네가 아프면 나도 아프다'고 느낀다는 사실을 이보다 더 충격적으로 보여준 연구는 맥길대학교의 제프리 모길이 2006년 『사이언스』에 발표한 논문이었다.[6] 연구자들은 쥐에게 (투명 플라스틱 벽 너머에 있는) 다른 쥐가 통증을 겪는 모습을 지켜보도록 했다. 그러자 자연히 피험자 쥐의 통증 민감도도 높아졌다.** 그다음에 연구자들은 쥐의 앞발에 자극 물질을 주입했다. 그러면 보통 쥐는 발을 핥고, 많이 핥을수록 불편감이 크다는 뜻이다. 자극 물질의 양이 X라면 핥는 횟수가 Z라는 비례관계가 성립하는 것

---

* 이런 쥐들은 어려운 작업을 더 쉽게 포기하고, 쾌락을 덜 즐긴다. 달리 말해, 설탕물 선호를 덜 보인다.

** 쥐의 통증 민감도는 '핫플레이트 시험'으로 측정한다. 실온의 핫플레이트 위에 쥐를 얹어둔 뒤, 조금씩 온도를 높인다. 쥐가 처음으로 온도를 불편해하는 시점은 보면 바로 알 수 있다. 쥐가 그때 발을 바닥에서 떼기 때문이다(그러면 바로 쥐를 내린다). 그 시점의 핫플레이트 온도가 그 쥐의 통증 문턱값이다.

이다. 하지만 만약 그 쥐가 X보다 많은 양의 자극 물질에 노출되어 Z보다 많은 횟수로 발을 핥는 다른 개체를 지켜보고 있다면, 피험자 쥐는 제 발을 평소보다 많이 핥는다. 거꾸로 만약 피험자 쥐가 지켜보는 개체가 (X보다 적은 양의 자극 물질에 노출되었기 때문에) 덜 핥는다면, 피험자 쥐도 덜 핥는다. 쥐가 느끼는 고통의 정도가 곁에 있는 다른 쥐가 느끼는 고통의 정도에 따라 달라진 것이다. 여기서 중요한 점은 이것이 사회적 현상이라는 점이다. 두 쥐가 같은 우리에서 사는 친구일 때만 고통을 공유하는 현상이 나타났다.*

물론 우리는 이 동물들의 내면을 알지 못한다. 쥐들은 다른 쥐의 고통이 안타깝게 느껴졌을까? 이것은 상대를 '위하는' 마음이었을까, 아니면 자신이 마치 '그인 것처럼' 느끼는 마음이었을까? 상대의 관점을 취해본 것일까? 그럴 가능성은 낮을 듯하다. 이런 연구를 설명하면서 '감정이입'이라는 용어를 쓰는 것은 문제가 있다는 지적도 있다.[7]

하지만 우리가 겉으로 드러난 동물들의 행동을 관찰할 수는 있다. 그렇다면, 다른 종들도 자신이 아닌 다른 개체의 괴로움을 덜어주기 위해서 적극적인 행동을 취하곤 할까? 그렇다.

이 책의 마지막 장에서 살펴볼 사실이지만, 많은 종들이 이른바 '화해' 행동을 취한다. 두 개체가 부정적인 상호작용을 주고받은 직후에 평소보다 더 높은 빈도로 친애적 행동(털을 골라주고, 몸을 붙이고 앉는 행동)을 하는 현상을 말하는데, 그러면 둘 사이에 다시 긴장 상태가 조성될 확률이 낮아진다. 드 발과 동료들의 관찰에 따르면, 침팬지들은 제삼자의 '위로' 행동도 보인다. 그렇다고 두 개체가 싸운 뒤 제삼자인 어느 착한 침팬지가 두 개체를 똑같이 위로해준다는 말은 아니다. 제삼자는 싸움을 먼저 건 개체가 아니라 피해자에게만 친애 행동을 한다. 이 사실로 보아, 이 행동에는 누가 먼저 긴장을 조성했는지를 아는 인지적 요소와 피해자를 위로하고 싶은 감정

---

* 이 동물들이 이런 걸 느낀다는 것을 읽으면 이제 우리가 감정이입적 상태에 빠진다.

적 욕구가 다 담겨 있다. 주로 싸움의 피해자에게 위로를 건네는 행동은 늑대, 개, 코끼리, 까마귀류(피해자의 깃털을 부리로 골라준다)에게서도 볼 수 있다. 보노보도 마찬가지다. 다만 보노보는 보노보답게 플라토닉한 털 골라주기에 그치지 않고 피해자와의 섹스까지 곁들인다. 반면 원숭이들은 위로 행동을 하지 않는다.[8]

위로 행동을 하는 동물은 또 있다. 짝을 맺고 살아가는 훈훈한 종이라고 소개했던 프레리밭쥐다. 이 사실은 드 발과 함께 밭쥐/일부일처/바소프레신 이야기의 개척자로 통하는 에머리대학교의 래리 영이 2016년 『네이처』에 발표한 논문에서 소개되었다.[9] 연구자들은 밭쥐 쌍들의 암컷과 수컷을 각기 다른 방에 넣었다. 그러고는 둘 중 한쪽에게 (약한 쇼크를 가하여) 스트레스를 주기도 하고, 가만히 놔두기도 했다. 그다음에 쌍쌍이 다시 만나게 했다. 그러자 스트레스를 받은 짝을 둔 개체들은 스트레스를 받지 않은 짝을 둔 개체들보다 짝을 더 많이 핥아주고 털을 골라주었다. 또 스트레스를 받은 짝과 비슷한 수준으로 불안 행동을 보였고, 글루코코르티코이드 농도도 비슷하게 높아졌다. 이 현상은 스트레스를 받은 개체가 낯선 밭쥐일 때는 나타나지 않았고, 일부다처인 초원밭쥐에게서도 나타나지 않았다. 앞으로 살펴보겠지만, 이 효과의 신경생물학적 바탕은 당연히 옥시토신과 앞띠이랑 겉질이다.

동물들은 이보다 더 적극적으로 개입하기도 한다. 한 실험에서, 쥐들은 하네스를 입은 채 공중에 대롱대롱 매달려서 스트레스를 받는 다른 쥐와 똑같이 공중에 매달린 블록이 있을 때 쥐를 내려주려는 작업(레버를 누르는 일)을 더 많이 했다. 또다른 실험에서, 쥐들은 같은 우리의 친구가 틀에 갇혀서 스트레스를 받고 있으면 그 친구를 풀어주고자 하는 작업에 더 적극적으로 나섰다. 이때 피험자 쥐들의 적극성은 (쥐들에게 최고의 행복인) 초콜릿을 얻고자 하는 적극성에 맞먹었다. 게다가 친구를 구하는 데도 성공하고 초콜릿을 얻는 데도 성공했을 때, 절반이 넘는 쥐들이 그 초콜릿을 친구와 나눠 먹었다.[10]

그런데 이 친사회성에는 우리/그들 가르기 요소가 포함되어 있었다. 연구자들은 후속 실험에서 쥐들이 낯선 개체라도 풀어주려고 노력하곤 하지만 그 상대가 같은 계통이라서 유전자를 거의 공유하는 경우에만 그렇다는 것을 확인했다.[11] 이 자동적 우리/그들 가르기는 공통의 페로몬 신호라는(10장에서 이야기했다) 유전적 요소에 따른 현상일까? 아니다. 계통이 다르지만 같은 우리에서 사는 개체가 있을 경우, 피험자 쥐들은 이 개체를 돕는다. 만약 출생시에 어미로부터 떨어져서 다른 계통의 암컷을 어미로 알고 자란 쥐가 있다면, 이 쥐는 생물학적 계통이 같은 개체들이 아니라 입양된 계통의 개체들을 돕는다. 설치류에게조차 '우리'는 경험으로 달라지는 범주다.

이 동물들은 왜 괴로워하는 다른 개체를 애써 위로하고 심지어 돕기까지 할까? 황금률을 의식적으로 적용한 결과는 아닐 테고, 사회적 이득을 노린 행동만도 아닐 것이다. 같은 우리의 친구가 구속되어 있는 것을 풀어주려고 애쓰는 쥐들의 행동은 그 후에 상대와 상호작용할 일이 없더라도 달라지지 않았다. 어쩌면 연민과 비슷한 마음일 수도 있다. 하지만 또 어쩌면 그저 자신의 이득을 위한 행동일 수도 있다. '대롱대롱 매달려서 쉴새없이 소리지르는 저 녀석이 내 신경을 긁는군. 내려줘야겠어. 그러면 입을 닫겠지.' 겉보기에는 이타주의자이지만 속은 위선자인 쥐다.

아이들의 정서 전염과 연민

6장과 7장에서 이야기했던 내용을 요약해보자.

아이의 발달과정에서 중대한 이정표는 마음 이론을 획득하는 단계다. 마음 이론은 감정이입의 필수조건일 뿐 충분조건은 아니지만, 아무튼 이 단계를 넘어야만 추상화가 진행될 수 있다. 아이의 단순한 감각운동 전염 능력은 차츰 타인의 물리적 고통에 대한 감정이입적 상태로 발전하고, 이어 타인의 정서적 고통에 대한 감정이입적 상태로 발전한다. 또 한 사람(가령 어떤 노숙인)에 대해서 안됐다고 느끼는 단계가 범주(가령 노숙인 전반)에 대해서 안됐다고 느끼는 단계로 넘어간다. 인지적 측면도 정교해진다. 아이는 사물에 대한 피해와 사람에 대한 피해를 구별할 줄 알게 된다. 고의적 피해와 고의적이지 않은 피해도 구별하게 되고, 그와 더불어 전자에 대해서 도덕적 분노를 더 쉽게 느끼는 능력도 갖추게 된다. 여기에서 따라오는 것이 감정이입을 표현하는 능력과 그에 따라 행동해야 할 책임감을 느끼는 능력, 달리 말해 동정적으로 행동하는 능력이다. 타인의 관점을 취하는 능력도 성숙하여, 상대를 '위하는' 마음만을 느낄 수 있던 아이가 차츰 자신이 상대인 '것처럼' 느끼는 능력도 갖추게 된다.

앞에서 보았듯, 이 발달과정은 신경생물학적으로도 앞뒤가 맞는다. 아이가 타인의 물리적 고통에 대해서만 감정이입적 상태를 느끼는 나이일 때는 뇌에서 주로 수도관주위회색질이 활성화하는데, 수도관주위회색질은 뇌의 통증 회로에서 비교적 수준이 낮은 중계점이다. 그러다 아이가 타인의 감정적 고통에 대해서도 감정이입적 상태를 느끼는 나이가 되면, (정서적) 배쪽안쪽이마앞엽 겉질과 변연계가 결합하여 활성화하는 패턴이 두드러진다. 그러다 도덕적 분노를 느끼는 능력이 성숙하면, 이제 배쪽안쪽이마앞엽 겉질과 섬겉질과 편도체가 결합하여 활성화하는 패턴이 나타난다. 마지막으로 관점 취하기 능력이 등장하면, 배쪽안쪽이마앞엽 겉질은 이제 마음 이론에 관여하는 영역들(가령 관자마루이음부)과 더 많이 결합하여 활성화한다.

이런 설명은 아이들이 마음 이론과 관점 취하기라는 인지적 토대 위에서 감정이입적 상태를 발달시킨다고 보는 시각이다. 하지만 역시 앞에서 보았듯, 아이들은 사실 교과서적인 마음 이론을 갖추기 한참 전부터도 감정이입적 상태를 드러낸다. 영아들은 정서 전염을 겪고, 유아들은 우는 어른에게 제 인형을 건네어 위로하려고 든다. 물론 다른 동물들의 감정이입적 상태와 마찬가지로, 아이들의 연민이 상대의 괴로움을 끝내고 싶어하는 행동인가 자신의 괴로움을 끝내고 싶어하는 행동인가 하는 질문은 던져봐야 할 것이다.

감정 그리고/혹은 인지?

또 이 질문이다. 우리가 앞선 세 장에서 줄기차게 이 질문을 다뤄왔으므로, 이제 여러분도 답을 대충은 알 것이다. 그렇다, 건강한 감정이입적 상태에는 인지적 요소와 감정적 요소 둘 다 기여한다. 어느 쪽이 더 중요한가를 놓고 논박하는 것은 어리석은 짓이고, 그보다는 어떤 상황에서 한쪽이 다른 쪽을 압도하는가를 알아보는 편이 흥미롭다. 그리고 그보다 더 흥미로운 것은 양쪽 요소들이 신경생물학적으로 어떻게 상호작용하는가를 알아보는 일이다.

감정이입적 상태의 감정적 측면

감정이입에 관한 한, 모든 신경생물학적 길들은 반드시 앞띠이랑 겉질을 통과한다. 우리가 2장에서 처음 만났던 이 이마엽 겉질 구조는 사람들이 뇌 촬영기기에 누워서 타인의 고통을 생각해보는 활동이 시작된 이래로 감정이입을 탐구하는 신경과학 문헌에서 주연을 맡아온 영역이다.[12]

과학자들이 기존에 알던 역할을 놓고 볼 때, 앞띠이랑 겉질이 감정이입에 관계한다는 발견은 상당히 뜻밖이었다. 포유류의 뇌에서 앞띠이랑 겉질이 맡는 역할은 대강 다음과 같다.

* **내수용 정보 처리.** 3장에서 이야기했듯이, 뇌는 외부로부터 오는 감각 정보뿐 아니라 몸 내부로부터 오는 감각 정보도 주시한다. 아픈 근육, 마른입, 꾸르륵대는 장으로부터 내수용 정보를 받는 것이다. 만약 내가 심장이 빠르게 뛰는 것을 무의식적으로 감지한다면, 그리고 그 감각 때문에 어떤 감정을 더 강렬하게 느끼게 된다면, 그게 바로 앞띠이랑 겉질이 해낸 일이다. 앞띠이랑 겉질은 물리적 육감을 받아들인 뒤 그것을 비유적 육감과 통찰로 바뀌게 만듦으로써 이마엽 기능에 영향을 미친다. 통증은 앞띠이랑 겉질의 주의를 끄는 핵심적 내수용 정보다.[13]

* **불일치 감시**. 앞띠이랑 겉질은 결과가 기대와 다르다는 의미에서의 '불일치'에 반응한다. 만약 내가 어떤 행동과 특정 결과를 결부하여 이해하는데 그 결과가 나오지 않는다면, 앞띠이랑 겉질이 그 사실을 알아차린다. 그런데 기대와의 불일치를 감시하는 이 메커니즘은 비대칭적이다. 만약 내가 평소에 브라우니 두 개를 받을 수 있는 작업을 했는데 오늘은 뜻밖에 브라우니 세 개를 받았다면, 내 앞띠이랑 겉질은 촉각을 세우고 그 사실을 감지한다. 한편 브라우니 두 개 대신에 하나만 받았다면, 앞띠이랑 겉질은 미친 듯이 날뛴다. 컬럼비아대학교의 케빈 옥스너와 동료들이 쓴 표현을 빌리자면, 앞띠이랑 겉질은 "진행중인 행동이 예기치 못한 상황에 부딪쳤음을 알리는 다용도 경보"다.[14]

예상치 못한 통증은 우리가 세상에 대해 품고 있던 기존의 이해에 뭔가 이상이 있음을 알리는 신호인 만큼, 앞띠이랑 겉질의 두 역할이 교차하는 지점에 놓인다. 설령 예상했던 통증이라고 해도, 우리 뇌는 그 통증의 질과 양이 예상에 부합하는지 아닌지를 주시한다. 앞에서 지적했듯이, 앞띠이랑 겉질은 통증에 관한 시시한 문제에는 신경쓰지 않는다(아픈 게 내 손가락이야, 발가락이야?). 그런 건 앞띠이랑 겉질보다 덜 세련되고 더 원시적인 뇌 회로의 관할이다. 앞띠이랑 겉질은 그 대신 통증의 **의미**에 신경쓴다. 이 통증은 좋은 소식인가, 나쁜 소식인가? 어떤 성질인가? 그렇다보니 앞띠이랑 겉질의 통증 지각은 조작될 수 있다. 만약 당신이 손가락을 핀에 찔리면, 어느 손가락이 찔렸고 통증의 정도는 어떤지를 알려주는 뇌 영역들과 더불어 앞띠이랑 겉질도 활성화한다. 그런데 당신이 실제로는 아무 효능이 없는 연고를 강력한 진통제라고 믿고 손가락에 바른다면 어떨까? 그래도 손가락이 찔렸을 때 "이건 발가락이 아니라 손가락이 아픈 거야"라고 말해주는 회로는 똑같이 활성화하지만, 앞띠이랑 겉질은 속임약 효과에 속아넘어가서 가만히 있는다.

이런 역할을 해내기 위해서, 앞띠이랑 겉질은 당연히 내수용 및 외수용 정보를 받아들이는 뇌 영역들로부터 신호를 받는다. 그리고 역시 논리적인 설계인바, 앞띠이랑 겉질은 감각운동 겉질로 신호를 많이 내보냄으로써 우리에게 아픈 부위를 인식하고 집중하도록 만든다.

앞띠이랑 겉질이 이마엽 겉질에 있을 만큼 세련된 영역이라는 사실을 더 분명히 보여주는 것은 또다른 형태의 통증이다. 6장에서 이야기했던 사이버볼 게임을 떠올려보자. 세 참가자가 뇌 촬영기기에 누운 채 컴퓨터 화면에 나타난 가상의 공을 주거니 받거니 하다가, 갑자기 그중 두 명이 한 사람에게만 공을 건네지 않는다. 이렇게 따돌림을 당한 피험자의 뇌에서는 당장 앞띠이랑 겉질이 활성화한다. 앞에서 앞띠이랑 겉질은 통증의 의미에 신경쓴다고 했는데, 이때 그 대상은 물리적 통증만이 아니다. 앞띠이랑 겉질은 추상적인 사회적·정서적 통증에도—사회적 배제, 불안, 혐오, 당황스러움 등등—신경을 쓴다. 이와 관련된 흥미로운 사실로, 주요 우울증은 앞띠이랑 겉질의 여러 이상과 연관성이 있다고 알려져 있다.* 또한 앞띠이랑 겉질은 긍정적 공명, 즉 상대의 기쁨이 내 기쁨으로 느껴지는 상태와도 관련된다.[15]

이렇게 이야기하니까, 앞띠이랑 겉질이 몹시 자기중심적이고 오로지 자신의 안녕에만 신경쓰는 영역인 것처럼 보인다. 그러니 앞띠이랑 겉질이 감정이입에 관여한다는 사실이 처음 밝혀졌을 때 과학자들이 놀란 것도 무리가 아니었다. 하지만 이후 많은 실험에서 줄곧 같은 결과가 나왔으니, 타인의 고통을—핀에 찔린 손가락이든, 슬픈 얼굴이든, 불행한 사연이든—접하고서 감정이입적 상태를 느끼는 피험자들의 뇌에서 항상 앞띠이랑 겉질이 활성화했다.[16] 게다가 이때 타인의 고통이 커 보일수록 앞띠이랑 겉질이 더 많이 활성화했다. 앞띠이랑 겉질은 타인의 괴로움을 덜어주는 행동을 하는 데도 중요

---

* 그냥 '연관성이 있다'니, 이런 하나마나 한 소리가 있나. 나는 앞띠이랑 겉질에도 여러 하위 영역들이 있다는 사실을 편의상 생략했다. 우울증 환자는 그 영역들 중 일부에서는 활성화 정도가 더 높아지고 다른 일부에서는 더 낮아진 상태를 보인다. 아무튼 전체적으로는, 앞띠이랑 겉질 기능 이상이 우울증의 깊고 숨막힐 듯한 슬픔에 핵심적으로 관여한다고 이해하면 된다.

하게 관여한다.

여기에 신경펩타이드이자 호르몬인 옥시토신이 끼어든다. 4장에서 배웠던 내용을 떠올려보자. 옥시토신은 결합과 친애 행동, 신뢰, 너그러움을 촉진한다고 했다.* 프레리밭쥐들은 스트레스를 받은 짝을 위로하는 행동을 한다는 이야기도 떠올려보자. 두 사실을 결합하면, 자연히 옥시토신이 이런 효과를 냈으리라는 예측이 가능하다. 그런데 놀랍게도 옥시토신은 앞띠이랑 겉질에서 작용한다. 만약 연구자가 프레리밭쥐의 앞띠이랑 겉질에서 옥시토신의 효과만을 선택적으로 차단하면, 밭쥐들은 위로 행동을 하지 않는다.

그러면, 자신의 고통에 촉각을 곤두세우고 그 부당성을 예의 주시하는 이기적 앞띠이랑 겉질이 어떻게 제 주변 딱한 이들의 고통을 느끼도록 만드는 이타적 앞띠이랑 겉질이 되는 걸까? 나는 이 장의 핵심 주제, 즉 감정이입적 상태가 알고 보면 얼마나 자기 자신에 관한 일인가 하는 점과 이 문제가 관련 있다고 본다.[17] 우리는 "아야! 이거 아프네" 하는 경험으로부터 자신이 방금 했던 행동을 반복하지 않는 게 좋다는 것을 배운다. 그런데 이보다 더 나은 방법은 타인의 불행을 관찰하여 '저 사람 엄청 아파 보이네. 나는 저 짓을 하지 말아야겠어' 하고 배우는 것이다. 앞띠이랑 겉질이 관찰만으로 공포와 조건 회피를 배우는 데 결정적으로 관여한다는 점은 그래서 의미심장하다. 우리가 '저 사람 기분 더러울 것 같아'에서 '그러니까 나는 저러지 말아야지'로 나아가려면, '나도 저 사람처럼 저 기분이 싫을 거야'라고 두 자아를 겹쳐서 생각할 줄 아는 단계가 필요하다. 타인이 고통스러워한다는 사실을 **알기만** 하는 것보다 타인의 고통을 **느끼는** 것이 학습에 더 효과적일 수 있다. 그렇다면 앞띠이랑 겉질은 근본적으로 자기이해를 추구하는 셈이고, 타인의 고통을 **염려하는** 마음은 거기에 부록으로 딸려오는 셈이다.

물론 앞띠이랑 겉질 외에 다른 뇌 영역들도 관여한다. 앞에서 뇌의 감정이

* 여기에 아주 중요한 단서가 하나 붙어 있다는 걸 잊지 말자. 이 효과가 집단 내 상호작용에만 적용된다는 사실이다. 앞에서 보았듯이, 상대가 그들일 때는 옥시토신이 우리의 적대성과 이방인 혐오증을 더 부추긴다.

입 회로가 성숙할수록 앞띠이랑 겉질뿐 아니라 섬겉질도 더 많이 활성화한다고 말했다.[18] 성인의 뇌에서는 섬겉질이 (그보다 정도는 덜하지만 편도체도) 앞띠이랑 겉질 못지않게 감정이입 경험에 적극 개입한다. 세 영역은 긴밀하게 연결되어 있고, 편도체가 이마엽 겉질로 보내는 정보 중 상당량이 앞띠이랑 겉질을 거쳐서 전달된다. 감정이입을 일으키는 여러 상황들, 특히 물리적 통증은 앞띠이랑 겉질과 섬겉질을 함께 활성화한다. 게다가 그 활성화 정도는 피험자의 기본적 감정이입 성향, 혹은 피험자가 그 상황에서 느꼈다고 보고한 주관적 감정이입 정도에 비례한다.

이것은 섬겉질과 편도체의 작동 방식을 떠올려보아도 퍽 납득이 가는 일이다. 섬겉질과 편도체는 아이가 감정이입을 맥락과 인과에 따라 이해하는 능력을 발달시키는 과정—저 사람이 **왜** 아픈지, 그게 누구의 **잘못인지를** 감안하는 것이다—에서 차츰 관여하게 된다고 말했다. 고통이 부당함에서 비롯한 경우에는 당연히 두 영역이 관여할 것이다. 그때 우리는 고통이 막을 수 있는 것이었고 다른 누군가가 그로부터 이득을 보았다는 사실을 알기에 자연히 혐오, 의분, 분노를 느낀다. 심지어 우리는 고통이 부당함에서 비롯했는지가 분명하지 않은 경우에도 귀인을 찾으려 든다. 앞띠이랑 겉질과 섬겉질과 편도체의 뒤얽힘이 희생양을 만들어내는 것이다. 이 패턴이 어찌나 빈번한지, 우리는 인간이 개입하여 못된 짓을 저지른 상황이 아닐 때도, 달리 말해 문자 그대로 혹은 비유적으로 땅이 갈라져서 어느 무고한 피해자를 삼킨 상황에서도 그 비극 이전에 피해자를 불행하게 만들었던 사람들을 욕하고, 이런 비극을 초래한 신을 욕하고, 기계적으로 돌아가는 세상의 무심함을 욕한다. 그리고 뒤에서 이야기하겠지만, 이때 누구든 탓하고자 하는 분노와 혐오와 의분의 감정이 순수한 감정이입을 흐리면 흐릴수록 실제 행동으로 돕고 나서기는 더 난망해진다.

감정이입적 상태의 인지적 측면

그렇다면 감정이입적 상태의 보다 인지적인 요소들은—이마앞엽 겉질,

그중에서도 특히 등쪽가쪽이마앞엽 겉질, 그리고 관자마루이음부나 위중심고랑 같은 마음 이론 담당 영역이다—어떤 상황에서 전면에 나설까? 재미없는 답이지만, 당연히 사태 파악조차 쉽지 않은 상황에서다. '어, 누가 이겼다고?' '내가 상대의 말을 포위해야 하나, 아니면 내 말이 포위되도록 둬야 하나?'

이보다 더 흥미로운 상황은 인과와 의도성의 문제가 인지적 뇌 회로를 작동시킬 때다. '그가 심한 두통에 시달린다고? 잠깐, 그가 떠돌이 농장 노동자라서 농약에 노출되어 그런 건가? 아니면 대학 동창들하고 폭음을 해서 그런 건가?' '이 에이즈 환자는 수혈중에 HIV에 감염되었나, 아니면 마약 주입중에 그랬나?'(대부분의 사람들은 전자에 대해서 앞띠이랑 겉질을 더 많이 활성화한다.) 침팬지들이 억울하게 싸움에 말려든 피해자를 위로하고 싸움을 건 가해자는 위로하지 않을 때, 그들의 머릿속에 정확히 이런 생각이 떠올랐을 것이다. 7장에서 보았듯, 누군가 자초한 고통과 타인이 가한 고통을 구별할 줄 알게 되는 단계에서 아이들은 보다 인지적인 뇌 활성화 패턴을 보이기 시작한다. 이 주제를 연구한 진 데세티에 따르면, "타인에 대한 선험적 태도가 감정이입적 각성을 정보 처리 초기 단계에서 조절한다".[19] 달리 말해, 인지적 과정들이 마치 문지기처럼 지키고 서서 어떤 불행이 우리의 감정이입을 받을 자격이 있는지 없는지를 정한다는 뜻이다.

덜 명백한 고통에 공명하는 것도 인지적 작업이다. 일례로, 우리 뇌는 육체적 고통을 겪는 사람을 볼 때보다 감정적 고통을 겪는 사람을 볼 때 등쪽가쪽이마앞엽 겉질을 더 많이 쓴다. 고통이 추상적으로 표현된 경우에도 그렇다. 누군가의 손이 바늘에 찔리는 모습을 직접 볼 때보다 그 사실을 의미하는 신호가 화면에 나타나는 것을 볼 때 뇌가 등쪽가쪽이마앞엽 겉질을 더 많이 쓴다. 타인의 고통에 공명하는 것이 인지적 작업이 되는 또다른 상황은 그것이 자신이 겪어보지 않은 종류의 고통일 때다. '음, 인종청소를 자행할 기회를 놓친 저 민병대 지도자의 실망을 대강 이해할 수 있을 것도 같아. 내가 유치원 선행 동아리 회장 선거에서 떨어졌을 때의 기분과 비슷하지 않을까.' 이것이 바로 인지적 노력이다. 이런 실험도 있었다. 모종의 신경질환으로 말미암아 특이한 통증 과민성을 겪게 된 환자들에게 감정이입을 해보라고 지시했더니, 관습적인 양상의 통증보다 새로운 양상의 통증을 떠올릴 때 피험자들의 이마엽 겉질이 더 많이 활성화했다.[20]

앞에서 설치류도 초보적 수준의 '감정이입'을 보인다고 말했고, 단 그 감정이입은 상대가 우리의 친구인가 낯선 개체인가에 따라 선택적으로 발휘된다고도 말했다.[21] 이처럼 자신과는 다른데다가 그다지 호감 가지 않는 상대에 대해서 감정이입적 상태를 느끼는 것은 인간에게도 엄청난 인지적 작업을 요구하는 일이다. 예전에 어느 병원 목사가 내게 말하기를, 자신이 적극적으로 주의를 기울이지 않으면 저도 모르게 젊고 매력적이고 말할 줄 알고 지적이고 사교적인 환자들을 우선적으로 방문하게 되더라고 했다. 이것은 우리 대 그들 이분법의 그린 듯한 사례다. 수전 피스크의 연구가 보여주었듯이, 우리의 이마엽 겉질은 노숙인이나 중독자 같은 극단적인 외집단 구성원과 그렇지 않은 사람을 각기 다르게 처리한다. 조슈아 그린이 말한 상식적 도덕의 비극, 즉 사람들이 우리에 대해서는 자동으로 도덕적 행동을 수행하지만 그들에 대해서는 애써야만 그렇게 할 수 있다는 사실도 딱 여기에 들어맞는 얘기다.

우리가 자신과 비슷한 사람에게 더 쉽게 감정이입하는 현상은 자율신경계 차원에서부터 드러난다. 스페인에는 축제 때 맨발로 불 위를 걷는 의식이 있다. 이때 불 위를 걷는 사람들과 구경꾼들의 심박 변화를 측정했더니, 두 사람이 서로 친척인 경우에만 심박이 동기화되는 것으로 확인되었다. 이와 비슷한 맥락에서, 우리가 사랑하는 사람의 관점을 취해볼 때는 뇌에서 앞띠겉질이 활성화하는 반면, 낯선 사람의 관점을 취해볼 때는 마음 이론 수행에 중추적인 관자마루이음부가 활성화한다.[22]

이 현상은 더 폭넓은 우리 대 그들 가르기에도 적용된다. 3장에서 말했듯, 사람들은 타인의 손이 바늘에 찔리는 것을 볼 때 자기 손에서도 감각운동 반응을 느낀다. 이때 상대가 자신과 같은 인종이라면 반응이 더 강하게 나타나고, 암묵적 내집단 편향이 큰 사람일수록 이 현상이 더 강하게 드러난다. 한편 피험자들에게 내집단 구성원과 외집단 구성원이 겪는 고통을 보여주고 그때 뇌 활성화 패턴의 차이를 확인한 연구들에서는, 그 차이가 큰 피험자일수록 외집단 구성원을 덜 돕는다는 결과가 관찰되었다.[23] 그러니 그들에 대해서도 우리에 대해서와 같은 수준으로 감정이입을 느끼거나 관점을 취할 수 있으려면 이마엽 겉질을 더 많이 활성화해야 한다는 게 어쩌면 당연한 일이다. 설령 그들에게 반감까지 느끼지는 않더라도 무관심한 것이 인지상정이므로, 그 자동적이고 암묵적인 충동을 억누르고서 애써 창의적으로 둘 사이의 감정적 공통점을 찾아내야 하는 것이다.*[24]

이처럼 상대의 범주에 따라 감정이입의 범위가 달라지는 현상은 사회경제적 지위에 따라서도 일어나는데, 다만 그 양상이 비대칭적이다. 이것이 무슨 소리인가 하면, 감정이입과 연민 측면에서 부자들은 대체로 좆같다는 것이다. 이 사실을 파헤쳐 보여준 것은 캘리포니아대학교 버클리 캠퍼스의 대커 켈트너가 수행한 일련의 연구였다. 그에 따르면, 사회경제적 지위의 전 범위를 대상으로 살펴보았을 때 평균적으로 더 부유한 피험자일수록 곤란에 처한 사람들에게 감정이입을 덜 느낀다고 보고했으며 실제 동정적인 행동도 덜 드러냈다. 게다가 부유한 피험자일수록 타인의 감정을 인식하는 능력이 떨어졌고, 실험 환경에서 더 탐욕스럽게 행동하는데다가 속임수나 도둑질도 더 많이 했다. 이 결과 중에서도 언론이 유난히 널리 보도한 내용이 둘 있다. ⓐ부유한 사람이 가난한 사람보다(부유함의 평가 잣대는 그들이 모는 차의 가격이었다) 횡단보도에서 보행자를 만났을 때 차를 세울 확률이 낮다는 사실, ⓑ실험실에 사탕 단지를 마련해두고 피험자를 불러들여서 "작업을 마치면 사탕을 원하는 만큼 집어가도 좋다, 그런데 남는 사탕은 아이들에게 줄

* 어떤 사람이 누구의 고통에 더 쉽게 공감하는가(가령 태아와 노숙인 중 누구에게 공감하는가) 하는 것은 그의 정치성을 알려주는 리트머스 시험지가 될 수 있다. "진보주의자 혹은 보수주의자가 된다는 것의 의미는 고통의 [특정 종류에만 감정이입이 발휘된다는] 문제를 중심에 두고 이데올로기적으로 확실히 나뉘게 됐다." 한 정치학자의 말이다.

예정이다" 하고 말했을 때 부자일수록 사탕을 더 많이 집어가더라는 사실이었다.[25]

그러면 원래 이렇게 옹졸하고, 욕심 많고, 동정심이라고는 없는 사람들이 부자가 되는 걸까? 거꾸로 누구든 부자가 되면 그런 인간이 될 가능성이 높아지는 걸까? 켈트너는 영리한 방법으로 조작해보았다. 사전에 피험자들에게 자신의 사회경제적 성공에 집중하도록 만드는 단서를 주거나(자신보다 처지가 나쁜 사람들과 자신을 비교하도록 만드는 단서였다), 오히려 그 반대로 만드는 단서를 준 것이다. 그러자 피험자들은 스스로 부유하다고 느낄 때 아이들에게 돌아갈 사탕을 더 많이 집어갔다.

이 패턴을 어떻게 설명하면 좋을까? 12장에서 이야기했던 체제 정당화 현상에 관련된 여러 요소들로 설명할 수 있을 것이다. 부자일수록 욕심을 좋은 것으로 보기 쉽다는 점, 사회계층을 능력주의에 따른 공정한 결과로 본다는 점, 자신의 성공을 독립적 행위로 본다는 점 등등. 이런 관점에 따르면, 타인의 괴로움이란 내가 주목하거나 염려할 필요가 없는 것이라는 결론에 이르기 마련이다.

더구나 우리가 싫어하는 사람, 도덕적으로 못마땅하게 여기는 사람의 고통에 감정이입해보는 것은 특히나 힘든 작업이다. 기억하겠지만, 우리는 그런 상대의 불행 앞에서 비단 앞띠이랑 겉질 활성화에만 실패하는 게 아니라 한술 더 떠 중변연계 도파민 경로를 활성화시킨다. 그러니 그런 상대의 관점을 취해보고 그의 고통을 느껴보려는 시도는(쌤통이라고 여기려는 게 아니라면) 자동적이기는커녕 인지적으로 엄청나게 노력해야 하는 일이다.[26]

우리가 자신과 거리가 먼 상대에게 감정이입하는 데 인지적 '비용'이 든다는 사실은 (이마엽 겉질의 습관적 작동을 방해함으로써) 피험자들의 인지 부담을 늘리는 실험에서도 확인된 바다. 인지 부담을 늘리면 피험자들은 낯선 사람을 돕는 행동을 덜 하게 되는데, 단 상대가 가족인 경우에는 변화가 없다. 그렇다면, 이른바 '감정이입 피로'란 우리의 이마엽 겉질이 상대의 관점을 취하기가 쉽지 않은 그들의 고통에 반복적으로 노출되다보니 인지 부담이 걸려서 피로해진 상태라고 할 수 있을 것이다. 사람들이 도움이 필요한 집단보다 한 개인을 떠올릴 때 더 너그러워지는 현상도 이 인지 작업과 부담 개념으로 설명된다. 테레사 수녀도 말했다. "만약 내가 보는 것이 군중이라면, 나는 결코 행동에 나서지 않을 겁니다. 하지만 만약 내가 보는 것이 한 인간이라면, 나는 행동할 겁니다." 애초에 감정이입 능력이 형편없어서 감정이입 피로 따위는 걱정하지 않아도 되었을 것 같은 인간, 이오시프 스탈린이 했다는 말도 떠오른다. "한 사람의 죽음은 비극이지만, 수백만의 죽음은 통계다."[27]

우리 뇌가 가장 확실하게 마음 이론 회로를 활성화하는 상황은 따로 있다. 문제의 불행이 나 자신에게 일어난다면 내 기분이 어떨지를 상상해보는 대신, 초점을 옮겨서 그 일을 겪는 상대의 기분이 어떨지를 상상해보는 상황이다. 그렇기 때문에, 연구자로부터 일인칭이 아니라 삼인칭 시점으로 생각해보라고 지시받은 피험자의 뇌에서는 관자마루이음부가 활성화하는 것은 물론이거니와 '나 자신에 대한 생각은 그만둬' 하고 단속하는 명령 패턴도 활성화한다.[28]

지금까지 한 이야기의 요지는 이전 장들의 요지와 거의 겹친다. 요컨대, 감정이입적 상태에서 '감정'과 '인지'를 나누는 것은 말짱 틀린 구분이다. 둘 다 필요하기 때문이다. 하지만 둘 사이의 균형은 수시로 달라지고, 특히 첫눈에 나와 상대의 유사성보다 차이점이 더 크게 와닿는 상황에서는 인지적 측면이 힘든 일을 도맡아야 한다.

자, 그러면 이제 감정이입 과학의 역사상 최대의 촌극으로 부를 만한 사건으로 넘어가자.

과장된 도약

1990년대 초, 자코모 리촐라티와 비토리오 갈레세가 이끈 이탈리아 파르마

대학교 연구진이 놀라운 발견을 보고했다. 듣는 사람에 따라 아주 흥미로운 발견 정도로 여길 수도 있고 가히 혁명적인 발견으로 여길 수도 있는 내용이었다. 그들은 레서스원숭이의 뇌에서 운동앞 겉질을 연구하던 중이었고, 운동앞 겉질의 개별 뉴런들이 어떤 자극에 활성화하는지를 알아보는 것이 목표였다. 여기서 잠시, 2장에서 살펴보았던 운동앞 겉질의 기능을 떠올려보자. 이마앞엽 겉질에 있는 '집행' 뉴런들이 뭔가 결정을 내리면, 그 소식은 바로 뒤에 있는 이마엽 겉질로 전달된다. 이마엽 겉질은 그보다 한 단계 뒤에 있는 운동앞 겉질로 소식을 전달하고, 운동앞 겉질은 운동 겉질에게 전달하며, 그러면 운동 겉질이 근육에게 적절한 명령을 내린다. 따라서 운동앞 겉질은 어떤 움직임에 대한 생각과 수행 사이의 간극에 걸친 존재다.[29]

연구진이 발견한 것은 운동앞 겉질에 엄청나게 별난 뉴런들이 있다는 사실이었다. 원숭이가 어떤 행동을 한다고 하자. 가령 먹이를 집어서 입으로 가져간다고 하자. 당연히 이때 운동앞 겉질의 뉴런 일부가 활성화할 것이다. 만약 원숭이가 다른 행동을 한다면, 가령 물체를 집어서 보관함에 넣는다면, 이때는 (부분적으로 겹치되) 아까와는 다른 조합의 운동앞 겉질 뉴런들이 활성화할 것이다. 그런데 연구진이 관찰한바, 먹이를 입으로 가져가는 행동에 관여하는 뉴런들 중 일부는 (원숭이든 인간이든) 다른 개체가 그 행동을 하는 걸 원숭이가 지켜보는 동안에도 활성화했다. 물체를 보관함에 넣는 행동에 관여하는 뉴런들 중 일부도 마찬가지였다. 행동 X에 관여하는 운동앞 겉질 뉴런들 중 약 10%는 다른 개체가 행동 X를 하는 걸 지켜보기만 하는 동안에도 활성화한다는 결과가 일관되게 나왔던 것이다. 근육에 움직임을 지시하는 작업으로부터 겨우 몇 단계 떨어져 있는 뉴런들의 행태라기에는 아주 이상했다. 이 뉴런들은 움직임을 '미러링'하는 데, 즉 거울처럼 반영하는 데 관여하는 것 같았다. 짠! 이렇게 해서 '거울 뉴런'이 세상에 알려졌다.

당연히 관련 분야 연구자들은 인간에게도 거울 뉴런이 있는지 찾아보는 일에 나섰고, 뇌 촬영을 통해 인간의 뇌에도 엇비슷한 부분에*[30] 거울 뉴런이 있는 것 같다는 추론을 끌어냈다(추론이라고만 말하는 것은, 이 접근법으로는 한 시점에 하나의 뉴런이 활성화하는 걸 볼 순 없고 다수의 뉴런들이 활성화하는 것만 볼 수 있기 때문이다). 그다음에는 (희귀한 종류의 뇌전증을 앓는 환자들이 발작을 다스리고자 뇌수술을 받는 과정에서) 인간에게도 거울 뉴런 비스무리하게 작동하는 개별 뉴런들이 있다는 사실이 확인되었다.[31]

미러링은 꽤 추상적일 수도 있다. 일단 미러링은 교차감각 양상일 수도 있다. 누가 움직임 A를 하는 걸 볼 때 활성화하는 거울 뉴런들이 누가 움직임 A를 하는 걸 소리로만 들을 때도 활성화한다는 뜻이다. 게다가 이 뉴런들은 게슈탈트 지각 능력이 있어서, 관찰된 움직임의 일부가 가려진 상황에서도 활성화한다.[32]

가장 흥미로운 점은 거울 뉴런들이 단순히 움직임만 좇지는 않는다는 것이었다. 누가 차를 마시려고 찻잔을 집는 모습을 볼 때 반응하는 거울 뉴런들이 있다고 하자. 이 뉴런들은 누가 탁자를 치우려고 찻잔을 집는 모습을 볼 때는 활성화하지 않는다. 한마디로, 거울 뉴런들은 의도성을 고려해서 반응한다.

요약하자면, 거울 뉴런은 의식적 모방이든 무의식적 모방이든 우리가 타인을 모방하는 상황에 관여하며, 행동 자체뿐 아니라 그 이면의 의도도 포함해서 반응한다. 하지만 이것이 인과관계라는 증거는 아직 없다. 자동적이든 의식적이든 모방에는 반드시 거울 뉴런 활성화가 필요하다는 것을 보여준 사람은 없다는 말이다. 게다가 처음 이 세포가 확인되었던 레서스원숭이가 행동 모방을 하지 않는 종이라는 점도 거울 뉴런과 모방을 선뜻 연결 짓기 어렵게 만드는 사실이다.

아무튼 거울 뉴런이 모방에 관여한다고 가정하자. 그렇다면 이제 문제는 그 모방이 어떤 목적을 수행하는가다. 여기에 대해서도 그동안 다양한 가설이 제기되고 논쟁이 벌어졌다.

---

* 관심 있는 독자를 위해서 밝히자면, 운동앞 겉질과 보조운동영역, 일차몸감각 겉질이다.

가장 논란이 적고 또 그럴듯한 가설은 거울 뉴런이 관찰을 통한 운동 학습을 매개한다는 의견일 것이다.[33] 하지만 이 가설에도 불리한 증거들이 있으니, ⓐ모방을 통한 학습을 거의 하지 않는 종에게도 거울 뉴런이 있다는 점, ⓑ움직임 관찰 학습의 효력이 거울 뉴런 활성화 정도와 무관하다는 점, ⓒ거울 뉴런이 특정 종류의 관찰 학습에 필요하다고 해도, 인간의 경우에는 그런 학습이 상당히 저차원적인 수준에서만 기여한다는 점이다. 인간이 관찰로써 특정 움직임 수행을 배우는 건 사실이지만, 그보다는 관찰을 통한 맥락 학습, 즉 그 행동을 **언제** 해야 하는지를 배우는 것이 훨씬 더 흥미로운 대목이니까 말이다(서열이 낮은 영장류 개체가 관찰 학습을 통해서 굽실거리는 행동의 운동적 속성은 쉽게 배우겠지만, 그보다 훨씬 더 어렵고 중요한 학습은 **누구에게** 굽실거려야 하는지를 배우는 것이다).

위에서 이어진 또다른 가설은 거울 뉴런이 타인의 경험으로부터 학습하는 것을 돕는다는 의견이다.[34] 어떤 사람이 음식을 한입 먹고는 맛이 고약해서 찡그리는 모습을 내가 본다고 하자. 만약 거울 뉴런이 그 표정을 관찰하는 일과 나 스스로 그런 경험을 하는 일을 이어주는 역할을 한다면, '나는 저 음식을 먹지 말아야겠다' 하는 깨달음이 한층 생생하게 다가들 것이다. 이 의견은 캘리포니아대학교 어바인 캠퍼스의 그레고리 히콕이 주장한 것인데, 잠시 뒤에 보겠지만 히콕은 거울 뉴런 소동의 허황함을 누구보다 냉엄하게 비판하는 사람이다.

이 가설에서 떠오르는 이야기가 있다. 2장에서 보았던 안토니오 다마지오의 신체표지 가설, 즉 우리가 X냐 Y냐 하는 어려운 선택지를 놓고 고민할 때는 이마엽 겉질이 각 시나리오에 대한 정신과 육체의 반응을 상상으로 그려본다는 가설이다. 육감 실험을 결합한 사고 실험이다. 그런데 거울 뉴런이 정말로 관찰 대상에게 어떤 결과가 벌어지는지를 예의 주시하는 역할이라면, 신체표지 가설이 말하는 이 과정에도 틀림없이 관여하지 않을까?

요컨대 거울 뉴런은 어떤 움직임의 의미, 그 움직임을 더 효율적으로 수행하는 방법, 누군가 그 움직임을 했을 때 일어나는 결과를 학습하는 데 도움이 될지도 모른다. 하지만 그런 신경 활동이 관찰 학습의 필요조건은 아니고, 충분조건도 아니다. 하물며 가장 흥미롭고 추상적인 형태인 인간의 관찰 학습에서는 더 그렇다.

더 논쟁적인 가설로 넘어가자. 다음은 거울 뉴런이 타인의 생각을 이해하는 일을 돕는다는 가설이다. 여기에서 이해란 타인이 무슨 행동을 하는지 아는 것일 수도 있고, 타인이 그 행동을 왜 하는지 아는 것일 수도 있으며, 그보다 더 광범위한 동기를 파악하는 것일 수도 있고, 심지어 거울 뉴런으로 타인의 영혼을 들여다보는 것일 수도 있다고 한다. 이러니 논쟁이 따를 만도 하지.

이 견해에서 거울 뉴런은 마음 이론, 타인의 생각 읽기, 관점 취하기를 돕는다. 우리가 (머릿속에서, 운동앞 겉질로써, 거울 뉴런으로써) 타인의 행동을 모방하는 것은 타인의 세계를 이해하는 한 방법이라고 보는 셈이다.[35] 그런데 이것은 앞에서 했던 얘기와는 영 딴판이다. 앞에서는 미러링이 자신의 운동 수행을 향상시키기 위한 방법이라고 하지 않았나? 운동앞 겉질에 있는 거울 뉴런들의 신경해부학적 속성 중 가장 중요한 것이 운동 뉴런들에게 말을 걸어서 근육을 움직이는 것이라고 하지 않았나? 하지만 거울 뉴런이 타인의 행동을 이해하는 일에 관여한다면, 그보다는 마음 이론을 담당하는 뇌 영역들에 말을 걸어야 하지 않나? 실제로 그렇다는 증거가 있긴 하다.

거울 뉴런이 매개하는 관점 취하기는 주로 사회적 상호작용에 관여하리라는 주장도 있다. 일례로 리촐라티의 실험에서는 관찰 대상이 가까이 있을 때 거울 뉴런이 더 활발하게 활성화하더라는 결과가 나왔는데,[36] 중요한 지점은 이때 그 거리가 문자적인 거리만이 아니라 말하자면 '사회적' 거리라는 점이었다. 관찰자와 관찰 대상 사이에 투명한 벽이 세워져 있을 때는 거울 뉴런이 덜 활성화하더라는 것이 그 증거였다. 갈레세는 "이것은 행위자와 관찰자 간에 경쟁이나 협력의 가능성이 있는지 가늠하는 과정에 거울 뉴런이 관여한다는 뜻이다"라고 말했다.

거울 뉴런이 타인의 행동을 이해하도록 도움으로써 나아가 타인을 이해하도록 만든다는 생각은 두 가지 이유에서 엄한 비판에 처했다. 가장 두드러진 비판자는 예의 히콕이었다. 첫째 근거는 인과의 문제다. 거울 뉴런 활성화와 타인의 관점을 이해하려는 시도에 **연관관계**가 있음을 보여준 연구는 몇 있지만, 전자가 후자의 **원인**임을 보여주는 증거는 없다시피 하다. 두번째 근거는 우리가 어떤 행동을 스스로 흉내조차 못 내더라도 그 행동을 하는 타인의 의도를 이해할 수 있다는 명백한 사실이다. 가령 장대높이뛰기로 5.5미터를 넘는 행동이나 특수상대성이론을 해설하는 행동에 대해서 그렇다.

거울 뉴런의 이 역할을 지지하는 사람들도 이 비판을 수긍하지만, 그러면서도 거울 뉴런이 한 차원 더 높은 이해를 제공한다고 주장한다. 갈레세는 이렇게 말했다. "우리가 타인의 행동의 의미를 **내면으로부터** 이해하는 길은 거울 뉴런 활성화를 통하는 길밖에 없다는 게 내 생각이다"(강조는 내가 했다).[37] 이 분야는 내 연구 영역이 아니고, 나는 공연히 남을 비아냥거릴 맘도 없지만, 그래도 내게 갈레세의 말은 그냥 이해가 있고 그보다 더 기똥찬 이해가 있는데 후자에는 거울 뉴런이 필요하다는 뜻으로 들린다.

거울 뉴런에 관한 이런 추론들은 계속 확장되다가 결국 자폐증에 주목하게 되었다. 자폐증은 타인의 행동과 의도를 이해하는 기능에 심각한 손상이 있는 상태다.[38] 거울 뉴런 분야의 선구자인 캘리포니아대학교 로스앤젤레스 캠퍼스의 마르코 야코보니는 '깨진 거울' 가설을 제안하여, 거울 뉴런 기능 이상이 자폐증의 이런 특징을 낳는다고 주장했다. 그러자 수많은 연구자들이 이 주장을 확인하고자 나섰는데, 그 결과는 연구 방법론에 따라 차이가 컸다. 아무튼 대부분의 메타분석에서는 자폐를 지닌 사람들의 거울 뉴런 기능에 확연한 이상은 없다는 결론이 나왔다.

따라서 거울 뉴런의 활성화가 타인의 행동을 이해하려는 시도와 연관되어 있는 건 사실이라고 해도, 그 역할은 이해의 필수조건도 충분조건도 아니며 그저 저차원적이고 구체적인 측면에만 관여하는 듯하다. 그리고 거울 뉴런이 타인의 영혼을 들여다보는 창이자 내면으로부터 솟아나는 기똥찬 이해를 가능케 하는 수단이라는 주장에 대해서는, 히콕이 2014년 출간하여 호평받은 책 제목으로 답하면 충분할 것 같다. 『거울 뉴런이라는 신화』.[39]

이런 상황은 급기야 '거울뉴런학'이라고 불러도 될 법한 무법지대로 이어져, 거울 뉴런이 언어며 미학이며 의식에 결정적이라는 억측까지 낳았다.[40] 제일 큰 문제는 사람들이 거울 뉴런 이야기를 듣자마자 다음과 같은 문장으로 끝맺는 논평을 쓰곤 한다는 점이었다. "오, 거울 뉴런이여! 이 얼마나 멋진 존재인가? 거울 뉴런은 온갖 흥미진진한 현상들을 가능케 한 장본인이다. 어쩌면 이로써 **감정이입**도 설명할 수 있을 터이니!"

안 될 것 없지 않은가? 타인의 고통을 느낀다는 것은 타인의 경험을 내 안에 비춰본다는 것, 마치 내가 그인 양 느껴본다는 것이니까 말이다. 이토록 마침맞은 해석을 어떻게 거부하겠는가. 그렇다보니, "어쩌면 거울 뉴런이 감정이입을 설명할지도 몰라" 하는 논평은 거울 뉴런 발견 후 몇십 년이 흐르는 동안 계속 이어졌다. 예를 들어 갈레세는 거울 뉴런 시대가 20년 가까이 흐른 시점에 이렇게 말했다. "미러링이 뇌의 기본 작동 원리라는 것, 타인에게 감정이입하는 능력을 중개하는 구체적 자극 메커니즘[즉 미러링]이 존재한다는 게 내 주장이다." 야코보니도 비슷한 시점에 이렇게 말했다. "거울 뉴런은 세포 차원에서 감정이입의 핵심에 해당하는 존재인 듯하다." 이런 주장을 뒷받침하는 단서가 없진 않다. 일례로, 스스로 감정이입을 유난히 잘한다고 보고한 피험자들은 타인의 움직임을 따라 하려는 거울 뉴런적 반응을 더 강하게 나타낸다는 실험 결과가 있었다. 하지만 회의론자들이 보기에 그 밖의 이야기는 전부 추측에 지나지 않는다.[41]

실망스러운 상황이다. 하지만 이보다 더 골치 아픈 문제도 있다. '어쩌면'을 똑 잘라먹고서 거울 뉴런이 감정이입을 중개한다는 것이 입증된 사실이라고 결론 내리는 사람들이다. 일례로 야코보니는 연관관계를 인과관계로 착각한다. "하지만 다른 연구에서는 그저 무언가를 집을 뿐 아무런 정서도 명백하게 드러나지 않은 행동을 볼 때에도 피험자들의 [운동앞 겉질] 활성화가 감정이입과 연관되는 것으로 드러났다. 따라서 거울 뉴런의 활동은 감정이입 경험의 **필수조건**이다(강조는 내가 했다)."[42]

특히 노골적인 사례는 캘리포니아대학교 샌디에이고 캠퍼스의 신경과학자 빌라야누르 라마찬드란이다. 그는 이 업계에서 가장 대담하게 창의적인 사람으로, 환각지와 공감각과 육체 이탈에 대해서 흥미진진한 연구를 해왔다. 그는 뛰어난 연구자이지만, 거울 뉴런에 관해서는 좀 경솔한 발언을 해왔다. 가령 이런 말. "내가 거울 뉴런으로 당신의 고통을 말 그대로 느낄 수 있다는 것은 이제 알려진 사실이다." 그는 또 인류가 6만 년 전에 행동학적 근대성을 획득했던 "위대한 도약의 원동력"이 바로 거울 뉴런이라고 말하며, "DNA가 생물학에 가져온 변화를 거울 뉴런이 심리학에 가져올 것"이라는 유명한 말을 덧붙였다. 라마찬드란을 헐뜯으려는 건 아니다. 하지만 그처럼 똑똑한 사람이 거울 뉴런을 "간디 뉴런"이라고 부르는 등 현혹적인 말을 남발하는 걸 어떻게 두고 본단 말인가. 거울 뉴런이 모두를 홀렸던 1990년대 초에만 그런 것이 아니었다. 그로부터 20년이 흐른 뒤에도 그는 이렇게 말했다. "나는 [거울 뉴런이 감정이입에서 맡는 중요성이] 과장되었다고 생각하지 않는다. 오히려 축소되었다고 생각한다."[43]

라마찬드란 혼자만 그러는 것은 아니다. 영국 철학자 앤서니 그레일링은 거울 뉴런과 감정이입의 관계를 반기며 이렇게 말했다. "우리에게는 감정이입이라는 놀라운 재능이 있다. '거울 뉴런'의 기능에서 알 수 있듯이, 이것은 생물학적으로 진화한 능력이다." 2007년 한 〈뉴욕 타임스〉 기사는 영웅적 행동으로 다른 이들을 구한 사람을 소개하면서 역시 이 세포를 언급했다. "인간에게는 '거울 뉴런'이 있다. 우리가 타인의 경험을 느낄 **수 있는 것은** 그 덕분이다"(강조는 내가 했다). 내 딸의 여섯 살 유치원 친구도 빼놓을 수 없다. 지구의 날을 맞아 다 함께 컵케이크를 먹은 뒤 선생님이 아이들에게 뒷정리를 잘한 것도 지구를 걱정하는 것도 기특하다고 칭찬하자, 그 아이는 외쳤다. "그게 다 우리 뉴런에 거울이 있기 때문이에요."[44]

내가 시대를 선도하여 비판적 사고를 주장하는 이단아라면 좋겠지만, 사실은 근년에 대부분의 관련자들이 거울 뉴런 이야기는 과장이라고 지적했다. 뉴욕대학교의 심리학자 게리 마커스는 거울 뉴런을 가리켜 "심리학 역사상 최고로 과대 선전된 개념"이라고 말했고, 캘리포니아대학교 샌디에이고 캠퍼스의 철학자 겸 신경과학자인 퍼트리샤 처칠랜드는 "'너무 따지지 말자' 주의자들의 보물"이라고 말했으며, 하버드대학교의 스티븐 핑커는 이렇게 결론했다. "거울 뉴런은 사실 언어도, 감정이입도, 사회도 설명하지 못한다. 물론 세계평화도."[45] 한마디로, 거울 뉴런이 이 장의 관심사와 밀접하게 관련된다는 증거는 아직 없다.

핵심 문제: 실제 행동에 나서는 것

앞 장에서 나는 고상한 도덕적 추론과 결정적 순간에 실제로 옳은 행동을 하는 것은 하늘과 땅 차이라고 말했다. 후자를 해내는 사람들에게는 일관적 특징이 있다고도 말했다. "아이를 구하려고 강에 뛰어들었을 때 무슨 생각을 하셨습니까?" "아무 생각도 안 했어요. 나도 모르게 뛰어들었더라고요." 이것은 잠재된 자동성의 행동이다. 옳은 행동은 자동적이고 도덕적인 의무라고 배웠던 어린 시절의 산물이다. 이마엽 겉질로 비용과 편익을 계산해서 내리는 결론과는 멀어도 한참 먼 얘기다.

지금 우리가 처한 상황, 즉 이 장의 핵심 문제도 비슷한 상황이다. 공감이냐 감정이입이냐, 상대를 '위하는' 마음이냐 내가 '상대인 듯' 느끼는 마음이냐, 감정이냐 인지냐, 인간만의 현상이냐 다른 종들도 보이는 현상이냐…… 이런 논의들로부터 과연 누가 실제로 타인의 고통을 덜어주는 동정적 행동을 **수행할지**를 예측할 수 있을까? 나아가 그 동정적 행동이 실제로 **효과적**인지, 그 속에 **자기이해**를 추구하는 마음이 얼마나 포함되었는지를 예측할 수 있을까? 앞으로 보겠지만, 감정이입적 상태를 겪는 것과 진정 이타적인 방향으로 효과적으로 행동하는 것 사이에는 현격한 차이가 있다.

행동하는 것

감정이입적 상태가 꼭 동정적 행동으로 이어진다는 보장은 어디에도 없다. 그 이유 중 하나를 에세이스트 레슬리 제이미슨이 탁월하게 설명했다.

> [감정이입은] 또 위험스러운 완료의 기분을 줄 수 있다. 내가 뭔가를 느꼈으니까 할일을 다 했다는 기분이 드는 것이다. 우리는 타인의 고통을 느끼는 것이 그 자체로 미덕이라고 생각하기 쉽다. 감정이입의 위험성은 단순히 그것이 우리를 기분 나쁘게 만들 수 있다는 점이 아니라 오히려 기분 좋게 만들 수 있다는 점인데, 그러면 우리는 감정이입을 어떤 과정의 일부이자 촉매로 여기기보다 그 자체가 추구해야 할 목표인 양 여기게 된다.[46]

이런 상황에서 '나는 당신의 고통을 느낍니다'라는 말은 아무짝에도 도움이 되지 않는 관료가 "저기, 저도 당신의 처지에 공감합니다만……"이라고 말하는 것의 보다 영적인 형태에 지나지 않는다. 전자도 행동과 괴리되기는 마찬가지여서, "내가 할 수 있는/할일이 없습니다"라는 변명으로 넘어가는 다리인 접속사 '하지만'이 없어도 충분히 의도가 읽힌다. 누가 내 고통을 인정해주는 것은 물론 달가운 일이지만, 그보다는 누가 내 고통을 덜어주는 편이 더 낫다.

감정이입적 상태가 행동으로 이어지지 않는 이유로 이보다 더 폭넓은 것도 있다. 6장에서 청소년이라는 얄궂은 존재를 살펴볼 때 했던 이야기이다. 그때 나는 많은 청소년이 세상의 고통을 사무치게 절감하는 특징을 보인다고 말하며, 그것이 훌륭하긴 하나 지나치게 강렬한 감정인 탓에 자기도취로만 이어지는 경우가 많다고 지적했다. 우리가 타인이 겪는 기분을 상상하려고 애쓰는 대신(타자 중심적 관점이다) 그 일이 내게 벌어질 때 내 기분이 어떨지를 상상한다면(자기중심적 관점이다), 이미 '내'가 더 앞에 나오는 셈이고 타인의 고통을 느끼는 것은 고통스러운 일이라는 점이 핵심이 된다.

이 현상은 생물학적으로 쉽게 납득이 된다. 연구자가 피험자에게 타인의 고통을 보여주면서 자기중심적 관점으로 보라고 지시한 경우, 피험자의 뇌에서는 편도체와 앞띠이랑 겉질과 섬겉질이 활성화하고 피험자 스스로도 스트레스와 불안을 보고한다. 그런데 똑같은 장면을 타자 중심적 관점으로 보라고 지시한 경우, 이런 반응이 훨씬 약하게 나타난다. 게다가 전자의 상황에서 이 반응이 강하게 나타나는 사람일수록 자신의 스트레스를 줄이는 것이 급선무라 타인의 고통은 그냥 못 본 척할 가능성이 높다.[47]

이 현상은 또 놀랍도록 쉽게 예측 가능하다. 피험자들에게 타인의 고통을 말해주는 모종의 증거를 보여준다고 하자. 만약 피험자의 심박이 크게 빨라진다면(심박은 불안으로 인한 편도체 각성을 알려주는 지엽적 지표다), 그는 그 상황에서 친사회적 행동을 수행할 가능성이 낮다. 친사회적 행동을 수행하는 것은 오히려 심박이 느려지는 사람들이다. 이들은 자기 심장이 스트레스로 두근거리는 소리가 아니라 실제 도움이 필요한 타인의 소리에 귀기울일 줄 안다.*[48]

만약 당신의 고통을 느끼는 것이 내게 끔찍한 기분을 안긴다면, 나는 당신을 돕고자 나서는 대신 나 자신부터 챙기려 들기 쉽다. 내게 나만의 문제가 있을 때도 마찬가지다. 앞에서도 말했던 이 현상은 피험자들이 인지 부담이 늘면 낯선 사람에게 친사회적 행동을 덜 보이더라는 실험 결과로 입증된 사실이다. 마찬가지로 사람들은 배고플 때도 덜 너그러워진다. "이봐요, 당신 문제를 투덜대는 짓 좀 그만둬요, 내 배가 꼬르륵거리는구먼, 내 코가 석 자라고요" 하는 셈이다. 사람들은 또 사회적으로 배제되었다고 느낄 때 너그러움과 감정이입을 덜 보인다. 스트레스도 글루코코르티코이드의 작용을 통해서 같은 효과를 낸다. 제프리 모길 연구진의 최근 결과를 보면(나도 관여한 연구였다), 약물로 글루코코르티코이드 분비가 막힌 경우에는 쥐들도 사람들도 낯선 상대에게 감정이입을 더 보였다. 요컨대 우리가 스트레스를 심하

* 켈트너의 연구를 떠올려보자. 부자와 가난한 사람 중, 타인의 괴로움에 억지로 관심을 쏟아야 하는 상황에서 심장박동이 빨라지는 사람은 어느 쪽일까?

게 받았을 때는, 그것이 타인의 문제에 공명하느라 생긴 스트레스든 자기 문제로 인한 스트레스든 자신을 먼저 챙기는 것이 최우선 순위가 되기 쉽다.[49]

달리 말해, 우리가 어느 정도 초연한 거리를 유지할 때 감정이입적 상태가 동정적 행동으로 이어질 가능성이 높다. 저 앞에서 내가 이야기했던 불교 승려도 비슷한 말을 했다. 왜, 가끔 가부좌 명상을 짧게 끝내곤 한다면서 그것은 무릎이 아프다고 느끼는 자신을 위해서가 아니라 무릎을 위해서 그러는 것이라고 말했다는 승려 말이다. "그것은 내 무릎에게 친절을 베푸는 행위입니다." 이런 태도는 아닌 게 아니라 연민에 대한 불교의 시각에 부합한다. 불교가 말하는 연민은 맹렬한 대리적 감정을 느껴야만 하는 것이 아니라 더 단순하고, 초연하고, 자명한 명령이다. 우리가 어떤 타인에게 동정적으로 행동하는 것은 세상 만물의 평안을 바라기 때문이라는 것이 불교의 시각이다.*

승려들을 대상으로 한 흥미로운 연구도 소수나마 있었다. 위스콘신대학교의 리처드 데이비드슨과 독일 막스플랑크연구소의 타니아 징거가 수행한 연구였다. 과학과 종교가 문화 전쟁을 벌이는 현실을 감안하자면 희한하게도, 이 연구는 다름 아닌 달라이 라마로부터 격려와 심지어 축복을 받았다. 달라이 라마는 사실 뇌과학에 호기심이 많기로 유명하고, 만약 자신이 이 달라이 라마 일에 선택되지 않았다면 과학자나 기술자가 되고 싶어했을 거라고 말한 적도 있다. 이런 연구 중에서도 가장 널리 알려진 것은 프랑스 태생의 승려 마티외 리카르의 뇌를 촬영한 실험이었다(리카르는 달라이 라마의 글을 프랑스어로 번역한 사람이자 파스퇴르연구소에서 분자생물학으로 박사학위를 딴 이력의 소유자다. 진짜 신기한 사람이다).[50]

연구자들이 리카르에게 사람들이 겪는 이런저런 고통을 보여주면서 그들에게 감정이입하라고 지시했을 때, 리카르의 뇌에서는 여느 피험자들의 뇌에서와 같은 회로가 활성화했다. 그리고 그것은 극도로 불쾌한 상태였다. 리카

* 내가 불교 사상을 이야기한다는 것은 아슬아슬한 살얼음판을 걷는 격이다. 그러니까 이제 잽싸게 태세를 전환하여, 신경과학자들이 불교 승려를 연구한 내용이라는 단단한 땅으로 넘어가자.

르는 "감정이입으로 타인의 고통을 공유하는 것은 금세 견디기 힘든 일이 되었고, 나 자신이 감정적으로 탈진하는 듯이 느껴졌다"고 설명했다. 한편 그가 그 대신 부처의 가르침에 따라 연민에 집중했을 때는, 뇌에서 전혀 다른 활성화 패턴이 드러났다. 편도체는 조용해졌고, 대신 중변연계 도파민 체계가 강하게 활성화했다. 리카르는 그것을 "강력한 친사회적 동기를 동반한 친밀하고 긍정적인 상태"라고 묘사했다.

또다른 연구에서, 피험자들은 감정이입 연습(괴로워하는 타인의 감정을 느끼는 데 집중하는 것) 혹은 연민 연습(괴로워하는 사람을 딱하고 친밀하게 느끼는 데 집중하는 것) 중 하나를 수행했다.[51] 그 결과 전자의 상황에서는 편도체가 강하게 활성화하는 예의 전형적인 패턴, 즉 부정적이고 불안한 상태가 나타났다. 반면 연민을 연습한 피험자들은 그렇지 않았다. 그들의 뇌에서는 대신 (인지적) 등쪽가쪽이마앞엽 겉질이 강하게 활성화했고, 등쪽가쪽이마앞엽 겉질과 도파민성 영역들이 결합하여 활성화했으며, 피험자들은 더 긍정적인 감정을 느낄뿐더러 친사회성을 더 강하게 드러냈다.

좋다, 인정할 점이 있다. 이런 연구 문헌은 극히 소수다(리카르를 대상으로 한 연구가 거의 다다). 그리고 내로라하는 승려들은 하루에 여덟 시간씩 명상한다고 하니, 아무나 따라 할 수 있는 일이 못 된다. 요는 초연함이 어느 정도 필요하다는 것이다. 그렇다면 이어서 다음 문제가 생겨나니, 감정이입이 이끌어낸 동정적 행동이 반드시 유용하기만 하느냐의 문제다.

효율적으로 행동하는 것

'감정이입에 반대하다'라는 선동적 제목을 단 2014년 논문에서, 폴 블룸은 감정이입으로 말미암아 오히려 전혀 바람직하지 않은 동정적 행동을 하게 되는 경우를 탐구했다.

우선, '병적 이타주의'라고 불리는 현상이 있다. 특히 공동 의존성과 관련된 사례가 그렇다.[52] 이것은 누군가가 사랑하는 사람의 고통을 대리적으로 느끼는 데 흠뻑 빠진 나머지 상대에게 단호한 사랑의 조치를 취하기는커녕 도리어 상대의 기능 부전을 영속시키고 촉진하는 것을 뜻한다. 또 누군가가 감정이입적 고통을 너무나 강렬하게 느끼는 바람에 고통받는 자를 도울 해법이 아니라 자신의 괴로움을 덜 해법을 생각해낼 위험도 있다. 더 나아가 감정이입이 꼭 필요한 조치를 막는 경우도 있다. 부모가 자식의 아픔을 제 것인 양 너무 절실히 느끼는 바람에 예방 접종 맞히기를 포기한다면 어떻겠는가. 결코 좋은 일이 아니다. 의료 전문가 양성 과정에서 감정이입 배제 훈련은 매우 중요한 부분이다.* 일례로, 침술사들은 여느 사람들이 타인이 바늘에 찔리는 걸 볼 때 저절로 드러내는 행동학적·신경생물학적 반응을 드러내지 않는다. 제이미슨의 말을 빌리자면, 우리가 무슨 문제로 걱정스레 의사를 찾아갔을 때 "의사에게서 보고 싶은 것은 내가 느끼는 공포의 정반대이지, 그 반향이 아니다".

블룸은 또 지나친 감정이입이 우리를 심리적으로 손쉬운 행동, 즉 인지 부담이 최소화되는 행동으로 내몰 수 있다고 지적한다. 그럴 때 우리는 자신과 가까운 곳의 고통, 신원이 알려진데다가 매력적인 개인이 겪는 고통, 스스로 친숙한 유형의 고통을 먼 곳의 고통, 집단이 겪는 고통, 낯선 유형의 고통보다 중요하게 여기기 쉽다. 지나친 감정이입은 우리의 시야를 좁혀, 엉뚱한 곳에 동정을 쏟게 만든다.** 철학자 제시 프린츠가 지적했듯이, 핵심은 누구의 고통이 우리를 가장 고통스럽게 만드느냐가 아니라 누구에게 우리의 도움이 가장 필요하느냐다.

이기성이 한 점도 없는 이타주의자가 있긴 할까?

놀라운 일인지는 모르겠지만, 우리가 선행을 하면 기분이 좋아지고 중변연계 도파민 체계가 활성화한다는 것은 과학적으로도 증명된 사실이다. 뇌

---

* 그들이 거리 두기의 일환으로 딴생각을 떠올릴 때 그 생각이 '점심에 치킨 샐러드 샌드위치를 먹어야지'가 아니라 '내가 이러는 편이 환자에게도 나아' 하는 식이기를 바랄 뿐이다.

** 내 동료 중 하나는 누구든 상원의원의 배우자가 자신이 연구하는 신경질환에 걸리면 좋겠다고 냉소적으로 말하곤 했다. 그러면 마침내 그 질병에 걸린 환자들에게 감정이입하는 유력 인사가 생겨나서 연구에 지원금을 더 많이 모아주리라는 것이다.

촬영까지 할 필요도 없을 테지만 말이다. 2008년 『사이언스』에 실린 연구를 보자. 연구자들은 피험자들에게 5달러 혹은 20달러를 주며, 절반에게는 그 돈을 그날 자신을 위해서 쓰라고 지시하고 나머지 절반에게는 타인을 위해서(친구도 좋고 자선단체도 좋다) 쓰라고 지시했다. 그러고는 그날의 시작과 끝에 피험자들에게 행복지수 자기 평가를 시켰다. 그 결과 돈을 더 많이 받거나 돈을 자신에게 쓸 수 있다고 해서 행복감이 높아지는 것은 아니었고, 타인에게 돈을 썼을 때만 행복감이 높아졌다. 또 흥미로운 점은 이때 별도의 피험자들에게 실험 구조를 알려주고 결과를 예측해보도록 시켰더니 실제와는 반대로, 즉 돈을 자신에게 쓸 때 더 행복할 테고 5달러보다 20달러를 받았을 때 더 행복하리라고 예측하더라는 것이었다.[53]

이 현상에서 진짜 문제는 왜 선행이 우리를 기분 좋게 만드는가인데, 그렇다면 한 가지 고전적 질문이 따라 나온다. 이기성이 손톱만큼도 포함되지 않은 이타적 행동이란 게 세상에 존재하기는 할까? 선행이 기분 좋은 것은 그 속에 무엇이 되었든 자기 이득도 들어 있기 때문일까? 나는 철학적 관점에서 이 질문과 씨름할 마음일랑 없다. 생물학자들이 흔히 취하는 입장은 10장에서 보았던 진화적 관점인데, 이 관점으로 보자면 모든 협동과 이타주의에는 일말이나마 이기성이 담겨 있다.

이것이 놀랄 일일까? 감정이입적 상태에서 중추적인 역할을 맡는 뇌 영역인 앞띠이랑 겉질이 자신의 이득을 위해 타인의 고통을 관찰하고 그로부터 배우도록 진화한 마당이니, 순수한 이타성이란 아무래도 힘겨운 일인 게 당연하다.[54] 그리고 동정적 행동이 안겨주는 이기적 보상은 한둘이 아니다. 우선 사적 차원의 보상이 있다. 상대에게 빚을 지워두어서 나쁠 것 없다는 건데, 그렇다면 이것은 이타주의에서 상호 이타주의로 옮겨가는 상황이 된다. 다음으로 평판과 칭찬이라는 공적 이득이 있다. 유명인사가 친히 난민캠프를 방문하여 그 빛나는 자태에 기뻐하는 굶주린 아이들과 함께 기념사진을 찍는 것이 이 때문이다. 자못 특이한 형태의 평판도 있다. 인간들의 행동을 시시콜콜 감시하다가 그에 따라 상벌을 내린다는 도덕주의자 신을 발명해낸 드문 문화들에서 통하는 평판이다. 9장에서 보았듯, 낯선 사람들 간에 익명의 상호작용이 빈번히 이뤄질 만큼 규모가 커진 문화들만이 이런 도덕주의자 신을 만들어내는 편이다. 전 세계 다양한 종교들을 살펴본 최근의 한 연구에 따르면, 자신들의 신(들)이 자신을 지켜보고 벌한다고 생각하는 사람들일수록 익명의 상호작용에서 더 친사회적인 행동을 보인다. 그러니 이들에게는 신이 자신을 좋게 보도록 만든다는 이기적 이득이 따르는 셈이다. 마지막으로, 아마도 가장 설명하기 어려운 형태일 텐데, 이타주의가 우리에게 안기는 순수한 내적 보상이 있다. 우리는 선행을 했다는 사실에 훈훈함을 느끼고, 죄책감을 덜고, 타인과의 유대가 강화되었다고 느끼며, 자신을 선한 인간으로 여겨도 괜찮다고 생각하게 된다.

감정이입에 이기적 요소가 개입한다는 사실은 과학적으로도 확인되었다.[55] 자아상을 염려하는 마음도 이기성의 일부라고 앞에서 말했는데, 그래서인지 성격 특성 검사에서 더 잘 베푼다고 평가되는 사람일수록 자신을 잘 베푸는 사람으로 규정하는 경향성이 있다. 그렇다면 둘 중 어느 쪽이 먼저일까? 분명하게 말할 순 없지만, 잘 베푸는 사람들은 마찬가지로 잘 베푸는 부모 밑에서 베풂은 도덕적 의무라고 (특히 종교적 맥락에서) 배우며 자란 경우가 많다.

통 크게 소비하기보다 통 크게 베풀도록 만드는 요소, 즉 이타성에 뒤따르는 좋은 평판이라는 이기적 요소는 어떨까? 10장에서 보았듯, 사람들은 평판이 걸려 있을 때 더 친사회성을 띠는 편이다. 성격 특성 검사에서 잘 베푸는 사람이라고 평가된 이들도 외부의 인정에 크게 좌우되는 편이다. 앞서 너그러운 행동을 한 피험자들의 뇌에서 도파민 경로가 활성화하는 것을 확인한 연구를 두 건 살펴보았는데, 사실 그 결과에는 조건이 딸려 있었다. 피험자들은 돈을 받은 뒤, 뇌 스캐너에 누운 채로 그 돈을 자신이 가질지 기부할지를 결정했다. 이때 자선을 택하면 도파민 '보상' 체계가 활성화하는 건 사실이었지만, 단 관찰자가 곁에 있을 때만 그랬다. 곁에 아무도 없다면, 피험자들이 돈을 제가 갖겠다고 결정할 때 도파민이 더 많이 나오는 편이었다.

12세기 철학자 모세스 마이모니데스가 말했듯이, 가장 순수한 자선, 가장 이기성이 없는 자선은 주는 사람과 받는 사람이 둘 다 익명인 경우다.* 그리고 이런 뇌 촬영 연구에서 확인되었듯이, 그런 자선은 가장 희귀한 형태이기도 할 것이다.

만약 선행에 이기심이 꼭 필요한 요소라면, 평판이라는 동기, 이를테면 자선 경매에서 최고의 큰손이 되고 싶다는 욕망은 언뜻 가장 아이러니한 현상으로 보인다. 이와는 대조적으로, 스스로를 좋은 사람으로 여기고 싶다는 동기는 지극히 온당한 동기로 보인다. 누가 뭐래도 우리는 모두 나름의 자아상을 찾기 마련이고, 그 자아상이 자신은 거칠고 무섭고 멀리해야 할 사람이라는 이미지가 아닌 편이 나으니까 말이다.

이기심이라는 요소가 전혀 없을 수도 있을까? 2007년 『사이언스』에 실린 한 연구는 이 점을 알아보았다.[56] 연구자들은 (물론 뇌 스캐너에 누운) 피험자들에게 다양한 금액의 돈을 깜짝 선물로 주었다. 그다음 어느 때는 '세금'을 걷었고(돈에서 특정 퍼센티지를 다시 강제로 걷어 푸드뱅크에 기부하겠다고 말했다), 또 어느 때는 같은 금액을 자발적으로 기부할 수 있는 기회를 주었다. 달리 말해, 그로써 달성된 '공익'의 양은 양쪽이 같았지만, 전자는 강제된 시민으로서의 의무인 반면 후자는 순수한 자선 행위였다. 그러니 만약 피험자의 이타성이 이기심이라고는 전혀 없고 순수하게 타인을 향한 것이라

---

* 나는 마이모니데스식 시나리오의 수혜자가 됐던 경험이 있다. 어느 날 내가 스타벅스의 화장실 변기에 앉아 있다가, 휴지가 없다는 사실을 너무나도 늦게 깨달았다. 곧 누가 화장실에 들어왔다. 그가 소변기에서 볼일을 보는 소리를 듣고서, 나는 머뭇머뭇 자선을 요청해보았다. "어, 저기요, 일 마치시면요, 카운터 직원한테 여기 휴지가 없다고 좀 전해주시겠어요?" "네에." 익명의 목소리가 대답했다. 그러고는 곧 바리스타의 손이 칸막이 문 밑에 쑥 나타나서, 빈자에게 주는 구호품까지는 아니지만, 화장실에 좌초된 자에게 휴지를 건네주었다. 그렇다면 이제 문제는 어떻게 피험자들을 뇌 스캐너에 눕힌 채로 이 시나리오를 재현할 수 있을까다. 사실 그것은 완벽한 익명의 상호작용은 아니었을지도 모른다. 내 말을 전해준 사마리아인과 나는 서로에게 익명이었지만, 그와 바리스타는 아니었다. 그리고 내가 아는 한, 직원들은 그에게 고맙다는 의미로 무료 라테를 주거나 그를 칭송하는 노래를 불러주거나 그에게 짝짓기를 제안했을 것이다. 그러니 우리는 그가 내게 도와주겠다고 말했을 때 이런 보답들을, 적어도 그중 하나라도 기대했는가 아닌가를 알 필요가 있다. 더 많은 연구가 필요하다.

면, 두 상황은 심리적으로 동일하다. 도움을 필요로 하는 사람들이 도움을 받게 되었고, 중요한 건 그뿐이니까. 그런데 만약 두 시나리오가 다르게 느껴진다면, 거기에는 이기심의 요소가 개입한다는 뜻이 된다.

실험 결과는 복잡하고도 흥미로웠다.

a. 깜짝 선물로 돈을 받았을 때 도파민 보상 체계가 더 많이 활성화했던 사람일수록 세금을 떼이거나 기부를 제안받았을 때 도파민 보상 체계가 덜 활성화했다. 달리 말해, 돈을 사랑하는 마음이 큰 사람일수록 돈을 내놓는 걸 더 고통스럽게 느꼈다. 이 결과야 전혀 놀랍지 않다.

b. 세금을 떼였을 때 도파민 경로가 더 많이 활성화했던 사람일수록 기부 기회가 주어졌을 때 더 자발적으로 기부했다. 이기성이 강한 사람에게는 세금을 떼이는 것이 결코 반가운 일일 리 없다. 돈을 내놓아야 하는 일이니까. 그런데도 그 상황에서 오히려 도파민 체계가 강하게 활성화하는 피험자라면, 도움이 필요한 사람들을 도울 수 있다는 사실이 자신의 손해를 꺼리는 이기심을 보상하고도 남는 셈이다. 이 결과는 앞 장에서 보았던 불평등 회피 현상을 떠올리게 한다. 특정 상황에서 서로 모르는 사이인 두 사람에게 불평등한 양의 보상을 공개적으로 주었을 때, 만약 운 좋은 사람의 보상 중 일부를 운 나쁜 사람에게 전달하여 둘의 처지를 좀더 공평하게 만들 수 있다면 보통 운좋은 사람의 도파민 체계가 활성화한다고 했다. 그러니 이 실험에서도, 설령 스스로 대가를 치러야 하더라도 불공평을 줄일 수 있다는 데 기뻐한 피험자들이 자발적 기부도 더 많이 했다는 것은 어쩌면 당연한 결과다. 연구자들은 이 결과를 이기성과는 무관하게 작용한 동정적 행위로 해석했는데, 타당한 해석이다.[57]

c. 피험자들은 세금을 떼일 때보다 자발적으로 기부할 때 도파민 경로가 더 많이 활성화했다(스스로 보고한 만족도도 더 높았다). 달리 말해, 자선 행위에는 이기적 요소가 포함되어 있었다. 똑같이 도움이 필요한 사람들을 돕더라도 강제로 그러는 것보다는 자발적으로 그러는 편이 더 만족스러웠던 것이다.

이 결과가 보여주는 바는 무엇일까? 사람들의 행동은 다양한 요소에 의해 다양한 정도로 강화된다는 사실이다. 돈을 얻는 것, 도움이 필요한 이들이 보살핌을 받는다는 걸 아는 것, 선행을 한다는 데서 느끼는 만족감, 이 모두가 행동에 영향을 미친다. 또 알 수 있는 사실은 세번째 요소에 전혀 의존하지 않고서 두번째 형태의 쾌락을 얻기란 극히 드문 일이라는 것이다. 겉보기에 이타주의자인 사람이 속까지 이타주의자인 경우는 아닌 게 아니라 희귀한 듯하다.

결론

이러니저러니 해도, 어떤 사람이 고통스러워할 때 우리가(즉 인간이, 영장류가, 포유류가) 종종 덩달아 고통스러워하는 상태가 된다는 것은 참 놀라운 일이다. 이런 현상이 진화하기까지는 정말로 흥미진진한 과정이 있었을 게 틀림없다.

하지만 냉정하게 따지자면, 결국 가장 중요한 문제는 감정이입적 상태가 감정이입 그 자체를 목적으로 여기게 되는 함정에 빠지지 않고서 실제로 동정적 행동을 낳는가 하는 점이다. 감정이입적 상태와 동정적 행동 사이에는 널찍한 간극이 있을 수 있다. 우리가 동정적 행동이 효율적이기를 바라는 걸 넘어서 동기마저 한 점 티끌 없이 깨끗하기를 바란다면 더 그렇다.

이 책을 읽는 독자에게, 그 간극을 좁히는 데 첫번째 장애물은 세상의 괴로움 중 태반은 우리로부터 멀리 있는 사람들이 우리로서는 짐작조차 할 수 없는 일들을 겪느라 생긴다는 점이다. 우리는 걸리지 않는 질병들, 깨끗한 물과 살 곳을 구할 수 없거니와 다음 끼니조차 확신할 수 없는 가난, 우리가 더는 겪지 않는 정치체제의 폭압, 우리에게는 딴 별의 이야기처럼 들리는 억압적 문화 규범으로 인한 구속. 게다가 우리는 저런 상황들에 대해서 행동할 마음이 가장 적게 드는 본성을 타고났다. 인류의 과거는 우리로 하여금 한 번에 한 개인에게만, 자신과 거리가 가깝고 친숙한 상대에게만, 자신이 겪어본 종류의 고통에게만 주로 반응하도록 만들었다. 우리가 가장 쉽게 공유되는 고통이 아니라 가장 도움이 절실한 고통에 연민을 더 발휘하는 능력을 타고났다면야 얼마나 좋겠는가. 하지만 현실은 그렇지 않다. 이토록 넓고 이질적인 세상을 치유하고자 할 때, 자신의 직관이 늘 올바를 것이라는 기대는 하지 않는 편이 좋다. 이 점에서 우리는 스스로에게 좀더 관대할 필요가 있는지도 모른다.

마찬가지로, 우리는 뼛속들이 이타주의자 문제에 대해서도 약간 너그러울 필요가 있을지 모른다. 솔직히 나는 이타주의자란 위선자일 뿐이라고 결론짓는 건 좀 야비한 게 아닌가 생각해왔다. 겉보기에 이타주의자이지만 속내는 순수하지 못한 동기를 가진 사람이란, 대개의 경우 '이타주의'와 '상호성'이 떼려야 뗄 수 없는 관계로 진화한 역사의 산물일 뿐이다. 인간이 선행을 아예 안 하는 것보다야 비록 이기성과 허세가 섞였더라도 하는 편이 낫지 않겠는가. 인간이 스스로 구축하고 퍼뜨리고자 하는 자아상이 자신은 남들의 사랑보다 두려움을 받길 좋아하는 존재라는 것보다야 온화하고 베푸는 존재라는 것, 잘사는 것이 최고의 복수라고 믿는 존재라는 것이 낫지 않겠는가.

마지막으로, 감정이입적 상태가 지나치게 생생하고 강렬하고 괴롭게 느껴질 때 동정적 행동이 곁다리가 되어버리는 문제를 극복해야 한다. 세상을 더 낫게 만들기 위해서는 모두가 불자가 되어야 한다고 주장하는 건 아니다.

(그렇다고 해서 불자가 되지 **말라고** 주장하는 것도 아니다. 한 무신론자의 객소리가 무슨 무게가 있다고?) 대부분의 사람들은 고통을 통렬하게 공유하는 순간이라도 경험해야만 주변의 어려운 이웃에게 눈길이나마 주기 마련이다. 인간은 본성상 그럴 수밖에 없다. 우리는 인간의 악행 중에서 '냉혹한' 살인을 가장 무서워하듯이 인간의 선행 중에서도 '냉혹한' 친절을 가장 당혹스러워하고 심지어 불쾌해하지 않는가. 그렇기는 해도, 앞서 보았듯 우리가 실제로 행동을 하려면 반드시 어느 정도의 거리감이 필요하다. 우리의 심장이 고통스러워하는 타인의 심장에 공명하여 두근두근하는 것을 견디기 버거운 나머지 눈길을 돌려버리는 편을 택한다면, 차라리 그런 심혈관 활동을 겪지 않는 편이 낫지 않겠는가.

여기에서 따라 나오는 결론이 있다. 단도직입적으로 말해, 동정적 행동은 타인의 고통을 절실히 고통스러워하는 데서 나오는 게 아니다. 그런 상황에서는 우리가 대신 꽁무니를 빼기 마련이다. 그렇다고 우리가 목표로 삼아야 할 거리감이란 것이 '감정적' 접근법을 버리고 '인지적' 접근법으로 선행을 선택하라는 뜻은 아니다. 거리감이란 어떻게 하면 동정적으로 행동할 수 있을지를 찬찬히 머리 아프게 고민함으로써 이상적인 공리적 해법에 다다르는 것이 아니다. 그랬다가는 오히려 이건 내가 고민할 문제가 아니라는 편리한 결론으로 생각이 미치기 쉽다. 이것은 선한 (변연계적) 심장의 문제도, 행동하라고 설득할 줄 아는 이마엽 겉질의 문제도 아니다. 대신 이것은 오래전부터 몸에 익힌 나머지 무의식적이고 자동적으로 튀어나오는 행동의 문제다. 도움을 필요로 하는 사람을 돕는다는 것은 이를테면 배변 훈련, 자전거 타기, 거짓말하지 않기와 비슷한 일이다.

15장

살인을 부르는 메타포

사례 1

사람들이 시나이산에서 우상 금송아지를 만드는 실수를 저질렀던 때부터 드러난 사실로서, 아브라함 일신교에 속하는 여러 종교들은 우상을 각별히 경계한다. 성상파괴주의, 우상 금지령, 종교에 모욕이 되는 이미지를 부수고 다니는 사람들이 그래서 생겨났다. 정통파 유대교도 간간이 그랬고, 칼뱅주의자들도 특히 그놈의 우상 숭배자인 가톨릭교도들에 대항하여 그랬다. 요즘은 수니파의 한 분파가 그런다. 그들은 알라와 마호메트를 묘사한 그림을 최악의 범죄로 간주하며, 말 그대로 우상을 파괴하고 다니는 경찰을 둔다.

2005년, 덴마크 일간지 〈윌란스포스텐〉 논설란에 마호메트를 그린 만화가 실렸다. 그 주제에 관한 덴마크 정부의 검열과 사람들의 자체 검열에 항의하려는 의도였다. 서구 민주주의 사회들이 다른 종교에 대한 풍자적 비판은 얼마든지 허용하면서 이슬람교에 대한 비판만은 금기로 여기는 현실에 항의하려는 의도였다. 여러 칸으로 구성된 그림들은 하나같이 불손했다. 마호메트를 노골적으로 테러와 연관시킨 그림들도 있었다(마호메트가 터번 대신 폭탄을 두르고 있다거나 하는 식이었다). 금기를 비꼰 그림들도 있었다. 터번을 두른 작대기 인간으로 마호메트를 묘사한 그림, (칼을 찬) 마호메트의 눈에 까만 줄이 그어진 그림, 마호메트가 자신처럼 터번을 두르고 수염을 기른 남자들과 함께 경찰의 용의자 지목 라인업에 서 있는 그림.

그 만화의 직접적인 결과로, 레바논과 시리아와 이라크와 리비아에 있는 서양 대사관들과 영사관들이 공격당하거나 심지어 불태워졌다. 나이지리아 북부에서는 교회들이 불탔다. 아프가니스탄, 이집트, 가자 지구, 이란, 이라크, 레바논, 리비아, 나이지리아, 파키스탄, 소말리아, 튀르키예에서 항의하던 시위자들이 죽었다(대개 사람들이 한꺼번에 몰리는 바람에 압사하거나, 시위를 진압하려던 경찰의 손에 죽은 것이었다). 나이지리아, 이탈리아, 튀르키예, 이집트에서 무슬림이 아닌 사람들이 살해되기도 했다. 만화에 대한 복수였다.

2007년 7월, 한 스웨덴 화가가 개의 몸통에 마호메트의 머리를 얹은 그림을 그려서 또 비슷한 사태를 일으켰다. 사상자가 발생한 항의 시위가 벌어졌을뿐더러, 이라크의 이슬람국가는 화가를 죽이는 사람에게 10만 달러 포상금을 주겠다고 내걸었다. 알카에다가 화가를 (《윌란스포스텐》 기자들과 나란히) 암살 표적으로 정했다. 그 계획은 서구 정부들에게 저지당했으나, 한 시도에서 두 명의 행인이 죽었다.

2015년 5월, 마호메트를 '가장 잘' 묘사한 사람에게 1만 달러 상금을 주겠다고 공언하며 열린 텍사스의 한 우상숭배금지 반대 행사에 총잡이 두 명이 들이닥쳤다. 총잡이들은 현장에 있던 사람 한 명을 쏘아 다치게 한 뒤, 곧바로 경찰에게 사살되었다.

그리고 물론 2015년 1월 7일의 사건을 빼놓을 수 없다. 그날, 알제리 출신 이민자 부모를 둔 프랑스 태생 남성 두 명이 〈샤를리 에브도〉 편집국에 들이닥쳐서 열두 명을 학살했다.

사례 2

게티즈버그전투의 한 현장. 북군의 미네소타 제1보병연대와 남군의 버지니아 제28보병연대가 치열하게 맞붙었다.[1] 버지니아 제28보병연대의 깃발을 들고 있던 남군 병사 존 에이킨이 총을 세 발 맞았다(적이 우선적으로 노리는 표적인 부대기를 든 병사의 흔한 운명이었다). 치명상을 입은 에이킨은 깃발을 전우에게 넘겼고, 그 전우 역시 곧 살해되었다. 다음으로 깃발을 치켜든 로버트 앨런 대령도 금세 죽었고, 그다음으로 든 존 리 중위도 금세 부상당했다. 한 북군 병사는 깃발을 빼앗으려다가 남군 병사들에게 살해되었다. 결국 미네소타 제1보병연대의 이등병 마셜 셔먼이 리 중위를 사로잡고 깃발을 탈취했다.

사례 3, 4, 5

2015년 중순, 자폐증을 갖고 있던 열아홉 살 청년 태빈 프라이스가 로스앤젤레스에서 길거리 깡패들에게 살해당했다. 그가 경쟁 갱단의 상징색인 빨간색 신발을 신고 있었던 게 이유였다. 그는 어머니 눈앞에서 죽어가면서 이렇게 말했다. "엄마, 제발요. 죽기 싫어요. 엄마, 제발요."[2]

1980년 10월, 북아일랜드 메이즈 교도소의 아일랜드 공화주의자 수감자들이 단식투쟁을 시작했다. 여러 이유가 있었지만, 개중 하나는 교도소가 자신들에게 죄수복을 강제 착용시켜 정치범이라는 지위를 부정한다는 것이었다. 53일 후 혼수상태에 빠지는 최초 수감자가 나오자, 영국 정부는 수감자들의 요구를 받아들였다. 그로부터 일 년 뒤에도 메이즈에서 비슷한 시위가 벌어졌는데, 이때는 아일랜드인 정치범 중 열 명이 46일에서 73일간 이어진 단식 끝에 숨졌다.

2010년, 필리핀 전역의 가라오케 클럽들이 프랭크 시나트라의 노래 〈마이

웨이〉를 연주 목록에서 삭제했다. 그 노래를 부르는 것을 둘러싸고 폭력적 다툼이 벌어져서 사람이 죽는 사건이 십여 건 발생한 뒤였다. '〈마이 웨이〉 살인' 중 일부는 노래를 너무 못 불러서 벌어진 일이었다지만(정말 그런 일로 사람이 죽곤 한다), 나머지는 대부분 가사의 마초성 탓이었다고 한다. "'난 그걸 내 방식대로 해냈어'라니, 오만한 가사예요. 이런 가사를 부르는 사람은 절로 잘난 체하며 오만해지죠. 실제로는 별 볼 일 없는 인간인 주제에 뭐라도 된 것처럼. 제 실패는 슬쩍 묻어버리죠. 그래서 싸움이 나는 거예요." 마닐라의 한 노래 교실 운영자는 〈뉴욕 타임스〉에 그렇게 설명했다.

요컨대, 사람들은 만화나 깃발이나 복장이나 노래 때문에 서로 죽고 죽인다. 설명이 필요한 현상 아닌가.

이 책에서 나는 다른 동물종을 살펴봄으로써 인간에 대한 통찰을 얻는 전략을 수시로 써왔다. 가끔은 유사성이 가장 중요한 요소였다. 도파민은 인간에게서나 쥐에게서나 도파민이다. 또 가끔은 같은 재료를 인간이 독특하게 사용한다는 점이 흥미로운 요소였다. 쥐에게서 도파민은 먹이를 바라며 레버를 누르도록 만들지만, 인간에게서 도파민은 천국에 들어가기를 바라며 기도하도록 만든다.

또 가끔 인간의 행동은 다른 종들에게서 선례를 찾아볼 수 없을 만큼 고유하다. 그리고 그런 고유성 가운데서 가장 중요한 한 영역은 다음의 간단한 사실로 설명할 수 있으니, 바로 옆에 보이는 것이 말이 아니라는 사실이다.

해부적으로 현대적인 인간이 세상에 등장한 것은 약 20만 년 전이었다. 하지만 행동적 현대성은 그로부터 15만 년이 더 지나서야 등장했고, 그 증거는 그즈음 고고학적 기록에 나타나기 시작한 복합 도구, 장식품, 장례 의식, 그리고 놀랍게도 동굴 벽에 물감을 칠하는 행위였다.[*3] 다음의 물체는 말이 아니다. 멋진 말 **그림**이다.

르네 마그리트가 1928년작 〈이미지의 배반〉에서 파이프 그림 밑에 "이

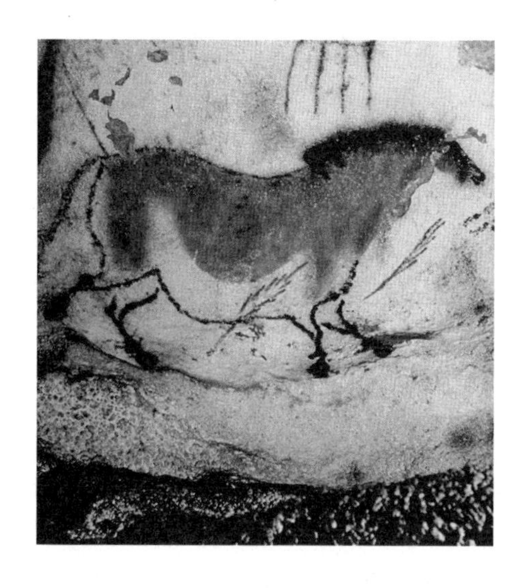

것은 파이프가 아니다Ceci n'est pas une pipe"라는 문장을 써넣었던 것은 이미지의 위태로운 속성을 부각하기 위해서였다. 예술사학자 로버트 휴스는 이 그림을 가리켜 우리의 생각이 닿으면 터지는 "시각적 부비트랩"이라고 말하며, "이미지와 대상 간의 이런 불일치에서 모더니즘의 불안이 생겨난다"고 설명했다.[4]

마그리트의 목적은 사물과 그 재현 간의 거리를 과장하며 가지고 노는 것이었다. 이것은 모더니즘의 불안에 대처하는 방법이기도 했다. 하지만 1만 7000년 전 라스코 동굴 벽에 물감을 발랐던 인간들의 목적은 이와는 정반대였다. 그들의 목적은 사물과 재현의 거리를 최소화하는 것, 실제 말을 소유하는 것에 최대한 가까워지는 것이었다. 흔한 표현마따나, 대상을 고스란히 담아내는 것이었다. 상징에 깃든 힘을 손에 넣는

* 우리가 스스로에게 너무 도취하기 전에 밝히는 바인데, 가장 인상적인 동굴 벽화들 중 일부는 인류가 아니라 네안데르탈인이 그렸다는 증거가 있다. 하지만 인류/네안데르탈인의 교배가 흔했다는 사실이 밝혀진 마당에, 이런 종 구분 따위 누가 신경쓰는가?

것이었다.

특히 언어 사용은 인간이 상징에 통달했음을 가장 확실히 보여준 단계였다. 상상해보자. 당신이 무언가를 보고 더럭 겁나서 비명을 지른다. "으아악!" 그 소리가 아무리 오싹해도, 그것을 듣는 사람은 당신이 하늘에서 떨어지는 혜성을 보고 그러는지, 자살 폭탄 테러리스트를 보고 그러는지, 코모도왕도마뱀을 보고 그러는지 알 길이 없다. 그 소리는 그저 상황이 심각하게 잘못되었음을 알릴 뿐이다. 메시지 자체가 곧 의미다. 대부분 동물들의 의사소통은 이처럼 현재형의 정서를 전달하는 데 그친다.

상징 언어는 인간에게 커다란 진화적 이점을 안겨주었다. 이것은 상징의 초기 단계에 있는 종들만 봐도 알 수 있는 사실이다. 버빗원숭이는 포식자를 목격했을 때 두루뭉술한 비명을 지르지 않는다. "포식자가 땅에 나타났어, 나무 위로 피해!"와 "포식자가 하늘에 나타났어, 나무 밑으로 피해!"를 서로 다른 발성, 달리 말해 서로 다른 '초기 단어'로 표현한다. 그걸 구별할 줄 아는 인지력을 진화시킨다는 것은 엄청나게 유용한 일이다. 덕분에 자신을 잡아먹으려 드는 무언가의 품으로 뛰어드는 게 아니라 달아날 수 있으니까 말이다.

언어는 메시지와 의미를 따로 떼어낸다. 우리 선조들은 그 분리를 갈수록 향상시켰고, 그러자 더 많은 이점이 생겼다.[5] 우리는 과거와 미래의 감정을 표현할 줄 알게 되었고, 감정과 무관한 메시지도 전달할 줄 알게 되었다. 메시지와 현실을 분리하는 궁극의 기술도 진화시켰다. 앞에서도 이야기했듯, 이마엽 겉질로 얼굴과 몸과 목소리를 미묘하게 제어해야만 하는 그 기술이란 바로 거짓말이다. 이 능력 때문에 인간은 점균류에서 침팬지까지 다른 어떤 종들도 자연 속 죄수의 딜레마에서는 겪을 일 없는 복잡성을 겪게 되었다.

언어가 가진 상징성의 극치는 메타포다. 이때 메타포란 수사적 은유, 가령 '삶은 한 상자의 초콜릿'이라고 표현하는 것만을 뜻하는 게 아니다. 메타포는 언어 곳곳에 있다. 우리는 문자 그대로 물리적으로 방 안에 '머물' 수 있지만, 단지 메타포적으로 좋은 기분에, 타인과의 협동 관계에, 행운에, 침체에, 음악 안에,* 혹은 사랑 안에 '머물' 수도 있다. 우리가 무언가를 '지지한다'는 것은 단지 메타포적으로만 그것을 떠받친다는 뜻이다.**[6] 캘리포니아대학교 버클리 캠퍼스의 저명한 인지언어학자 조지 레이코프는 『삶으로서의 은유』(철학자 마크 존슨과의 공저였다)나 『도덕, 정치를 말하다』 같은 책에서 언어 속 메타포의 편재성을 살펴보았다(후자의 책은 정치 세력이 메타포 통제에 관여한다는 것을 보여주었다. 이를테면, 당신은 '선택'과 '생명' 중 어느 쪽을 선호하는가? 당신은 범죄에 '강경한' 입장인가, 마음이 '무른' 사람인가? 당신은 '조국'과 '모국' 중 어느 쪽에 충성하는가? 당신은 반대 세력으로부터 '가족 가치'라는 깃발을 빼앗았는가?). 레이코프가 보기에, 단어가 마치 쇼핑백인 양 그 속에 생각을 담아서 사람에게서 사람으로 정보를 전달하는 언어는 늘 메타포다.[7]

상징, 메타포, 비유, 우화, 제유, 수사. 우리는 선장이 "전원 집합하여 손을 보태라!"라고 명령할 때 단지 손만 원하는 건 아님을 알고, 카프카의 『변신』이 실제로는 벌레 이야기가 아님을 알며, "유월이 사방에서 터져나온다"라는 노래 가사를 들어도 유월이 정말로 터져나오는 건 아님을 안다. 특정 종교를 믿는 사람이라면, 빵과 포도주에서 살과 피를 떠올린다. 차이콥스키의 〈1812년 서곡〉에서 오케스트라가 내는 소리는 나폴레옹이 큰코다친 채 모스크바에서 퇴각했던 사건을 표현했다는 걸 안다. 이때 "나폴레옹이 큰코다쳤다"는 건 수천 명의 병사들이 이역만리에서 추위와 굶주림에 죽어갔음을 뜻한다는 걸 안다.

그런 상징과 메타포적 사고의 가장 흥미로운 지점들이 신경생물학적으로

---

* '음악' 혹은 '리듬을 탄다'는 뜻으로 'in a groove'가 쓰이다보니, 아예 'groovy'가 '멋진'이라는 뜻이 되어버렸다.

** 전 세계 여러 언어들이 문법적 성을 갖고 있다는 사실, 즉 명사를 남성형과 여성형으로 나눈다는 사실이 메타포적으로 어떤 의미일지 생각해보라. 인지과학자 레라 보로디츠키는 문법적 성이 사람들의 생각에 영향을 미친다는 것을 보여주었다. 그의 연구에 따르면, 독일어 사용자들은 '다리'라는 단어에서 (독일어에서 여성형이다) '아름다운' '우아한' '날씬한' 등등의 속성을 연합하여 떠올리는 데 비해 스페인어 사용자들은 (스페인어에서 '다리'는 남성형이다) '큰' '강한' '높은' '튼튼한' 등을 떠올린다.

어떻게 설명되는지를 살펴보는 게 이번 장의 내용이다. 결론부터 요약하여 말하자면 이렇다. 그런 능력은 아주 최근에야 진화했기 때문에, 우리 뇌는 메타포를 다룰 때 그때그때 임시방편으로 대처하는 법밖에 모른다. 그래서 우리는 메타포적인 뜻과 문자 그대로의 뜻을 구별하는 데에, '이건 수사법일 뿐이야'를 기억하는 데에 아주 서투르다. 그리고 이 사실은 우리 최선의 행동과 최악의 행동에 어마어마한 영향을 미친다.

우선 우리 뇌가 메타포를 얼마나 특이한 방식으로 다루는지를 알아보고, 그 특이함이 행동으로 어떻게 드러나는지도 살펴보자. 일부는 앞에서도 했던 이야기다.

타인의 고통을 느끼기

다음 상황을 생각해보자. 당신이 발가락을 찧었다. 발가락의 통증 수용체들이 척수를 거쳐 뇌로 그 메시지를 전달하고, 뇌의 다양한 영역들이 활성화한다. 어떤 영역은 당신에게 통증의 위치, 강도, 질을 알려준다. 아픈 게 왼쪽 발가락인가, 오른쪽 귀인가? 발가락을 살짝 부딪친 건가, 화물차에 깔린 건가? 통증 정보 처리의 기본인 이런 지표들은 모든 포유류가 갖고 있다.

그런데 2장에서 처음 보았듯이, 이마엽 겉질의 앞띠이랑 겉질도 이 과정에서 한 역할을 맡는다. 통증의 의미를 평가하는 역할이다.[8] 그 통증은 어쩌면 나쁜 소식일 수도 있다. 뜻밖의 질병에 걸려서 발가락이 아픈 것일 수도 있으니까. 어쩌면 좋은 소식일 수도 있다. 뜨거운 숯을 밟았는데도 고작 발가락이 욱신거리는 정도라니, 당신은 불 위에서 걷기 자격증을 딸 수 있을지도 모른다. 앞 장에서 보았듯이, 앞띠이랑 겉질은 우리가 기대하는 바와 실제 벌어진 현실 간의 차이를 알아차리는 '오류 감지'를 도맡는다. 느닷없는 통증이 딱 그런 경우다. 우리가 보통 기대하는 아픔 없는 환경과 아픈 현실 사이의 불일치를 뜻하기 때문이다.

하지만 앞띠이랑 겉질의 역할은 단순히 아픈 발가락의 의미를 알려주는 것 이상이다. 6장에서 보았던 실험을 떠올려보자. 피험자를 뇌 스캐너에 눕힌 뒤, 다른 두 참가자와 함께 화면에서 공을 주고받는 사이버볼 게임을 시키다가 갑자기 따돌림당한 기분을 느끼게 한다. 다른 두 사람이 피험자에게 더는 공을 던져주지 않는 것이다. '쟤들이 왜 나랑 놀기 싫어하지?' 재깍 앞띠이랑 겉질이 활성화한다.

달리 말해, 거부당하는 것은 아프다. "그야 그렇지만, 그게 발가락을 찧은 것과는 다르잖아요?" 이렇게 반박하는 사람이 있을지도 모르겠다. 하지만 앞띠이랑 겉질의 입장에서는 사회적 통증이든 물리적 통증이든 차이가 없다. 전자의 경우 아픔이 사회성과 관련되어 있다는 것을 보여주는 증거로, 만약 피험자가 다른 두 참가자의 컴퓨터에 일시적 오류가 나서 공이 자신에게 오지 않는 거라고 믿을 때는 앞띠이랑 겉질이 활성화하지 않는다.

앞띠이랑 겉질은 심지어 이보다 한 단계 더 나아간다. 14장에서 했던 이야기다. 당신이 가벼운 쇼크를 받으면, 뇌에서 (더 평범한 통증 지표 영역들과 더불어) 앞띠이랑 겉질이 활성화한다. 그런데 그 대신 당신이 사랑하는 사람이 똑같은 방식으로 쇼크를 받는 모습을 지켜본다고 하자. 이때 당신의 뇌에서 다른 통증 지표 영역들은 잠잠하지만, 앞띠이랑 겉질만은 활성화한다. 앞띠이랑 겉질 뉴런들에게는 타인의 고통을 느낀다는 것이 그냥 말로만 하는 소리가 아닌 것이다.

게다가 뇌는 물리적 통증과 정신적 통증을 뒤섞는다.[9] 피부, 근육, 관절의 통증 수용체가 내는 신호를 뇌로 전달하는 데 핵심적인 역할을 맡는 'P물질'이라는 신경전달물질이 있다. P물질은 통증과 떼려야 뗄 수 없는 존재다. 놀랍게도, 임상적 우울증을 앓는 환자들의 뇌에서는 P물질의 농도가 높게 나타난다. 그리고 P물질의 활동을 막는 약물은 뚜렷한 항우울 효과를 보인다. 아픈 발가락과 아픈 마음이 다르지 않은 것이다. 게다가 우리가 두려움을 느낄 때도 대뇌 겉질의 통증 신경망이 활성화하는데, 뇌가 임박한 충격을 예견하고 미리 아파하는 셈이다.

감정이입의 이면에 해당하는 상황에서도, 뇌는 현실을 물리적으로 받아들인다.[10] 미워하는 경쟁자가 성공하는 모습을 보는 건 아픈 일인데, 이때 우리 뇌에서는 앞띠이랑 겉질이 활성화한다. 거꾸로 그가 망하면, 우리는 고소해하고, 그의 아픔에서 쾌락을 느끼며, 도파민 보상 경로가 활성화한다. "네 아픔이 곧 내 아픔"이라는 말은 넣어두자. 솔직히 네 아픔은 내 기쁨이다.

혐오감과 순수성

이 주제를 담당하는 영역은 우리가 익히 안다. 섬겉질이다. 만약 당신이 상한 음식을 베어물면, 뇌에서 섬겉질이 활성화한다. 이것은 모든 포유동물에게 공통되는 현상이다. 콧등이 찌푸려지고, 윗입술이 말려 올라가고, 눈이 가느스름해진다. 모두 입, 눈, 코 안을 보호하기 위한 반응이다. 심장이 느려진다. 당신은 반사적으로 음식을 뱉고, 구역질한다. 정말로 토할 수도 있다. 모두 독소와 감염성 병원체로부터 당신을 보호하기 위한 반응이다.[11]

그런데 우리 인간은 이보다 더 희한한 일도 한다. 상한 음식을 떠올리기만 해도 섬겉질이 활성화하는 것이다. 심지어 혐오를 드러낸 얼굴, 혹은 우리가 주관적으로 못생겼다고 느끼는 얼굴을 보기만 해도 섬겉질이 활성화한다. 그뿐만이 아니다. 우리가 진심으로 괘씸하다고 여기는 행동을 떠올리기만 해도 섬겉질이 활성화한다. 섬겉질은 규범 위반에 대한 육체적 반응을 중개하며, 그 활성화 정도가 클수록 우리는 더 그 대상을 비난하게 된다. 그리고 이것은 비유가 아니라 말 그대로 육체적인 반응이다. 일례로, 내가 샌디훅 초등학교의 총기 학살 사건을 들었을 때 '속이 메스껍다'고 느꼈던 건 비유가 아니었다. 초등 1학년생 스무 명과 그들을 보호하던 어른 여섯 명이 살해된 장면을 상상하자, 정말로 **구역질**이 났다. 섬겉질은 해로운 음식을 내뱉도록 만들 뿐 아니라 악몽 같은 현실도 내뱉도록 만든다. 상징 메시지와 의미 간의 거리가 사라지는 셈이다.[12]

육체적 혐오와 도덕적 혐오의 관계는 양방향적이다. 많은 연구에서 확인된바, 우리가 도덕적으로 역겨운 행동을 상상하면 입안에 씁쓸한 뒷맛이 남는다는 것은 그냥 비유만이 아니다. 피험자들은 그런 생각 직후에 먹는 양이 줄었고, 중립적인 맛의 음료를 더 나쁜 맛으로 평가하는 편이었다(거꾸로 선행에 대해서 들은 직후에는 같은 음료를 더 좋은 맛으로 느꼈다).[13]

12장과 13장에서, 뇌가 이처럼 육체적 혐오와 도덕적 혐오를 뒤섞는 것은 정치적 측면에도 영향을 미친다고 이야기했다. 사회적 보수주의자들은 진보주의자들보다 육체적 혐오에 대한 문턱값이 낮다. 이른바 '거부감의 지혜'를 주장하는 이들은 무언가에 대한 육체적 혐오란 그 무언가의 비도덕성을 암시하는 좋은 증표라고 가정한다. 그렇다는 것은 곧 사람들에게 무의식적으로 육체적 혐오감을 느끼게 만들면(가령 악취가 나는 곳 가까이에 앉히면), 그들이 더 보수성을 띠게 된다는 것이다.[14] 이것은 육체적 혐오감이 꺼림칙한 상태라서 그런 것만은 아니다. 피험자들에게 혐오가 아니라 슬픔을 느끼도록 만든 경우에는 이런 효과가 나지 않는다. 혐오에 취약한 성향의 피험자들은 순수성을 도덕화하는 경향성이 있지만, 공포나 분노에 취약한 성향은 그런 경향성을 나타내지 않는다.*

미각적 혐오의 생리적 핵심은 우리를 병원체로부터 보호하는 것이다. 그렇다면 육체적 혐오와 도덕적 혐오를 뒤섞는 현상의 핵심은? 역시 위협의 감각과 관계되어 있다. 사회적 보수주의자가 가령 동성 혼인을 못마땅하게 보는 건 그것이 어떤 추상적 의미에서 잘못이라고 여겨서만은 아니고, 그것이 '역겹다'고 여겨서만도 아니다. 나아가 그것이 위협이라고 여기기 때문이다. 혼인과 가족 가치의 신성함에 대한 위협이다. 이 요소를 잘 보여준 훌륭한 실험이 하나 있었다. 피험자들은 공기 전염 세균의 건강상 위험에 관한 글을 일부는 읽었고, 일부는 읽지 않았다.[15] 그다음 모두가 역사에 관한 글을 읽었

* 위계와 지위를 다뤘던 앞 장의 내용을 연상시키는 흥미로운 사실 하나 더. 연구자들에 따르면, 사회경제적 지위가 낮은 피험자들은 순수성을 도덕화하는 경향성을 더 강하게 드러내지만, 정의나 위험 회피를 도덕화하는 경향성은 드러내지 않는다.

는데, 그 글에는 "남북전쟁 이후 미국은 급성장했다"처럼 미국을 하나의 생물체인 양 그리는 문장들이 있었다. 이때, 사전에 무서운 세균에 관한 글을 읽었던 피험자들은 이민에 대해 이전보다 더 부정적인 견해를 보였다(경제 사안에 대한 견해는 달라지지 않았다). 내가 추측하기로, 이민자 배제라는 전형적인 보수주의 견해를 가진 사람들이 더 나은 삶을 찾아 세계 각지로부터 미국으로 건너오려는 이들에게 역겨움을 느낄 것 같지는 않다. 그보다는 아마 그 잡다하고 불결한 무리들이 미국적 생활양식이라는 모호한 무언가에 위협이 된다고 느낄 것이다.

도덕적 혐오와 육체적 혐오가 뒤얽히는 것은 얼마나 지적인 현상일까? 섬겉질은 도덕적 혐오 중에서도 육체성이 두드러지는 항목, 이를테면 피나 배설물이나 인체 부위와 관련된 항목에만 관여할까? 폴 블룸은 그렇다고 생각한다. 반면 조너선 하이트는 가장 인지적인 형태의 도덕적 혐오도("그는 체스 그랜드마스터인데, 여덟 살 여자아이를 세 수 만에 이겨서 아이를 울렸어. 좀 혐오스러워.") 육체적 혐오와 얽혀 있다고 본다.[16] 하이트를 지지하는 증거로, 경제 게임에서 형편없는 금액을 제안받는 것처럼 비육체적인 상황에서도 섬겉질이 활성화한다(물론 그걸 제안한 상대가 컴퓨터가 아니라 인간일 때만 그렇다). 이때 활성화 정도가 클수록 피험자가 그 제안을 거절할 가능성이 높다. 어느 생각이 옳든, 도덕적 혐오가 인간의 핵심적 혐오를 건드리는 문제일 때 도덕적 혐오와 육체적 혐오가 더 강하게 얽힌다는 것만은 사실이다. 11장에서 인용했던 폴 로진의 깔끔한 요약을 다시 언급하자면, "혐오는 민족 혹은 외집단의 표지로 기능한다." 처음에 우리는 타자의 냄새에 혐오를 느끼고, 그러다보면 그다음 단계로 타자의 생각에 혐오를 느끼게 되는 것이다.

은유적으로 더럽고 무질서한 것=나쁜 것이라면, 당연히 은유적으로 깨끗하고 질서 있는 것=좋은 것이 된다.*[17] 내가 바로 앞 문단에서 '깔끔한'이

---

* 우리가 선함과 아름다움을 혼동하곤 한다는 사실을 (그래서 얼굴이 대칭적인 사람들에게 더 짧은 형기를 부과하곤 한다는 사실을) 연상시키는 이야기다. 3장에서 보았듯이, 우리는 어떤 행

라는 단어를 쓴 방식이 좋은 예다. 스와힐리어도 이와 비슷해서, '깨끗한'이라는 뜻인 단어 '사피'('청소하다'라는 뜻인 '쿠사피샤'에서 왔다)가 일상에서는 은유적으로 '멋지다'는 뜻으로 통한다. 케냐에 있을 때 한번은 웬 시골구석에서 나이로비로 가려고 히치하이킹을 하던 중이었는데, 그 동네 십대 아이가 내게 호기심을 느껴서 물었다. "어디로 가요?" 나이로비. "나이로비는 사피해요." 아이는 머나먼 수도를 동경하는 분위기로 말했다. 나이로비의 깔끔함, 달리 말해 멋짐을 이미 봐버린 사람들을 어떻게 계속 촌에 붙잡아두겠는가?

물리적인 깨끗함과 단정함이 우리에게서 추상적인 인지적·정서적 스트레스를 씻어주기도 한다. 삶이 통제 불능으로 치닫는 듯한 순간에 옷을 개고, 거실을 치우고, 세차를 하는 게 얼마나 마음을 달래주는 일인지 다들 알지 않는가.[18] 청결과 질서를 부과하려는 욕구가 엉뚱하게 발휘된 사람들이 강박반응성장애라는 전형적인 불안장애를 겪는 것을 봐도 알 수 있다. 이처럼 물리적 깨끗함이 인지를 바꿔놓을 수 있다는 것을 확인한 연구도 있었다. 피험자들은 잔뜩 쌓인 음악 CD들을 살펴본 뒤, 자신이 좋아하는 음반을 열 장 골라서 좋아하는 순서대로 순위를 매겼다. 그다음 각자가 중간 순위로(5등이나 6등으로) 고른 음반을 한 장 선물받았다. 피험자들은 이어 다른 작업으로 주의를 돌렸다가, 열 장의 음반에 다시 순위를 매겼다. 이때 피험자들이 공통적으로 드러낸 심리 현상이 있었다. 자신이 선물받은 음반을 아까보다 더 좋게 평가하여 더 높은 순위를 매기는 것이었다. 단, 사전에 손을 씻은 경우에는(최신 브랜드의 비누를 시험해본다는 핑계였다) 재평가 현상이 드러나지 않았다. 깨끗한 손이 깨끗한 마음을 만든 셈이었다.

하지만 20세기 초에 이른바 '사회 위생' 운동이 등장하기 한참 전부터도, 사람들은 은유적인 깔끔함과 깨끗함과 위생을 도덕적 상태로 여기곤 했다. 깨끗함은 치료법이 없는 설사, 탈수, 심각한 전해질 불균형을 예방하는 방법

동의 도덕성을 판단할 때와 어떤 얼굴의 아름다움을 판단할 때 비슷한 신경 회로, 즉 안쪽눈확이마앞엽 겉질을 활성화시킨다.

일뿐더러 신에게 다가가는 최고의 방법으로도 여겨졌다.

육체적 혐오감이 우리로 하여금 더 가혹한 도덕적 판단을 내리게 만드는 현상을 활용한 실험도 있었다. 연구자들은 우선 이 효과를 재현해보았다. 피험자들에게 물리적 역겨움을 일으키는 장면을 찍은 짧은 영상을 보여주자, 예상대로 피험자들은 더 비판적인 도덕적 판단을 내렸다. 하지만 영상을 본 후에 손을 씻게 하자, 그 효과가 나타나지 않았다. 피험자들이 손을 씻은 뒤 동공 지름이 줄어드는 것으로 보아 손 씻기가 정서적 각성을 누그러뜨리는지도 모른다는 것을 보여준 실험도 있었다.[19]

우리는 자신의 행동에 대해서도 육체적 정결함과 도덕적 정결함을 헷갈리곤 한다. 내가 심리학 역사를 통틀어 제일 좋아하는 실험으로 꼽는 연구에서, 토론토대학교의 종첸보와 노스웨스턴대학교의 케이티 릴젠퀴스트는 우리 뇌가 자신이 더럽게 못된 놈인지 씻지 않아서 더러운 몸인지를 곧잘 헷갈린다는 걸 보여주었다. 그들은 피험자들에게 각자 과거에 도덕적으로 착한 행동이나 나쁜 행동을 했던 기억을 떠올려보라고 시켰다. 그다음 감사 선물로 연필과 살균 물티슈 중 하나를 고르게 했다. 그러자 방금 자신의 윤리적 실패를 회고했던 사람들은 물티슈를 선택하는 확률이 높았다. 또다른 실험은 피험자들에게 거짓말을 시킨 뒤 똑같은 효과가 나타나는 것을 확인했는데, 이때 자신이 한 거짓말의 악영향이 크다고 여긴 피험자일수록 더 많이 씻으려고 했다. 피 묻은 손을 씻어서 제 죄를 씻으려고 시도했던 사람이 맥베스 부인과 본디오 빌라도만은 아니었으니, 인지가 육체적으로 구현된 이 현상을 연구자들은 '맥베스 효과'라고 부른다.[20]

이 효과는 놀랍도록 강고하다. 또다른 실험에서 피험자들은 지시에 따라 거짓말을 했는데, 입으로 한 이들도 있었고(거짓을 말했다) 손으로 한 이들도 있었다(거짓 문장을 적었다).[21] 놀랍게도 거짓말을 한 피험자들은 진실을 말한 통제군에 비해 나중에 자신의 행동에 상응하는 세정용품을 선택할 확률이 높았다. 말로 비도덕적 행동을 한 이들은 대개 구강세정제 샘플을 골랐고, 손으로 비도덕적 행동을 한 이들은 대개 비누를 골랐다. 게다가 피험자들이 구강세정제냐 비누냐를 고민할 때 그 뇌를 촬영해본 결과, 방금 말로 거짓말했던 이들의 뇌에서는 입에 관련된 감각운동 겉질 일부가 활성화했고(그 순간 그들이 자신의 입을 더 의식했다는 뜻이다), 손으로 거짓말했던 이들에게서는 손을 담당하는 겉질 영역이 활성화했다. 육체화한 인지가 몸의 특정 부위에만 작용할 수도 있는 것이다.

맥베스 효과에서 문화의 영향을 알아본 흥미진진한 연구도 있었다. 앞의 연구들은 모두 유럽인이나 미국인을 대상으로 한 것이었다. 그런데 동아시아인들을 대상으로 같은 실험을 해보니, 피험자들이 사후에 느끼는 충동은 손을 씻으려는 것이 아니라 세수를 하려는 것이었다. 체면을 지키려면 낯이 깨끗해야 하는 것이다.[22]

마지막이자 가장 중요한 점으로, 이처럼 도덕적 위생과 육체적 위생이 뒤섞이는 현상은 사람들의 실제 **행동**에도 영향을 미친다. 아까 이야기한 연구 중 피험자들이 자신의 도덕적 실패를 떠올리고 나면 손을 씻고 싶어한다는 것을 보여주었던 연구에는 후속 실험이 딸려 있었다. 피험자들은 이때도 먼저 자신이 저질렀던 비도덕적 행동을 하나 떠올렸다. 그다음 그중 일부에게만 손 씻을 기회가 주어졌다. 그러자 손을 씻은 이들은 이후 누군가로부터 도움을 요청받았을 때(연구자들이 꾸민 일이었다) 손 씻지 않은 이들에 비해 덜 돕는 경향이 있었다. 또다른 실험에서는, 피험자들이 이 상황에서 타인이 손 씻는 모습을 보기만 해도 (타인이 타자 치는 모습을 본 피험자들에 비해) 역시 나중에 남을 덜 돕는 경향이 있었다(그래도 직접 손을 씻은 피험자들보다는 이 현상이 약하게 드러났다).[23]

우리가 친사회성, 이타성, 선한 사마리아인의 친절을 발휘하는 순간은 자신의 반사회적 순간을 무효화하려는 보상 행동일 때가 많다. 그렇다면 앞의 연구들에서 알 수 있는 사실은 무엇일까? 우리가 만약 은유적으로 더러워진 손을 비은유적으로 씻을 기회가 있다면, 저울의 균형을 맞추려는 노력을 덜 기울이게 된다는 것이다.

실제 감각과 메타포적 감각

다음으로 우리가 실제 감각과 메타포적 감각을 헷갈리는 현상이 있다.

예일대학교의 존 바그가 수행했던 멋진 실험은 촉각을 살펴보았다. 그는 자원한 피험자들에게 어떤 일자리에 지원한 사람들의 이력서라고 하면서 그것을 읽고 평가해달라고 요청했다. 이때 이력서는 무게가 서로 다른 두 클립보드 중 하나에 끼워진 채였다. 그러자 더 무거운 클립보드를 받은 피험자들은 지원자를 더 '진지한' 사람으로 평가하는 경향을 보였다(지원자의 다른 특징들에 대한 평가에는 클립보드 무게가 영향을 미치지 않았다). 그러니 여러분도 다음에 취직하려고 할 때는 여러분의 이력서가 무거운 클립보드에 끼워지기를 기원해야겠다. 그렇지 않고서야 어떻게 평가자가 당신이 경량급이 아니라 사안의 무거움을 판단할 줄 알고 중량급 문제도 처리할 줄 아는 인재임을 알아보겠는가?[24]

다음 실험에서 피험자들은 매끄러운 조각들로 구성된 퍼즐 혹은 사포처럼 거친 조각들로 구성된 퍼즐을 조립한 뒤, 어떤 분위기인지 파악하기 애매한 사회적 상호작용 장면을 지켜보았다. 이때 거친 퍼즐 조각을 만졌던 피험자들은 상호작용이 덜 조화롭고, 덜 매끄럽고, 덜 성공적이라고 평가했다(그들이 그날 저녁 집에 가서 힘든 하루였다고 이야기할 때도 거친 언어를 썼을지 궁금하다).

다음으로, 피험자들은 딱딱한 의자 혹은 푹신한 의자에 앉았다(연구자들의 표현을 빌리자면, "피험자들의 바지 둔부에 무의식적 단서를 가했다"). 전자에 앉았을 때, 피험자들은 관찰 대상을 안정적이고 감정적이지 않으며 경제 게임에서 덜 유연한 사람으로 인식하는 경향이 있었다. 놀라운 일이다. 엉덩이에 느낀 촉각이 우리로 하여금 누군가를 딱 부러지는 인간으로 평가하게 만들다니. 혹은 푸근하지 않고 딱딱한 성격으로 평가하게 만들다니.

실제 감각과 메타포적 감각을 섞는 현상은 온도에서도 벌어진다. 바그의 연구진이 수행한 또다른 실험에서, 양손에 이것저것 든 연구자가 피험자에게 잠시 커피잔을 들어달라고 부탁했다. 이때 피험자들 중 절반은 따뜻한 커피를 들었고, 나머지 절반은 차가운 커피를 들었다. 그다음 피험자들은 어떤 개인을 묘사한 글을 읽은 뒤 그 사람에 관한 질문에 대답했다. 이때 따뜻한 컵을 들었던 피험자들은 그 사람이 따뜻한 성격을 갖고 있다고 평가하는 경향이 있었다(다른 성격 특징들에 대한 평가는 달라지지 않았다). 실험의 다음 단계에서는, 피험자들이 손에 쥐었던 물체의 온도가 그들의 너그러움과 신뢰 수준에 영향을 미친다는 것이 확인되었다. 손이 차면 마음도 차가워지는 것이다. 후속 연구에서는 이처럼 손이 찰 때 피험자들의 섬겉질이 더 많이 활성화한다는 사실도 확인되었다.[25]

우리 뇌는 내수용 정보에서도 메타포적 감각과 실제 감각을 헷갈린다. 현실에서 그런 상황을 보여주었던 놀라운 연구를 떠올려보자. 판사가 밥을 먹은 지 얼마나 되었나 하는 점이 수감자에게 가석방을 허가할 가능성을 예측하는 주요 지표라고 했던 연구 말이다. 배가 고프면, 판단이 가혹해진다. 또 다른 연구는 사람들이 배고플 때 돈에 더 인색해지고 시간 할인을 더 많이 한다는 것을(기다렸다가 나중에 2X의 보상을 받는 것보다 당장 X의 보상을 받기를 선호하는 경향이 있다는 뜻이다) 보여주었다. '부와 명성에 굶주리다'라는 말은 메타포일 뿐이지만, 우리 뇌는 실제 허기와 관련된 회로들을 여기에 끌어들인다. 게다가 우리는 먼 사건을 생각할 때 더 추상적인 수준의 인지를 동원한다. 사람들에게 내일 혹은 한 달 뒤에 캠핑을 갈 때 무엇을 챙길지 물어보면, 전자일 때 더 구체적인 범주의 물건들이 나열된다. 또 다른 연구에서, 피험자들은 어느 회사가 사용한 평균 종이량의 시간 추이 그래프를 보았다. 사용량은 꾸준히 늘다가, 가장 최근의 시점에 와서 다소 줄었다.[26]

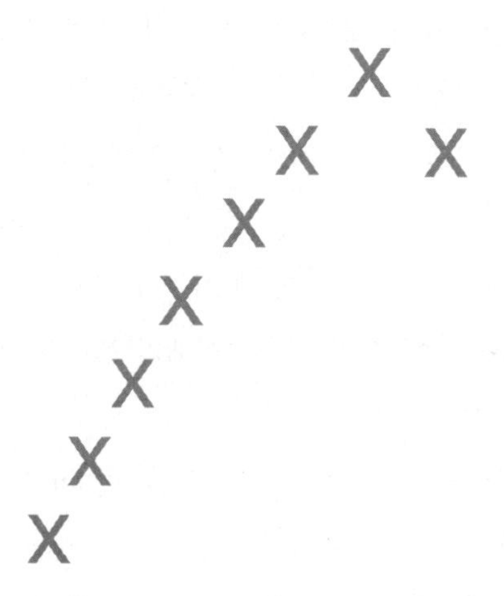

연구자는 피험자들에게 이다음 시점의 사용량이 어떻게 될지 예측해보라고 시켰다. 그리고 절반의 피험자들에게는 이 회사가 근처에 있다고 말해주었다. 그러자 피험자들은 미시분석을 수행하여, 마지막 데이터가 낮게 찍힌 것에 각별히 주목하고는 그것이 유의미한 변화로서 새로운 감소세의 시작이리라고 예측했다.

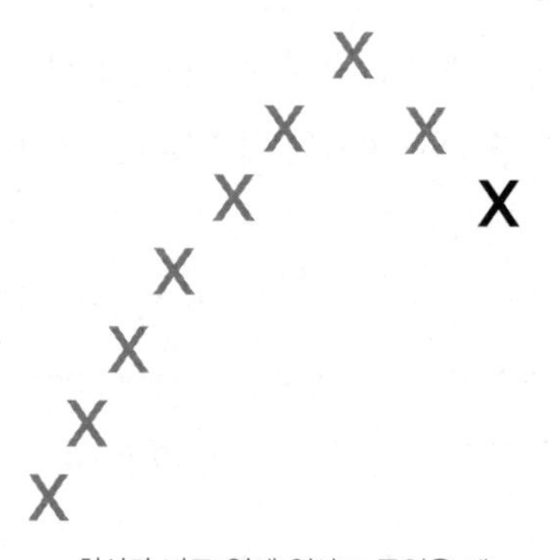

회사가 바로 옆에 있다고 들었을 때

반면 회사가 지구 반대편에 있다고 들은 피험자들은 거시적 수준에서 데이터를 분석하여, 전반적인 흐름에 더 주목하고 마지막 항목은 잠깐의 일탈일 뿐이라고 해석하는 경향을 보였다.

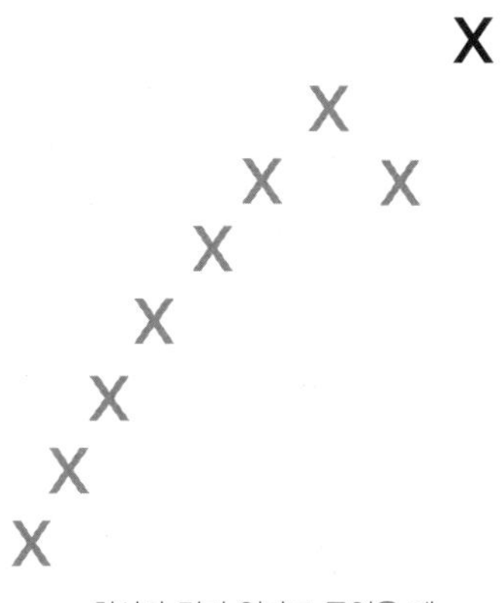

회사가 멀리 있다고 들었을 때

어떻게 된 일일까? 무게, 밀도, 감촉, 온도, 내수용 감각, 시간, 거리에 관한 메타포는 수사적 표현일 뿐이다. 그런데도 우리 뇌는 사물의 물리적 성질을 다룰 때 쓰는 뇌 회로를 동원하여, 그것을 헷갈리게 처리해버린다.

접착테이프

상징의 요체는 그것이 실제의 대역으로 기능할 수 있다는 점이다. 그런데 놀랍게도, 이처럼 기표가 기의와 무관하게 독자적인 힘을 지니게 된 것은 인간만의 현상이 아니다. 2장에서 보았듯, 쥐들에게 종소리를 보상과 연관시키도록 조건화하면, 쥐들 중 절반이 결국 종소리 자체를 보상으로 여기게 된다.

자, 그래서 우리는 찬 음료와 차가운 성격을 연관시킨다. 입으로 거짓말한 뒤에는 세정제로 입을 씻고 싶어한다. 타인의 고통에 가슴이 욱신거린다. 우리의 메타포적 상징들이 독자적인 힘을 갖출 수 있는 것이다. 하지만 상징적 사고 능력의 최고봉이 메타포라고 할 때, 우리의 뛰어난 뇌가 그걸 헷갈려서 메타포가 실제가 아님을 잊는다는 건 너무 이상하지 않은가? 왜 그럴까?

답은 10장에서 배웠던 개념에 있다. 진화가 땜장이처럼 임시변통으로 일한다는 개념이다. 자, 인간은 도덕률 및 그 심각한 위반과 같은 추상을 다루는 능력, 감정이입을 유례없는 강도로 경험하는 능력, 타인의 성품이 얼마나 친화적인지를 의식적으로 평가하는 능력을 진화시켰다. 각각 도덕적 혐오감, 타인의 고통을 느끼는 현상, 따뜻하고 차가운 성격이라고 할 수 있다. 그런데 행동 면에서 현대적인 인간이 등장한 지 얼마 되지 않았음을 감안하자면, 이런 능력들이 진화한 과정은 번갯불에 콩 볶아 먹듯이 삽시간이었을 것이다. 이런 참신한 능력들을 전담해서 다루는 뇌 영역과 회로가 새롭게 진화할 시간은 없었을 것이다. 대신 임시변통의 대책이 동원되었다. "흠, 공유된 행동 규범이 위배될 때 느끼는 강렬한 부정적 감정이라. 가만있자…… 누가 그 비슷한 경력이 있더라? 맞다, 섬겉질! 섬겉질은 강렬한 부정적 감각 자극을 처리하지. 노상 그 일만 하잖아. 그러니까 섬겉질의 담당 업무 영역을 넓혀서, 이 도덕적 혐오 작업까지 처리하도록 시키자. 그러면 될 거야. 구둣주걱이랑 접착테이프 줘봐."

발명가가 아닌 땜장이로서 진화의 핵심은 10장에서 보았던 굴절적응이다. 이것은 어떤 형질이 특정 목적으로 진화했으나 나중에 다른 목적에 유용하다는 게 확인되어서 끌어다 쓰이는 현상이다. 그 덕분에 깃털은 체온 조절뿐 아니라 비행까지 돕게 되었고, 섬겉질은 독성 물질을 게워내는 일뿐 아니라 천국 가는 일까지 돕게 되었다. 후자는 이른바 '신경 재활용'의 사례이기도 하다.[27]

이 과정이 식은 죽 먹기였다는 말은 아니다. 구역질을 일으키는 뉴런들이 어느 날 갑자기 마술처럼 대통령생명윤리위원회 운영에 간여하는 일이 쉬울 리 없다. 나는 우리 뇌에서 가장 특이한 뉴런으로서 가장 최근에 진화했고 가장 느리게 발달하는 폰에코노모 뉴런들이 앞띠이랑 겉질과 섬겉질에 압도적으로 많다는 사실이 미치도록 흥미롭게 느껴진다. 신경퇴행성 질환으로서 결국 세련된 새겉질 전체를 파괴하는 이마관자엽치매는 폰에코노모 뉴런들을 맨 먼저 죽인다. 이 세포들은 뭔가 특별히 세련된(그래서 값비싸고 취약한) 것이 틀림없다. 임시변통 땜질은 여기에 착안했으리라.

이 주제에서 가장 흥미로운 점은 "이렇게 하자, 앞띠이랑 겉질과 섬겉질을 설득해서 이 새로운 작업에 자원하게 하는 거야" 하는 과정의 초기 단계가 다른 종들에서도 관찰된다는 것이다. 14장에서 보았듯, 설치류가 다른 개체의 고통에 정서 전염과 원시 감정이입을 보이는 현상에는 앞띠이랑 겉질이 핵심적으로 관여한다. 나아가 진화의 멘사클럽인 다른 유인원들, 코끼리들, 고래들은 인간과 동일한 영역에 온전한 폰에코노모 뉴런들을 갖고 있고, 원숭이는 원시적인 형태를 갖고 있다. 흰긴수염고래도 사회규범 위반 후 지느러미를 씻고 싶어하는지는 모르겠지만, 아무튼 이 소수의 다른 종들도 우리와 함께 이 이상하고 새로운 영토에 첫발을 들인 듯하다.

메타포의 어두운 측면

우리 뇌가 메타포와 현실을 헷갈리는 현상은 현실적으로 문제가 된다. 10장으로 돌아가서, 친족선택의 진화적 중요성을 떠올려보자. 동물들이 친족을 알아보고 상대와 자신이 얼마나 가까운 사이인지 파악하기 위해서 쓰는 방법에는 여러 가지가 있다고 했다. 유전자에 따라 정해지는 페로몬 서명도 있고, 알 속에서 많이 들었던 목소리를 가진 새를 어미로 여기는 각인 현상도 있다고 했다. 영장류는 인지적 요소도 활용한다고 했다(가령 개코원숭이 수컷은 자신이 아비일 확률을 따져보고 그에 따라 부성을 발휘한다고 했다). 그중에서도 인간은 인지적 방법을 주로 쓴다. 우리는 누가 내 친척인지, 누가 우리인지 결정할 때 머리를 쓴다. 그렇기 때문에, 앞에서도 보았듯이, 우리는 어떤 개인을 실제보다 더 가깝거나 덜 가까운 관계로 착각하도록 조작하는 힘에 취약하다. 유사 친족주의와 유사 종분화 현상이다. 사람들에게 저 타자는 우리와 너무 달라서 인간으로 쳐줄 수도 없다는 생각을 불어넣는 방법은 숱하게 많다. 하지만 선동가들과 이데올로그들이 예부터 익히 안바, 사람들이 저 타자는 아예 인간으로 쳐줄 수 없다고 **느끼도록** 만드는 방법은 하나뿐이다. 섬겉질을 끌어들이는 것이다. 그리고 가장 확실하게 섬겉질을 끌어들이는 방법은 메타포를 쓰는 것이다.

1994년, 많은 서구인들이 르완다라는 국가의 존재를 처음으로 의식했다. 르완다는 중앙아프리카 산악지대에 있는 작은 나라로, 인구밀도가 세계 최고 수준이다. 먼 옛날 그곳에서 살았던 수렵채집인은 세계 여느 곳과 마찬가지로 지난 천 년간 농부들과 목축민에게 쫓겨났고, 그곳에 정착한 농부들과 목축민은 각각 후투족과 투치족이 되었다. 이들이 정말 비슷한 시기에 왔는가, 정말 다른 민족 집단인가는 아직 논의되는 문제이지만, 아무튼 후투족과 투치족은 우리/그들 가르기를 맹렬하게 수행했다. 전통적으로는 소수인 투치족이 후투족을 지배했다. 아프리카의 목축민/농부 역학관계가 흔히 그렇다. 이후 독일과 벨기에 식민 지배자들이 고전적인 분리통치 기법에 따라 이 지배관계를 활용했고, 부족 간 적대감은 더 악화했다.

1962년 독립과 더불어 형세가 역전되었다. 이제 후투족이 정부를 장악했다. 많은 투치족이 차별과 폭력을 견디다 못해 나라를 떴고, 이후 이웃 나라들에서 난민 생활을 하며 반군을 결성하여 수시로 르완다로 쳐들어와서 자신들을 위한 안전한 피난처를 마련하려고 했다. 쉽게 예상할 수 있듯이, 후투족은 그에 대응하여 반反투치 공격성을 키웠고 더 많은 차별과 학살을 저질렀다. 이후 벌어진 사건에서 한 가지 아이러니는, 후투와 투치가 애초에 다른 민족인지조차 불확실하다는 점을 보여주는 듯 양측을 구별하는 게 늘 가능하진 않다는 것이었다. 그래서 누가 어느 민족인지를 확인하는 데는 신분증이 필요했다.

1994년 당시 르완다 대통령은 쥐베날 하브야리마나였다. 후투족 군인 출신으로 1973년 권력을 잡은 독재자였던 그는 투치족 반군의 압박에 못 이겨 반군과 권력을 공유하기로 하는 평화협정에 그해 서명했다. 세를 키워가던 '후투 파워' 극단주의 진영은 협정을 배신으로 간주했다. 1994년 4월 6일, 하브야리마나가 탄 비행기가 수도 키갈리에 접근하던 중 미사일에 격추되었다. 탑승자 전원이 숨졌다. 암살을 저지른 것이 투치 반군이었는지, 아니면 하브야리마나도 없애고 그 죄도 투치에게 덮어씌우려고 꾀한 후투 파워 세력이었는지는 아직 명백히 밝혀지지 않았다. 좌우간 후투 무장세력은 하루 만에 정부 내 온건파 후투 인사들을 사실상 모조리 죽이고, 권력을 잡고, 공식적으로 암살을 투치 탓으로 돌리고, 모든 후투들에게 복수할 것을 촉구했다. 대부분의 후투들은 그 말에 따랐다. 오늘날 르완다 집단학살로 불리는 사건의 시작이었다.*

학살은 약 100일간 이어졌다(결국에는 투치 반군이 통제력을 확보하여 사태가 끝났다). 그동안 학살자들은 르완다에서 투치를 한 명도 남김없이 죽이려고 시도했을 뿐 아니라, 투치와 결혼했거나 투치를 보호하려 하거나 살해 가담을 거부하는 후투들도 죽였다. 결국에는 투치 인구의 약 75%에 달하는 80만~100만 명과 후투 약 10만 명이 살해되었다. 르완다 국민 7명 중 한 명이 죽은 셈이었다. 비율로 따져서 이것은 나치가 저지른 홀로코스트의 다섯 배에 해당한다. 서구사회는 이 학살을 대체로 무시했다.[28]

홀로코스트의 다섯 배. 주로 현대 서구의 잔혹 행위만 배워온 독자에게는 약간의 번역이 필요할지도 모르겠다. 르완다 집단학살에는 탱크나 폭격기나 대포가 쓰이지 않았다. 집단수용소, 수송 열차, 독가스도 없었다. 악의 평범성을 드러내는 관료주의도 없었다. 총조차 많지 않았다. 소작농에서 도시 전문직 종사자까지 다양한 후투들은 그 대신 몽둥이로 투치족 이웃, 친구, 배우자, 동업자, 환자, 선생, 학생을 때려 죽였다. 그들을 매질해서 죽였고, 집단 강간하고 성기를 훼손한 뒤 마체테 칼로 베어 죽였고, 피난처에 몰아넣은 뒤 건물을 홀라당 불태워 죽였다. 하루 평균 약 1만 명을 죽였다. 학살의 잔혹성을 가장 잘 보여주는 사례로 꼽을 만한 사건은 은양게라는 마을에서 벌어졌다. 그곳의 후투족 가톨릭 신부 아타나제 세롬바는 1500~2000명의 투치족 사람들을 성당으로 피난시켰다. 그중에는 자신의 교구 신도들도 많았다. 그다

* 하브야리마나의 비행기에는 이웃 나라 부룬디의 후투족 대통령이었던 시프리앵 은타랴미라도 타고 있었다. 부룬디도 르완다처럼 작고, 가난하고, 똑같은 후투/투치 갈등의 역사를 지닌 나라다. 이 사건 직후 부룬디도 부족 갈등에 기반한 내전에 휘말렸다.

음 그는 후투족 민병대를 불러들여서, 성당 안 사람들을 모조리 죽이게 했다. 강물이 핏빛으로 변했다. 은유적인 표현만이 아니었다.*

어떻게 그런 일이 벌어질 수 있었을까? 여러 요인이 있었다. 그곳 대중에게는 권위에 맹종하는 태도가 오랜 관습으로 뿌리내려 있었는데, 그것은 잔인한 독재국가가 발달하기에 유리한 조건이다. 후투 무장단체들은 몇 달 전부터 후투 사람들에게 마체테를 나눠주고 있었다. 국영 라디오 방송국은(문맹률 높은 르완다에서 제일 중요한 대중매체가 라디오였다) 투치 반군이 후투를 몰살할 의도로 침입한 것이라고, 이웃의 투치들은 그에 가담할 준비가 된 내통 세력이라고 단언했다. 여기에 또하나 유의미한 요인이 있었다. 반투치 선동가들은 끊임없이 비인간화 전략을 구사했다. 그들의 악명 높은 유사종분화 전략은 투치를 '바퀴벌레'로 지칭하는 것이었다. **바퀴벌레를 박멸하자. 바퀴벌레들이 당신의 자식을 죽일 계획을 세우고 있다. 바퀴벌레들[교활하고 유혹적인 투치 여자들]이 당신의 남편을 훔칠 것이다. 바퀴벌레들[투치 남자들]이 당신의 아내와 딸을 겁탈할 것이다. 바퀴벌레를 박멸하자, 자신을 보호하자, 바퀴벌레를 죽이자.** 일단 섬겉질이 불타오르니, 한 손에 마체테를 들고 다른 손에 트랜지스터라디오를 든 후투들은 대부분 그렇게 했다.**

---

* 그리고 지금도 핏빛 강물이 흐르고 있다. 투치 위주의 르완다애국전선 반군이 승리를 거둔 뒤, 약 200만 명의 후투족 르완다인이 보복을 겁내어(반군 지도자 폴 카가메가 대통령으로 취임한 정부하에서 실제 보복은 놀랍도록 적게 발생했지만 말이다) 나라를 떠났다. 패배한 후투 민병대는 망명한 후투족들이 살고 있던 콩고 동부의 대형 난민캠프들을 장악했고, 그곳을 거점으로 삼아 수시로 르완다를 공격하는가 하면 수백만 명이 사망한 제1, 2차 콩고전쟁에도 관여했다.

** 나는 르완다 집단학살의 과정을 지대한 관심을 갖고 지켜보았다. 그로부터 불과 몇 년 전에 르완다와 콩고 접경에서 마운틴고릴라를 찾아보느라 그곳을 방문한 적이 있었다. 어쩌면 당연하게도, 애처롭게도, 한심하게도, 가슴 아프게도, 정확히 뭐라고 해야 할지 모르겠지만 아무튼 그렇게도, 나는 르완다 사람들이 다들 친절하고 너그럽다는 인상을 받고서 돌아왔다. 그때 내가 만났던 사람들은 거의 모두가 이후 죽었거나, 살인자가 되었거나, 그리고/또는 난민이 되었을 것이다. 나도 대체 이런 책을 왜 쓰고 있나 하고 회의가 들 때가 있다. 그때마다 이렇게 생각하며 자조한다. "내가 이빨의 요정이랑 부활절 토끼랑 팀을 짜서 르완다 사람들에게 유사종분화의 생물학을 알려주는 강연을 하고 다녔다면 이 모든 사태를 예방할 수 있었을 텐데 말이야."

참혹한 결과

비인간화, 유사 종분화. 그것은 증오의 선동가들의 도구다. 그들을 역겨운 것으로 묘사하는 것. 그들을 쥐로, 암세포로, 다른 종이 되어가는 존재로 묘사하는 것. 그들을 악취 풍기는 존재로, 정상적인 인간은 아무도 견딜 수 없는 무질서 속에서 살아가는 존재로 묘사하는 것. 그들을 똥으로 묘사하는 것. 추종자들의 섬겉질이 실제와 메타포를 헷갈리도록 만드는 데 성공한다면, 당신은 목표를 99% 달성한 셈이다.

희미한 희망

우리의 목표는 양날의 칼의 선한 면을 써서 먹구름 속 한 가닥 햇빛을 잘라냈다가 궂은 날을 위해서 보관해두는 것인지도 모르겠다. 은유적으로 말하자면 그렇다는 얘기다. 증오를 부추기려는 선동가의 도구는 혐오의 상징을 효과적으로 활용하는 것이라고 했다. 하지만 우리 뇌가 메타포를 실제와 헷갈리는 현상은 평화의 기획자에게도 아주 효과적인 도구가 되어줄 수 있다.

2007년 『사이언스』에 발표한 감동적이고 중요한 논문에서, 미국/프랑스 인류학자 스콧 애트런은 로버트 액슬로드(죄수의 딜레마로 유명한 10장의 그 사람이다), 애리조나주립대학교의 갈등 전문가 리처드 데이비스와 함께 이른바 '성스러운 가치'가 갈등 해소에 어떤 힘을 발휘하는지를 살펴보았다.[29] 이것은 그린이 말한 상황, 즉 서로 다른 두 문화를 가진 목동들이 하나의 공유지를 놓고 다투는 상황과 똑같다. 두 집단은 옳고 그름에 대한 도덕적 견해가 서로 다르고, 각자 자신의 '권리'에 열렬히 집중하지만, 그 권리란 상대편에게는 아무런 의미도 힘도 없다. 그들은 성스러운 가치를 그 물질적 혹은 도구적 중요성에 비해, 그리고 성공 가능성에 비해 지나치게 강하게 방어한다. 어느 집단에게든 성스러운 가치란 '우리는 누구인가' 하는 정체성을 규정하는 요소이기 때문이다. 따라서 그런 사안에서 물질적 유인책으로 타협을 이루려는 시도는 성과가 없기 쉽고, 심지어 모욕적인 역효과를 낳을 수도 있다. 사람들은 아무리 돈을 준다고 해도 자신이 성스럽게 여기는 것을 더럽히는 선택은 하지 않는다.

애트런과 동료들은 중동 갈등에서 성스러운 가치가 맡는 역할을 살펴보았다. 우리 뇌가 실제와 상징을 헷갈리지 않는 완벽한 합리성의 세상에서라면, 이스라엘과 팔레스타인에 평화를 가져오는 일은 순전히 실체적이고, 실용적이고, 구체적인 문제들이 쟁점이 될 것이다. 국경의 위치, 팔레스타인인이 1948년에 잃은 땅에 대한 보상, 수자원, 팔레스타인 경찰의 군사화 정도, 기타 등등. 그런데 이런 기본적 문제들을 해결하는 것이 전쟁을 끝내는 한 방법일 수는 있어도, 평화는 전쟁의 부재만이 아니므로 진정한 평화를 이루려면 그들의 성스러운 가치를 인정하고 존중하는 행위가 필요하다. 애트런과 동료들은 중동의 평범한 시민에서 최고 권력자까지 모두가 성스러운 가치를 중대하게 여긴다는 것을 확인했다. 그들은 하마스 고위 지도자인 가지 하마드를 인터뷰하여, 진정한 평화의 조건을 물어보았다. 하마드는 물론 팔레스타인인들이 어언 70년 전에 잃은 집과 땅에 대한 배상을 받아야 한다고 말했다. 하지만 그것은 필요조건일 뿐 충분조건은 아니었다. 그는 "우리가 1948년에 겪은 비극에 대해서 이스라엘이 사과해야 합니다"라고 덧붙였다. 한편 당시 이스라엘 총리 베냐민 네타냐후는 연구자들과 진정한 평화의 조건을 논하면서 실질적 안보 문제들뿐 아니라 팔레스타인이 "교과서에서 반유대 서술을 바꿀 것"도 언급했다. 연구자들은 이렇게 요약했다. "합리적 의사결정 모형에 따르면, 사과처럼[혹은 교과서에서 「시온 장로 의정서」 같은 내용을

지우는 것처럼] 형체 없는 요소가 평화를 가로막는 일은 없어야 한다." 하지만 현실에서는 그런 것이 평화를 가로막는다. 적의 성스러운 상징을 인정한다는 것은 곧 그들의 인간성을, 그들도 자부심과 단결심과 과거와의 유대감을 느낀다는 것을, 무엇보다 그들도 고통을 느낄 줄 안다는 것을 인정하는 셈이기 때문이다.*

"뚜렷한 물질적 이득이 없는 상징적 양보가 언뜻 풀 수 없어 보이는 갈등을 푸는 데 결정적인 도움이 될지도 모른다." 연구자들은 이렇게 말했다. 1994년, 요르단 왕국은 아랍 국가로서는 두번째로 이스라엘과 평화조약을 맺었다. 그럼으로써 전쟁도, 과거 수십 년의 적대도 끝났다. 두 나라가 공존하기 위한 방안도 성공적으로 마련되었다. 수자원(가령 이스라엘은 요르단에 매년 5000만 세제곱미터의 물을 공급하기로 약속했다), 테러 근절을 위한 공동 노력, 양국 간 관광 촉진을 위한 공동 노력 등등 물질적이고 도구적

* 당신의 정치적 견해에 따라 아이러니하게 느껴질 수도 있고 아닐 수도 있는 사실. 연구자들은 1948년에 신생 이스라엘 국가가 끔찍한 경제 상황에도 불구하고 나치에게 살해된 유대인들의 재산에 대한 대가로 보상금을 주겠다고 한 독일의 제안을 거절했다는 것을, 정확하게는 독일이 공개적으로 속죄하지 않는 한 받지 않겠다고 말했다는 것을 성스러운 가치의 중요성을 보여주는 한 사례로 꼽는다.

인 문제들을 다룬 방안이었다. 그러나 진정한 평화와 비슷한 무언가가 형성되고 있음을 보여준 증거는 그로부터 일 년 뒤에 나타났다. 또 한번 평화의 순교자가 탄생한 뒤였다. 오슬로평화협정의 설계자 중 한 명이었던 이스라엘 총리 이츠하크 라빈이 이스라엘 극우파 청년에게 암살되었던 것이다. 놀랍게도, 후세인 요르단 국왕은 라빈의 장례식에 참석하여 추도사를 낭독했다. 그는 앞줄에 앉은 라빈 부인에게 이렇게 말했다.

> 내 자매인 레아 라빈 부인, 친구 여러분, 내가 형제이자 동료이자 친구였던 사람을 잃고 이렇게 슬퍼하는 날이 오리라고는 꿈에도 생각지 못했습니다.

후세인의 참석과 발언은 평화를 가로막는 합리적 장애물 중 무엇과도 명백한 관련이 없었다. 하지만 그것은 어마어마하게 중요했다.[30]

북아일랜드에서도 비슷한 과정이 있었다. 1994년 IRA(아일랜드공화국군)가 휴전을 선언함으로써 북아일랜드 분쟁의 폭력 사태가 끝났고, 1998년에는 벨파스트협정이 체결되어 공화파와 연합파가 공존할 길이 열렸다. 연합파 출신 선동가들과 IRA 출신 총잡이들이 한 정부에서 일하게 되었다. 협정의 내용은 대체로 물질적이거나 도구적인 사안을 다루는 것이었지만, 성스러운 가치에 관한 내용도 있었다. 일례로, 협정은 이른바 행진위원회를 설립하여 두 집단이 벨파스트의 상대편 동네에서 상징적이고 선동적인 행진을 벌이던 관행을 단속하기로 했다. 그런데 항구적 평화가 정착했음을 보여주는 가장 구체적 신호라고 꼽을 만한 사건은 전혀 예상치 못한 측면에서 나타났다. 협정 후 구성된 공동 정부의 행정수반은 피터 로빈슨이었고, 부수반은 마틴 맥기네스였다. 과거에 로빈슨은 연합파의 불같은 선동가였고, 맥기네스는 IRA의 정치적 정파를 이끌던 사람이었다. 두 남자는 북아일랜드 분쟁의 적대감을 체화한 존재였다. 일은 함께 했지만 그뿐이었고, 악수마저 거절해온 앙숙으로 유명했다(라빈과 야세르 아라파트도 그럭저럭 해낸 일이었는데 말이다). 어떻게 그 싸늘한 사이가 녹았을까? 2010년, 로빈슨은 정치인 아내가 관련된 큰 스캔들에 휘말렸다. 그의 아내가 부정한 동기로 말미암아 중대한 금전적 부정을 저지른 사실이, 달리 말해 19세 애인에게 돈을 끌어다준 사실이 밝혀졌다. 그리하여 역사가 만들어졌다. 맥기네스가 위로의 악수를 제안하고 로빈슨이 그 손을 잡은 것이었다. 사내들 간의 성스러운 가치가 만들어낸 순간이었다.*[31]

남아프리카공화국에서도 비슷한 변화가 있었다. 그 변화를 퍼뜨린 주역은 성스러운 가치 인정에 천재적 재능을 가졌던 넬슨 만델라였다.[32] 만델라는 로번섬에 갇혀 있는 동안 아프리칸스어를 독학하고 아프리칸스문화를 익혔다. 자신을 가둔 사람들이 하는 말을 알아듣기 위해서였지만, 나아가 그들의 사고방식을 이해하기 위해서였다. 자유로운 남아프리카공화국이 탄생하기 직전의 어느 시점에, 만델라는 아프리칸스 지도자 콘스탄트 필윤 장군과 비밀 협상을 하게 되었다. 아파르트헤이트 시절에 남아프리카 방위군 지휘자였고 이제 아파르트헤이트 해체에 반대하는 아프리카너 국민전선을 창설한 필윤은 5~6만 명의 아프리칸스 방위군을 이끌었다. 그는 다가오는 최초의 자유선거를 망치고 어쩌면 내전을 일으켜 수천 명을 죽일 수도 있는 입장이었다.

두 사람은 만델라의 집에서 만났다. 장군은 회의석을 사이에 두고 긴장된

---

* 북아일랜드에 평화가 구축되는 과정에는 그 밖에도 성스러운 가치와 상징에 관련된 사건들이 많이 따랐다. 일례로, 누구보다 무자비한 연합주의자였던 이언 페이즐리 목사가 북아일랜드의 첫 총리가 된 무렵 가톨릭 신자인 아일랜드의 총리 버티 어헌이 페이즐리 부부의 금혼식 선물로 나무 그릇을 하나 보냈다. 이것은 대단히 의미 있는 선물이었다. 1690년에 프로테스탄트 윌리엄 3세(오렌지공)가 가톨릭 제임스 2세를 패퇴시킨 보인강 전투의 사적지에 있던 나무로 만든 그릇이었기 때문이다. 윌리엄 3세의 그 승리는 이후 수백 년 동안 프로테스탄트가 아일랜드에서 위세를 떨치는 데 결정적으로 기여했으므로, 가톨릭교도들에게는 끊임없는 고통의 근원이고 개신교도들에게는 자랑스러움의 근원이다(개신교도들은 이 승리를 기념하여 매년 7월 12일에 가톨릭교도들의 동네를 행진하는데, 그 선동적인 행사는 으레 폭력으로 끝맺는다). 어헌은 연합주의자가 그 사적지에 부여하는 성스러운 역사적 의미를 인정한 것이었고, 그것은 엄청난 일이었다. 페이즐리는 곧 그 사적지를 어헌과 함께 방문함으로써 호의에 호의로 답했다. 1685년산 머스킷총을 선물로 가져간 페이즐리는 그 사적지가 모든 아일랜드 사람들에게 중요한 장소라고 말했다.

협상이 진행되리라고 예상했던 모양이다. 그 대신 만델라는 생글생글 화기애애한 태도로 장군을 맞아서 아늑한 거실로 안내했고, 그 어떤 딱딱한 엉덩이도 녹일 만큼 편한 소파에 나란히 앉은 뒤 아프리칸스어로 말을 걸었다. 스포츠에 관한 잡담도 나누면서, 간간이 일어나서 손수 차와 간식을 내왔다. 그렇다고 해서 장군이 만델라의 단짝이 되거나 하는 일은 없었고, 만델라의 어느 언행들이 각각 얼마나 중요했는지 평가할 수도 없지만, 필윤은 분명 만델라가 아프리칸스어를 쓰는 데 놀랐고, 만델라가 아프리칸스문화에 익숙한 듯 다정하게 수다를 떠는 데도 놀랐다. 그것은 성스러운 가치에 대한 진정한 존중이었다. "만델라는 만나는 사람 모두를 제 편으로 만든다." 필윤은 나중에 이렇게 말했다. 만델라는 그 대화중에 필윤에게 무장봉기를 포기하고 그 대신 다가오는 선거에 자신의 경쟁자로 출마하라고 설득해냈다. 1999년 만델라가 대통령에서 퇴임했을 때, 필윤은 의회에서 만델라를 기리는 연설을 더듬더듬 짧게 했는데…… 만델라의 모어인 코사어로 했다.*

새로운 남아프리카공화국의 성공적 탄생 과정에는 성스러운 가치를 존중하는 행위가 가득했다. 그중 가장 유명한 것은 만델라가 공개적으로 럭비를 받아들인 게 아니었을까 싶다. 럭비는 아프리칸스문화를 상징하는 스포츠로서, 남아프리카공화국의 흑인들에게는 역사적으로 경멸의 대상이었다. 또 유명한 결과가 있었다. 그것은 책과 영화로도 그려질 만큼 지각변동이나 다름없는 상징적 행위였다. 아프리칸스 선수가 대부분이었던 럭비 국가대표팀이 ANC(아프리카민족회의) 당가였던 찬송가 〈신이여 아프리카를 축복하소서〉를 부르고, 이어 흑인 합창단이 남아프리카의 험준한 산맥을 우락부락하

* 어떻게 필윤과 만델라가 그 소파에서 비밀 회동을 하게 되었을까? 어느 선도적 반아파르트헤이트 신학자의 중재가 있었다. 그리고 그 신학자는…… 필윤의 쌍둥이 형제인 아브라함 필윤이었다. 형제는 사이가 소원해진 상태였지만, 그래도 장군은 우파 암살단이 제 쌍둥이 형제를 암살하려는 것을 한 번 이상 막아주었다고 한다. 필윤 쌍둥이는 8장의 교재나 마찬가지다. 그들은 일란성 쌍둥이로서 같은 유전자를 타고났지만, 극단적으로 다른 정치적 견해와 세계관을 가졌다. 한편으로는 같은 유전자를 타고났기 때문인지, 둘 다 자신이 성스러운 가치라고 믿는 대의에 헌신하여 제 목숨까지 거는 카리스마적 지도자가 되었다.

게 노래한 아프리칸스의 국가 〈남아프리카의 목소리〉를 부른 사건이었다.*
그것은 1995년 요하네스버그에서 열린 럭비 월드컵에서 주최국 남아프리카 공화국 팀이 약체임에도 불구하고 전설적인 우승을 거두기 전에 벌어진 일이었다.

나는 그 월드컵에서 그 노래들이 불린 장면을 유튜브 동영상으로 하루종일이라도 볼 수 있다. 막 르완다에 관한 이야기를 쓴 참이라서 더 그렇다. 후세인, 맥기네스, 로빈슨, 필윤, 만델라는 우리에게 무엇을 보여주었을까? 우리가 실제와 메타포를 헷갈리는 현상, 상징에 목숨을 걸 만한 성스러움을 부여하는 현상을 잘 이용하면 최선의 행동을 끌어낼 수도 있다는 것을 보여주었다. 여러분이 곧 만날 이 책의 마지막 장이 그 이야기다.

---

* 유튜브에서 실제 장면을 볼 수 있다. www.youtube.com/watch?v=Ncwee9IAu8I. 현재 남아공 국가는 두 노래를 합성한 것으로, 줄루어와 소토어와 영어를 번갈아 부른다. 그 존재는 대단히 감동적이지만, 수시로 언어를 바꿔가며 제대로 부르려면 골이 빠지게 힘들 것 같다.

16장

생물학과 형사사법제도, 그리고 (내친김에) 자유의지*

눈물관 확인을 잊지 말라

몇 년 전, 어느 재단이 다양한 사람들에게 연락하여 자신들이 후원할 만한 '원대한 발상'이 있다면 알려달라고 요청했다. 편지 내용은 대충 이랬다. "다른 재단에 보냈다가는 미쳤다는 소리를 들을까봐 절대 보내지 않을, 도발적인 아이디어를 보내주십시오."

재밌어 보였다. 나는 '형사사법제도를 폐지해야 하는가?'라는 제목으로 제안서를 보냈다. 그 답은 '그렇다'라고 주장하며, 그 제도가 타당하지 않다는 걸 신경과학이 보여주고 있으므로 재단은 그 제도의 폐지 계획을 후원해야 한다고 주장했다.

"하하하." 재단은 이렇게 대답했다. "도발해달라고 한 건 우리니까요. 당신의 의견은 확실히 눈에 띄었습니다. 신경과학과 법의 상호작용을 살펴보자

* 이 장을 읽고 꼼꼼히 검토해준 조슈아 그린과 오언 존스에게 대단히 고맙다.

는 건 멋진 생각입니다. 회의를 엽시다."

그래서 나는 신경과학자들과 법학 교수, 판사, 범죄학자 등 법조계 사람들이 함께하는 회의에 참석했다. 우리는 상대방의 용어를 배웠다. 이를테면 신경과학자들과 법조계 사람들이 "가능하다" "가능성이 높다" "확실하다"라는 말을 얼마나 다른 뜻으로 쓰는지 알았다. 나를 비롯하여 대부분의 신경과학자들이 법조계의 작동 방식을 눈곱만큼도 모른다는 걸 발견했고, 대부분의 법조계 사람들은 9학년 생물 수업에서 트라우마를 얻은 이래 과학을 멀리해왔다는 걸 발견했다. 두 문화 문제에도 불구하고 그 계기로부터 다채로운 공동 연구가 시작되었고, 결국 그 자리는 '신경법학'을 연구하는 사람들의 모임으로 발전했다.

재밌고, 지적 자극이 되고, 학제 간 접촉의 활기가 넘치는 자리였다. 또한 내게는 실망스러운 자리였다. 왜냐하면 내가 쓴 제안서 제목은 진심이었기 때문이다. 현재의 형사사법제도는 폐지되어야 한다. 그리고 현재의 제도와 거시적 속성은 일부 공유하더라도* 기본 취지는 전혀 다른 새로운 제도로 대체되어야 한다. 나는 이 주장을 여러분에게 납득시키고자 한다. 그리고 이 이야기는 이 장의 전반부일 뿐이다.

형사사법제도에 개혁이 필요하다는 말, 법정이 지금보다 과학을 더 활용하고 유사과학은 덜 활용해야 한다는 말에 가타부타할 사람은 없을 것이다. 잘 모르겠다고? 이 사실을 떠올려보라. 이노센스 프로젝트에 따르면, 미국에서 지금껏 근 350명의 죄수가 DNA 지문 감식 덕분에 무죄 방면되었다. 개중 사형수도 20명이나 되었고, 평균 수감 기간은 14년이었다.[1]

그럼에도 나는 과학에 근거한 형사사법제도 개혁이라는 주제를 거의 무시하겠다. 내가 완전히 건너뛸 뜨거운 쟁점 몇 가지는 다음과 같다.

---

* 위험한 사람들을 다른 사람들로부터 떨어뜨려놓는 것은 지금처럼 계속한다는 말이다. 이 점에 관한 오해가 없도록 미리 밝혀둔다.

* 누구나 품고 있는 자동적·암묵적 편향의 영향력을 어쩔 것인가 (그로 인해 가령 배심원들은 피부색이 어두운 아프리카계 피고에게 더 가혹한 결정을 내리곤 한다). 배심원을 고를 때, 사안에 관련된 편향을 강하게 지닌 사람들을 배제하기 위해서 미리 암묵적 연합 검사라도 해야 하나?
* 피고의 뇌 영상 정보를 법정에서 증거로 채택해야 하는가의 문제.[2] 뇌 영상이 혁신적 기술에서 과학의 표준 도구로 변함으로써, 이 문제를 둘러싼 논쟁은 줄었다. 하지만 배심원들에게 실제 뇌 영상 사진을 보여줘도 되는가의 문제는 남아 있다. 근사하게 색 보정을 한 뇌 사진에 비전문가들이 지나치게 감명받을지도 모른다는 우려가 있다(걱정만큼 큰 문제는 아닌 것으로 확인되고 있다).
* 어떤 사람의 진실성에 관한 뇌 영상 데이터를 법정에서 (또는 보안 허가가 필요한 작업장에서) 채택해야 하는가의 문제. 내가 아는 한, 전문가 중에서 이 기술이 충분히 정확하다고 여기는 사람은 아무도 없다. 그런데도 이 방법을 판매하는 사업자들이 있다 (개중에는 '거짓말 안 하는 MRI'라는 회사도 있다. 진짜다). 이 문제는 그만큼 첨단적이진 않지만 똑같이 신뢰도가 떨어지는 거짓말 탐지 기술에도 적용된다. 이를테면 뇌파도EEG가 그렇다. 인도에서는 뇌파도를 법정 증거로 인정한다.[3]
* 어떤 사람이 사형의 대상이 될 만하다고 보는 IQ 최저 기준은 얼마여야 하는가? 현재는 보통 IQ 70 이상이다. 하지만 이것이 여러 차례 시험의 **평균값**이어야 하는지, 아니면 딱 한 번만이라도 이 마법의 숫자가 나오면 사형수가 될 수 있는 것인지는 논란이 있다. 전체 사형수의 약 20%에게 적용되는 문제다.[4]
* 과학적 발견이 배심원들에게 새로운 인지 편향을 낳을 수 있다는 사실을 어떻게 할 것인가. 예를 들어, 조현병이 생물학적 질병이라고 믿게 된 배심원들은 조현병 환자에게 유죄를 선고하지 않을

가능성이 높지만, 대신 그들을 치료가 불가능하고 위험한 사람으로 볼 가능성이 더 높아진다.[5]

* 사법제도는 사고와 행동을 구별한다. 그런데 신경과학이 차츰 전자의 정체를 밝혀내고 있는 상황을 어떻게 할 것인가. 우리는 누가 범죄를 **저지를지를** 미리 예측하는 사전 발견을 추구하는 것일까? 한 전문가의 말을 빌리면, "우리는 머릿속을 사적 영역으로 둘 것인가 말 것인가를 결정해야 한다".[6]
* 그리고 물론, 판사들이 배가 꼬르륵거릴 때는 더 가혹한 판결을 내린다는 문제가 있다.*[7]

모두 중요한 문제들이다. 나도 진보 정치, 시민 자유, 새로운 과학에 대한 엄격한 기준의 접점에서 개혁이 필요하다고 생각한다. 요컨대 이것은 전형적인 진보 의제다. 나는 대체로 그린 듯한 골수 진보주의자다. NPR 프로그램들의 테마송을 외울 정도다. 하지만 이 장에서는 형사사법 개혁에 대한 진보적 접근법에 전혀 수긍하지 않을 것이다. 그 이유는 법적 쟁점에 대한 진보적 접근법의 전형을 보여주는 아래 사례로 간단히 설명할 수 있다.

때는 1500년대 중순이다. 아마도 사회 기강이 해이해지고 사람들이 타의 반 자의 반 타락한 탓에, 유럽에 마녀들이 활개친다. 이것은 큰 문제다. 사람들은 밤에 바깥출입을 무서워한다. 여론 조사를 보면, 평범한 소작인들은 '흑사병'이나 '오토만'보다 '마녀'를 더 두려운 존재로 꼽는다. 폭군을 꿈꾸는

* 내가 아예 입에 담지 않을 쟁점도 있다. 이런 뉴에이지풍 개념이다. "당연히 우리에게는 자유의지가 있죠. 기계론적 우주가 우리 행동을 결정한다고 말할 순 없어요. 양자역학 때문에 우주는 불확정적이니까요." 아아. 이 문제를 생각해본 합리적인 사람은 다음을 지적할 것이다. ⓐ양자역학이 말하는 아원자적 불확정성은 (내가 전혀 이해하지 못하는 내용이지만) 그보다 높은 차원에 영향을 미치지 못하고, ⓑ만에 하나 영향을 미치더라도, 그 결과는 행동을 의지로 통제하는 자유가 아니라 행동의 완벽한 무작위성일 것이다. 철학자/뇌과학자로서 자유의지의 파괴자인 샘 해리스가 말하기를, 만약 양자역학이 이 문제에서 무슨 역할을 한다면, "모든 사고와 행동에는 '내가 뭐에 씌었는지 모르겠어요' 하는 말이 적용될 것이다." 다만 당신은 이 말을 실제로 뱉을 수 없을 것이다. 혀 근육이 무작위적으로 움직이는 바람에 기껏해야 꾸르륵 소리만 나올 테니까.

이들은 마녀에 대한 강경책을 약속하여 사람들의 지지를 얻는다.

다행히, 누가 마녀인지 아닌지를 판정하는 법적 기준이 세 가지 있다.[8]

* 물에 띄우기 시험. 마녀는 세례식을 거부하므로, 물도 마녀의 몸을 거부할 것이다. 그러니 혐의자를 잡아다가 결박하여 물에 던져 넣자. 만약 물에 뜬다면, 그는 마녀다. 만약 가라앉는다면, 그는 무죄다. 후자의 경우에는 얼른 그를 건져내자.
* 악마의 지점 찾기 시험. 악마가 사람 몸에 들어가서 그를 마녀로 만드는 것인데, 그때 그 침입 지점은 고통을 느끼지 못하게 된다. 그러니 혐의자의 온몸에 한 점도 빼놓지 않고 체계적으로 모종의 고통을 가해보자. 만약 다른 부위보다 통증을 덜 느끼는 지점이 발견된다면, 그곳이 바로 악마가 들어간 지점이다. 그는 마녀다.
* 눈물 시험. 혐의자에게 우리 주 그리스도가 십자가에 못박힌 이야기를 들려주자. 감동하여 눈물을 흘리지 않는 사람이 있다면, 그가 마녀다.

이처럼 잘 정리된 기준 덕분에, 권력자들은 수천 명의 마녀를 알아보고 적절히 처벌함으로써 마녀 파동에 맞서 싸울 수 있었다.

1563년, 네덜란드의 의사 요한 베이어르가 『악마의 속임수에 관하여』라는 책을 냈다. 마녀 사법제도의 개혁을 주장하는 책이었다. 그도 물론 마녀라는 사악한 존재가 있다는 것, 그들을 엄하게 처벌해야 한다는 것, 앞의 세 시험과 같은 대응 기법이 전반적으로 적합하다는 것을 인정했다.

하지만 베이어르는 나이 지긋한 마녀를 다룰 때는 한 가지 중요하게 고려할 점이 있다고 주장했다. 나이든 사람들, 특히 여성들 중에는 가끔 눈물샘이 위축되어 눈물을 흘리지 못하는 사람이 있다는 점이다. 어머나, 그렇다면 무고한 사람을 마녀로 선고할 위험이 있다는 것 아닌가. 동정심 많은 베이어르는 이를 염려하여 이렇게 조언했다. "그저 가련한 늙은 여자의 눈물샘이 고

장난 것 때문에 그를 화형시키지 않도록 주의하라."

이것이 바로 마녀 사법제도의 진보적 개혁이다. 비합리적인 전체를 놓아두고 작은 한구석에만 약간의 합리적 사고를 적용하는 것. 오늘날 사법제도를 과학적으로 개혁한다는 것도 이와 비슷하고, 그래서 더 극단적인 조치가 필요하다.*

세 가지 관점

본론으로 들어가자. 범죄적이든 아니든 인간의 행동을 이해하는 데서 생물학이 어떤 위치를 차지하는가를 바라보는 관점은 세 가지가 있다.

1. 우리는 자신의 행동에 완벽한 자유의지를 발휘한다.
2. 우리에게 자유의지란 없다.
3. 그 중간 어디쯤이다.

사람들에게 각자의 견해를 논리적으로 연장하여 세심하게 따라가보라고 요구할 경우, 모르면 몰라도 첫번째 명제를 끝까지 지지하는 사람은 0.001%도 안 될 것이다. 누가 뇌전증 대발작을 일으켜서 팔을 휘두르다가 딴 사람을 쳤다고 하자. 만약 당신이 우리에게는 자신의 행동을 자유롭게 통제하는 능력이 있다고 진심으로 믿는다면, 마땅히 이때 팔을 휘두른 사람에게 폭행죄를 선고해야 한다.

그런 선고가 어이없다는 데에 거의 모두가 동의하지 않을까. 하지만 500년 전 유럽 대부분 지역에서는 그런 법적 선고가 내려졌을 것이다.[9] 오늘날 우리가 그 결정을 터무니없게 여기는 것은 서구사회가 지난 수백 년간 결정적

* 모두가 베이어르를 얼마나 무른 인간으로 여겼는가 하면, 가톨릭 교회뿐 아니라 선구적 개혁파 성직자들도 그의 책을 금서로 규정했다.

인 선을 넘었고, 이제 그 건너편 세상을 상상조차 할 수 없을 만큼 그로부터 멀어졌기 때문이다. "그의 탓이 아니라 그의 병 탓이야." 그동안의 발전을 한마디로 요약한 이 생각을 우리는 다들 받아들인다. 이것은 생물학이 우리의 자유의지라나 뭐라나를 가끔 압도하는 때가 있다는 생각이나 마찬가지다. 그 여성은 악의적으로 당신에게 부딪친 게 아니라, 시각장애인이라서 그런 것이다. 대형을 지어 섰던 그 군인이 기절한 것은 정신력이 부족해서가 아니라, 당뇨 환자라서 인슐린이 필요한 것뿐이다. 그 여성이 웬 노인이 쓰러지는 걸 보고도 돕지 않은 것은 냉담해서가 아니라, 척수 마비 환자라서 그런 것이다. 이와 비슷한 생각의 전환이 그동안 형사 책임 영역에서도 이뤄졌다. 예를 들어, 200년에서 700년 전에는 동물이나 사물이나 시체가 고의로 사람을 해쳤다고 해서 고발당하는 일이 비일비재했다. 어떤 재판은 묘하게 현대적이었다. 1457년에 돼지 한 마리와 그 새끼들이 어린아이를 먹은 죄로 재판정에 섰는데, 돼지는 유죄를 선고받고 처형되었지만, 새끼들은 너무 어려서 책임 능력이 없다고 판결되었다. 판사가 새끼 돼지들의 이마엽 겉질 미성숙을 언급했는지는 알 수 없지만 말이다.

우리가 자신의 행동을 의식적으로 완벽하게 통제한다고, 즉 생물학이 우리를 조금도 구속하지 않는다고 믿는 사람은 거의 없다. 따라서 이 입장은 앞으로 두 번 다시 거론하지 않겠다.

한계선 긋기

거의 모든 사람은 세번째 명제를 믿는다. 우리가 완전한 자유의지와 자유의지 없음 사이의 어딘가에 있다는 믿음, 이런 자유의지 개념이 생물학에 체화된 결정론적 우주 법칙과 양립 가능하다는 믿음이다. 그런데 상당히 협소한 철학적 입장인 '양립 가능론'에 해당한다고 볼 수 있는 건 이 견해 중에서도 작은 일부뿐이다. 나머지는 그 대신 우리에게 자유의지를 체화한 정신이랄까, 영혼이랄까, 정수랄까 하는 것이 있다는 생각, 그것으로부터 행동의 의도가 나온다는 생각, 그 정신이랄까 하는 것이 가끔 그것을 속박하곤 하는 생물학과 공존한다는 생각에 가깝다. 이것은 자유론적 이원론에 가깝고(여기서 '자유론'은 정치적 의지가 아니라 철학적 의미다), 그린은 이것을 "경감된 자유의지"라고 부른다. 이것은 한마디로, 비록 선의를 가진 정신이 의지를 발휘하더라도 육신이 너무 약하면 그 의지가 좌절될 수 있다고 보는 생각이다.

경감된 자유의지가 법적으로 확실히 어떤 개념인지부터 살펴보자.

1842년, 대니얼 맥노튼이라는 스코틀랜드인이 영국 총리 로버트 필을 암살하려고 했다.[10] 하지만 맥노튼은 필의 개인 비서였던 에드워드 드러먼드를 총리로 착각하여, 드러먼드를 근거리에서 쏘아 죽였다. 기소인부 절차에서 맥노튼은 이렇게 말했다. "고향 도시의 토리당이 나를 이렇게 만들었습니다. 그들은 내가 어딜 가든 쫓아와서 괴롭히며, 마음의 평화를 산산조각냈습니다. 그들은 프랑스로도, 스코틀랜드로도 나를 쫓아왔습니다…… 어디로든. 나는 그들에게 밤낮없이 시달립니다. 잠도 못 잡니다…… 그들이 나를 이렇게 쇠약하게 만들었습니다. 나는 다시는 과거의 내가 될 수 없을 겁니다…… 그들은 나를 살해하려고 합니다. 증거로 입증할 수 있습니다…… 나는 그들의 핍박에 절박해졌습니다."

오늘날의 용어로 말하자면, 맥노튼은 일종의 편집증을 앓았다. 조현병은 아니었을 것 같다. 그의 망상 증상이 조현병의 전형적 발병 연령보다 상당히 늦게 나타났기 때문이다. 병명이 무엇이든, 맥노튼은 사업을 팽개치고 이전 두 해 동안 유럽을 쏘다녔다. 내내 환청을 들었고, 유력자들이 자신을 염탐하며 핍박한다고 믿었는데, 최악의 고문자가 필이었다. 맥노튼의 정신 감정을 맡은 의사는 이렇게 증언했다. "망상이 너무 강해서, 물리적 저지가 아니고서는 무엇도 그가 그 행위를[즉 살인을] 저지르는 걸 막을 수 없었을 것입니다." 맥노튼의 이상이 워낙 명백했기에 검찰은 형사 고발을 취하했고, 피고인 측과 정신 이상으로 합의했다. 배심원들도 동의했다. 맥노튼은 여생을 정신

병원에서 보냈고, 당시 기준으로 비교적 잘 치료받았다.

배심원들이 그렇게 평결한 뒤, 일반 시민들부터 빅토리아여왕까지 각지에서 항의가 터져나왔다. 맥노튼이 살인을 저지르고도 빠져나갔다는 항의였다. 주심 판사는 의회의 문책을 받았지만, 결정을 고수했다. 의회는 대법원에 해당하는 조직에 사건 검토를 맡겼는데, 그 결과도 판사를 지지하는 입장이었다. 그리고 이 결정으로부터 오늘날 정신 이상을 근거로 무죄를 선언할 때 흔히 쓰이는 기준, 이른바 '맥노튼 규칙'이 공식화되었다. 피고인이 범행 시점에 '정신질환으로 인한 심각한 이성 결여'로 옳고 그름을 구별하지 못하는 상태였는가 하는 것이 그 기준이다.*

1981년 레이건 대통령을 암살하려고 시도했던 존 힝클리 주니어가 정신 이상을 근거로 무죄 선고를 받고 교도소 대신 병원에 수용된 것도 맥노튼 규칙에 따른 결과였다. 이후 "범죄자를 풀어주다니" 하는 항의가 일었고, 많은 주들이 맥노튼 기준을 금지했으며, 의회는 1984년 정신이상항변개혁법을 제정함으로써 사실상 연방 재판에서 그 규칙을 금지했다.** 그렇지만 맥노튼 규칙의 바탕에 깔린 논리는 대체로 시간의 시험을 견뎌냈다.

사람들은 자신의 행동에 책임을 져야 하지만, 적나라한 정신병이 있는 경우는 경감 사유가 될 수 있다는 것. 이것이 바로 경감된 자유의지 입장의 골자다. 우리 행동에 대한 책임이 '경감될' 수 있다는 생각, 절반만 자발적인 행동이 있을 수 있다는 생각이다.

나는 이 경감된 자유의지를 다음과 같이 이해해왔다.

우선 뇌가 있다. 뉴런, 시냅스, 신경전달물질, 수용체, 뇌 특정적 전사인자, 후성유전적 효과, 신경생성 중 유전자 이동 등등을 다 포함한 것이다. 뇌의 기능에 영향을 미치는 요소들도 있다. 출생 전 환경, 유전자, 호르몬, 부모가 권위적이었는가, 소속된 문화가 평등주의적인가, 아동기에 폭력을 목격했는

---

* 맥노튼에 대한 배경 조사를 맡아준 훌륭한 대학생(지금은 우리 아이들의 학교에서 생물을 가르치는 멋진 선생님이다!) 톰 맥패든에게 고맙다.

** '개혁'이라는 단어가 이런 맥락으로 사용되는 게 마음에 쏙 든다.

가, 아침을 먹었는가 등등이다. 이 책에서 이야기한 모든 것들, 그 전체다.

그와 별개로, 뇌의 한구석에 숨겨진 콘크리트 벙커 속에서 웬 작은 인간이 제어반에 앉아 있다. 이 작은 인간은 나노칩, 구식 진공관, 쭈글쭈글한 고대 양피지, 어머니의 꾸짖음이 응축된 결정, 이글거리는 지옥불, 상식의 못 등등으로 이뤄졌다. 한마디로, 물컹물컹한 생물학적 뇌 성분으로 만들어지지 않았다.

바로 그 작은 인간이 거기서 행동을 통제한다. 간혹 그의 역량을 벗어나는 일도 있다. 가령 발작은 작은 인간의 퓨즈를 날리기 때문에, 그는 시스템을 재부팅하고 망가진 파일을 확인해봐야 한다. 술, 알츠하이머병, 척수 절단, 저혈당 쇼크도 마찬가지다.

작은 인간과 생물학적 뇌 성분이 평화롭게 공존하는 영역도 있다. 가령 호흡은 보통 생물학이 자동으로 조절하지만, 당신이 아리아를 부르기 전 심호흡을 할 때는 다르다. 그 순간에는 작은 인간이 잠시 자동 조종 장치를 압도한다.

하지만 그 밖의 상황에서는 늘 작은 인간이 결정을 내린다. 당연히 그는 뇌가 보내는 신호와 정보를 모두 꼼꼼히 살피고, 호르몬 수치를 확인하고, 신경생물학 저널을 훑어보고, 모든 사항을 고려한 뒤, 심사숙고 끝에 당신이 어떤 행동을 할지를 결정한다. 뇌 속에 있지만 뇌의 일부는 아닌 그 작은 인간은 현대 과학을 이루는 우주의 유물론적 법칙과는 무관하게 작동한다.

이게 내가 생각하는 경감된 자유의지다. 내가 이렇게 설명하면, 엄청나게 똑똑한 사람들도 움찔하면서 이 묘사의 기본적 타당성을 인정하기보다는 극단성을 반박하려고 든다. "당신은 작은 인간이라는 허수아비를 세워놓고는 그걸 때리고 있어요. 내가 발작이나 뇌 손상 같은 경우를 제외하고는 인간이 모든 결정을 자유롭게 내린다고 믿는 것처럼 말하는데, 아뇨, 아니에요. 내가 말하는 자유의지는 그보다 훨씬 약하고, 생물학을 싸고돌며 작동하는 거예요. 이를테면, 오늘은 무슨 양말을 신을까를 자유롭게 결정하는 것 같은 거예요." 하지만 자유의지의 작동 빈도와 중요도는 중요하지 않다. 당신의 행동 중 99.99%가 생물학적으로 결정되고(이 책에서 이야기하는 대로 가장 폭넓은 의미의 '결정'이다) 겨우 십 년에 한 번씩만 당신이 '자유의지'를 발휘하여 치실을 왼쪽에서 오른쪽으로 할까 반대 방향으로 할까 결정하더라도, 이미 당신은 과학 법칙 밖에서 활동하는 작은 인간을 암묵적으로 소환한 셈이다.

생물학이 행동에 미치는 영향과 자유의지가 공존할 수 있다고 생각하는 사람들은 대부분 이 방식을 받아들인다.* 그들이 보기에, 거의 모든 논의는 예의 작은 인간이 어디까지 할 수 있고 할 수 없는가를 알아내는 문제로 귀결된다. 그런 토론 중 일부를 맛보기로 살펴보자.

나이, 집단의 성숙도, 개인의 성숙도

2005년 '로퍼 대 시먼스' 사건에서, 연방대법원은 18세 미만이 저지른 범죄에 대해서는 사형을 선고할 수 없다고 판결했다. 그 논리는 이 책 6장과 7장의 내용대로였다. 뇌가, 특히 이마엽 겉질이 아직 성인 수준의 감정 조절과 충동 통제 능력을 갖추지 못한 나이라서 그렇다는 것이었다. 요컨대, 청소년의 뇌를 가진 청소년에게는 성인 수준의 책임 능력이 없다는 말이다. 돼지는 처형 가능하나 새끼 돼지는 안 된다는 논리와 판박이였다.

이후 관련된 판결들이 더 나왔다. 2010년 '그레이엄 대 플로리다' 사건과 2012년 '밀러 대 앨라배마' 사건에서, 대법원은 청소년 범죄자는 (발달중인 뇌 덕분에) 개선 가능성이 크므로 가석방 없는 종신형을 선고해서는 안 된다고 판결했다.

이 결정들은 여러 논쟁을 촉발했다.

* 청소년이 **평균적으로** 성인보다 신경생물학적으로 또한 행동학적으로 덜 성숙했다고 해서, 특정 청소년 개인이 충분히 성숙하여

---

* 대안적 견해가 현재의 사회를 뒤엎다시피 하는 변화를 수반하기 때문에 엉거주춤 양보해서 받아들이는 게 아니라, 진심으로 그렇게 믿는다는 뜻이다.

성인 수준의 책임 능력을 감당할 자격이 될 가능성을 배제할 수 없다. 이와 관련하여 또 하나 짚을 점은, 누군가의 18세 생일 아침에 갑자기 신경생물학적 마법이 벌어져서 그가 성인 수준의 통제력을 갖추게 된다는 생각은 터무니없는 소리라는 것이다. 이런 지적에 대한 반응은 보통 이렇다. 맞다, 다 맞는 말이다, 하지만 법은 종종 임의의 연령을 경계로 집단 차원의 속성을 부여해야만 하는 법이다(투표, 음주, 운전 가능 연령이 그런 예다). 왜 그렇게 하느냐면, 어떤 십대가 가령 투표할 만큼 성숙했는지 아닌지를 결정하기 위해서 매년, 매달, 매시간 시험을 쳐볼 수는 없기 때문이다. 하지만 십대 살인자에 대해서는 그럴 가치가 있다.

* 또다른 반대 의견은, 17세가 성인만큼 성숙했는가가 아니라 그가 **충분히** 성숙했는가가 쟁점이라고 본다. 로퍼 판결에서 반대 의견을 냈던 샌드라 데이 오코너 대법관은 이렇게 적었다. "청소년이 일반적으로 성인보다 비행에 대한 책임 능력이 **떨어진다고** 해서, 어느 17세 살인자가 반드시 사형을 감당할 만한 책임 능력이 **충분하지 않다고** 볼 수는 없다"(강조는 오코너가 했다). 또다른 반대자였던 고 앤터닌 스캘리아는 이렇게 썼다. "어떤 사람이 조심스럽게 운전하고, 책임감 있게 술 마시고, 지적으로 투표할 만큼 성숙해야만 다른 인간을 살해하는 행동이 심각한 잘못임을 이해할 수 있다고 여기는 건 터무니없는 일이다."[11]

이런 반론이 있기는 해도, 자유의지에 연령 제한이 있다는 것만큼은 오코너와 스캘리아까지 포함하여 모두가 동의한다. 누구에게든 작은 인간이 너무 어려서 어른 수준의 힘을 발휘하지 못하는 시절이 있다는 것이다.[12] 어쩌면 작은 인간이 키가 덜 자라서 제어반에 손이 닿지 않는지도 모르고, 이마에 난 여드름을 신경쓰느라 잠시 업무에서 눈을 돌리는지도 모른다. 법적 판단은 이 사실을 감안해야 한다는 것이다. 새끼 돼지와 어른 돼지의 경우처럼, 단지 작은 인간이 언제 충분히 나이들었다고 볼 수 있는가 하는 점이 문제일 뿐이다.

뇌 손상의 속성과 정도

경감된 자유의지 모형을 논하는 사람들 중 거의 모두는, 만약 뇌 손상이 충분히 심한 경우라면 범죄 행위에 대한 책임 능력이 사라진다는 것을 받아들인다. 법정에서 신경과학이 쓰이는 것을 완고하게 비판해온 펜실베이니아 대학교의 스티븐 모스마저도(그에 대해서는 뒤에서 더 이야기하겠다) 이렇게 인정했다. "이런 사건들에서, 고차원적 숙고를 담당하는 뇌 영역이 손상되었다는 사실을 우리가 확인할 수 있다고 가정하자. 만약 그런 사람들에게 심각한 비이성적 삽화를 통제하는 능력이 없다고 한다면, 우리는 법적 책임 능력 귀속과 관련될지도 모르는 사실을 배운 셈이다."[13] 이 견해에 따르면, 만약 생물학적 요인으로 인해 사고 능력이 심하게 훼손되었을 때는 그 요인이 법적 경감 사유가 된다.

따라서, 만약 누군가의 이마엽 겉질이 죄다 망가졌다면, 우리는 그에게 자기 행동에 대한 책임을 지워선 안 될 것이다. 그는 자기 행동 과정을 결정하는 능력이 심하게 손상되었기 때문이다.[14] 하지만 그렇다면 이제는 연속선상의 어디에 선을 그어야 하는가의 문제가 되어버린다. 이마엽 겉질의 99%가 망가진 경우는? 98%는? 이것은 현실적으로 아주 중요한 문제다. 사형수 중 많은 비율이 이마엽 겉질을 다친 경험이 있기 때문이다. 특히 그중에서도 피해가 큰 유형, 즉 유년기의 손상 경험이 있기 때문이다.

요약하자면, 경감된 자유의지를 믿는 사람들 가운데서도 선을 어디에 그어야 하는가에 대해서는 이견이 있다. 하지만 엄청난 규모의 뇌 손상은 작은 인간을 압도해버리지만 약간의 손상이라면 작은 인간이 어떻게든 대처해야 한다는 데는 모두가 동의한다.

뇌 차원의 책임과 사회적 차원의 책임

신경과학의 선구자이자 원로인 저명 과학자 마이클 가자니가는 이 문제에서 몹시 특이한 태도를 취했다. 그는 "자유의지란 망상이다. 그럼에도 여전히 우리는 자기 행동에 책임이 있다"라고 주장하며, 『뇌로부터의 자유』라는 도전적 저서에서 이 입장을 상세히 설명했다. 그는 뇌가 전적으로 유물론적인 존재임을 인정하지만, 그래도 그 속에 책임의 여지가 있다고 본다. "책임은 그와는 다른 조직화 차원에 존재한다. 결정론적 뇌의 차원이 아니라 사회적 차원이다." 내 생각에 그는 사실 '자유의지란 망상이지만, 실용적인 이유에서 우리는 여전히 사람들에게 자기 행동의 책임이 있다고 여길 것이다'라고 말하는 것이거나, 아니면 사회적 차원에만 존재하는 모종의 작은 인간을 가정하고 있다. 만약 후자라면, 우리는 이미 이 책에서 사회적 세계도 궁극적으로는 단순한 육체적 움직임과 마찬가지로 우리의 결정론적이고 유물론적인 뇌가 만들어낸 산물임을 살펴보았다.*[15]

결정의 시간적 과정

경감된 자유의지 입장 내에서 또하나 뚜렷한 구분선은, 느리고 신중한 결정에서는 자유의지가 전면에 나서는 데 비해 순간적 결정 상황에서는 생물학적 요인들이 자유의지를 밀쳐낸다고 구별하는 것이다. 달리 말해, 작은 인간이 24시간 벙커에서 키를 잡고 있는 것은 아니다. 그도 이따금 간식을 먹으러 자리를 비우곤 한다. 그런데 그때 무슨 일이 터지면, 뉴런들이 근육에 명령을 가해서 행동을 일으킨다. 작은 인간은 허겁지겁 돌아오지만, 제어반의 커다랗고 빨간 버튼을 누르기에는 이미 늦었다.

빨간 버튼을 제때 누르는 문제는 청소년의 뇌 문제와 만나는 지점이 있다. 로퍼 대 시먼스 사건에서 반대 의견을 냈던 오코너 대법관을 필두로 많은

* 나는 가자니가의 견해가 정말 어리둥절하게 느껴진다. 그의 결론이 신경과학자로서의 세계관과 종교인으로서의 정체성을 조화시키려는 시도가 아닐까 짐작해볼 뿐이다. 그는 자서전 『뇌, 인간의 지도』에서 이 주제를 이야기한 적 있다.

비판자들이 지적한 모순이 하나 있다. 그 사건에서 미국심리학회APA가 의견서를 내어, 청소년은(즉 그들의 뇌는) 너무 미성숙하기 때문에 성인 기준의 선고 대상이 될 수 없다고 주장했다. 그런데 알고 보니 미국심리학회는 몇 년 전 다른 사건에 냈던 의견서에서 청소년은 충분히 성숙하기 때문에 부모의 동의 없이도 임신중지를 선택할 수 있다고 주장했었다.

음, 난처한 형국이다. 오코너는 미국심리학회 등이 이데올로기에 따라 입장을 손바닥 뒤집듯이 바꾸는 것처럼 보인다고 지적했다. 여기에 논리적 해결책을 내놓은 사람은 로런스 스타인버그였다. 우리가 7장에서 청소년 뇌 발달을 이야기할 때 만났던 연구자다(그의 연구는 로퍼 대 시먼스 판결에도 영향을 미쳤다).[16] 임신을 중지할까 말까 하는 결정은 도덕적·사회적·대인적 사항들에 관한 논리적 추론을 며칠에서 몇 주간 곱씹어야 하는 일이다. 반면에 가령 누군가를 쏠까 말까 하는 결정은 겨우 몇 초에 걸친 충동 통제의 문제일 수 있다. 스타인버그는 청소년의 뇌에서 이마엽 겉질이 미성숙하다는 사실은 느리고 신중한 추론보다 순간적 충동 통제에 더 유효하게 관여한다고 주장했다. 경감된 자유의지 입장에서 말하자면, 작은 인간이 화장실에 간 사이에 돌연 충동적인 행동이 일어나는 것이라고 할 수 있다.

원인과 강제

경감된 자유의지의 지지자 중 일부는 '원인'과 '강제' 개념을 구별하기도 한다.[17] 좀 막연한 구분이기는 한데, 전자는 우리의 모든 행동이 무언가에 의해서 야기된다는 뜻이다. 당연히 그렇다. 반면 후자는 우리의 행동 중 일부가 이성적인 숙고 과정을 훼손시키는 무언가에 의해서 **정말로** 야기된다는 뜻이다. 이 견해에 따르면, 우리의 행동 중 일부는 다른 행동들보다 생물학적 결정론의 지배를 더 많이 받는다.

이 견해는 주로 조현병적 망상에 적용되었다. 어떤 사람이 조현병을 앓느라 환청을 듣는다고 하자. 환청은 그에게 범죄를 저지르라고 속삭이고, 그는 지시에 따른다.

일부 법정은 이것을 경감 사유로 인정하지 않았다. 만약 친구가 당신에게 강도질을 제안한다면, 법은 당신이 제안에 저항할 것을 기대한다. 그 친구가 상상의 친구라고 해도 다르지 않다는 것이다.

하지만 환청의 질에 따라 차이가 있다고 보는 사람들도 있다. 이 견해에 따르면, 만약 조현병 환자가 환청의 요구에 따라 범죄를 저지른 경우, 행동의 **원인**은 그 목소리이지만 그렇다고 해서 그의 죄가 없어지는 것은 아니다. 반면 조현병 환자의 머릿속에서 그를 비웃고 위협하고 꼬드기는 목소리가 우레처럼 우렁차게 울리고, 더불어 지옥의 개들이 짖는 소리와 무조성 음악을 시끄럽게 연주하는 트롬본 소리가 가세한다면? 그 소리가 그에게 한시도 쉬지 않고 줄기차게 범죄를 명령한다면? 만약 그래서 그가 굴복하여 범행을 저지른다면, 이것은 좀더 참작 사유가 된다. 그 목소리들은 **강제성**이 있었기 때문이다.*

따라서 이 견해에서는, 아무리 분별 있는 작은 인간이라도 지옥의 개와 트롬본 소리를 멈추기 위해서라면 깜박 정신을 잃고 사실상 무슨 짓이라도 저지를 수 있을 것이다.

행동을 개시하는 것과 중단하는 것

의지와 생물학을 토론할 때는 어느 시점에서든 반드시 '리벳의 실험'을 이야기해야 한다는 게 거의 법으로 정해져 있다.[18] 1980년대에 캘리포니아대학교 샌프란시스코 캠퍼스의 신경과학자 벤저민 리벳이 흥미로운 발견을 보고했다. 그는 뇌의 전기적 흥분 패턴을 보여주는 뇌파도 기계를 피험자에게 연결했다. 피험자에게는 가만히 앉아서 시계를 바라보다가, 언제든 그럴 마음이 들면 손목을 움찔거리되 그러기로 결정한 순간에 시계를 보고 시각을

---

* 몇 장 앞에서 1976년 '샘의 아들' 연속 살인 사건과 데이비드 버코위츠의 체포를 이야기했다. 법정에서 버코위츠는 자신이 살인을 저지르라고 명령하는 악령의 사주를 받아 그렇게 했다고 주장했는데, 그 악령은 사탄도 히틀러도 칭기즈 칸도 아니고…… 이웃집 개라고 했다. 그는 유죄와 연속 6회 종신형을 선고받았다.

초 단위로 봐두라고 지시했다.

리벳이 그 뇌파도에서 본 것은 이른바 '준비 전위'였다. 그것은 운동 겉질과 그 보조 영역인 운동앞 겉질이 이제 곧 움직임이 개시될 거라고 알리는 신호였다. 그런데 그 준비 전위는 피험자가 움직임을 의도한 시각으로 보고한 시각보다 늘 0.5초쯤 더 빨리 나타났다. 해석: 우리 뇌는 우리가 스스로 인식하기도 전에 움직임을 '결정한다'. 이처럼 우리가 의식적으로 선택하기도 전에 움직임을 지시하는 신경 신호가 시작되는 게 사실이라면, 우리가 스스로 움직일 시점을 선택했다고 주장할 수 있는 걸까? 그런 선택이야말로 자유의지의 증거가 아닌가? 따라서 자유의지는 망상이다.

당연히 이 발견에서 숱한 추론, 논란, 재현, 정교화, 반박, 세분화가 뒤따랐다. 내가 다 알지는 못하는 내용이다. 아무튼 그중 한 비판은 이 접근법이 가질 수밖에 없는 한계를 지적했다. 이 비판에 따르면, 자유의지란 존재한다. 우리는 언제 손을 움직일지를 자유롭게 결정할 수 있고, 준비 전위는 그 결정의 결과다. 그러면 왜 500밀리초의 지연이 있을까? 그것은 우리가 처음 움직임을 결정한 순간과 ⓐ그다음 시계에 주목한 순간, 그리고 ⓑ초침의 위치를 해석한 순간 사이에 간극이 있기 때문이다. 달리 말해, 지연으로 보이는 0.5초의 차이는 실험 설계의 산물일 뿐 실제 지연은 아니라는 것이다. 또 어떤 사람들은 움직임의 의도라는 게 모호하다고 지적했다. 내가 이해하기에는 너무 난해한 또다른 비판들도 있다.

이와는 전혀 다른 방식으로 이 발견을 해석한 사람도 있었는데, 흥미롭게도 다름 아닌 리벳 본인이었다. 그는 이렇게 말했다. 우리가 어떤 결정을 의식적으로 인식하기도 전에 뇌가 행동을 개시한다는 건 사실일 수도 있고, 그렇다면 우리가 스스로 의식적으로 움직임을 선택했다는 생각은 틀린 셈이다. 하지만 우리에게는 그 지연 시간 동안 그 행동을 **거부**하기로 의식적으로 선택할 잠재력이 있었다. V. S. 라마찬드란의 간결한 표현을 빌리자면(14장에서 거울 뉴런에 관련된 추론을 소개했던 그 사람이다), 우리에게 비록 자유의지는 없을지라도 "하지 않을 자유의지"는 있다.[19]

쉽게 예상할 수 있듯이, 이 흥미로운 반대 해석에서 더 많은 토론, 실험, 반대-반대 해석이 따라 나왔다. 하지만 경감된 자유의지에 관련된 여러 논쟁을 훑어보는 우리 입장에서, 이 모든 토론은 작은 인간이 운용하는 제어반의 성질을 따지는 것일 뿐이다. 제어반의 숱한 버튼, 스위치, 다이얼 중에서 행동 개시를 담당하는 것은 몇 개이고 행동 중단을 담당하는 것은 몇 개인가 하는 논의일 뿐이다.

이처럼, 경감된 자유의지라는 개념은 행동의 생물학적 인과성과 자유의지를 둘 다 수용한다. 토론거리라고 해봐야 한계선을 어디에 그을 것인가, 그 선은 얼마나 불가침인가 하는 것뿐이다. 그 점을 확인했으니, 이제 내가 한계선 토론 중에서 가장 중요하다고 생각하는 주제를 살펴볼 차례다.

"너 참 똑똑하구나"와 "너 참 열심히 했구나"

스탠퍼드대학교의 심리학자 캐럴 드웩은 동기의 심리 분야에서 획기적인 연구를 해냈다. 1990년대 말, 그가 중요한 발견을 보고했다. 그가 아이들에게 어떤 작업을 가르쳐주고, 시험을 보게 했다. 아이들은 잘해냈고, 다음 둘 중 한 방식으로 칭찬을 들었다. "점수가 좋네, 너 참 똑똑하구나" 혹은 "점수가 좋네, 너 참 열심히 했구나"였다. 이때 열심히 했다고 칭찬받은 아이들은 다음번에 더 열심히 하고, 회복력이 더 좋고, 과정을 더 즐기고, (점수가 아니라) 성취 자체를 가치 있게 여기는 경향을 보였다. 반면 똑똑하다고 칭찬받은 아이들은 정반대였다. 똑똑함이 중요해지면, 노력은 의심스럽고 하찮아 보이기 마련이다. 그럴 만한 것이, 정말로 똑똑한 사람은 열심히 할 필요가 없지 않겠는가. 그런 사람은 절로 수월하게 해내지, 끙끙거리며 애쓰지 않는 것 아닌가.[20]

이 아름다운 실험은 영재를 둔 사려 깊은 부모들 사이에서 컬트적인 지위에 올랐다. 그들은 언제 아이의 지능을 강조하지 말아야 하는지를 알고 싶어 한다.

"너 참 똑똑하구나"와 "너 참 열심히 했구나"가 왜 이렇게 다른 효과를 낼까? 경감된 자유의지 지지자들이 가장 깊게 그어둔 구분선의 양쪽에 해당하는 말이기 때문이다. 적성과 충동은 생물학에 할당하고, 노력과 충동에의 저항은 자유의지에 할당하는 구분선이다.

타고난 재능이 발휘되는 것을 보는 건 멋진 일이다. 뛰어난 만능 운동선수는 장대높이뛰기를 생전 처음 보는데도 딱 한 번 지켜보고 딱 한 번 시도하여 프로처럼 날아오른다. 뛰어난 음색을 타고난 가수는 우리가 세상에 존재하는 줄도 몰랐던 감정을 환기시킨다. 내가 진짜 난해한 뭔가를 설명하려고 입을 뗀 지 2초 만에 다 알아들은 게 분명한 학생도 있다.

그런 재능은 인상적이다. 한편 영감을 주는 사례란 것도 있다. 나는 어릴 때 윌마 루돌프에 관한 책을 몇 번이고 읽었다. 그는 1960년에 세계에서 제일 빠른 여성 육상선수였고, 올림픽에서 금메달을 딴 뒤에는 선구적 인권 운동가가 되었다. 두말할 것 없이 인상적이다. 하지만 그게 다가 아니었다. 그는 테네시의 가난한 가정에서 22명의 아이 중 하나로, 미숙아로, 저체중으로 태어났다. 그러다 4세에 소아마비에 걸렸고, 발목이 비틀어져서 보조기를 차야 했다. 소아마비라니. 소아마비로 장애를 입었다니. 그러나 그는 모든 전문가의 예상을 뒤엎고, 아픔을 견디며 노력하고 노력하고 노력해서, 세계에서 가장 빠른 여성이 되었다. 이것이 영감이다.

많은 영역에서 우리는 타고난 재능을 구성하는 물질적 요소가 무엇인지를 쉽사리 알아낸다. 누군가는 근육 섬유의 느린 수축과 빠른 수축 비율이 최적인 덕분에 타고난 장대높이뛰기 선수가 된다. 누군가는 성대가 복숭아 솜털처럼 보드랍게 떨리는 덕분에(즉흥적으로 지어내봤다) 탁월한 목소리를 갖게 된다. 또 누군가는 신경전달물질, 수용체, 전사인자, 기타 등등이 이상적인 조합을 이룬 덕분에 추상적 개념을 금세 이해하는 뇌를 갖게 된다. 우리는 또한 이 모든 영역에서 그럭저럭하거나 형편없는 사람은 어떤 요소로 이뤄졌기에 그런지를 쉽게 떠올린다.

하지만 루돌프식 성취는 달라 보인다. 당신은 지치고, 의기소침하고, 죽도록 아프지만 밀고 나간다. 하룻밤쯤 쉬고 싶고, 친구와 영화라도 보고 싶지만, 다잡고 계속 공부한다. 아무도 안 보잖아, 다들 그렇게 하잖아, 하는 유혹이 들지만, 그러면 안 된다는 걸 안다. 그런데 우리는 이런 의지력의 발휘에 대해서는 예의 신경전달물질, 수용체, 전사인자를 떠올리기가 힘든 듯하다. 거의 불가능한 듯하다. 그보다 훨씬 더 쉬운 해답이 있는 것 같기 때문이다. 칼뱅주의적 노동윤리와 그 일에 적합한 요정의 가루를 갖춘 작은 인간이라는 해답이.

이 이원론을 잘 보여주는 사례가 있다. 제리 샌더스키를 떠올려보자. 펜실베이니아국립대학교의 풋볼 코치였던 그는 끔찍한 연속 아동 추행범으로 밝혀졌다. 그가 유죄 선고를 받은 뒤, CNN에 사설 기사가 실렸다. "소아성애자도 공감받을 자격이 있는가?"라는 도발적 제목으로, 토론토대학교의 제임스 캔터가 소아성애증의 신경생물학을 살펴보았다. 일례로, 소아성애증은 유전자가 관여하는 듯한 형태로 집안 내력이 있다. 소아성애자는 유년기에 뇌 손상을 경험한 비율이 특별히 높다. 태아기 내분비 이상에 연관된다는 증거도 있다. 그렇다면 신경생물학적 틀이 있어서 어떤 사람들은 그렇게 태어나도록 운명지어졌을 가능성이 있다는 말일까? 정확히 그렇다. 캔터는 "소아성애자가 되지 않는다는 선택은 불가능하다"라고 결론짓는다.[21]

용감하고 옳은 결론이다. 그런데 뒤이어 캔터는 놀랍게도 경감된 자유의 지적 멀리뛰기를 시도한다. 이런 생물학적 요소는 샌더스키가 받아야 할 비난과 처벌을 덜어주는가? 아니다. "소아성애자가 되지 않는다는 선택은 불가능하지만, 아동을 추행하지 않겠다는 선택은 가능하다."

이것은 인간의 특질이 무엇으로 구성되어 있는가에 대한 이원론을 따르는 시각인 셈이다.

지금까지 이 책에서 우리는 오른쪽 세로열에 영향을 미치는 요소들을 숱하게 만나보았다. 개중 일부만 나열해보자. 혈당 수치, 출신 가족의 사회경제학적 지위, 뇌진탕으로 인한 뇌 부상, 수면의 질과 양, 태아기 환경, 스트레스

생물학적 재료	작은 인간적 투지
파괴적인 성적 충동	파괴적인 성적 충동에 저항하는 것
망상적 환청을 듣는 것	환청의 파괴적 명령에 저항하는 것
알코올중독에 취약한 것	술을 마시지 않는 것
뇌전증 발작	약을 먹지 않았을 때는 운전하지 않는 것
그다지 똑똑하지 않은 것	공부가 힘들어도 계속하는 것
얼굴이 그다지 아름답지 않은 것	크고 흉측한 코걸이를 참는 것

및 글루코코르티코이드 수치, 통증 여부, 파킨슨병 여부와 복용중인 약의 종류, 출생 전후 저산소증, 도파민 D4 수용체 유전자 변이체 형태, 이마엽 겉질에 뇌졸중을 겪은 경험, 아동기 학대 경험, 지난 몇 분간 감당한 인지 부담, MAO-A 유전자 변이체 형태, 특정 기생충 감염 여부, 헌팅턴병 유전자 보유 여부, 어릴 때 마신 수돗물의 납 농도, 개인주의적 문화에서 사는지 집단주의적 문화에서 사는지, 이성애자 남성이라면 근처에 매력적인 여성이 있는지, 겁먹은 사람의 땀냄새를 맡고 있는지. 이 목록은 끝이 없다. 경감된 자유의지를 지지하는 입장 가운데서도 적성을 생물학에 할당하고 노력을 자유의지에 할당하는 시각, 충동을 생물학에 할당하고 충동에의 저항을 자유의지에 할당하는 시각이 가장 흔하고 파괴적이다. "너 참 열심히 했구나"는 "너 참 똑똑하구나" 못지않게 물리적 우주와 그 산물인 생물학의 영역이다. 그리고 아동 추행범이 되는 것도 소아성애자가 되는 것 못지않게 생물학의 산물이다. 그렇지 않다고 생각하는 것은 근거 없는 통념일 뿐이다.

하지만 이런 논의가 조금이라도 유용한가?

앞에서 말했듯이, 법제도에 신경과학을 활용하는 것을 가장 완강하게 비판하는 사람은 스티븐 모스다. 그는 이 주제에 관해서 폭넓고 유효한 글을 써왔다.[22] 그는 자유의지가 결정론적 세계와 양립할 수 있다는 주장을 누구보다 확고하게 지지한다. 그렇다고 해서 맥노튼 규칙에 반대하지는 않고, 심각한 뇌 손상이 책임 능력을 축소시킬 수 있다는 걸 인정한다. "다양한 원인으로 진정한 참작 조건이, 가령 이성이나 통제 능력 결핍이 만들어질 수 있다." 하지만 그는 그런 드문 예가 아니고서는 신경과학이 책임 능력 개념에 도전할 일은 없다고 믿는다. "뇌가 사람을 죽이는 게 아니다. 사람이 사람을 죽인다." 그의 간결한 말이다.

모스는 신경과학을 법정에 끌어들이는 데 대한 회의적 시각의 전형이다. 그는 '신경법학'과 '신경범죄학'의 유행에 본능적으로 진저리친다. 멋진 냉소를 구사할 줄 아는 그는* 자신이 "뇌 과잉 주장 증후군"을 발견했다고 선언하면서, 그 증후군에 걸린 사람들은 "뇌 이해의 놀라운 발전에 감염되고 자극된" 나머지 신경과학의 중요성에 홀딱 빠져서 "새로운 신경과학이 수반하지 않고 지탱하지 못하는 도덕적·법적 주장을 남발하게 된다"고 꼬집었다.

그의 비판 중 절대적으로 타당한 것이 하나 있다. 작고 현실적인 문제에 대한 비판이다. 앞에서도 언급했는데, 배심원들이 뇌 촬영 이미지에 감명받은 나머지 그 데이터에 부당한 무게를 부여할 수 있다는 우려다. 이와 관련해서 모스는 신경과학을 "과거에 심리학적 결정론이나 유전학적 결정론이 받았던 관심을 차지한 결정론의 최신 유행"이라고 부르며, "그것들과 신경과학이 다른 점은 이제 우리에게 더 예쁘고 더 과학적인 듯한 사진이 있다는 것뿐"이라고 말했다.

또다른 타당한 비판은 신경과학이 보통 기술적 묘사나('뇌 영역 A는 뇌 영역 Q로 투사한다') 상관관계 묘사만('신경전달물질 X의 농도 상승과 행동 Z는 함께 나타나는 경향성이 있다') 제공한다는 것이다. 그런 데이터는 자유의

---

* 그리고 모스는 아주 좋은 사람이다. 나는 법학 교수이자 생명윤리학자인 스탠퍼드대학교 동료 행크 그릴리와 함께 모스, 그리고 다른 법학자 한 명을 상대로 토론회를 한 적이 있다. 모스가 미친 듯이 똑똑하기 때문에 정말 재밌었고, 그가 미친 듯이 똑똑하기 때문에 정말 무서웠다.

지를 반증하지 못한다. 철학자 힐러리 보크의 말을 빌리면, "어떤 사람이 자기 행동을 선택했다는 주장은 어떤 신경 과정이나 상태가 그 행동을 야기했다는 주장과 상충하지 않는다. 후자는 전자를 다른 말로 서술했을 뿐이다."[23]

내가 이 책에서 내내 강조해온 게 바로 그 점이다. 즉 기술적 묘사와 상관관계도 좋지만 실제 인과관계를 보여준 데이터야말로('만약 신경전달물질 X의 농도를 높이면, 행동 Z가 더 자주 발생한다') 황금률이라는 것이다. 인간의 가장 복잡한 행동에도 물질적 토대가 있다는 사실을 가장 강력하게 보여준 증거가 그런 데이터였다. 예를 들어, 겉질 일부를 일시적으로 활성화하거나 비활성화하는 기법인 경두개자기자극술을 쓰면 사람들의 도덕적 의사결정, 처벌에 대한 결정, 너그러움과 감정이입 수준을 바꿔놓을 수 있다. 이것이 인과관계다.

이 인과의 문제에서, 모스는 비로소 원인과 강제를 구별 짓는다. 그는 이렇게 적었다. "원인은 그 자체로는 감경 사유가 되지 않고, 감경 조건에 해당하는 강제와 같지도 않다." 모스는 "철저한 유물론자"를 자칭하며, "우리가 사는 세상은 인과적 우주이며 인간 행동도 그 일부"라고 말한다. 하지만 나는 아무리 애써도 인과적 우주 바깥의 작은 인간, '강제'에 압도되지만 '원인'은 다룰 수 있는 작은 인간을 암묵적으로 가정하지 않고서 그 구별을 이해할 방도를 모르겠다. 철학자 숀 니컬스의 말을 빌리면, "우리는 자유의지에의 헌신, 아니면 모든 사건은 전적으로 앞선 사건에 의해 발생한다는 생각에의 헌신 중에서 하나를 포기해야 할 것 같다."[24]

내가 모스의 비판을 이렇게 비판하긴 하지만, 사실 내 입장에는 중대한 난점이 있다. 모스가 신경과학이 법제도에 기여하는 바는 "기껏해야 변변치 않고, 신경과학은 개인성, 책임성, 능력 개념에 진정 극적인 변화를 가하지 못한다"고 결론짓는 것도 그 난점 때문이다.[25] 그 내용은 아래의 가상 대화로 요약된다.

검사: 교수님, 아까 피고인은 어릴 때 이마엽 겉질에 광범위한 손상을 입었

다고 말씀하셨죠. 그런 손상을 입은 사람은 모두가 피고인처럼 연속 살인자가 됩니까?

피고인 측에서 증언하는 신경과학자: 아닙니다.

검사: 그런 손상을 입은 사람은 모두 모종의 심각한 범죄 행위를 저지릅니까?

신경과학자: 아닙니다.

검사: 왜 같은 손상을 입었는데도 피고인만 살인을 저지르는지 뇌과학으로 설명할 수 있습니까?

신경과학자: 못 합니다.

우리가 어처구니없는 작은 인간을 짜증스러워할 근거가 되는 생물학적 통찰은 넘치지만, 행동을 예측하는 일에는 아직 우리가 서툴다. 이게 문제다. 집단을 통계적 차원으로 예측할 수 있을지는 몰라도, 개개인에 대해서는 불가능하다.

많은 것을 설명하지만 거의 아무것도 예측하지 못하는

어떤 사람이 다리가 부러졌다고 하자. 그가 걷기에 애먹을 가능성이 얼마나 된다고 예측할 수 있을까? 100%에 가깝다고 해도 괜찮을 것이다. 어떤 사람이 심각한 폐렴에 걸렸다고 하자. 그가 가끔 호흡이 곤란해지고 쉽게 지칠 가능성이 얼마나 될까? 역시 100%에 가까울 것이다. 심각한 하지동맥 폐색증이나 심각한 간경화증도 마찬가지다.

이번에는 뇌와 신경학적 기능 이상을 생각해보자. 어떤 사람이 뇌 손상을 입어서, 흉터 조직 주변의 뉴런들이 스스로 또한 서로 자극하도록 재배선되었다고 하자. 그가 발작을 겪을 가능성은 얼마나 될까? 어떤 사람은 뇌 전체의 혈관 벽이 선천적으로 약하다. 그가 살면서 언젠가 뇌동맥류를 겪을 가능성이 얼마나 될까? 어떤 사람이 헌팅턴병을 유발하는 유전자 돌연변이를 갖고 있다고 하자. 그가 60세까지 신경근육질환을 겪을 가능성은 얼마나 될까? 모두 상당히 높다. 아마 100%에 가까울 것이다.

이제 행동을 생각해보자. 어떤 사람이 이마엽 겉질에 광범위한 손상을 입었다고 하자. 당신이 그와 5분간 대화하고 나서 그의 행동에 이상한 점이 있다는 걸 알아차릴 가능성이 몇 퍼센트나 될까? 약 75%는 될 것이다.

다음으로 더 넓은 범위의 행동을 생각해보자. 이마엽 겉질이 손상된 그 사람이 생애 어느 시점엔가 끔찍한 폭력을 저지를 가능성은 얼마나 될까? 어릴 때 지속적 학대를 겪었던 사람이 커서 학대하는 어른이 될 가능성은? 전투에서 동료들을 잃은 군인이 외상후스트레스장애를 겪을 가능성은? 난교성 밭쥐와 같은 형태의 바소프레신 수용체 유전자 프로모터를 갖고 있는 사람이 결혼과 이혼을 반복할 가능성은? 겉질과 해마 전역에 특정 형태의 글루탐산염 수용체가 있는 사람이 IQ 140 이상을 기록할 가능성은? 아동기에 심한 역경과 상실을 겪었던 사람이 주요 우울 장애를 겪을 가능성은? 모두 50% 미만일 테고, 종종 그보다 훨씬 더 낮을 것이다.

그러면, 다리 골절은 필연적으로 보행 지장을 가져오는 데 비해 앞 문단의 사건들은 필연적이지 않은 이유가 뭘까? 후자가 어떤 의미로든 '덜' 생물학적이라서일까? 뇌에는 비생물학적 작은 인간이 있지만 다리뼈에는 없는 탓일까?

여러분도 어언 수백 쪽을 읽어왔으니, 답이 얼추 보일 것이다. 사회적 행동과 관련된 상황이 조금이라도 '덜' 생물학적이진 않다. 그저 질적으로 다른 생물학적 상황이라서 그렇다.

뼈가 부러진 뒤의 과정은 비교적 직선적이다. 염증과 통증이 생길 테고, 그래서 (만약 그 사람이 한 시간 뒤에 걸으려고 시도한다면) 보행이 여의치 않을 것이다. 이런 직선적 생물학적 과정은 그의 통상적 유전체 변이, 태아기 호르몬 노출, 성장한 문화, 점심을 먹은 시각 등등에 따라 바뀌지 않는다. 하지만 앞에서 보았듯이, 이 모든 변수들은 최선과 최악의 순간을 이루는 사회적 행동에 영향을 미친다.

우리가 정말로 흥미롭게 여기는 행동들의 생물학은 모두 **다인자성**multifactorial

이라는 것, 이것이 이 책의 논지다.

'다인자성'이 현실적으로 어떤 의미일까? 우울증을 자주 앓는 사람이 있다고 하자. 그가 오늘 친구를 찾아가서, 자신이 겪는 문제를 터놓고 이야기한다고 하자. 우리가 만약 그의 생물학적 조건을 안다면, 그가 평소 우울증을 겪으리라는 점과 오늘 친구를 찾아가리라는 점을 얼마나 잘 예측할 수 있었을까?

'그의 생물학적 조건을 안다'는 것이 그의 세로토닌 수송체 유전자 형태를 아는 것뿐이라고 하자. 이 사실이 우리에게 주는 예측력은 얼마나 될까? 8장에서 보았듯이, 대단치 않다. 대충 10%라고 하자. '그의 생물학적 조건을 안다'는 것이 그 유전자 형태에 더하여 그가 어릴 때 부모를 잃었는지 아닌지를 아는 것이라면? 예측력이 좀 커져서, 아마 25%쯤 될 것이다. 그의 세로토닌 수송체 유전자 형태+아동기 역경 경험+현재 혼자 가난하게 사는지 아닌지까지 안다면? 40%까지 높아질지도 모른다. 그의 오늘 혈중 글루코코르티코이드 평균 농도까지 안다면? 좀더 높아질 것이다. 그가 개인주의 문화에서 사는지 집단주의 문화에서 사는지도 안다면? 예측력이 좀더 높아질 것이다.* 그가 생리중인지 아닌지도 안다면(중증 우울증을 앓는 여성들은 보통 생리 기간에 증상이 악화하여, 남에게 도움을 구하기보다 사회적으로 틀어박힐 가능성이 높아진다)? 예측력이 좀더 높아질 것이다. 이쯤이면 50%를 넘을지도 모른다. 이렇게 계속 인자를 더하자. 그중 다수는 아마 대부분은 아직 발견되지 않은 인자들이겠지만 말이다. 충분히 많은 인자가 더해지면, 그 다인자들이 골절 시나리오에 뒤지지 않는 예측력을 발휘하는 순간이 올 것이다. 생물학적 인과관계의 **양**이 다른 게 아니다. **종류**가 다를 뿐이다.

인공지능의 개척자 마빈 민스키는 자유의지를 "내가 이해하지 못하는 내면의 힘들"이라고 정의한 바 있다.[26] 우리가 자유의지를 직관적으로 믿어버리

---

* 왜 그럴까? 개인주의 문화에서는 우울증을 앓는 사람들이 친구와의 대화에서 위안을 얻고자 할 때 자신의 문제를 이야기하는 경향이 있는 데 비해, 집단주의 문화에서는 오히려 친구의 문제를 대화 소재로 삼는 경향이 있다는 것을 확인한 비교문화적 정신의학 연구가 있기 때문이다.

는 것은 인간에게 주체성을 갈구하는 욕구가 있기 때문만은 아니고, 대부분의 사람들이 저 내면의 힘들을 거의 모르기 때문이기도 하다. 증인석에 선 신경과학자조차도 심한 이마엽 손상을 입은 이들 중 정확히 누가 연속 살인자가 될지 예측하진 못한다. 과학이 아직 저 내면의 힘들 중 겨우 몇 가지만 알고 있기 때문이다. 골절→염증→거동 제약은 쉽다. 신경전달물질+호르몬+아동기+____+____+……는 쉽지 않다.*[27]

또다른 이유도 있다. '웹 오브 사이언스'는 과학 및 의학 저널에 발표된 논문들의 데이터베이스를 훑어주는 검색 엔진이다. 내가 그 사이트에서 검색창에 '옥시토신'과 '신뢰'를 입력한다. 지금까지 우리가 알아본 생물학과 사회적 행동의 수많은 연결 관계 중 한 사례를 고른 것이다. 그러자 그 주제에 관해 발표된 논문이 총 193건이라는 결과가 나온다. 다음의 그래프를 참고하자면, 그 논문들 중 대부분은 최근 몇 년 사이에 발표되었다.

그다음 그래프도 마찬가지다. '옥시토신'과 '사회적 행동'을 검색한 결과, '경두개자기자극술'과 '의사결정'을 검색한 결과, '뇌'와 '공격성'을 검색한 결과다.

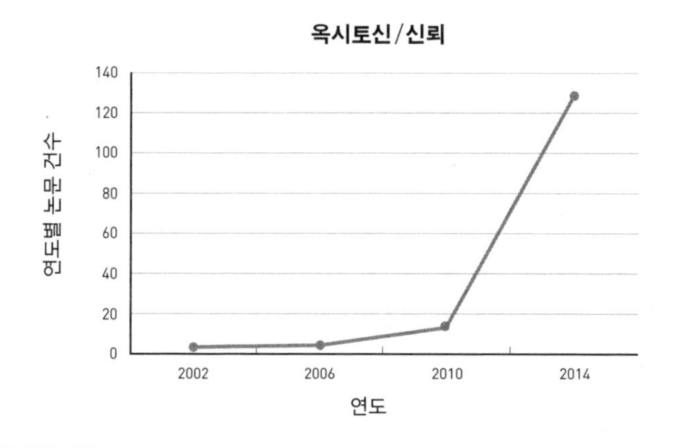

* 우리가 이제 겨우 걸음마를 뗐을 뿐임을 실감하고자 덧붙이자면, 지금까지 밝혀진 우울증 예측 변수는 세로토닌 수송체의 상태+아동기 역경의 상태+성인기의 사회적 지원 상태 등 세 가지다. 이게 다다. 과학적 문헌에서 알 수 있는 바가. 이마엽 겉질 손상과 반사회적 폭력의 관계에 대해서는? 이마엽 겉질의 신경학적 상태+D4 도파민 수용체 하위 유형+ADHD 상태 등 세 가지가 다다.

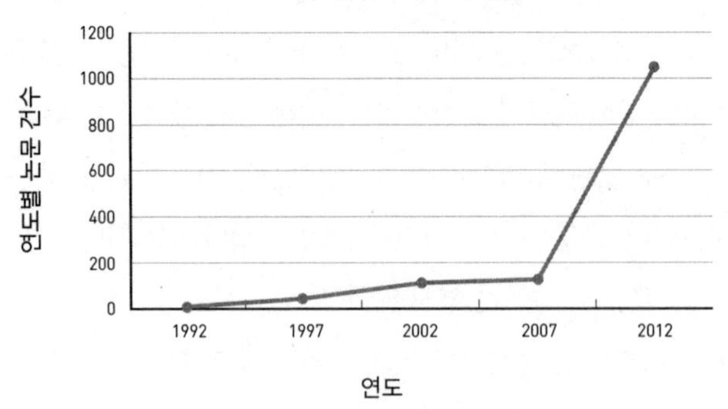

경두개자기자극술/의사결정

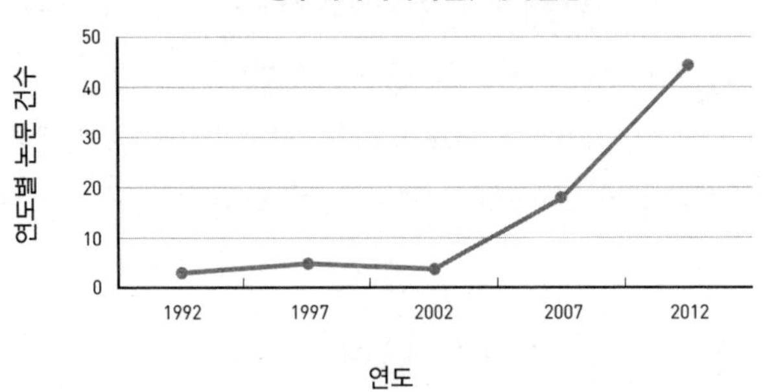

뇌/공격성

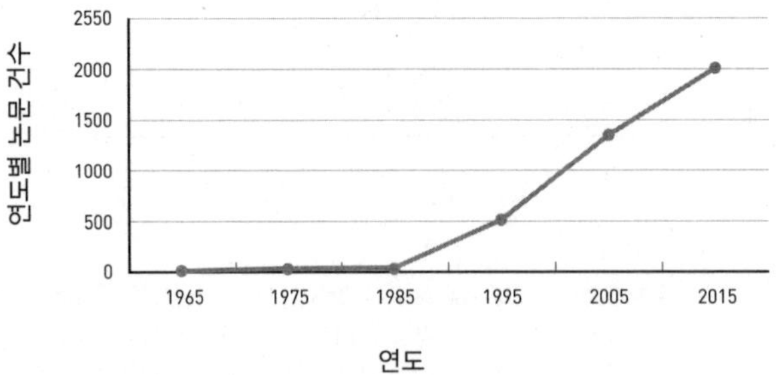

비슷한 예를 좀더 소개하면 아래와 같다.

검색어					
	유전자/행동	테스토스테론/공격성	편도체/공격성	MAO/공격성	후성유전학/행동
1920~1930년	1	0	0	0	0
1930~1940년	3	0	0	0	0
1940~1950년	3	0	0	0	0
1950~1960년	10	2	0	0	0
1960~1970년	22	3	2	0	0
1970~1980년	39	24	4	1	0
1980~1990년	128	53	5	2	0
1990~2000년	9,288	401	97	40	9
2000~2010년	27,754	757	321	119	197
2010~2020년	52,487	1,070	560	184	1,012

(주: 2010~2020년은 2010~2015년 데이터에서 비례 계산 했다.)

우리의 행동은 수많은 무의식적 힘들의 영향을 끊임없이 받는다. 위의 수치들과 그래프가 말해주는바, 대부분의 그 힘들은 얼마 전만 해도 우리가 존재조차 몰랐던 생물학적 과정에 의해 형성된다.

그러니 민스키의 자유의지 정의는 "내가 **아직** 이해하지 못하는 내면의 힘들"로 고쳐야 옳을 텐데, 그렇다면 이 사실은 또 어떻게 받아들여야 한단 말인가?

미래 사람들은 우리를 어떻게 볼까

아직도 경감된 자유의지가 존재한다고 믿는 사람이 있다면, 이 국면에서 그가 택할 수 있는 경로는 세 가지다.

첫번째 경로를 논하기 위해서, 잠시 뇌전증을 생각해보자. 오늘날 과학자들은 뇌전증 발작의 신경생물학적 토대를 많이 이해하고 있으며, 비정상적으로 높은 빈도로 동시에 발화하는 뉴런들이 발작에 관여한다는 걸 안다. 하지만 얼마 전만 해도, 가령 100년 전만 해도 뇌전증은 정신질환의 한 종류로 여겨졌다. 그전에는 뇌전증을 전염성 질병으로 여기는 사람이 많았다. 또 다른 시대와 장소에서는 사람들이 뇌전증을 월경, 과도한 성교, 과도한 자위 탓으로 여겼다. 하지만 1487년 두 독일 학자가 마침내 뇌전증의 진짜 원인으로 보이는 것을 밝혀냈다.

두 도미니코회 수도사 하인리히 크라머와 야코프 슈프렝어가 『말레우스 말레피카룸』('마녀 잡는 망치'를 뜻하는 라틴어다)을 펴냈다. 이 책은 사람이 마녀가 되는 이유, 마녀를 판별하는 법, 처분하는 법을 다룬 결정판이었다. 마녀를 판별하는 손쉬운 방법이 뭘까? 악마에 들린 사람이 몸속 악령 때문에 경련을 일으키는지 보면 된다고 했다.

그들의 지침은 「마르코 복음서」 9장 14~29절을 근거로 삼았다. 한 남자가 예수에게 아들을 데려온다. 아들이 이상하다며, 예수에게 치유해달라고 청한다. 가끔 아들이 뭔가에 씌어 말을 못 하게 되고, 털썩 쓰러져서, 입에 거품을 물고 이를 갈며 뻣뻣해진다는 것이다. 남자가 아들을 예수에게 보이자, 아들은 대번 땅에 쓰러져서 거품을 물며 경련한다. 예수는 아이의 몸에 추잡한 악령이 들어갔다는 것을 알아차리고, 악령에게 썩 나와서 사라지라고 명한다. 경련이 멈춘다.

따라서 경련은 악마가 씌었다는 신호요, 마녀의 확실한 지표라는 것이다. 『말레우스 말레피카룸』은 인쇄기 발명 직후 출간된 덕분에 대량 생산의 이점을 누렸다. 역사학자 제프리 러셀의 말을 빌리면, "인쇄기 덕분에 마녀 히스테리가 빠르게 퍼졌다는 것은 구텐베르크가 인간을 원죄로부터 해방시킨 게 아니라는 첫번째 증거였다." 책은 널리 읽혔고, 다음 세기 동안 30쇄 넘게 찍었다. 그 여파로 박해받고, 고문당하고, 살해된 사람이 10만에서 100만 명 사이로 추측된다.* 28

나는 크라머와 슈프렝어를 대단하게 여기지 않는다. 그들은 그저 가학적인 괴물이었을 것 같다. 하지만 이 견해는 내가 『장미의 이름』이나 『다 빈치 코드』 같은 책을 너무 많이 봐서 생겼을 수도 있다. 어쩌면 그들은 그 책으로 출세할 수 있다고 판단한 기회주의자였을지도 모른다. 또 어쩌면 완벽한 진심이었을지도 모른다.

대신 나는 15세기 말 어느 날 저녁을 상상한다. 종교재판관이 지치고 번뇌하는 얼굴로 귀가한다. 아내가 그를 구슬려 이야기를 끌어낸다. "여느 날처럼 종일 마녀를 심판했는데, 왠지 신경쓰이는 사건이 하나 있었다오. 그 여자가 쓰러져서 이를 갈며 경련한다는 사실은 모두가 증언했소. 그러니 틀림없이 마녀지. 그 여자가 불쌍하진 않아. 악마를 받아들인 건 제 선택이었으니까. 하지만 그 여자에게는 어여쁜 아이가 둘 있더군. 아, 당신도 그 모습을 봤더라면. 제 엄마가 끌려가는 걸 어찌나 어리둥절 바라보던지. 넋이 나간 남편은 또 어떻고. 그게 힘들었다오. 가족의 고통을 보는 것이. 하지만 어쩌겠나, 당연히 우리는 그 여자를 불태웠소." 화형과 살해의 수백 년이 흐른 뒤에야, 서구인들은 "그의 탓이 아니라 그의 질병 탓이야"라고 말할 수 있는 지식을 갖췄다.**

인간의 행동을 이해함에 있어서 우리는 이제 겨우 몇 발을 뗐을 뿐이다. 그래서 아직 설명되지 않은 거대한 틈이 남아 있고, 엄청나게 똑똑한 사람들마저도 그 틈을 작은 인간으로 메운다. 하지만 자유의지를 아무리 굳게 믿는 사람이라도 그것이 과거보다 점점 더 좁은 공간으로 내몰리고 있다는 건

* 『말레우스 말레피카룸』에 관심을 갖게 해준 뛰어난 학생, 카트리나 후이에게 고맙다.

** 굳이 "서구인들은"이라고 말한 것은, 현재에도 이것이 결코 전 세계에서 통용되는 해석은 아니기 때문이다.

인정해야 한다. 우리가 인간의 적절한 행동에는 이마엽 겉질이 관련되어 있다는 사실을 과학으로부터 배운 게 200년이 채 되지 않았다. 조현병이 생화학적 질병이라는 사실을 안 건 70년이 채 되지 않았다. 오늘날 난독증이라고 불리는 읽기 장애가 게으름 탓이 아니라 겉질의 미세한 이상 탓이라는 사실을 안 지는 50년쯤 되었다. 후성유전학이 행동을 바꾼다는 사실을 안 지는 25년이 되었다. 영향력 있는 철학자 대니얼 데닛은 자유의지를 가리켜 "원할 만한 것"이라고 말한 바 있다. 정말 자유의지가 존재한다고 해도, 그것은 점차 너무 시시해서 원할 만한 가치가 없는 영역으로 제한되고 있다. 오늘 나는 삼각팬티를 입고 싶은가, 사각팬티를 입고 싶은가?[29]

과학적 발견이 대부분 근년에야 이뤄졌음을 보여준 그래프와 표를 떠올려 보자. 만약 당신이 오늘 밤 자정을 기해 과학이 딱 멈추는 변고가 일어나리라고 믿는다면, 그래서 이 책의 주제와 관련된 새로운 논문이나 발견이나 지식이 더는 등장하지 않으리라고 믿는다면, 그래서 지금 우리가 아는 내용이 전부라고 믿는다면, 당신이 취할 입장은 분명하다. 심각한 생물학적 이상이 비자발적 행동 변화를 일으키는 영역이 드물게 존재하지만, 우리는 누가 그 변화를 겪을지 잘 예측할 수 없다. 한마디로, 작은 인간은 팔팔하게 살아 있다.

하지만 만약 당신이 앞으로 더 많은 지식이 축적되리라고 믿는다면, 당신은 자유의지가 궁극에는 제거되리라는 견해 또는 그렇진 않더라도 작은 인간이 계속 더 좁은 공간으로 밀려나리라는 견해 중 하나를 채택한 셈이다. 둘 중 어느 쪽을 택하든, 당신은 또한 다음 전망이 거의 확실하다고 동의한 셈이다. 지금 우리가 거머리와 방혈과 천공을 사용했던 옛 세대를 보듯이, 마녀 심판에 허송세월했던 15세기 전문가들을 보듯이, 미래 세대가 우리를 보리라는 전망이다. 미래 세대가 우리를 돌아보며 '맙소사, 저 사람들은 아무것도 몰랐어, 너무 많은 피해를 끼쳤어' 하고 생각하리라는 전망이다.

고고학자들에게는 학문의 겸손함을 보여주는 인상적인 관습이 있다. 유적지를 발굴할 때, 그들은 미래의 고고학자들이 현재의 원시적 기술과 그로 인한 파괴성에 경악하리라는 것을 안다. 그래서 더 뛰어난 기술을 갖춘 후배들을 기다리며, 유적지의 많은 부분을 손대지 않고 남겨두곤 한다. 일례로, 중국의 유명한 진나라 병마용은 발굴이 시작된 지 40년이 넘었지만 놀랍게도 아직 전체의 1% 미만만 발굴되었다.

재판은 처지가 다르다. 우리가 행동의 생물학을 더 잘 이해하기를 기다리면서 앞으로 백 년 동안 휴정하는 사치를 누릴 수는 없다. 하지만 최소한 법제도에도 고고학의 겸손이 필요하다. 돌이킬 수 없는 실수만은 피해야 한다는 생각이 필요하다.

하지만 그동안은 어떻게 하면 좋을까? 간단하다(법조계와 멀찍이 떨어진 내 실험실에서 맘 편히 바라보는 나이기에 쉽게 할 수 있는 말이긴 하다). 딱 세 가지를 하면 될 것이다. 하나는 쉽고, 다른 하나는 현실적으로 시행하기가 몹시 어렵고, 마지막 세번째는 거의 불가능한 일이다.

먼저 쉬운 과제부터. 만약 당신이 자유의지를 기각하는 입장인데 이야기가 법 제도로 흘러간다면, 반드시 누군가가 무의미하게 허수아비를 때리는 비판을 제기할 것이다. 그는 따진다. 그렇다면 범죄자를 수수방관하자는 말이냐, 놈들이 자유롭게 활보하면서 다 때려부수게 두잔 말이냐. 이 자리에서 당장 이 오해를 청산하자. 이성적인 사람이라면 아무리 자유의지를 기각하더라도 그렇게 생각하지 않는다. 그래, 그 사람은 이마엽을 다쳤으니까, 혹은 그래, 그 해로운 성질도 과거에는 적응적 특질로서 진화적으로 선택된 것이니까, 혹은 그래…… 하는 이유로 수수방관하자고 말하지 않는다. 우리는 위험한 개인으로부터 사람들을 보호해야 한다. 브레이크가 망가진 차를 모는 걸 허락하지 않듯이, 위험한 개인이 활보하는 걸 허락하지 말아야 한다. 그런 사람은 가능하다면 갱생시키고, 가능하지 않아서 그가 영원히 위험할 터라면 부적합자들의 섬에 보내야 한다. 이 문제에 관해서 조슈아 그린과 프린스턴대학교의 조너선 코언은 "신경과학은 법을 전혀 바꾸지 않고 전부 바꿀 것이다"라는 제목으로 더없이 냉철한 분석 글을 쓴 바 있다. 신경과학과 여타 생물학이 전혀 바꾸지 않을 점, 그것은 바로 위험에 처한 사람을 위험한 사람으로부터 보호할 필요성이 여전하다는 것이다.[30]

이제 불가능에 가까운 과제로 넘어가자. 신경과학이 '전부 바꿀 것', 그것은 처벌의 문제다. 어쩌면, 정말 어쩌면, 범죄자가 그때그때 처벌받는 게 행동주의적 틀에서 필요할 수도 있다. 갱생의 일환으로서, 이마엽 능력 확대를 촉진하여 재발을 막는다는 측면에서. 사실 위험한 개인을 사회로부터 격리하여 자유를 빼앗는다는 조치 자체에 처벌의 필요성이 함축되어 있다. 하지만 만약 우리가 자유의지를 기각한다면, 처벌 그 자체가 목적인 처벌, 정의의 저울에서 '균형'을 맞추고자 가한다고 여겨지는 처벌은 있을 수 없다.

'전부 바뀌어야 하는 것'은 처벌자의 사고방식이다. 현직 판사이자 법학자인 모리스 호프먼은 『처벌자의 뇌: 판사와 배심원의 진화』(2014)라는 걸작에서 그런 변화가 얼마나 어려운지 이야기했다.[31] 그는 처벌의 여러 논리부터 살펴보았다. 게임 이론 실험에서 보았듯이, 처벌은 협력을 촉진한다. 처벌은 사회성의 진화에 기여한 요소다. 가장 중요한 사실은, 처벌이 우리를 기분 좋게 만든다는 것이다. 공개 교수형을 구경하는 정의롭고 떳떳한 군중의 일원이 되는 것, 정의가 집행되는 모습을 지켜보는 것은 우리를 기분 좋게 만든다.

이것은 과거의 습속으로부터 유래한, 뿌리깊은 쾌락이다. 사람들을 뇌 스캐너에 눕힌 후 규범 위반에 관련된 이야기를 들려준다고 하자. 피험자가 위반에 대한 유죄성을 판단할 때는, 뇌에서 인지적 등쪽가쪽이마앞엽 겉질이 활성화한다. 반면 그 위반에 적절한 처벌을 판단할 때는, 정서적 배쪽안쪽이마앞엽 겉질이 편도체와 섬겉질과 함께 활성화한다. 활성화 정도가 클수록 더 심한 처벌이 내려진다.[32] 처벌하겠다는 결정, 그러고자 하는 열렬한 동기는 격렬한 변연계적 상태인 것이다. 처벌의 결과도 마찬가지다. 피험자들이 경제 게임에서 자신에게 쩨쩨한 제안을 건넨 상대를 처벌할 때, 그들의 뇌에서는 도파민적 보상 체계가 활성화한다. 처벌은 기분 좋은 행동이다.

우리가 변연계적 격렬함에서 처벌을 결정하고 그 수행에서 도파민적 쾌락을 느끼는 방향으로 진화했다는 것은 납득이 가는 일이다. 처벌에는 노력과 비용이 든다. 최후통첩 게임에서 인색한 제안을 거절함으로써 보상을 날리는 경우든, 사형 기계 작동을 담당하는 교도관의 치과 보험에 납세자의 세금이 들어가는 경우든 마찬가지다. 우리로 하여금 그런 비용을 짊어지게 만드는 것이 바로 자신은 정의롭다는 인식에서 북받치는 쾌락이다. 이것은 경제 게임 참가자의 뇌를 촬영한 연구에서 확인된 사실이다. 피험자들은 쩨쩨한 제안에 비용 없이 처벌할 수 있는 판과 그동안 벌어둔 점수를 지불해야만 처벌할 수 있는 판을 번갈아 수행했다. 이때 비용 없는 처벌에서 도파민 경로가 더 많이 활성화하는 피험자일수록 비용이 드는 처벌에서 기꺼이 더 많은 비용을 지불했다.[33]

따라서, 거의 불가능한 작업이란 이 본능을 극복하는 것이다. 물론 앞에서 말했듯, 행동을 급속하게 교정하기 위해서 도구적인 방식으로 처벌이 계속 쓰일 수는 있다. 하지만 처벌 자체가 미덕이라는 생각은 발붙일 곳이 없어야 한다. 우리의 도파민 경로는 다른 데서 자극을 찾아야 할 것이다. 어떻게 하면 그런 사고방식을 달성할 수 있는지는 나도 모른다. 하지만 우리가 할 수 있다는 건 안다. 우리가 전에도 해봤기 때문이다. 과거에 사람들은 뇌전증을 앓는 사람을 루시퍼와 내통한 자라고 여겨서 그를 도덕적으로 처벌했다. 오늘날 우리는 발작이 통제되지 않는 사람은 운전할 수 없도록 정해두었다. 여기서 핵심은 그런 금지를 도덕적이고 쾌락적인 처벌로 여기는 사람, 치료 저항적 발작을 앓는 이가 운전 금지를 '당해 마땅하다고' 믿는 사람은 없다는 점이다. 짐승 같은 군중이 둘러서서 뇌전증 환자의 운전면허증을 공개적으로 불태우는 장면을 신나게 지켜보는 일은 없다. 우리는 그 영역에서 처벌 개념을 없애는 데 성공했다. 앞으로 수백 년이 걸릴지도 모르지만, 현재의 모든 처벌 영역들에서도 똑같이 할 수 있다.

현실적으로 몹시 까다로운 과제가 이 대목에서 따라 나온다. 수감의 전통적 논리는 수감으로 대중을 보호하고, 범죄자를 갱생시키고, 처벌하고, 처벌의 위협으로써 다른 이들을 억제할 수 있다는 것이다. 이 마지막 사항이 현실적 과제다. 왜냐하면 처벌 위협은 정말로 억제 효과를 발휘하기 때문이다. 어떻게 하지? 전반적인 해결책이 될 만한 방법이 하나 있지만, 이것은 열린사회에 모순되는 방법이다. 대중이 수감에는 끔찍한 처벌이 따른다고 **믿게** 만들되, 실제로는 그러지 않는 것이다. 어쩌면 위험한 개인이 사회에서 제거될 때 자유를 잃는다는 사실 그 자체가 발휘하는 억제력으로 만족해야 하는지도 모르겠다. 또 어쩌면 충분한 억제력을 발휘하는 전통적 처벌 방법을 일부나마 계속 써야 하는지도 모르겠다. 좌우간 처벌은 당연하고 도덕적인 것이라는 생각만큼은 반드시 없어져야 한다.

이 과제가 결코 쉬울 리 없다. 하지만 그 어려움을 떠올릴 때, 우리가 꼭 기억할 점이 있다. 15세기에 뇌전증 환자를 고발했던 사람들 중 일부는, 혹은 다수는, 어쩌면 대부분은 우리와 썩 다르지 않은 사람들이었으리라는 사실이다. 그들은 진심이었고, 신중했고, 윤리적이었고, 자신들의 사회를 위협하는 심각한 문제를 걱정했고, 자식들에게 더 안전한 세상을 물려주고 싶어 했다. 다만 지금과는 전혀 다른 사고방식에 의거하여 행동한 것뿐이었다. 그들과 우리 사이에는 방대한 심리적 거리가 있고, 그 넓은 간극은 '그 사람 탓이 아니라 질병 탓이야'라는 발견이 만들어냈다. 그 간극도 건넌 우리인데, 앞으로 가야 할 길은 그에 비하면 훨씬 짧다. 이미 발견한 통찰을 가져다가 과학이 이끄는 어떤 새로운 영역에서든 그 논리를 유효하게 연장해보면 그만이기 때문이다.

나는 우리가 최고로 나쁘고 해로운 행동을 저지르는 사람들을 다룰 때, '악'이나 '영혼' 같은 단어가 적절하지 않다고 여긴다면 좋겠다. 브레이크가 고장난 차에 그런 단어가 적절하지 않은 것처럼 말이다. 그리고 우리가 자동차 정비소에서 그런 단어를 쓰지 않는 것처럼, 법정에서도 쓰지 않았으면 좋겠다. 이 비유는 결정적인 측면에서 유효하다. 이마엽 겉질, 유전자, 기타 등등에서 뚜렷한 이상이 발견되지 않았지만 여전히 위험한 개인에게 적용했을 때다. 차가 이상하고 위험해서 정비소에 맡겼을 때, ⓐ 문제를 일으킨 부품을 정비사가 찾아내 기계적 설명이 가능해지는 경우와 ⓑ 정비사가 아무 이상을 찾아내지 못해 차가 악령 들린 차로 분류되는 경우의 이원론적 상황만 있는 것은 아니다. 정비사는 당연히 문제의 원인을 추측해볼 수 있다. 어쩌면 설계도가 문제였을 수도 있고, 제조 과정이 문제였을 수도 있고, 미지의 오염물질이 기능을 손상시킨 것일 수도 있고, 언젠가 우리에게 더 강력한 기술이 생기면 엔진 이상을 일으킨 핵심 분자를 정비소에서도 콕 집어낼 수 있을지도 모른다. 하지만 어쨌든 그때까지는 그 차를 악령 들린 차로 간주하자는 것뿐이다. 차의 자유의지도 '우리가 아직 이해하지 못하는 내면의 힘들'이다.*[34]

이 견해에 본능적으로 반대하는 사람들은 인간을 고장난 기계에 비유하는 것이 비인간적인 짓이라고 말한다. 하지만 내가 마지막으로 강조하고 싶은 점은, 인간을 악마화하고 죄인으로 질책하는 것보다는 이편이 훨씬 인간적이라는 것이다.

추신: 진짜 어려운 문제

자, 형사사법제도에 대해서는 이만하면 됐다. 이제 진짜 어려운 문제로 넘어가자. 누가 당신의 광대뼈를 칭찬하면 어떻게 반응해야 옳은가 하는 문제다.

만약 우리가 우리 최악의 행동에 대해서 자유의지를 부정한다면, 최선의 행동에 대해서도 마찬가지로 해야 한다. 우리의 재능, 의지와 집중력의 발휘, 창조성과 품위와 연민을 선보인 순간에 대해서도. 논리적으로 따지자면, 그런 성질에 대해서 잠자코 칭찬받는다는 것은 누군가 당신의 광대뼈가 아름답다고 칭찬했을 때 당신의 머리뼈에 물리적 힘들이 알맞게 작용해서 그렇게 되었다고 설명하는 대신 상대에게 암묵적으로 자유의지를 칭찬해줘서 고맙다고 대답하는 것처럼 우스꽝스러운 일이다.

---

* 머지않아 차들이 도덕적 의사결정에 참여할지도 모른다. 어쩔 수 없이 양자택일해야 하는 상황일 때, 자율주행 자동차는 행인 다섯 명을 죽이느니 차라리 스스로 벽에 들이받아서 운전자 한 명을 죽이는 쪽을 택해야 할까? 대부분의 사람들은 자율주행 자동차가 그렇게 프로그래밍되어야 한다고 생각하지만, 모르면 몰라도, 자기 차는 그 반대로 선택하기를 바랄 것이다. 어쩌면 값비싼 차는 그런 식으로 작동하고, 일반 서민들이 타는 차는 공리주의를 따를지도 모른다. 아니면 차가 스스로 결정할지도 모른다. 당신이 차를 얼마나 자주 세차시켜주고 오일을 갈아주었나 하는 것을 근거로 삼아서.

물론 우리의 최고에 대해서도 자유의지를 거부하기란 몹시 어려운 일일 것이다. 고백건대 나도 이 점에서 말도 안 되게 행동하며 살아왔다. 아내와 내가 친구와 함께 브런치를 먹는다고 하자. 친구가 과일 샐러드를 내온다. 우리 부부는 칭찬한다. "와, 이 파인애플 맛있네요." 친구는 우쭐하며 대답한다. "제철이 아니지만, 운좋게도 괜찮은 걸 발견했지요." 우리 부부는 감탄하며 추켜세운다. "당신은 과일 고를 줄 아는군요. 우리보다 훌륭한 사람이에요." 우리는 상대가 이른바 자유의지를 발휘한 데 대해, 파인애플 고르기라는 인생의 중대한 갈림길에서 올바른 선택을 한 데 대해 칭찬한다. 하지만 우리는 틀렸다. 사실 그에게는 과일의 숙성도를 잘 감지하도록 돕는 후각 수용체가 있고, 그 수용체는 유전자와 관련이 있다. 어쩌면 그는 파인애플 맛을 감으로 알아차리는 능력을 예부터 전해진 문화적 가치 중 하나로 여기는 문화에서 자랐을지도 모른다. 그는 순전히 운에 따라 특정 사회경제적 궤적을 밟아온 덕분에, 지금 배경음악으로 페루 민속음악을 틀어두는 비싼 유기농 식료품점에서 어슬렁거릴 자원을 갖게 되었다. 그런데도 우리는 그를 칭찬한다.

어떻게 하면 자유의지가 없는 것처럼 인생을 살 수 있는지는 나도 잘 모르겠다. 어쩌면 우리 자신을 생물학의 총합으로만 보는 것은 영영 불가능한 일인지도 모른다. 어쩌면 작은 인간 신화가 그다지 해롭진 않다는 걸 아는 데 만족하고, 철저히 이성적인 사고 능력을 발휘하는 노력은 진짜 필요한 때를 위해서 아껴둬야 하는지도 모르겠다. 그것은 바로 우리가 타인을 가혹하게 판단하려고 드는 때다.

17장

전쟁과 평화

몇 가지 사실을 복습해보자. 우리가 타 인종의 얼굴을 볼 때는 보통 편도체가 활성화한다. 당신이 가난하다면, 아마 다섯 살 무렵에는 이마엽 겉질 발달이 평균보다 뒤처졌을 것이다. 옥시토신은 우리를 낯선 사람에게 못되게 굴도록 만든다. 감정이입이 반드시 동정적 행동으로 이어지는 것도 아니고, 정교한 도덕성 발달이 반드시 더 어렵지만 옳은 일을 하도록 만들지도 않는다. 어떤 유전자 변이체들은 특정 조건에서 우리로 하여금 반사회적 행동에 기울도록 만든다. 그리고 보노보는 완벽하게 평화로운 종이 아니다. 만약 그들에게 화해가 필요한 갈등이 없었다면, 애초에 그들이 화해의 대가가 되지도 못했을 것이다.

이 모든 사실을 고려하면, 우리는 엄청나게 비관적일 수밖에 없다. 하지만 이 책의 논지는 그럼에도 불구하고 우리가 낙천적으로 바라볼 근거가 있다는 것이다.

따라서 이번 마지막 장의 목표는 ⓐ상황이 나아졌고, 우리 최악의 행동 중 다수가 줄어드는 중이며, 최선의 행동은 늘어나는 중이라는 증거를 살펴보는 것, ⓑ이 상황을 더 개선할 방법을 살펴보는 것, ⓒ우리가 가장 가망 없는 환경에서도 최선의 행동을 할 수 있다는 걸 확인함으로써 이 시도에 정서적 지지를 끌어대는 것, 마지막으로 ⓓ내가 장 제목을 '전쟁과 평화'라고 붙이고도 얼렁뚱땅 넘어갈 수 있는지 보는 것이다.

약간 선한 천사

최선의 행동과 최악의 행동에 관해서라면, 세상은 그리 멀지 않은 과거로부터도 어마어마하게 달라졌다. 19세기 초에는 계몽주의를 구가하던 유럽의 식민지들을 비롯하여 전 세계에 노예제가 있었다. 아동노동이 만연했고, 곧 산업혁명을 맞아 착취의 전성기에 오를 터였다. 동물학대를 처벌하는 나라는 한 곳도 없었다. 지금은 모든 나라가 노예제를 법으로 금하고, 대부분 그 법을 집행하려고도 한다. 대부분의 나라에 아동노동법이 있고, 아동노동 비율이 줄었으며, 아직 일하는 아이들도 부모와 함께 집에서 일하는 경우가 많다. 대부분의 나라가 어떤 식으로든 동물을 대하는 태도를 규제한다.

세상은 또한 더 안전해졌다. 15세기 유럽에서는 매년 10만 명당 41건의 살인이 벌어졌다. 현재는 각각 62건, 64건, 85건인 엘살바도르, 베네수엘라, 온두라스만이 그보다 나쁘다. 세계 평균은 6.9건, 유럽 평균은 1.4건, 아이슬란드와 일본과 싱가포르처럼 0.3건인 나라도 있다.

최근 몇백 년 동안 드물어진 것을 꼽아보자. 강제 결혼, 어린이 신부, 성기 절제, 아내 구타, 일부다처, 아내 불태워 죽이기. 동성애자와 뇌전증 환자와 백색증 환자 박해. 학생 체벌, 짐 끄는 동물 구타. 점령군이나 식민 지배자나 비선출 독재자의 통치. 문맹, 영아 사망, 출산중 사망, 예방 가능 질병으로 인한 사망. 사형.

지난 세기에 발명된 것도 꼽아보자. 특정 유형의 무기 사용 금지 조약. 국제형사재판소와 반인도적 범죄 개념. 유엔과 다국적 평화유지단 파견. 블러드 다이아몬드, 코끼리 상아, 코뿔소 뿔, 표범 가죽, 인신매매를 막는 국제협약. 지구 각지의 재난 피해자를 돕기 위해 모금하는 단체, 대륙 간 고아 입양을 주선하는 단체, 지구적 전염병에 맞서며 어떤 분쟁 지역으로든 의료진을 파견하는 단체.

이런 법들이 보편적으로 집행되고 있다고 믿는 건 순진한 바보짓이라는 걸 나도 안다. 예를 들어, 모리타니는 1981년에 세계 최후로 노예를 금지한 나라가 되었는데, 그럼에도 불구하고 현재 인구의 약 20%가 노예이고, 정부가 지금까지 노예 소유자를 고발한 것은 총 1건이었다.[1] 사정이 거의 바뀌지 않은 지역이 많다는 것도 안다. 내가 아프리카에서 수십 년을 더불어 살았던 사람들은 뇌전증이 악령이 들려서 생긴다고 믿고, 백색증 환자를 죽여서 그 장기를 먹으면 치유 효과가 있다고 믿고, 예사로 아내와 자식과 동물을 때리고, 다섯 살짜리가 가축을 몰고 땔감을 모으며, 사춘기 여자아이는 성기 절제를 당한 뒤 늙은 남자에게 세번째 부인으로 보내지곤 한다. 그렇지만 세계적으로는 분명 상황이 나아졌다.

이 주제에 관한 결정판이라 할 저작은 핑커의 『우리 본성의 선한 천사』다.[2] 이 역작은 과거에 세상이 얼마나 나빴는지를 속이 뒤틀릴 만큼 효과적으로 기록해 보여준다. 핑커는 과거 인류의 끔찍한 비인간성을 눈으로 보듯이 묘사한다. 로마제국 콜로세움에서는 수만 명의 관중에게 포로들이 강간, 절단, 고문당하고 동물에게 잡아먹히는 광경을 보는 즐거움을 주기 위해서 약 50만 명이 희생되었다. 중세 내내 군대들은 유라시아를 누비며 마을을 파괴하고, 남자를 모조리 죽이고, 여자와 아이는 모두 노예로 삼았다. 귀족들은 소작농들을 멋대로 짓밟으며 과도한 폭력을 저질렀다. 유럽에서 페르시아, 중국, 인도, 폴리네시아, 아즈텍, 아프리카, 아메리카 원주민까지 곳곳의 종교 및 정부 당국은 갖가지 고문 수단을 발명했다. 16세기 파리인들이 지루할 때 즐기는 유흥으로는 고양이 화형식, 범죄를 저지른 동물의 처형식, 곰을 기둥에 사슬로 매어두고 개들에게 뜯어먹도록 하는 곰 놀리기가 있었다. 지금과는 역겨울 만큼 다른 세계였다. 핑커는 작가 L. P. 하틀리의 말을 인용한다. "과거는 낯선 나라다. 그곳에서 사람들은 다르게 산다."

『우리 본성의 선한 천사』는 크게 세 가지 논쟁을 일으켰다.

왜 과거 사람들은 끔찍했는가?

핑커가 보기에는 답이 명백하다. 왜냐하면 사람들은 늘 끔찍했기 때문이다. 이것은 이 책 9장의 주제와—전쟁은 언제 생겨났을까? 과거 수렵채집인의 삶은 홉스식이었을까, 루소식이었을까?—같은 얘기다. 그때도 보았듯이, 핑커는 인간의 조직적 폭력이 문명 이전부터 등장했으며 인류가 침팬지와 공통 선조에서 갈라져나온 시점까지 거슬러올라간다고 주장하는 진영에 속한다. 그리고 역시 그때 이야기했듯이, 대부분의 전문가들은 이 견해에 설득력 있게 반대한다. 이들은 핑커의 진영이 데이터를 취사선택했고, 수렵원예농경인을 수렵채집인으로 잘못 분류했고, 신식 정주성 수렵채집인을 전통적 유랑 수렵채집인으로 부적절하게 통합했다고 지적한다.

왜 사람들이 덜 끔찍해졌는가?

핑커의 대답은 두 가지 요인으로 구성된다. 그는 우선 사회학자 노르베르트 엘리아스를 끌어들인다. 엘리아스는 국가가 힘을 독점하면서 폭력이 줄었다는 사실을 근거로 '문명화 과정' 개념을 주장했다. 여기에 상업과 통상의 확산으로 사람들이 실용적 자기 절제를 하게 되었다는 점, 즉 상대방이 살아서 자신과 거래하는 편이 더 낫다는 걸 깨달았다는 점이 더해진다. 상대방의 안녕이 중요해진 셈이다. 그 덕분에 핑커가 "이성의 에스컬레이터"라고 부르는 현상, 즉 감정이입 대상과 우리 편의 범위가 넓어지는 현상이 진행되었다. 그리하여 인권, 여성의 권리, 아동권, 동성애자의 권리, 동물권을 주창하는 '권리 혁명'이 일어났다. 인지의 승리를 찬양하는 견해인 셈이다. 나아가 핑커는 20세기 동안 평균 IQ가 높아졌다는 사실을 강조하는 '플린 효과'를 덧붙여서, 도덕적 플린 효과도 있었을 것이라고 말한다. 사람들이 지능이 높아지고 이성을 존중하게 됨에 따라 마음 이론과 관점 취하기에 더 능숙해지고, 평화의 장기적 이득을 더 잘 깨닫게 되었으리라는 것이다. 한 서평가의 말을 빌리면, 핑커는 "자신의 문화를 문명화된 문화라고 부르는 걸 삼갈 만큼 소심하지 않다".[3]

쉽게 예상할 수 있듯이, 사방에서 이 견해에 대한 비판이 쏟아졌다. 좌파는 죽은 백인 남성들의 계몽주의를 이처럼 현란하게 과대평가하는 것은 서구의 신제국주의를 부추기는 일이라고 비난한다.[4] 나도 정치적으로는 이런 쪽으로 의견이 기우는 편이다. 하지만 오늘날 폭력이 적고, 사회안전망이 폭넓게 구축되어 있고, 어린이 신부가 적고, 여성 입법가가 많고, 시민의 자유가 신성불가침으로 여겨지는 나라들은 보통 계몽주의의 문화적 직계 후예라는 사실을 인정하지 않을 수 없다.

한편 우파는 핑커가 종교를 무시한 채 인간의 품위가 계몽시대에 발명된 것처럼 이야기한다고 비난한다.[5] 핑커는 이 점에 전혀 미안해하지 않고, 그가 보기에 세상이 나아진 것은 사람들이 "영혼을 중시하던 데서 생명을 중시하는 쪽으로 바뀐" 덕이 크다고 유려하게 대꾸한다. 또 어떤 사람들은 이른바 이성의 에스컬레이터가 감정을 무시한 채 인지만을 숭배한다고 비판한다. 그렇다면 소시오패스가 마음 이론에 능통하다는 것, (뇌 손상으로 말미암아) 완벽하게 이성적인 정신이 끔찍한 도덕적 판단을 내릴 수 있다는 것, 등쪽가쪽이마앞엽 겉질이 아니라 편도체와 섬겉질이 우리의 정의감을 부추긴다는 것은 어떻게 설명한단 말인가. 지금까지 이 이야기를 입이 닳도록 해왔으니 여러분도 알겠지만, 나는 여기서도 이성과 감정의 상호작용이 중요하다고 본다.

정말로 사람들이 덜 끔찍해졌을까?

이 질문에는 뜨거운 논쟁이 뒤따랐다. 핑커는 "우리는 종의 역사상 가장 평화로운 시대를 살고 있는지도 모른다"라는 인상적인 말을 남겼다. 이 낙천적 견해의 가장 중요한 근거는, 발칸전쟁을 제외할 때 유럽에 1945년 이래 평화가 이어지고 있으며 이것은 역사상 가장 긴 평화라는 것이다. 핑커에게

이 '긴 평화'는 서구가 제2차세계대전의 폐허 후 정신을 차렸다는 뜻이다. 사람들이 마침내 쉼없이 전쟁하는 대륙이 되는 것보다 하나의 시장을 이루는 것이 이득이라는 걸 깨달았고, 더불어 감정이입의 범위도 좀 넓어졌다는 것이다.

비판자들은 이 시각을 유럽중심주의로 규정한다. 서구 국가들이 자기네끼리는 정답게 지냈을지 몰라도, 다른 곳에서는 분명 전쟁을 치렀다. 프랑스는 인도차이나와 알제리에서, 영국은 말레이반도와 케냐에서, 포르투갈은 앙골라와 모잠비크에서, 소련은 아프가니스탄에서, 미국은 베트남과 한국과 라틴아메리카에서 싸웠다. 게다가 개발도상국의 일부는 수십 년간 쉼없이 전쟁을 치러왔다. 콩고 동부를 떠올려보라. 더 중요한 점은 서구가 의존국을 두어 자기들 대신 대리전을 치르게 한다는 발상을 떠올린 탓에 그 전쟁들이 더 참혹해졌다는 것이다. 20세기 말에 미국과 소련이 서로 대립하는 소말리아와 에티오피아에 무기를 제공했다가 불과 몇 년 뒤에는 편을 바꿔서 반대편에게 무기를 제공한 예도 있지 않은가. 긴 평화는 서구인들만의 것이었다.

지난 천 년간 폭력이 꾸준히 줄었다는 주장은 내내 피투성이였던 20세기도 설명해야 한다. 제2차세계대전의 사망자는 5500만 명으로, 역사상 어떤 갈등의 사망자보다 많았다. 제1차세계대전, 스탈린, 마오쩌둥, 러시아와 중국의 내전까지 더하면 사망자는 1억 3000만 명에 육박한다.

핑커는 참으로 과학자답게 한 가지 분별 있는 조치를 취한다. 총 인구 규모를 감안하여 비율로 따지는 것이다. 그렇게 계산하면, 8세기 당나라에서 벌어졌던 안사의 난은 사망자 수가 '겨우' 3600만 명이지만 당시 세계 인구의 6분의 1을 죽인 셈이 된다. 20세기 중순의 4억 2900만 명에 해당한다. 이처럼 총 인구 대비 비율로 따지면, 20세기 사건들 중 10위에 드는 사건은 딱 10위를 차지하는 제2차세계대전뿐이다. 그 위로는 안사의 난, 몽골제국의 정복 전쟁, 중동 노예무역, 명나라의 몰락, 로마제국의 몰락, 티무르가 저지른 학살, 유럽인의 아메리카원주민 말살, 대서양 노예무역 등이 있다.

비판자들은 이 점에도 이의를 제기했다. "이봐, 요리조리 조작해서 제2차세계대전의 사망자 5500만 명을 로마제국 몰락으로 인한 사망자 800만 명보다 적은 걸로 만드는 짓은 그만둬." 만약 9·11 테러 당시에 미국 인구가 3억 명이 아니라 6억 명이었다면 그로 인한 공포가 절반밖에 안 됐으리란 말인가? 하지만 핑커의 분석법은 타당하다. 우리가 디킨스 시절 런던보다 오늘날의 런던이 훨씬 더 안전하다는 걸 아는 것, 일부 수렵채집 집단의 살인율이 디트로이트시의 살인율과 맞먹는다는 걸 아는 것도 사건 발생 **비율**을 따진 결과다.

하지만 핑커는 논리적으로 한 단계 더 나아가는 데 실패했다. 사건 지속 시간도 보정하는 걸 잊은 것이다. 그래서 6년간 진행된 제2차세계대전을 **1200년간** 지속된 중동 노예무역, 400년간 지속된 아메리카원주민 학살과 동등하게 비교했다. 총 세계 인구뿐 아니라 지속 기간까지 보정하면, 이제 10위 안에 제2차세계대전(1위), 제1차세계대전(3위), 러시아내전(8위), 마오쩌둥(10위)이 들어가고 핑커의 목록에는 없었던 사건, 단 100일간 70만 명이 살해된 르완다 집단학살(7위)도 들어간다.*

이것은 좋은 소식이기도 하고 나쁜 소식이기도 하다. 우리는 과거보다 더 많은 대상에게 권리를 부여하고, 감정이입을 느끼고, 더 많은 지구적 불행에 대응한다. 폭력을 휘두르는 사람의 수가 적어졌다는 것, 사회가 그런 사람들을 억제하려고 애쓴다는 것도 나아진 점이다. 반면 나쁜 소식은 폭력적인 소수의 활동 범위가 갈수록 넓어진다는 것이다. 그들은 이제 다른 대륙의 사건에 대해 말로만 광분하지 않고 직접 그곳으로 가서 행패를 부린다. 카리스마 있는 폭력적 인간 하나가 제 동네에서만 깡패단을 결성하는 게 아니라 온라인 채팅방에서 수천 명에게 영향을 미친다. 마음 맞는 외톨이 범죄자들이 더 쉽게 만나고 서로를 물들인다. 과거에 곤봉이나 마체테가 혼란을 일으켰

* 전체 목록은 이렇다(연간 사망자 추정치 순위다): ①제2차세계대전, 1100만 명 ②안사의 난, 450만 명 ③제1차세계대전, 300만 명 ④와 ⑤태평천국의 난과 티무르, 각 280만 명 ⑥명나라의 몰락, 250만 명 ⑦과 ⑧몽골의 정복과 르완다 집단학살, 각 240만 명 ⑨러시아 내전, 180만 명 ⑩러시아의 16~17세기 동란 시대, 150만 명 ⑪마오쩌둥이 초래한 중국 기근, 140만 명.

다면 요즘은 자동 화기나 폭탄이 일으키고, 결과도 훨씬 더 끔찍하다. 세상은 나아졌다. 하지만 그렇다고 해서 세상이 충분히 좋은 건 아니다.

자, 그러면 이제 이 책에서 얻은 통찰들이 이 문제에 도움이 될지 생각해 보자.

몇 가지 전통적 방법

첫째로, 역사가 수만 년에 달하는 폭력 감소 전략이 있다. 이주다. 만약 한 수렵채집 무리 내에서 두 사람이 갈등을 빚는다면, 종종 한 명이 이웃 무리로 옮겨간다. 이동은 자발적일 때도 있고 아닐 때도 있다. 마찬가지로, 무리 간 갈등은 한 무리가 다른 장소로 옮겨감으로써 해소된다. 유랑 생활의 이점이다. 탄자니아의 수렵채집 부족인 하자족에 대한 최근의 한 연구는 유동성의 또다른 이득을 보여주었는데, 이 책 10장에서도 보았던 그 이득은 그 덕분에 협동성이 높은 개인들이 서로 만나서 어울릴 수 있다는 것이다.[6]

다음으로 핑커뿐 아니라 인류학자들도 강조하는 교역의 이로운 효과가 있다. 물건이 국경을 넘지 않는 곳에서는 군대가 넘는다는 말은 마을 장터 거래에서 국제 무역협정까지 다양한 차원에서 사실이다. 이것은 토머스 프리드먼이 반농담으로 말한 평화의 '황금 아치 이론', 즉 맥도날드가 있는 나라들끼리는 싸우지 않는다는 가설의 한 형태라고 할 수 있다. 예외가 없지 않지만(가령 미국의 파나마 침공, 이스라엘의 레바논 침공), 프리드먼의 가설은 넓은 의미에서 유효하다. 세계 시장에 통합되어 맥도날드 같은 기업이 진출할 정도로 충분히 안정된데다가 그런 영업점이 망하지 않을 만큼 풍요로운 나라들끼리는 상상의 전리품보다 평화가 주는 교역의 이득이 더 크다고 결론지을 가능성이 높다.*,**[7]

---

* 프리드먼의 생각에 대한 고전적 해석은 이렇지만, 어쩌면 사람들이 저런 상황에서 전쟁을 벌이지 않는 것은 성인기 발증형 당뇨로 병원을 다니느라 너무 바빠서일지도 모른다.

이것이 반드시 확실하지는 않다. 예를 들어, 독일과 영국은 주요 교역국이었는데도 제1차세계대전에서 맞붙었다. 그리고 교역 붕괴와 생필품 부족을 견디는 한이 있더라도 전쟁에 나가겠다는 사람은 결코 부족하지 않다. 게다가 '교역'은 양날의 칼이다. 우림의 원주민 사냥꾼들끼리 하는 거래는 틀림없이 멋진 일이지만, 세계무역기구에 대항하여 시위하는 사람이 보기에 그것은 틀림없는 협잡이다. 하지만 먼 나라들끼리도 전쟁을 벌일 수 있는 환경에서, 서로 의존하도록 만드는 장거리 무역은 분명 억제 효과를 낸다.

전반적인 문화 확산(무역도 포함된다)도 평화를 촉진할 수 있다. 여기에 현대적 특징이 가미될 수도 있다. 189개국을 대상으로 한 조사에서, 디지털 접근성은 높은 시민 자유와 언론 자유를 예측하는 것으로 확인되었다. 게다가 이웃 나라가 시민 자유도가 높은 나라일수록 이 효과가 더 강하게 드러났다. 생각은 물건과 함께 흘러가기 때문이다.[8]

종교

솔직히 나는 이 절을 건너뛰고 싶지만, 그럴 수 없다. 모르면 몰라도 종교는 인류를 규정하는 문화적 발명품이고, 최선의 행동과 최악의 행동 모두에 믿기지 않을 만큼 강력한 촉매로 작용하기 때문이다.

4장에서 뇌하수체를 소개할 때는 그 내분비샘에 대한 내 감정을 서두에 밝혀야 한다는 의무감 따위는 느끼지 않았다. 하지만 여기서는 그런 의무감을 느낀다. 그래서 밝힌다. 나는 율법을 엄격히 준수하는 정통파 유대인 집안에서 자랐고, 스스로도 종교성을 강렬하게 느꼈다. 하지만 열세 살 무렵에 내 신앙이 와르르 무너졌다. 이후에는 어떤 종류의 종교성도 영성도 느끼지 못하게 되었고, 종교의 유익한 측면보다 해악에 더 눈길이 가는 사람이 되었다. 하지만 종교적인 사람들과 어울리는 것은 좋아하고, 그들에게 감동받는

** 예외적으로 반대 의견을 펼치는 사람은 9장에서 만났던 로런스 킬리다. 킬리는 교역이 필연적으로 의견 불일치를 일으키기 때문에 그 최종적 결과는 집단 간 긴장 감소가 아니라 증가라고 주장한다.

다. 그러면서도 어떻게 그들이 그런 걸 믿을 수 있는지 모르겠어서 당혹스럽다. 그리고 나도 그런 걸 믿을 수 있다면 좋을 텐데 하고 진심으로 바란다. 끝.

9장에서 말했듯이, 우리는 그동안 놀랍도록 다양한 형태의 종교를 창조해냈다. 그중에서도 세계적으로 퍼진 종교들만 고려하자면, 다음과 같은 중요한 공통점이 있다.

a. 모두 강렬하게 사적이고, 독자적이고, 개인화된 종교성의 측면을 지닌 동시에 공동체적 측면도 지닌다. 앞으로 보겠지만, 두 영역은 최선의 행동과 최악의 행동을 촉진하는 데 있어서 전혀 다르게 작용한다.

b. 모두 불안의 시기에 위안을 주는 사적, 공동체적 의례 행위를 갖고 있다. 하지만 그 불안 중 다수는 다름 아닌 종교가 만들어낸 것이다.

심리적 스트레스가 통제력, 예측력, 분출구, 사회적 지지 결핍에서 생기는 것을 고려할 때 신앙의 불안 감소 효과는 논리적이다. 종교에 따라 내용이 다르긴 하지만, 신앙은 왜 어떤 일이 벌어지는지에 대한 설명을 제공하고, 그 일에 목적이 있다는 확신을 제공하고, 인간에게 관심이 있고 자애로우며 인간의 간청을 들어주는, 특히 사람들 가운데서 신자의 간청을 더 잘 들어주는 창조주가 있다는 감각을 제공한다. 신앙이 건강에 유익한 효과를 내는 것도 무리가 아니다(신앙이 제공하는 공동체의 지지나 약물 남용 감소 효과를 제외하고도 그렇다).

앞띠이랑 겉질은 우리가 기대했던 상태와 실제 벌어진 상태 사이의 불일치를 감지하고 경고를 울리는 역할을 맡는다고 했다. 사람들의 성격과 인지 능력을 통제하더라도, 더 종교적인 사람일수록 부정적 불일치를 접했을 때 앞띠이랑 겉질이 덜 활성화했

다. 반복적 종교 의례에 불안 감소 효과가 있음을 보여준 연구들도 있었다.[9]

c. 마지막으로, 모든 세계 종교들은 우리와 그들을 구별한다. 우리가 될 수 있는 조건이 무엇인가, 그 속성은 불변인가에 대해서는 저마다 이야기가 다르지만 말이다.

종교의 신경생물학은 충분히 알려져 있다. 『종교, 뇌, 행동』이라는 학술지가 있을 정도다. 우리가 익숙한 기도를 외면, 중변연계 도파민 체계가 활성화한다. 즉흥적으로 기도를 읊으면, 마음 이론에 연관된 영역들이 활성화한다. 신의 관점을 이해해야 하니까 그렇다("신은 내가 감사할뿐더러 겸손하기를 원하시겠지, 그 점도 언급하는 게 좋겠어"). 게다가 마음 이론 신경망이 더 많이 활성화하는 사람일수록 신을 더 인격화된 존재로 그리는 경향이 있다. 자신이 신앙으로 치유된다고 믿는 사람의 뇌에서는 (인지적) 등쪽가쪽이마앞엽 겉질이 비활성화하여, 불신을 억눌러준다. 그리고 우리가 익숙한 의례를 수행할 때는, 습관과 반사적 평가에 연관된 겉질 영역들이 활성화한다.[10]

그러면, 종교적인 사람이 비종교적인 사람보다 더 착할까? 상호작용하는 상대가 내집단 구성원이냐 외집단 구성원이냐에 따라 다르다. 좋다, 그러면 종교적인 사람은 내집단 구성원에게 더 착할까? 수많은 연구에서 그렇다는 결과가 나왔다. 그때 종교적인 사람은 (종교적 맥락에서든 아니든) 봉사, 기부, 자발적 친사회성을 더 많이 발휘하고, 경제 게임에서도 너그러움, 신뢰, 정직, 용서를 더 많이 발휘한다. 하지만 차이가 없다는 결과가 나온 연구도 많았다.[11]

왜 결과가 일관되지 않은 걸까? 우선, 피험자들이 자가 보고한 데이터인가 아닌가의 문제가 있다. 종교적인 사람은 비종교적인 사람보다 자신의 친사회성을 더 부풀려서 보고하는 경향이 있다. 또다른 요인은 친사회성이 공개적인가 아닌가 하는 문제다. 종교적인 사람 중 사회적 인정을 강하게 원하는 사람은 자신의 행동이 눈에 띄게 드러나는 것을 특히 중요하게 여긴다.

맥락 의존성을 잘 보여주는 사실로서, 한 연구에서는 종교적인 사람이 비종교적인 사람보다 자선 행위를 더 많이 하긴 하지만 오직 안식일에만 그렇다는 결과가 나왔다.[12]

또다른 중요한 요인. 어떤 종류의 종교인가? 9장에서 소개했듯이, 브리티시컬럼비아대학교의 아라 노렌자얀, 아짐 샤리프, 조지프 헨리크는 다양한 종교들과 친사회성의 여러 속성들 사이에 관계가 있음을 확인했다.[13] 앞서 보았듯, (수렵채집인 같은) 소규모 집단 문화는 도덕적 신을 거의 만들어내지 않는다. 문화가 충분히 커져서 사람들이 낯선 사람과 익명으로 자주 상호작용하는 상황에서만 흔히 심판자 신이 탄생한다. 유대기독교/무슬림의 신이 그렇다.

그런 문화에서는 명백하거나 무의식적인 종교적 단서가 사람들의 친사회성을 강화한다. 한 연구에서, 종교를 믿는 피험자들이 종교적 용어(가령 '영혼' '신적인' '성스러운')가 포함되었거나 포함되지 않은 문장을 순서대로 정렬하는 작업을 했다. 이때 전자의 경우에만 나중에 피험자들이 더 너그럽게 행동했다. 3장에서 벽에 눈이 붙어 있는 곳에서는 사람들이 더 친사회적으로 행동한다는 실험 결과를 보았던 게 떠오르지 않는가? 이 효과가 감시와 관련된다는 걸 보여주는 사실로서, 피험자들에게 '배심원' '경찰' '협약' 같은 세속적 용어가 포함된 문장을 정렬하게 했을 때도 같은 효과가 발휘되었다.[14]

심판자 신(들)을 떠올리게 하는 요소는 분명 친사회성을 강화한다. 그 신이 일탈을 어떻게 다루는가 하는 점도 중요한 요소다. 한 문화 내에서도 문화들 사이에서도 확인되는 경향성인바, 더 많이 처벌하는 신을 믿는 사람들일수록 같은 종교 신자인 익명의 타인에게 더 너그럽게 행동한다. 처벌하는 신이 처벌하는 신자를 만드는 것일까(적어도 경제 게임에서)? 한 연구에서는 아니라는 결과가 나왔다. '내가 쓸데없이 나설 것 없어, 신이 해결해주실 테니까' 하는 셈이다. 다른 연구에서는 그렇다는 결과가 나왔다. '처벌하는 신은 나도 처벌하기를 바라시겠지' 하는 셈이다. 브리티시컬럼비아대학교 연구진이 보여준 아이러니한 현상도 있다. 피험자들에게 사전에 처벌하는 신을 떠올리게 하는 단서를 주면 속임수 사용이 줄었지만, 용서하는 신을 떠올리게 하는 단서를 주면 속임수 사용이 늘었다. 다음으로 연구진은 67개국 출신의 피험자들을 대상으로 조사하여, 해당 국가에 천국과 지옥의 존재에 대한 믿음이 얼마나 보편적인지 알아보았다. 이때 천국보다 지옥에 대한 믿음이 강한 나라일수록 범죄율이 낮았다. 내세에 관해서라면 당근보다 채찍이 더 효과적인 모양이다.

그러면 종교가 그들에 대해서 우리의 최악을 부추기는 현상은 어떨까? 이 현상의 증거 중 하나는, 음, 인류 역사다. 모든 주요 종교들은 과거에 손에 피를 묻혔다. 불교 승려들은 미얀마의 무슬림인 로힝야족 박해에 앞장섰고, 백악관의 퀘이커교도는 크리스마스에 북베트남에 융단폭격을 지시했다.* [15] 나폴레옹이 했다는 말마따나 "자신들의 상상 속 친구가 더 낫다고 우기며 서로 죽이는" 전쟁인 종교전쟁은 당연하거니와, 세속적 전쟁에서도 사람들은 신의 지지를 구하며 자신들이 그것을 받았다고 주장하곤 했다. 종교는 유난히 끈질긴 폭력의 촉매다. 가톨릭과 개신교는 유럽에서 500년 가까이 서로 죽였고, 시아파와 수니파는 1300년 동안 서로 죽였다. 경제나 정부 형태를 둘러싼 폭력적 불화는 절대로 그만큼 오래가지 않는다. 1300년이라니, 가령 서기 610년에 동로마제국의 헤라클리우스황제가 공식어를 라틴어에서 그리스어로 바꿨던 걸 두고 사람들이 지금까지도 서로 죽이는 걸 상상할 수 있나? 40년간 활동한 600개 테러 집단을 대상으로 한 조사에 따르면, 종교에 바탕을 둔 테러리즘이 가장 오래 지속되었으며 테러리스트들이 정치 일선에 참여하게 된 뒤에도 가장 적게 수그러졌다.

종교적 무의식 단서는 외집단 적대성을 부추긴다. 어느 코즈모폴리턴적 유럽 도시의 여러 장소에서 사람들을 조사한 '현장 연구'에 따르면, 기독교인들은 교회 앞을 지나가는 것만으로도 비기독교인에 대한 보수적·부정적 태

---

* 정확히 말하자면, 리처드 닉슨은 복음주의 퀘이커교도로 자랐다. 그들은 엄격한 평화주의자는 아니다.

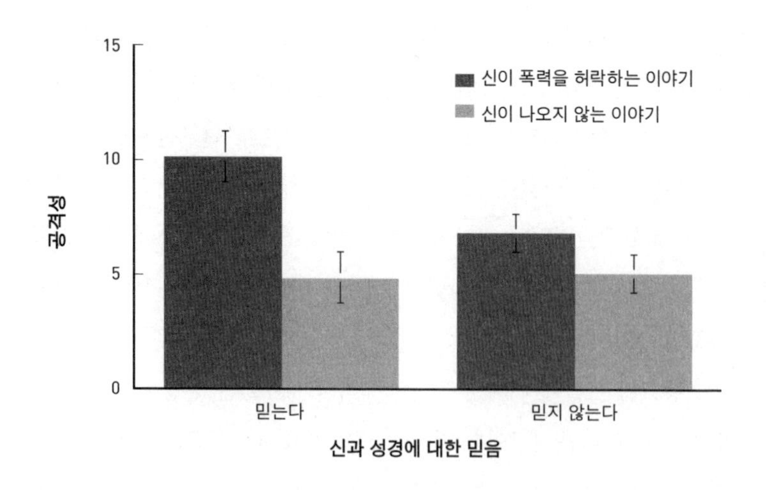

도를 더 많이 드러냈다. 폭력적 신 개념의 무의식적 효과를 살펴본 연구도 있다. 피험자들은 성경 구절 중 한 여자가 다른 부족 폭도에게 살해당하는 이야기를 읽었다. 여자의 남편은 자기 부족 사람들과 의논하여 군대를 꾸린 뒤, 상대 부족을 공격하여 복수한다(도시를 폐허로 만들고 인간과 동물을 몰살하는 성경식 복수였다). 피험자 중 절반이 읽은 이야기는 여기까지였지만, 나머지 절반이 읽은 이야기에서는 군대가 복수를 궁리하면서 신에게 조언을 구하고 신은 그들에게 상대 부족을 단단히 혼내주라고 허락하는 내용이 추가되었다.[16]

그다음 피험자들은 경쟁 게임을 했다. 매 회마다 진 사람은 시끄러운 폭발음을 듣게 되고, 이긴 사람이 그 소리의 볼륨을 결정하는 게임이었다. 이때 신이 인간들의 폭력성을 허락하는 장면을 읽었던 피험자들은 상대를 혼내줄 때 더 높은 볼륨을 선택했다.

이 효과가 여성보다 남성에게서 더 크게 드러났다는 사실은 놀랍지 않다. 하지만 브리검영대학교의 독실한 모르몬교도 학생들과 보통 개방적인 종교를 믿는 어느 네덜란드 대학의 학생들이 피험자였는데도 이 효과가 두 집단에서 똑같이 강하게 드러났다는 사실은 놀라웠다. 더 놀라운 사실도 있었다. 성경을 믿지 않는 피험자들이라도(브리검영 학생들 중에서는 놀랍도록 높은 비율인 1%가, 네덜란드 학생들 중에서는 73%가 여기 해당했다), 신이 폭력을 허락한 이야기를 읽었을 때는 공격성이 커졌다(단 성경을 믿는 피험자들보다는 증가 폭이 적었다). 요컨대, 신이 폭력을 허락한다는 생각은 복수하는 신의 개념이 없는 종교의 신자들에게서도 공격성을 높이고, 심지어 신 자체를 믿지 않는 사람들에게서도 공격성을 높인다.

물론 종교가 늘 이 효과를 내는 것은 아니다. 노렌자얀은 팔레스타인인을 대상으로 자살 폭탄에 대한 지지를 조사하면서 사적 종교성과 공동체적 종교성을 구분했다.[17] '이슬람=테러리즘'이라는 바보 같은 생각을 반박하는 결과인바, 사람들의 사적 종교성은(기도를 얼마나 자주 하는가로 평가했다) 테러에 대한 지지를 예측하는 요인이 되지 못했다. 하지만 모스크에서 자주 예배를 드리는 것은 유효한 요인이었다. 다음으로 노렌자얀은 인도의 힌두교도, 러시아의 정교도, 이스라엘의 유대교도, 인도네시아의 무슬림, 영국의 신교도, 멕시코의 가톨릭교도에게 설문조사로 자신의 종교를 위해서 죽을 수 있는가, 타 종교가 세상을 어지럽히는가 하고 물어보았다. 모든 집단의 경우에, 예배에 자주 참가하는 것은 그런 견해를 예측하는 요인이었지만 기도를 자주 하는 것은 그렇지 않았다. 집단 간 적대감을 부추기는 것은 종교성 자체가 아니라, 편협한 정체성과 헌신과 애증의 공유를 공언하는 같은 종교 신자들에게 둘러싸이는 경험이다. 이것은 엄청나게 중요한 사실이다.

이 일관되지 않은 발견을 어떻게 이해하면 좋을까? 종교성은 결코 사라질 리 없다.* 기왕 그렇다면, 종교성의 내집단 사회성을 가장 잘 촉진하는 요인은 도덕적인 신, 처벌하는 신인 듯하다. 무신론자가 지겹도록 받는 상투적

---

* 하지만 20세기에 스칸디나비아 국가들이 시민들의 사회적 욕구를 정부 차원에서 포괄적으로 뒷받침하는 세속적 체제를 발달시켜온 동안 그곳 사람들의 종교성이 극단적으로 낮은 수준으로 떨어졌다는 사실은 퍽 흥미롭다. 오늘날 스칸디나비아인들 중 독실한 종교인은 소수에 지나지 않는다. 그러니 미래에는 종교성이 우리 생각처럼 굳건하지 않을 수도 있다. 그리고 9장에서 보았듯이, 세속적 제도가 사람들의 욕구를 더 잘 돌보게 되면 종교성은 감소한다. 어쩌면 이 사실에서 가장 중요한 점은 종교가 대단히 포용적인 내집단 친사회성을 끌어내는 수단으로서 결코 유일하진 않다는 걸 보여주었다는 대목이다.

비판은 신(들)의 부재가 허무주의적 무도덕성을 낳는다는 것이고, 그에 대한 상투적 대답은 만약 우리가 그저 지옥이 두려워서 착하게 군다면 그건 너무 시시하지 않은가 하는 것이다. 하지만 시시하든 아니든, 종교성에 그런 효과가 있는 건 사실인 듯하다. 우리가 풀어야 할 힘든 과제는 종교성의 공동체적 속성이 외집단 적대감을 북돋는 현상이다. 종교들에게 우리의 외연을 넓히라고 주문하는 건 소용 없는 짓이다. 종교가 우리를 규정하는 조건은 제멋대로라서, '우리 종파 사람들처럼 생기고, 행동하고, 말하고, 기도하는 사람들'부터 '세상의 모든 생명'까지 다양하다. 종교들이 전자에서 후자로 바꾸도록 만드는 일은 절망적으로 어려울 것이다.

접촉

11장에서 이야기했듯이, 많은 사람들이 집단 간 긴장을 접촉으로 줄일 수 있지 않을까 생각해왔다. 사람들이 서로를 잘 알면 잘 지낼 수 있는 것 아닐까? 유익한 효과의 가능성이 없진 않아도, 집단 간 접촉은 오히려 적대감을 쉽게 키운다.[18]

9장에서 보았듯, 집단 간 접촉은 두 집단이 불공평하게 대우받거나 규모 차이가 클 때, 작은 집단이 둘러싸여 있을 때, 집단 간 경계가 애매할 때, 집단들이 자신의 성스러운 가치를 뜻하는 상징을 내걸며 겨룰 때(가령 북아일랜드의 개신교도들이 오렌지단 깃발을 들고 가톨릭교도 동네를 행진할 때) 사태를 악화한다. 어깨를 맞대면 아프기만 한 것이다.

위협과 불안을 최소화하려면 당연히 그 반대 상황이 형성되어야 한다. 집단들이 동등한 수로 동등한 대우를 받으며 만나야 하고, 선동이 없고 선동 시도를 감독하는 제도가 있는 중립적 환경에서 만나야 한다. 가장 중요한 점은 집단들이 하나의 목표를 공유할 때, 특히 그 목표가 성공을 거둘 때 상호작용이 최고의 효과를 낸다는 것이다. 11장에서 보았던 사실, 즉 공통의 목표가 있을 때는 우리/그들 이분법의 우선순위가 바뀌어서 새로 형성된 통합된 우리가 우위를 차지하게 된다는 사실이 떠오른다.

이런 조건에서라면, 집단 간의 지속적 접촉이 보통 편견을 줄인다. 가끔은 편견이 크게 줄기도 하고, 일반화되고 지속적인 양상으로 줄기도 한다. 38개국에서 25만 명 이상의 피험자들을 조사한 약 500건의 연구를 메타분석한 2006년 연구의 결론이 그랬다. 유익한 효과는 집단 간 차이가 인종, 종교, 민족, 성적 지향 중 무엇이든 거의 같게 드러났다. 일례로, 상선의 인종 분리 폐지를 조사한 1957년 연구에서는 백인 선원들이 아프리카계 미국인 선원과 함께 항해를 더 많이 할수록 더 긍정적인 인종적 태도를 취하는 것으로 나타났다. 백인 경찰관들도 아프리카계 미국인 파트너와 함께하는 시간에 비례하여 긍정적 태도를 취했다.[19]

좀더 최근의 메타분석에서 밝혀진 통찰이 몇 가지 더 있다. ⓐ유익한 효과는 보통 그들에 대한 더 많은 지식과 그들에 대한 더 많은 감정이입, 둘 다에서 나온다. ⓑ일터는 접촉이 유익한 효과를 내기에 특히 효과적인 장소다. 일터에서 만나는 그들에 대한 편견이 줄어든 사람은 종종 그들 전체에 대한 편견이 줄고, 심지어 다른 부류의 그들에 대한 편견도 준다. ⓒ전통적 우세 집단과 종속된 소수 집단의 접촉은 보통 전자의 편견을 더 많이 줄인다. 후자는 문턱값이 더 높다. ⓓ지속적 온라인 관계와 같은 새로운 상호작용 경로도 어느 정도 효과가 있다.[20]

모두 좋은 소식이다. 접촉 이론에 착안하여 실험을 해본 이들도 있었다. 갈등관계인 집단들의 구성원, 주로 청소년이나 청년을 한데 모아서 짧게는 한 시간짜리 토론에서 길게는 여름캠프까지 다양한 활동을 함께하게 하는 실험이었다. 가장 자주 선택된 대상은 팔레스타인인과 이스라엘인, 북아일랜드의 가톨릭교도와 개신교도, 그리고 발칸반도, 르완다, 스리랑카 내의 적대 집단들이었다. 참가자들이 집으로 돌아가서 바뀐 태도를 퍼뜨리기를 바란 시도였다. 이런 자리에서 변화가 싹트기를 바란다는 뜻은 '평화의 씨앗'이라는 한 프로그램 이름에도 담겨 있다.

무슬림과 유대교도, 가톨릭교도와 개신교도, 투치와 후투, 크로아티아인과 보스니아인이 사이좋게 찍은 단체사진은 귀여운 강아지 사진보다 낫다.

그래서, 그런 프로그램들은 효과가 있을까? '효과'를 어떻게 평가하는가에 따라 다르다. 이 주제의 전문가인 하와이대학교의 스티븐 워첼에 따르면, 효과는 일반적으로 긍정적이다. 참가자들은 그들에 대한 두려움이 줄고 긍정적 견해를 더 많이 갖게 되며, 그들을 획일적이지 않은 집단으로 인식하게 되고, 우리의 잘못을 더 많이 인식하고, 자신을 우리 중 전형적이지 않은 개체로 인식하게 된다.

이것은 행사 직후의 이야기다. 실망스럽게도, 이런 효과는 보통 일시적이다. 양측의 개인들이 계속 연락하는 경우는 드물다. 팔레스타인과 이스라엘 십대들을 조사한 연구에서는 91%가 연락하지 않는다고 답했다. 편견이 지속적으로 감소한 경우는 보통 예외주의가 개입한다. "물론 **대부분의** 그들은 끔찍해, 하지만 내가 예전에 만났던 그들은 괜찮았어." 크게 달라진 개심자가 있더라도, 그가 집에 돌아가서 자신의 견해를 이야기하며 평화를 설파하면 대개 주변으로부터 신용을 잃는다. 그 증거로, 중동 평화의 씨앗 프로그램에 참가했던 수천 명 중에서 알려진 평화운동가는 한 명도 나오지 않았다.*

접촉의 효과를 이렇게 해석할 수도 있다. 그들의 선조가 저질렀던 일 때문에 그를 미워하는 대신, 그가 마지막 간식을 먹어버렸다거나, 사무실 온도를 너무 낮게 설정했다거나, 칼을 쳐서 만든 보습을 쓰고는 헛간의 제자리에 돌려놓지 않았다거나 하는 이유로 그에게 짜증을 내도록 바뀌는 것이라고. 뭐, 이것도 발전이기는 하다. 이런 사고의 핵심을 잘 보여준 것이 수전 피스크의 실험이었다. 피험자들이 만약 어떤 얼굴을 그들의 일원이 아니라 한 개인으로 생각하게 되면, 타 인종의 얼굴에 대해 자동적으로 일어나는 편도체 반응이 억제되었다. 이런 개체화 능력은 획일적이고 비개체화된 괴물들에 대해서도 놀랍도록 잘 작동할 수 있다.

* 이 접근법에는 또다른 한계가 있다. 그들과의 친선을 기꺼이 고려해보는 참가자란 애초에 자기 선택이 작용한 결과라는 점이다. 게다가 참가자들은 사회경제적 특권층 출신이 많은데, 이 점은 그들이 돌아가 대중을 바꾸는 데서 한계로 작용한다.

품라 고보도-마디키젤라가 『그날 밤 한 인간이 죽었다』(2003)에서 들려준 이야기가 그 감동적인 사례다. 고보도-마디키젤라는 아파르트헤이트 시절 남아프리카공화국의 흑인 주거지역에서 자랐고, 기어이 공부를 이어가서 임상심리학 박사학위를 받았다. 자유 남아공이 도래하자 그녀는 진실과화해위원회에서 일하게 되었는데, 거기서 맡은 일은 누구나 멈칫하게 만들 만한 것이었다. 아파르트헤이트 시절에 제 손에 문자 그대로 피를 가장 많이 묻힌 인간, 유진 드콕을 상대하는 일이었기 때문이다. 드콕은 남아공 경찰의 엘리트 대반란 부대를 지휘하며, 흑인 활동가들의 납치와 고문과 살인을 직접 감독했다. 그는 재판을 치르고, 유죄를 받고, 종신형에 처해진 상태였다. 고도보-마디키젤라의 일은 그를 인터뷰하여 암살단에 관한 이야기를 듣는 것이었다. 임상심리학자로서 그녀는 40시간 남짓 유진 드콕과 이야기하는 동안 그 사람을 이해하는 데 중점을 맞췄다.

예상대로 드콕은 어떤 전형이라기보다는 다면적이고 모순적인 실제 인간이었다. 그는 어떤 면에서는 뉘우쳤지만, 어떤 면에서는 반성하지 않았다. 자신이 저지른 끔찍하고 잔혹한 짓 중 일부에 대해서는 무감각하면서도, 어떤 사람은 죽이지 않는다는 자신만의 엉뚱한 원칙들에 대해서는 자랑스러워했다. 자신의 상사들을 탓하면서도(그들은 아파르트헤이트의 공복이었던 드콕을 악독한 자경단원처럼 묘사함으로써 자신들은 대부분 처벌을 모면했다), 자신이 킬러들에게 내린 명령은 타당했다고 말했다. 그는 고보도-마디키젤라에게 혹시 그녀가 사랑하는 사람을 자신이 죽인 적 있느냐고(그런 일은 없었다) 조심스럽게 물어서 그녀를 뒤흔들어놓았다.

그리고 고보도-마디키젤라는 자신이 드콕에게 점점 더 감정이입하게 된다는 사실에 몹시 심란해졌다.

어느 날 드콕이 뭔가를 회상하다가 눈에 띄게 괴로워하는 걸 본 게 결정적 순간이었다. 고보도-마디키젤라는 반사적으로 손을 뻗어서—금기에 해당하는 행동이다—쇠창살 사이로 그의 손가락을 건드렸다. 이튿날 아침, 전날의 접촉으로 마비되기라도 한 양 팔이 무겁게 느껴졌다. 그와 그런 접촉을 하게 한 것이 자신의 힘의 상징인지 그의 힘의 상징인지(그가 그녀를 어떤 식으로든 조종해서 그 행동을 하게 만든 것인지) 몰라서 괴로웠다. 그들이 다시 만났을 때, 그는 그녀에게 고맙다고 말하면서 사실 그녀가 건드렸던 손가락은 자신이 방아쇠를 당기는 데 썼던 손가락이라고 고백하여 그녀의 번뇌를 더 휘저었다. 아니, 배경으로 바이올린 연주가 흐르면서 뜻밖의 우정이 시작되었다거나 하는 이야기는 아니다. 하지만 그녀가 그처럼 자동적으로, 감정이입에 의해 그에게 손을 내밀었다는 사실은 그때 그녀가 그와 공유한 허약하기 짝이 없는 우리 요소들이 용케, 놀랍게도, 그 순간만큼은 다른 모든 걸 압도할 수 있었다는 뜻이다.

다리를 불태우거나 불태우지 않는 것

많은 갈등 상황에서 목격되는 현상이 하나 있다. 새롭고 강력한 우리 범주를 빚어내기 위해서 과거의 문화적 다리를 불태우는 행위다. 1950년대 케냐의 마우마우 봉기가 그 예다. 영국 식민주의자들이 케냐에서 휘두른 전횡의 예봉은 한 부족, 즉 키쿠유족에게 집중되었다. 운 나쁘게도 키쿠유족이 식민주의자들이 몰수한 비옥한 농지에서 살아왔기 때문이다. 키쿠유족의 고통이 끓어넘쳐서 발생한 것이 마우마우 봉기였다.*

농경민인 키쿠유족은 그다지 호전적인 사람들이 아니었기에(가령 세세손손 키쿠유를 위협해온 이웃의 목축민 부족 마사이와는 달랐다), 마우마우 전사들을 세뇌하려면 강력한 상징의 힘을 동원할 필요가 있었다. 키쿠유에게는 선서가 문화적으로 대단히 중요하다. 그래서 마우마우 전사들의 악명 높은 선서는 부족의 규범과 금기를 철저히 깨뜨리는 행동, 집에서 배척될 게 분명한 행동으로 구성되었다. 메시지는 분명했다. "이로써 너는 다리를 불태

* 결국 영국이 약 150명의 영국인과 1~2만 명의 키쿠유인을 희생시켜 봉기를 찍어눌렀다. 그러고는 마우마우 게릴라 전사들이 아니라 뼛속들이 서구화한 케냐인들 중 일부를 엄선하여 권력을 넘겨주었다. 이런 영국식 바통 넘기기가 얼마나 성공적이었던지, 요즘도 케냐의 흑인 판사들은 법정에서 흰 가발을 쓴다.

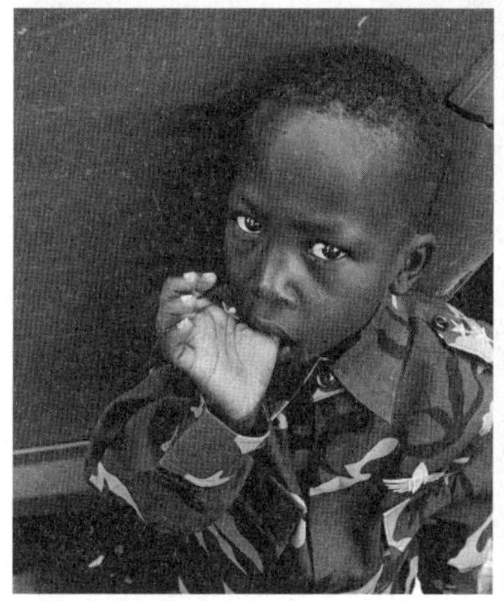

웠다. 이제 너의 우리는 우리뿐이다."

현대의 폭력 중에서도 소름끼치는 영역, 즉 반군들이 납치해온 아이를 소년병으로 만드는 일에서도 종종 이 전략이 쓰인다.[21] 가끔은 소년병에게 상징적인 문화적 다리를 불태우게 시키는 데서 그친다. 하지만 아이들의 추상적 인지력이 제한적이라는 점을 고려하기라도 한 듯, 가끔은 더 구체적인 일을 시킨다. 아이들에게 제 가족을 죽이라고 강요하는 것이다. 이제 우리가 네 가족이라는 뜻이다.

소년병이 풀려났을 때 만약 그를 받아줄 친척이 있다면, 그가 제대로 기능하는 건강한 성인으로 자랄 가능성이 훌쩍 높아진다. 다리가 불태워지지 않은 경우다.[22]

이 글을 쓰는 동안, 2014년에 테러 집단 보코하람에 납치되었던 나이지리아 여학생 200여 명 중 소수가 구출되었다는 뉴스를 들었다. 그 아이들은 상상을 초월하는 일을 겪었다. 공포, 육체적 고통, 강제 출산, 끝없는 강간, 임신, 에이즈. 소수의 귀환자마저도 고향에서 배척당할 때가 많다. 에이즈 때문에, 그들이 세뇌되어 테러리스트의 내통자가 되었으리라는 생각 때문에, 강간당해 낳은 아이를 데리고 있기 때문에. 그들이 영원히 망가진 채로 남지 않고 회복하기에는 썩 좋지 않은 조건이다.

11장에서 유사 종분화 현상, 즉 그들이 우리와는 너무 다른 존재로 여겨져서 인간으로도 보이지 않는 현상을 이야기했다. 15장에서는 선동가들이 그 현상을 이용하여 미운 그들을 벌레, 쥐, 세균, 암, 배설물로 묘사하는 전략을 쓴다고 말했다. 우리가 여기서 얻을 교훈은 분명하다. 그들을 밟아 죽여야 할 것, 약을 뿌려야 할 것, 변기에서 씻어내려야 할 것으로 묘사하는 선동가를 조심하자. 간단하다.

하지만 유사 종분화 선동은 그보다 더 교묘할 수도 있다. 이라크가 쿠웨이트를 침공하고 조만간 걸프전이 터질 시점이었던 1990년 가을, 미국인들을 몸서리치게 만든 이야기가 등장했다. 1990년 10월 10일, 15세 쿠웨이트 난민 소녀가 하원인권위원회에 출석했다.[23]

성은 밝히지 않고 이름만 나이라라고 밝힌 소녀는 자신이 쿠웨이트시티의 병원에서 자원봉사를 했었다고 말했다. 그곳에서 이라크 군인들이 인큐베이터를 약탈물로 훔쳐가는 걸 봤다고, 그래서 조산아 300여 명이 죽는 걸 봤다고 울면서 증언했다.

미국인들은 집단적으로 소스라쳤다. "아기들이 찬 바닥에서 죽어가게 내버려두다니, 저 인간들은 인간도 아니야." 그 증언을 미국인 약 4500만 명이 뉴스 중계로 보았고, 상원의원 7명이 전쟁 지지를 정당화하는 발언에서 언급했으며(결의안은 단 다섯 표 차로 통과되었다), 조지 H. W. 부시 대통령은 미국의 군사적 개입을 주장하는 연설에서 열 번 넘게 언급했다. 우리 미국인들은 대통령의 결정을 92%의 찬성률로 지지하며 전쟁에 나섰다. 위원회 의장이었던 (일리노이주 공화당) 하원의원 존 포터는 나이라의 증언 직후 이렇게 말했다. "오늘처럼[나이라가 말해준 것처럼] 비인간적이고, 잔인하고, 가학적인 이야기는 어느 시대, 어느 상황에서도 들어보지 못했습니다."

훗날 인큐베이터 이야기가 유사 종분화성 거짓말이라는 사실이 드러났다. 난민이라고 했던 증인은 난민이 아니었다. 그는 미국 주재 쿠웨이트 대사의 15세 딸 나이라 알사바였다. 인큐베이터 이야기는 쿠웨이트 정부가 포터와 공동의장이었던 (캘리포니아주 민주당) 하원의원 톰 랜토스의 도움을 받아 고용한 홍보회사 힐앤놀튼이 지어낸 것이었다. 조사해보니, 아기들이 잔혹한 짓을 당하는 이야기가 대중에게 특히 잘 먹히더란다(그걸 그제야 알았나?). 그래서 홍보회사가 인큐베이터 이야기를 지어냈고, 증인에게 증언을 연습시켰다. 인권단체(국제사면위원회, 휴먼라이츠워치)와 언론은 그 일화를 부정했고, 증언은 의회 기록에서 삭제되었다. 전쟁이 끝난 지 한참 뒤에.

누군가 우리 적을 구더기나 암세포나 똥으로 묘사할 때는 조심해야 한다. 우리를 이용해서 제 사욕을 채우려는 자들이 조작하는 것이 우리의 혐오적 본능이 아니라 감정이입적 본능일 때도 마찬가지로 경계해야 한다.

협력

10장에서 보았듯이, 협력의 진화를 이해하는 데 장애물이 되는 문제가 두 가지 있다.

첫째는 어떻게 최초에 협력이 개시되는가 하는 근원적 문제다. 죄수의 딜레마의 실망스러운 논리가 알려주었듯이, 누구든 먼저 협력의 첫발을 내디딘 사람은 상대에게 한 발 뒤지게 되지 않는가.

한 가지 그럴듯한 해법은 창시자 집단의 가설이라고 했다. 인구의 일부가 원래 집단으로부터 떨어져나가고, 그렇게 고립된 창시자 집단 내에서 평균 친연성이 높아지면, 친족선택 때문에 협동이 촉진된다.[24] 그러다가 만약 그 집단이 원래 집단과 다시 합친다면, 협력 성향이 있는 그 구성원들이 경쟁에서 이길 것이다. 따라서 협력이 모두에게 퍼져나갈 것이다. 또다른 해법은 친족선택의 대용품이라 할 수 있는 초록 수염 효과였다. 초록 수염 효과란 어떤 유전적 특질이 눈에 띄는 표지와 더불어 그 표지를 지닌 개체들과 협력하는 성향을 낳는 것을 뜻한다고 했다. 그런 조건에서, 초록 수염이 없는 개체들은 자신들도 협력을 진화시키지 않는 한 경쟁에서 뒤처질 것이다. 초록 수염 효과는 다양한 종에서 관찰되었다.

여기서 이어지는 게 두번째 과제다. 왜 인간은 비친족과의 협력에 탁월할까? 우리는 엘리베이터에서 낯선 사람이 탈 때까지 기다려주고, 일단 정지 표지만 있는 네거리에서 번갈아 지나가고, 버스에서 질서 있게 내린다. 수백만 명이 관습을 공유하는 문화를 만든다. 이러려면 창시자 효과와 초록 수염 효과만으로는 부족하다. 해밀턴과 액슬로드가 '팃포탯'을 유행시킨 뒤, 수많은 연구자들이 과연 인간만이 갖고 있는 협력 촉진 메커니즘이 무엇일지 살펴보았다. 후보는 많다.

끝이 정해지지 않은 게임. 두 사람이 죄수의 딜레마 게임을 한다. 그들은 이 한 판이 끝나면 자신들이 다시 만날 일은 없다는 걸 안다. 이성적 선택은 배반하는 것이다. 첫 회에서 뒤지면 만회할 기회가 영영 없을 테니까. 게임을 2회 실시할 때는? 두번째 회에서는 단판 게임에서와 같은 이유로 비협력을 택해야 한다. 달리 말해, 마지막 회에서는 절대 협력하지 않는 게 합리적이다. 따라서 2회째의 행동은 정해져 있고, 그렇다면 게임은 단판이나 다름없는 셈이 된다. 3회 실시할 때는? 마찬가지다. 달리 말해, 알려진 횟수로 게임을 실시할 때는 협력이 선택되기가 어렵고, 이성적인 참가자일수록 이 사실을 더 잘 내다본다. 협력을 촉진하는 것은 끝이 정해지지 않은 게임이다. 횟수가 알려지지 않은 게임은 미래의 그림자를 드리운다. 보복이 가능한 미래, 그리고 상호작용 횟수가 늚에 따라 지속적 상호 협력의 이득이 쌓이는

미래다.[25]

다수의 게임. 두 사람이 동시에 두 가지 게임을 한다(이 게임과 저 게임을 번갈아 한다). 그런데 둘 중 한 게임은 다른 쪽보다 협력을 구축하는 데 필요한 문턱값이 훨씬 낮다. 일단 덜 아등바등해도 되는 게임에서 협력이 구축된다면, 심리적 파급 효과에 따라 다른 게임으로도 협력이 퍼진다. 경쟁이 치열하고 긴장이 팽배한 회사의 관리자가 푸근한 외부 진행자를 섭외하여 직원들에게 신뢰 게임을 시키는 게 이 때문이다. 문턱이 낮은 게임에서 생겨난 신뢰가 업무 영역으로도 흘러넘치기를 바라는 것이다.

오픈북 게임. 당신이 과거에 게임에서 남들에게 못되게 굴었는지 아닌지를 상대방이 아는 경우다. 평판은 강력한 협력 촉진자다. 도덕적 신도 바로 이런 존재다. 신의 게임 기록부는 영구히 공개되어 있기 때문이다. 9장에서 보았듯, 수렵채집인에서 도시인까지 모든 인간은 소문을 나누는데, 그것은 평판이라는 책을 더 넓게 펼쳐두기 위해서다.[26]

오픈북 게임은 인간의 협력에서 독특하고 세련된 종류인 '간접적 상호주의'를 낳는다. A가 B를 돕고, B는 C를 돕고, C는 D를 돕고…… 이렇게 나아가는 협력이다. 닫힌 상호작용 내에서 두 사람이 주고받는 상호성은 교환이나 마찬가지지만, 간접적으로 점점 더 멀리 나아가는 상호성은 평판이라는 통화를 쓰는 화폐경제와 같다.[27]

처벌

다른 동물들에게는 딱히 평판이랄 게 없고, 상호작용이 오픈북 형태인지 아닌지 고민할 일도 없다. 하지만 협력을 촉진하기 위한 처벌이라면 다른 종들도 많이 실시한다. 개코원숭이 수컷이 웬 암컷에게 지나치게 심하게 굴었을 때, 피해자가 친척들과 합세하여 수컷을 잠시 무리에서 쫓아내는 게 그런 예다. 처벌은 협력을 강하게 촉진할 수 있지만, 인간에게서 그 시행은 양날의 칼일 위험이 있다.

모든 문화에는 비용을 치르고서라도 규범 위반자를 처벌하겠다는 의지가 어느 정도 있게 마련이고, 그 의지의 수준은 친사회성의 수준과 비례한다. 에티오피아에서 숲의 나무를 베어 만든 숯을 팔아 먹고사는 사람들을 조사한 연구가 있었다. 이것은 전형적인 공동체의 비극 상황이다. 숲을 건강하게 유지하려면 벌목을 제한해야 하지만 아무도 자발적으로 그러지 않기 때문이다. 연구에 따르면, 경제 게임에서 비용이 드는 처벌을 기꺼이 가할 의지가 평균적으로 강한 마을일수록 실제 지나친 벌목을 막기 위해서 순찰을 제일 많이 돌고 숲이 제일 건강했다. 또 9장에서 보았듯, 규범 위반을 처벌하는 신을 믿는 문화들은 유난히 친사회적이다.[28]

비용이 드는 처벌의 난점은 다름 아닌 비용이다. 위반을 감시하고 처벌하는 데 드는 비용이 처벌로 인해 생겨나는 협력의 이득을 능가할지도 모르기 때문이다. 해법은 장기간 협력이 이어진 뒤에는 감시를 줄이는 것이다. 달리 말해, 신뢰하는 것이다. 아미시 사람들 중에서 값비싼 망막 스캔식 방범 장치를 구입하는 사람은 모르면 몰라도 거의 없을 것이다.[29]

또다른 난점은 처벌을 누가 맡느냐다. 다른 종들의 경우에는 보통 피해자, 즉 피해의 당사자가 맡는다. 인간의 경우에도, 만약 (최후통첩 게임처럼) 두 명이 게임을 수행하는 상황이라면 구조상 늘 피해자가 처벌하게 된다. 그런 조건에서 처벌자가 상대방이 제안한 쩨쩨한 몫을 거부하는 것은 ⓐ더 큰 몫을 가해자도 받지 못하게 만듦으로써 본능적 쾌락을 느끼고 싶기 때문에 (그리고 앞 장에서 보았듯, 편도체와 섬겉질이 부추겨서 생겨나는 이 욕구는 처벌의 가장 중요한 동기다), ⓑ가해자가 향후에는 피해자에게 더 공정하게 제안하도록 만들고 싶기 때문에, 혹은 ⓒ가해자가 나중에 다른 사람을 상대할 때라도 더 점잖게 행동하도록 만들고 싶다는 이타주의적 마음에서다. 이때 처벌자가 비용과 이익, 감정과 이성, 당장의 이득과 나중의 이득 사이에서 균형을 잡는 게 쉬운 일은 아니다. 더구나 어쩌면 상대방이 거절에 마음이 상해서 전보다 더 비협력적으로 굴 수도 있다. 실제로 몇몇 게임 상황에서 그런 결과가 나왔다.[30]

인간은 또 독특하게도 객관적 외부자가 집행하는 제삼자 처벌을 통해서 협력을 매우 효과적으로 촉진한다. 하지만 그런 처벌은 제삼자에게 비용을 들여야 하는 행위일 수 있다. 그렇다는 것은 곧 최초에 협력을 개시하는 것뿐 아니라 최초에 이타적 제삼자 처벌을 개시하는 것도 진화적 과제라는 뜻이다.[31]

인간들이 거듭 생각해낸 답은 처벌에 여러 층위를 두는 것이다. 제삼자에 의한 이차적 처벌 방침하에서, 그것을 하지 않는 사람도 처벌하는 것이다. 명예의 준칙에 따라 위반을 신고하지 않는 사람도 처벌받는 사회다. 대안도 있다. 제삼자인 처벌자에게 보상하는 것이니, 그래서 인간사회에는 경찰관과 판사라는 직업이 있다. 게다가 최근의 이론적·경험적 연구에 따르면, 제삼자 처벌자로서 눈에 띄게 활약하는 사람은 남들의 신뢰를 얻는다고 한다. 하지만 그 제삼자 처벌자는 누가 감시하나? 사람들이 사회성을 최고로 발휘하도록 만들어 모두가 비용을 공유하고 그럼으로써 비용을 낮추면 된다. 모두가 비용을 나눠서 지고, 무임승차자를 처벌하는 것이다(그래서 우리는 세금을 내고, 탈세자를 처벌한다). 이런 변수들이 균형을 이루면, 이례적인 수준의 협력이 생성된다.[32]

2010년 『사이언스』에 실린 한 환상적인 논문은 그 변수들의 작동을 살펴보았다. 연구진은 온라인 참가자 11만 3000명을 모집하여, 각자 다음 중 한 조건에서 물건(기념품 사진)을 구입하게 했다.[33]

a. 정가에 살 수 있다(통제 조건이었다).
b. 구매자가 원하는 가격에 살 수 있다. 그러자 판매량이 치솟았지만, 사람들이 대체로 돈을 적게 냈기 때문에 '가게'는 적자를 보았다.
c. 원래의 정가를 치르되, 회사가 수입의 X%를 기부한다는 걸 안다. 판매량이 늘었지만 X%를 넘진 않았기 때문에, 가게는 적자를 보았다.
d. 구매자가 원하는 가격에 살 수 있되, 그 돈의 절반은 기부된다는

걸 안다. 판매량과 자발적으로 매긴 가격이 둘 다 높아져서, 가게는 흑자를 보았고 기부금도 많이 모였다.

요컨대, 기업이 사회적 책임을 이행한다는 증거가 있으면(시나리오 C) 판매가 다소 촉진되지만, 그보다는 개인과 기업이 사회적 책임을 **공유**하고 개인이 기부 금액을 결정하는 편이 훨씬 더 효과적이다.

파트너를 직접 고르기

앞서 보았듯, 협력자들이 수적으로 우세한 비협력자들을 이길 수 있는 건 전자가 서로를 찾아낼 수 있을 때만이다. (친족은 아니라도) 자신과 비슷한 사람을 쉽게 찾게 해주는 초록 수염 효과가 이 점에서 유의미하다. 만약 게임에 그 요소를 도입하면(어떤 상대와는 게임을 하지 않겠다고 거부할 수 있게 해주는 것이다), 협력이 급증한다. 배반자를 처벌하는 것보다 비용도 더 적게 든다.[34]

이런 발견들은 여러 이론적 경로로 협력을 촉진할 수 있다는 걸 보여주었고, 현실에 그 사례가 있다는 것도 보여주었다. 게다가 우리는 어떤 경로가 어떤 환경에서 가장 잘 작용하는지도 많이 알게 되었다. 인간은 바로 그런 방법들을 통해서 이웃끼리 합심하여 헛간을 짓고, 마을의 모내기와 수확을 다 함께 하고, 행군 악대 단원들이 질서 있게 학교의 마스코트 모양을 만들 줄 아는 방향으로 진화해왔다.

아, 그리고 앞에서 한번 지적했던 점을 재차 강조하자면, 여기서 '협력'은 가치중립적 용어다. 가끔은 이웃 마을을 노략질하는 데도 온 마을이 합심해야 하는 법이다.

화해, 그리고 화해의 동의어가 아닌 것들

"들어봐. 내가 콜로부스원숭이를 한 마리 잡았거든. 막 제일 맛있는 부위를 먹기 시작했는데, 웬 녀석이 다가와서 좀 달라고 조르는 거야. 짜증이 나서 놈에게 이를 드러냈지. 놈은 눈치채기는커녕 달려들어서 원숭이 팔을 붙잡고 잡아당겼어. 그래서 내가 놈의 어깨를 확 물었어. 놈은 얼른 꽁지를 빼고 공터 건너편으로 가서 등을 돌리고 앉았어.

일단 진정되니까 생각이 많아지더군. 사실은 내가 놈에게 고기를 좀 나눠줘야 했을 거야. 놈이 덥석 붙잡은 건 확실히 선을 넘은 행동이었지만, 나도 진짜로 물진 않고 살짝 꼬집기만 해도 됐을 거야. 기분이 좀 안 좋더라고. 게다가 우리는 함께 순찰할 때는 죽이 잘 맞거든. 해결을 보는 게 좋을 것 같았어.

그래서 내가 원숭이를 들고 놈에게 다가가서 앉았지. 둘 다 어색했어. 놈은 나를 쳐다보지 않았고, 나는 발가락 사이에 쐐기풀이 있어서 살펴보는 척했어. 하지만 결국에는 놈에게 고기를 건넸고, 놈은 내 털을 골라줬어. 처음부터 멍청한 짓이었지. 애초에 이렇게 했으면 됐을걸."

만약 당신이 침팬지라면, 일단 심장박동이 정상으로 돌아온 뒤에는 화해하기가 쉽다. 가끔은 인간도 그렇다. 내가 친구의 어깨를 툭 건드리고 멋쩍은 표정으로 말한다. "야, 방금은 내가……" 친구가 내 말을 끊으며 말한다. "아냐, 내가 잘못했어. 내가 그렇게……" 그러면 다 괜찮아진다.

쉽다. 하지만 당신의 부족이 상대 부족의 4분의 3을 학살한 뒤에, 혹은 상대가 식민 통치자로 나타나서 당신들의 땅을 빼앗고 당신들에게 수십 년간 빈민가나 다름없는 '홈랜드'에 갇혀서 살라고 강요한 뒤에 이제 와서 모두가 갈등을 봉합하려고 하면 어떨까? 쉽지 않다.

인간은 화해를 제도화하고, '진실' '사과' '용서' '배상' '사면' '망각' 같은 개념들과 씨름하는 유일한 종이다.

그 난제를 제도화하려는 시도의 정점은 이른바 진실과화해위원회TRC다. 1980년대에 처음 등장한 TRC는 이후 울적하리만치 자주 쓸모를 발휘하여 볼리비아, 캐나다, 오스트레일리아, 네팔, 르완다, 폴란드 등에서 운영되었다. 일부는 안정된 국가에서 자국의 오랜 원주민 학대 과거를 인정하는 과정이었다(캐나다와 오스트레일리아). 하지만 대부분의 TRC는 막 유혈적·분열적 이행기를 겪은 나라에서 설치되었다. 독재자가 타도되었거나, 내전이 마무리되었거나, 집단학살이 중단된 나라였다. 흔히 사람들은 TRC의 목적을 학대 가해자들이 자백하고, 공개적으로 참회하고, 피해자들에게 용서를 빌고, 그러면 피해자들은 용서해주고, 양자가 눈물 바람으로 얼싸안는 결과를 낳는 것으로 이해한다.

하지만 실제 TRC는 보통 실용주의적이다. 가해자들은 "내가 이런 행위를 했지만, 당신들을 다시는 해치지 않겠다고 맹세한다"는 기조로 말하고, 피해자들은 "좋다, 우리는 법외 보복을 행하지 않겠다고 맹세한다"는 기조로 말한다. 덜 훈훈하긴 하지만, 이 또한 비범한 성취일 때가 많다.

가장 잘 연구된 TRC는 아파르트헤이트 종식 후 남아공의 사례일 것이다. 남아공 TRC는 데즈먼드 투투 주교가 감독함으로써 엄청난 도덕적 정당성을 확보했고, 백인들이 저지른 일에 압도적으로 집중하기는 했지만 흑인 해방 투사들의 잔혹 행위도 조사하여 더욱더 정당성을 확보했다. 청문회는 공개 행사로 진행되었고, 피해자들이 제 이야기를 들려주는 시간도 있었다. 가해자 6000여 명이 증언 후 사면을 신청했고, 개중 13%가 받아들여졌다.

눈물겨운 용서의 시나리오는 어떻게 됐을까? 가해자들이 최소한 제 행동을 공개적으로 참회했을까? TRC는 그런 걸 요구하지 않았고, 그렇게 한 사람도 거의 없었다. TRC의 목적은 그 사람들을 바꿔놓는 게 아니었다. 산산조각난 나라가 제대로 기능할 수 있는 확률을 높이는 것이었다. 추후 남아공폭력및화해연구소의 조사에 따르면, TRC에 참가했던 피해자들은 "TRC가 국지적 수준보다 국가적 수준에서 더 성공적이었다"고 느끼는 편이었다. 사과도 배상도 없다는 점, 많은 가해자가 직업을 유지했다는 점에 분개하는 사람도 많았다. 그리고 15장을 상기시키는 흥미로운 사실인바, 상징적 변화가 없다는 점에 화내는 사람도 많았다. 살인자가 여전히 경찰관인 것도 문제지만, 아파르트헤이트를 기리는 기념일·기념비·거리명이 그대로인 것도 문제라는 거였다. 그래도 남아공 흑인 인구의 대다수는(백인은 아니었다) TRC가 공정하고 성공적이라고 보았고, 그와 함께 남아공이 내전에 돌입하지 않고 자유로 이행하는 기적적인 결과가 따랐다. 따라서 TRC는 화해가 참회나 용서 같은 것들과는 다르다는 걸 보여준다.*[35]

아이를 키우는 사람은 누구나 알 텐데, 진심이 아닌 게 빤히 보이는 사과는 갈등을 해소하기는커녕 사태를 악화하곤 한다. 하지만 진심어린 참회는 다르다. 『뉴요커』에 이라크전 참전 군인이었던 미국인 루 로벨로의 이야기가 실린 적 있다. 그는 총격전중 이른바 부수적 피해로 한 가족 세 명을 우발적으로 죽였는데, 그 가책을 떨치지 못해서 그 가족의 생존자를 찾는 데 9년을 들인 끝에 그들에게 사과했다. 헤이즐 브라이언 매서리의 이야기도 있다. 1957년, 그때까지 흑인을 받지 않았던 리틀록센트럴고등학교에 엘리자베스 엑퍼드가 흑인으로서 처음 등교하는 모습을 찍은 사진은 민권운동의 상징이 되었는데, 그 사진 중앙에서 엑퍼드에게 큰소리치는 백인 학생이 매서리였다. 그로부터 몇 년 후, 매서리는 엑퍼드에게 연락하여 사과했다.[36]

사과는 '통할까'? 그때그때 다르다. 한 변수는 무엇에 대한 사과인가 하는 점이다. 그것은 구체적인 사실에 대한 사과일 수도 있고("장난감 망가뜨려서 미안해"), 전반적이고 본질주의적인 내용에 대한 사과일 수도 있다("당신네 사람들을 온전한 인간으로 여기지 않아서 미안합니다"). 또다른 변수는 사과하는 사람이 자신의 참회로 무엇을 얻으려고 하는가다. 사과를 받는 사람의 성격도 변수다. 연구에 따르면 ⓐ집단적 체제의 작동에 관심이 많은 피해자는 체제의 실패를 지적하는 사과에 가장 잘 반응하고("우리 경찰은 법을 어길 게 아니라 보호해야 하는 존재인데, 그러지 않아 죄송합니다"), ⓑ관계지향적인 피해자는 감정이입적 사과에 가장 잘 반응하며("제가 당신에게서 아들을 앗아가서 고통을 안긴 걸 사과합니다"), ⓒ가장 자율적이고 독립적인 피해자는 보상이 수반된 사과에 가장 잘 반응한다. 사과를 누가 하는가도 문제다. 제2차세계대전중 미국 정부가 일본계 시민들을 억류했던 일을

---

* TRC와 관련된 통찰들에 대한 조사를 도와준, 정말로 훌륭한 학부생 돈 맥시에게 고맙다.

1993년에 빌 클린턴 대통령이 사과한 건 어떤 의미일까? 칭찬할 만한 일이고 배상금도 따랐지만, 정말로 클린턴이 프랭클린 D. 루스벨트를 대변할 수 있을까?[37]

배상금은 어마어마하게 복잡한 문제다. 극단적으로 보면, 배상금이야말로 진심의 궁극적 증거다. 노예제 배상운동의 골자가 그것이었다. 미국의 경제 성장은 노예제에 크게 힘입었는데 정작 아프리카계 미국인들은 그로 인한 이득을 누리는 데서 체계적으로 배제당했으니, 지금이라도 노예의 후손들에게 배상해야 한다는 것이다. 반대쪽 극단에는 용서를 돈으로 사려는 배상금이 불쾌하다는 시각이 있다. 신생국 이스라엘이 독일이 제안한 배상금을 적절한 참회가 동반되지 않는다면 받을 수 없다고 거절했던 게 그런 논리였다.

이런 과정이 다 끝난 뒤에는, 인간의 가장 이상한 행동 중 하나로 꼽을 만한 일이 벌어질지도 모른다. 용서다.[38] 우선 짚어두자면, 용서는 망각과 같지 않다. 후자는 사실 하려고 해도 신경생물학적으로 불가능하다. 쥐가 종소리와 쇼크를 연합하여 학습함으로써 종소리를 들으면 몸이 굳는다고 하자. 이튿날 또 종소리가 울리는데 이번에는 쇼크가 따르지 않는다면, 쥐의 굳어버리는 행동이 '소거'된다. 학습의 기억이 싹 사라진다는 말이 아니다. 대신 그 위에 '오늘은 종소리가 나쁜 소식이 아니네' 하는 새로운 학습이 겹쳐진다. 증거가 있다. 그다음날 다시 종소리와 쇼크가 함께 가해진다고 하자. '종소리=쇼크'라는 첫 학습 기억이 지워진 상태라면, 쥐가 이날 이 사실을 학습할 때 첫날과 같은 시간이 걸릴 것이다. 하지만 실제로 '종소리=**또다시** 쇼크'라는 재습득은 그보다 더 빠르다. 누군가를 용서한다는 것은 그가 행한 일을 잊는다는 게 아니다.

피해자 중에는 자신이 가해자를 용서했으며 분노와 처벌에의 욕구도 내려놓았다고 주장하는 사람들이 있다. 내가 굳이 '주장한다'고 쓴 것은 그들의 말을 의심해서가 아니다. 용서는 주장할 수 있을 뿐 증명될 수 없는 상태, 자가 보고만이 가능한 상태임을 말하기 위해서다.

용서가 종교적 의무로서 행해질 수도 있다. 2015년 6월, 사우스캐롤라이

나주 찰스턴의 이매뉴얼아프리칸감리교회에서 백인 우월주의자 딜런 루프가 신도 일곱 명을 쏘아 죽였다. 이틀 뒤 열린 루프의 기소인부 재판 때, 법정에 출석한 유족들은 충격적이게도 그를 용서하고 그의 영혼을 위해 기도하겠다고 말했다.[39]

용서는 이례적인 인지적 재평가에서 나올 수도 있다. 제니퍼 톰프슨-카니노와 로널드 코튼의 사례를 보자.[40] 1984년, 톰프슨-카니노는 낯선 사람에게 강간당했다. 경찰서에서 용의자 확인을 할 때 그녀는 코튼을 가리키며 틀림없이 그가 범인이라고 말했다. 코튼은 무죄를 주장했지만, 유죄를 선고받고 종신형에 처해졌다. 이후 친구들이 톰프슨-카니노에게 조심스레 이제 그 악몽을 뒤로할 수 있겠느냐고 물으면, 그녀는 "미쳤다고 그게 되겠니?"라고 대답했다. 그녀의 마음속에는 코튼에 대한 증오, 그를 해치고 싶다는 욕구뿐이었다. 그런데 그가 수감된 지 10년 넘게 흐른 뒤, 그의 무죄를 보여주는 DNA 증거가 나왔다. 범인은 다른 남자였는데, 다른 강간들로 코튼과 같은 교도소에 수감된 그가 자신이 그 사건에서는 붙잡히지 않았다고 뻐기다가 들켰다. 톰프슨-카니노가 엉뚱한 사람을 지목하고 배심원들을 설득한 것이었다. 이제 두 사람은 증오 혹은 용서의 문제에서 입장이 바뀌었다.

코튼이 사면되어 풀려난 뒤 이윽고 두 사람이 만났을 때, 톰프슨-카니노는 이렇게 말했다. "내가 남은 평생 매일, 매 시각, 매 분마다 당신에게 미안하다고 말한다면, 혹시라도 나를 용서해주겠어요?" 코튼은 대답했다. "제니퍼, 나는 오래전에 당신을 용서했어요." 그가 용서할 수 있었던 것은 심오한 재평가 덕분이었다. "제니퍼가 용의자 확인에서 나를 강간범으로 지목한 데 대해 그녀를 용서하는 건 생각보다 오래 걸리지 않았습니다. 제니퍼도 피해자이고, 정말로 심한 상처를 입었다는 걸 알았으니까요…… 우리는 같은 사람이 저지른 같은 부정행위의 피해자였죠. 그것이 우리의 공통점이 됐습니다." 철저한 인지적 재평가가 두 사람을 같은 피해자라는 우리로 만들었던 것이다. 두 사람은 이제 함께 사법 개혁을 역설하는 강연을 다닌다.

궁극적으로 용서는 보통 '네가 아니라 나를 위한 일'이다. 증오는 지치는 일이다. 용서는, 아니면 그저 무관심이라도, 해방이다. 부커 T. 워싱턴은 말했다. "그 누구에게도 내가 그를 미워함으로써 내 영혼이 초라해지도록 만드는 일을 허락하지 않겠다." 초라해지고, 뒤틀리고, 소모되고. 용서는 적어도 건강에 좋은 듯하다. 자발적으로 용서하거나 용서 상담을 받은 피해자들은('분노 인정 상담anger validation therapy'을 받은 피해자들과는 달리) 전반적인 건강, 심혈관 기능, 그리고 우울증, 불안증, 외상후스트레스장애 증상이 나아졌다. 14장에서 연민에는 자신의 이익을 챙기는 마음이 쉽게, 어쩌면 필연적으로 포함된다고 말했다. 연민으로서의 용서는 그 완벽한 예시다.[41]

지금까지 우리는 용서, 사과, 배상, 화해를 살펴보았고, TRC가 용서보다 화해에 중점을 맞춘다는 것을 보았다. 그러면 '진실과화해위원회'에서 '진실' 문제는 어떨까? 진실은 치유를 크게 돕는다. TRC에서 가해자들이 진실을 자세히, 속속들이, 꽁무니 빼지 않고, 공개적으로 말하는 단계야말로 피해자들이 가장 중요하게 여기는 단계였다. 피해자들은 사실을 알아야 하고, 그 사실을 악인의 입으로 들어야 한다. 그것은 세상에게 "저들이 우리에게 한 짓을 보십시오"라고 말하는 일이다.

우리의 비합리성을 인정하기

일부 경제학자들의 주장과는 달리, 인간은 합리적인 최적화 기계가 아니다. 우리는 게임에서 논리적으로 예측한 것보다 더 너그럽게 군다. 추론에 근거하여 누군가의 유무죄를 결정하지만, 기껏 그러고서는 감정에 근거하여 처벌을 결정한다. 우리 중 절반가량은 다섯 명을 구하고자 한 명을 희생해도 되느냐는 질문에 대해서 그 한 명을 직접 밀칠 때와 레버를 당겨 희생시킬 때 서로 다른 결정을 내린다. 남이 절대로 알 리 없는 상황에서도 속임수를 쓰지 않는 일을 어렵잖게 해낸다. 이유를 설명하라면 못 하면서도 어떤 도덕적 결정을 단호하게 내리곤 한다. 그러니 우리의 비합리성에 어떤 체계적 속성이 있는지를 알아두는 건 좋은 생각이다.

가끔 우리는 이런 비합리성을 없애려고 애쓴다. 우리가 공통적으로 본능적 저항감을 느끼는 일이 하나 있다는 점이 아마도 우리의 가장 근본적인 비합리성을 보여줄 텐데, 그 일이란 친구와 조약을 맺는 것이다. 우리는 친구와는 조약을 맺지 않는다. 우리가 악수로 조약을 맺으려는 상대는 거의 반드시 우리가 열렬히 미워하는 상대이고, 그 점이 조약을 맺는 데 지장을 주지도 않는다. 비합리성의 또다른 영역은 우리의 의식적 의견과 암묵적 편향에 이끌린 의견이 일치하지 않는 문제다. 앞서 보았듯, 우리가 암묵적 편향을 명시적으로 확인하는 경우에는 우리/그들의 날카로운 경계가 좀 희미해질 수 있다. 편향을 싹 제거할 필요까지는 없다. 애초에 이성으로 채택한 게 아니었던 믿음을 이성적 사고로 떨쳐내기가 쉬울 리도 없다. 암묵적 편향을 명시화하는 것은 그 대신 우리가 그 해로운 영향을 줄이려면 어느 지점을 예의 주시해야 하는지를 알려준다. 이 깨달음은 우리가 암묵적, 무자각적, 내수용적, 무의식적, 은폐된 힘에 따라 행동해놓고는 사후에 자신의 입장을 합리화하는 상황에 두루 적용될 수 있다. 예를 들어, 모든 판사는 자신이 배고픈지 아닌지가 판결에 영향을 미친다는 사실을 배워야 한다.

우리가 또 주의해야 할 영역은 비합리적 낙천성이다. 일례로, 사람들은 어떤 행동의 위험도를 정확하게 판단할 줄 아는 때라도 자신이 그렇게 행동할 때의 위험도에 대해서는 왜곡된 낙천성을 보인다. '에이, 나한테 그런 일이 벌어질 리 없어' 하는 것이다. 비합리적 낙천성은 좋은 것일 수도 있다. 인류의 99%가 아니라 약 15%만이 임상적 우울증을 앓는 게 그 덕분이다. 하지만 노벨상을 받은 심리학자 대니얼 카너먼이 지적하듯이, 전쟁에서 비합리적 낙천성은 재앙이다. 그것은 신이 우리 편이라고 믿는 신학적인 확신부터 자기편의 능력을 과대평가하고 상대편의 능력은 과소평가하는 군사적 전략가들의 경향성까지 다양하게 나타나는 현상인데, 그 경우 논리적 결론은 '누워서 떡 먹기로군, 전속력으로 전진!'이 되고 만다.[42]

우리가 조심해야 할 비합리성의 마지막 영역은 15장에서 보았던 '성스러운 가치'다. 우리가 실제적이고 물질적인 이권보다 순전히 상징적인 행위를 더 중시할 수 있다는 점이다. 평화를 구축하는 데 열쇠가 되는 것은 합리성일 수 있지만, 평화를 영속시키는 데 열쇠가 되는 것은 성스러운 가치가 지니는 비합리적 중요성이다.

우리가 살인을 잘하지 못하고 꺼린다는 사실

비디오카메라가 사방에 깔리면서, 오늘날 '프라이버시'는 멸종 위기 현상이 되었다. 사방에 깔린 카메라가 빚어낸 한 가지 결과는 이제 과학자들이 새로운 방식으로 관음증을 충족할 수 있다는 것이다. 그리고 그 덕분에 알려진 흥미로운 사실이 하나 있다.

축구 경기장의 난투극, 이른바 '훌리거니즘'은 양 팀의 극성팬들인 민족 집단이나 민족주의자 집단, 혹은 우파 스킨헤드들이 싸우는 것을 말한다. 그런데 그런 사건을 찍은 영상들을 보면, 실제로 싸우는 사람은 몇 안 된다는 걸 알 수 있다. 대부분의 사람들은 옆에 서서 구경하거나, 목 잘린 닭처럼 흥분하여 이리저리 뛰어다닐 뿐이다. 싸우는 사람들 중에서도 대부분은 별 타격도 없는 주먹을 한두 방 날리고는 제 손만 아프다는 걸 깨닫는다. 실제로 잘 싸우는 사람은 극소수다. 한 연구자의 말을 빌리면, "문명 덕분에 좀 실력이 늘었다고는 하나, 인간은 [근접전, 육박전 형태의] 폭력에 서투르다."[43]

더 흥미로운 사실도 있다. 인간이 근접 거리에서 타인에게 중상해를 입히는 걸 강하게 꺼리는 성향이 있다는 증거다.

이 주제에 관한 결정판이라 할 탐구는 군사학 교수이자 퇴역 미군 중령인 데이비드 그로스먼이 1995년에 낸 『살인의 심리학』이다.[44]

그로스먼은 게티즈버그전투 이후에 확인된 사실 하나를 중심에 두고 논지를 구축했다. 그때 전장에서 회수된 단발식 머스킷이 2만 7000정 가까이 되었는데, 그중 2만 4000정 가까이는 장전된 채 발사되지 않은 상태였고, 두 번 이상 장전된 것은 그중 1만 2000정이었으며, 세 번에서 열 번 장전된 것은 6000정이었다. 많은 병사들은 전장에 우두커니 서서 '곧 쏠 거야, 쏠 거라고, 음, 일단 장전부터 다시 해야겠다' 하고 생각했던 것이다. 그 총들은 치열했던 싸움터에서 회수된 것들이고, 그 주인들은 재장전하는 동안에도 목숨이 위태로웠다. 게티즈버그에서 더 많은 사망자를 낸 것은 보병이 아니라 포병이었다. 아비규환의 전쟁터에서 대부분의 사람들은 총을 장전하거나, 부상자를 돌보거나, 명령을 외치거나, 달아나거나, 망연자실 배회했다.

마찬가지로, 제2차세계대전에서 소총수의 15~20%만이 한 번이라도 총을 쏘았다. 나머지는? 전갈을 나르고, 탄약 보충을 돕고, 동료들을 돌보았다. 소총을 근처에 있는 사람에게 겨누고 방아쇠를 당기는 일은 하지 않았다.

전쟁심리학자들은 아무리 전투가 한창일 때라도 사람들이 증오심에서 혹은 의무감에서 다른 인간을 쏘진 않는다고 말한다. 그 적이 자신을 죽이려고 한다는 걸 알아서 쏘는 것도 아니다. 대신 그들은 유사 종분화적인 전우애 때문에 쏜다. 전우를 보호하기 위해서, 제 옆의 동료들이 쓰러지는 걸 막기 위해서 쏜다. 그 동기를 제외한다면, 인간은 근접 거리의 살상에 강한 생래적 반감을 보인다. 칼이나 총검으로 격투를 벌이는 것에 대한 저항감이 제일 크고, 다음은 근거리 권총 발사, 그다음은 원거리 발사이고, 마지막으로 가장 쉽게 느끼는 것은 포와 폭탄이다.

이 저항감을 심리적으로 조절할 수도 있다. 신원이 특정된 개인을 목표로 삼지 않는 경우에는 훨씬 쉽다. 한 사람을 쏘는 것보다 집단에게 수류탄을 던지는 게 더 쉽다는 뜻이다. 개인을 죽이는 것은 집단을 죽이는 것보다 더 어렵다. 제2차세계대전에서 소총수들은 그중 소수만이 무기를 발사했지만, 팀이 운용하는 무기는(가령 기관총은) 거의 전부 발사되었다. 책임감이 희석되는 것이다. 총살대 중 한 명은 공포탄을 받는다는 걸 알면 모든 사격수들이 어쩌면 자신은 사람을 죽이지 않았을지도 모른다고 생각하는 것과 비슷하다.

그로스먼의 전제를 뒷받침하는 새롭고 놀라운 증거가 또 있다. 처음에 '전투 피로' 혹은 '탄환 쇼크'라고 불리다가 공식적인 정신질환으로 인정받게 된 전투 관련 외상후스트레스장애는 흔히 공격을 경험한 데서 오는, 즉 누군가 자신과 주변 사람들을 죽이려고 한다는 데서 오는 극심한 공포의 결과로 이해되었다. 앞에서 보았듯이, 이것은 공포 조건 형성이 과도하게 일반화되고 병리화되는 질병, 그래서 편도체가 확대되고, 과민해지고, 자신이 결코 안전하지 않다고 믿게 되는 질병이다. 그런데 무인공격기(드론) 조종사는 어떨까? 이들은 군인이라도 미국의 관제실에 앉은 채로 지구 반대편의 드론을 조종한다. 이들은 위험하지 않다. 그런데도 이들의 외상후스트레스장애 발병률은 실제 전쟁에 '나간' 군인들과 비슷한 수준이다.

왜일까? 무인공격기 조종사의 일은 끔찍하고도 흥미롭다. 그것은 탁월한 품질의 이미지 기술을 이용하여 근거리에서 잘 아는 사람을 죽이는, 역사상 유례없는 종류의 살인이다. 조종사는 우선 목표물을 확인한 뒤, 그 사람의 집 상공에, 까마득히 높아서 땅에서는 보이지 않는 곳에 드론을 띄워둔다. 그렇게 몇 주씩 둘 때도 있다. 그동안 조종사는 내내 아래를 지켜보며, 가령 모든 목표물들이 그 집에 모이기를 기다린다. 목표물이 드나드는 모습, 저녁을 먹는 모습, 발코니에서 낮잠 자는 모습, 자식과 노는 모습을 본다. 그러다가 발사 명령이 떨어지고, 그는 헬파이어 미사일을 초음속으로 떨어뜨린다.

여기, 한 드론 조종사가 자신의 첫 '살상'을 이야기한 글이 있다. 그는 네바다의 공군기지에서 아프가니스탄인 세 명을 목표물로 삼아 미사일을 떨어뜨렸다. 미사일은 명중했고, 그는 열 신호를 전달하는 적외선 카메라로 그 광경을 지켜보았다.

> 연기가 걷힌다. 구덩이 주변에 두 남자의 몸 조각들이 여기저기 널려 있다. 다른 한 남자는 이쪽에 있는데, 무릎 아래로 오른 다리가 없다. 그는 그 다리를 쥐고 데굴데굴 구른다. 다리에서 피가 솟구쳐서 땅에 떨어지는데, 뜨겁다. 그의 피는 뜨겁다. 하지만 피는 땅에 떨어진 순간 식기 시작한다. 피웅덩이는 금세 식는다. 그는 한참 후에야 죽었다. 나는 가만히 그를 지켜보았다. 그가 누워 있는 땅바닥과 같은 색깔이 될 때까지, 지켜보았다.[45]

그런데 그게 다가 아니다. 조종사는 계속 기다렸다가 누가 시신을 거두러

오는지, 누가 장례식에 참가하는지도 지켜본다. 어쩌면 한 번 더 공격해야 할 수도 있기 때문이다. 또 어떤 경우에는 미군 수송대가 도로에 설치된 사제폭탄 부비트랩에 다가가는 모습을, 그들에게 경고할 방도도 없이 속수무책 지켜봐야 할 수도 있다. 혹은 반란군이 살려달라고 외치며 애원하는 민간인을 처형하는 모습을 지켜봐야 할 수도 있다.

앞의 조종사는 첫 살상을 수행했을 때 21세였다. 그는 이후 드론 매개 살상으로 총 1626명을 죽였다.* 그 자신은 위험하지 않았다. 그는 하늘에서 모든 것을 지켜보는 눈일 뿐이었다. 근무를 마치고 귀가하는 길에 도넛을 사 먹을 수도 있었다. 그런데도 그와 많은 동료 드론조종사들은 비참한 외상후 스트레스장애에 걸렸다.

그로스먼의 책을 읽어보면, 설명은 간단하다. 우리의 가장 깊은 트라우마는 자신이 죽임당할 것이라는 공포가 아니다. 근접 거리에서 개체화된 개인을 죽이는 것, 누군가를 몇 주간 지켜보다가 그를 땅바닥과 같은 색깔로 만드는 것이 가장 깊은 트라우마다. 그로스먼은 제2차세계대전중 해병과 의무병은 신경쇠약 발병률이 낮았다는 점을 지적한다. 그들은 보병 못지않은 위험에 노출되었지만, 비개인적인 살상을 하거나 아예 살상하지 않았다.

군대는 병사들이 살상에 대한 억제심을 누르도록 훈련한다. 그로스먼은 그 훈련이 갈수록 효과적으로 변해왔다고 말한다. 요즘 훈련병들은 과녁에 대고 쏘지 않는다. 모바일 가상현실 속에서 자신을 향해 속사하며 다가오는 형체들에 대고 쏘는데, 그러면 사격이 반사적으로 이뤄진다. 한국전쟁에서는 미군 소총수의 55%가 총을 쐈고, 베트남전쟁에서는 90% 이상이 쐈다. 그것도 폭력적이고 둔감화시키는 비디오게임이 등장하기 전의 전쟁이었다.

미래에는 전혀 다른 형태의 전쟁이 벌어질지도 모르겠다. 어쩌면 드론들이 스스로 발사 시점을 결정할 수도 있다. 자율주행 무기들이 서로 싸우는 것, 쌍방이 상대편 컴퓨터에 가장 효과적인 사이버 공격을 감행하려고 겨루

---

* 이런 살상 중 몇 퍼센트가 사고인지, 즉 무고한 사람을 죽인 '부수적 피해'인지에 대해서는 논란이 많다는 점을 짚어둬야 한다. 추정치는 적게는 2%에서 많게는 20%까지 차이가 크다.

는 것이 전쟁이 될 수도 있다. 하지만 우리가 제 손으로 죽이는 사람들의 얼굴을 계속 보는 한, 인간이 타고난 듯한 이 억제심은 계속 결정적 요소일 것이다.

가능성들

사람들이 인생을 바쳐서 연구하는 대상은 얼마나 다양한지, 놀라울 정도다. 세상에는 먼지학자와 새둥지학자가 있다. 산딸기학자와 천둥학자가 있다. 깃발을 연구하는 기학자, 물건을 비끄러매는 방법을 연구하는 결합학자가 있다. 치아학자, 잠자리학자, 생물계절학자, 음성학자, 초심리학자, 기생충학자…… 끝없이 댈 수 있다. 코과학자와 질병분류학자가 사랑에 빠져서 낳은 아이는 코질병분류학자가 될지도 모른다.

그렇다면 우리가 지금까지 살펴본 내용으로 보아, '평화학peaceology'도 가능하지 않을까? 인간들이 평화롭게 살아가는 능력에 교역, 인구 통계, 종교, 집단 간 접촉, 화해, 기타 등등이 미치는 영향을 연구하는 학문 말이다. 이 지적 시도는 세상에 크나큰 도움이 될 수 있을지도 모른다.

하지만 우리의 최악을 드러내는 사례가 쩨쩨하고 야비하지만 사소한 사건부터 대규모 살육까지 쉼없이 새로 등장하는 현실에서, 이 지적 시도는 거대한 바위를 태산으로 굴려올리는 일처럼 느껴질 것이다. 그래서, 비록 인지와 감정을 분리하는 것이 거짓된 일이긴 하지만, 지금까지 우리가 수백 쪽에 걸쳐 했던 이야기의 마지막은 세상에 희망이 있다는 것, 상황이 바뀔 수 있다는 것, 우리가 바뀔 수 있다는 것, 우리 개개인이 변화를 일으킬 수 있다는 것을 지적으로가 아니라 정서적으로 확신하도록 돕는 내용으로 맺겠다.

꼬리 달린 루소

나는 서른 해 넘게 여름마다 동아프리카 세렝게티 생태계에서 초원 개코

내가 연구했던 개코원숭이 무리 중 한 수컷의 사체. 경쟁자들의 연합에 공격당한 다음날 아침이다.

원숭이를 연구했다. 나는 개코원숭이를 사랑한다. 하지만 녀석들이 종종 폭력적이고 가학적인 동물이라는 것, 그래서 강자의 송곳니가 약자를 괴롭히는 동물이라는 것을 부인할 순 없다. 좋다, 거리를 좀 두고 보자. 개코원숭이는 성적 이형성이 큰 토너먼트 종으로, 싸울수록 공격성이 고조되는 성향과 좌절감을 전위 공격성으로 풀려는 성향을 강하게 품고 있다. 한마디로, 개코원숭이는 서로에게 진짜 고약하게 굴 수 있다.

1980년대 중순, 내가 연구하던 개코원숭이 무리의 옆 동네 무리가 노다지를 발견했다. 녀석들의 영역에는 관광객용 숙박시설이 하나 있었다. 야생의 관광지가 어디나 그렇듯이, 그곳은 음식쓰레기를 먹으러 오는 야생동물을 쫓는 일로 늘 골머리를 앓았다. 쓰레기장은 숙소에서 한참 먼 수풀 속에 깊게 파여 있었고, 둘레에 울타리가 쳐져 있었다. 개코원숭이들은 울타리를 넘어서, 아예 넘어뜨리고, 문을 활짝 연 채로 두었다. 그래서 이제 그 이웃 무리는 매일 쓰레기장에서 먹이를 찾았다. 세계에 널리 퍼진 또다른 영장류, 즉 인간처럼 개코원숭이는 거의 아무거나 다 먹는다. 과일, 식물, 덩이줄기, 곤충, 알, 사냥해서 죽인 동물, 이미 죽은 동물까지 먹는다.

그 일로 '쓰레기장' 무리는 달라졌다. 원래 개코원숭이는 나무에서 자다가

개코원숭이들의 아침식사 시간. 쓰레기차가 쓰레기를 쏟아내고 있다.

새벽에 내려와서 하루에 15킬로미터씩 걸어다니며 먹이를 찾는다. 하지만 쓰레기장 무리는 쓰레기장 바로 위 나무에서 자다가, 쓰레기차가 오는 오전 8시에야 어슬렁어슬렁 내려와서, 버려진 로스트비프와 닭다리와 플럼푸딩을 놓고 10분간 미친듯이 다투다가, 낮잠을 자러 어슬렁어슬렁 떠나갔다. 나는 동료들과 함께 쓰레기장 무리에게 마취총을 쏘아서 몸 상태를 조사하기도 했다. 녀석들은 몸무게가 늘었고, 피하지방이 두툼해졌고, 혈중 인슐린과 중성지방 농도가 높아졌고, 대사증후군이 시작된 기미를 보였다.[46]

어떻게인지 몰라도 '내' 무리의 개코원숭이들도 언덕 너머에 만찬이 차려져 있다는 소식을 들었다. 곧 대여섯 마리가 매일 아침 쓰레기장으로 향하기 시작했다. 먹이를 놓고 50~60마리의 그들과 경쟁하는 일을 아무나 시도하는 건 아니었다. 수컷에, 덩치가 크고, 공격적인 개체들만 그랬다. 그리고 오전은 원래 개코원숭이들이 서로 붙어앉아 털을 골라주고 어울려 노는 사교 활동을 많이 하는 시간이므로, 쓰레기장으로 간다는 건 사교 활동을 포기한다는 걸 뜻했다. 매일 아침 쓰레기장에 가는 수컷들은 무리에서 가장 공격적이고 친화성이 적은 개체들이었다.

오래지 않아 쓰레기장 무리에게 결핵이 돌았다. 인간에게 결핵은 신체가 서서히 쇠약해지는 만성질환이다. 하지만 비인간 영장류에게 결핵은 산불처럼 퍼져서 몇 주 내에 사망에 이르는 급성질환이다. 케냐의 야생동물 수의학자 동료들과 나는 발병 원인을 알아냈다. 숙소의 육류 감독원이 뇌물을 받고는 결핵에 걸린 소들을 도축하는 걸 허락했고, 병변이 흉하게 드러난 장기들이 버려졌는데, 그걸 개코원숭이들이 먹었다. 쓰레기장 무리는 대부분이 죽었고, 쓰레기장을 털러 다니던 내 무리의 수컷들도 싹 다 죽었다.[47]

나는 적잖이 속상했다. 그래서 공원 건너편 끝에 있는 다른 무리를 사귀었고, 이후 오륙 년 동안 이전 무리 근처에는 얼씬대지 않았다. 그러던 중 미래의 아내가 처음 케냐에 오게 되었다. 그에게 내 젊은 시절의 무리를 보여주고 싶었기 때문에, 나는 용기를 짜내어 옛 무리를 찾아가보았다.

그들은 그동안 연구자들이 관찰한 어느 개코원숭이 무리와도 달랐다. 어른 수컷의 절반을 없애서 보통은 1 대 1인 암수 비율을 2 대 1로 만든다면, 그리고 남은 수컷들이 유난히 비공격적이고 친애적이라면 딱 저렇지 싶은 그 모습이었다.[48]

그들은 서로 가까이 머물렀고, 붙어앉았고, 평균보다 털 고르기를 더 많이 해주었다. 공격성이 낮아져 있었는데, 그 양상에서 알 수 있는 바가 있었다. 수컷들은 여전히 위계 서열이 있었다. 서열 3위가 지위를 지키고자 혹은 승진하고자 서열 4위나 2위와 싸우는 일도 여전했다. 하지만 애꿎은 방관자에게 전위 공격성을 드러내는 일은 아주 적었다. 서열 3위가 대결에서 져도, 서열 10위 수컷이나 암컷을 족치는 일은 드물었다. 그들은 혈중 스트레스 호르몬 농도가 낮았다. 불안과 진정의 신경화학이 그들에게서는 다른 방식으로 작동했다.

여기 그 정도를 보여주는 사진이 있다. 개코원숭이학자가 보기에는 개코원숭이들이 바퀴를 발명한 장면보다 놀랍게 여겨지는 사진이다. 여기서 서로 털 고르기를 해주는 두 개체는 둘 다 수컷이다. 이것은 거의 유례없는 일이다. 이 무리에서만 목격된 일이다.

가장 중요한 대목으로 넘어가자. 개코원숭이는 암컷은 태어난 무리에서 평생 살지만, 수컷은 사춘기가 되면 몸이 근질근질해져서 떠난다. 바로 옆 무리든 50킬로미터 떨어진 무리든 가서 제 운을 시험해본다. 내가 이 무리를 다시 찾았을 때는 결핵에 걸리지 않았던 수컷들도 거의 다 죽은 뒤였다. 대신 결핵 후에 합류한 수컷들이 대부분이었다. 달리 말해, 전형적인 개코원숭이 무리에서 자란 청소년 수컷들이 고향을 떠나 이 무리로 와서 이곳의 낮은 공격성과 높은 친애성을 습득했다. 무리의 사회적 문화가 전수된 것이다.

어떻게? 이 무리에 합류한 청소년들이 다른 무리로 간 녀석들보다 애초에 덜 공격적이거나 전위 공격성이 낮은 건 아니었다. 자기 선택은 없었으니까. 사회적 학습이 벌어진다는 증거도 없었다. 가장 그럴듯한 설명은 토박이 암컷들의 태도였다. 그 암컷들은 아마 지구상에서 가장 스트레스를 적게 받는 개코원숭이 암컷들이었을 것이다. 여느 수컷들의 전위 공격성을 겪지 않았기 때문이다. 이처럼 느긋하게 살게 되자, 암컷들은 새로 온 개체에게 친화적으로 접근하는 위험한 행동을 더 선뜻 시도했다. 전형적인 개코원숭이 무리에서는 두 달 넘게 지나야 암컷들이 새로 온 수컷에게 처음 털 고르기나 성적 유인을 시도하지만, 이 무리에서는 며칠에서 몇 주 만에 시도했다. 게다가 원래 있던 수컷들의 전위 공격성도 적으니, 새로 온 수컷은 차츰 변해서 대략 반 년이면 무리의 문화에 동화되었다. 요컨대 만약 청소년 개코원숭이가 덜 공격적이고 더 친화적인 대우를 받으면, 스스로도 똑같이 행동하기 시작한다.

1965년, 당시 영장류학의 떠오르는 스타였던 하버드대학교의 어빈 드보어가 이 주제에 관한 최초의 총론을 발표했다.[49] 자신의 전문 분야인 초원 개코원숭이를 설명하는 대목에서, 그는 이렇게 썼다. "[개코원숭이는] 포식자에 대한 방어기제로서 공격적 기질을 갖추었고, 그 공격성은 수도꼭지처럼 열었다 잠갔다 할 수 있는 게 아니다. 그것은 그 원숭이들의 성격에서 핵심적이고 뿌리깊은 요소라서, 그들은 어떤 상황에서든 툭하면 공격성을 발휘하곤 한다." 그래서 초원 개코원숭이는 공격적이고, 계층적이고, 수컷 지배적인 영장류의 교과서적 사례, 말 그대로 교과서에 등장하는 사례가 되었다. 하지만 방금 우리가 보았듯이, 그런 현상은 보편적이지 않고 필연적이지도 않다.

인간은 작은 유랑 집단도 거대 국가도 형성했고, 전자를 떠난 사람들의 후손이 후자에서 기능하는 방식에서도 유연성을 보였다. 인간은 짝짓기 패턴도 이례적으로 유연하여 우리 사회에는 일부일처, 일부다처, 일처다부가 다 있다. 우리는 특정 종류의 폭력으로 천국에 갈 수 있다고 말하는 종교를 만들었고, 그런 폭력을 저지르면 지옥에 간다고 말하는 종교도 만들었다. 만약 개코원숭이들이 부지불식간에 저 정도의 사회적 유연성을 보여줄 수 있다면, 인간도 할 수 있다. 우리 최악의 행동은 어쩔 수 없는 필연이라고 말하는 사람은 영장류를 모르는 사람이다. 인간도 포함하여.

한 사람의 힘

뉴런, 호르몬, 유전자가 한쪽에 있고 문화, 생태의 영향, 진화가 반대쪽에 있다면, 그 중간 어디쯤에 개인이 있다. 그리고 지구에는 인간이 70억 명 넘게 있으니, 한 개인이 별다른 차이를 만들어낼 수는 없다고 느끼기가 쉽다.

하지만 여러분도 알듯이 그렇지 않다. 세상을 바꾼 개인을 이야기할 때 공식처럼 꼽아야 할 이름들을 떠올려보자. 만델라, 간디, 마틴 루서 킹, 로자 파크스, 링컨, 아웅산 수치. 물론 그들에게는 보통 많은 조언자가 있었다. 그래도 그들이 자신의 자유나 목숨을 대가로 치르고서 변화의 촉매 역할을 한 것은 사실이었다. 변화를 일으키고자 큰 위험을 감수한 내부고발자들도 있었다. 대니얼 엘즈버그, 캐런 실크우드, W. 마크 펠트(워터게이트 사건의 일명 '내부고발자'), 새뮤얼 프로벤스(아부그라이브 교도소에서 미군이 저지른 학대를 고발한 미군 병사), 에드워드 스노든.*

혼자 또는 소수로 행동하여 엄청난 영향을 끼친 사람들 중에는 유명하지 않은 이도 있다. 무함마드 부아지지가 한 예다. 그는 한 독재자의 부패와 억압적 통치가 23년째 이어지고 있던 튀지니의 26세 과일 노점상이었다. 어느 날 시장에서 경찰이 부아지지에게 뇌물을 뜯어낼 요량으로 실제 존재하지도 않는 허가증을 보여달라며 괴롭혔다. 그는 거절했다. 원칙 때문이 아니라—전에는 종종 뇌물을 바쳤다—돈이 없어서였다. 경찰은 그를 발로 차고 침을 뱉고 노점을 뒤집었다. 부아지지는 관청에 가서 항의하려고 했지만, 그곳에서도 무시당했다. 2010년 12월 10일, 경찰에게 괴롭힘을 당한 지 한 시간도 안 된 때, 그는 관청 앞에서 제 몸에 휘발유를 뿌리고 외쳤다. "대체 어떻게 먹고살란 말이냐?" 그러고는 제 몸에 불을 붙였다.

부아지지의 분신과 죽음을 계기로, 튀니지 전역에서 독재자 제인 엘아비디네 벤 알리와 여당과 경찰에 항의하는 시위가 열렸다. 시위는 확산되었고, 정부와 벤 알리는 한 달 만에 실권했다. 부아지지의 행동을 계기로 이집트에서도 시위가 열려, 호스니 무바라크의 30년 독재가 거꾸러졌다. 예멘에서도 마찬가지여서, 알리 압둘라 살레의 34년 통치가 무너졌다. 리비아에서도 무아마르 알 카다피가 34년 권세를 잃고 살해당했다. 시리아에서는 시위가 내전으로 이어졌다. 요르단, 오만, 쿠웨이트에서도 총리가 사임했다. 알제리, 이라크, 바레인, 모로코, 사우디아라비아에서도 정부 개혁이라고 부를 만한 변화가 일어났다. 이른바 아랍의 봄이었다. 부아지지는 무슬림 세계의 정치개혁을 생각하며 성냥을 켠 게 아니었다. 그저 어디로도 분출할 수 없어서 안으로 향한 분노가 있을 뿐이었다. 아랍의 봄이 짧은 희망 뒤에 새 독재자, 폭력, 난민, 시리아와 ISIS라는 파국으로 이어진 것에 대해서 어떻게 생각하든 그건 각자의 몫이다. 그리고 어쩌면 분신자가 역사를 만든다기보다 역사가

---

* 아니, 아니, 이 목록에 모두가 동의하진 않으리라는 건 나도 안다. 여기서 요점은 이들의 행동이 구체적으로 어땠는가라기보다는 그 단독성이다.

부아지지의 사진을 치켜든 반정부 시위자들

분신자를 만드는 것인지도 모른다. 그 지역에서는 오래전부터 불만이 끓고 있었으니까 말이다. 그럼에도 불구하고, 스무 개 나라 수백만 명의 사람들로 하여금 자신들이 변화를 일으킬 수 있다고 생각하도록 만든 촉매는 분명 부아지지 한 사람의 행동이다.

사례는 더 있다. 1980년대 중순, 하와이의 진주만국립추모관에서 진주만 공습일을 맞아 추도식이 열리고 있었다. 한자리에 모인 미군 생존자들에게 웬 노인이 다가왔다. 추도식에 찾아온 게 그날로 세번째였던 노인은 용기를 내려고 안간힘 쓰고 있었다. 그는 생존자들에게 다가가서, 더듬거리는 영어로, 사과했다.[50]

그 노인 아베 젠지는 1937년 일본의 중국 침략에 참가하고 제2차세계대전중 태평양 전역에서 활동한 전투기 조종사였다. 진주만 공습을 이끈 전투기에도 탔었다.

젠지의 이전 삶에서는 그가 노인이 되어 그런 사과를 하리라는 점을 예견하게 하는 요소가 별로 없었다. 그는 일찍부터 전쟁에 세뇌되었고, 17세에 해군학교에 입학했다. 그의 전쟁 경험은 다소 간접적이었다. 그는 미군을 근거리에서 죽인 적이 없었다. 진주만 공격은 훈련처럼 느껴졌다. 게다가 그가 투하했던 폭탄이 불발했기 때문에, 그는 책임감이 무뎌질 수 있는 입장이었다. 그리고 그의 나라는 패했다.

그가 그렇게 행동하도록 이끈 요소들도 있기는 했다. 그는 전쟁포로로 1년을 보냈고, 그동안 미국인들에게 점잖은 대우를 받았다. 그리고 그는 진주만 공격을 부끄럽게 느꼈다. 조종사들은 일본이 그날 아침 미국에 선전포고를 했고 따라서 미국이 방어 태세를 갖추고 있을 것이라는 지령을 받았다. 하지만 그는 곧 그것이 사실 기습 공격이었음을 알게 되었다.

그의 행동을 이끈 더 폭넓은 요소들도 있다. 일본과 미국의 관계는 이후 변했다. 그리고 미국은 일본의 전통적인 적국이 아니었다. 인종, 문화, 지리적 거리가 미국인에 대한 유사 종분화를 낳았겠지만, 그것은 가령 수백 년 동안 미워해온 이웃 나라와의 관계에 비하면 새로운 현상이었다. 젠지는 중국을 찾아가서 난징대학살을 사과하진 않았다. 그들도 여러 범주가 있는 것이다.

아무튼 이렇듯 문제의 행동이 일어날 확률을 높였거나 높이지 않은 요소들이 수렴하여, 그는 진주만 공격 때 전투기를 몰았던 다른 조종사 아홉 명과 함께 그날 그 자리에 와서 사과했다. 미군 생존자 중 몇 명은 사과를 거부했다. 대부분은 받아들였다. 젠지와 조종사들은 나중에 진주만에도 갔고, 여러 날에 걸쳐 미군 생존자들을 만났다. 〈투데이〉 쇼는 공습 50주년을 맞아 그들이 화해의 악수를 나누는 모습을 방영했다. 미군 생존자들은 대체로 일본 조종사들이 상부의 지시를 따랐을 뿐이라고 여겼고, 지금 그들의 행동이 용감하고 훌륭하다고 여겼다. 젠지는 한 미군 생존자와 친해졌다. 추모관의 안내원인 리처드 피스크였다. 피스크는 진주만 공습 때 배에 있었고, 많은 친구를 미국인 사망자 2390명 중 일부로 잃었고, 이오지마전투에도 참가했으며, 일본인이 어찌나 미운지 출혈성 궤양이 생겼을 정도라고 스스로 밝히곤 했다. 하지만 자신도 완전히 이해하지 못하는 이유로, 그는 누구보다 먼저 젠지의 사과를 받아들였다. 다른 일본인들과 미국인들도 친해졌고, 서로

왼쪽은 아베 젠지, 1941년 12월 6일. 오른쪽은 젠지와 리처드 피스크, 1991년 12월 6일.

집을 찾아가는가 하면 결국에는 옛 적들의 무덤에도 찾아갔다.

그 과정에는 상징이 풍부했고, 그 시작은 우리가 알듯이 아무것도 바꾸지 못하지만 모든 것을 바꾸기도 하는 사과였다. 젠지는 피스크에게 여생 동안 매달 추모관에 바칠 꽃을 살 수 있는 돈을 건넸다. 나팔수인 피스크는 추도식에서 영결 나팔을 분 뒤에 일본의 추모곡에 해당하는 곡도 불었다. 우리의 감각과 비슷한 무언가가 생겨나서, 과거의 그 악명 높은 날에 함께 있었던 사람들 모두를 아울렀다.

어쩌면 더 중요한 점은 젠지의 행동이 유일하지 않다는 것일지도 모른다. 요즘 미국에는 베트남전 퇴역군인들을 베트남으로 다시 데려가서 옛 베트콩 전사들과 화해의 자리를 갖게 하는 여행사가 있다. 또 퇴역군인들은 '다낭의 친구들' 같은 단체를 만들어서 베트남에서 공공시설을 지음으로써 가교를 놓는 데 앞장섰다. 그들은 학교와 병원을, 말 그대로 다리를 짓는다.[51]

이 장면은 또다른 놀라운 행동을 떠올리게 한다. 틀림없이 베트남전에서 단일 사건으로서 가장 충격적이었던 일, 미국으로 하여금 자신은 선한 세력이라는 인식을 마침내 떨쳐버리게 했던 일은 미라이학살이었다.

1968년 3월 16일, 한 미군 중대가 윌리엄 캘리 주니어 소위의 명령에 따라 미라이라는 마을에서 비무장 민간인을 공격했다.[52] 중대는 석 달 동안 베트남에 있었지만 적과 직접 마주친 적은 없었다. 그래도 부비트랩과 지뢰에 부대원 28명이 죽거나 다쳐서, 총 중대원 수가 백 명가량으로 줄어 있었다. 오늘날 우리가 쉽게 떠올리는 흔한 해석은 그들이 복수심에 불탄 나머지 얼굴 모를 적을 진짜 얼굴들과 연결 짓고자 하는 욕구에 휩싸였다는 것이다. 반면 당시의 공식적 논리는 미라이 마을이 베트콩 전사들과 민간인 동조자들을 숨겨주었다는 것이었다. 하지만 그 주장을 뒷받침하는 증거는 거의 없다. 참가한 군인들 중 일부는 베트콩만 죽이라는 명령을 받았다고 보고했지만, 다른 군인들은 가리지 말고 죽이고, 집을 불태우고, 가축을 죽이고, 우물을 망가뜨리라는 지시를 받았다고 보고했다.

보고가 상충하지만, 아무튼 그뒤에 일어난 일은 흔한 표현마따나 고통스러운 역사로 남았다. 미군은 아기와 노인도 포함하여 비무장 민간인 350~500명을 죽였다. 시체를 훼손하고 우물에 처박았다. 오두막과 밭에 불을 질렀다. 많은 여성 주민을 집단 강간한 뒤 죽였다. 엄마 품에 숨어 있던 아이들에게 캘리가 직접 총을 쏘는 걸 봤다는 보고도 있다. 적의 응사는 없었고, 마을에 징병 연령 남성은 없었다. 그것은 성경 수준의, 로마제국 수준의, 십자군 수준의, 바이킹 수준의…… 파괴였다. 다만 이 파괴는 사진으로 남았다. 미라이학살이 한 사람만의 문제가 아니었다는 점, 미국 정부가 사건을 은폐하려고 용썼고 캘리에게 겨우 3년 가택연금형을 내렸다는 점이 더 경악스러운 대목이다.

미군 병사들이 학살에 다들 똑같은 수준으로 참여한 것은 아니었다(결국에는 총 26명이 고발되었고, 그중 캘리만이 유죄를 선고받았다. 나머지는 "그저 명령을 따랐을 뿐"이라는 게 법정의 명령이었다).*[53] 폭력에 대한 문턱

* 살해에 가담했던 이들 중 두 명이 나중에 자살했다. 스티븐 브룩스 소위는 알려지지 않은 이유로 베트남에서 자살했다. 바나도 심프슨 일병은 몇 년 뒤에 자살했는데, 여러 이유가 있었지만 그중 하나는 열 살 아들이 동네의 십대들이 쏜 유탄에 맞아 죽는 걸 본 것이었다. 심프슨은 이렇게 말했다. "아이는 내 품에서 죽었다. 그때 본 아이 얼굴은 내가 죽였던 아이의 얼굴 같았다. 그래서 나는 이렇게 말했다. 내가 그 사람들을 죽인 벌을 받는구나." 그는 외상후스트레스

악몽 같은 학살의 증거가 된 사진들. 왼쪽은 살해당하기 직전의 민간인들. 뒤쪽에 아이를 안은 여성은 방금 강간을 당했다. 오른쪽은 민간인들의 시신.

값은 개인마다 달랐다. 한 병사는 한 여성과 그 자식을 죽이고서는 더는 하지 않겠다고 거부했다. 또다른 병사는 민간인들을 한자리에 모으는 일을 거들었지만 발포는 거부했다. 명령에 대놓고 거역한 병사들도 있었다. 군사재판에 회부하겠다거나 쏴버리겠다는 협박을 받고서도 그랬다. 그중 한 명인 마이클 번하트 일병은 명령을 거역하며 윗선에 보고하겠다고 대들었다. 나중에 장교들은 그를 더 위험한 순찰조로 보냈다. 그가 죽기를 바랐을 것이다.

그리고 학살을 멈춘 세 남자가 있었다. 예상 가능하게도, 그들은 아웃사이더였다. 앞장선 사람은 25세의 휴 톰프슨 주니어 준위였다. 그는 글렌 안드레오타, 로런스 콜번과 함께 헬리콥터를 몰고 있었다. 어쩌면 톰프슨이 이른바 '눈물의 길' 죽음의 행군에서 살아남은 아메리카원주민의 후손이라는 사실이 그의 행동에 영향을 미쳤을지도 모른다. 그의 독실한 부모는 1950년대 조지아주 시골에서 인종차별에 반대했다. 콜번과 안드레오타는 가톨릭 신자였다.

톰프슨과 두 승무원은 베트콩과 싸우는 보병을 도울 생각으로 미라이 마

장애를 심하게 앓았고, 집에서 창문을 죄 막은 채 몇 년 동안 은둔하다가 세번째 자살 시도에 성공했다.

을로 날아갔다. 그들의 눈앞에 펼쳐진 것은 전투의 증거가 아니라 민간인들의 시체였다. 처음에 톰프슨은 마을이 공격당하고 있어서 미군이 주민들을 돕는 줄 알았지만, 누가 공격하는지는 알 수 없었다. 그는 아수라장 한가운데에 헬리콥터를 내렸고, 데이비드 미첼 미군 병장이 도랑에 처박힌 채 울부짖는 민간인 부상자들에게 총을 쏘는 모습과 어니스트 메디나 대위가 한 여성을 직사로 죽이는 모습을 보았다. 톰프슨은 누가 공격하는지 깨달았다. 그래서 캘리에게 항의했다. 하지만 톰프슨보다 계급이 높았던 캘리는 그에게 닥치고 제 할일이나 하라고 말했다.

톰프슨은 한 벙커에 옹송그리며 모여 있는 여자들, 아이들, 남자 노인들에게 미군들이 공격 태세로 다가가는 걸 보았다. 그로부터 20년이 더 지난 뒤 그 순간을 돌이킬 때, 톰프슨은 그 병사들에 대한 감정을 이렇게 말했다. "그건, 그러니까 그 순간에는 그들이 내게 적이었던 것 같습니다. 확실히 그때 그곳에 있던 사람들에게 그들은 적이었습니다." 그 순간 그는 어질어질할 만큼 강인하고 용감한 행동을 했다. 이 책에서 우리가 살펴본 우리/그들 범주화의 이야기를 한순간에 몽땅 바꿔놓을 수 있는 행동이었다. 휴 톰프슨은 마을 사람들과 군인들 사이에 헬리콥터를 착륙시키고, 기관총을 제 동료 미국인들에게로 향한 뒤, 만에 하나 그들이 주민들을 더 해치려들 때는 가차없이 쏴버리라고 두 승무원에게 지시했다.*,**

---

* 톰프슨은 동료 헬리콥터 조종사들에게 무전을 보내어 생존자들을 병원으로 이송하라고 말했다. 안드레오타는 도랑에 쌓인 시신들을 헤치면서 살피다가 기적적으로 다치지 않은 네 살 아이를 구했다. 톰프슨은 자신이 본 것을 상관들에게 보고했고, 그들은 더 윗선으로 사건을 알렸다. 그러자 소탕 작전을 지시했던 지휘관은 이후 이웃 마을들에서 하기로 예정되어 있던 작전을 취소하고 사태를 덮기 시작했다. 안드레오타는 3주 뒤에 전투중 사망했다. 콜번과 그보다 더 적극적으로 나선 톰프슨은 군대며 정부며 언론이며 가리지 않고 어디에든 제보하려고 애썼고, 미라이학살이 대중에 알려지는 데 결정적으로 기여했다. 하원군사위원회 위원장이었던 멘델 리버스 의원은 캘리의 기소를 막고 대신 톰프슨을 반역죄로 기소하려고 시도했다. 톰프슨은 캘리를 재판하는 법정에서 그에게 불리하게 증언했고, 그후 오랫동안 살해 협박을 받았다. 군대가 톰프슨과 콜번의 행동을 기린 것은 그로부터 30년이나 지나서였다. 톰프슨은 2006년에 죽었다. 콜번이 그의 임종을 지켰다.

** 두 훌륭한 학부생, 엘리나 브리저스와 와이엇 홍이 이 대목의 조사를 전반적으로 도와주었다. 두 사람에게 고맙다.

왼쪽은 글렌 안드레오타. 오른쪽 사진은 왼쪽부터 휴 톰프슨, 로런스 콜번, 그리고 그들이 도랑에서 구한 어린아이였던 도 호아, 1998년 미라이 마을에서.

자, 우리는 한 개인이 충동적 행동으로 20개국의 역사를 바꿔놓는 걸 보았다. 한 개인이 수십 년 묵은 미움을 극복하여 화해의 촉매가 되는 걸 보았다. 옳은 일을 해내기 위해서, 그동안 훈련으로 습득한 반사반응을 철저히 억누른 사람들을 보았다. 이제 마지막 사람을 볼 차례인데, 나를 가장 크게 감화시키는 이는 바로 이 사람이다.

1725년 출생한 영국성공회 사제 존 뉴턴이 그 사람이다.[54] 음, 썩 홍미롭지 않은걸. 그는 찬송가 〈어메이징 그레이스〉를 작사한 사람으로 유명하다. 아, 괜찮네. 레너드 코언의 〈할렐루야〉와 더불어 늘 나를 감동시키는 노래다. 뉴턴은 또한 노예제 폐지론자였고, 윌리엄 윌버포스가 노예제를 불법화하고자 대영제국 의회에서 싸울 때 그 조언자였다. 좋다, 점점 좋은걸. 이제 결정적 사실을 알 차례다. 뉴턴은 젊을 때 노예선 선장이었다. 그럼 그렇지! 그러니까 이런 시나리오잖아. 한 남자가 노예무역으로 돈을 벌다가 별안간 종교적이고 도덕적인 깨우침을 떠올리고, 그래서 우리/그들 범주화가 극적으로 달라지고, 그의 인간성이 극적으로 확장되며, 그가 자신이 저질렀던 만행을 보상하고자 극적으로 헌신한다는 결론. 5장에서 보았던 신경가소성 현상이 뉴턴의 뇌에서 맹렬하게 펼쳐지는 모습이 눈에 선할 지경 아닌가.

현실은 그와는 사뭇 달랐다.

뉴턴은 선장의 아들로 태어나서, 11세부터 아버지를 따라 바다에 나갔다. 18세에 강제로 해군에 보내졌다가 탈영을 시도한 뒤 채찍질형을 받았다. 간신히 군대를 빠져나온 그는 서아프리카 노예선에서 일하기 시작했다. 아, 자신의 경험과 노예들의 처지가 비슷한 것을 목격하고는 번득 계시가 떠올랐나?

그런 일은 없었다.

그는 노예선에서 일하면서 주변 모두로부터 미움을 받았던 모양이다. 어느 날 사람들이 그를 한 노예 상인과 함께 현재의 시에라리온에 내던져두고 갈 정도였다. 노예 상인은 뉴턴을 제 아내에게 노예로 주었다. 그는 여기서도 구출되었지만, 그가 타고 영국으로 돌아가던 배가 엄청난 폭풍을 만나서 가라앉기 시작했다. 뉴턴은 신에게 호소했고, 배는 가라앉지 않았으며, 그는 복음주의 기독교로 개종했다. 그리고 또다른 노예선에서 일하기로 계약했다. 이제 알겠네, 그는 신을 찾아냈고, 몸소 노예가 되어보았으며, 그래서 문득 노예무역이 얼마나 끔찍한 짓인지 깨달을 수 있었던 거지.

아니었다.

그는 노예들에게 약간의 공감을 내비쳤고, 복음주의로의 개종에 점점 더 진지해졌다. 결국 그는 어느 노예선의 선장이 되었고, 6년 더 일하다가 그만두었다. 마침내 그가 제 행동을 있는 그대로 보게 된 거로군!

역시 아니었다.

그가 그 일을 그만둔 것은 험한 항해로 건강이 나빠져서였다. 그는 이후 징세원으로 일했고, 신학을 공부했으며, 영국성공회 사제에 지원했다. 그리고 벌어둔 돈을 노예무역 사업에 **투자했다**. 뭐라고? 이 빌어먹을 놈 같으니라고!

그는 설교와 목회로 알려진 인기 있는 사제가 되었다. 찬송가 가사를 썼고, 가난하고 짓밟힌 자들을 대변했다. 그러던 중 어느 시점에 노예무역 투자를 그만두었다. 어쩌면 양심 때문이었을 수도 있고, 어쩌면 더 나은 투자처가 나타나서였을 수도 있다. 아무튼 여전히 노예제에 대해서는 한마디도 하지 않았다. 그가 마침내 노예제를 비난하는 소책자를 낸 것은 노예 상인 일을 그만둔 지 34년 뒤였다. 보고도 못 본 척하는 비열한으로 산 시간이 그리 길었다. 뉴턴은 노예제의 참상을 몸소 목격한 것은 물론이거니와 스스로 그 가해자였다는 점에서 노예제 폐지론자들 중 드문 경우였다. 그는 결국 영국에서 으뜸가는 노예제 폐지론자가 되었고, 1807년 영국이 노예무역을 금하는 순간을 살아서 목격했다.

내가 혹시라도 톰프슨, 안드레오타, 콜번 같은 사람이 되는 것은 꿈도 못 꿀 일이다. 나는 용감하지 않다. 어려운 일에 맞서는 대신 혼자 지낼 수 있는 아프리카 연구 현장으로 내빼는 사람이다. 어쩌면, 정말 잘하면, 그로스먼이 말한 본능적 억제심 때문에 손에 라이플을 쥐고도 그것을 쏘는 대신 장전이 되었는지 거듭 확인하며 얼떨떨하게 전장에 서 있는 병사들 중 한 명이 될 수는 있을지도 모른다. 아베 젠지나 리처드 피스크처럼 품위와 도덕성을 갖춘 노인이 될 싹수도 보이지 않는다. 부아지지의 행동은 내게 요령부득이다.

하지만 뉴턴은, 뉴턴은 다르다. 뉴턴은 좀 친숙하다. 그는 성경에 노예제가 나와 있다는 점에서 저 편한 대로 위안을 얻었고, 자신의 도덕적 신념이 당대 관습을 극복할 가능성에 저항하며 수십 년을 보냈다. 감정이입에 능했지만, 그 능력을 선택적으로 적용했다. 우리의 범위를 확장시켰지만, 어느 정도까지만 그랬다. 보통 지켜보는 군중을 헤치고 불타는 건물로 뛰어드는 사람은 행동이 생각에 앞서는 사람, 더 어렵지만 더 나은 일을 하는 습관이 몸에 배어서 자동적으로 움직이는 사람이라고 했다. 뉴턴에게는 그런 자동성이 없었다. 그의 등쪽가쪽이마앞엽 겉질이 온갖 방식으로 합리화하려고 애쓰는 모습이 눈앞에 보이는 듯하다. "내가 할 수 있는 일은 없어" "한 사람이 도전하기에는 너무 버거운 일이야" "내 근처의 불우한 이들에게 집중하는 편이

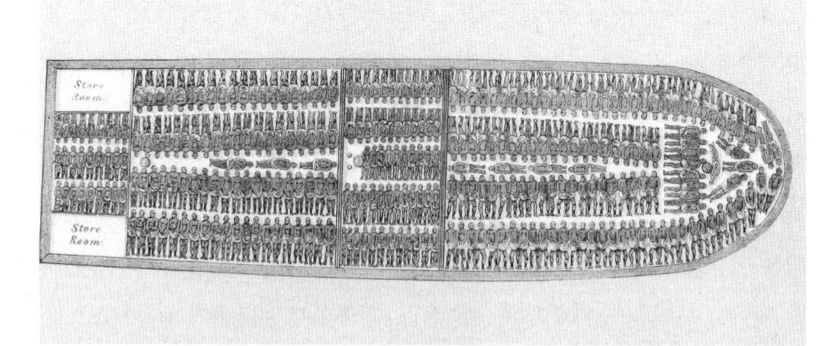

1788년 노예제 폐지론자들이 그린 그림으로, 영국의 한 노예선이 대서양 횡단 항해에 합법적으로 실을 수 있었던 노예의 수(487명)를 보여준다. 현실에서 노예선들은 이보다 훨씬 더 많은 수를 실어날랐다.

나아" "투자 소득을 좋은 일에 쓸 수 있잖아" "저 사람들은 정말 근본적으로 우리와는 달라" "나는 지쳤어". 모든 여정이 한 걸음으로 시작하는 건 사실이지만, 뉴턴의 경우에는 열 걸음 나아갔다가 이기적인 이유로 아홉 걸음 뒷걸음질하는 셈이었다. 내게 톰프슨의 완벽한 도덕적 순간은 마치 내가 가젤이나 폭포나 눈부신 노을이 되고 싶어하는 것처럼 달성 불가능한 목표로 느껴진다. 하지만 뉴턴이 더디게 휘청거리면서도 끝끝내 나아가서 도덕적 거인이 된 것을 볼 때, 어리석고 모순적이고 나약한 우리에게도 희망이 있다고 느낀다.

마지막으로, 다수의 힘이 가진 잠재력

1807~1814년 반도전쟁 당시 소위였던 조지 벨 소장이 훗날 들려준 일화가 있다. 영국군과 프랑스군이 대치하던 다리가 하나 있었다. 양군은 적이 다리를 건너오면 경보를 울리도록 다리 양측에 각각 보초를 세웠다.[55] 어느 날 영국 장교가 순찰을 돌다가 그 다리의 영국군 보초가 희한한 모습인 것을 보았다. 보초는 영국 머스킷과 프랑스 머스킷을 양어깨에 하나씩 멘 채라 마치 양쪽 모두를 위해 다리를 지키는 것 같았고, 프랑스 보초는 보이지 않았다. 병사의 해명? 프랑스 보초가 두 사람이 마실 술을 사러 잠시 자리를

비웠고, 그래서 당연히 자신이 상대의 총을 봐주고 있었다는 것이다.

적군끼리 친하게 지내는 것은 전쟁에서 놀랍도록 자주 일어나는 현상이다. 특히 양측이 인종과 종교가 같을 때, 그리고 장교가 아니라 징집병일 때 그렇다. 양측이 집단으로 만나는 게 아니라 개인적으로 접촉할 때, 매일 같은 사람을 접촉할 때(가령 그가 다리 맞은편에서 매일 보초를 설 때), 그가 당신을 쏠 수 있었지만 그러지 않았을 때 더 그렇다. 적군 간의 친목이 인생, 죽음, 지정학적 토론에서 싹트는 일은 드물다. 그보다는 음식과 담배와 술을 교환하고(상대편의 배급품이 우리 것처럼 나쁘진 않을 테니까), 끔찍한 날씨와 끔찍한 장교들을 불평하는 데서 싹튼다.[56]

스페인내전 때 공화국군과 파시스트군은 밤에 정기적으로 만나서 술을 마시고, 물물교환하고, 신문을 교환하며, 장교들이 오는지 다 같이 망봤다. 크림전쟁 때 전선의 병사들은 주기적으로 러시아의 보드카와 프랑스의 바게트를 교환했다. 반도전쟁에 참전했던 한 영국 병사는 저녁마다 영국군과 프랑스군이 모닥불에 둘러앉아 카드놀이를 했다고 말했다. 미국 남북전쟁 때도 북군과 남군 병사들은 친해졌고, 물물교환했고, 신문을 돌려보았으며, 가슴을 저미는 사실인데, 피바다가 될 것이 분명한 전투를 앞둔 저녁에 공동으로 예배를 열었다.

이처럼 적군 간에 공통의 유대를 발견하는 경우는 드물지 않다. 그리고 지금으로부터 백 년 남짓 전, 그런 사건 두 가지가 놀랍도록 대규모로 벌어졌다.

제1차세계대전이 낳은 좋은 결과가 전혀 없다고는 말할 수 없을 것이다. 그 전쟁으로 세 제국이 무너짐에 따라 발트해, 발칸반도, 동유럽 사람들이 독립할 수 있었다. 하지만 그 밖의 사람들에게 그 전쟁은 1500만 명이 무의미하게 학살된 사건일 뿐이었다. 모든 전쟁을 끝낸 전쟁은 모든 평화를 끝낸 폐허의 평화로 이어졌고, 결국에는 유럽이 수백 년간 무의미한 갈등에 청년들을 희생시킨 사례의 하나에 지나지 않았다. 하지만 제1차세계대전의 수렁에서 두 가지 희망의 사례가 탄생했다. 더 나은 표현이 떠오르지 않아서 말

함께 포즈를 취한 독일과 영국 병사들

하는데, 거의 기적적인 사건들이었다.

첫번째는 1914년 크리스마스 정전이었다. 시작은 참호 전선의 양측 장교들이 조심스럽게 상대의 언어로 "쏘지 말라"고 외친 뒤 무인 지대에서 만난 것이었다. 크리스마스 만찬중에는 적대행위를 일시 중지하고 시신도 회수하자는 합의에서 시작된 정전이었다.

그로부터 일이 퍼졌다. 많은 기록이 남아 있는 사실인바, 양측 병사들은 무덤을 파기 위해서 서로 삽을 빌렸다. 그다음에는 함께 무덤을 팠다. 그다음에는 함께 장례 예배를 가졌다. 그러다보니 음식, 음료, 담배를 교환하게 되었다. 결국에는 무장하지 않은 병사들이 무인 지대로 몰려나와서 함께 기도하고 캐럴을 불렀으며, 저녁을 함께 먹고, 선물을 주고받았다. 적군 병사들끼리 단체사진을 찍었고, 단추와 헬멧을 기념품으로 교환했고, 전쟁이 끝나면 만나자고 약속했다. 가장 유명한 사실은 급조한 공으로 축구 시합을 치렀다는 것이다. 점수는 남아 있지 않지만.[57]

한 역사가가 기록한 오싹한 일화도 있다. 어느 독일 병사가 집에 보낸 편지에서 정전을 이야기하면서 모두가 참여한 건 아니라고 말했는데, 동료들을 배신자라고 비난한 그 낯모르는 상병의 이름은…… 히틀러라고 했다. 하지만 800킬로미터의 참호전선 중 대부분에서 정전은 크리스마스에 종일 이어졌고, 종종 새해 첫날에도 벌어졌다. 나중에는 장교들이 군사재판에 회부하겠다고 협박해서야 모두가 싸움으로 돌아갔고, 병사들은 적군들에게 전쟁을 무사히 나라고 빌어주었다. 충격적이고, 감동적이고, 가슴 아픈 이야기다. 간헐적인 예외를 제외하고는 이런 일이 다시는 벌어지지 않았다. 시신을 회수하기 위한 짧은 크리스마스 정전조차도 군사재판 대상이었기 때문이다.

1914년에는 왜 정전이 가능했을까? 참호전의 독특한 속성상, 병사들은 매일매일 적의 얼굴을 보았다. 그래서 크리스마스 전부터 전선 너머로 친근한 악담이 오가곤 했고, 희미한 유대가 형성되었다. 게다가 반복된 접촉은 '미래의 그림자'를 드리웠다. 정전을 배신했다가는 상대가 가차 없이 복수하리라는 예상이 들었던 것이다.

모두가 유대기독교 전통과 서유럽 문화를 공유했다는 점도 성공의 한 요소였다. 많은 병사들이 상대의 언어를 알았고, 상대국에 가본 경험이 있었다. 그들은 인종이 같았다. 적을 '프리츠'(제1차세계대전 때 연합국이 독일 병사를 부를 때 쓴 명칭—옮긴이)라고 부르며 놀리는 것은 베트남전에서 미군들이 베트남인을 '슬랜트'(동남아시아인을 부르는 멸칭으로, 눈이 가늘고 치켜올라갔다는 데서 온 이름—옮긴이), '구크'(원래 미국인이 동남아시아인을 부르는 멸칭으로, 한국전 때 한국인에게도 쓰였다. 어원은 알려지지 않았다-옮긴이), '딩크'(어원은 알려지지 않았으나, 미국인이 동남아시아인, 특히 베트남인을 부르던 멸칭—옮긴이)라는 유사 종분화적 멸칭으로 부른 것과는 차원이 전혀 다르다.

주로 영국군과 독일군 사이에서 정전이 벌어졌던 점을 설명하는 요소들도 있다. 제 땅에서 치열하게 싸우고 있던 프랑스인과는 달리, 영국인은 독일인에게 그다지 악감정이 없었을뿐더러 보통 자신들이 역사적 주적이었던 **후방의**les derrières 프랑스인을 구하기 위해서 싸우고 있다고 생각했다. 정전중에 영국 병사들은 독일 병사들에게 사실 우리는 모두 프랑스인에 대항하여 싸워야 한다고 얄궂게 말하곤 했다. 한편 우연히도 대부분 색슨인이었던 독일 병사들은 앵글로색슨인인 영국 병사들에게 친족적 친근함을 드러내면서 사실 우리는 모두 독일의 밉상 지배 집단인 프러시아인에 대항하여 싸워야 한다고 말했다.

그리고 아마도 가장 중요한 요인은 상부가 정전을 승인했다는 점일 것이다. 보통 장교들이 협상을 주도했고, 교황 같은 인물들이 정전을 요청했으며, 누가 뭐래도 지상의 모든 인간들을 향한 평화와 선의를 상징하는 축일이었다.

크리스마스 정전이 우리의 첫 사례다. 그런데 놀랍게도 제1차세계대전에서는 그보다 더 기적적인 사건이 있었다. '공존공영' 현상이라고 명명된 이 사건은 참호전의 병사들이 한마디 대화 없이도, 공유하는 축일 없이도, 장교들과 지도자들의 허가 없이도 반복적으로 안정된 정전 상태를 진화시켜낸 것이었다.

어떻게 그랬을까? 역사가 토니 애슈워스가 『참호전: 1914~1918』에서 적었듯이, 그 일은 대개 수동적으로 시작되었다. 양측 병사들은 비슷한 시각에 밥을 먹었고, 그때는 총이 잠잠했다. 누구를 죽이거나 죽임당하자고 저녁식사를 중단하고 싶은 사람이 어딨겠는가? 날씨가 끔찍한 날도 그랬다. 그때는 모두의 최우선 관심사가 범람한 참호나 얼어죽지 않는 것이었기 때문이다.[58]

상호 자제는 미래의 그림자가 드리운 상황에서도 생겨났다. 식량을 나르는 마차 행렬은 포대의 쉬운 표적이었지만, 상호 포격으로 이어지는 걸 막기 위해서 건드리지 않았다. 변소도 마찬가지로 무사했다.

이런 정전은 병사들이 어떤 행동을 하지 않기로 선택함으로써 생겨난 것이었는데, 반대로 뚜렷한 행동으로써 구축되는 정전도 있었다. 어떻게? 우리 군 최고의 저격수를 데려다가 상대 적진 근처의 폐가 벽에 총알을 박아넣게 하자. 똑같은 지점을 연거푸 맞히게 하자. 무슨 메시지를 전달하려는 것일까? "우리 저격수가 얼마나 뛰어난지 봤지. 이 친구는 너희를 겨냥할 수도 있었지만 그러지 않았어. 자, 어떻게 생각해?" 그러면 상대편도 최고의 저격수를 데려다가 똑같은 행동을 하곤 했다. 서로 상대의 머리 위로 쏘자는 합의가 맺어진 것이다.

이때 핵심은 의례화였다. 무의미한 표적을 거듭 명중시키는 행동을 매일 반복함으로써 하루하루 평화에의 약속을 갱신하는 것이었다.

공존공영 정전은 약간의 동요를 버텨낼 수 있었다. 가끔 병사들은 당분간 진짜로 쏴야 한다는 신호를 상대편에 보냈다. 장교들이 오는 날이었다. 이 체제는 위반도 이겨낼 수 있었다. 만약 웬 투지 넘치는 신병이 상대편 참호에 포를 발사하면, 대개의 관행은 상대편도 이쪽의 중요한 표적을 노려서 두 발을 쏘는 것이었다. 그다음에는 평화가 재개되었다(애슈워스가 들려준 일화가 있다. 독일군이 뜻밖에 영국군 참호로 포를 발사했다. 곧 한 독일 병사가 외쳤다. "진짜 미안합니다. 아무도 안 다쳤기를 바랍니다. 우리 잘못이 아니라 망할 프러시아 대포 문제입니다." 영국군은 두 발의 포를 발사하여 호응했다).

공존공영 정전은 반복적으로 등장했다. 그리고 후방의 고위 장교들은 반복적으로 개입하고, 부대를 회전시키고, 군사재판을 들먹여서 으르고, 적군 간에 생겨난 공통의 이해에 대한 감각을 산산조각낼 게 분명한 육박전이 따를 습격을 지시했다.

정전이 구축되는 과정은 진화적이었다. 처음에는 저녁식사중에는 쏘지 말자는 것처럼 당장의 이득이 있는 저비용 제안이었던 것이 차츰 더 정교한 제약과 신호로 발전했다. 정전 위반을 다루는 방식이 변형된 팃포탯이었다는 점도 눈에 띈다. 기본적인 협력 성향, 위반에 대한 처벌, 용서의 메커니즘, 명확한 규칙 등의 요소가 꼭 그렇다.

사회적 세균들처럼 우리도 협력을 진화시킬 줄 안다니, 만세! 하지만 협력적 세균들에게 없는 것이 하나 있으니, 바로 심리다. 애슈워스는 공존공영에 참여했던 병사들이 적을 보는 심리가 어떻게 바뀌었는지를 꼼꼼하게 탐구했다.

애슈워스는 그 변화가 단계적이었다고 말한다. 첫째로 일단 상호 제약이 생겨나면, 적도 우리처럼 사격을 중지할 동기가 있는 합리적 존재임을 알게 된다. 그러면 그다음에는 그들을 신의 있게 대해야 한다는 의무감이 생겨난다. 처음에는 이것이 순수하게 이기적인 이유, 즉 우리가 합의를 위반하면 상대도 되받아 위반하리라는 이유에서 생겨난 의무감이지만, 시간이 흐르면 이것이 약간은 도덕적인 의무감으로 발달한다. 자신을 신의 있게 대하는 상대를 배신하는 건 대부분의 사람들이 본능적으로 꺼리는 일이기 때문이다. 정전의 구체적 동기에서 깨닫는 바도 있다. "와, 저녁식사를 방해받고 싶지 않은 건 저 사람들도 똑같네. 저 사람들도 이 장대비 속에서 싸우고 싶어하지 않네. 저 사람들에게도 골칫덩어리 장교들이 있네." 스멀스멀 동지애가 생겨난다.

이 과정은 더 충격적인 현상으로 이어진다. 교전국의 전쟁 체제들은 늘 그렇듯이 상대에 대한 유사 종분화적 악성 선전을 쏟아냈다. 하지만 애슈워스가 병사들의 일기와 편지를 조사한 바에 따르면, 적에 대한 적대감을 가장 적게 드러낸 것은 오히려 참호전 병사들이었다. 적대감은 전선에서 멀어질수록 커졌다. 애슈워스는 한 최전선 병사의 말을 인용했다. "고향에 있는 사람들은 적을 욕하며, 모욕적으로 희화화한다. 하지만 나는 괴물처럼 묘사된 독일 황제 그림에 진절머리가 난다. 여기 전장에서는 용감하고, 숙련되고, 재주 좋은 적을 존중하게 된다. 그들도 고향에 사랑하는 사람들을 두고 왔고, 우리처럼 진흙탕과 비와 총알을 견뎌야 한다."

우리와 그들은 유동적일 수 있다. 만약 누가 당신이나 당신의 전우들에게 총을 쏜다면, 그는 분명 그들이다. 하지만 그 밖의 순간에는 그보다도 쥐와 이, 식량에 핀 곰팡이, 추위가 그들이었다. 본부에 편하게 있는 장교들, 다른 참호전 병사의 말을 빌리자면 "저멀리서 추상적인 전략으로 우리를 죽이는 놈들"도 그들이었다.

이런 정전은 영원할 수 없었다. 전쟁의 최후 국면에서 영국 고위 사령부가 소모전이라는 악몽 같은 전략을 채택함에 따라, 공존공영 정전은 자취를 감췄다.

내가 크리스마스 정전과 공존공영 체제를 생각할 때마다 떠올리는 환상이 있다. 이 책의 서두에 밝혔던 환상과는 전혀 다른 내용이다. 만약 제1차

미국과 독일의 전쟁 선전 포스터

세계대전중에 두 가지 발명품이 더 있었다면, 사태가 어떻게 되었을까? 첫번째는 문자메시지, 트위터, 페이스북 같은 현대의 대중 소통 매체다. 두번째는 제1차세계대전으로 부서지고 깨진 생존자들 사이에서만 싹틀 수 있었던 사고방식, 즉 현대적 냉소주의다. 수백 킬로미터 길이의 참호 전선에서 반복적으로 공존공영 체제를 발명해냈던 병사들은 자신들만 예외적으로 그런 게 아니란 사실을 몰랐다. 그때 참호를 따라, 참호를 건너서 문자메시지가 오갔다고 상상해보라. 죽음의 목전에 놓인 백만여 명의 병사들이 이런 문자를 주고받는다. "이건 개좆같은 짓이야. 우리 부대 중에는 계속 싸우고 싶어하는 사람이 한 명도 없어. 우리가 이 짓을 멈출 방법도 생각해냈어." 그들은 총을 내던져서 전쟁을 끝낼 수 있었을 것이다. 그들에게 신과 조국을 들먹이면서 가로막는 장교가 있다면 무시하거나, 비웃거나, 죽일 수 있었을 것이다. 집으로 가서 사랑하는 사람들에게 입 맞추고, 그다음에 그들의 진정한 적, 제 권력을 위해서 그들을 희생하려는 오만한 귀족들을 상대할 수 있었을 것이다.

제1차세계대전에 대해서 이런 환상을 품기는 쉽다. 그것은 꼬부랑 콧수염과 웃기게도 깃털이 달린 장교 헬멧으로 장식된 과거, 이미 박물관에 있는 사건이니까. 우리는 거친 흑백사진에서 물러나서, 어마어마하게 어려운 사고 실험을 해볼 필요가 있다. 오늘날 우리의 적들은 여자아이를 납치해서 노예로 팔아넘기고, 아이들에게 잔혹한 짓을 저지르고, 그 증거를 숨기기커녕 온라인에 버젓이 전시한다. 그런 뉴스를 읽으면, 나는 그들을 열렬히 미워한다. 마음을 느긋하게 먹고 알카에다 보병들과 함께 "엄마가 산타와 키스하는 걸 봤지" 노래를 합창하고 크리스마스 선물을 주고받는다는 건 상상조차 불가능하다.

하지만 시간은 묘한 재주를 부린다. 제2차세계대전중 미국인과 일본인은 서로 무한히 증오했다. 미국의 신병 모집 포스터에는 "일본놈 사냥 허가증"을 준다는 말이 적혀 있었다. 태평양 전장에서 복무했던 한 미군 병사는 1946년 『애틀랜틱』에 쓴 글에서 다음과 같은 일이 흔히 벌어졌다고 말했다. "[미군 병사들이] 적군의 머리를 끓여서 살을 발라낸 다음 그것을 연인에게 줄 장식품으로 만들거나, 적군의 뼈를 조각하여 종이칼을 만들었다."[59] 일본군은 또 얼마나 야만적으로 미군 포로들을 대했던가. 만약 리처드 피스크가 포로로 잡혔다면, 아베 젠지가 그를 죽음의 행군으로 내몰았을지도 모른다. 만약 피스크가 전투에서 젠지를 죽였다면, 젠지의 두개골을 기념품으로 가졌을지도 모른다. 하지만 그 대신, 50여 년 뒤 두 사람은 젠지가 피스크의 손주들에게 편지를 보내어 할아버지의 죽음에 조의를 표하는 사이가 되어 있었다.

앞 장의 요지는 미래 사람들이 우리를 돌아보며 우리가 과학적 무지로 인해 저지른 일에 경악하리라는 것이었다. 이 장의 요지는 우리가 결국에는 현재의 증오를 돌아보며 이상하다고 생각할 가능성이 높다는 걸 깨닫자는 것이다.

대니얼 데닛이 제안한 사고 실험에 이런 것이 있다. 누군가 마취 없이 수

술을 받되, 사후에 수술에 관한 모든 기억이 지워지는 약을 받게 된다는 걸 확신할 수 있다고 하자. 만약 고통이 반드시 잊히리라는 걸 안다면, 그 고통이 덜 고통스러울까? 증오도 그럴까? 만약 시간이 지나면 증오가 반드시 희미해지고, 우리와 그들의 유사성이 차이점을 압도하게 되리란 걸 안다면? 그리고 지금으로부터 백 년 전 세상이 지옥이었을 때, 증오에의 유혹을 가장 크게 느꼈던 사람들이 종종 시간이 흐르기를 기다리지 않고도 그 사실을 깨달았다면?

철학자 조지 산타야나는 더없이 현명하기에 클리셰가 되어버린 아포리즘을 말한 적 있다. "과거를 기억하지 않는 사람은 그것을 반복하게 된다." 이 마지막 장의 맥락에서, 우리는 산타야나의 말을 비틀어야 한다. 제1차세계대전 참호전의 놀라운 정전을 기억하지 않는 사람, 톰프슨과 콜번과 안드레오타를 모르는 사람, 젠지와 피스크가, 만델라와 필윤이, 후세인과 라빈이 머나먼 거리를 가로질러 화해했다는 사실을 모르는 사람, 뉴턴이 우리도 익히 아는 도덕적 결함을 품고도 끝끝내 나아가서 이겨냈다는 사실을 모르는 사람, 과학이 우리에게 어떻게 하면 이런 사건을 더 많이 만들어낼지 그 방법을 가르쳐줄 수 있다는 사실을 모르는 사람…… 이런 사실들을 기억하지 않는 사람은 이런 희망의 이유들을 반복할 수 없을 것이다.

맺음말

지금까지 우리는 정말로 많은 분야를 살펴보았고, 그 속에서 몇 가지 주제가 반복된다는 걸 보았다. 그러니 내가 마지막으로 말하고 싶은 두 가지 요점을 보기 전에 그것들을 복습하는 것도 괜찮겠다.

잊지 말아야 할 사실로 가장 중요한 것을 하나만 꼽으라면, 이 책에 소개된 거의 모든 과학적 사실이 어떤 측정값의 **평균**을 논한다는 것이다. 어떤 현상이든 늘 변이가 있다. 그 현상의 가장 흥미로운 속성이 변이 자체인 경우도 많다. 모든 인간이 그들의 얼굴 앞에서 편도체를 활성화시키는 것은 아니고, 모든 효모가 자신과 같은 표면 단백질 표지를 가진 타 개체에게 가서 붙는 것도 아니다. 그렇지만, **평균적으로는** 둘 다 사실이다. 문득 찾아보니 이 책에서 나는 '평균' '대체로' '보통' '종종' '~하는 경향이 있다' '일반적으로' 등등의 표현을 500번 넘게 썼다. 어쩌면 더 많이 써야 했는지도 모르겠다. 과학에서는 어디를 보든 개체 간 차이와 흥미로운 예외가 있기 마련이다.

자, 지금까지의 내용을 별다른 순서 없이 정리해보자.

* 당신이 이마엽 겉질을 작동시켜서 유혹을 피하거나, 더 어렵지만 더 나은 행동을 할 수 있다면 그건 좋은 일이다. 하지만 더 나은 행동이 거의 자동으로 이뤄지다시피 해서 어렵지 않게 느껴지는 편이 보통 더 효과적이다. 그리고 유혹에 저항할 때는 의지력보다 주의 전환과 인식적 재평가를 쓰는 편이 종종 더 쉽다.
* 뇌에 가소성이 크다는 건 멋진 일이지만, 놀라운 일은 못 된다. 뇌는 그래야만 한다.
* 아동기 역경은 DNA에서 문화까지 모든 것에 흉터를 남길 수 있고, 그 영향이 평생 갈 수 있으며, 심지어 여러 세대에 미칠 수도 있다. 그렇지만 그 악영향을 무르는 것은 가능하고, 우리가 과거에 생각했던 정도보다 더 많이 가능하다. 하지만 개입이 늦어질수록 되돌리기가 더 어려워진다.
* 뇌와 문화는 공진화한다.
* 지금 도덕적으로 명백하고 직관적인 듯 보이는 일이 과거에도 꼭 그렇진 않았다. 오히려 처음에는 비순응적 추론에 불과했던 것이 많았다.
* 반복적으로 나타나는 패턴으로, 생물학적 인자는(가령 호르몬은) 어떤 행동을 일으킨다기보다는 행동을 일으키는 환경적 자극에 대한 문턱값을 낮춤으로써 행동을 조정하고 민감화한다.
* 인지와 감정은 늘 상호작용한다. 언제 한쪽이 우위를 차지하는가가 흥미로운 지점이다.
* 유전자의 영향은 환경에 따라 달라지고, 호르몬은 당신이 믿는 가치에 따라 당신을 더 착하게 만들 수도 있고 못되게 만들 수도 있으며, 우리는 '이기적'으로 진화하지도 '이타적'으로 진화하지도 다른 어떤 방향으로 진화하지도 않았다. 우리는 다만 특정 조건에서 특정 방식으로 행동하도록 진화했다. 맥락, 맥락, 맥락이 전부다.

* 생물학적으로, 강렬한 사랑과 강렬한 미움은 서로의 반대가 아니다. 사랑의 반대도 미움의 반대도 무관심이다.
* 청소년기를 볼 때, 우리 뇌에서 가장 흥미로운 부분은 유전자의 영향을 최소로 받고 경험의 영향을 최대로 받도록 진화했다. 학습이 그런 것이기 때문이다. 맥락, 맥락, 맥락이 중요하다.
* 연속선상에 그어진 임의의 경계가 유용할 때가 있다. 하지만 그것이 임의적이라는 사실을 결코 잊으면 안 된다.
* 우리는 종종 쾌락을 경험하는 것 그 자체보다 쾌락에의 기대와 추구를 더 좋아한다.
* 두려움을 이해하지 않고서는 공격성을 이해할 수 없다(편도체가 양쪽 모두와 맺는 관계도 알아야 한다).
* 유전자는 필연성이 아니라 가능성과 취약성의 문제다. 그리고 유전자가 무언가를 단독으로 결정하는 일은 없다. 유전자/환경 상호작용은 어디서나 벌어진다. 진화는 유전자 자체보다 유전자의 **조절** 방식을 바꿀 때 더 결정적인 결과를 낸다.
* 우리는 암묵적으로 세상을 우리와 그들로 구분하고, 전자를 선호한다. 그런데 누가 우리이고 그들인가 하는 결정은 불과 몇 초간 접한 무의식적 단서에 의해 쉽게 조작된다.
* 우리는 침팬지가 아니고, 보노보도 아니다. 우리는 전형적인 쌍결합 종도 전형적인 토너먼트 종도 아니다. 여느 동물들은 이 범주를 비롯하여 많은 범주에서 분명하게 한쪽으로 기울지만, 우리는 대체로 그 중간 어디쯤에 위치하도록 진화했다. 그래서 우리는 여느 동물들보다 적응력과 회복력이 훨씬 더 크다. 또한 그래서 우리의 사회적 삶은 훨씬 더 혼란스럽고 어지러우며, 흠과 잘못된 선택으로 가득하다.
* 뇌 속의 작은 인간이란 벌거벗은 임금님일 뿐이다.
* 과거 수십만 년간 지속된 전통적 유랑 수렵채집인의 삶은 오히려

약간 지루한 편이었을 수는 있겠지만 끊임없는 유혈의 역사는 아니었던 게 분명하다. 우리는 또 대부분의 인간이 수렵채집 생활 양식을 버린 이래 오늘날까지 많은 것을 새로 만들어냈다. 그중 가장 흥미롭고 도전적인 발명품은 우리가 낯선 사람들에게 둘러싸여서 익명의 상호작용을 하며 살아가는 사회체제다.

* 어떤 생물학적 체계가 '잘' 작동한다고 말하는 것은 가치중립적 평가다. 우리가 뭔가 근사한 행동을 해낼 때뿐 아니라 끔찍한 행동을 해낼 때도 훈련, 노력, 의지가 필요하다. '옳은 일을 한다'는 것은 늘 맥락 의존적 명제다.
* 우리 최고의 도덕적이고 동정적인 순간들은 문명의 산물이라고 보기에는 그 근원이 훨씬 더 깊다.
* 우리와 다른 종류의 사람들을 하찮고, 징그럽고, 병균을 옮기는 존재로 묘사하는 사람을 의심하라.
* 인간은 사회경제적 지위를 발명함으로써 다른 어떤 위계적 영장류도 달성하지 못한 수준으로 일부 구성원들을 종속시키는 방법을 만들어냈다.
* '나' 대 '우리'의 관계가(즉 자신의 집단 내에서 친사회성을 발휘하는 것이) '우리' 대 '그들'의 관계보다(즉 서로 다른 집단 사이에서 친사회성을 발휘하는 것보다) 더 쉽다.
* 우리가 끔찍하고 파괴적인 행동을 해도 된다고 믿는 사람은 분명 나쁜 존재다. 하지만 세상의 비참은 그런 자들보다는 오히려 끔찍한 행동에 당연히 반대하지만…… 어떤 특수한 상황에서는 예외라고 말하는 사람들이 더 많이 일으킨다. 지옥으로 가는 길은 합리화로 포장되어 있다.
* 오늘날 우리가 행동의 근거로 삼는 확신은 비단 미래 세대뿐 아니라 미래의 우리 자신이 보기에도 터무니없을지 모른다.
* 추상적이고 복잡한 도덕적 추론 능력이나 대단한 감정이입 능력

이 반드시 뭔가 어렵고 용감하고 동정적인 행동을 실제로 행하는 결과로 이어지진 않는다.

* 사람들은 상징적인 성스러운 가치를 위해서 기꺼이 죽고 죽인다. 협상은 그들과의 평화를 가져올 수 있다. 하지만 성스러운 가치가 그들에게 얼마나 중요한지 이해하고 존중하는 것은 평화를 영속시킬 수 있다.
* 우리의 행동은 언뜻 무관해 보이는 자극, 무의식적 정보, 스스로 전혀 알지 못하는 내부적 힘들의 영향을 끊임없이 받는다.
* 우리가 비난하고 처벌하는 최악의 행동은 생물학적 과정의 산물이다. 하지만 같은 이치가 최선의 행동에도 적용된다는 것을 잊어선 안 된다.
* 우리 대부분보다 딱히 더 특별할 것도 없는 사람들이 인간으로서 최선의 순간을 보여주는 대단한 사례들을 만들어냈다.

마지막 두 가지 생각

* 만약 이 책을 단 한 문장으로 요약하라면, '얘기가 복잡하다'가 될 것이다. 어떤 요인이 어떤 현상을 직접 일으키는 일은 없는 듯하고, 대신 모든 요인이 다른 무언가를 조절한다. 과학자들은 자꾸 "과거에는 우리가 X라고 생각했지만, 이제는 새롭게 깨달았으니……"라고 말한다. 언제나 의도하지 않은 영향이 있기 마련이라는 법칙에 따라, 하나를 바로잡으면 종종 열 가지가 더 망가진다. 크고 중요한 문제에서 과학은 늘 연구의 51%는 이렇다고 결론 내리는데 49%는 저렇다고 결론 내리는 듯하다. 이야기하자면 끝이 없다. 그렇다보니 우리가 뭔가를 실제로 고치고 세상을 더 나아지게 만든다는 것은 가망 없는 꿈으로 보일 수도 있다. 하지만 우리에게는 시도 외에 다른 선택지가 없다. 그리고 이 문장을 읽고 있는 당신은 아마 그 일에 가장 알맞은 사람일 것이다. 당신

에게는 아마 수돗물과 집과 충분한 열량의 음식이 있을 것이다. 당신이 심한 기생충병에 시달릴 확률은 아마 낮을 것이다. 당신은 아마 에볼라 바이러스, 군벌, 사회적으로 없는 것이나 다름없는 존재가 되는 괴로움을 걱정할 필요도 없을 것이다. 그리고 당신은 아마 교육을 받았을 것이다. 달리 말해, 당신은 지상의 행운아 중 한 명이다. 그러니 시도하라.

* 마지막으로, 우리는 과학과 연민 중 어느 한쪽만을 선택해야 할 이유가 없다.

감사의 말

우리 시대의 가장 영향력 있는 사상가라고도 할 수 있었던 자연학자 에드워드 O. 윌슨은 인간의 사회적 행동의 진화를 주제로 한 격렬한 논쟁들의 한가운데에 있었다(10장의 내용이다). 우아하고 품위 있는 사람이었던 그는 그 논쟁들과 자신에게 가장 강하게 반대했던 사람들에 대해 이렇게 썼다. "한 치의 아이러니도 없이 말하는데, 나는 뛰어난 적들이라는 축복을 받았다. 나는 그들에게 큰 빚을 졌다. 그들이 내 에너지를 키워주고 나를 새로운 방향으로 이끌었기 때문이다."

이 책에 있어서, 나는 윌슨보다 운이 더 좋은 것 같다. 내게 뛰어난 친구들이라는 축복이 있고, 그들이 너그럽게도 시간을 들여 이 책의 내용을 검토함으로써 엄청난 도움을 주었기 때문이다. 그들은 내가 빠뜨린 것, 실수한 것, 해석이 미흡하거나 지나치거나 잘못된 것을 표시해주었고, 내 지식이 20년쯤 뒤처지거나 한심하게도 아예 틀린 영역이 있으면 요령 있는 방식으로 알려주었다. 이 책은 그 동료들의 친절에 큰 덕을 입었다. 다음 모두에게 깊이 감사한다(그래도 남은 오류가 있다면 모두 내 탓이다).

아라 노렌자얀, 캐나다 브리티시컬럼비아대학교
카르스턴 더드뢰, 네덜란드 레이던대학교/암스테르담대학교
대니얼 웨인버거, 존스홉킨스대학교
데이비드 버래시, 워싱턴대학교
데이비드 무어, 피처대학교 & 클레어몬트대학원
더글러스 프라이, 버밍햄앨라배마대학교
게르트 켐페르만, 독일 드레스덴공과대학교
제임스 그로스, 스탠퍼드대학교
제임스 릴링, 에머리대학교
진 차이, 스탠퍼드대학교
존 크래브, 오리건보건과학대학교
존 조스트, 뉴욕대학교
존 윙필드, 캘리포니아대학교 데이비스 캠퍼스
조슈아 그린, 하버드대학교
케네스 켄들러, 버지니아커먼웰스대학교
로런스 스타인버그, 템플대학교
오언 존스, 밴더빌트대학교
폴 웨일런, 다트머스대학교
랜디 넬슨, 오하이오주립대학교
로버트 세이퍼스, 펜실베이니아대학교
세라 허디, 캘리포니아대학교 데이비스 캠퍼스
스티븐 매닉, 피츠버그대학교
스티븐 콜, 캘리포니아대학교 로스앤젤레스 캠퍼스
수전 피스크, 프린스턴대학교

나는 또 스탠퍼드대학교의 훌륭한 학생들과 교류하는 행운을 누려왔다.

이 책에 직접 기여한 학생도 많다. 학생들은 자료 조사를 돕거나, 특정 주제에 대해 알려주거나, 내가 이 책의 내용을 주제로 몇 차례 연 세미나에 참가해주었다. 그들과 함께 일하고 그들로부터 배우는 것은 멋진 일이었다. 다음 학생들에게 고맙다.

애덤 위드먼, 알렉산더 모건, 앨리 매기언캘다, 앨리스 스퍼진, 앨리슨 워터스, 애나 챈, 애리얼 래스키, 벤 와일러, 베서니 미첼, 빌랄 마흐무드, 할 커밍스, 캐서린 리, 크리스토퍼 슐츠, 데이비 윤, 돈 맥시, 딜런 알레그리아, 엘리나 브리저스, 엘리자베스 레비, 엘렌 에덴버그, 일로라 카마카, 에릭 레너트, 이선 리프카, 펠리시티 그리셤, 가베 벤도르, 진 라우리, 조지 캡스, 헬렌 맥렌든, 헬렌 셴, 제프리 우즈, 조너선 루, 케이틀린 그린, 케이틀린 토말티, 카트리나 후이, 키안 에프테카리, 키어스틴 혼빅, 라라 랭겔, 로런 핀저, 린지 루이, 리사 다이버, 메이시 새뮤얼슨, 모건 프레럿, 닉 홀란, 패트릭 웡, 필라 아바스칼, 로버트 샤퍼, 샘 브레머, 샌디 코리, 스콧 허커비, 숀 브리치, 소니아 싱, 스테이시 니시모토, 톰 맥패든, 비니트 싱걸, 윌 피터슨, 와이엇 홍, 연 추.

이 책이 무사히 완성되도록 막바지 단계에 크나큰 도움을 준 스탠퍼드대학교의 리사 페레이라, 펭귄북스의 크리스토퍼 리처즈, 『뉴요커』의 시어 트래프, 누에바스쿨의 이선 리프카에게 고맙다. 6장의 제목을 떠올려준 케빈 버거에게 고맙다. 출판 및 강연 에이전트이자 내 생각을 들려주고 의견을 나눌 수 있는 상대이자 친구인 카틴카 맷슨과 스티븐 바클레이에게 고맙다. 이 책을 구상하는 기간이 얼마나 길고 어려웠는지 잘 아는 두 사람은 고맙게도 끝까지 나를 지원해주었다. 꿈의 편집자가 되어준 펭귄북스의 스콧 모이어스에게 크나큰 감사를 보낸다. 나를 지지해준 분들 중 여기에서 이름이 빠진 사람이 있다면, 사과한다. 제가 이 글의 마감을 맞추려고 미친듯이 서두르고 있어서 말입니다……

마지막으로, 나를 가장 많이 지원해주고 내가 이 책을 쓰느라 보드게임을 자주 중단해도 참아준 가족에게 가장 큰 감사와 열렬한 사랑을 전한다.

부록 1

신경과학 입문

두 가지 시나리오를 상상해보자. 첫번째.

당신이 사춘기에 접어든 날을 돌이켜보자. 당신은 부모님이나 선생님으로부터 이런저런 일이 벌어지리란 사실을 들어 알고 있었다. 어느 날 이상한 기분을 느끼며 깼더니, 잠옷이 걱정스러울 정도로 더러워져 있다. 당신은 들떠서 부모를 깨우고, 부모님은 눈물을 글썽인다. 부모는 당신을 위해서 기념사진을 찍고, 양을 한 마리 잡고, 당신을 가마에 앉혀서 동네를 돌고, 이웃들은 고대의 언어로 노래를 부른다. 그것은 중요한 사건이었다.

하지만 솔직히 말해보자. 만약 그 내분비학적 변화가 24시간 뒤에 벌어졌다면, 당신의 삶이 크게 달라졌을까?

두번째.

당신이 가게를 나서는데, 느닷없이 사자가 나타나서 당신을 쫓아온다. 당신의 뇌는 스트레스 반응의 일부로서 심박과 혈압을 높이고, 갑자기 미친듯이 일하기 시작한 다리 근육의 혈관을 확장시키고, 감각이 더욱 날카롭게 느껴지도록 만들어서 당면 과제에 집중하게 만든다.

만약 당신의 뇌가 24시간 뒤에 그런 지시를 내렸다면, 상황이 어떻게 되었을까? 당신은 죽은목숨이었을 것이다.

뇌는 그 점에서 특별하다. 사춘기가 오늘이 아니라 내일 오는 것? 뭔 대수야. 어떤 항체가 지금 당장이 아니라 오늘 밤에 만들어지는 것? 치명적인 경우는 드물다. 칼슘이 뼈에 침착되는 과정이 좀 늦어지는 것도 마찬가지다. 하지만 신경계의 작동은 대부분 2장의 제목마따나 '일 초 전'에 벌어져서 당장 영향을 미치는 일이다. 엄청난 속도다.

신경계에서 가장 중요한 것은 대비다. 할말이 있는 상태와 할말이 없는 상태가 모호하지 않게 거의 극단적으로 구별되어, 신호 대 잡음 비가 극대화되는 것이 중요하다. 그리고 이것은 힘들고 값비싼 일이다.*

하나의 뉴런

신경계의 기본 세포는 흔히 '뇌세포'라고도 불리는 뉴런이다. 우리 뇌에서는 100억 개가량의 뉴런들이 서로 소통하며 복잡한 회로를 이루고 있다. 여기에 더해 신경아교세포가 있다. 아교세포는 뉴런들에게 구조적 지지와 단열을 제공하고, 에너지를 저장해주고, 손상 청소를 돕는 등 다양한 잔심부름을 해주는 세포다.

당연히 뉴런/아교세포를 이렇게만 구별하는 것은 틀린 설명이다. 뇌에는 뉴런 하나당 아교세포가 열 개쯤 있고, 아교세포의 종류도 다양하다. 아교세포는 뉴런들의 소통에 큰 영향을 미치며, 자신들끼리도 아교세포망을 형성하여 뉴런들과는 전혀 다른 방식으로 소통한다. 따라서 아교세포는 중요하

* 물론 여러 이유 중 하나지만, 신경계가 손상에 취약한 이유가 이것이다. 어떤 사람이 심정지를 일으켰다고 하자. 심장이 몇 분간 멎었다가 쇼크를 받아 다시 뛰기 시작한다. 그 몇 분간 온몸에서 혈액이, 따라서 산소와 포도당이 결핍된다. 몇 분간의 그 '저산소증 허혈' 상태가 끝난 시점에는 이미 온몸의 모든 세포들이 허약해져 있다. 하지만 이후 며칠에 걸쳐서 죽어가는 것은 다른 세포들보다도 뇌세포(그중에서도 일관된 특정 하위 집합의 뇌세포)가 압도적으로 많다.

다. 하지만 이 입문용 글을 너무 어렵게 만들어서는 곤란하니까, 나는 뉴런 중심적인 설명으로 제한하겠다.

적혈구들

신경계의 특이성은 뉴런이 세포치고 특이하다는 점에서 일부 비롯한다. 세포는 보통 작고 자족적인 개체다. 작고 둥근 적혈구를 떠올려보라.

반면 뉴런은 몹시 비대칭적이고 괴물처럼 길쭉한 세포로, 보통 곳곳에 수많은 돌기가 나 있다.

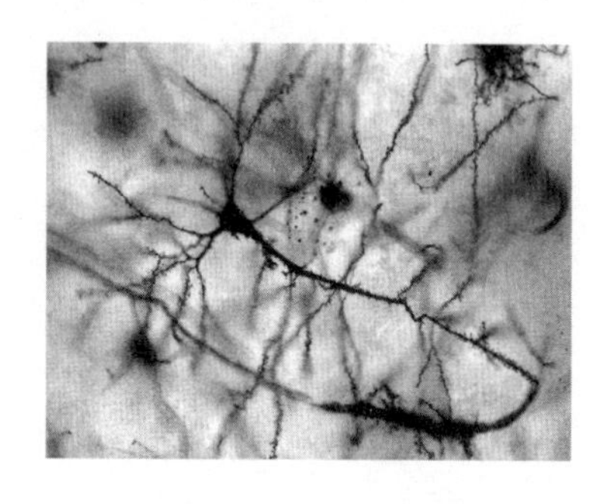

돌기들이 정신이 쏙 빠질 만큼 세분화된 형태일 때도 있다. 20세기 초 신경학의 신적인 존재였던 산티아고 라몬 이 카할이 그린 뉴런 그림을 보자. 이것이 뉴런 하나의 모습이다.

꼭 미친듯이 가지를 뻗은 나무처럼 보이고, 그래서 '가지를 친' 뉴런이라는 용어가 생겨났다.

또한 뉴런은 황당하게 클 때가 많다. 적혈구는 이 문장의 마침표에 해당하는 점 안에 셀 수 없이 많은 수가 들어갈 수 있을 테지만, 뉴런은 그렇지 않다. 가령 척수의 뉴런은 길이가 1미터 가까이 되는 것도 있다. 흰긴수염고래의 척수 뉴런은 길이가 농구장 반만하다.

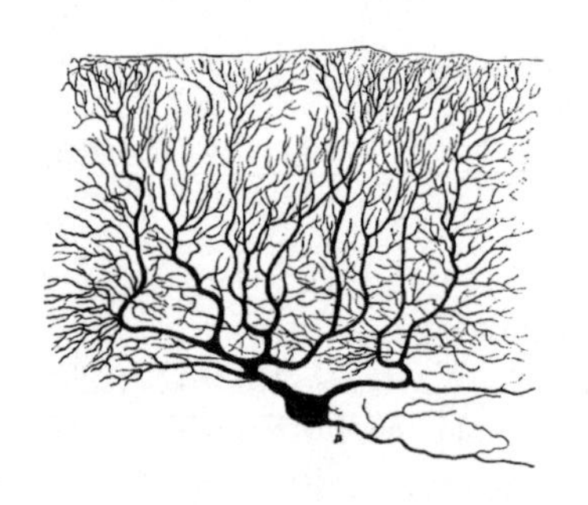

이제 뉴런의 하위 영역들을 살펴보자. 뉴런의 기능을 이해하는 데 중요한 요소다.

뉴런들이 하는 일은 간단히 말해

서 서로 이야기하는 것, 서로 흥분시키는 것이다. 뉴런의 한쪽 끝에는 비유적으로 말해서 '귀'들이 있다. 다른 뉴런으로부터 정보를 받아들이는 역할에 전문화된 돌기들이다. 반대쪽 끝에는 '입'에 해당하는 돌기들이 있다. 옆에 있는 다른 뉴런과 소통하는 역할을 맡는 돌기들이다.

입력에 해당하는 귀를 가리켜 가지돌기라고 부른다. 출력은 축삭이라는 하나의 긴 선에서 시작되고, 그 선은 끝에서 여러 갈래의 축삭말단으로 갈라진다. 이 축삭말단들이 곧 입이다(말이 집이라는 구조도 있지만, 일단 무시하고 넘어가자). 축삭말단들은 그다음 뉴런의 가지돌기들과 접촉한다. 그래서 이 뉴런의 가지돌기 귀들은 앞의 뉴런이 흥분했다는 소식을 전해듣는다. 이 정보는 이 뉴런의 가지돌기에서 세포체로, 축삭으로, 축삭말단으로 이동한 뒤에 또 그다음 뉴런으로 전달된다.

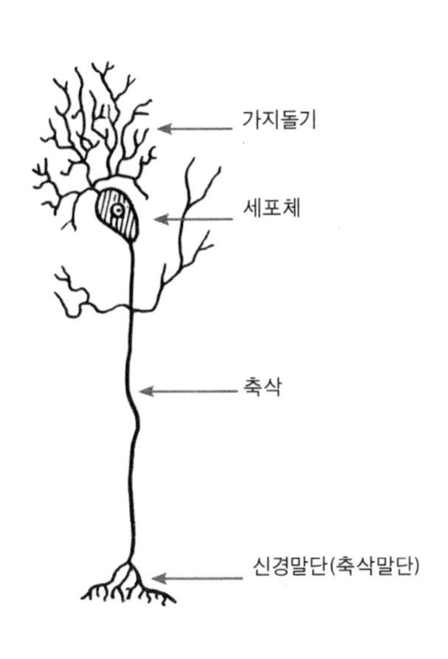

이 정보의 흐름을 화학적으로 대강 해석해보자. 한 뉴런의 가지돌기에서 축삭말단까지 실제로 이동하는 게 무엇일까? 전기적 흥분의 물결이다. 뉴런의 세포막 내부에는 다양한 양전하들과 음전하들이 있다. 세포막 바깥에도 다른 양전하들과 음전하들이 있다. 뉴런의 한 가지돌기 끄트머리가 앞의 뉴런으로부터 흥분 신호를 전달받으면, 그 가지돌기의 세포막에 있는 이온 통로들이 열려서 다양한 이온들이 흘러들고 또 나간다. 그래서 그 가지돌기 끄트머리의 내부는 아까보다 양전하가 더 많은 상태가 된다. 이 전하가 축삭말단까지 퍼지고, 그곳에서 다음 뉴런으로 전달되는 것이다. 화학적 설명은 이만하자.

무지무지하게 중요한 세부적 사실이 두 가지 있다.

휴식전위. 한 뉴런이 앞 뉴런으로부터 강한 흥분성 메시지를 받으면, 그 내부가 세포 밖 주변 공간보다 더 강하게 양으로 하전된다고 했다. 앞에서 했던 비유를 끌어다 표현하자면, 이제 뉴런은 할말이 생겨서 힘껏 소리지르는 중이다. 그런데 뉴런이 할말이 없을 때, 자극받지 않았을 때는 어떤 모습일까? 어쩌면 내부와 외부의 전하량이 동등하여 중성을 띠는 평형 상태가 아닐까?* 절대 아니다! 지라脾臟나 엄지발가락의 세포라면 그래도 괜찮을지 모르겠지만, 뉴런은 아니다. 앞서 강조했듯이, 뉴런에서는 대비가 중요하다. 뉴런은 할말이 없다고 해서 아무런 활동이 없는 수동적 상태로 잦아들지 않는다. 그것은 오히려 능동적 상태다. 능동적이고, 의도적이고, 강력하고, 역동적이고, 노력이 드는 과정이다. "할말이 없어" 상태일 때, 뉴런은 전기적으로 중성을 띠는 게 아니라 내부가 외부에 비해 더 강하게 **음으로** 하전된다.

이보다 더 드라마틱한 대비가 있을까. 할말이 없어=뉴런 내부가 음으로 하전된 상태. 할말이 있어=뉴런 내부가 양으로 하전된 상태. 뉴런은 결코 두 상태를 혼동하지 않는다. 내부가 음으로 하전된 상태는 '휴식전위'라고 불린다. 흥분한 상태는 '활동전위'라고 불린다. 그런데 이처럼 드라마틱한 휴식전위를 생성하는 게 왜 능동적 과정일까? 뉴런이 세포막의 다양한 이온 펌프를 써서 양전하를 일부 밖으로 내보내고 음전하를 안에다 잘 붙잡아두는 활동을 격렬하게 수행해야만 내부가 음으로 하전된 휴식 상태가 유지되기 때문이다. 그러다가 흥분성 신호가 온다. 펌프들은 작동을 멈추고, 이온 통로들이 열려서, 이온들이 쏟아지듯 드나든다. 그리하여 내부가 양으로 하전된 흥분 상태가 만들어진다. 그 흥분의 물결이 지나가면, 통로들은 닫히고 펌프들이 활동을 재개하여 다시 내부가 음으로 하전된 휴식전위를 구축한다. 놀랍게도, 뉴런은 총에너지의 절반 가까이를 이처럼 휴식전위를 생성하는 펌프들에게 쓴다. 할말이 없는 상태와 흥분되는 소식이 있는 상태를 드라마틱

* 화학적으로 말하자면, 세포막 내부와 외부의 하전 이온 분포가 균형을 이루어 안정된 상태다.

하게 대비시키는 것은 값비싼 일인 셈이다.

이제 휴식전위와 활동전위를 배웠으니, 역시 무지무지하게 중요한 다음 세부 사항으로 넘어가자.

활동전위는 사실 그런 것이 아니다. 내가 방금 대충 설명한 상황을 요약하자면 다음과 같다. 하나의 가지돌기가 앞 뉴런으로부터 흥분성 신호를 전달받는다(즉 앞 뉴런에서 활동전위가 생성되었다). 그러면 이 가지돌기에 활동전위가 생성되고, 그 전위가 우선 세포체로, 다음엔 그 너머로, 다음엔 축삭으로, 다음엔 축삭말단들로 퍼진다. 그러고는 이 축삭말단들과 접촉한 그 다음 뉴런으로 신호가 전달된다. 하지만 이 묘사는 사실이 아니다. 현실은 다음과 같다.

자, 뉴런이 할말이 없는 채로 가만히 있다. 달리 말해, 뉴런이 휴식전위를 띠고 있다. 뉴런 내부는 전체적으로 음으로 하전되어 있다. 그런데 가지돌기 중 하나의 끝에서 흥분성 신호가 나타난다. 앞 뉴런에서 건너온 신호다. 그래서 그 가지돌기에 있는 통로들이 열리고, 이온들이 쏟아지듯이 드나든다. 하지만 그 규모는 대단치 않다. 뉴런 전체의 내부가 양으로 하전되도록 바꾸기에는 턱없이 부족하고, 고작해야 해당 가지돌기의 내부에서 아까보다 음전하가 약간 적어지도록 만들 수 있는 정도다(전혀 중요하지 않지만 구체적인 숫자를 들어서 설명하자면, -70mV 정도였던 휴식전위가 -60mV 정도로 바뀐다). 그러고는 이내 통로들이 닫힌다. 내부가 약간 덜 음으로 하전되도록* 만든 이 딸꾹질은 해당 가지돌기의 몸통을 따라 조금 더 위로 퍼진다. 가지돌기 끝에서는 이미 펌프들이 활동을 재개하여, 이온들을 원래 자리로 돌려보낸다. 자, 이처럼 가지돌기 끝에서는 이 딸꾹질로 인해 전위가 -70mV에서 -60mV로 바뀌었다지만, 그보다 약간 더 위쪽으로 딸꾹질이 전달되었을 때는 전위가 -70mV에서 -65mV로 바뀌는 수준으로 강도가 약해지고, 그보다 더 위쪽으로 전달되었을 때는 -70mV에서 -69mV으로 바뀌는 수준

* 전문용어로는 약간의 '탈분극'이다.

으로 약해진다. 달리 말해, 흥분성 신호가 흩어져버린다. 우리가 아주 잔잔하고 고요한 호수에, 그러니까 휴식 상태의 호수에 조약돌 하나를 퐁당 던져 넣는다고 하자. 조약돌이 입수한 지점에 물결이 약간 일렁일 테고, 물결이 바깥으로 퍼져나가겠지만, 점점 강도가 약해지다가 결국에는 조약돌이 입수한 지점으로부터 썩 멀지 않은 곳에서 흩어져버릴 것이다. 이 흥분성 물결은 수 킬로미터 떨어진 곳에는, 즉 호수의 축삭말단에 해당하는 곳에는 아주 미미한 영향조차 미치지 못할 것이다.

달리 말해, 하나의 가지돌기가 흥분하는 것만으로는 그 물결이 축삭말단을 거쳐서 다음 뉴런으로 전달될 만큼 강하지 않다. 그러면 메시지는 어떻게 전달되는 것일까? 818쪽에 실렸던 카할의 멋진 뉴런 그림을 다시 보자.

무수한 갈래로 나뉜 가지돌기들은 각자 그 끄트머리가 무수한 갈래로 나뉘어 있다(흔히 쓰는 용어로는 '무수히 많은 가지돌기 가시가 나 있다'라고 말한다). 그리고 만약 신호가 뉴런의 한 가지돌기 끝에서 축삭 끝까지 전달될 만큼 흥분이 강하게 일어나려면, 자극이 더해져야 한다. 한 가지돌기 가시가 반복적으로 자극받을 수도 있고, 그보다 더 흔한 경우인데, 여러 개의 가지돌기 가시가 동시에 자극받을 수도 있다. 잔물결이 아니라 큰 물결을 일으키려면 조약돌을 아주 많이 던져야 하는 것이다.

한편 축삭의 기저부, 즉 세포체와 이어진 쪽에는 특수한 구조가 있다('축삭둔덕'이라고 불린다). 만약 가지돌기가 받은 입력들을 다 합한 값이 축삭둔덕의 휴식전위를 -70mV에서 -40mV로 바꿀 만큼 큰 물결을 일으킨다면, 문턱값을 넘기는 셈이다. 그러면 당장 난리법석이 벌어진다. 축삭둔덕의 세포막에 있는 다른 종류의 이온 통로들이 열리고, 이온들이 다량 쏟아지듯이 드나들어서, 결국 내부가 양으로 하전된다(약 30mV의 전위가 형성된다). 이것이 바로 활동전위다. 그러면 축삭을 따라 조금 더 나아간 지점의 세포막에서 같은 통로들이 열려서 그곳에서 활동전위가 형성되고, 그다음에는 좀 더 나아간 지점에서, 또 좀더 나아간 지점에서 같은 일이 반복되어, 결국 축삭말단까지 활동전위가 이어진다.

정보의 관점으로 볼 때, 뉴런에게는 서로 다른 두 종류의 신호 체계가 있다. 가지돌기 가시에서 축삭둔덕 시작점까지 전달되는 신호는 아날로그식이라, 거리가 멀어지고 시간이 흐르면 신호가 흩어진다. 한편 축삭둔덕에서 축삭말단까지 전달되는 신호는 디지털식이라, 신호가 있거나 없거나 둘 중 하나의 상태가 축삭의 끝에서 끝까지 똑같이 재생된다.

자, 여기에 가상의 숫자들을 부여해보자. 뉴런 하나에 평균적으로 가지돌기 가시가 100개쯤 있고, 축삭말단도 100개쯤 있다고 가정하자. 뉴런의 아날로그/디지털 속성을 염두에 둘 때, 여기서는 어떤 일이 벌어질까?

가끔은 상황이 전혀 흥미롭지 않다. 뉴런 A가 있다고 하자. 앞의 가정에 따라, 이 뉴런에게도 축삭말단이 100개 있다. 이 축삭말단들은 이웃한 뉴런 B의 가지돌기 가시들과 하나씩 접촉하고 있다. 뉴런 A에 활동전위가 형성되었다고 하자. 활동전위는 100개의 축삭말단 전체에 퍼지고, 그래서 뉴런 B의 가지돌기 가시 100개가 모두 자극받는다. 뉴런 B가 축삭둔덕의 문턱값을 넘겨서 활동전위를 형성하려면, 가지돌기 가시들 중 50개가 거의 동시에 흥분해야 한다고 가정하자. 그렇다면, 가지돌기 가시 100개가 모두 발화하는 상황에서는 뉴런 B가 반드시 활동전위를 얻는다.

이제 다르게 상상해보자. 뉴런 A가 축삭말단들 중 절반은 뉴런 B에게, 나머지 절반은 뉴런 C에게 투사한다고 하자. 뉴런 A가 활동전위를 일으켰다. 그러면 뉴런 B와 뉴런 C도 반드시 활동전위를 얻을까? 그렇다. 두 뉴런의 축삭둔덕이 활동전위를 형성하기 위한 문턱값인 가지돌기 조약돌 50개의 동시 신호를 얻기 때문이다.

또 다르게 상상해보자. 뉴런 A가 제 축삭말단들을 뉴런 B에서 K까지 열 개의 뉴런들에게 공평하게 나눠서 분배한다고 하자. 뉴런 A가 활동전위를 일으키면, 그 신호를 받는 열 개의 뉴런도 활동전위를 일으킬까? 아니다. 예의 비유를 들어서 설명하자면, 각 뉴런에게 주어진 가지돌기 조약돌 10개의 신호는 조약돌 50개라는 문턱값에 한참 못 미친다.

그러면 뉴런 A로부터 흥분성 신호를 받는 가지돌기 가시가 열 개뿐인 뉴

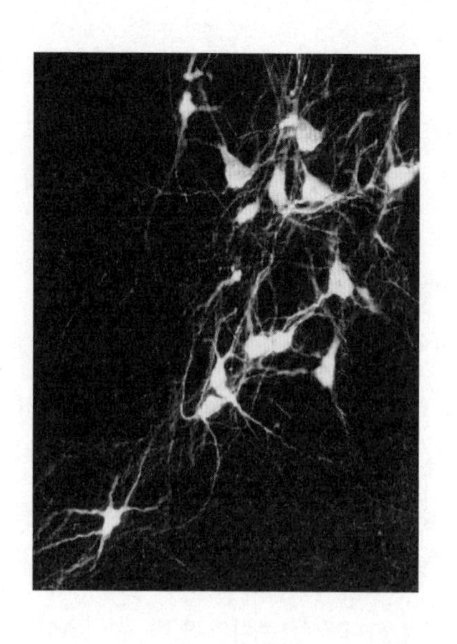

런, 이를테면 뉴런 K가 활동전위를 일으키려면 어떤 조건이 더 있어야 할까? 잠깐, 이 뉴런의 나머지 가지돌기 가시 90개는 뭘 하고 있을까? 그것들은 다른 뉴런들로부터 입력 신호를 받고 있다. 가령 아홉 개의 다른 뉴런들로부터 각 열 개씩 신호를 받는다고 하자. 이런 뉴런은 언제 활동전위를 일으킬까? 이 뉴런에게로 투사하는 다른 뉴런들 중 최소한 절반 이상이 활동전위를 일으킬 때다. 달리 말해, 모든 뉴런은 자신에게로 투사하는 다른 뉴런들이 보내온 입력을 전부 다 합해서 계산한다. 여기서 다음 규칙이 나온다. **뉴런 A가 투사하는 뉴런의 수가 많을수록 뉴런 A가 더 많은 뉴런에게 영향을 미칠 수 있다. 하지만 투사하는 뉴런의 수가 많을수록 각 뉴런에게 미치는 영향력은 평균적으로 작아진다.** 교환 관계가 성립하는 것이다.

척수에서는 보통 한 뉴런이 그다음 뉴런으로 모든 축삭말단을 고스란히 투사하기 때문에, 이 규칙이 문제가 되지 않는다. 하지만 뇌에서는 한 뉴런이 다른 수많은 뉴런들에게 축삭말단을 퍼뜨리고, 다른 수많은 뉴런들로부터 입력을 받은 뒤, 그 입력을 다 더한 값이 활동전위 생성에 필요한 문턱값을 넘어서는지를 축삭둔덕에서 계산한다. 뇌의 신경망은 무수히 발산하고 수렴하는 신호들의 망이다.

이제 입이 쩍 벌어질 정도로 어마어마한 실제 숫자를 적용해보자. 인간의 평균적인 뉴런 하나에는 약 1만 개의 가지돌기 가시가 있고, 축삭말단도 1만 개쯤 있다. 여기에 뉴런의 개수 1000억 개를 곱해보자. 왜 콩팥이 아니라 뇌가 시를 쓰는지 알 수 있다.

마지막으로, 빠뜨리면 아쉬운 사실을 몇 가지 살펴보자. 뉴런은 활동전위가 끝났을 때 '할말 없음/할말 있음'의 대비를 더 강화하기 위한 수단을 추가로 갖고 있다. 활동전위를 무진장 빠르고 드라마틱하게 끝내버리는 그 두 가지 수단은 '지연성 전류'와 '과분극 불응기'라는 현상이다. 앞에서 뉴런의 구조를 설명할 때 빠뜨렸던 세부사항도 있다. 신경아교세포의 한 종류가 축삭을 감싸서 '말이집(미엘린 수초)'이라고 불리는 단열층을 형성하는 경우가 있는데, 이 말이집이 있는 축삭에서는 활동전위가 더 빠르게 이동한다.

그리고 앞으로 더 중요하게 여겨질 사실을 하나 덧붙이자면, 축삭둔덕의 문턱값은 시간에 따라 바뀔 수 있다. 따라서 뉴런의 흥분성도 바뀔 수 있다. 무엇이 문턱값을 바꿀까? 호르몬, 영양 상태, 경험, 그 밖에도 우리가 이 책에서 내내 살펴보았던 많은 요인들이다.

자, 우리는 한 뉴런의 한쪽 끝에서 반대쪽 끝까지 가본 셈이다. 그러면 이제 활동전위를 일으킨 뉴런이 그 흥분 상태를 다음 뉴런으로 전달하는 과정을 알아보자.

두 뉴런: 시냅스 소통

뉴런 A의 축삭둔덕에서 활동전위가 일어나서, 1만 개의 축삭말단 모두에게로 퍼졌다. 이 흥분 상태는 어떻게 다음 뉴런(들)으로 전달될까?

세포융합체주의자들의 패배

19세기의 평범한 신경과학자에게는 대답이 간단했다. 그들은 이렇게 설명했을 것이다. 태아의 뇌에 있는 수많은 뉴런들은 각자 천천히 가지돌기와 축삭을 길러낸다. 그러다 결국 한 뉴런의 축삭말단이 옆 뉴런의 가지돌기 가시에 가닿고, 그러면 두 돌기가 융합하여, 두 뉴런이 하나로 이어진 세포막을 갖게 된다. 태아 때 따로따로 떨어져 있던 뉴런들이 그렇게 이어지면서, 성숙한 뇌는 엄청나게 복잡하게 이어진 하나의 초超뉴런이 된다. 그것을 '세포융합체'라고 부른다. 따라서 한 뉴런의 흥분은 옆 뉴런으로 쉽게 흘러간다. 애초에 뉴런들은 완벽한 별개의 세포들이 아니니까.

19세기 말, 이와 대비되는 시각이 등장했다. 모든 뉴런은 언제나 독립된 개체이고, 한 뉴런의 축삭말단이 다음 뉴런의 가지돌기 가시에 직접 접촉하는 건 아니라는 시각이다. 대신 그 사이에는 좁은 틈이 있다. 이런 관점을 '뉴런주의'라고 부른다.

세포융합체 가설을 고수하는 사람들은 뉴런주의가 멍청하다고 생각했다. 그들은 이단자들에게 이렇게 요구했다. "축삭말단과 가지돌기 가시에 있는 틈이란 걸 보여주시죠. 그리고 뉴런에서 뉴런으로 흥분이 어떻게 건너뛰는지도 알려주시고."

그러던 1873년, 이탈리아 신경과학자 카밀로 골지가 뇌 조직을 새로운 방식으로 염색하는 기술을 발명하면서 의문이 모두 풀렸다. 앞서 소개한 카할이 이 '골지 염색법'을 써서 각 뉴런의 모든 가지돌기와 축삭말단에서 갈라져 나온 모든 가지들과 잔가지들과 더 잔가지들을 물들여보았다. 그 결과, 염색이 뉴런에서 뉴런으로는 퍼지지 않았다. 뉴런들은 서로 이어지고 융합되어 하나의 초뉴런을 이룬 게 아니었다. 뉴런 하나하나가 개별적 세포였다. 뉴런주의자들이 세포융합체주의자들을 무릎 꿇렸다.*

---

* 아이러니한 주석: 카할은 뉴런주의의 주된 주창자였다. 그러면 세포융합체주의를 옹호한 주된 인물은? 골지였다. 골지는 자신이 발명한 기법 때문에 자신이 틀렸다는 걸 알게 된 것이다. 골지는 1906년 노벨상을 받으러 스톡홀름으로 갈 때 내내 부루퉁했던 모양이다. 왜냐하면 그

사건 해결 만세! 정말로 축삭말단과 가지돌기 가시 사이에는 더없이 미세한 틈이 있다. 그 틈을 '시냅스(연접)'라고 부른다(과학자들이 시냅스를 직접 눈으로 봄으로써 세포융합체주의의 관에 최후의 못을 박아넣은 것은 1950년대에 전자현미경이 발명된 다음이었다). 하지만 그렇다면 어떻게 흥분이 시냅스를 건너뛰어 뉴런에서 뉴런으로 전파되는가 하는 의문은 여전히 남았다.

신경과학이 20세기 중반을 바쳐서 알아낸 그 답은 전기적 흥분이 시냅스를 건너뛰는 게 아니라는 것이었다. 대신 그것은 다른 종류의 신호로 번역되어서 시냅스를 건넌다.

신경전달물질

모든 축삭말단 내부에는 소낭이라고 불리는 작은 풍선 같은 것들이 세포막에 붙어 있고, 그 속에는 화학적 메신저 분자들이 가득 들어 있다. 이 뉴런의 축삭둔덕으로부터 한참 먼 곳에서 시작된 활동전위가 다가온다고 하자. 활동전위가 축삭말단을 덮치면, 소낭들이 터지면서 화학적 메신저들이 시냅스로 방출된다. 메신저들은 시냅스를 헤엄쳐서 건너편에 있는 가지돌기 가시에 도달하고, 그럼으로써 그 뉴런을 자극한다. 이런 화학적 메신저를 신경전달물질이라고 부른다.

시냅스의 '시냅스 이전' 부분에서 방출된 신경전달물질이 어떻게 '시냅스 이후' 부분의 가지돌기 가시에서 흥분을 일으킬까? 가지돌기 가시의 세포막에는 신경전달물질을 받아들이는 수용체가 있다. 자, 생물학에서 가장 유명한 클리셰 중 하나를 이 대목에서 만나보자. 신경전달물질 분자의 형태는 특이하다(그 분자들끼리는 형태가 같다). 그런데 수용체에는 이 신경전달물질의 형태와 완벽하게 보완적인 모양의 주머니 같은 게 있다. 신경전달물질

상을 카할과 공동 수상해야 했으니까. 두 사람은 서로 싫어했고, 말 한마디 나누지 않았다. 노벨상 수락 연설에서 카할은 일껏 예의를 짜내어 골지를 칭찬했지만, 골지는 카할과 뉴런주의를 공격했다. 머저리.

은—이제 클리셰가 나온다—마치 자물쇠에 꼭 들어맞는 열쇠처럼 수용체에 가서 들어맞는다. 이 신경전달물질 분자 외의 다른 분자는 이 수용체에 잘 들어맞지 않고, 이 신경전달물질 분자가 다른 종류의 수용체에 가서는 또 잘 들어맞지 않는다. 신경전달물질이 수용체와 결합하면, 그 가지돌기 가시에 있는 이온 통로들이 열리면서 그곳에서 전기적 흥분의 물결이 개시된다.

신경전달물질은 이 방법으로 '시냅스 통과' 소통을 매개한다. 여기에 한 가지 덧붙일 사항이 있다. 신경전달물질 분자가 수용체와 결합한 뒤에는 어떻게 될까? 그것들이 영원히 결합한 채로 있지는 않는다. 기억하겠지만, 활동전위는 불과 몇 밀리초 동안 벌어지고 마는 현상이다. 그다음에 신경전달물질은 수용체에서 떨어져나오는데, 그러면 이때 이 신경전달물질을 쓸어내어 치울 방법이 있어야 한다. 실제로는 두 가지 방법이 있다. 첫째, 환경을 생각하는 시냅스라면 축삭말단 세포막에 '재흡수 펌프'를 갖고 있다. 이 펌프가 신경전달물질을 흡수하여 재활용한다. 다시 소낭에 집어넣어서 언젠가 다시 방출되도록 만드는 것이다.* 두번째 방법은 시냅스에 있는 효소가 신경전달물질을 분해한 뒤, 찌꺼기를 바다로 흘려보내는 것이다(정확히 말하자면 세포 밖으로 내보냈다가, 그곳에서 다시 뇌척수액으로, 혈류로, 결국 방광으로 보낸다).

이 청소 단계는 대단히 중요하다. 우리가 어떤 시냅스에서 신호를 전달하는 신경전달물질의 양을 늘리고 싶다고 하자. 앞에서 이야기했던 것처럼 흥분의 정도로 설명해도 좋겠다. 우리가 어떤 시냅스에서 흥분이 전달되는 정도를 높이고 싶다고 하자. 이것은 시냅스 이전 뉴런의 활동전위가 시냅스 이후 뉴런에게 더 강한 힘을 발휘하도록 만들고 싶다는 뜻이고, 두번째 뉴런에서 활동전위가 일어날 확률을 높이고 싶다는 뜻이기도 하다. 일단, 신경전달물질 방출량을 늘리는 방법이 있다. 이것은 시냅스 이전 뉴런이 더 크게 외치는 셈이다. 아니면 가지돌기 가시의 수용체 개수를 늘려도 된다. 이것은 시

---

* 여기에도 자물쇠에 맞는 열쇠 비유가 적용된다. 재흡수 펌프는 신경전달물질의 형태에 상보적인 형태를 띤 덕분에 정확히 그 신경전달물질만을 붙잡아서 축삭말단으로 도로 끌어들인다.

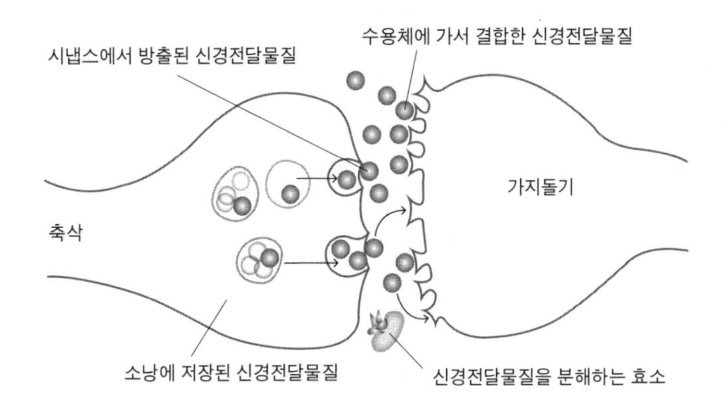

냅스 이후 뉴런이 더 집중해서 듣는 셈이다.

하지만 전혀 다른 방법도 있다. 재흡수 펌프의 활동을 억제하면 된다. 그러면 시냅스에서 신경전달물질이 덜 제거될 테고, 신경전달물질이 시냅스에 더 오래 남아 있으면서 반복적으로 수용체와 결합하여 신호를 증폭시킬 것이다. 아니면 분해 효소의 활동을 억제해도 개념적으로 같은 결과를 얻을 수 있다. 그러면 신경전달물질이 덜 분해될 테고, 시냅스에 더 오래 남아 있으면서 신호 강화 효과를 낼 것이다. 앞에서 보았듯이, 우리가 이 책에서 살펴보는 인간 행동들의 개인차를 설명하도록 해준 흥미로운 발견들 중 일부는 바로 이 신경전달물질의 생성량과 방출량, 수용체나 재흡수 펌프나 분해 효소의 양과 기능에 관련된 내용이었다.

신경전달물질의 종류

그러면, 1000억 개 뉴런들의 축삭말단에서 활동전위에 의해 분비되는 신경전달물질이란 정확히 어떤 물질일까? 여기서 이야기가 약간 복잡해진다. 신경전달물질은 여러 종류가 있기 때문이다.

왜 여러 종류일까? 시냅스에서 벌어지는 일은 늘 같지 않은가? 신경전달물질이 마치 열쇠와 자물쇠처럼 수용체에 가서 결합하고, 그러면 다양한 이

온 통로들이 열리고, 그러면 이온들이 쏟아지듯이 드나들고, 그래서 가지돌기 가시 내부의 음전하가 적어지는 것이 모든 시냅스에서 공통되는 현상 아닌가.

첫번째 이유는 신경전달물질들이 탈분극시키는 정도가 저마다 다르고—달리 말해, 어떤 신경전달물질은 다른 신경전달물질보다 흥분 효과가 더 크다—그 지속 시간도 다르다는 데 있다. 이 덕분에 뉴런에서 뉴런으로 전달되는 정보가 훨씬 더 복잡해질 수 있다.

그리고 우리에게 선택의 폭을 두 배로 넓혀주는 사실도 있다. 일부 신경전달물질은 탈분극시키지 않는다는 것, 즉 다음 뉴런이 활동전위를 일으킬 확률을 높이지 않는다는 것이다. 이런 신경전달물질은 대신 정반대로 가지돌기 가시를 '과분극'시켜서 다른 종류의 이온 통로들이 열리게 만들고, 그러면 가지돌기 가시 내부가 오히려 더 강하게 음으로 하전된다(가령 -70mV가 -80mV로 바뀐다). 요컨대 **억제성** 신경전달물질이라는 것도 있다. 상황이 얼마나 더 복잡해지는지 알겠는가? 뉴런은 다른 수많은 뉴런들이 보내온 신호를 1만 개의 가지돌기 가시로 받아들인 뒤에 축삭둔덕에서 통합하는데, 그중에는 다양한 강도의 흥분성 신호들뿐 아니라 억제성 신호들도 있는 것이다.

이처럼 신경전달물질에는 다양한 종류가 있고, 각각은 그 형태와 들어맞는 모양으로 생긴 수용체의 결합 지점에 가서 붙는다. 그런데 하나의 축삭말단에도 여러 종류의 신경전달물질이 담겨 있을까? 만약 그렇다면, 활동전위가 일어났을 때 여러 종류의 신호가 동시에 방출될 것이다. 이 대목에서 알아야 할 것이 '데일의 원리'다. 이것은 이 분야의 손꼽히는 대가였던 헨리 데일이 1930년대에 제안한 규칙으로, 이 규칙이 참이라는 사실은 모든 신경과학자들의 평안을 지켜주는 핵심 요소다. 내용은 간단하다. 어떤 뉴런이 활동전위를 일으키면, 모든 축삭말단들에서 같은 종류의 신경전달물질이 방출된다는 것이다. 따라서 뉴런들의 신경화학적 특징은 뉴런마다 독특한 양상일 것이다. "아, 저 뉴런은 신경전달물질 A를 방출하는 타입이네. 그건 곧 저 뉴런이 말을 거는 뉴런들의 가지돌기 가시에는 신경전달물질 A 수용체가 있다는 뜻이지."*

과학자들은 지금까지 수십 종류의 신경전달물질을 확인했다. 그중에서 유명한 것을 꼽자면 세로토닌, 노르에피네프린, 도파민, 아세틸콜린, 글루탐산염(뇌에서 흥분성이 가장 큰 신경전달물질), GABA(억제성이 가장 큰 신경전달물질) 등이다. 이 대목에서 의대생들은 각 신경전달물질의 합성 과정에 등장하는 복잡한 분자 이름들을 외우느라 고통받게 된다. 어떤 신경전달물질의 전구물질, 전구물질이 최종 형태로 변환되기 전에 거쳐야 하는 중간 형태들, 이 합성 과정에서 촉매 역할을 하는 다양한 효소들의 길고 머리 아픈 이름들…… 하지만 그 속에는 사실 깔끔하고 단순한 규칙들이 있고, 그 규칙들의 핵심은 세 가지로 요약된다.

a. 당신이 만약 사자를 피해서 목숨 살려라 도망치는 중이라면, 당신의 근육들에게 빨리 달리라고 지시하는 뉴런이 마침 신경전달물질이 똑 떨어지는 바람에 먹통이 되기를 바라진 않을 것이다. 따라서 신경전달물질은 양이 풍성한 전구물질로부터 만들어진다. 전구물질은 우리가 음식물에서 얻는 단순한 분자일 때가 많다. 일례로, 세로토닌과 도파민은 각각 우리가 음식물에서 얻는 아미노산인 트립토판과 티로신에서 만들어진다. 아세틸콜린 역시 우리가 음식물에서 얻는 비타민 콜린과 인지질 레시틴에서 만들어진다.
b. 하나의 뉴런은 1초에 활동전위를 수십 번 일으킬 잠재력이 있다. 매번 뉴런은 소낭에 신경전달물질을 다시 채우고, 채운 신경전달물질을 방출하고, 방출한 신경전달물질을 청소해야 한다.

* 만약 어떤 뉴런이 총 1만 개의 가지돌기 가시 중 5000개는 신경전달물질 A를 방출하는 뉴런으로부터 신호를 받고 나머지 5000개는 신경전달물질 B를 방출하는 뉴런으로부터 신호를 받는다면, 두 가지돌기 가시 집단이 서로 다른 수용체를 발현시킨다는 뜻이 된다.

그 점을 감안한다면, 신경전달물질이 크고 복잡하고 화려하여 여러 세대의 석공들이 대대로 조각해야만 하는 분자여서는 곤란하다. 모든 신경전달물질은 대신 전구물질로부터 겨우 몇 단계만 거치면 되는 과정으로 만들어진다. 신경전달물질은 싸고 만들기 쉬운 분자들이다. 일례로, 티로신에서 도파민이 합성되는 과정은 단 두 단계로 이뤄진다.

c. 신경전달물질 합성이 싸고 쉽다는 패턴을 보충하는 사실로서, 하나의 전구물질로부터 여러 종류의 신경전달물질이 생성되는 경우도 있다. 가령 도파민을 신경전달물질로 쓰는 뉴런에는 도파민 합성의 두 단계에 필요한 두 효소가 담겨 있는데, 노르에피네프린을 신경전달물질로 방출하는 뉴런에는 그렇게 만든 도파민을 노르에피네프린으로 변환시키는 데 필요한 효소가 하나 더 담겨 있다.

싸게, 싸게, 싸게. 이것은 타당한 일이다. 세상에 시냅스를 건너가서 제 할 일을 마친 신경전달물질처럼 삽시간에 쓸모없는 물질이 되는 건 또 없다. 어제자 신문은 오늘 배변 훈련중인 강아지에게나 쓸모있는 법이다.

신경약리학

신경전달물질을 알게 됨으로써, 과학자들은 다양한 '신경활성' 및 '향정신성' 효과를 지닌 마약과 의약품의 작동 방식을 이해할 수 있게 되었다.

이런 약물들은 넓게 두 범주로 나뉜다. 특정 종류의 시냅스에서 신호를 증폭시키는 약물과 줄이는 약물이다. 신호를 증폭시키는 방법은 앞에서 이미 몇 가지를 이야기했다. ⓐ신경전달물질이 더 많이 합성되도록 자극하는 방법(가령 신경전달물질의 전구물질을 주입하거나, 신경전달물질 합성을 담당하는 효소의 활성을 약으로 높이는 방법이다). 일례로 파킨슨병은 특정 뇌 영역에서 도파민이 상실되는 현상을 수반하는데, 여기에 대한 정석적 치료법은 도파민의 직접적 전구물질인 L-DOPA를 약으로 주입하여 도파민 농도를 높이는 것이다. ⓑ합성으로 만든 신경전달물질 분자, 혹은 수용체가 속을 만큼 해당 신경전달물질과 구조가 비슷하게 생긴 분자를 주입하는 방법. 일례로, 실로시빈은 세로토닌과 구조가 비슷하여 세로토닌 수용체 중 한 종류를 활성화할 줄 안다. ⓒ시냅스 이후 뉴런이 수용체를 더 많이 만들도록 자극하는 방법. 이론은 간단하지만, 실행은 어렵다. ⓓ분해 효소의 활동을 억제함으로써 신경전달물질이 시냅스에 더 많이 남아 있도록 만드는 방법. ⓔ신경전달물질 재흡수를 억제함으로써 신경전달물질이 시냅스에서 더 오래 효과를 발휘하도록 만드는 방법. 현대의 대표적 항우울제인 프로작이 세로토닌 시냅스에서 이렇게 작동한다. 프로작을 '선택적 세로토닌 재흡수 억제제SRRI'라고 부르는 게 이 때문이다.

시냅스에서 전달되는 신호를 줄이는 데 쓰이는 약물도 많이 있다. 그런 약물의 기본 메커니즘을 여러분도 충분히 추측할 수 있을 것이다. 신경전달물질의 합성을 막는 방법, 신경전달물질의 방출을 막는 방법, 신경전달물질이 수용체에 접근하지 못하도록 막는 방법, 기타 등등이 있다. 재미난 사례. 아세틸콜린은 가로막이 수축하도록 자극하는데, 아마존 부족들이 화살촉에 묻혀서 쓰는 독인 큐라레는 이 아세틸콜린 수용체를 차단해버린다. 그러면 사람은 숨을 쉬지 못하게 된다.

마지막으로 우리에게 아주 중요한 사실이 하나 더 있다. 축삭둔덕의 문턱값이 시간이 흐르면 경험에 의해 바뀔 수 있다고 했듯이, 신경전달물질과 관련된 신경생물학적 과정들의 거의 모든 측면도 경험에 의해 바뀔 수 있다.

뉴런 셋 이상을 함께 보기

장하게도 이제 우리는 자그마치 뉴런 세 개를 함께 생각하는 단계에 다다랐다. 몇 쪽 더 지나면 심지어 넷 이상을 함께 생각하게 될 것이다. 이번 글의 목적은 뉴런들로 구성된 회로가 어떻게 작동하는지 알아보는 것인데, 이것은 뇌의 여러 영역들이 최선의 행동 및 최악의 행동과 어떤 관계를 맺고 있는지 본격적으로 알아보기 전에 거쳐야 할 단계다. 따라서 내가 여기에 소개한 사례들은 이 수준에서 뇌의 작동 방식을 맛보기로 보여주는 것들일 뿐이다.

신경조절

다음 그림을 보자.

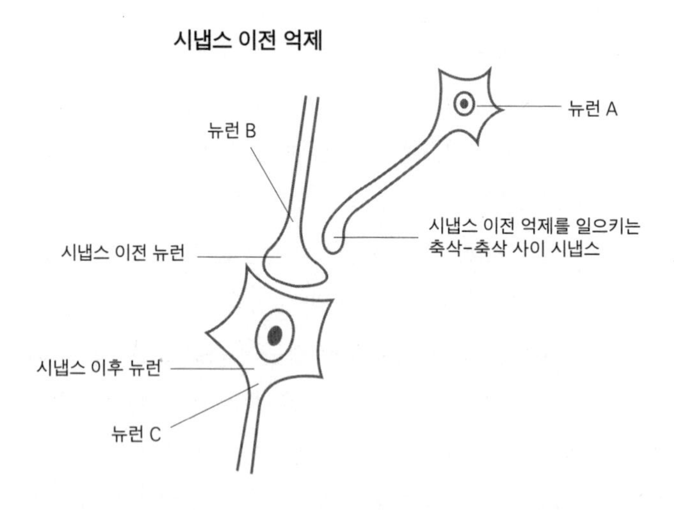

뉴런 B의 축삭말단이 시냅스 이후 뉴런(뉴런 C라고 부르자)의 가지돌기 가시와 시냅스를 이루어, 흥분성 신경전달물질을 방출한다. 여기까지는 별다를 게 없다. 한편 뉴런 A는 뉴런 B에게 축삭말단을 투사한다. 그런데 정상적인 지점인 가지돌기 가시로 투사하는 게 아니라, 뉴런 B의 축삭말단과 축삭말단끼리 시냅스를 이룬다.

이게 무슨 상황일까? 뉴런 A는 억제성 신경전달물질인 GABA를 방출하고, 이 신경전달물질은 '축삭-축삭 사이' 시냅스를 가로질러서 뉴런 B의 축삭말단에 있는 해당 수용체와 결합한다. 이 억제 효과는(가령 -70mV의 휴식전위를 더 큰 음수로 만드는 효과다) 뉴런 B의 축삭을 달려온 활동전위를 훅 꺼뜨려버린다. 활동전위가 축삭말단 끝까지 도달하여 신경전달물질을 방출하는 걸 가로막는 것이다. 업계 용어로 말하자면, 뉴런 A는 뉴런 B에 신경조절 효과를 낸다.

시간적·공간적으로 신호를 더 선명하게 만들기

이제 다른 종류의 회로를 보자. 편의상 더 간단한 방식으로 뉴런들을 표시했다. 그림을 보면, 뉴런 A는 모든 축삭말단을 뉴런 B에게 투사하여 + 부호로 표시된 흥분성 신경전달물질을 방출한다. 뉴런 B의 동그라미는 세포체와 가지돌기 가시들을 다 합한 것을 뜻한다.

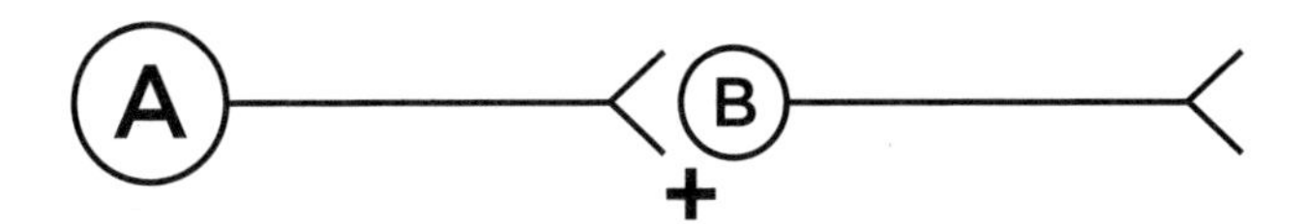

다음 회로를 보자. 뉴런 A가 뉴런 B를 자극한다. 추가로 뉴런 C도 자극한다. 뉴런 A가 축삭말단을 두 세포로 나눠 투사함으로써 둘 다 흥분시키는 것이니까, 여기까지는 별다를 게 없다. 그런데 뉴런 C는 뭘 할까? 뉴런 A로 억제성 신호를 보내어, 음성 되먹임(피드백) 고리를 형성한다. 앞에서 뉴런은 대비를 사랑하기 때문에 할말이 있을 때는 열렬히 소리지르고, 아닐 때는 열렬히 조용해진다고 말했다. 지금도 좀더 고차원이긴 하지만 같은 상황

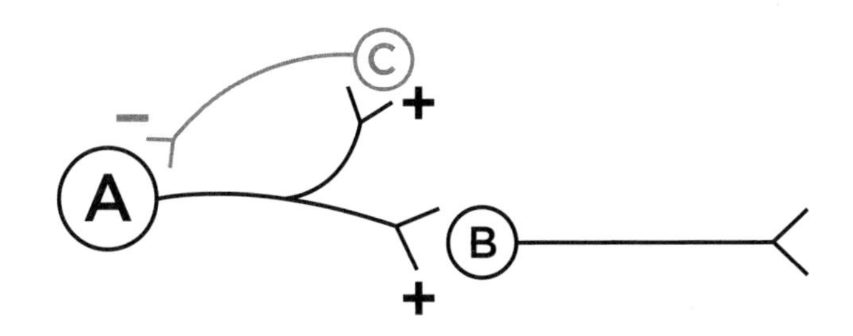

이다. 뉴런 A가 활동전위를 잇달아 발화한다. 그러다가 이제 할말이 끝났다는 사실을 열렬하게 알리는 방법으로서 되먹임 고리를 통해 입을 딱 다무는 것보다 더 나은 방법이 있을까? 이것은 시간적으로 신호를 선명화하는 수단이다.* 그리고 뉴런 A가 축삭말단 1만 개 중 몇 개를 뉴런 B 대신 C로 보내는가에 따라 이 부정적 되먹임 신호의 강도를 '결정'할 수도 있다는 점을 눈여겨보자.

시간적 신호 선명화를 다른 방식으로 달성할 수도 있다.

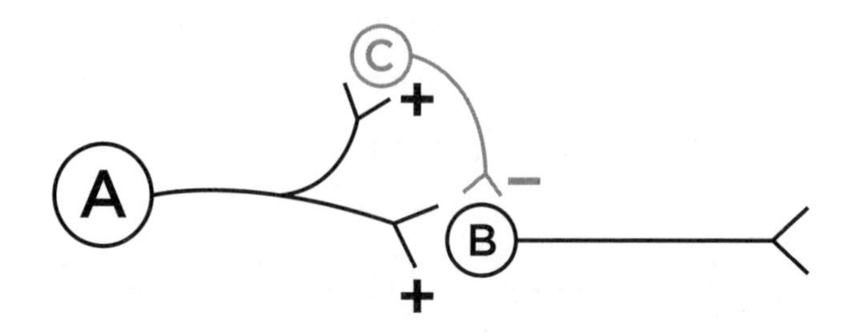

위 그림에서, 뉴런 A는 뉴런 B와 C를 자극한다. 뉴런 C는 뉴런 B로 억제성 신호를 보내는데, 이 신호는 뉴런 B가 자극받고 나서 시간이 좀 지났을 때 도달한다(A/B는 시냅스를 하나만 건너면 되지만 A/C/B는 시냅스를 두 개 건너야 하는 과정이라서 그렇다). 그 결과는? '순방향 억제'로 신호가 선명해진다.

이제 다른 종류의 신호 선명화를 보자. 신호 대 잡음 비를 높이는 방식이다. 다음은 뉴런 여섯 개로 구성된 회로로, 뉴런 A가 뉴런 B를 자극하고, 뉴런 C가 뉴런 D를 자극하고, 뉴런 E가 뉴런 F를 자극한다.

---

* 엄밀히 말하자면, 여기에 한 가지 사실을 더 추가해야만 이 명제가 이해된다. 이온 통로는 이따금 무작위적이고 확률적인 딸꾹질을 하곤 하고, 그래서 뉴런은 이따금 난데없이 무작위적이고도 자발적인 활동전위를 일으킨다. 자, 뉴런 A가 의도적으로 열 번 활동전위를 발화했는데 뒤이어 무작위적 활동전위가 두 번 발생했다고 하자. 그러면 뉴런 A가 열 번 소리치려고 한 건지, 열한 번 소리치려고 한 건지, 열두 번 소리치려고 한 건지 알기가 어렵다. 이때 열 번째 활동전위 직후에 억제성 되먹임 신호가 주어지도록 회로가 조정된다면, 이후의 무작위적 활동전위 두 건이 예방된다. 그리고 뉴런 A의 말뜻을 알아듣기가 한결 쉬워진다. 잡음을 줄여 신호를 선명화하는 것이다.

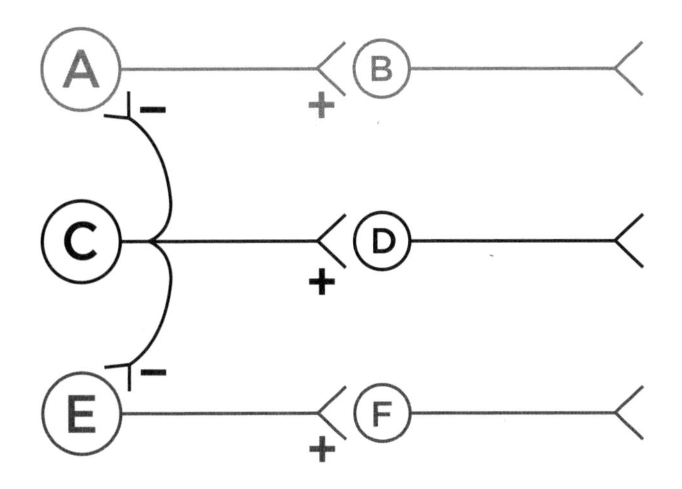

뉴런 C는 뉴런 D에게 흥분성 신호를 보낸다. 하지만 동시에 뉴런 C의 축삭말단 중 일부는 뉴런 A와 E에게 곁다리로 억제성 신호를 보낸다.* 따라서 만약 뉴런 C가 자극받으면, 뉴런 D를 자극함과 **동시**에 뉴런 A와 E를 침묵시키게 된다. 이것이 '측면 억제'다. 뉴런 C가 고래고래 외칠 때 뉴런 A와 E가 유난히 조용해지는 결과가 생기는 것이다. 이것은 공간적으로 신호를 선명화하는 수단이다(다만 내가 그림을 단순화하면서 명백한 사실을 하나 빠뜨렸는데, 뉴런 A와 E도 뉴런 C에게 곁다리로 억제성 신호를 보내고, 이 가상 신경망의 양옆에 있는 또다른 뉴런들도 그렇게 한다는 점이다).

이런 측면 억제는 감각계에 흔하다. 우리 눈에 작은 빛이 한 점 비친다고 하자. 방금 자극받은 게 광수용 뉴런 A, C, E 중 어느 거였지? 측면 억제 덕분에 우리는 C였음을 더 선명하게 알 수 있다. 촉각도 이런 방식으로 방금 콕 찔린 것이 피부의 이 지점이지 좀더 위나 아래가 아니었음을 안다. 귀도 이런 방식으로 방금 들은 음정이 A지 A샤프나 A플랫이 아니라는 걸 안다.**

* 데일의 지혜 덕분에, 우리는 뉴런 C의 모든 축삭말단에서는 같은 종류의 신경전달물질이 방출된다는 걸 안다. 달리 말해, 하나의 신경전달물질이 어떤 시냅스에서는 흥분성으로 작용하지만 또다른 시냅스에서는 억제성으로 작용할 수 있다는 뜻이다. 그 신경전달물질을 받아들이는 가지돌기 가시의 수용체에 어떤 종류의 이온 통로가 있는가에 따라 달라진다.

** 후각계에도 비슷한 회로가 있다. 내가 늘 궁금하게 여기는 사실이다. 오렌지 향기 바로 옆에

자, 우리는 신경계가 대비를 강화하는 사례를 또하나 살펴보았다. 뉴런이 조용할 때 0mV의 중성을 띠는 게 아니라 음으로 하전되어 있다는 사실은 무슨 의미일까? 그것은 뉴런 내에서 신호를 선명화하는 한 방법이라고 했다. 그렇다면 되먹임 억제, 순방향 억제, 측면 억제는? 이것은 회로 내에서 신호를 선명화하는 방법이다.

통증의 두 종류

아래 회로는 우리가 방금 살펴본 요소들을 담고 있고, 나아가 통증에 크게 두 종류가 있는 이유를 설명해준다. 나는 이 회로를 사랑한다. 너무나 명쾌하기 때문이다.

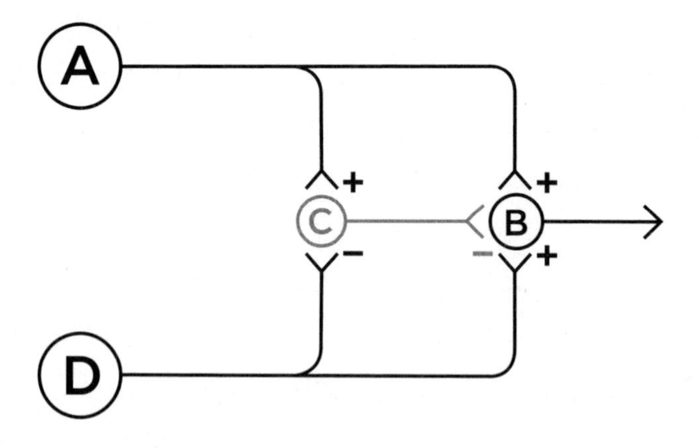

뉴런 A의 가지돌기들은 피부 바로 밑에 있다. 이 뉴런은 통증 자극에 반응하여 활동전위를 일으키고, 활동전위를 일으키면 뉴런 B를 자극한다. 뉴런 B는 척수로 신호를 보내어, 방금 뭔가 아픈 일이 벌어졌다고 우리에게 알린다. 하지만 뉴런 A는 뉴런 C도 자극하고, 뉴런 C는 뉴런 B를 억제한다. 순방향 억제 회로다. 결과는? 뉴런 B가 발화했다가 곧 조용해지는 것이다. 이것을 우리는 날카로운 통증으로 인식한다. 바늘에 찔린 통증이다.

는 무엇이 있을까? 귤 향기?

한편 뉴런 D도 피부의 거의 같은 영역에 가지돌기들을 뻗고 있다. 하지만 이 뉴런은 다른 종류의 통증 자극에 반응한다. 뉴런 D도 뉴런 B를 흥분시키고, 그러면 뇌로 메시지가 전달된다. 하지만 뉴런 D는 뉴런 C로도 신호를 보내는데, **억제성** 신호다. 결과는? 뉴런 D가 통증을 느껴 활성화하면, 뉴런 C가 뉴런 B를 억제하는 능력을 억제해버린다. 그것을 우리는 화상이나 찰상을 입었을 때처럼 지속적으로 욱신거리는 통증으로 인식한다. 그리고 뉴런 D의 축삭에서 활동전위가 전달되는 과정이 뉴런 A에서보다 훨씬 느리기 때문에(앞에서 언급했던 말이집과 관련이 있는데, 세부사항이 중요한 건 아니다) 이 현상이 더 강화된다는 점도 중요하다. 그래서 뉴런 A가 느끼는 통증은 일시적일뿐더러 신속하지만, 뉴런 D의 통증은 오래갈뿐더러 시작부터 굼뜨다.

두 종류의 신경섬유는 상호작용할 수 있다. 우리도 종종 무의식적으로 그 상호작용을 부추긴다. 당신이 뭔가 지속적이고 욱신거리는 통증을 느낀다고 하자. 가령 벌레에게 물렸다고 하자. 욱신거림을 어떻게 멈출까? 빠른 신경섬유를 일시적으로 자극하면 된다. 그러면 일순간 통증이 더해지겠지만, 그 덕분에 뉴런 C가 자극될 테니 한동안 회로 전체가 먹통이 될 것이다. 우리는 정말로 그런 상황에서 그렇게 한다. 벌레에게 물린 곳이 참기 어렵도록 욱신거리면, 우리는 그 주변을 세게 긁는다. 그러면 최대 몇 분 동안 느리고 만성적인 통증 경로가 차단되어, 통증이 둔화된다.

통증이 이런 방식으로 작동한다는 사실은 임상적으로 중요하다. 일단, 과학자들은 그 덕분에 심각한 만성 통증 증후군 환자들을 치료할 방법을 고안해냈다(가령 허리를 심하게 다친 사람이라고 하자). 환자의 빠른 통증 신경 경로에 작은 전극을 삽입한 뒤, 그 전극을 자극할 수 있는 버튼을 환자의 허리에 붙인다. 그러면 환자가 이따금 버튼을 눌러 신경 경로를 자극함으로써 만성 통증을 잠시 차단할 수 있다. 이 방법이 아주 잘 통하는 사례도 많다.

정리하자면, 앞의 회로는 시간적 선명화 메커니즘을 담고 있고, 억제성 뉴런을 억제하는 이중 억제 개념을 담고 있으며, 여러모로 멋지다. 그런데 내가 이 회로를 사랑하는 가장 큰 이유는 따로 있다. 1965년 이 회로를 처음 제안한 것은 훌륭한 신경생물학자 로널드 멜작과 패트릭 D. 월이었다. 그때 그들은 이 회로를 그저 이론적 모형으로서 제안했다. "이런 형태의 회로는 아직 관찰되지 않았지만, 우리는 통증의 작동 방식을 고려할 때 그 회로가 이런 모양이어야 한다고 주장합니다." 그런데 후속 연구가 신경계의 이 부분이 실제로 이렇게 배선되어 있다는 것을 보여주었다.

누구인지를 알아보는 뉴런

완벽하게 가상적인 회로를 마지막으로 하나 더 보자.

아래에 두 층으로 이뤄진 회로가 있다.

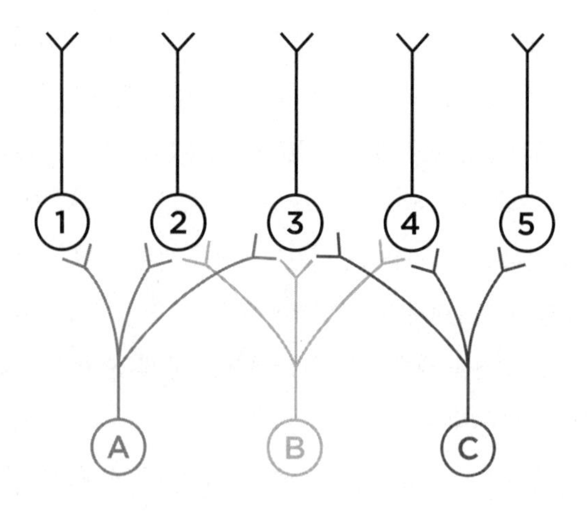

뉴런 A는 뉴런 1, 2, 3에게 투사하고, 뉴런 B는 뉴런 2, 3, 4에게 투사하는 식이다. 이제 이 가상의 회로 속 뉴런 A, B, C에게 전적으로 가상적인 기능을 부여해보자. 다음처럼 뉴런 A는 맨 왼쪽 남자의 그림에 반응하고, 뉴런 B는 가운데 남자의 그림에 반응하고, 뉴런 C는 맨 오른쪽 남자의 그림에 반응한다고 하자.

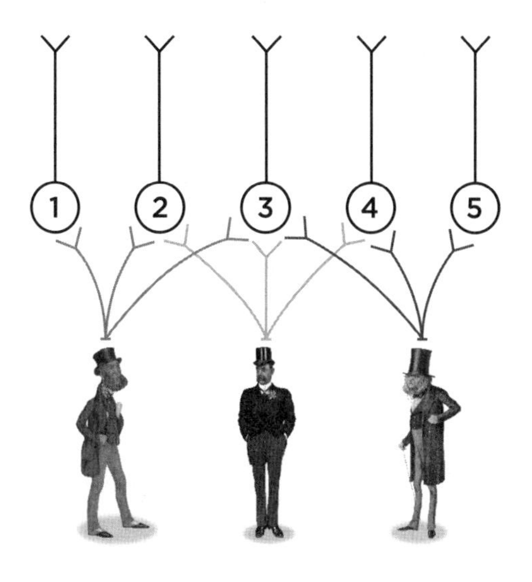

그렇다면 뉴런 1은 무엇을 배울까? 맨 왼쪽 남자라는 특정 사람을 알아보는 법을 배울 것이다. 뉴런 5도 마찬가지로 전문화된다. 하지만 뉴런 3은 무엇을 배울까? 빅토리아 시대 신사들의 복장을 배울 수 있다. 아래 네 명 중에서 누가 빅토리아 시대 사람인지 알아보도록 돕는 게 바로 그 뉴런이다.

뉴런 3의 지식은 일반적이고, 첫번째 신경층이 보내온 정보들이 겹친 데서 나온다. 뉴런 2와 4도 일반적 지식을 갖추었지만, 각각 사례를 두 가지씩

만 알기 때문에 정확도가 떨어진다.

뉴런 3은 이 신경망의 정보가 수렴하는 중심점이라고 할 수 있다. 그리고 뇌의 가장 세련된 부분들은 이 가상의 회로를 대규모로 키운 것과 비슷하게 배선되어 있다. 한편 뉴런 3은 그것이 소속된 다른 회로에서는(이를테면 이 페이지에 수직으로 교차하는 평면에 다른 삼차원 회로를 그려볼 수 있을 것이다) 더 지엽적인 역할을 맡고 있을 테고, 또다른 사차원 회로에서는 가령 뉴런 1이 중심점을 맡고 있을 테고…… 이런 식으로 이 뉴런들은 모두 여러 개의 신경망에 소속되어 있다.

이런 구조는 무엇을 만들어낼까? 연합, 메타포, 비유, 우화, 상징을 다루는 능력이다. 서로 다른 두 대상을, 심지어 감각 양상이 다른 경우에도 연결하여 생각할 줄 아는 능력이다. 호메로스처럼 바다의 색과 와인의 색을 연합하여 생각하는 능력, '토마토'와 '포테이토'를 둘 다 두 가지 방식으로 비슷하게 발음할 수 있다는 걸 아는 능력, 메롱 하고 내민 새빨간 혀를 보면 롤링 스톤스의 노래가 떠오르는 능력. 스트라빈스키의 앨범 커버에는 늘 피카소의 그림이 실려 있었던 것 같은 기억에(기억하는 분?) 내가 스트라빈스키와 피카소를 연관해서 생각하는 것도 이런 신경망 때문이다. 특징적인 색깔과 무늬가 그려진 직사각형 천 조각이 어떤 나라나 민족이나 이데올로기를 상징할 수 있는 것도 이 때문이다.

마지막으로 하나 더. 연합적 신경망의 성질과 범위는 사람마다 다 다르다. 그중에서도 유난히 극단적인 신경망은 가끔 아주 흥미로운 것을 만들어낸다. 예를 들어보자. 대부분의 사람들은 '얼굴'이라는 개념을 대충 아래와 같은 그림과 연합하여 생각하도록 어려서부터 배운다.

그런데 뉴런들이 얽혀서 이룬 연합적 신경망이 남들보다 더 넓고 더 특이한 사람이 어느 날 등장한다. 그는 세상 사람들에게 아래의 그림도 얼굴을 떠올리게 할 수 있다는 것을 가르쳐준다.

이처럼 이례적으로 폭넓은 연합적 신경망 중 일부가 만들어내는 결과물을 무엇이라고 부르면 좋을까? 창조성이다.

규모를 한 차원 더 키우기

뉴런 하나, 뉴런 두 개, 뉴런들로 구성된 회로. 이제 마지막으로 수천 개의 뉴런들을 동시에 고려하는 차원으로 나아가보자.

아래는 어떤 조직의 단편을 현미경으로 본 모습이다.

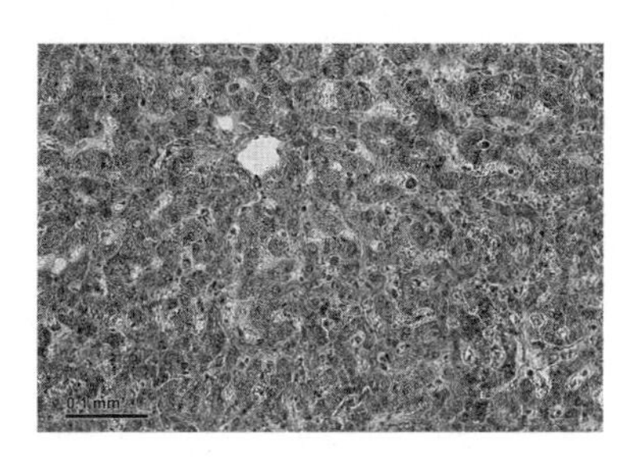

똑같은 세포들이 펼쳐져 있고, 모두가 거의 같은 방식으로 조직되어 있다. 좌상단과 우하단이 똑같아 보인다.

이것은 간의 단면이다. 한 부분을 보면 나머지를 다 본 것이나 마찬가지다. 지루하다.

만약 뇌가 이렇게 균일하고 지루하다면, 뇌도 분화되지 않은 조직 덩어리일 것이다. 뉴런들이 어디서나 고르게 펼쳐져 있고, 모두가 사방으로 돌기를 뻗고 있을 것이다. 하지만 실제로 뇌는 많은 부분이 내부적으로 구조화되어 있다.

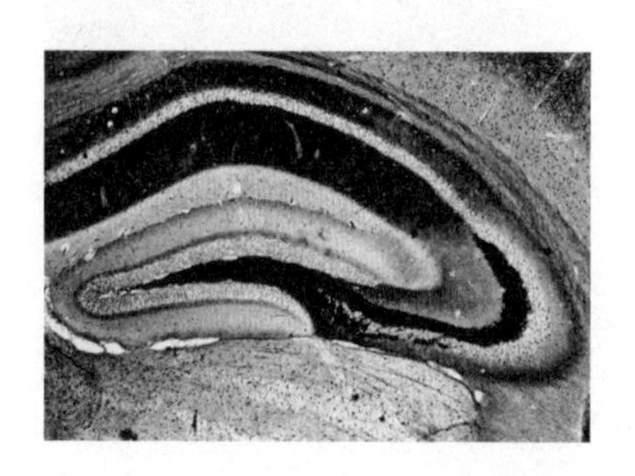

달리 말해, 서로 연관된 기능을 가진 뉴런들의 세포체는 뇌의 특정 영역에 한데 모여 있고, 그 뉴런들이 뇌의 다른 부분으로 보내는 축삭들은 투사섬유라는 다발로 한데 뭉쳐져 있다. 이 구조에는 중요한 의미가 있다. 이것은 **뇌의 서로 다른 부분들은 서로 다른 일을 한다**는 뜻이다. 뇌의 모든 영역들, 그 하위 영역들, 그 하위-하위 영역들에는 (주로 그리스어나 라틴어에서 유래한 다음절의) 이름이 붙어 있다. 게다가 각 영역은 다른 영역들 중 늘 같은 상대들에게 말을 걸고(그들에게 축삭을 뻗는다는 뜻이다), 늘 같은 상대들로부터 이야기를 듣는다(그들이 보내온 축삭을 받아들인다는 뜻이다).

이 복잡한 걸 공부하면서 재미있어하는 사람도 있다. 참으로 비극적인 사실이지만, 이 시시콜콜한 걸 즐기는 신경해부학자를 실제로 나는 많이 목격했다. 다행히 우리는 몇 가지 핵심적인 사실만 알면 된다.

* 뇌의 각 영역에는 뉴런이 수백만 개씩 담겨 있다. 이 차원에 붙은 이름들 중 여러분도 알 만한 것으로는 시상하부, 소뇌, 겉질, 해마 등이 있다.

* 어떤 영역은 그 속에 아주 뚜렷하게 구분되는 작은 하위 영역을 갖고 있는데, 그 하위 영역을 '핵'이라고 부른다. (세포에서 DNA가 담긴 부분도 핵이라고 부르기 때문에 혼동되지만, 어쩌겠는가?) 핵에 붙은 이름들은 여러분이 난생처음 들어보는 것도 있겠다. 마이네르트바닥핵, 시신경교차위핵, 그리고 썩 매력적인 이름인 아래올리브핵 등이 그렇다.
* 앞에서 말했듯이, 서로 연관된 기능을 가진 뉴런들의 세포체는 뇌의 특정 영역이나 특정 핵에 한데 모인 채 모두 같은 방향으로 축삭을 뻗는데, 그 축삭들은 하나의 다발('신경로')로 뭉쳐져 있다. 해마의 일부를 보여주는 아래 그림이 그 예다.

* 말이집은 축삭을 감싸서 활동전위가 더 빨리 전파되도록 돕는다고 했다. 그런데 이 말이집은 색이 흰 편이라, 뇌에서 신경로 다발이 있는 곳은 희게 보인다. 그래서 그 부분을 '백색질'이라고 통칭한다.
* 위의 그림에서 알 수 있듯이, 신경로는 뇌의 많은 부분을 차지한다. 모든 뇌 영역들이 서로 대화하고 있는 것이다. 종종 멀리 떨어진 영역과도.*
* 누군가가 뇌의 특정 지점에 손상을 입었다고 하자. 아직 정체가 알려지지 않은 그 지점을 X라고 하자. 이것은 그 사람에게서 이

제 제대로 작동하지 않는 기능이 무엇인지 살펴봄으로써 우리가 뇌에 대해서 알 수 있는 기회다. 신경과학이 하나의 분야로서 본격적으로 시작된 것은 '탄환 외상'을 입은 군인들을 연구하면서부터였다. 냉정하게 말하자면, 19세기 유럽의 끊임없는 군사적 유혈 충돌은 하늘이 신경해부학자들에게 내린 선물이었다. 손상을 입은 사람이 뭔가 비정상적인 행동을 한다고 하자. 그렇다면 지점 X가 그 행동의 정상적 형태를 책임지는 뇌 영역이라고 결론 내릴 수 있을까? 그곳에 뉴런 세포체들이 모여 있을 때만 그렇다. 만약 지점 X가 신경로의 일부분이라면, 우리는 그 신경로를 통해 축삭을 뻗은 뉴런들이 모여 있는 다른 지점에 대해서 알게 된 셈이다. 그 지점은 X와는 먼 곳, 뇌의 반대편에 있을 수도 있다. 그러므로 '신경핵'과 '신경로'를 구별하는 것이 중요하다.

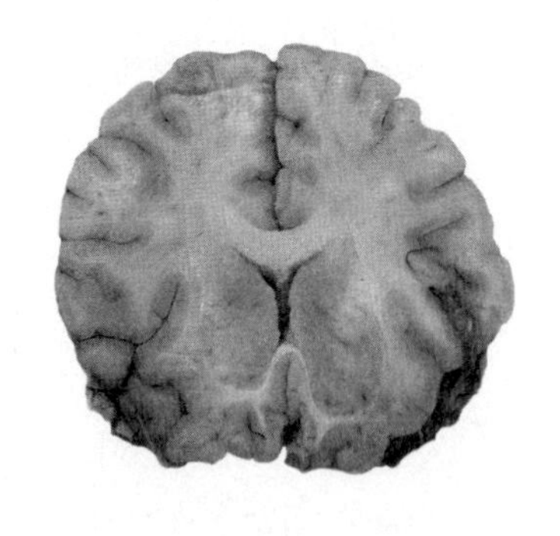

* 마지막으로, 뇌의 특정 부분이 특정 행동의 중추가 된다고 묘사한 앞 문단에 덧붙일 말이 있다. 이 장의 사례들에서 보았듯이, 한 뉴런이 어느 신경망에 소속되어 있는지를 고려하지 않은 채 그 개별 뉴런의 기능을 알아내기란 어렵다. 여기서도 규모가 더 클 뿐, 마찬가지다. 모든 뇌 영역은 다른 수많은 지점들과 축삭을 주고받기 때문에, 하나의 뇌 영역이 무언가를 전적으로 '도맡는' 중추인 경우는 드물다. 그보다는 전체 신경망이 관여하되, 그 속에서 특

* 여담으로, 발달중인 뇌에서 여러 영역들이 어떻게 하면 축삭말단의 양을(즉 '비용'을) 최소화하면서도 최적의 방식으로 서로 이어지는가 하는 문제를 뇌의 창발성을 동원하여 설명하고자 하는 흥미로운 연구가 있다. 관심 있는 분을 위해 밝히자면, 발달중인 뇌의 대응은 이른바 '외판원 순회 문제'(여러 장소를 방문해야 하는 외판원이 한 장소를 재방문하지 않고 최단 비용으로 모든 장소를 순회할 수 있는 최적의 경로를 찾는 문제—옮긴이)에 동원되는 몇몇 접근법을 닮았다.

정 영역이 어느 행동에 대한 '핵심적 역할'을 맡거나, '매개'하거나, '영향'을 미치는 경우가 훨씬 더 많다. 특정 뇌 영역의 기능은 그것이 맺고 있는 연결들에 따라 정해진다.

이로써 뇌과학 입문 수업을 마친다.

부록 2

내분비학의 기초

내분비학은 호르몬을 연구하는 분야다. 호르몬은 2장에서 살펴본 신경전달물질과는 전혀 다른 종류의 메신저다. 기억을 떠올려보자. 신경전달물질은 뉴런이 활동전위를 일으킬 때 축삭말단에서 방출되어, 미세한 틈인 시냅스를 가로질러서 그다음 뉴런, 달리 말해 시냅스 이후 뉴런의 가지돌기에 있는 수용체에 가서 결합한다. 그럼으로써 그 뉴런의 흥분성을 바꾼다.

대조적으로, 호르몬은 다양한 분비샘에 있는 분비세포(뉴런도 그중 하나다)들이 방출하는 화학적 메신저다. 분비된 호르몬은 혈류로 들어가고, 그럼으로써 그 호르몬에 대한 수용체를 갖고 있는 세포라면 온몸 어디에 있든 가서 세포에 영향을 미칠 수 있다.* 그러니 이 단계에서부터 결정적 차이가 있다. 첫째, 신경전달물질은 시냅스 건너편에 있는 뉴런에게만 직접 영향을 미치지만, 호르몬은 온몸의 수조 개 세포들에게 모두 영향을 미칠 잠재력

* 이 정의에는 하나의 분자가 몸의 어떤 부위에서는 신경전달물질로 기능하고 다른 부위에서는 호르몬으로 기능할 수도 있다는 의미가 담겨 있다. 그리고 (사소한 정보이지만) 호르몬은 가끔 '주변 분비' 효과를 낸다. 자신이 분비된 바로 그 분비샘 세포들에 영향을 미친다는 뜻이다.

이 있다. 두번째 차이는 작용 시간이다. 신경전달물질이 시냅스를 가로질러 신호를 보내는 과정은 몇 밀리초 만에 끝난다. 대조적으로, 호르몬의 영향은 몇 시간에서 며칠에 걸쳐서 나타날 때가 많고 일부는 평생 지속되기도 한다(사춘기가 한 번 왔다가 얼마 뒤에 사라지는 걸 본 적 있는가?).

신경전달물질과 호르몬은 영향의 규모도 다르다. 신경전달물질은 시냅스 이후 수용체와 결합함으로써 그 가지돌기 가시의 세포막에서 이온 흐름이 국지적으로 바뀌도록 만든다. 반면 호르몬은, 호르몬과 표적 세포의 종류에 따라 차이가 있기는 하지만, 특정 단백질의 활성을 바꿀 수 있고, 특정 유전자를 켜고 끌 수 있고, 세포의 대사 활동을 바꿀 수 있고, 세포가 성장하거나 위축되도록 만들 수 있고, 세포가 분열하거나 쪼그라들어 죽도록 만들 수도 있다. 일례로 테스토스테론은 근육량을 늘리고, 프로게스테론은 황체기 때 자궁에서 세포가 증식하여 두꺼워지도록 만든다. 거꾸로 갑상샘 호르몬은 올챙이가 개구리로 변태할 때 꼬리의 세포들을 죽이고, 스트레스 호르몬 중 한 종류는 면역계 세포들을 죽인다(우리가 스트레스를 받을 때 감기에 잘 걸리는 이유다). 호르몬은 엄청나게 다재다능하다.

대부분의 호르몬은 '신경내분비 축'의 일부다. 2장에서 변연계의 모든 길은 결국 시상하부로 통한다고 말했었다. 시상하부는 자율신경계와 호르몬 체계 조절의 중추라고도 말했다. 이제 그다음 과정을 보자. 시상하부의 뉴런들이 분비한 특정 호르몬은 뇌 바로 밑에 놓인 기관인 뇌하수체로 이어진 작은 국지적 순환계를 따라 뇌하수체로 가고, 그곳에서 특정 뇌하수체 호르몬의 분비를 촉진하는데, 그렇게 분비된 뇌하수체 호르몬은 온몸의 순환계로 들어가서 특정 말초 내분비샘에서 또다른 호르몬이 분비되도록 자극한다. 내가 가장 좋아하는 세 호르몬을 예로 들어서 구체적으로 보자. 우리가 스트레스를 받으면, 시상하부 뉴런들이 CRH(부신겉질자극호르몬방출호르몬)를 분비한다. CRH는 뇌하수체로 가서 뇌하수체 세포들이 ACTH(부신겉질자극호르몬)를 분비하도록 자극한다. 이 ACTH는 온몸 순환계로 들어가서 부신에 도달하고, 그곳에서 글루코코르티코이드라는 스테로이드성 스트레스 호르몬이 분비되도록 자극한다(인간의 경우에는 구체적으로 코르티솔, 달리 말해 하이드로코르티손이 분비된다). 이 '시상하부/뇌하수체/말초 내분비샘 축'의 최종 단계에서 각각의 내분비샘들이 분비하는 호르몬은 저마다 다르다(가령 에스트로겐, 프로게스테론, 테스토스테론, 갑상샘 호르몬 등이 있다).* 게다가 실제 상황은 더 복잡하다. 특정 뇌하수체 호르몬의 분비를 촉진하는 시상하부 호르몬이 하나만이 아닐 때가 많기 때문이다. 대신 여러 종류의 시상하부 호르몬이 그 기능을 맡는데다가, 어떤 시상하부 호르몬은 심지어 특정 뇌하수체 호르몬의 분비를 억제하는 영향을 미친다. 예를 들어 CRH 외에도 여러 가지 시상하부 호르몬들이 ACTH 분비를 조절하며, 어떤 시상하부 호르몬들이 어떤 조합으로 분비되는가는 다양한 스트레스 요인들 중 어떤 종류가 작용하는가에 따라 결정된다.

하지만 모든 호르몬이 이렇게 뇌/뇌하수체/말초 내분비샘 축에서 조절되는 것은 아니다. 뇌/뇌하수체 두 단계만 있어서, 뇌하수체 호르몬이 온몸에 직접 영향을 미치는 경우도 가끔 있다. 성장호르몬이 보통 이런 패턴이다. 또 뇌가 척수나 특정 내분비샘으로 직접 신호를 보내어 호르몬 분비 조절을 돕는 경우도 있다. 이자가 분비하는 인슐린이 그런 경우다(주요 조절인자는 혈중 글루코스 농도다). 그런가 하면 심장이나 장처럼 의외의 기관에서 분비되는 호르몬도 있고, 이때 뇌는 호르몬 분비를 간접적으로만 조절한다.

호르몬은 신경전달물질처럼 싸게 만들어진다. 양이 풍성한 전구물질로부터—보통 단순한 단백질 혹은 콜레스테롤이다—몇 안 되는 단계를 거쳐서 금방 합성된다.** 게다가 우리 몸은 하나의 전구물질로부터 여러 종류의 호

* 여러분이 이 구조를 제대로 이해하고 있는지 확인하는 차원에서, 예를 하나 더 보자. 시상하부/뇌하수체/난소 축이다. 시상하부가 생식샘자극호르몬방출호르몬을 분비한다. 이 호르몬이 뇌하수체로 가서 황체형성호르몬 분비를 촉진한다. 이 호르몬은 난소로 가서 에스트로겐 분비를 촉진한다.

** 오해를 미연에 방지하고자 덧붙이자면, 우리 몸속 콜레스테롤 중 호르몬 합성에 쓰이는 양은 극히 적다. 그러니 우리가 식단의 콜레스테롤 함량을 바꾼다고 해서 스테로이드 호르몬의 생성량이 바뀔까봐 걱정할 필요는 없다. 몸은 스테로이드 합성에 필요한 콜레스테롤을 스스로 충분히 만들어내고 있다.

르몬을 만들어낼 수 있다. 일례로, 다양한 스테로이드성 호르몬들은 모두 콜레스테롤에서 만들어진다.

지금까지 호르몬 수용체 이야기는 하지 않았다. 호르몬 수용체도 신경전달물질 수용체와 하는 일이 대충 같다. 각각의 호르몬마다 그에 걸맞은 수용체 분자가 따로 있고,* 수용체 분자에는 호르몬의 형태와 상보적으로 들어맞는 모양을 띤 결합 지점이 있다. 신경전달물질 때 썼던 클리셰를 반복하자면, 호르몬은 마치 열쇠가 자물쇠에 들어맞는 것처럼 수용체에 들어맞는다. 그리고 역시 신경전달물질 수용체처럼, 호르몬 수용체도 거저먹기로 일할 수는 없다. 다양한 스테로이드 호르몬들은 구조가 엇비슷하다. 이처럼 생산 측면에서 값싼 방식을 택했다면, 그 엇비슷한 호르몬들을 구별해내기 위해서 섬세하고 복잡한 수용체가 필요하기 마련이다. 당신의 수용체가 가령 에스트로겐과 테스토스테론을 혼동하면 안 되지 않겠는가.

호르몬과 신경전달물질의 유사성은 또 있다. 신경전달물질 수용체처럼, 호르몬 수용체가 호르몬에게 드러내는 '결합성'은 달라질 수 있다. 이것은 결합 지점의 모양이 약간 바뀜으로써 호르몬이 이전보다 더 꼭 들어맞거나 더 헐겁게 들어맞을 수 있고, 그래서 호르몬의 영향이 지속되는 시간이 더 길어지거나 더 짧아질 수 있다는 뜻이다. 표적 세포에 수용체가 얼마나 많이 있는가 하는 점도 호르몬 자체의 농도 못지않게 중요하다. 내분비 질환 중에는 호르몬 자체는 정상 농도로 분비되지만 호르몬 수용체에 돌연변이가 일어난 탓에 신호가 전혀 전달되지 않아서 생기는 병도 있다. 호르몬 농도는 할말이 있는 사람이 얼마나 크게 외치는가 하는 것과 비슷하고, 수용체 농도는 듣는 사람이 그 목소리를 얼마나 예민하게 감지하는가 하는 것과 비슷하다.

마지막으로, 특정 호르몬에 대한 수용체는 보통 몸에서 일부 세포들과 조직들에만 있다. 예를 들어, 올챙이가 개구리로 변할 때 갑상샘 호르몬 수용체를 갖고 있는 세포는 꼬리 세포들뿐이다. 또 인간의 유방암 중에서 특정

* 사실은 보통 한 종류 이상의 수용체가 있지만, 거기까지 얘기하진 않겠다.

종류만이 'ER 양성' 종양세포를 갖고 있는데, 이것은 그 세포에 에스트로겐 수용체가 있어서 이 호르몬의 성장 촉진 효과에 반응한다는 뜻이다.

지금까지 이야기한 과정에서는 호르몬이 표적 세포의 기능을 몇 시간에서 며칠 동안 바꿀 수 있다고 했다. 그런데 7장에서 보았듯이 호르몬은 아동기와 태아기에도 영향을 미치고, 특히 발달중에 호르몬은 뇌가 구성되는 방식에 영향을 미침으로써 영구적인 '조직화' 효과를 발휘할 수도 있다. 대조적으로 '활성화' 효과는 몇 시간에서 며칠만 지속된다. 두 영역은 상호작용한다. 태아의 뇌에서 호르몬이 미친 조직화 효과가 성인의 뇌에서 호르몬이 미칠 활성화 효과에 영향을 미치는 것이다.

이제 본문으로 돌아가서 각 호르몬이 구체적으로 어떻게 작용하는지 알아보자.

부록 3

단백질의 기초

단백질은 유기화합물의 한 종류로서, 생명계가 가장 많이 갖고 있는 분자다. 단백질은 엄청나게 중요하다. 수많은 호르몬, 신경전달물질, 면역계 메신저가 단백질로 만들어져 있기 때문이다. 그 메신저에 반응하는 수용체, 그것들을 합성하거나 분해하는 효소,* 세포의 모양을 잡아주는 구조 물질 등등도 단백질로 만들어져 있다.

단백질의 가장 중요한 속성은 그 형태다. 단백질의 형태가 기능을 결정하기 때문이다. 세포의 구조를 이루는 단백질은 건설 현장의 다양한 비계처럼 생겼다(대충 그렇다는 말이다). 호르몬 단백질은 다른 효과를 내는 다른 호르몬과는 다르게 독특한 모양을 갖고 있다.** 수용체 단백질은 그것이 결합하는 호르몬이나 신경전달물질의 형태와 상보적인 형태를 갖고 있다(「부록 1」

---

* 이 입문용 부록의 모든 내용이 그렇듯이, 현실은 당연히 이보다 더 복잡하다. 사실 효소 중에는 단백질이 아닌 것도 있다.

** 노파심에서 덧붙이자면, 혈중에는 특정 호르몬 분자(가령 인슐린)가 하나만이 아니라 수백만 개가 있는데 그 모두가 같은 모양으로 생겼다.

에서 처음 소개한 클리셰처럼, 호르몬 같은 메신저는 마치 자물쇠에 들어맞는 열쇠처럼 수용체에 들어맞는다).

어떤 단백질은 제 형태를 바꾸는데, 보통 두 가지 입체 형태를 오간다. 글루코스(포도당) 한 분자와 프럭토스(과당) 한 분자를 이어서 수크로스(자당) 한 분자를 합성하는 효소(단백질이다)를 예로 보자. 효소의 한 형태는 알파벳 V를 닮은 형태를 띠어야 한다. V의 한쪽 끝에 글루코스 분자가 특정한 각도로 결합하고, 다른 쪽 끝에 프럭토스 분자가 결합한다. 두 분자가 다 결합하면 효소는 V의 양 끝이 더 가까워진 두번째 형태로 변하고, 그러면 글루코스와 프럭토스가 이어진다. 형성된 수크로스는 떨어져나가고, 효소는 원래 형태로 돌아간다.

단백질의 형태와 기능은 어떻게 결정될까? 모든 단백질은 아미노산이 줄줄이 이어져서 만들어진다. 아미노산은 트립토판이나 글루탐산처럼 잘 알려진 이름들을 포함하여 약 20가지 종류가 있다. 단백질의 아미노산 서열은 저마다 고유하다. 알파벳이 특정 순서로 배열되어 특정 단어를 이루는 것과 비슷하다. 단백질은 평균적으로 약 300개의 아미노산으로 구성되고, 아미노산에 20가지 종류가 있으니, 가능한 서열의 가짓수는 10^{400}에 육박한다(10 뒤에 0이 400개 이어지는 수다). 우주에 존재하는 원자의 총 개수보다 많은 셈이다.* 단백질의 아미노산 서열은 그 단백질 고유의 형태(들)에 영향을 미친다. 한때 과학자들은 아미노산 서열이 단백질의 형태(들)를 **결정한다**고 믿었지만, 나중에 온도나 산성도 같은 요인들도 단백질의 형태를 미묘하게 바꾼다는 게 밝혀졌다. 한마디로 환경도 영향을 미친다.

그러면, 특정 단백질을 구성하는 아미노산의 특정 서열은 어떻게 결정될까? 특정 유전자가 결정한다.

---

* 솔직히 나는 우주에 원자가 몇 개나 있는지 전혀 모른다. 하지만 이런 대목에서는 이런 말을 해줘야 하는 법이다.

단백질 제작의 청사진으로서 DNA

디엔에이DNA는 또다른 종류의 유기화합물이다. 아미노산에 약 20가지 종류가 있는 것처럼, DNA를 이루는 '문자'(뉴클레오타이드라고 한다)는 4종류가 있다. 뉴클레오타이드 세 개의 서열(코돈이라고 부른다)이 하나의 아미노산을 지정하는 부호다. 뉴클레오타이드에 4종류가 있고, 하나의 코돈은 3개의 뉴클레오타이드로 이루어지므로, 가능한 코돈의 가짓수는 총 64개다(첫번째 자리에 4가지 가능성×두번째 자리에 4가지 가능성×세번째 자리에 4가지 가능성=64). 총 64가지 코돈 중 몇 가지는 유전자의 끝을 알리는 신호이므로, 그 '종결 코돈'들을 제외하고 남는 코돈 61가지가 20가지 아미노산을 지정하는 데 쓰인다. 따라서 거의 모든 아미노산은 하나 이상의 코돈으로 지정되고(61을 20으로 나눈 것이므로, 평균적으로 3개의 코돈이 한 아미노산을 지정한다), 이것을 '중복성'이라고 부른다. 한 아미노산을 부호화한 코돈들은 보통 뉴클레오타이드 하나만 서로 다르다. 예를 들어, 아미노산 알라닌을 부호화한 코돈은 GCA, GCC, GCG, GCT의 네 가지다(A, C, G, T는 네 가지 종류의 뉴클레오타이드를 뜻하는 약어다).* 중복성은 뒤에서 이야기할 유전자의 진화에서 중요하게 작용한다.

하나의 단백질을 부호화한 뉴클레오타이드 사슬을 유전자라고 부른다. 그리고 한 생물체의 전체 DNA를 유전체(게놈)라고 부르는데, 그 속에는 그 생물체의 유전자 수만 개가 전부 들어 있다. 유전체를 '서열 분석'한다는 것은 그 생물체의 유전체를 구성하는 뉴클레오타이드 수십억 개의 고유한 서열을 알아낸다는 뜻이다. 전체 DNA는 엄청 길기 때문에(인간의 경우에는 그 속에 약 2만 개의 유전자가 담겨 있다), 몇 개의 조각으로 잘려서 보관되어 있다. 그 조각을 염색체라고 부른다.

이 구조 때문에, 공간상의 문제가 하나 발생한다. 이 DNA는 세포 중심

* 뉴클레오타이드들의 이름은 일부러 생략했다. 초심자에게는 정보의 홍수가 될 터라서……

에 있는 핵에 담겨 있다. 하지만 단백질은 세포 속 어디에나 있고, 어디에서나 만들어진다(가령 흰긴수염고래의 척수 뉴런의 축삭말단에도 단백질이 있을 텐데, 그 말단은 그 뉴런의 핵에서 어마어마하게 멀리 떨어져 있다). 그렇다면, 어떻게 핵 속의 DNA 정보를 단백질이 만들어질 장소까지 나를 수 있을까? 이 문제를 해결해주는 중개자가 있다. DNA에서 특정 유전자에 해당하는 뉴클레오타이드 서열은 우선 DNA와 비슷하지만 약간 다른 뉴클레오타이드로 만들어진 화합물인 RNA 서열로 복사된다. 염색체는 수많은 유전자가 줄줄이 이어져서 무지막지하게 긴 DNA 사슬이지만, 이렇게 만들어진 RNA 서열은 딱 그 특정 유전자의 길이와 같다. 한마디로 더 다루기 쉬운 길이다. 이 RNA가 세포 내의 목적지로 운반되어, 그곳에서 아미노산을 이어서 단백질로 만드는 작업을 지시한다(아미노산들은 언제든 단백질 제작에 동원될 수 있도록 세포 내에 많이 떠다닌다). 이 RNA는 2만 쪽 두께의 DNA 백과사전에서 단지 한 쪽을 복사한 종이라고 할 수 있다. (그리고 RNA 복사지 한 장으로 동일한 단백질을 여러 개 만들 수 있다. 가령 한 뉴런의 축삭말단 수천 개에서 모두 단백질을 만들어내야 하는 상황이라면, 이 사실이 분명 도움이 된다.)

이 과정은 오늘날 생명의 '중심 원리central dogma'라고 불린다. 1960년대 초에 '중심 원리' 개념을 처음 형식화한 것은 DNA의 '이중 나선' 구조 발견으로 유명한 왓슨과 크릭 중 한 명인 프랜시스 크릭이었다(로절린드 프랭클린의 도움을 약간 갈취하다시피 해서 이뤄낸 발견이었지만, 이건 지금 할 이야기는 아니다). 크릭이 주장한 중심 원리는 유전자를 이루는 DNA 뉴클레오타이드 서열이 RNA 서열을 결정하고…… 그 RNA 서열이 그로부터 만들어지는 단백질의 형태(들)를 결정하고…… 그 단백질 형태가 단백질의 기능을 결정한다는 것이다. 요컨대 DNA가 RNA를 결정하고 그 RNA가 단백질을 결정한다는 것이다.* 이 원리에는 또다른 중요한 요점이 담겨 있으니, 하나

* '정보는 DNA에서 RNA로, RNA에서 단백질로 흐른다'라는 중심 원리 선언이 늘 참은 아니다. 어떤 상황에서는 거꾸로 RNA가 DNA 서열을 결정한다. 이 사실은 일부 바이러스들의 작동과

의 유전자는 하나의 단백질만을 지정한다는 것이다.

이야기가 너무 복잡해지면 곤란하니까, 나는 RNA를 대체로 무시하겠다. 지금 우리가 관심 있게 봐야 할 점은 이 과정의 시작인 유전자가 최종 산물인 단백질 및 그 기능과 어떤 관계를 맺고 있는가 하는 것이다.

돌연변이와 다형성

우리는 유전자를 부모로부터 물려받는다(두 사람으로부터 각각 절반씩 받는다[본문에서 다루었듯이, 사실 이 명제는 완벽한 참은 아니다]). 누군가의 DNA 유전체가 복사되어 난자나 정자에 담길 유전자를 만드는 과정에서, 실수로 뉴클레오타이드 하나가 잘못 복사되었다고 하자. 유전체에는 뉴클레오타이드가 수십억 개나 있으니, 이런 실수가 가끔 일어나기 마련이다. 만약 수정 단계에서도 누락된다면, 뉴클레오타이드 서열에서 한 군데가 달라진 유전자는 그대로 후손에게 전달된다. 이것이 돌연변이다.

고전 유전학에서는 돌연변이를 세 종류로 나눈다. 첫번째는 점 돌연변이다. 이것은 뉴클레오타이드 하나가 틀리게 복사된 경우다. 그러면 이 유전자가 만들어내는 단백질의 아미노산 서열도 달라질까? 그건 상황에 따라 따르다. 앞에서 DNA 부호에 중복성이 있다고 했던 걸 떠올려보자. 어떤 유전자에 아미노산 알라닌을 부호화한 서열 GCT의 코돈이 들어 있다고 하자. 여기에 돌연변이가 일어나서, 서열이 GCA로 바뀌었다. 그래도 아무 문제도 없다. GCA도 알라닌을 지정하는 코돈이기 때문이다. 이것은 중요하지 않은 '중립적' 돌연변이다. 하지만 대신 GAT로 바뀌는 돌연변이가 일어났다고 하자. 이

관련되어 있지만, 지금 우리에게는 중요한 내용이 아니다. 또다른 수정 사항은 2006년 노벨생리의학상의 두 수상자가 발견한 사실로, 전체 RNA 중 많은 비율이 실은 단백질 합성 지정에 관여하지 않는다는 것이다. 그 RNA들은 대신 다른 RNA 서열을 표적으로 삼아서 파괴하는데, 이 현상을 'RNA 간섭'이라고 부른다. 또 DNA의 일부 분절을 '해독 불능'으로 만들기 위한 목적으로만 만들어지는 RNA들도 있다.

코돈은 전혀 다른 아미노산인 아스파르트산을 지정하는 부호다. 저런.

그런데 현실에서는 이것도 큰 문제는 아닐지 모른다. 새 아미노산이 대체된 아미노산과 얼추 비슷한 모양이라면 말이다. 다음과 같은 비유적 아미노산 서열을 부호화한 뉴클레오타이드 서열이 있다고 하자.

"나는/지금부터/이것을/하겠습니다"

사소한 돌연변이 때문에 아미노산이 하나 바뀌어서 아래처럼 된다고 하자. 그래도 별문제는 아니다.

"나는/지금부터/이것을/하겠읍니다"

대부분의 사람들은 '단백질이 옛날 맞춤법을 쓰다니 나이가 많은가' 하고 생각하긴 하겠지만, 이 말을 충분히 알아들을 것이다. 단백질 언어로 표현하자면, 이 단백질은 형태가 살짝 다르기 때문에 원래 수행해야 할 작업을 살짝 다르게(어쩌면 살짝 더 느리게 혹은 더 빠르게) 수행할 것이다. 그래도 세상이 끝나는 건 아니다.

하지만 만약 돌연변이로 바뀐 아미노산 때문에 원래와는 극단적으로 다르게 생긴 단백질이 만들어진다면, 중차대한(심지어 치명적인) 결과가 빚어질 수도 있다.

다시 아래의 비유적 아미노산 서열을 예로 들어보자.

"나는/지금부터/이것을/하겠습니다"

만약 '하'를 부호화한 뉴클레오타이드에 돌연변이가 일어나서, 아래처럼 바뀐다면 어떨까? 이것은 큰 차이가 있는 돌연변이다.

"나는/지금부터/이것을/않겠습니다"

곤란하다.

고전적 돌연변이의 두번째 종류는 결실 돌연변이다. 이것은 유전자가 후대에 전달되는 과정에서 복사 오류가 일어나되, 뉴클레오타이드 하나가 틀리게 복사되는 게 아니라 아예 지워지는 상황이다. 예를 들어, 다음 서열에서 여덟번째 문자가 지워져서,

"나는/지금부터/이것을/하겠습니다"

가 아래처럼 된다고 하자.

"나는/지금부터/이을하/겠습니다"

이처럼 해독틀의 위치가 달라지는 '틀이동' 돌연변이가 발생하면, 메시지가 말이 통하지 않는 소리로 될 수 있다. 심지어 말은 통하지만 다른 내용이 될 수도 있다(가령 "디저트로는 무스가 좋겠어"에 결실 돌연변이가 일어나서 "디저트로는 무가 좋겠어"가 된다고 생각해보라).

결실 돌연변이는 뉴클레오타이드 하나 이상에서 일어날 수도 있다. 극단적인 경우에는 유전자 하나가 통째 빠질 수도 있고, 심지어 한 염색체에서 유전자 여러 개가 빠질 수도 있다. 절대 좋을 리 없다.

마지막으로, 삽입 돌연변이가 있다. 후대에 전달할 DNA가 복사되는 과정에서, 실수로 뉴클레오타이드 하나가 중복되어 두 번 들어간다. 그래서 아래 서열이

"나는/지금부터/이것을/하겠습니다"

아래처럼 바뀐다.

"나는/지금부터/이것것/을하겠습니/다"

말이 안 되는 소리다. 혹은, 역시 앞에서처럼, 말은 되지만 내용이 달라질 수도 있다. 가령 "메리는 연극을 즐기지 않기 때문에 존의 데이트 신청을 거절했다"에서 두번째 단어에 한 글자가 더 삽입되어 "메리는 연속극을 즐기지 않기 때문에 존의 데이트 신청을 거절했다"가 된다고 생각해보라. 삽입 돌연변이도 가끔 뉴클레오타이드 하나 이상이 삽입될 때가 있다. 극단적인 경우에는 어떤 유전자 전체가 중복될 수도 있다.

대부분의 돌연변이는 점 돌연변이, 결실 돌연변이, 삽입 돌연변이 중 하나다.* 결실과 삽입 돌연변이는 종종 사소하지 않은 결과를 낳고, 보통은 그 결

* 이보다 드물지만 다른 형태의 돌연변이들도 있다. 예를 들어, 아미노산 글루타민을 지정하는 코돈이 유전자 내에 여러 번 반복되는 돌연변이가 있다. 심지어 반복이 수십 번 이어질 때도 있다. 이런 돌연변이는 '폴리글루타민 확장 질병'을 낳는데, 가장 유명한 사례가 헌팅턴병이다. 하지만 이런 돌연변이는 극히 드물다.

과가 해롭지만, 이따금 오히려 그 덕분에 새롭고 흥미로운 단백질이 생겨날 수도 있다.

점 돌연변이로 돌아가자. 점 돌연변이 때문에 단백질의 아미노산 하나가 치환되었는데, 바뀐 아미노산은 정확한 아미노산과는 좀 다르게 작동한다고 하자. 단백질은 여전히 제기능을 할 테지만, 어쩌면 약간 더 빠르게 혹은 더 느리게 작동할지도 모른다. 그리고 이것은 진화적 변화의 재료가 될 수 있다. 만약 새 버전의 단백질이 불리하게 작용한다면, 즉 그것을 가진 개체의 재생산 성공률을 낮춘다면, 그것은 차츰 집단에서 제거된다. 만약 새 버전이 더 유리하게 작용한다면, 그것은 차츰 집단에서 옛 버전을 대체하게 된다. 혹은 새 버전이 어떤 환경에서는 원본보다 더 좋게 작용하지만 다른 상황에서는 더 나쁘게 작용하는 경우도 있다. 그럴 때는 집단 내에서 두 버전이 평형을 이룰지도 모른다. 인구의 일부는 옛 버전을 갖고 있고 나머지는 새 버전을 갖고 있게 되는 것이다. 이때 우리는 특정 유전자에 서로 다른 두 형태 혹은 변이형 혹은 '대립유전자'가 있다고 말한다. 대부분의 유전자는 여러 개의 대립유전자가 있다. 유전자의 기능에 개인차가 있는 것이 이 때문이다(이 주제는 8장에서 더 복잡한 수준으로 살펴보겠다).

마지막으로, 유전학에 관한 두 가지 유명한 명제가 일으키는 혼동을 정리하고 넘어가자. 첫번째는 평균적으로 (일란성 쌍둥이가 아닌) 형제자매는 유전자의 50%를 공유한다는 명제다.* 두번째는 인간이 침팬지와 유전자의 98%를 공유한다는 명제다. 그러면 우리는 제 형제자매보다 침팬지와 더 가까운 사이라는 말인가? 아니다. 인간과 침팬지를 비교한 것은 형질의 종류를 비교한 것이다. 두 종은 가령 눈이나 근육 섬유나 도파민 수용체에 관련된 형질을 부호화한 유전자들을 공통적으로 갖고 있고, 가령 아가미나 더듬이나 꽃잎에 관련된 유전자들은 갖고 있지 않다. 이 차원에서 비교할 때 유전자의 98%가 겹친다는 말이다. 반면 두 인간을 비교하는 것은 형질의 **형태**를

---

* 부모와 자식도 유전자의 50%를 공유한다. 한편 부모 중 한 명만 같은 의붓형제자매나 이복형제자매는 유전자의 25%를 공유하고, 조부모와 손주도 25%를 공유한다.

비교하는 것이다. 어떤 두 사람은 가령 눈 색깔이라는 형질에 관련된 유전자를 당연히 공통적으로 갖고 있을 텐데, 더 나아가 그들의 그 유전자가 같은 눈 색깔을 부호화한 버전일까? 혈액형, 도파민 수용체 종류 등등도 마찬가지다. 이 차원에서 비교할 때 우리는 형제자매와 유전자의 50%가 겹친다.

주에 쓰인 약자

숲 여러 개에 해당할 양의 종이를 아끼기 위해서, 논문의 저자는 한두 명만 언급했다. 아래 약자를 학술지의 제목 혹은 제목 속 단어를 대신해서 썼다.

AEL: *Applied Economics Letter*. AGP: *Archives of General Psychiatry*. Am: American. AMFP: *American Journal of Forensic Psychology*. Ann: Annual. ANYAS: *Annals of the New York Academy of Sciences*. Arch: Archives of. ARSR: *Annual Review of Sex Research*. BBR: *Behavioral Brain Research*. BBS: *Behavioral and Brain Science*. Behav: Behavior 또는 Behavioral. Biol: Biology 또는 Biological. Biol Lett: *Biology Letter*. BP: *Biological Psychiatry*. Brit: British. Bull: Bulletin. Clin: Clinical. Cog: Cognitive 또는 Cognition. Comp: Comparative. Curr: Current. Dir: Directions in. EHB: *Evolution and Human Behavior*. Endo: Endocrinology. Evol: Evolution. Eur: European. Exp: Experimental. Front: Frontiers in. Horm Behav: *Hormones and Behavior*. Hum: Human. Int: International. J: Journal 또는 Journal of. JAMA: *Journal of the American Medical Association*. JCP: *Journal of Comparative Psychology*. JEP: *Journal of Economic Psychology*. JESP: *Journal of Experimental and Social Psychology*. JPET: *Journal of Pharmacology and Experimental Therapeutics*. JPSP: *Journal of Personality and Social Psychology*. JSS: *Journal of Sports Sciences*. Med: Medical 또는 Medicine. Mol: Molecular.

Nat: Nature. NEJM: *New England Journal of Medicine*. Neurobiol: Neurobiology. Neurol: Neurology. Nsci: Neuroscience 또는 Neurosciences. Nsci Biobehav Rev: *Neuroscience and Biobehavioral Reviews*. PLoS: *Public Library of Science*. PNAS: *Proceedings of the National Academy of Science, USA*. PNE: *Psychoneuroendocrinology*. Primat: Primatology. Proc: Proceedings of the. Prog: Progress in. PSPB: *Personality and Social Psychology Bulletin*. PSPR: *Personality and Social Psychology Review*. Psych: Psychology 또는 Psychological. Rep: Report 또는 Reports. Res: Research. Rev: Review 또는 Reviews. SCAN: *Social, Cognitive and Affective Neuroscience*. Sci: Science 또는 Sciences. Sci Am: *Scientific American*. Soc: Society 또는 Social. TICS: *Trends in Cognitive Sciences*. TIEE: *Trends in Ecology and Evolution*. TIGS: *Trends in Genetic Sciences*. TINS: *Trends in Neuroscience*.

주

서문

1. R. Byrne, "Game 21 Adjourned as Thrust and Parry Give Way to Melee," *New York Times*, December 20, 1990.

2. 이어지는 두 가지 '쉬운' 주제에 대해서: M. Winklhofer, "An Avian Magnetometer," *Sci* 336 (2012): 991; 그리고 L. Kow and D. Pfaff, "Mapping of Neural and Signal Transduction Pathways for Lordosis in the Search for Estrogen Actions on the Central Nervous System," *BBR* 92 (1998): 169.

3. J. Watson, *Behaviorism*, 2nd ed. (New York: Norton, 1930).

4. 각주: J. Todd and E. Morris, eds., *Modern Perspectives on John B. Watson and Classical Behaviorism* (Westport, CT: Greenwood Press, 1994); H. Link, *The New Psych of Selling and Advertising* (New York: Macmillan, 1932).

5. E. Moniz, 다음에 인용됨: T. Szasz, *Schizophrenia: The Sacred Symbol of Psychiatry* (Syracuse, NY: Syracuse University Press, 1988).

6. K. Lorenz, 다음에 인용됨: R. Learner, *Final Solutions: Biology, Prejudice, and Genocide* (University Park: Penn State Press, 1992).

7. 로렌츠의 나치 시절 활동에 대한 논의: B. Sax, "What is a 'Jewish Dog'? Konrad Lorenz and the Cult of Wildness," *Soc and Animals* 5 (1997): 3; U. Deichman, *Biologists Under Hitler* (Cambridge MA: Harvard University Press, 1999); 그리고 B. Müller-Hill, *Murderous Science: Elimination by Scientific Selection of Jews, Gypsies, and Others, Germany 1933-1945* (Oxford, UK: Oxford University Press).

8. 웰즐리 효과를 처음 보고한 사람은 시카고대학교의 마사 매클린톡이었다. M. McClintock, "Menstrual Synchrony and Suppression," *Nat* 229 (1971): 244. 웰즐리 효과는 많은 실험에서 재현되었지만 재현되지 않은 경우도 더러 있었는데, 그 내용은 다음에 요약되어 있다. H. Wilson, "A Critical Review of Menstrual Synchrony Research," *PNE* 17 (1992): 565. 앞 논문의 비판에 대한 비판: M. McClintock, "Whither Menstrual Synchrony?" *ARSR* 9 (1998): 77.

9. V. S. Naipaul, *Among the Believers: An Islamic Journey* (New York: Vintage Books,

1992). 또한 행동생물학이라는 분야 전체의 최고 저작으로는 이 책을 보라. M. Konner, *The Tangled Wing: Biological Constraints on the Human Spirit* (New York: Henry Holt, 2003). 인간의 사회적 행동의 생물학을 다룬 책으로서 지금까지 출간된 것 중 최고인 이 책은 정교하고, 섬세하고, 교조적이지 않으며, 글이 훌륭하다. 저자인 인류학자 겸 의사 멜 코너가 내 대학생 시절 지도교수였던 것은 크나큰 행운이었다. 멜은 내 인생에 지적으로 누구보다도 큰 영향을 미쳤다. 멜을 아는 사람이라면, 이 책 구석구석에서 멜의 지적 영향을 알아볼 것이다.

1장

1. 각주: F. Gervasi, *The Life and Times of Menachem Begin* (New York: Putnam, 2009).
2. 이 종류들의 구별에 대해서: K. Miczek et al., "Neurosteroids, GABAA Receptors, and Escalated Aggressive Behavior," *Horm Behav* 44 (2003): 242; 그리고 S. Motta et al., "Dissecting the Brain's Fear System Reveals That the Hypothalamus Is Critical for Responding in Subordinate Conspecific Intruders," *PNAS* 106 (2009): 4870.
3. 소년병이었거나 집단학살 가해자였던 사람들이 잔혹 행위를 수행함으로써 외상후스트레스장애 증상을 억누를 수 있다는 것을 확인한 우울한 연구가 소수이지만 있었다. R. Weierstall et al., "When Combat Prevents PTSD Symptoms: Results from a Survey with Former Child Soldiers in Northern Uganda," *BMC Psychiatry* 12 (2012): 41; R. Weierstall et al., "The Thrill of Being Violent as an Antidote to Posttraumatic Stress Disorder in Rwandese Genocide Perpetrators," *Eur J Psychotraumatology* 2 (2011): 6345; V. Nell, "Cruelty's Rewards: The Gratifications of Perpetrators and Spectators," *BBS* 29 (2006): 211; T. Elbert et al., "Fascination Violence: On Mind and Brain of Man Hunters," *Eur Arch Psychiatry and Clin Nsci* 260 (2010): S100.
4. B. Oakley et al., *Pathological Altruism* (Oxford: Oxford University Press, 2011).
5. L. MacFarquhar, "The Kindest Cut," *New Yorker*, July 27, 2009, p. 38.
6. 각주: 대리인에 의한 뮌하우젠 증후군에 관한 상세한 소개는 다음을 보라. R. Sapolsky, "Nursery Crimes," in *Monkeyluv and Other Essays on Our Lives as Animals* (New York: Simon and Schuster/Scribner, 2005).
7. J. King et al., "Doing the Right Thing: A Common Neural Circuit for Appropriate Violent of Compassion Behavior," *NeuroImage* 30 (2006): 1069.

2장

1. 매클린의 발견과 생각이 정리된 책: P. MacLean, *The Triune Brain in Evolution* (New York: Springer, 1990).
2. A. Damasio, *Descartes' Error: Emotion, Reason, and the Human Brain* (New York: Putnam, 1994; Penguin, 2005).
3. W. Nauta, "The Problem of the Frontal Lobe: A Reinterpretation," *J Psychiatric Res* 8 (1971): 167; W. Nauta and M. Feirtag, "The Organization of the Brain," *Sci Am* 241 (1979): 88.
4. R. Nelson and B. Trainor, "Neural Mechanisms of Aggression," *Nat Rev Nsci* 8 (2007): 536.
5. 인간의 편도체 손상이 내는 효과에 대해서는 다음을 더 참고하라. A. Young et al., "Face Processing Impairments After Amygdalotomy," *Brain* 118 (1995): 15; H. Narabayashi et al., "Stereotaxic Amygdalotomy for Behavior Disorders," *Arch Neurol* 9 (1963): 1; V. Balasubramaniam and T. Kanaka, "Amygdalotomy and Hypothalamotomy: A Comparative Study," *Confinia Neurologia* 37 (1975): 195; R. Heimburger et al., "Stereotaxic Amygdalotomy for Epilepsy with Aggressive Behavior," *JAMA* 198 (1966): 741; B. Ramamurthi, "Stereotactic Operation in Behavior Disorders: Amygdalotomy and Hypothalamotomy," *Acta Neurochirurgica (Wien)* 44 (1988): 152; G. Lee et al., "Clinical and Physiological Effects of Stereotaxic Bilateral Amygdalotomy for Intractable Aggression," *J Neuropsychiatry and Clin Nsci* 10 (1998): 413; E. Hitchcock and V. Cairns, "Amygdalotoy," *Postgraduate Med J* 49 (1973): 894; and M. Mpakopoulou et al., "Streotactic Amygdalotomy in the Management of Severe Aggressive Behavioral Disorders," *Neurosurgical Focus* 25 (2008): E6.
6. 편도체 절제술을 둘러싼 정치적 논쟁을 다룬 논문들도 있다. V. Mark et al., "Role of Brain Disease in Riots and Urban Violence," *JAMA* 201 (1967): 217; P. Breggin, "Psychosurgery for Political Purposes," *Duquesne Law Rev* 13 (1975): 841; E. Valenstein, *Great and Desperate Cures: The Rise and Decline of Psychosurgery and Other Radical Treatments for Mental Illness* (New York: Basic Books 2010).
7. C. Holden, "Fuss over a Terrorist's Brain," *Sci* 298 (2002): 1551.
8. D. Eagleman, "The Brain of Trial," *Atlantic*, June 7, 2011; G. Lavergne, *A Sniper in the Tower* (Denton: University of North Texas Press, 1997); H. Hylton, "Texas

Sniper's Brother John Whitman Shot," *Palm Beach Post*, July 5, 1973, p. A1.

9. 공포에서 공격성이 맡는 역할에 대해서는 다음의 탁월한 책에 잘 설명되어 있다. J. LeDoux, *The Emotional Brain: The Mysterious Underpinnings of Emotional Life* (New York: Simon and Schuster, 1998).

10. N. Kalin et al., "The Role of the Central Nucleus of the Amygdala in Mediating Fear and Anxiety in the Primate," *J Nsci* 24 (2004): 5506; T. Hare et al., "Contributions of Amygdala and Striatal Activity in Emotion Regulation," *BP* 57 (2005): 624; D. Zald, "The Human Amygdala and the Emotional Evaluation of Sensory Stimuli," *Brain Res Rev* 41 (2003): 88.

11. D. Mobbs et al., "When Fear Is Near: Threat Imminence Elicits Prefrontal-Periaqueductal Gray Shifts in Humans," *Sci* 317 (2007): 1079.

12. G. Berns, "Neurobiological Substrates of Dread," *Sci* 312 (2006): 754. 인간의 공포에서 편도체의 역할에 대한 추가 논문들: R. Adolphs et al., "Impaired Recognition of Emotion in Facial Expressions Following Bilateral Damage to the Human Amygdala," *Nat* 372 (1994): 669; A. Young et al., "Face Processing Impairments After Amygdalotomy," *Brain* 118 (1995): 15; J. Feinstein et al., "The Human Amygdala and the Induction and Experience of Fear," *Curr Biol* 21 (2011): 34; A. Bechara et al., "Double Dissociation of Conditioning and Declarative Knowledge Relative to the Amygdala and Hippocampus in Humans," *Sci* 269 (1995): 1115.

13. A. Gilboa et al., "Functional Connectivity of the Prefrontal Cortex and the Amygdala in PTSD," *BP* 55 (2004): 263.

14. M. Hsu et al., "Neural Systems Responding to Degrees of Uncertainty in Human Decision-Making," *Sci* 310 (2006): 1680; J. Rilling et al., "The Neural Correlates of Mate Competition in Dominant Male Rhesus Macaques," *BP* 56 (2004): 364.

15. C. Zink et al., "Know Your Place: Neural Processing of Social Hierarchy in Humans," *Neuron* 58 (2008): 273; M. Freitas-Ferrari et al., "Neuroimaging in Social Anxiety Disorder: A Systematic Review of the Literature," *Prog Neuro-Psychopharmacology and Biol Psychiatry* 34 (2010): 565.

16. G. Berns et al., "Neurobiological Correlates of Social Conformity and Independence During Mental Rotation," *BP* 58 (2005): 245.

17. K. Tye et al., "Amygdala Circuitry Mediating Reversible and Bidirectional Control of Anxiety," *Nat* 471 (2011): 358; S. Kim et al., "Differing Neural Pathways Assemble a Behavioral State from Separable Features in Anxiety," *Nat*

496 (2013): 219.

18. J. Ipser et al., "Meta-analysis of Functional Brain Imaging in Specific Phobia," *Psychiatry and Clin Nsci* 67 (2013): 311; U. Lueken, "Neural Substrates of Defensive Reactivity in Two Subtypes of Specific Phobia," *SCAN* 9 (2013): 11; A. Del Casale et al., "Functional Neuroimaging in Specific Phobia," *Psychiatry Res* 202 (2012): 181; J. Feinstein et al., "Fear and Panic in Humans with Bilateral Amygdala Damage," *Nat Nsci* 16 (2013): 270.
19. M. Cook and S. Mineka, "Selective Association in the Observational Conditioning of Fear in Rhesus Monkeys," *J Exp Psych and Animal Behav Processes* 16 (1990): 372; S. Mineka and M. Cook, "Immunization Against the Observational Conditioning of Snake Fear in Rhesus Monkeys," *J Abnormal Psych* 95 (1986): 307.
20. S. Rodrigues et al., "Molecular Mechanisms Underlying Emotional Learning and Memory in the Lateral Amygdala," *Neuron* 44 (2004): 75; J. Johansen et al., "Optical Activation of Lateral Amygdala Pyramidal Cells Instructs Associative Fear Learning," *PNAS* 107 (2010): 12692; S. Rodrigues et al., "The Influence of Stress Hormones on Fear Circuitry," *Ann Rev of Nsci* 32 (2009): 289; S. Rumpel et al., "Postsynaptic Receptor Trafficking Underlying a Form of Associative Learning," *Sci* 308 (2005): 83.
이 분야의 다른 연구들: C. Herry et al., "Switching On and Off Fear by Distinct Neuronal Circuits," *Nat* 454 (2008): 600; S. Maren and G. Quirk, "Neuronal Signaling of Fear Memory," *Nat Rev Nsci* 5 (2004): 844; S. Wolff et al., "Amygdala Interneuron Subtypes Control Fear Learning Through Disinhibition," *Nat* 509 (2014): 453; R. LaLumiere, "Optogenetic Dissection of Amygdala Functioning," *Front Behav Nsci* 8 (2014): 1.
21. T. Amano et al., "Synaptic Correlates of Fear Extinction in the Amygdala," *Nat Nsci* 13 (2010): 489; M. Milad and G. Quirk, "Neurons in Medial Prefrontal Cortex Signal Memory for Fear Extinction," *Nat* 420 (2002): 70; E. Phelps et al., "Extinction Learning in Humans: Role of the Amygdala and vmPFC," *Neuron* 43 (2004): 897; S. Ciocchi et al., "Encoding of Conditioned Fear in Central Amygdala Inhibitory Circuits," *Nat* 468 (2010): 277; W. Haubensak et al., "Genetic Dissection of an Amygdala Microcircuit That Gates Conditioned Fear," *Nat* 468 (2010): 270.
22. K. Gospic et al., "Limbic Justice: Amygdala Involvement in Immediate

Rejections in the Ultimatum Game," *PLoS ONE* 9 (2011): e1001054; B. De Martino et al., "Frames, Biases, and Rational Decision-Making in the Human Brain," *Sci* 313 (2006): 684; A. Bechara et al., "Role of the Amygdala in Decision-Making," *ANYAS* 985 (2003): 356; B. De Martino et al., "Amygdala Damage Eliminates Monetary Loss Aversion," *PNAS* 107 (2010): 3788; J. Van Honk et al., "Generous Economic Investments After Basolateral Amygdala Damage," *PNAS* 110 (2013): 2506.
23. R. Adolphs et al., "The Human Amygdala in Social Judgment," *Nat* 393 (1988): 470.
24. D. Zald, "The Human Amygdala and the Emotional Evaluation of Sensory Stimuli," *Brain Res Rev* 41 (2003): 88; C. Saper, "Animal Behavior: The Nexus of Sex and Violence," *Nat* 470 (2011): 179; D. Lin et al., "Functional Identification of an Aggression Locus in Mouse Hypothalamus," *Nat* 470 (2011): 221; M. Baxter and E. Murray, "The Amygdala and Reward," *Nat Rev Nsci* 3 (2002): 563.
긍정적 자극이 편도체를 활성화하는 다른 영역들: S. Aalto et al., "Neuroanatomical Substrate of Amusement and Sadness: A PET Activation Study Using Film Stimuli," *Neuroreport* 13 (2002): 67~73; T. Uwano et al., "Neuronal Responsiveness to Various Sensory Stimuli, and Associative Learning in the Rat Amygdala," *Nsci* 68 (1995): 339; K. Tye and P. Janak, "Amygdala Neurons Differentially Encode Motivation and Reinforcement," *J Nsci* 27 (2007): 3937; G. Schoenbaum et al., "Orbitofrontal Cortex and Basolateral Amygdala Encode Expected Outcomes During Learning," *Nat Nsci* 1 (1998): 155; I. Aharon et al., "Beautiful Faces Have Variable Reward Value: fMRI and Behavioral Evidence," *Neuron* 32 (2001): 537.
25. P. Janak and K. Tye, "From Circuits to Behavior in the Amygdala," *Nat* 517 (2015): 284.
26. J. LeDoux, "Coming to Terms with Fear," *PNAS* 111 (2014): 2871; J. LeDoux, "The Amygdala," *Curr Biol* 17 (2007): R868; K. Tully et al., "Norepinephrine Enables the Induction of Associative LTP at Thalamo-Amygdala Synapses," *PNAS* 104 (2007): 14146.
27. T. Rizvi et al., "Connection Between the Central Nucleus of the Amygdala and the Midbrain Periaqueductal Gray: Topography and Reciprocity," *J Comp Neurol* 303 (1991): 121; E. Kim et al., "Dorsal Periaqueductal Gray-Amygdala Pathway Conveys Both Innate and Learned Fear Responses in Rats," *PNAS* 110 (2013): 14795; C. Del-Ben and F. Graeff, "Panic Disorder: Is the PAG Involved?" *Neural*

Plasticity 2009 (2009): 108135; P. Petrovic et al., "Context Dependent Amygdala Deactivation During Pain," *Neuroimage* 13 (2001): S457; J. Johnson et al., "Neural Substrates for Expectation-Modulated Fear Learning in the Amygdala and Periaqueductal Gray," *Nat Nsci* 13 (2010): 979; W. Yoshida et al., "Uncertainty Increases Pain: Evidence for a Novel Mechanism of Pain Modulation Involving the Periaqueductal Gray," *J Nsci* 33 (2013): 5638.

28. T. Heatherton, "Neuroscience of Self and Self-Regulation," *Ann Rev of Psych* 62 (2011): 363; K. Krendl et al., "The Good, the Bad, and the Ugly: An fMRI Investigation of the Functional Anatomic Correlates of Stigma," *Soc Nsci* 1 (2006): 5; F. Sambataro et al., "Preferential Responses in Amygdala and Insula During Presentation of Facial Contempt and Disgust," *Eur J Nsci* 24, (2006): 2355.
29. X. Liu et al., "Optogenetic Stimulation of a Hippocampal Engram Activates Fear Memory Recall," *Nat* 484 (2012): 381; T. Seidenbecher et al., "Amygdalar and Hippocampal Theta Rhythm Synchronization During Fear Memory Retrieval," *Sci* 301 (2003): 846; R. Redondo et al., "Bidirectional Switch of the Valence Associated with a Hippocampal Contextual Memory Engram," *Nat* 513 (2014): 426; E. Kirby et al., "Basolateral Amygdala Regulation of Adult Hippocampal Neurogenesis and Fear-Related Activation of Newborn Neurons," *Mol Psychiatry* 17 (2012): 527.
30. A. Gozzi, "A Neural Switch for Active and Passive Fear," *Neuron* 67 (2010): 656.
31. G. Aston-Jones and J. Cohen, "Adaptive Gain and the Role of the Locus Coeruleus-Norepinephrine System in Optimal Performance," *J Comp Neurol* 493 (2005): 99; M. Carter et al., "Tuning Arousal with Optogenetic Modulation of Locus Coeruleus Neurons," *Nat Nsci* 13 (2010): 1526.
32. D. Blanchard et al., "Lesions of Structures Showing FOS Expression to Cat Presentation: Effects on Responsivity to a Cat, Cat Odor, and Nonpredator Threat," *Nsci Biobehav Rev* 29 (2005): 1243.
33. G. Holstege, "Brain Activation During Human Male Ejaculation," *J Nsci* 23 (2003): 9185; H. Lee et al., "Scalable Control of Mounting and Attack by Ers1+ Neurons in the Ventromedial Hypothalamus," *Nat* 509 (2014): 627; D. Anderson, "Optogenetics, Sex, and Violence in the Brain: Implications for Psychiatry," *BP* 71 (2012): 1081.
34. K. Blair, "Neuroimaging of Psychopathy and Antisocial Behavior: A Targeted Review," *Curr Psychiatry Rep* 12 (2010): 76; K. Kiehl, *The Psychopath Whisperer:*

The Nature of Those Without Conscience (Woodland Hills, CA: Crown Books, 2014); M. Koenings et al., "Investigating the Neural Correlates of Psychopathy: A Critical Review," *Mol Psychiatry* 16 (2011): 792.

35. 충동성과 이마엽 겉질에 관하여, 특별히 훌륭한 고찰: J. Dalley et al., "Impulsivity, Compulsivity, and Top-Down Cognitive Control," *Neuron* 69 (2011): 680.
36. J. Rilling and T. Insel, "The Primate Neocortex in Comparative Perspective Using MRI," *J Hum Evol* 37 (1999): 191; R. Barton and C. Venditti, "Human Frontal Lobes Are Not Relatively Large," *PNAS* 110 (2013): 9001; Y. Zhang et al., "Accelerated Recruitment of New Brain Development Genes into the Human Genome," *PLoS Biol* 9 (2011): e1001179; G. Miller, "New Clues About What Makes the Human Brain Special," *Sci* 330 (2010): 1167; K. Semendeferi et al., "Humans and Great Apes Share a Large Frontal Cortex," *Nat Nsci* 5 (2002): 272; P. Schoenemann, "Evolution of the Size and Functional Areas of the Human Brain," *Ann Rev of Anthropology* 35 (2006): 379.
37. J. Allman et al., "The von Economo Neurons in the Frontoinsular and Anterior Cingulate Cortex," *ANYAS* 1225 (2011): 59; C. Butti et al., "Von Economo Neurons: Clinical and Evolutionary Perspective," *Cortex* 49 (2013): 312; H. Evrard et al., "Von Economo Neurons in the Anterior Insula of the Macaque Monkey," *Neuron* 74 (2012): 482.
38. E. Miller and J. Cohen, "An Integrative Theory of Prefrontal Cortex Function," *Ann Rev of Nsci* 24 (2001): 167.
39. V. Mante et al., "Context-Dependent Computation by Recurrent Dynamics in Prefrontal Cortex," *Nat* 503 (2013): 78. 이마엽 겉질이 작업 전환에 관여한다는 것을 보여주는 추가 사례들: S. Bunge, "How We Use Rules to Select Actions: A Review of Evidence from Cognitive Neuroscience," *SCAN* 4 (2004): 564; E. Crone et al., "Evidence for Separable Neural Processes Underlying Flexible Rule Use," *Cerebral Cortex* 16 (2005): 475; R. Passingham et al., "Specialisation Within the Prefrontal Cortex: The Ventral Prefrontal Cortex and Associative Learning," *Exp Brain Res* 133 (2000): 103; D. Liu et al., "Medial Prefrontal Activity During Delay Period Contributes to Learning of a Working Memory Task," *Sci* 346 (2014): 458.
40. J. Baldo et al., "Memory Performance on the California Verbal Learning Test-II: Finding from Patients with Focal Frontal Lesions," *J the Int Neuropsychological Soc* 8 (2002): 539.
41. D. Freedman, "Categorical Representation of Visual Stimuli in the Primate

Prefrontal Cortex," *Sci* 291 (2001): 312. 범주적 부호화의 더 많은 사례들: D. McNamee et al., "Category-Dependent and Category-Independent Goal-Value Codes in Human Ventromedial Prefrontal Cortex," *Nat Nsci* 16 (2013): 479; R. Schmidt et al., "Canceling Actions Involves a Race Between Basal Ganglia Pathways," *Nat Nsci* 16 (2013): 1118.

42. M. Histed et al., "Learning Subtracts in the Primate Prefrontal Cortex and Striatum: Sustained Activity Related to Successful Actions," *Neuron* 63 (2004): 244. 이마엽 겉질이 계속 규칙을 좇아야 한다는 것을 잘 보여주는 사례: D. Crowe et al., "Prefrontal Neurons Transmit Signals to Parietal Neurons That Reflect Executive Control of Cognition," *Nat Nsci* 16 (2013): 1484.

43. M. Rigotti et al., "The Importance of Mixed Selective in Complex Cognitive Tasks," *Nat* 497 (2013): 585; J. Cromer et al., "Representation of Multiple, Independent Categories in the Primate Prefrontal Cortex," *Neuron* 66 (2010): 796; M. Cole et al., "Global Connectivity of Prefrontal Cortex Predicts Cognitive Control and Intelligence," *J Nsci* 32 (2012): 8988.

44. L. Grossman et al., "Accelerated Evolution of the Electron Transport Chain in Anthropoid Primates," *Trends in Genetics* 20 (2004): 578.

45. J. W. De Fockert et al., "The Role of Working Memory in Visual Selective Attention," *Sci* 291 (2001): 1803; K. Vohs et al., "Making Choices Impairs Subsequent Self-Control: A Limited-Resource Account of Decision Making, Self-Regulation, and Active Initiative," *JPSP* 94 (2008): 883; K. Watanabe and S. Funahashi, "Neural Mechanisms of Dual-Task Interference and Cognitive Capacity Limitation in the Prefrontal Cortex," *Nat Nsci* 17 (2014): 601.

46. N. Meand et al., "Too Tired to Tell the Truth: Self-Control Resource Depletion and Dishonesty," *JESP* 45 (2009): 594; M. Hagger et al., "Ego Depletion and the Strength Model of Self-Control: A Meta-analysis," *Psych Bull* 136 (2010): 495; C. DeWall et al., "Depletion Makes the Heart Grow Less Helpful: Helping as a Function of Self-Regulatory Energy and Genetic Relatedness," *PSPB* 34 (2008): 1653; W. Hofmann et al., "And Deplete Us Not into Temptation: Automatic Attitudes, Dietary Restraint, and Self-Regulatory Resources as Determinants of Eating Behavior," *JESP* 43 (2007): 497.

47. 각주: M. Inzlicht and S. Marcora, "The Central Governor Model of Exercise Regulation Teaches Us Precious Little About the Nature of Mental Fatigue and Self-Control Failure," *Front Psych* 7 (2016): 656.

48. J. Fuster, "The Prefrontal Cortex–an Update: Time Is of the Essence," *Neuron* 30 (2001): 319.
49. K. Yoshida et al., "Social Error Monitoring in Macaque Frontal Cortex," *Nat Nsci* 15 (2012): 1307; T. Behrens et al., "Associative Learning of Social Value," *Nat* 456 (2008): 245.
50. R. Dunbar, "The Social Brain Meets Neuroimaging," *TICS* 16 (2011): 101; K. Bickart et al., "Intrinsic Amygdala-Cortical Functional Connectivity Predicts Social Network Size in Humans," *J Nsci* 32 (2012): 14729; K. Bickart, "Amygdala Volume and Social Network Size in Humans," *Nat Nsci* 14 (2010): 163; R. Kanai et al., "Online Social Network Size Is Reflected in Human Brain Structure," *Proc Royal Soc B* 279 (2012): 1327; F. Amici et al., "Fission-Fusion Dynamics, Behavioral Flexibility, and Inhibitory Control in Primates," *Curr Biol* 18 (2008): 1415. 까마귀과에게서 확인된 비슷한 발견: A. Bond et al., "Serial Reversal Learning and the Evolution of Behavioral Flexibility in Three Species of North American Corvids *(Gymnorhinus cyanocephalus, Nucifraga columbiana, Aphelocoma californica)*," *JCP* 121 (2007): 372.
51. P. Lewis et al., "Ventromedial Prefrontal Volume Predicts Understanding of Others and Social Network Size," *Neuroimage* 57 (2011): 1624; J. Sallet et al., "Social Network Size Affects Neural Circuits in Macaques," *Sci* 334 (2011): 697.
52. J. Harlow, "Recovery from the Passage of an Iron Bar Through the Head," *Publication of the Massachusetts Med Soc* 2 (1868): 327; H. Damasio et al., "The Return of Phineas Gage: Clues About the Brain from the Skull of a Famous Patient," *Sci* 264 (1994): 1102; P. Ratiu and I. Talos, "The Tale of Phineas Gage, Digitally Remastered," *NEJM* 351 (2004): e21; J. Van Horn et al., "Mapping Connectivity Damage in the Case of Phineas Gage," *PLoS ONE* 7 (2012): e37454; M. Macmillan, *An Odd Kind of Fame: Stories of Phineas Gage* (Cambridge, MA: MIT Press, 2000); J. Jackson, "Frontis, and Nos. 949-51," in *A Descriptive Catalog of the Warren Anatomical Museum*, reproduced in Macmillan, *An Odd Kind of Fame*. 게이지의 사진들은 다음에서 가져왔다. J. Wilgus and B. Wilgus, "Face to Face with Phineas Gage," *J the History of the Nsci* 18 (2009): 340.
53. W. Seeley et al., "Early Frontotemporal Dementia Targets Neurons Unique to Apes and Humans," *Annals of Neurol* 60 (2006): 660; R. Levenson and B. Miller, "Loss of Cells, Loss of Self: Frontotemporal Lobar Degeneration and Human Emotion," *Curr Dir Psych Sci* 16 (2008): 289.

54. U. Voss et al., "Induction of Self Awareness in Dreams Through Frontal Low Curr Stimulation of Gamma Activity," *Nat Nsci* 17 (2014): 810; J. Georgiadis et al., "Regional Cerebral Blood Flow Changes Associated with Clitorally Induced Orgasm in Healthy Women," *Eur J Nsci* 24 (2006): 3305.
55. A. Glenn et al., "Antisocial Personality Disorder: A Current Review," *Curr Psychiatry Rep* 15 (2013): 427; N. Anderson and K. Kiehl, "The Psychopath Magnetized: Insights from Brain Imaging," *TICS* 16 (2012): 52; L. Mansnerus, "Damaged Brains and the Death Penalty," *New York Times*, July 21, 2001, p. B9; M. Brower and B. Price, "Neuropsychiatry of Frontal Lobe Dysfunction in Violent and Criminal Behaviour: A Critical Review," *J Neurol, Neurosurgery & Psychiatry* 71 (2001): 720.
56. J. Greene et al., "The Neural Bases of Cognitive Conflict and Control in Moral Judgement," *Neuron* 44 (2004): 389; S. McClure et al., "Separate Neural Systems Value Immediate and Delayed Monetary Rewards," *Sci* 306 (2004): 503.
57. A. Barbey et al., "Dorsolateral Prefrontal Contributions to Human Intelligence," *Neuropsychologia* 51 (2013): 1361.
58. D. Knock et al., "Diminishing Reciprocal Fairness by Disrupting the Right Prefrontal Cortex," *Sci* 314 (2006): 829.
59. D. Mobbs et al., "A Key Role for Similarity in Vicarious Reward," *Sci* 324 (2009): 900; P. Janata et al., "The Cortical Topography of Tonal Structures Underlying Western Music," *Sci* 298 (2002): 2167; M. Balter, "Study of Music and the Mind Hits a High Note in Montreal," *Sci* 315 (2007): 758.
60. J. Saver and A. Damasio, "Preserved Access and Processing of Social Knowledge in a Patient with Acquired Sociopathy Due to Ventromedial Frontal Damage," *Neuropsychologia* 29 (1991): 1241; M. Donoso et al., "Foundations of Human Reasoning in the Prefrontal Cortex," *Sci* 344 (2014): 1481; T. Hare, "Exploiting and Exploring the Options," *Sci* 344 (2014): 1446; T. Baumgartner et al., "Dorsolateral and Ventromedial Prefrontal Cortex Orchestrate Normative Choice," *Nat Nsci* 14 (2011): 1468; A. Bechara, "The Role of Emotion in Decision-Making: Evidence from Neurological Patients with Orbitofrontal Damage," *Brain and Cog* 55 (2004): 30.
61. A. Damasio, *The Feeling of What Happens: Body and Emotion in the Making of Consciousness* (Boston: Harcourt, 1999).
62. M. Koenigs et al., "Damage to the Prefrontal Cortex Increases Utilitarian

Moral Judgments," *Nat* 446 (2007): 865; B. Thomas et al., "Harming Kin to Save Strangers: Further Evidence for Abnormally Utilitarian Moral Judgments After Ventromedial Prefrontal Damage," *J Cog Nsci* 23 (2011): 2186.

63. A. Bechara et al., "Deciding Advantageously Before Knowing the Advantageous Strategy," *Sci* 275 (1997): 1293; A. Bechara et al., "Insensitivity to Future Consequences Following Damage to Human Prefrontal Cortex," *Cog* 50 (1994): 7.

64. L. Young et al., "Damage to Ventromedial Prefrontal Cortex Impairs Judgment of Harmful Intent," *Neuron* 25 (2010): 845.

65. C. Limb and A. Braun, "Neural Substrates of Spontaneous Musical Performance: An fMRI Study of Jazz Improvisation," *PLoS ONE* 3 (2008): e1679; C. Salzman and S. Fusi, "Emotion, Cognition, and Mental State Representation in Amygdala and Prefrontal Cortex," *Ann Rev of Nsci* 33 (2010): 173.

66. J. Greene et al., "An fMRI Investigation of Emotional Engagement in Moral Judgment," *Sci* 293 (2001): 2105; J. Greene et al., "The Neural Bases of Cognitive Conflict and Control in Moral Judgment," *Neuron* 44 (2004): 389~400; J. Greene, *Moral Tribes: Emotion, Reason, and the Gap Between Us and Them* (New York: Penguin, 2013).

67. J. Peters et al., "Induction of Fear Extinction with Hippocampal-Infralimbic BDNF," *Sci* 328 (2010): 1288; M. Milad and G. Quirk, "Neurons in Medial Prefrontal Cortex Signal Memory for Fear Extinction," *Nat* 420 (2002): 70; M. Milad and G. Quirk, "Fear Extinction as a Model for Translational Neuroscience: Ten Years of Progress," *Ann Rev of Psych* 63 (2012): 129; C. Lai et al., "Opposite Effects of Fear Conditioning and Extinction on Dendritic Spine Remodeling," *Nat* 483 (2012): 87. 이 과정에 안쪽이마앞엽 겉질과 바닥가쪽편도체가 둘 다 관여할지도 모른다는 것을 보여준 최근 연구: A. Adhikari et al., "Basomedial Amygdala Mediates Top-Down Control of Anxiety and Fear," *Nat* 527 (2016): 179.

68. K. Ochsner et al., "Rethinking Feelings: An fMRI Study of the Cognitive Regulation of Emotion," *J Cog Nsci* 14 (2002): 1215; G. Sheppes and J. Gross, "Is Timing Everything? Temporal Considerations in Emotion Regulation," *PSPR* 15 (2011): 319; G. Sheppes and Z. Levin, "Emotion Regulation Choice: Selecting Between Cognitive Regulation Strategies to Control Emotion," *Front Human Neurosci* 7 (2013): 179; J. Gross, "Antecedent- and Response-Focused Emotion Regulation: Divergent Consequences for Experience, Expression, and Physiology," *JPSP* 74 (1998): 224; J. Gross, "Emotion Regulation: Affective,

Cognitive, and Social Consequences," *Psychophysiology* 39 (2002): 281; K. Ochsner and J. Gross, "The Cognitive Control of Emotion," *TICS* 9 (2005): 242.

69. M. Lieberman et al., "The Neural Correlates of Placebo Effects: A Disruption Account," *NeuroImage* 22 (2004): 447; P. Petrovic et al., "Placebo and Opioid Analgesia: Imaging a Shared Neuronal Network," *Sci* 295 (2002): 1737.

70. J. Beck, *Cognitive Behavior Therapy*, 2nd edition (New York: Guilford Press, 2011); P. Goldin et al., "Cognitive Reappraisal Self-Efficacy Mediates the Effects of Individual Cognitive-Behavioral Therapy for Social Anxiety Disorders," *J Consulting Clin Psych* 80 (2012): 1034.

71. A. Bechara et al., "Failure to Respond Autonomically to Anticipated Future Outcomes Following Damage to Prefrontal Cortex," *Cerebral Cortex* 6 (1996): 215; C. Martin et al., "The Effects of Vagus Nerve Stimulation on Decision-Making," *Cortex* 40 (2004): 605.

72. G. Bodenhausen et al., "Negative Affect and Social Judgment: The Differential Impact of Anger and Sadness," *Eur J Soc Psych* 24 (1994): 45; A. Sanfey et al., "The Neural Basis of Economic Decision-Making in the Ultimatum Game," *Sci* 300 (2003): 1755; K. Gospic et al., "Limbic Justice: Amygdala Involvement in Immediate Rejections in the Ultimatum Game," *PLoS ONE* 9 (2011): e1001054.

73. D. Wegner, "How to Think, Say, of Do Precisely the Worst Thing on Any Occasion," *Sci* 325 (2009): 58.

74. R. Davidson and S. Begley, *The Emotional Life of Your Brain* (New York: Hudson Street Press, 2011); A. Tomarken and R. Davidson, "Frontal Brain Activation in Repressors and Nonrepressors," *J Abnormal Psych* 103 (1994): 339.

75. A. Ito et al., "The Contribution of the Dorsolateral Prefrontal Cortex to the Preparation for Deception and Truth-Telling," *Brain Res* 1464 (2012): 43; S. Spence et al., "A Cognitive Neurobiological Account of Deception: Evidence from Functional Neuroimaging," *Philosophical Transactions of the Royal Soc London Series B* 359 (2004): 1755; I. Karton and T. Bachmann, "Effect of Prefrontal Transcranial Magnetic Stimulation on Spontaneous Truth-Telling," *BBR* 225 (2011): 209; Y. Yang et al., "Prefrontal White Matter in Pathological Liars," *Brit J Psychiatry* 187 (2005): 320.

76. D. Carr and S. Sesack, "Projections from the Rat Prefrontal Cortex to the Ventral Tegmental Area: Target Specificity in the Synaptic Associations with Mesoaccumbens and Mesocortical Neurons," *J Nsci* 20 (2000): 3864; M. Stefani

and B. Moghaddam, "Rule Learning and Reward Contingency Are Associated with Dissociable Patterns of Dopamine Activation in the Rat Prefrontal Cortex, Nucleus Accumbens, and Dorsal Striatum," *J Nsci* 26 (2006): 8810.

77. T. Danjo et al., "Aversive Behavior Induced by Optogenetic Inactivation of Ventral Tegmental Area Dopamine Neurons Is Mediated by Dopamine D2 Receptors in the Nucleus Accumbens," *PNAS* 111 (2014): 6455; N. Schwartz et al., "Decreased Motivation During Chronic Pain Requires Long-Term Depression in the Nucleus Accumbens," *Nat* 345 (2014): 535.
78. J. Cloutier et al., "Are Attractive People Rewarding? Sex Differences in the Neural Substrates of Facial Attractiveness," *J Cog Nsci* 20 (2008): 941; K. Demos et al., "Dietary Restraint Violations Influence Reward Responses in Nucleus Accumbens and Amygdala," *J Cog Nsci* 23 (2011): 1952.
79. 각주: R. Deaner et al., "Monkeys Pay per View: Adaptive Valuation of Social Images by Rhesus Macaques," *Curr Biol* 15 (2005): 543.
80. V. Salimpoor et al., "Interactions Between the Nucleus Accumbens and Auditory Cortices Predicts Music Reward Value," *Sci* 340 (2013): 216; G. Berns and S. Moore, "A Neural Predictor of Cultural Popularity," *J Consumer Psych* 22 (2012): 154; S. Erk et al., "Cultural Objects Modulate Reward Circutry," *Neuroreport* 13 (2002): 2499.
81. A. Sanfey et al., "The Neural Basis of Economic Decision-Making in the Ultimatum Game," *Sci* 300 (2003): 1755. 다음도 참고하라. J. Moll et al., "Human Front-Mesolimbic Networks Guide Decisions About Charitable Donation," *PNAS* 103 (2006): 15623; W. Harbaugh et al., "Neural Responses to Taxation and Voluntary Giving Reveal Motives for Charitable Donations," *Sci* 316 (2007): 1622.
82. D. De Quervain et al., "The Neural Basis of Altruistic Punishment," *Sci* 305 (2004): 1254; B. Knutson, "Sweet Revenge?" *Sci* 305 (2004): 1246.
83. M. Delgado et al., "Understanding Overbidding: Using the Neural Circuitry of Reward to Design Economic Auctions," *Sci* 321 (2008): 1849; E. Maskin, "Can Neural Data Improve Economics?" *Sci* 321 (2008): 1788.
84. H. Takahashi et al., "When Your Gain Is My Pain and Your Pain Is My Gain: Neural Correlates of Envy and Schadenfreude," *Sci* 323 (2009): 890; K. Fliessbach et al., "Social Comparison Affects Reward-Related Brain Activity in the Human Ventral Striatum," *Sci* 318 (2007): 1305.
85. W. Schultz, "Dopamine Signals for Reward Value and Risk: Basic and Recent

Data," *Behav and Brain Functions* 6 (2010): 24.
86. J. Cooper et al., "Available Alternative Incentives Modulate Anticipatory Nucleus Accumbens Activation," *SCAN* 4 (2009): 409; D. Levy and P. Glimcher, "Comparing Apples and Oranges: Using Reward-Specific and Reward-General Subjective Value Representation in the Brain," *J Nsci* 31 (2011): 14693.
87. P. Tobler et al., "Adaptive Coding of Reward Value by Dopamine Neurons," *Sci* 307 (2005): 1642.
88. W. Schultz, "Dopamine Signals for Reward Value and Risk: Basic and Recent Data," *Behav and Brain Functions* 6 (2010): 24; J. Cohen et al., "Neuron-Type-Specific Signals for Reward and Punishment in the Central Tegmental Area," *Nat* 482 (2012): 85; J. Hollerman and W. Schultz, "Dopamine Neurons Report an Error in the Temporal Prediction of Reward During Learning," *Nat Nsci* 1 (1998): 304; A. Brooks et al., "From Bad to Worse: Striatal Coding of the Relative Value of Painful Decisions," *Front Nsci* 4 (2010): 1.
89. B. Knutson et al., "Neural Predictors of Purchases," *Neuron* 53 (2007): 147.
90. P. Sterling, "Principles of Allostasis: Optimal Design, Predictive Regulation, Pathophysiology and Rational Therapeutics," in *Allostasis, Homeostasis, and the Costs of Adaptation*, ed. J. Schulkin (Cambridge, MA: MIT Press, 2004).
91. B. Knutson et al., "Anticipation of Increasing Monetary Reward Selectively Recruits Nucleus Accumbens," *J Nsci* 21 (2001): RC159.
92. G. Stuber et al., "Reward-Predictive Cues Enhance Excitatory Synaptic Strength onto Midbrain Dopamine Neurons," *Sci* 321 (2008): 1690; A. Luo et al., "Linking Context with Reward: A Functional Circuit from Hippocampal CA3 to Ventral Tegmental Area," *Sci* 33 (2011): 353; J. O'Doherty, "Reward Representations and Reward-Related Learning in the Human Brain: Insights from Neuroimaging," *Curr Opinions in Neurobiol* 14 (2004): 769; M. Cador et al., "Involvement of the Amygdala in Stimulus-Reward Associations: Interaction with the Ventral Striatum," *Nsci* 30 (1989): 77; J. Britt et al., "Synaptic and Behavioral Profile of Multiple Glutamatergic Inputs to the Nucleus Accumbens," *Neuron* 76 (2012): 790; G. Stuber et al., "Optogenetic Modulation of Neural Circuits That Underlie Reward Seeking," *BP* 71 (2012): 1061; F. Ambroggi et al., "Basolateral Amygdala Neurons Facilitate Reward-Seeking Behavior by Exciting Nucleus Accumbens Neurons," *Neuron* 59 (2008): 648.
93. S. Hyman et al., "Neural Mechanisms of Addiction: The Role of Reward-

Related Learning and Memory," *Ann Rev of Nsci* 29 (2006): 565; B. Lee et al., "Maturation of Silent Synapses in Amygdala-Accumbens Projection Contributes to Incubation of Cocaine Craving," *Nat Nsci* 16 (2013): 1644. 일종의 중독으로서 강박 행동에 관하여: S. Rauch and W. Carlezon, "Illuminating the Neural Circuitry of Compulsive Behaviors," *Sci* 340 (2013): 1174; S. Ahmari et al., "Repeated Cortico-Striatal Stimulation Generates Persistent OCD-like Behavior," *Sci* 340 (2013): 1234; E. Burguiere et al., "Optogenetic Stimulation of Lateral Orbitofronto-Striatal Pathway Suppresses Compulsive Behaviors," *Sci* 340 (2013): 1243.

94. S. Flagel et al., "A Selective Role for Dopamine in Stimulus-Reward Learning," *Nat* 469 (2011): 53; K. Burke et al., "The Role of the Orbitofrontal Cortex in the Pursuit of Happiness and More Specific Rewards," *Nat* 454 (2008): 340.
95. P. Tobler et al., "Adaptive Coding of Reward Value by Dopamine Neurons," *Sci* 307 (2005): 1642; C. Fiorillo et al., "Discrete Coding of Reward Probability and Uncertainty by Dopamine Neurons," *Sci* 299 (2003): 1898.
96. B. Knutson et al., "Distributed Neural Representation of Expected Value," *J Nsci* 25 (2005): 4806; M. Stefani and B. Moghaddam, "Rule Learning and Reward Contingency Are Associated with Dissociable Patterns of Dopamine Activation in the Rat Prefrontal Cortex, Nucleus Accumbens, and Dorsal Striatum," *J Nsci* 26 (2006): 8810.
97. R. Habib and M. Dixon, "Neurobehavioral Evidence for the "Near-Miss" Effect in Pathological Gamblers," *J the Exp Analysis of Behav* 93 (2013): 313; M. Hsu et al., "Neural Systems Responding to Degrees of Uncertainty in Human Decision-Making," *Sci* 310 (2006): 1680.
98. A. Braun et al., "Dorsal Striatal Dopamine Depletion Impairs Both Allocentric and Egocentric Navigation in Rats," *Neurobiol of Learning and Memory* 97 (2012): 402; J. Salamone, "Dopamine, Effort, and Decision Making," *Behavioral Nsci* 123 (2009): 463; I. Whishaw and S. Dunnett, "Dopamine Depletion, Stimulation of Blockade in the Rat Disrupts Spatial Navigation and Locomotion Dependent upon Beacon or Distal Cues," *BBR* 18 (1985): 11; J. Salamone and M. Correa, "The Mysterious Motivational Functions of Mesolimbic Dopamine," *Neuron* 76 (2012): 470; H. Tsai et al, "Phasic Firing in Dopaminergic Neurons Is Sufficient for Behavioral Conditioning," *Sci* 324 (2009): 1080; P. Phillips et al., "Sub-second Dopamine Release Promotes Cocaine Seeking," *Nat* 422 (2003): 614; M.

Pessiglione et al., "Dopamine-Dependent Prediction Errors Underpin Reward-Seeking Behavior in Humans," *Nat* 442 (2008): 1042.

99. 각주: M. Numan and D. Stoltzenberg, "Medial Preoptic Area Interactions with Dopamine Neural Systems in the Control of the Onset and Maintenance of Maternal Behavior in Rats," *Front Neuroendo* 30 (2009): 46.

100. S. McClure et al., "Separate Neural Systems Value Immediate and Delayed Monetary Rewards," *Sci* 306 (2004): 503; J. Jennings et al., "Distinct Extended Amygdala Circuits for Divergent Motivational States," *Nat* 496 (2013): 224.

101. M. Howe et al., "Prolonged Dopamine Signaling in Striatum Signals Proximity and Value of Distant Rewards," *Nat* 500 (2013): 575; Y. Niv, "Dopamine Ramps Up," *Nat* 500 (2013): 533.

102. W. Schultz, "Subjective Neuronal Coding of Reward: Temporal Value Discounting and Risk," *Eur J Nsci* 31 (2010): 2124; S. Kobayashi and W. Schultz, "Influence of Reward Delays on Responses of Dopamine Neurons," *J Nsci* 28 (2008): 7837; S. Kim et al., "Prefrontal Coding of Temporally Discounted Values During Intertemporal Choice," *Neuron* 59 (2008): 161; M. Roesch and C. Olson, "Neuronal Activity in Orbitofrontal Cortex Reflects the Value of Time," *J Neurophysiology* 94 (2005): 2457; M. Bermudez and W. Schultz, "Timing in Reward and Decision Processes," *Philosophical Trans of the Royal Soc of London B* 369 (2014): 20120468; B. Figner et al., "Lateral Prefrontal Cortex and Self-Control in Intertemporal Choice," *Nat Nsci* 13 (2010): 538; K. Jimura et al., "Impulsivity and Self-Control During Intertemporal Decision Making Linked to the Neural Dynamics of Reward Value Representation," *J Nsci* 33 (2013): 344; S. McClure et al., "Time Discounting for Primary Rewards," *J Nsci* 27, 5796.

103. K. Ballard and B. Knutson, "Dissociable Neural Representations of Future Reward Magnitude and Delay During Temporal Discounting," *Neuroimage* 45 (2009): 143.

104. A. Lak et al., "Dopamine Prediction Error Responses Integrate Subjective Value from Different Reward Dimensions," *PNAS* 111 (2014): 2343.

105. V. Noreika et al., "Timing Deficits in Attention-Deficit/Hyperactivity Disorder(ADHD): Evidence from Neurocognitive and Neuroimaging Studies," *Neuropsychologia* 51 (2013): 235; A. Pine et al., "Dopamine, Time, and Impulsivity in Humans," *J Nsci* 30 (2010): 8888; W. Schultz, "Potential Vulnerabilities of Neuronal Reward, Risk, and Decision Mechanisms to Addictive

Drugs," *Neuron* 69 (2011): 603.

106. G. Brown et al., "Aggression in Humans Correlates with Cerebrospinal Fluid Amine Metabolites," *Psychiatry Res* 1 (1979): 131; M. Linnoila et al., "Low Cerebrospinal Fluid 5-Hydroxyindoleacetic Acid Concentration Differentiates Impulsive from Nonimpulsive Violent Behavior," *Life Sci* 33 (1983): 2609; P. Stevenson and K. Schildberger, "Mechanisms of Experience Dependent Control of Aggression in Crickets," *Curr Opinion in Neurobiol* 23 (2013): 318; P. Fong and A. Ford, "The Biological Effects of Antidepressants on the Molluscs and Crustaceans: A Review," *Aquatic Toxicology* 151 (2014): 4.

107. M. Linnoila et al., "Low Cerebrospinal Fluid 5-Hydroxyindoleacetic Acid Concentration Differentiates Impulsive from Nonimpulsive Violent Behavior," *Life Sci* 33 (1983): 2609; J. Higley et al., "Excessive Mortality in Young Free-Ranging Male Nonhuman Primates with Low Cerebrospinal Fluid 5-Hydroxyindoleacetic Acid Concentrations," *AGP* 53 (1996): 537; M. Åsberg et al., "5-HIAA in the Cerebrospinal Fluid: A Biochemical Suicide Predictor?" *AGP* 33 (1976): 1193; M. Bortolato et al., "The Role of the Serotonergic System at the Interface of Aggression and Suicide," *Nsci* 236 (2013): 160.

108. H. Clarke et al., "Cognitive Inflexibility After Prefrontal Serotonin Depletion," *Sci* 304 (2004): 878; R. Wood et al., "Effects of Tryptophan Depletion on the Performance of an Iterated PD Game in Healthy Adults," *Neuropsychopharmacology* 1 (2006): 1075.

109. J. Dalley and J. Roiser, "Dopamine, Serotonin and Impulsivity," *Nsci* 215 (2012): 42; P. Redgrave and R. Horrell, "Potentiation of Central Reward by Localized Perfusion of Acetylcholine and 5-Hydroxytryptamine," *Nat* 262 (1976): 305; A. Harrison and A. Markou, "Serotonergic Manipulations Both Potentiate and Reduce Brain Stimulation Reward in Rats: Involvement of Serotonin-1A Receptors," *JPET* 297 (2001): 316.

110. A. Duke, "Revisiting the Serotonin-Aggression Relation in Humans: A Meta-analysis," *Psych Bull* 139 (2013): 1148.

111. A. Gopnik, "The New Neuro-Skeptics," *New Yorker*, September 9, 2013.

112. C. Bukach et al., "Beyond Faces and Modularity: The Power of an Expertise Framework," *TICS* 10 (2006): 159.

3장

1. 양육자의 학대와 반행동주의적 결과: D. Maestripieri et al., "Neurobiological Characteristics of Rhesus Macaque Abusive Mothers and Their Relation to Social and Maternal Behavior," *Nsci Biobehav Rev* 29 (2005): 51; R. Sullivan et al., "Ontogeny of Infant Fear Learning and the Amygdala," in *Cognitive Neuroscience IV*, ed. M. Gazzaniga (Cambridge, MA: MIT Press, 2009), 889.
2. 판다의 발성: B. Charlton et al., "Vocal Discrimination of Potential Mates by Female Giant Pandas (*Ailuropoda melanoleuca*)," *Biol Lett* 5 (2009): 597. 여성의 목소리: G. Bryant and M. Haselton, "Vocal Cues of Ovulation in Human Females," *Biol Lett* 5 (2009): 12. 각주: J. Knight, "When Robots Go Wild," *Nat* 434 (2005): 954.
3. 각주: H. Herzog, *Some We Love, Some We Hate, Some We Eat: Why It's So Hard to Think Straight About Animals* (New York: Harper, 2010).
4. 음향 진동을 이용하는 소통: P. Hill, *Vibrational Communication in Animals* (Cambridge, MA: Harvard University Press, 2008). 박쥐의 전파 방해: A. Corcoran and W. Conner, "Bats Jamming Bats: Food Competition Through Sonar Interference," *Sci* 346 (2014): 745. 쥐 간지럽히기: J. Panksepp, "Beyond a Joke: From Animal Laughter to Human Joy?" *Sci* 308 (2005): 62.
5. 잠재의식적 감각 정보와 우리가 감각하되 무관하다고 여기는 정보가 이어져 있다는 사실에 관한 리뷰: T. Marteau et al., "Changing Human Behavior to Prevent Disease: The Importance of Targeting Automatic Processes," *Sci* 337 (2012): 1492.
6. 감자칩: M. Zampini and C. Spence, "Assessing the Role of Sound in the Perception of Food and Drink," *Chemical Senses* 3 (2010): 57; K. Edwards, "The Interplay of Affect and Cognition in Attitude Formation and Change," *JPSP* 59 (1990): 212.
7. 이 주제에 대한 훌륭한 리뷰: J. Kubota et al., "The Neuroscience of Race," *Nat Nsci* 15 (2012): 940; 주제 전반에 대해서는 이 책에 잘 설명되어 있다: D. Ariely, *Predictably Irrational: The Hidden Forces That Shape Our Decisions* (New York: HarperCollins, 2008).
8. T. Ito and G. J. Urland, "Race and Gender on the Brain: Electrocortical Measures of Attention to the Race and Gender of Multiply Categorizable Individuals," *JPSP* 85 (2003): 616. 암묵적 태도 연구에 대한 좋은 리뷰: B. Nosek et al., "Implicit Social Cognition: From Measures to Mechanisms," *TICS* 15 (2011): 152.
9. A. Olsson et al., "The Role of Social Groups in the Persistence of Learned Fear,"

Sci 309 (2005): 785.

10. J. Richeson et al., "An fMRI Investigation of the Impact of Interracial Contact on Executive Function," *Nat Nsci* 6 (2003): 1323; K. Knutson et al., "Why Do Interracial Interactions Impair Executive Function? A Resource Depletion Account," *TICS* 10 (2007): 915; K. Knutson et al., "Neural Correlates of Automatic Beliefs About Gender and Race," *Human Brain Mapping* 28 (2007): 915.
11. N. Kanwisher et al., "The Fusiform Face Area: A Module in Human Extrastriate Cortex Specialized for Face Perception," *J Nsci* 17 (1997): 4302; J. Sergent et al., "Functional Neuroanatomy of Face and Object Processing: A Positron Emission Tomography Study," *Brain* 115 (1992): 15; A. Golby et al., "Differential Responses in the Fusiform Region to Same-Race and Other-Race Faces," *Nat Nsci* 4 (2001): 845; A. J. Hart et al., "Differential Response in the Human Amygdala to Racial Outgroup Versus Ingroup Face Stimuli," *Neuroreport* 11 (2000): 2351.
12. K. Shutts and K. Kinzler, "An Ambiguous-Race Illusion in Children's Face Memory," *Psych Sci* 18 (2007): 763; D. Maner et al., "Functional Projection: How Fundamental Social Motives Can Bias Interpersonal Perception," *JPSP* 88 (2005): 63; K. Hugenberg and G. Bodenhausen, "Facing Prejudice: Implicit Prejudice and the Perception of Facial Threat," *Psych Sci* (2003): 640; J. Van Bavel et al., "The Neural Substrates of In-group Bias: A Functional Magnetic Resonance Imaging Investigation," *Psych Sci* 19 (2008): 1131; J. Van Bavel and W. Cunningham, "Self-Categorization with a Novel Mixed-Race Group Moderates Automatic Social and Racial Biases," *PSPB* 35 (2009): 321.
13. A. Avenanti et al., "Racial Bias Reduces Empathic Sensorimotor Resonance with Other-Race Pain," *Curr Biol* 20 (2010): 1018; V. Mathur et al., "Neural Basis of Extraordinary Empathy and Altruistic Motivation," *Neuroimage* 51 (2010): 1468~75.
14. J. Correll et al., "Event-Related Potentials and the Decision to Shoot: The Role of Threat Perception and Cognitive Control," *JESP* 42 (2006): 120.
15. J. Eberhardt et al., "See Black: Race, Crime, and Visual Processing," *JPSP* 87 (2004): 876; I. Blair et al., "The Influence of Afrocentric Facial Features in Criminal Sentencing," *Psych Sci* 15 (2004): 674; M. Brown et al., "The Effects of Eyeglasses and Race on Juror Decisions Involving a Violent Crime," *AMFP* 26 (2008): 25.
16. J. LeDoux, "Emotion: Clues from the Brain," *Ann Rev of Psych* 46 (1995): 209.

17. T. Ito and G. Urland, "Race and Gender on the Brain: Electrocortical Measures of Attention to the Race and Gender of Multiply Categorizable Individuals," *JPSP* 85 (2003): 616; N. Rule et al., "Perceptions of Dominance Following Glimpses of Faces and Bodies," *Perception* 41 (2012): 687; C. Zink et al., "Know Your Place: Neural Processing of Social Hierarchy in Humans," *Neuron* 58 (2008): 273.
18. T. Tsukiura and R. Cabeza, "Shared Brain Activity for Aesthetic and Moral Judgments: Implications for the Beauty-Is-Good Stereotype," *SCAN* 6 (2011): 138.
19. H. Aviezer et al., "Body Cues, Not Facial Expressions, Discriminate Between Intense Positive and Negative Emotions," *Sci* 338 (2012): 1225; C. Bobst and J. Lobmaier, "Men's Preference for the Ovulating Female Is Triggered by Subtle Face Shape Differences," *Horm Behav* 62 (2012): 413; N. Rule and N. Ambady, "Democrats and Republicans Can Be Differentiated from Their Faces," *PLoS ONE* 5 (2010): e8733; N. Rule et al., "Flustered and Faithful: Embarrassment as a Signal of Prosociality," *JPSP* 102 (2012): 81; N. Rule et al., "On the Perception of Religious Group Membership from Faces," *PLoS ONE* 5 (2010): e14241.
20. P. Whalen et al., "Human Amygdala Responsivity to Masked Fearful Eye Whites," *Sci* 306 (2004): 2061.
21. 각주: R. Hill and R. Barton, "Red Enhances Human Performance in Contests," *Nat* 435 (2005): 293; M. Attrill et al., "Red Shirt Colour Is Associated with Long-Term Success in English Football," *JSS* 26 (2008): 577; M. Platti et al., "The Red Mist? Red Shirts, Success and Team Sports," *JSS* 15 (2012): 1209; A. Ilie et al., "Better to Be Red Than Blue in Virtual Competition," *CyberPsychology & Behav* 11 (2008): 375; M. Garcia-Rubio et al., "Does a Red Shirt Improve Sporting Performance? Evidence from Spanish Football," *AEL* 18 (2011): 1001; C. Rowe et al., "Sporting Contests: Seeing Red? Putting Sportswear in Context," *Nat* 437 (2005): E10.
22. D. Francey and R. Bergmuller, "Images of Eyes Enhance Investments in a Real-Life Public Good," *PLoS ONE* 7 (2012): e37397; M. Bateson et al., "Cues of Being Watched Enhance Cooperation in a Real-World Setting," *Biol Lett* 2 (2006): 412; K. Haley and D. Fessler, "Nobody's Watching? Subtle Cues Affect Generosity in an Anonymous Economic Game," *EHB* 3 (2005): 245; T. Burnham and B. Hare, "Engineering Human Cooperation," *Hum Nat* 18 (2007): 88; M. Rigdon et al., "Minimal Social Cues in the Dictator Game," *JEP* 30 (2009): 358.

23. C. Forbes et al., "Negative Stereotype Activation Alters Interaction Between Neural Correlates of Arousal, Inhibition and Cognitive Control," *SCAN* 7 (2011): 771.

24. C. Steele, *Whistling Vivaldi and Other Clues to How Stereotypes Affect Us* (New York: Norton, 2010).

25. L. Mujica-Parodi et al., "Chemosensory Cues to Conspecific Emotional Stress Activate Amygdala in Humans," *PLoS ONE* 4 (2009): e6415; W. Zhou and D. Chen, "Fear-Related Chemosignals Modulate Recognition of Fear in Ambiguous Facial Expressions," *Psych Sci* 20 (2009): 177; A. Prehn et al., "Chemosensory Anxiety Signals Augment the Startle Reflex in Humans," *Nsci Letters* 394 (2006): 127.

26. H. Critchley and N. Harrison, "Visceral Influences on Brain and Behavior," *Neuron* 77 (2013): 624; D. Carney et al., "Power Posing Brief Nonverbal Displays Affect Neuroendocrine Levels and Risk Tolerance," *Psych Sci* 21 (2010): 1363. 관련하여 몇 가지 발견: A. Hennenlotter et al., "The Link Between Facial Feedback and Neural Activity Within Central Circuitries of Emotion: New Insights from Botulinum Toxin-Induced Denervation of Frown Muscles," *Cerebral Cortex* 19 (2009): 357; J. Davis, "The Effects of BOTOX Injections on Emotional Experience," *Emotion* 10 (2010): 433.

27. L. Berkowitz, "Pain and Aggression: Some Findings and Implications," *Motivation and Emotion* 17 (1993): 277.

28. M. Gailliot et al., "Self-Control Relies on Glucose as a Limited Energy Source: Willpower Is More Than a Metaphor," *JPSP* 92 (2007): 325~36; N. Mead et al., "Too Tired to Tell the Truth: Self-Control Resource Depletion and Dishonesty," *JESP* 45 (2009): 594; C. DeWall et al., "Depletion Makes the Heart Grow Less Helpful: Helping as a Function of Self-Regulatory Energy and Genetic Relatedness," *PSPB* 34 (2008): 1653; B. Briers et al., "Hungry for Money: The Desire for Caloric Resources Increases the Desire for Financial Resources and Vice Versa," *Psych Sci* 17 (2006): 939; C. DeWall et al., "Sweetened Blood Cools Hot Tempers: Physiological Self-Control and Aggression," *Aggressive Behav* 37 (2011): 73; D. Benton, "Hypoglycemia and Aggression: A Review," *Int J Nsci* 41 (1988): 163; B. Bushman et al., "Low Glucose Relates to Greater Aggression in Married Couples," *PNAS USA* 111 (2014): 6254. 위의 발견들에 대해서, 통제의 능력이 아니라 동기가 감소하는 것이라는 재해석: M. Inzlicht et al., "Why Self-Control

Seems (But May Not Be) Limited," *TICS* 18 (2014): 127.

29. V. Liberman et al., "The Name of the Game: Predictive Power of Reputations Versus Situational Labels in Determining Prisoner's Dilemma Game Moves," *PSPB* 30 (2004): 1175; A. Kay and L. Ross, "The Perceptual Push: The Interplay of Implicit Cues and Explicit Situational Construals on Behavioral Intensions in the Prisoner's Dilemme," *JESP* 39 (2003): 634.
30. 각주: E. Hall et al., "A Rose by Any Other Name? The Consequences of Subtyping 'African-Americans' from 'Blacks,'" *JESP* 56 (2015): 183.
31. 각주: K. Jung et al., "Female Hurricanes Are Deadlier Than Male Hurricanes," *PNAS* 111 (2014): 8782.
32. A. Tversky and D. Kahneman, "Rationale Choice and the Framing of Decisions," *J Business* 59 (1986): S251. 다음도 참고하라: J. Bargh et al., "Priming In-group Favoritism: The Impact of Normative Scripts in the Minimal Group Paradigm," *JESP* 37 (2001): 316; C. Zogmaister et al., "The Impact of Loyalty and Equality on Implicit Ingroup Favoritism," *Group Processes & Intergroup Relations* 11 (2008): 493.
33. J. Christensen and A. Gomila, "Moral Dilemmas in Cognitive Neuroscience of Moral Decision-Making: A Principled Review," *Nsci Biobehav Rev* 36 (2012): 1249; L. Petrinovich and P. O'Neill, "Influence of Wording and Framing Effects on Moral Intuitions," *Ethology and Sociobiology* 17 (1996): 145; R. O'Hara et al., "Wording Effects in Moral Judgments," *Judgment and Decision Making* 5 (2010): 547; R. Zahn et al., "The Neural Basis of Human Social Values: Evidence from Functional MRI," *Cerebral Cortex* 19 (2009): 276.
34. D. Butz et al., "Liberty and Justice for All? Implications of Exposure to the U.S. Flag for Intergroup Relations," *PSPB* 33 (2007): 396; M. Levine et al., "Identity and Emergency Intervention: How Social Group Membership and Inclusiveness of Group Boundaries Shape Helping Behavior," *PSPB* 31 (2005): 443; R. Enos, "Causal Effect of Intergroup Contact on Exclusionary Attitudes," *PNAS* 111 (2014): 3699.
35. M. Shih et al., "Stereotype Susceptibility: Identity Salience and Shifts in Quantitative Performance," *Psych Sci* 10 (1999): 80.
36. P. Fischer et al., "The Bystander-Effect: A Meta-analytic Review on Bystander Intervention in Dangerous and Non-dangerous Emergencies," *Psych Bull* 137 (2011): 517.

37. B. Pawlowski et al., "Sex Differences in Everyday Risk-Taking Behavior in Humans," *Evolutionary Psych* 6 (2008): 29; B. Knutson et al., "Nucleus Accumbens Activation Mediates the Influence of Reward Cues on Financial Risk Taking," *Neuroreport* 26 (2008): 509; V. Griskevicius et al., "Blatant Benevolence and Conspicuous Consumption: When Romantic Motives Elicit Strategic Costly Signals," *JPSP* 39 (2007): 85; L. Chang et al., "The Face That Launched a Thousand Ships: The Mating-Warring Association in Men," *PSPB* 37 (2011): 976; S. Ainsworth and J. Maner, "Sex Begets Violence: Mating Motives, Social Dominance, and Physical Aggression in Men," *JPSP* 103 (2012): 819; W. Iredale et al., "Showing Off in Humans: Male Generosity as a Mating Signal," *Evolutionary Psych* 6 (2008): 386; M. Van Vugt and W. Iredale, "Men Behaving Nicely: Public Goods as Peacock Tails," *Brit J Psych* 104 (2013): 3.
38. J. Q. Wilson and G. Kelling, "Broken Windows," *Atlantic Monthly*, March 1982, p. 29.
39. K. Keizer et al., "The Spreading of Disorder," *Sci* 322 (2008): 1681.
40. 이마엽 겉질이 감각 정보 처리의 속성과 집중점을 지시할 수 있음을 보여주는 좋은 사례들: G. Gregoriou et al., "Lesions of Prefrontal Cortex Reduce Attentional Modulation of Neuronal Responses and Synchrony in V4," *Nat Nsci* 17 (2014): 1003; S. Zhang et al., "Long-Range and Local Circuits for Top-Down Modulation of Visual Cortex Processing," *Sci* 345 (2014): 660; 그리고 T. Zanto et al., "Causal Role of the Prefrontal Cortex in Top-Down Modulation of Visual Processing and Working Memory," *Nat Nsci* 14 (2011): 656.
41. R. Adolphs et al., "A Mechanism for Impaired Fear Recognition After Amygdala Damage," *Nat* 433 (2005): 68.
42. M. Dadds et al., "Reduced Eye Gaze Explains Fear Blindness in Childhood Psychopathic Traits," *J the Am Academy of Child and Adolescent Psychiatry* 47 (2008): 4; M. Dadds et al., "Attention to the Eyes and Fear-Recognition Deficits in Child Psychopathy," *Brit J Psychiatry* 189 (2006): 280.
43. 이런 비교문화 연구에 대한 개괄: R. Nisbett et al., "Culture and Systems of Thought: Holistic Versus Analytic Cognition," *Psych Rev* 108 (2001): 291; T. Hedden et al., "Cultural Influences on Neural Substrates of Attentional Control," *Psych Sci* 19 (2008): 12; J. Chiao, "Cultural Neuroscience: A Once and Future Discipline," *Prog in Brain Res* 178 (2009): 287; H. Chua et al., "Cultural Variation in Eye Movements During Scene Perception," *PNAS* 102 (2005): 12629.

4장

1. 화학적 거세가 강박적 성도착증에 전반적으로 효과가 있다는 사실: F. Berlin, "'Chemical Castration' for Sex Offenders," *NEJM* 336 (1997): 1030. '적대적' 강간범들에게는 효과가 없다는 사실: K. Peters, "Chemical Castration: An Alternative to Incarceration," *Duquesne University Law Rev* 31 (1992): 307. 전반적으로 이렇다 할 효과는 없다는 결론: P. Fagan, "Pedophilia," *JAMA* 288 (2002): 2458. 이 주제 조사를 훌륭하게 도와준 애리얼 래스키에게 고맙다.
2. 한 영장류 종에게서 상관관계가 나타나지 않았음을 보여준 사례: M. Arlet et al., "Social Factors Increase Fecal Testosterone Levels in Wild Male Gray-Cheeked Mangabeys (*Lophocebus albigena*)," *Horm Behav* 59 (2011): 605; J. Archer, "Testosterone and Human Aggression: An Evaluation of the Challenge Hypothesis," *Nsci Biobehav Rev* 30 (2006): 319; 인용구는 320쪽에서 가져왔다.
3. J. Oberlander and L. Henderson, "The Sturm und Drang of Anabolic Steroid Use: Angst, Anxiety, and Aggression," *TINS* 35 (2012): 382; R. Agis-Balboa et al., "Enhanced Fear Responses in Mice Treated with Anabolic Androgenic Steroids," *Neuroreport* 22 (2009): 617.
4. E. Hermans, et al., "Testosterone Administration Reduces Empathetic Behavior: A Facial Mimicry Study," *PNE* 31 (2006): 859; J. Honk et al., "Testosterone Administration Impairs Cognitive Empathy in Women Depending on Second-to-Fourth Digit Ratio," *PNAS* 108 (2011): 3448; P. Bos et al, "Testosterone Decreases Trust in Socially Naive Humans," *PNAS* 107 (2010): 9991; P. Bos et al., "The Neural Mechanisms by Which Testosterone Acts on Interpersonal Trust," *Neuroimage* 2 (2012): 730; P. Mehta and J. Beer, "Neural Mechanisms of the Testosterone-Aggression Relation: The Role of the Orbitofrontal Cortex," *J Cog Nsci* 22 (2009): 2357.
5. L. Tsai and R. Sapolsky, "Rapid Stimulatory Effects of Testosterone upon Myotubule Metabolism and Hexose Transport, as Assessed by Silicon Microphysiometry," *Aggressive Behav* 22 (1996): 357; C. Rutte et al., "What Sets the Odds of Winning and Losing?" *TIEE* 21 (2006): 16.
   자신감과 지속성: A. Boissy and M. Bouissou, "Effects of Androgen Treatment on Behavioral and Physiological Responses of Heifers to Fear-Eliciting Situations," *Horm Behav* 28 (1994): 66; R. Andrew and L. Rogers, "Testosterone, Search Behaviour and Persistence," *Nat* 237 (1972): 343; J. Archer, "Testosterone and Persistence in Mice," *Animal Behav* 25 (1977): 479; M. Fuxjager et al., "Winning

Territorial Disputes Selectively Enhances Androgen Sensitivity in Neural Pathways Related to Motivation and Social Aggression," *PNAS* 107 (2010): 12393. 인간의 스포츠: M. Elias, "Serum Cortisol, Testosterone, and Testosterone-Binding Globulin Responses to Competitive Fighting in Human Males," *Aggressive Behav* 7 (1981): 215; A. Booth et al., "Testosterone, and Winning and Losing in Human Competition," *Horm Behav* 23 (1989): 556; J. Carré and S. Putnam, "Watching a Previous Victory Produces an Increase in Testosterone Among Elite Hockey Players," *PNE* 35 (2010): 475; A. Mazur et al., "Testosterone and Chess Competition," *Soc Psych Quarterly* 55 (1992): 70; J. Coates and J. Herbert, "Endogenous Steroids and Financial Risk Taking on a London Trading Floor," *PNAS* 105 (2008): 616.

6. N. Wright et al., "Testosterone Disrupts Human Collaboration by Increasing Egocentric Choices," *Proc Royal Soc B* (2012): 2275.
7. P. Mehta and J. Beer, "Neural Mechanisms of the Testosterone-Aggression Relation: The Role of Orbitofrontal Cortex," *J Cog Nsci* 22 (2010): 2357; G. van Wingen et al., "Testosterone Reduces Amygdala-Orbitofrontal Cortex Coupling," *PNE* 35 (2010): 105; P. Bos and E. Hermans et al., "The Neural Mechanisms by Which Testosterone Acts on Interpersonal Trust," *Neuroimage* 2 (2012): 730.
8. 설치류에게서 테스토스테론이 공포와 불안을 줄이는 현상: C. Eisenegger et al., "The Role of Testosterone in Social Interaction," *TICS* 15 (2011): 263. 테스토스테론이 스트레스 반응을 줄이는 현상: V. Viau, "Functional Cross-Talk Between the Hypothalamic-Pituitary-Gonadal and -Adrenal Axes," *J Neuroendocrinology* 14 (2002): 506. 테스토스테론이 인간에게서 경악반사 반응을 줄이는 현상: J. van Honk et al., "Testosterone Reduces Unconscious Fear But Not Consciously Experienced Anxiety: Implications for the Disorders of Fear and Anxiety," *BP* 58 (2005): 218; E. J. Hermans et al., "A Single Administration of Testosterone Reduces Fear-Potentiated Startle in Humans," *BP* 59 (2006): 872.
9. 전반적 개괄: R. Woods, "Reinforcing Aspects of Androgens," *Physiology & Behav* 83 (2004): 279; A. DiMeo and R. Wood, "Circulating Androgens Enhance Sensitivity to Testosterone Self-Administration in Male Hamsters," *Pharmacology, Biochemistry & Behav* 79 (2004): 383; M. Packard et al., "Rewarding Affective Properties of Intra-Nucleus Accumbens Injections of Testosterone," *Behav Nsci* 111 (1997): 219.
10. A. N. DiMeo and R. I. Wood, "ICV Testosterone Induces Fos in Male Syrian

Hamster Brain," *PNE* 31 (2006): 237; M. Packard et al., "Rewarding Affective Properties of Intra-Nucleus Accumbens Injections of Testosterone," *Behav Nsci* 111 (1997): 219; M. Packard et al., "Expression of Testosterone Conditioned Place Preference Is Blocked by Peripheral or Intra-accumbens Injection of Alpha-flupenthixol," *Horm Behav* 34 (1998) 39; M. Fuxjager et al., "Winning Territorial Disputes Selectively Enhances Androgen Sensitivity in Neural Pathways Related to Motivation and Social Aggression," *PNAS* 107 (2010): 12393; A. Lacreuse et al., "Testosterone May Increase Selective Attention to Threat in Young Male Macaques," *Horm Behav* 58 (2010): 854.

11. A. Dixon and J. Herbert, "Testosterone, Aggressive Behavior and Dominance Rank in Captive Adult Male Talapoin Monekys (*Miopithecus talapoin*)," *Physiology & Behav* 18 (1977): 539.
12. E. Hermans et al., "Exogenous Testosterone Enhances Responsiveness to Social Threat in the Neural Circuitry of Social Aggression in Humans," *BP* 63 (2008): 263; J. van Honk et al., "A Single Administration of Testosterone Induces Cardiac Accelerative Responses to Angry Faces in Healthy Young Women," *Behav Nsci* 115 (2001): 238; R. Ronay and A. Galinsky, "*Lex Talionis*: Testosterone and the Law of Retaliation," *JESP* 47 (2011): 702; P. Mehta and J. Beer, "Neural Mechanisms of the Testosterone-Aggression Relation: The Role of Orbitofrontal Cortex," *J Cog Nsci* 22 (2010): 2357; P. Bos et al., "Testosterone Decreases Trust in Socially Naive Humans," *PNAS* 107 (2010): 9991.
13. K. Kendrick and R. Drewett, "Testosterone Reduces Refractory Period of Stria Terminalis Neurons in the Rat Brain," *Sci* 204 (1979): 877; K. Kendrick, "Inputs to Testosterone-Sensitive Stria Terminalis Neurones in the Rat Brain and the Effects of Castration," *J Physiology* 323 (1982): 437; K. Kendrick, "The Effect of Castration on Stria Terminalis Neurone Absolute Refractory Periods Using Different Antidromic Stimulation Loci," *Brain Res* 248 (1982): 174; K. Kendrick, "Electrophysiological Effects of Testosterone on the Medial Preoptic-Anterior Hypothalamus of the Rat," *J Endo* 96 (1983): 35; E. Hermans et al., "Exogenous Testosterone Enhances Responsiveness to Social Threat in the Neural Circuitry of Social Aggression in Humans," *BP* 63 (2008): 263.
14. J. Wingfield et al., "The 'Challenge Hypothesis': Theoretical Implications for Patterns of Testosterone Secretion, Mating System, and Breeding Strategies," *Am Naturalist* 136 (1990): 829.

15. J. Archer, "Sex Differences in Aggression in Real-World Settings: A Meta-analytic Review," *Rev of General Psych* 8 (2004): 291.

16. J. Wingfield et al., "Avoiding the 'Costs' of Testosterone: Ecological Bases of Hormone-Behavior Interactions," *Brain, Behav and Evolution* 57 (2001): 239; M. Sobolewski et al., "Female Parity, Male Aggression, and the Challenge Hypothesis in Wild Chimpanzees," *Primates* 54 (2013): 81; R. Sapolsky, "The Physiology of Dominance in Stable Versus Unstable Social Hierarchies," in *Primate Social Conflict*, ed. W. Mason and S. Mendoza (New York: SUNY Press, 1993), p. 171; P. Bernhardt et al., "Testosterone Changes During Vicarious Experiences of Winning and Losing Among Fans at Sporting Events," *Physiology & Behav* 65 (1998): 59.

17. M. Muller and R. Wrangham, "Dominance, Aggression and Testosterone in Wild Chimpanzees: A Test of the 'Challenge' Hypothesis," *Animal Behav* 67 (2004): 113; J. Archer, "Testosterone and Human Aggression: An Evaluation of the Challenge Hypothesis," *Nsci Biobehav Rev* 30 (2006): 319.

18. 각주: L. Gettler et al., "Longitudinal Evidence That Fatherhood Decreases Testosterone in Human Males," *PNAS* 108 (2011): 16194. S. Van Anders et al., "Baby Cries and Nurturance Affect Testosterone in Men," *Horm Behav* 61 (2012): 31. J. Mascaro et al., "Testicular Volume in Inversely Correlated with Nurturing-Related Brain Activity in Human Fathers," *PNAS* 110 (2013): 15746. 어떤 영장류들은 수컷들이 자식에게 다소간의 부성적 돌봄을 수행하는 동시에 미래의 번식 성공률을 높이기 위해 수컷 간 경쟁을 벌이는 시기가 있다. 이 경우가 까다로운 것은 부성적 활동과 경쟁이 테스토스테론 농도에 정반대의 영향을 미치기 때문이다. 이 경우를 조사한 한 연구에서는 사타구니가 부성을 이기는 것으로, 즉 테스토스테론 농도가 높아지는 것으로 확인되었다. P. Onyango et al., "Testosterone Positively Associated with Both Male Mating Effort and Paternal Behavior in Savanna Baboons (*Papio cynocephalus*)," *Horm Behav* 63 (2012): 430.

19. J. Higley et al., "CSF Testosterone and 5-HIAA Correlate with Different Types of Aggressive Behaviors," *BP* 40 (1996): 1067.

20. C. Eisenegger et al., "Prejudice and Truth About the Effect of Testosterone on Human Bargaining Behavior," *Nat* 463 (2010): 356.

21. M. Wibral et al., "Testosterone Administration Reduces Lying in Men," *PLoS ONE* 7 (2012): e46774. 다음도 참고하라: J. Van Honk et al., "New Evidence on Testosterone and Cooperation," *Nat* 485 (2012): E4.

22. 몇 가지 리뷰: O. Bosch and I. Neumann, "Both Oxytocin and Vasopressin Are Mediators of Maternal Care and Aggression in Rodents: From Central Release to Sites of Actions," *Horm Behav* 61 (2012): 293; R. Feldman, "Oxytocin and Social Affiliation in Humans," *Horm Behav* 61 (2012): 380; A. Marsh et al., "The Influence of Oxytocin Administration on Responses to Infant Faces and Potential Moderation by OXTR Genotype," *Psychopharmacology* (Berlin) 24 (2012): 469; M. J. Bakermans-Kranenburg and M. H. van Ijzendoorn, "Oxytocin Receptor (OXTR) and Serotonin Transporter (5-HTT) Genes Associated with Observed Parenting," *SCAN* 3 (2008): 128. 성별에 따라 다른 시상하부 경로: N. Scott et al., "A Sexually Dimorphic Hypothalamic Circuit Controls Maternal Care and Oxytocin Secretion," *Nat* 525 (2016): 519.
23. 각주: D. Huber et al., "Vasopressin and Oxytocin Excite Distinct Neuronal Population in the Central Amygdala," *Sci* 308 (2005): 245; D. Viviani and R. Stoop, "Opposite Effects of Oxytocin and Vasopressin on the Emotional Expression of the Fear Response," *Prog Brain Res* 170 (2008): 207.
24. Y. Kozorovitskiy et al., "Fatherhood Affects Dendritic Spines and Vasopressin V1a Receptors in the Primate Prefrontal Cortex," *Nat Nsci* 9 (2006): 1094; Z. Wang et al., "Role of Septal Vasopressin Innervation in Paternal Behavior in Prairie Voles," *PNAS* 91 (1994): 400.
25. A. Smith et al., "Manipulation of the Oxytocin System Alters Social Behavior and Attraction in Pair-Bonding Primates, *Callithrix penicillata*," *Horm Behav* 57 (2010): 255; M. Jarcho et al., "Intranasal VP Affects Pair Bonding and Peripheral Gene Expression in Male *Callicebus cupreus*," *Genes, Brain and Behav* 10 (2011): 375; C. Snowdon, "Variation in Oxytocin Is Related to Variation in Affiliative Behavior in Monogamous, Pairbonded Tamarins," *Horm Behav* 58 (2010): 614.
26. Z. Donaldson and L. Young, "Oxytocin, Vasopressin, and the Neurogenetics of Sociality," *Sci* 322 (2008): 900; E. Hammock and L. Young, "Microsatellite Instability Generates Diversity in Brain and Sociobehavioral Trais," *Sci* 308 (2005): 1630; L. Young et al., "Increased Affiliative Response to Vasopressin in Mice Expressing the V1a Receptor from a Monogamous Vole," *Nat* 400 (1999): 766; M. Lim et al., "Enhanced Partner Preference in a Promiscuous Species by Manipulating the Expression of a Single Gene," *Nat* 429 (2004): 754.
27. E. Hammock and L. Young, "Microsatellite Instability Generates Diversity in Brain and Sociobehavioral Trais," *Sci* 308 (2005): 1630.

28. I. Schneiderman et al., "Oxytocin at the First Stages of Romantic Attachment: Relations to Couples' Interactive Reciprocity," *PNE* 37 (2012): 1277.
29. B. Ditzen et al., "Intranasal Oxytocin Increases Positive Communication and Reduces Cortisol Levels During Couple Conflict," *BP* 65 (2009): 728; D. Scheele et al., "Oxytocin Modulates Social Distance Between Males and Females," *J Nsci* 32 (2012): 16074; H. Walum et al., "Genetic Variation in the Vasopressin Receptor 1a Gene Associates with Pair-Bonding Behavior in Humans," *PNAS* 105 (2008): 14153; H. Walum et al., "Variation in the Oxytocin Receptor Gene Is Associated with Pair-Bonding and Social Behavior," *BP* 71 (2012): 419.
30. M. Nagasawa et al., "Oxytocin-Gaze Positive Loop and the Coevolution of Human-Dog Bonds," *Sci* 348 (2015): 333.
31. M. Yoshida et al., "Evidence That Oxytocin Exerts Anxiolytic Effects via Oxytocin Receptor Expressed in Serotonergic Neurons in Mice," *J Nsci* 29 (2009): 2259. 편도체에서 옥시토신의 작용: D. Viviani et al., "Oxytocin Selectively Gates Fear Responses Through Distinct Outputs from the Central Nucleus," *Sci* 333 (2011): 104; H. Knobloch et al., "Evoked Axonal Oxytocin Release in the Central Amygdala Attenuates Fear Response," *Neuron* 73 (2012): 553; S. Rodrigues et al., "Oxytocin Receptor Genetic Variation Relates to Empathy and Stress Reactivity in Humans," *PNAS* 106 (2009): 21437; M. J. Bakermans-Kranenburg and M. H. van Ijzendoorn, "Oxytocin Receptor (OXTR) and Serotonin Transporter (5-HTT) Genes Associated with Observed Parenting," *SCAN* 3 (2008): 128; G. Domes et al., "Oxytocin Attenuates Amygdala Responses to Emotional Faces Regardless of Valence," *BP* 62 (2007): 1187; P. Kirsch, "Oxytocin Modulates Neural Circuitry for Social Cognition and Fear in Humans," *J Nsci* 25 (2005): 11489; I. Labuschagne et al., "Oxytocin Attenuates Amygdala Reactivity to Fear in Generalized Social Anxiety Disorder," *Neuropsychopharmacology* 35 (2010): 2403; M. Heinrichs et al., "Social Support and Oxytocin Interacts to Suppress Cortisol and Subjective Responses to Psychosocial Stress," *BP* 54 (2003): 1389; K. Uvnas-Moberg, "Oxytocin May Mediate the Benefits of Positive Social Interaction and Emotions," *PNE* 23 (1998): 819. 카터의 말은 다음에 인용됨: P. S. Churchland and P. Winkielman, "Modulating Social Behavior with Oxytocin: How Does It Work? What Does It Mean?" *Horm Behav* 61 (2012): 392.
옥시토신이 공격성에 미치는 효과: M. Dhakar et al., "Heightened Aggressive Behavior in Mice with Lifelong Versus Postweaning Knockout of the Oxytocin

Receptor," *Horm Behav* 62 (2012): 86; J. Winslow et al., "Infant Vocalization, Adult Aggression, and Fear Behavior of an Oxytocin Null Mutant Mouse," *Horm Behav* 37 (2005): 145.

32. M. Kosfeld et al., "Oxytocin Increases Trust in Humans," *Nat* 435 (2005): 673; A. Damasio, "Brain Trust," *Nat* 435 (2005): 571; S. Israel et al., "The Oxytocin Receptor (OXTR) Contributes to Prosocial Fund Allocation in the Dictator Game and the Social Value Orientations Task," *PLoS ONE* 4 (2009): e5535; P. Zak et al., "Oxytocin Is Associated with Human Trustworthiness," *Horm Behav* 48 (2005): 522; T. Baumgartner et al., "Oxytocin Shapes the Neural Circuitry of Trust and Trust Adaptation in Humans," *Neuron* 59 (2008): 639; A. Theodoridou et al., "Oxytocin and Social Perception: Oxytocin Increases Perceived Facial Trustworthiness and Attractiveness," *Horm Behav* 56 (2009): 128. 재현 실패 사례: C. Apicella et al., "No Association Between Oxytocin Receptor (OXTR) Gene Polymorphisms and Experimentally Elicited Social Preferences," *PLoS ONE* 5 (2010): e311153. 다른 뺨도 돌리게 만들기: J. Filling et al., "Effects of Intranasal Oxytocin and Vasopressin on Cooperative Behavior and Associated Brain Activity in Men," *PNE* 37 (2012): 447.

33. A. Marsh et al., "Oxytocin Improves Specific Recognition of Positive Facial Expressions," *Psychopharmacology* (Berlin) 209 (2010): 225; C. Unkelbach et al., "Oxytocin Selectively Facilitates Recognition of Positive Sex and Relationship Words," *Psych Sci* 19 (2008): 102; J. Barraza et al., "Oxytocin Infusion Increases Charitable Donations Regardless of Monetary Resources," *Horm Behav* 60 (2011): 148; A. Kogan et al., "Thin-Slice Study of the Oxytocin Receptor Gene and the Evaluation and Expression of the Prosocial Disposition," *PNAS* 108 (2011): 19189; H. Tost et al., "A Common Allele in the Oxytocin Receptor Gene (OXTR) Impacts Prosocial Temperament and Human Hypothalamic-Limbic Structure and Functions," *PNAS* 107 (2010): 13936; R. Hurlemann et al., "Oxytocin Enhances Amygdala-Dependent, Socially Reinforced Learning and Emotional Empathy in Humans," *J Nsci* 30 (2010): 4999.

34. P. Zak et al., "Oxytocin Is Associated with Human Trustworthiness," *Horm Behav* 48 (2005): 522; J. Holt-Lunstad et al., "Influence of a 'Warm Touch' Support Enhancement Intervention Among Married Couples on Ambulatory Blood Pressure, Oxytocin, Alpha Amylase, and Cortisol," *Psychosomatic Med* 70 (2008): 976; V. Morhenn et al., "Monetary Sacrifice Among Strangers Is Mediated

by Endogenous Oxytocin Release After Physical Contact," *EHB* 29 (2008): 375; C. Crockford et al., "Urinary Oxytocin and Social Bonding in Related and Unrelated Wild Chimpanzees," *Proc Royal Soc B* 280 (2013): 20122765.

35. Z. Donaldson and L. Young, "Oxytocin, Vasopressin, and the Neurogenetics of Sociality," *Sci* 322 (2008): 900; A. Guastella et al., "Oxytocin Increased Gaze to the Eye Region of Human Faces," *BP* 63 (2008): 3; M. Gamer et al., "Different Amygdala Subregions Mediate Valence-Related and Attentional Effects of Oxytocin in Humans," *PNAS* 107 (2010): 9400; C. Zink et al., "Vasopressin Modulates Social Recognition-Related Activity in the Left Temporoparietal Junction in Humans," *Translational Psychiatry* 1 (2011): e3; G. Domes et al., "Oxytocin Improves 'Mind-Reading' in Humans," *BP* 61 (2007): 731~33; U. Rimmele et al., "Oxytocin Makes a Face in Memory More Familiar," *J Nsci* 29 (2009): 38; M. Fischer-Shofty et al., "Oxytocin Facilitates Accurate Perception of Competition in Men and Kinship in Women," *SCAN* (2012).

36. C. Sauer et al., "Effects of a Common Variation in the CD38 Gene on Social Processing in an Oxytocin Challenge Study: Possible Links to Autism," *Neuropsychopharmacology* 37 (2012): 1474.

37. E. Hammock and L. Young, "Oxytocin, Vasopressin and Pair Bonding: Implications for Autism," *Philosophical Transactions of the Royal Soc of London B* 361 (2006): 2187; A. Meyer-Lindenberg et al., "Oxytocin and Vasopressin in the Human Brain: Social Neuropeptides for Translational Medicine," *Nat Rev Nsci* 12 (2011): 524; H. Yamasue et al., "Integrative Approaches Utilizing Oxytocin to Enhance Prosocial Behavior: From Animal and Human Social Behavior to Autistic Social Dysfunctions," *J Nsci* 32 (2012): 14109.

38. 이 현상에 대한 리뷰: A. Graustella and C. MacLeod, "A Critical Review of the Influence of Oxytocin Nasal Spray on Social Cognition in Humans: Evidence and Future Directions," *Horm Behav* 61 (2012): 410.

39. J. Bartz et al., "Social Effects of Oxytocin in Humans: Context and Person Matter," *TICS* 15 (2011): 301.

40. G. Domes et al., "Effects of Intranasal Oxytocin on Emotional Face Processing in Women," *PNE* 35 (2010): 83; G. De Vries, "Sex Differences in Vasopressin and Oxytocin Innervation in the Brain," *Prog Brain Res* 170 (2008): 17; J. Bartz et al., "Effects of Oxytocin on Recollections of Maternal Care and Closeness," *PNAS* 14 (2010): 107.

41. M. Mikolajczak et al., "Oxytocin Not Only Increases Trust When Money Is at Stake, but Also When Confidential Information Is in the Balance," *BP* 85 (2010): 182.
42. H. Kim et al., "Culture, Distress, and Oxytocin Receptor Polymorphism (OXTR) Interacts to Influence Emotional Support Seeking," *PNAS* 107 (2010): 15717.
43. O. Bosch and I. Neumann, "Both Oxytocin and Vasopressin Are Mediators of Maternal Care and Aggression in Rodents: From Central Release to Sites of Actions," *Horm Behav* 61 (2012): 293.
44. C. Ferris and M. Potegal, "Vasopressin Receptor Blockade in the Anterior Hypothalamus Suppresses Aggression in Hamsters," *Physiology & Behav* 44 (1988): 235; H. Albers, "The Regulation of Social Recognition, Social Communication and Aggression: Vasopressin in the Social Behavior Neural Network," *Horm Behav* 61 (2012): 283; A. Johansson et al., "Alcohol and Aggressive Behavior in Men: Moderating Effects of Oxytocin Receptor Gene (OXTR) Polymorphisms," *Genes, Brain and Behav* 11 (2012): 214; J. Winslow and T. Insel, "Social Status in Pairs of Male Squirrel Monkeys Determines the Behavioral Response to Central Oxytocin Administration," *J Nsci* 11 (1991): 2032; J. Winslow et al., "A Role for Central Vasopressin in Pair Bonding in Monogamous Prairie Voles," *Nat* 365 (1993): 545.
45. T. Baumgartner et al., "Oxytocin Shapes the Neural Circuitry of Trust and Trust Adaptation in Humans," *Neuron* 58 (2008): 639; C. Declerk et al., "Oxytocin and Cooperation Under Conditions of Uncertainty: The Modulating Role of Incentives and Social Information," *Horm Behav* 57 (2010): 368; S. Shamay-Tsoory et al., "Intranasal Administration of Oxytocin Increases Envy and Schadenfreude (Gloating)," *BP* 66 (2009): 864.
46. C. de Dreu, "Oxytocin Modulates Cooperation Within and Competition Between Groups: An Integrative Review and Research Agenda," *Horm Behav* 61 (2012): 419; C. de Dreu et al., "The Neuropeptide Oxytocin Regulates Parochial Altruism in Intergroup Conflict Among Humans," *Sci* 328 (2011): 1408.
47. C. de Dreu et al., "Oxytocin Promotes Human Ethnocentrism," *PNAS* 108 (2011): 1262.
48. 각주: S. Motta et al., "Ventral Premammillary Nucleus as a Critical Sensory Relay to the Maternal Aggression Network," *PNAS* 110 (2013): 14438.
49. J. Lonstein and S. Gammie, "Sensory, Hormonal, and Neural Control of

Maternal Aggression in Laboratory Rodents," *Nsci Biobehav Rev* 26 (2002): 869; S. Parmigiani et al., "Selection, Evolution of Behavior and Animal Models in Behavioral Neuroscience," *Nsci Biobehav Rev* 23 (1999): 957.

50. R. Gandelman and N. Simon, "Postpartum Fighting in the Rat: Nipple Development and the Presence of Young," *Behav and Neural Biol* 29 (1980): 350; M. Erskine et al., "Intraspecific Fighting During Late Pregnancy and Lactation in Rats and Effects of Litter Removal," *Behav Biol* 23 (1978): 206; K. Flannelly and E. Kemble, "The Effect of Pup Presence and Intruder Behavior on Maternal Aggression in Rats," *Bull of the Psychonomic Soc* 25 (1988): 133.

51. B. Derntl et al., "Association of Menstrual Cycle Phase with the Core Components of Empathy," *Horm Behav* 63 (2013): 97.
이 현상에 대한 좋은 리뷰: C. Bodo and E. Rissman, "New Roles for Estrogen Receptor Beta in Behavior and Neuroendocrinology," *Front Neuroendocrinology* 27 (2006): 217.

52. D. Reddy, "Neurosteroids: Endogenous Role in the Human Brain and Therapeutic Potentials," *Prog Brain Res* 186 (2010): 113; F. De Sousa et al., "Progesterone and Maternal Aggressive Behavior in Rats," *Behavioral Brain Res* 212 (2010): 84; G. Pinna et al., "Neurosteroid Biosynthesis Regulates Sexually Dimorphic Fear and Aggressive Behavior in Mice," *Neurochemical Res* 33 (2008): 1990; K. Miczek et al., "Neurosteroids, GABAA Receptors, and Escalated Aggressive Behavior," *Horm Behav* 44 (2003): 242.

53. S. Hrdy, "The 'One Animal in All Creation About Which Man Knows the Least,'" *Philosophical Transactions of the Royal Soc B* 368 (2013): 20130072.

54. 과잉 가설을 제안한 논문: E. Ketterson et al., "Testosterone in Females: Mediator of Adaptive Traits, Constraint on Sexual Dimorphism, or Both?" *Am Naturalist* 166 (2005): 585.

55. C. Voigt and W. Goymann, "Sex-Role Reversal Is Reflected in the Brain of African Black Coucals (*Centropus grillii*)," *Developmental Neurobiol* 67 (2007): 1560; M. Peterson et al., "Testosterone Affects Neural Gene Expression Differently in Male and Female Juncos: A Role for Hormones in Mediating Sexual Dimorphism and Conflict," *PLoS ONE* 8 (2013): e61784.

56. A. Pusey and K. Schroepfer-Walker, "Female Competition in Chimpanzees," *Philosophical Transactions of the Royal Soc B* 368 (2013): 20130077.

57. J. French et al., "The Influence of Androgenic Steroid Hormones on Female

Aggression in 'Atypical' Mammals," *Philosophical Transactions of the Royal Soc B* 368 (2013): 20130084; L. Frank et al., "Fatal Sibling Aggression, Precocial Development, and Androgens in Neonatal Spotted Hyenas," *Sci* 252 (1991): 702; S. Glickman et al., "Androstenedione May Organize or Activate Sex-Reversed Traits in Female Spotted Hyenas," *PNAS* 84 (1987): 3444.

58. W. Goymann et al., "Androgens and the Role of Female 'Hyperaggressiveness' in Spotted Hyenas," *Horm Behav* 39 (2001): 83; S. Fenstemaker et al., "A Sex Difference in the Hypothalamus of the Spotted Hyena," *Nat Nsci* 2 (1999): 943; G. Rosen et al., "Distribution of Vasopressin in the Forebrain of Spotted Hyenas," *J Comp Neurol* 498 (2006): 80.

59. P. Chambers and J. Hearn, "Peripheral Plasma Levels of Progesterone, Oestradiol-17b, Oestrone, Testosterone, Androstenedione and Chorionic Gonadotrophin During Pregnancy in the Marmoset Monkey, *Callithrix jacchus*," *J Reproduction Fertility* 56 (1979): 23; C. Drea, "Endocrine Correlates of Pregnancy in the Ring-Tailed Lemur (*Lemur catta*): Implications for the Masculinization of Daughters," *Horm Behav* 59 (2011): 417; M. Holmes et al., "Social Status and Sex Independently Influence Androgen Receptor Expression in the Eusocial Naked Mole-Rat Brain," *Horm Behav* 54 (2008): 278; L. Koren et al., "Elevated Testosterone Levels and Social Ranks in Female Rock Hyrax," *Horm Behav* 49 (2006): 470; C. Kraus et al., "High Maternal Androstenedione Levels During Pregnancy in a Small Precocial Mammal with Female Genital Masculinisation," (Max Planck Institute for Demographic Research Working Paper WP 2008-017, April 2008); C. Kraus et al., "Spacing Behaviour and Its Implications for the Mating System of a Precocial Small Mammal: An Almost Asocial Cavy *Cavia magna*," *Animal Behav* 66 (2003): 225; L. Koren and E. Geffen, "Androgens and Social Status in Female Rock Hyraxes," *Animal Behav* 77 (2009): 233.

60. 각주: DHEA와 뉴런 내에서 스테로이드의 국소적 생성: K. Soma et al., "Novel Mechanisms for Neuroendocrine Regulation of Aggression," *Front Neuroendocrinology* 29 (2008): 476; K. Schmidt et al., "Neurosteroids, Immunosteroids, and the Balkanization of Endo," *General and Comp Endo* 157 (2008): 266; D. Pradhan et al., "Aggressive Interactions Rapidly Increase Androgen Synthesis in the Brain During the Non-breeding Season," *Horm Behav* 57 (2010): 381.

61. T. Johnson, "Premenstrual Syndrome as a Western Culture-Specific Disorder,"

Culture, Med and Psychiatry 11 (1987): 337; L. Cosgrove and B. Riddle, "Constructions of Femininity and Experiences of Menstrual Distress," *Women & Health* 38 (2003): 37.

62. 인용구는 다음에서 가져왔다: M. Rodin, "The Social Construction of Premenstrual Syndrome," *Soc Sci & Med* 35 (1992): 49. 각주의 인용구는 다음에서 가져왔다: A. Kleinman, "Depression, Somaticization, and the New 'Cross-Cultural Psychiatry,'" *Social Science Med* 11 (1977): 3.
63. H. Rupp et al., "Neural Activation in the Orbitofrontal Cortex in Response to Male Faces Increases During Follicular Phase," *Horm Behav* 56 (2009): 66; Mareckova K. et al., "Hormonal Contraceptive, Menstrual Cycle and Brain Response to Faces," *SCAN* 9 (2012): 191.
64. A. Rapkin et al., "Menstrual Cycle and Social Behavior in Vervet Monkeys," *PNE* 20 (1995): 289; E. García-Castells et al., "Changes in Social Dynamics Associates to the Menstrual Cycle in the Vervet Monkey (*Cercopithecus aethiops*)," *Boletín de Estudios Médicos y Biológicos* 37 (1989): 11; G. Mallow, "The Relationship Between Aggressive Behavior and Menstrual Cycle Stage in Female Rhesus Monkeys (*Macaca mulatta*)," *Horm Behav* 15 (1981): 259; G. Hausfater and B. Skoblic, "Premenstrual Behavior Changes Among Female Yellow Baboons: Some Similarities to Premenstrual Syndrome (PMS) in Women," *Animal Behav* 9 (1985): 165.
65. K. Dalton, "School Girls' Behavior and Menstruation," *Brit Med J* 2 (1960): 1647; K. Dalton, "Menstruation and Crime," *Brit Med J* 2 (1961): 1752; K. Dalton, "Cyclical Criminal Acts in Premenstrual Syndrome," *Lancet* 2 (1980): 1070.
66. P. Easteal, "Women and Crime: Premenstrual Issues," *Trends and Issues in Crime and Criminal Justice* 31 (1991): 1~8; J. Christler and P. Caplan, "The Strange Case of Dr. Jekyll and Ms. Hyde: How PMS Became a Cultural Phenomenon and a Psychiatric Disorder," *Ann Rev of Sex Res* 13 (2002): 274.
67. 전반적 개괄: R. Sapolsky, *Why Zebras Don't Get Ulcers: A Guide to Stress, Stress-Related Diseases and Coping*, 3rd ed. (New York: Henry Holt, 2004).
68. R. Sapolsky, "Stress and the Brain: Individual Variability and the Inverted-U," *Nat Nsci* 25 (2015): 1344.
69. K. Roelofs et al., "The Effects of Social Stress and Cortisol Responses on the Preconscious Selective Attention to Social Threat," *BP* 75 (2007): 1; K. Tully et al., "Norepinephrine Enables the Induction of Associative Long-

Term Potentiation at Thlamo-Amygdala Synapses," *PNAS* 104 (2007): 14146; P. Putman et al., "Cortisol Administration Acutely Reduces Threat-Selective Spatial Attention in Healthy Young Men," *Physiology & Behav* 99 (2010): 294; K. Bertsch et al., "Exogenous Cortisol Facilitates Responses to Social Threat Under high Provocation," *Horm Behav* 59 (2011): 428.

70. J. Rosenkranz et al., "Chronic Stress Causes Amygdala Hyperexcitability in Rodents," *BP* 67 (2010): 1128; S. Duvarci and D. Pare, "Glucocorticoids Enhance the Excitability of Principle Basolateral Amygdala Neurons," *J Nsci* 27 (2007): 4482; A. Kavushansky and G. Richter-Levin, "Effects of Stress and Corticosterone on Activity and Plasticity in the Amygdala," *J Nsci Res* 84 (2006): 1580; A. Kavushansky et al., "Activity and Plasticity in the CA1, the Dentate Gyrus, and the Amygdala Following Controllable Versus Uncontrollable Water Stress," *Hippocampus* 16 (2006): 35; P. Rodríguez Manzanares et al., "Previous Stress Facilitates Fear Memory, Attenuates GABAergic Inhibition, and Increases Synaptic Plasticity in the Rat Basolateral Amygdala," *J Nsci* 25 (2005): 8725; H. Lakshminarasimhan and S. Chattarji, "Stress Leads to Contrasting Effects on the Levels of Brain Derived Neurotrophic Factor in the Hippocampus and Amygdala," *PLoS ONE* 7 (2012): e30481; S. Ghosh et al., "Functional Connectivity from the Amygdala to the Hippocampus Grows Stronger After Stress," *J Nsci* 33 (2013): 7234.

71. B. Kolber et al., "Central Amygdala Glucocorticoid Receptor Action Promotes Fear-Associated CRH Activation and Conditioning," *PNAS* 105 (2008): 12004; S. Rodrigues et al., "The Influence of Stress Hormones on Fear Circuitry," *Ann Rev Nsci* 32 (2009): 289; L. Shin and I. Liberzon, "The Neurocircuitry of Fear, Stress, and Anxiety Disorders," *Neuropsychopharmacology* 35, no. 1 (January 2010): 169.

72. M. Milad and G. Quirk, "Neurons in Medial Prefrontal Cortex Signal Memory for Fear Extinction," *Nat* 420 (2002): 70; E. Phelps et al., "Extinction Learning in Humans: Role of the Amygdala and vmPFC," *Neuron* 43 (2004): 897; J. Bremner et al., "Neural Correlates of Exposure to Traumatic Pictures and Sound in Vietnam Combat Veterans With and Without Posttraumatic Stress Disorder: A Positron Emission Tomography Study," *BP* 45 (1999): 806; D. Knox et al., "Single Prolonged Stress Disrupts Retention of Extinguished Fear in Rats," *Learning & Memory* 19 (2012): 43; M. Schmidt et al., "Stress-Induced Metaplasticity: From Synapses to Behavior," *Nsci* 250 (2013): 112; J. Pruessner et al., "Deactivation of

the Limbic System During Acute Psychosocial Stress: Evidence from Positron Emission Tomography and Functional Magnetic Resonance Imaging Studies," *BP* 63 (2008): 234.

73. A. Young et al., "The Effects of Chronic Administrations of Hydrocortisone on Cognitive Function in Normal Male Volunteers," *Psychopharmacology* (Berlin) 145 (1999): 260; A. Barsegyan et al., "Glucocorticoids in the Prefrontal Cortex Enhance Memory Consolidation and Impair Working Memory by a Common Neural Mechanism," *PNAS* 107 (2010): 16655; A. Arnsten et al., "Neuromodulation of Thought: Flexibilities and Vulnerabilities in Prefrontal Cortical Network Synapses," *Neuron* 76 (2012): 223; B. Roozendaal et al., "The Basolateral Amygdala Interacts with the Medial Prefrontal Cortex in Regulating Glucocorticoid Effects on Working Memory Impairment," *J Nsci* 24 (2004): 1385; C. Liston et al., "Psychosocial Stress Reversibly Disrupts Prefrontal Processing and Attentional Control," *PNAS* 106 (2008): 912.

74. E. Dias-Ferreira et al., "Chronic Stress Causes Frontostriatal Reorganization and Affects Decision-Making," *Sci* 325 (2009): 621; D. Lyons et al., "Stress-Level Cortisol Treatment Impairs Inhibitory Control of Behavior in Monkeys," *J Nsci* 20 (2000): 7816; J. Kim et al., "Amygdala Is Critical for Stress-Induced Modulation of Hippocampal Long-Term Potentiation and Learning," *J Nsci* 21 (2001): 5222; L. Schwabe and O. Wolf, "Stress Prompts Habit Behavior in Humans," *J Nsci* 29 (2009): 7191; L. Schwabe and O. Wolf, "Socially Evaluated Cold Pressor Stress After Instrumental Learning Favors Habits over Goal-Directed Action," *PNE* 35 (2010): 977; L. Schwabe and O. Wolf, "Stress-Induced Modulation of Instrumental Behavior: From Goal-Directed to Habitual Control of Action," *BBR* 219 (2011): 321; L. Schwabe and O. Wolf, "Stress Modulates the Engagement of Multiple Memory Systems in Classification Learning," *J Nsci* 32 (2012): 11042; L. Schwabe et al., "Simultaneous Glucocorticoid and Noradrenergic Activity Disrupts the Neural Basis of Goal-Directed Action in the Human Brain," *J Nsci* 32 (2012): 10146.

75. V. Venkaraman et al., "Sleep Deprivation Biases the Neural Mechanisms Underlying Economic Preferences," *J Nsci* 31 (2011): 3712; M. Brand et al., "Decision-Making Deficits of Korsakoff Patients in a New Gambling Task with Explicit Rules: Associations with Executive Functions," *Neuropsychology* 19 (2005): 267; E. Masicampo and R. Baumeister, "Toward a Physiology of Dual-

Process Reasoning and Judgment: Lemonade, Willpower, and Expensive Rule-Based Analysis," *Psych Sci* 19 (2008): 255.

76. S. Preston et al., "Effects of Anticipatory Stress on Decision-Making in a Gambling Task," *Behav Nsci* 121 (2007): 257; R. van den Bos et al., "Stress and Decision-Making in Humans: Performance Is Related to Cortisol Reactivity, Albeit Differently in Men and Women," *PNE* 34 (2009): 1449; N. Lighthall et al., "Acute Stress Increases Sex Differences in Risk Seeking in the Balloon Analogue Risk Task," *PLoS ONE* 4 (2009): e6002; N. Lighthall et al., "Gender Differences in Reward-Related Decision Processing Under Stress," *SCAN* 7, no. 4 (April 2012): 476~84; P. Putman et al., "Exogenous Cortisol Acutely Influences Motivated Decision Making in Healthy Young Men," *Psychopharmacology* 208 (2010): 257; P. Putman et al., "Cortisol Administration Acutely Reduces Threat-Selective Spatial Attention in Healthy Young Men," *Physiology & Behav* 99 (2010): 294; K. Starcke et al., "Anticipatory Stress Influences Decision Making Under Explicit Risk Conditions," *Behav Nsci* 122 (2008): 1352.

77. E. Mikics et al., "Genomic and Non-genomic Effects of Glucocorticoids on Aggressive Behavior in Male Rats," *PNE* 29 (2004): 618; D. Hayden-Hixson and C. Ferris, "Steroid-Specific Regulation of Agonistic Responding in the Anterior Hypothalamus of Male Hamsters," *Physiology & Behav* 50 (1991): 793; A. Poole and P. Brain, "Effects of Adrenalectomy and Treatments with ACTH and Glucocorticoids on Isolation-Induced Aggressive Behavior in Male Albino Mice," *Prog Brain Res* 41 (1974): 465; E. Mikics et al., "The Effect of Glucocorticoids on Aggressiveness in Established Colonies of Rats," *PNE* 32 (2007): 160; R. Böhnke et al., "Exogenous Cortisol Enhances Aggressive Behavior in Females, but Not in Males," *PNE* 35 (2010): 1034; K. Bertsch et al., "Exogenous Cortisol Facilitates Responses to Social Threat Under High Provocation," *Horm Behav* 59 (2011): 428.

78. S. Levine et al., "The PNE of Stress: A Psychobiological Perspective," in *Psychoneuroendocrinology*, ed. S. Levine and R. Brush (New York: Academic Press, 1988), p. 181; R. Sapolsky and J. Ray, "Styles of Dominance and Their Physiological Correlates Among Wild Baboons," *Am J Primat* 18 (1989): 1; J. C. Ray and R. Sapolsky, "Styles of Male Social Behavior and Their Endocrine Correlates Among High-Ranking Baboons," *Am J Primat* 28 (1992): 231; C. E. Virgin and R. Sapolsky, "Styles of Male Social Behavior and Their Endocrine

Correlates Among Low-Ranking Baboons," *Am J Primat* 42 (1997): 25.

79. D. Card and G. Dahl, "Family Violence and Football: The Effect of Unexpected Emotional Cues on Violent Behavior," *Quarterly J Economics* 126 (2011): 130.

80. 각주: 스트레스가 건강한 습관의 지속을 더 어렵게 만드는 현상에 대한 신경생물학적 연구: C. Cifani et al., "Medial Prefrontal Cortex Neuronal Activation and Synaptic Alteration After Stress-Induced Reinstatement of Palatable Food Seeking: A Study Using c-fos-GFP Transgenic Female Rats," *J Nsci* 32 (2012): 8480.

81. K. Starcke et al., "Does Everyday Stress Alter Moral Decision-Making?" *PNE* 36 (2011): 210; F. Youssef et al., "Stress Alters Personal Moral Decision Making," *PNE* 37 (2012): 491.

82. D. Langford et al., "Social Modulation of Pain as Evidence for Empathy in Mice," *Sci* 312 (2006): 1967.

83. S. Taylor et al., "Biobehavioral Responses to Stress in Female: Tend-and-Befriend, Not Fight-of-Flight," *Psych Rev* 107 (2000): 411.

84. B. Bushman, "Human Aggression While Under the Influence of Alcohol and Other Drugs: An Integrative Research Review," *Curr Dir Psych Sci* 2 (1993): 148; L. Zhang et al., "The Nexus Between Alcohol and Violent Crime," *Alcoholism: Clin and Exp Res* 21 (1997): 1264; K. Graham and P. West, "Alcohol and Crime: Examining the Link," in *International Handbook of Alcohol Dependence and Problems*, ed. N. Heather, T. J. Peters, and T. Stockwell (New York: John Wiley & Sons, 2001); I. Quadros et al., "Individual Vulnerability to Escalated Aggressive Behavior by a Low Dose of Alcohol: Decreased Serotonin Receptor mRNA in the Prefrontal Cortex of Male Mice," *Genes, Brain and Behav* 9 (2010): 110; A. Johansson et al., "Alcohol and Aggressive Behavior in Men: Moderating Effects of Oxytocin Receptor Gene (OXTR) Polymorphisms," *Genes, Brain and Behav* 11 (2012): 214.

5장

1. D. O. Hebb, *The Organization of Behavior* (Hoboken, NJ: John Wiley & Sons, 1949).

2. 전반적 개괄: R. Nicoll and K. Roche, "Long-Term Potentiation: Peeling the Onion," *Neuropharmacology* 74 (2013): 18; J. MacDonald et al., "Hippocampal Long-Term Synaptic Plasticity and Signal Amplification of NMDA Receptors,"

Critical Rev in Neurobiol 18 (2006): 71.

3. T. Sigurdsson et al., "Long-Term Potentiation in the Amygdala: A Cellular Mechanism of Fear Learning and Memory," *Neuropharmacology* 52 (2007): 215; J. Kim and M. Jung, "Neural Circuits and Mechanisms Involved in Pavlovian Fear Conditioning: A Critical Review," *Nsci Biobehav Rev* 30 (2006): 188; M. Wolf, "LTP May Trigger Addiction," *Mol Interventions* 3 (2003): 248; M. Wolf et al., "Psychomotor Stimulants and Neuronal Plasticity," *Neuropharmacology* 47, supp. 1 (2004): 61.
4. M. Foy et al., "17beta-estradiol Enhances NMDA Receptor-Mediated EPSPs and Long-Term Potentiation," *J Neurophysiology* 81 (1999): 925; Y. Lin et al., "Oxytocin Promotes Long-Term Potentiation by Enhancing Epidermal Growth Factor Receptor-Mediated Local Translation of Protein Kinase Mz," *J Nsci* 32 (2012): 15476; K. Tomizawa et al., "Oxytocin Improves Long-Lasting Spatial Memory During Motherhood Through MAP Kinase Cascade," *Nat Nsci* 6 (2003): 384; V. Skucas et al., "Testosterone Depletion in Adult Male Rats Increases Mossy Fiber Transmission, LTP, and Sprouting in Area CA3 of Hippocampus," *J Nsci* 33 (2013): 2338; W. Timmermans et al., "Stress and Excitatory Synapses: From Health to Disease," *Nsci* 248 (2013): 626.
5. S. Rodrigues et al., "The Influences of Stress Hormones on Fear Circuitry," *Ann Rev Nsci* 32 (2009): 289; X. Xu and Z. Zhang, "Effects of Estradiol Benzoate on Learning-Memory Behavior and Synaptic Structure in Ovariectomized Mice," *Life Sci* 79 (2006): 1553; C. Rocher et al., "Acute Stress-Induced Changes in Hippocampal/Prefrontal Circuits in Rats: Effects on Antidepressants," *Cerebral Cortex* 14 (2004): 224.
6. A. Holtmaat and K. Svoboda, "Experience-Dependent Structural Synaptic Plasticity in the Mammalian Brain," *Nat Rev Nsci* 10 (2009): 647; C. Woolley et al., "Naturally Occurring Fluctuation in Dendritic Spine Density on Adult Hippocampal Pyramidal Neurons," *J Nsci* 10 (1990): 4035; W. Kelsch et al., "Watching Synaptogenesis in the Adult Brain," *Ann Rev of Nsci* 33 (2010): 131.
7. B. Leuner and T. Shors, "Stress, Anxiety, and Dendritic Spines: What Are the Connections?" *Nsci* 251 (2013): 108; Y. Chen et al., "Correlated Memory Defects and Hippocampal Dendritic Spine Loss After Acute Stress Involve Corticotropin-Releasing Hormone Signaling," *PNAS* 107 (2010): 13123.
8. J. Cerqueira et al., "Morphological Correlates of Corticosteroid-Induced

Changes in Prefrontal Cortex Dependent Behaviors," *J Nsci* 25 (2005): 7792; A. Izquierdo et al., "Brief Uncontrollable Stress Causes Dendritic Retraction in Infralimbic Cortex and Resistance to Fear Extinction in Mice," *J Nsci* 26 (2006): 5733; C. Lison et al., "Stress-Induced Alterations in Prefrontal Cortical Dendritic Morphology Predict Selective Impairments in Perceptual Attentional Set Shifting," *J Nsci* 26 (2006): 7870; J. Radley, "Repeated Stress Induces Dendritic Spine Loss in the Rat Medial Prefrontal Cortex," *Cerebral Cortex* 16 (2006): 313; A. Arnsten, "Stress Signaling Pathways That Impair Prefrontal Cortex Structure and Function," *Nat Rev Nsci* 10 (2009): 410; C. Sandi and M. Loscertales, "Opposite Effects on NCAM Expression in the Rat Frontal Cortex Induced by Acute vs. Chronic Corticosterone Treatments," *Brain Res* 828 (1999): 127; C. Wellman, "Dendritic Reorganization in Pyramidal Neurons in Medial Prefrontal Cortex After Chronic Corticosterone Administration," *J Neurobiol* 49 (2001): 245; D. Knox et al., "Single Prolonged Stress Decreases Glutamate, Glutamine, and Creatine Concentrations in the Rat Medial Prefrontal Cortex," *Nsci Lett* 480 (2010): 16.

9. E. Dias-Ferreira et al., "Chronic Stress Causes Frontostriatal Reorganization and Affects Decision-Making," *Sci* 325 (2009): 621; M. Fuchikiami et al., "Epigenetic Regulation of BDNF Gene in Response to Stress," *Psychiatry Investigation* 7 (2010): 251.
10. R. Mitra and R. Sapolsky, "Acute Corticosterone Treatment Is Sufficient to Induce Anxiety and Amygdala Dendritic Hypertropy," *PNAS* 105 (2008): 5573; A. Vyas et al., "Chronic Stress Induces Contrasting Patterns of Dendric Remodeling in Hippocampal and Amygdaloid Neurons," *J Nsci* 22 (2002): 6810; S. Bennur et al., "Stress-Induced Spine Loss in the Medial Amygdala Is Mediated by Tissue-Plasminogen Activator," *Nsci* 144 (2006): 8; A. Govindarajan et al., "Transgenic Brain-Derived Neurotrophic Factor Expression Causes Both Anxiogenic and Antidepressant Effects," *PNAS* 103 (2006): 13208.
   분계섬유줄핵(BNST)의 확장: A. Vyas et al., "Effects of Chronic Stress on Dendritic Arborization in the Central and Extended Amygdala," *Brain Res* 965 (2003): 290; J. Pego et al., "Dissociation of the Morphological Correlates of Stress-Induced Anxiety and Fear," *Eur J Nsci* 27 (2008): 1503.
11. A. Magarinos and B. McEwen, "Stress-Induced Atrophy of Apical Dendrites of Hippocampal CA3c Neurons: Involvement of Glucocorticoid Secretion and

Excitatory Amino Acid Receptors," *Nsci* 69 (1995): 89; A. Magarinos et al., "Chronic Psychosocial Stress Causes Apical Dendritic Atrophy of Hippocampal CA3 Pyramidal Neurons in Subordinate Tree Shrews," *J Nsci* 16 (1996): 3534; B. Eadie et al., "Voluntary Exercise Alters the Cytoarchitecture of the Adult Dentate Gyrus by Increasing Cellular Proliferation, Dendritic Complexity, and Spine Density," *J Comp Neural* 486 (2005): 39.

12. M. Khan et al., "Estrogen Regulation of Spine Density and Excitatory Synapses in Rat Prefrontal and Somatosensory Cerebral Cortex," *Steroids* 78 (2013): 614; B. McEwen, "Estrogen Actions Throughout the Brain," *Recent Prog Hormone Res* 57 (2002): 357; B. Leuner and E. Gould, "Structural Plasticity and Hippocampal Function," *Ann Rev Psych* 61 (2010): 111.
13. R. Hamilton et al., "Alexia for Braille Following Bilateral Occipital Stroke in an Early Blind Woman," *Neuroreport* 11 (2000): 237; E. Striem-Amit et al., "Reading with Sounds: Sensory Substitution Selectively Activates the Visual Word Form Area in the Blind," *Neuron* 76 (2012): 640.
14. S. Florence et al., "Large-Scale Sprouting of Cortical Connection After Peripheral Injury in Adult Macaque Monkeys," *Sci* 282 (1998): 1117; C. Darian-Smith and C. Gilbert, "Axonal Sprouting Accompanies Functional Reorganization in Adult Cat Striate Cortex," *Nat* 368 (1994): 737; M. Kossut and S. Juliano, "Anatomical Correlates of Representational Map Reorganization Induced by Partial Vibrissectomy in the Barrel Cortex of Adult Mice," *Nsci* 92 (1999): 807; L. Merabet and A. Pascual-Leone, "Neural Reorganization Following Sensory Loss: The Opportunity of Change," *Nat Rev Nsci* 11 (2010): 44; A. Pascual-Leone et al., "The Plastic Human Brain Cortex," *Ann Rev Nsci* 29 (2005): 377; B. Becker et al., "Fear Processing and Social Networking in the Absence of a Functional Amygdala," *BP* 72 (2012): 70; L. Colgin, "Understanding Memory Through Hippocampal Remapping," *TINS* 31 (2008): 469; V. Ramirez-Amaya et al., "Spatial Longterm Memory Is Related to Mossy Fiber Synaptogenesis," *J Nsci* 21 (2001): 7340; M. Holahan et al., "Spatial Learning Induces Presynaptic Structural Remodeling in the Hippocampal Mossy Fiber System of Two Rat Strains," *Hippocampus* 16 (2006): 560; I. Galimberti et al., "Long-Term Rearrangements of Hippocampal Mossy Fiber Terminal Connectivity in the Adult Regulated by Experience," *Neuron* 50 (2006): 749; V. De Paola et al., "Cell Type-Specific Structural Plasticity of Axonal Branches and Boutons in the Adult Neocortex,"

Neuron 49 (2006): 861; H. Nishiyama et al., "Axonal Motility and Its Modulation by Activity Are Branch-Type Specific in the Intact Adult Cerebellum," *Neuron* 56 (2007): 472.

15. C. Pantev and S. Herholz, "Plasticity of the Human Auditory Cortex Related to Musical Training," *Nsci Biobehav Rev* 35 (2011): 2140.
16. A. Pascual-Leone, "Reorganization of Cortical Motor Outputs in the Acquisition of New Motor Skills," in *Recent Advances in Clin Neurophysiology*, ed. J. Kimura and H. Shibasaki (Amsterdam: Elsevier Science, 1996), pp. 304~8.
17. C. Xerri et al., "Alterations of the Cortical Representation of the Rat Ventrum Induced by Nursing Behavior," *J Nsci* 14 (1994): 171; B. Draganski et al., "Neuroplasticity: Changes in Grey Matter Induced by Training," *Nat* 427 (2004): 311.
18. J. Altman and G. Das, "Autoradiographic and Histological Evidence of Postnatal Hippocampal Neurogenesis in Rats," *J Comp Neurol* 124 (1965): 319.
19. M. Kaplan, "Environmental Complexity Stimulates Visual Cortex Neurogenesis: Death of a Dogma and a Research Career," *TINS* 24 (2001): 617.
20. S. Goldman and F. Nottebohm, "Neuronal Production, Migration, and Differentiation in an Vocal Control Nucleus of the Adult Female Canary Brain," *PNAS* 80 (1983): 2390; J. Paton and F. Nottebohm, "Neurons Generated in the Adult Brain Are Recruited into Functional Circuits," *Sci* 225 (1984): 4666; F. Nottebohm, "Neuronal Replacement in Adult Brain," *ANYAS* 457 (1985): 143. 신경생성 연구의 흥미진진한 역사 전체를 소개한 글: M. Specter, "How the Songs of Canaries Upset a Fundamental Principle of Science," *New Yorker*, July 23, 2001.
21. D. Kornack and P. Rakic, "Continuation of Neurogenesis in the Hippocampus of the Adult Macaque Monkey," *PNAS* 96 (1999): 5768.
22. G. Ming and H. Song, "Adult Neurogenesis in the Mammalian Central Nervous System," *Ann Rev Nsci* 28 (2005): 223. 해마의 뉴런 교체율: G. Kempermann et al., "More Hippocampal Neurons in Adult Mice Living in an Enriched Environment," *Nat* 386 (1997): 493; H. Cameron and R. McKay, "Adult Neurogenesis Produces a Large Pool of New Granule Cells in the Dentate Gyrus," *J Comp Neurol* 435 (2001): 406. 인간에게서 확인됨: P. Eriksson et al., "Neurogenesis in the Adult Human Hippocampus," *Nat Med* 4 (1998): 1313. 신경생성의 조절 인자들: C. Mirescu et al., "Sleep Deprivation Inhibits Adult Neurogenesis in the Hippocampus by Elevating Glucocorticoids," *PNAS* 103 (2006): 19170. 인지에서 새 뉴런의 역할: W.

Deng et al., "New Neurons and New Memories: How Does Adult Hippocampal Neurogenesis Affect Learning and Memory?" *Nat Rev Nsci* 11 (2010): 339; T. Shors et al., "Neurogenesis in the Adult Rat Is Involved in the Formation of Trace Memories," *Nat* 410 (2001): 372; T. Shors et al., "Neurogenesis May Relate to Some But Not All Types of Hippocampal-Dependent Learning," *Hippocampus* 12 (2002): 578.
23. 각주에서 쳇바퀴 돌리기, 글루코코르티코이드와 신경생성에 관한 내용: S. Droste et al., "Effects of Long-Term Voluntary Exercise on the Mouse Hypothalamic-Pituitary-Adrenocortical Axis," *Endo* 144 (2003): 3012; H. van Praag et al., "Running Enhances Neurogenesis, Learning, and Long-Term Potentiation in Mice," *PNAS* 96 (1999): 13427; G. Kempermann, "New Neurons for 'Survival of the Fittest,'" *Nat Rev Nsci* 13 (2012): 727.
24. L. Santarelli et al., "Requirement of Hippocampal Neurogenesis for the Behavioral Effects of Antidepressants," *Sci* 301 (2003): 80.
25. J. Altmann, "The Discovery of Adult Mammalian Neurogenesis," in *Neurogenesis in the Adult Brain 1*, ed. T. Seki, K. Sawamoto, J. Parent, and A. Alvarez-Buylla (New York: Springer-Verlag, 2011).
26. C. Lord et al., "Hippocampal Volumes Are Large in Postmenopausal Women Using Estrogen Therapy Compared to Past Users, Never Users and Men: A Possible Window of Opportunity Effect," *Neurobiol of Aging* 29 (2008): 95; R. Sapolsky, "Glucocorticoids and Hippocampal Atrophy in Neuropsychiatric Disorders," *AGP* 57 (2000): 925; A. Mutso et al., "Abnormalities in Hippocampal Functioning with Persistent Pain," *J Nsci* 32 (2012): 5747; J. Pruessner et al., "Stress Regulation in the Central Nervous System: Evidence from Structural and Functional Neuroimaging Studies in Human Populations," *PNE* 35 (2010): 179; J. Kuo et al., "Amygdala Volume in Combat-Exposed Veterans With and Without Posttraumatic Stress Disorder: A Cross-sectional Study," *AGP* 69 (2012): 1080.
27. E. Maguire et al., "Navigation-Related Structural Change in the Hippocampi of Taxi Drivers," *PNAS* 97 (2000): 4398; K. Woollett and E. Maguire, "Acquiring "the Knowledge" of London's Layout Drives Structural Brain Changes," *Curr Biol* 21 (2011): 2109. 왜 런던에서 택시운전사가 되려면 더 큰 해마가 필요한가 하는 문제를 악명 높을 만큼 어려운 면허 시험을 중심으로 풀어낸 흥미로운 이야기: J. Rosen, "The Knowledge, London's Legendary Taxi-Driver Test, Puts Up a Fight in the Age of GPS," *New York Times Magazine*, November 10, 2014.

28. S. Mangiavacchi et al., "Long-Term Behavioral and Neurochemical Effects of Chronic Stress Exposure in Rats," *J Neurochemistry* 79 (2001): 1113; J. van Honk et al., "Baseline Salivary Cortisol Levels and Preconscious Selective Attention for Treat: A Pilot Study," *PNE* 23 (1998): 741; M. Fuxjager et al., "Winning Territorial Disputes Selectively Enhances Androgen Sensitivity in Neural Pathways Related to Motivation and Social Aggression," *PNAS* 107 (2010): 12393; I. McKenzie et al., "Motor Skill Learning Requires Active Central Myelination," *Sci* 346 (2014): 318; M. Bechler and C. ffrench-Constant, "A New Wrap for Neuronal Activity?" *Sci* 344 (2014): 480; E. Gibson et al., "Neuronal Activity Promotes Oligodendrogenesis and Adaptive Myelination in the Mammalian Brain," *Sci* 344 (2014): 487; J. Radley et al., "Reversibility of Apical Dendritic Retraction in the Rat Medial Prefrontal Cortex Following Repeated Stress," *Exp Neurol* 196 (2005): 199; E. Bloss et al., "Interactive Effects of Stress and Aging on Structural Plasticity in the Prefrontal Cortex," *J Nsci* 30 (2010): 6726.
29. N. Doidge, *The Brain That Changes Itself: Stories of Personal Triumph from the Front of Brain Science* (New York: Penguin, 2007); S. Begley, *Train Your Mind, Change Your Brain: How a New Science Reveals Our Extraordinary Potential to Transform Ourselves* (New York: Ballantine Books, 2007): J. Arden, *Rewire Your Brain: Think Your Way to a Better Life* (New York: Wiley, 2010).

6장

1. R. Knickmeyer et al., "A Structural MRI Study of Human Brain Development from Birth to 2 Years," *J Nsci* 28 (2008): 12176.
2. M. Bucholtz, "Youth and Cultural Practice," *Ann Rev Anthropology* 31 (2002): 525; S. Choudhury, "Culturing the Adolescent Brain: What Can Neuroscience Learn from Anthropology?" *SCAN* 5 (2010): 159. 각주: T. James, "The Age of Majority," *Am J Legal History* 4 (1960) 22; R. Brett, "Contribution for Children and Political Violence," in *Child Soldiering: Questions and Challenge for Health Professionals* (WHO Global Report on Violence), 2000, p. 1; C. MacMullin and M. Loughry, "Investigating Psychosocial Adjustment of Former Child Soldiers in Sierra Leone and Uganda," *J Refugee Studies* 17 (2004): 472.
3. J. Giedd, "The Teen Brain: Insights from Neuroimaging," *J Adolescent Health* 42 (2008): 335. 원숭이에게서 청소년기에 이마앞엽 겉질 뉴런들의 내재적 연결성이 증가

한다는 것을 보여준 연구: X. Zhou et al., "Age-Dependent Changes in Prefrontal Intrinsic Connectivity," *PNAS* 111 (2014): 3853; T. Singer, "The Neuronal Basis and Ontogeny of Empathy and Mind Reading: Review of Literature and Implications for Future Research," *Nsci Biobehav Rev* 30 (2006): 855; P. Shaw et al., "Intellectual Ability and Cortical Development in Children and Adolescents," *Nat* 440 (2006): 676.

4. D. Yurelun-Todd, "Emotional and Cognitive Changes During Adolescence," *Curr Opinion in Neurobiol* 17 (2007): 251; B. Luna et al., "Maturation of Widely Distributed Brain Function Subserves Cognitive Development," *Neuroimage* 13 (2001): 786; B. Schlaggar et al., "Functional Neuroanatomical Differences Between Adults and School-Age Children in the Processing of Single Words," *Sci* 296 (2002): 1476.
5. A. Wang et al., "Developmental Changes in the Neural Basis of Interpreting Communicative Intent," *SCAN* 1 (2006): 107.
6. T. Paus et al., "Maturation of White Matter in the Human Brain: A Review of Magnetic Resonance Studies," *Brain Res Bull* 54 (2001): 255; A. Raznahan et al., "Patterns of Coordinated Anatomical Change in Human Cortical Development: A Longitudinal Neuroimaging Study of Maturational Coupling," *Neuron* 72 (2011): 873; N. Strang et al., "Developmental Changes in Adolescents' Neural Response to Challenge," *Developmental Cog Nsci* 1 (2011): 560.
7. C. Masten et al., "Neural Correlates of Social Exclusion During Adolescence: Understanding the Distress of Peer Rejection," *SCAN* 4 (2009): 143.
8. J. Perrin et al., "Growth of White Matter in the Adolescent Brain: Role of Testosterone and Androgen Receptor," *J Nsci* 28 (2008): 9519; T. Paus et al., "Sexual Dimorphism in the Adolescent Brain: Role of Testosterone and Androgen Receptor in Global and Local Volumes of Grey and White Matter," *Horm Behav* 57 (2010): 63; A. Arsnten and R. Shansky, "Adolescence: Vulnerable Period for Stress-Induced PFC Function?" *ANYAS* 102 (2006): 143; W. Moore et al., "Facing Puberty: Associations Between Pubertal Development and Neural Responses to Affective Facial Displays," *SCAN* 7 (2012): 35; R. Dahl, "Adolescent Brain Development: A Period of Vulnerabilities and Opportunities," *ANYAS* 1021 (2004): 1.
9. R. Rosenfield, "Clinical Review: Adolescent Anovulation: Maturational Mechanisms and Implications," *J Clin Endo and Metabolism* 98 (2013): 3572.

10. D. Yurelun-Todd, "Emotional and Cognitive Changes During Adolescence," *Curr Opinion in Neurobiol* 17 (2007): 251; B. Schlaggar et al., "Functional Neuroanatomical Differences Between Adults and School-Age Children in the Processing of Single Words," *Sci* 296 (2002): 1476.
11. W. Moore et al., "Facing Puberty: Associations Between Pubertal Development and Neural Responses to Affective Facial Displays," *SCAN* 7 (2012): 35.
12. D. Gee et al., "A Developmental Shift from Positive to Negative Connectivity in Human Amygdala-Prefrontal Circuitry," *J Nsci* 33 (2013): 4584.
13. K. McRae et al., "Association Between Trait Emotional Awareness and Dorsal Anterior Cingulate Activity During Emotion Is Arousal-Dependent," *Neuroimage* 41 (2008): 648; W. Killgore et al., "Sex-Specific Developmental Changes in Amygdala Responses to Affective Faces," *Neuroreport* 12 (2001): 427; W. Killgore and D. Yurgelun-Todd, "Unconscious Processing of Facial Affect in Children and Adolescents," *Soc Nsci* 2 (2007): 28; T. Hare et al., "Biological Substrates of Emotional Reactivity and Regulation in Adolescence During an Emotional Go-Nogo Task," *BP* 63 (2008): 927; T. Wager et al., "Prefrontal-Subcortical Pathways Mediating Successful Emotion Regulation," *Neuron* 25 (2008): 1037; T. Hare et al., "Self-Control in Decision-Making Involves Modulation of the vmPFC Valuation System," *Sci* 324 (2009): 646; C. Masten et al., "Neural Correlates of Social Exclusion During Adolescence: Understanding the Distress of Peer Rejection," *SCAN* 4 (2009): 143. 각주: Sulman et al., "Sex Differences in the Developmental Trajectories of Impulse Control and Sensation-Seeking from Early Adolescence to Early Adulthood," *J Youth and Adolescence* 44 (2013): 1.
14. G. Laviola et al., "Risk-Taking Behavior in Adolescent Mice: Psychobiological Determinants and Early Epigenetic Influence," *Nsci Biobehav Rev* 27 (2003): 19; V. Reyna and F. Farley, "Risk and Rationality in Adolescent Decision Making: Implications for Theory, Practice, and Public Policy," *Psych Sci in the Public Interest* 7 (2006): 1; L. Steinberg, "Risk Taking in Adolescence: New Perspectives from Brain and Behavioral Science," *Curr Dir Psych Res* 16 (2007): 55; L. Steinberg, *Age of Opportunity: Lessons from the New Science of Adolescence* (New York: Houghton Mifflin, 2014); C. Moutsiana et al., "Human Development of the Ability to Learn from Bad News," *PNAS* 110 (2013): 16396.
15. 이 현상에 대한 리뷰: A. R. Smith et al., "The Role of the Anterior Insula in Adolescent Decision Making," *Developmental Nsci* 36 (2014): 196.

16. 각주: Shulman et al., "Sex Differences in the Developmental Trajectories of Impulse Control and Sensation-Seeking from Early Adolescence to Early Adulthood," *J Youth and Adolescence* 44 (2013): 1.

17. R. Sapolsky, "Open Season," *New Yorker*, March 30, 1998, p. 57.

18. D. Rosenberg and D. Lewis, "Changes in the Dopaminergic Innervation of Monkey Prefrontal Cortex During Late Postnatal Development: A Tyrosine Hydroxylase Immunohistochemical Study," *BP* 36 (1994): 272.

19. B. Knutson et al., "fMRI Visualization of Brain Activity During a Monetary Incentive Delay Task," *Neuroimage* 12 (2000): 20; E. Barkley-Levenson and A. Galvan, "Neural Representation of Expected Value in the Adolescent Brain," *PNAS* 111 (2014): 1646; S. Schneider et al., "Risk Taking and the Adolescent Reward System: A Potential Common Link to Substance Abuse," *Am J Psychiatry* 169 (2012): 39; S. Burnett et al., "Development During Adolescence of the Neural Processing of Social Emotion," *J Cog Nsci* 21 (2008): 1; J. Bjork et al., "Developmental Differences in Posterior Mesofrontal Cortex Recruitment by Risky Rewards," *J Nsci* 27 (2007): 4839; J. Bjork et al., "Incentive-Elicited Brain Activation in Adolescents: Similarities and Differences from Young Adults," *J Nsci* 25 (2004): 1793; S. Blakemore et al., "Adolescent Development of the Neural Circuitry for Thinking About Intentions," *SCAN* 2 (2007): 130.

20. A. Galvan et al., "Earlier Development of the Accumbens Relative to Orbitofrontal Cortex Might Underlie Risk-Taking Behavior in Adolescents," *J Nsci* 26 (2006): 6885(본문의 그림도 이 논문에서 가져왔다). 보상 크기에 따른 도파민 체계 반응이 성인에게서 더 선형적이고 정확하다는 것을 보여준 연구: J. Vaidya et al., "Neural Sensitivity to Absolute and Relative Anticipated Reward in Adolescents," *PLoS ONE* 8 (2013): e58708.

21. A. R. Smith et al., "Age Differences in the Impact of Peers on Adolescents' and Adult' Neural Response to Reward," *Developmental Cog Nsci* 11 (2015): 75; J. Chein et al., "Peers Increase Adolescent Risk Taking by Enhancing Activity in the Brain's Reward Circuitry," *Developmental Sci* 14 (2011): F1; M. Gardner and L. Steinberg, "Peer Influence on Risk Taking, Risk Preference, and Risky Decision Making in Adolescence and Adulthood: An Experimental Study," *Developmental Psych* 41 (2005): 625; L. Steinberg, "A Social Neuroscience Perspective on Adolescent Risk-Taking," *Developmental Rev* 28 (2008): 78; M. Grosbras et al., "Neural Mechanisms of Resistance to Peer Influence in Early Adolescence," *J*

Nsci 27 (2007): 8040; A. Weigard et al., "Effects of Anonymous Peer Observation on Adolescents' Preference for Immediate Rewards," *Developmental Science* 17 (2014): 71.

22. M. Madden et al., "Teens, Social Media, and Privacy," Pew Research Center, May 23, 2013, www.pewinternet.org/Reports/2013/Teens-Social-Media-And-Privacy/Summary-of-Findings.aspx.
23. A. Guyer et al., "Amygdala and Ventrolateral Prefrontal Cortex Function During Anticipated Peer Evaluation in Pediatric Social Anxiety," *AGP* 65 (2008): 1303; A. Guyer et al., "Probing the Neural Correlates of Anticipated Peer Evaluation in Adolescence," *Child Development* 80 (2009): 1000; B. Gunther Moor et al., "Do You Like Me? Neural Correlates of Social Evaluation and Developmental Trajectories," *Soc Nsci* 5 (2010): 461.
24. N. Eisenberger et al., "Does Rejection Hurt? An fMRI Study of Social Exclusion," *Sci* 302 (2003): 290; N. Eisenberger, "The Pain of Social Disconnection: Examining the Shared Neural Underpinnings of Physical and Social Pain, "*Nat Rev Nsci* 3 (2012): 421.
25. C. Sebastian et al., "Development Influences on the Neural Bases of Responses to Social Rejection: Implications of Social Neuroscience for Education," *NeuroImage* 57 (2011): 686; C. Masten et al., "Neural Correlates of Social Exclusion During Adolescence: Understanding the Distress of Peer Rejection," *SCAN* 4 (2009): 143; J. Pfiefer and S. Blakemore, "Adolescent Social Cognitive and Affective Neuroscience: Past, Present, and Future," *SCAN* 7 (2012): 1.
26. J. Pfeifer et al., "Entering Adolescence: Resistance to Peer Influence, Risky Behavior, and Neural Changes in Emotion Reactivity," *Neuron* 69 (2011): 1029; L. Steinberg and K. Monahan, "Age Differences in Resistance to Peer Influence," *Developmental Psych* 43 (2007): 1531; M. Grosbras et al., "Neural Mechanisms of Resistance to Peer Influence in Early Adolescence," *J Nsci* 27 (2007): 8040.
27. I. Almas et al., "Fairness and the Development of Inequality Acceptance," *Sci* 328 (2010): 1176.
28. J. Decety and K. Michalska, "Neurodevelopmental Changes in the Circuits Underlying Empathy and Sympathy from Childhood to Adulthood," *Developmental Sci* 13 (2010): 886.
29. N. Eisenberg et al., "The Relations of Emotionality and Regulation to Dispositional and Situational Empathy-Related Responding," *JPSP* 66 (1994): 776;

J. Decety et al., "The Developmental Neuroscience of Moral Sensitivity," *Emotion Rev* 3 (2011): 305.

30. E. Finger et al., "Disrupted Reinforcement Signaling in the Orbitofrontal Cortex and Caudate in Youths with Conduct Disorder or Oppositional Defiant Disorder and a High Level of Psychopathic Traits," *Am J Psychiatry* 168 (2011): 152; A. Marsh et al., "Reduced Amygdala-Orbitofrontal Connectivity During Moral Judgements in Youths with Disruptive Behavior Disorders and Psychopathic Traits," *Psychiatry Res* 194 (2011): 279.
31. L. Steinberg, "The Influence of Neuroscience on US Supreme Court Decisions About Adolescents' Criminal Culpability," *Nat Rev Nsci* 14 (2013): 513.
32. Roper v. Simmons, 543 U.S. 551 (2005).
33. J. Sallet et al., "Social Network Size Affects Neural Circuits in Macaques," *Sci* 334 (2011): 697.

7장

1. P. Yakovlev and A. Lecours, "The Myelogenetic Cycles of Regional Maturation of the Brain," in *Regional Development of the Brain in Early Life*, ed. A. Minkowski (Oxford: Blackwell, 1967); H. Kinney et al., "Sequence of Central Nervous System Myelination in Human Infancy: II. Patterns of Myelination in Autopsied Infants," *J Neuropathology & Exp Neurol* 47 (1988): 217; S. Deoni et al., "Mapping Infant Brain Myelination with MRI," *J Nsci* 31 (2011): 784; N. Baumann and D. Pahm-Dinh, "Biology of Oligodendrocyte and Myelin in the Mammalian CNS," *Physiological Rev* 81 (2001): 871.
2. 연결 정도의 예측력을 보여준 연구: N. Dosenbach et al., "Prediction of Individual Brain Maturity Using fMRI," *Sci* 329 (2010): 1358.
3. N. Uesaka et al., "Retrograde Semaphorin Signaling Regulates Synapse Elimination in the Developing Mouse Brain," *Sci* 344 (2014): 1020; R. C. Paolicelli et al., "Synaptic Pruning by Microglia Is Necessary for Normal Brain Development," *Sci* 333 (2011): 1456; R. Buss et al., "Adaptive Roles of Programmed Cell Death During Nervous System Development," *Ann Rev of Nsci* 29 (2006): 1; D. Nijhawan et al., "Apoptosis in Neural Development and Disease," *Ann Rev of Nsci* 23 (2000): 73; C. Kuan et al., "Mechanisms of Programmed Cell Death in the Developing Brain," *TINS* 23 (2000): 291.

4. J. Piaget, *Main Trends in Psychology* (London: George Allen & Unwin, 1973): J. Piaget, *The Language and Thought of the Child* (New York: Psychology Press, 1979).
5. 단계적 발달의 다른 영역들: R. Selman et al., "Interpersonal Awareness in Children: Toward an Integration of Developmental and Clinical Child Psychology," *Am J Orthopsychiatry* 47 (1977): 264; T. Singer, "The Neuronal Basis and Ontogeny of Empathy and Mind Reading: Review of Literature and Implications for Future Research," *Nsci Biobehav Rev* 30 (2006): 855.
6. S. Baron-Cohen, "Precursors to a Theory of Mind: Understanding Attention in Others," in *Natural Theories of Mind: Evolution, Development and Simulation of Everyday Mindreading*, ed. A. Whiten (Oxford: Basil Blackwell, 1991); J. Topal et al., "Differential Sensitivity to Human Communication in Dogs, Wolves, and Human Infants," *Sci* 325 (2009): 1269; G. Lakatos et al., "A Comparative Approach to Dogs' (*Canis familiaris*) and Human Infants' Comprehension of Various Forms of Pointing Gestures," *Animal Cog* 12 (2009): 621; J. Kaminski et al., "Domestic Dogs Are Sensitive to a Human's Perspective," *Behavior* 146 (2009): 979.
7. S. Baron-Cohen et al., "Does the Autistic Child Have a 'Theory of Mind'?" *Cog* 21 (2985): 37.
8. L. Young et al., "Disruption of the Right Temporal Lobe Function with TMS Reduces the Role of Beliefs in Moral Judgments," *PNAS* 107 (2009): 6753; Y. Moriguchi et al., "Changes of Brain Activity in the Neural Substrates for Theory of Mind During Childhood and Adolescence," *Psychiatry and Clin Nsci* 61 (2007): 355; A. Saitovitch et al., "Social Cognition and the Superior Temporal Sulcus: Implications in Autism," *Rev of Neurol* (Paris) 168 (2012): 762; P. Shaw et al., "The Impact of Early and Late Damage to the Human Amygdala on 'Theory of Mind' Reasoning," *Brain* 127 (2004): 1535.
9. B. Sodian and S. Kristen, "Theory of Mind During Infancy and Early Childhood Across Cultures, Development of," *Int Encyclopedia of the Soc & Behav Sci* (Amsterdam: Elsevier, 2015), p. 268.
10. S. Nichols, "Experimental Philosophy and the Problem of Free Will," *Sci* 331 (2011): 1401.
11. D. Premack and G. Woodruff, "Does the Chimpanzee Have a Theory of Mind?" *BBS* 1 (1978): 515. 반대되는 증거: D. Povinelli and J. Vonk, "Chimpanzee

Minds: Suspiciously Human?" *TICS* 7 (2003): 157. 지지하는 증거: B. Hare et al., "Do Chimpanzees Know What Conspecifics Know and Do Not Know?" *Animal Behav* 61 (2001): 139. 각주: L. Santo et al, "Rhesus Monkeys (*Macaca mulatta*) Know What Others Can and Cannot Hear," *Animal Behav* 71 (2006): 1175.

12. J. Decety et al., "The Contribution of Emotion and Cognition to Moral Sensitivity: A Neurodevelopmental Study," *Cerebral Cortex* 22 (2011): 209.
13. J. Decety et al., "Who Caused the Pain? An fMRI Investigation of Empathy and Intentionality in Children," *Neuropsychologia* 46 (2008): 2607; J. Decety et al., "The Contribution of Emotion and Cognition to Moral Sensitivity: A Neurodevelopmental Study," *Cerebral Cortex* 22 (2012): 209; J. Decety and K. Michalska, "Neurodevelopmental Changes in the Circuits Underlying Empathy and Sympathy from Childhood to Adulthood," *Developmental Sci* 13 (2010): 886.
14. J. Decety et al., "The Contribution of Emotion and Cognition to Moral Sensitivity: A Neurodevelopmental Study," *Cerebral Cortex* 22 (2012): 209; N. Eisenberg et al., "The Relations of Emotionality and Regulation to Dispositional and Situational Empathy-Related Responding," *JPSP* 66 (1994): 776.
15. P. Blake et al., "The Ontogeny of Fairness in Seven Societies," *Nat* 528 (2016): 258.
16. I. Almas et al., "Fairness and the Development of Inequality Acceptance," *Sci* 328 (2010): 1176; E. Fehr et al., "Egalitarianism in Young Children," *Nat* 454 (2008): 1079; K. Olson et al., "Children's Reponses to Group-Based Inequalities: Perpetuation and Rectification," *Soc Cog* 29 (2011): 270; M. Killen, "Children's Social and Moral Reasoning About Exclusion," *Curr Dir Psych Sci* 16 (2007): 32.
17. D. Garz, *Lawrence Kohlberg: An Introduction* (Cologne, Germany: Barbara Budrich, 2009).
18. C. Gilligan, *In a Different Voice: Psychological Theory and Women's Development* (Cambridge, MA: Harvard University Press, 1982).
19. N. Eisenberg, "Emotion, Regulation, and Moral Development," *Ann Rev of Psych* 51 (2000): 665; J. Hamlin et al., "Social Evaluation by Preverbal Infants," *Nat* 450 (2007): 557; M. Hoffman, *Empathy and Moral Development: Implications for Caring and Justice* (Cambridge: Cambridge University Press, 2001).
20. W. Mischel et al., "Cognitive and Attentional Mechanisms in Delay of Gratification," *JPSP* 21 (1972): 204; W. Mischel, *The Marshmallow Test: Understanding Self-Control and How to Master It* (New York: Bantam Books,

2014); K. McRae et al., "The Development of Emotion Regulation: An fMRI Study of Cognitive Reappraisal in Children, Adolescents and Young Adults," *SCAN* 7 (2012): 11; H. Palmeri and R. N. Aslin, "Rational Snacking: Young Children's Decision-Making on the Marshmallow Task is Moderated by Beliefs About Environmental Reliability," *Cog* 126 (2013): 109.

21. B. J. Casey et al., "From the Cover: Behavioral and Neural Correlates of Delay of Gratification 40 Years Later," *PNAS* 108 (2011): 14998; N. Eisenberg et al., "Contemporaneous and Longitudinal Prediction of Children's Social Functioning from Regulation and Emotionality," *Child Development* 68 (1997): 642; N. Eisenberg et al., "The Relations of Regulation and Emotionality to Resiliency and Competent Social Functioning in Elementary School Children," *Child Development* 68 (1997): 295.
22. L. Holt, *The Care and Feeding of Children* (NY: Appleton-Century, 1894). 이 책은 1894년에서 1915년까지 15쇄를 찍었다.
23. 시설증후군의 역사: R. Sapolsky, "How the Other Half Heals," *Discover*, April 1998, p. 46.
24. J. Bowlby, *Attachment and Loss*, vol. 1, *Attachment* (New York: Basic Books, 1969); J. Bowlby, *Attachment and Loss*, vol. 2, *Separation* (London: Hogarth Press, 1973); J. Bowlby, *Attachment and Loss*, vol. 3, *Loss: Sadness & Depression* (London: Hogarth Press, 1980).
25. D. Blum, *Love at Goon Park: Harry Harlow and the Science of Affection* (New York: Perseus, 2002). 본문 중 할로의 말도 이 책에서 인용했다.
26. R. Rosenfeld, "The Case of the Unsolved Crime Decline," *Sci Am*, February 2004, p. 82; J. Donohue III and S. Levitt, "The Impact of Legalized Abortion on Crime," *Quarterly J Economics* 116 (2001): 379; Raine et al., "Birth Complications Combined with Early Maternal Rejection at Age 1 Year Predispose to Violent Crime at Age 18 Years," *AGP* 51 (1994): 984. 각주: J. Bowlby, "Forty-four Juvenile Thieves: Their Characters and Home-Life," *Int J Psychoanalysis* 25 (1944): 107.
27. G. Barr et al., "Transitions in Infant Learning Are Modulated by Dopamine in the Amygdala," *Nat Nsci* 12 (2009): 1367; R. Sullivan et al., "Good Memories of Bad Events," *Nat* 407 (2000): 38; S. Moriceau et al., "Dual Circuitry for Odor-Shock Conditioning During Infancy: Corticosterone Switches Between Fear and Attraction via Amygdala," *J Nsci* 26 (2006): 6737; R. Sapolsky, "Any Kind of Mother in a Storm," *Nat Nsci* 12 (2009): 1355.

28. R. Sapolsky and M. Meaney, "R. Sapolsky and M. Meaney, "Maturation of the Adrenocortical Stress Response: Neuroendocrine Control Mechanisms and the Stress Hyporesponsive Period," *Brain Res Rev* 11 (1986): 65.

29. L. M. Renner and K. S. Slack, "Intimate Partner Violence and Child Maltreatment: Understanding Intra- and Intergenerational Connections," *Child Abuse & Neglect* 30 (2006): 599.

30. D. Maestripieri, "Early Experience Affects the Intergenerational Transmission of Infant Abuse in Rhesus Monkeys," *PNAS* 102 (2005): 9726.

31. C. Hammen et al., "Depression and Sensitization to Stressors Among Young Women as a Function of Childhood Adversity," *J Consulting Clin Psych* 68 (2000): 782; E. McCrory et al., "The Link Between Child Abuse and Psychopathology: A Review of Neurobiological and Genetic Research," *J the Royal Soc of Med* 105 (2012): 151; K. Lalor and R. McElvaney, "Child Sexual Abuse, Links to Later Sexual Exploitation/High-Risk Sexual Behavior, and Prevention/Treatment Programs," *Trauma Violence & Abuse* 11 (2010): 159; Y. Dvir et al., "Childhood Maltreatment, Emotional Dysregulation, and Psychiatric Comorbidities," *Harvard Rev of Psychiatry* 22 (2014): 149; E. Mezzacappa et al., "Child Abuse and Performance Task Assessments of Executive Functions in Boys," *J Child Psych and Psychiatry* 42 (2001): 1041; M. Wichers et al., "Transition from Stress Sensitivity to a Depressive State: Longitudinal Twin Study," *Brit J Psychiatry* 195 (2009): 498.

32. C. Heim et al., "Pituitary-Adrenal and Autonomic Responses to Stress in Women After Sexual and Physical Abuse in Childhood," *JAMA* 284 (2000): 592; E. Binder et al., "Association of FKBP5 Polymorphisms and Childhood Abuse with Risk of Posttraumatic Stress Disorder Symptoms in Adults," *JAMA* 299 (2008): 1291; C. Heim et al., "The Dexamethasone/Corticotropin-Releasing Factor Test in Men with Major Depression: Role of Childhood Trauma," *BP* 63 (2008): 398; R. Lee et al., "Childhood Trauma and Personality Disorder: Positive Correlation with Adult CSF Corticotropin-Releasing Factor Concentrations," *Am J Psychiatry* 162 (2005): 995; R. J. Lee et al., "CSF Corticotropin-Releasing Factor in Personality Disorder: Relationship with Self-Reported Parental Care," *Neuropsychopharmacology* 31 (2006): 2289; L. Carpenter et al., "Cerebrospinal Fluid Corticotropin-Releasing Factor and Perceived Early-Life Stress in Depressed Patients and Healthy Control Subjects," *Neuropsychopharmacology* 29

(2004): 777; T. Rinne et al., "Hyperresponsiveness of Hypothalamic-Pituitary-Adrenal Axis to Combined Dexamethasone/Corticotropin-Releasing Hormone Challenge in Female Borderline Personality Disorder Subjects with a History of Sustained Childhood Abuse," *BP* 52 (2002): 1102; P. McGowan et al., "Epigenetic Regulation of the Glucocorticoid Receptor in Human Brain Associates with Childhood Abuse," *Nat Nsci* 12 (2009): 342; M. Toth et al., "Post-weaning Social Isolation Induces Abnormal Forms of Aggression in Conjunction with Increased Glucocorticoid and Autonomic Stress Responses," *Horm Behav* 60 (2011): 28.

33. S. Lupien et al., "Effects of Stress Throughout the Lifespan on the Bran, Behavior and Cognition," *Nat Rev Nsci* 10 (2009): 434; V. Carrion et al., "Stress Predicts Brain Changes in Children: A Pilot Longitudinal Study on Youth Stress, Posttraumatic Stress Disorder, and the Hippocampus," *Pediatrics* 119 (2007): 509; F. L. Woon and D. W. Hedges, "Hippocampal and Amygdala Volumes in Children and Adults with Childhood Maltreatment-Related Posttraumatic Stress Disorder: A Meta-anaysis," *Hippocampus* 18 (2008): 729.

34. S. J. Lupien et al., "Effects of Stress Throughout the Lifespan on the Bran, Behavior and Cognition," *Nat Rev Nsci* 10 (2009): 434; D. Hackman et al., "Socioeconomic Status and the Brain: Mechanistic Insights from Human and Animal Research," *Nat Rev Nsci* 11 (2010): 651; M. Sheridan et al., "The Impact of Social Disparity on Prefrontal Function in Childhood," *PLoS ONE* 7 (2012): e35744; J. L. Hanson et al., "Structural Variation in Prefrontal Cortex Mediate the Relationship Between Early Childhood Stress and Spatial Working Memory," *J Nsci* 32 (2012): 7917; M. Sweitzer et al., "Polymorphic Variation in the Dopamine D4 Receptor Predicts Delay Discounting as a Function of Childhood Socioeconomic Status: Evidence for Differential Susceptibility," *SCAN* 8 (2013): 499; E. Tucker-Drob et al., "Emergence of a Gene X Socioeconomic Status Interaction on Infant Mental Ability Between 10 Months and 2 Years," *Psych Sci* 22 (2011): 125; I. Liberzon et al., "Childhood Poverty Alters Emotional Regulation in Adulthood," *SCAN* 10 (2015): 1596; K. G. Noble et al., "Family Income, Parental Education and Brain Structure in Children and Adolescents," *Nat Nsci* 18 (2015): 773.

35. 각주: R. Nevin, "Understanding International Crime Trends: The Legacy of Preschool Lead Exposure," *Environmental Res* 104 (2007): 315.

36. 이 현상에 대한 리뷰: R. Sapolsky, *Why Zebras Don't Get Ulcers: A Guide to Stress,*

Stress-Related Diseases and Coping, 3rd ed. (New York: Holt, 2004). 개코원숭이에게서 드러나는 같은 현상: P. O. Onyango et al., "Persistence of Maternal Effects in Baboons: Mother's Dominance Rank at Son's Conception Predicts Stress Hormone Levels in Subadult Males," *Horm Behav* 54 (2008): 319.

37. F. L. Woon and D. W. Hedges, "Hippocampal and Amygdala Volumes in Children and Adults with Childhood Maltreatment-Related Posttraumatic Stress Disorder: A Meta-analysis," *Hippocampus* 18 (2008): 729; D. Gee et al., "Early Developmental Emergence of Human Amygdala-PFC Connectivity After Maternal Deprivation," *PNAS* 110 (2013): 15638; A. K. Olsavsky et al., "Indiscriminate Amygdala Response to Mothers and Strangers After Early Maternal Deprivation," *BP* 74 (2013): 853.
38. L. M. Oswald et al., "History of Childhood Adversity Is Positively Associated with Ventral Striatal Dopamine Responses to Amphetamine," *Psychopharmacology* (Berlin) 23 (2014): 2417; E. Hensleigh and L. M. Pritchard, "Maternal Separation Increases Methamphetamine-Induced Damage in the Striatum in Male, But Not Female Rats," *BBS* 295 (2014): 3; A. N. Karkhanis et al., "Social Isolation Rearing Increases Nucleus Accumbes Dopamine and Norepinephrine Responses to Acute Ethanol in Adulthood," *Alcohol: Clin Exp Res* 38 (2014): 2770.
39. C. Anacker et al., "Early Life Adversity and the Epigenetic Programming of Hypothalamic-Pituitary-Adrenal Function," *Dialogues in Clin Nsci* 16 (2014): 321.
40. S. L. Buka et al., "Youth Exposures to Violence: Prevalence, Risks, and Consequences," *Am J Orthopsychiatry* 71 (2001): 298; M. B. Selner-O'Hagan et al., "Assessing Exposure to Violence in Urban Youth," *J Child Psych and Psychiatry* 39 (1998): 215; P. T. Sharkey et al., "The Effect of Local Violence on Children's Attention and Impulse Control," *Am J Public Health* 102 (2012): 2287; J. B. Bingenheimer et al., "Firearm Violence Exposure and Serious Violent Behavior," *Sci* 308 (2005): 1323. 각주: I. Shaley et al., "Exposure to Violence During Childhood Is Associated with Telomere Erosion from 5 to 10 Years of Age: A Longitudinal Study," *Mol Psychiatry* 18 (2013): 576.
41. 이 현상에 대한 훌륭한 리뷰: I. Huesmann and L. Taylor, "The Role of Media Violence in Violent Behavior," *Ann Rev of Public Health* 27 (2006): 393. 다음도 참고하라: J. D. Johnson et al., "Differential Gender Effects of Exposure to Rap Music on African American Adolescents' Acceptance of Teen Dating

Violence," *Sex Roles* 33 (1995): 597; J. Johnson et al., "Television Viewing and Aggressive Behavior During Adolescence and Adulthood," *Sci* 295 (2002): 2468; J. Savage and C. Yancey, "The Effects of Media Violence Exposure on Criminal Aggression: A Meta-analysis," *Criminal Justice and Behav* 35 (2008): 772; C. Anderson et al., "Violent Video Game Effects on Aggression, Empathy, and Prosocial Behavior in Eastern and Western Countries: A Meta-analytic Review," *Psych Bull* 136, 151; C. J. Ferguson, "Evidence for Publication Bias in Video Game Violence Effects Literature: A Meta-analytic Review," *Aggression and Violent Behavior* 12 (2007): 470; C. Ferguson, "The Good, the Bad and the Ugly: A Meta-analytic Review of Positive and Negative Effects of Violent Video Games," *Psychiatric Quarterly* 78 (2007): 309.

42. W. Copeland et al., "Adult Psychiatric Outcomes of Bullying and Being Bullied by Peers in Childhood and Adolescence," *JAMA Psychiatry* 70 (2013): 419; S. Woods and E. White, "The Association Between Bullying Behaviour, Arousal Levels and Behavior Problems," *J Adolescence* 28 (2005): 381; D. Jolliffe and D. P. Farrington, "Examining the Relationship Between Low Empathy and Bullying," *Aggressive Behav* 32 (2006): 540; G. Gini, "Social Cognition and Moral Cognition in Bullying: What's Wrong?" *Aggressive Behav* 32 (2006): 528; S. Shakoor et al., "A Prospective Longitudinal Study of Children's Theory of Mind and Adolescent Involvement in Bullying," *J Child Psych and Psychiatry* 53 (2012): 254.
43. J. D. Unenever, "Bullies, Aggressive Victims, and Victims: Are They Distinct Groups?" *Aggressive Behav* 31 (2005): 153; D. P. Farrington and M. M. Tofi, "Bullying as a Predictor of Offending, Violence and Later Life Outcomes," *Criminal Behaviour and Mental Health* 21 (2011): 90; M. Tofi et al., "The Predictive Efficiency of School Bullying Versus Later Offending: A Systematic/Meta-analytic Review of Longitudinal Studies," *Criminal Behaviour and Mental Health* 21 (2011): 80; T. R. Nansel et al., "Cross-National Consistency in the Relationship Between Bullying Behaviors and Psychosocial Adjustment," *Arch Pediatrics & Adolescent Med* 158 (2004): 730; J. A. Stein et al., "Adolescent Male Bullies, Victims, and Bully-Victims: A Comparison of Psychosocial and Behavioral Characteristcis," *J Pediatric Psych* 32 (2007): 273; P. W. Jansen et al., "Prevalence of Bullying and Victimization Among Children in Early Elementary School: Do Family and School Neighborhood Socioeconomic Status Matter?" *BMC Public Health* 12 (2012): 494; A. Sourander et al., "What Is the Early

Adulthood Outcome of Boys Who bully or Are Bullied in Childhood? The Finnish 'From a Boy to a Man' Study," *Pediatrics* 120 (August 2007): 397; A. Sourander et al., "Childhood Bullies and Victims and Their Risk of Criminality in Late Adolescence," *Arch Pediatrics & Adolescent Med* 161 (2007): 546; C. Winsper et al., "Involvement in Bullying and Suicide-Related Behavior at 11 Years: A Prospective Birth Cohort Study," *J the Am Academy of Child and Adolescent Psychiatry* 51 (2012): 271; F. Elgar et al., "Income Inequality and School Bullying: Multilevel Study of Adolescents in 37 Countries," *J Adolescent Health* 45 (2009): 351.

44. G. M. Glew et al., "Bullying, Psychosocial Adjustment, and Academic Performance in Elementary School," *Arch Pediatrics & Adolescent Med* 159 (2005): 1026.
45. K. Appleyard et al., "When More Is Not Better: The Role of Cumulative Risk in Child Behavior Outcomes," *J Child Psych and Psychiatry* 46 (2005): 235.
46. M. Sheridan et al., "Variation in Neural Development as a Result of Exposure to Institutionalization Early in Childhood," *PNAS* 109 (2012): 12927; M. Carlson and F. Earis, "Psychological and Neuroendocrinological Sequelae of Early Social Deprivation in Institutionalized Children in Romania," *ANYAS* 15 (1997): 419; N. Tottenham, "Human Amygdala Development in the Absence of Species-Expected Caregiving," *Developmental Psychobiology* 54 (2012): 598; M. A. Mehta et al., "Amygdala, Hippocampal and Corpus Callosum Size Following Severe Early Institutional Deprivation: The English and Romanian Adoptees Study Pilot," *J Child Psych and Psychiatry* 50 (2009): 943; N. Tottenham et al., "Prolonged Institutional Rearing Is Associated with Atypically Large Amygdala Volume and Difficulties in Emotion Regulation," *Developmental Sci* 13 (2010): 46; M. M. Loman et al., "The Effect of Early Deprivation on Executive Attention in Middle Childhood," *J Child Psych and Psychiatry* 54 (2012): 37; T. Eluvathingal et al., "Abnormal Brain Connectivity in Children After Early Severe Socioemotional Deprivation: A Diffusion Tensor Imaging Study," *Pediatrics* 117 (2006): 2093; H. T. Chugani et al., "Local Brain Functional Activity Following Early Deprivation: A Study of Postinstitutionalized Romanian Orphans," *Neuroimage* 14 (2001): 1290.
47. 스몰의 생각은 다음 책에 잘 요약되어 있다: M. Small, *Our Babies, Ourselves* (New York: Anchor Books, 1999).
48. H. Arendt, *The Origins of Totalitarianism* (New York: Harcourt, 1951); T.

Adorno et al., *The Authoritarian Personality* (New York: Harper & Row, 1950).
49. D. Baumrind, "Child Care Practices Anteceding Three Patterns of Preschool Behavior," *Genetic Psych Monographs* 75 (1967): 43.
50. E. E. Maccoby and J. A. Martin, "Socialization in the Context of the Family: Parent-Child Interaction," in *Handbook of Child Psychology*, ed. P. Mussen (New York: Wiley, 1983).
51. J. R. Harris, *The Nurture Assumption: Why Children Turn Out the Way They Do* (New York: Simon & Schuster, 1998).
52. J. Huizinga, *Homo Ludens: A Study of the Play-Element in Culture* (London: Routledge & Kegan Paul, 1938); A. Berghänel et al., "Locomotor Play Drives Motor Skill Acquisition at the Expense of Growth: A Life History Trade-off," *Sci Advances* 1 (2015): 1; J. Panksepp and W. W. Beatty, "Social Deprivation and Play in Rats," *Behav and Neural Biol* 39 (1980): 197; M. Bekoff and J. A. Byers, *Animal Play: Evolutionary, Comparative, and Ecological Perspectives* (Cambridge: Cambridge University Press, 1998); M. Spinka et al., "Mammalian Play: Training for the Unexpected," *Quarterly Rev of Biol* 76 (2001): 141.
53. S. M. Pellis, "Sex Differences in Play Fighting Revisited: Traditional and Nontraditional Mechanisms of Sexual Differentiation in Rats," *Arch Sexual Behav* 31 (2002): 17; B. Knutson et al., "Ultrasonic Vocalizations as Indices of Affective States in Rats," *Psych Bull* 128 (2002): 961; Y. Delville et al., "Development of Aggression," in *Biology of Aggression*, ed. R. Nelson (Oxford: Oxford University Press, 2005).
54. J. Tsai, "Ideal Affect: Cultural Causes and Behavioral Consequences," *Perspectives on Psych Sci* 2 (2007): 242; S. Kitayama and A. Uskul, "Culture, Mind, and the Brain: Current Evidence and Future Directions," *Ann Rev of Psych* 62 (2011): 419.
55. C. Kobayashi et al., "Cultural and Linguistic Influence on Neural Bases of 'Theory of Mind': An fMRI Study with Japanese Bilinguals," *Brain and Language* 98 (2006): 210; C. Lewis et al., "Social Influences on False Belief Access: Specific Sibling Influences or General Apprenticeship?" *Child Development* 67 (1996): 2930; J. Perner et al., "Theory of Mind Is Contagious: You Catch It from Your Sibs," *Child Development* 65 (1994): 1228; D. Liu et al., "Theory of Mind Development in Chinese Children: A Meta-analysis of False-Belief Understanding Across Cultures and Languages," *Developmental Psych* 44 (2008):

523.

56. C. Anderson et al., "Violent Video Game Effects on Aggression, Empathy, and Prosocial Behavior in Eastern and Western Countries: A Meta-analytic Review," *Psych Bull* 136 (2010): 151.

57. R. E. Nisbett and D. Cohen, *Culture of Honor: The Psychology of Violence in the South* (Boulder, CO: Westview Press, 1996).

58. A. Kusserow, "De-homogenizing American Individualism: Socializing Hard and Soft Individualism in Manhattan and Queens," *Ethos* 27 (1999): 210.

59. S. Ullal-Gupta et al., "Linking Prenatal Experience to the Emerging Musical Mind," *Front Systems Nsci* 3 (2013): 48.

60. A. DeCasper and W. Fifer, "Of Human Bonding: Newborns Prefer Their Mothers' Voices," *Sci* 6 (1980): 208; A. J. DeCasper and P. A. Prescott, "Human Newborns' Perception of Male Voices: Preference, Discrimination, and Reinforcing Value," *Developmental Psychobiology* 17 (1984): 481; B. Mampe et al., "Newborn's Cry Melody Is Shaped by Their Native Language," *Curr Biol* 19 (2009): 1994; A. DeCasper and M. Spence, "Prenatal Maternal Speech Influences Newborns' Perception of Speech Sounds," *Infant Behav and Development* 9 (1986): 133.

61. J. P. Lecanuet et al., "Fetal Perception and Discrimination of Speech Stimuli: Demonstration by Cardiac Reactivity: Preliminary Results," *Comptes rendus de l'Académie des sciences III* 305 (1987): 161; J. P. Lecanuet et al., "Fetal Discrimination of Low-Pitched Musical Notes," *Developmental Psychobiology* 36 (2000): 29; C. Granier-Deferre et al., "A Melodic Contour Repeatedly Experienced by Human Near-Term Fetuses Elicits a Profound Cardiac Reaction One Month After Birth," *PLoS ONE* 23 (2011): e17304.

62. G. Kolata, "Studying Learning in the Womb," *Sci* 225 (1984): 302; A. J. DeCasper and M. J. Spence, "Prenatal Maternal Speech Influences Newborn's Perception of Speech Sounds," *Infant Behav and Development* 9 (1986): 133.

63. P. Y. Wang et al., "Müllerian Inhibiting Substance Contributes to Sex-Linked Biases in the Brain and Behavior," *PNAS* 106 (2009): 7203; S. Baron-Cohen et al., "Sex Differences in the Brain: Implications for Explaining Autism," *Sci* 310 (2005): 819.

64. R. Goy and B. McEwen, *Sexual Differentiation of the Brain* (Cambridge, MA: MIT Press, 1980).

65. J. Money, "Sex Hormones and Other Variables in Human Eroticism," in *Sex and Internal Secretions*, ed. W. C. Young, 3rd ed. (Baltimore: Williams and Wilkins, 1963), p. 138.
66. G. M. Alexander and M. Hines, "Sex Differences in Response to Children's Toys in Nonhuman Primates (*Cercopithecus aethiops sabaeus*)," *EHB* 23 (2002): 467. 본문의 표는 다음 논문에서 가져왔다: J. M. Hassett et al., "Sex Differences in Rhesus Monkey Toy Preferences Parallel Those of Children," *Horm Behav* 54 (2008): 359.
67. K. Wallen and J. M. Hassett, "Sexual Differentiation of Behavior in Monkeys: Role of Prenatal Hormones," *J Neuroendocrinology* 21 (2009): 421; J. Thornton et al., "Effects of Prenatal Androgens on Rhesus Monkeys: A Model System to Explore the Organizational Hypothesis in Primates," *Horm Behav* 55 (2009): 633.
68. M. Hines, *Brain Gender* (New York: Oxford University Press, 2004); G. A. Mathews et al., "Personality and Congenital Adrenal Hyperplasia: Possible Effects of Prenatal Androgen Exposure," *Horm Behav* 55 (2009): 285; R. W. Dittmann et al., "Congenital Adrenal Hyperplasia. I: Gender-Related Behavior and Attitudes in Female Patients and Sisters," *PNE* 15 (1990): 401; A. Nordenstrom et al., "Sex-Typed Toy Play Correlates with the Degree of Prenatal Androgen Exposure Assessed by CYP21 Genotype in Girls with Congenital Adrenal Hyperplasia," *J Clin Endo and Metabolism* 87 (2002): 5119; V. L. Pasterski et al., "Increased Aggression and Activity Level in 3- to 11-Year-Old Girls with Congenital Adrenal Hyperplasia," *Horm Behav* 52 (2007): 368.
69. C. A. Quigley et al., "Androgen Receptor Defects: Historical, Clinical, and Molecular Perspectives," *Endocrine Rev* 16 (1995): 271; N. P. Mongan et al., "Androgen Insensitivity Syndrome," *Best Practice & Res: Clin Endo & Metabolism* 29 (2015): 569.
70. F. Brunner et al., "Body and Gender Experience in Persons with Complete Androgen Insensitivity Syndrome," *Zeitschrift für Sexualforschung* 25 (2012): 26; F. Brunner et al., "Gender Role, Gender Identity and Sexual Orientation in CAIS ('XY-Women') Compared with Subfertile and Infertile 46,XX Women," *J Sex Res* 2 (2015): 1; D. G. Zuloaga et al., "The Role of Androgen Receptors in the Masculinization of Brain and Behavior: What We've Learned from the Testicular Feminization Mutation," *Horm Behav* 53 (2008): 613; H. F. L. Meyer-Bahlburg, "Gender Outcome in 46,XY Complete Androgen Insensitivity Syndrome:

Comment on T'Sjoen et al.," *Arch Sexual Behav* 39 (2010): 1221; G. T'Sjoen et al., "Male Gender Identity in Complete Androgen Insensitivity Syndrome," *Arch Sexual Behav* 40 (2011): 635.

71. J. Hönekopp et al., "2nd to 4th Digit Length Ratio (2D:4D) and Adult Sex Hormone Levels: New Data and a Meta-analytic Review," *PNE* 32 (2007): 313.

72. 공격성과 자기주장에 관하여 남성을 대상으로 한 발견: C. Joyce et al., "2nd to 4th Digit Ratio Confirms Aggressive Tendencies in Patients with Boxers Fractures," *Injury* 44 (2013): 1636; M. Butovskaya et al., "Digit Ratio (2D:4D), Aggression, and Dominance in the Hadza and the Datoga of Tanzania," *Am J Human Biology* 27 (2015): 620.

    주의력결핍과잉행동장애와 자폐증: D. McFadden et al., "Physiological Evidence of Hypermasculination in Boys with the Inattentive Subtype of ADHD," *Clinical Neurosci Res* 5 (2005): 233; M. Martel et al., "Masculinized Finger-Length Ratios of Boys, but Not Girls, Are Associated with Attention-Deficit/Hyperactivity Disorder," *Behavioral Neuroscience* 122 (2008): 273; J. Manning et al., "The 2nd to 4th Digit Ratio and Autism," *Development Medicine Child Neurology* 43 (2001): 160.

    우울증과 불안증: A. Bailey et al., "Depression in Men Is Associated with More Feminine Finger Length Raios," *Pers Individ Diff* 39 (2005): 829; M. Evardone et al., "Anxiety, Sex-linked Behavior, and Digit Ratios," *Arch Sex Behav* 38 (2009): 442~55.

    지배성: N. Neave et al., "Second to Fourth Digit Ratio, Testosterone and Perceived Male Dominance," *Proc Royal Society B* 270 (2003): 2167.

    글씨: J. Beech et al., "Do Differences in Sex Hormones Affect Handwriting Style? Evidence from Digit Ratio and Sex Role Identity as Determinants of the Sex of Handwriting," *Per Individ Diff* 39 (2005): 459.

    성적 지향: K. Hirashi et al., "The Second to Fourth Digit Ratio in a Japanese Twin Sample: Heritability, Prenatal Hormone Transfer, and Association with Sexual Orientation," *Arch Sex Behav* 41 (2012): 711; A. Churchill et al., "The Effects of Sex, Ethnicity, and Sexual Orientation on Self-Measured Digit Ratio," *Arch Sex Behav* 36 (2007): 251.

    자폐증에 관하여 여성을 대상으로 한 발견: J. Manning et al., "The 2nd to 4th Digit Ratio and Autism," *Dev Med Child Neurol* 43 (2001): 160.

    신경성식욕부진증: S. Quinton et al., "The 2nd to 4th Digit Ratio and Eating

Disorder Diagnosis in Women," *Pers Individ Diff* 51 (2011): 402.

오른손잡이 혹은 왼손잡이: B. Fink et al., "2nd to 4th Digit Ratio and Hand Skill in Austrian Children," *Biol Psychology* 67 (2004): 375.

성적 지향과 성적 행동: T. Grimbos et al., "Sexual Orientation and the 2nd to 4th Finger Length Ratio: A Meta-analysis in Men and Women," *Behav Neurosci* 124 (2010): 278; W. Brown et al., "Differences in Finger Length Ratios Between Self-Identified 'Butch' and 'Femme' Lesbians," *Arch Sex Behav* 31 (2002): 123.

73. 각주: A. Lamminmaki et al., "Testosterone Measured in Infancy Predicts Subsequent Sex-Typed Behavior in Boys and in Girls," *Horm Behav* 61 (2012): 611; G. Alexander and J. Saenz, "Early Androgen, Activity Levels and Toy Choices of Children in the Second Year of Life," *Horm Behav* 62 (2012): 500.

74. B. Heijmans et al., "Persistent Epigenetic Differences Associated with Prenatal Exposure to Famine in Humans," *PNAS* 105 (2008): 17046.

75. 이 현상에 대한 훌륭한 리뷰: D. Moore, *The Developing Genome: An Introduction to Behavioral Genetics* (Oxford: Oxford University Press, 2015).

76. Weaver et al., "Epigenetic Programming by Maternal Behavior," *Nature Neurosci* 7 (2004): 847; R. Sapolsky, "Mothering Style and Methylation," *Nature Neurosci* 7 (2004): 791; D. Francis et al., "Nongenomic Transmission Across Generations of Maternal Behavior and Stress Responses in the Rat," *Sci* 286 (2004): 1155.

77. N. Provencal et al., "The Signature of Maternal Rearing in the Methylome in Rhesus Macaque Prefrontal Cortex and T Cells," *J Neurosci* 32 (2012): 15626; T. L. Roth et al., "Lasting Epigenetic Influence of Early-Life Adversity on the BDNF Gene," *BP* 65 (2009): 760; E. C. Braithwaite et al., "Maternal Prenatal Depressive Symptoms Predict Infant NR3C1 1F and BDNF IV DNA Methylation," *Epigenetics* 10 (2015): 408; C. Murgatroyd et al., "Dynamic DNA Methylation Programs Persistent Adverse Effects of Early-Life Stress," *Nat Nsci* 12 (2009): 1559; M. J. Meaney and M. Szyf, "Environmental Programming of Stress Responses Through DNA Methylation: Life at the Interface Between a Dynamic Environment and a Fixed Genome," *Dialogues in Clin Neuroscience* 7 (2005): 103; P. O. McGowan et al., "Broad Epigenetic Signature of Maternal Care in the Brain of Adult Rats," *PLoS ONE* 6 (2011): e14739; D. Liu et al., "Maternal Care, Hippocampal Glucocorticoid Receptors, and Hypothalamic-Pituitary-Adrenal Responses to Stress," *Sci* 277 (1997): 1659; T. Oberlander et al., "Prenatal Exposure to Maternal Depression, Neonatal Methylation of Human Glucocorticoid Receptor

Gene (NR3C1) and Infant Cortisol Stress Responses," *Epigenetics* 3 (2008): 97; F. A. Champagne, "Epigenetic Mechanisms and the Transgenerational Effects of Maternal Care," *Front Neuroendocrinology* 29 (2008): 386; J. P. Curley et al., "Transgenerational Effects of Impaired Maternal Care on Behaviour of Offspring and Grandoffsping," *Animal Behav* 75 (2008): 1551; J. P. Curley et al., "Social Enrichment During Postnatal Development Induces Transgenerational Effects on Emotional and Reproductive Behavior in Mice," *Front Behav Nsci* 3 (2009): 1; F. A. Champagne, "Maternal Imprints and the Origins of Variation," *Horm Behav* 60 (2011): 4; F. A. Champagne and J. P. Curley, "Epigenetic Mechanisms Mediating the Long-Term Effects of Maternal Care on Development," *Nsci Biobehav Rev* 33 (2009): 593; F. A. Champagne et al., "Maternal Care Associated with Methylation of the Estrogen Receptor-alpha1b Promoter and Estrogen Receptor-Alpha Expression in the Medial Preoptic Area of Female Offspring," *Endo* 147 (2006): 2909; F. A. Champagne and J. P. Curley, "How Social Experiences Influence the Brain," *Curr Opinion in Neurobiol* 15 (2005): 704.

8장

1. 각주: E. Suhay and T. Jayaratne, "Does Biology Justify Ideology? The Politics of Genetic Attribution," *Public Opinion Quarterly* (2012): doi:10.1093/poq/nfs049. 다음도 참고하라: M. Katz, "The Biological Inferiority of the Undeserving Poor," *Social Work and Soc* 11 (2013): 1.
2. E. Uhlmann et al., "Blood Is Thicker: Moral Spillover Effects Based on Kinship," *Cog* 124 (2012): 239.
3. E. Pennisi, "ENCODE Project Writes Eulogy for Junk DNA," *Sci* 337 (2012): 1159.
4. M. Bastepe, "The GNAS Locus: Quintessential Complex Gene Encoding Gsa, XLas, and Other Imprinted Transcripts," *Curr Genomics* 8 (2007): 398.
5. Y. Gilad et al., "Expression Profiling in Primates Reveals a Rapid Evolution of Human Transcription Factors," *Nat* 440 (2006): 242.
6. D. Moore, *The Developing Genome: An Introduction to Behavioral Genetics* (Oxford: Oxford University Press, 2015); H. Wang et al., "Histone Deacetylase Inhibitors Facilitate Partner Preference Formation in Female Prairie Voles," *Nat Nsci* 16 (2013): 919.
7. I. Weaver et al., "Epigenetic Programming by Maternal Behavior," *Nat Nsci* 7

(2004): 847.

8. Y. Wei et al., "Paternally Induced Transgenerational Inheritance of Susceptibility to Diabetes in Mammals," *PNAS* 111 (2014): 1873; M. Anway et al., "Epigenetic Transgenerational Actions of Endocrine Disruptors and Male Fertility," *Sci* 308 (2005): 1466; K. Siklenka et al., "Disruption of Histone Methylation in Developing Sperm Impairs Offspring Health Transgenerationally," *Sci* 350 (2016): 651. 논란에 대해서는 다음을 보라: J. Kaiser, "The Epigenetics Heretic," *Sci* 343 (2014): 361.
9. E. Jablonka and M. Lamb, *Epigenetic Inheritance and Evolution: The Lamarckian Dimension* (Oxford: Oxford University Press, 1995).
10. E. T. Wang et al., "Alternative Isoform Regulation in Human Tissue Transcriptomes," *Nat* 456 (2008): 470; Q. Pan et al., "Deep Surveying of Alternative Splicing Complexity in the Human Transcriptome by High-Throughput Sequencing," *Nat Gen* 40 (2008): 1413.
11. A. Muotri et al., "Somatic Mosaicism in Neuronal Precursor Cells Mediated by L1 Retrotransposition," *Nat* 435 (2005): 903; P. Perrat et al., "Transposition-Driven Genomic Heterogeneity in the *Drosophila* Brain," *Sci* 340 (2013): 91; G. Vogel, "Do Jumping Genes Spawn Diversity?" *Sci* 322 (2011): 300; J. Baillie et al., "Somatic Retrotransposition Alters the Genetic Landscape of the Human Brain," *Nat* 479 (2011): 534.
12. A. Eldar and M. Elowitz, "Functional Roles for Noise in Genetic Circuits," *Nat* 467 (2010): 167; C. Finch and T. Kirkwood, *Chance, Development, and Aging* (Oxford: Oxford University Press, 2000).
13. 초기의 고전적 입양아 연구들: L. L. Heston, "Psychiatric Disorders in Foster Home Reared Children of Schizophrenic Mothers," *Brit J Psychiatry* 112 (1966): 819; S. Kety et al., "Mental Illness in the Biological and Adoptive Families of Adopted Schizophrenics," *Am J Psychiatry* 128 (1971): 302; D. Rosenthal et al., "The Adopted-Away Offspring of Schizophrenics," *Am J Psychiatry* 128 (1971): 307.
14. 출생 직후 아기들이 바뀐 특이한 사례와 그 결과에 대하여: S. Dominus, "The Mixed-Up Brothers of Bogotá," *New York Times Magazine*, July 9, 2015, www.nytimes.com/2015/07/12/magazine/the-mixed-up-brothers-of-bogota.html.
15. R. Ebstein et al., "Genetics of Human Social Behavior," *Neuron* 65 (2008): 831; S. Eisen et al., "Familial Influence on Gambling Behavior: An Analysis of 3359

Twin Pairs," *Addiction* 93 (1988): 1375. 각주: W. Hopkins et al., "Chimpanzee Intelligence Is Heritable," *Curr Biol* 24 (2014): 1649.

16. T. Bouchard and M. McGue, Genetic and Environmental Influences on Human Psychological Differences," *J. Neurobiol* 54 (2003): 4; D. Cesarini et al., "Heritability of Cooperative Behavior in the Trust Game," *PNAS* 105 (2008): 3721; S. Zhong et al., "The Heritability of Attitude Toward Economic Risk," *Twin Res and Hum Genetics* 12 (2009): 103; D. Cesarini et al., "Genetic Variation in Financial Decision-Making," *J the Eur Economic Association* 7 (2010): 617.
17. K. Verweij et al., "Shared Aetiology of Risky Sexual Behaviour and Adolescent Misconduct: Genetic and Environmental Influences," *Gene, Brain and Behav* 8 (2009): 107; K. Verweij et al., "Genetic and Environmental Influences on Individual Differences in Attitudes Toward Homosexuality: An Australian Twin Study," *Behav Genetics* 38 (2008): 257.
18. K. Verweij et al., "Evidence for Genetic Variation in Human Mate Preferences for Sexually Dimorphic Physical Traits," *PLoS ONE* 7 (2012): e49294; K. Smith et al., "Biology, Ideology and Epistemology: How Do We Know Political Attitudes Are Inherited and Why Should We Care?" *Am J Political Sci* 56 (2012): 17; K. Arceneaux et al., "The Genetic Basis of Political Sophistication," *Twin Res and Hum Genetics* 15 (2012): 34; J. Fowler and D. Schreiber, "Biology, Politics, and the Emerging Science of Human Nature," *Sci* 322 (2008): 912.
19. J. Ray et al., "Heritability of Dental Fear," *J Dental Res* 89 (2010): 297; G. Miller et al., "The Heritability and Genetic Correlates of Mobile Phone Use: Twin Study of Consumer Behavior," *Twin Res and Hum Genetics* 15 (2012): 97.
20. L. Littvay et al., "Sense of Control and Voting: A Genetically-Driven Relationship," *Soc Sci Quarterly* 92 (2011): 1236; J. Harris, *The Nurture Assumption: Why Children Turn Out the Way They Do* (NY: Free Press, 2009); A. Seroczynski et al., "Etiology of the Impulsivity/Aggression Relationship: Genes or Environment?" *Psychiaty Res* 86 (1999): 41; E. Coccaro et al., "Heritability of Aggression and Irritability: A Twin Study of the Buss-Durkee Aggression Scales in Adult Male Subjects," *BP* 41 (1997): 273.
21. E. Hayden, "Taboo Genetics," *Nat* 502 (2013): 26.
22. 쌍둥이 및 입양아 연구에 관한 몇몇 강력한 비판들: R. Rose, "Genes and Human Behavior," *Ann Rev Psych* 467 (1995): 625; J. Joseph, "Twin Studies in Psychiatry and Psychology: Science or Pseudoscience?" *Psychiatric Quarterly* 73 (2002):

71; K. Richardson and S. Norgate, "The Equal Environments Assumption of Classical Twin Studies My Not Hold," *Brit J Educational Psych* 75 (2005): 339; R. Fosse et al., "A Critical Assessment of the Equal-Environment Assumption of the Twin Method for Schizophrenia," *Front Psychiatry* 6 (2015): 62; A. V. Horwitz et al., "Rethinking Twins and Environments: Possible Social Sources for Assumed Genetic Influences in Twin Research," *J Health and Soc Behav* 44 (2003): 111.

23. 이 접근법을 옹호하는 주요 연구자들의 작업.

케네스 켄들러: K. S. Kendler, "Twin Studies of Psychiatric Illness: An Update," *AGP* 58 (2001): 1005; K. S. Kendler et al., "A Test of the Equal-Environment Assumption in Twin Studies of Psychiatric Illness," *Behav Genetics* 23 (1993): 21; K. S. Kendler and C. O. Gardner Jr., "Twin Studies of Adult Psychiatric and Substance Dependence Disorders: Are They Biased by Differences in the Environmental Experiences of Monozygotic and Dizygotic Twins in Childhood and Adolescence?" *Psych Med* 8 (1998): 625; K. S. Kendler et al., "A Novel Sibling-Based Design to Quantify Genetic and Shared Environmental Effects: Application to Drug Abuse, Alcohol Use Disorder and Criminal Behavior," *Psych Med* 46 (2016): 1639; K. S. Kendler et al., "Genetic and Familial Environmental Influences on the Risk for Drug Abuse: A National Swedish Adoption Study," *AGP* 69 (2012): 690; K. S. Kendler et al., "Tobacco Consumption in Swedish Twins Reared Apart and Reared Together," *AGP* 57 (2000): 886.

토머스 부샤드: Y. Hur and T. Bouchard, "Genetic Influences on Perceptions of Childhood Family Environment: A Reared Apart Twin Study," *Child Development* 66 (1995): 330; M. McGue and T. J. Bouchard, "Genetic and Environmental Determinants of Information Processing and Special Mental Abilities: A Twin Analysis," in *Advances in the Psychology of Hum Intelligence*, ed. R. J. Sternberg, vol. 5 (Hilsdale, NJ: Erlbaum, 1989), pp. 7~45; T. J. Bouchard et al., "Sources of Human Psychological Differences: The Minnesota Study of Twins Reared Apart," *Sci* 250 (1990): 223.

로버트 플로민: R. Plomin et al., *Behavioral Genetics*, 5th ed. (New York: Worth, 2008); K. Hardy-Brown et al., "Selective Placement of Adopted Children: Prevalence and Effects," *J Child Psych and Psychiatry* 21 (1980) 143; N. L. Pedersen et al., "Genetic and Environmental Influences for Type A-Like Measures and Related Traits: A Study of Twins Reared Apart and Twins Reared Together," *Psychosomatic Med* 51 (1989): 428; N. L. Pedersen et al., "Neuroticism,

Extraversion, and Related Traits in Adult Twins Reared Apart and Reared Together," *JPSP* 55 (1988): 950.

다음도 참고하라: E. Coccaro et al., "Heritability of Aggression and Irritability: A Twin Study of the Buss-Durkee Aggression Scales in Adult Male Subjects," *BP* 41 (1997): 273; A. Bjorklund et al., "The Origins of Intergenerational Associations: Lessons from Swedish Adoption Data," *Quarterly J. Economics* 121 (2006): 999; E. P. Gunderson et al., "Twins of Mistaken Zygosity (TOMZ): Evidence for Genetic Contributions to Dietary Patterns and Physiologic Traits," *Twin Res and Hum Genetics* 9 (2006): 540; B. N. Sánchez et al., "A Latent Variable Approach to Study Gene-Environment Interactions in the Presence of Multiple Correlated Exposures," *Biometrics* 68 (2012): 466.

24. 융모막성이 유의미한 변수라는 증거: M. Melnick et al., "The Effects of Chorion Type on Variation in IQ in the NCPP Twin Population," *Am J Hum Genetics* 30 (1978): 425; N. Jacobs et al., "Heritability Estimates of Intelligence in Twins: Effect of Chorion Type," *Behav Genetics* 31 (2001): 209; M. Melnick et al., "The Effects of Chorion Type on Variation in IQ in the NCPP Twin Population," *Am J Hum Genetics* 30 (1978): 425; R. J. Rose et al., "Placentation Effects on Cognitive Resemblance of Adult Monozygotes," in *Twin Research 3: Epidemiological and Clinical Studies*, ed. L. Gedda et al. (New York: Alan R. Liss, 1981), p. 35; K. Beekmans et al., "Relating Type of Placentation to Later Intellectual Development in Monozygotic (MZ) Twins (Abstract)," *Behav Genetics* 23 (1993): 547; M. Carlier et al., "Manual Performance and Laterality in Twins of Known Chorion Type," *Behav Genetics* 26 (1996): 409.

엇갈리는 결과: L. Gutknecht et al., "Long-Term Effect of Placental Type on Anthropometrical and Psychological Traits Among Monozygotic Twins: A Follow Up Study," *Twin Res* 2 (1999): 212; D. K. Sokol et al., "Intrapair Differences in Personality and Cognitive Ability Among Young Monozygotic Twins Distinguished by Chorion Type," *Behav Genetics* 25 (1996): 457; A. C. Bogle et al., "Replication of Asymmetry of a-b Ridge Count and Behavioral Discordance in Monozygotic Twins," *Behav Genetics* 24 (1994): 65; J. O. Davis et al., "Prenatal Development of Monozygotic Twins and Concordance for Schizophrenia," *Schizophrenia Bull* 21 (1995): 357.

반대되는 증거: Y. M. Hur, "Effects of the Chorion Type on Prosocial Behavior in Young South Korean Twins," *Twin Res and Hum Genetics* 10 (2007): 773;

M. C. Wichers et al., "Chorion Type and Twin Similarity for Child Psychiatric Symptoms," *AGP* 59 (2002): 562; P. Welch et al., "Placental Type and Bayley Mental Development Scores in 18 Month Old Twins," in *Twin Research: Psychology and Methodology*, ed. L. Gedda et al. (New York: Alan R Liss, 1978), pp. 34~41.
인용구 출처: C. A. Prescott et al., "Chorion Type as a Possible Influence on the Results and Interpretation of Twin Study Data," *Twin Res* 2 (1999): 244.
25. R. Simon and H. Alstein, *Adoption, Race and Identity: From Infancy to Young Adulthood* (New Brunswick, NJ: Transaction Publishers, 2002); Child Welfare League of America, *Standards of Excellence: Standards of Excellence for Adoption Services*, rev. ed. (Washington, DC: Child Welfare League of America, 2000); M. Bohman, *Adopted Children and Their Families: A Follow-up Study of Adopted Children, Their Background, Environment and Adjustment* (Stockholm: Proprius, 1970).
26. L. J. Kamin and A. S. Goldberger, "Twin Studies in Behavioral Research: A Skeptical View," *Theoretical Population Biol* 61 (2002): 83.
27. M. Stoolmiller, "Correcting Estimates of Shared Environmental Variance for Range Restriction in Adoption Studies Using a Truncated Multivariate Normal Model," *Behav Gen* 28 (1998): 429; M. Stoolmiller, "Implications of Restricted Range of Family Environments for Estimates of Heritability and Nonshared Environment in Behavior-Genetic Adoption Studies," *Psych Bull* 125 (1999): 392; M. McGue et al., "The Environments of Adopted and Non-adopted Youth: Evidence on Range Restriction from the Sibling Interaction and Behavior Study (SIBS)," *Behav Gen* 37 (2007): 449.
28. R. Ebstein et al., "Genetics of Human Social Behavior," *Neuron* 65 (2008): 831.
29. 다음에서 가져온 사례다: N. Block, "How Heritability Misleads About Race," *Cog* 65 (1995): 99~128.
30. D. Moore, *The Dependent Gene: The Fallacy of "Nature Versus Nurture"* (NY: Holt, 2001); M. Ridley, *Nature via Nurture* (New York: HarperCollins, 2003); A. Tenesa and C. Haley, "The Heritability of Human Disease: Estimation, Uses and Abuses," *Nat Rev Genetics* 14 (2013): 139; P. Schonemann, "On Models and Muddles of Heritability," *Genetica* 99 (1997): 97.
31. T. Bouchard and M. McGue, "Genetic and Environmental Influences on Human Psychological Differences," *J Neurobiol* 54 (2003): 4.

32. L. E. Duncan and M. C. Keller, "A Critical Review of the First 10 Years of Candidate Gene-by-Environment Interaction Research in Psychiatry," *Am J Psychiatry* 168 (2011): 1041; S. Manuk and J. McCaffery, "Gene-Environment Interactions," *Ann Rev of Psych* 65 (2014): 41.
33. A. Caspi et al., "Influence of Life Stress on Depression: Moderation by a Polymorphism in the 5-HTT Gene," *Sci* 297 (2002): 851.
34. A. Caspi et al., "Moderation of Breastfeeding Effects on the IQ by Genetic Variation in Fatty Acid Metabolism," *PNAS* 104 (2007): 18860; B. K. Lipska and D. R. Weinberger, "Genetic Variation in Vulnerability to the Behavioral Effects of Neonatal Hippocampal Damage in Rats," *PNAS* 92 (1995): 8906.
35. J. Crabbe et al., "Genetics of Mouse Behavior: Interactions with Laboratory Environment," *Sci* 284 (1999): 1670.
36. 이중 환경 타격에 관한 좋은 사례: N. P. Daskalakis et al., "The Three-Hit Concept of Vulnerability and Resilience: Towards Understanding Adaptation to Early-Life Adversity Outcome," *PNE* 38 (2013): 1858.
37. E. Turkheimer et al., "Socioeconomic Status Modifies Heritability of IQ in Young Children," *Psych Sci* 14 (2003): 623; E. M. Tucker-Drob et al., "Emergence of a Gene×Socioeconomic Status Interaction on Infant Mental Ability Between 10 Months and 2 Years," *Psych Sci* 22 (2010): 125; M. Rhemtulla and E. M. Tucker-Drob. "Gene-by-Socioeconomic Status Interaction on School Readiness," *Behav Genetics* 42 (2012): 549; D. Reiss et al., "How Genes and the Social Environment Moderate Each Other," *Am J Public Health* 103 (2013): S111; S. A. Hart et al., "Expanding the Environment: Gene×School-Level SES Interaction on Reading Comprehension," *J Child Psych and Psychiatry* 54 (2013): 1047; J. R. Koopmans et al., "The Influence of Religion on Alcohol Use Initiation: Evidence for Genotype×Environment Interactions," *Behav Genetics* 29 (1999): 445.
38. S. Nielsen et al., "Prevalence of Alcohol Problems Among Adult Somatic Inpatients of a Copenhagen Hospital," *Alcohol and Alcoholism* 29 (1994): 583; S. Manuck et al., "Aggression and Anger-Related Traits Associated with a Polymorphism of the Tryptophan Hydroxylase Gene," *BP* 45 (1999): 603; J. Hennig et al., "Two Types of Aggression Are Differentially Related to Serotonergic Activity and The A779C TPH Polymorphism," *Behav Nsci* 119 (2005): 16; A. Strobel et al., "Allelic Variations in 5-HT1A Receptor Expression Is Associated with Anxiety- and Depression-Related Personality Traits," *J*

Neural Transmission 110 (2003): 1445; R. Parsey et al., "Effects of Sex, Age, and Aggressive Traits in Man on Brain Serotonin 5-HT1A Receptor Binding Potential Measured by PET Using [C-11]WAY-100635," *Brain Res* 954 (2002): 173; A. Benko et al., "Significant Association Between the C(-1019)G Functional Polymorphism of the HTR1A Gene and Impulsivity," *Am J Med Genetics, Part B, Neuropsychiatric Genetics* 153 (2010): 592; M. Soyka et al., "Association of 5-HT1B Receptor Gene and Antisocial Behavior and Alcoholism," *J Neural Transmission* 111 (2004): 101; L. Bevilacqua et al., "A Population-Specific HTR2B Stop Codon Predisposes to Severe Impulsivity," *Nat* 468 (2010): 1061; C. A. Ficks and I. D. Waldman, "Candidate Genes for Aggression and Antisocial Behavior: A Meta-analysis of Association Studies of the 5HTTLPR and MAOA-uVNTR," *Behav Genetics* 44 (2014): 427; I. Craig and K. Halton, "Genetics of Human Aggressive Behavior," *Hum Genetics* 126 (2009): 101.

39. H. Brunner et al., "Abnormal Behavior Associated with a Point Mutation in the Structural Gene for Monoamine Oxidase A," *Sci* 262 (1993): 578; H. G. Brunner et al., "X-Linked Borderline Mental Retardation with Prominent Behavioral Disturbance: Phenotype, Genetic Localization, and Evidence for Disturbed Monoamine Metabolism," *Am J Hum Genetics* 52 (1993): 1032.
40. O. Cases et al., "Aggressive Behavior and Altered Amounts of Brain Serotonin and Norepinephrine in Mice Lacking MAOA," *Sci* 268 (1995): 1763; J. J. Kim et al., "Selective Enhancement of Emotional, but Not Motor, Learning in Monoamine Oxidase A-Deficient Mice," *PNAS* 94 (1997): 5929.
41. J. Buckholtz and A. Meyer-Lindenberg et al., "MAOA and the Neurogenetic Architecture of Human Aggression," *TINS* 31 (2008): 120; A. Meyer-Lindenberg et al., "Neural Mechanisms of Genetic Risk for Impulsivity and Violence in Humans," *PNAS* 103 (2006): 6269; J. Fan et al., "Mapping the Genetic Variation of Executive Attention onto Brain Activity," *PNAS* 100 (2003): 7406; L. Passamonti et al., "Monoamine Oxidase-A Genetic Variations Influence Brain Activity Associated with Inhibitory Control: New Insight into the Neural Correlates of Impulsivity," *BP* 59 (2006): 334; N. Eisenberger et al., "Understanding Genetic Risk for Aggression: Clues from the Brain's Response to Social Exclusion," *BP* 61 (2007): 1100.
42. O. Cases et al., "Aggressive Behaviour and Altered Amounts of Brain Serotonin and Norepinephrine in Mice Lacking MAOA," *Sci* 268 (1995): 1763; J. S. Fowler

et al., "Evidence That Brain MAO A Activity Does Not Correspond to MAO A Genotype in Healthy Male Subjects," *BP* 62 (2007): 355.

43. 과학 문헌에서 언급된 '전사 유전자': C. Holden, "Parsing the Genetics of Behavior," *Sci* 322 (2008): 892; D. Eccles et al., "A Unique Demographic History Exists for the MAO-A Gene in Polynesians," *J Hum Genetics* 57 (2012): 294; E. Feresin, "Lighter Sentence for Murder with 'Bad Genes,'" *Nat News* (30 October, 2009); P. Hunter, "The Psycho Gene," *EMBO Rep* 11 (2010): 667.

    마오리족 연구가 그 발견의 의미를 과장했다고 보는 과학자들의 비판: D. Wensley and M. King, "Scientific Responsibility for the Dissemination and Interpretation of Genetic Research: Lessons from the 'Warrior Gene' Controversy," *J Med Ethics* 34 (2008): 507; S. Halwani and D. Krupp, "The Genetic Defense: The Impact of Genetics on the Concept of Criminal Responsibility," *Health Law J* 12 (2004): 35.

44. A. Caspi et al., "Influence of Life Stress on Depression: Moderation by a Polymorphism in the 5-HTT Gene," *Sci* 297 (2002): 851.

45. J. Buckholtz and A. Meyer-Lindenberg, "MAOA and the Neurogenetic Architecture of Human Aggression," *TINS* 31 (2008): 120.

46. J. Kim-Cohen et al., "MAOA, Maltreatment, and Gene Environment Interaction Predicting Children's Mental Health: New Evidence and a Meta-analysis," *Mol Psychiatry* 11 (2006): 903; A. Byrd and S. Manuck, "MAOA, Childhood Maltreatment and Antisocial Behavior: Meta-analysis of a Gene-Environment Interaction," *BP* 75 (2013): 9; G. Frazzetto et al., "Early Trauma and Increased Risk for Physical Aggression During Adulthood: The Moderating Role of MAOA Genotype," *PLoS ONE* 2 (2007): e486; C. Widom and L. Brzustowicz, "MAOA and the 'Cycle of Violence': Childhood Abuse and Neglect, MAOA Genotype, and Risk for Violent and Antisocial Behavior," *BP* 60 (2006): 684; R. McDermott et al., "MAOA and Aggression: A Gene-Environment Interaction in Two Populations," *J Conflict Resolution* 1 (2013): 1043; T. Newman et al., "Monoamine Oxidase A Gene Promoter Variation and Rearing Experience Influences Aggressive Behavior in Rhesus Monkeys," *BP* 57 (2005): 167; X. Ou et al., "Glucocorticoid and Androgen Activation of Monoamine Oxidase A Is Regulated Differently by R1 and Sp1," *J Biol Chemistry* 281 (2006): 21512.

    재현: D. L. Foley et al., "Childhood Adversity, Monoamine Oxidase A Genotype, and Risk for Conduct Disorder," *AGP* 61 (2004): 738; D. M. Fergusson et al., "MAOA, Abuse Exposure and Antisocial Behaviour: 30-Year Longitudinal Study,"

Brit J Psychiatry 198 (2011): 457.

여자아이들에게서는 영향이 약하게 드러남: E. C. Prom-Wormley et al., "Monoamine Oxidase A and Childhood Adversity as Risk Factors for Conduct Disorder in Females," *Psych Med* 39 (2009): 579.

백인에게서는 재현되지만 흑인에게서는 재현되지 않음: C. S. Widom and L. M. Brzustowicz, "MAOA and the 'Cycle of Violence': Childhood Abuse and Neglect, MAOA Genotype, and Risk for Violent and Antisocial Behavior," *BP* 60 (2006): 684.

재현 실패: D. Huizinga et al., "Childhood Maltreatment, Subsequent Antisocial Behavior, and the Role of Monoamine Oxidase A Genotype," *BP* 60 (2006): 677; S. Young et al., "Interaction Between MAO-A Genotype and Maltreatment in the Risk for Conduct Disorder: Failure to Confirm in Adolescent Patients," *Am J Psychiatry* 163 (2006): 1019.

47. R. Sjoberg et al., "A Non-addictive Interaction of a Functional MAO-A VNTR and Testosterone Predicts Antisocial Behavior," *Neuropsychopharmacology* 33 (2008): 425; R. McDermott et al., "Monoamine Oxidase A Gene (MAOA) Predicts Behavioral Aggression Following Provocation," *PNAS* 106 (2009): 2118; D. Gallardo-Pujol et al., "MAOA Genotype, Social Exclusion and Aggression: An Experimental Test of a Gene-Environment Interaction," *Genes, Brain and Behav* 12 (2013): 140; A. Reif et al., "Nature and Nurture Presdispose to Violent Behavior: Serotonergic Genes and Adverse Childhood Environment," *Neuropsychopharmacology* 32 (2007): 2375.

48. A. Rivera et al., "Cellular Localization and Distribution of Dopamine D4 Receptors in the Rat Cerebral Cortex and Their Relationship with the Cortical Dopaminergic and Noradrenergic Nerve Terminal Networks," *Nsci* 155 (2008): 997; O. Schoots and H. Van Tol, "The Human Dopamine D4 Receptor Repeat Sequences Modulate Expression," *Pharmacogenomics J* 3 (2003): 343; C. Broeckhoven and S. Gestel, "Genetics of Personality: Are We Making Progress?" *Mol Psychiatry* 8 (2003): 840; M. R. Munafò et al., "Association of the Dopamine D4 Receptor (DRD4) Gene and Approach-Related Personality Traits: Meta-analysis and New Data," *BP* 63 (2007): 197; R. Ebstein et al., "Dopamine D4 Receptor (DRD4) Exon III Polymorphism Associated with the Human Personality Trait of Novelty Seeking," *Nat Genetics* 12 (1996): 78; J. Carpenter et al., "Dopamine Receptor Genes Predict Risk Preferences, Time Preferences,

and Related Economic Choices," *J Risk and Uncertainty* 42 (2011): 233; J. Garcia et al., "Associations Between Dopamine D4 Receptor Gene Variation with Both Infidelity and Sexual Promiscuity," *PLoS ONE* 5 (2010): e14162; D. Li et al., "Meta-analysis Shows Significant Association Between Dopamine System Genes and Attention Deficit Hyperactivity Disorder (ADHD)," *Human Mol Genetics* 15 (2006): 2276; L. Ray et al., "The Dopamine D4 Receptor (DRD4) Gene Exon III Polymorphism, Problematic Alcohol Use and Novelty Seeking: Direct and Mediated Genetic Effects," *Addiction Biol* 14 (2008): 238; A. Dreber et al., "The 7R Polymorphism in the Dopamine Receptor D4 Gene (DRD4) Is Associated with Financial Risk-Taking in Men," *EHB* 30 (2009): 85; D. Eisenberg et al., "Polymophisms in the Dopamine D4 and D2 Receptor Genes and Reproductive and Sexual Behaviors," *Evolutionary Psych* 5(2007): 696; A. N. Kluger et al., "A Meta-analysis of the Association Between DRD4 Polymorphism and Novelty Seeking," *Mol Psychiatry* 7 (2002): 712; S. Zhong et al., "Dopamine D4 Receptor Gene Associated with Fairness Preference in Ultimatum Game," *PLoS ONE* 5 (2010): e13765.

49. M. Bakermans-Kranenburg and M. van Ijzendoorn, "Differential Susceptibility to Rearing Environment Depending on Dopamine-Related Genes: New Evidence and a Meta-analysis," *Development Psychopathology* 23 (2011): 39; J. Sasaki et al., "Religion Priming Differentially Increases Prosocial Behavior Among Variant of the Dopamine D4 Receptor (DRD4) Gene," *SCAN* 8 (2013): 209; M. Sweitzer et al., "Polymorphic Variation in the Dopamine D4 Receptor Predicts Delay Discounting as a Function of Childhood Socioeconomic Status: Evidence for Differential Susceptibility," *SCAN* 8 (2013): 499.
50. F. Chang et al., "The World-wide Distribution of Allele Frequencies at the Human Dopamine D4 Receptor Locus," *Hum Genetics* 98 (1996): 91; C. Chen et al., "Population Migration and the Variation of Dopamine D4 Receptor (DRD4) Allele Frequencies Around the Globe," *EHB* 20 (1999): 309.
51. M. Reuter and J. Hennig, "Association of the Functional Catechol-O-Methyltransferase VAL158MET Polymorphism with the Personality Trait of Extraversion," *Neuroreport* 16 (2005): 1135; T. Lancaster et al., "COMT val158met Predicts Reward Responsiveness in Humans," *Genes, Brain and Behav* 11 (2012): 986; A. Caspi et al., "A Replicated Molecular-Genetic Basis for Subtyping Antisocial Behavior in ADHD," *AGP* 65 (2007): 203; N. Perroud et al., "COMT but

Not Serotonin-Related Genes Modulates the Influence of Childhood Abuse on Anger Traits," *Genes, Brain and Behav* 9 (2010): 193.
COMT 변이체도 인지 측정 지표들과 연관된다는 발견: F. Papaleo et al., "Genetic Dissection of the Role of Catechol-O-Methyltransferase in Cognition and Stress Reactivity in Mice," *J Nsci* 28 (2008): 8709; F. Papaleo et al., "Effects of Sex and COMT Genotype on Environmentally Modulated Cognitive Control in Mice," *PNAS* 109 (2012): 20160; F. Papaleo et al., "Epistatic Interaction of COMT and DTNBP1 Modulates Prefrontal Function in Mice and in Humans," *Mol Psychiatry* 19 (2013): 311.

52. D. Enter et al., "Dopamine Transporter Polymorphisms Affect Social Approach-Avoidance Tendencies," *Genes, Brain and Behav* 11 (2012): 671; G. Guo et al., "Dopamine Transporter, Gender, and Number of Sexual Partners Among Young Adults," *Eur J Hum Genetics* 15 (2007): 279; S. Lee et al., "Association of Maternal Dopamine Transporter Genotype with Negative Parenting: Evidence for Gene × Environment Interaction with Child Disruptive Behavior," *Mol Psychiatry* 15 (2010): 548; M. van Ijzendoorn et al., "Dopamine System Genes Associated with Parenting in the Context of Daily Hassles," *Genes, Brain and Behav* 7 (2008): 403.
53. D. Gothelf et al., "Biological Effects of Catechol-O-Methyltransferase Haplotypes and Psychosis Risk in 22q11.2 Deletion Syndrome," *BP* 75 (2013): 406.
54. M. Dadds et al., "Polymorphisms in the Oxytocin Receptor Gene Are Associated with the Development of Psychopathy," *Development Psychopathology* 26 (2014): 21; A. Malik et al., "The Role of Oxytocin and Oxytocin Receptor Gene Variants in Childhood-Onset Aggression," *Genes, Brain and Behav* 11 (2012): 545; H. Walum et al., "Variation in the Oxytocin Receptor Gene Is Associated with Pair-Bonding and Social Behavior," *BP* 71 (2012): 419.
55. S. Rajender et al., "Reduced CAG Repeats Length in Androgen Receptor Gene Is Associated with Violent Criminal Behavior," *Int J Legal Med* 122 (2008): 367; D. Cheng et al., "Association Study of Androgen Receptor CAG Repeat Polymorphism and Male Violent Criminal Activity," *PNE* 31 (2006): 548; A. Raznahan et al., "Longitudinally Mapping the Influence of Sex and Androgen Signaling on the Dynamics of Human Cortical Maturation in Adolescence," *PNAS* 107 (2010): 16988; H. Vermeersch et al., "Testosterone, Androgen Receptor

Gene CAG Repeat Length, Mood and Behaviour in Adolescent Males," *Eur J Endo* 163 (2010): 319; S. Manuck et al., "Salivary Testosterone and a Trinucleotide (CAG) Length Polymorphism in the Androgen Receptor Gene Predict Amygdala Reactivity in Men," *PNE* 35 (2010): 94; J. Roney et al., "Androgen Receptor Gene Sequence and Basal Cortisol Concentrations Predict Men's Hormonal Responses to Potential Mates," *Proc Royal Soc B* 277 (2010): 57.

56. D. Comings et al., "Multivariate Analysis of Associations of 42 Genes in ADHD, ODD and Conduct Disorder," *Clin Genetics* 58 (2000): 31; Z. Prichard et al., "Association of Polymorphisms of the Estrogen Receptor Gene with Anxiety-Related Traits in Children and Adolescents: A Longitudinal Study," *Am J Med Genetics* 114 (2002): 169; H. Tiemeier et al., "Estrogen Receptor Alpha Gene Polymorphisms and Anxiety Disorder in an Elderly Population," *Mol Psychiatry* 10 (2005): 806; D. Crews et al., "Litter Environment Affects Behavior and Brain Metabolic Activity of Adult Knockout Mice," *Front Behav Nsci* 3 (2009): 1.
57. R. Bogdan et al., "Mineralocorticoid Receptor Iso/Val (rs5522) Genotype Moderates the Association Between Previous Childhood Emotional Neglect and Amygdala Reactivity," *Am J Psychiatry* 169 (2012): 515; L. Bevilacqua et al., "Interaction Between FKBP5 and Childhood Trauma and Risk of Aggressive Behavior," *AGP* 69 (2012): 62; E. Binder et al., *JAMA* 299 (2008): 1291; M. White et al., "FKBP5 and Emotional Neglect Interact to Predict Individual Differences in Amygdala Reactivity," *Genes, Brain and Behav* 11 (2012): 869.
58. L. Schmidt et al., "Evidence for a Gene-Gene Interaction in Predicting Children's Behavior Problems: Association of Serotonin Transporter Short and Dopamine Receptor D4 Long Genotypes with Internalizing and Externalizing Behaviors in Typically Developing 7-Year-Olds," *Developmental Psychopathology* 19 (2007): 1105; M. Nobile et al., "Socioeconomic Status Mediates the Genetic Contribution of the Dopamine Receptor D4 and Serotonin Transporter Linked Promoter Region Repeat Polymorphisms to Externalization in Preadolescence," *Developmental Psychopathology* 19 (2007): 1147.
59. M. J. Arranz et al., "Meta-analysis of Studies on Genetic Variation in 5-HT2A Receptor and Clozapine Response," *Schizophrenia Res* 32 (1998): 93.
60. H. Lango Allen et al., "Hundreds of Variants Clustered in Genomic Loci and Biological Pathways Affect Human Height," *Nat* 467 (2010): 832.
61. E. Speliotes et al., "Association Analyses of 249,796 Individuals Reveal 18 New

Loci Associated with Body Mass Index," *Nat Genetics* 42 (2010): 937; J. Perry et al., "Parent-of-Origin-Specific Allelic Association Among 106 Genomic Loci for Age at Menarche," *Nat* 514 (2014): 92; S. Ripke et al., "Biological Insights from 108 Schizophrenia-Associated Genetic Loci," *Nat* 511 (2014): 421; F. Flint and M. Munafo, "Genesis of a Complex Disease," *Nat* 511 (2014): 412; J. Tennessen et al., "Evolution and Functional Impact of Rare Coding Variation from Deep Sequencing of Human Exomes," *Sci* 337 (2012): 64; F. Casals and J. Bertranpetit, "Human Genetic Variation, Shared and Private," *Sci* 337 (2012): 39.

62. C. Rietveld et al., "GWAS of 126,559 Individuals Identifies Genetic Variants Associated with Educational Attainment," *Sci* 340 (2013): 1467; J. Flint and M. Munafo, "Herit-Ability," *Sci* 340 (2013): 1416.
63. S. Cole et al., "Social Regulation of Gene Expression in Human Leukocytes," *Genome Biol* 8 (2007): R189.
64. C. Chabris et al., "The Fourth Law of Behavior Genetics," *Curr Dir Psych Sci* 24 (2015): 304; K. Haddley et al., "Behavioral Genetics of the Serotonin Transporter," *Curr Topics in Behav Nsci* 503 (2012): 503; F. S. Neves et al., "Is the Serotonin Transporter Polymorphism (5-HTTLPR) a Potential Marker for Suicidal Behavior in Bipolar Disorder Patients?" *J Affective Disorders* 125 (2010): 98; T. Y. Wang et al., "Bipolar: Gender-Specific Association of the SLC6A4 and DRD2 Gene Variants in Bipolar Disorder," *Int J Neuropsychopharmacology* 17 (2014): 211; P. R. Moya et al., "Common and Rare Alleles of the Serotonin Transporter Gene, SLC6A4, Associated with Tourette's Disorder," *Movement Disorders* 28 (2013): 1263.
65. E. Turkheimer, "Three Laws of Behavior Genetics and What They Mean," *Curr Dir Psych Sci* 9 (2000): 160.

9장

1. L. Guiso et al., "Culture, Gender, and Math," *Sci* 320 (2008): 1164.
2. R. Fisman and E. Miguel, "Corruption, Norms, and Legal Enforcement: Evidence from Diplomatic Parking Tickets," *J Political Economics* 115 (2007): 1020; M. Gelfand et al., "Differences Between Tight and Loose Cultures: A 33-Nation Study," *Sci* 332 (2011): 1100; A. Alesina et al., "On the Origins of Gender Roles: Women and the Plough," *Quarterly J Economics* 128 (2013): 469.

3. 이 현상에 관한 좋은 논의: A. Norenzayan, "Explaining Human Behavioral Diversity," *Sci* 332 (2011): 1041.
4. E. Tylor, *Primitive Culture* (1871; repr. New York: J. P. Putnam's Sons, 1920).
5. A. Whitten, "Incipient Tradition in Wild Chimpanzees," *Nat* 514 (2014): 178; R. O'Mally et al., "The Cultured Chimpanzee: Nonsense or Breakthrough?" *J Curr Anthropology* 53 (2012): 650; J. Mercador et al., "4,300-Year-Old Chimpanzee Sites and the Origins of Percussive Stone Technology," *PNAS* 104 (2007): 3043; E. van Leeuwen et al., "A Group-Specific Arbitrary Tradition in Chimpanzees (*Pan troglodytes*)," *Animal Cog* 17 (2014): 1421.
6. J. Mann et al., "Why Do Dolphins Carry Sponges?" *PLoS ONE* 3 (2008): e3868; M. Krutzen et al., "Cultural Transmission of Tool Use in Bottlenose Dolphins," *PNAS* 102 (2005): 8939; M. Möglich and G. Alpert, "Stone Dropping by *Conomyrma bicolor* (Hymenoptera: Formicidae): A New Technique of Interference Competition," *Behav Ecology and Sociobiology* 2 (1979): 105.
7. M. Pagel, "Adapted to Culture," *Nat* 482 (2012): 297; C. Kluckhohn et al., *Culture: A Critical Review of Concepts and Definitions* (Chicago: University of Chicago Press, 1952); C. Geertz, *The Interpretation of Cultures* (New York: Basic Books, 1973).
8. D. Brown, *Human Universals* (New York: McGraw-Hill, 1991): D. Smail, *On Deep History and the Brain* (Oakland: University of California Press, 2008).
9. U.S. Central Intelligence Agency, "Life Expectancy at Birth," in *The World Factbook*, https://cia.gov/library/publications/the-world-factbook/rankorder/2102rank.html; W. Lutz and S. Scherbov, *Global Age-Specific Literacy Projections Model (GALP): Rationale, Methodology and Software* (Montreal: UNESCO Institute for Statistics Adult Education and Literacy Statistics Programme, 2006), www.uis.unesco.org/Library/Documents/GALP2006_en.pdf; U.S. Central Intelligence Agency, "Infant Mortality Rate," in *The World Factbook*, https://cia.gov/library/publications/the-world-factbook/rankorder/2091rank.html; International Monetary Fund, *World Economic Outlook Database*, October 2015.
10. 살인: United Nations Office on Drugs and Crime, *Global Study on Homicide 2013* (April 2014); K. Devries, "The Global Prevalence of Intimate Partner Violence Against Women," *Sci* 340 (2013): 1527.
강간 데이터: NationMaster, "Rape Rate: Countries Compared," www.nationmaster.

com/country-info/stats/Crime/Rape-rate; L. Melhado, "Rates of Sexual Violence are High in Democratic Republic of the Congo," *Int Perspectives on Sexual and Reproductive Health* 36 (2010): 210; K. Johnson et al., "Association of Sexual Violence and Human Rights Violation with Physical and Mental Health in Territories of the Eastern Democratic Republic of the Congo," *JAMA* 304 (2010): 553.

집단 괴롭힘 데이터: F. Elgar et al., "Income Inequality and School Bullying: Multilevel Study of Adolescents in 37 Countries," *J Adolescent Health* 45 (2009): 351.

11. B. Snyder, "The Ten Best Countries for Women," *Fortune*, October 27, 2014, http://fortune.com/2014/10/17/best-countries-for-women/. 글로벌 성격차 보고서는 세계경제포럼이 2006년 처음 발표했다. Inter-Parliamentary Union, "Women in National Parliaments," IPU.org, August 1, 2016, www.ipu.org/wmn-e/classif.htm; U.S. Central Intelligence Agency, "Maternal Mortality Rate," in *The World Factbook*, https://cia.gov/library/publications/the-world-factbook/rankorder/2223rank.html.
12. Gallup Poll International, "Do You Feel Loved?" February 2013; J. Henrich et al., "The Weirdest People in the World?" *BBS* 33 (2010): 61; M. Morris et al., "Culture, Norms and Obligations: Cross-National Differences in Patterns of Interpersonal Norms and Felt Obligations Toward Coworkers," *The Practice of Social Influence in Multiple Cultures* 84107 (2001).
13. H. Markus and S. Kitayama, "Culture and Self: Implications for Cognition, Emotion, and Motivation," *Psych Rev* 98 (1991): 224; S. Kitayama and A. Uskul, "Culture, Mind, and the Brain: Current Evidence and Future Directions," *Ann Rev of Psych* 62 (2011): 419; J. Sui and S. Han, "Self-Construal Priming Modulates Neural Substrates of Self-Awareness," *Psych Sci* 18 (2007): 861; B. Park et al., "Neural Evidence for Cultural Differences in the Valuation of Positive Facial Expressions," *SCAN* 11 (2016): 243.
14. H. Katchadourian, *Guilt: The Bite of Conscience* (Palo Alto, CA: Stanford General Books, 2011); J. Jacquet, *Is Shame Necessary? New Uses for an Old Tool* (New York: Pantheon, 2015); B. Cheon et al., "Cultural Influences on Neural Basis of Intergroup Empathy," *Neuroimage* 57 (2011): 642; A. Cuddy et al., "Stereotype Content Model Across Cultures: Towards Universal Similarities and Some Differences," *Brit J Soc Psych* 48 (2009): 1.

15. R. Nisbertt, *The Geography of Thought: How Asians and Westerners Think Differently... And Why* (New York: Free Press, 2003).

16. T. Hedden et al., "Cultural Influences on Neural Substrates of Attentional Control," *Psych Sci* 19 (2008): 12; S. Han and G. Northoff, "Culture-Sensitive Neural Substrates of Human Cognition: A Transcultural Neuroimaging Approach," *Nat Rev Nsci* 9 (2008): 646; T. Masuda and R. E. Nisbett, "Attending Holistically vs. Analytically: Comparing the Context Sensitivity of Japanese and Americans," *JPSP* 81 (2001): 922.

17. J. Chiao, "Cultural Neuroscience: A Once and Future Discipline," *Prog Brain Res* 178 (2009): 287.

18. Nisbett, *The Geography of Thought*; Y. Ogihara et al., "Are Common Names Becoming Less Common? The Rise in Uniqueness and Individualism in Japan," *Front Psych* 6 (2015): 1490.

19. A. Mesoudi et al., "How Do People Become W.E.I.R.D.? Migration Reveals the Cultural Transmission Mechanisms Underlying Variation in Psychological Processes," *PLoS ONE* 11 (2016): e0147162.

20. A. Terrazas and J. Batalova, *Frequency Requested Statistics on Immigrants in the United States* (Migration Policy Institute, 2009); J. DeParle, "Global Migration: A World Ever More on the Move," *New York Times*, June 25, 2010; Pew Research Center, "Second-Generation Americans: A Portrait of the Adult Children of Immigrants," February 7, 2013, www.pewsocialtrends.org/2013/02/07/second-generation-americans/.

21. J. Lansing, "Balinese 'Water temples' and the Management of Irrigation," *Am anthropology* 89 (1987): 326.

22. T. Talhelm et al., "Large-Scale Psychological Differences Within China Explained by Rice Versus Wheat Agriculture," *Sci* 344 (2014): 603.

23. A. Uskul et al., "Ecocultural Basis of Cognition: Farmers and Fishermen Are More Holistic than Herders," *PNAS* 105 (2008): 8552.

24. Z. Dershowitz, "Jewish Subcultural Patterns and Psychological Differentiation," *Int J Psych* 6 (1971): 223.

25. H. Harpending and G. Cochran, "In Our Genes," *PNAS* 99 (2002): 10; F. Chang et al., "The World-wide Distribution of Allele Frequencies at the Human Dopamine D4 Receptor Locus," *Hum Genetics* 98 (1996): 891; K. Kidd et al., "An Historical Perspective on 'The World-wide Distribution of Allele Frequencies at

the Human Dopamine D4 Receptor Locus,'" *Hum Genetics* 133 (2014): 431; C. Chen et al., "Population Migration and the Variation of Dopamine D4 Receptor (DRD4) Allele Frequencies Around the Globe," *EHB* 20 (1999): 309.
26. C. Ember and M. Ember, "Warfare, Aggression, and Resource Problems: Cross-Cultural Codes," *Behav Sci Res* 26 (1992): 169; R. Textor, "Cross Cultural Summary: Human Relations Area Files" (1967); H. People and F. Marlowe, "Subsistence and the Evolution of Religion," *Hum Nat* 23 (2012): 253.
27. R. McMahon, *Homicide in Pre-famine and Famine Ireland* (Liverpool, UK: Liverpool University Press, 2013).
28. R. Nisbett and D. Cohen, *Culture of Honor: The Psychology of Violence in the South* (Boulder, CO: Westview Press, 1996).
29. W. Borneman, *Polk: The Man Who Transformed the Presidency and America* (New York: Random House, 2008); B. Wyatt-Brown, *Southern Honor: Ethics and Behavior in the Old South* (Oxford: Oxford University Press, 1982).
30. F. Stewart, *Honor* (Chicago: University of Chicago Press, 1994).
31. D. Fischer, *Albion's Seed* (Oxford: Oxford University Press, 1989).
32. P. Chesler, "Are Honor Killings Simply Domestic Violence?" *Middle East Quarterly*, Spring 2009, pp. 61~69, www.meforum.org/2067/are-honor-killings-simply-domestic-violence.
33. M. BorgerhoffMulder et al., "Intergenerational Wealth Transmission and the Dynamics of Inequality in Small-Scale Societies," *Sci* 326 (2009): 682.
34. P. Turchin, *War and Peace and War: The Rise and Fall of Empires* (NY: Penguin Press, 2006); D. Rogers et al., "The Spread of Inequality," *PLoS ONE* 6 (2011): e24683.
35. R. Wilkinson, *Mind the Gap: Hierarchies, Health and Human Evolution* (London: Weidenfeld and Nicolson, 2000).
36. F. Elgar et al., "Income Inequality, Trust and Homicide in 33 Countries," *Eur J Public Health* 21: 241; F. Elgar et al., "Income Inequality and School Bullying: Multilevel Study of Adolescents in 37 Countries," *J Adolescent Health* 45 (2009): 351; B. Herrmann et al., "Antisocial Punishment Across Societies," *Sci* 319 (2008): 1362.
37. F. Durante et al., "Nations' Income Inequality Predicts Ambivalence in Stereotype Content: How Societies Mind the Gap," *Brit J Soc Psych* 52 (2012): 726.

38. N. Adler et al., "Relationship of Subjective and Objective Social Status with Psychological and Physiological Functioning: Preliminary Data in Healthy White Women," *Health Psych* 19 (2000): 586; N. Adler and J. Ostrove, "SES and Health: What We Know and What We Don't," *ANYAS* 896 (1999): 3; I. Kawachi et al., "Crime: Social Disorganization and Relative Deprivation," *Soc Sci and Med* 48 (1999): 719; I. Kawachi and B. Kennedy, *The Health of Nation: Why Inequality Is Harmful to Your Health* (New York: New Press, 2002); J. Lynch et al., "Income Inequality, the Psychosocial Environment, and Health: Comparisons of Wealthy Nations," *Lancet* 358 (2001): 194; G. A. Kaplan et al., "Inequality in Income and Mortality in the United States: Analysis of Mortality and Potential Pathways," *Brit Med J* 312 (1996): 999; J. R. Dunn et al., "Income Distribution, Public Services Expenditure, and All Cause Mortality in US States," *J Epidemiology and Community Health* 59 (2005): 768; C. R. Ronzio et al., "The Politics of Preventable Deaths: Local Spending, Income Inequality, and Premature Mortality in US Cities," *J Epidemiology and Community Health* 58 (2004): 175.
39. R. Evans et al., *Why Are Some People Healthy and Others Not? The Determinants of Health of Populations* (New York: Aldine de Gruyter, 1994).
40. D. Chon, "The Impact of Population Heterogeneity and Income Inequality on Homicide Rates: A Cross-National Assessment," *Int J Offender Therapy and Comp Criminology* 56 (2012): 730; F. J. Elgar and N. Aitken, "Income Inequality, Trust and Homicide in 33 Countries," *Eur J Public Health* 21 (2010): 241; C. Hsieh and M. Pugh, "Poverty, Income Inequality, and Violent Crime: A Meta-analysis of Recent Aggregate Data Studies," *Criminal Justice Rev* 18 (1993): 182; M. Daly et al., "Income Inequality and Homicide Rates in Canada and the United States," *Canadian J Criminology* 32 (2001): 219.
41. K. A. DeCellesa and M. I. Norton, "Physical and Situational Inequality on Airplanes Predicts Air Rage," *PNAS* 113 (2016): 5588.
42. M. Balter, "Why Settle Down? The Mystery of Communities," *Sci* 282 (1998): 1442; P. Richerson, "Group Size Determines Cultural Complexity," *Nat* 503 (2013): 351; M. Derex et al., "Experimental Evidence for the Influence of Group Size on Cultural Complexity," *Nat* 503 (2013): 389; A. Gibbon, "How We Tamed Ourselves—and Became Modern," *Sci* 346 (2014): 405.
43. F. Lederbogen et al., "City Living and Urban Upbringing Affect Neural Social Stress Processing in Humans," *Nat* 474 (2011): 498; D. P. Kennedy and R.

Adolphs, "Stress and the City," *Nat* 474 (2011): 452; A. Abbott, "City Living Marks the Brain," *Nat* 474 (2011): 429.

44. J. Henrich et al., "Markets, Religion, Community Size, and the Evolution of Fairness and Punishment," *Sci* 327 (2010): 1480. 각주: B. Maheer, "Good Gaming," *Nat* 531 (2016): 568.
45. A. Norenzayan, *Big Gods: How Religions Transformed Cooperation and Conflict* (Princeton, NJ: Princeton University Press, 2015).
46. L. R. Florizno et al., "Differences Between Tight and Loose Cultures: A 33-Naton Study," *Sci* 332 (2011): 1100.
47. J. B. Calhoun, "Population Density and Social Pathology," *Sci Am* 306 (1962): 139; E. Ramsden, "From Rodent Utopia to Urban Hell: Population, Pathology, and the Crowded Rats of NIMH," *Isis* 102 (2011): 659; J. L. Freedman et al., "Environmental Determinants of Behavioral Contagion," *Basic and Applied Soc Psych* 1 (1980): 155; O. Galle et al., "Population Density and Pathology: What Are the Relations for Man?" *Sci* 176 (1972): 23.
48. A. Parkes, "The Future of Fertility Control," in J. Meade, ed., *Biological Aspects of Social Problems* (NY: Springer, 1965).
49. M. Lim et al., "Global Pattern Formation and Ethnic/Cultural Violence," *Sci* 317 (2007): 1540; A. Rutherford et al., "Good Fences: The Importance of Setting Boundaries for Peaceful Coexistence," *PLoS ONE* 9 (2014): e95660.
50. Floeizno et al., "Difference Between Tight and Loose Cultures."
51. 다음 논문들은 정상적인 기후 변동, 극단적 기후, 지구온난화가 다양한 사회 측정 지표들에 미치는 영향을 조사했다: J. Brashares et al., "Wildlife Decline and Social Conflict," *Sci* 345 (2014): 376; S. M. Hsiang et al., "Civil Conflicts Are Associated with the Global Climate," *Nat* 476 (2011): 438; A. Solow, "Climate for Conflict," *Nat* 476 (2011): 406; S. Schiermeier, "Climate Cycles Drive Civil War," *Nat* 476 (2011): 406; E. Miguel et al., "Economic Shocks and Civil Conflict: An Instrumental Variables Approach," *J Political Economy* 112 (2004): 725; M. Burke et al., "Warming Increases Risk of Civil War in Africa," *PNAS* 106 (2009): 20670; J. P. Sandholt and K. S. Gleditsch, "Rain, Growth, and Civil War: The Importance of Location," *Defence and Peace Economics* 20 (2009): 359; H. Buhaug, "Climate Not to Blame for African Civil Wars," *PNAS* 107 (2010): 16477; D. D. Zhang et al., "Global Climate Change, War and Population Decline in Recent Human History," *PNAS* 104 (2007): 19214; R. S. J. Tol and S. Wagner, "Climate Change and Violent

Conflict in Europe over the Last Millennium," *Climate Change* 99 (2009): 65; A. Solow, "A Call for Peace on Climate and Conflict," *Nat* 497 (2013): 179; J. Bohannon, "Study Links Climate Change and Violence, Battle Ensues," *Sci* 341 (2013): 444; S. M. Hsiang et al., "Quantifying the Influence of Climate on Human Conflict," *Sci* 341 (2013): 1212.

52. R. Sapolsky, "Endocrine and Behavioral Correlates of Drought in the Wild Baboon," *Am J Primat* 11 (1986): 217.

53. J. Bohannon, "Study Links Climate Change and Violence, Battle Ensues," *Sci* 341 (2013): 444.

54. E. Culotta, "On the Origins of Religion," *Sci* 326 (2009): 784 (인용구는 여기에서 가져왔다); C. A. Botero et al., "The Ecology of Religious Beliefs," *PNAS* 111 (2014): 16784; A. Shariff and A. Norenzayan, "God Is Watching You: Priming God Concepts Increases Prosocial Behavior in an Anonymous Economic Game," *Psych Sci* 18 (2007): 803; R. Wright, *The Evolution of God* (Boston, MA: Little, Brown, 2009).

55. L. Keeley, *War Before Civilization: The Myth of the Peaceful Savage* (Oxford: Oxford University Press, 1996).

56. S. Pinker, *The Better Angels of Our Nature: Why Violence Has Declined* (New York: Penguin, 2011).

57. G. Milner, "Nineteenth-Century Arrow Wounds and Perceptions of Prehistoric Warfare," *Am Antiquity* 70 (2005): 144.

58. 이 책 전체를 참고하라: D. Fry, *War, Peace, and Human Nature: The Convergence of Evolutionary and Cultural Views* (Oxford: Oxford University Press, 2015). 특히 다음 장들을 보라: R. Ferguson, "Pinker's List: Exaggerating Prehistoric War Morality," p. 112; R. Sussman, "Why the Legend of the Killer Ape Never Dies: The Enduring Power of Cultural Beliefs to Distort Our View of Human Nature," p. 92; R. Kelly, "From the Peaceful to the Warlike: Ethnographic and Archeological Insights into Hunter-Gatherer Warfare and Homicide," p. 151.

59. F. Wendorf, *The Prehistory of Nubia* (Dallas: Southern Methodist University Press, 1968).

60. R. A. Marlar et al., "Biochemical Evidence of Cannibalism at a Prehistoric Puebloan Site in Southwestern Colorado," *Nat* 407 (2000): 74; M. Balter, "Did Neandertals Dine In?" *Sci* 326 (2009): 1057.

61. N. Chagnon, *Yanomamo: The Fierce People* (NY: Holt McDougal, 1984); N. A.

Chagnon, "Life Histories, Blood Revenge, and Warfare in a Tribal Population," *Sci* 239 (1988): 985.

62. A. Lawler, "The Battle over Violence," *Sci* 336 (2012): 829.

63. G. Benjamin et al., "Violence: Finding Peace," *Sci* 338 (2012): 327; S. Pinker, "Violence: Clarified," *Sci* 338 (2012): 327.

64. A. R. Ramos, "Reflecting on the Yanomami: Ethnographic Images and the Pursuit of the Exotic," *Cultural Anthropology* 2 (1987): 284; R. Ferguson, *Yanomami Warfare: A Political History*, a School for Advanced Research Resident Scholar Book (1995): E. Eakin, "How Napoleon Chagnon Became Our Most Controversial Anthropologist," *New York Times Magazine*, 2013, p. 13; D. Fry, *Beyond War: The Human Potential for Peace* (Oxford: Oxford University Press, 2009).

65. L. Glowacki and R. Wrangham, "Warfare and Reproductive Success in a Tribal Population," *PNAS* 112 (2015): 348. 관련된 발견: J. Moore, "The Reproductive Success of Cheyenne War Chiefs: A Contrary Case to Chagnon's Yanomamo," *Curr Anthropology* 31 (1990): 322; S. Beckerman et al., "Life Histories, Blood Revenge and Reproductive Success Among the Waorani of Ecuador," *PNAS* 106 (2009): 8134.

66. 핑커와 프라이가 언급한 원래의 연구: K. Hill and A. Hurtado, *Ache Life History: The Ecology and Demography of a Foraging People* (New York: Aldine de Gruyter, 1996).

67. S. Corry, "The Case of the 'Brutal Savage': Poirot or Clouseau? Why Steven Pinker, Like Jared Diamond, Is Wrong," London: Survival International website, 2013.

68. K. Lorenz, *On Aggression* (MFJ Books, 1997); R. Ardrey, *The Territorial Imperative: A Personal Inquiry into the Animal Origins of Property and Nations* (Delta Books, 1966); R. Wrangham and D. Peterson, *Demonic Males: Apes and the Origin of Human Violence* (Boston: Houghton Mifflin, 1996).

69. C. H. Boehm, *Hierarchy in the Forest: The Evolution of Egalitarian Behavior* (Cambridge, MA: Harvard University Press, 1999); K. Hawkes et al., "Hunting Income Patterns Among the Hadza: Big Game, Common Goods, Foraging Goals, and the Evolution of the Human Diet," *Philosophical Transactions of the Royal Soc os London B* 334 (1991): 243; B. Chapais, "The Deep Social Structure of Humankind," *Sci* 331 (2011): 1276; K. Hill et al., "Co-residence Patterns in

Hunter-Gatherer Societies Show Unique Human Social Structure," *Sci* 331 (2011): 1286; K. Endicott, "Peace Foragers: The Significance of the Batek and Moriori for the Question of Innate Human Violence," in Fry, *War, Peace, and Human Nature*, p. 243; M. Butovskaya, "Aggression and Conflict Resolution Among the Nomadic Hadza of Tanzania as Compared with Their Pastoralist Neighbors," in Fry, *War, Peace, and Human Nature*, p. 278.

70. C. Apicella et al., "Social Networks and Cooperation in Hunter-Gatherers," *Nat* 481 (2012): 497; J. Henrich, "Hunter-Gatherer Cooperation," *Nat* 481 (2012): 449.

71. E. Thomas, *The Harmless People* (New York: Vintage Books, 1959); M. Shostak, *Nisa: The Life and Words of a !Kung Woman* (Cambridge, MA: Harvard University Press, 2006); R. Lee, *The !Kung San: Men, Women and Work in a Foraging Society* (Cambridge: Cambridge University Press, 1979).

72. C. Ember, "Myths About Hunter-Gatherers," *Ethnology* 17 (1978): 439.

73. Ferguson 1995, 앞의 책; Fry 2009, 앞의 책; R. B. Lee, "Hunter-Gatherers on the Best-Seller List: Steven Pinker and the 'Bellicose School's' Treatment of Forager Violence," *J Aggression, Conflict and Peace Res* 6 (2014): 216; M. Guenther, "War and Peace Among Kalahari San," *J Aggression, Conflict and Peace Res* 6 (2014): 229; D. P. Fry and P. Soderberg, "Myths About Hunter-Gatherers Redux: Nomadic Forager War and Peace," *J Aggression, Conflict and Peace Res* 6 (2014): 255; R. Kelley, *Warless Societies and the Evolution of War* (Ann Arbor: University of Michigan Press, 2000).

74. M. M. Lahr et al., "Inter-group Violence Among Early Holocene Hunter-Gatherers of West Turkana, Kenya," *Nat* 529 (2016): 394.

75. C. Boehm, *Moral Origins: The Evolution of Virtue, Altruism, and Shame* (New York: Basic Books, 2012).

76. M. C. Stiner et al., "Cooperative Hunting and Meat Sharing 400-200 kya at Qesem Cave, Israel," *PNAS* 106 (2009): 13207.

77. P. Wiessner, "The Embers of Society: Firelight Talk Among the Ju/'hoansi Bushmen," *PNAS* 111 (2014): 14013; P. Wiessner, "Norm Enforcement Among the Ju/'hoansi Bushmen: A Case of Strong Reciprocity?" *Hum Nat* 16 (2004): 115.

10장

1. T. Dobzhansky, "Nothing in Biology Makes Sense Except in the Light of

Evolution," *Am Biol Teacher* 35 (1973): 125.

2. A. J. Carter and A. Q. Nguyen, "Antagonists Pleiotropy as a Widespread Mechanisms for the Maintenance of Polymorphic Disease Alleles," *BMC Med Genetics* 12 (2011): 160.
3. J. Gratten et al., "Life History Trade-offs at a Single Locus Maintain Sexually Selected Genetic Variation," *Nat* 502 (2013): 93.
4. A. Brown, *The Darwin Wars: The Scientific Battle for the Soul of Man* (New York: Touchstone/Simon and Schuster, 1999).
5. V. C. Wynne-Edwards, *Evolution Through Group Selection* (London: Blackwell Science, 1986).
6. W. D. Hamilton, "The Genetical Evolution of Social Behavior," *J Theoretical Biol* 7 (1964): 1; G. C. Williams, *Adaptation and Natural Selection* (Princeton, NJ: Princeton University Press, 1966). 다음도 참고하라: E. O. Wilson, *Sociobiology: The New Synthesis* (Cambridge, MA: Harvard University Press, 1975); 그리고 R. Dawkins, *The Selfish Gene* (Oxford: Oxford University Press, 1976).
7. S. B. Hrdy, *The Langurs of Abu: Female and Male Strategies of Reproduction* (Cambridge, MA: Harvard University Press, 1977).
8. 병적 현상이라는 주장: P. Dolhinow, "Normal Monkeys?" *Am Scientist* 65 (1977): 266. 수컷의 공격성이 넘쳐흐른 것뿐이라는 주장: R. Sussman et al., "Infant Killing as an Evolutionary Strategy: Reality of Myth?" *Evolutionary Anthropology* 3 (1995): 149.
9. 영장류: G. Hausfater and S. Hrdy, *Infanticide: Comparative and Evolutionary Perspectives* (New York: Aldine, 1984); M. Hiraiwa-Hasegawa, "Infanticide in Primates and a Possible Case of Male-Biased Infanticide in Chimpanzees," in *Animal Societies: Theories and Facts*, ed. J. L. Brown and J. Kikkawa (Tokyo: Japan Scientific Societies Press, 1988), pp. 125~39; S. Hrdy, "Infanticide Among Mammals: A Review, Classification, and Examination of the Implications for the Reproductive Strategies of Females," *Ethology and Sociobiology* 1 (1979): 13. 설치류와 사자: G. Perrigo et al., "Social Inhibition of Infanticide in Male House Mice," *Ecology, Ethology and Evolution* 5 (1993): 181; A. Pusey and C. Packer, 1984, "Infanticides in Carnivores," in Hausfater and Hrdy, *Infanticide*; S. Gursky-Doyen, "Infanticide by a Male Spectral Tarsier (*Tarsius spectrum*)," *Primates* 52 (2011): 385. 다음도 참고하라: D. Lukas and E. Huchard, "The Evolution of Infanticide by Males in Mammalian Societies," *Sci* 346 (2014): 841.

10. J. Berger, "Induced Abortion and Social Factors in Wild Horses," *Nat* 303 (1983): 59; E. Roberts et al., "A Bruce Effect in Wild Geladas," *Sci* 335 (2012): 1222; H. Bruce, "An Exteroceptive Block to Pregnancy in the Mouse," *Nat* 184 (1959): 105.
11. A. Pusey and K. Schroepfer-Walker, "Female Competition in Chimpanzees," *Philosophical Transactions of the Royal Soc of London B* 368 (2013): 1471.
12. D. Fossey, "Infanticide in Mountain Gorillas (*Gorilla gorilla beringei*) with Comparative Notes on Chimpanzees," in Hausfater and Hrdy, *Infanticide*.
13. L. Fairbanks, "Reciprocal Benefits of Allomothering for Female Vervet Monkeys," *Animal Behav* 40 (1990): 553.
14. V. Baglione et al., "Kin Selection in Cooperative Alliances of Carrion Crows," *Sci* 300 (2003): 1947.
15. J. Buchan et al., "True Paternal Care in a Multi-male Primate Society," *Nat* 425 (2003): 179.
16. D. Cheney and R. Seyfarth, *How Monkeys See the World: Inside the Mind of Another Species* (Chicago: University of Chicago Press, 1992).
17. D. Cheney and R. Seyfarth, "Recognition of Other Individuals' Social Relationships by Female Baboons," *Animal Behav* 58 (1999): 67; R. Wittig et al., "Kin-Mediated Reconciliation Substitutes for Direct Reconciliation in Female Baboons," *Proc Royal Soc B* 274 (2007): 1109.
18. T. Bergman et al., "Hierarchical Classification by Rank and Kinship in Baboons," *Sci* 203 (2003): 1234.
19. H. Fisher and H. Hoekstra. "Competition Drives Cooperation Among Closely Related Sperm of Deer Mice," *Nat* 436 (2010): 801.
20. J. Hoogland, "Nepotism and Alarm Calling in the Black-Tailed Prairie Dog (*Cynomys ludovicianus*)," *Animal Behav* 31 (1983): 472; G. Schaller, *The Serengeti Lion: A Study of Predator-Prey Relations* (Chicago: University of Chicago Press, 1972); P. Sherman, "Recognition Systems," in *Behavioural Ecology*, ed. J. R. Krebs and N. B. Davies (Oxford: Blackwell Scientific, 1997); C. Packer et al., "A Molecular Genetic Analysis of Kinship and Cooperation in African Lions," *Nat* 351 (1991): 6327; A. Pusey and C. Packer, "Non-offspring Nursing in Social Carnivores: Minimizing the Costs," *Behav Ecology* 5 (1994): 362.
21. 각주: G. Alvarez et al., "The Role of Inbreeding in the Extinction of a European Royal Dynasty," *PLoS ONE* 4 (2009): e5174.
22. 이론 모형: B. Bengtsson, "Avoiding Inbreeding: At What Cost?" *J Theoretical Biol*

73 (1978): 439.

23. 곤충: S. Robinson et al., "Preference for Related Mates in the Fruit Fly, *Drosophila melanogaster*," *Animal Behav* 84 (2012): 1169. 도마뱀: M. Richard et al., "Optimal Level of Inbreeding in the Common Lizard," *Proc Royal Soc of London B* 276 (2009): 2779. 어류, 그리고 친연성이 있는 부모가 양육에 더 많이 투자하는 현상: T. Thünken et al., "Active Inbreeding in a Cichlid Fish and Its Adaptive Significance," *Curr Biol* 17 (2007): 225. 여러 조류: P. Bateson, "Preferences for Cousins in Japanese Quail," *Nat* 295 (1982): 236; L. Cohen and D. Dearborn, "Great Frigatebirds, *Fregata minor*, Choose Mates That Are Genetically Similar," *Animal Behav* 68 (2004): 1129; N. Burley et al., "Social Preference of Zebra Finches for Siblings, Cousins and Non-kin," *Animal Behav* 39 (1990): 775. 일부일처 관계 밖에서 외도하는 새들: O. Kleven et al., "Extrapair Mating Between Relatives in the Barn Swallow: A Role for Kin Selection?" *Biol Lett* 1 (2005): 389; C. Wang and X. Lu, "Female Ground Tits Prefer Relatives as Extra-pair Partners: Driven by Kin-Selection?" *Mol Ecology* 20 (2011): 2851. 세상에서 이 문장을 읽을 사람은 단 한 명도 없을 것 같다. 그러니 만약 당신이 읽고 있다면, 내게 다음 이메일로 연락해준다면 좋겠다. 당신의 극도로 꼼꼼한 독서 습관을 함께 자랑스러워할 수 있도록.—sapolsky@stanford.edu. 설치류: S. Sommer, "Major Histocompatibility Complex and Mate Choice in a Monogamous Rodent," *Behav Ecology and Sociobiology* 58 (2005): 181; C. Barnard and J. Fitzsimons, "Kin Recognition and Mate Choice in Mice: The Effects of Kinship, Familiarity and Interference on Intersexual Selection," *Animal Behav* 36 (1988): 1078; M. Peacock and A. Smith, "Nonrandom Mating in Pikas *Ochotona princeps*: Evidence for Inbreeding Between Individuals of Intermediate Relatedness," *Mol Ecology* 6 (1997): 801.

24. A. Helgason et al., "An Association Between the Kinship and Fertility of Human Couple," *Sci* 319 (2008): 813; S. Jacob et al., "Paternally Inherited HLA Alleles Are Associated with Women's Choice of Male Odor," *Nat Genetics* 30 (2002): 175.

25. T. Shingo et al., "Pregnancy-Stimulated Neurogenesis in the Adult Female Forebrain Mediated by Prolactin," *Sci* 299 (2003): 117; C. Larsen and D. Grattan, "Prolactin, Neurogenesis, and Maternal Behaviors," *Brain, Behav and Immunity* 26 (2012): 201.

26. W. D. Hamilton, "The Genetical Evolution of Social Behaviour," *J Theoretical Biol* 7 (1964): 1.

27. S. West and A. Gardner, "Altruism, Spite and Greenbeards," *Sci* 327 (2010):

1341.
28. S. Smukalla et al., "FLO1 Is a Variable Green Beard Gene That Drives Biofilm-like Cooperation in Budding Yeast," *Cell* 135 (2008): 726; E. Queller et al., "Single-Gene Greenbeard Effects in the Social Amoeba *Dictyostelium discoideum*," *Sci* 299 (2003): 105.
29. B. Kerr et al., "Local Dispersal Promotes Biodiversity in a Real-Life Game of Rock-Paper-Scissors," *Nat* 418 (2002): 171; J. Nahum et al., "Evolution of Restraint in a Structured Rock-Paper-Scissors Community," *PNAS* 108 (2011): 10831.
30. G. Wilkinson, "Reciprocal Altruism in Bats and Other Mammals," *Ethology and Sociobiology* 9 (1988): 85; G. Wilkinson, "Reciprocal Food Sharing in the Vampire Bat," *Nat* 308 (1984): 181.
31. W. D. Hamilton, "Geometry for the Selfish Herd," *J Theoretical Biol* 31 (1971): 295.
32. R. Trivers, "The Evolution of Reciprocal Altruism," *Quarterly Rev of Biol* 46 (1971): 35.
33. R. Seyfarth and D. Cheney, "Grooming, Alliance and Reciprocal Altruism in Vervet Monkeys," *Nat* 308 (1984): 541.
34. R. Axelrod and W. D. Hamilton, "The Evolution of Cooperation," *Sci* 211 (1981): 1390.
35. M. Nowak and K. Sigmund, "Tit for Tat in Heterogeneous Populations," *Nat* 355 (1992): 250; R. Boyd, "Mistakes Allow Evolutionary Stability in the Repeated Prisoner's Dilemma Game," *J Theoretical Biol* 136 (1989): 4756.
36. Nowak and R. Highfield, *SuperCooperators: Altruism, Evolution, and Why We Need Each Other to Succeed* (New York: Simon & Schuster, 2012). 각주: Nowak and K. Sigmund, "A Strategy of Win-Stay, Lose-Shift that Outperforms Tit-for-Tat in the Prisoner's Dilemma Game," *Nat* 364 (1993): 56.
37. E. Fischer, "The Relationship Between Mating System and Simultaneous Hermaphroditism in the Coral Reef Fish, *Hypoplectrus nigricans* (Serranidae)," *Animal Behav* 28 (1980): 620.
38. M. Milinski, "Tit for Tat in Sticklebacks and the Evolution of Cooperation," *Nat* 325 (1987): 433.
39. C. Packer et al., "Egalitarianism in Female African Lions," *Sci* 293 (2001): 690; M. Scantlebury et al., "Energetics Reveals Physiologically Distinct Castes in a

Eusocial Mammal," *Nat* 440 (2006): 795; R. Heinsohn and C. Packer, "Complex Cooperative Strategies in Group-Territorial African Lions," *Sci* 269 (1995): 1260.
40. R. Trivers, "Parent-Offspring Conflict," *Am Zoologist* 14 (1974): 249.
41. D. Maestripieri, "Parent-Offspring Conflict in Primates," *Int J Primat* 23 (2002): 923.
42. D. Haig, "Genetic Conflicts in Human Pregnancy," *Quarterly Rev of Biol* 68 (1993): 495; R. Sapolsky, "The War Between Men and Women," *Discover*, May 1999, p. 56.
43. S. J. Gould, "Caring Groups and Selfish Genes," in *The Panda's Thumb: More Reflections in Natural History* (London: Penguin Books, 1990), p. 72.
44. S. Okasha, *Evolution and the Levels of Selection* (Oxford: Clarendon Press, 2006).
45. P. Bijma et al., "Multilevel Selection 1: Quantitative Genetics of Inheritance and Response to Selection," *Genetics* 175 (2007): 277. 거미에게도 닭의 사례와 비슷한 현상이 있다: J. Pruitt and C. Goodnight, "Site-Specific Group Selection Drives Locally Adapted Group Compositions," *Nat* 514 (2014): 359.
46. S. Bowles, "Conflict: Altruism's Midwife," *Nat* 456 (2008): 326.
47. D. S. Wilson and E. O. Wilson, "Rethinking the Theoretical Foundation of Sociobiology," *Quarterly Rev of Biol* 82 (2008): 327.
48. F. de Waal, *Our Inner Ape* (NY: Penguin, 2005); I. Parker, "Swingers: Bonobos Are Celebrated as Peace-Loving, Matriarchal, and Sexually Liberated. Are They?" *New Yorker*, July 30, 2007, p. 48; R. Wrangham and D. Peterson, *Demonic Males: Apes and the Origins of Human Violence* (NY: Houghton Mifflin, 1996); R. Wrangham et al., "Comparative Rates of Violence in Chimpanzees and Humans," *Primates* 47 (2006): 14.
49. D. Falk et al., "Brain Shape in Human Microcephalics and *Homo floresiensis*," *PNAS* 104 (2007): 2513. 반대되는 시각: M. Henneberg et al., "Evolved Developmental Homeostasis Disturbed in LB1 from Flores, Indonesia, Denotes Down Syndrome and Not Diagnostic Traits of the Invalid Species *Homo floresiensis*," *PNAS* 111 (2014): 11967.
50. K. Prufer et al., "The Bonobo Genome Compared with the Chimpanzee and Human Genomes," *Nat* 486 (2012): 527; W. Enard et al., "Intra- and Interspecific Variation in Primate Gene Expression Patterns," *Sci* 296 (2002): 340.
51. D. Barash and J. Lipton, *The Myth of Monogamy: Fidelity and Infidelity in*

Animals and People (New York: Henry Holt, 2002); B. Chapais, *Primeval Kinship: How Pair-Bonding Gave Birth to Human Society* (Cambridge, MA: Harvard University Press).

52. T. Zerjal et al., "The Genetic Legacy of the Mongols," *Am J Hum Genetics* 72 (2003): 713.
53. M. Daly and M. Wilson, "Evolutionary Social Psychology and Family Homicide," *Sci* 242 (1988): 519. 재현: V. Weekes-Shackelford and T. K. Shackelford, "Methods of Filicide: Stepparents and Genetic Parents Kill Differently," *Violence and Victims* 19 (2004): 75. 스웨덴의 재현 실패: H. Temrin et al., "Step-Parents and Infanticide: New Data Contradict Evolutionary Predictions," *Proc Royal Soc B* 267 (2000): 943; M. Van Ijzendoorn et al., "Elevated Risk of Child Maltreatment in Families with Stepparents but Now with Adoptive Parents," *Child Maltreatment* 14 (2009): 369; J. Nordlund and H. Temrin, "Do Characteristics of Parental Child Homicide in Sweden Fit Evolutionary Predictions?" *Ethology* 113 (2007): 1029.
54. K. Hill et al., "Co-residence Patterns in Hunter-Gatherer Societies Show Unique Human Social Structure," *Sci* 331 (2011): 1286.
55. R. Topolski et al., "Choosing Between the Emotional Dog and the Rational Pal: A Moral Dilemma with a Tail," *Anthrozoös* 26 (2013): 253.
56. B. Thomas et al., "Harming Kin to Save Strangers: Further Evidence for Abnormally Utilitarian Moral Judgments After Ventromedial Prefrontal Damage," *J Cog Nsci* 23 (2011): 2186.
57. R. Sapolsky, "Would You Break That Law for Your Family?" *Los Angeles Times*, November 17, 2013.
58. J. Persico, *My Enemy, My Brother: Men and Days of Gettysburg* (Cambridge, MA: Da Capo Press, 1996).
59. R. MacMahon, *Homicide in Pre-famine and Famine Ireland* (Liverpool, UK: Liverpool University Press, 2014). 치즈버거 살인: J. Berlinger and T. Marco, "Man Kills Brother in Argument over Cheeseburger, Police Say," CNN.com, May 9, 2016, www.cnn.com/2016/05/08/us/man-allegedly-kills-brother-over-cheeseburger/index.html.
60. 각주: "MP Comes to the Aid of 5 Year Old Girl at Risk of Being Sold," *Kenya Daily Nation*, October 13, 2014, www.nation.co.ke/video/-/1951480/2484684/-/gditgq/-/index.html.
61. S. Friedman and P. Resnick, "Child Murder by Mothers: Patterns and

Prevention," *World Psychiatry* 6 (2007): 137; S. West et al., "Fathers Who Kill Their Children: An Analysis of the Literature," *J Forensic Sci* 54 (2009): 463; S. B. Hrdy, *Mother Nature: A History of Mothers, Infants and Natural Selection* (New York: Pantheon, 1999).

62. J. Shepher, "Mate Selection Among Second Generation Kibbutz Adolescents and Adults: Incest Avoidance and Negative Imprinting," *Arch Sexual Behav* 1 (1971): 293; A. Wolf, *Sexual Attraction and Childhood Association: A Chinese Brief for Edward Westermarck* (Palo Alto, CA: Stanford University Press, 1995).
63. K. Hill et al., "Co-residence Patterns in Hunter-Gatherer Societies Show Unique Human Social Structure," *Sci* 331 (2011): 1286.
64. N. Eldredge and S. J. Gould, "Punctuated Equilibria: An Alternative to Phyletic Gradualism," in *Models in Paleobiology*, ed. T. J. M. Schopf (San Francisco: Freeman Cooper, 1972), p. 82.
65. J. Goldman, "Man's New Best Friend? A Forgotten Russian Experiment in Fox Domestication," *Sci Am*, September 2010; D. Belyaev and L. Trut, "Behaviour and Reproductive Function of Animals. II: Correlated Changes Under Breeding for Tameness," *Bull Moscow Soc of Naturalists B Series* (in Russian) 69 (1964): 5.
66. S. Sternthal, "Moscow's Stray Dogs," *Financial Times*, January 16, 2010.
67. 각주: M. Carneiro et al., "Rabbit Genome Analysis Reveals a Polygenic Basis for Phenotype Change During Domestication," *Sci* 345 (2014): 1074.
68. S. Fisher and M. Ridley, "Culture, Genes, and the Human Revolution," *Sci* 340 (2013): 929; D. Swallow, "Genetics of Lactase Persistence and Lactose Intolerance," *Ann Rev of Genetics* 37 (2003): 197; J. Troelsen, "Adult-Type Hypolactasia and Regulation of Lactase Expression," *Biochimica et Biophysica Acta* 1723 (2005): 19.
69. N. Mekel-Bobrov et al., "Ongoing Adaptive Evolution of ASPM, a Brain Size Determinant in *Homo sapiens*," *Sci* 309 (2005): 1720.
70. J. Weiner, *The Beak of the Finch: A Story of Evolution in Our Time* (New York: Knopf, 1994); J. Neel, "Diabetes Mellitus: A 'Thrifty' Genotype Rendered Detrimental by 'Progress'?" *Am J Hum Genetics* 14 (1962): 353; J. Diamond, "Sweet Death," *Natural History*, February 1992. 미국의 피마족과 멕시코의 피마족 비교: P. Kopelman, "Obesity as a Medical Problem," *Nat* 404 (2000): 635. 확인된 유전자: C. Ezzell, "Fat Times for Obesity Research," *J NIH Research* 7 (1995): 39; C. Holden, "Race and Medicine," *Sci* 302 (2003): 594; J. Diamond, "The Double

Puzzle of Diabetes," *Nat* 423 (2003): 599.

71. E. Pennisi, "The Man Who Bottled Evolution," *Sci* 342 (2013): 790.
72. S. J. Gould and N. Eldredge, "Punctuated Equilibria: The Tempo and Mode of Evolution Reconsidered," *Paleobiology* 3 (1977): 115.
73. P. W. Andrews et al., "Adaptationism—How to Carry Out an Exaptationist Program," *BBS* 25 (2002): 489; S. J. Gould and E. S. Vrba, "Exaptation—a Missing Term in the Science of Form," *Paleobiology* 8 (1982): 4; A. Figueredo and S. Berry, "'Just Not So Stories': Exaptations, Spandrels, and Constraints," *BBS* 25 (2002): 517; J. Roney and D. Maestripieri, "The Importance of Comparative and Phylogenetic Analyses in the Study of Adaptations," *BBS* 25 (2002): 525.
74. A. Brown, *The Darwin Wars: The Scientific Battle for the Soul of Man* (New York: Touchstone/Simon and Schuster, 1999).
75. S. J. Gould and R. Lewontin, "The Spandrels of San Marco and the Panglossian Paradigm: A Critique of the Adaptationsist Programme," *Proc Royal Soc of Lodon B* 205 (1979): 581.
76. D. Barash and J. Lipton, "How the Scientist Got His Ideas," *Chronicle of Higher Education*, January 3, 2010.

11장

1. D. Hofstede, *Planet of the Apes: An Unofficial Companion* (Toronto: ECW Press, 2001).
2. T. A. Ito and G. R. Urland, "Race and Gender on the Brain: Electrocortical Measures of Attention to the Race and Gender of Multiply Categorizable Individuals," *JPSP* 85 (2003): 616; T. Ito and B. Bartholow, "The Neural Correlates of Race," *TICS* 13 (2009): 524.
3. A. Greenwald et al., "Measuring Individual Differences in Implicit Cognition: The Implicit Association Test," *JPSP* 74 (1998): 1464.
4. N. Mahajan et al., "The Evolution of Intergroup Bias: Perception and Attitudes in Rhesus Macaques," *JPSP* 100 (2011): 387.
5. H. Tajfel, "Social Psychology of Intergroup Relations," *Ann Rev of Psych* 33 (1982): 1; H. Tajfel, "Experiments in Intergroup Discrimination," *Sci Am* 223 (1970): 96.
6. E. Losin et al., "Own-Gender Imitation Activates the Brain's Reward Circuitry," *SCAN* 7 (2012): 804; B. C. Müller et al., "Prosocial Consequences of Imitation,"

Psych Rep 110 (2012): 891.
7. S. B. Flagel et al., "A Selective Role for Dopamine in Stimulus-Reward Learning," *Nat* 469 (2011): 53~57.
8. A. S. Baron and M. R. Banaji, "The Development of Implicit Attitudes: Evidence of Race Evaluations from Ages 6, 10, and Adulthood," *Psych Sci* 17 (2006): 53; F. E. Aboud, *Children and Prejudice* (New York: Blackwell, 1988); R. S. Bigler et al., "Social Categorization and the Formation of Intergroup Attitudes in Children," *Child Development* 68 (1997): 530; L. A. Hirschfeld, "Natural Assumptions: Race, Essence and Taxonomies of Human Kinds," *Soc Res* 65 (1998): 331; R. S. Bigler et al., "Developmental Intergroup Theory: Explaining and Reducing Children's Social Stereotyping and Prejudice," *Curr Dir Psych Sci* 16 (2007): 162; P. Bronson and A. Merryman, "See Baby Discriminate," *Newsweek*, September 14, 2009, p. 53 (그들의 책 *Nature Shock*에서 가져온 내용이다).
9. K. D. Kinzler et al., "The Native Language of Social Cognition," *PNAS* 104 (2007): 12577; S. Sangrigoli and S. De Schonen, "Recognition of Own-Race and Other-Race Faces by Three-Month-Old Infants," *J Child Psych and Psychiatry* 45 (2004): 1219.
10. S. Sangrigoli et al., "Reversibility of the Other-Race Effect in Face Recognition During Childhood," *Psych Sci* 16 (2005): 440.
11. R. Bigler and L. Liben, "Developmental Intergroup Theory: Explaining and Reducing Children's Social Stereotyping and Prejudice," *Curr Dir Psych Sci* 16 (2007): 162.
12. A. J. Cuddy et al., "Stereotype Content Model Across Cultures: Towards Universal Similarities and Some Differences," *Brit J Soc Psych* 48 (2009): 1; H. Bernhard et al., "Parochial Altruism in Human," *Nat* 442 (2006): 912.
13. M. Levine et al., "Self-Categorization and Bystander Non-intervention: Two Experimental Studies," *J Applied Soc Psych* 32 (2002): 1452; J. M. Engelmann and E. Hermann, "Chimpanzees Trust Their Friends," *Curr Biol* 26 (2016): 252.
14. M. Levine et al., "Identity and Emergency Intervention: How Social Group Membership and Inclusiveness of Group Boundaries Shape Helping Behavior," *PSPB* 31 (2005): 443.
15. H. A. Hornstein et al., "Effects of Sentiment and Completion of a Helping Act on Observer Helping: A Case for Socially Mediated Zeigarnik Effects," *JPSP* 17 (1971): 107.

16. L. Gaertner and C. Insko, "Intergroup Discrimination in the Minimal Group Paradigm: Categorization, Reciprocation, of Fear?" *JPSP* 79 (2000): 77; T. Wildschut et al., "Intragroup Social Influence and Intergroup Competition," *JPSP* 82 (2002): 975; C. A. Insko et al., "Interindividual-Intergroup Discontinuity as a Function of Trust and Categorization: The Paradox of Expected Cooperation," *JPSP* 88 (2005): 365.

17. M. Cikara et al., "Us Versus Them: Social Identity Shapes Neural Responses to Intergroup Competition and Harm," *Psych Sci* 22 (2011): 306; E. R. de Bruijn et al., "When Errors Are Rewarding," *J Nsci* 29 (2009): 12183; J. J. Van Bavel et al., "Modulation of the Fusiform Face Area Following Minimal Exposure to Motivationally Relevant Faces: Evidence of In-group Enhancement (Not Out-group Disregard)," *J Cog Nsci* 223 (2011): 3343. 각주: M. Cikar et al., "Their Pain Gives Us Pleasure: How Intergroup Dynamics Shape Empathic Failures and Counter-empathic Responses," *JESP* 55 (2014): 110.

18. T. Singer et al., "Empathic Neural Responses Are Modulated by the Perceived Fairness of Others," *Nat* 439 (2006): 466; H. Takahashi et al., "When Your Gain Is My Pain and Your Pain Is My Gain: Neural Correlates of Envy and Schadenfreude," *Sci* 323 (2009): 890.

19. G. Hertel and N. L. Kerr, "Priming In-group Favoritism: The Impact of Normative Scripts in the Minimal Group Paradigm," *JESP* 37 (2001): 316.

20. J. N. Gutsell and M. Inzlicht, "Intergroup Differences in the Sharing of Emotive States: Neural Evidence of an Empathy Gap," *SCAN* 7 (2012): 596; J. Y. Chiao et al., "Cultural Specificity in Amygdala Response to Fear Faces," *J Cog Nsci* 20 (2008): 2167.

21. P. K. Piff et al., "Me Against We: In-group Transgression, Collective Shame, and In-group-Directed Hostility," *Cog & Emotion* 26 (2012): 634.

22. W. Barrett, "Thug Life: The Shocking Secret History of Harold Giuliani, the Mayor's Ex-Convict Dad," *Village Voice*, 5 July, 2000; D. Strober and G. Strober, *Giuliani: Flawed of Flawless?* (New York: Wiley, 2007).

23. 각주: J. A. Lukas, "Judge Hoffman Is Taunted at Trial of the Chicago 7 After Silencing Defense Counsel," *New York Times*, February 6, 1970.

24. S. Svonkin, *Jews Against Prejudice: American Jews and the Fight for Civil Liberties* (New York: Columbia University Press, 1997). 각주: A. Zahr, "I Refuse to Condemn," *Civil Arab*, January 9, 2015, www.civilarab.com/i-refuse-to-

condemn/.

25. D. A. Stanley et al., "Implicit Race Attitudes Predict Trustworthiness Judgments and Economic Trust Decisions," *PNAS* 108 (2011): 7710; Y. Dunham, "An Angry = Outgroup Effect," *JESP* 47 (2011): 668; D. Maner et al., "Functional Projection: How Fundamental Social Motives Can Bias Interpersonal Perception," *JPSP* 88 (2005): 63; K. Hugenberg and G. Bodenhausen, "Facing Prejudice: Implicit Prejudice and the Perception of Facial Threat," *Psych Sci* 14 (2003): 640; A. Rattan et al., "Race and the Fragility of the Legal Distinction Between Juveniles and Adults," *PLoS ONE* 7 (2012): e36680; Y. J. Xiao and J. J. Van Bavel, "See Your Friends Close and Your Enemies Closer: Social Identity and Identity Threat Shape the Representation of Physical Distance," *PSPB* 38 (2012): 959; B. Reiek et al., "Intergroup Threat and Outgroup Attitudes: A Meta-analytic Review," *PSPR* 10 (2006): 336; H. A. Korn et al., "Neurolaw: Differential Brain Activity for Black and White Faces Predicts Damage Awards in Hypothetical Employment Discrimination Cases," *Soc Nsci* 7 (2012): 398. 게임에서 외집단과 상호작용할 때 섬겉질이 활성화하는 현상: J. Rilling et al., "Social Cognitive Neural Networks During In-group and Out-group Interactions," *NeuroImage* 41 (2008): 1447.
26. P. Rozen et al., "From Oral to Moral," *Sci* 323 (2009): 1179.
27. G. Hodson and K. Costello, "Interpersonal Disgust, Ideological Orientation, and Dehumanization as Predictors of Intergroup Attitudes," *Psych Sci* 18 (2007): 691.
28. G. Hodson et al., "A Joke Is Just a Joke (Except When It Isn't): Cavalier Humor Beliefs Facilitate the Expression of Group Dominance Motives," *JPSP* 99 (2010): 460.
29. D. Berreby, *Us and Them: The Science of Identity* (Chicago: University of Chicago Press, 2008).
30. Leyens et al., "The Emotional Side of Prejudice: The Attribution of Secondary Emotions to Ingroups and Outgroups," *PSPR* 4 (2000): 186; K. Wailoo, *Pain: A Political History* (Baltimore: Johns Hopkins University Press, 2014).
31. J. T. Jost and O. Hunyad, "Antecedents and Consequences of System-Justifying Ideologies," *Curr Dir Psych Sci* 14 (2005): 260; G. E. Newman and P. Bloom, "Physical Contact Influences How Much People Pay at Celebrity Auctions," *PNAS* 111 (2013): 3705.
32. J. Greenberg et al., "Evidence for Terror Management II: The Effects of

Mortality Salience on Reactions to Those Who Threaten of Bolster the Cultural Worldview," *JPSP* 58 (1990): 308.

33. J. Haidt, "The Emotional Dog and Its Rational Tail: A Social Intuitionist Approach to Moral Judgment," *Psych Rev* 108 (2001): 814; J. Haidt, *The Righteous Mind: Why Good People Are Divided by Politics and Religion* (New York: Pantheon Books, 2012).

34. Berreby, *Us and Them*.

35. W. Cunningham et al., "Implicit and Explicit Ethnocentrism: Revisiting the Ideologies of Prejudice," *PSPB* 30 (2004): 1332.

36. 각주: M. J. Wood et al., "Dead and Alive: Beliefs in Contradictory Conspiracy Theories," *Social Psych and Personality Sci* 3 (2012): 767.

37. C. Zogmaister et al., "The Impact of Loyalty and Equality on Implicit Ingroup Favoritism," *Group Processes & Intergroup Relations* 11 (2008): 493.

38. C. D. Navarrete et al., "Race Bias Tracks Conception Risk Across the Menstrual Cycle," *Psych Sci* 20 (2009): 661; C. Navarrete et al., "Fertility and Race Perception Predict Voter Preference for Barack Obama," *EHB* 31 (2010): 391.

39. G. E. Newman and P. Bloom, "Physical Contact Influences How Much People Pay at Celebrity Auctions," *PNAS* 111 (2013): 3705; R. Sapolsky, "Magical Thinking and the Stain of Madoff's Sweater," *Wall Street Journal*, July 12, 2014.

40. 각주: S. Boria, *Animals in the Third Reich: Pets, Scapegoats, and the Holocaust* (Providence, RI: Yogh and Thorn Books, 2000).

41. A. Rutland and R. Brown, "Stereotypes as Justification for Prior Intergroup Discrimination: Studies of Scottish National Stereotyping," *Eur J Soc Psych* 31 (2001): 127.

42. C. S. Crandall et al., "Stereotypes as Justifications of Prejudice," *PSPB* 37 (2011): 1488.

43. R. Niebuhr, *The Nature and Destiny of Man*, vol. 1 (London: Nisbet, 1941); B. P. Meier and V. B. Hinz, "A Comparison of Human Aggression Committed by Groups and Individuals: An Interindividual Intergroup Discontinuity," *JESP* 40 (2004): 551; T. Wildschut et al., "Beyond the Group Mind: A Quantitative Review of the Interindividual-Intergroup Discontinuity Effect," *Psych Bull* 129 (2003): 698.

44. T. Cohen et al., "Group morality and Intergroup Relation: Cross-Cultural and Experimental Evidence," *PSPB* 32 (2006): 1559; T. Wildschut et al., "Intragroup

Social Influence and Intergroup Competition," *JPSP* 82 (2002): 975.

45. S. Bowles, "Conflict: Altruism's Midwife," *Nat* 456 (2008): 326.

46. M. Shih et al., "Stereotype Susceptibility: Identity Salience and Shifts in Quantitative Performance," *Psych Sci* 10 (1999): 80; T. Harada et al., "Dynamic Social Power Modulates Neural Basis of Math Calculation," *Front Hum Nsci* 6 (2012): 350; J. Van Bavel and W. Cunningham, "Self-Categorization with a Novel Mixed-Race Group Moderates Automatic Social and Racial Biases," *PSPB* 35 (2009): 321; G. Bohner et al., "Situational Flexibility of In-group-Related Attitudes: A Single Category IAT Study of People with Dual National Identity," *Group Processes & Intergroup Relations* 11 (2008): 301.

47. N. Jablonski, *Skin: A Natural History* (Oakland, CA: University of California Press, 2006); A. Gibbons, "Shedding Light on Skin Color," *Sci* 346 (2014): 934.

48. R. Hahn, "Why Race Is Differentially Classified on U.S. Birth and Infant Death Certificate: An Examination of Two Hypotheses," *Epidemiology* 10 (1999): 108.

49. C. D. Navarrete et al., "Fear Extinction to an Out-group Face: The Role of Target Gender," *Psych Sci* 20 (2009): 155; J. P. Mitchell et al., "Contextual Variations in Implicit Evaluation," *J Exp Psych: General* 132 (2003): 455. 후자의 논문이 정치인과 운동선수를 비교한 연구다.

50. R. Kurzban et al., "Can Race Be Erased? Coalitional Computation and Social Categorization," *PNAS* 98 (2001): 15387.

51. M. E. Wheeler and S. T. Fiske, "Controlling Racial Prejudice: Social-Cognitive Goals Affect Amygdala and Stereotype Activation," *Psych Sci* 16 (2005): 56; J. P. Mitchell et al., "The Link Between Social Cognition and Self-Referential Thought in the Medial Prefrontal Cortex," *J Cog Nsci* 17 (2005): 1306.

52. M. A. Halleran, *The Better Angels of Our Nature: Freemasonry in the American Civil War* (Tuscaloosa AL: University of Alabama Press, 2010).

53. T. Keneally, *The Great Shame: And the Triumph of the Irish in the English-Speaking World* (New York: Anchor Books, 2000).

54. Patrick Leigh Fermor obituary, *Daily Telegraph* (London), June 11, 2011. 크라이페와의 재회에 관해서는 다음을 보라: "*Η ΑΠΑΓΩΓΗ ΤΟΥ ΣΤΡΑΤΗΓΟΥ ΚΡΑΙΠΕ*," uploaded by Idomeneas Kanakakis on October 21, 2010, https://www.youtube.com/watch?v=8zlUhJwddFU. 납치와 행군에 관한 다큐멘터리: "The Abduction of General Kreipe.avi," uploaded by Nico Mastorakis on February 25, 2012, www.youtube.com/watch?v=vN1qrghgCqI.

55. E. Krusemark and W. Li, "Do All Threats Work the Same Way? Divergent Effects of Fear and Disgust on Sensory Perception and Attention," *J Nsci* 31 (2011): 3429.

56. 각주: M. Plitt et al., "Are Corporations People Too? The Neural Correlates of Moral Judgments About Companies and Individuals," *Social Nsci* 10 (2015): 113.

57. S. Fiske et al., "A Model of (Often Mixed) Stereotype Content: Competence and Warmth Respectively Follow from Perceived Status and Competition," *JPSP* 82 (2002): 878; L. T. Harris and S. T. Fiske, "Dehumanizing the Lowest of the Low: Neuroimaging Responses to Extreme Out-groups," *Psych Sci* 17 (2006): 847; L. T. Harris and S. T. Fiske, "Social Groups That Elicit Disgust Are Differentially Processed in mPFC," *SCAN* 2 (2007): 45. 다음도 참고하라: S. Morrison et al., "The Neuroscience of Group Membership," *Neuropsychologia* 50 (2012): 2114.

58. T. Ashworth, *Trench Warfare: 1914-1918* (London: Pan Books, 1980).

59. K. B. Clark and M. P. Clark, "Racial Identification and Preference Among Negro Children," in *Readings in Social Psychology*, ed. E. L. Hartley (New York: Holt, Rinehart, and Winston, 1947); K. Clark and C. Mamie, "The Negro Child in the American Social Order," *J Negro Education* 19 (1950): 341; J. Jost et al., "A Decade of System Justification Theory: Accumulated Evidence of Conscious and Unconscious Bolstering of the Status Quo," *Political Psych* 25 (2004): 881; J. Jost et al., "Non-conscious Forms of System Justification: Implicit and Behavioral Preferences for Hight Status Groups," *JESP* 38 (2002): 586.

60. S. Lehrman, "The Implicit Prejudice," *Sci Am* 294 (2006): 32.

61. K. Kawakami et al., "Mispredicting Affective and Behavioral Responses to Racism," *Sci* 323 (2009): 276; B. Nosek, "Implicit-Explicit Relations," *Curr Dir Psych Sci* 17 (2007): 65; L. Rudman and R. Ashmore, "Discrimination and the Implicit Association Test," *Group Processes & Intergroup Relations* 10 (2007): 359; J. Dovidio et al., "Implicit and Explicit Prejudice and Interracial Interaction," *JPSP* 82 (2002): 62. 암묵적 편향을 드러내려는 추가적 접근법: I. Blair, "The Malleability of Automatic Stereotypes and Prejudice," *PSPR* 6 (2002): 242.

62. W. Cunningham et al., "Separable Neural Components in the Processing of Black and White Faces," *Psych Sci* 15 (2004): 806; W. A. Cunningham et al., "Neural Correlates of Evaluation Associated with Promotion and Prevention Regulatory Focus," *Cog, Affective & Behav Nsci* 5 (2005): 202; K. M. Knutson et al., "Neural Correlates of Automatic Beliefs About Gender and Race," *Hum Brain*

Mapping 28 (2007): 915.

63. B. K. Payne, "Conceptualizing Control in Social Cognition: How Executive Functioning Modulates the Expression of Automatic Stereotyping," *JPSP* 89 (2005): 488.
64. J. Dovidio et al., "Why Can't We Just Get Along? Interpersonal Biases and Interracial Distrust," *Cultural Diversity & Ethnic Minority Psych* 8 (2002): 88.
65. J. Richeson et al., "An fMRI Investigation of the Impact of Interracial Contact on Executive Function," *Nat Nsci* 12 (2003): 1323; J. Richeson and J. Shelton, "Negotiating Interracial Interactions: Cost, Consequences, and Possibilities," *Curr Dir Psych Sci* 16 (2007): 316.
66. J. N. Shelton et al., "Expecting to Be the Target of Prejudice: Implications for Interethnic Interactions," *PSPB* 31 (2005): 1189.
67. P. M. Herr, "Consequences of Priming: Judgment and Behavior," *JPSP* 51 (1986): 1106; N. Dasgupta and A. Greenwald, On the Malleability of Automatic Attitudes: Combating Automatic Prejudice with Images of Admired and Disliked Individuals," *JPSP* 81 (2001): 800.
68. W. A. Cunningham et al., "Rapid Social Perception Is Flexible: Approach and Avoidance Motivational States Shape P100 Reponses to Other-Race Faces," *Front Hum Nsci* 6 (2012): 140.
69. A. D. Galinsky and G. B. Moskowitz, "Perspective-Taking: Decreasing Stereotype Expression, Stereotype Accessibility, and In-group Favoritism," *JPSP* 78 (2000): 708; I. Blair et al., "Imagining Stereotypes Away: The Moderation of Implicit Stereotypes Through Mental Imagery," *JPSP* 81 (2001): 828; T. J. Allen et al., "Social Context and the Self-Regulation of Implicit Bias," *Group Processes & Intergroup Relations* 13 (2010): 137; J. Fehr and K. Sassenberg, "Willing and Able: How Internal Motivation and Failure Help to Overcome Prejudice," *Group Processes & Intergroup Relations* 13 (2010): 167.
70. C. Macrae et al., "The Dissection of Selection in Person Perception: Inhibitory Processes in Social Stereotyping," *JPSP* 69 (1995): 397.
71. T. Pettigrew and L. A. Tropp, "A Meta-analytic Test of Intergroup Contact Theory," *JPSP* 90 (2006): 751.
72. A. Rutherford et al., "Good Fences: The Importance of Setting Boundaries for Peaceful Coexistence," *PLoS ONE* 9 (2014): e95660; L. G. Babbitt and S. R. Sommers, "Framing Matters: Contextual Influences on Interracial Interaction

Outcomes," *PSPB* 37 (2011): 1233.

73. M. J. Williams and J. L. Eberhardt, "Biological Conceptions of Race and the Motivation to Cross Racial Boundaries," *JPSP* 94 (2008): 1033.

74. G. Hodson et al., "A Joke Is Just a Joke (Except When It Isn't): Cavalier Humor Beliefs Facilitate the Expression of Group Dominance Motives," *JPSP* 99 (2010): 460; F. Pratto and M. Shih, "Social Dominance Orientation and Group Context in Implicit Group Prejudice," *Psych Sci* 11 (2000): 515; F. Pratto et al., "Social Dominance Orientation and the Legitimization of Inequality Across Cultures," *J Cross-Cultural Psych* 31 (2000): 369; F. Durante et al., "Nations' Income Inequality Predicts Ambivalence in Stereotype Content: How Societies Mind the Gap," *Brit J Soc Psych* 52 (2012): 726; A. C. Kay and J. T. Jost, Complementary Justice: Effects of 'Poor but Honest' stereotype Exemplars on System Justification and Implicit Activation of the Justice Motive," *JPSP* 85 (2003): 823; A. Kay et al., "Victim Derogation and Victim Enhancement as Alternative Routes to System Justification," *Psych Sci* 16 (2005): 240.

75. C. Sibley and J. Duckitt, "Personality and Prejudice: A Meta-analysis and Theoretical Review," *PSPR* 12 (2008): 248.

76. J. Dovidio et al., "Commonality and the Complexity of 'We': Social Attitudes and Social Change," *PSPR* 13 (2013): 3; E. Hehman et al., "Group Status Drives Majority and Minority Integration Preferences," *Psych Sci* 23 (2011): 46.

77. 똑같은 보상이라도 내집단 구성원과 공유할 때는 낯선 사람과 공유할 때보다 도파민 보상 경로가 더 많이 활성화한다는 것을 보여준 연구: J. B. Freeman and D. Fareri et al., "Social Network Modulation of Reward-Related Signals," *J Nsci* 32 (2012): 9045.

12장

1. J. Freeman et al., "The Part: Social Status Cues Shape Race Perception," *PLoS ONE* 6 (2011): e25107.

2. 각주: George, "Faith and Toilets," *Sci Am*, November 19, 2015.

3. R. I. Dunbar and S. Shultz, "Evolution in the Social Brain," *Sci* 317 (2007): 1344; R. I. Dunbar, "The Social Brain Hypothesis and Its Implications for Social Evolution," *Ann Hum Biol* 36 (2009): 562; F. J. Pérez-Barbería et al., "Evidence for Coevolution of Sociality and Relative Brain Size in Three Orders of Mammals,"

Evolution 61 (2007): 2811; J. Powell et al., "Orbital Prefrontal Cortex Volume Predicts Social Network Size: An Imaging Study of Individual Differences in Humans," *Proc Royal Soc B: Biol Sci* 279 (2012): 2157; P. A. Lewis et al., "Ventromedial Prefrontal Volume Predicts Understanding of Others and Social Network Size," *Neuroimage* 57 (2011): 1624; J. L. Powell et al., "Orbital Prefrontal Cortex Volume Correlates with Social Cognitive Competence," *Neuropsychologia* 48 (2010): 3554; J. Lehmann and R. I. Dunbar, "Network Cohesion, Group Size and Neocortex Size in Female-Bonded Old World Primates," *Proc Royal Soc B: Biol Sci* 276 (2009): 4417; J. Sallet et al., "Social Network Size Affects Neural Circuits in Macaques," *Sci* 334 (2011): 697.

4. F. Amici et al., "Fission-Fusion Dynamics, Behavioral Flexibility, and Inhibitory Control in Primates," *Curr Biol* 18 (2008): 1415; A. B. Bond et al., "Serial Reversal Learning and the Evolution of Behavioral Flexibility in Three Species of North American Corvids (*Gymnorhinus cyanocephalus, Nucifraga columbiana, Aphelocoma californica*)," *JCP* 121 (2007): 372; A. Bond et al., "Social Complexity and Transitive Inference in Corvids," *Animal Behav* 65 (2003): 479.
5. J. Lehmann and R. I. Dunbar, "Network Cohesion, Group Size and Neocortex Size in Female-Bonded Old World Primates," *Proc Royal Soc B: Biol Sci* 276 (2009): 4417.
6. J. Powell et al., "Orbital Prefrontal Cortex Volume Predicts Social Network Size: An Imaging Study of Individual Differences in Humans," *Proc Royal Soc B: Biol Sci* 279 (2012): 2157; P. A. Lewis et al., "Ventromedial Prefrontal Volume Predicts Understanding of Others and Social Network Size," *Neuroimage* 57 (2011): 1624; J. L. Powell et al., "Orbital Prefrontal Cortex Volume Correlates with Social Cognitive Competence," *Neuropsychologia* 48 (2010): 3554; K. C. Bickart et al., "Amygdala Volume and Social Network Size in Humans," *Nat Nsci* 14 (2011): 163; R. Kanai et al., "Online Social Network Size Is Reflected in Human Brain Structure," *Proc Royal Soc B: Biol Sci* 279 (2012): 1327.
7. F. Elgar et al., "Income Inequality and School Bullying: Multilevel Study of Adolescents in 37 Countries," *J Adolescent Health* 45 (2009): 351.
8. E. González-Bono et al., "Testosterone, Cortisol and Mood in a Sports Team Competition," *Horm Behav* 35 (2009): 55; E. González-Bono et al., "Testosterone and Attribution of Successful Competition," *Aggressive Behav* 26 (2000): 235.
9. N. O. Rule et al., "Perceptions of Dominance Following Glimpses of Faces and

Bodies," *Perception* 41 (2012): 687.

10. L. Thomsen et al., "Big and Mighty: Preverbal Infants Mentally Represent Social Dominance," *Sci* 331 (2011): 477.

11. S. V. Sheperd et al., "Social Status Gates Social Attention in Monkeys," *Curr Biol* 16 (2006): R119; J. Massen et al., "Ravens Notice Dominance Reversals Among Conspecifics Within and Outside Their Social Group," *Nat Communications* 5 (2013); 3679.

12. M. Karafin et al., "Dominance Attributions Following Damage to the Ventromedial Prefrontal Cortex," *J Cog Nsci* 16 (2004): 1796; L. Mah et al., "Impairment of Social Perception Associated with Lesions of the Prefrontal Cortex," *Am J Psychiatry* 161 (2004): 1247; T. Farrow et al., "Higher or Lower? The Functional Anatomy of Perceived Allocentric Social Hierarchies," *Neuroimage* 57 (2011): 1552; C. F. Zink et al., "Know Your Place: Neural Processing of Social Hierarchy in Humans," *Neuron* 58 (2008): 273.

13. A. A. Marsh et al., "Dominance and Submission: The Ventrolateral Prefrontal Cortex and Responses to Status Cues," *J Cog Nsci* 21 (2009): 713; T. Allison et al., "Social Perception from Visual Cues: Role of the STS Region," *TICS* 4 (2000): 267; J. B. Freeman et al., "Culture Shapes a Mesolimbic Response to Signals of Dominance and Subordination That Associates with Behavior," *Neuroimage* 47 (2009): 353.

14. M. Nader et al., "Social Dominance in Female Monkeys: Dopamine Receptor Function and Cocaine Reinforcement," *BP* 72 (2012): 414; M. P. Noonan et al., "A Neural Circuit Covarying with Social Hierarchy in Macaques," *PLoS Biol* 12 (2014): e1001940; F. Wang et al., "Bidirectional Control of Social Hierarchy by Synaptic Efficacy in Medial Prefrontal Cortex," *Sci* 334 (2011): 693.

15. M. Rushworth et al., "Are There Specialized Circuits for Social Cognition and Are They Unique to Humans?" *PNAS* 110 (2013): 10806.

16. 사례: J. C. Beehner et al., "Testosterone Related to Age and Life-History Stages in Male Baboons and Geladas," *Horm Behav* 56 (2009): 472.

17. J. Brady et al., "Avoidance Behavior and the Development of Duodenal Ulcers," *J the Exp Analysis of Behav* 1 (1958): 69; J. Weiss, "Effects of Coping Responses on Stress," *J Comp Physiological Psych* 65 (1968): 251.

18. R. Sapolsky, "The Influence of Social Hierarchy on Primate Health," *Sci* 308 (2005): 648; H. Uno et al., "Hippocampal Damage Associated with

Prolonged and Fatal Stress in Primates," *J Nsci* 9 (1989): 1705; R. Sapolsky et al., "Hippocampal Damage Associated with Prolonged Glucocorticoid Exposure in Primates," *J Nsci* 10 (1990): 2897. 다음도 참고하라: E. Archie et al., "Social Status Predicts Wound Healing in Wild Baboons," *PNAS* 109 (2012): 9017.

19. R. Sapolsky, "The Physiology of Dominance in Stable Versus Unstable Social Hierarchies," in *Primate Social Conflict*, ed. W. Mason and S. Mendoza (New York: SUNY Press, 1993).
20. L. R. Gesquiere et al., "Life at the Top: Rank and Stress in Wild Baboons," *Sci* 333 (2011): 357.
21. D. Abbott et al., "Are Subordinates Always Stressed? A Comparative Analysis of Rank Differences in Cortisol Levels Among Primates," *Horm Behav* 43 (2003): 67.
22. R. Sapolsky and J. Ray, "Styles of Dominance and Their Physiological Correlates Amond Wild Baboons," *Am J Primat* 18 (1989): 1; J. C. Ray and R. Sapolsky, "Styles of Male Social Behavior and Their Endocrine Correlates Among High-Ranking Baboons," *Am J Primat* 28 (1992): 231; C. E. Virgin and R. Sapolsky, "Styles of Male Social Behavior and Their Endocrine Correlates Among Low-Ranking Baboons," *Am J Primat* 42 (1997): 25.
23. J. Chiao et al., "Neural Basis of Preference for Human Social Hierarchy Versus Egalitarianism," *ANYAS* 1167 (2009): 174; J. Sidanius et al., "You're Inferior and Not Worth Our Concern: The Interface Between Empathy and Social Dominance Orientation," *J Personality* 81 (2012): 313.
24. G. Sherman et al., "Leadership Is Associated with Lower Levels of Stress," *PNAS* 109 (2012): 17903; R. Sapolsky, "Importance of a Sense of Control and the Physiological Benefits of Leadership," *PNAS* 109 (2012): 17730.
25. N. Adler and J. Ostrove, "SES and Health: What We Know and What We Don't," *ANYAS* 896 (1999): 3; R. Wilkinson, *Mind the Gap: Hierarchies, Health and Human Evolution* (London: Weidenfeld and Nicolson, 2000): I. Kawachi and B. Kennedy, *The Health of Nation: Why Inequality Is Harmful to Your Health* (New York: New Press, 2002); M. Marmot, *The Status Syndrome: How Social Standing Affects Our Health and Longevity* (New York: Bloomsbury, 2015).
26. A. Todorov et al., "Inferences of Competence from Faces Predict Election Outcomes," *Sci* 308 (2005): 1623.
27. T. Tsukiura and R. Cabeza, "Shared Brain Activity for Aesthetic and Moral

Judgments: Implications for the Beauty-Is-Good Stereotype," *SCAN* 6 (2011): 138.

28. K. Dion et al., "What Is Beautiful Is Good," *JPSP* 24 (1972): 285.
29. N. K. Steffens and S. A. Haslam, "Power Through 'Us': Leaders' Use of We-Referencing Language Predicts Election Victory," *PLoS ONE* 8 (2013): e77952.
30. B. R. Spisak et al., "Warriors and Peacekeepers: Testing a Biosocial Implicit Leadership Hypothesis of Intergroup Relations Using Masculine and Feminine Faces," *PLoS ONE* 7 (2012): e30399; B. R. Spisak, "The General Age of Leadership: Older-Looking Presidential Candidates Win Elections During War," *PLoS ONE* 7 (2012): e36945; B. R. Spisak et al., "A Face for All Seasons: Searching for Context-Specific Leadership Traits and Discovering a General Preference for Perceived Health," *Front Hum Nsci* 8 (2014): 792.
31. J. Antonakis and O. Dalgas, "Predicting Elections: Child's Play!" *Sci* 323 (2009): 1183.
32. K. Smith et al., "Linking Genetics and Political Attitudes: Reconceptualizing Political Ideology," *Political Psych* 32 (2011): 369.
33. G. Hodson and M. Busseri, "Bright Minds and Dark Attitudes: Lower Cognitive Ability Predicts Greater Prejudice Through Right-Wing Ideology and Low Intergroup Contact," *Psych Sci* 32 (2012): 187; C. Sibley and J. Duckitt, "Personality and Prejudice: A Meta-analysis and Theoretical Review," *PSPR* 12 (2008): 248.
34. L. Skitka et al., "Dispositions, Ideological Scripts, or Motivated Correction? Understanding Ideological Differences in Attributions for Social Problems," *JPSP* 83 (2002): 470; L. J. Skitka, "Ideological and Attributional Boundaries on Public Compassion: Reactions to Individuals and Communities Affected by a Natural Disaster," *PSPB* 25 (1999): 793; L. J. Skitka and P. E. Tetlock, "Providing Public Assistance: Cognitive and Motivational Processes Underlying Liberal and Conservative Policy Preferences," *JPSP* (1993): 65, 1205; G. S. Morgan et al., "When Values and Attributions Collide: Liberals' and Conservatives' Values Motivate Attributions for Alleged Misdeeds," *PSPB* 36 (2010): 1241; J. T. Jost and M. Krochik, "Ideological Differences in Epistemic Motivation: Implications for Attitude Structure, Depth of Information Processing, Susceptibility to Persuasion, and Stereotyping," *Advances in Motivation Sci* 1 (2014): 181.
35. S. Eidelman et al., "Low-Effort Thought Promotes Political Conservatism," *PSPB* 38 (2012): 808; H. Thórisdóttir and J. T. Jost, "Motivated Closed-Mindedness

Mediates the Effect of Threat on Political Conservatism," *Political Psych* 32 (2011): 785.

36. B. Briers et al., "Hungry for Money: The Desire for Caloric Resources Increases the Desire for Financial Resources and Vice Versa," *Psych Sci* 17 (2006): 939; S. Danziger et al., "Extraneous Factors in Judicial Decisions," *PNAS* 108 (2011): 6889. 본문의 그래프는 바로 앞 논문에서 가져왔다. C. Schein and K. Gray, "The Unifying Moral Dyad," *PSPB* 41 (2015): 1147.

37. S. J. Thoma, "Estimating Gender Differences in the Comprehension and Preference of Moral Issues," *Developmental Rev* 6 (1986): 165; S. J. Thoma, "Research on the Defining Issues Test," in *Handbook of Moral Development*, ed. M. Killen and J. Smetana (New York: Psychology Press, 2006), p. 67; N. Mahwa et al., "The Distinctiveness of Moral Judgment," *Educational Psych Rev* 11 (1999): 361; E. Turiel, *The Development of Social Knowledge: Morality and Convention* (Cambridge: Cambridge University Press, 1983); N. Kuyel and R. J. Clover, "Moral Reasoning and Moral Orientation of U.S. and Turkish University Students," *Psych Rep* 107 (2010): 463.

38. J. Haidt, "The New Synthesis in Moral Psychology," *Sci* 316 (2007): 998; G. L. Baril and J. C. Wright, "Different Types of Moral Cognition: Moral Stages Versus Moral Foundations," *Personality and Individual Differences* 53 (2012): 468.

39. N. Shook and R. Fazio, "Political Ideology, Exploration of Novel Stimuli, and Attitude Formation," *JESP* 45 (2009): 995; M. D. Dodd et al., "The Political Left Rolls with the Good and the Political Right Confronts the Bad: Connecting Physiology and Cognition to Preferences," *Philosophical Transactions of the Royal Soc B* 640 (2012): 640; K. Bulkeley, "Dream Content and Political Ideology," *Dreaming* 12 (2002): 61; J. Vigil, "Political Learnings Vary with Facial Expression Processing and Psychosocial Functioning," *Group Processes & Intergroup Relations* 13 (2011): 547; J. Jost et al., "Political Conservatism as Motivated Social Cognition," *Psych Bull* 129 (2003): 339; L. Castelli and L. Carraro, "Ideology Is Related to Basic Cognitive Processes Involved in Attitude Formation," *JESP* 47 (2011): 1013; L. Carraro et al., "Implicit and Explicit Illusory Correlation as a Function of Political Ideology," *PLoS ONE* 9 (2014): e96312; J. R. Hibbing et al., "Differences in Negativity Bias Underlie Variations in Political Ideology," *BBS* 37 (2014): 297.

40. 서열, 안정성, 위험 회피의 관계에 대한 흥미로운 분석은 다음을 보라: J. Jordan et al.,

"Something to Lose and Nothing to Gain: The Role of Stress in the Interactive Effect of Power and Stability on Risk Taking," *Administrative Sci Quarterly* 56 (2011): 530. 다음에서도 이야기된 내용이다: J. Jost et al., "Political Conservatism as Motivated Social Cognition," *Psych Bull* 129 (2003): 339.

41. P. Nail et al., "Threat Causes Liberals to Think Like Conservatives," *JESP* 45 (2009): 901; J. Greenberg et al., "The Causes and Consequences of the Need for Self-Esteem: A Terror Management Theory," in *Public Self and Private Self*, ed. R. Baumeister (New York: Springer, 1986); T. Verlag Pyszczynski et al., "A Dual Process Model of Defense Against Conscious and Unconscious Death-Related Thoughts: An Extension of Terror Management Theory," *Psych Rev* 106 (1999): 835.
42. J. L. Napier and J. T. Jost, "Why Are Conservatives Happier Than Liberals?" *Psych Sci* 19 (2008): 565.
43. J. Block and J. Block, "Nursery School Personality and Political Orientation Two Decades Later," *J Res in Personality* 40 (2006): 734. 다음도 참고하라: M. R. Tagar et al., "Heralding the Authoritarian? Orientation Toward Authority in Early Childhood," *Psych Sci* 25 (2014): 883; R. C. Fraley et al., "Developmental Antecedents of Political Ideology: A Longitudinal Investigation from Birth to Age 18 Years," *Psych Sci* 23 (2012): 1425.
44. Y. Inbar et al., "Disgusting Smells Cause Decreased Liking of Gay Men," *Emotion* 12 (2012); 23; T. Adams et al., "Disgust and the Politics of Sex: Exposure to a Disgusting Odorant Increases Politically Conservative Views on Sex and Decreases Support for Gay Marriage," *PLoS ONE* 9 (2014): e95572; H. A. Chapman and A. K. Anderson, "Things Rank and Gross in Nature: A Review and Synthesis of Moral Disgust," *Psych Bull* 139 (2013): 300.
45. G. Hodson and K. Costello, "Interpersonal Disgust, Ideological Orientations, and Dehumanization as Predictors of Intergroup Attitudes," *Psych Sci* 18 (2007): 691; K. Smith et al., "Disgust Sensitivity and the Neurophysiology of Left-Right Political Orientations," *PLoS ONE* 6 (2011): e2552.
46. J. Lee et al., "Emotion Regulation as the Foundation of Political Attitudes: Does Reappraisal Decreases Support for Conservative Policies?" *PLoS ONE* 8 (2013): e83143; M. Feinberg et al., "Gut Check: Reappraisal of Disgust Helps Explain Liberal-Conservative Differences on Issues of Purity," *Emotion* 14 (2014): 513.
47. J. Haidt, *The Righteous Mind: Why Good People Are Divided by Politics and*

Religion (New York: Pantheon, 2012); L. Kass, "The Wisdom of Repugnance: Why We Should Ban the Cloning of Human Beings," *New Republic*, June 2, 1997.

48. R. Kanai et al., "Political Orientations Are Correlated with Brain Structure in Young Adults," *Curr Biol* 21 (2011): 677; D. Schreiber et al., "Red Brain, Blue Brain: Evaluative Processes Differ in Democrats and Republicans," *PLoS ONE* 8 (2013): e52970; W. Ahn et al., "Nonpolitical Images Evoke Neural Predictors of Political Ideology," *Curr Biol* 24 (2014): 2693. 전반적 개괄: J. Hibbing et al., "The Deeper Source of Political Conflict: Evidence from the Psychological, Cognitive, and Neurosciences," *TICS* 18 (2014): 111.
49. J. Settle et al., "Friendships Moderate an Association Between a Dopamine Gene Variant and Political Ideology," *J Politics* 72 (2010): 1189; K. Smith et al., "Linking Genetics and Political Attitude: Reconceptualizing Political Ideology," *Political Psych* 32 (2011): 369; L. Buchen, "The Anatomy of Politics," *Nat* 490 (2012): 466.
   아래는 정치 지향과 참여의 유전학에 관한 논문들이다.
   쌍둥이 연구: N. G. Martin et al., "Transmission of Social Attitudes," *PNAS* 83 (1986): 4364; R. I. Lake et al., "Further Evidence Against the Environmental Transmission of Individual Differences in Neuroticism from a Collaborative Study of 45,850 Twins and Relatives on Two Continents," *Behav Genetics* 30 (2000): 223; J. R. Alford et al., "Are Political Orientations Genetically Transmitted," *Am Political Sci Rev* 99 (2005): 153.
   게놈전체연관분석: P. Hatemi et al., "A Genome-wide Analysis of Liberal and Conservative Political Attitudes," *J Politics* 73 (2011): 1; D. Amodio et al., "Neurocognitive Correlates of Liberalism and Conservatism," *Nat Nsci* 10 (2007): 1246.
50. T. Kameda and R. Hastie, "Herd Behavior: Its Biological, Neural, Cognitive and Social Underpinnings," in *Emerging Trends in the Social and Behavioral Sciences*, ed. R. Scott and S. Kosslyn (Hoboken, NJ: Wiley and Sons, 2015); H. Kelman, "Compliance, Identification, and Internalization: Three Processes of Attitude Change," *J Conflict Resolution* 2 (1958): 51.
51. 각주: B. O. McGonigle and M. Chalmers, "Are Monkeys Logical?" *Nat* 267 (1977): 694; D. J. Gillian, "Reasoning in the Chimpanzee: II. Transitive Inference," *J Exp Psych: Animal Behav Processes* 7 (1981): 87; H. Davis, "Transitive Inference in Rats (*Rattus norvegicus*)," *J Comparative Psych* 106 (1992): 342; W. Roberts and M.

Phelps, "Transitive Inference in Rats: A Test of the Spatial Coding Hypothesis," *Psych Sci* 5 (1994): 368; L. von Fersen et al., "Transitive Inference Formation in Pigeons," *J Exp Psych: Animal Behav Processes* 17 (1991): 334; J. Stern et al., "Transitive Inference in Pigeons: Simplified Procedures and a Test of Value Transfer Theory," *Animal Learning & Behav* 23 (1995): 76; A. B. Bond et al., "Social Complexity and Transitive Inference in Corvids," *Animal Behav* 65 (2003): 479; L. Grosenick et al., "Fish Can Infer Social Ranks by Observation Alone," *Nat* 445 (2007): 429.

52. C. Watson and C. Caldwell, "Neighbor Effects in Marmosets: Social Contagion of Agonism and Affiliation in Captive *Callithrix jacchus*," *Am J Primat* 72 (2010): 549; K. Baker and F. Aureli, "The Neighbor Effect: Other Groups Influence Intragroup Agonistic Behavior in Captive Chimpanzees," *Am J Primat* 40 (1996): 283.
53. L. A. Dugatkin, "Animals Imitate, Too," *Sci Am* 283 (2000): 67.
54. K. Bonnie et al., "Spread of Arbitrary Conventions Among Chimpanzees: A Controlled Experiment," *Proc Royal Soc of London B* 274 (2007): 367; M. Dindo et al., "In-group Conformity Sustains Different Foraging Tradition in Capuchin Monkeys (*Cebus apella*)," *PLoS ONE* 4 (2009): e7858; D. Fragaszy and E. Visalberghi, "Socially Biased Learning in Monkeys," *Learning Behav* 32 (2004): 24; L. Aplin et al., "Experimentally-Induced Innovations Lead to Persistent Culture via Conformity in Wild Birds," *Nat* 518 (2014): 538. 드 발의 발견의 기본 요소를 재현하는 데 실패한 한 연구: E. Van Leeuwen et al., "Chimpanzees (*Pan troglodytes*) Flexibly Adjust Their Behaviour in Order to Maximize Payoffs, Not to Conform to Majorities," *PLoS ONE* 8 (2013): e80945.
55. E. van de Waal et al., "Potent Social Learning and Conformity Shape a Wild Primate's Foraging Decisions," *Sci* 340 (2013): 483.
56. A. Shestakova et al., "Electrophysiological Precursors of Social Conformity," *SCAN* 8 (2013): 756.
57. H. Tajfel and J. C. Turner, "The Social Identity Theory of Intergroup Behaviour," in *Psychology of Intergroup Relations*, ed. S. Worchel and W. G. Austin (Chicago IL: Nelson-Hall, 1986), pp. 7~24; E. A. Losin et al., "Own-Gender Imitation Activates the Brain's Reward Circuitry," *SCAN* 7 (2012): 804; R. Yu and S. Sun, "To Conform or Not to Conform: Spontaneous Conformity Diminishes the Sensitivity to Monetary Outcomes," *PLoS ONE* 28 (2013): e64530.

58. R. Huber et al., "Neural Correlates of Informational Cascade: Brain Mechanisms of Social Influence on Belief Updating," *Neuroimage* 249 (2010): 2687; G. Berns et al., "Neural Mechanisms of the Influence of Popularity on Adolescent Ratings of Music," *BP* 58 (2005): 245; M. Edelson et al., "Following the Crowd: Brain Substrates of Long-Term Memory Conformity," *Sci* 333 (2011): 108; H. L. Roediger and K. B. McDermott, "Remember When?" *Sci* 333 (2011): 47; J. Chen et al., "ERP Correlates of Social Conformity in a Line Judgment Task," *BMC Nsci* 13 (2012): 43; K. Izuma, "The Neural Basis of Social Influence and Attitude Change," *Curr Opinion in Neurobiol* 23 (2013): 456.

59. J. Zaki et al., "Social Influence Modulates the Neural Computation of Value," *Psych Sci* 22 (2011): 894.

60. V. Klucharev et al., "Downregulation of the Posterior Medial Frontal Cortex Prevents Social Conformity," *J Nsci* 31 (2011): 11934. 다음도 참고하라: A. Shestakova et al., "Elecrophysiological Precursors of Social Conformity," *SCAN* 8 (2013): 756; V. Klucharev et al., "Reinforcement Learning Signal Predicts Social Conformity," *Neuron* 61 (2009): 140.

61. G. Berns et al., "Neurobiological Correlates of Social Conformity and Independence During Mental Rotation," *BP* 58 (2005): 245.

62. S. Asch, "Opinions and Social Pressure," *Sci Am* 193 (1955): 35; S. Asch, "Studies of Independence and Conformity: A Minority of One Against a Unanimous Majority," *Psych Monographs* 70 (1965): 1.

63. S. Milgram, *Obedience to Authority: An Experimental View* (New York: HarperCollins, 1974).

64. C. Haney et al., "Study of Prisoners and Guards in a Simulated Prison," *Naval Research Rev* 9 (1973): 1; C. Haney et al., "Interpersonal Dynamics in a Simulated Prison," *Int J Criminology and Penology* 1 (1973): 69.

65. M. Banaji, "Ordinary Prejudice," *Psych Sci Agenda* 8 (2001): 8.

66. 각주: C. Hofling et al., "An Experimental Study of Nurse-Physician Relationships," *J Nervous and Mental Disease* 141 (1966): 171.

67. S. Fiske et al., "Why Ordinary People Torture Enemy Prisoners," *Sci* 306 (2004): 1482.

68. P. Zimbardo, *The Lucifer Effect: Understanding How Good People Turn Evil* (New York: Random House, 2007). 솔제니친의 문장도 이 책에서 가져왔다.

69. 앞의 책.

70. G. Perry, *Behind the Shock Machine: The Untold Story of the Notorious Milgram Psych Experiments* (New York: New Press, 2013).
71. T. Carnahan and S. McFarland, "Revisiting the Stanford Prison Experiment: Could Participant Self-Selection Have Led to the Cruelty?" *PSPB* 33 (2007): 603; S. H. Lovibond et al., "Effects of Three Experimental Prison Environments on the Behavior of Non-convict Volunteer Subjects," *Psychologist* 14 (1979): 273.
72. S. Reicher and S. A. Haslam, "Rethinking the Psychology of Tyranny: The BBC Prison Study," *Brit J Soc Psych* 45 (2006): 1; S. A. Haslam and S. D. Reicher, "When Prisoners Take Over the Prison: A Social Psychology of Resistance," *PSPR* 16 (2012): 154.
73. P. Zimbardo, "On Rethinking the Psychology of Tyranny: The BBC Prison Study," *Brit J Soc Psych* 45 (2006): 47.
74. A. Abbott, "How the Brain Responds to Orders," *Nat* 530 (2016): 394.
75. B. Müller-Hill, *Murderous Science: Elimination by Scientific Selection of Jews, Gypsies, and Others, Germany 1933-1945* (Oxford: Oxford University Press, 1988).
76. S. Asch, "Opinions and Social Pressure," *Sci Am*, 193 (1955): 35.
77. R. Sapolsky, "Measures of Life," *Sciences*, March/April 1994, p. 10.
78. R. Watson, "Investigation into Deindividuation Using a Cross-Cultural Survey Technique," *JPSP* 25 (1973): 342.
79. A. Bandura et al., "Disinhibition of Aggression Through Diffusion of Responsibility and Dehumanization of Victims," *J Res in Personality* 9 (1975): 253.
80. L. Bègue et al., "Personality Predicts Obedience in a Milgram Paradigm," *J Personality* 83 (2015): 299; V. Zeigler-Hill et al., "Neuroticism and Negative Affect Influence the Reluctance to Engage in Destructive Obedience in the Milgram Paradigm," *J Soc Psych* 153 (2013): 161; T. Blass, "Right-Wing Authoritarianism and Role as Predictors of Attributions About Obedience to Authority," *Personality and Individual Differences* 1 (1995): 99; P. Burley and J. McGuinnes, "Effects of Social Intelligence on the Milgram Paradigm," *Psych Rep* 40 (1977): 767.
81. A. H. Eagly and L. L. Carli, "Sex of Researchers and Sex-Typed Communications as Determinants of Sex Differences in Influenceability: A Meta-analysis of Social Influence Studies," *Psych Bull* 90 (1981): 1; S. Ainsworth and J. Maner, "Sex

Begets Violence: Mating Motives, Social Dominance, and Physical Aggression in Men," *JPSP* 103 (2012): 819; H. Reitan and M. Shaw, "Group Membership, Sex-Composition of the Group, and Conformity Behavior," *J Soc Psych* 64 (1964): 45.
82. S. Milgram, "Nationality and Conformity," *Sci Am* 205 (1961): 45.

13장

1. A. Shenhav and J. D. Greene, "Moral Judgments Recruit Domain-General Valuation Mechanisms to Integrate Representations of Probability and Magnitude," *Neuron* 67 (2010): 667; P. N. Tobler et al., "The Role of Moral Utility in Decision Making: An Interdisciplinary Framework," *Cog, Affective & Behav Nsci* 8 (2008): 390; B. Harrison et al., "Neural Correlates of Moral Sensitivity in OCD," *AGP* 69 (2012): 741.
2. L. Young et al., "The Neural Basis of the Interaction Between Theory of Mind and Moral Judgment," *PNAS* 104 (2007): 8235; L. Young and R. Saxe, "Innocent Intentions: A Correlation Between Forgiveness for Accidental Harm and Neural Activity," *Neuropsychologia* 47 (2009): 2065; L. Young et al., "Disruption of the Right Temporoparietal Junction with TMS Reduces the Role of Beliefs in Moral Judgments," *PNAS* 107 (2009): 6735; L. Young and R. Saxe, "An fMRI Investigation of Spontaneous Mental State Inference for Moral Judgment," *J Cog Nsci* 21 (2009): 1396.
3. J. Knobe, "Intentional Action and Side Effects in Ordinary Language," *Analysis* 63 (2003): 190; J. Knobe, "Theory of Mind and Moral Cognition: Exploring the Connections," *TICS* 9 (2005): 357.
4. J. Knobe, "Theory of Mind and Moral Cognition: Exploring the Connections," *TICS* 9 (2005): 357.
5. P. Singer, "Sidgwick and Reflective Equilibrium," *Monist* 58 (1974), reprinted in *Unsatisfying Human Life*, ed. H. Kulse (Oxford: Blackwell, 2002).
6. J. Haidt, "The Emotional Dog and Its Rational Tail: A Social Intuitionist Approach to Moral Judgment," *Psych Rev* 108 (2001): 814~34; J. Haidt, "The New Synthesis in Moral Psychology," *Sci* 316 (2007): 996.
7. J. S. Borg et al., "Infection, Incest, and Iniquity: Investigating the Neural Correlates of Disgust and Morality," *J Cog Nsci* 20 (2008): 1529.
8. M. Haruno and C. D. Frith, "Activity in the Amygdala Elicited by Unfair Divisions

Predicts Social Value Orientation," *Nat Nsci* 13 (2010): 160; C. D. Batson, "Prosocial Motivation: Is It Ever Truly Altruistic?" *Advances in Exp Soc Psych* 20 (1987): 65; A. G. Sanfey et al., "The Neural Basis of Economic Decision-Making in the Ultimatum Game," *Sci* 300 (2003): 1755.

9. J. Van Bavel et al., "The Importance of Moral Construal: Moral Versus Non-moral Construal Elicits Faster, More Extreme, Universal Evaluations of the Same Actions," *PLoS ONE* 7 (2012): e48693.
10. G. Miller, "The Roots of Morality," *Sci* 320 (2008): 734.
11. 어린아이들에게도 도덕성의 기초가 드러난다는 이 장의 내용 전반에 대해서는 다음의 훌륭한 책을 참고하라: P. Bloom, *Just Babies: The Origins of Good and Evil* (Portland, OR: Broadway Books, 2014). 이 문단을 포함한 다섯 문단의 내용은 이 책을 참고했다.
12. S. F. Brosnan and F. B. M. de Waal, "Monkeys Reject Unequal Pay," *Nat* 425 (2003): 297.
13. F. Range et al., "The Absence of Reward Induces Inequity Aversion in Dogs," *PNAS* 106 (2009): 340; C. Wynne "Fair Refusal by Capuchin Monkeys," *Nat* 428 (2004): 140; D. Dubreuil et al., "Are Capuchin Monkeys (*Cebus apella*) Inequity Averse?" *Proc Royal Soc of London B* 273 (2006): 1223.
14. S. F. Brosnan and F. B. M. de Waal, "Evolution of Responses to (un)Fairness," *Sci* 346 (2014): 1251776; S. F. Brosnan et al., "Mechanisms Underlying Responses to Inequitable Outcomes in Chimpanzees, *Pan troglodytes*," *Animal Behav* 79 (2010): 1229; M. Wolkenten et al., "Inequity Responses of Monkeys Modified by Effort," *PNAS* 104 (2007): 18854.
15. K. Jensen et al., "Chimpanzees Are Rational Maximizers in an Ultimatum Game," *Sci* 318 (2007): 107; D. Proctor et al., "Chimpanzees Play the Ultimatum Game," *PNAS* 110 (2013): 2070.
16. V. R. Lakshminarayanan and L. R. Santos, "Capuchin Monkeys Are Sensitive to Others' Welfare," *Curr Biol* 17 (2008): 21; J. M. Burkart et al., "Other-Regarding Preferences in a Non-human Primate: Common Marmosets Provision Food Altruistically," *PNAS* 104 (2007): 19762; J. B. Silk et al., "Chimpanzees Are Indifferent to the Welfare of Unrelated Group Members," *Nat* 437 (2005): 1357; K. Jensen et al., "What's in It for Me? Self-Regard Precludes Altruism and Spite in Chimpanzees," *Proc Royal Soc B* 273 (2006): 1013; J. Vonk et al., "Chimpanzees Do Not Take Advantage of Very Low Cost Opportunities to Deliver Food to

Unrelated Group Members," *Animal Behav* 75 (2008): 1757.

17. F. De Waal and S. Macedo, *Primates and Philosophers: How Morality Evolved* (Princeton, NJ: Princeton Science Library, 2009).
18. B. Thomas et al., "Harming Kin to Save Strangers: Further Evidence for Abnormally Utilitarian Moral Judgments After Ventromedial Prefrontal Damage," *J. Cog Nsci* 23 (2011): 2186.
19. J. Greene et al., "An fMRI Investigation of Emotional Engagement in Moral Judgment," *Sci* 293 (2001): 2105; J. Greene et al., "The Neural Bases of Cognitive Conflict and Control in Moral Judgment," *Neuron* 44 (2004): 389; J. Greene, *Moral Tribes: Emotion, Reason, and the Gap Between Us and Them* (New York: Penguin, 2014).
20. D. Ariely, *Predictably Irrational: The Hidden Forces That Shape Our Decisions* (New York: Harper Perennial, 2010).
21. P. Singer, "Famine, Affluence, and Morality," *Philosophy and Public Affairs* 1 (1972): 229.
22. D. A. Smalia et al., "Sympathy and Callousness: The Impact of Deliberative Thought on Donations to Identifiable and Statistical Victims," *Organizational Behav and Hum Decision Processes* 102 (2007): 143; L. Petrinovich and P. O'Neill, "Influence of Wording and Framing Effects on Moral Intuitions," *Ethology and Sociobiology* 17 (1996): 145; L. Petrinovich et al., "An Empirical Study of Moral Intuitions: Toward an Evolutionary Ethics," *JPSP* 64 (1993): 467; R. E. O'Hara et al., "Wording Effects in Moral Judgments," *Judgment and Decision Making* 5 (2010): 547.
23. A. Cohn et al., "Business Culture and Dishonesty in the Banking Industry," *Nat* 516 (2014): 86. 다음도 참고하라: M. Villeval, "Professional Identity Can Increase Dishonesty," *Nat* 516 (2014): 48.
24. R. Zahn et al., "The Neural Basis of Human Social Values: Evidence from Functional MRI," *Cerebral Cortex* 19 (2009): 276.
25. K. Starcke et al., "Does Stress Alter Everyday Moral Decision-Making?" *PNE* 36 (2011): 210; F. Youssef et al., "Stress Alters Personal Moral Decision Making," *PNE* 37 (2012): 491.
26. E. Pronin, "How We See Ourselves and How We See Others," *Sci* 320 (2008): 1177.
27. R. M. N. Shweder et al., "The 'Big Three' of Morality and the 'Big Three'

Explanations of Suffering," in *Morality and Health*, ed. A. M. B. P. Rozin (Oxford: Routledge, 1997).
28. M. Shermer, *The Science of Good and Evil* (New York: Holt, 2004).
29. F. W. Marlowe et al., "More 'Altruistic' Punishment in Larger Societies," *Sci* 23 (2006): 1767; J. Henrich et al., "'Economic Man' in Cross-Cultural Perspective: Behavioral Experiments in 15 Small-Scale Societies," *BBS* 28 (2005): 795.
30. R. Benedict, *The Chrysanthemum and the Sword* (Nanjing, China: Yilin Press, 1946); H. Katchadourian, *Guilt: The Bite of Conscience* (Palo Alto, CA: Stanford General Books, 2011); J. Jacquet, *Is Shame Necessary? New Uses for an Old Tool* (New York: Pantheon, 2015).
31. C. Berthelsen, "College Football: 9 Enter Pleas in U.C.L.A. Parking Case," *New York Times*, July 29, 1999, www.nytimes.com/1999/07/29/sports/college-football-9-enter-pleas-in-ucla-parking-case.html.
32. J. Bakan, *The Corporation: The Pathological Pursuit or Profit and Power* (New York: Simon & Schuster, 2005).
33. Greene, *Moral Tribes*.
34. D. G. Rand et al., "Spontaneous Giving and Calculated Greed," *Nat* 489 (2012): 427.
35. S. Bowles, "Policies Designed to Self-Interested Citizens May Undermine 'The Moral Sentiments': Evidence from Economic Experiments," *Sci* 320 (2008): 1605; E. Fehr and B. Rockenbach, "Detrimental Effects of Sanctions on Human Altruism," *Nat* 422 (2003): 137.
36. M. M. Littlefield et al., "Being Asked to Tell an Unpleasant Truth About Another Person Activates Anterior Insula and Medial Prefrontal Cortex," *Front Hum Nsci* 9 (2015): 553. 각주: S. Harris, *Lying*, Four Elephants Press, 2013. E-book.
37. 동물의 기만을 살펴보려면 다음 자료들을 참고하라: B. C. Wheeler, "Monkeys Crying Wolf? Tufted Capuchin Monkeys Use Anti-predator Calls to Usurp Resources from Conspecifics," *Proc Royal Soc B Biol Sci* 276 (2009): 3013; F. Amici et al., "Variation in Withholding of Information in Three Monkey Species," *Proc Royal Soc B Biol Sci* 276 (2009): 3311; A. le Roux et al., "Evidence for Tactical Concealment in a Wild Primate," *Nat Communications* 4 (2013): 1462; A. Whiten and R. W. Byrne, "Tactical Deception in Primates," *BBS* 11 (1988): 233; F. de Waal, *Chimpanzee Politics: Power and Sex Among Apes* (Baltimore, MD: John Hopkins University Press, 1982); G. Woodruff and D. Premack, "Intentional

Communication in the Chimpanzee: The Development of Deception," *Cog* 7 (1979): 333; R. W. Byrne and N. Corp, "Neocortex Size Predicts Deception Rate in Primates," *Proc Royal Soc B Biol Sci* 271 (2004): 693; C. A. Ristau, "Language, Cognition, and Awareness in Animals?" *ANYAS* 406 (1983): 170; T. Bugnyar and K. Kotrschal, "Observational Learning and the Raiding of Food Caches in Ravens, *Corvus corax*: Is It 'Tactical' Deception?" *Animal Behav* 64 (2002): 185; J. Bro-Jorgensen and W. M. Pangle, "Male Topi Antelopes Alarm Snort Deceptively to Retain Females for Mating," *Am Nat* 176 (2010): E33; C. Brown et al., "It Pays to Cheat: Tactical Deception in a Cephalopod Social Signalling System," *Biol Lett* 8 (2012): 729; T. Flower, "Fork-Tailed Drongos Use Deceptive Mimicked Alarm Calls to Steal Food," *Proc Royal Soc B Biol Sci* 278 (2011): 1548.

38. K. G. Volz et al., "The Neural Basis of Deception in Strategic Interactions," *Front Behav Nsci* 9 (2015): 27.

39. Y. Yang et al., "Prefrontal White Matter in Pathological Liars," *Br J Psychiatry* 187 (2005): 325; Y. Yang et al., "Localisation of Increased Prefrontal White Matter n Pathological Liars," *Br J Psychiatry* 190 (2007): 174.

40. D. D. Langleben et al., "Telling Truth from Lie in Individual Subjects with Fast Event-Related fMRI," *Hum Brain Mapping* 26 (2005): 262; J. M. Nunez et al., "Intentional False Responding Shares Neural Substrates with Response Conflict and Cognitive Control," *Neuroimage* 25 (2005): 267; G. Ganis et al., "Neural Correlates of Different Types of Deception: An fMRI Investigation," *Cerebral Cortex* 13 (2003): 830; K. L. Phan et al., "Neural Correlates of Telling Lies: A Functional Magnetic Resonance Imaging Study at 4 Tesla," *Academic Radiology* 12 (2005): 164; N. Abe et al., "Dissociable Roles of Prefrontal and Anterior Cingulate Cortices in Deception," *Cerebral Cortex* 16 (2006): 192; N. Abe, "How the Brain Shapes Deception: An Integrated Review of the Literature," *Neuroscientist* 17 (2011): 560.

41. A. Priori et al., "Lie-Specific Involvement of Dorsolateral Prefrontal Cortex in Deception," *Cerebral Cortex* 18 (2008): 452; L. Zhu et al., "Damage to Dorsolateral Prefrontal Cortex Affects Tradeoffs Between Honesty and Self-Interest," *Nat Nsci* 17 (2014): 1319.

42. T. Baumgartner et al., "The Neural Circuitry of a Broken Promise," *Neuron* 64 (2009): 756.

43. 각주: F. Sellal et al., "'Pinocchio Syndrome': A Peculiar Form of Reflex

Epilepsy?" *J Neurol, Neurosurgery and Psychiatry* 56 (1993): 936.

44. J. D. Greene and J. M. Paxton, "Patterns of Neural Activity Associated with Honest and Dishonest Moral Decisions," *PNAS* 106 (2009): 12506.

45. L. Pascual et al., "How Does Morality Work in the Brain? A Functional and Structural Perspective of Moral Behavior," *Front Integrative Nsci* 7 (2013): 65.

46. D. G. Rand and Z. G. Epstein, "Risking Your Life Without a Second Thought: Intuitive Decision-Making and Extreme Altruism," *PLoS ONE* 9, no. 10 (2014): e109687; R. W. Emerson, *Essays, First Series: Heroism* (1841).

14장

1. 이 분야의 선도적 과학자들이 이 주제 전반에 대해서 쓴 훌륭한 책들이 있다: D. Keltner et al., *The Compassionate Instinct: The Science of Human Goodness* (New York: W. W. Norton, 2010); R. Davidson and S. Begley, *The Emotional Life of Your Brain* (New York: Plume, 2012).

2. G. Hein et al., "The Brain's Functional Network Architecture Reveals Human Motives," *Sci* 351 (2016): 1074. 다음도 참고하라: S. Gluth and L. Fontanesi, "Wiring the Altruistic Brain," *Sci* 351 (2016): 1028.

3. A. Whiten et al., "Imitative Learning of Artificial Fruit Processing in Children (*Homo sapiens*) and Chimpanzees (*Pan troglodytes*)," *JCP* 110 (1996): 3; V. Horner and A. Whiten, "Causal Knowledge and Imitation/Emulation Switching in Chimpanzees (*Pan troglodytes*) and Children (*Homo sapiens*)," *Animal Cog* 8 (2005): 164.

4. D. Jeon et al., "Observational Fear Learning Involves Affective Pain System and Ca1.2. CA2 Channels in ACC," *Nat Nsci* 13 (2010): 482.

5. B. L. Warren et al., "Neurobiological Sequelae of Witnessing Stressful Events in Adult Mice," *BP* 73 (2012): 7.

6. D. J. Langford et al., "Social Modulation of Pain as Evidence for Empathy in Mice," *Sci* 312 (2006): 1967.

7. M. Tomasello and V. Amrisha, "Origins of Human Cooperation and Morality," *Ann Rev Psych* 64 (2013): 231; D. Povinelli et al., review of *Reaching into Thought: The Minds of the Great Apes*, ed. A. E. Russon et al., *TICS* 2 (1998): 158.

8. F. de Waal and A. van Roosmalen, "Reconciliation and Consolation Among Chimpanzees," *Behav Ecology and Sociobiology* 5 (1979): 55; E. Palagi and G.

Cordoni, "Postconflict Third-Party Affiliation in *Canis lupus*: Do Wolves Share Similarities with the Great Apes?" *Animal Behav* 78 (2009): 979; A. Cools et al., "Canine Reconciliation and Third-Party-Initiated Postconflict Affiliation: Do Peacemaking Social Mechanisms in Dogs Rival Those of Higher Primates?" *Ethology* 14 (2008): 53; O. Fraser and T. Bugnyar, "Do Raves Show Consolation? Responses to Distressed Others," *PLoS ONE* 5, no. 5 (2010), doi:10.1371/journal.pone.0010605; A. Seed et al., "Postconflict Third-Party Affiliation in Rooks, *Corvus frugilegus*," *Curr Biol* 2 (2006): 152; J. Plotnik and F. de Waal, "Asian Elephants (*Elephas maximus*) Reassure Others in Destress," *Peer J* 2 (2014), doi:10.7717/peerj.278; Z. Clay and F. de Waal, "Bonobos Respond to Distress in Others: Consolation Across the Age Spectrum," *PLoS ONE* 8 (2013): e55206.

9. J. P. Burkett et al., "Oxytocin-Dependent Consolation Behavior in Rodents," *Sci* 351 (2016): 375.
10. G. E. Rice and P. Gainer, "Altruism' in the Albino Rat," *J Comp and Physiological Psych* 55 (1962): 123; J. S. Mogil, "The Surprising Empathic Abilities of Rodents," *TICS* 16 (2012): 143; I. Ben-Ami Bartal et al., "Empathy and Pro-social Behavior in Rats," *Sci* 334 (2011): 1427~30.
11. I. B. A. Bartal et al., "Pro-social Behavior in Rats is Modulated by Social Experience," *eLife* 3 (2014): e01385.
12. C. Lamm et al., "Meta-analytic Evidence for Common and Distinct Neural Networks Associated with Directly Experienced Pain and Empathy for Pain," *Neuroimage* 54 (2011): 2492; B. C. Bernhardt and T. Singer, "The Neural Basis of Empathy," *Ann Rev Nsci* 35 (2012): 1.
13. A. Craig, "How Do You Feel? Interoception: The Sense of the Physiological Condition of the Body," *Nat Rev Nsci* 3 (2002): 655; J. Kong et al., "A Functional Magnetic Resonance Imaging Study on the Neural Mechanisms of Hyperalgesic Nocebo Effect," *J Nsci* 28 (2008): 13354.
14. B. Vogt, "Pain and Emotion Interactions in Subregions of the Cingulate Gyrus," *Nat Rev Nsci* 6 (2005): 533; K. Ochsner et al., "Your Pain or Mine? Common and Distinct Neural Systems Supporting the Perception of Pain in Self and Other," *SCAN* 3 (2008): 144. 옥스너의 말도 이 논문에서 가져왔다.
15. N. Eisenberger et al., "Does Rejection Hurt? An fMRI Study of Social Exclusion," *Sci* 302 (2003): 290; D. Pizzagalli, "Frontocingulate Dysfunction in Depression: Toward Biomarkers of Treatment Response," *Neuropsychopharmacology* 36

(2011): 183.

16. C. Lamm et al., "The Neural Substrate of Human Empathy: Effects of Perspective-Taking and Cognitive Appraisal," *J Cog Nsci* 19 (2007): 42; P. Jackson et al., "Empathy Examined Through the Neural Mechanisms Involved in Imagining How I Feel Versus How You Feel Pain," *Neuropsychologia* 44 (2006): 752; M. Saarela et al., "The Compassionate Brain: Humans Detect Intensity of Pain from Another's Face," *Cerebral Cortex* 17 (2007): 230; N. Eisenberg et al., "The Relations of Emotionality and Regulation to Dispositional and Situational Empathy-Related Responding," *JPSP* 66 (1994): 776; J. Burkett et al., "Oxytocin-Dependent Consolation Behavior in Rodents," *Sci* 351 (2016): 6271; M. Botvinick et al., "Viewing Facial Expression of Pain Engages Cortical Areas Involved in the Direct Experience of Pain," *Neuroimage* 25 (2005): 312; C. Lamm et al., "The Neural Substrate of Human Empathy: Effects of Perspective-Taking and Cognitive Appraisal," *J Cog Nsci* 19 (2007): 42; C. Lamm et al., "What Are You Feeling? Using Functional Magnetic Resonance Imaging to Assess the Modulation of Sensory and Affective Responses During Empathy for Pain," *PLoS ONE* 2 (2007): e1291.

17. D. Jeon et al., "Observational Fear Learning Involves Affective Pain System and Ca(v)1.2 Ca2+ Channels in ACC," *Nat Nsci* 13 (2010): 482.

18. A. Craig, "How Do You Feel—Now? The Anterior Insula and Human Awareness," *Nat Rev Nsci* 10 (2009): 59; B. King-Casas et al., "The Rupture and Repair of Cooperation in Borderline Personality Disorder," *Sci* 321 (2008): 806; M. H. Immordino-Yang et al., "Neural Correlates of Admiration and Compassion," *PNAS* 106 (2009): 8021.

19. J. Decety and K. Michalska, "Neurodevelopmental Changes in the Circuits Underlying Empathy and Sympathy from Childhood to Adulthood," *Developmental Sci* 13 (2009): 886; J. Decety, "The Neuroevolution of Empathy," *ANYAS* 1231 (2011): 35. 인용구는 후자의 논문에서 가져왔다.

20. E. Brueau et al., "Distinct Roles of the 'Shared Pain' and 'Theory of Mind' Networks in Processing Others' Emotional Suffering," *Neuropsychologia* 50 (2010): 219; C. Lamm et al., "How Do We Empathize with Someone Who Is Not Like Us? A Functional Magnetic Resonance Imaging Study," *J Cog Nsci* 22 (2010): 362; C. Keysers et al., "Somatosensation in Social Perception," *Nat Rev Nsci* 11 (2010): 417.

21. L. Harris and S. Fiske, "Dehumanizing the Lowest of the Low: Neuroimaging Responses to Extreme Outgroups," *Psych Sci* 17 (2006): 847.
22. I. Konvalinka et al., "Synchronized Arousal Between Performers and Related Spectators in a Fire-Walking Ritual," *PNAS* 108 (2011): 8514; Y. Cheng et al., "Love Hurts: An fMRI Study," *NeuroImage* 51 (2010): 923.
23. A. Avenanti et al., "Transcranial Magnetic Stimulation Highlights the Sensorimotor Side of Empathy for Pain," *Nat Nsci* 8 (2005): 955; X. Xu et al., "Do You Feel My Pain? Racial Group Membership Modulates Empathic Neural Responses," *J Nsci* 29 (2009): 8525; V. Mathur et al., "Neural Basis of Extraordinary Empathy and Altruistic Motivation," *NeuroImage* 51 (2010): 1468; G. Hein et al., "Neural Responses to Ingroup and Outgroup Members' Suffering Predict Individual Differences in Costly Helping," *Neuron* 68 (2010): 149; E. Bruneau et al., "Social Cognition in Members of Conflict Groups: Behavioural and Neural Responses in Arabs, Israelis and South Americans to Each Other's Misfortune," *Philosophical Transactions of the Royal Soc B* 367 (2012): 717; E. Bruneau and R. Saxe," Attitudes Towards the Outgroup are Predicted by Activity in the Precuneus in Arabs and Israelis," *NeuroImage* 52 (2010): 1704; J. Gutsell and M. Inzlicht, "Intergroup Differences in the Sharing of Emotive States: Neural Evidence of an Empathy Gap," *SCAN* 10 (2011): 1093; J. Freeman et al., "The Neural Origins of Superficial and Individuated Judgments About Ingroup and Outgroup Members," *Hum Brain Mapping* 31 (2010): 150.
24. 각주: K. Wailoo, *Pain: A Political History* (Baltimore, MD: Johns Hopkins University Press, 2014).
25. C. Oveis et al., "Compassion, Pride, and Social Intuitions of Self-Other Similarity," *JPSP* 98 (2010): 618; M. W. Kraus et al., "Social Class, Contextualism, and Empathic Accuracy," *Psych Sci* 21 (2012): 1716; J. Stellar et al., "Class and Compassion: Socioeconomic Factors Predict Responses to Suffering," *Emotion* 12 (2012): 449; P. Piff et al., "Higher Social Class Predicts Increased Unethical Behavior," *PNAS* 109 (2012): 4086.
26. J. Gutsell and M. Inzlicht, "Intergroup Differences in the Sharing of Emotive States: Neural Evidence of an Empathy Gap," *SCAN* 10 (2011): 1093; H. Takahashi et al., "When Your Gain Is My Pain and Your Pain Is My Gain: Neural Correlates of Envy and Schadenfreude," *Sci* 323 (2009): 890; T. Singer et al., "Empathic Neural Responses Are Modulated by the Perceived Fairness of

Others," *Nat* 439 (2006): 466; S. Preston and F. de Waal, "Empathy: Its Ultimate and Proximate Bases," *BBS* 25 (2002): 1.

27. C. N. Dewall et al., "Depletion Makes the Heart Grow Less Helpful: Helping as a Function of Self-Regulatory Energy and Genetic Relatedness," *PSPB* 34 (2008): 1653. 테레사 수녀의 말은 다음에 인용됨: P. Slovic, "'If I Look At the Mass, I Will Never Act': Psychic Numbing and Genocide," *Judgment and Decision Making* 2 (2007): 1. 다음을 비롯하여 여러 문헌이 이 인용구를 스탈린이 한 말로 이야기한다: L. Lyons, "Looseleaf Notebook," *Washington Post*, January 30, 1947.
28. A. Jenkins and J. Mitchell, "Medial Prefrontal Cortex Subserves Diverse Forms of Self-Reflection," *Soc Nsci* 6 (2011): 211.
29. G. Di Pellegrino et al., "Understanding Motor Events: A Neurophysiological Study," *Exp Brain Res* 91 (1992): 176; G. Rizzolatti et al., "Premotor Cortex and the Recognition of Motor Actions," *Cog Brain Res* 3 (1996): 131; 다음도 참고하라: P. Ferrari et al., "Mirror Neurons Responding to the Observation of Ingestive and Communicative Mouth Actions in the Ventral Premotor Cortex," *Eur J Nsci* 17 (2003): 1703; G. Rizzolatti and L. Craighero, "The Mirror-Neuron System," *Ann Rev Nsci* 27 (2004): 169.
30. 각주: P. Molengerghs et al., "Is the Mirror Neuron System Involved in Imitation? A Short Review and Meta-analysis," *Nsci and Biobehavioral Reviews* 33 (2009): 975.
31. 인간 MRI 연구: V. Gazzola and C. Keysers, "The Observation and Execution of Actions Share Motor and Somatosensory Voxels in All Tested Subjects: Single-Subject Analyses of Unsmoothed fMRI Data," *Cerebral Cortex* 19 (2009): 1239; M. Iacoboni et al., "Cortical Mechanisms of Human Imitation," *Sci* 286 (1999): 2526. 인간에게서 개별 뉴런의 기록: C. Keysers and V. Gazzola, "Social Neuroscience: Mirror Neurons Recorded in Humans," *Curr Biol* 20 (2010): R353; J. Kilner and A. Neal, "Evidence of Mirror Neurons in Human Inferior Frontal Gyrus," *J Nsci* 29 (2009): 10153.
32. M. Rochat et al., "The Evolution of Social Cognition: Goal Familiarity Shapes Monkeys' Action Understanding," *Curr Biol* 18 (2008): 227; M. Iacoboni, "Grasping the Intention of Others with One's Own Mirror Neuron System," *PLoS Biol* 3 (2005): e79.
33. C. Catmur et al., "Sensorimotor Learning Configures the Human Mirror System," *Curr Biol* 17 (2007): 1527.

34. G. Hickok, "Eight Problems for the Mirror Neuron Theory of Action Understanding in Monkeys and Humans," *J Cog Nsci* 7 (2009): 1229.
35. V. Gallese and A. Goldman, "Mirror Neurons and the Simulation Theory," *TICS* 2 (1998): 493.
36. V. Caggiano et al., "Mirror Neurons Differentially Encode the Peripersonal and Extrapersonal Space of Monkeys," *Sci* 324 (2009): 403.
37. V. Gallese et al., "Mirror Neurons," *Perspectives on Psych Sci* 6 (2011): 369.
38. 관련 논문 몇 가지: L. Oberman et al., "EEG Evidence for Mirror Neuron Dysfunction in Autism Spectrum Disorders," *Brain Res: Cog Brain Res* 24 (2005): 190; M. Dapretto et al., "Understanding Emotions in Others: Mirror Neuron Dysfunction in Children with Autism Spectrum Disorders," *Nat Nsci* 9 (2006): 28; I. Dinstein et al., "A Mirror Up to Nature," *Curr Biol* 19 (2008): R13; A. Hamilton, "Reflecting on the Mirror Neuron System in Autism: A Systematic Review of Current Theories," *Developmental Cog Nsci* 3 (2013): 91.
39. G. Hickok, *The Myth of Mirror Neurons: The Real Neuroscience of Communication and Cognition* (New York: Norton, 2014).
40. D. Freedberg and V. Gallese, "Motion, Emotion and Empathy in Esthetic Experience," *TICS* 11 (2007): 197; S. Preston and F. de Waal, "Empathy: Its Ultimate and Proximate Bases," *BBS* 25 (2002): 1; J. Decety and P. Jackson, "The Functional Architecture of Human Empathy," *Behav and Cog Nsci Rev* 3 (2004): 71.
41. J. Pfeifer et al., "Mirroring Others' Emotions Relates to Empathy and Interpersonal Competence in Chidren," *NeuroImage* 39 (2008): 2076; V. Gallese, "The 'Shared Manifold' Hypothesis: From Mirror Neurons to Empathy," *J Consciousness Studies* 8 (2001): 33.
42. J. Kaplan and M. Iacoboni, "Getting a Grip on Other Minds: Mirror Neurons, Intention Understanding, and Cognitive Empathy," *Soc Nsci* 1 (2006): 175.
43. Center for Building a Culture of Empathy, "Mirror Neurons," http://cultureofempathy.com/, no date, http://cultureofempathy.com/References/Mirror-Neurons.htm; J. Marsh, "Do Mirror Neurons Give Us Empathy?" *Greater Good Newsletter*, March 29, 2012; V. Ramachandran, "Mirror Neurons and Imitation Learning as the Driving Force Behind 'the Great Leap Forward' in Human Evolution," *Edge*, May 31, 2000.
44. 그레일링의 말은 다음에 인용됨: C. Jarrett, "Mirror Neurons: The Most Hyped

Concept in Neuroscience? *Psychology Today*, December 10, 2012, www.psychologytoday.com/blog/brain-myths/201212/mirror-neurons-the-most-hyped-concept-in-neuroscience; C. Buckley, "Why Our Hero Leapt onto the Tracks and We Might Not," *New York Times*, January 7, 2007.

45. 모든 인용구는 다음에서 가져왔다: Hickok, 2014, 앞의 책. 비판적 분석을 더 보려면: C. Jarrett, "A Calm Look at the Most Hyped Concept in Neuroscience: Mirror Neurons," *Wired*, December 13, 2013; D. Dobbs, "Mirror Neurons: Rock Stars of Backup Singers?" *News Blog*, ScientificAmerican.com, December 18, 2007; B. Thomas, "What's So Special About Mirror Neurons?" *Guest Blog*, ScientificAmerican.com, November 6, 2012; A. Gopnik, "Cells That Read Minds?" *Slate*, April 26, 2007; 그리고 "A Mirror to the World," *Economist*, May 12, 2005, www.economist.com/node/3960516.
46. L. Jamison, "Forum: Against Empathy," *Boston Review*, September 10, 2014.
47. C. Lamm et al., "The Neural Substrate of Human Empathy: Effects of Perspective-Taking and Cognitive Appraisal," *J Cog Nsci* 19 (2007): 42.
48. N. Eisenberg et al., "The Relations of Emotionality and Regulation to Dispositional and Situational Empathy-Related Responding," *JPSP* 66 (1994): 776; G. Carlo et al., "The Altruistic Personality: In What Contexts Is It Apparent?" *JPSP* 61 (1991): 450.
49. B. Briers et al., "Hungry for Money: The Desire for Caloric Resources Increases the Desire for Financial Resources and Vice Versa?" *Psych Sci* 17 (2006): 939; J. Twenge et al., "Social Exclusion Decreases Prosocial Behavior," *JPSP* 92 (2007): 56; L. Martin et al., "Reducing Social Stress Elicits Emotional Contagion of Pain in Mouse and Human Strangers," *Curr Biol* 25 (2015): 326.
50. R. Davidson and S. Begley, *The Emotional Life of Your Brain* (NY: Avery, 2012): M. Ricard et al., "Mind of the Meditator," *Sci Am* 311 (2014): 39.
51. A. Lutz et al., "Long-Term Meditators Self-Induce High-Amplitude Gamma Synchrony During Mental Practice," *PNAS* 101 (2004): 16369; T. Singer and M. Ricard, eds., *Caring Economics: Conversations on Altruism and Compassion, Between Scientists, Economists, and the Dalai Lama* (New York: St Martin's Press, 2015); O. Klimecki et al., "Functional Neural Plasticity and Associated Changes in Positive Affect After Compassion Training," *Cerebral Cortex* 23 (2013): 1552.
52. P. Bloom, "Against Empathy," *Boston Review*, September 10, 2014; B. Oakley, *Cold-Blooded Kindness* (Amherst, NY: Prometheus Books, 2011); Y. Cheng et

al., "Expertise Modulates the Perception of Pain in Others," *Curr Biol* 17 (2007): 1708; Davidson and Begley, 앞의 책; 인용된 표현도 앞의 책에서 가져왔다.

53. K. Izuma et al., "Processing of the Incentive for Social Approval in the Ventral Striatum During Charitable Donation," *J Cog Nsci* 22 (2010): 621; K. Izuma et al., "Processing of Social and Monetary Rewards in the Human Striatum," *Neuron* 58 (2008): 284; E. Dunn et al., "Spending Money on Others Promotes Happiness," *Sci* 319 (2008): 1687.
54. B. Purzycki et al., "Moralistic Gods, Supernatural Punishment and the Expansion of Human Sociality," *Nat* 530 (2016): 327.
55. L. Penner et al., "Prosocial Behavior: Multilevel Perspectives," *Ann Rev Psych* 56 (2005): 365.
56. W. Harbaugh et al., "Neural Responses to Taxation and Voluntary Giving Reveal Motives for Charitable Donations," *Sci* 316 (2007): 1622.
57. E. Tricomi et al., "Neural Evidence for Inequality-Averse Social Preferences," *Nat* 436 (2010): 1089.

15장

1. "Fighting and Dying for the Colors at Gettysburg," HistoryNet.com, June 7, 2007, www.historynet.com/fighting-and-dying-for-the-colors-at-gettysburg.htm.
2. 태빈 프라이스 살해: Brainuser1, "Mentally Challenged Teen Shot Dead for Wearing Wrong Color Shoes," EurThisNThat.com, September 22, 2016, www.eurthisnthat.com/2015/06/03/mentally-challenged-teen-shot-dead-for-wearing-wrong-color-shoes/comment-page-1/. 아일랜드 단식 투쟁: "1981 Irish Hunger Strike," Wikipedia.com, https://en.wikipedia.org/wiki/1981_Irish_hunger_strike#First_hunger_strike. 〈마이 웨이〉 살인: N. Onishi, "Sinatra Song Often Strikes Deadly Chord," *New York Times*, February 7, 2010.
3. 각주: T. Appenzeller, "Old Masters," *Nat* 497 (2013): 302.
4. R. Hughes, *The Shock of the New* (New York: Knopf, 1991). 다음 출처를 적는 것은 그러면 내가 정말 이 책을 읽었다는 인상을 줄까 싶어서다: M. Foucault, *This Is Not a Pipe* (Oakland: University of California Press, 1983).
5. T. Deacon, *The Symbolic Species: The Coevolution of Language and the Brain* (New York: Norton, 1997).
6. 각주: L. Boroditsky, "How Language Shapes Thought," *Sci Am*, February, 2011.

7. G. Lakoff and M. Johnson, *Metaphors We Live By* (Chicago: University of Chicago Press, 1980); G. Lakoff, *Moral Politics: What Conservatives Know That Liberals Don't* (Chicago: University of Chicago Press, 1996).
8. T. Singer and C. Frith, "The Painful Side of Empathy," *Nat Nsci* 8 (2005): 845.
9. M. Kramer et al., "Distinct Mechanism for Antidepressant Activity by Blockade of Central Substance P Receptors," *Sci* 281 (1998): 1640; B. Bondy et al., "Substance P Serum Levels are Increased in Major Depression: Preliminary Results," *BP* 53 (2003): 538; G. S. Berns et al., "Neurobiological Substrates of Dread," *Sci* 312 (2006): 754.
10. H. Takahashi et al., "When Your Gain Is My Pain and Your Pain Is My Gain: Neural Correlates of Envy and Schadenfreude," *Sci* 323 (2009): 890.
11. P. Ekman and W. Friesen, *Unmasking the Face: A Guide to Recognizing Emotions from Facial Cues* (Upper Saddle River, NJ: Prentice Hall, 1975).
12. M. Hsu et al., "The Right and the Good: Distributive Justic and Neural Encoding of Equity and Efficiency," *Sci* 320 (2008): 1092; F. Sambataro et al., "Preferential Responses in Amygdala and Insula During Presentation of Facial Contempt and Disgust," *Eur J Nsci* 24 (2006): 2355; P. S. Russell and R. Giner-Sorolla, "Bodily Moral Disgust: What It Is, How It Is Different from Anger, and Why It Is an Unreasoned Emotion," *Psych Bull* 139 (2013): 328; H. A. Chapman and A. K. Anderson, "Things Rank and Gross in Nature: A Review and Synthesis of Moral Disgust," *Psych Bull* 139 (2013): 300; H. Chapman et al., "In Bad Taste: Evidence for the Oral Origins of Moral Disgust," *Sci* 323 (2009): 1222; P. Rozin et al., "From Oral to Moral," *Sci* 323 (2009): 1179.
13. C. Chan et al., "Moral Violations Reduce Oral Consumption," *J Consumer Psych* 24 (2014): 381; K. J. Eskine et al., "The Bitter Truth About Morality: Virtue, Not Vice, Makes a Bland Beverage Taste Nice," *PLoS ONE* 7 (2012): e41159.
14. E. J. Horberg et al., "Disgust and the Moralization of Purity," *JPSP* 97 (2009): 963.
15. K. Smith et al., "Disgust Sensitivity and the Neurophysiology of Left-Right Political Orientation," *PLoS ONE* 6 (2011): e2552; G. Hodson and K. Costello, "Interpersonal Disgust, Ideological Orientation, and Dehumanization as Predictors of Intergroup Attitudes," *Psych Sci* 18 (2007): 691; M. Landau et al., "Evidence That Self-Relevant Motives and Metaphoric Framing Interact to Influence Political and Social Attitudes," *Psych Sci* 20 (2009): 1421.

16. A. Sanfey et al., "The Neural Basis of Economic Decision-Making in the Ultimatum Game," *Sci* 300 (2003): 1755.
17. T. Wang et al., "Is Moral Beauty Different from Facial Beauty? Evidence from an fMRI Study," *SCAN* 10 (2015): 814.
18. S. Lee and N. Schwarz, "Washing Away Postdecisional Dissonance," *Sci* 328 (2010): 709.
19. S. Schnall et al., "With a Clean Conscience: Cleanliness Reduces the Severity of Moral Judgments," *Psych Sci* 19 (2008): 1219; K. Kaspar et al., "Hand Washing Induces a Clean Slate Effect in Moral Judgments: A Pupillometry and Eye-Tracking Study," *Sci Rep* 5 (2015): 10471.
20. C. B. Zhong and K. Liljenquist, "Washing Away Your Sins: Threatened Morality and Physical Cleansing," *Sci* 313 (2006): 1451; L. N. Harkrider et al., "Threats to Moral Identity: Testing the Effects of Incentives and Consequences of One's Actions on Moral Cleansing," *Ethics & Behav* 23 (2013): 133.
21. M. Schaefer et al., "Dirty Deeds and Dirty Bodies: Embodiment of the Macbeth Effect Is Mapped Topographically onto the Somatosensory Cortex," *Sci Rep* 5 (2015): 18051. 다음도 참고하라: C. Denke et al., "Lying and the Subsequent Desire for Toothpaste: Activity in the Somatosensory Cortex Predicts Embodiment of the Moral-Purity Metaphor," *Cerebral Cortex* 26 (2016): 477. 이런 발견들에 대한 논쟁: D. Johnson et al, "Does Cleanliness Influence Moral Judgments? A Direct Replication of Schnall, Benton, and Harvey (2008)," *Soc Psych* 45 (2014): 209; J. L. Huang, "Does Cleanliness Influence Moral Judgement? Response Effort Moderates the Effect of Cleanliness Priming on Moral Judgments," *Front Psych* 5 (2014): 1276.
22. S. W. Lee et al., "A Cultural Look at Moral Purity: Wiping the Face Clean," *Front Psych* 6 (2015): 577.
23. H. Xu et al., "Washing the Guilt Away: Effects of Personal Versus Vicarious Cleansing on Guilty Feelings and Prosocial Behavior," *Front Hum Nsci* 8 (2014): 97.
24. J. Ackerman et al., "Incidental Haptic Sensation Influence Social Judgments and Decisions," *Sci* 328 (2010): 1712. 다음도 참고하라: M. V. Day and D. R. Bobocel, "The Weight of a Guilty Conscience: Subjective Body Weight as an Embodiment of Guilt," *PLoS ONE* 8 (2013): e69546.
25. L. Williams and J. Bargh, "Experiencing Physical Warmth Promotes

Interpersonal Warmth," *Sci* 322 (2008): 606; Y. Kang et al., "Physical Temperature Effects on Trust Behavior: The Role of Insula," *SCAN* 6 (2010): 507.
26. B. Briers et al., "Hungry for Money: The Desire for Caloric Resources Increases the Desire for Financial Resources and Vice Versa," *Psych Sci* 17 (2006): 939; X. Wang and R. Dvorak, "Sweet Future: Fluctuating Blood Glucose Levels Affect Future Discounting," *Psych Sci* 21 (2010): 183.
27. M. Anderson, "Neural Reuse: A Fundamental Organizational Principle of the Brain," *BBS* 245 (2014): 245; G. Lakoff, "Mapping the Brain's Metaphor Circuitry: Metaphorical Thought in Everyday Reason," *Front Hum Nsci* (2014), doi:10.3389/fnhum.2014.00958.
28. P. Gourevitch, *We Wish to Inform You That Tomorrow We Will Be Killed with Our Families* (New York: Farrar, Straus and Giroux, 2000); R. Guest, *The Shackled Continent* (Washington, DC: Smithsonian Books, 2004); G. Stanton, "The Rwandan Genocide: Why Early Warning Failed," *J African Conflicts and Peace Studies* 1 (2009): 6; R. Lemarchand, "The 1994 Rwanda Genocide," in *Century of Genocide*, ed. S. Totten and W. Parsons, 3rd ed. (Abingdon, UK: Routledge, 2009), p. 407.
29. S. Atran et al., "Sacred Barriers to Conflict Resolution," *Sci* 317 (2007): 1039.
30. 후세인의 말은 다음에서 가져왔다: CNN, Nov 6, 1995.
31. D. Thornton, "Peter Robinson and Martin McGuinness Shake Hands for the First Time," *Irish Central*, January 18, 2010, www.irishcentral.com/news/peter-robinson-and-martin-mcguinness-shake-hands-for-the-first-time-81957747-237681071.html.
32. J. Carlin, *Playing the Enemy: Nelson Mandela and the Game That Made a Nation* (New York: Penguin Press, 2008); D. Cruywagen, *Brothers in War and Peace: Constand and Abraham Viljoen and the Birth of the New South Africa* (Cape Town, South Africa: Zebra Press, 2014).

16장

1. Innocence Project, "DNA Exonerations in the United States," www.innocenceproject.org/dna-exonerations-in-the-united-states/.
2. N. Schweitzer and M. Saks, "Neuroimage Evidence and the Insanity Defense," *Behav Sci & the Law* 29 (2011): 4; A. Roskies et al., "Neuroimages in Court: Less

Biasing Than Feared," *TICS* 17 (2013): 99.

3. J. Marks, "A Neuroskeptic's Guide to Neuroethics and National Security," *Am J Bioethics: Nsci* 1 (2010): 4; A. Giridharadas, "India's Use of Brain Scans in Courts Dismays Critics," *New York Times*, September 15, 2008; A. Madrigal, "MRI Lie Detection to Get First Day in Court," *Wired*, March 16, 2009.
4. S. Reardon, "Smart Enough to Die?" *Nat* 506 (2014): 284.
5. J. Monterosso et al., "Explaining Away Responsibility: Effects of Scientific Explanation on Perceived Culpability," *Ethics & Behav* 15 (2005): 139; S. Aamodt, "Rise of the Neurocrats," *Nat* 498 (2013): 298.
6. J. Rosen, "The Brain on the Stand," *New York Times Magazine*, March 11, 2007.
7. 각주: S. Lucas, "Free Will and the Anders Breivik Trial," *Humanist*, Sept/Oct 2012, p. 36; J. Greene and J. Cohen, "For the Law, Neuroscience Changes Nothing and Everything," *Philosophical Transactions of the Royal Soc B, Biol Sci* 359 (2004): 1775.
8. D. Robinson, *Wild Beasts and Idle Humours: The Insanity Defense from Antiquity to the Present* (Cambridge, MA: Harvard University Press, 1996).
9. S. Kadri, *The Trial: Four Thousand Years of Courtroom Drama* (New York: Random House, 2006).
10. J. Quen, "An Historical View of the M'Naghten Trial," *Bull of the History of Med* 42 (1968): 43.
11. 오코너와 스캘리아의 말은 그들이 쓴 다음 판결의 반대 의견서에서 가져왔다: *Roper v. Simmons*, 545 U.S. 551 (2005).
12. L. Buchen, "Arrested Development," *Nat* 484 (2012): 304.
13. Rosen, "Brain on the Stand."
14. L. Mansnerus, "Damaged Brains and the Death Penalty," *New York Times*, July 21, 2001, p. B9; M. Brower and B. Price, "Neuropsychiatry of Frontal Lobe Dysfunction in Violent and Criminal Behaviour: A Critical Review," *J Neurol, Neurosurgery and Psychiatry* 71 (2001): 720.
15. M. Gazzaniga, "Free Will Is an Illusion, but You're Still Responsible for Your Actions," *Chronicle of Higher Education*, March 18, 2012; M. Gazzaniga, *Who's in Charge? Free Will and the Science of the Brain* (New York: Ecco, 2012).
16. L. Steinberg et al., "Are Adolescents Less Mature Than Adults? Minors' Access to Abortion, the Juvenile Death Penalty, and the Alleged APA 'Flip-flop,'" *Am Psychologist* 64 (2009): 583.

17. S. Morse, "Brain and Blame," *Georgetown Law J* 84 (1996): 527.

18. B. Libet, "Can Conscious Experience Affect Brain Activity?" *J Consciousness Studies* 10 (2003): 24; B. Libet et al., "Time of Conscious Intention to Act in Relation to Onset of Cerebral Activity (Readiness-Potential)," *Brain* 106 (1983): 623.

19. V. Ramachandran, *The Tell-Tale Brain: A Neuroscientist's Quest for What Makes Us Human* (NY: Norton, 2012).

20. C. Dweck, *Mindset: How You Can Fulfill Your Potential* (London, UK: Constable & Robinson, 2012); C. Dweck, "Motivational Processes Affecting Learning," *Am Psychologist* 41 (1986): 1040; S. Levy and C. Dweck, "Trait-Focused and Process-Focused Social Judgment," *Soc Cog* (1998): 151; C. Mueller and C. Dweck, "Intelligence Praise Can Undermine Motivation and Performance," *JPSP* 75 (1998): 33~52.

21. J. Cantor, "Do Pedophiles Deserve Sympathy?" CNN.com, June 21, 2012.

22. S. Morse, "Neuroscience and the Future of Personhood and Responsibility," in *Constitution 3.0: Freedom and Technological Change*, ed. J. Rosen and B. Wittes (Washington, DC: Brookings Institution Press, 2011); J. Rosen, "Brain on the Stand", *New York Times*, March 11, 2007; S. Morse, "Brain Overclaim Syndrome and Criminal Responsibility: A Diagnostic Note," *Ohio State J Criminal Law* 397 (2006): 397. 이어지는 문단들에 인용된 모스의 말도 앞 논문에서 가져왔다.

23. H. Bok, "Want to Understand Free Will? Don't Look to Neuroscience," *Chronicle Review*, March 23, 2012.

24. Morse, "Neuroscience and the Future of Personhood"; S. Nichols, "Experimental Philosophy and the Problem of Free Will," *Sci* 331 (2011): 1401.

25. Morse, 2011, 앞의 책.

26. 마빈 민스키의 말은 다음에 인용됨: J. Coyne, "You Don't Have Free Will," *Chronicle Review*, March 23, 2012.

27. 각주: J. Kaufman et al., "Brain-Derived Neurotrophic Factor-5-HTTLPR Gene Interactions and Environmental Modifiers of Depression in Children," *BP* 59 (2006): 673.

28. J. Russell, *Witchcraft in the Middle Ages* (Ithaca, NY: Cornell University Press, 1972).

29. D. Dennett, *Elbow Room: The Varieties of Free Will Worth Wanting* (Cambridge, MA: MIT Press, 1984).

30. Greene and Cohen, "For the Law, Neuroscience Changes Nothing."
31. M. Hoffman, *The Punisher's Brain: The Evolution of Judge and Jury* (Cambridge, MA: Cambridge University Press, 2014).
32. K. Gospic et al., "Limbic Justice: Amygdala Involvement in Immediate Rejections in the Ultimatum Game," *PLoS ONE* 9 (2011): e1001054; Buckholtz, "Neural Correlates of Third-Party Punishment."
33. D. de Quervain et al., "The Neural Basis of Altruistic Punishment," *Sci* 305 (2004): 1254; B. Knutson, "Sweet Revenge?" *Sci* 305 (2004): 1246.
34. 각주: J. Bonnefon et al., "The Social Dilemma of Autonomous Vehicles," *Sci* 352 (2016): 1573; J. Greene, "Our Driverless Dilemma," *Sci* 352 (2016): 1514.

17장

1. M. Fisher, "The Country Where Slavery Is Still Normal," *Atlantic*, June 28, 2011; C. Welzel, *Freedom Rising: Human Empowerment and the Quest for Emancipation* (Cambridge: Cambridge University Press, 2013).
2. S. Pinker, *The Better Angels of Our Nature: Why Violence Has Declined* (New York: Penguin, 2011).
3. N. Elias, *The Civilizing Process: Sociogenetic and Psychogenetic Investigations*, rev. ed. (Malden, MA: Blackwell, 2000); W. Yang, "Nasty, Brutish, and Long," *New York*, October 16, 2011.
4. S. Herman and D. Peterson, "Steven Pinker on the Alleged Decline of Violence," *Int Socialist Rev*, November/December, 2012.
5. R. Douthat, "Steven Pinker's History of Violence," *New York Times*, October 17, 2011; J. Gray, "Delusions of Peace," *Prospect*, October 2011; E. Kolbert, "Peace in Our Time: Steven Pinker's History of Violence," *New Yorker*, October 3, 2011; T. Cowen, "Steven Pinker on Violence," *Marginal Revolution*, October 7, 2011.
6. C. Apicella et al., "Social Networks and Cooperation in Hunter-Gatherers," *Nat* 481 (2012): 497.
7. S. Huntington, "Democracy for the Long Haul," *J Democracy* 7 (1996): 3; T. Friedman, *The Lexus and the Olive Tree* (New York: Anchor Books, 1999).
8. L. Rhue and A. Sundararajan, "Digital Access, Political Networks and the Diffusion of Democracy," *Soc Networks* 36 (2014): 40.
9. M. Inzlicht et al., "Neural Markers of Religious Conviction," *Psych Sci* 20 (2009):

385; M. Anastasi and A. Newberg, "A Preliminary Study of the Acute Effects of Religious Ritual on Anxiety," *J Alternative and Complimentary Med* 14 (2008): 163.

10. U. Schjoedt et al., "Reward Prayers," *Nsci Letters* 433 (2008): 165; N. P. Azari et al., "Neural Correlates of Religious Experience," *Eur J Nsci* 13 (2001): 1649; U. Schjoedt et al., "Highly Religious Participants Recruit Areas of Social Cognition in Personal Prayer," *SCAN* 4 (2009): 199; A. Norenzayan and W. Gervais, "The Origins of Religious Disbelief," *TICS* 17 (2013): 20; U. Schjoedt et al., "The Power of Charisma: Perceived Charisma Inhibits the Frontal Executive Network of Believers in Intercessory Prayer," *SCAN* 6 (2011): 119.
11. L. Galen, "Does Religious Belief Promote Prosociality? A Critical Examination," *Psych Bull* 138 (2012): 876; S. Georgianna, "Is a Religious Neighbor a Good Neighbor?" *Humboldt J Soc Relations* 11 (1994): 1; J. Darley and C. Batson, "From Jerusalem to Jericho: A Study of Situational and Dispositional Variables in Helping Behavior," *JPSP* 27 (1973): 100; L. Penner et al., "Prosocial Behavior: Multilevel Perspectives," *Ann Rev Psych* 56 (2005): 365.
12. C. Batson et al., *Religion and the Individual: A Social-Psychological Perspective* (Oxford: Oxford University Press, 1993); D. Malhotra, "(When) Are Religious People Nicer? Religious Salience and the 'Sunday Effect' on Prosocial Behavior," *Judgment and Decision Making* 5 (2010): 138.
13. A. Norenzayan and A. Shariff, "The Origin and Evolution of Religious Prosociality," *Sci* 422 (2008): 58.
14. A. Shariff and A. Norenzayan, "God Is Watching You: Priming God Concepts Increases Prosocial Behavior in an Anonymous Economic Game," *Psych Sci* 18 (2007): 803; W. Gervais, "Like a Camera in the Sky? Thinking About God Increases Public Self-Awareness and Socially Desirable Responding," *JESP* 48 (2012): 298. 다음도 참고하라: I. Pichon et al., "Nonconscious Influences of Religion on Prosociality: A Priming Study," *Eur J Soc Psych* 37 (2007): 1032; M. Bateson et al., "Cues of Being Watched Enhance Cooperation in Real-World Setting," *Biol Lett* 2 (2006): 412.
15. S. Jones, "Defeating Terrorist Groups," RAND Corporation, CT-314 (testimony presented before the House Armed Services Committee, Subcommittee on Terrorism and Unconventional Threats and Capabilities), September 18, 2008; P. Shadbolt, "Karma Chameleons: What Happens When Buddhists Go to War,"

CNN.com, April 22, 2013.

16. J. LaBouff et al., "Differences in Attitudes Toward Outgroups in Religious and Nonreligious Contexts in a Multinational Sample: A Situational Context Priming Study," *Int J for the Psych of Religion* 22 (2011): 1; B. J. Bushman et al., "When God Sanctions Killing: Effect of Scriptural Violence on Aggression," *Psych Sci* 18 (2007): 204. 본문의 그래프는 다음에서 가져왔다: H. Ledford, "Scriptural Violence Can Foster Aggression," *Nat* 446 (2007): 114.
17. J. Ginges et al., "Religion and Support for Suicide Attacks," *Psych Sci* 20 (2009): 224.
18. G. Allport, *The Nature of Prejudice* (Boston: Addison-Wesley, 1954).
19. T. Pettigrew and L. Tropp, "A Meta-analytic Test of Intergroup Contact Theory," *JPSP* 90 (2006): 751.
20. A. Al Ramiah and M. Hewstone, "Intergroup Contact as a Tool for Reducing, Resolving, and Preventing Intergroup Conflict: Evidence, Limitations, and Potential," *Am Psychologist* 68 (2013): 527; Y. Yablon and Y. Katz, "Internet-Based Group Relations: A High School Peace Education Project in Israel," *Educational Media Int* 38 (2001): 175; L. Goette and S. Meier, "Can Integration Tame Conflicts?" *Sci* 334 (2011): 1356; M. Alexander and F. Christia, "Context Modularity of Human Altruism," *Sci* 334 (2011): 1392; M. Kalman, "Israeli/Palestinian Camps Don't Work," *San Francisco Chronicle*, October 19, 2008.
21. I. Beah, *A Long Way Gone* (New York: Sarah Crichton Books, 2007).
22. R. Weierstall et al., "Relations Among Appetitive Aggression, Post-traumatic Stress and Motives for Demobilization: A Study in Former Colombian Combatants," *Conflict and Health* 7 (2012): 9; N. Boothby, "What Happens When Child Soldiers Grow Up? The Mozambique Case Study," *Intervention* 4 (2006): 244.
23. J. Arthur, "Remember Nayirah, Witness for Kuwait?" *New York Times*, January 6, 1992; J. Macarthur, "Kuwaiti Gave Consistent Account of Atrocities; Retracted Testimony," *New York Times*, January 24, 1992; "Deception on Capitol Hill" (editorial), *New York Times*, January 15, 1992; T. Regan, "When Contemplating War, Beware of Babies in Incubators," *Christian Science Monitor*, September 6, 2002; R. Sapolsky, "'Pseudokinship' and Real War," *San Francisco Chronicle*, March 2, 2003. 나이라의 증언 장면: www.youtube.com/watch?v=LmfVs3WaE9Y.
24. E. Queller et al., "Single-Gene Greenbeard Effects in the Social Amoeba

Dictyostelium discoideum," *Sci* 299 (2003): 105; M. Nowak, "Five Rules for the Evolution of Cooperation," *Sci* 314 (2006): 1560.
25. C. Camerer and E. Fehr, "When Does Economic Man Dominate Social Behavior?" *Sci* 311 (2006): 47; J. McNamara et al., "Variation in Behaviour Promotes Cooperation in the Prisoner's Dilemma Game," *Nat* 428 (2004): 745; C. Hauert and M. Doebeli, "Spatial Structure Often Inhibits the Evolution of Cooperation in the Snowdrift Game," *Nat* 428 (2004): 643.
26. M. Milinski et al., "Reputation Helps Solve the 'Tragedy of the Commons,'" *Nat* 415 (2002): 424.
27. M. Nowak et al., "Fairness Versus Reason in the Ultimatum Game," *Sci* 289 (2000): 1773; G. Vogel, "The Evolution of the Golden Rule," *Sci* 303 (2004): 1128.
28. J. Henrich et al., "Costly Punishment Across Human Societies," *Sci* 312 (2006): 1767; B. Vollan and E. Olstrom, "Cooperation and the Commons," *Sci* 330 (2010): 923; D. Rustagi et al., "Conditional Cooperation and Costly Monitoring Explain Success in Forest Commons Management," *Sci* 330 (2010): 961.
29. S. Gachter et al., "The Long-Run Benefits of Punishment," *Sci* 322 (2008): 1510.
30. B. Knutson, "Sweet Revenge?" *Sci* 305 (2004): 1246; D. de Quervain et al., "The Neural Basis of Altruistic Punishment," *Sci* 305 (2004): 1254; E. Fehr and S. Gachter, "Altruistic Punishment in Humans," *Nat* 415 (2002): 137; E. Fehr and B. Rockenbach, "Detrimental Effects of Sanctions on Human Altruism," *Nat* 422 (2003): 137; C. T. Dawes et al., "Egalitarian Motives in Humans," *Nat* 446 (2007): 794.
31. E. Fehr and U. Fischbacher, "The Nature of Human Altruism," *Nat* 425 (2003): 785; M. Janssen et al., "Lab Experiments for the Study of Social-Ecological Systems," *Sci* 328 (2010): 613; R. Boyd et al., "Coordinated Punishment of Defectors Sustains Cooperation and Can Proliferate When Rare," *Sci* 328 (2010): 617.
32. J. Jordan et al., "Third-Party Punishment as a Costly Signal of Trustworthiness," *Nat* 530 (2016): 473.
33. A. Gneezy et al., "Shared Social Responsibility: A Field Experiment in Pay-What-You-Want Pricing and Charitable Giving," *Sci* 329 (2010): 325; S. DellaVigna, "Consumers Who Care," *Sci* 329 (2010): 287.
34. J. McNamara et al., "The Coevolution of Choosiness and Cooperation," *Nat* 451

(2008): 189.

35. IDASA, *National Elections Survey, August 1994* (Cape Town: Institute for Democracy in South Africa, 1994); Human Science Research Council, *Omnibus, May 1995* (Pretoria, South Africa: HSRC/Mark Data, 1995); B. Hamber et al., "'Telling It Like It Is...': Understanding the Truth and Reconciliation Commission from the Perspective of Survivors," *Psych in Soc* 26 (2000): 18.

36. D. Filkins, "Atonement: A Troubled Iraq Veteran Seeks Out the Family He Harmed," *New Yorker*, October 29, 2012; D. Margolick, *Elizabeth and Hazel: Two Women of Little Rock* (New Haven, CT: Yale University Press, 2011).

37. R. Fehr and M. Gelfand, "When Apologies Work: How Matching Apology Components to Victims' Self-Construals Facilitates Forgiveness," *Organizational Behav and Hum Decision Processes* 113 (2010): 37.

38. M. McCullough, *Beyond Revenge: The Evolution of the Forgiveness Instinct* (Hoboken, NJ: Jossey-Bass, 2008).

39. M. Berman, "'I Forgive You.' Relatives of Charleston Church Shooting Victims Address Dylann Roof," *Washington Post*, June 19, 2015.

40. J. Thompson-Cannino et al., *Picking Cotton: Our Memoir of Injustice and Redemption* (New York: St. Martin's Griff, 2010).

41. L. Toussaint et al., "Effects of Lifetime Stress Exposure on Mental and Physical Health in Young Adulthood: How Stress Degrades and Forgiveness Protects Health," *J Health Psych* 21 (2014): 1004; K. A. Lawler et al., "A Change of Heart: Cardiovascular Correlates of Forgiveness in Response to Interpersonal Conflict," *J Behav Med* 26 (2003): 373; M. C. Whited et al., "The Influence of Forgiveness and Apology on Cardiovascular Reactivity and Recovery in Response to Mental Stress," *J Behav Med* 33 (2010): 293; C. vanOyen Witvliet et al., "Granting Forgiveness or Harboring Grudges: Implications for Emotion, Physiology, and Health," *Psych Sci* 12 (2001): 117; P. A. Hannon et al., "The Soothing Effects of Forgiveness on Victims' and Perpetrators' Blood Pressure," *Personal Relationships* 19 (2011): 27; G. L. Reed and R. D. Enright, "The Effects of Forgiveness Therapy on Depression, Anxiety, and Posttraumatic Stress for Women After Spousal Emotional Abuse," *J Consulting Clin Psych* 74 (2006): 920.

42. D. Kahneman and J. Renshon, "Why Hawks Win," *Foreign Policy*, January/February 2007.

43. D. Laitin, "Confronting Violence Face to Face," *Sci* 320 (2008): 51.

44. D. Grossman, *On Killing: The Psychological Costs of Learning to Kill in War and Society* (New York: Back Bay Books, 1995).

45. M. Power, "Confessions of a Drone Warrior," *GQ*, October 22, 2013; J. L. Otto and B. J. Webber, "Mental Health Diagnoses and Counseling Among Pilots of Remotely Piloted Aircraft in the United States Air Force," *MSMR* 20 (2013): 3; J. Dao, "Drone Pilots Are Found to Get Stress Disorders Much as Those in Combat Do," *New York Times*, February 22, 2013.

46. J. Altmann et al., "Body Size and Fatness of Free-Living Baboons Reflect Food Availability and Activity Level," *Am J Primat* 30 (1993): 149; J. Kemnitz et al., "Effects of Food Availability on Insulin and Lipid Levels in Free-Ranging Baboons," *Am J Primat* 57 (2002): 13; W. Banks et al., "Serum Leptin Levels as a Marker for a Syndrome X-Like Condition in Wild Baboons," *J Clin Endo and Metabolism* 88 (2013): 1234.

47. R. Tarara et al., "Tuberculosis in Wild Baboon (*Papio cynocephalus*) in Kenya," *J Wildlife Diseases* 21 (1985): 137; R. Sapolsky and J. Else, "Bovine Tuberculosis in a Wild Baboon Population: Epidemiological Aspects," *J Med Primat* 16 (1987): 229.

48. R. Sapolsky and L. Share, "A Pacific Culture Among Wild Baboons, Its Emergence and Transmission," *PLoS Biol* 2 (2004): e106; R. Sapolsky, "Culture in Animals, and a Case of a Non-human Primate Culture of Low Aggression and High Affiliation," *Soc Forces* 85 (2006): 217; R. Sapolsky, "Social Cultures in Non-human Primates," *Curr Anthropology* 47 (2006): 641; R. Sapolsky, "A Natural History of Peace," *Foreign Affairs* 85 (2006): 104.

49. I. DeVore, *Primate Behavior: Field Studies of Monkeys and Apes* (New York: Holt, 1965).

50. A. McAvoy, "Pearl Harbor Vets Reconcile in Hawaii," *Associated Press*, December 6, 2006; R. Ohira, "Zenji Abe, the Enemy Who Became a Friend," *Honolulu Advertiser*, April 12, 2007.

51. N. Rhee, "Why US Veterans Are Returning to Vietnam," *Christian Science Monitor*, November 10, 2013.

52. K. Sim and M. Bilton, *Remember My Lai* (PBS Video, 1989); G. Eckhardt, *My Lai: An American Tragedy* (Kansas City: University of Missouri–Kansas City Law Review, Summer 2000); M. Bilton and K. Sim, *Four Hours in My Lai* (New York: Penguin, 1993); 바나도 심프슨의 말은 이 책에서 가져왔다. T. Angers, *The Forgotten*

Hero of My Lai: The Hugh Thompson Story (Lafayette, LA: Acadian House, 1999); 휴 톰프슨의 말은 이 책에서 가져왔다.

53. 각주: M. Bilton and K. Sim, *Four Hours in My Lai* (NY: Penguin, 1993).
54. A. Hochschild, *Bury the Chain: The British Struggle to Abolish Slavery* (Basingstoke, UK: Pan Macmillan, 2005); E. Metaxas, *Amazing Grace: William Wilberforce and the Heroic Campaign to End Slavery* (New York: HarperOne, 2007).
55. G. Bell, *Rough Notes by an Old Soldier: During Fifty Years' Service, from Ensign G. B. to Major-General C. B.* (London: Day, 1867).
56. M. Seidman, "Quiet Fronts in the Spanish Civil War," libcom.org, Summer 1999; F. Robinson, *Diary of the Crimean War* (1856); E. Costello, *The Adventures of a Soldier* (1841); BiblioLife, 2013; J. Persico, *My Enemy, My Brother: Men and Days of Gettysburg* (Cambridge, MA: Da Capo Press, 1996).
57. S. Weintraub, *Silent Night: The Story of the World War I Christmas Truce* (New York: Plume Press, 2002).
58. T. Ashworth, *Trench Warfare, 1914-1918: The Live and Let Live System* (London: Pan Books, 1980). 공존공영 현상에 대한 분석은 다음 책에도 나온다: R. Axelrod, *The Evolution of Cooperation* (New York: Basic Books, 2006).
59. E. Jones, "One War Is Enough," *Atlantic*, February 1946.

그림 출처

40쪽 (아래) Courtesy Chickensaresocute/CC BY-SA 3.0.

233쪽 Photo Researchers, Inc./Science Source.

246쪽 Courtesy Angela Catlin.

328쪽 AFT/Getty Images.

328쪽 Zoonar GmbH/Alamy.

331쪽 Katherine Cronin and Edwin van Leeuwen/Chimfunshi Wildlife Orphanage Trust.

341쪽 Courtesy Yulin Jia/Dale Bumpers National Rice Research Center/U.S. Department of Agriculture/CC BY 2.0.

375쪽 (왼쪽) Eurac/Samadelli/Staschitz/South Tyrol Museum of Archaeology.

375쪽 (오른쪽) Augustin Ochsenreiter/South Tyrol Museum of Archaeology.

389쪽 Courtesy Mopane Game Safaris/CC BY-SA 4.0.

434쪽 (아래) SD Dirk/Wikimedia Commons.

440쪽 Courtesy Liz Schulze.

472쪽 ZUMA Press, Inc./Alamy.

573쪽 (위 오른쪽) Jacob Halls/Alamy.

573쪽 (아래) Walt Disney Studios Motion Pictures/Lucasfilm Ltd.

675쪽 (위) Dennis Hallinan/Alamy.

675쪽 (아래) Courtesy © 2016 C. Herscovici/Artists Rights Society (ARS), New York.

698쪽 Moshe Milner/Israel's Government Press Office/Flickr.

761쪽 (위) Courtesy © 2013 Marcus Bleasdale/VII for Human Rights Watch.

761쪽 (아래 왼쪽) Courtesy Pierre Holtz/UNICEF CAR/CC BY-SA 2.0.

761쪽 (아래 오른쪽) Bjorn Svensson/Alamy.

787쪽 Chris Belsten/Flickr.

789쪽 (왼쪽) NA (Public Domain).

789쪽 (오른쪽) Courtesy Maureen Monte.

793쪽 (왼쪽) Courtesy Jim Andreotta.

793쪽 (오른쪽) Courtesy Susan T. Kummer.

805쪽 (위) Ralph Crane/The LIFE Images Collection/Getty Images.

805쪽 (아래) War posters/Alamy.

818쪽 (위) Courtesy BruceBlaus/CC BY 3.0.

818쪽 (중간) Courtesy MethoxyRoxy/CC BY-SA 2.5.

824쪽 Deco Images/Alamy.

843쪽 (위) Keystone Pictures USA/Alamy.

843쪽 (아래) Courtesy Doc. RNDr. Josef Reischig, CSc./CC BY-SA 3.0.

844쪽 Courtesy Blacknick and Nataliia Skrypnyk, Taras Shevchenko National University of Kyiv/CC BY-SA 4.0.

845쪽 Courtesy Livet, Sanes, and Lichtman/Harvard University.

846쪽 Courtesy Rajalakshimi L. Nair et al./CC BY 2.0.

찾아보기

ㄴ

ㄷ

ㄹ

ㅁ

ㅇ

ㅊ

ㅋ

ㅌ

ㅍ

ㅎ

지은이 **로버트 M. 새폴스키 (Robert M. Sapolsky)**
하버드대학교에서 생물인류학을 전공한 후 록펠러대학교에서 신경내분비학으로 박사학위를 받았다. 현재 스탠퍼드대학교 생물학과 및 의과대학 신경학과 교수로 재직중이며, 인간을 비롯해 영장류의 스트레스를 연구하는 세계 최고의 신경과학자로 평가받는다.
스트레스가 뇌의 해마에 있는 신경세포를 파괴한다는 사실을 세계 최초로 입증하며 학계에 큰 반향을 불러일으켰다. 맥아더 재단과 앨프리드 P. 슬론 재단, 국립보건원 등 수십 곳의 정부 기관과 장학재단으로부터 연구 지원을 받았다.
〈뉴욕 타임스〉가 "제인 구달에 코미디언을 섞으면, 새폴스키처럼 글을 쓸 것"이라고 했을 만큼, 톡톡 튀는 유머로 무장한 깊이 있는 글쓰기로 유명하다. 신경의학자이자 베스트셀러 작가인 올리버 색스는 새폴스키를 "우리 시대 최고의 과학 저술가 중 한 명"이라고 평하기도 했다. 『뉴요커』 『사이언티픽 아메리칸』 『디스커버』 등에 글을 기고했고, 『모든 것은 결정되어 있다*Determined*』(근간) 『스트레스』 『Dr. 영장류 개코원숭이로 살다』 등 여러 권의 과학서를 썼다.

옮긴이 **김명남**
한국과학기술원(KAIST)에서 화학을 전공하고, 서울대 환경대학원에서 환경 정책을 공부했다. 인터넷 서점에서 편집팀장으로 일했고, 현재는 과학책을 번역하고 있다. 옮긴 책으로 『코스모스』 『우리 본성의 선한 천사』 『면역에 관하여』 『지상 최대의 쇼』 『우리는 언젠가 죽는다』 등이 있다. 제55회 한국출판문화상 번역 부문상, 제2회 롯데출판문화상 번역 부문상을 받았다.

행동
인간의 최선의 행동과 최악의 행동에 관한 모든 것

1판 1쇄 2023년 11월 22일
1판 6쇄 2024년 9월 22일

지은이 로버트 M. 새폴스키 | 옮긴이 김명남
책임편집 고아라 | 편집 김정희 이희연 권한라
디자인 김유진 이주영 | 저작권 박지영 형소진 최은진 오서영
마케팅 정민호 서지화 한민아 이민경 왕지경 정경주 김수인 김혜원 김하연 김예진
브랜딩 함유지 함근아 박민재 김희숙 이송이 박다솔 조다현 정승민 배진성
제작 강신은 김동욱 이순호 | 제작처 한영문화사(인쇄) 신안문화사(제본)

펴낸곳 (주)문학동네 | 펴낸이 김소영
출판등록 1993년 10월 22일 제2003-000045호
주소 10881 경기도 파주시 회동길 210
전자우편 editor@munhak.com | 대표전화 031)955-8888 | 팩스 031)955-8855
문의전화 031)955-3579(마케팅), 031)955-2697(편집)
문학동네카페 http://cafe.naver.com/mhdn
인스타그램 @munhakdongne | 트위터 @munhakdongne
북클럽문학동네 http://bookclubmunhak.com

ISBN 978-89-546-9635-7 03400

* 잘못된 책은 구입하신 서점에서 교환해드립니다. 기타 교환 문의 031)955-2661, 3580

www.munhak.com